SCHÄFFER
POESCHEL

Ruth Simsa/Michael Meyer/Christoph Badelt (Hrsg.)

Handbuch der Nonprofit-Organisation

Strukturen und Management

5., überarbeitete Auflage

2013
Schäffer-Poeschel Verlag Stuttgart

MIX
Papier aus verantwortungsvollen Quellen
FSC® C013736

Gedruckt auf chlorfrei gebleichtem, säurefreiem und alterungsbeständigem Papier

Bibliografische Information Der Deutschen Nationalbibliothek
Die Deutsche Nationalbibliothek verzeichnet diese Publikation in der Deutschen Nationalbibliografie; detaillierte bibliografische Daten sind im Internet über http://dnb.d-nb.de abrufbar.

ISBN 978-3-7910-3191-0

www.schaeffer-poeschel.de
info@schaeffer-poeschel.de

Einbandgestaltung: Melanie Frasch/Jessica Joos
Satz: Johanna Boy, Brennberg
Druck und Bindung: Kösel, Krugzell · www.koeselbuch.de

Printed in Germany
Januar 2013

Schäffer-Poeschel Verlag Stuttgart
Ein Tochterunternehmen der Verlagsgruppe Handelsblatt

Vorwort zur 5. Auflage

Liebe Leserinnen und Leser,
vor fünfzehn Jahren erschien die erste Auflage dieses Handbuches. Es hat im deutschsprachigen Europa wenn schon nicht Neuland betreten, so doch zumindest neue Wege in wenig bekanntes Terrain gelegt. Damals musste man für Management im Nonprofit-Sektor werben. Es gab ein Kapitel »Notwendigkeit des Managements für NPOs«, um Berührungsängste abzubauen. Christoph Badelt schrieb in der Einleitung, dass Existenz und Bedeutung des Nonprofit-Sektors erst langsam akzeptiert würden.

Seit damals hat sich nicht nur die Welt verändert, sondern auch der Nonprofit-Sektor und die NPOs. Sie sind in jeder Hinsicht professioneller und selbstbewusster geworden, stehen aber auch ganz neuen Herausforderungen gegenüber. Das Handbuch in seiner fünften Auflage ist daher keine Überarbeitung, sondern wurde fast zur Gänze neu geschrieben. Die Grobstruktur wurde zwar beibehalten, aber einzelne Kapitel sind weggefallen bzw. neu hinzugekommen, und auch viele Autoren und Autorinnen sind neu im Team. Mit den neu aufgenommenen Kapiteln Projekt- und Prozessmanagement, Führung, Innovationen und Social Entrepreneurship, Evaluation und Wirkungsmessung oder Governance tragen wir aktuellen Entwicklungen der NPO-Welt bzw. der Forschung Rechnung. Im Ausblick wird eine Befragung von Experten und Expertinnen zu ihrer Sicht auf Entwicklungen im NPO-Bereich präsentiert. Die meisten Beiträge wurden vollkommen neu geschrieben, um aktuellen Entwicklungen in den NPOs und in ihrem Umfeld Rechnung zu tragen. Die Verschiebung der Gewichte in der Struktur des Handbuches spiegelt auch Entwicklung im Nonprofit-Sektor wider: Niemand muss heute mehr für Management in NPOs werben. Eher gilt es, einen reflektierten Umgang mit betriebswirtschaftlichen Methoden einzumahnen. Der Abschnitt über die klassischen Managementfunktionen wurde gekürzt, jener über NPO-spezifische Themen ausgeweitet.

Es freut uns, dass das Handbuch seit Jahren ein Standardwerk ist. Adel verpflichtet gewissermaßen, also haben wir viel Wert darauf gelegt, seine Qualität zu erhalten, die v.a. aus dem interdisziplinärem Zugang, der Aktualität und der Verbindung von Praxisrelevanz mit wissenschaftlichen Theorien und Forschungsergebnissen resultiert. Im Rahmen der Wiener NPO-Forschung wird an der Wirtschaftsuniversität Wien seit vielen Jahren von Forschern und Forscherinnen unterschiedlicher Disziplinen zu NPO-Management gearbeitet. Die Besonderheit unseres Zugangs – und damit auch dieses Buches – liegt in der Verknüpfung von Wissenschaft und Praxis – die meisten AutorInnen forschen und lehren nicht nur an der WU Wien, sondern befinden sich gleichzeitig in regem Austausch mit NPOs.

Dank gebührt v.a. jenen Autorinnen und Autoren, die sich in einem hohen Ausmaß an internen Diskussionen beteiligt haben. Alle Artikel wurden von mehreren Personen gelesen und intensiv besprochen, die z.T. sehr umfangreichen Rückmeldungen aus der Perspektive unterschiedlichster Fachrichtungen und persönlicher Schwerpunkte waren sehr wertvoll. Diese Form der Zusammenarbeit und des Diskurses ist an Universitäten mittlerweile kaum noch üblich – führt sie doch für die einzelnen Beteiligten nicht zu lebenslauf-relevanten eigenen Publikationen. Umso mehr freuen wir uns, dass es gelungen ist, Zeit aus dem anspruchsvollen Universitätsalltag für ein gemeinsames Lernen und Diskutieren freizuschaufeln.

Und schließlich zum Gebrauch des Buches: Wir freuen uns natürlich, wenn Sie das ganze Buch von vorne bis hinten lesen. Grundsätzlich ist das aber nicht notwendig – jedes einzelne Kapitel sollte für sich stehen, einen Überblick über die Thematik, den Stand der Forschung und aktuelle Trends geben, sowie möglichst einen Managementbezug herstellen. Dem Handbuchcharakter entsprechend bietet das Buch darüber hinaus eine Reihe von praktischen Hilfestellungen, um sich rasch zu einem bestimmten Thema orientieren zu können. Dazu zählen umfangreiche Querverweise zwischen den einzelnen Beiträgen, Hinweise auf weiterführende bzw. vertiefende Literatur und ein Stichwortverzeichnis.

Damit sind wir beim Wichtigsten jedes Buches: Seinen Leserinnen und Lesern. Einen Text zu schreiben, ohne dabei das künftige Publikum zu bedenken, wäre fahrlässig. Wir haben bei diesem Buch vor allem an drei Gruppen gedacht. Erstens, der/die berühmte »reflektierte Praktiker/in«, also Menschen, die in NPOs oft in verantwortungsvoller Position arbeiten, die aber all dem Arbeits- und Entscheidungsdruck zum Trotz Auszeiten zum Lesen und Reflektieren über ihre Organisationen und ihre Tätigkeiten nehmen. Diesen hoffen wir vor allem, mit Struktur und Systematik des Managements und dem einen oder anderen Hinweis auf Entscheidungsoptionen zu helfen und Anregung zu geben. Zweitens, Studierende unterschiedlicher Fachrichtungen (z.B. Betriebswirtschaft, Ökonomie, Soziologie, Politikwissenschaften), die sich auf den Nonprofit-Sektor und die Zivilgesellschaft spezialisieren. Diesen hoffen wir, das Faszinosum des Sektors und des Management von NPOs hinreichend zu erklären. Drittens, in einem gewissen Ausmaß auch KollegInnen in der Wissenschaft, die sich zu einzelnen Teilbereichen einen guten und schnellen Überblick zum Stand der Forschung verschaffen wollen. Nicht, dass das Handbuch all diesen LeserInnengruppen und ihren Bedürfnissen voll gerecht werden kann. Es wird, wie jedes gute Buch, mehr Fragen aufwerfen, als es beantworten kann. Was wir uns aber wünschen: Dass es den ökonomischen und gesellschaftlichen Stellenwert des Nonprofit-Sektors noch deutlicher macht, dass es junge Menschen für diesen Sektor und die Arbeit in NPOs faszinieren kann und dass es die Anerkennung jener Menschen fördert, die im Management von NPOs arbeiten.

Wien, im Herbst 2012 *Ruth Simsa, Michael Meyer und Christoph Badelt*

Inhaltsübersicht

Teil III
Beyond Management – Klassische NPO-Themen

Inhaltsverzeichnis

Teil II
Klassische Management-Aufgaben in NPOs ... 143

Teil III
Beyond Management – Klassische NPO-Themen 379

Teil I
Die Bedeutung des Sektors aus unterschiedlichen Perspektiven

1 NPOs: Abgrenzungen, Definitionen, Forschungszugänge

Michael Meyer, Ruth Simsa

1.1 Wiener NPO-Forschung: Unser Zugang zum Feld

Es ist das grundlegende Ziel des vorliegenden Handbuchs, Forschungsergebnisse zum Nonprofit-Sektor zusammenzufassen und für PraktikerInnen, Studierende und WissenschaftlerInnen zugänglich zu machen. Nonprofit-Organisationen (NPOs) spielen im wirtschaftlichen, sozialen und kulturellen Leben moderner Gesellschaften eine wichtige Rolle. Das breite Spektrum an Beispielen enthält so verschiedenartige Organisationen wie Umwelt- und Menschenrechtsorganisationen, private Museen, Kulturvereine, Feuerwehren, Sportorganisationen, Wohlfahrtsverbände, Ordensspitäler, Interessenvertretungen, Parteien oder kleine Selbsthilfegruppen. Die Gesamtheit aller NPOs eines Landes wird als der »Nonprofit-Sektor« bezeichnet. Mit dem Nonprofit-Status ist eine Vielzahl von spezifischen Stärken, aber auch Fragen und Problemen verbunden. Diese stehen im Mittelpunkt dieses Handbuchs.

Ein Großteil der in diesem Buch vertretenen Beiträge entstammt dem an der Wirtschaftsuniversität Wien seit 20 Jahren etablierten Forschungsschwerpunkt, der sich mit Besonderheiten, dem Management und der gesellschaftlichen Bedeutung von NPOs befasst. Was ist das Besondere unserer Arbeit und dieses Handbuches?

Interdisziplinärer Zugang

Neben der personellen Zusammensetzung der Forschungsgruppe ist auch die Herangehensweise an Fragestellungen des Nonprofit-Sektors weitgehend interdisziplinär. Wir gehen davon aus, dass die Herausforderungen der NPO-Praxis einen Austausch und ein Zusammenwirken verschiedener Perspektiven benötigen. Es gibt zwar einen Fokus auf betriebswirtschaftliche Fragen und Instrumente, dabei werden aber auch sozialwissenschaftliche Aspekte berücksichtigt. Das bedeutet, dass Managementprobleme möglichst aus einem erweiterten Kontext diskutiert werden, weil sie ohne den Blick auf die besondere gesellschaftliche Funktion von NPOs nicht zu verstehen, geschweige denn zu lösen sind. So ist betriebswirtschaftliche Effizienz in NPOs immer mit Effektivität bzw. Wirksamkeit abzuwägen – NPOs müssen also nicht nur der Wirtschaft, sondern auch ihren Werten entsprechen. Auch Zielsysteme und -formulierungen müssen damit höheren und widersprüchlicheren Anforderungen genügen als in Wirtschaftsunternehmen und öffentlichen Verwaltungen. Werte und gesellschaftspolitische Haltungen spielen oft eine große Rolle im Organisationsalltag. Die NPO-Forschung sollte daher neben einer Management-Orientierung auch eine gesamtwirtschaftliche und gesellschaftliche Grundlegung anstreben.

Differenzierter Blick auf Organisationen

Organisationen sind auf mehreren Ebenen beobachtbar:

- Personen und ihre Verhaltensweisen,
- Gruppen und ihre besondere Dynamik,
- die Gesamtorganisationen mit ihren Strukturen und Prozessen und
- die Beziehung der Organisation zu ihren Umwelten.

Es ist zwar unmöglich, alle Ebenen simultan zu sehen, aber Organisationen sind letztlich nur zu verstehen, wenn alle Aspekte berücksichtigt werden. Der Blick auf Organisationen – und damit auch auf NPOs – gleicht damit dem auf ein Theaterstück: Manchmal wird durch die Beleuchtung nur eine Person und ihr Spiel hervorgehoben, manchmal ist die ganze Bühne im Blick. In der Pause ist Licht im Saal, und es werden auch ZuseherInnen und der ganze Raum sichtbar. Es ist stets alles da, aber nicht immer alles sichtbar. Der Blick auf einen kleineren Ausschnitt ergibt ein scharfes Bild von Details (bspw. Mimik nur einer Schauspielerin), ist die gesamte Szenerie erleuchtet, dann sieht man zwar mehr, aber dies nicht so genau. Dennoch: Selbst bei voller Beleuchtung ist es uns unmöglich, alles prinzipiell Sichtbare gleichzeitig zu sehen – geschweige denn das viele Unsichtbare. Wir versuchen bewusst, die Scheinwerfereinstellungen immer wieder zu wechseln, das heißt zum Beispiel, Personen und ihr Handeln aus der Organisationsdynamik oder Organisationsprozesse auch aus der Interaktion mit der Umwelt heraus zu verstehen.

Praxisbezug

Unsere wissenschaftlichen Theorien, Konzepte und Befunde müssen sich in der Praxis bewähren und ihr nützen. Die in diesem Buch zusammengestellten Denkwerkzeuge wie auch unsere Forschungstätigkeit sollen den Menschen in NPOs die Orientierung erleichtern und damit Handlungsspielräume erweitern. Dies versuchen wir auch dadurch sicherzustellen, dass viele von uns in engem Kontakt mit der Praxis stehen. Im Rahmen von Auftragsforschung, Beratung und Managementtraining wird die Praxistauglichkeit unserer Ideen und Instrumente laufend auf den Prüfstand gestellt.

Thematische Breite und inhaltliche Spezialisierung

Wir versuchen, in unserer Forschung wie auch in diesem Handbuch einen gesellschaftspolitischen Blick auf den Nonprofit-Sektor mit inhaltlich spezialisierten Beiträgen zu vereinen. Ähnlich wie beim differenzierten Blick auf die NPOs selbst ist es auch hier unmöglich, gleichzeitig alle Perspektiven zu berücksichtigen. Wir versuchen aber, sowohl die interdisziplinäre Breite eines Makro-Zutrittes, der sich in gesamtsektoralen und zivilgesellschaftlichen Themen manifestiert, als auch die spezialisierte Analyse konkreter Teilfragen zumindest simultan zu verwirklichen. Die Bestimmungsfaktoren des zivilgesellschaftlichen Engagements, insbesondere der Freiwilligenarbeit und des Spendens, stehen genauso auf unserer Forschungsagenda wie Wirkungsanalysen auf Basis des Social Return on Investment (SROI) und eine kritische Analyse der Rationalisierung und Verbetriebswirtschaftlichung von NPOs. Daneben kommen aber technologische Fragen wie der optimale Einsatz von Managementkonzepten und -instrumenten nicht zu kurz. Diese Kombination von Breite und Spezialisierung soll auch in diesem Handbuch zum Ausdruck kommen.

Balance von Widersprüchen

Unsere Arbeit ist damit eine permanente Gratwanderung zwischen verschiedenen theoretischen Zugängen, verschiedenen Ebenen der Betrachtung und zwischen der Freiheit der Theorie und der Bodenhaftung der Praxis. Anders gesagt: Wir bewegen uns permanent und bewusst in Widersprüchen und versuchen diese auszubalancieren, was manchmal besser, manchmal schlechter gelingt. Unser Leitthema ist der Umgang mit Widersprüchen. Wir verstehen Organisationen prinzipiell als Ort der Begegnung und Austragung von Unterschieden und Widersprüchen. Für NPOs gilt dies in ganz besonderem Maß, weil sie zum einen unterschiedlichen Systemlogiken genügen müssen, ohne eine davon langfristig priorisieren zu können. Zum anderen sind sie regelmäßig mit widersprüchlichen Erwartungen konfrontiert, die sie ebenfalls handhaben müssen.

So sehr unsere eigene Gratwanderung, also der Versuch, Widersprüchliches nicht einseitig aufzulösen, oft anstrengend ist und den wissenschaftlichen Diskurs erschwert, so ist sie dem Untersuchungsbereich angemessen. Es ermöglicht uns eine hohe Anschlussfähigkeit an NPOs mit all ihrer Vielfalt und Widersprüchlichkeit. Der Nonprofit-Sektor ist eben kein grober Klotz, auf den ein grober Keil passt.

NPOs in Wirtschaft und Gesellschaft

In allen europäischen Ländern spielt der Nonprofit-Sektor eine wichtige und in den letzten Jahren stetig wachsende gesellschaftliche, kulturelle und wirtschaftliche Rolle. Er ist durchwegs sehr heterogen, d.h. er setzt sich aus Organisationen zusammen, die sich hinsichtlich ihrer Aufgabenstellung und ihres Selbstverständnisses, der Größe, des Organisationsgrads, der Rechtsform, der politischen Orientierung und vieler anderer Merkmale voneinander unterscheiden.

Der Nonprofit-Sektor hat im deutschsprachigen Raum weit zurückreichende Wurzeln: Gute Beispiele sind Föderalismus, Selbstverwaltung sowie Genossenschafts- und Vereinswesen. Historisch betrachtet ist der heutige Nonprofit-Sektor in vielerlei Hinsicht ein Kind der 1848er-Revolution. Die Tradition des Nonprofit-Sektors in den deutschsprachigen Ländern unterscheidet sich von jenen in der angelsächsischen Welt. Die gesellschaftliche Rolle des Nonprofit-Sektors ist abhängig von landesspezifischen Ausprägungen, z.B. der korporatistischen Struktur und der Stellung des Staates. Immer noch gibt es hier wenig umfassendes Datenmaterial, dennoch ist unbestritten, dass der Sektor neben seiner gesellschaftlich-kulturellen auch hohe ökonomische Bedeutung hat, sowohl in Hinblick auf den Produktionswert als auch in Bezug auf die Beschäftigung. Der größte Teil der Produktionskraft des Nonprofit-Sektors liegt in den Bereichen Soziale Dienste, Gesundheit, Kultur und Erholung sowie Erziehung und Bildung (vgl. dazu ausführlich Beiträge I.2–4).

1.2 Die »Probleme« negativer Abgrenzungen: der Sinn und Unsinn von Begriffsstreitigkeiten

Die Bezeichnung NPO hat sich bereits in den 1970er Jahren etabliert (z.B. bei Kotler, 1975; Hasitschka/Hruschka, 1982). Dennoch wird der Begriff permanent wegen seines negativabgrenzenden Charakters in Frage gestellt und es werden Alternativen überlegt, wie etwa

»Social Profit Organisation«, »Zivilgesellschaftliche Organisation« oder »Freiwilligenorganisation«. Bei aller Offenheit für Kritik an bestehenden Konzepten wird hier aus folgenden Gründen für ein selbstbewusstes Beibehalten der etablierten Begrifflichkeit plädiert:

- Die Alternativen sind mindestens so problematisch wie der Begriff NPO. Entweder heben sie nur bestimmte Aspekte mancher NPOs hervor (Freiwilligenorganisation, NGO, Zivilgesellschaftliche Organisation), oder sie betonen Aspekte, die für alle Organisationen zutreffen können. So kann auch vielen Wirtschaftsunternehmen »social profit« zugeschrieben werden. Die Entwicklung von Wegwerfwindeln hatte für die Entlastung von Müttern (und auch Vätern) genauso einen »social profit« wie die Innovationen der Pharmaindustrie für Kranke. Umgekehrt ist nicht nachvollziehbar, warum der »social profit« eines gewinnorientierten Pflegeheimes zwingend geringer sein sollte als der eines nicht gewinnorientierten.
- Negative Abgrenzungen sind nicht notwendigerweise schlecht: Niemand stößt sich an gewaltfreier Erziehung oder Konfliktaustragung, »gentechnikfreien« Lebensmitteln oder einer »atomwaffenfreien« Zone. Negative Befunde beim Arzt sind meist ein Anlass zur Freude. Der Begriff »Nonprofit« stammt aus einer Zeit, in der bewusste Abgrenzung von schnöder Gewinnerzielung positiv konnotiert war. Dass das heute für manche nicht mehr gilt, ist ein interessantes Phänomen, aber kein zwingender Anlass für neue Begrifflichkeiten.
- Begriffsklärungen sind oftmals sinnvoll und notwendig, sollten aber nicht übertrieben werden. Die aus essentialistischen Wurzeln gespeiste Liebe der deutschsprachigen Wissenschaft zu leidenschaftlichen Begriffskontroversen ist im Fall der NPOs nicht fruchtbar. Die Gemeinsamkeit des Objektbereiches ist schlicht der Verzicht auf Profit (Gewinnausschüttung) als dominante Entscheidungsorientierung. Der Begriff NPO ist hinreichend klar umrissen und erfüllt damit seine Funktion.

Zugegebenermaßen kann der Begriff »Nonprofit« zu Missverständnissen führen. Das wohl häufigste ist die Vermutung, NPOs dürften oder würden keine Gewinne erzielen. Mit anderen Worten: Der aus dem Englischen stammende Ausdruck »nonprofit«, der eigentlich »not for profit« meint, wird als »no profit« missverstanden. Wie sich noch zeigen wird, widerspricht ein solches Verständnis sowohl einer praktikablen Definition des NPO-Begriffs als auch der Praxis vieler NPOs.

Der Begriff »Nonprofit-Organisation« spiegelt ein spezifisches angelsächsisches Phänomen wider, das für Europa nur bedingt gültig ist: In der amerikanischen Gesellschaft sind NPOs in viel stärkerem Ausmaß eine Alternative und ein Widerpart zum gewinnorientierten Unternehmenssektor, als dies in Europa der Fall ist. Dieser typisch amerikanische Zugang zum Nonprofit-Sektor kommt auch in der Theoriebildung zum Ausdruck, wo amerikanische AutorInnen der Grenzziehung zwischen den NPOs und den gewinnorientierten Unternehmen viel mehr Aufmerksamkeit widmen als dies (noch) der Realität des Nonprofit-Sektors in Deutschland, Österreich oder der Schweiz entspricht (vgl. Beitrag I.7). Das Wort Nonprofit bringt diese Abgrenzung gegenüber den gewinnorientierten Unternehmen zum Ausdruck, während es in Europa viel öfter darauf ankommt, NPOs primär als nicht-staatliche Unternehmen zu begreifen.

Der dieses Faktum bezeichnende Ausdruck der »Nicht-Regierungsorganisation« (»Nongovernmental Organization«, »*NGO*«) ist im Vorfeld großer internationaler Konferenzen bzw. internationaler Organisationen (wie etwa der Europäischen Kommission oder der Weltbank) bereits üblich geworden, trägt jedoch den Keim anderer Missverständnisse in sich: Wörtlich genommen, müssten nämlich NGOs sowohl gewinnorientierte als auch nicht auf Gewinn ausgerichtete Organisationen umfassen, solange sie nur nicht staatlich sind. Dies aber ist in der Praxis natürlich nicht intendiert (vgl. Europäische Kommission, 1997, World Bank, 1997).

Das Definitionsproblem hat jedenfalls hohe praktische Relevanz.[1] Gegenüber einem nicht klar oder in verschiedenen Ländern unterschiedlich definierten Phänomen lässt sich keine einheitliche Politik betreiben. Die Suche nach einer international vergleichbaren Definition mutiert damit von der akademischen Pflichtübung zum Politikerfordernis.

1.3 Denkbare Definitionszugänge

In Fachdiskussionen zum Nonprofit-Sektor werden immer wieder einzelne Aspekte erwähnt, die als Definitionsmerkmale von NPOs verwendet werden könnten. Diese Merkmale entstammen in der Regel einer spezifischen Sichtweise oder Wissenschaftsdisziplin. Meist zielen sie darauf ab, einzelne Fragen rund um NPOs auf der Basis klarer Begrifflichkeiten abhandeln zu können. Genannt werden insbesondere:

- Eine Abgrenzung von NPOs über den steuerlichen Status, was meist darauf hinaus läuft, NPOs als im juristischen Sinn gemeinnützige Unternehmen zu begreifen.[2]
- Eine Abgrenzung von NPOs über die wichtigsten Einkommensquellen: So wird etwa die »private Organisation ohne Erwerbszweck« in der Volkswirtschaftlichen Gesamtrechnung (VGR) dadurch definiert, dass mehr als die Hälfte der Einnahmen nicht aus Verkäufen, sondern aus Beiträgen von Mitgliedern und Spendern stammt.
- Eine Abgrenzung von NPOs über die dominanten (unternehmensinternen) Ziele, an denen sich die NPO bei ihrem Verhalten orientiert: Am häufigsten wird hier die Bedarfsorientierung genannt. NPOs verfolgten primär Sachziele und unterschieden sich dadurch von gewinnorientierten Unternehmen, die Formalziele – insbesondere jenes der Gewinnmaximierung – anstreben.
- Eine Abgrenzung von NPOs über ihre gesellschaftliche Rolle: NPOs werden in dieser Perspektive dadurch charakterisiert, dass sie primär dem Gemeinwohl – der Allgemeinheit – und weniger privaten Interessen dienen.

1.4 Der NPO-Begriff dieses Handbuchs

Definitionen können nicht wahr oder falsch sein, weshalb es auch nicht sinnvoll ist, nach der »richtigen« Definition einer NPO zu suchen. Wesentlich ist vielmehr, dass Definitionen für eine gewählte Fragestellung geeignet und intersubjektiv verständlich sind; d.h. es muss möglich sein, anhand eines Merkmalskatalogs zu entscheiden, ob eine reale Orga-

1 Für eine Diskussion der Definitionsproblematik im internationalen Vergleich siehe Salamon/Anheier, 1997 sowie Morris, 2000.

2 Zur genaueren Diskussion der Gemeinnützigkeit und Abgrenzung dieses Aspekts von der Frage der Rechtsform einer NPO siehe Beitrag II.3.

nisation als NPO anzusehen ist oder nicht. Dieses Kriterium ist schwer zu erfüllen, weil NPOs in vielfältigen Formen auftreten und daher – bei welcher Definition auch immer – stets schwer zuordenbare Grenzfälle möglich sind.

In diesem Sinn erfassen die genannten Definitionszugänge wichtige und relevante Teilaspekte jener Organisationen, die in diesem Handbuch näher untersucht werden. Jeder einzelne reicht aber für sich genommen nicht aus, um der umfassenden Fragestellung dieses Buchs zu genügen. Aus diesem Grund wird in der Folge ein Katalog von Merkmalen genannt, anhand derer NPOs in diesem Buch definiert werden. Dieser ist konsistent mit dem NPO-Begriff des »Johns Hopkins Project« (vgl. Salamon/Anheier, 1992), in dem eine Datengrundlage für einen internationalen Vergleich der Nonprofit-Sektoren zahlreicher Länder erhoben wurde (vgl. Beitrag I.2 bis Beitrag I.4). Damit ist die begriffliche Konsistenz mit zahlreichen Arbeiten zum Nonprofit-Sektor in anderen Ländern hergestellt.

NPOs werden demnach durch folgende Merkmale charakterisiert:

- NPOs sind durch ein Mindestmaß an formaler Organisation gekennzeichnet. Da in verschiedenen Ländern unterschiedliche Formalvorschriften für die öffentliche Registrierung einer juristischen Person bestehen, ist mit diesem Merkmal keine Einengung auf eine bestimmte Rechtsform angesprochen. Wie im Beitrag II.3 ausführlich dargestellt, können NPOs sehr unterschiedliche Rechtsformen haben. Vielmehr äußert sich eine formale Organisation schon in einem Mindestmaß an formalisierten Entscheidungsstrukturen oder Verantwortlichkeiten, in einer juristischen Registrierung etc. Spontane, lediglich auf einen einzigen temporären Anlass bezogene Aktivitäten oder informelle Gruppen sind zwar wichtige und gesellschaftlich relevante Phänomene, werden aber hier nicht als NPO verstanden.
- Die in diesem Buch untersuchten Organisationen sind private, das heißt nicht staatliche Organisationen. Dies schließt nicht aus, dass sie von der öffentlichen Hand finanziell unterstützt oder sogar weitgehend getragen werden. Da die Grenzen zwischen »privaten« und »öffentlichen« Organisationen in Europa sehr fließend sind und zahlreiche Mischformen existieren, wird die Problematik dieser Abgrenzung später noch näher betrachtet.
- NPOs dürfen keine Gewinne bzw. Überschüsse an Eigentümer oder Mitglieder ausschütten. Dieses Kriterium wird in der angelsächsischen Literatur als »Non Distribution Constraint« bezeichnet. NPOs ist es nicht verwehrt, Gewinne zu erwirtschaften, was sie charakterisiert, ist die Form der Gewinnverwendung. Gewinne müssen in der Organisation verbleiben und für den Unternehmenszweck – die »Mission« (vgl. Beitrag II.2) – verwendet werden. Auch dieses Merkmal stellt auf einen Idealtypus ab, da es versteckte Formen der Gewinnausschüttung gibt. In den Rechtsordnungen Deutschlands, Österreichs und der Schweiz trifft dieses Kriterium jedenfalls für den juristischen Gemeinnützigkeitsstatus zu. Wie im Beitrag II.3 gezeigt wird, ist es jedoch nur eines von mehreren Kriterien der Gemeinnützigkeit.
- NPOs weisen ein Minimum an Selbstverwaltung bzw. Entscheidungsautonomie auf. Die wichtigsten Entscheidungen können (zumindest formal) innerhalb der Organisation gefällt werden. Eine völlige Außenkontrolle (im juristischen Sinn) widerspräche dem hier verwendeten NPO-Konzept.
- NPOs sind stets durch ein Mindestmaß an Freiwilligkeit gekennzeichnet. Dies kommt gut durch den englischen Terminus »Voluntary Organization« zum Ausdruck. Dieses Kriterium ist jedenfalls dann erfüllt, wenn in NPOs ehrenamtliche Arbeit (umgangs-

sprachlich auch oft als »Freiwilligenarbeit« bezeichnet) geleistet wird (vgl. dazu Beitrag III.1), was sich nicht nur auf ausführende Tätigkeiten, sondern auch auf Leitungsfunktionen (durch »Funktionäre«) beziehen kann. Auch die freiwillige Mitgliedschaft wird als Indikator für die Erfüllung dieses Kriteriums angesehen. Darüber hinaus bezieht sich das Kriterium der Freiwilligkeit auf freiwillige (Geld-)Spenden.

Keines der genannten Kriterien ist absolut trennscharf. Obwohl dies im Hinblick auf terminologische Klarheit wünschenswert wäre, entspricht die Unschärfe der Grenzen sehr gut den auch in der Realität unscharfen Trennlinien zwischen NPOs und anderen Organisationen.

Eine konkrete Organisation kann deshalb den einzelnen Kriterien in sehr unterschiedlichem Ausmaß entsprechen. Sie könnte z. B. eine klare Begrenzung der Gewinnausschüttung, eine eindeutige formale Struktur mit Selbstverwaltungscharakter besitzen, aber nur in sehr geringem Maß mit ehrenamtlicher Arbeit agieren und in einem Naheverhältnis zur öffentlichen Hand stehen (z. B. durch weitgehende öffentliche Finanzierung). Dennoch wäre sie im Sinn dieses Buchs als NPO zu bezeichnen, wenn sie alle fünf Kriterien wenigstens in einem Mindestausmaß erfüllt. Dies ist vor allem im Hinblick auf das Faktum zu bedenken, dass die reale wirtschafts- und gesellschaftspolitische Entwicklung auch in den letzten Jahren viele neuartige Organisationen hervorgebracht hat (z. B. im Zuge der »Ausgliederung« öffentlicher Aufgaben aus dem Bereich staatlicher Leistungserstellung in Form sog. Agenturen), auf die sich dieses Buch in vielfacher Hinsicht bezieht, wenngleich die gewählte Definition nicht lupenrein zutrifft.

Der genannte Merkmalskatalog erlaubt es, die Vielfalt der Organisationen im Nonprofit-Sektor abzubilden. In der Praxis ist es bisweilen besonders relevant, nur eines oder zwei der genannten Kriterien hervorzuheben, weil eine Abgrenzung zwischen NPOs und anderen Organisationen gesucht wird; etwa die Abgrenzung zu gewinnorientierten Unternehmen, zu öffentlichen Unternehmen oder zu Organisationen ohne Freiwilligenarbeit.

Insgesamt erfüllen die in der Einleitung genannten Beispiele die einzelnen Merkmale in sehr unterschiedlicher Intensität. Das als NPO geführte Museum mag etwa hinsichtlich Formalstruktur, Gewinnausschüttungsverbot und Freiwilligkeit die Kriterien erfüllen, hinsichtlich der Selbstverwaltung jedoch auf Grund der Abhängigkeit von einer bestimmten Stiftung nur noch knapp dem geforderten Bild entsprechen. Beim lokalen Sportverein könnten alle Kriterien gleichmäßig zutreffen, während in einem großen Ordenskrankenhaus möglicherweise das Kriterium der Freiwilligkeit nur über die Mitgliedschaft im Trägerverein und die dort geleistete ehrenamtliche Vorstandsarbeit zu finden ist, die Institution sonst aber sehr klar in das gezeichnete Bild passt.

1.5 Zwischen Markt und Staat – NPOs als Dritter Sektor

Die Gesamtheit der NPOs wird auch häufig als Dritter Sektor bezeichnet und damit den Sektoren »Markt« und »Staat« gegenübergestellt. In diesem Dreisektoren-Modell werden Organisationen also durch ihre Nähe zu den gesellschaftlichen Polen Markt und Staat verortet. Der Sektor »Markt« umfasst demnach Profitorganisationen, also Unternehmen, die durch gewinnorientierte und marktfinanzierte Tätigkeiten charakterisiert sind. Zum Sektor »Staat« gehören öffentliche Organisationen, also Gebietskörperschaften wie Bund,

Länder, Gemeinden, Kommunen, die durch die Erfüllung hoheitlicher Aufgaben sowie durch die Finanzierung über öffentliche Gelder charakterisiert sind. Der Dritte Sektor wird unterschiedlich definiert. Zunächst werden Dritter-Sektor-Organisationen durch Abgrenzung bestimmt, also durch ein »Weder-noch«. Obwohl sich NPOs also häufig auf Märkten bewegen und oft auch in hohem Maße öffentliche Aufgaben übernehmen, sind sie weder Wirtschaftsorganisationen noch Organisationen der öffentlichen Hand. Darüber hinaus werden Organisationen des Dritten Sektors durch ihre Gemeinnützigkeit bzw. – als deren operationalisierbares Kriterium – durch ihre Orientierung an einer Mission bzw. an nicht monetären Zielen charakterisiert. Viele Zugänge sehen den Sektor aber auch durch ein »Sowohl als auch« geprägt, d. h. durch die Fähigkeit der Vermittlung zwischen verschiedenen Logiken, also durch Mehrsprachigkeit der Organisationen (vgl. Kap. I.8).

Ein weiterer Referenzpunkt ist die Zivilgesellschaft: Damit meinen wir eine zwischen Staat, Wirtschaft und Privatem angesiedelte Sphäre, in der Menschen ihre Anliegen selbst vertreten und zu gestalten versuchen. Zivilgesellschaft betont das private, nicht gewinnorientierte Engagement, verbunden mit der Hoffnung auf mehr Partizipation, Demokratie und soziale Gerechtigkeit. NPOs sind wichtige Akteure der Zivilgesellschaft, aber nicht die einzigen; so zählen bspw. auch soziale Bewegungen oder Gruppen von AktivistInnen bzw. engagierte BürgerInnen zu den zivilgesellschaftlichen Akteuren. Aber auch Wirtschaftsunternehmen können sich in der Zivilgesellschaft engagieren.

1.6 Abgrenzung des Dritten Sektors von Staat und Wirtschaft

In diesem Buch werden NPOs zwar als private – also nicht staatliche Organisationen – verstanden, allerdings bestehen zwischen dem öffentlichen und dem Nonprofit-Sektor zahlreiche Verschränkungen, die auf juristischer, personeller, finanzieller oder politischer Ebene liegen können.

Während die im Merkmalskatalog angeführte Klassifikation einer NPO als »private« Organisation im internationalen Kontext als unproblematisch gelten mag, treten gerade in den deutschsprachigen Ländern besondere Abgrenzungsprobleme auf, die zwischen Deutschland, Österreich und der Schweiz jeweils eigene Nuancen aufweisen können (vgl. Kap. I.2-I.4). Ähnlich wie bei der Abgrenzung der NPO insgesamt lassen sich auch bei diesem wichtigen Einzelkriterium nur fließende Übergänge beschreiben. Zur besseren Durchleuchtung der Problemstruktur könnten jedoch folgende Aspekte dienen (vgl. Abbildung I.1):

- Im juristischen Sinn kann sich die Abgrenzungsproblematik nur bei juristischen Personen des öffentlichen Rechts stellen, da juristische Personen des Privatrechts als »private« Organisationen anzusehen sind.
- Juristische Personen des öffentlichen Rechts sind zunächst alle Gebietskörperschaften, also Länder, Kantone, Gemeinden etc. Deren Tätigkeit ist als öffentlich zu kategorisieren. Daneben existiert noch eine Vielzahl von anderen juristischen Personen des öffentlichen Rechts, z. B. Kirchen, Spitäler, Universitäten, aber auch Einrichtungen, die nur die Rechtsordnungen einzelner Länder vorsehen, z. B. in Österreich der Arbeitsmarktservice oder die Sozialversicherungsträger, in Deutschland der TÜV.
- Im Kreis dieser spezifischen juristischen Personen ist die Abgrenzungsproblematik am deutlichsten. Denn die in der Realität weit verbreiteten »Mischformen« zwischen

öffentlichen und privaten Organisationen sind oft in dieser juristischen Form konstruiert. Als Abgrenzungskriterium ist es dann sinnvoll, auf die Ausübung von Hoheitsgewalt abzustellen: Wird keine Hoheitsgewalt ausgeübt, kann auch eine juristische Person des öffentlichen Rechts als »private« Organisation angesehen werden. Dies bedeutet jedoch noch nicht, dass es sich dabei um eine NPO handeln muss; um dies zu entscheiden, wäre zusätzlich eine Prüfung der anderen Kriterien vorzunehmen.

- Besonders kompliziert ist der in der Praxis immer wieder vorkommende Fall, dass eine konkrete Organisation sowohl hoheitliche als auch nicht hoheitliche Agenden wahrnimmt. Als Beispiel mag der österreichische Arbeitsmarktservice (AMS) dienen: Dieser prüft und administriert die Auszahlung des Arbeitslosengelds – eine Aufgabe, bei der Hoheitsgewalt ausgeübt wird. Darüber hinaus leistet der AMS jedoch auch Beratungs- und Vermittlungsdienste für Arbeitslose, was als nicht hoheitliche Aktivität zu klassifizieren ist. In diesem Fall ist eine Klassifikation der Organisation als »privat« oder »öffentlich« theoretisch am relativen Stellenwert der hoheitlichen Agenden denkbar. Eine Organisation könnte als »privat« klassifiziert werden, wenn sie nicht mehr als 5 % ihrer Aktivitäten hoheitlichen Aufgaben widmet.

Da eine solche Abgrenzung letztlich willkürlich vorgenommen wird, ist der Schluss sinnvoll, bestimmte Organisationen als Mischung zwischen »privat« und »öffentlich« anzusehen. Daran zeigen sich wieder die Grenzen der Sinnhaftigkeit einer Begriffsdiskussion. Einerseits ist es wichtig, am Beginn einer Monographie den Untersuchungsgegenstand klar zu umreißen, umso mehr, als der Terminus der »Nonprofit-Organisation« vage ist und vielfältig verwendet wird. Andererseits können viele Erkenntnisse, die in diesem Buch gewonnen und vermittelt werden, auch für Organisationen relevant sein, die nach den dargestellten Kriterien nicht eindeutig als NPOs zu klassifizieren sind, weil sie z. B. durch Ausgliederungen aus der öffentlichen Hand entstanden sind und weil das Kriterium der Freiwilligkeit auf sie kaum zutrifft.

Obgleich das zentrale Thema dieses Handbuchs die private NPO ist, bringen es die vielfältigen Parallelen zwischen privaten NPOs und öffentlichen Organisationen mit sich, dass die in der Folge angestellten Überlegungen auch für staatliche oder halbstaatliche Einrichtungen von Interesse sein können. Darüber hinaus sind Erkenntnisse der Nonprofit-Forschung teilweise auch im Bereich der gewinnorientierten Unternehmen anwendbar. So war es in den letzten Jahren fast modern, nach Peter Druckers altem Motto »What Business Can Learn from Nonprofits« (1989) in NPOs Vorbilder in punkto Leadership, wertorientierte, nachhaltige Strategieentwicklung, Motivation und Committment etc. zu proklamieren. Dies wurde zwar möglicherweise eher im NPO-Bereich gesehen und benannt, dennoch verschwimmen die Grenzen zwischen dem Nonprofit-Sektor auch in Richtung zum Wirtschaftssektor zumindest in manchen Bereichen. Abgesehen davon, dass NPOs sich tendenziell stärker an Marktlogiken orientieren (müssen) als noch vor einem Jahrzehnt, entstehen auch im Wirtschaftssystem zunehmend neue Akteure, die nicht primär an monetären, sondern ebenfalls stark an inhaltlichen Zielen orientiert sind und etwa unter den Begriffen Social Enterprise oder Social Entrepreneurship bekannt wurden (siehe Kap. III.4). Gerade auch im Bereich von ökologischen-nachhaltigen Produkten dient eine Orientierung an inhaltlichen Werten als Kernkompetenz mancher Organisationen letztlich der Gewinnerzielung. Auch die Wahrnehmung sozialer Verantwortung von Unternehmen, also Corporate Social Responsibility, lässt Wirtschaftsunternehmen manchmal zu sozialen Akteuren mit z. T. hoher Reichweite werden, wird aber vielfach letztlich zur Legitimitätssicherung und damit zur Gewinnerzielung funktionalisiert (siehe Kap. II.1). Auch hier gilt, dass nicht immer eindeutige Zuordnungen zu treffen sind. Letztlich ist das Definitionskriterium der nichtstattfindenden Gewinnausschüttung das zentrale Kriterium zur Abgrenzung von NPO und Wirtschaftssektor.

Ein Modell, das den verschwimmenden Grenzen wie auch der Heterogenität von NPOs gerecht zu werden versucht, ist die Differenzierung von NPOs nach ihrer Nähe zu unterschiedlichen gesellschaftlichen Systemen, d.h. nach der Bedeutung, die diese für Orientierungen (Entscheidungskriterien, Bedeutungszuschreibungen, Organisationskultur etc.) der NPO innehaben. Den für NPOs bedeutsamsten »Attraktoren« entsprechend kann ein »dreipoliges Feld« von Wirtschaft, Politik und Basis bzw. Zivilgesellschaft aufgespannt, und idealtypisch nach wirtschaftsnahen, verwaltungsnahen und basisnahen NPOs unterschieden werden (Zauner, 2007; Simsa, 2001). Wirtschaftsnahe NPOs folgen in hohem Ausmaß der Logik der Ökonomie, sie unterscheiden sich im Extremfall nur mehr durch die Nicht-Ausschüttung ihrer Gewinne von Wirtschaftsunternehmen. Beispiele dafür sind etwa manche auf Märkten agierende Genossenschaften. Verwaltungsnahe NPOs erfüllen mit dominanter öffentlicher Finanzierung Aufgaben der öffentlichen Verwaltung und sind diesen oft in zentralen Kulturmustern und Entscheidungslogiken ähnlich. Beispiele dafür sind manche NPOs in der Arbeitsmarktverwaltung, im Strafvollzug und im Gesundheitssystem. Basisnahe NPOs sind eng an sozialen Bewegungen oder Interessengruppen gekoppelt, aus denen sie hervorgegangen sind. Die Logik von Macht oder von Geld zählt ihnen vergleichsweise wenig, Solidarität mit ihrer Basis und ideologische Orientierungen bestimmen den Organisationsalltag. Beispiele dafür sind viele der politischen NPOs im Rahmen von Menschenrechts-, Entwicklungs- oder Umweltpolitik.

1.7 Der Aufbau des Handbuchs

Dieses Handbuch versucht, den vielfältigen Bedeutungen von und Anforderungen an NPOs möglichst gerecht zu werden. NPOs sind ein entscheidender Faktor in gesellschaftlich-kultureller Hinsicht, die konkrete Ausprägung und Einbettung des Sektors hat hohe politische und wirtschaftliche Bedeutung und die Besonderheiten von NPOs führen auch zu spezifischen Anforderungen an das Management. Dies erfordert die Analyse aus dem Blickwinkel verschiedener wissenschaftlicher Disziplinen. Das Schwergewicht liegt dabei auf betriebswirtschaftlichen und sozial-ökonomischen Zugängen, die durch juristische und soziologische Perspektiven ergänzt werden. Das Buch ist in vier Hauptteile gegliedert, die unterschiedliche Perspektiven auf den Nonprofit-Sektor zum Gegenstand haben:

In Teil I geht es um den Blick aus der Makroperspektive, also um die Bedeutung und Funktion des gesamten Nonprofit-Sektors in der Gesellschaft. So werden zunächst Spezifika des Sektors in Deutschland, Österreich und der Schweiz beschrieben. Hier wird deutlich, wie weit der Nonprofit-Sektor bzw. seine konkrete Ausprägung und Funktion in seinem jeweiligen politischen und sozialen Umfeld zu verstehen ist. Mit einem Überblick über Entwicklungen der internationalen Zivilgesellschaft wird zudem ein Thema aufgegriffen, das in den letzten Jahren hohe politische Aktualität erfahren hat, etwa in Zusammenhang mit dem Arabischen Frühling oder Occupy. In der Folge werden Zugänge unterschiedlicher Disziplinen wie Sozioökonomie, Soziologie oder Betriebswirtschaftslehre zum Sektor vorgestellt. Diese Beiträge erläutern zusammenfassend, wie NPOs in den jeweiligen Disziplinen gesehen werden und welche Erkenntnisse daraus für die Praxis abgeleitet werden können. Diese Unterteilung nach Disziplinen wird zunehmend problematisch – selbst in der wissenschaftlichen Praxis. Dennoch haben wir sie hier beibehalten – die Selbstverpflichtung der Fokussierung auf je eine (disziplinengeleitete) Perspektive schärft den Blick und gibt in der Summe der drei Beiträge einen guten Einblick über vielfältige Möglichkeiten der Analyse von NPOs.

Teil II bezieht sich auf die Ebene der einzelnen Organisation und analysiert klassische Fragen des Managements in ihrer Ausprägung und Bedeutung für NPOs. Viele Managementprobleme stellen sich in NPOs in spezifischer Form, nicht alle Handlungs- und Entscheidungsprinzipien der kommerziellen Welt sind daher ohne Modifikation auf NPOs übertragbar. Dies wird zunächst mit Fokus auf Besonderheiten des Managements von NPOs allgemein diskutiert. In der Folge werden zu einzelnen Managementthemen wie strategisches Management, rechtliche Gestaltung, Marketing, Organisation, Arbeits- und sozialrechtliche Rahmenbedingungen beim Einsatz von MitarbeiterInnen in NPOs, Personalmanagement, Finanzierung, Rechnungswesen und Controlling, Projekte und Prozessmanagement und Leadership deskriptive und theoretische Aussagen über die spezifischen Ausprägungen der jeweiligen Thematik in NPOs getroffen. Diese bieten zwar zumeist keine direkten praktischen Entscheidungshilfen für das Handeln in Organisationen, sollen aber PraktikerInnen dennoch neben einem Überblick über die Forschung einen ordnenden Rahmen für den Umgang mit dem jeweiligen Thema bieten. Die Auswahl der Managementthemen folgte weitgehend üblichen betriebswirtschaftlichen Spezialisierungen sowie dem Kriterium ihrer Bedeutung für NPOs.

Teil III schließlich behandelt NPO-spezifische Themen, also Themen, die in ihrer Grundfragestellung primär an NPOs orientiert sind. Hier werden Determinanten und Ausprägungen von Freiwilligenarbeit dargestellt, weitere Beiträge widmen sich dem Spenden, den Spannungsfeldern in der NPO-Kommunikation und den Besonderheiten der Governance auf organisationaler und gesellschaftlicher Ebene. Der Beitrag zu Sozialen Innovationen und Social Entrepreneurship spricht ebenso wie jene zu Governance sowie zu Evaluation besonders aktuelle Fragestellungen an, die Beiträge zu Spenden und Fundraising behandeln dagegen klassische Fragen von NPOs bzw. der NPO-Forschung. Neben einem Überblick über die Literatur und die zentralen Fragestellungen zum jeweiligen Thema werden hier in einigen Beiträgen auch Daten aus aktuellen empirischen Erhebungen dargestellt, etwa zum Thema Freiwilligenarbeit oder Spenden. Das Buch schließt mit einem Ausblick zu Entwicklungsperspektiven des Nonprofit-Sektors. Nach einem Überblick über die wesentlichen Veränderungen der letzten Jahre werden Einschätzungen zu zukünftigen Trends und Herausforderungen gegeben. Basis dafür ist die Befragung von ExpertInnen im Rahmen einer quasi-Delphi-Erhebung. Auch diese löst zwar nicht das von Karl Valentin so treffend bezeichnete Problem, dass Prognosen immer schwierig sind, ganz besonders aber, wenn sie die Zukunft betreffen, sie zeigt aber jedenfalls, welche zukünftigen Herausforderungen und Entwicklungen derzeit Aufmerksamkeit erfahren und mit hoher Wahrscheinlichkeit den Alltag vieler NPOs beeinflussen werden.

Literatur

Drucker, Peter (1989): What Business Can Learn from Nonprofits, in: Harvard Business Review 67, Issue 4, Juli–August, S. 88–93.

European Commission (1997): Promoting the Role of Voluntary Organizations and Foundations in Europe, Luxembourg.

Hasitschka, Werner/Hruschka, Harald (1982): Nonprofit Marketing, München.

Kotler, Philip (1975): Marketing for Nonprofit Organizations, Englewood.

Morris, Susannah (2000): Defining the Nonprofit Sector: Some Lessons from History, in: Voluntas 11, Issue 1, S. 25–43.

Salamon, Lester M./Anheier, Helmut K. (1992): In Search of the Nonprofit Sector I: The Question of Definitions (Working Paper), Baltimore.

Salamon, Lester M./Anheier, Helmut K. (1997): Defining the Nonprofit Sector: A Cross-National Analysis, Manchester/New York.

Simsa, Ruth (2001): Gesellschaftliche Funktionen und Einflussformen von Nonprofit-Organisationen, Wien.

World Bank (Hrsg.) (1997): Handbook on Good Practices for Laws Relating to Non-Governmental Organizations, Washington (Discussion Draft).

Zauner, Alfred (2007): Über Solidarität zu Wissen. Ein systemtheoretischer Zugang zu Nonprofit-Organisationen, in: Badelt, Christoph/Meyer, Michael/Simsa, Ruth (Hrsg.) (2007): Handbuch der Nonprofit-Organisation. Strukturen und Management, 4. Aufl., Wien, S. 141–164.

2 Der Nonprofit-Sektor in Deutschland

Annette Zimmer, Eckhard Priller, Helmut K. Anheier

2.1 Die gesellschaftliche und politische Bedeutung des Nonprofit-Sektors in Deutschland

Der Nonprofit-Sektor in Deutschland ist vielfältig, traditionsreich und nach wie vor auf Wachstumskurs. Es kommt ihm sowohl für die Gesellschaft als auch für Politik und Wirtschaft eine wichtige Bedeutung zu. Die Dachorganisationen des Sektors – die »Verbände« – sind traditionell eingebunden in die Politikgestaltung. Auf den verschiedenen Ebenen des politischen Systems (Bund, Länder und Kommunen) sind sie als Vertreter von Mitgliederinteressen und Anliegen Dritter (Advocacy) tätig. Der Sektor trägt wesentlich zur Sozialintegration bei. Insbesondere die zahlreichen lokal tätigen »Vereine« bieten in allen Bereichen des gesellschaftlichen Lebens Foren der Selbstorganisation und des bürgerschaftlichen Engagements. In wirtschaftlicher Hinsicht ist der Sektor Teil der Dienstleistungsindustrie mit den Schwerpunkten Soziale Dienste und Gesundheitswesen und umfänglich in den deutschen Sozialstaat eingebunden. Die Tradition der engen Zusammenarbeit zwischen Nonprofit-Sektor und Sozialstaat befindet sich derzeit in einem grundlegenden Wandel. NPOs sehen sich zunehmend privat-kommerzieller Konkurrenz gegenüber.

2.1.1 Vielfalt an Organisations-, Rechtsformen und Begrifflichkeiten

Vielfalt ist charakteristisch für den Bereich zwischen Markt und Staat. Dies gilt auch für die Rechts- und Organisationsformen von NPOs sowie für die Bezeichnungen des Sektors. Im Kontext des Johns-Hopkins-Projektes wurde primär auf »Dritter Sektor« rekurriert (Seibel, 1992; Anheier et al., 1998; Priller/Zimmer, 2001), um den Unterschied von NPOs zu Unternehmen und staatlichen Einrichtungen herauszustellen. In der wirtschaftswissenschaftlichen Literatur wie auch im Management der Organisationen ist inzwischen die Bezeichnung »Nonprofit-Sektor« üblich. Häufig findet sich auch der Begriff »Gemeinnütziger Sektor« (Pressler, 2010), der auf die steuerrechtliche Sonderstellung von NPOs Bezug nimmt.

Es gibt in Deutschland keine eigenständige Rechtsform für NPOs. Im Grundsatz können alle Rechtsformen des Bürgerlichen Gesetzbuches (BGB) zur Organisation gemeinnütziger Zwecke herangezogen werden. »Gemeinnützigkeit« ist eine Kategorie des Steuerrechts. Formal wird die Zugehörigkeit zum NPO-Sektor in Deutschland gleichgesetzt mit der Befreiung von der Körperschaftssteuer. Die Befreiung erfolgt bei Erfüllung spezifischer, im Steuerrecht (Abgabenordnung) festgelegter Kriterien. Bei statistischen Erfassungen des NPO-Sektors wird in der Regel dieser eher formalrechtliche Zugang gewählt.

Die häufigste Rechts- und Organisationsform von NPOs in Deutschland ist der »Idealverein« bzw. der Verein ohne wirtschaftliche Zwecke. Umgangssprachlich werden mit

»Verein« eher kleinere und lokal tätige Mitgliederorganisation bezeichnet. Das »Vereinswesen« wird daher mit lokalen aktiven Hobby-, Freizeit- und Sportvereinen gleichgesetzt (Zimmer, 2007). Doch es finden sich auch große Einrichtungen, wie etwa Krankenhäuser oder Beratungseinrichtungen, in der Organisationsform des Vereins. Als gemeinnützig anerkannt wird der Verein nach Prüfung der Finanzbehörde durch Eintrag im vom Amtsgericht geführten Vereinsregister. Aus dem Verein wird ein e. V. Die Rechts- und Organisationsform der »Stiftung« wird aktuell zunehmend populärer. Im Gegensatz zum »Verein« als Vereinigung von Mitgliedern ist die »Stiftung« eine auf Dauer gestellte Zweckbindung von Vermögenswerten. Da die Bezeichnung Stiftung rechtlich nicht geschützt ist, werden u. a. auch Organisationen als »Stiftung« bezeichnet, die über kein Stiftungsvermögen verfügen und von ihrer Rechtsform als Verein organisiert sind (z. B. die Adenauer-Stiftung). Ob »Genossenschaften« dem NPO-Sektor zuzurechnen sind, ist aufgrund der Eigeninteressen der Mitglieder umstritten. Allerdings gewinnen »Genossenschaften« als Vereinigungen von Mitgliedern, die gemeinnützige Projekte – wie etwa den Bau und Betrieb von Kindergärten, Seniorenwohnungen oder Tante-Emma-Läden – betreiben, aktuell im Bereich einer bedarfsbezogenen lokalen Ökonomie an Bedeutung (Alscher, 2008). Die gemeinnützige »GmbH« hat sich in den letzten Jahrzehnten zur Rechts- und Organisationsform erster Wahl für NPOs entwickelt, die in zentralen Bereichen, wie etwa Gesundheit (Krankenhäuser) oder soziale Dienste, mit privat-kommerziellen Anbietern in Konkurrenz stehen (Zimmer/Priller 2007, 78). Eine Unterform der GmbH ist die haftungsbeschränkte Unternehmensgesellschaft (UG). Die »gemeinnützige UG« bietet insbesondere für kleinere, kapitalschwache NPOs eine Alternative zur GmbH, da sie, auch im Unterschied zur Stiftung oder Genossenschaft, keine Mindestkapitaleinlage erfordert. Möglich, aber eher selten ist auch die gemeinnützige »Aktiengesellschaft (AG)«. Ein bekanntes Beispiel ist der Berliner Zoo, oder genauer die »Zoologischer Garten Berlin AG«.

Mit »Verband« werden Verbünde von Mitgliederorganisationen bzw. überregional tätige Dachorganisationen bezeichnet. Hierzu zählen das breite Spektrum der Wirtschaftsverbände, die Interessen- und Berufsvereinigungen (z. B. ADAC sowie Deutscher Beamtenbund), die Gewerkschaften sowie alle überregionalen Zusammenschlüsse lokaler NPOs, wie z. B. der Deutsche Olympische Sportbund (DOSB) als Dach von rund 93.000 Sportvereinen oder der Naturschutzbund Deutschland (NABU). Eine besondere Rolle kommt im NPO-Sektor Deutschlands den Verbänden des Sozial- und Gesundheitsbereichs zu. Diese sind zu den Spitzenverbänden der »Freien Wohlfahrtspflege« (Arbeiterwohlfahrt (AWO), Caritas, Diakonie, Deutscher Paritätischer Wohlfahrtsverband (DPWV), Deutsches Rotes Kreuz, Zentrale Wohlfahrtsstelle der Juden) zusammengeschlossen und genießen als solche eine besondere Anerkennung und Privilegierung seitens des Staates. Im föderalen System Deutschlands sind die Verbände der »Freien Wohlfahrtspflege« bzw. die sog. »Wohlfahrtverbände« wichtige Ansprechpartner der Politik und als Interessenvertreter und Lobbyisten umfänglich im Bereich Sozialpolitik tätig. Die angeschlossenen Mitgliederorganisationen der »Wohlfahrtverbände« sind vor Ort maßgebliche Akteure der sozialen Dienstleistungserstellung.

Auch in Deutschland werden NPOs der »Zivilgesellschaft« zugerechnet (vgl. Beitrag I.8). Das Begriffsverständnis von Zivilgesellschaft geht aber weit über die Bezugnahme auf gemeinnützige Organisationen hinaus und umfasst neben normativen Zielvorstellungen auch ein Plädoyer für einen zivilen Umgang miteinander und für individuelles Engagement im Dienst von Gesellschaft und Gemeinschaft (Zimmer, 2012). Als Bereichszugehörigkeit von NPOs ist »Zivilgesellschaft« in Deutschland im allgemeinen Sprachgebrauch weniger üblich. Meist wird »Bürgergesellschaft« als Bezeichnung nicht-staatlicher und nicht primär wirtschaftlich orientierter Selbstorganisation verwendet. Hierbei wird aber in der Regel ebenfalls nicht primär auf Organisationen abgehoben, sondern das Engagement des Einzelnen für Gesellschaft und Gemeinschaft steht im Zentrum. »Bürgerschaftliches Engagement« als gemeinschafts- und gesellschaftsbezogene Aktivität hat sich in den letzten Jahren in der Folge der Enquetekommission des Deutschen Bundestages »Zur Zukunft des Bürgerschaftlichen Engagements« (2002) zu einem von Wissenschaft, Politik und allgemeiner Öffentlichkeit stark beachteten Thema entwickelt. Umfang und Ausprägung des Engagements werden seit 1999 im 5-Jahres Turnus mittels eines sog. Freiwilligensurvey repräsentativ in Deutschland erhoben.

2.1.2 Traditionen und Veränderungen

Der deutsche Nonprofit-Sektor zeichnet sich durch Kontinuität und gleichzeitig durch eine bemerkenswerte Anpassungsfähigkeit an wechselnde politische Verhältnisse aus. Trotz markanter politischer Umbrüche sind heute noch Stiftungen in Deutschland aktiv, die bereits im Mittelalter entstanden sind. Eine ganze Reihe von Vereinen, Verbänden und Genossenschaften können ihre Organisationsgeschichte bis weit ins 19. Jahrhundert zurückverfolgen (z. B. Kunstvereine, Caritas). Die interne Strukturierung und heutige politische wie ökonomische Bedeutung des Sektors sind Ergebnis einer engen Zusammenarbeit zwischen Staat und NPOs seit Beginn der Industriemoderne. Insbesondere die im Sozial- und Gesundheitsbereich tätigen NPOs, die Mitgliedsorganisationen der »Wohlfahrtverbände«, genießen traditionell eine durch die Sozialgesetze verbriefte privilegierte Position im deutschen Wohlfahrtsstaat. Auf lokaler Ebene arbeiten im Kontext der Kommunalen Selbstverwaltung Lokalverwaltungen und Vereine eng zusammen. Doch seit Mitte der 1990er Jahre sind hinsichtlich der Zusammenarbeit zwischen Staat und Nonprofit-Sektor deutliche Veränderungen festzustellen. Diese beziehen sich auf die Privilegierung der Wohlfahrtsverbände in den Sozialgesetzen, die zunehmend relativiert wird, die Veränderung der Förderbedingungen (Kontraktmanagement) von NPOs, die sich problematisch entwickelnde finanzielle Unterstützung von NPOs auf lokaler Ebene infolge finanzieller Engpässe und nicht zuletzt das wachsende Interesse und die zunehmende Aufmerksamkeit von Politik und Verwaltung für »Bürgerschaftliches Engagement« (vgl. auch Beitrag III.8).

NPOs als alternative Steuerungs- und Modernisierungsressource

Ein wesentliches Charakteristikum des NPO-Sektors in Deutschland ist die Nähe zum Staat. Seit den Anfängen der Moderne werden NPOs ganz bewusst dazu genutzt, gesellschaftliche »Modernisierung von oben« zu initiieren und erfolgreich umzusetzen. So wurden Organisationen der traditionellen ständischen Gesellschaft, wie etwa Gilden und Zünfte, im Kontext gesellschaftlicher Modernisierung in Deutschland nicht abgeschafft, sondern als (berufsständische) Kammern und Verbände neuen Aufgaben zugeführt und für staatliche Steuerungszwecke nutzbar gemacht (z. B. Ärzte-Anwaltskammern). Aus dieser Tradition der politischen Indienstnahme gesellschaftlicher Organisationen entwickelte sich in der Folge die deutsche Variante neo-korporatistischer Politikgestaltung und -umsetzung, und zwar als Form des Regierens unter Einbeziehung und Mitwirkung von »Verbänden«, einschließlich der Gewerkschaften (Streeck, 1999; Lehmbruch, 1996; Zimmer/Speth 2007). Die Mitwirkung der Verbände erstreckte sich zunächst auf Kernbereiche der Industrie-, Agrar- und Zollpolitik. Bereits in den 1920er Jahren wurde diese Form von Governance auf den Bereich der Sozialpolitik und nach dem II. Weltkrieg auch auf lebensweltliche Bereiche, wie etwa Sport, Freizeit und Bildung, ausgedehnt. Infolge des »Regierens mit Verbänden« ergibt sich die Bedeutung von NPOs als Mitgestalter von Politik in Form des Agenda Setting und der Politikformulierung. Hierbei kommt es innerhalb des NPO-Sektors zu einer Arbeitsteilung zwischen den »Verbänden« und ihren Mitgliedsorganisationen. Während die Verbände die Voice-Funktion innehaben und Politik auf den verschiedenen Ebenen des politischen Systems mitgestalten, übernehmen die NPOs vor Ort die Umsetzung oder Politikimplementation.

In Deutschland war für die Entwicklung der engen Kooperation zwischen Staat und Nonprofit-Sektor die Einführung der *Kommunalen Selbstverwaltung* zentral (Bogumil/Holtkamp 2006). Danach sind die Kommunen allzuständig und haben ihre Belange in personeller wie finanzieller Hinsicht weitgehend selbständig zu regeln. Frühzeitig wurde die Kommunale Selbstverwaltung in einem breiten Spektrum von Bereichen so ausgestaltet, dass in die Leistungserstellung vor Ort in einem beachtlichen Umfang NPOs eingebunden wurden. Diese Entwicklung ist wiederum in engem Zusammenhang mit der Entstehung lokaler Wohlfahrtsstaatlichkeit und ihrer kommunalen Verwaltung zu sehen. Wurden zunächst »Honoratioren« ohne Bezüge und insofern zu ehrenamtlichen Leistungen im Dienst von Kommune und Sozialverwaltung herangezogen (Aner/Hammerschmidt, 2010), so erfolgte bereits Ende des 19. Jahrhunderts eine sukzessive Einbindung der lokalen NPOs in den öffentlichen Planungsverbund und in die soziale Dienstleistungserstellung vor Ort. Unter Garantie ihrer Eigenständigkeit und Selbstverwaltung wurden die NPOs hierbei mit den damals entstehenden öffentlichen sozialen Einrichtungen gleichgestellt.

Bereits in den 1920er Jahren wurde diese Zusammenarbeit auf die nationalstaatliche Ebene erweitert, und das Konzept der »dualen Wohlfahrtspflege« als enge Absprache und Kooperation zwischen öffentlicher und der »Freien Wohlfahrtspflege« in Deutschland etabliert (Sachße, 1995). Die lokalen karitativen Organisationen hatten sich damals bereits entlang ihrer normativ-ideellen oder auch politischen Orientierung zu überregionalen Dachorganisationen, den Vorläufern der heutigen Wohlfahrts- und Spitzenverbände (Boeßenecker, 2006), zusammengeschlossen. Diese sind bis heute zentrale Ansprechpartner der Ministerialbürokratie in Berlin in allen wohlfahrtsstaatlich relevanten Belangen, angefangen bei Fördermaßnahmen für Arbeitslose bis hin zu den Qualitätsstandards bei der häuslichen Pflege.

Politikgestaltung mit NPOs, und zwar in Gestalt ihrer Dachorganisationen bzw. Verbände auf Ebene von Bund, Ländern und Kommunen einerseits sowie Politikumsetzung mit NPOs, und zwar in Form der jeweiligen Mitgliederorganisationen im operativen Geschäft vor Ort andererseits, hat sich seit den frühen Anfängen im 19. Jahrhundert in Deutschland als stabiles »Muster« der Ausgestaltung des Verhältnisses zwischen Staat und Nonprofit-Sektor entwickelt (klassisch Katzenstein 1987). Unterbrochen wurde diese Kooperation in der Zeit des Nationalsozialismus, der keine konkurrierenden politisch-ideologischen oder normativ-christlichen Orientierungen neben Partei und Führer duldete und nach einer anfänglichen Tolerierung NPO-Dachorganisationen und ihre Mitgliederorganisationen vor Ort entweder verbot oder aber gleichschaltete und den NSDAP-Massenorganisationen zuordnete. Dies traf auf alle Tätigkeitsbereiche von NPOs zu (vgl. Nathaus; 2009). Während der Zeit der Teilung Deutschlands wurde in der BRD an die Tradition der engen

Zusammenarbeit mit NPOs direkt wieder angeknüpft (zu Sport, Soziales und Kultur vgl. Rauschenbach/Zimmer, 2011). Die DDR tolerierte dagegen, von wenigen Ausnahmen abgesehen, keine eigenständigen NPOs. Vereinsaktivitäten wurden entweder als Freizeitbereich den Betrieben angegliedert (z. B. im Bereich Sport oder Kultur) oder den parteinahen Massenorganisationen zugeordnet (Anheier et al., 2001). Ausgenommen von der strikten »Parteilinie« waren wenige Organisationen, so z. B. die den Kirchen nahestehende Caritas und Diakonie (Priller 1998).

Auch die Indienstnahme der NPOs »von oben« zu staatlichen Steuerungszwecken ist in Deutschland ein bewährtes Muster der Politikgestaltung, das bereits zu Beginn der Moderne erfolgreich erprobt wurde und in der Folge wiederholt zur Anwendung kam. Prominente Beispiele sind die Integration der im Umfeld der neuen sozialen Bewegungen entstandenen, anfänglich alternativen NPOs im Selbsthilfe-, Kultur- und insbesondere Ökologiebereich (Zimmer 1998). Ihre Etablierung und Institutionalisierung wurde ermöglicht durch Projektförderung sowie durch den umfänglichen Einsatz arbeitsmarktpolitischer Instrumente (Arbeitsbeschaffungsmaßnahmen – ABM). Der sog. Institutionentransfer nach der Wiedervereinigung (Lehmbruch, 1993) ist ein weiteres Beispiel. Mit staatlichen Förderprogrammen und ABM wurde der NPO-Sektor in der ehemaligen DDR aufgebaut. NPOs dienten hierbei vor allem auch als Puffer gegenüber einem weiteren Anstieg der Arbeitslosigkeit in den neuen Ländern (Priller, 1997, Zimmer et al., 1997).

Vom Nutzen und der Legitimierung der privilegierten Partnerschaft

Ein NPO-Sektor im Dienst des Staates war für die Organisationen und insbesondere für die »Freie Wohlfahrtspflege« ein sowohl profitables wie auch sicheres »Geschäft«. An die NPO-Dienstleister und Mitgliedsorganisationen der »Wohlfahrtsverbände« wurden öffentliche Zuwendungen sowie Entgelte der Sozialversicherungen bis Mitte der 1990er Jahre unter Risikoübernahme von staatlicher Seite bei gleichzeitiger Garantie der Eigenständigkeit und Selbstverwaltung der NPOs »überwiesen«. Politisch legitimiert wurde diese besondere Form der Zusammenarbeit zwischen NPOs und Staat in Deutschland unter Bezugnahme auf das »Subsidiaritätsprinzip«. Hierbei handelt es sich an sich um ein Leitmotiv bzw. um eine Maxime der Christlichen Soziallehre. Danach soll der Staat nur dann gesellschaftliche Aufgaben übernehmen, wenn die kleinere soziale Einheit nicht dazu in der Lage ist. Gleichzeitig beinhaltet das »Subsidiaritätsprinzip« eine Verpflichtung des Staates, die kleinere soziale Einheit mittels finanzieller oder infrastruktureller Unterstützung in die Lage zu versetzen, die anstehende Aufgabe gleichwohl zu meistern (von Nell-Breuning, 1990). In den 1960er Jahren wurde das Subsidiaritätsprinzip in der Form einer Privilegierung der »Freie Wohlfahrtspflege« gegenüber anderen Anbietern von Sozialdienstleistungen in der Sozialgesetzgebung verankert (Bundessozialhilfegesetz BSGH und Jugendwohlfahrtsgesetz JWG): Bei Bedarf an einer sozialen Einrichtung vor Ort sollte in der Regel eine Mitgliederorganisation eines Wohlfahrtsverbandes und nicht ein öffentlicher Träger den Zuschlag erhalten. Privat-kommerzielle Konkurrenz war grundsätzlich nicht vorgesehen. Diese rechtliche Festlegung hatte zur Folge, dass die Wohlfahrtsverbände stark expandierten und sich in einzelnen Bereichen zu »Marktführern« der sozialen Dienstleistungserstellung in Deutschland entwickelten.

Bei der Eingliederung der DDR in die Bundesrepublik nach 1990 wurde die spezifische Ausgestaltung des Subsidiaritätsprinzips auf die neuen Bundesländer übertragen. Ferner wurde der Aufbau und die Ausgestaltung des Nonprofit-Sektors in Ostdeutschland nach dem »Muster« der alten Bundesrepublik seitens der Bundesregierung institutionell und finanziell umfänglich unterstützt (Zimmer/Priller, 2007). In den neuen wie alten Ländern traf die gesetzliche Verankerung des Subsidiaritätsprinzips in der beschriebenen Form aber nur auf den Sozialbereich zu. Gleichwohl entwickelte sich auch in anderen Feldern mit starker NPO-Präsenz, wie etwa im Sport, eine sehr enge Zusammenarbeit zwischen Staat und NPOs bzw. den lokalen Vereinen. Unter Rekurs auf die Allzuständigkeit der Kommune und ihre Verantwortung für die Daseinsvorsorge vor Ort erhielten in Deutschland lokale NPOs in der Regel öffentliche Unterstützung, und zwar sowohl in Form der zur Verfügungstellung von Infrastruktur (z. B. Hallen oder Sportplätze) als auch finanzielle Förderung. Die Kommunen sind aber im Gegensatz zur Unterstützung von Einrichtungen im Sozial- und Gesundheitsbereich (etwa Kindergärten) gesetzlich nicht zur Förderung von z. B. Sport- oder Kulturvereinen verpflichtet. Vielmehr handelt es sich in den nicht kernwohlfahrtsstaatlichen Bereichen um freiwillige kommunale Leistungen. Bereits Ende der 1990er Jahre wurde die zurückgehende Förderung der Kommunen aufgrund finanzieller Engpässe bereits als ein wichtiger Grund für Probleme und Schwierigkeiten der NPOs vor Ort genannt (Zimmer/Priller, 2007, S. 84). Inzwischen sind die finanziellen Spielräume der Kommunen in Deutschland deutlich enger geworden, so dass sich viele eine umfängliche Förderung der lokalen Vereine nicht mehr leisten können.

Die Zusammenarbeit zwischen Staat und NPOs wird durch enge personelle Verflechtungen und Personalunionen zwischen den Spitzen von Politik, Verwaltung und NPO-Eliten stabilisiert. Dieser kam für die Einbettung des Sektors in Deutschland lange Zeit neben Neo-Korporatismus oder Regieren mit Verbänden und Subsidiarität als eine weitere zentrale Traditionslinie des Sektors eine wichtige Bedeutung zu. Dabei spielte eine enge Einbindung an soziale Milieus wie bei der Wahl zur Mitgliedschaft oder bei der Übernahme von Leitungsverantwortung eine wichtige Rolle.

Schnee von Gestern

Die enge sozial-funktionale Einbindung des Nonprofit-Sektors in Deutschland gehört inzwischen ebenso der Vergangenheit an wie die Wirkungsmacht und Deutungshoheit des Subsidiaritätsprinzips und die Großzügigkeit der öffentlichen Hand gegenüber den NPOs vor Ort. Sowohl die gesetzlichen Rahmenbedingungen als auch die gesellschaftliche Einbettung des Sektors haben sich in den vergangenen 20 Jahren seit der Wiedervereinigung maßgeblich verändert. Die Wiedervereinigung war hierfür zwar nicht ausschlaggebend, doch wurden bereits laufende Veränderungsprozesse, wie etwa die Erosion der sozialen Milieus, indirekt weiter akzentuiert und durch die zunehmenden finanziellen Engpässe der öffentlichen Hand beschleunigt.

Die Veränderungen beziehen sich u. a. auf die Abschwächung des Subsidiaritätsprinzips in den Sozialgesetzen. Die Mitgliederorganisationen der Wohlfahrtsverbände genießen nur noch einen bedingten Vorrang gegenüber anderen, gerade auch privat kommerziellen Anbietern von sozialen und Gesundheitsdienstleistungen (Backhaus-Maul/Olk 1994). Mit der Mitte der 1990er Jahre eingeführten Pflegeversicherung sind die Wohlfahrtsverbände gänzlich mit anderen Anbietern gleichgestellt. Der Organisationsform – privat-kommerziell, nonprofit oder öffentlich – kommt bei Verhandlungen und Festlegungen von Leistungsentgelten im Gesundheits- und Sozialbereich auch in Deutschland heute keine Bedeutung mehr zu. Vielmehr geht die Politik davon aus, dass Konkurrenz und Wettbewerb unter den Anbietern von Leistungen die besten Garanten für sowohl

Qualität als auch Kosteneffizienz sind. Dieser »Paradigmenwechsel« in der Sozialpolitik wurde in Deutschland begleitet von einem ebenso umfassenden Paradigmenwechsel in der öffentlichen Verwaltung. Auch hierzulande hat die Einführung der verschiedenen Instrumente des New Public Management (u. a. Kontraktmanagement mit zeitlich befristeten Verträgen) das Verhältnis zwischen Verwaltungen und NPOs im operativen Bereich nachhaltig verändert. Die Beziehungen sind generell marktförmiger geworden. NPOs im Gesundheits- und Sozialbereich sehen sich als Dienstleister vor Ort daher heute einer Umwelt gegenüber, die nur noch bedingt der Tradition einer »privilegierten Partnerschaft« zwischen Staat und Nonprofit-Sektor in Deutschland entspricht (Liebig 2005).

Doch es haben sich nicht nur die Kontextbedingungen des Sektors maßgeblich verändert. Entsprechendes gilt auch für seine soziale Einbettung. Die traditionellen sozialen Milieus haben insbesondere als Sozialisationsinstanzen und Gesellschaft strukturierendes Moment ihre Bedeutung verloren. In unseren hoch-individualisierten Gesellschaften basieren Mitgliedschaft in NPOs und Mitmachen im NPO-Sektor heute auf freiwilligen Wahlentscheidungen und sind nur noch bedingt durch traditionelle Milieubezüge vorgeprägt. Zugehörigkeit und Mitmachen bei bestimmten Gruppen, Initiativen oder Vereinen ist zwar nach wie vor sozial differenziert, aber vor allem optional und in erster Linie vom Lebensstil geprägt.

Auch die Politik hat längst auf den gesellschaftlichen Wandel reagiert und sich auf den Trend der Individualisierung nicht nur eingestellt, sondern diesen durch spezifische Fördermaßnahmen und Kampagnen sogar noch weiter akzentuiert. Als Ansprechpartner kommt der NPO-Sektor für Politik und Verwaltung in Deutschland kaum vor. Ziellinie ist vielmehr die Aktivierung einzelner BürgerInnen für den Einsatz in Form einer Spende von Zeit, Geld und Know-how für gemeinschaftliche Belange. Dies kann die Mitwirkung in einer Bürgerstiftung, das ehrenamtliche Engagement im Elternbeirat der Schule oder die Spende für das lokale Hospiz sein.

Insofern wäre es nicht zielführend, das quantitative Bild des Sektors ausschließlich auf die Organisationsebene zu begrenzen. Im Folgenden wird daher auch ein Überblick über die Entwicklung des individuellen Engagements gegeben.

2.2 Das quantitative Bild des Nonprofit-Sektors in Deutschland

2.2.1 Die aktuelle Datenlage zum deutschen Nonprofit-Sektor

Für die statistische Erfassung des Nonprofit-Sektors in Deutschland stellte in den 1990er Jahren das Johns Hopkins Comparative Nonprofit Sector Project auch für Deutschland einen Meilenstein dar. Es wurden entsprechend einer international vergleichend angelegten Methodik die wichtigsten amtlichen und halb amtlichen Statistiken ausgewertet, empirische Primärdaten auf der Grundlage von Stichproben erhoben und eine einheitliche Systematik von NPOs nach Tätigkeitsbereichen entwickelt. Bezugsjahre der Erhebungen waren für Westdeutschland 1990 und 1995, für Ostdeutschland 1990 bis 1994 und 1995 (Anheier et al., 1998; Priller/Zimmer, 2001). Die weitere systematische empirische Betrachtung auf der Ebene der NPOs mit Blick auf den gesamten Sektor stagnierte in den folgenden Jahren weitgehend. Partiell fanden Erhebungen zu Teilkomponenten, wie besonders zum individuellen Engagement im Rahmen des Freiwilligensurveys statt, dessen

Erhebung mit 15.000–20.000 Befragten 1999, 2004 und 2009 im Abstand von fünf Jahren erfolgten (vgl. Gensicke/Geiss, 2010). Weitere empirische Untersuchungen richteten sich auf das Führungspersonal und dessen Rekurrierung in NPOs (vgl. Beher et al., 2008), die Spendenthematik (vgl. Priller/Sommerfeld, 2009/2010) sowie einzelne Bereiche von NPO-Tätigkeit oder dem Engagement bestimmter Bevölkerungsgruppen (vgl. zu Sportvereinen Nagel, 2006 zu Migranten vgl. Halm/Sauer, 2007). Zu den Beschäftigten wurde sekundäranalytisch das Betriebspanel des IAB[1] ausgewertet und zumindest in Eckpunkten deren Entwicklung analysiert (vgl. Dathe u. a., 2009; Dathe/Priller, 2010). Zumindest für die Anzahl der Vereine erscheint auf der Grundlage der Vereinsregister im Abstand von mehreren Jahren eine Vereinsstatistik, die eine Zuordnung der Vereine zu Tätigkeitsbereichen und Regionen vornimmt (vgl. V&M Service, 2011). Für Stiftungen führt der Bundesverband Deutscher Stiftungen eine Datenbank, die Angaben zur Anzahl der Stiftungen sowie zu deren Vermögen und Förderleistungen enthält. Adressen zu gemeinnützigen GmbHs und Genossenschaften sind in entsprechenden Registern zu finden. Für einige Bereiche des NPO-Sektors liegen außerdem Angaben aus organisationsspezifischen Statistiken vor (z. B. Gesamtstatistik der Freien Wohlfahrtspflege mit Daten zur Anzahl der Einrichtungen, Kapazitäten, Beschäftigten und Engagierten).

Erst das im Jahr 2009 begonnene Projekt »Zivilgesellschaft in Zahlen« (ZiviZ) setzte die mit dem Johns-Hopkins-Projekt begonnene Aufgabe einer kontinuierlichen und umfassenden Berichterstattung zum Nonprofit-Sektor erneut auf die Tagesordnung. Das bislang von einem Stiftungskonsortium getragene Projekt hat in seiner ersten Phase hauptsächlich auf Datenbestände des Statistischen Bundesamtes zurückgegriffen. Im Mittelpunkt standen dabei eine ökonomische Bilanz und das gesellschaftliche Leistungsprofil der NPOs auf der Grundlage des Unternehmensregisters. Berücksichtigt werden dabei in erster Linie alle Organisationen mit jährlich mindestens 17.500 Euro steuerbarem Umsatz aus Lieferungen und Leistungen und/oder mindestens einem sozialversicherungspflichtigen Beschäftigten. Datengrundlage ist die regelmäßig aktualisierte Datenbank des Unternehmensregisters der amtlichen Statistik. Nur mit Freiwilligen und Ehrenamtlichen arbeitende NPOs werden hierbei nicht berücksichtigt. Bislang liegen erste Ergebnisse des Projekts, das bis Ende 2011 vom Statistischen Bundesamt in Zusammenarbeit mit dem Centrum für soziale Investitionen und Innovationen (CSI) der Universität Heidelberg und dem Wissenschaftszentrum Berlin für Sozialforschung (WZB) bearbeitet wurde, vor (vgl. Rosenski, 2012).

2.2.2 Größe des deutschen Nonprofit-Sektors

Wenn man das ökonomische Gewicht des deutschen Nonprofit-Sektors in Arbeitsplätzen ausdrückt, so stellte der Sektor 1990 vor der Wiedervereinigung in Westdeutschland 1,3 Millionen Arbeitsplätze, was einem Äquivalent von etwa einer Million Vollzeitarbeitsplätzen gleichkam. Diese 1,018 Millionen Vollzeitarbeitsplätze entsprachen 3,7% der

1 Das IAB-Betriebspanel, dessen Daten in erster Linie am Institut für Arbeitsmarkt- und Berufsforschung ausgewertet werden, erfasst nur Betriebe mit mindestens einem sozialversicherungspflichtigen Beschäftigten. Die Erhebung bietet Angaben sowohl zu den Beschäftigten als auch zu den Organisationen.

Gesamtbeschäftigung oder jedem zehnten Arbeitsplatz im Dienstleistungsbereich. In Ostdeutschland umfassten die Vergleichszahlen Ende 1990 rund 80.000 Vollzeitäquivalente oder etwas mehr als 1% der damaligen Erwerbsbevölkerung.

Bis heute ist in Deutschland von einem anhaltenden Zuwachs bei den Beschäftigten auszugehen und die Anzahl der Arbeitsplätze hat sich deutlich erhöht (vgl. Abbildung I.2.1).

	1990 (nur früheres Bundesgebiet)	1995	2007
Beschäftigte im Nonprofit-Sektor (in Mio.)	1,3	2,1	2,3*
Anteil der Beschäftigung des Nonprofit-Sektors an der Gesamtwirtschaft (in %)	3,74	4,93	9,0
Gesamtausgaben des Nonprofit-Sektors (in Mio. Euro)	47.763	69.229	89.000
Anteil der Ausgaben des Nonprofit-Sektors am Bruttosozialprodukt (in %)	3,9	3,9	4,1
* nur Sozialversicherungspflichtige Beschäftigte (Voll- und Teilzeit)			

Quelle: Johns Hopkins Comparative Nonprofit Sector Project, Teilstudie Deutschland; Rosenski (2012)

Abbildung I.2.1: Beschäftigung und Ausgaben im deutschen Nonprofit-Sektor

Die NPOs beschäftigten 1995 bereits rund 2,1 Millionen Personen, davon etwa 350.000 bis 400.000 in den neuen Bundesländern (Priller/Zimmer, 2001). Die Gesamtzahl der Beschäftigten entsprach 1,441 Millionen Vollzeitarbeitsplätzen und einem Anteil von 4,93% an der volkswirtschaftlichen Gesamtbeschäftigung. Den neueren Analysen des Unternehmensregisters zur Folge waren hier im Jahr 2007 rund 105.000 NPOs vorhanden. Sie beschäftigten rund 2,3 Millionen sozialversicherungspflichtige und rund 300.000 geringfügig entlohnte Beschäftigte (vgl. Rosenski 2012, S. 214). Die Gesamtzahl der Arbeitsplätze belief sich damit auf 2,6 Millionen. Neben der regulären Beschäftigung ist der Einsatz von verschiedenen Einsatzformen beschäftigungspolitischer Maßnahmen der öffentlich geförderten Beschäftigung in den NPOs nicht zu vernachlässigen. Ob Arbeitsbeschaffungsmaßnahmen (ABM), Zivildienstleistende, Arbeitsgelegenheiten mit Mehraufwendungen (MAE) oder jüngst der Bundesfreiwilligendienst – NPOs profitieren von diesen vom Staat geförderten Ressourcen. Sie überschreiten nicht selten die Zahl von 100.000 Plätzen. Nach Analysen mit dem IAB-Betriebspanel sind, wenn freie Mitarbeiter, geringfügig Beschäftigte, Praktikanten und Teilnehmer an »Arbeitsgelegenheiten mit Mehraufwandsentschädigung« (sogenannte Ein-Euro-Jobber) mitgezählt werden, 2008 etwa 2,5 Millionen Personen im Dritten Sektor (erwerbs-)tätig gewesen (vgl. Dathe/Hohendanner/Priller, 2009).

Die NPOs hatten im Jahr 1990 insgesamt einen Umsatz von 47,8 Milliarden Euro, das entspricht etwa 3,9% des Bruttosozialprodukts. Hinsichtlich der Nettowertschöpfung ist der Beitrag zum Bruttoinlandsprodukt (BIP) etwa mit 2,5 bis 3% zu beziffern. Diese Angaben enthalten noch nicht den Wert der freiwilligen oder ehrenamtlichen Arbeit. Wäre der Wert dieser Arbeit einbezogen worden, so würde sich der Beitrag des Nonprofit-Sektors an der Wertschöpfung, je nach zugrunde gelegtem Berechnungsschema, auf 4 bis 5% erhöhen.[2]

Der wirtschaftliche Stellenwert des NPO-Sektors ist bis Mitte der neunziger Jahre beachtlich angestiegen. Unter Einbeziehung der neuen Bundesländer tätigte der Sektor 1995 Ausgaben in Höhe von 68,7 Milliarden Euro.

Für das Jahr 2007 wird die Bruttowertschöpfung des NPO-Sektors auf Grundlage von methodischen Berechnungen der volkswirtschaftlichen Gesamtrechnung mit gut 89 Milliarden Euro angegeben. Gemessen an der gesamten Bruttowertschöpfung in Deutschland waren dies 4,1%, was jener des Fahrzeugbaus oder des Baugewerbes entsprach (vgl. Rosenski 2012, S. 217).

2.2.3 Zusammensetzung nach Rechtsformen und Branchen

Insgesamt durchläuft der Nonprofit-Sektor in Deutschland bis in die Gegenwart eine bemerkenswerte Wachstumsphase, sowohl gemessen an der Anzahl der Organisationen, der Beschäftigten und der Ehrenamtlichen sowie der bürgerschaftlich Engagierten. Die Boomphase des Nonprofit-Sektors hält in Deutschland wie weltweit weiter an.

Vereine

In den letzten Jahrzehnten waren die Zuwächse bei den Vereinen, der häufigsten Organisationsform des Nonprofit-Sektors in Deutschland, beachtlich (vgl. Abbildung I.2.2).

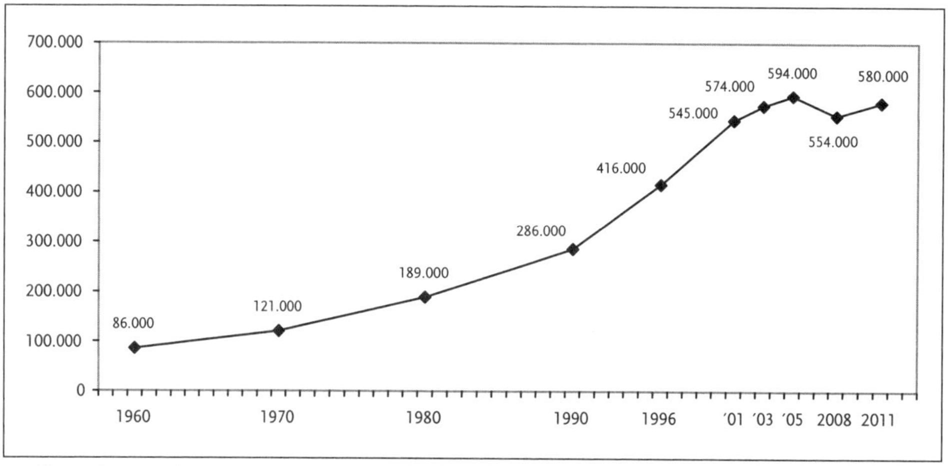

Quellen: Johns Hopkins Project; Vereinsstatistik V & M Service GmbH, Konstanz

Abbildung I.2.2: Entwicklung der Anzahl der Vereine in Deutschland 1960 bis 2011

2 Das am häufigsten verwendete Berechnungsmodell folgt dem Substitutionskostenansatz und bewertet ehrenamtlich geleistete Arbeitszeit mit den durchschnittlichen zu bezahlenden Arbeitskosten entweder für die Gesamtwirtschaft oder branchenspezifisch.

2011 waren in den Vereinsregistern 580.000 Vereine eingetragen. In letzter Zeit lassen sich jährlich ca. 9.000 Vereine neu eintragen. Durch diese Entwicklung hat sich die Vereinsdichte stark erhöht. Während 1960 nur 160 Vereine je 100.000 Einwohner gezählt wurden, waren es 2011 rund 700 Vereine je 100.000 Einwohner. Die steigende Zahl der Vereine reflektiert u. a. eine steigende Interessendifferenzierung und die zunehmende Heterogenisierung der Bevölkerung, aber auch einen wachsenden Gestaltungsanspruch durch Partizipation bei steigendem Wohlstand.

»Verein« ist in Deutschland oft eine Rechtsform mit vielen Einrichtungen. So befinden sich beispielsweise Reha-Zentren, Beratungseinrichtungen und selbst Krankenhäuser in der Trägerschaft von Vereinen. Dies trifft besonders für die Einrichtungen der Wohlfahrtsverbände zu.

Stiftungen

In den letzten zwanzig Jahren war auch das Wachstum der Stiftungen beachtlich, um eine weitere wichtige Organisations- und Rechtsform des NPO-Sektors anzusprechen (vgl. Abbildung I.2.3, vgl. Beitrag III.6). Sie stellen privates Vermögen für Zwecke des Gemeinwohls zur Verfügung und fördern NPOs sowohl materiell wie durch innovative Ansätze. Allerdings sind die meisten Stiftungen in Deutschland Anstaltsstiftungen, die ihren Stiftungszweck nicht durch Mittelvergaben, sondern durch Eigenbetrieb (z. B. Unterhalt eines Think-Tank) verwirklichen.

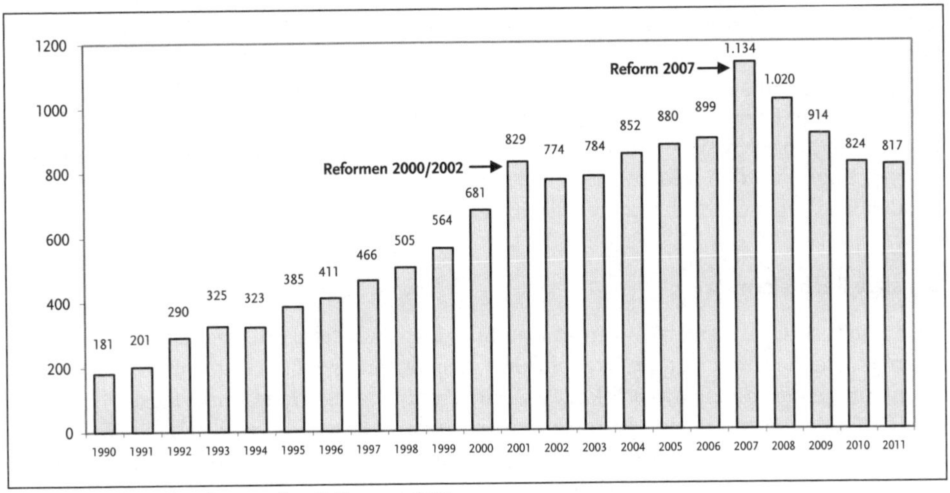

Quelle: Bundesverband Deutscher Stiftungen 2012

Abbildung I.2.3: Stiftungsgründungen in Deutschland 1990 bis 2011

Zwei Drittel der Ende 2011 bestehenden 18.946 Stiftungen wurden nach 1945 errichtet. Die achtziger Jahre brachten einen wahren Gründungsboom im Stiftungswesen; ein seit Mitte der siebziger Jahre feststellbarer Anstieg der Zahl neu errichteter Stiftungen beschleunigte sich weiter. Seit 1993 sind jährlich mehr als 300 Stiftungen neu errichtet worden. Seit 2000 liegt die Zahl bei jährlich über 700 Stiftungen, 2007 wurde mit 1.134 Stiftungen der bisherige Spitzenwert erreicht. 2011 entstanden 817 Stiftungen neu (Bundesverband Deutscher Stiftungen, 2012). Obwohl der Stiftungssektor in Deutschland zur Zeit weiter zunimmt und eine breite Entwicklungsphase durchläuft, bestehen, wie der Einfluss der staatlichen Reformen aus den Jahren 2000/2002 und 2007 auf das Gründungsgeschehen belegt, wichtige Verbindungen zur Politik und Gesellschaft. In den Reformen wurde neben der Vereinfachung von formalen und organisatorischen Regelungen zur Gründung von Stiftungen auch die Steuerabzugsfähigkeit bei der Einbringung von Stiftungskapital heraufgesetzt, was sich stimulierend auf die Errichtung dieser Rechtsform auswirkte.

Die deutschen Stiftungen bilden weltweit den zweitgrößten Stiftungssektor nach den USA. Angaben zum Gesamtvermögen der Stiftungen sind unvollständig. Anheier (1998) schätzt einen Betrag zwischen 11,91 Milliarden Euro und 23,56 Milliarden Euro für Anfang der neunziger Jahre. Das gesamte Vermögen deutscher Stiftungen machte demnach damals ungefähr 1,4% des Bruttoinlandsprodukts aus. Nach Angaben von 6.319 Stiftungen[3] aus dem Jahr 2000 verfügten diese über 39 Milliarden Euro, davon hatten die zwanzig größten Stiftungen etwa die Hälfte der Mittel. Die Schätzungen für alle Stiftungen belaufen sich in diesem Zeitraum auf 60 Milliarden Euro. Die jährlichen Gesamtausgaben der Stiftungen werden auf rund 15 Milliarden Euro geschätzt.

Der Bereich »Soziale Dienstleistungen« stellt mit 31,1% der insgesamt bewilligten Mittel den größten Förderbereich der deutschen Stiftungen dar (Anheier, 1998). An zweiter Stelle liegt der Bildungs- bzw. Erziehungsbereich mit 21,8% der Fördermaßnahmen, gefolgt von wissenschaftlicher Forschung (12,6%) und schließlich Kunst und Kultur mit 9,6%. Die Bereiche Gesundheit, Umwelt, internationale Unterstützung und Religion haben sehr geringe Bedeutung und machen nur jeweils zwischen 2 und 5% der Projektmaßnahmen aus.

Besondere Aufmerksamkeit hat in den letzten Jahren die »Bürgerstiftung« erfahren. Sie ist ein Importprodukt aus den USA. Bürgerstiftungen sind eine Mischung von Verein und Stiftung, da sie auf Zustiftungen angelegt sind, stark von bürgerschaftlichem Engagement getragen werden und auf lokaler Basis eine Vielfalt von Projekten, meist im Bereich Kinder- und Jugendhilfe sowie im Bildungsbereich, operativ durchführen.

Sonstige Rechtsformen

Neben den NPO-Klassikern – Verein und Stiftung – werden zunehmend unternehmensförmige Rechtsformen für die Organisation gemeinnütziger Zwecke gewählt. Eine GmbH zu einem gemeinnützigen Zweck zu gründen, ist in Deutschland unter Gesichtspunkten einer zunehmenden Dienstleistungsorientierung und Druck auf eine erhöhte Wirtschaftlichkeit seit den 1990er Jahren in Mode gekommen. Bis heute ist eine Vielzahl von Organisationen des Nonprofit-Sektors in Deutschland in dieser Rechtsform entstanden, und diese Tendenz hält weiter an. Die Handelsregister wiesen im Jahr insgesamt rund 9.300 gGmbH aus.

Neben der bewährten GmbH-Form mit einem Mindeststammkapital von 25.000 Euro kann seit 2008 nach dem Gesetz zur Modernisierung des GmbH-Rechts eine *haftungsbeschränkte Unternehmensgesellschaft* (UG) ohne bestimmtes Mindestkapital gegründet werden, die sich ebenfalls gemeinnützig orientieren kann (gUG). Sie ist durch das nicht

---

3 Quelle: Bundesverband Deutscher Stiftungen, Verzeichnis Deutscher Stiftungen 2005.

erforderliche Mindestkapital für den Nonprofit-Sektor attraktiv. Das Stammkapital einer normalen GmbH soll bei der UG durch die Rücklagen aus möglichen Gewinnen angesammelt werden. Im Jahr 2011 belief sich die Anzahl der gUG auf 175 Organisationen, ihre Anzahl ist 2012 auf 335 angestiegen und hat sich damit innerhalb eines Jahres fast verdoppelt. Über die wirtschaftlichen Potenziale dieser neuen Rechtsform können zurzeit noch keine Aussagen getroffen werden.

Durch die Novellierung des Genossenschaftsgesetzes im Jahr 2007 wird die gemeinwohlorientierte Ausrichtung der Rechtsform Genossenschaft in Deutschland stärker akzentuiert und gefördert. Insofern finden die klassischen Grundsätze der Genossenschaftsidee – Kooperation, Gegenseitigkeit und Demokratie – wieder zunehmend Aufmerksamkeit. Genossenschaften mit gemeinnütziger Ausrichtung sind zunehmend nicht mehr nur in traditionellen Bereichen des Wohnungswesens und den sogenannten Sozialgenossenschaften zu finden. Neue Felder gemeinwohlorientierter Genossenschaften sind oft ehemals kommunale Aufgaben wie Abwasserentsorgung, Bereiche der Ökologie und alternative Energiegewinnung. Die Anzahl der Genossenschaften ist laut der Genossenschaftsregister für 2011 mit rund 9.000 angegeben, davon sind ca. 10 Prozent unter Einbeziehung der Wohnungsbaugenossenschaften als gemeinnützig einzustufen.

2.2.4 Beschäftigung und Zivilengagement im deutschen Nonprofit-Sektor

Bezahlte Beschäftigung

Die Betrachtung der Beschäftigung im deutschen Nonprofit-Sektor ermöglicht Rückschlüsse in mehrfacher Hinsicht. Zum einen geben die Angaben einen Eindruck von der Gesamtgröße des Sektors, zum anderen vermitteln sie den Einblick in die innere Struktur und den Umfang einzelner Bereiche. Schließlich sind die Beschäftigungsverhältnisse ein wichtiger Indikator für bestimmte Veränderungen und Entwicklungsprozesse wie zunehmende Professionalisierung oder Ökonomisierung. Bei der Verwendung von aktuellen Angaben auf der Basis des Unternehmensregisters gilt es zu berücksichtigen, dass nur ein Teil der Organisationen mehr als 17.500 Euro versteuerbaren Jahresumsatz erwirtschaftet und/oder über zumindest einen sozialversicherungspflichtigen Beschäftigten verfügt. Kleinere Vereine, Bürgerinitiativen oder Selbsthilfegruppen finden deshalb in der Statistik kaum Berücksichtigung. Organisationen, die rein auf ehrenamtlicher Basis tätig sind, zu einem wesentlichen Teil die »Infrastruktur« der Zivilgesellschaft ausmachen und in den letzten Jahren ein enormes Wachstum erfahren haben, fehlen daher weitgehend. Dies wird bereits deutlich, wenn die Anzahl der über eine halbe Million eingetragenen Vereine der im Unternehmensregister für das Jahr 2007 ausgewiesenen 105.000 NPOs gegenübergestellt werden. Gleichwohl sind 3% der Einheiten des Unternehmensregisters NPOs. In ihnen sind 9% der sozialversicherungspflichtigen Beschäftigten sowie 7% der geringfügig Beschäftigten tätig.

Der deutsche Nonprofit-Sektor wird durch die Bereiche Gesundheitswesen und Soziale Dienste dominiert. Im Jahr 1990 waren 32% aller Beschäftigten in diesen Bereichen tätig, 1995 waren es rund 39%. Im Gesundheitswesen ging der Anteil von 36% im Jahr 1990 auf 31% im Jahr 1995 leicht zurück. Nach den aktuellen Angaben aus dem Unternehmensregister – es ermöglicht durch die volkswirtschaftliche Klassifikation der Wirtschaftszweige allerdings keinen direkten Vergleich zu den Angaben auf der Grundlage der im Johns

Hopkins Projekt verwendeten International Classification of Nonprofit Organizations (ICNPO) – sind im Sozialwesen (einschließlich von Heimen aber ohne Erholungs- und Ferienheimen) im Jahr 2007 rund 42% der Beschäftigten des Nonprofit-Sektors im Bereich der Sozialen Dienste und 20% im Gesundheitswesen tätig (vgl. Abbildung I.2.4).

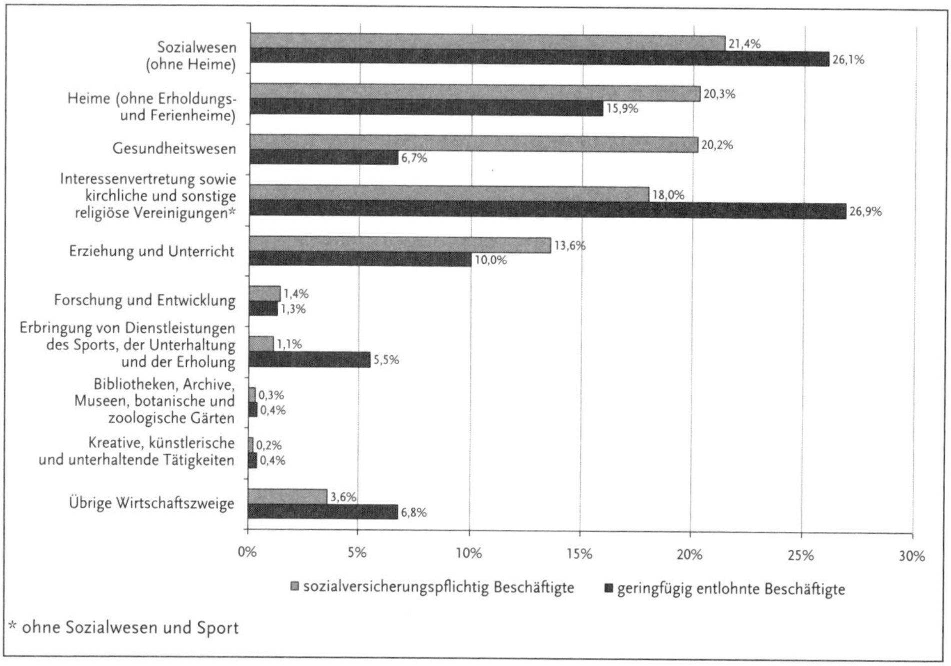

Quelle: Rosenski 2012, S. 216 und eigene Berechnungen

Abbildung I.2.4: Verteilung der sozialversicherungspflichtig und geringfügig entlohnten Beschäftigten des Nonprofit-Sektors nach Wirtschaftszweigen (WZ 2008)

Die einzelnen NPO-Tätigkeitsbereiche haben einen unterschiedlichen Anteil an der bereichsbezogenen Gesamtbeschäftigung. Im Sozialwesen dominieren die NPOs in der Gesamtbeschäftigung. Drei von vier Beschäftigten (76%) im Sozialwesen sind im Nonprofit-Sektor tätig. Im Gesundheitswesen beträgt dieser Anteil rund 25% und ist damit im Vergleich zu den 1990er Jahren weiter zurückgegangen. Beim Bereich Erziehung und Unterricht liegt der Anteil des Nonprofit-Sektors bei beachtlichen 39% und bei Forschung und Entwicklung bei 27% der Beschäftigten. Nach der INCPO-Klassifikation entfielen 1990 auf den Bereich Bildung und Forschung lediglich 11%. Demnach hat dieser Bereich eine bemerkenswerte Entwicklung genommen. Dies trifft auch für den Bereich Kultur und Erholung zu, dessen Anteil des Nonprofit-Sektors 1990 – gemessen an der Zahl der Beschäftigten – mit 11% relativ gering war. Nach der Klassifikation der volkswirtschaftlichen Gesamtrechnung wird hingegen für 2007 für die Kategorie Erbringung von Dienstleistungen des Sports der Unterhaltung und Erholung ein Wert von 31% ausgewiesen. Nicht unerwartet ist hingegen der Beschäftigtenanteil der NPOs in der Kategorie Interessenvertretung sowie kirchliche und sonstige religiöse Vereinigungen mit 81% an den Gesamtbeschäftigten dieses Bereichs am höchsten.

Beschäftigtenstruktur

Der deutsche Nonprofit-Sektor hat eine spezifische Beschäftigungsstruktur. Einerseits hat er einen höheren Anteil an weiblichen Beschäftigten als jeder andere Sektor und jede andere Branche. Frauen stellen nach Analysen mit dem IAB-Betriebspanel im Jahr 2008 76% der Arbeitskräfte im Nonprofit-Sektor gegenüber 45% in der Gesamtwirtschaft (vgl. Abbildung I.2.5). Außerdem ist er generell durch einen hohen Prozentsatz an Teilzeitarbeitsplätzen gekennzeichnet. Im Jahre 1995 betrug der Anteil an Teilzeitarbeitsplätzen im Nonprofit-Sektor 25% gegenüber 14% in der Gesamtwirtschaft. Bis zum Jahr 2007 ist der Anteil der Teilzeitarbeitsplätze nach den Angaben aus dem Unternehmensregister weiter angestiegen und erreichte im Nonprofit-Sektor einen Wert von 40%, während er bei allen Beschäftigungsverhältnissen nur 17% betrug (vgl. auch Beitrag II.6).

Die Bezugsgröße für die Anteile Frauen, Teilzeitbeschäftigte, Befristungen und Minijobs sind sozialversicherungspflichtig Beschäftigte; die Bezugsgröße für Ein-Euro-Jobs sind die Erwerbstätigen insgesamt.

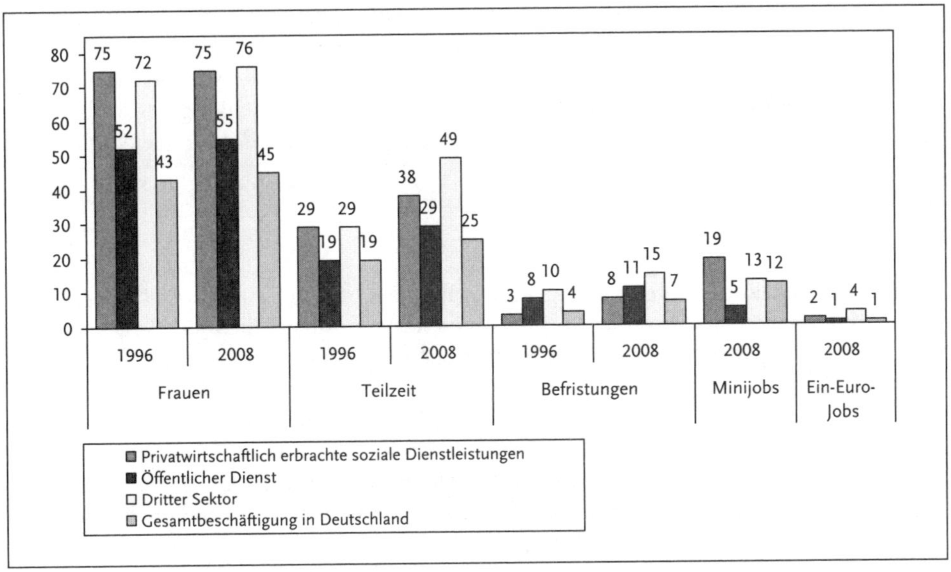

Quelle: Dathe u. a. 2009 (Datenbasis: IAB-Betriebspanel 1996–2008; hochgerechnete Werte).

Abbildung I.2.5: Beschäftigungsanteile – Frauen, Teilzeit, befristete Beschäftigte, Mini- und Ein-Euro-Jobber – nach Bereichen (in Prozent)

Die quantitative Stabilität bzw. das Beschäftigungswachstum gehen mit deutlichen strukturellen und qualitativen Veränderungen einher. Drei Entwicklungstendenzen lassen sich dabei über den Zeitraum der letzten Jahre beobachten: ein überproportionaler Anstieg der Teilzeitbeschäftigung, eine zunehmend exzessive Befristungspraxis und – vor allem in Ostdeutschland – eine deutliche Verschiebung der öffentlich geförderten Beschäftigungsverhältnisse von sozialversicherungspflichtigen Maßnahmen (insbesondere Arbeitsbeschaffungsmaßnahmen – ABM) hin zu Ein-Euro-Jobs. Von dieser Entwicklung sind v. a. Frauen betroffen, da sie die Mehrheit der im Dritten Sektor Beschäftigten stellen. Die ebenfalls hohe Frauenquote bei den privatwirtschaftlich erbrachten sozialen Dienstleistungen macht deutlich, dass nicht der Nonprofit-Sektor per se verstärkt Arbeitsplätze für Frauen anbietet, sondern soziale Dienstleistungen an sich frauentypische Arbeitsplätze sind und die Entwicklung des Nonprofit-Sektors hin zu Dienstleistungen den hohen Frauenanteil fördert. Der Anstieg der Teilzeit im Nonprofit-Sektor lässt sich nicht allein mit dem hohen Frauenanteil erklären. Frauen bevorzugen zwar oft aus Gründen der besseren Vereinbarkeit von Beruf und Familie Teilzeitarbeitsplätze, der Anteil der Frauen ist aber im untersuchten Bereich nur gering angestiegen. Ein anderer Erklärungsansatz ist der zunehmende Konkurrenzdruck, der sich durch die Reduzierung öffentlicher Fördermittel verschärft hat. Die Organisationen schließen bei geringerem finanziellen Spielraum zunehmend Teilzeitverträge ab. Noch dramatischer sind die Ergebnisse nach dem Unternehmensregister, die einen Anteil von 40% Teilzeit bei den NPOs im Vergleich zu 17% bei den Beschäftigungsverhältnissen insgesamt ausweisen.

Eine besondere Form der Teilzeitbeschäftigung stellen Minijobs dar: 12 Prozent der Beschäftigten im Dritten Sektor sind sowohl 2008 nach den Angaben aus dem IAB-Betriebspanel als auch 2007 nach dem Unternehmensregister geringfügig beschäftigt. Der Anteil der Mini-Jobber liegt zwar niedriger als bei den privatwirtschaftlich erbrachten sozialen Dienstleistungen (17 Prozent), aber leicht über dem Gesamtdurchschnitt (11 Prozent). Neben der Teilzeitbeschäftigung ist der hohe Anteil befristeter Arbeitsverhältnisse typisch für den Nonprofit-Sektor. 2008 waren 15 Prozent der Beschäftigungsverhältnisse befristet, in dem vergleichbaren Teil der Privatwirtschaft lag der Anteil bei lediglich acht Prozent.

Bürgerschaftliches Engagement

Bei den Angaben zum bürgerschaftlichen Engagement bzw. zur ehrenamtlichen Arbeit in Deutschland liegen aus verschiedenen Untersuchungen unterschiedliche Ergebnisse vor (vgl. Priller, 2011). Während ein Teil der Untersuchungen eher von einer geringen Bereitschaft der Deutschen zum Engagement ausgeht, kommt der Freiwilligensurvey mit einem breiten Engagementbegriff zu dem Ergebnis, dass sich mehr als jede/r dritte Deutsche/r (1999 34 Prozent, 2004 und 2009 jeweils 36 Prozent) ehrenamtlich engagiert (Gensicke/Geiss 2010). Untersuchungen, die sich auf das Engagement in NPOs konzentrieren und den Aspekt des regelmäßigen und für die Organisationen auch spürbaren Zeiteinsatzes betonen, kommen zu geringeren Engagementquoten. Hinsichtlich der Engagementbereiche hat es in den letzten Jahren keine grundlegenden Veränderungen gegeben: Sport und Bewegung liegen in der Beliebtheit an der Spitze, gefolgt von Schule und Kindergarten, Kirche und Religion und dem sozialen Bereich (vgl. Abbildung I.2.6).

Im Bereich des bürgerschaftlichen Engagements gleicht sich im Unterschied zur Beschäftigung das Verhältnis zwischen den Geschlechtern aus, da Männer und Frauen sich in etwa gleich häufig engagieren, obwohl es bereichsspezifische Unterschiede gibt: Männer sind eher in den Bereichen Sport und Freizeit tätig, Frauen eher in karitativen Einrichtungen. Einen relativ stabilen Trend weist auch die Spenderquote in Deutschland auf (vgl. Abbildung I.2.7).

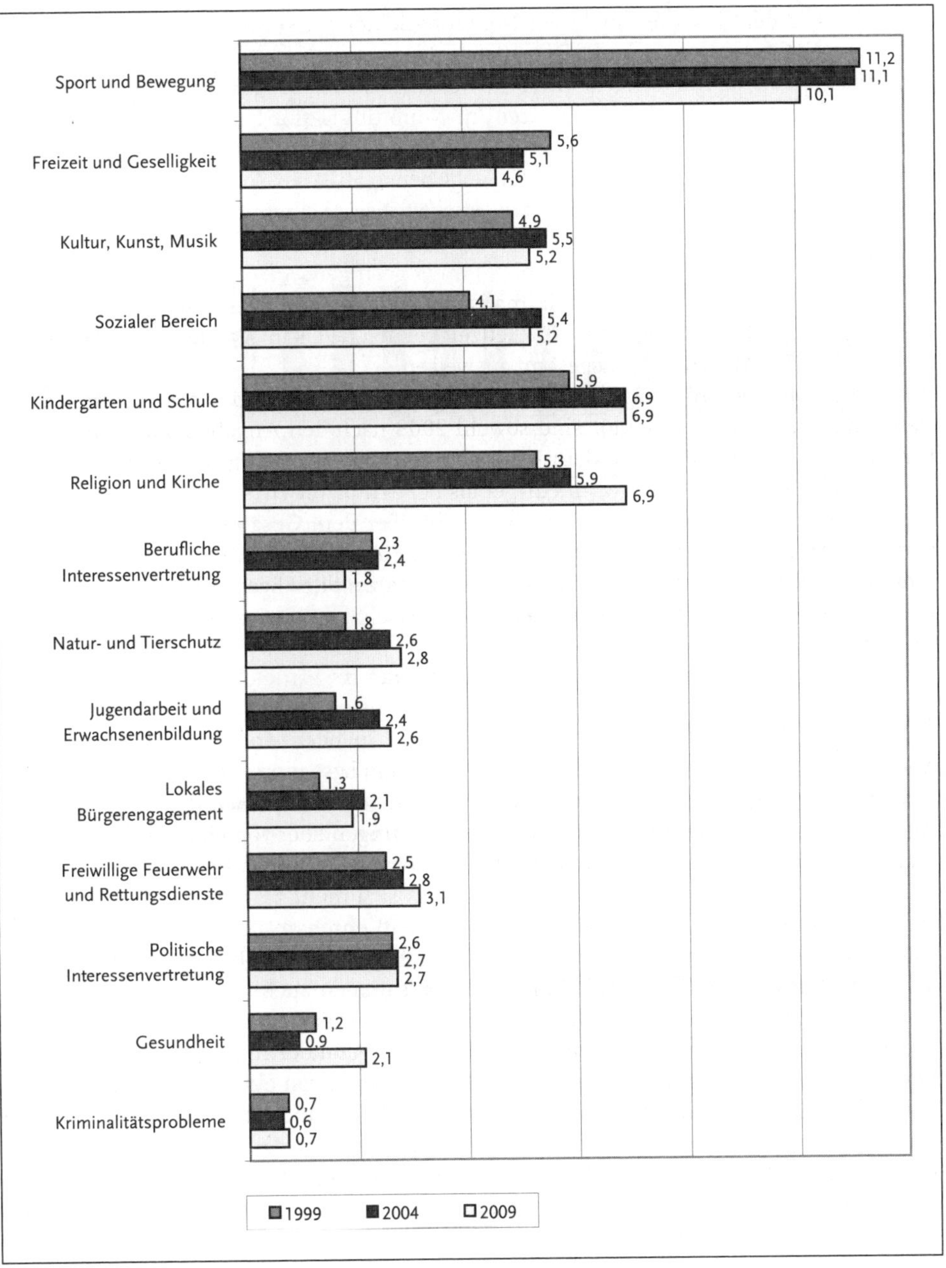

Quelle: Freiwilligensurveys 1999, 2004, 2009

Abbildung I.2.6: Engagement nach Bereichen (Mehrfachnennungen möglich)

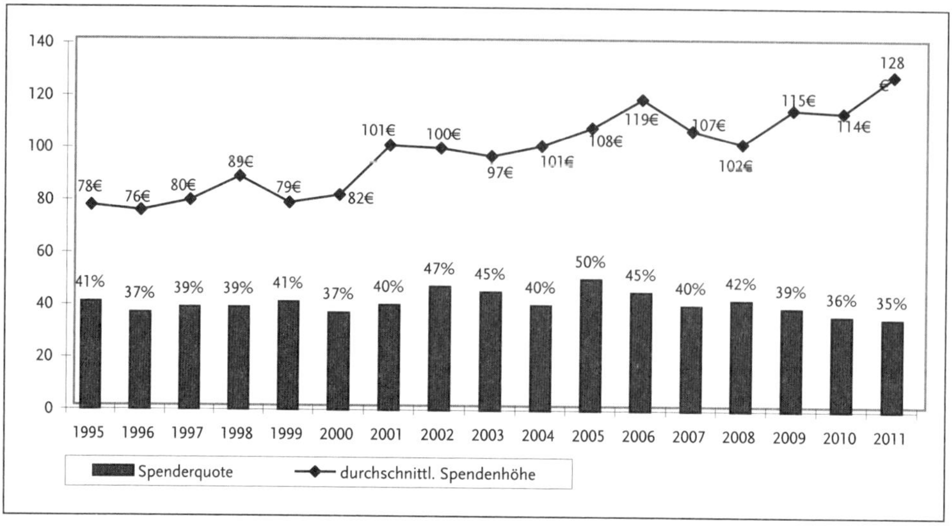

Quelle: Emnid Spendenmonitor 1995–2011

Abbildung I.2.7: Entwicklung der Spenderquote und durchschnittliche Spendenhöhe

Mit einem Anteil von rund 40% der Bevölkerung, der im Laufe eines Jahres spendet, hat sich in Deutschland eine stabile »Kultur des Gebens« etabliert. Bei besonderen Katastrophenfällen wie Tsunami-Katastrophen steigt die Spendenbereitschaft spürbar an. An Spendenaktivitäten beteiligen sich nicht alle Bevölkerungsgruppen in gleichem Maße. Ältere Frauen zählen auch in Deutschland zu den fleißigsten SpenderInnen. Aktuell zeigt sich eine leicht rückläufige Tendenz im Anteil der Bevölkerung, der spendet, aber eine leichte Zunahme in der durchschnittlichen Spendenhöhe.

2.3 Aktuelle Trends und Entwicklungen

Bietet das quantitative Porträt des Sektors zunächst ein Bild der Stabilität – Zunahme der Organisationen und Wachstum der Beschäftigung –, so weist eine genauere Analyse der Trends bei Beschäftigung und Rechtsformwahl auf deutliche Veränderungen hin. Bei der Struktur der Beschäftigung zeichnet sich eine Entwicklung ab zu überwiegend weiblichen, atypischen, d.h. nahezu im Regelfall flexiblen und zeitlich befristeten Beschäftigungsverhältnissen. Maßgeblich geschuldet ist diese Entwicklung der Veränderung der politischen und ökonomischen Einbettung der im Sozial- und Gesundheitsbereich tätigen NPOs. Als Partner und Gegenspieler der Berliner und der Länderpolitik haben die Wohlfahrtsverbände ihre angestammte Rolle im deutschen Sozialstaat nicht verloren. Ihnen kommt nach wie vor eine wichtige Funktion der »Voice« und Einflussnahme auf Politikgestaltung zu. Auf der operativen Ebene der Dienstleistungserstellung vor Ort sind ihre Mitgliederorganisationen aber inzwischen gegenüber der zunehmenden privat-kommerziellen Konkurrenz gleichgestellt. Die sich verschlechternden Beschäftigungsverhältnisse spiegeln die mittlerweise »beinharte« Konkurrenz zwischen den Anbietern auf den

Sozialmärkten wider. Eine Folge dieser Ökonomisierung ist u.a. die Favorisierung unternehmensnaher Rechtsformen, wie etwa die GmbH, sowie generell eine Orientierung am Forprofit-Bereich.

Von der Ökonomisierung in Form einer Orientierung am Forprofit-Bereich sowie infolge der zunehmenden Konkurrenz durch privatwirtschaftliche Anbieter sind aber nicht nur die Wohlfahrtsverbände und ihre Mitgliedsorganisationen im Gesundheits- und Sozialbereich betroffen. Entsprechendes lässt sich u. a. auch bei Sportvereinen feststellen, die sich gerade im Breitensportbereich einer zunehmenden Konkurrenz von privatwirtschaftlichen Anbietern (Fitness-, Yoga-Studios, Wellness-Zentren) gegenübersehen. Die NPOs reagieren bisher auf diese neuen Herausforderungen nicht, indem sie ihre Besonderheiten herausstellen, sondern sie versuchen meist hinsichtlich Angebotspalette, Image, Marketing und Effizienz mit den privatwirtschaftlichen Konkurrenten gleichzuziehen. Diese Neigung zum Isomorphismus (vgl. Beitrag I.8) führt zu einem weiteren Verschwinden der Unterschiede zwischen NPOs und kommerziellen Anbietern. Welche Folgen dieses in der Literatur viel beschriebene »blurring of boundaries« für die Organisationskultur, die Qualität der Arbeit und für die Bindung von MitarbeiterInnen, Mitgliedern, Ehrenamtlichen und KlientInnen für die betreffende NPO hat, ist bisher kaum erforscht.

Ein weiterer zentraler Trend, der sich aber nur rudimentär in den quantitativen Daten widerspiegelt, ist die inzwischen mehr als ambivalente Haltung des Staates gegenüber dem Nonprofit-Sektor in Deutschland. Gebraucht und hoch geschätzt von der Politik werden NPOs immer dann, wenn es darum geht, schwer zu lösende gesellschaftliche Probleme zu bearbeiten und z.T. auch massive Versäumnisse der Politik auszugleichen. So sind NPOs nach wie vor Einsatzfeld für arbeitsmarktpolitische Maßnahmen, insbesondere im Hinblick auf schwer zu vermittelnde Personengruppen (z.B. Langzeitarbeitslose) oder vom Arbeitsmarkt wenig nachgefragte Personen (etwa Geringqualifizierte). Entsprechendes gilt auch für ein ganzes Spektrum integrationsfördernder Instrumente (etwa Programme für Jugendliche mit Migrationshintergrund) sowie für präventive Maßnahmen (z.B. Gewaltprävention). In gewisser Weise sind NPOs immer dann gefragt, wenn es sich für den Markt nicht lohnt und der Staat nicht flexibel genug ist.

Gleichzeitig wird aber seitens der Politik bisher sehr wenig für eine nachhaltige Förderung von NPOs und des Sektors insgesamt getan. Das Gemeinnützigkeitsrecht ist nach wie vor hoch kompliziert. Zudem werden die Regeln je nach Finanzbehörde sehr unterschiedlich ausgelegt. Aufgrund der strikten Trennung zwischen den steuerbegünstigten Zielen und den in der Regel in allen NPOs ebenfalls anfallenden Tätigkeiten, die einem wirtschaftlichen Geschäftsbetrieb zuzuordnen sind, gestaltet sich die Buchführung bei NPOs sehr zeitaufwändig und kompliziert. Eine langfristige Planung etwa von Investitionsvorhaben wird durch die Regelungen des Gemeinnützigkeitsrechts ebenfalls erschwert. Obwohl sich die finanzielle Situation der NPOs aufgrund der zurückgehenden öffentlichen Förderung, insbesondere der kommunalen Unterstützung, immer schwieriger gestaltet, sind Querfinanzierungen mittels am Markt erwirtschafteter Mittel für NPOs in Deutschland nur sehr schwer zu realisieren.

Dass NPOs einen doch beachtlichen Anteil an der Wirtschaft des Landes haben, wird von der Politik nur bedingt erkannt. Nur so ist zu erklären, dass der politische Diskurs primär auf die Verbesserung und Förderung des bürgerschaftlichen Engagements als unentgeltliche individuelle Tätigkeit oder als Spenden von Zeit und Geld abhebt. Insofern wird verständlich, dass die Politik sich nicht um die Entwicklung einer nachhaltigen Perspektive für den Sektor und seine Nonprofit-Organisationen bemüht, sondern das Bundeskabinett eine »Engagementstrategie« verabschiedet hat. In der Folge der Enquetekommission »Zur Zukunft des bürgerschaftlichen Engagements« wurden auch seitens der Politik nicht primär die Forschung zu den Rahmenbedingungen, Restriktionen und Problemen der NPOs unterstützt, sondern v.a. Forschung zum individuellen Engagement, zur Optimierung von Förderstrukturen des Engagements, zur Spenden- und Stiftungsbereitschaft sowie zum Engagement von Unternehmen gefördert. Dem Sektor als maßgeblicher Faktor zur Erbringung von sozialen, kulturellen, politischen, integrativen und gemeinschaftsfördernden Leistungen wird weiterhin eine vergleichsweise geringe Aufmerksamkeit von der Politik gezollt.

Literatur

Alscher, Mareike (2008): Genossenschaften und Engagement: Ein erfolgreiches Zusammenspiel zweier Konzepte, Saarbrücken.

Aner, Kirsten/Hammerschmidt, Peter (2010): Zivilgesellschaftliches Engagement des Bürgertums vom Anfang des 19. Jahrhunderts bis zur Weimarer Republik. In: Olk, Thomas/Klein, Ansgar/Hartnuß, Birger (Hrsg.): Engagementpolitik, Wiesbaden, 63–96.

Anheier, Helmut K. (1998): Das Stiftungswesen in Zahlen. Eine sozial-ökonomische Strukturbeschreibung deutscher Stiftungen. In: Mohn, R. (Hrsg.): Handbuch Stiftungswesen, München, 12–46.

Anheier, Helmut K./Priller, Eckhard/ Zimmer, Annette (2001): Civil Society in Transition: The East German Third Sector Ten Years After Unification. In: Eastern European Politics and Societies, Bd. 15. Nr.1, 139–156.

Anheier, Helmut K./Priller, Eckhard/Seibel, Wolfgang/Zimmer, Annette (Hrsg.) (1998): Der Dritte Sektor in Deutschland, Berlin.

Backhaus-Maul, Holger/Olk, Thomas (1994): Von Subsidiarität zu »outcontracting«: Zum Wandel der Beziehungen zwischen Staat und Wohlfahrtsverbänden in der Sozialpolitik. In: Streeck, Wolfgang (Hrsg.): Staat und Verbände, Wiesbaden, 100–135.

Beher, Karin/Krimmer, Holger/Rauschenbach, Thomas/Zimmer, Annette (2008): Die vergessene Elite. Führungskräfte in gemeinnützigen Organisationen, Weinheim/München.

Boeßenecker, Karl-Heinz (2006): Spitzenverbände der Freien Wohlfahrtspflege. Eine Einführung in die Organisationsstrukturen und Handlungsfelder der deutschen Wohlfahrtsverbände, Weinheim/München.

Bogumil, Jörg/Holtkamp, Lars (2006): Kommunalpolitik und Kommunalverwaltung, Wiesbaden.

Dathe, Dietmar/Priller, Eckhard (2010): Der Dritte Sektor in der Arbeitsmarkt- und Beschäftigungspolitik. In: Olk, Thomas/Klein, Ansgar/Hartnuß, Birger (Hrsg.): Engagementpolitik. Die Entwicklung der Zivilgesellschaft als politische Aufgabe, Wiesbaden, 525–546.

Enquête-Kommission »Zukunft des Bürgerschaftlichen Engagements« (Hrsg.) (2002): Bericht: Bürgerschaftliches Engagement auf dem Weg in eine zukunftsfähige Gesellschaft, Opladen.

Gensicke, Thomas/Geiss, Sabine (2010): Hauptbericht des Freiwilligensurveys 2009, Berlin: Bundesministerium für Familie, Senioren, Frauen und Jugend.

Halm, Dirk/Sauer, Martina (2007): Bürgerschaftliches Engagement von Türkinnen und Türken in Deutschland, Wiesbaden.

Katzenstein, Peter J. (1987): Policy and politics in West Germany: the growth of a semisovereign state, Philadelphia.

Lehmbruch, Gerhard (1993): Institutionentransfer: Zur politischen Logik der Verwaltungsintegration in Deutschland. In: Seibel, Wolfgang et al. (Hrsg.): Verwaltungsreform und Verwaltungspolitik im Prozess der deutschen Einigung, Baden-Baden.

Lehmbruch, Gerhard (1996): Der Beitrag der Korporatismusforschung zur Entwicklung der Steuerungstheorie. In: Politische Vierteljahresschrift, Heft 4, 735–751.

Liebig, Reinhard (2005): Wohlfahrtverbände im Ökonomisierungsdilemma, Freiburg.

Nagel, Siegrid (2006): Sportvereine im Wandel, Schorndorf.

Nathaus, Klaus (2009): Organisierte Geselligkeit. Deutsche und britische Vereine im 19. und 20. Jahrhundert, Göttingen.

Pressler, Rüdiger (2010): Rechtsformen zur Gestaltung gemeinnütziger Organisationen: Die richtige Wahl aus gesellschaftlicher und steuerrechtlicher Sicht, Saarbrücken.

Priller, Eckhard (1997): Der Dritte Sektor in den neuen Bundesländern. In: Anheier, Helmut K. et al. (Hrsg.): Der Dritte Sektor in Deutschland, Berlin, 99–126.

Priller, Eckhard (1998): Der Dritte Sektor in einem etatistischen System, in: Strachwitz, Rupert Graf (Hrsg.): Dritter Sektor – Dritte Kraft, Düsseldorf, 535–553.

Priller, Eckhard (2011): Dynamik, Struktur und Wandel der Engagementforschung: Rückblick, Tendenzen und Anforderungen. In: Priller, Eckhard/Alscher, Mareike/Dathe, Dietmar/Speth, Rudolf: Zivilengagement. Herausforderungen für Gesellschaft, Politik und Wissenschaft, Berlin, 11–40.

Priller, Eckhard/Sommerfeld, Jana (Hrsg.) (2010): Spenden in Deutschland. Analysen – Konzepte – Perspektiven. Philanthropie, Bd. 1, Berlin/Münster.

Priller, Eckhard/Zimmer, Annette (Hrsg.) (2001): Der Dritte Sektor in Deutschland: Wachstum und Wandel, Gütersloh.

Rauschenbach, Thomas/Zimmer, Annette (Hrsg.) (2011): Bürgerschaftliches Engagement unter Druck? Gemeinnützige Organisationen in den Bereichen Soziales, Kultur und Sport im politischen und gesellschaftlichen Wandel, Opladen.

Rosenski, Natalie (2012): Die wirtschaftliche Bedeutung des Dritten Sektors. In: Statistisches Bundesamt, Wirtschaft und Statistik, März 2012, 209–217.

Sachße, Cristoph (1995): Verein, Verband und Wohlfahrtsstaat. Entstehung und Entwicklung der dualen Wohlfahrtspflege. In: Rauschenbach, Thomas et al. (Hrsg.): Von der Wertgemeinschaft zum Dienstleistungsunternehmen, Frankfurt, 123–149.

Schmidt, Jürgen (2007): Zivilgesellschaft: Bürgerschaftliches Engagement von der Antike bis zur Gegenwart. Texte und Komentare, Reinbek bei Hamburg.

Seibel, Wolfgang (1992): Funktionaler Dilettantismus. Erfolgreich scheiternde Organisationen im Dritten Sektor zwischen Markt und Staat, Baden-Baden.

Streeck, Wolfgang (1999): Vielfalt und Interdependenz: Überlegungen zur Rolle intermediärer Organisationen in sich ändernden Umwelten. In: ders. (Hrsg.): Korporatismus in Deutschland. Zwischen Nationalstaat und Europäischer Union, Frankfurt: Campus Verlag, 223–250.

von Nell-Breuning, Oswald (1990): Das Subsidiaritätsprinzip. In: Münder, Johannes/Kreft, Dieter (Hrsg.): Subsidiarität heute, Münster, 173–184.

Zimmer, Annette (1998): Vereine und lokale Politik, in: Wollmann, Helmut/Roth, Roland (Hrsg.): Kommunalpolitik. Politisches Handeln in den Gemeinden, Bonn: Bundeszentrale für Politische Bildung, 247–262.

Zimmer, Annette (2007): Vereine – Zivilgesellschaft konkret, Wiesbaden.

Zimmer, Annette (2012): Bürgergesellschaft – Zivilgesellschaft. In: Habich, Roland (Hrsg.): Sozialkunde der Bundesrepublik Deutschland, Bonn: Bundeszentrale für politische Bildung (i. E.).

Zimmer, Annette/Priller, Eckhard (2001): Der Dritte Sektor in Deutschland: Wachstum und Wandel, in: Gegenwartskunde 1/2001, 121–147.

Zimmer, Annette/Priller, Eckhard (2007): Gemeinnützige Organisationen im gesellschaftlichen Wandel. Ergebnisse der Dritte-Sektor-Forschung, Wiesbaden.

Zimmer, Annette/Speth, Rudolph (2009): Verbändeforschung. In: Kaina, Viktoria/Römmele, Andrea (Hrsg.): Politische Soziologie. Ein Studienbuch, Wiesbaden, 267–309.

Zimmer, Annette/Priller, Eckhard/Anheier, Helmut (1997): Der Nonprofit-Sektor in den neuen Bundesländern: Kontinuität, Neuanfang oder Kopie. In: Zeitschrift für öffentliche und gemeinwirtschaftliche Unternehmen 20, Heft 1, 58–75.

Online-Quellen:

Bundesverband Deutscher Stiftungen (2012): Stiftungen in Zahlen, Download: www.stiftungen.org/statistik.

Dathe, Dietmar/Hohendanner, Christian/Priller, Eckhard (2009): Wenig Licht, viel Schatten – der Dritte Sektor als arbeitsmarktpolitisches Experimentierfeld. In: Wissenschaftszentrum Berlin für Sozialforschung, WZBrief Arbeit 03, Download: www.wzb.eu/wzbriefarbeit.

V & M Service GmbH, Konstanz (2011): Vereinsstatistik 2011, Download: www.npo-manager.de

3 Der Nonprofit-Sektor in der Schweiz

Georg von Schnurbein

3.1 Der Nonprofit-Sektor in der Schweiz

Das gesellschaftliche System der Schweiz ist von der direkten Demokratie, dem Föderalismus und vom Gruppenpluralismus geprägt (Linder, 1999). Einzelne geografische, soziale, politische oder kulturelle Interessengruppen werden meist von mehreren Organisationen und Institutionen vertreten. Dies fördert eine vielfältige und großzügige Landschaft von NPOs. Ebenso trägt die liberale Gesetzgebung zu einem stetigen Wachstum im Nonprofit-Sektor bei, was andererseits aber auch für Zersplitterung und Heterogenität sorgt. Der Nonprofit-Sektor der Schweiz blickt auf eine lange Tradition zurück und erfreut sich heutzutage breiter Anerkennung und – generell gesehen – einer soliden wirtschaftlichen Grundlage.

3.1.1 Geschichtliche Entwicklung

Auch wenn es bereits im Mittelalter Vorläufer von NPOs wie Zünfte, Bruderschaften, und Stiftungen gegeben hat, so fällt der Ursprung des heutigen Nonprofit-Sektors eng mit der Entwicklung der modernen Eidgenossenschaft zusammen (Degen, 2010, S. 60ff.). Die ältesten, noch heute aktiven Stiftungen reichen bis in das 13. Jahrhundert zurück. Sie wurden zur Errichtung von Spitälern, Waisen- und Armenhäusern eingerichtet und erfuhren im Verlauf der Jahrhunderte mehrfache Umwidmungen (z. B. Inselspital in Bern von 1354). In der Zeit der Helvetischen Republik von 1798 bis 1803 entstand erstmals ein umfassender schweizerischer Staat, der neben der geographischen Definition vor allem völlig neue gesellschaftlich-politische Strukturen schuf. Die damals entstandene Bezeichnung *Eidgenossenschaft* weist auf die bedeutende Rolle hin, die genossenschaftliche Strukturen, insbesondere im ruralen Raum, schon damals einnahmen (Wagner, 2007, S. 40). In den Städten entwickelten sich zu den bereits in der Aufklärung entstandenen Gemeinnützigen Gesellschaften auch Hilfsgesellschaften, um die Not der armen Bevölkerung zu lindern. Insbesondere die *Schweizerische Gemeinnützige Gesellschaft* (gegründet 1810) war in den folgenden Jahrzehnten eine treibende Kraft bei der Entwicklung sozialer Standards und förderte die Gründung zahlreicher wichtiger NPOs im Bereich der Bildung, der Armenfürsorge und später auch der Altenbetreuung und der Jugendhilfe (Schumacher, 2010).

Die Entwicklung des NPO-Sektors im 19. Jahrhunderts war geprägt von Selbsthilfeorganisationen. Die von Bergen zerklüfteten, ländlichen Strukturen förderten die Entstehung vieler kleiner Genossenschaften zur Bodenbewirtschaftung, zur Deckung des täglichen Bedarfs, zur Versicherung und zur Kreditfinanzierung. Obwohl diese Genossenschaften bis heute bestehen (Landi, Coop, Mobiliar, Raiffeisen), sind sie in ihrer Struktur und Organisation kaum mehr als NPO zu bezeichnen (Beccarelli, 2007, S. 275). Neben den Genossenschaften entwickelten sich zudem die Vereine als Organisationseinheiten des öffentlichen Lebens in Kultur, Sport, Natur sowie dem Sozialwesen. Auch der aufkommende Tourismus förderte die Entwicklung des NPO-Sektors. Englische Touristen gründeten nicht nur den Schweizer Alpen-Club im Jahr 1863, sondern waren auch an der Gründung von Sportvereinen wie dem Lausanne Football and Cricket Club (1860) oder den Grasshoppers Zürich (1886) beteiligt. Eine weitere bis heute wesentliche Entwicklung war die Gründung des Internationalen Komitees des Roten Kreuzes (IKRK) im Jahr 1863 in Genf, womit in der Folge der Ruf Genfs als Sitz internationaler Organisationen begründet wurde.

Mit der zunehmenden Ausgestaltung des staatlichen Wohlfahrtssystems zu Beginn des 20. Jahrhunderts verloren viele NPOs ihre ursprüngliche Bedeutung und es entwickelte sich ein subsidiäres Verhältnis zum Staat. Mit der zunehmenden Stärkung der direktdemokratischen Mitspracherechte nahm die Zahl der Interessenvertretungsorganisationen deutlich zu, vor allem die Zahl der Gewerkschaften und Arbeitgeberverbände. Bereits seit 1937 haben Verbände ein verfassungsrechtlich geschütztes Mitspracherecht im Gesetzgebungsverfahren, das politischen Parteien erst 2001 eingeräumt wurde (Helmig et al. 2010b, S. 10).

In der zweiten Hälfte des 20. Jahrhunderts befand sich der NPO-Sektor in einem strukturellen Umbruch. Mit dem gesellschaftlichen Wertewandel haben soziale Bindungen gegenüber dem Individualismus an Wertschätzung verloren, was insbesondere bei den großen NPO wie Kirchen, Gewerkschaften, Parteien, Wirtschaftsverbänden sowie Sport- und Freizeitverbänden zu deutlichen Mitgliederrückläufen geführt hat (Degen, 2010, S. 87). Seit Mitte der 1990er Jahre reagieren die NPO auf diesen Trend mit Zusammenschlüssen, wie die folgenden Beispiele zeigen. So fusionierten 1997 der Schweizerische Landesverband für Sport und das Schweizerische Olympische Comité zur Swiss Olympic Association, 2001 bildeten die beiden führenden Wirtschaftsverbände Vorort und Wirtschaftsförderung den Dachverband Economiesuisse, 2004 entstand die Gewerkschaft unia aus einem Zusammenschluss von fünf Einzelgewerkschaften und 2009 gingen die beiden konservativen Parteien Freisinnig-Demokratische Partei (FDP) und Liberale Partei der Schweiz (LPS) zur neu formierten FDP.Die Liberalen zusammen.

Gleichzeitig zu diesem Konsolidierungstrend findet eine Ausdifferenzierung und Verstärkung des Gruppenpluralismus statt (Linder, 1999, S. 53). Für Partikularinteressen werden eigene Organisationen gegründet, ebenso wie innovative Konzepte sozialer Lösungen außerhalb der bestehenden Organisationen entwickelt und umgesetzt werden. Gerade auch in neuen Themenfeldern wie Umweltschutz oder Pflege entwickelten sich daher viele ähnliche Organisationen nebeneinander. In den zentralen Tätigkeitsbereichen Sozial- und Gesundheitswesen stehen die NPO heute in enger Abhängigkeit zur staatlichen Finanzierung und sind zunehmender Regulierung ausgesetzt (Helmig et al. 2010d).

Das starke Wachstum des Stiftungssektors ist auch als Konsequenz des gesellschaftlichen Trends der Individualisierung zu verstehen. Eine einzelne Person kann eine Stiftung gründen und damit einen gemeinnützigen Zweck dauerhaft verfolgen. Wie in anderen Ländern auch, sind mehr als die Hälfte der heute existierenden Stiftungen in den letzten zwanzig Jahren entstanden (von Schnurbein, 2010, S. 3). Der umfangreiche private Reichtum sowie eine geburtenstarke Generation, die ins Pensionsalter kommt, bilden den Nährboden für die enorme Zunahme. Neben den »klassischen« Förderstiftungen, die ihre Aktivitäten aus einem großen Vermögen bestreiten, wird die Rechtsform der Stiftung aber auch zunehmend für operative NPOs gewählt, womit ein Rückgang an freiwilliger Partizipation und eine stärkere Fokussierung auf hauptamtliche Tätigkeit einhergehen (von Schnurbein, 2008, S. 123).

Im Rückblick lässt sich festhalten, dass der NPO-Sektor in der Schweiz in verschiedenen Perioden immer wieder eine bedeutende Rolle gespielt hat und bis heute von einer starken Verankerung in der Gesellschaft profitiert. Trotz neokorporatistischer Züge wird der NPO-Sektor vom Gruppenpluralismus geprägt, der durch die Individualisierung der Gesellschaft eine Verstärkung erhalten hat, die insbesondere die großen NPO vor eine Zerreißprobe stellt (Degen, 2010, S. 92).

3.1.2 Juristische Grundlagen

Die wesentlichen juristischen Grundlagen für den Schweizer NPO-Sektor finden sich im Zivilrecht sowie im Steuerrecht. Im Gegensatz zu anderen Ländern ist die zivilrechtliche Form einer Organisation und ihr steuerlicher Status klar voneinander zu trennen (Jakob/Huber, 2010, S. 103). Die wichtigsten Rechtsformen im NPO-Sektor sind zweifelsohne Verein, Stiftung und Genossenschaft. Jedoch haben in den vergangenen Jahren auch die Aktiengesellschaft (AG) und die Gesellschaft mit beschränkter Haftung (GmbH) Anwendung gefunden. Erst nach Gründung einer Organisation wird im Anschluss geprüft, ob auf steuerrechtlicher Perspektive eine Gemeinnützigkeit vorliegt.

Vereine

Der Verein ist die wichtigste Rechtsform im Schweizer NPO-Sektor. Wesentlich zur Bedeutung des Vereins im Schweizer NPO-Sektor trägt die rechtliche Voraussetzung bei, wonach ein Verein einem Zusammenschluss mehrerer Personen zur Verfolgung idealer, nicht-wirtschaftlicher Zwecke dient (Wagner, 2007, S. 42). Ein weiterer Grund für den häufigen Rückgriff auf den Verein sind die Gründungsvoraussetzungen. Es bedarf mindestens zweier natürlicher oder juristischer Personen, die in Statuten schriftlich den Willen zur Gründung festhalten. Eine weitere Registrierung oder Genehmigung ist nicht notwendig. In Ausnahmefällen dürfen Vereine ein kaufmännisches Gewerbe führen. Sie sind dann aber verpflichtet, sich im Handelsregister eintragen zu lassen (Christen, 2005).

Die einfachste Organisationsstruktur eines Vereins besteht aus der Vereinsversammlung und dem Vorstand. Damit sind demokratische Willensbildungsprozesse als Basisprinzip der Entscheidungsfindung im Verein vorgegeben (Jakob/Huber, 2010, S. 104 f).

Vereine sind besonders dort anzutreffen, wo die Organisationen zum Nutzen der Mitglieder eingerichtet werden, also beispielsweise in den Bereichen Sport, Kultur, Freizeit, aber auch Interessenvertretung und politische Meinungsäußerung. Ebenso findet man im Sozial- und Gesundheitswesen viele Organisationen, die oftmals aus historischen Gründen als Verein bestehen.

Genossenschaften

Die historische Bedeutung der Genossenschaft in der Schweiz wurde bereits hervorgehoben. Die Genossenschaft ist das wirtschaftsorientierte Pendant zum Verein. Der Hauptzweck einer Genossenschaft ist die gemeinsame Selbsthilfe der Mitglieder, um ihre wirtschaftlichen Zwecke besser erfüllen zu können (Jakob/Huber, 2010, S. 114). Aufgrund des Spagats zwischen Uneigennützigkeit und wirtschaftlicher Orientierung wird seit jeher die Zugehörigkeit von Genossenschaften zum NPO-Sektor kritisch diskutiert (Purtschert,

2005, S. 7). Als NPO zeichnet die Genossenschaften die Sachzieldominanz der Mitgliederförderung über der reinen Gewinnerzielung sowie die demokratische Struktur nach dem Prinzip »one man, one vote« aus.

In der Schweiz hat sich in Bezug auf die Genossenschaften eine differenzierte Betrachtung entwickelt. Große, oftmals in Holdingstruktur organisierte Genossenschaften wie Raiffeisen, Mobiliar oder Coop werden nicht als NPO verstanden. Hingegen zählen Wohnbaugenossenschaften und viele kleine Selbsthilfeorganisationen zum NPO-Sektor (Helmig et al. 2009, S. 17). Gerade in den letzten Jahren hat die Genossenschaft als kapitalismuskritische Rechtsform neue Aufmerksamkeit erhalten (Taisch, 2009).

Stiftungen

Im Gegensatz zu den bereits genannten Rechtsformen handelt es sich bei einer Stiftung nicht um eine Körperschaft, sondern um eine Anstalt. Das bedeutet, dass die Stiftung keine Eigentümer kennt, sondern ein personifiziertes Zweckvermögen ist (Sprecher/von Salis-Lütolf, 1999). Diese Eigenschaft führt zu mehreren rechtlichen und strukturellen Besonderheiten (Jakob/Huber, 2010, S. 109ff.). Zunächst einmal wird der Stiftungszweck in Verbindung mit dem Stifterwillen in der Urkunde festgehalten und kann nach der Gründung in der Regel nicht mehr geändert werden. Das Stiftungsvermögen muss vom Stifter veräußert werden und kann nicht mehr an ihn zurückfallen. Da die Stiftung keine Mitglieder oder Aktionäre hat, die den Stiftungsrat kontrollieren könnten, unterstehen Stiftungen einer externen, meist staatlichen Aufsicht (ausgenommen sind kirchliche und Familienstiftungen). Schließlich entsteht aus dem Stiftungszweck niemandem ein unmittelbarer Anspruch auf eine Unterstützung (außer, der entsprechende Destinatär wird explizit erwähnt).

Eine Stiftung muss nicht zwingend gemeinnützig sein. Denkbar sind ebenso kirchliche und Familienstiftungen, Unternehmensstiftungen sowie Personalvorsorgestiftungen. Letztere unterstehen besonderen gesetzlichen Regelungen (BVG) und sind aufgrund des geschlossenen Destinatärkreis ebenso wie kirchliche, Familien- und Unternehmensstiftungen nicht als NPO zu bezeichnen. Eine eigene Rechtsform bilden Stiftungen des öffentlichen Rechts, die meist auf der Grundlage eines individuellen Errichtungsgesetzes geschaffen werden.

Mit der Revision des Stiftungsrechts zum 1. Januar 2006 wurden zwei wesentliche Änderungen eingeführt. Zum einen sind Stiftungen seither verpflichtet, eine Revisionsstelle zu benennen. Ausnahmen von der Regel kann nur die Aufsichtsbehörde erlassen. Zum anderen wurde ein Zweckänderungsvorbehalt ins Gesetz aufgenommen, wonach eine Stifterperson den Zweck nach zehn Jahren beliebig ändern kann (Sprecher, 2006). Voraussetzung ist, dass der Zweckänderungsvorbehalt in der Gründungsurkunde festgehalten wird und dass bei einer gemeinnützigen Stiftung auch der neue Zweck gemeinnützig ist. Das Änderungsrecht kann nicht vererbt werden und juristische Personen als StifterIn können zwei Mal – nach 10 und nach 20 Jahren – den Zweck ändern (Jakob/Huber 2010, S. 113).

Wie auch in anderen Bereichen des NPO-Sektors befindet sich das Stiftungswesen der Schweiz in einem Modernisierungsprozess, der sich in der Professionalisierung der Organisationsstrukturen, dem Willen zur Selbstregulierung sowie dem Entstehen eines Branchenbewusstseins manifestiert. So sind die Beschäftigungszahlen im Stiftungswesen seit 1995 um 62,9% gestiegen (von Schnurbein, 2008). Außerdem bestehen in der Schweiz mit proFonds und SwissFoundations zwei Verbände explizit für das Stiftungswesen, was es für Genossenschaften und Vereine bisher nicht gibt (Schubiger, 2005, S. 916). Schließlich wurden mit dem Swiss Foundation Code und dem Swiss NPO-Code zwei umfassende Richtlinien zur Governance von NPO entwickelt, die im Sinn der Selbstregulierung einer Gesetzesänderung Vorschub leisten sollen (Sprecher et al. 2009; von Schnurbein/Stöckli, 2010).

AG und GmbH

AG und GmbH sind grundsätzlich als Rechtsformen für wirtschaftliche Tätigkeiten vorbehalten. Bei vielen NPOs – insbesondere im Sozial- und Gesundheitswesen – steht heutzutage aber auch eine wirtschaftliche Tätigkeit im Vordergrund, wenn auch nicht mit einem expliziten Gewinnziel. Die geringe rechtliche Fundierung von Stiftung und Verein schafft dazu oftmals nicht ausreichende Rechtssicherheit. Deshalb sind in den vergangenen Jahren durch Ausgliederungen oder Transformationen AGs und – seit einer Gesetzesrevision im Jahr 2008 – GmbHs mit gemeinnützigem Zweck entstanden. Die Gemeinnützigkeit muss jeweils in den Organisationsdokumenten festgehalten werden. Die strikte Trennung von wirtschaftlicher und gemeinnütziger Tätigkeit im Recht führt in der Praxis insbesondere bei Fragen der Finanzierung und Investition zu zahlreichen Problemen, die gerade die Entwicklung sogenannter Social Entreprises in der Schweiz behindern (Schönenberg, 2011).

Steuerrechtliche Prüfung der Gemeinnützigkeit

Wie eingangs erwähnt, erfolgen die zivilrechtliche und die steuerrechtliche Beurteilung einer Organisation in zwei Stufen. Nach der Gründung muss die Stiftung oder der Verein nachweisen, dass sie als gemeinnützig anerkannt werden kann. Das Steuerrecht versteht Folgendes unter Gemeinnützigkeit: »Nur jene Tätigkeit wird als gemeinnützig angesehen, welche einerseits im Allgemeininteresse liegt und andererseits uneigennützig erbracht wird.« (Maissen, 1992, S. 6). Uneigennützigkeit bedeutet dabei, dass kein Selbst- oder Erwerbszweck vorliegt. Die Einschränkung des Selbstzwecks führt dazu, dass sogenannte Eigenleistungs-NPOs wie Sportvereine oder andere Kulturvereine nicht steuerbefreit werden.

Maßgeblich für die Steuerbefreiung ist die kantonale und eidgenössische Steuergesetzgebung, die trotz Harmonisierungsbemühungen nach wie vor Unterschiede aufweisen. Wird einer NPO die Steuerbefreiung zuerkannt, dann entfallen folgende Steuern vollständig (Maissen, 1992, S. 15):

- Vermögens- bzw. Einkommenssteuer (Kapital- und Ertragssteuer),
- Erbschafts- und Schenkungssteuer (nicht in allen Kantonen existent),
- Handänderungssteuer (nicht in allen Kantonen) sowie
- Steuern auf Grundstücksgewinne, wenn das Grundstück dem gemeinnützigen Zweck unmittelbar dient (nicht in den Kantonen Bern, Jura, Freiburg).

Neben dem Erlass der genannten Steuern betrifft die Gemeinnützigkeit auch die Besteuerung von Zuwendungen an die NPOs. Bei Spenden gibt es in den Kantonen und beim Bund unterschiedliche Regelungen und Handhabungen. Im Zuge der Stiftungsrechtsrevision 2006 wurde der Steuerfreibetrag auf Bundessteuern bei Spenden von 10% auf

20% erhöht. Diesen Schritt haben auch die meisten Kantone bereits nachvollzogen. Dabei mag die Steuerbefreiung förderlich für Stiftungsgründungen sein, jedoch ist sie sicherlich nicht das maßgebliche Kriterium für die Entscheidung, wie in empirischen Studien nachgewiesen wurde (Helmig/Hunziker, 2006a, S. 46).

3.2 Quantitative Erfassung des schweizerischen Nonprofit-Sektors

Die »Vermessung« des Nonprofit-Sektors der Schweiz hat in den vergangenen Jahren beachtliche Fortschritte erzielt. Einerseits wurde die Schweiz in das »Johns Hopkins Comparative Nonprofit Sector Project« (CNP) aufgenommen, womit nicht nur umfassende Zahlen und Fakten zum Nonprofit-Sektor der Schweiz verfügbar sind, sondern auch eine internationale Vergleichbarkeit ermöglicht wurde (Helmig et al., 2010). Zweitens wurde die kontinuierliche Erhebung von Teilaspekten vorangetrieben. So stehen mit dem Freiwilligenmonitor, dem Spendenmonitor sowie den Publikationen der Stiftung Zewo wiederholt erhobene Datenquellen zu wichtigen Ressourcen der NPOs zur Verfügung. Der jährlich publizierte Schweizer Stiftungsreport (von Schnurbein, 2010; Eckhardt et al. 2011) oder die Erhebung zu den Sportvereinen (Lamprecht et al., 2005) bieten detaillierte Erkenntnisse zur Entwicklung einzelner »Nonprofit-Branchen«.

In den nachfolgenden Abschnitten wird zunächst auf die Größe und Zusammensetzung des Schweizer NPO-Sektors eingegangen, anschließend folgt eine Bewertung des NPO-Sektors in ökonomischer, gesellschaftlicher und politischer Hinsicht.

3.2.1 Größe und Zusammensetzung

Wie in anderen Ländern auch, bestand über Jahrzehnte hinweg kaum eine solide Erfassung der Organisationen des Dritten Sektors in der Schweiz (Wagner, 2007, S. 46). In der volkswirtschaftlichen Gesamtrechnung werden zwar private Organisationen ohne Erwerbszweck (POoE) erfasst, jedoch orientiert sich deren Definition ausschließlich am finanziellen Umsatz und nicht am übergeordneten Zweck der Organisation (Helmig et al. 2010c, S. 146 f). Insbesondere die vielen nicht eingetragenen Vereine erschwerten bisher eine Aussage über den Umfang des NPO-Sektors.

Im Jahr 2010 wurde der Abschlussbericht der Schweizer Länderstudie des CNP vorgelegt, der erstmals eine umfassende und international vergleichende Betrachtung erlaubt (Helmig et al., 2010a). Ein besonderes Verdienst der Studie ist eine groß angelegte Untersuchung der Vereinslandschaft, aufgrund derer erstmals eine statistisch fundierte Schätzung über die Anzahl der Vereine erfolgte. Die rund 76.000 Vereine machen wie erwartet den Großteil des NPO-Sektors aus (Helmig et al., 2010d, S. 157).

Da es in der Schweiz kein vollständiges Register der gemeinnützigen Stiftungen gibt, erfolgt die Berechnung auf der Grundlage des Handelsregisters. Bis 2009 wurden von der Gesamtzahl der eingetragenen Stiftungen die gesondert erfassten Personalvorsorgestiftungen abgezogen und der Rest als gemeinnützige Stiftungen bezeichnet (Purtschert/von Schnurbein, 2006, S.25). Seither ist auf der Grundlage einer für den Schweizer Stiftungsreport entwickelten Datenbank eine genauere Erfassung möglich, die auf der Grundlage der Stiftungszwecke erfolgt. Ende 2011 existieren demnach 12.715 gemeinnützige

Stiftungen in der Schweiz (Eckhardt et al. 2012). Diese Zahl belegt, dass die früheren Schätzungen etwas höher waren, was sich mit der fehlenden Streichung von Unternehmensstiftungen sowie freiwillig eingetragenen kirchlichen oder Familienstiftungen erklären lässt. Bemerkenswert ist die Entwicklung des Stiftungswesens in den vergangenen zwanzig Jahren. Zwischen 1990 und 2010 sind 57% der Stiftungen gegründet worden (von Schnurbein, 2010, S. 3). Im Durchschnitt kommen 16,1 Stiftungen auf 10.000 Einwohner, wobei der Kanton Basel-Stadt mit 44,8 Stiftungen/10.000 Einwohner einen weltweiten Höchstwert einnimmt (Eckhardt et al., 2011, S. 8).

Bei den Genossenschaften ist ein gegenläufiger Trend festzustellen. Seit 2000 sind 23,1% der Genossenschaften aufgelöst oder fusioniert worden. Noch drastischer ist der negative Trend, wenn man berücksichtigt, dass generell die Anzahl der Organisationen und Unternehmen deutlich zugenommen hat (Purtschert/Beccarelli, 2005, S. 44). Während 1958 noch 8,6% aller eingetragenen Unternehmen als Genossenschaften firmierten, so sind es 2011 nur noch 1,8%. Obwohl die Genossenschaften vielfach als kapitalismuskritische Alternative zu AG oder GmbH beworben werden, werden kaum neue Genossenschaften gegründet. 2008 wurden 3 und 2009 wurden 8 Genossenschaften in der Schweiz gegründet.

In Abbildung I.3.1 wird die Zusammensetzung des NPO-Sektors in einer Übersicht dargestellt. Wie bereits erwähnt, können nicht alle Genossenschaften dem NPO-Sektor zugerechnet werden, weshalb sich keine abschließende Gesamtzahl der NPO in der Schweiz benennen lässt. Helmig et al. (2010d, S. 174) geben aufgrund ihrer Berechnungen rund 90000 NPOs für 2005 an, was als Orientierungsgröße sehr sinnvoll erscheint.

Jahr	Verein	Stiftung		Genossenschaft	
		Anzahl	Veränderung seit 2000 in %	Anzahl	Veränderung seit 2000 in %
2000		8123		12975	
2010	76438 (geschätzt)	12531	+54,3	10423	-19,7
2011		12715	+56,5	9980	-23,1

Quellen: Helmig et al., 2010c, S. 157. Eckhardt et al., 2011, S. 7 sowie Eckhardt et al., 2012 (Stiftungen) Amtliche Statistik (Genossenschaften)

Abbildung I.3.1: Umfang und Entwicklung des NPO-Sektors nach Rechtsformen

3.2.2 Ökonomische Bedeutung

Der Beitrag des NPO-Sektors zur ökonomischen Wertschöpfung lässt sich am besten anhand der Arbeitsleistung darstellen, da der Personalaufwand über 90% der NPO-Wertschöpfung ausmacht (Wagner, 2007, S. 47). Darüber hinaus lassen sich zudem Aussagen über die Finanzströme im NPO-Sektor machen.

Gemäß der CNP-Länderstudie umfassen die NPOs im Jahr 2005 insgesamt 180.000 Arbeitsplätze (gemessen in Vollzeitäquivalenten), was rund 4,5% des gesamten Arbeitsvolumens entspricht (Helmig et al., 2010d, S. 174). Aufgrund des hohen Anteils an Teilzeitbeschäftigten würde eine Betrachtung nach Anzahl Beschäftigter einen falschen Eindruck geben. So waren gemäß der nationalen Statistik im Jahr 2008 von 145.599 Beschäftigten bei Stiftungen nur 42,2% zu mehr als 90% angestellt. In Abbildung I.3.2 ist die Verteilung der bezahlten Mitarbeitenden und der Freiwilligen auf die verschiedenen Tätigkeitsbereiche im NPO-Sektor dargestellt. Es wird deutlich, dass rund 80% der Beschäftigten bei Fremdleistungs-NPOs arbeitet, insbesondere im Sozial- und Gesundheitswesen. Hierbei profitieren die NPOs von einem generellen Trend, denn das Gesundheitswesen war in den letzten Jahren der am schnellsten wachsende Beschäftigungssektor überhaupt. Erst mit deutlichem Abstand folgen die Bereiche Bildung und Forschung sowie Kultur, Sport und Freizeit. Vergleicht man diese Rangfolge mit den Finanzierungsbeiträgen (vgl. Abbildung I.3.3), dann entsprechen die ersten fünf Bereiche der Reihenfolge bei den staatlichen Subventionen. Dieser – zugegebenermaßen simplifizierende – Vergleich macht die Einbindung des NPO-Sektors in ein subsidiäres Verhältnis zum Staat besonders deutlich und hebt die Rolle des Staates als Finanzgeber hervor. Im Umkehrschluss lässt sich sagen, dass private Spenden weniger beschäftigungsfördernd sind.

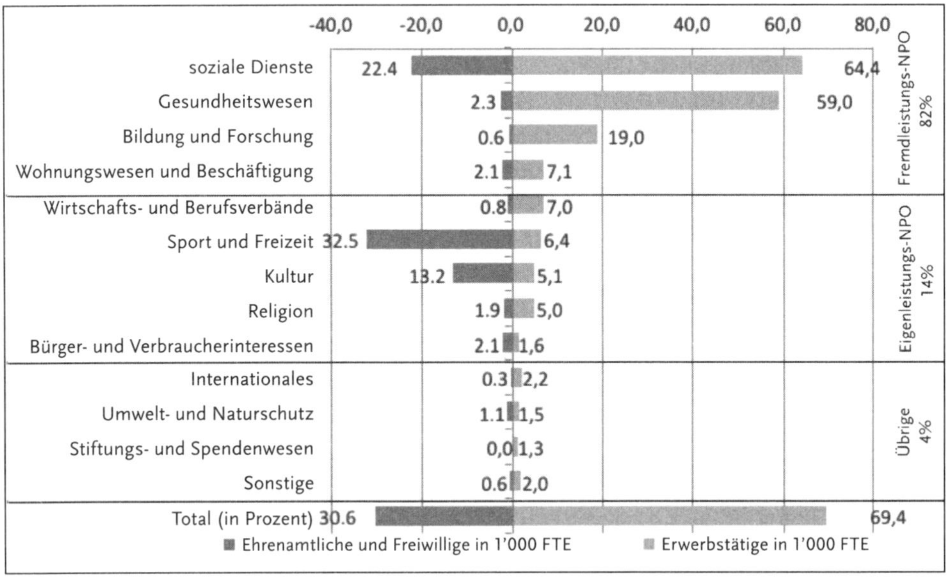

Quelle: Helmig et al. 2010d, S. 179. Zur Verteilung des Gesamtsektors vgl. eda. S. 178

Abbildung I.3.2: Arbeitsleistungen im NPO-Sektor nach Tätigkeitsbereichen (2005)

Neben den bezahlten Beschäftigten sind die Freiwilligen und Ehrenamtlichen als eine besondere Ressource der NPOs von großer Bedeutung. Laut dem Freiwilligenmonitor 2010 leisten rund 26% der Schweizer Wohnbevölkerung Freiwilligenarbeit in NPOs (Stadelmann-Steffen et al., 2010, S. 47). Gemäß CNP-Studie erbringen Freiwillige und Ehrenamtliche Arbeitsleistungen im Umfang von 80.000 Vollzeitäquivalenten, was die Gesamtzahl der Arbeitsplätze auf 260.300 erhöht (Helmig et al., 2010d, S. 174). Die hohe Zahl verdeutlicht, dass ohne diese Ressource die NPOs kaum handlungsfähig wären. Die Verteilung in Abbildung I.3.2 macht aber auch deutlich, dass die Freiwilligenarbeit zum Großteil in drei Tätigkeitsbereichen erbracht wird. Neben Sport und Freizeit (32,5%) sind dies das

Sozialwesen (22,4%) und der Kultursektor (13,2). Dabei gilt es jedoch zu berücksichtigen, dass aufgrund der internationalen NPO-Definition wichtige Engagementbereiche nicht erfasst werden. So fehlt beispielsweise das freiwillige Engagement in den Kirchen, dass im Freiwilligenmonitor 2007 immerhin 7% des freiwilligen Engagements ausgemacht hat (Stadelmann-Steffen et al., 2007, S. 44). Dadurch wird die Gesamtarbeitsleistung im Freiwilligenmonitor auf 107.000 Vollzeitäquivalenten geschätzt.

Bereich	Total Einnahmen in Mio. CHF	Staatliche Finanzierungsbeiträge	Spendeneinnahmen	Leistungsentgelte
Soziales	7'785	45.4%	8.5%	46.1%
Gesundheitswesen	7'198	44.7%	2.9%	52.4%
Bildung und Forschung	2'738	28.6%	1.4%	70.0%
Kultur und Sport	2'256	21.9%	13.8%	64.3%
Beschäftigung und Wohnungswesen	1'504	24.0%	4.1%	71.9%
Wirtschafts- und Berufsverbände	1'326	5.5%	2.0%	92.5%
Religion	938	0.4%	42.5%	57.1%
Internationales	394	33.0%	47.4%	19.6%
Umwelt- und Naturschutz	350	14.9%	20.2%	64.9%
Bürger- und Verbraucherinteressen	308	11.3%	6.2%	82.5%
NPO-Sektor gesamt	25'322	35.0%	57.0%	8.0%

Quelle: Helmig et al., 2010d, S. 188. Zur Verteilung des Gesamtsektors vgl. eda. S. 186

Abbildung I.3.3: Einnahmestruktur der NPO-Tätigkeitsbereiche (2005)

Es ist ein zentrales Charakteristikum der NPOs, dass sie ihre Leistungen nur teilweise durch Entgelte finanzieren. Zur Deckung ihrer Kosten sind sie deshalb auf zusätzliche Finanzquellen angewiesen, die Ressourcen ohne oder mit verminderter Gegenleistung zur Verfügung stellen. Die wesentlichen Geldgeber sind dabei der Staat und die private Philanthropie.

In der CNP-Studie wird dementsprechend nach staatlichen Finanzierungsbeiträgen, Spendeneinnahmen und Leistungsentgelten unterschieden (Helmig et al., 2010d, S. 184). Dabei werden Mitgliederbeiträge als Leistungsentgelte verbucht – obwohl es sich dabei oftmals auch um Quasi-Spenden handelt (z. B. Mitglieder von Amnesty International). Insgesamt verfügt der NPO-Sektor jährlich über 25 Mrd. CHF, wovon 57% aus Leistungsentgelten, 35% aus staatlichen Quellen und gerade einmal 8% aus der privaten Philanthropie stammen, also etwas mehr als 2 Mrd. CHF (vgl. Abbildung I.3.3). Eine weitere Studie, die ausschließlich die philanthropischen Leistungen von Individuen, Unternehmen und Stiftungen zusammengetragen hat, nennt über 3 Mrd. CHF an privaten Mitteln, die in den NPO-Sektor fließen (von Schnurbein/Bethmann, 2010, S. 22).

Wie die Übersicht in Abbildung I.3.3 verdeutlicht, vereinen das Gesundheits- und das Sozialwesen mehr als die Hälfte aller Mittel auf sich. Ebenso lässt sich erkennen, dass sich der Finanzierungs-Mix der verschiedenen Tätigkeitsbereiche deutlich unterscheidet. Während Berufsverbände beinahe ausschließlich von Leistungsentgelten leben, haben in den Bereichen Religion und Internationales die Spenden die größte Bedeutung. Dagegen spielen Spenden nach wie vor für Forschung und Bildung keine wichtige Rolle – ganz im Gegensatz zu den angelsächsischen Ländern.

Sowohl in Bezug auf die Erwerbstätigkeit wie auf den Finanzierungs-Mix lassen sich in der Schweiz regionale Besonderheiten festmachen. In der französischsprachigen Westschweiz sind beispielsweise 24,8% der Erwerbstätigen in den Vereinen im Kulturbereich angestellt, im Gegensatz zu gerade einmal 1,9% in der Deutschschweiz (Helmig et al. 2010d, S. 191). Auch bei den Freiwilligen bestehen regionale Unterschiede entlang der Sprachgrenzen. Die Unterschiede ergeben sich dabei aber nicht aus der Sprachzugehörigkeit, sondern vielmehr aus kulturell bedingten Sozialisationsmustern oder örtlich gebundenen Erfahrungen (Stadelmann-Steffen et al. 2010, S. 137). Eine Deutschschweizerin oder ein Deutschschweizer in der Romandie passt sich also den Gegebenheiten vor Ort an und umgekehrt. Bei den finanziellen Mitteln erwirtschaften die Vereine in der Deutschschweiz mehr Leistungsentgelte, jedoch sind die Unterschiede der Sprachregionen weniger deutlich als bei den Erwerbsstrukturen (Helmig et al. 2010d, S. 193).

3.2.3 Gesellschaftliche Bedeutung

Neben der ökonomischen Relevanz aufgrund von Erwerbstätigkeit und Finanzierungsströmen verdeutlicht die Anzahl von Organisationen, welche Bedeutung NPOs in den verschiedenen Tätigkeitsfeldern und somit in der Gestaltung des gesellschaftlichen Lebens haben. Hierzu fehlt jedoch eine umfassende Erhebung, weshalb im Folgenden zwischen Vereinen und Stiftungen getrennt werden muss (vgl. Abbildung I.3.4). Wenig überraschend sind Vereine in den Bereichen »Sport und Freizeit« sowie »Kultur« am wichtigsten, erst dann kommen die »Sozialen Dienste«. Dabei befinden sich in den ersten beiden Bereichen über 50% aller Vereine. Die drei wesentlichen Tätigkeitsbereiche bei Stiftungen sind dagegen Sozialwesen, Bildung und Forschung sowie das Gesundheitswesen. Die unterschiedliche Verteilung resultiert aus der partizipativen Ausrichtung des Vereins einerseits sowie der stärkeren Kapitalorientierung bei Stiftungen andererseits. Sport, Freizeit und Kultur sind Bereiche mit hohem Bedarf an persönlichem Engagement, während in Sozial- und Gesundheitswesen sowie in der Forschung große Institutionen bestehen, die einen hohen Kapitalbedarf haben und ihre Ziele wesentlich mit Erwerbstätigen verfolgen. Aufgrund der im Vergleich zu den Vereinen geringeren Anzahl fallen die Stiftungen jedoch gesamthaft kaum ins Gewicht. Aus gesellschaftlicher Perspektive sind NPOs besonders in den Bereichen von Sport, Freizeit und Kultur unverzichtbar und tragen gerade dadurch wesentlich zur gesellschaftlichen Entwicklung und Kohäsion bei.

Die Bedeutung dieser Tätigkeitsbereiche wird auch deutlich, wenn man die Motive für freiwilliges Engagement oder Spenden und Stiften genauer betrachtet. Die Motivation von Individuen, sich philanthropisch zu engagieren, ist bei Freiwilligenarbeit und Geldspenden jedoch unterschiedlich. Bei Geldspenden stehen altruistische und problemorientierte Gründe, anderen zu helfen und Gutes zu tun, eindeutig im Vordergrund. Die Erwartung, einen eigenen Nutzen oder Vorteil aus der Spende zu ziehen, ist damit kaum verbunden (Güssow, C., 2007, S. 96). Bei der Freiwilligenarbeit hingegen sind altruistische, reziproke und egoistische Motive eng miteinander verbunden (von Schnurbein/Bethmann, 2010).

	Vereine	Stiftungen
Erhebungsumfang	**2.413**	**279**
Kultur	21,1%	22,5
Sport und Freizeit	46,2%	20,4
Bildung und Forschung	0,9%	35,8
Umweltschutz	1,7%	7,2
Soziale Dienste	13,9%	38,7
Gesundheitswesen	2,2%	31,2
Wohnungswesen und Beschäftigung	4,2%	5,0
Bürger- und Verbraucherinteressen	5,1%	1,8
Internationales	0,8%	20,4
Wirtschafts- und Berufsverbände	2,3%	–
Religion	1,4%	4,3

Quellen: Helmig et al., 2010d, S175 (Vereine, eigene Berechnung). Lichtsteiner/Lutz, 2008, S. 7 (Stiftungen)

Abbildung I.3.4: Anteile von NPOs nach Tätigkeitsbereichen

Unter den Motiven mit mehr als 50% Zustimmung sind mehrere, die unmittelbar auch einen Nutzen für die eigene Person bewirken. Neben dem gestaltungsorientierten Ziel, mit anderen etwas zu bewegen, ist es vor allem der Spaß an der Tätigkeit, der die SchweizerInnen dazu veranlasst, sich für gemeinnützige Zwecke einzusetzen. Die soziale Komponente, dass eben ein solches Engagement auch Kontaktmöglichkeiten bietet und ein Gemeinschaftsgefühl erzeugt, ist nicht zu unterschätzen. Auch entwicklungsbezogene Gründe, wie die Erweiterung der eigenen Erfahrungen und Kenntnisse oder die Übernahme von Verantwortung, sind Auslöser für zeitliches Engagement. Die Anerkennung der Tätigkeiten und das steigende Prestige sind gegenüber den gemeinschaftsbezogenen Gründen weniger bedeutend (Stadelmann-Steffen et al. 2010, S. 88).

Die langfristige und endgültige Dimension einer Stiftungsgründung macht die Frage, warum Stifter stiften, besonders interessant. Sofern der Stifter noch lebt, engagiert er sich häufig nicht nur finanziell mit einem Teil des Vermögens, sondern auch ehrenamtlich im Stiftungsrat. Dieses im Vergleich zu Spende und Freiwilligenarbeit höhere Engagement und die weitreichenden Konsequenzen basieren dann auch auf anderen Motiven. Oftmals entsteht die Idee einer Stiftungsgründung durch ein bereits existierendes gemeinnütziges Engagement (Helmig/Hunziker 2006a, S. 41). Eine Stiftung bietet einen hohen individuellen Gestaltungsfreiraum und der Anlass der Stiftungsgründung ist häufig persönlicher Art, z. B. ein plötzlicher Vermögenszuwachs, keine ErbenInnen oder der Wunsch, nach dem Ausscheiden aus dem aktiven Berufsleben noch etwas zu bewegen (Helmig/Hunziker 2006a, S. 41ff). In der folgenden Abbildung I.3.5 sind die Ergebnisse einer in der Deutschschweiz durchgeführten Befragung von Stiftern und Stiftungsräten zu den Motiven der Stiftungsgründung dargestellt.

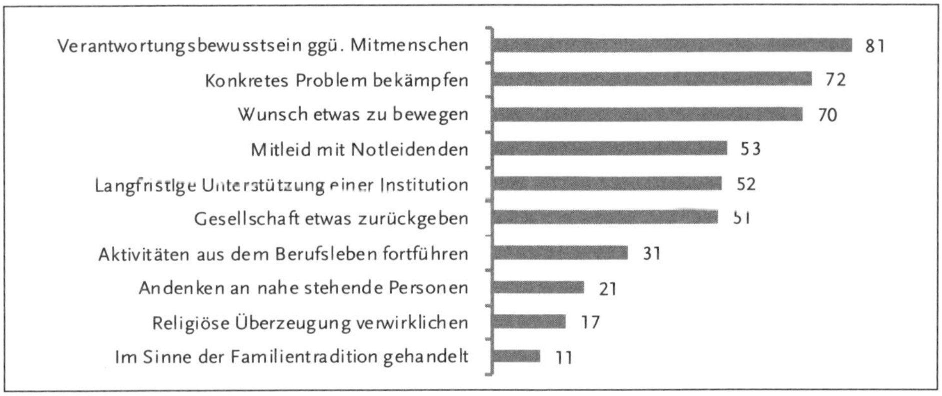

Quelle: Helmig/Hunziker, 2006b, S. 21

Abbildung I.3.5: Motive und Faktoren, die die Entscheidung zur Gründung einer Stiftung beeinflusst haben (Mehrfachnennung möglich, in Prozent)

3.2.4 Politische Bedeutung

Wie bereits erwähnt, übernehmen die Verbände eine wichtige Rolle im Gesetzgebungsverfahren. Die institutionalisierte Beteiligung am Vernehmlassungsverfahren sichert den Interessenverbänden einen großen Einfluss zu. Zudem bestehen mit der Initiative und dem Verbandsbeschwerderecht weitere Instrumente, um aktiv am politischen Prozess teilzunehmen. In den vergangenen Jahren wurde dieser Einfluss als Behinderung der direkten Demokratie kritisiert. Regelmäßig werden deshalb im Parlament Versuche unternommen, das Verbandsbeschwerderecht abzuschaffen oder einzuschränken. Eine Initiative zur Abschaffung des Verbandsbeschwerderechts wurde aber 2008 in einer Volksabstimmung mit 66% klar abgelehnt.

Die politische Bedeutung der Schweizer NPOs bleibt aufgrund der hohen Fragmentierung und einer fehlenden Abstimmung zwischen unterschiedlichen Tätigkeitsbereichen hinter ihrem Potenzial zurück (Nollert/Budowski, 2010, S. 220). Während sich in den Bereichen Sport, Wirtschaftsverbände, Gewerkschaften oder Sozialarbeit in den vergangenen Jahren klare Dachorganisationen herausgebildet haben, fehlen – oder sind schwach entwickelt – entsprechende Führungsorganisationen in wichtigen NPO-Sektoren wie dem Sozial- und Gesundheitswesen, in der Entwicklungszusammenarbeit oder in der Kultur. Ein mangelhafter Organisationsgrad ist auch im Stiftungswesen zu bemängeln, wo gerade einmal 3% der 12.700 Stiftungen einem der beiden Verbände *proFonds* und *SwissFoundations* angehören.

Der schwache Organisationsgrad sowie die starke Fragmentierung verhindert ein geschlossenes und nachdrückliches Auftreten des NPO-Sektors gegenüber der Politik, weshalb die oben beschriebene ökonomische Bedeutung in ihrer Vollständigkeit kaum wahrgenommen wird.

3.3 Perspektiven für NPOs in der Schweiz

Nicht nur wegen der zunehmenden Auflösung der klaren Sektorgrenzen zwischen Staat, Markt und NPOs verändert sich das Bild des Schweizer Nonprofit-Sektors. Ebenso wirken Veränderungen in den Tätigkeitsbereichen, in der Gesellschaft und Internationalisierungstendenzen auf den NPO-Sektor ein. Dadurch bieten sich neue Perspektiven.

3.3.1 Strukturelle Veränderungen im NPO-Sektor

Grundsätzlich ist davon auszugehen, dass sich der NPO-Sektor in der Schweiz noch weiter vergrößern wird. Die Zahl der jährlichen Stiftungsgründungen ist in den vergangenen Jahren so hoch gewesen wie nie zuvor und aufgrund der demographischen Entwicklung und des bestehenden Privatvermögens wird sich dieser Trend weiter fortsetzen (Eckhardt et al., 2012). Auch ist die Schweiz nach wie vor ein bevorzugter Standort für internationale Organisationen. Wie internationale Rechtsvergleiche zeigen, bietet die Schweiz sehr liberale Richtlinien zur Gründung von NPOs (EFC 2011). So sind beispielsweise globale Initiativen wie GAVI (Global Alliance for Vaccines and Immunisation) und Global Fund (Global Fund to fight AIDS, Tuberculosis and Malaria) als Schweizer Stiftungen gegründet worden und operieren von Genf aus weltweit. Auch bietet die gesellschaftliche Entwicklung durch Migration oder demographischen Wandel neue Aufgabenfelder zur weiteren Entwicklung an (Gmür/ Lichtsteiner, 2010, S. 248).

Diesen Wachstumsprognosen stehen gleichzeitig strukturelle Veränderungen gegenüber, die das Gesamterscheinungsbild des NPO-Sektors nachhaltig verändern werden.

Erstens stehen heutzutage mittelgroße NPO unter Druck und sehen sich gezwungen, entweder zu fusionieren oder sich auf eine langsame Schrumpfung einzustellen. Die technologische Entwicklung in Bereichen wie Fundraising, die forcierte rechtliche Reglementierung und der damit verbundene Verwaltungsaufwand sowie die zunehmende Herausforderung, die eigene Wahrnehmung durch hohen Kommunikationsaufwand zu fördern, überfordern kleinere NPOs, die zwar professionelle Strukturen haben, jedoch nicht mit den großen NPOs mithalten können. Dies betrifft NPOs in der Entwicklungszusammenarbeit genauso wie Museen, Sozialeinrichtungen oder Sportorganisationen. Diese Konzentrationsprozesse waren in den vergangenen Jahren bereits zu beobachten und werden sich zukünftig noch verstärken (Anheier 2003, S. 42).

Zweitens nimmt der Gruppenpluralismus zu und führt zu einer zunehmenden Fragmentierung in manchen Bereichen des Sektors. Die Befriedigung von Minderheiteninteressen ist seit jeher ein wesentlicher Entstehungsgrund für NPOs (Weisbrod, 1988). Die Individualisierung der Gesellschaft verstärkt diese Intention zusätzlich. Anstatt sich in bestehenden Organisationen zu engagieren oder Ideen in deren Rahmen umzusetzen, gründen Personen stetig neue Initiativen und Organisationen. Dabei findet dies heutzutage weniger auf der Ebene von weltanschaulichen oder religiösen Gründen statt, sondern vielmehr auf der Ebene von Handlungskonzepten (z. B. eine von Eltern gegründete Kita).

Drittens werden zunehmend unterstützende und vermittelnde NPOs gegründet, deren Zweck die Hilfe anderer NPOs ist. Um die eigentlichen Selbsthilfe- und Fremdhilfe-NPO herum entsteht dadurch eine Dienstleistungsindustrie, die spezifisch auf NPO ausgerichtet ist.

3.3.2 Verlagerung von »Service« zu »Advocacy«

Die Leistungen und Aktivitäten von NPOs lassen sich in die drei Bereiche Dienstleistungen, Advocacy und Community Building einteilen (Neumayr, 2010, S. 56). Dabei sind NPOs meist in allen drei Bereichen aktiv, jedoch in unterschiedlicher Intensität. Durch das Subsidiaritätsprinzip haben sich NPOs zu Dienstleistern entwickelt, die auf der Grundlage von Leistungsverträgen arbeiten. Dies verdeutlichen die Zahlen zu den Finanzierungsströmen. In den letzten Jahren geraten NPOs jedoch gerade dort immer stärker unter Druck, woraus sie in wohlfahrtsstaatlichen Bereichen einst ihre Daseinsberechtigung zogen: in der unmittelbaren und konkreten Hilfe für ihre Leistungsempfänger (Gmür/Lichtsteiner, 2010). Im Pflege- und Sozialbereich werden NPOs zunehmend durch privatwirtschaftliche Konkurrenten verdrängt bzw. werden die eigenen Leistungsbereiche in eigenständige »Sozialunternehmen« ausgegliedert. Qualitätsmanagement und Kosteneffizienz sind heute wichtiger als der Vertrauensvorschuss einer nicht gewinnorientierten Organisation (Ben-Ner/Karaca-Mandic, 2009). Viele NPOs in diesem Bereich orientieren sich daher weg von der unmittelbaren Leistungserstellung und entwickeln verstärkt Aktivitäten im Bereich von Advocacy, Meinungsbildung und Verhaltensänderung. Diese neue Rolle als »watchdogs« oder Meinungsführer verändert auch die interne Struktur und Arbeitsweise von NPOs. Zur Entwicklung von entsprechenden Kampagnen, Gütesiegeln oder Bildungsprogrammen werden vermehrt Personen mit akademischen Abschlüssen eingestellt, womit die Verberuflichung des NPO-Sektors weiter voranschreitet (Purtschert et al., 2006, S. 10f).

3.3.3 Steigender Einfluss in gesellschaftlichen Fragen

Vernetzte Betrachtungen gesellschaftlicher Probleme haben in den vergangenen Jahren zugleich die Komplexität der Lösungsansätze erhöht. Demographische Entwicklungen werden nicht ohne Auswirkungen auf Umwelt und Klima betrachtet, Reformen im Bildungssystem unter Berücksichtigung von sozialen Herausforderungen wie Migration angedacht. Für die Politik wird es immer aufwändiger, auf dem neusten Stand der Information zu bleiben und über alle Themen ausreichend informiert zu sein. Das politische System der Schweiz mit einer Regierung mit nur sieben Bundesräten (Ministern) und einem halb-professionellen Milizparlament sowie vier Landessprachen steht dadurch vor großen Herausforderungen. Dies fördert den Einfluss von Interessengruppen und LobbyistInnen, die als ExpertInnen und BeraterInnen in die Entscheidungsfindung einbezogen werden. NPOs beteiligen sich mit Hilfe von Umfragen, Symposien und Studien immer stärker an der gesellschaftlichen Meinungsbildung. NPOs wie der WWF, die Stiftung MyClimate und Bio Suisse zertifizieren Unternehmen, Transparency International bewertet Staaten und Unternehmen und Social Businesses erfinden neue Geschäftsmodelle. Selten hatten NPOs in der Schweiz einen stärkeren Einfluss auf die Entwicklung der Gesellschaft als heute. Das neue Selbstbewusstsein geht aber weniger von den klassischen politischen NPOs wie Gewerkschaften oder Verbänden aus, sondern vielmehr von verhältnismäßig jungen Organisationen, die ihre Legitimation nicht aus einer starken Mitgliederbasis ziehen, sondern aus der Einforderung von und dem Eintreten für gesellschaftspolitische Normen wie Klimaschutz, ökologischer Landbau oder professionelle Kinderbetreuung.

3.3.4 Wachsender Druck von außen

Die hohe Spendenbereitschaft der Schweizer sowie die zentrale geographische Lage in Europa bewirken eine hohe Anziehungskraft der Schweiz für internationale NPOs. Ging es früher vornehmlich um die politische Neutralität und Stabilität der Schweiz, steht heutzutage oftmals der finanzielle Aspekt im Vordergrund. So haben sich in den vergangenen Jahren Ableger internationaler Hilfswerke wie World Vision, Save the Children oder Plan International etabliert. Besonders in der Aufbauphase dienen diese Social Franchise-Organisationen vornehmlich zur Spendenakquisition und treten damit in Konkurrenz zu den nationalen Organisationen. Dabei finden die international entwickelten Methoden nicht immer die Zustimmung der bestehenden Akteure im Sektor. Insbesondere am Instrument der Kinder-Patenschaften ist in den vergangenen Jahren ein Streit entbrannt. Während einerseits World Vision und andere internationale NPOs Kinderpatenschaften sehr effizient und effektiv auch in der Schweiz einsetzen, wird diese Fundraisingmethode von der Stiftung Zewo als Zertifizierungsstelle aus moralisch-ethischen Gründen abgelehnt (Ziegerer, 2005, S. 60). Die internationalen NPOs erhalten daher das Zewo-Gütesiegel nicht, was ihre Entwicklung bisher allerdings kaum gebremst hat. Aber nicht nur die Hilfswerke sehen sich auf dem Spendenmarkt einer wachsenden globalen Konkurrenz ausgesetzt. Auch internationale Forschungseinrichtungen wie das Institut Pasteur oder die Harvard University haben Spendenorganisationen in der Schweiz, was primär mit der mangelnden internationalen Transaktionsfähigkeit von Spenden zusammenhängt.

3.4 Abschließende Bewertung

NPOs in der Schweiz erfreuen sich einer starken Verankerung in der Gesellschaft. Die Politik und die staatlichen Behörden sind dem NPO-Sektor gegenüber generell sehr positiv eingestellt und pflegen einen engen Austausch mit den relevanten NPOs (Nollert/Bukowski, 2010). Zudem besteht eine enge personelle Verzahnung zwischen der Politik und den Führungsgremien der NPO. Bisher sind die NPOs in der Schweiz kaum von den Folgen der derzeitigen Finanz- und Wirtschaftskrise betroffen. Dennoch steht der Schweizer NPO-Sektor vor großen Veränderungen in den kommenden Jahren. Aus rechtlicher Perspektive nimmt die Regulierung stetig zu und insbesondere erhöht sich die Kadenz neuer Regelungen, weshalb sich Vorstände und Stiftungsräte sowie Geschäftsführende in NPOs laufend informieren müssen. Die verschiedenen Initiativen zur Selbstregulierung beweisen aber, dass der Sektor diese Entwicklung aktiv mitbestimmt und hierbei auch eine internationale Beispielfunktion einnimmt. Dank des anhaltenden Stiftungswachstums, neuer Ansätze der Corporate Philanthropy und der großen Spendenbereitschaft in der Bevölkerung werden die privaten Mittel der Philanthropie weiter steigen. Damit kann aber nicht ausgeglichen werden, dass die staatlichen Subventionen stagnieren bzw. nicht mit den wachsenden Aufgaben mithalten (Heinze et al., 2011, S. 87). Deshalb werden NPOs noch stärker auf eigene Leistungserträge angewiesen sein.

Dank der umfassenden Erfassung der CNP-Studie kann erstmals die ökonomische Bedeutung des NPO-Sektors in der Schweiz aufgezeigt werden. Hierbei wird deutlich, dass die NPOs zusammengefasst eine wichtige Wirtschaftsbranche sind, insbesondere als Arbeitgeber. Diese konzentrierte Betrachtung ist jedoch nur statistisch zu bewerkstelligen. In der Realität ist der NPO-Sektor heterogen und fragmentiert, weshalb dessen Bedeutung und Rolle oftmals unterschätzt wird oder klischeehaft bleibt.

Abschließend ist aber zu betonen, dass die *Eid*-Genossenschaft nicht nur aufgrund ihrer Bezeichnung eine enge und fördernde Beziehung zu den NPOs pflegt. Vielmehr besteht bis heute in der Gesellschaft eine große Bereitschaft zur Philanthropie, zur gesellschaftlichen Partizipation sowie zur Unterstützung von NPOs.

Literatur

Anheier, Helmut K. (2003): Der Dritte Sektor in Zeiten des gesellschaftlichen Umbruchs, in: Verbands-Mangement, 29. Jg., Nr. 1, S. 38–47.

Beccarelli, Claudio (2007): Das Erfolgsmodell der marktorientierten Mittel- und Grossgenossenschaften in der Schweiz, in: Purtschert, R. (Hrsg.): Das Genossenschaftswesen in der Schweiz, Bern, S. 273–298.

Ben-Ner, Avner/Karaca-Mandic, Pinar (2009): Does Ownership Matter in the Selection of Nursing Homes? Evidence from Consumer Surveys, Conference Paper for the Academy of Management Meeting 2009.

Christen, Claudia (2005): Rechtsformen von Nonprofit-Organisationen, in: Verbands-Management, Jg. 31, Nr. 2, S. 50–61.

Degen, Bernhard (2010): Geschichte der NPO in der Schweiz, in: Helmig, Bernd/Lichtsteiner, Hans/Gmür, Markus (Hrsg.): Der Dritte Sektor der Schweiz, Bern, S. 59–98.

Eckhardt, Beate/Jakob, Dominique/von Schnurbein, Georg (2011): Der Schweizer Stiftungsreport 2011, Basel.

Eckhardt, Beate/Jakob, Dominique/von Schnurbein, Georg (2012): Der Schweizer Stiftungsreport 2012, Basel.

European Foundation Centre (EFC) (Hrsg.) (2011): Comparative Highlights of Foundation Laws, Brüssel.

Gmür, Markus/Lichtsteiner, Hans (2010): Ausblick: 10 Thesen zur Entwicklung der Organisationen im Dritten Sektor der Schweiz, in: Helmig, Bernd/Lichtsteiner, Hans/Gmür, Markus (Hrsg.): Der Dritte Sektor der Schweiz, Bern, S. 239–250.

Güssow, Carolin (2007): Die Ökonomie der Spende, Dissertation Universität St. Gallen.

Heinze, Rolf G./Schneiders, Katrin/Grohs, Stephan (2011): Social Entrepreneurship im deutschen Wohlfahrtsstaat – Hybride Organisationen zwischen Markt, Staat und Gemeinschaft, in: Hackenberg, Helga/Empter, Stefan (Hrsg.): Social Entrepreneurship – Social Business: Für die Gesellschaft unternehmen, Wiesbaden, S. 86–102.

Helmig, Bernd/ Gmür, Markus/Bärlocher, Christoph/Bächthold, Stefan (2010d): Statistik des Dritten Sektors in der Schweiz, in: Helmig, Bernd/Lichtsteiner, Hans/Gmür, Markus (Hrsg.): Der Dritte Sektor der Schweiz, Bern, S. 173–206.

Helmig, Bernd/Bärlocher, Christoph/von Schnurbein, Georg (2009): Defining the Nonprofit Sector: Switzerland, Working Paper, Baltimore.

Helmig, Bernd/Bärlocher, Christoph/von Schnurbein, Georg (2010b): Grundlagen und Abgrenzungen, in: Helmig, Bernd/Lichtsteiner, Hans/Gmür, Markus (Hrsg.): Der Dritte Sektor der Schweiz, Bern, S. 15–40

Helmig, Bernd/Gmür, Markus/Bärlocher, Christoph (2010c): Methodische Erläuterungen zur Erfassung des Dritten Sektors in der Schweiz, in: Helmig, Bernd/Lichtsteiner, Hans/Gmür, Markus (Hrsg.): Der Dritte Sektor der Schweiz, Bern, S. 145–172.

Helmig, Bernd/Hunziker, Beat (2006a): Stifterstudie Schweiz, in: Egger, Philipp/Helmig, Bernd/ Purtschert, Robert (Hrsg): Stiftung und Gesellschaft, Basel, S. 37–54.
Helmig, Bernd/Hunziker, Beat (2006b): Motive zur Stiftungsgründung in der Schweiz, in: Verbands-Management, 32. Jg., Nr. 3, S. 18–26.
Helmig, Bernd/Lichtsteiner, Hans/Gmür, Markus (Hrsg.) (2010a): Der Dritte Sektor der Schweiz, Bern.
Jakob, Dominique/Huber, Roman (2010): Rechtliche Rahmenbedingungen für NPO in der Schweiz, in: Helmig, Bernd/Lichtsteiner, Hans/Gmür, Markus (Hrsg.): Der Dritte Sektor der Schweiz, Bern, S. 99–144.
Lichtsteiner, Hans/Lutz, Vanessa (2008): Honorierung von Stiftungsräten, Fribourg.
Linder, Wolf (1999): Schweizerische Demokratie – Institutionen, Prozesse, Perspektiven, Bern.
Maissen, Sandra (1992): Die Steuerbefreiung gemeinnütziger Stiftungen, Schriftenreihe der Arbeitsgemeinschaft für gemeinnützige Stiftungen, Basel.
Neumayr, Michaela (2010): Resource Dependence: Der Einfluss öffentlicher Finanzierungsformen auf die Funktionen von Nonprofit-Organisationen in Österreich, Wien.
Nollert, M./Budowski, M. (2010): Politischer Kontext und zukünftige Herausforderungen, in: Helmig, Bernd/Lichtsteiner, Hans/Gmür, Markus (Hrsg.): Der Dritte Sektor der Schweiz, Bern, S. 207–238.
Purtschert, Robert (2005): Bestandesaufnahme und Perspektiven der Genossenschaften in der Schweiz, in: Purtschert, Robert (Hrsg.): Das Genossenschaftswesen in der Schweiz, Bern, S. 4–38.
Purtschert, Robert/Bccarelli, Claudio (2005): Genossenschaften in der Schweiz zwischen Bedeutungsverlust und wirtschaftlicher Dynamik – ein empirischer Befund, in: Purtschert, Robert (Hrsg.): Das Genossenschaftswesen in der Schweiz, Bern, S. 39–64.
Purtschert, Robert/von Schnurbein, Georg (2006): Transparenz im Schweizer Stiftungswesen – Stiftungen im Licht schwacher statistischer Grundlagen, in: Egger, Philipp/Helmig, Bernd/ Purtschert, Robert (Hrsg): Stiftung und Gesellschaft, Basel, S.21–35.
Purtschert, Robert/von Schnurbein, Georg/Bayard, Carmen (2006): Gehaltsstrukturen und Professionalisierung, in: Verbands-Mangement, 32. Jg., Nr. 2, S. 6–19.
Schönenberg, Daniela (2011): Venture Philanthropy. Zulässigkeit und haftungsrechtliche Konsequenzen für Schweizer Stiftungen und deren Organe, Basel.
Schubiger, Benno (2005): Neues aus dem Land der Stifter und Banker. Eine Übersicht aus dem Blickwinkel der fördernden und operativen Stiftungen privaten Rechts, in: Strachwitz, Rupert Graf/Mecker, Florian (Hrsg.): Stiftungen in Theorie, Recht und Praxis. Handbuch für ein modernes Stiftungswesen, Berlin, S. 903–920.
Schumacher, Bea (2010): Freiwillig verpflichtet – Gemeinnütziges Denken und Handeln in der Schweiz seit 1800, Zürich.
Sprecher, Thomas (2006): Die Revision des schweizerischen Stiftungsrechts, Zürich.
Sprecher, Thomas/Egger, Philipp/Janssen, Martin (2009): Swiss Foundation Code 2009, Basel.
Sprecher, Thomas/von Salis-Lütolf, Ulysses (1999): Das Schweizerische Stiftungsrecht, Zürich.
Stadelmann-Steffen, Isabelle/Freitag, Markus/Bühlmann, Marc (2007): Freiwilligen-Monitor Schweiz 2007, Zürich.
Stadelmann-Steffen, Isabelle/Traunmüller, Richard/Gundelach, Birte/Freitag, Markus (2010): Freiwilligen-Monitor Schweiz 2010, Zürich.
Taisch, Franco (2009): Genossenschaftsgruppen und deren Steuerung, Zürich/St. Gallen.
von Schnurbein, Georg (2008): Stiftungen als Motor des Wandels im Nonprofit-Sektor: Fallbeispiele zu Transformationen von Vereinen zu Stiftungen, in: Zeitschrift zum Stiftungswesen, S. 120–123.

von Schnurbein, Georg (2010): Der Schweizer Stiftungsreport 2010, Basel.
von Schnurbein, Georg/Bethmann, Stefan (2010): Philanthropie in der Schweiz, Basel.
von Schnurbein, Georg/Stöckli, Sabrina (2010): Die Gestaltung von Nonprofit Governance Kodizes in Deutschland und der Schweiz – eine komparative Inhaltsanalyse, in: Die Betriebswirtschaft, Bd. 70, Heft 6, S. 493–509.
Wagner, Antonin (2007): Der Nonprofit-Sektor in der Schweiz, in: Badelt, Christoph/Meyer, Michael/Simsa, Ruth (Hrsg.): Handbuch der Nonprofit-Organisation – Strukturen und Management, 4. Aufl., Stuttgart, S. 40–54.
Weisbrod, Burton (1988): The Nonprofit Economy, Cambridge/USA.
Ziegerer, Martina (2005): Kein ZEWO-Gütesiegel für Einzelkinder-Patenschaften, Verbands-Mangement, 31. Jg., Nr. 1, S. 60–63.

4 Der Nonprofit-Sektor in Österreich

Astrid Pennerstorfer, Ulrike Schneider, Christoph Badelt[1]

4.1 Der Nonprofit-Sektor im österreichischen Gesellschaftssystem

Für das Verständnis des Nonprofit-Sektors ist zunächst die Rekapitulation einiger Elemente des österreichischen Gesellschaftssystems unerlässlich. Die damit verbundenen Traditionen beschreiben zum Teil unmittelbar Vorläuferorganisationen der heutigen NPOs, teilweise tragen sie zum Verständnis bei, warum österreichische NPOs auf bestimmte Art und Weise agieren oder aufgebaut sind. Die sozialgeschichtlichen Wurzeln dieser Strömungen gehen in vielen Fällen auf das 19. Jahrhundert zurück. Zudem wird in diesem Abschnitt kurz auf die spezifischen Funktionen eingegangen, die NPOs in Österreich wahrnehmen.

Föderalismus und Selbstverwaltung

Österreich ist ein Bundesstaat, dessen neun Bundesländer nach der Verfassung und auch in der realen politischen Machtverteilung weitgehende Rechte besitzen. Diese föderalistische Struktur Österreichs spiegelt sich auch im Aufbau des Nonprofit-Sektors wider. Viele NPOs agieren auf Landesebene, wo sie in der öffentlichen Landesverwaltung das zuständige Gegenüber vorfinden und sich auf landesspezifische Sozialgesetze sowie Finanzierungsmodi einstellen. Bundesweite NPOs haben gegenüber ihren Landesorganisationen oft eine relativ schwache oder gar unbedeutende Stellung, obwohl auch hier Ausnahmen existieren. Auf Landesebene agierende NPOs können sich von ihren Schwesterorganisationen in anderen Bundesländern beträchtlich unterscheiden, auch wenn sie denselben Namen tragen. Darüber hinaus stellt der Föderalismus als Geisteshaltung eine wichtige Basis des Nonprofit-Sektors in Österreich dar. Das Lokalbewusstsein ist zwar in Österreich nicht so stark ausgeprägt wie in der Schweiz (vgl. Beitrag I.3.), drückt aber doch den prinzipiellen Willen zur Autonomie gegenüber Zentralinstanzen und damit den Willen zur Selbstverwaltung aus, der für die Existenz von NPOs von großer Bedeutung ist.

Neben dem Föderalismus im Verhältnis zwischen den Gebietskörperschaften findet sich in Österreich auch parafiskalischer Föderalismus in der sozialen Selbstverwaltung. So verfügen etwa die regionalen Gebietskrankenkassen über Autonomie, was ebenfalls auf die heutigen NPOs abstrahlt.

Korporatismus

Ein weiteres Charakteristikum des österreichischen Gesellschaftssystems sind die berufsständischen Interessenvertretungen. Diese haben teilweise den Charakter von gesetzli-

---

1 Ein besonderer Dank gilt Herrn Robert Leisch an der Statistik Austria für die Vielzahl an bereitgestellten Daten und Informationen zum österreichischen Nonprofit-Sektor.

chen Interessenvertretungen (z. B. Wirtschaftskammer, Kammern für Arbeiter und Angestellte, Landwirtschaftskammern), bei denen die Mitgliedschaft gesetzlich verpflichtend ist. Teilweise handelt es sich um freie Berufsvereinigungen wie den Österreichischen Gewerkschaftsbund oder die Vereinigung der Österreichischen Industrie. Diese sind als Vereine mit freiwilliger Mitgliedschaft organisiert, die allerdings (z. B. im Rahmen von Kollektivverträgen) auch Vereinbarungen treffen können, die für Nichtmitglieder Gültigkeit erlangen. Die Beteiligung dieser Interessenvertretungen an politischen Entscheidungsprozessen wird als Korporatismus bezeichnet (Nohlen/Schultze, 2010, S. 517) und ist in Österreich sehr ausgeprägt.

Die auf Vereinsbasis gegründeten Interessenvertretungen sind als NPOs im Sinne dieses Buchs anzusehen. Für die gesetzlichen Interessenvertretungen (Kammern) gilt dies jedoch nicht, weil ihnen auf Grund der Zwangsmitgliedschaft das Definitionsmerkmal der »Freiwilligkeit« fehlt (vgl. Beitrag I.1). Sie sind als Körperschaften öffentlichen Rechts eingerichtet und nehmen auch zahlreiche hoheitliche Agenden wahr, womit auch das im Beitrag I.1 dargestellte Abgrenzungsproblem zwischen öffentlichen und privaten Organisationen relevant wird. In der österreichischen gesellschaftspolitischen Landschaft haben die beruflichen Interessenvertretungen außerordentliche Bedeutung – eine Folge der engen Zusammenarbeit zwischen diesen Organisationen in Form der Sozialpartnerschaft (vgl. z. B. Strohmer, 2005; Tálos, 2008; Paleczny, 2009).

Für den Nonprofit-Sektor ist der große politische Einfluss der beruflichen Interessenvertretungen in verschiedener Hinsicht von Bedeutung. Erstens ist ausdrücklich festzuhalten, dass einige NPOs in Österreich einen im internationalen Vergleich wohl einmalig stark ausgeprägten politischen Einfluss ausüben. Zum Beispiel üben beruflichen Interessenvertretungen wachsenden Einfluss bei der Regelung der Finanzierung von Pflegeleistungen aus, womit die Existenzgrundlage zahlreicher NPOs, die soziale Dienstleistungen anbieten, wesentlich gestaltet wird. Zweitens machen es die skizzierten Machtstrukturen für die außerhalb der politischen Interessenvertretungen agierenden NPOs nicht leicht, ihre gesellschaftliche Position zu definieren. Dazu kommt, dass die beruflichen Interessenvertretungen zunehmend in das Betätigungsfeld anderer NPOs hineinwirken; sei es, dass sie selbst Leistungen anbieten oder unterstützen (z. B. Kulturförderung der Arbeiterkammern), sei es, dass deren standespolitisches Lobbying die wirtschaftlichen Grundlagen mancher NPOs wesentlich betrifft. Drittens sind auch im Nonprofit-Sektor sowohl die Seite der ArbeitgeberInnen als auch die der ArbeitnehmerInnen zunehmend in Interessenvertretungen organisiert:

Bezüglich des gewerkschaftlichen Organisationsgrades im österreichischen Nonprofit-Sektor lässt sich festhalten, dass die Branchenkollektivvertragsdichte im österreichischen Nonprofit-Sektor eher gering ist, wobei es keine genauen Daten zur kollektivvertraglichen Abdeckung von ArbeitnehmerInnen im österreichischen Nonprofit-Sektor gibt (vgl. Haider, 2010, S. 43f.). Eine Organisationsstudie aus dem Jahr 2005, in der NPOs mit mindestens einem bzw. einer bezahlten Arbeitnehmer/-in befragt wurden (vgl. Schneider/Haider, 2009), kommt zu dem Schluss, dass etwa ein Drittel aller NPOs mit bezahlter Beschäftigung einem Kollektivvertrag unterliegt, ein weiteres Drittel orientiert sich beim Lohnschema an einem Kollektivvertrag, zum Teil auch, weil öffentliche Subventions- und AuftraggeberInnen dies verlangen (vgl. Haider, 2010, S. 44). Zuletzt ist ein Anstieg an gewerkschaftlicher Organisation im Nonprofit-Sektor zu verzeichnen. So wurde 2003 erstmals im Bereich der Gesundheits- und Sozialberufe ein Kollektivvertrag (BAGS) eingeführt, 2004 und 2005 Kollektivverträge für die außeruniversitäre

Forschung und für Beschäftigte in privaten Bildungseinrichtungen (BABE) (vgl. Bönisch, 2008, S. 207).

Zudem sind insbesondere große oder traditionsreiche NPOs oft in Dachverbänden zusammengefasst, die sowohl innerhalb einer Organisation (etwa als Bundesorganisation über verschiedene Landesverbände) als auch für bestimmte Branchen organisationsübergreifend (z. B. Bundessportorganisation, Landesfeuerwehrverbände, Dachverbände von Sozial- und Gesundheitsdiensten) gebildet werden. In jüngster Zeit haben sich darüber hinaus auch branchenübergreifende Dachverbände entwickelt (z. B. die Interessenvertretung Österreichischer Gemeinnütziger Vereine, IÖGV). Einige dieser Zusammenschlüsse sind an bestimmten Aufgaben orientiert (z. B. Fundraising, Arbeitgeberfunktionen etc.).

Schließlich stellen die starken Berufsverbände für NPOs, die sich selbst primär als Interessenvertretungen verstehen, oft eine Art unausgesprochene Referenzgröße dar. Das führt dazu, dass in Bereichen, die bisher nicht durch das Verbändesystem geprägt waren, Überlegungen angestellt werden, bestehende NPOs in »echte« Kammern (d. h. in öffentlich-rechtliche Körperschaften mit Zwangsmitgliedschaft) umzuwandeln.

Politische Parteien

Der österreichische Parlamentarismus ist weitgehend durch ein System der repräsentativen Parteiendemokratie gekennzeichnet. Vor allem die älteren und traditionsreichen politischen Parteien (Sozialdemokratische Partei, SPÖ, Österreichische Volkspartei, ÖVP) prägen das gesellschaftliche System weit über den Prozess der Gesetzgebung hinaus. Zum einen sind Parteien selbst als große NPOs anzusehen: Im Sommer 2003 waren auf Bundes- und Landesebene für die fünf österreichischen Parteien ÖVP, SPÖ , FPÖ, Die Grünen und KPÖ einschließlich ihrer Parteiakademien über 110.000 MitarbeiterInnen tätig – 98% davon ehrenamtlich (Dawid, 2004). Zum anderen üben die Parteien im Nonprofit-Sektor entscheidenden Einfluss aus.

Ein großer Teil der traditionsreichen und auch in ihrer wirtschaftlichen Potenz bedeutungsvollen NPOs steht direkt oder indirekt im Einflussbereich von SPÖ oder ÖVP. In manchen Leistungsfeldern des Nonprofit-Sektors gibt es sogar eine politische »Marktaufteilung« zwischen den Einflusssphären, neben denen unabhängige Organisationen oft nur schwer überleben können. So kommt es, dass noch heute nicht nur im Sozialwesen, sondern auch im Sport, bei den Alpinvereinen, im Katastrophenhilfsdienst, bei den Interessenvertretungen der Autofahrer, bei Kulturvereinigungen und Erwachsenenbildungseinrichtungen sowie im Genossenschaftswesen »schwarze« und »rote« NPOs existieren, neben denen sich in manchen Bereichen parteiferne oder zumindest parteipolitisch nicht eindeutig einordenbare NPOs etablieren konnten. Die diesbezüglich starke Stellung von SPÖ und ÖVP ist historisch erklärbar, weil viele NPOs in der Geschichte der Arbeiterbewegung und ihres christlich-sozialen Gegenübers gegründet wurden. Ziel war es, politischen Ideen im Alltag zum Durchbruch zu verhelfen, das jeweilige Klientel in einem breiten Sinn in allen wichtigen Lebensphasen und -bereichen an die politische Bewegung zu binden oder Diskriminierung entgegenzuarbeiten.[2] Tendenziell löst sich jedoch aufgrund der

2 Die Organisationsdichte ist dabei auf Seiten der Sozialdemokratie größer als im bürgerlichen Lager, weil die christlich-soziale Bewegung lange Zeit hindurch von einer impliziten Arbeitsteilung mit der Kirche ausgehen konnte.

größeren Parteienvielfalt die eben beschriebene, zum Teil zu beobachtende Dichotomie des Nonprofit-Sektors auf. Bestehende NPOs sind vermehrt auf politische Unabhängigkeit bedacht, ebenso entstehen neue, politisch unabhängige NPOs.

Durch die Parteinähe von NPOs entstehen wichtige Wechselwirkungen zur Politik. Einerseits üben manche NPOs direkten Einfluss auf Gesetzgebung und Verwaltung aus (z. B. bei der Definition von Förderungskriterien in der Landespolitik). Andererseits erleichtert der direkte Zugang der NPOs zu politischen EntscheidungsträgerInnen oft die Finanzierung. Umgekehrt können NPOs in den Dienst der Implementierung politischer Zielsetzungen gestellt werden; sie wurden und werden in manchen Fällen zu diesem Zweck gegründet.[3] Das politische Großklima, öffentliche Haushalte zu konsolidieren und durch Privatisierung den direkten staatlichen Einfluss zurückzudrängen, trägt zu einer raschen Aufwertung dieser Formen von NPOs bei.

Doch existiert auch eine vielfältige und überaus lebendige Szene von eher basisorientierten Selbsthilfegruppen und lokalen Vereinen, die sich so lange von den oben skizzierten Machtstrukturen abkoppeln können, als sie keinerlei umfassenden Ressourcenansprüche entwickeln und sich auf sachlich und/oder regional klar definierte Aufgaben beschränken. Dieser Teil des Nonprofit-Sektors kann zum Teil auf langjährige Traditionen zurückblicken (z. B. in Form der lokal agierenden Kulturvereinigungen wie Musikkapellen, Sportvereine etc.), kommt aber auch in eher jüngeren sozialen Bewegungen wie Bürgerinitiativen, Selbsthilfegruppen etc. zum Ausdruck.

Die Rolle der Kirche(n)

Neben den politischen Parteien prägen auch die Kirchen – auf Grund ihrer Größe vor allem die katholische – wichtige Teile des Nonprofit-Sektors. Zunächst sind die Kirchen mit den von ihnen angebotenen oder organisierten religiösen Diensten und Interessenvertretungen selbst als Bestandteile des Nonprofit-Sektors anzusehen. Dazu kommen kirchennahe Interessenverbände, z. B. im Familienwesen.

Neben den religiösen Dienstleistungen treten Kirchen und Ordensgemeinschaften vor allem im Sozial-, Gesundheits- und Bildungswesen als Anbieter von Dienstleistungen auf, wo sie in manchen Arbeitsfeldern die größten Anbieter innerhalb des Nonprofit-Sektors sind. Wichtige Beispiele dafür sind das Erziehungswesen (Vorschulerziehung, Schulwesen, außerschulische Jugendarbeit) sowie sämtliche Bereiche der Sozialen Arbeit, z. B. für Ältere, Behinderte, Randgruppen etc.

Bei den Sozialen Diensten agieren die Kirchen in der Regel mit im kirchlichen Vorfeld gegründeten Vereinen (z. B. Caritas, Diakonie). Doch auch in den Kirchengemeinden selbst werden wichtige nicht-religiöse Dienste erbracht. Dazu kommen noch kirchennahe oder -freundliche Organisationen (z. B. PfadfinderInnen, Malteser Hilfsdienst, Kolpingwerk). Manche NPOs stehen sowohl im Vorfeld politischer Parteien – insbesondere der ÖVP – als auch der Kirchen (z. B. katholische Studentenverbindungen).

---

3 Siehe dazu auch das Konzept der »*third party governance*« (vgl. Salamon, 1995, S. 41 und Beitrag I.6), das die wachsende Bedeutung von NPOs beschreibt, die Aufgaben der öffentlichen Hand übernehmen.

Genossenschaften und Gemeinwirtschaft

Das Bild des Nonprofit-Sektors in Österreich wäre ohne die Rolle der Genossenschaften unvollständig, auch wenn diese in den letzten Jahren zusehends an Bedeutung verloren. Im Sinne der im Beitrag I.1 gewählten Abgrenzung sind zwar die meisten Organisationen, die heute die Rechtsform einer Genossenschaft besitzen, nicht als NPOs zu betrachten, wenn sie erzielte Gewinne an ihre Mitglieder verteilen dürfen. Dennoch bildet die Genossenschaftsbewegung einen wichtigen Hintergrund des Nonprofit-Sektors. Zum einen sind die gemeinnützigen Genossenschaften nach ihrem Selbstverständnis NPOs. Zum anderen finden sich wichtige genossenschaftliche Prinzipien im Nonprofit-Sektor wieder, so dass die Genossenschaft eine mögliche Rechtsform für NPOs darstellt (vgl. Beitrag II.3.). Auch in Österreich hat sich das Genossenschaftswesen im heutigen Sinn in der Mitte des 19. Jahrhunderts als eine der Antworten auf die massiven wirtschaftlichen und sozialen Umbrüche dieser Zeit entwickelt. Der genossenschaftliche Grundgedanke – der freiwillige Zusammenschluss zur wirtschaftlichen Selbsthilfe – hat seit dem ersten österreichischen Genossenschaftsgesetz (1873) in vier großen Aktionsbereichen – nämlich Landwirtschaft, Gewerbe, Konsum und Bauwesen – Fuß gefasst, was in den vier großen Spitzenverbänden des Genossenschaftswesens zum Ausdruck kommt.

Während die traditionsreichen Genossenschaften durch Kommerzialisierung, Konzentration und rasch steigende Mitgliederzahlen einen Identitätswandel durchgemacht haben, hat der Genossenschaftsgedanke im Kleinen in den letzten Jahren eine bemerkenswerte Renaissance erfahren (vgl. Steindl, 2005). Der Übergang zu einer mehr an der Basis orientierten Selbsthilfebewegung ist dabei fließend (vgl. Alscher, 2011).

Vereinswesen

In der österreichischen Gesellschaft spielt das freie Vereinswesen eine tragende Rolle (z. B. Brix/Richter, 2000). Für den Nonprofit-Sektor ist dieser Aspekt aus juristischer und soziologischer Sicht von Bedeutung. Zunächst stellen Vereine eine der möglichen Rechtsformen dar, in denen NPOs organisiert sein können (vgl. Beitrag II.3).

Noch wichtiger für das Verständnis des Nonprofit-Sektors in Österreich ist der Verein als soziales Phänomen. In der österreichischen Geschichte waren die Möglichkeiten, Vereine zu bilden, über weite Strecken ein Ausdruck der Liberalität des politischen Systems. Erst mit dem Staatsgrundgesetz von 1867 wurde die Vereins- und Versammlungsfreiheit in den verfassungsrechtlichen Grundrechtskatalog aufgenommen. Das Vereinswesen ist insbesondere für die *Alltagskultur* in Österreich von großer Bedeutung. Dort konkretisiert sich das soziale Engagement der Bevölkerung, sowohl im beruflichen Leben als auch in der Freizeit. Vereine können relativ leicht und ohne großen Kapitaleinsatz gegründet werden (vgl. Beitrag II.3). Nach wie vor ermöglichen es Vereine auf eine »niederschwellige« Weise, Engagement in rechtlich fassbare Formen und damit auch in ein Mindestmaß an formaler Organisation zu gießen, was sich in einer hohen Vereinsdichte auswirkt (vgl. Kapitel I.4.2.2). Das Vereinswesen kann deshalb auch als Gradmesser der gesellschaftlichen Bedeutung des Nonprofit-Sektors angesehen werden.

Stiftungen

Stiftungen werden international üblicherweise als »Organisation der Zivilgesellschaft« verstanden (vgl. Schneider/Millner/Meyer, 2010: 1), die zum Gemeinwohl einer Gesellschaft beitragen. Österreich nimmt hinsichtlich der Stiftungen eine Sonderstellung ein, da es hier nicht nur gemeinnützige sondern auch eigennützige Stiftungen gibt. Die Rechtsform der Bundes- und Landesstiftungen ist stets gemeinnützig. Daneben gibt es seit 1993 auch die Möglichkeit, Privatstiftungen zu gründen, die nicht zwingend gemeinnützig sein müssen. Insgesamt sind etwa nur 20% aller in Österreich existierenden Stiftungen »vorrangig« gemeinnützig (vgl. Schneider/Millner/Meyer, 2010: 11; Beitrag III.6). Die gemeinnützigen Stiftungen fördern v. a. Aktivitäten im Bereich Bildung, Soziales und Kultur. Ob Gemeinnützigkeit vorliegt, ist von den Finanzbehörden zu entscheiden. Somit wird die Gemeinnützigkeit in keinem öffentlich zugänglichen Register erfasst.

Gesellschaftliche Funktionen des Nonprofit-Sektors und Zusammenspiel mit dem Staat

Hinsichtlich der gesellschaftlichen Funktionen (vgl. Beitrag I.8) die NPOs erfüllen, kann vor dem Hintergrund der Traditionen und besonderen Elemente des österreichischen Gesellschaftssystems festgehalten werden, dass NPOs in Österreich häufig mehrere Funktionen gleichzeitig erfüllen (z. B. Dienstleistungsfunktion, Interessensvertretung und Gemeinschaftsbildung), dabei jedoch vergleichsweise spezialisiert agieren (vgl. Neumayr/Schneider, 2008; Neumayr/Schneider/Meyer, et al., 2007). Gemessen an den wirtschaftlich erfassbaren Produktionsleistungen, ist der Bereich der Dienstleistungserbringung der quantitativ bedeutsamere Teil des österreichischen Nonprofit-Sektors. Im ländervergleichenden Johns-Hopkins-Projekt zeigt sich, dass Österreich neben Spanien, Frankreich und Deutschland zu den Ländern gehört, deren Nonprofit-Sektor als »social service-dominant« eingeordnet wurde. D. h. die Erbringung sozialer Dienstleistung ist eine wesentliche Aufgabe des österreichischen Nonprofit-Sektors (vgl. Salamon/Anheier/List, et al., 1999, S. 21).

Der österreichische Nonprofit-Sektor ist gerade in der Erfüllung der Dienstleistungsfunktion, aber auch im Bereich der Interessenvertretung auf vielfältige Art und Weise mit dem Staat (dem »öffentlichen« Sektor) verbunden. Diese Verflechtungen bestehen organisatorisch und personell. Neue Formen der Kooperation zwischen dem Nonprofit-Sektor und der öffentlichen Hand werden laufend entwickelt und getestet, woraus sich sowohl für den Nonprofit-Sektor als auch für den Staat interessante Zukunftsperspektiven ergeben. Darüber hinaus ist der Nonprofit-Sektor in hohem Maß von der öffentlichen Hand finanziell abhängig, wobei der Staat die Finanzierung von NPOs in verschiedener Form betreiben kann (z. B. durch Subventionen oder auch durch den Ankauf von Leistungen). Diese Verflechtungen haben weit reichende Konsequenzen, die an verschiedenen Stellen dieses Buchs im Detail besprochen werden[4].

4 Vgl. insbesondere zur Finanzierung von NPOs Beitrag II.8 und zu den Marketingimplikationen Beitrag II.5.

4.2 Der österreichische Nonprofit-Sektor in Zahlen

4.2.1 Die aktuelle Datenlage zum österreichischen Nonprofit-Sektor

NPOs sind in Österreich, wie auch in vielen anderen Ländern, bislang nur unzureichend statistisch erfasst, sie bilden keine eigenständige Kategorie. Amtliche Statistiken über den gesamten österreichischen Nonprofit-Sektor sind bislang nicht verfügbar. Diese Informationslücken erklären sich aus dessen wirtschaftlichen und rechtlichen Sonderstatus. NPOs sind zum Teil verschiedenen Meldepflichten nicht unterworfen und können ihrem Wesen nach Leistungsindikatoren wie z. B. Gewinne oder Umsätze nicht vorweisen, die üblicherweise Berichtsgegenstand gewinnorientierter Unternehmen und/oder der amtlichen Statistik sind.

Eine in das Firmenbuch eingetragenen NPO ist beispielsweise nur dann als gemeinnützige Organisation erkennbar, wenn in ihrem Namen das Wort »gemeinnützig« enthalten ist. Daher kann z. B. die Anzahl gemeinnütziger Kapitalgesellschaften und Privatstiftungen in Österreich nur geschätzt werden. NPOs sind in unterschiedlichen administrativen Registern erfasst, was zumeist eine Frage der Rechtsform ist (siehe Beitrag II.3). So führt die Gründung eines Vereins zur Eintragung in das Vereinsregister, gemeinnützige Kapitalgesellschaften und Privatstiftungen werden in das Firmenbuch eingetragen. Die unterschiedlichen administrativen Register sind nicht integriert und nur teilweise öffentlich. Nicht zuletzt orientieren sich Wirtschaftsstatistiken traditionell am gewinnorientierten Sektor. Freiwilligenarbeit, die speziell für den Nonprofit-Sektor relevant ist, spielt in wirtschaftsstatistischen Erhebungen z. B. noch keine Rolle.[5]

Insgesamt zeigt sich, dass zur genauen Bestimmung der volkswirtschaftlichen Bedeutung des Nonprofit-Sektors eine Vielzahl von Datenquellen integriert werden müsste und zusätzlich die Durchführung von Befragungen erforderlich wäre. Das Center for Civil Society Studies hat gemeinsam mit der United Nations Statistics Division das »Handbook on Nonprofit Institutions in the System of National Accounts« erarbeitet (United Nations, 2003; Anheier/Rudney/Salamon, 1994). Dieses Handbuch enthält Richtlinien, wie die nationalen statistischen Ämter Nonprofit-Organisationen definieren und welche Merkmale des Sektors regelmäßig erfasst werden sollten. Im Rahmen einer VGR-Satellitenrechnung wären auf breiter Basis Personal- und Sachausgaben, Einnahmen, Vermögen und Verbindlichkeiten, bezahlte MitarbeiterInnen, Ehrenamtliche und Mitglieder, die wesentlichen Aktivitätsfelder und die Bruttowertschöpfung von NPO zu erheben (United Nations 2003, S. 45ff.). Bislang sind nur wenige Länder dieser Empfehlung gefolgt, so etwa Kanada und Australien. In der EU ist solch eine Rechnung noch nicht in das Pflichtprogramm für die Erhebungen der nationalen statistischen Ämter aufgenommen worden. Doch haben beispielsweise die statistischen Ämter der Tschechischen Republik, sowie von Belgien und Frankreich diese Satellitenrechnung eingeführt (vgl. Salamon, 2010, S. 198).

Einen Beitrag zur Dimensionierung des österreichischen Nonprofit-Sektors leisten seit Mitte der 90er Jahre durchgeführte wissenschaftliche Untersuchungen. Ein Teil dieser Studien wertete vorliegende Sekundärdaten aus, andere konzentrierten sich darauf, neue Daten zu gewinnen. Eine neuere Untersuchung aus dem Jahr 2006 am Institut für Sozialpolitik der Wirtschaftsuniversität Wien in Kooperation mit der Statistik Austria be-

5 Vgl. hierzu auch Bestrebungen der ILO zu einer einheitlichen Messung von Freiwilligenarbeit (International Labour Office, 2011).

schäftigte sich mit NPOs, die mindestens eine/n bezahlte/n Beschäftigte/n haben (vgl. Schneider/Haider, 2009; Haider/Leisch/Schneider/Stöger, 2008).

4.2.2 Zahl der NPOs nach Rechtsformen

Vereine

Die Rechtsform Verein wird den Anforderungen sehr vieler Nonprofit-Organisationen gerecht, und der administrative wie auch finanzielle Aufwand zur Gründung eines Vereins ist vergleichsweise gering. Daher sind Vereine quantitativ betrachtet die mit Abstand wichtigste Rechtsform österreichischer NPO, wie die jährlich eine Vereinsstatistik der Statistik Austria zeigt. Mit Stichtag 31.12.2010 waren in Österreich 116.556 Vereine in Österreich registriert (Statistik Austria, 2012c, S. 189). Die Anzahl der Vereine hat sich in den letzten 50 Jahren fast verdreifacht.

Jahr	1960	1970	1980	1990	2000	2005*	2010
Vereinsbestand	42.269	45.734	58.400	78.835	104.203	108.459	116.556

* In diesem Jahr gibt es einen Rückgang in der Anzahl der Vereine gegenüber dem Vorjahr, was jedoch auf Datenbereinigungen im Zuge der Schaffung des Zentralen Vereinsregisters (ZVR) zurückgeführt werden kann.

Quelle: Statistik Austria, 2012c, S. 189

Abbildung I.4.1: Vereinsbestand zwischen 1960 und 2010

Bis zum Jahr 2003 wurde zusätzlich die Tätigkeit erfasst (vgl. Statistik Austria, 2003), was jedoch mit dem neuen Vereinsregister aufgegeben wurde, sodass über die Art der Vereine keine aktuellen Aussagen gemacht werden können. Damals waren die drei mit Abstand größten Gruppen an Vereinen Sportvereine, Sparvereine und Kulturvereine (Musik, Theater, Gesangsvereine).

Stiftungen

Bei den Stiftungen kann, wie in Kapitel I.4.1 erwähnt, zwischen Bundes- und Landesstiftungen, sowie Privatstiftungen unterschieden werden, wobei nur ein kleiner Teil (rund 20%) gemeinnützig ist (vgl. Abbildung I.4.2).

Stiftungstyp	Anzahl	Anteil an allen Stiftungen	Anteil an gem. nütz. Stiftungen
Stiftungen gesamt	3.595	100,00%	/
davon: Privatstiftungen gesamt	3.126	86,95%	/
davon: Bundes- und Landesstiftungen	469	13,05%	/
gemeinnützige Stiftungen gesamt	714	19,86%	100%
gemeinnützige Privatstiftungen[1]	245	6,82%	34,31%
Bundesstiftungen	223	6,20%	31,23%
Landesstiftungen	246	6,84%	34,45%

[1] Davon sind 35 Sparkassenstiftungen

Quelle: Schneider/Millner/Meyer, 2010 und eigene Berechnungen

Abbildung I.4.2: Anzahl der Stiftungen in Österreich 2008

Neugründungen gemeinnütziger Stiftungen werden hauptsächlich unter der Rechtsform Privatstiftung verwirklicht, da sie das »einfachere und flexiblere Instrument« darstellen (vgl. Schneider/Millner/Meyer, 2010, 22).

Sonstige Rechtsformen

Kapitalgesellschaften, also GmbH und AG, kann durch die zuständigen Finanzbehörden der Status der Gemeinnützigkeit zuerkannt werden. Voraussetzung dafür ist, dass die Gemeinnützigkeit in der Satzung festgeschrieben ist und tatsächlich umgesetzt wird. Rechtlich besteht ansonsten kein Unterschied zu »gewöhnlichen« Kapitalgesellschaften. Mit den verfügbaren Informationen über gemeinnützige Kapitalgesellschaften verhält es sich ähnlich wie mit den Privatstiftungen. Die Kapitalgesellschaften sind ins Firmenbuch eingetragen, allerdings ohne Hinweis auf die Gemeinnützigkeit. Offensichtlich ist Gemeinnützigkeit nur in Fällen, wo der Begriff im Namen aufscheint. Eine Sammelabfrage im elektronischen Firmenbuch mit den Begriffen »gemeinnützige« bzw. »gemeinnützig« führt zu 514 Treffern (Stichtag: 03.01.2012) (vgl. Abbildung I.4.3). Es ist anzunehmen, dass auf diesem Wege nur ein geringer Anteil der gemeinnützigen Unternehmen ermittelt werden kann.

Im Bereich der Genossenschaften finden wir im Jahr 2010 1.817 Genossenschaften in Österreich (vgl. Statistik Austria, 2012c, S. 460). Darunter waren mindestens 95 NPO, da diese die Bezeichnung »gemeinnützig« im Namen trugen.

Rechtsform	Anzahl
Ges.m.b.H.	352
Aktiengesellschaft (AG)	10
Genossenschaft	95

Quelle: Abfrage im elektronischen Firmenbuch, 03.01.2012

Abbildung I.4.3: Anzahl sonstiger Rechtsformen mit dem Wort »gemeinnützig« im Titel

Die so ermittelten Aktiengesellschaften und Genossenschaften widmen sich ausschließlich dem Wohn- und Siedlungsbau, während die Aktivitätsfelder der gemeinnützigen GmbHs vielfältiger sind und z. B. auch die Bereiche Kultur, Gesundheit und Soziales sowie Bildung und Forschung umfassen.

4.2.3 Beschäftigung und Freiwilligenarbeit im österreichischen Nonprofit-Sektor

Bezahlte Beschäftigung

Im Jahr 2010 gab es Hochrechnungen zufolge ca. 212.000 Vertragsverhältnisse im österreichischen Nonprofit-Sektor, was einem Anteil von 5,2% aller in Österreich Erwerbstätigen über 15 Jahren entspricht (vgl. Abbildung I.4.4 und Statistik Austria, 2012c, S. 192). Davon entfiel mehr als ein Drittel (36%) der Beschäftigungsverhältnisse auf das Sozialwesen, weitere 20% auf den Bereich »Interessensvertretungen sowie kirchliche und sonstige religiöse Vereinigungen«. Das Unterrichtswesen ist der nach der Beschäftigung drittwichtigste Bereich im Nonprofit-Sektor (vgl. Abbildung I.4.4).

Zwischen den Jahren 2000 und 2010 zeigt sich eine deutliche Zunahme der Vertragsverhältnisse. Gegenüber dem Jahr 2000 stieg die Anzahl der Vertragsverhältnisse um rund 39%[6] an, das Wachstum fand vor allem in den Branchen »Kindergärten« (93% mehr Beschäftigte als im Jahr 2000) und Sozialwesen (76%) statt, eine Verringerung der Vertragsverhältnisse fand im Sektor Unterhaltung statt (–26%).

	2000		2005		2010	
Sektor	**Absolut**	**Anteil**	**Absolut**	**Anteil**	**Absolut**	**Anteil**
Forschung und Entwicklung, Unterrichtswesen	1.672	1,09%	1.750	0,99%	1.970	0,93%
Volksschulen	1.837	1,20%	2.152	1,21%	3.091	1,46%
Kindergärten	5.814	3,80%	8.378	4,72%	11.232	5,29%
Weiterführende Schulen	9.415	6,16%	11.031	6,21%	12.725	6,00%
Erwachsenenbildung/sonstiger Unterricht	2.021	1,32%	2.522	1,42%	3.213	1,51%
Summe	19.088	12,49%	24.084	13,56%	30.261	14,26%
Gesundheitswesen						
Krankenanstalten	17.963	11,75%	17.652	9,94%	19.106	9,00%
Rettungsdienste	4.870	3,19%	5.873	3,31%	6.669	3,14%
Summe	22.833	14,93%	23.525	13,25%	25.775	12,15%
Heime	21.347	13,96%	25.052	14,11%	27.755	13,08%
Sozialwesen	44.031	28,80%	57.694	32,49%	77.474	36,51%
Interessensvertretungen, sonstige, religiöse Vereinigungen						
Vereine, Religionsgemeinschaften	37.612	24,60%	38.353	21,60%	41.470	19,55%
Arbeitgeber-Verbände	882	0,58%	933	0,53%	938	0,44%
Summe	38.494	25,18%	39.286	22,12%	42.408	19,99%
Unterhaltung	2.049	1,34%	1.747	0,98%	1.522	0,72%
Kultur	609	0,40%	650	0,37%	680	0,32%
Sport	2.759	1,80%	3.790	2,13%	4.330	2,04%
Gesamt	**152.882**	**100,00%**	**177.579**	**100,00%**	**212.175**	**100,00%**

Quelle: persönliche Auskunft Hr. Leisch/Direktion Volkswirtschaft am 01.02.2012 (Statistik Austria, 2012b)

Abbildung I.4.4: Vertragsverhältnisse im österreichischen Nonprofit-Sektor

6 Im Vergleich dazu stieg in diesem Zeitraum die unselbständige Beschäftigung in Österreich insgesamt um 7% (vgl. Statistik Austria, 2012c, S. 196, eigene Berechnung). Dies kann jedoch nur als Anhaltspunkt verstanden werden, da Vertragsverhältnisse und Beschäftigte gegenübergestellt werden.

Bei den Angaben ist zu beachten, dass es sich um Hochrechnungen handelt, die sich zudem auf Vertragsverhältnisse, nicht auf Personen bezieht. Die Zahl der Vertragsverhältnisse kann die Zahl der Beschäftigten übersteigen, da z.B. eine Person zweimal gezählt wird, wenn sie innerhalb eines Jahres ein Vertragsverhältnis beendet und ein anderes im Nonprofit-Sektor beginnt. Aus anderen Untersuchungen geht hervor, dass es v.a. im Sozialbereich zum Teil zu sehr kurzen Arbeitsepisoden kommt, d.h. es ist davon auszugehen, dass die Zahl der Vertragsverhältnisse deutlich über der Anzahl der Beschäftigten liegt. Ergebnisse aus der Arbeitsstättenzählung 2001 (vgl. dazu Schneider/Badelt/Hagleitner, 2007, S. 68) wiesen 116.000 Beschäftigte in Arbeitsstätten des Nonprofit-Sektors aus. Wie zu erwarten, liegt die Anzahl der gezählten Vertragsverhältnisse somit über den Ergebnissen der Arbeitsstättenzählung.

Zum Ausmaß der Beschäftigung (Stundenvolumen bzw. Vollzeit-/Teilzeitstatus), zu WerkvertragsnehmerInnen und zum Frauenanteil können Befunde aus dem Jahr 2005 als Approximation herangezogen werden. In diesem Jahr fand eine Befragung aller NPOs in Österreich mit mindestens einem bzw. einer bezahlten Beschäftigten statt (vgl. hierzu Haider/Leisch/Schneider/Stöger, 2008; Schneider/Haider, 2009). Hierbei wurde ein durchschnittlicher Frauenanteil von rund 74% ermittelt, 48% waren Teilzeitkräfte (nicht geringfügig) und knapp 4% waren geringfügig beschäftigt (vgl. Schneider/Haider, 2009, S. 10). Aus der Organisationsbefragung geht zusätzlich hervor, dass für NPOs neben unselbständig Beschäftigten auch WerkvertragsnehmerInnen arbeiten. Rechnet man das Verhältnis von WerkvertragsnehmerInnen zu unselbständig Beschäftigten auf das Jahr 2010 hoch, würden zusätzlich 40.000 Personen als WerkvertragsnehmerInnen für NPOs arbeiten, was jedoch nur als sehr grobe Einschätzung verstanden werden kann.

Freiwilligenarbeit[7]

»Ehrenamtliche Arbeit[8] wird definiert als eine Leistung für andere«, die unbezahlt erfolgt (vgl. Meyer/More-Hollerweger/Heimgartner/Mackerle-Bixa, 2009, S. 19). Freiwilligenarbeit ist bislang nur unzureichend und nicht systematisch statistisch erfasst. Angaben zu Freiwilligenarbeit finden sich einerseits in Personenbefragungen, bei denen Individuen nach ihrem persönlichen freiwilligen Engagement befragt werden, andererseits in Organisationsbefragungen, in denen NPOs nach dem Ausmaß an Freiwilligenarbeit gefragt werden. Nach Berechnungen auf Basis von Daten einer Mikrozensus Zusatzerhebung zu freiwilligem Engagement[9] der Statistik Austria (2008) waren im Jahr 2006 unter Annahme einer durchschnittlichen Normalarbeitszeit von 39,3[10] Wochenstunden 201.493 Vollzeitäquivalente (VZÄ) ehrenamtlich tätig. Eine alternative Berechnung auf Basis der tatsächlich geleisteten Wochenarbeitsstunden von 35,3[11] Stunden kommt auf 224.325 Vollzeitäquivalente in formeller Freiwilligenarbeit. Eine weitere Möglichkeit, den Wert der

7 Vgl. auch Beitrag III.1. Für einen umfassenden Überblick zur Freiwilligenarbeit in Österreich siehe auch BMASK (2009).

8 Ehrenamtliche und Freiwillige werden an dieser Stelle synonym verwendet. Für eine Begriffsdefinition siehe z.B. More-Hollerweger/Sprajcer, 2009.

9 Statistik Austria: Zusatzerhebung »Struktur und Volumen der Freiwilligenarbeit in Österreich« zum österreichischen Mikrozensus im 4. Quartal 2006.

10 Vgl. Statistik Austria, 2008, S. 4.

11 Vgl. Statistik Austria, 2008, S. 4.

Freiwilligenarbeit in Österreich darzustellen, ist die Berechnung eines monetären Werts der geleisteten Arbeitsstunden. Unter Annahme eines »Stundenlohns« einer unbezahlt geleisteten Arbeitsstunde von 11,48 Euro (was dem Median–Bruttostundenverdienst 2006[12] entspricht) kann die in formellen Organisationen geleistete Freiwilligenarbeit mit 4,7 Mrd. Euro bewertet werden. Dies entspricht 1,8% des Bruttoinlandprodukts (BIP) 2006 (vgl. Statistik Austria, 2012c, S. 311).

Freiwilliges Engagement in einer Organisation sagt per se noch nichts darüber aus, ob diese Arbeit in einer NPO oder etwa in einer staatlichen Einrichtung (z. B. ehrenamtlicher Besuchsdienst in einem öffentlichen Alten- und Pflegeheim) stattfindet. Es kann jedoch davon ausgegangen werden, dass ein Großteil davon in NPOs stattfindet. Die meisten freiwilligen Arbeitsstunden – bezogen auf alle freiwilligen Arbeitsstunden in einer formalen Organisation – wurden im Bereich Kultur geleistet, gefolgt von Katastrophenhilfe und Sport (vgl. Abbildung I.4.5)

Bereich	**Stunden pro Woche**	**Anteil**	**VZÄ 1[1]**	**VZÄ 2[2]**	**Monetärer Wert der Freiwilligenarbeit (in Tausend Euro)**
Katastrophenhilfe	1.575.932	19,9%	40.100	44.644	940.768
Kultur	1.761.588	22,2%	44.824	49.903	1.051.598
Umwelt	349.906	4,4%	8.903	9.912	208.880
Religion	1.026.121	13,0%	26.110	29.069	612.553
Soziales	564.689	7,1%	14.369	15.997	337.097
Politik	640.905	8,1%	16.308	18.156	382.595
Gemeinwesen	278.223	3,5%	7.079	7.882	166.088
Bildung	302.910	3,8%	7.708	8.581	180.825
Sport	1.418.408	17,9%	36.092	40.182	846.733
Summe formelle Freiwilligenarbeit	**7.918.682**	**100,0%**	**201.493**	**224.325**	**4.727.136**
Informelle Freiwilligenarbeit	6.773.996		172.366	191.898	4.043.805
Summe Freiwilligenarbeit gesamt	14.692.678		373.859	416.223	8.770.941

[1] Auf Basis der durchschnittlichen Normalarbeitszeit je Erwerbstätigen im Jahr 2006
[2] Auf Basis der tatsächlichen Arbeitsstunden je Erwerbstätigen im Jahr 2006

Quelle: Statistik Austria, 2008, S. 34 und eigene Berechnungen

Abbildung I.4.5: Freiwilligenarbeit in Österreich

Dem gegenüber stehen zum Vergleich ältere Zahlen von 222.000 VZÄ in Freiwilligenarbeit innerhalb einer Organisation aus dem Jahr 2000 (vgl. Badelt/Hollerweger, 2007) und einer Schätzung von ca. 116.550 VZÄ an Freiwilligen in NPOs im Jahr 1997 (vgl. Heitzmann, 2001, S. 190) (vgl. auch Neumayr/Schneider/Meyer/Haider, 2007, S. 5f.). Diese doch recht

12 »Bruttostundenverdienste exkl. Mehr- und Überstunden (enthalten sind hingegen Zuschläge für Nacht-, Schicht-, Sonn- und Feiertagsarbeit)« (Statistik Austria, 2006, o. S.).

beachtliche Bandbreite an geschätzten Zahlen kann zum einen auf Veränderungen des freiwilligen Engagements innerhalb dieses Zeitraumes beruhen, zum anderen beruhen die Unterschiede auch auf verschiedenen Erhebungs- und Berechnungsmethoden.

4.2.4 Einnahmenstruktur

Die in Abbildung I.4.6 dargestellten Informationen zu den Einnahmen der NPOs in Österreich beruhen auf der Organisationsbefragung von NPOs mit mindestens einem bzw. einer bezahlten Beschäftigten, die sich auf das Jahr 2005 bezieht (vgl. Schneider/Haider, 2009). Demnach betrugen die hochgerechneten Gesamteinnahmen der NPOs 2005 rund 3,4 Mrd. Euro. Allerdings ist zu beachten, dass Krankenhäuser und Schulen nicht in der Übersicht enthalten sind. Die meisten Einnahmen beziehen österreichische NPOs durch leistungsbezogene Zahlungen aus der öffentlichen Hand, gefolgt von Umsatzerlösen und Subventionen. Allerdings ist die Abgrenzung zwischen Subvention und leistungsbezogener Zahlung nicht immer eindeutig (vgl. Buchinger/Trukeschitz/Schneider, 2008). Ca. 400 Mio. Euro erhält der Sektor aus Spenden und Sponsoring, wobei das Sozialwesen die meisten Spenden erhält (vgl. Schneider/Haider, 2009, S. 28). Zur Höhe der in Österreich getätigten Spenden kann auch auf den Beitrag zu Spenden in diesem Band (vgl. Beitrag III.6.) verwiesen werden. Demnach lag das im Jahr 2011 durch Privatpersonen getätigte Spendenvolumen bei 410 Mio. Euro, wobei das Gesamtvolumen aller Spenden nicht zwingend dem österreichischen Nonprofit-Sektor zu Gute kommen muss. Gleichzeitig kann festgehalten werden, dass auch der Nonprofit-Sektor als Spender auftritt. Aus der Organisationsbefragung 2005 geht hervor, dass besonders im Sozialwesen österreichische NPOs eine beträchtliche Summe an Geld- sowie Sachspenden leisten (vgl. Schneider/Haider, 2009, S. 30).

Aktivitätsfeld	**Umsatzerlöse[1]**	**Subventionen**	**Leistungsbezogene Zahlungen d. öffentl. Hand**	**Lohnkostenzuschüsse**	**Mitgliedsbeiträge**	**Spenden**	**Sponsoring**	**Gesamt %**	**Gesamt**
	Angaben in % der Gesamteinnahmen des Aktivitätsfelds								**Einnahmen in 1.000 Euro**
Beherbergungswesen	74,64%	17,70%	6,12%	0,26%	0,01%	1,26%	0,00%	100%	**40.727**
Forschung und Entwicklung	23,70%	11,46%	53,84%	0,17%	6,17%	4,11%	0,54%	100%	**38.819**
Kindergärten	68,65%	28,24%	0,92%	0,48%	0,00%	1,50%	0,21%	100%	**89.588**
Hochschulen	74,64%	0,00%	0,00%	0,00%	0,00%	0,00%	25,36%	100%	**14.335**
Erwachsenenbildung	21,43%	17,46%	57,21%	0,56%	3,12%	0,15%	0,08%	100%	**57.862**

Aktivitätsfeld	Umsatzerlöse[1]	Subventionen	Leistungsbezogene Zahlungen d. öffentl. Hand	Lohnkostenzuschüsse	Mitgliedsbeiträge	Spenden	Sponsoring	Gesamt %	Gesamt
	Angaben in % der Gesamteinnahmen des Aktivitätsfelds								**Einnahmen in 1.000 Euro**
Gesundheitswesen	22,72%	19,39%	37,87%	0,93%	11,85%	7,20%	0,03%	100%	**324.836**
Veterinärwesen	0,00%	0,67%	0,00%	0,00%	89,26%	0,00%	10,07%	100%	**149**
Alten- und Pflegeheime	59,24%	29,24%	11,26%	0,24%	0,01%	0,01%	0,00%	100%	**393.327**
Sonstige Heime	22,02%	0,95%	69,01%	1,06%	0,14%	6,35%	0,47%	100%	**341.956**
Sozialwesen	25,49%	10,69%	50,99%	1,09%	0,28%	11,37%	0,09%	100%	**1.310.167**
Berufsorganisationen	13,19%	17,06%	14,96%	0,00%	53,31%	0,98%	0,50%	100%	**24.762**
Kirchliche und sonstige religiöse Vereinigungen	29,98%	9,81%	59,79%	0,14%	0,00%	0,28%	0,00%	100%	**109.057**
Sonstige Interessensvertretungen u. Vereine a.n.g.	26,95%	28,68%	10,38%	0,43%	8,53%	23,07%	1,97%	100%	**404.492**
Künstl. u. schriftstellerische Tätigkeiten u. Darbietungen	6,56%	84,69%	0,00%	0,00%	2,48%	0,00%	6,27%	100%	**9.622**
Betrieb u. techn. Hilfsdienste f. kulturelle u. unterhaltende Leistungen	52,64%	37,01%	0,00%	0,00%	1,04%	0,00%	9,31%	100%	**48.634**
Bibliotheken und Archive	17,11%	71,13%	1,74%	0,53%	8,67%	0,39%	0,45%	100%	**6.220**
Museen und Denkmalschutz	37,74%	54,67%	0,00%	2,25%	1,62%	1,80%	1,91%	100%	**13.059**
Sport	54,64%	3,04%	0,51%	0,00%	3,50%	0,26%	38,06%	100%	**217.802**
Gesamt	**32,99%**	**15,78%**	**36,01%**	**0,73%**	**3,01%**	**8,49%**	**3,00%**	**100%**	**3.445.411**

[1] exkl. Einnahmen aus Leistungsverträgen

Quelle: Schneider/Haider, 2009, S. 29

Abbildung I.4.6: Hochgerechnete Einnahmen und Einnahmenstruktur im Nonprofit-Sektor, 2005

Umsatzerlöse

Aus der amtlichen Statistik (Volkswirtschaftliche Gesamtrechnung) können aktuellere Ergebnisse zu Einnahmen aus Umsatzerlösen präsentiert werden (vgl. Abbildung I.4.7). Im Jahr 2010 wurden in österreichischen NPOs 3,3 Mrd. Euro an Umsatzerlösen erwirtschaftet, die wichtigsten Sektoren sind hierbei Heime und das Sozialwesen. In der Übersicht nicht enthalten sind zu Zwecken der Vergleichbarkeit mit Abbildung I.4.6 Krankenhäuser und Schulen, die im Jahr 2010 Umsatzerlöse in der Höhe von 1,2 Mrd. Euro (Krankenhäuser) und 177 Mio. Euro (Schulen) auswiesen. Ferner ist zu beachten, dass sich die Umsatzerlöse in Abbildung I.4.7 von den Angaben in Abbildung I.4.6 geringfügig unterscheiden. Einerseits sind in den folgenden Angaben leistungsbezogene Zahlungen der öffentlichen Hand in den Umsatzerlösen inkludiert. Andererseits handelt es sich in Abbildung I.4.7 im Gegensatz zu oben nicht um Hochrechnungen, die auf der Unternehmensbefragung 2005 (vgl. Schneider/Haider, 2009) beruhen, sondern beziehen sich auf die Umsatzsteuerstatistik der Statistik Austria.

Seit dem Jahr 2000 kann ein starker Anstieg in den Umsatzerlösen (+70% bezogen auf das Jahr 2000) beobachtet werden, insbesondere in den Bereichen Bibliotheken, Archive, Museen (Kultur) (+233%), Kindergärten (+170%) und Sport (+113%). Der Anstieg beruht einerseits auf einer über die Zeit zunehmenden Grundgesamtheit, d.h. die Zahl aller NPOs, die Umsatzerlöse erwirtschaften, stieg im Untersuchungszeitraum. Der Anstieg der Umsatzerlöse könnte auch mit dem Größenwachstum bestehender NPOs einhergehen. Andererseits kann die Steigerung an Umsatzerlösen eine größere Tendenz seitens der Organisationen widerspiegeln, Kosten aus Umsatzerlösen zu decken.

Sektor	2000	2005	2010
	Umsatzerlöse in 1.000 Euro		
Forschung und Entwicklung	47.245	51.708	64.366
Kindergärten und Vorschulen	51.741	56.053	139.646
Erwachsenenbildung/sonstiger Unterricht	36.049	54.778	65.908
Rettung/Gesundheitswesen a.n.g.	226.305	302.359	391.303
Heime	716.298	875.732	1.081.489
Sozialwesen	472.854	654.538	908.242
Kreative, künstlerische u. unterhaltende Tätigkeiten	12.412	13.376	12.599
Bibliotheken, Archive, Museen	3.702	10.012	12.338
Sport	4.888	5.532	10.387
Interessenvertretungen, Kirchliche Vereinigungen; politische Parteien sowie sonstige Interessenvertretungen und Vereinigungen a.n.g.	196.092	254.258	374.028
Arbeitgeber-Verbände	124.867	139.560	160.198
Gesamt	**1.892.452**	**2.417.907**	**3.220.503**

Quelle: persönliche Auskunft Hr. Leisch/Direktion Volkswirtschaft am 01.02.2012 (Statistik Austria, 2012b)

Abbildung I.4.7: Umsatzerlöse des österreichischen Nonprofit-Sektors (in 1.000 Euro).

4.2.5 Ausgabenstruktur

Gemäß Abbildung I.4.8 konnten die Ausgaben des österreichischen Nonprofit-Sektors für 2005 mit 3,4 Mrd. Euro beziffert werden. Die Angaben stammen wie die Einnahmenstruktur aus der Organisationsbefragung für das Jahr 2005 (vgl. Schneider/Haider, 2009). Personalausgaben stellen die wichtigste Ausgabenkategorie von NPOs dar – nicht zuletzt aufgrund der prominenten Stellung des Nonprofit-Sektors im Dienstleistungsbereich.

Aktivitätsfeld	**Personalaufwand**	**Bezug v. Waren u. Dienstl.**	**Investitionen**	**Abschreibungen**	**Zinsen u. ähnl. Aufw.**	**Steuern**	**Gezahlte oder gespendete Transfers**	**Gesamt %**	**Gesamt (in 1000 Euro)**
Beherbergungswesen	47%	28%	14%	3%	7%	1%	0%	100%	**40.542**
Forschung und Entwicklung	46%	28%	1%	0%	1%	4%	19%	100%	**48.421**
Kindergärten	67%	27%	3%	3%	0%	0%	0%	100%	**143.387**
Hochschulen	21%	79%	0%	0%	0%	0%	0%	100%	**11.889**
Erwachsenenbildung	35%	19%	42%	4%	0%	0%	1%	100%	**108.698**
Gesundheitswesen	71%	20%	5%	2%	1%	0%	0%	100%	**374.284**
Veterinärwesen	60%	0%	0%	0%	26%	0%	13%	100%	**17**
Alten- und Pflegeheime	55%	32%	5%	7%	1%	0%	0%	100%	**520.163**
Sonstige Heime	60%	28%	5%	7%	0%	0%	0%	100%	**452.056**
Sozialwesen	77%	12%	4%	2%	0%	0%	6%	100%	**1.092.231**
Berufsorganisationen	49%	26%	0%	1%	0%	1%	23%	100%	**17.591**
Kirchliche und sonstige religiöse Vereinigungen	62%	8%	22%	7%	0%	0%	0%	100%	**105.205**
Sonstige Interessensvertretungen, Vereine a.n.g	36%	22%	3%	4%	1%	4%	30%	100%	**370.353**
Künstl. u. schriftstellerische Tätigkeiten u. Darbietungen	69%	17%	3%	11%	0%	0%	0%	100%	**9.155**
Betrieb u. techn. Hilfsdienste f. kulturelle u. unterhaltende Leistungen	37%	58%	1%	2%	0%	0%	1%	100%	**41.062**
Bibliotheken und Archive	51%	37%	3%	8%	0%	0%	0%	100%	**6.317**
Museen und Denkmalschutz	62%	18%	13%	5%	0%	1%	0%	100%	**13.434**
Sport	78%	10%	4%	4%	0%	0%	4%	100%	**115.024**
Gesamt	**62%**	**21%**	**6%**	**4%**	**1%**	**1%**	**6%**	**100%**	**3.469.831**

Quelle: Schneider/Haider, 2009, S. 30

Abbildung I 4.8: Hochgerechnete Ausgaben und Ausgabenstruktur im Nonprofit-Sektor, 2005

4.2.6 Wertschöpfung des österreichischen Nonprofit-Sektors

Das beste globale Maß der wirtschaftlichen Leistungskraft des Nonprofit-Sektors ist die gesamtwirtschaftliche Wertschöpfung der NPOs, womit der Nonprofit-Sektor auch in der Volkswirtschaftlichen Gesamtrechnung (VGR) seinen festen Platz hat[13]. Österreichische NPOs haben im Jahr 2010 5,9 Mrd. Euro an Bruttowertschöpfung erwirtschaftet.

Der Wert von Leistungen, die NPOs unentgeltlich oder zu Preisen unterhalb des Marktpreisniveaus abgeben, wird – konservativ – auf Basis ihrer Faktorkosten geschätzt. Die Berechnung stellt eine Untergrenze dar, da der Wert der ehrenamtlich geleisteten Arbeit nicht einbezogen wird.

Sektor	**2000**	**2005**	**2010**
	Wertschöpfung in 1.000 Euro		
Forschung und Entwicklung	26.860	29.400	38.672
Kindergärten und Vorschulen	135.177	163.666	283.136
Volksschulen	59.703	78.299	116.625
weiterführende Schulen	373.750	450.812	484.834
Erwachsenenbildung/sonstiger Unterricht	15.191	32.899	23.747
Krankenhäuser	475.648	630.312	587.294
Rettung/Gesundheitswesen a.n.g.	218.328	287.149	350.850
Heime	565.263	651.713	878.016
Sozialwesen	862.202	1.188.155	1.708.124
Kreative, künstlerische und unterhaltende Tätigkeiten	8.394	10.248	9.250
Bibliotheken, Archive, Museen	1.486	7.834	9.542
Sport	74.753	104.898	132.309
Interessenvertretungen, Kirchliche Vereinigungen; politische Parteien sowie sonstige Interessenvertretungen und Vereinigungen a.n.g.	897.331	1.031.489	1.265.569
Arbeitgeber-Verbände	42.908	47.962	51.871
Gesamt	**3.756.993**	**4.714.836**	**5.939.839**

Quelle: Persönliche Auskunft Hr. Leisch/Direktion Volkswirtschaft am 01.02.2012 (Statistik Austria, 2012b)

Abbildung I.4.9: Bruttowertschöpfung im österreichischen Nonprofit-Sektor (in 1.000 Euro)

4.2.7 Marktanteil von NPOs in ausgewählten Sektoren

Einige Branchen zeichnen sich durch ein Nebeneinander von NPOs und staatlichen Organisationen aus. Während in einigen Sektoren NPOs vermehrt als zusätzliches Angebot neben öffentlichen Trägern verstanden werden können, sind im Gegensatz dazu andere Branchen sehr stark von NPOs geprägt (z. B. im Gesundheitswesen besonders die Berei-

13 Vgl. dazu auch Kapitel I.4.2.1.

che »Rettungsdienste und Krankentransporte« sowie die Hauskrankenpflege). Dieser Abschnitt gibt einen statistischen Überblick über die Sektoren, in denen NPOs vermehrt neben öffentlichen Trägern agieren. In den vorhandenen Statistiken sind NPOs nicht gesondert ausgewiesen, es lassen sich ausschließlich anhand der Rechtsträgerschaft Vermutungen anstellen.

Im Bereich der Krankenanstalten finden sich unter 268 verzeichneten Krankenanstalten 39 (14,6% aller Krankenanstalten), die von geistlichen Orden oder Glaubensgemeinschaften geführt werden, 12 (4,5%) werden von Vereinen und Stiftungen getragen. Bei diesen zwei Rechtsträgerkategorien ist davon auszugehen, dass es sich um NPOs handelt. Damit läge der Anteil der Non-Profit Krankenanstalten an allen Krankenanstalten bei mindestens 19%. Bei den Rechtsträgern »Privatpersonen, -gesellschaften« (63 Einrichtungen, 23,5%) und »Krankenkassen und Fürsorgeverbände« (9 Einrichtungen, 3,4%) kann nicht ausgeschlossen werden, dass sich unter diesen Krankenanstalten weitere NPOs befinden (vgl. Statistik Austria, 2011a, S. 365).

Bei den Kindertagesheimen (Krippen, Kindergärten und Horte) befinden sich im Berichtszeitraum 2010/2011 1.961 Vereine (24,3% aller Kindertagesheime) als Erhalter, sowie 872 (10,8%) Einrichtungen einer Religionsgemeinschaft. Etwa 35% der Kindertagesheime wären damit jedenfalls dem Nonprofit-Sektor zuzurechnen. Außerdem sind 84 (1,0%) Einrichtungen mit Erhalter »Privatperson«, 89 (1,1%) »Betriebe« sowie 146 (1,8%) »sonstige Erhalter« verzeichnet, für die nicht ausgeschlossen werden kann, dass sich darunter weitere NPOs befinden (vgl. Statistik Austria, 2011b, S. 63).

37,6% aller Betreuungsplätze in Alten- und Pflegeheimen werden von NPOs zur Verfügung gestellt (vgl. Statistik Austria, 2012a), von insgesamt 853 institutionellen Pflegeeinrichtungen sind 272 NPOs (31,9% aller Einrichtungen), davon 82 (9,6% aller Einrichtungen) in konfessioneller Trägerschaft und 184 (21,6% aller Einrichtungen) private Einrichtungen (vgl. Bayerl, 2012, S. 37 und Statistik Austria, 2012a).

Andere für NPOs wichtige Bereiche (z. B. mobile Pflege) sind statistisch weniger gut erfasst, sodass hierzu keine aktuellen Aussagen getroffen werden können. Ältere Befunden zu ausgewählten Branchen, die auf einer Sonderauswertung der Arbeitsstättenzählung aus dem Jahr 2001 beruhen, liegen in der 4. Auflage dieses Sammelbandes vor (vgl. Schneider/Badelt/Hagleitner, 2007).

4.3 Fazit

Informationen zu österreichischen NPOs sind zum Teil noch immer unzureichend. Es zeigt sich, dass zur genauen Bestimmung der volkswirtschaftlichen Bedeutung des Nonprofit-Sektors eine Vielzahl von Datenquellen integriert werden muss. Nach wie vor gibt es keine nationale Statistik zu Nonprofit-Organisationen. Dennoch muss festgehalten werden, dass NPOs im Rahmen der VGR seit einigen Jahren genauer erfasst sind (vgl. Haider/Leisch/Schneider/Stöger, 2008), sodass dadurch verlässlichere Daten insbesondere zu Beschäftigung, Umsatzerlösen und Wertschöpfung existieren. Die so entstandenen Zeitreihen zeigen beachtliche Veränderungen innerhalb des Nonprofit-Sektors. Seit dem Jahr 2000 haben NPOs wirtschaftlich sehr an Stellenwert gewonnen. So stieg die Beschäftigung seit 2000 um rund 39%, die Wertschöpfung durch österreichischen NPOs stieg um 58%. Im Vergleich dazu stieg im selben Zeitraum die Zahl der unselbständig Beschäftigten in Österreich insgesamt um rund 7%, die Wertschöpfung in Österreich insgesamt um rund 38% (vgl. Statistik Austria, 2012c, S. 196 und 314). Die Zunahme in den Umsatzerlösen um rund 70% kann auch als Hinweis auf bedeutende Veränderungen bezüglich der Finanzierung von NPOs verstanden werden.

Die vorhandenen Daten weisen auf die steigende wirtschaftliche Bedeutung von NPOs hin. NPOs, die keine bezahlten Beschäftigten haben, gehen in die Messung nicht ein[14], sodass die wirtschaftliche Leistung des Sektors insgesamt tendenziell unterschätzt wird. Die Arbeit dieser NPOs bleibt unsichtbar.

Literatur

Alscher, Mareike (2011): Genossenschaften – Akteure des Markts und der Zivilgesellschaft. betrifft: Bürgergesellschaft., in: betrifft: Bürgergesellschaft. Berlin: Friedrich-Ebert-Stiftung.

Anheier, Helmut K., Rudney, Gabriel, Salamon, Lester M. (1994): Nonprofit-Institutions in the United Nations System of National Accounts: Country Applications of SNA Guidelines, in: Voluntas. 4(4): S. 486–501.

Badelt, Christoph, Hollerweger, Eva (2007): Ehrenamtliche Arbeit im Nonprofit-Sektor, in: Badelt, C./Meyer, M./Simsa, R. (Hrsg.), Handbuch der Nonprofit-Organisationen. Strukturen und Management, 4. Auflage S. 503–531, Stuttgart

Bayerl, Nikolaus (2012): Alten- und Pflegeheime in den Volkswirtschaftlichen Gesamtrechnungen, in: Statistische Nachrichten. 1/2012: S. 32–41.

Bönisch, Markus (2008): Kollektivvertragliche Abdeckung in Österreich, in: Statistische Nachrichten. 3/2008: S. 207–211.

Brix, Emil, Richter, Rudolf (Hrsg.). (2000). Organisierte Privatinteressen – Vereine in Österreich. Wien.

Buchinger, Clemens, Trukeschitz, Birgit, Schneider, Ulrike (2008): Leistungsbezogene öffentliche Finanzierungen von Nonprofit-Organisationen im österreichischen Sozialwesen, in: Forschungsbericht des Instituts für Sozialpolitik, WU Wien. 1/2008.

Bundesministerium für Arbeit Soziales und Konsumentenschutz (Hrsg.). (2009). Freiwilliges Engagement in Österreich. 1. Freiwilligenbericht Wien: BMASK.

Dawid, Evelyn (2004): Doch man sieht nur die im Fernsehen. Wieviele Arbeitsplätze die österreichische Politik bietet, in: Österreichische Zeitschrift für Politikwissenschaft. 1: S. 95–108.

Haider, Astrid (2010): Die Lohnhöhe und Lohnstreuung im Nonprofit-Sektor. Eine quantitative Analyse anhand österreichischer Arbeitnehmer-Arbeitgeber-Daten. Frankfurt am Main.

Haider, Astrid, Leisch, Robert, Schneider, Ulrike, Stöger, Klaus (2008): Neue Datengrundlagen für den Non-Profit Bereich (New database for the non-profit sector), in: Statistische Nachrichten. August 2008: S. 754–762.

Heitzmann, Karin (2001): Dimensionen, Strukturen und Bedeutung des Nonprofit-Sektors. Eine theoretisch-konzeptionelle und empirische Analyse für Österreich. Wien: Facultas Copy Store.

14 Einzige Ausnahme ist die Statistik zur Freiwilligenarbeit, die auf einer Individualbefragung beruht.

International Labour Office (2011): Manual on the measurement of volunteer work. Geneva: ILO.

Meyer, Michael, More-Hollerweger, Eva, Heimgartner, Arno, Mackerle-Bixa, Stefanie (2009): Gesellschaftliche Bedeutung von freiwilligem Engagement im internationalen Diskurs, in: Bundesministerium für Arbeit Soziales und Konsumentenschutz (Hrsg.), Freiwilliges Engagement in Österreich. 1. Freiwilligenbericht. Wien: BMASK: S.18–29.

More-Hollerweger, Eva, Sprajcer, Selma (2009): Einführung – Definitionen und Abgrenzung von Freiwilligenarbeit, in: Bundesministerium für Arbeit Soziales und Konsumentenschutz (Hrsg.), Freiwilliges Engagement in Österreich. 1. Freiwilligenbericht Wien: BMASK: S.18–29. Wien: BMASK: S. 1–12.

Neumayr, Michaela, Schneider, Ulrike (2008): Nonprofit-Organisationen – Mehr als nur Dienstleister? Empirische Befunde zu den Funktionen von Nonprofit-Organisationen in Österreich und der Tschechischen Republik., in: Schauer, R./Helmig, B./Purtschert, R./Witt, D. (Hrsg.), Steuerung und Kontrolle in Nonprofit-Organisationen. Wiesbaden.

Neumayr, Michaela, Schneider, Ulrike, Meyer, Michael, Haider, Astrid (2007): The Non-profit Sector in Austria – An economic, legal and political appraisal (Bd. 01/2007). Vienna: Vienna University for Economics and Business Administration.

Neumayr, Michaela, Schneider, Ulrike, Meyer, Michael, Pospíšil, Miroslav, Skarabelová, Simona, Trávníčková, Dana (2007): Nonprofits' function in old and new democracies: an integrative framework and empirical evidence for Austria and the Czech Republic, in: Working Paper des Instituts für Sozialpolitik. WP2/2007(http://www.wu.ac.at/sozialpolitik/pub/wp22007).

Nohlen, Dieter, Schultze, Rainer-Olaf (Hrsg.). (2010). Lexikon der Politikwissenschaft. Bd. 1 A-M, 4. Auflage C.H. Beck.

Paleczny, Gerhard (2009): Korporatismus auf österreichischer und europäischer Ebene : Österreichs Sozialpartnerschaft und der Soziale Dialog. München.

Salamon, Lester M. (1995): Partners in Public Service. Government-Nonprofit Relations in the Modern Welfare State. Baltimore, London.

Salamon, Lester M. (2010): Putting Civil Society on the Economic Map of the World, in: Annals of Public and Cooperative Economics. 81(2): S. 167–210.

Salamon, Lester M., Anheier, Helmut K., List, Regina A., Toepler, Stefan, Sokolowski, S. Wojciech, Associates (1999): Global Civil Society. Dimensions of the Nonprofit Sector. Baltimore: Center for Civil Society Studies.

Schneider, Hanna, Millner, Reinhard, Meyer, Michael (2010): Die Rolle der Gemeinnützigkeit in Österreichischen Stiftungen, in: Working Paper der Abteilung für Nonprofit Management.

Schneider, Ulrike, Badelt, Christoph, Hagleitner, Joachim (2007): Der Nonprofit-Sektor in Österreich in: Badelt, C., Meyer, M., Simsa, R. (Hrsg.), Handbuch der Nonprofit-Organisationen. Strukturen und Management, 4. Auflage, S. 55–80, Stuttgart.

Schneider, Ulrike, Haider, Astrid (2009): Nonprofit-Organisationen in Österreich 2006, in: Forschungsbericht des Instituts für Sozialpolitik, WU Wien. FB01/2009.

Statistik Austria (2003): Statistisches Jahrbuch 2003. Wien.

Statistik Austria (2006): Bruttostundenverdienste 2006: http://www.statistik.at/web_de/static/bruttostundenverdienste_2006_020071.pdf.

Statistik Austria (2008): Struktur und Volumen der Freiwilligenarbeit in Österreich. Bericht im Auftrag des BMSK. Wien: Bundesministerium für Soziales und Konsumentenschutz.

Statistik Austria (2011a): Jahrbuch der Gesundheitsstatistik 2010. Wien.

Statistik Austria (2011b): Kindertagesheimstatistik 2010/11. Wien.
Statistik Austria (2012a). Persönliche Auskunft Hr. Bayerl/Direktion Volkswirtschaft am 13.02.2012.
Statistik Austria (2012b). Persönliche Auskunft, Hr. Leisch/Direktion Volkswirtschaft am 01.02.2012.
Statistik Austria (2012c): Statistisches Jahrbuch Österreichs 2012.
Steindl, Clemens (2005): Genossenschaftsidee und Bürgergesellschaft – Lebendige Attraktivität aus Tradition, in: Hofinger, H./Karner, A./Steindl, C. (Hrsg.), Genossenschaften und Bürgergesellschaft. Perspektiven für eine moderne Kommunikation der Genossenschaftsidee, S. 203–216. Wien: Österreichischer Genossenschaftsverband (Schulze-Delitzsch).
Strohmer, Michael F. (Hrsg.). (2005). Die Sozialpartnerschaft in Österreich: Vergangenheit – Gegenwart – Zukunft. Frankfurt am Main u. a.
Tálos, Emmerich (2008): Sozialpartnerschaft: ein zentraler politischer Gestaltungsfaktor in der Zweiten Republik. Innsbruck, Wien.
United Nations (2003): Handbook on Non-Profit Institutions in the System of National Accounts. New York: United Nations.

5 Entwicklungen der internationalen Zivilgesellschaft

Helmut K. Anheier

5.1 Einleitung

Civil Society oder Zivilgesellschaft ist ein Begriff, der häufig benutzt wird, um formale Organisationen oder Akteure zu beschreiben, die weder staatlich sind noch auf dem Markt agieren, also etwa Nichtregierungsorganisationen, Stiftungen oder Vereine, die im Folgenden zusammenfassend als NPOs bezeichnet werden. Wer aber erfassen möchte, wie soziale Akteure außerhalb staatlicher und wirtschaftlicher Institutionen über Grenzen hinweg politische Ideen artikulieren, Menschen mobilisieren und Entscheidungen organisieren, muss den Blickwinkel erweitern. Die jüngere Zivilgesellschaftsforschung hat daher theoretisch wie methodisch neue Perspektiven auf die AkteurInnenen, Organisationsformen und Mobilisierungsstrategien der internationalen Zivilgesellschaft eröffnet. Sie dienen auch dazu, jene neueren Bewegungen zu untersuchen und einzuordnen, die 2011 in Nordafrika und dem Nahen Osten politische Eliten und Regime gestürzt haben und unter Labeln wie Occupy oder spanischer Frühling, die Wirtschaftssysteme und politischen Institutionen Europas und der USA herausgefordert haben. Dieser Beitrag gibt daher zunächst einen Überblick über die historische Entwicklung der internationalen Zivilgesellschaft und stellt daran anschließend verschiedene Forschungszugänge vor. In einem zweiten Teil wird anhand neuerer Untersuchungen ein empirisches Profil der internationalen Zivilgesellschaft gezeichnet, mit dem sich aktuelle Trends und Entwicklungslinien erfassen lassen. Ein dritter Teil bietet schließlich einen kurzen Ausblick auf Forschungsperspektiven und Herausforderungen für die Wissenschaft angesichts neuer sozialer Bewegungen und globaler Proteste.

5.2 Akteure, Organisationsformen, Mobilisierungsstrategien – von der Bewegung zur Institution

Wenn wir von Zivilgesellschaft sprechen, dann sprechen wir von einem Medium, durch das Individuen direkt oder mittels Organisationen an den öffentlichen Belangen teilhaben, indem sie sich dem öffentlichen Diskurs entweder anschließen oder aber ihn herausfordern. Die Zivilgesellschaft ist ständig im Wandel begriffen, manchmal charakterisiert durch Phasen lang anhaltenden Konsenses, manchmal durch Phasen scharfer Polarisierung und öffentlicher Auseinandersetzungen, die sich in revolutionären Umbrüchen entladen können (vgl. auch Beitrag I.8). Die Ausdrucksformen zivilgesellschaftlichen Handelns variieren dabei erheblich über die Zeit. Waren Kaffeehäuser und Marktplätze im 18. Jahrhundert noch jene Orte, an denen sich die Individuen mit den öffentlichen Belangen auseinandersetzten, so waren es im 20. Jahrhundert die Parteitage und die Bürgerinitiativen und nunmehr sind es die digitalen Räume von Facebook und Twitter.

Um dieses komplexe und sich ständig wandelnde Medium verstehen zu können, ist es zunächst wichtig, den Lebenszyklus sozialer Bewegungen zu verstehen, wie ihn die Forschung in zahlreichen Studien dargestellt hat. In ihrem frühen Stadium experimentieren *soziale Bewegungen* offen mit neuen Organisationsformen und neuen – wenngleich zunächst oft vagen – politischen Gestaltungsideen. Die Ausbreitung sozialer Bewegungen lässt sich dann als ein Lernprozess nachvollziehen, durch den sich Narrative und Organisationsformen über Zeit herausbilden, wandeln und konsolidieren. Als Höhepunkt im Lebenszyklus von Bewegungen steht entweder die erfolgreiche Herausforderung und Beeinflussung des öffentlichen Diskurses oder aber ihr Scheitern. Ihr Erfolg besteht darin, dass sich politische Entscheidungsträger zumindest einen Teil ihrer Agenda aneignen und sich an die neuen Parameter des öffentlichen Diskurses anpassen, beziehungsweise dass die Bewegungen selbst transformiert werden zu sozialen Institutionen, die diesen Diskurs immer wieder neu produzieren. Scheitern sie mit ihren Anliegen, so verstummen die Bewegungen schließlich – oder aber gehen zu Gewalttaten über, um ihre Ziele durchzusetzen.

Wenn wir es heute tatsächlich mit der Geburtsstunde von neuen politischen Bewegungen zu tun haben, die in den autoritären Staaten Nordafrikas und des Nahen Ostens für Würde und Mitbestimmung kämpfen und die in einem durch die Finanzkrise gebeutelten Europa Widerstand gegen politische Alternativlosigkeit organisieren, dann lohnt ein Blick zurück auf die Geschichte und Wirkung von Bewegungen im 20. Jahrhundert. Das Ende des Zweiten Weltkriegs beschreibt dabei eine besondere Zäsur für die Arbeiterbewegungen der industrialisierten Länder. Sozialistische und sozialdemokratische Parteien kamen in Europa an die Macht und Gewerkschaften etablierten sich als institutionalisierte Verhandlungspartner für Staat und Wirtschaft. Eine ähnliche Entwicklung lässt sich auch für die späteren anti-kolonialen Bewegungen nachzeichnen, die sich in der Regel als Regierungsparteien in den unabhängig gewordenen, postkolonialen Staaten etablierten. Entsprechend zeichneten sich die folgenden zwei bis drei Jahrzehnte durch die Umsetzung der politischen Agenda der Arbeiterbewegung aus, die sich durch erhebliche staatliche Intervention in die Wirtschaft und die Orientierung an Wohlfahrtsstaatlichkeit auszeichnete.

Die offene Herausforderung dieser Agenda begann in den 1960er Jahren sowohl von links als auch von rechts. Die Rechte forderte die steuernde Rolle des Staates in der Marktwirtschaft heraus und zielte auf eine weitreichende Deregulierung der Märkte. Die Linke schrieb sich im Rahmen der sogenannten »Neuen sozialen Bewegungen«, die erstmals in den Tumulten rund um das Jahr 1968 in Erscheinung traten, mit dem Thema umfassende gesellschaftliche Emanzipation eine Forderung auf die Fahne, die durch den Gesellschaftsvertrag zwischen Staat und organisierter Arbeiterschaft nicht hinreichend erfüllt worden war. Zunächst war diese Forderung noch in eine traditionelle marxistische Terminologie gekleidet. Erst im Laufe des Lernzyklus dieser Bewegungen in den 1970er und 1980er Jahren entwickelten sie ein kohärentes Narrativ über den inhärenten Zusammenhang von Frieden, Menschenrechten, Multikulturalismus, Frauenrechten und Umwelt. Was diese Bewegungen über alle Unterschiede hinweg vereinte, war eine neue horizontale Organisationsform und die Orientierung an einem radikalen Demokratiekonzept. Sie waren nicht per se antistaatlich, sondern zielten vielmehr darauf ab, die Beziehung zwischen Staat und Zivilgesellschaft neu zu konfigurieren.

Aus der Forschung über die internationale Zivilgesellschaft (vgl. Anheier/Glasius/Kaldor, 2011; Glasius/Kalder/Anheier 2002; 2005; Kaldor/Anheier/Glasius, 2003; Kaldor et al.,

2007) wissen wir, dass sich die Bewegungen, die 1968 ins öffentliche Bewusstsein rückten, über die 1990er Jahre hinweg weitestgehend konsolidiert haben. Dies war die Zeit, in der eine Nachfolgegeneration der 1968er an die Macht kam und das Ende des Kalten Krieges den Ideologien von Sozialismus und Postkolonialismus den Boden entzog. Es lässt sich argumentieren, dass die politischen Umbrüche seit 1989 einen Raum für ein neues Narrativ der 1968er Bewegung haben entstehen lassen. Dieses Narrativ lässt sich in der Idee einer globalen Zivilgesellschaft, im Sinne einer radikalen Demokratisierung, ausdrücken, die zudem oft als das Substrat der Revolutionen von 1989 betrachtet wird. Viele tragende Akteure aus den Bewegungen dieser Zeit führten die Auseinandersetzung durch die Gründung und Führung von Nichtregierungsorganisationen (NGOs) weiter.

Während die organisierte Arbeiterschaft letztlich in nationalstaatlichen Institutionen aufging, konsolidierten sich die neuen Bewegungen in einem globaleren Umfeld. Die Forschung verweist auf die rasch zunehmende Zahl der NGOs im letzten Jahrzehnt des 20. Jahrhunderts. Darüber hinaus wurden viele Forderungen der politischen Agenda von 1968 in diesem Jahrzehnt schließlich erfüllt. Dabei hat die Forschung gezeigt, wie eine globale Zivilgesellschaft letztlich auch zu einem globalen Konsens über die Bedeutung von Menschenrechten beigetragen hat (Glasius, 2007), der schließlich zu einer zunehmenden Normierung internationaler Interventionen geführt hat (Kaldor, 2001) sowie zur Gründung eines Internationalen Strafgerichtshofs (ICC) 1998 und neuen völkerrechtlichen Abkommen wie dem Landminen-Vertrag 1997. Genauso kann die gestiegene öffentliche Wahrnehmung für die Folgen des globalen Klimawandels (Newell, 2006) oder der aufgeklärte Umgang mit HIV/AIDS (Seckinelgin, 2002) als Errungenschaften der globalen Zivilgesellschaft gewertet werden.

Ungeachtet dieser Erfolge, muss das Jahrzehnt der 1990er Jahre auch als Erfolg für die neo-liberalen Ideen der politischen Rechte verstanden werden. Beide, globale Märkte und global agierende NPOs, waren letztlich die Triebmotoren hinter dem sich intensivierenden Prozess zunehmender internationaler Verflechtungen und Interdependenzen. Der neue, humanitäre, Diskurs ersetze den älteren Diskurs sozialer Gerechtigkeit und wurde dementsprechend von einigen kritisch als Verschleierung neo-liberaler Ideen gewertet.

Diese Entwicklungen lassen sich mit einem Analyserahmen fassen, der die unterschiedlichen Positionen im *Globalisierungsdiskurs* markiert. Dabei lassen sich grob vier unterschiedliche Positionen unterscheiden: Unterstützter (die alle ökonomischen, politischen und kulturellen Dimensionen der Globalisierung begrüßen und gutheißen), Gegner (die alle Formen der Globalisierung ablehnen), Regressive (die Globalisierung gutheißen solange sie die Zwecke ihrer Gruppe bedient) und Reformer (die Globalisierung begrüßen solange sie der Mehrheit dient). Innerhalb dieses Rahmens lassen sich die 1990er als ein Jahrzehnt beschreiben, in denen UnterstützerInnen und ReformerInnen tonangebend waren, also diejenigen AkteurInnen, die sowohl die Globalisierung der Märkte als auch die Ausbreitung multilateraler Abkommen und humanitärer Normen begrüßten und beförderten.

Erst gegen Ende der 1990er Jahre lässt sich von der Entstehung einer neuen anti-kapitalistischen Bewegung sprechen. Die Proteste rund um den WTO-Gipfel in Seattle 1999 ließen erstmals Risse im sogenannten »Washington Consensus« erkennbar werden. Die epochalen Ereignisse des 11. September 2001 und der folgende »Krieg gegen den Terror« markierten einen dramatischen Rückschlag für die humanitäre Agenda und ein Wiederaufleben unilateraler und souveränitätsorientierter Narrative und Normen. Folgerichtig zeichnete sich das erste Jahrzehnt im neuen Millennium gegenüber den 1990er Jahren durch extreme politische und soziale Polarisierung aus. In dieser Zeit mobilisierten soziale Bewegungen, allen voran die Weltsozialforen, gegen den globalen Krieg, den Terror und die Macht globaler Märkte. Dementsprechend lassen sich die Ereignisse dieses Jahrzehnts als dominiert von den Positionen der Regressiven und Gegner (also der Neoliberalen, globalen Krieger und Jihadisten und solchen, die sich eine Rückkehr zum Nationalstaats- und Souveränitätsprinzip wünschen) analytisch einordnen.

Demgegenüber erinnern die Mobilisierungen des Jahres 2011 in vieler Hinsicht an die bereits beschriebenen Anfangsstadien sozialer Bewegungen: der Einbezug einer neuen Generation, das Experimentieren mit alternativen Organisationsformen, die Artikulation neuer und manchmal noch vager politischer Ideen und vor allem: Begeisterung an der gemeinsamen Sache. Hinsichtlich ihrer Zusammensetzung schreibt Droz-Vincent (2011, S. 12) über die Protestbewegungen in Ägypten und Tunesien, dass viele TeilnehmerInnen aus der großen Gruppe der unter Dreißigjährigen stammen, die gezeichnet sind vom Ausschluss vom Arbeitsmarkt, von sozialer Teilhabe und von politischen Entscheidungen. Die Charakteristika der TeilnehmerInnen in den neuen Bewegungen in Europa unterscheiden sich hier nicht wesentlich, wo etwa in Spanien die Jugendarbeitslosigkeit bei rund 46% liegt (Eurostat Newsrelease, 2011). Gleichzeitig beteiligten sich auch Frauen, AkademikerInnen und Berufstätige, ja sogar ganze Familien an den jüngsten Protesten, worin sich ein anderer langfristiger Trend offenbart, nämlich dass die Teilnahme an politischen Demonstrationen schichten- und generationenübergreifend als Partizipationsform Anerkennung findet (Van Aelst/Walgrave, 2001).

Die beispiellose Bedeutung, die die Nutzung von »NICTs« (neuen Informations- und Kommunikationstechnologien) in den 2011er Bewegungen für die schnelle Mobilisierung einerseits, für die Verbreitung von Mitteilungen und Nachrichten andererseits, spielte, lässt sich auf Entwicklungen im vorherigen Jahrzehnt zurückführen. Die kapitalismuskritische Globalisierungsbewegung griff bereits beim WTO-Gipfel 1999 intensiv auf das Internet zurück, um über die Proteste zu informieren (Juris, 2005); Mobiltelefone kamen bereits gegen Mitte des Jahrzehnts in Südkorea und auf den Philippinen zur Mobilisierung im Rahmen von Protesten zum Einsatz (Castells et al., 2005); die Kefaya-Bewegung in Ägypten griff sowohl auf Mobiltelefone als auch das Internet zurück, um Beweise über die Brutalität staatlicher Sicherheitskräfte zu sammeln und an die Außenwelt zu tragen; und die Bewegung der »Grünen Revolution« im Iran nutzte bereits die neuartigen Kommunikationsplattformen von Twitter, Facebook und YouTube. Sowohl der Irakkrieg als auch die Weltsozialforen waren wichtige globale Ereignisse, um Ideen über Formen horizontaler Politikgestaltung zu verbreiten und Wege zu erproben, ideologischen Pluralismus mit neoliberalen Positionen zu kombinieren (Glasius/Timms, 2005) sowie innovative neue Kommunikationstechnik für politische Zwecke nutzbar zu machen.

Ein weiteres, viel beschworenes gemeinsames Merkmal der Mobilisierungen des Jahres 2011 ist ihre »Führerlosigkeit« und ein relativer Mangel an intensiver sozialer Interaktion zwischen Bewegungsmitgliedern, wie sie bislang eigentlich bewegungstypisch war. Vielmehr entstanden sowohl die Bewegungen in Nordafrika und dem Nahen Osten ebenso wie die zahlreichen Occupy-Gruppen größtenteils außerhalb etablierter Parteien, Gewerkschaften und NPOs. Auch dieses charakteristische Merkmal der neueren Bewegungen lässt sich bereits bis ins vorherige Jahrzehnt zurückverfolgen. Für die lose Organisationsstruktur und geringe Interaktionsdichte lassen sich etwa auch die »submerged networks« anführen, wie sie von Desai und Said (2001, S. 69) im Kontext der anti-kapitalistischen Bewegung anhand bestimmter thematischer Kampagnen oder Praktiken des zivilen Ungehorsams bzw. Widerstands im Alltag beschrieben worden sind, oder aber das »non-movement« iranischer Frauen noch vor der missglückten »Grünen Revolution« von 2009 (Bayat, 2007). Dabei ist der Selbstschutzmechanismus für die Beteiligten nicht unwesentlich: das Fortbestehen der syrischen Opposition bis zum gegenwärtigen Zeitpunkt etwa, lässt sich jedenfalls zum Teil auf ihre weitgehende Anonymität zurückführen. Die Abwesenheit von Führungsstrukturen wird von Beteiligten aber auch als Wert an sich verteidigt, wie bereits bei den Weltsozialforen deutlich wurde (Glasius/Timms 2005, S. 224).

Gerade weil die Bewegungen versuchen, die traditionellen politischen Konfliktlinien zwischen Links und Rechts (in Europa) sowie säkularer Orientierung und Islam (in der arabischen Welt) zu überwinden, werden sie bereits von einigen als post-politisch bzw. post-ideologisch bezeichnet (Tambakaki, 2011). Der Grund dafür mag aber vielmehr darin liegen, dass die Sprache dieser Bewegungen nicht mit der Terminologie linker, islamistischer oder gar liberaler Ideologien identisch ist. Die Forderungen griechischer Demonstranten nach »Gleichheit, Gerechtigkeit und Würde« oder die ägyptischen Forderungen nach »Brot, Freiheit, Würde, Menschlichkeit« als gänzlich frei von Ideologie zu bezeichnen, hieße im Gegenzug dem Schlachtruf der Französischen Revolution nach »Freiheit, Gleichheit, Brüderlichkeit« jeglichen idealistischen Gestaltungswillen abzusprechen. Zugegebenermaßen sind diese Forderungen sehr breit gefasst. Die Bewegungen des Jahres 2011 scheinen zwar grundsätzlich einem Konzept »tiefer« Demokratie als Organisationsmodell anzuhängen, aber haben bislang noch keine substantiellen Zielvorstellungen artikuliert, etwa hinsichtlich der Regulierung der Weltwirtschaft, der Ausgestaltung sozialer Gerechtigkeit oder des Schutzes von Umwelt und nachhaltigen Entwicklungspotenzialen.

5.3 Trends und Entwicklungen – ein empirisches Profil der internationalen Zivilgesellschaft

Mit der Herausgabe eines jährlich erscheinenden Bandes zur Entwicklung der internationalen Zivilgesellschaft seit 2001 (vgl. Albrow/Seckinelgin 2011; Glasius/Kaldor/Anheier, 2002; 2005; Kaldor/Anheier/Glasius, 2003; Kaldor et al. 2007), ist es gelungen, umfassende empirische Daten zur Infrastruktur, zu Ereignissen, Orientierungen und Partizipationsformen zu erheben und auszuwerten. Im Rückblick über das gerade vergangene Jahrzehnt zeigen sich fünf übergreifende Trends, die im Folgenden vorgestellt und diskutiert werden sollen.

Erstens, die Zahl der INGOs nimmt weiter zu, aber ihr Wachstum verlangsamt sich. Eine Auswertung der Datenbank der Union of International Associations (UIA) zeigt für 2010 eine Anzahl von 56.000 internationalen Nichtregierungsorganisationen (INGOs) gegenüber 22.200 im Jahre 1990. Bereits zum neuen Millennium hatte sich die Zahl der INGOs mehr als verdoppelt und einen Zuwachs von knapp 23.000 Organisationen verzeichnet. Nach dem Jahr 2000 stieg die Zahl der INGOs zwar weiter an, ihre Zunahme verlief aber sichtbar langsamer: Verzeichnete die UIA Datenbank in den 1990er Jahren noch durchschnittlich 1.500 bis 2.000 neue INGOs pro Jahr, fiel diese Zahl auf knapp 1.000 bis 1.500 im darauf folgenden Jahrzehnt.

Mit anderen Worten: Die Anzahl von INGOs, wie sie von der UIA in ihrer Datenbank erfasst wird, verzeichnet ein stabiles, konsolidiertes jährliches Wachstum. Noch ist es schwer abzuschätzen, ob wir erste Sättigungserscheinungen erleben oder aber andere

Faktoren dabei eine wesentlichere Rolle spielen. Was feststeht ist, dass jene Faktoren, die noch in den 1990er Jahren die zahlreichen Neugründungen von INGOs begünstigt hatten, zunehmend an Bedeutung verloren haben: Opportunitäten in neu erweiterten politischen Gestaltungsräumen, institutionelle Schwächen des Staates und transnationaler Regime sowie leichtere und kostengünstigere Kommunikation. Die 1990er Jahren brachten eine in ihrer Größenordnung und Reichweite bislang unerreichte politische Öffnung und Massenmobilisierung mit sich (vgl. »The Ideas of 1989« bei Kaldor 2003, S. 50–77), die mehr oder weniger zufällig zusammenfielen mit der Neubewertung der Rolle des Staates in den meisten industrialisierten Staaten der OECD-Welt sowie mit einer wachsenden Ernüchterung und Distanzierung von diesem dominanten Erdteil durch die Gegen-Eliten in Schwellen- und Entwicklungsländern (Edwards, 1999). Zusätzlich trugen die dramatisch gesunkenen Kommunikationskosten und die damit einhergehende Erleichterung von Organisation und Mobilisierung von Bewegungen zu einer institutionellen Expansion der Organisationskapazitäten der internationalen Zivilgesellschaft bei (Anheier/Themudo 2002). Viele dieser begünstigenden Faktoren haben sich nunmehr erheblich abgewandelt oder aber ihr Wachstumspotenzial im Bereich der INGOs erschöpft.

Das verlangsamte Wachstum von INGOs bedeutet allerdings nur marginale Veränderungen in der globalen Verbreitung und Verteilung von INGOs. Vier von zehn INGOs stammen aus bloß fünf Ländern, von denen nur die Anteile Belgiens, Frankreichs und Großbritanniens zuletzt leicht abgenommen haben, jene der USA und Deutschlands jedoch relativ stabil blieben. Zuwächse von INGOs verzeichnen vor allem China und Südafrika, jedoch nicht in einem dramatischen Umfang. Existierten etwa 2010 in China mehr INGOs (152) als zehn Jahre zuvor (104), so verblassen diese Zahlen gegenüber denen der USA (7.625 INGOS im Jahr 2000 gegenüber 8.395 INGOs im Jahr 2010) oder anderen Ländern wie Frankreich oder Großbritannien. Insgesamt zeigt sich also ein stabiles Wachstum und kein wirklich radikaler Wandel was die Präsenz von INGOs auf der Welt angeht.

Dieses allgemeine Muster der Stabilität lässt sich auch anhand von Abbildung I.5.1 nachvollziehen, die zum einen die Veränderungen der Mitgliederzahlen von INGOs in Ländern erfasst und zum anderen diese Zahl in Beziehung setzt zum Anteil der Mitgliedschaften in INGOs gemessen pro 1 Million Einwohner zwischen den Jahren 1998 und 2008 (dem letzten Jahr, zu welchem Daten verfügbar sind). Während die erste Kennziffer also auf den Umfang der INGO-Präsenz in einem Land schließen lässt, erlaubt die zweite Kennziffer Rückschlüsse darauf, welche Dichte die Präsenz in einem Land aufweist. Die Resultate in Abbildung I.5.1 zeigen, dass die große Mehrheit der Länder (138) eine positive Entwicklung sowohl im Umfang als auch in der Dichte der INGO-Präsenz erlebt haben und ein weiteres Drittel (76) größeren Umfang ohne steigende Dichte des Engagements. Letztere Kombination findet sich besonders häufig in Ländern Afrikas und des Nahen Ostens, in denen die Anzahl an Mitgliedschaften in INGOs zwar insgesamt zugenommen hat, dies aber nicht so schnell wie gleichzeitig die Bevölkerungen in diesen Ländern angewachsen sind. Die umgekehrte Kombination aus abnehmenden Mitgliederzahlen bei wachsender Dichte – durch Bevölkerungsrückgang – lässt sich nur für Simbabwe finden. Schließlich lässt sich ein Rückgang von sowohl Umfang als auch Dichte für nur 13 Länder feststellen, darunter kriegsgeschüttelte Nationen wie Liberia und die Demokratische Republik Kongo.

	Zunahme von Dichte	Abnahme von Dichte
Mitgliederzuwachs	76	138
Mitgliederabnahme	1	13

Abbildung I.5.1: Veränderungen in der Anzahl von Mitgliedschaften in INGOs sowie der Dichte von INGOs per einer Million Einwohner zwischen 1998 und 2008 in Anzahl von Ländern

Der zweite markante Trend betrifft die Organisationsform von NPOs. Hier sind in zweifacher Hinsicht Veränderungen augenscheinlich: erstens der Wandel der NPO-Infrastruktur an sich und zweitens neue Organisationsformen außerhalb der NPO-Welt. Betrachtet man zunächst nur die NPOs, so lässt sich ein Trend nachzeichnen, der erstmals 2002 systematisch erfasst wurde: die Anzahl von Organisationen des Dritten Sektors, die weder konventionelle Mitgliedervereinigungen noch formelle Körperschaften sind, nahm seit 1981 von 7% auf 15% im Jahre 2001 und schließlich auf 18% im Jahr 2011 zu. Damit wird ein breites Organisationsspektrum erfasst: von Stiftungen über Informationsnetzwerke und Diaspora-Organisationen bis hin zu hybriden Erscheinungsformen wie den »informellen Quasi-Organisationen«. Die verfügbaren Daten unterstützen die Vermutung, dass gerade die Bedeutung dieser Hybridformen in der zivilgesellschaftlichen Arena zunimmt. Sogenannte »Dot.Causes« sind bloß ein Bestandteil der sich herausbildenden zivilgesellschaftlichen Infrastruktur jenseits formeller NPOs. Die Benutzung von Twitter und anderen Formen mobiler, internetbasierter Kommunikation ist ein weiteres wichtiges Mobilisationspotenzial, das sich etwa in Folge der iranischen Präsidentschaftswahlen 2009 wirksam manifestieren konnte. Das Internet und Mobilfunkgeräte haben genuin neue Formen des Aktivismus auf die Bildfläche treten lassen, die Van Aelst und Van Laer (2009, S. 233) in zwei Dimensionen erfasst haben, die je nach Beteiligungsschwelle variieren. Manche Formen erfordern bloß wenig Einsatz, andere wiederum viel Hingabe und persönlichen Verzicht auf Seiten der Aktivisten. Die erste Dimension erfasst dementsprechend die Funktion des Internets für Aktivitäten und unterscheidet dabei zwischen Aktivitäten, die lediglich durch das Internet gestützt werden und solchen, die erst durch das Internet möglich sind. Die zweite Dimension erfasst wiederum die Höhe der Beteiligungsschwelle, die überschritten werden muss, damit Menschen aktiv werden, woraus sich also insgesamt vier mögliche Typen ergeben (Van Aelst/Van Laer, 2009, S. 236–242):[1]

- Internet-gestützte Aktionsformen mit geringer Beteiligungsschwelle: Zum Beispiel Geldspenden, Teilnahme an genehmigten öffentlichen Demonstrationen;
- Internet-gestützte Aktionsformen mit hoher Beteiligungsschwelle: Zum Beispiel transnationale Demonstrationen und Treffen, Formen zivilen Ungehorsams wie Sitzblockaden. Hier dient das Internet dazu physikalische Barrieren abzubauen und vor allem die Koordination der Beteiligten untereinander zu verbessern;
- Internet-basierte Aktionsformen mit geringer Beteiligungsschwelle: Zum Beispiel »E-Mail-Bomben«, d.h. die koordinierte Verschickung zahlreicher Nachrichten an

1 Collom (2003) hat empirisch zeigen können, dass TeilnehmerInnen an unkonventionellen und besonders konfliktintensiven Formen politischer Partizipation wie etwa Demonstrationen mit höherer Wahrscheinlichkeit bereits vorher an Aktivitäten mit geringerer Intensität teilgenommen haben, wie z.B. dem Unterzeichnen von Petitionen, wodurch er die vermeintliche »Hierarchie der Aktivitätsformen« herausgefordert hat.

einen Empfänger (z. B. an einen OECD-Minister oder Unternehmenschef oder aber gleich an ein ganzes System, um etwa den E-Mail-Server zum Absturz zu zwingen). Eine weniger aggressive Form ist die klassische Online-Petition;

- Internet-basierte Aktionsformen mit hoher Beteiligungsschwelle: Zum Beispiel Mitwirkung an alternativen Medienseiten. Das erste »unabhängige Medienzentrum« (IMC) öffnete 1999 im Zuge der Proteste zum WTO-Gipfel in Seattle.

Drittens: Kosmopolitische Werte stoßen nach expansiven Jahrzehnten an eine Grenze. Das Wachstum und die Erweiterung der globalen Zivilgesellschaft in den 1990er Jahren schien eng verbunden zu sein mit dem grundlegenden sozialen und kulturellen Wertewandel, der sich seit den 1970er Jahren in den industrialisierten Marktwirtschaften abzeichnete. Dieser Wertewandel drückte sich durch eine Abwertung materieller Sicherheit als Wert zugunsten von Sorgen um Demokratie, Partizipation und Sinndeutung aus, die solch kosmopolitische Werte wie Toleranz und Respekt für die Menschenrechte evozierten (vgl. Inglehart, 1990). Diese Werte transportierten die Zwecke sozialer Bewegungen über Grenzen hinweg, indem sie die traditionellen Konfliktlinien der politischen Parteienlandschaft in Europa und Lateinamerika transzendierten und somit breit gefächerte soziale Bewegungen wie die Frauen-, Friedens- oder Umweltbewegungen hervorbrachten, die sichtbarsten Beispiele der viel zitierten »Bewegungsindustrie« (Diani/McAdam, 2003; McAdam/Tarrow/Tilly, 2001).

Aber erinnern wir uns: Dies war die Diagnose aus den 1990er Jahren. Was ist seitdem geschehen? Es liegen uns Daten aus den vier Erhebungswellen des European Value Survey vor (1981, 1990, 2000, 2008). Während erkennbar wird, dass etwa »Toleranz« und »Respekt für Menschenrechte« zwischen 1980 und 1990 immer häufiger als Grundwerte genannt wurden, wurde dieses einmal erreichte Niveau im darauf folgenden Jahrzehnt nicht mehr nennenswert überschritten. Mit wenigen Ausnahmen fanden die kosmopolitischen Werte den höchsten Zuwachs an Zustimmung in den 1980er Jahren, nämlich von 48% auf 75%; seitdem ist Stagnation zu verzeichnen.

Viertens: das neue Erleben von *Gemeinschaft*. Die empirische Untersuchung von Werten und Erhebungen zur Anzahl von NPOs stellen bloß einen Aspekt einer umfassenderen Zivilgesellschaftsforschung dar. Ein anderer methodischer Zugang öffnet sich über die Erfassung und Beschreibung von Gemeinschaftsveranstaltungen. Dieser beleuchtet gerade die dynamische Natur des zivilgesellschaftlichen Sektors. In den Jahrbüchern zur globalen Zivilgesellschaft sind ausführliche Jahreschroniken von zivilgesellschaftlichen Veranstaltungen enthalten, genauso wie Daten über die Bedeutung und Zusammensetzung parallel stattfindender Veranstaltungen (siehe etwa jüngst in Albrow/Seckinelgin, 2011, S. 136f.). Die Daten sprechen für einen graduellen Anstieg in öffentlicher Mobilisierung über das vergangene Jahrzehnt hinweg, hauptsächlich als Gegenbewegung zur wahrgenommenen Dominanz des Neo-Liberalismus als Ideologie in Staat und Gesellschaft. Der Höhepunkt dieses Wachstums wurde 2005 erreicht. Neuere Veranstaltungen tendieren dazu, eher im lokalen oder nationalen Rahmen stattzufinden. Ein umfassenderes Bild ließe sich dann zeichnen, wenn neue digitale Techniken zum Einsatz kämen, um eine umfangreiche Veranstaltungsdatenbank aufzubauen.

Schließlich und als fünften Trend lassen sich neue Positionierungen und Innovationen erkennen. Zu Beginn des neuen Millenniums hatte es den Anschein, dass die globale Zivilgesellschaft in einen umfassenden Restrukturierungsprozess eingetreten war, um sich einer wandelnden und unsicheren geopolitischen Situation anzupassen (Kaldor/Anheier/

Glasius, 2003). Damals konnte man bereits vermuten, dass dieser Prozess jeweils andere Folgen haben würde für die Policy-Positionen im Globalisierungsdiskurs und dessen handelnde Akteure. Auf der anderen Seite wurde erwartet, dass dieser Prozess zugleich zu Innovationen wie den Sozialforen, zur Bildung neuer Allianzen und Koalitionen sowie zu zunehmend internetgestützten Mobilisierungsstrategien führen müsste. Dabei ist es besonders instruktiv, den starken Kontrast zwischen den 1990er und 2000er Jahren deutlich zu machen.

Die 1990er Jahre stellen sich retrospektiv als eine Phase der Konsolidierung dar, die geprägt ist durch den Aufbau einer robusten zivilgesellschaftlichen Infrastruktur (wie es am bereits besprochenen, raschen Wachstum von INGOs ersichtlich wird) sowie einer Dominanz von »Public Management«- und Formalisierungsansätzen in der globalen Zivilgesellschaft. Demgegenüber erlebte das erste Jahrzehnt des neuen Millenniums eine erneute Betonung der Formen freiwilliger Selbstorganisation und des Aktivismus. Gerade mit der Revolution in den Kommunikationstechnologien verstärkte sich dieser Trend über das gesamte Jahrzehnt hinweg. Darüber hinaus waren die 1990er Jahre im Wesentlichen geprägt durch die Positionen der Unterstützter und Reformer, deren Koalition sich sowohl in Regierungen und internationalen Organisationen als auch in transnationalen Unternehmen und der globalen Zivilgesellschaft nachweisen lässt. Das Weltwirtschaftsforum in Davos war die wohl sichtbarste jährliche Manifestierung dieser Koalition. Diese Kombination aus Unterstützern und Reformern zielte auf die Globalisierung von rechtsstaatlichen Prinzipien sowie von Märkten. Viele sahen darin eine Gefahr der Entpolitisierung und Kooptation der Zivilgesellschaft. Gleichzeitig trug diese Allianz aber auch unbestritten zu Wachstum und Konsolidierung der zivilgesellschaftlichen Infrastruktur bei.

Für das gerade erst angebrochene Jahrzehnt lassen sich noch keine präzisen Voraussagen treffen. Aber festzustehen scheint, dass wir vor einem weiteren Jahrzehnt voller politischer Turbulenzen stehen. Wir werden also keine Phase verstetigter Konsolidierung, sondern die eines politisierenden Mobilisierens und Experimentierens erleben, in denen gegensätzliche Kräfte über die Hoheit im öffentlichen Diskurs und um die zukünftige Entwicklung einer globalisierten Welt kämpfen werden.

5.4 Ausblick

Wie die Auseinandersetzungen und Konflikte des neuen Jahrzehnts letztlich ausgehen, bleibt abzusehen und wird im Wesentlichen davon abhängen, ob sich die neuen emanzipatorischen sozialen Bewegungen in wirkungsvolle politische Bewegungen transformieren werden. Es wird davon abhängen, ob diese Bewegungen am Ende eine politische Agenda formulieren können, die geeignet ist neue Geltungsgrundlagen für legitime politische Herrschaft im neuen Jahrtausend zu formulieren und die drängenden Fragen des globalen Zeitalters zu beantworten oder nicht.

Die Arbeiterbewegungen und die antikolonialistischen Bewegungen schufen letztlich die politische Grundlage zur Stärkung staatlicher Strukturen im späten 20. Jahrhundert. Der Post-1968-Bewegung gelang es, weit reichenden politischen und kulturellen Einfluss zu gewinnen und zu einer Demokratisierung der Industriegesellschaften beizutragen sowie zur Konsolidierung von humanitären Idealen, Menschenrechtsgrundsätzen und Konfliktpräventionsregimen auf internationaler Ebene.

Die jüngsten regionalen wie globalen Proteste seit 2011 enthalten das Potenzial, auf eine neue öffentliche Moralität hinzuwirken und Institutionen zu schaffen, die es vermögen, mit den drängenden globalen Gerechtigkeitsfragen legitim und effektiv umzugehen, wenngleich sie bislang noch auf der nationalen oder lokalen Ebene verwurzelt sind. Unter deutscher und französischer Führung etwa gelang es dem überwiegenden Teil der Mitgliedsstaaten der Europäischen Union, sich auf entscheidende Integrationsschritte auf dem Weg zu einer politischen Union zu einigen, indem zunächst eine »Stabilitätsunion« erreicht werden soll, die nichtsdestotrotz auf einen erheblichen Souveränitätsverzicht der europäischen Nationalstaaten hinausläuft. Der Internationale Währungsfonds (IWF) hat auf die europäische Schuldenkrise und den »Arabischen Frühling« – entgegen seines Rufs – mit Bedenken zur Sicherung sozialen Zusammenhalts auf sich aufmerksam gemacht.

Mit anderen Worten: Wir können nunmehr das erkennen, was Soziologen als eine politische *Opportunitätsstruktur* bezeichnen (Kriesi, 1995). Das jetzige Jahrzehnt wird als ein dramatischer Lernprozess für eine neue, globale Generation in Erinnerung bleiben. Die Frage lautet nur: Kann diese Generation auch eine gemeinsame politische Agenda hervorbringen, die es vermag, folgende Generationen von den dramatischen Folgen der existentiellen Ressourcenknappheit, des globalen Klimawandels und von Krieg zu behüten?

Es liegt auf der Hand, dass die jüngsten Bewegungen zugleich auch neue Fragen und Probleme für die Wissenschaft aufwerfen. Besonders wichtig ist die Herausforderung, den Blick nicht auf formal verfasste Organisationen und Akteure zu verengen. Denn wir erleben vermehrt, dass sich jene neue Generation von Demonstranten, Aktivistinnen und Bloggern, die in die Öffentlichkeit drängen und teilhaben wollen am politischen Diskurs und an Entscheidungsprozessen, dem Zugriff von etablierten Bewegungen und Institutionen wie Parteien, Gewerkschaften, aber auch NPOs, entziehen. Es gibt erste Versuche, diese Akteure und Phänomene konzeptuell besser zu erfassen und transnational vergleichend zu untersuchen (Kaldor/Selchow, 2012). Am Anfang dieses Forschungsprozesses steht die Aufgabe, die neuen Bewegungen umfassend zu erfassen und in ihrer Vielfalt darzustellen; das Ziel sollte ein groß angelegtes Mapping der internationalen Zivilgesellschaft sein. Konzeptuell besteht die Herausforderung somit darin, diese Vielfalt zu ordnen und Bezüge zum historisch gesicherten Wissensbestand über soziale Bewegungen herzustellen. Wer sind die Akteure, die von Kairo bis New York – und im Netz – zu öffentlichen Personen werden? Was treibt sie an und wohin streben sie? Wie organisieren und mobilisieren sie sich und andere? Und vor allem: Wie verändern sie den öffentlichen Diskurs und die politische Agenda?

Um diese Fragen beantworten zu können, brauchen wir zugleich ein breit gefächertes und ausdifferenziertes Instrumentarium an methodischen Zugängen. Internationale Zivilgesellschaftsforschung zu betreiben, bedeutet mehr als NPOs zu zählen. Das soll nicht implizieren, dass es keine quantitativen Aufgaben mehr gäbe, ganz im Gegenteil. Datenbankprojekte wie jenes der Union of International Associations (UIA) zur Erfassung transnational agierender NPOs sind die Voraussetzung dafür, dass ein umfassendes Mapping der Akteure gelingen kann. Zugleich gilt es, auch auf die Akteure direkt zuzugehen. Dazu bieten qualitative Ansätze aus unterschiedlichen Disziplinen wie Soziologie, Anthropologie, Ethnologie und anderen vielfältige Möglichkeiten, Daten zu erheben und vergleichbar zu machen. Was in den Kaffeehäusern und auf den Marktplätzen des 18. Jahrhunderts seinen Anfang nahm, ist jedenfalls noch lange nicht am Ende angelangt, sondern vielmehr stetig im Wandel begriffen. Die Aufgabe der Forschung ist daher, dem Feld der internationalen Zivilgesellschaft stets auf Neue mit einem offenen Blick genauso wie mit analytischer Präzision zu begegnen.

Literatur

Albrow, Martin/Seckinelgin, Hakan (Hrsg.) (2011): Global Civil Society 2011, New York.

Anheier, Helmut K./Themudo, Nuno (2002): Organizational Forms of Global Civil Society: Implications of Going Global, in: Glasius, Marlies/Anheier, Helmut/Kaldor, Mary (Hrsg.): Global Civil Society 2002, Oxford, S. 191–216.

Anheier, Helmut/Glasius, Marlies/Kaldor, Mary (Hrsg.) (2001): Global Civil Society 2001, Oxford.

Bayat, Asef (2007): A Women's Non-Movement: What It Means to Be a Woman Activist in an Islamic State, in: Comparative Studies of South Asia, Africa and the Middle East 27, Issue 1, S. 160–172.

Castells, Manuel/Fernandez-Ardevol, Mireia/Linuchan Qiu, Jack/Sey, Araba (2005): Électronic Communication and Socio-Political Mobilisation: A New Form of Civil Society, in: Glasius, Marlies/Kaldor, Mary/Anheier, Helmut (Hrsg.) (2005): Global Civil Society 2005/6, London, S. 266–285.

Collom, Ed. (2003): Protest Engagement in America: The Influence of Perceptions, Networks, Availability, and Politics. Paper presented at the American Sociological Association, Chicago.

Desai, Meghnad/Said, Yahia (2001): The New Anti-Capitalist Movement: Money and Global Civil Society, in: Anheier, Helmut/Glasius, Marlies/Kaldor, Mary (Hrsg.): Global Civil Society 2001, Oxford, S. 51–78.

Diani, Mario/McAdam, Doug (Hrsg.) (2003): Social Movements and Networks: Relational Approaches to Collective Action, Oxford.

Droz-Vincent, Philippe (2011): Authoritarianism, Revolutions, Armies and Arab Regime Transitions, in: The International Spectator 46, Issue 2, S. 5–21.

Edwards, Michael (1999): Legitimacy and Values in NGOs and Voluntary Organizations: Some Sceptical Thoughts, in: Lewis, David J. (Hrsg.): International Perspectives on Voluntary Action: Reshaping the Third Sector, London.

Eurostat Newsrelease (2011): Euro area unemployment rate at 9.9%, 1 August.

Glasius, Marlies (2007): Pipe Dream or Panacea? Global Civil Society and Economic and Social Rights, in: Kaldor, Mary et al. (Hrsg.), Global Civil Society 2006/7, London, S. 62–93.

Glasius, Marlies/Timms, Jill (2005): Social Forums: Radical Beacon or Strategic Infrastructure, in: Glasius, Marlies/Kaldor, Mary/Anheier, Helmut (Hrsg.) (2005): Global Civil Society 2005/6, London, S. 191–238.

Glasius, Marlies/Kaldor, Mary/Anheier, Helmut (Hrsg.) (2002): Global Civil Society 2002, Oxford.

Glasius, Marlies/Kaldor, Mary/Anheier, Helmut (Hrsg.) (2005): Global Civil Society 2005/6, London.

Inglehart, Ronald (1990): Cultural Shift in Advanced Industrial Society, Princeton.

Juris, Jeffrey S. (2005): The New Digital Media and Activist Networking within Anti-Corporate Globalization Movements, in: Annals of the American Academy for Political and Social Science 597, S. 189–208.

Kaldor, Mary (2001): A Decade of Humanitarian Intervention: The Role of Global Civil Society, in: Anheier, Helmut/Glasius, Marlies/Kaldor, Mary (Hrsg.): Global Civil Society 2001, Oxford, S. 109–146.

Kaldor, Mary (2003): Global Civil Society: An Answer to War, Cambridge.

Kaldor, Mary/Selchow, Sabine (2012): Subterranean Politics. Report prepared for the Open Society Foundations, Forthcoming.

Kaldor, Mary/Anheier, Helmut/Glasius, Marlies (Hrsg.) (2003): Global Civil Society 2003, Oxford.

Kaldor, Mary et al. (Hrsg.) (2007): Global Civil Society 2006/7, London.

Kriesi, Hanspeter (1995): The Political Opportunity Structure of New Social Movements: Its Impact on Their Mobilization, in: Jenkins, J. Craig/Klandermans, Bert (Hrsg.): The Politics of Social Protest. Minneapolis, S. 83–98.

McAdam, Doug/Tarrow, Sidney/Tilly, Charles (2001): Dynamics of Contention, New York.

Newell, Peter (2006): Climate for Change? Civil Society and the Politics of Global Warming, in: Glasius, Marlies/Kaldor, Mary/Anheier, Helmut (Hrsg.): Global Civil Society 2005/6, London, S. 90–119.

Seckinelgin, Hakan (2002): Time to Stop and Think: HIV/AIDS, Global Civil Society and People's Politics, in: Glasius, Marlies/Kaldor, Mary/Anheier, Helmut (Hrsg.): Global Civil Society 2002, Oxford, S. 109–136.

Tambakaki, Paulina (2011): Greek protest in Syntagma Square: in between post-politics and real democracy, in: openDemocracy.net, 28 June, available online at:
http://www.opendemocracy.net/paulina-tambakaki/greek-protest-in-syntagma-square-in-between-post-politics-and-real-democracy.

Van Aelst, Peter/Walgrave, Stefaan (2001): Who is that (wo)man in the street? From the normalisation of protest to the normalisation of the protester, in: European Journal of Political Research 39, Issue 4, S. 461–486.

Van Aelst, Peter/Van Laer, Jeroen (2009): Cyber-Protest and Civil Society: the Internet and Action Repertoires of Social Movements, in: Jewkes, Yvonne/Majid, Yar (Hrsg.): Handbook of Internet Crime, London, S. 230–254.

6 Nonprofit-Organisationen aus betriebswirtschaftlicher Sicht

Wolfgang Mayrhofer

6.1 Einleitung

Nonprofit-Organisationen (NPOs) unterscheiden sich von einzelwirtschaftlichen Unternehmen als dem zentralen Bezugspunkt der Betriebswirtschaftslehre (BWL) in wesentlichen Punkten (detaillierter vgl. Beitrag II.1). Daneben sind sie trotz der teilweise fehlenden Absicht zur Einkommenserzielung für ihre Mitglieder als formal und arbeitsteilig organisierte Sozialsysteme potenziell Gegenstand betriebswirtschaftlicher Überlegungen: »Betriebswirtschaften sind Organisationen, deren Aufgabe in der Erstellung und Verwertung von Leistungen und der Erzielung von Einkommen für ihre Mitglieder besteht. Die Aktivitäten zur Erfüllung dieser Aufgaben werden in der betriebswirtschaftlichen Organisation arbeitsteilig und kooperativ wahrgenommen. Erstellung und Verwertung betrieblicher Leistungen sind stets das Ergebnis von Entscheidungen über die Kombination menschlicher Arbeit mit sachlichen Produktionsfaktoren wie Betriebsmitteln und Werkstoffen« (Heinen 1978, 25). Die BWL stellt für die wesentlichen Aufgaben zur langfristigen Überlebenssicherung von Organisationen – Kooperation zur arbeitsteiligen Erledigung von Aufgaben bei gleichzeitiger Akzeptanz durch die Umwelt und Auseinandersetzung mit Veränderungen durch Lernen (Martin 2001, 34ff.) – sowohl theoretische Überlegungen als auch praktisches Handwerkszeug zur Verfügung.

Dieses Kapitel stellt die Bedeutung der BWL für NPOs in den Mittelpunkt. Es geht in drei Schritten vor. Zunächst werden wesentliche Grundlagen der BWL erläutert. Diese enthalten einen kurzen Abriss über die Geschichte der BWL und ihre wesentlichen Ansätze sowie Hinweise auf den Umgang betriebswirtschaftlicher Literatur und – sehr knapp – der englischsprachigen Managementlehre mit NPOs (Kap. 6.2). Der nächste Schritt fokussiert auf für die Auseinandersetzung mit NPOs zentrale Theorie- und Denkfiguren der BWL und skizziert deren Bedeutung für NPOs (Kap. 6.3). Der letzte Schritt thematisiert kurz das wechselseitige Verhältnis von BWL und NPO im Sinne einer wechselseitigen Befruchtung (Kap. 6.4).

Das vorliegende Kapitel leistet zwei Beiträge. Erstens skizziert es Grundlagen betriebswirtschaftlichen Denkens und korrigiert so monodimensionale Zerrbilder über die BWL (»da geht es nur um Geld« oder »Profit ist alles«). Zweitens weist die Herausarbeitung zentraler Theorie- und Denkfiguren der BWL auf theoretische und praktische Anregungen für NPOs hin.

6.2 Grundlagen

6.2.1 Historische Entwicklung

Ansätze für eine systematische Auseinandersetzung mit der Notwendigkeit des Wirtschaftens im Sinne der Betriebswirtschaftslehre lassen sich im europäischen Raum bis in das 15. Jahrhundert zurückverfolgen. Veröffentlichungen wie die erste Darstellung einer doppelten Buchhaltung durch Luca Pacioli aus 1494 oder der »Grundriß eines vollständigen Kaufmannssystems« von Carl Günther Ludovici aus 1756 sind dafür Beispiele. Auch im Kameralismus finden sich Wurzeln. Als die im deutschsprachigen Raum vorherrschende Variante des Merkantilismus betont er die Rolle des Staates bei wirtschaftspolitischen Maßnahmen und hat eigene Verwaltungsgrundsätze und Formen der Buchführung entwickelt. In einem engeren Sinne als Geburtsstunde der zunächst als Handelsbetriebslehre oder als Privatwirtschaftslehre bezeichneten BWL ist das Jahr 1898 zu sehen, in dem in Aachen, Leipzig, St. Gallen und in Wien die ersten Handelshochschulen gegründet wurden (Schanz 1993).

Bereits in der »Gründerzeit« der BWL am Beginn des 20. Jahrhunderts haben sich markant unterschiedliche Positionen herausgebildet (s. dazu im Überblick Wöhe/Döring 2008, 21ff.; Mugler et al. 1990, 37ff.). Eine erste wichtige Debatte drehte sich um die grundsätzliche Orientierung der BWL im Spannungsfeld von Gemein- und Eigennutz. Wilhelm Rieger (1878–1971), Professor in Nürnberg und in Tübingen, vertrat – auch durch die Bezeichnung »Privatwirtschaftslehre« – eine prononciert marktwirtschaftliche Position. Für ihn resultiert Gemeinnutz aus Eigennutz, das Gewinn- respektive Rentabilitätsstreben ist zentrale unternehmerische Aufgabe. Hier findet sich auch die Wurzel zur wertorientierten Unternehmenssteuerung und des Shareholder-Value-Ansatzes. Eine entgegengesetzte Sichtweise nahm Heinrich Nicklisch (1886–1946), Professor hauptsächlich in Berlin, ein. Als Vertreter einer normativ-wertenden BWL fokussiert Nicklisch auf »Gemeinnutz geht vor Eigennutz«. Er sieht Betriebe als Teileinheit der gesellschaftlichen Ordnung. Eigennützige erwerbswirtschaftliche Ziele sind daher dem Gesamtnutzen unterzuordnen.

Eine zweite wichtige Debatte hatte die Frage der praktischen Relevanz zum Gegenstand. Die junge Disziplin wurde »von der traditionellen Volkswirtschaftslehre nicht akzeptiert und als »öde Profitlehre« oder »Kunstlehre« abgetan« (Mugler et al. 1990, 39). Prominente Betriebswirte ließen sich davon nicht beirren, allen voran Eugen Schmalenbach, der den Begriff der Betriebswirtschaftslehre und eine empirisch-realistische Forschungsrichtung favorisierte: »Eine Betriebswirtschaftslehre nach meinem Sinne mußte letzten Endes ... dem praktischen Betriebe dienen. Eine andere Betriebswirtschaftslehre interessierte mich in keiner Weise. Mochte man das, was ich wollte, ruhig Kunstlehre heißen, diese Kunstlehre war gerade das, was mir Wissenschaft war« (Schmalenbach 1931, zit. n. Mugler et al. 1990, 40). Eine andere Position vertraten Moritz Weyermann und Hans Schönitz im Gefolge der Argumentation von Max Weber, dass Ziele selbst nie wissenschaftlich begründbar, sondern Ausdruck von Werturteilen sind und Empfehlungen zum Handeln nur insofern wissenschaftlich sein können, als sie den Mittel-Ziel-Zusammenhang betreffen. Sie forderten eine Privatwirtschaftslehre als wertfreie und empirische gehaltvolle Theorie, wo Werturteile nur auf Basis theoretischer Erkenntnisse und in logischer Argumentation erlaubt sind.

Der Grundstein für die BWL war jedenfalls gelegt. Nach 1945 haben sich typische Ansätze in der BWL herausgebildet.

6.2.2 Betriebswirtschaftliche Ansätze

Innerhalb der BWL lassen sich sechs zentrale Ansätze unterscheiden (vgl. dazu detaillierter Wöhe/Döring 2008, 23ff.; Raffee 1974; Schanz 2009). Sie stellen jeweils unterschiedliche Aspekte einzelwirtschaftlichen Handelns in den Vordergrund.

6.2.2.1 Produktionsfaktororientierung

Der Kombinationsprozess von Produktionsfaktoren ist untrennbar mit der Person von Erich Gutenberg (1897–1984), Professor in Köln, verbunden. Der Ansatz geht davon aus, dass Unternehmen am Beschaffungsmarkt drei Arten von Produktionsfaktoren erwerben (Gutenberg 1951): Arbeit, die in ausführende und dispositive Tätigkeiten unterteilt wird; Betriebsmittel wie etwa Maschinen, Gebäude oder Fuhrpark; Werkstoffe, d. h. Roh- und Hilfsstoffe als Haupt- und Nebenbestandteile eines Produkts sowie Betriebsstoffe zum Betreiben von Maschinen wie etwa Schmieröl. Der Produktionsprozess kombiniert Produktionsfaktoren und wandelt sie in Produkte oder Dienstleistungen um. Der Ansatz sieht die Produktivitätsbeziehung zwischen Faktoreinsatz und Faktorertrag als zentrale Beziehung im Unternehmen. Gutenberg baut auf mikroökonomischen Modellen zur Produktions- und Kostentheorie und zur Preistheorie auf. Allerdings passt er diese stärker an die tatsächlichen Gegebenheiten im Hinblick auf technische Produktionsbedingungen und Käuferverhalten am Absatzmarkt an.

6.2.2.2 Entscheidungsorientierung

Der entscheidungsorientierte Ansatz, begründet von Edmund Heinen (1919–1996), Professor in München, bringt drei wesentliche Neuorientierungen. Erstens stellt er konsequent auf Entscheidungen ab, »weil in erster Linie die den ausführenden Tätigkeiten vorgelagerten Prozesse des Auswählens und Entscheidens das Erkenntnisobjekt der Betriebswirtschaftslehre bilden. ... Die Betrachtung erfordert naturgemäß einen weitgefassten Entscheidungsbegriff, der rationale Entscheidungen ebenso einschließt wie Zufallsentscheidungen. Es ist demgemäß keine Tätigkeit denkbar, die nicht vorab Gegenstand einer Entscheidung war« (Heinen 1978, 25). Zweitens überwindet der entscheidungsorientierte Ansatz eine tendenziell statische Sichtweise, wie sie in neoklassisch inspirierten Modellen der BWL dominierte. Stattdessen wird Zeit explizit berücksichtigt, etwa durch die Einbeziehung von Entscheidungen über mehrere Perioden und unter Berücksichtigung von Risiko und Unsicherheit. Drittens öffnet der Ansatz die BWL in Richtung auf Interdisziplinarität. Nicht nur der unmittelbare Wahlakt der Entscheidung, sondern sämtliche damit verbundene Aktivitäten sind mit einzubeziehen, also etwa auch Problemerkennung, Alternativensuche, Durchsetzung und Kontrolle. »Dies erfordert ein begriffliches Instrumentarium, das ohne Rückgriff auf Erkenntnisse anderer sozialwissenschaftlicher Disziplinen wie z. B. Psychologie, Sozialpsychologie oder Politologie kaum zu entwickeln ist. Eine in diesem Sinne entscheidungsorientierte Betriebswirtschaftslehre ist daher notwendigerweise interdisziplinär angelegt« (Heinen 1978, 26, im Original teilweise hervorgehoben).

6.2.2.3 Systemorientierung

Ebenfalls interdisziplinär, aber stärker auf die Erkenntnisse der Kybernetik abstellend ist der systemorientierte Ansatz bemüht, die vielfachen Wechselwirkungen sowohl innerhalb des Unternehmens als auch im Wechselspiel zwischen Unternehmen und Umwelt abzubilden. Verbunden mit Hans Ulrich (1919–1997), Professor in St. Gallen, liegt der Schwerpunkt dabei nicht so sehr auf einer Abbildung und Erklärung gegenwärtiger Zustände. Vielmehr fokussiert der Ansatz mit Blick auf zukünftige Entscheidungen auf Systemzustände in der Zukunft. Die Einsichten aus der Kybernetik erlauben aus Sicht dieses Ansatzes neuartige Modellierungen für soziale Systeme, d. h. auch für Unternehmen (Ulrich 1968). Diese Modellierungen und entsprechende Optimierungen und Simulationen sollen EntscheiderInnen und Entscheider darin unterstützen, mögliche Lösungsvorschläge zu entwickeln und aus Alternativen auszuwählen. Der Ansatz war grundlegend für die Entwicklung des St. Galler Managementmodells (Ulrich/Krieg 1974). Neuere Entwicklungen wenden sich von der Kybernetik ab. Sie fokussieren stärker auf die soziale Systemtheorie (Luhmann 1984) und machen diese für die Unternehmensführung nutzbar (vgl. z. B. Kasper et al. 1999; Beitrag I.8).

6.2.2.4 Verhaltensorientierung

Ausgangspunkt für den verhaltensorientierten Ansatz (Schanz 1977) ist die Kritik einer eng an der klassischen Volkswirtschaftslehre angelehnten Vorstellung eines rational handelnden und im Kern dem homo oeconomicus entsprechenden Menschen sowie einer entsprechenden Organisation. Vor allem in Verbindung mit Entscheidungen in und von Organisationen – und hier besonders innerhalb organisationstheoretischer Überlegungen sowie des Marketing – ist dieser Ansatz bedeutsam. Im Kern wird argumentiert, dass erst eine Ausrichtung an realitätsnäheren Prämissen hinsichtlich menschlichen Verhaltens und damit die wenigstens teilweise Aufgabe des Rationalprinzips eine gute, dem tatsächlichen individuellen und organisationalen Verhalten angenäherte Beschreibung, Erklärung und Prognose von Verhalten in Wirtschaftsorganisationen erlaubt (Schanz 1978). Durch die Einbeziehung sozialwissenschaftlicher Erkenntnisse insbesondere aus der Soziologie und unterschiedlicher Bereiche der Psychologie verspricht sich dieser Ansatz auch eine praxisnähere, an konkreten Handlungsempfehlungen ausgerichtete Vorgehensweise.

6.2.2.5 Umweltorientierung

Umwelt im Sinne von Kontext ist eine klassische Variable in betriebswirtschaftlichen Überlegungen, etwa durch den Bezug zu Märkten. Im Gefolge der Umweltbewegungen in den 1970ern fokussieren Ansätze innerhalb der BWL auf die ökologische Perspektive (vgl. etwa Hopfenbeck 2002; für den englischsprachigen Managementbereich z. B. McDonagh/Prothero 1997). Solange die Nutzung natürlicher Ressourcen wie etwa Luft oder Wasser und auch die dadurch entstehenden »Abfallprodukte« wie etwa Emissionen oder Abwasser keine oder nur geringe Kosten verursachen, bleibt die natürliche Umwelt für die Organisation de facto unsichtbar und allenfalls als Nebenbedingung relevant. Im Gefolge eines geschärften gesellschaftlichen Umweltbewusstseins und von Widerständen gegenüber der Externalisierung organisationaler Kosten durch Umweltverschmutzung spielt der ökologische Faktor eine zunehmende Rolle. Die Einbeziehung als wesentlicher Kostenfaktor oder die Herausbildung von Umweltfragen als zentrale Variable bei der Standortwahl machen das deutlich. Auch in betriebswirtschaftlichen Teilbereichen wie etwa Marketing (z. B. Dahlstrom 2011) oder Personalmanagement (z. B. Jackson et al. 2011) entwickeln sich entsprechende Zugänge.

6.2.2.6 Institutionenorientierung

Die neue *Institutionenökonomik* stellt sich zunächst die Frage, in welcher Form ein Produkt eigentlich hergestellt werden kann und soll (vgl. klassisch Coase 1937). Ob die jeweiligen Vorleistungen auf dem Markt zugekauft oder innerhalb des Unternehmens hergestellt werden, ist eine strategische Entscheidung des Unternehmens. Sie wird unter der Frage nach ›Markt oder Hierarchie‹ intensiv diskutiert (Williamson 1975). Innerhalb dieser eng an die moderne Mikroökonomie angelehnten Überlegungen lassen sich mit betriebswirtschaftlichem Fokus mehrere Theoriestränge identifizieren (vgl. dazu genauer Wöhe/Döring 2008). Die *Informationsökonomie* betont die Informationsasymmetrie zwischen unterschiedlichen Marktteilnehmern. Daraus ergeben sich unterschiedliche Konsequenzen, etwa vereinbarte Garantieleistungen oder Eigentumsvorbehalte. Der *Property-Rights-Ansatz* sieht Unternehmen als Institution, die eine Vielzahl von Verträgen zum Tausch von Verfügungsrechten abschließt, etwa Kauf- oder Arbeitsverträge. Er untersucht, wie sich die Verteilung von Verfügungsrechten auf das Verhalten individueller Akteure auswirkt, z. B. unterschiedliches Verhalten von Eigentümerinnen und Mietern. Der *Transaktionskosten-Ansatz* postuliert, dass Unternehmen als Institution deswegen existieren, weil sie Produkte und Dienstleistung transaktionskostengünstig herstellen können. So sind etwa unternehmensinterne Transaktionen durch Vertrauen und Hierarchie tendenziell kostengünstiger als eine Serie von externen Einmal-Transaktionen zwischen unabhängigen Marktteilnehmern. Der *Prinzipal-Agenten-Ansatz* schließlich beschäftigt sich mit der Frage, wie ein Prinzipal – etwa: die Eigentümerin – ein ihre Interessen begünstigendes Verhalten von Agenten – z. B.: dem Management – sicherstellen kann.

Der *Neo-Institutionalismus* (Walgenbach/Meyer 2007) betont, dass Organisationen für ihr langfristiges Überleben Legitimität in den Augen der institutionellen Umwelt – etwa: Öffentlichkeit und die damit verbundenen Erwartungen – herstellen müssen. Sie tun das im Kern, indem sie sich an diese Erwartungen anpassen. Organisationen in ähnlichen institutionellen Umwelten entwickeln ähnliche Strukturen und Prozesse durch eine Tendenz zu Isomorphismus (s. a. Beitrag I.8).

6.2.3 NPOs in der aktuellen betriebswirtschaftlichen Literatur

NPOs stellen keinen wesentlichen Bestandteil der allgemeinen betriebswirtschaftlichen Diskussion dar. De facto werden NPOs entweder fast vollständig negiert (vgl. etwa Schmalen 2002; Hopfenbeck 2002; Busse von Colbe et al. 2002) oder – mit einer Ausnahme (Loitlsberger 2003) – allenfalls im Hinblick auf betriebliche Typenbildung (z. B. Lechner et al. 2008; Thommen/Achleitner 2003; Jung 2004; Wöhe/Döring 2008) bzw. Absatz/Marketing (z. B. Lechner et al. 2008; Helm 2006) und damit auf eng umgrenzte Thematiken diskutiert.

Etwas anders sieht die Lage in einzelnen betriebswirtschaftlichen Teilgebieten aus. So gibt es etwa für die Bereiche des Marketings (z. B. Bruhn 2012), der Rechnungslegung

(z. B. Meyer et al. 2011), der Finanzierung (Zauner et al. 2006) oder des Rechnungswesens (z. B. Schauer 2008) spezialisierte und wichtige Beiträge. Eigene Zeitschriften betriebswirtschaftlicher Perspektive ergänzen das Bild. So greift etwa »Verein & Management« mit der primären Zielgruppe »Führungskräfte in Nonprofit-Organisationen« vor allem Fragen der Unternehmensführung auf, während die »Zeitschrift für öffentliche und gemeinwirtschaftliche Unternehmen« mit ihrem Schwerpunkt über NPOs hinausreicht.

Ähnlich ist die Lage in der englischsprachigen Managementlehre. Allgemeine Managementbücher thematisieren NPOs nicht substanziell (z. B. Daft 2000; Dessler 2004). NPOs haben sich jedoch als eigenständige Thematik in der Spezialliteratur etabliert. Dazu zählen generelle Managementaufgaben und -probleme, etwa aus Sicht des Institutionalismus (Valentinov 2011), die Rolle strategischer Planung (McHatton et al. 2011) oder der Umgang mit Performance Management (McHatton et al. 2011). Auch Spezialaspekte werden behandelt, etwa der Einfluss von Alter auf die Leistungsbeiträge von Freiwilligen (Caldwell et al. 2008) oder die Frage des Empowerment (Silver et al. 2006).

Quantitativ deutlich stärker und stärker differenziert als im deutschsprachigen Raum existiert eine Reihe von spezifisch auf NPOs ausgerichteten Zeitschriften, die das gesamte Themenspektrum abdecken. Beispiele sind etwa Voluntas, NVSQ – Nonprofit and Voluntary Sector Quarterly, The International Journal of Not-for-Profit Law, Journal of Nonprofit & Public Sector Marketing, Nonprofit Management and Leadership oder Nonprofit World.

6.3 Zentrale NPO-relevante Theorie- und Denkfiguren der Betriebswirtschaftslehre

Die Herausarbeitung zentraler für die Auseinandersetzung mit NPOs wichtiger Theorie- und Denkfiguren der BWL orientiert sich an den von Titscher et al. (Titscher et al. 2008, 19 ff.) vorgelegten und in Kap. II.1 in diesem Band für NPOs sichtbar gemachten grundlegenden Zusammenhängen in Organisationen. Sie muss auch hoch selektiv bleiben und greift – neben unvermeidlichen Platzbeschränkungen des vorliegenden Beitrags – auf die Zugehörigkeit zum Kern der BWL, die relative Bedeutung der jeweiligen Figuren innerhalb der BWL und die Relevanz für NPOs zu. Die Diskussion der verschiedenen Theorie- und Denkfiguren enthält in einem ersten Schritt die Darstellung wesentlicher Aspekte; der zweite Schritt formuliert darauf aufbauend wichtige Bezüge zu und Anfragen an NPOs.

6.3.1 Umwelt und Schnittstellen zur Umwelt

6.3.1.1 Märkte

Darstellung

Abstrakt gesprochen treffen auf Märkten Angebot und Nachfrage zusammen. Mit Bezug auf das hier vorgestellte Modell von Organisationen (s. Beitrag II.1) ist zentral auf Beschaffungs-, Kapital- und Absatzmärkte Bezug zu nehmen. Der Beschaffungsmarkt ist der Produktion von Gütern und Dienstleistungen vorgelagert und liefert die zur Leistungserstellung erforderlichen Einsatzgüter, z. B. Personal. Der Kapitalmarkt stellt die kurz-, mittel- und langfristig erforderlichen Finanzierungsmittel bereit. Der Absatzmarkt ist der betrieblichen Leistungserstellung nachgelagert. Dort werden produzierte Güter und Dienstleistungen abgesetzt. Märkte lassen sich v. a. nach der Art der Güter und der Anzahl der sich am Markt bewegenden Akteure differenzieren.

Die BWL unterscheidet Güter u. a. nach ihrer Relation zueinander. Bei Substitutionsgütern erfüllen zwei oder mehrere Güter einen gleichen oder sehr ähnlichen Zweck, also etwa Butter und Margarine. Komplementärgüter hingegen ergänzen sich. iPad und die darauf spezialisierte Software sind dafür ein Beispiel. Während Substitutionalität den Wettbewerb erhöht, kann es Anbietern gelingen, durch das Anbieten eines Bündels von Komplementärgütern über den für jedes einzelne Gut stattfindenden Wettbewerb hinauszugehen und eine vorteilhaftere Wettbewerbsposition zu erlangen (Wöhe/Döring 2008, 414 ff.).

Die Zahl der sich am Markt bewegenden Akteure führt zu typischen Marktformen (Lechner et al. 2008, 514 ff.; vgl. Abbildung I.6.1).

		Anbieter		
		Viele Kleine	**Wenige Mittelgroße**	**Ein Großer**
Nachfrager	**Viele Kleine**	Atomistische Konkurrenz	Angebotsoligopol	Angebotsmonopol
	Wenige Mittelgroße	Nachfrageoligopol	Bilaterales Oligopol	Beschränktes Angebotsmonopol
	Ein Großer	Nachfragemonopol	Beschränktes Nachfragemonopol	Bilaterales Monopol

Abbildung I.6.1: Schema der Marktformen

Monopole haben nur einen, Oligopole wenige Anbieter/Nachfrager. Bei vollkommener Konkurrenz gibt es sehr viele Akteure am jeweiligen Markt.

Märkte sind für Organisationen nicht »einfach da«. Sie bedürfen der Identifikation und lassen sich auch aufbauen oder erweitern. Die Schaffung neuer Märkte erfordert das Erkennen neu entstandener – oder auch: durch gezielte Maßnahmen induzierter – Bedürfnisse und die Bereitstellung eines entsprechenden Angebots. Die Nachfrage nach einem Zugang zum Internet auch außerhalb der eigenen vier Wände hat etwa zunächst zu Internet-Cafés und in einer weiteren Stufe zur Verbreitung von Wireless-Netzwerken im öffentlichen Raum geführt. Bestehende Märkte lassen sich auch gezielt ausweiten. Zu zentralen Maßnahmen gehören die Erhöhung der Verbrauchsintensität und der damit verkürzten Lebenszeit, etwa bei Sonnencremes, die Stimulierung von Ersatzbedarf, z. B. durch Produkte mit neuen Qualitätsmerkmalen, die Zurückdrängung von Substitutionsprodukten, z. B. Kampagnen zugunsten der gesundheitlichen Wirkungen von Butter oder die Gewinnung zusätzlicher Abnehmerschichten, etwa durch speziell auf Konsumentinnen zugeschnittene Biermarken (Helm 2006).

Bedeutung für NPOs

Die Herstellung und Identifikation von sowie Orientierung an Märkten hat eine Reihe von zentralen Botschaften für NPOs. Die Unterscheidung zwischen Komplementär- und

Substitutionsgütern kann NPOs bei der Gestaltung ihres Leistungsportfolios im Vergleich zu Mitbewerbern unterstützen. Wenn etwa das Rote Kreuz in Wien nicht nur Krankentransporte, sondern auch Essenslieferungen durchführt, dann ist das ein klassisches Beispiel zur komplementären Ausweitung des eigenen Leistungsangebots und des Versuchs zur Erlangung eines Wettbewerbsvorteils gegenüber anderen Anbietern. Auch eine entsprechende Marktanalyse kann für NPOs wertvolle Einsichten bringen. Befindet man sich etwa – wie im Fall eines die Rehabilitierung von Strafgefangenen an einige wenige NPOs auslagernden Ministeriums – in einem beschränkten Nachfragemonopol, dann gestalten sich Strategien zur Beschaffung entsprechender Finanzmittel anders als im Fall eines Angebotsoligopols, wo viele kleine Nachfrager sich wenigen mittelgroßen Anbietern gegenübersehen, etwa bei großen Umweltschutzorganisationen mit globalen Anliegen. Hinsichtlich der Schaffung neuer und des Ausbaus bestehender Märkte ist auch für NPOs gezieltes Scannen relevanter Umwelten nach neu entstehenden oder in naher Zukunft absehbaren Bedürfnissen zentral. Ein Beispiel dafür sind etwa die mit demographischen Entwicklungen einhergehenden Veränderungen im Bereich des Umgangs mit alten Menschen. Gleichfalls eine Anregung ist etwa die Ausweitung bestehender Märkte, z. B. durch strengere Standards bei der Betreuung.

6.3.1.2 Legitimität und Stakeholder

Darstellung

Das Konzept der Legitimität ist ein zentraler Baustein der neo-institutionalistischen Variante innerhalb der BWL respektive der Organisationstheorie (vgl. einführend Walgenbach/Meyer 2007). In einem umfassenden Sinn definiert Suchman (1995) Legitimität als »a generalized perception or assumption that the actions of an entity are desirable, proper, or appropriate within some socially constructed system of values, norms, and definitions« (574). Dabei ist Legitimität kein Gut, das jemand oder etwas hat oder erwirbt, sondern relational bedingt. Sie wird zugeschrieben.

Häufig genannt werden drei Arten von Legitimität (Suchman 1995; im Überblick Meyer 2004). Pragmatische Legitimität stellt auf austauschtheoretische Nutzenüberlegungen zwischen den beteiligten Akteuren ab. Wenn es einen entsprechenden Nutzen – z. B. Erfüllung des Auftrags – gibt, ist die Organisation legitim. Moralische Legitimität stellt auf eine positive normative Bewertung von Zielen, Verfahren, Strukturen und handelnden Personen einer Organisation ab, z. B. geschlechterbezogene Quotenregelungen bei der Besetzung von Führungspositionen in westlichen Gesellschaften. Kognitive Legitimität schließlich stellt auf gemeinsame Interpretationsrahmen ab und umfasst sowohl Verständlichkeit der Welt als auch unhinterfragte Selbstverständlichkeiten. So ist etwa Weisungsgebundenheit im öffentlichen Dienst weitgehend akzeptiert und unhinterfragt.

Wenn Legitimität relational ist, dann stellt sich auch die Frage nach den Akteuren, die Legitimität verleihen. In einem allgemeinen Sinn lassen sich vier typische Quellen von Legitimität (»organisational constituencies«) nennen (Hybels 1995): der Staat in seinen unterschiedlichen Facetten wie Rechtsordnung oder Regierung; die Öffentlichkeit in Form von Wählenden und Konsumierenden, aber auch in der Bereitstellung von Arbeitskräften; die Finanzwelt, welche etwa durch Wirtschaftsprüfung oder Rating Organisationen – und neuerdings auch: Staaten – im Hinblick auf ihre Überlebens- und Ertragskraft bewerten und das entsprechend kommunizieren, etwa durch Verleihung von Bonitätsbewertungen oder Beurteilung von Jahresabschlüssen; und schließlich die Medien als die »vierte Macht im Staat«, welche neben einer Kontrollfunktion auch die Entscheidungen anderer Akteure – etwa der Politik – massiv beeinflussen.

Zum Überleben müssen Organisationen auf die Erwartungen relevanter Akteure in der Umwelt reagieren und in deren Augen Legitimität herstellen. Sie versuchen das zum einen durch Anpassung an die Erwartungen der Umwelt, v.a. durch die Übernahme von in der Umwelt angebotenen Praktiken und Strukturen (Meyer/Rowan 1977). Solche Prozesse des Isomorphismus können mimetisch sein, wenn Organisationen Praktiken erfolgreicher Organisationen übernehmen; durch Zwang erfolgen, wenn formell oder informell, durch kulturelle oder rechtliche Regelungen bestimmte Dinge eingefordert werden, etwa ein Minimum an Eigenkapitalausstattung bei Banken; normativ sein, wenn die in modernen Gesellschaften vorherrschenden »Sonderwissensbestände« – etwa Normen von Berufsverbänden, in Ausbildungsgängen vermitteltes Wissen – bestimmte Modelle forcieren, etwa der Goldstandard in der evidenzbasierten Medizin. Bei jeder Form des Isomorphismus ist allerdings auch zu beachten, dass Organisationen oft auch nur Legitimationsfassaden errichten: Sie entsprechen nach außen hin den geforderten oder vermuteten Erwartungen, ihre internen Strukturen und Prozesse bleiben aber davon weitgehend unberührt. Neben der Orientierung an dominanten Logiken (Lounsbury 2007; Beitrag II.8) gehen neuere Überlegungen auch dahin, dass institutionelle Umwelten oft fragmentiert, umkämpft und wenig homogen sind (z.B. Marquis/Lounsbury 2007). Damit sehen sich Organisationen neuen Möglichkeiten, aber auch schwierigeren Entscheidungen im Umgang mit Umwelterwartungen gegenüber.

Der Stakeholder-Ansatz (Freeman et al. 2010; für eine europäische Perspektive vgl. Bonnafous-Boucher/Pesqueux 2005) vertieft die Sichtweise auf relevante Akteure: »A stakeholder in an organization is any group or individual who can affect or is affected by the achievement of the organization's objectives« (Freeman 1984, 46). Stakeholder sind typischerweise sowohl organisationsexterne als auch -interne Anspruchsgruppen wie Eigenkapitalgeber, z.B. Eigentümerinnen oder Anteilseignerinnen, Fremdkapitalgeber wie z.B. Banken, Beschäftigte, das Management, Kundinnen und Kunden, Zulieferbetriebe, Gewerkschaften und andere Beschäftigtenvertretungen, lokale Gemeinden oder auch die allgemeine Öffentlichkeit. Die Relevanz von Stakeholdern ergibt sich nicht automatisch. »Umwelten [werden] in vielen Fällen erst von der Organisation geschaffen, in dem durch Beobachtung und Selektion der Fokus auf ganz bestimmte Ausschnitte der Umwelt gelegt wird, die dann bei internen Entscheidungen berücksichtigt werden« (Titscher et al. 2008, 41). Beobachtungen und entsprechende Konnotationen – z.B. Chance, Risiko, Gefahr, Konkurrent etc. – entscheiden, was Figur und was Hintergrund ist. Das ist allerdings nicht beliebig, sondern begrenzt durch harte Fakten, etwa »wenn Organisationen in Liquiditätsnöten sind und dann unabhängig von allen Stakeholder-Analysen im harten Regen der Gläubigerforderungen stehen« (ebenda, 42).

Bedeutung für NPOs

Für NPOs lenken die Legitimitäts- und Stakeholderkonzepte zunächst das Augenmerk auf eine weitere Dimension der organisationalen Umwelt. Neben Märkten sind für NPOs auch die – teils klar zu identifizierenden, teils eher zu erahnenden – Erwartungen typischer Akteure wichtig. Herstellung von Legitimität und Umgang mit Stakeholdern wird so zu einer zentralen Aufgabe der Führung in NPOs und damit auch die Identifikation der Erwartungen und Entscheidungen zu deren Handhabung. Damit sind verschiedene Formen der Anpassung, die Unterscheidung zwischen »impression management« nach außen und de-facto Abläufen nach innen, die Verankerung einer systematischen Umweltbeobachtung in Richtung auf existierende und sich neu herausbildende Erwartungen als Führungsaufgabe oder auch Versuche zur Beeinflussung relevanter Quellen für Legitimität – etwa durch Lobbying in Richtung auf veränderte gesetzliche Rahmenbedingungen – angesprochen.

6.3.2 Interaktionen und Formalstruktur

6.3.2.1 Produktion und Leistungserstellung

Darstellung

Die Betriebswirtschaftslehre beschäftigt sich sowohl mit Sach- als auch mit Dienstleistungsbetrieben. Produktion – oder umfassender: die Leistungserstellung – umfasst den Teil des Betriebsgeschehens, der unmittelbar auf die Erzielung von Sachleistungen zielt. Durch die Kombination von Produktionsfaktoren wird ein Endergebnis erzielt, das mit Hilfe der Finanzierung dann im Rahmen der Leistungsverwertung auf den Markt gebracht wird (Lechner et al. 2008, 391).

Besondere Bedeutung haben die Produktionsfunktionen und die damit verbundenen Relationen von Faktoreinsatz und -ertrag (genauer dazu vgl. Bloch/Lücke 2006). Die klassische Produktionsfunktion der Volkswirtschaftslehre (Produktionsfunktion vom Typ A) geht von Gesetzmäßigkeiten landwirtschaftlicher Aktivitäten – dem auf Heinrich von Thünen im 18. Jahrhundert zurückgehenden Ertragsgesetz – aus. Vereinfacht gesagt zeigt sie, dass vermehrter Arbeitseinsatz die produzierte Menge zuerst progressiv und dann degressiv steigen lässt und ggfs. schließlich auch reduzieren kann. Die Produktionsfunktion vom Typ B für Betriebe basiert auf dem faktortheoretischen Ansatz von Gutenberg. Sie stellt zentral auf die Verbrauchsfunktion für ein Betriebsmittel respektive ein Aggregat ab. Die produzierte Menge hängt von der Leistung des Aggregats, der Produktionszeit/Laufzeit des Aggregates, dessen übrigen technischen Eigenschaften und den Faktoreinsätzen ab. Sogenannte Engpassfaktoren spielen dabei eine wichtige Rolle. Die Produktionsfunktion vom Typ C – eingeführt von Heinen – schließlich führt den Begriff der Elementarkombination ein. Dieser »ist ein Produktionsprozess mit eindeutiger Beziehung zwischen der technischen Leistung des Aggregates und der ökonomischen Leistung« (Bloch/Lücke 2006, 208).

Im Rahmen der Faktorkombination sind zwei Relationen von besonderer Bedeutung. Der Produktionskoeffizient informiert über die Ergiebigkeit eines Produktionsfaktors. Er entsteht als Quotient aus der Menge des jeweils eingesetzten Produktionsfaktors und der erzielten Ausbringung. Umgekehrt gibt der Produktivitätskoeffizient als reziproker Wert des Produktionskoeffizienten (erzielte Menge/eingesetzte Menge je Produktionsfaktor) Aufschluss darüber, welches mengenmäßige Resultat der Einsatz eines Produktionsfaktors ergibt.

Bedeutung für NPOs

Die Produktionsfunktionen spielen im eigentlichen Sinn für NPOs eine untergeordnete Rolle, sind aber trotzdem bedeutsam. Erstens ist es auch für NPOs wichtig zu überlegen, welche Produktionsfaktoren in welcher Weise miteinander zu verbinden sind. Besonders das Denken in Engpassfaktoren, welche den Leistungserstellungsprozess beschränken, ist hier hervorzuheben. Zweitens macht diese Überlegung deutlich, dass der Einsatz von Produktionsfaktoren keine »zufälligen« Ergebnisse ergibt, sondern – in gewissen Bandbreiten – vorhersehbare Resultate. Das Denken in Produktions- und Produktivitätskoeffizienten weist auf eine dritte Überlegung hin. Sind die eingesetzten Produktionsfaktoren – z. B. menschliche Arbeitsleistung – einmal definiert, so ist auch zu überlegen, was hinsichtlich der jeweils eingesetzten Faktoren an Ergebnis und wo relativ gesehen die größte Menge an Output zu erwarten ist. Ein typisches Beispiel ist etwa das Verhältnis von haupt- und ehrenamtlich Beschäftigten bei der Leistungserstellung. Damit sind sowohl Effizienz- als auch Effektivitätsüberlegungen angesprochen.

6.3.2.2 Aufbau- und Ablauforganisation

Darstellung

Die betriebliche Organisationslehre fokussiert auf »die dauerhafte Strukturierung von Arbeitsabläufen (Ablauforganisation), aber auch die Anordnung von Stellen in Unternehmen, die Weisungsbeziehungen und die Zusammenarbeit zwischen diesen Stellen (Aufbauorganisation)« (Meyer 2009, 218, im Original teilweise hervorgehoben). Zentrale Basis dafür ist die Handhabung des Dualproblems der Organisationsgestaltung, d. h. die Arbeitsteilung (Differenzierung) und die anschließende Arbeitsvereinigung (Integration). Am Beginn der Differenzierung steht die Aufgabenanalyse. Klassisch orientiert sie sich an Verrichtungen wie z. B. Fräsen oder Löten; Objekten wie z. B. Rohren oder Boiler; Phasen wie z. B. Planen – Realisieren – Kontrollieren; dem Rang (Entscheidung vs. Ausführung); und der Zweckbeziehung zur Hauptaufgabe. Implizit ist eine logische und vollständige Durchdringung der Aufgabe angenommen. Allerdings zeigt sich, dass die Auflösung des Ganzen in seine Teile weder zwingend noch vollständig vorgenommen und dass die implizit ebenfalls angenommene Stabilität insbesondere in turbulenten Situationen nicht aufrechterhalten werden kann. Die Aufgabensynthese basiert auf der Aufgabenanalyse. Wesentlicher Bezugspunkt ist dabei die Stelle, »ein auf das durchschnittliche Leistungspotenzial eines Mitarbeiters zugeschnittene ... Bündel von Verhaltens- und Leistungserwartungen« (Schreyögg 1996, 121). Mehrere Stellen werden dann in größeren Einheiten wie etwa Abteilungen zusammengefasst, diese wiederum gebündelt etc. Auf diese Weise ergibt sich die formale Organisationsstruktur.

Formale Organisationsstrukturen lassen sich entlang unterschiedlicher Dimensionen beschreiben (vgl. dazu ausführlich Kieser/Walgenbach 2007). Erstens ist auf den Grad und die Art der Spezialisierung und Koordination abzustellen. Zweitens ist die Konfiguration als äußere Form des Stellengefüges zu beachten, die sich auch in Organigrammen abbildet. Sie beinhaltet Ein- und Mehrliniensysteme, Linien- und Stabsstellen, die Gliederungstiefe und die Leitungsspanne. Drittens sind verschiedene Formen der Koordination zu nennen. Dazu zählen v. a. persönliche Weisungen, Programme, Pläne, Selbstabstimmung, intra-organisationale Märkte, Rollenstandardisierung oder die Organisationskultur.

Mehrere Entwicklungen weisen über diese klassische Sichtweise hinaus. Eine stärkere Flexibilisierung der Organisationswelt führt dazu, dass Projekte die Stelle als primäre Zurechnungsform in Organisationen ergänzen oder ersetzen (vgl. Beitrag II.10). Neben der formalen gibt es auch die informale Organisation(struktur). Diese weist auf die Bedeutung lebenspraktischer, de facto gelebter Strukturen und Prozesse hin. Diese sind nicht notwendigerweise störend, sondern sind als organisationaler Grundtatbestand in Teilen ergänzend zur Formalstruktur zu sehen. Dazu kommen neue Organisationsformen wie etwa virtuelle Organisationen oder organisationale Netzwerke, eine die klassische hierarchische Sicht ablösende »90-Grad-Drehung« der Organisation und eine stärkere Prozessorientierung, etwa im Rahmen der Unterscheidung von Kern- und Supportprozessen.

Bedeutung für NPOs

Wer was mit wem bespricht und entscheidet und wie einzelne Entscheidungsinstanzen zueinander angeordnet sind, ist ausnahmslos für jede Organisation relevant. Die betriebswirtschaftliche Organisationslehre richtet damit die Aufmerksamkeit von NPOs auf eine systematische Analyse der zu erfüllenden Aufgaben; ihre Zusammenfassung in geeignete Einheiten; die Wahl einer passenden strukturellen Organisationsform; die Frage nach den Kernprozessen; und die Abstimmung zwischen formaler und informaler Organisation. Sehr viel stärker als in anderen wichtigen Bereichen – etwa der Finanzierung – sind die betriebswirtschaftlichen Überlegungen hier unmittelbar anzuwenden.

6.3.2.3 Spezielle Betriebswirtschaftslehren

Darstellung

Herzstück der Betriebswirtschaftslehre ist die Ausfaltung in spezialisierte Teilgebiete. Institutionell fokussieren diese speziellen Betriebswirtschaftslehren auf unterschiedliche Arten von Betrieben, etwa gegliedert nach Branchen wie Industrie oder Banken oder mit Blick auf den öffentlichen Sektor. Funktional spezialisieren sie sich auf verschiedene betriebswirtschaftliche Funktionen bei der Leistungserstellung. Beispiele dafür umfassen Absatz und Marketing, Außenhandel, Controlling, Informationswirtschaft, Investition und Finanzierung, Organisation, Personal, Produktion, Rechnungswesen, Steuerlehre oder Unternehmensführung. Jedes dieser Teilgebiete spricht verschiedene Aspekte der Interaktions- und Formalstruktur an, ist hoch ausdifferenziert und kann hier nur erwähnt werden.

Bedeutung für NPOs

Die Einsichten aus den speziellen Betriebswirtschaftslehren liefern für NPOs über allgemeine Grundzugänge hinaus teilweise konkrete und unmittelbar relevante Überlegungen. Teil II dieses Handbuchs entfaltet das für wesentliche Bereiche.

6.3.3 Entscheidungs- und Tiefenstruktur

6.3.3.1 Leitvorstellungen

Darstellung

Die Frage nach den Leitvorstellungen berührt zunächst und grundsätzlich die Frage nach einem eigenständigen Erkenntnisgegenstand der BWL (vgl. dazu im Folgenden Schweitzer 2009). Jenseits der aus unterschiedlichen Gründen wenig geeigneten Gewinnmaximierung und Kombination von Produktionsfaktoren bleibt die Orientierung am allgemeinen Wirtschaftlichkeitsprinzip in Verbindung mit der Auffassung von Organisationen als zielgerichteten sozio-technischen Systemen. In diesem Sinne ist betriebliches Wirtschaften definiert als »das Entscheiden über knappe Güter in Betrieben« (Schweitzer 2009, 52). Entsprechend gilt auf betrieblicher Ebene die fundamentale Handlungsmaxime: »Entscheide in Betrieben stets so, dass mit den vorhandenen knappen Mitteln (Gütern) optimale Ausprägungen der gesetzten Ziele erreicht werden.« (Schweitzer 2009, 55) Mit dieser Handlungsmaxime sind ganz unterschiedliche Arten von Betrieben sowie alle knappen Mittel und alle Ziele angesprochen. Die Grundstruktur ist relational: Input und Output unterschiedlicher Art sind miteinander in Beziehung zu bringen und im Hinblick auf einen Maßstab – die jeweiligen Zielsetzungen – zu bewerten.

Hinsichtlich typischer Zielbündel ergeben sich daraus vier Rationalitäten (Schweitzer 2009, 55ff.). Die ökonomische Rationalität fokussiert auf ökonomische Zielsetzungen wie etwa Kapitalrentabilitäten, Kosten- oder Erlösoptimierung. Die soziale Rationalität stellt die sozialen Ziele in den Vordergrund. Organisationsintern können das etwa Zufriedenheits- oder Entwicklungsziele von Beschäftigten sein; extern beziehen sie sich z. B. auf gesellschaftlich wichtige Anliegen wie Integration von Migranten. Technische Rationalität zielt auf Zielsetzungen zur Erfüllung quantitativer und qualitativer Aspekte der produzierten Güter oder Dienstleistungen sowie die entsprechenden Prozesse. Beispiele sind etwa Qualitätsziele wie Senkung von Reklamationen oder Quantitätsziele wie bestimmte Ausbringungsmengen. Ökologische Rationalität schließlich adressiert umweltbezogene Zielsetzungen, etwa im Hinblick auf die Reduktion schädlicher Emissionen.

Das relationale Denken in Kosten und Erlösen ist eine nachgeordnete zweite Leitvorstellung. Unternehmen sind im gesellschaftlichen Subsystem Wirtschaft letztlich an der Leitdifferenz Zahlen/Nicht-Zahlen orientiert. Das betriebliche Rechnungswesen hält dafür vier Konzepte bereit. Einzahlungen/Auszahlungen betreffen die liquiden Mittel (Bargeld und jederzeit verbindliche Sichtguthaben). Einnahmen/Ausgaben beziehen sich auf Veränderungen im Geldvermögen, d. h. Zahlungsmittel plus Forderungen und Verbindlichkeiten. Erträge/Aufwendungen haben als Referenz die betriebszweckunabhängigen Veränderungen im Reinvermögen, d. h. das um Sachvermögen ergänzte Geldvermögen. Sie beziehen auch den Wert der in einer Periode erbrachten oder verbrauchten Leistungen mit ein. Erlöse/Kosten schließlich stellen auf betriebszweckbezogene Wertzuwächse oder -minderungen ab.

Bedeutung für NPOs

Sowohl die fundamentale Handlungsmaxime der BWL als auch das Denken in Kosten und Erlösen ist für NPOs zentral. Ersteres sensibilisiert NPOs für unterschiedliche Zielvorstellungen, ihre Relationen zueinander und den Grundtatbestand knapper Mittel, den auch noble Ideale oder soziale Notwendigkeiten nicht außer Kraft setzen können. Damit wird die Bedeutung von Abwägungsentscheidungen hervorgehoben, etwa welche Ziele mit welchen Faktorkombinationen erreicht werden können und sollen, wie sich Zielerreichungen in einem Bereich auf Ziele in anderen Bereichen auswirken oder die Notwendigkeit eines ökonomischen Umgangs mit vorhandenen Ressourcen. Das Denken in Kosten und Erträgen sowie die damit einhergehenden Begriffspaare richten das Augenmerk auf auch für NPOs wichtige Aspekte wie Liquiditäts- und Investitionsrechnung, den Jahresabschluss und die Kosten- und Erlösrechnung. All das stellt der Führung in NPOs ein differenziertes Steuerungsinstrumentarium bereit.

6.3.3.2 Ziele und Koalitionen

Darstellung

Unternehmen sind zielgerichtete sozio-technische Systeme. Vor diesem Hintergrund spielen Ziele von Beginn an eine wesentliche Rolle in der BWL. In den Mittelpunkt gelangen sie mit den Beiträgen von Heinen zum Zielsystem der Unternehmung (Heinen 1966). Sie zeigen, dass Organisationsziele zwischen organisationalen Kern- und Satellitengruppen ausgehandelt werden.

Ähnlich wie bei Kirsch (z. B. 1971) wird dabei auf die Anreiz-Beitrags-Theorie und die Koalitionstheorie Bezug genommen. Erstere geht davon aus, dass Menschen die organisationale Leistungserstellung dann unterstützen, wenn auf Basis einer subjektiven Bewertung die Anreize für die Mitgliedschaft – z. B. Geld, soziales Klima – größer sind als die geforderten Beiträge wie etwa Arbeitszeit oder eingebrachtes Wissen (vgl. ausführlicher March/Simon 1976). Die *Koalitionstheorie* (Cyert/March 1963) untersucht wesentlich das Zustandekommen von Organisationszielen aus den Erwartungen einzelner Organisationsmitglieder. Zielbildung wird so zu einem Verhandlungsprozess unterschiedlicher Gruppen in der Organisation und Teil der politischen Entscheidungen in Unternehmen. Auf dieser Basis hat die BWL ein reichhaltiges Angebot an präskriptiven und deskriptiven Arbeiten zur Zielforschung vorgelegt (ausführlich dazu Meyer 1994).

Bedeutung für NPOs

NPOs unterscheiden sich hinsichtlich der Wichtigkeit von Zielen, Koalitionen und politischen Entscheidungen allenfalls inhaltlich, aber nicht substanziell vom Gegenstandsbereich betriebswirtschaftlicher Überlegungen. Damit stehen Aspekte wie Zielbildungsprozesse, das Verhältnis von Individuum und Organisation, Interessen der Organisationsmitglieder, Aushandlungs-, Tausch- und Machtprozesse oder multidimensionale Anreize und Beiträge, welche NPOs für ihre Mitglieder bereithalten (müssen), im Zentrum.

6.3.3.3 Organisationskultur

Darstellung

Mit der zunehmenden Komplexität organisationaler Strukturen und Prozesse und der damit einhergehenden Beschränktheit existierender Steuerungs- und Kontrollsysteme erhöhte sich Anfang der 1980er Jahre der Druck zur Suche nach neuen Ansätzen innerhalb der BWL (Weber/Mayrhofer 1988). Organisationskultur – ein von den Organisationsmitgliedern geteiltes relativ dauerhaftes und symbolisches System von Werten, Normen – erlaubt, Verhalten zu erklären und zu koordinieren, Komplexitätsreduktion, und Sinnzuschreibung. Sie unterstützt so organisationale Steuerung und Kontrolle (Kasper 1987). Organisationskultur manifestiert sich auf der Artefaktebene z. B. in Architektur, Ritualen und Zeremonien, auf der Ebene der Normen und Werte etwa durch formelle und informelle Regelungen über (Nicht-)Sollen und basiert auf Grundannahmen über wesentliche Aspekte menschlichen Zusammenseins wie etwa Menschenbild, Auffassung von Zeit oder von Wahrheit (Schein 1985).

Bedeutung für NPOs

Für NPOs rückt das Organisationskulturkonzept die weiche, aber für Kooperation und Steuerung unerlässliche Seite organisationaler Realität in den Vordergrund. Es offeriert Elemente für Beschreibung, Erklärung und Gestaltung von NPOs, die von der dominierenden harten Sichtweise der BWL abweichen.

6.4 Statt einer Schlussbemerkung: Betriebswirtschaftslehre und NPOs im Wechselspiel

In den letzten beiden Jahrzehnten sind durch Veröffentlichungen, Lehrgänge und veränderte Rekrutierungspraktiken Elemente aus der BWL tief in das Denken über und Handeln von NPOs eingedrungen. Vieles, was früher als fremd und unpassend angesehen wurde, gehört heute relativ selbstverständlich zum Alltag von NPOs (vgl. z. B. Dart 2004; Beitrag II.1)). Überlegungen zur Personalauswahl gehören genauso dazu wie Aspekte des Marketings oder des Rechnungswesens. In diesem Sinne ist von einer Assimilation betriebswirtschaftlicher Aspekte zu sprechen. Allerdings bleibt eine gewisse Fremdheit durch den betriebswirtschaftlichen Stallgeruch vieler Konzepte und Instrumente. Das führt u. a. zu einer intensiven Diskussion über die erwünschten, vor allem aber über die unerwünschten Wirkungen von Managerialismus (Leitner et al. 2008; Maier/Meyer 2011). Nichtsdestotrotz gibt es weiterhin ein Bemühen, durch Übertragung von Wissen und Praxis aus gewinnorientierten Organisationen in NPOs zu einer Verbesserung der Abläufe und Strukturen beizutragen.

Allerdings gibt es auch Ansatzpunkte für eine Umkehrung, d. h. für ein Lernen der BWL von NPOs. Manche sog. neuere Entwicklungen in der BWL sind für NPOs altbekannt. Beispiele umfassen die geringe Betonung der formalen und die Aufwertung informeller Strukturen, die starke Verflüssigung organisationsinterner Prozesse und Strukturen, der Abschied von Normalarbeitsverträgen und die parallele Existenz unterschiedlicher Mitgliedschaftsverhältnisse oder die Prominenz vernetzter Strukturen. Damit wäre es auch für gewinnorientierte Organisationen – und damit auch für die Betriebswirtschafts- und Managementlehre – sinnvoll, die Lösungen der NPO-Forschung und -Praxis hinsichtlich ihres Werts für die BWL zu prüfen.

Literatur

Bloch, Jürgen/Lücke, Wolfgang (2006): Produktionswirtschaft. In: Bea, Franz Xaver/Friedl, Birgit/Schweitzer, Marcell (Hrsg.): Allgemeine Betriebswirtschaftslehre. Bd. 3: Leistungsprozess, Stuttgart, 183–252.

Bonnafous-Boucher, Maria/Pesqueux, Yvon, (Hrsg.) (2005): Stakeholder theory: a European perspective. Basingstoke, Hants.

Bruhn, Manfred (2012): Marketing für Nonprofit-Organisationen. Grundlagen – Konzepte – Instrumente 2, Stuttgart.

Busse von Colbe, Walther/Coenenberg, Adolf G./Kajüter, Peter/Linnhoff, Ulrich, (Hrsg.) (2002): Betriebswirtschaft für Führungskräfte: eine Einführung in wirtschaftliches Denken und Handeln für Ingenieure, Naturwissenschaftler, Juristen und Geisteswissenschaftler. Stuttgart.

Caldwell, Steven D./Farmer, Steven M./Fedor, Donald B. (2008): The influence of age on volunteer contributions in a nonprofit organization. In: Journal of Organizational Behavior, 29, 311–333.

Coase, R. (1937): The Nature of the Firm. In: Economica, 16, 386–405.

Cyert, Richard M./March, James G. (1963): A Behavioral Theory of the Firm. Englewood Cliffs, N.J.: Prentice Hall.

Daft, Richard L. (2000): Management. 5, Fort Worth et al.

Dahlstrom, Robert (2011): Green marketing management. Mason, Ohio et al.: South-Western Cengage Learning.

Dart, Raymond (2004): Being Business-Like in a Nonprofit Organization: A Grounded and Inductive Typology. In: Nonprofit and Voluntary Sector Quarterly, 33, 290–310.

Dessler, Gary (2004): Management: principles and practices for tomorrow's leaders. Upper Saddle River, N.J.

Freeman, R. Edward/Harrison, Jeffrey S./Wicks, Andrew C./Parmar, Bidhan L./de Colle, Simone, (Hrsg.) (2010): Stakeholder theory: the state of the art. Cambridge et al.

Freeman, Robert E. (1984): Strategic management: A stakeholder approach. Boston: Pitman/Ballinger.

Gutenberg, Erich (1951): Grundlagen der Betriebswirtschaftslehre. Bd. I: Die Produktion. Berlin et al.: Springer.

Heinen, Edmund (1966): Das Zielsystem der Unternehmung. Grundlagen betriebswirtschaftlicher Entscheidungen. Wiesbaden.

Heinen, Edmund (1978): Industriebetriebslehre als Entscheidungslehre. In: Heinen, Edmund (Hrsg.): Industriebetriebslehre. Entscheidungen im Industriebetrieb. 6 Aufl., Wiesbaden, 25–82.

Helm, Roland (2006): Marketing. In: Bea, Franz Xaver/Friedl, B./Schweitzer, M. (Hrsg.): Allgemeine Betriebswirtschaftslehre. Band 3: Leistungsprozess, Stuttgart, 253–336.

Hopfenbeck, Waldemar (2002): Allgemeine Betriebswirtschafts- und Managementlehre: das Unternehmen im Spannungsfeld zwischen ökonomischen, sozialen und ökologischen Interessen. 14, München.

Hybels, Ralph C. (1995): On legitimacy, legitimation, and organizsations: a critical review and integrative theoretical model. In: Academy of Management Best Papers Proceedings, 241–245.

Jackson, Susan E./Renwick, Douglas W.S./Jabbour, Charbel J.C./Muller-Camen, Michael (2011): State-of-the-Art and Future Directions for Green Human Resource Management. In: Zeitschrift für Personalforschung, 25, 99–116.

Jung, Hans (2004): Allgemeine Betriebswirtschaftslehre. München, Wien.

Kasper, Helmut (1987): Organisationskultur. Über den Stand der Forschung. Wien.

Kasper, Helmut/Mayrhofer, Wolfgang/Meyer, Michael (1999): Management aus systemtheoretischer Perspektive – eine Standortbestimmung. In: Eckardstein, Dudo von/Kasper, Helmut/Mayrhofer, Wolfgang (Hrsg.): Management, Stuttgart, 161–210.

Kieser, Alfred/Walgenbach, Peter (2007): Organisation. 5, Stuttgart.

Kirsch, Werner (1971): Entscheidungsprozesse. 3. Band: Entscheidung in Organisationen. Wiesbaden.

Lechner, Karl/Egger, Anton/Schauer, Reinbert (2008): Einführung in die allgemeine Betriebswirtschaftslehre. Wien.

Leitner, Johannes/Maier, Florentine/Meyer, Michael/Millner, Reinhard (2008): Managerialismus in Nonprofit-Organisationen: Zur Untersuchung von Wirkungen und unerwünschten Nebenwirkungen. In: Schauer, Reinbert/Helmig, Bernd/Purtschert, Robert/Witt, Dieter (Hrsg.): Steuerung und Kontrolle in Nonprofit-Organisationen, Linz, 89–112.

Loitlsberger, Erich (2003): Grundriss der Betriebswirtschaftslehre. Wien: Manz.

Lounsbury, Michael (2007): A Tale of Two Cities: Competing Logics and Practice Variation in the Professionalizing of Mutual Funds. In: Academy of Management Journal, 50, 289–307.

Luhmann, Niklas (1984): Soziale Systeme. Grundriß einer allgemeinen Theorie. Frankfurt.

Maier, Florentine/Meyer, Michael (2011): Managerialism and Beyond: Discourses of Civil Society Organization and Their Governance Implications. In: Voluntas. International Journal of Voluntary and Nonprofit Organizations, 22, 731–756.

March, James G./Simon, Herbert A. (1976): Organisation und Individuum. Wiesbaden.

Marquis, Chris/Lounsbury, Michael (2007): Vive la Résistance: Competing Logics in the Consolidation of Community Banking. In: Academy of Management Journal, 50, 799–820.

Martin, Albert (2001): Personal – Theorie, Politik, Gestaltung. Stuttgart et al.

McDonagh, Pierre/Prothero, Andrea, (Hrsg.) (1997): Green management: a reader. London et al.

McHatton, Patricia Alvarez/Bradshaw, Wendy/Gallagher, Peggy A./Reeves, Rebecca (2011): Results from a strategic planning process: Benefits for a nonprofit organization. In: Nonprofit Management & Leadership, 22, 233–249.

Meyer, Beatrice/Bergmann, Andreas/Passardi, Marco/Zöbeli, Daniel (2011): Rechnungslegung sozialer Nonprofit-Organisationen: Grundlagen, Untersuchungsergebnisse, Empfehlungen. Zürich et al.

Meyer, John W./Rowan, Brian (1977): Institutionalized organizations: Formal structure as myth and ceremony. In: American Journal of Sociology, 83, 340–363.

Meyer, Michael (1994): Ziele in Organisationen. Funktionen und Äquivalente von Zielentscheidungen. Wiesbaden.

Meyer, Michael (2009): Strukturen und klassische Organisationsformen. In: Kasper, Helmut/Mayrhofer, Wolfgang (Hrsg.): Personalmanagement, Führung, Organisation, Wien, 218–266.

Meyer, Renate E. (2004): Globale Managementkonzepte und lokaler Kontext. Organisationale Wertorientierung im österreichischen öffentlichen Diskurs. Wien.

Mugler, Josef/Frank, Hermann/Rößl, Dietmar (1990): Wissenschaftstheorie, Geschichte und Grundkonzepte der BWL. In: Scheuch, Fritz (Hrsg.): Allgemeine Betriebswirtschaftslehre. Texte für das Grundstudium, Wien, 23–46.

Raffee, Hans (1974): Grundprobleme der Betriebswirtschaftslehre. 9. Nachdruck der 1. Aufl. von 1974, Göttingen.

Schanz, G. (1978): Verhalten in Wirtschaftsorganisationen. München.

Schanz, Günter (1993): Betriebswirtschaftslehre. In: Dichtl, Erwin/Issing, Otmar (Hrsg.): Vahlens Großes Wirtschaftslexikon, München, 282.

Schanz, Günther (1977): Grundlagen der verhaltenstheoretischen Betriebswirtschaftslehre. Tübingen.

Schanz, Günther (2009): Wissenschaftsprogramm der Betriebswirtschaftslehre. In: Bea, Franz Xaver/Schweitzer, Marcell (Hrsg.): Allgemeine Betriebswirtschaftslehre. Bd. 1: Grundfragen, Stuttgart 81–162.

Schauer, Reinbert (2008): Rechnungswesen für Nonprofit-Organisationen. Ergebnisorientiertes Informations- und Steuerungsinstrument für das Management in Verbänden und anderen Nonprofit-Organisationen. 3, Bern et al.

Schein, Edgar H. (1985): Organizational Culture and Leadership. A Dynamic View. San Francisco et al. Schmalen, Helmut (2002): Grundlagen und Probleme der Betriebswirtschaft. Stuttgart.

Schreyögg, Georg (1996): Organisation: Grundlagen moderner Organisationsgestaltung. Wiesbaden.

Schweitzer, Marcus (2009): Gegenstand und Methoder der Betriebswirtschaftslehre. In: Bea, Franz Xaver/Schweitzer, Marcell (Hrsg.): Allgemeine Betriebswirtschaftslehre. Bd. 1: Grundlagen, Stuttgart, 23–80.

Silver, Seth/Randolph, W. Alan/Seibert, Scott (2006): Implementing and Sustaining Empowerment: Lessons Learned from Comparison of a For-Profit and a Nonprofit Organization. In: Journal of Management Inquiry, 15, 47–58.

Suchman, Mark C. (1995): Managing Legitimacy: Strategic and Institutional Approaches. In: Academy of Management Review, 20, 571–610.

Thommen, Jean-Paul/Achleitner, Ann-Kirstin (2003): Allgemeine Betriebswirtschaftslehre: umfassende Einführung aus managementtheoretischer Sicht. Wiesbaden.

Titscher, Stefan/Meyer, Michael/Mayrhofer, Wolfgang (2008): Organisationsanalyse. Konzepte und Methoden. Wien, Facultas.

Ulrich, Hans (1968): Die Unternehmung als produktives soziales System. Grundlagen der allgemeinen Unternehmungslehre. Bern et al.

Ulrich, Hans/Krieg, Walter (1974): St. Galler Management-Modell. Bern et al.

Valentinov, Vladislav (2011): The Meaning of Nonprofit Organization: Insights from Classical Institutionalism. In: Journal of Economic Issues, 45, 901–916.

Walgenbach, Peter/Meyer, Renate (2007): Neoinstitutionalistische Organisationstheorie. Stuttgart.

Weber, Wolfgang/Mayrhofer, Wolfgang (1988): Organisationskultur – zum Umgang mit einem vieldiskutierten Konzept in Wissenschaft und Praxis. In: Die Betriebswirtschaft, 48, 555–566.

Williamson, O. E. (1975): Markets and Hierarchies: Analysis and Antitrust Implications. New York.

Wöhe, Günter/Döring, Ulrich (2008): Einführung in die Allgemeine Betriebswirtschaftslehre. München.

Zauner, Alfred/Heimerl, Peter/Mayrhofer, Wolfgang/Meyer, Michael/Nachbagauer, Andreas/Praschak, Susanne/Schmidtmayr, Hartmut (2006): Von der Subvention zum Leistungsvertrag Neue Koordinations- und Steuerungsformen und ihre Konsequenzen für Nonprofit-Organisationen – eine systemtheoretische Analyse. Bern.

7 Zwischen Marktversagen und Staatsversagen? Nonprofit-Organisationen aus ökonomischer Sicht

Astrid Pennerstorfer, Christoph Badelt

In diesem Kapitel wird die Rolle von Nonprofit-Organisationen (NPOs) aus Sicht der ökonomischen Theorie dargestellt. Zentral ist dabei die Frage, warum NPOs existieren, und die Frage nach Besonderheiten im Verhalten von NPOs. Einleitend werden die wichtigsten Fragestellungen, die im Zusammenhang mit dem Nonprofit-Sektor erhoben werden, vorgestellt. Danach folgen in Kapitel 7.2 ökonomische Theorien zum Entstehen des Nonprofit-Sektors und in Kapitel 7.3 Überlegungen zum Verhalten von NPOs. Vorweg muss erwähnt werden, dass sich die Aussagen stark auf NPOs beziehen, bei denen die Dienstleistungsfunktion (vgl. Beitrag I.8) zentral ist.

7.1 Ökonomische Fragestellungen

Die Ökonomie (Volkswirtschaftslehre) versteht sich als Disziplin, die Wahlentscheidungen bei Knappheit beschreibt und erklärt. In der volkswirtschaftlichen Theorie der NPOs wird eine spezifische Wahlentscheidung thematisiert: Warum erfolgt die Produktion bestimmter Güter und Dienstleistungen (z. B. die Pflegeleistung in einem Altenheim) in einer ganz bestimmten institutionellen Form? Schon aus der alltäglichen Lebenserfahrung ist zu erkennen, dass Pflegeleistungen in einem gewinnorientierten Privatpflegeheim (gewinnorientiertes Unternehmen), in einem kirchlichen Altenheim (einer NPO), durch eine Einrichtung einer Gemeinde (öffentliche Einrichtung) oder auch daheim durch pflegende Angehörige (informeller Sektor) erbracht werden können. Eine NPO im Sinne dieses Buchs repräsentiert eine spezifische institutionelle Lösung dieses Wahlproblems, das in der Fachliteratur als »Institutionenwahl« (Institutional Choice) bezeichnet wird (z. B. Badelt, 1990, Badelt/Österle, 2001, S. 84ff.).

Das grundsätzliche Interesse an der Klärung dieser Wahlentscheidung kommt in einer Reihe von konkreten Fragestellungen zum Ausdruck: Welche institutionellen Formen stehen für eine bestimmte Leistung überhaupt zur Verfügung? Wie unterscheiden sich diese von ihren Alternativen? (Im Beispiel: Was ist das Besondere eines kirchlichen Pflegeheims im Vergleich zum kommerziellen Pflegeheim?) Wer kann entscheiden, ob die Pflegeleistung in der einen oder anderen Form erbracht wird, und welche Gesichtspunkte sind dabei ausschlaggebend? Schließlich können auch institutionelle »Mischformen« angedacht werden. So könnte ein Heim zwar in Form einer NPO organisiert sein, die faktische Einflussmacht könnte hingegen völlig beim öffentlichen Sektor (z. B. bei der Gemeinde) liegen.

Die skizzierten Fragestellungen können als mikroökonomische Fragestellungen verstanden werden. In der Makrosichtweise untersucht die sozioökonomische Forschung die Rolle des Nonprofit-Sektors in einer Volkswirtschaft insgesamt. Aus wissenschaftlicher (wie auch aus wirtschaftspolitischer) Perspektive ist es interessant zu wissen, welchen Stellenwert der Nonprofit-Sektor im Gesamtgefüge der Leistungserbringung einer Volkswirtschaft hat. Darüber hinaus stellt sich die Frage nach der Funktion des Nonprofit-Sektors im Verhältnis zu staatlichen Institutionen.

7.2 Das Entstehen des Nonprofit-Sektors

Warum existieren NPOs überhaupt? Einer der gängigsten Ansätze zur Erklärung des Entstehens eines Nonprofit-Sektors ist die Theorie des Markt- und Staatsversagens (vgl. Kapitel 7.2.1 und z. B. Steinberg, 2006; Anheier, 2005). In Erklärungsansätzen dieser Art wird die Existenz von NPOs aus den Mängeln anderer Institutionen heraus erklärt. NPOs wird eine Rolle zugeschrieben, die man als »Nischenfüller« bezeichnen könnte: Sie werden überall dort aktiv, wo andere Institutionen eine Leistung nicht oder nicht zur Zufriedenheit der KonsumentInnen erbringen. Diese Theorie wurde später um die Theorie des Nonprofitversagens erweitert. Damit rücken Theorien, die auf die Koexistenz verschiedener Anbieterformen fokussieren in den Mittelpunkt (vgl. Kapitel 7.2.2 und 7.2.5). Schließlich werden die Transaktionskostentheorie (vgl. Kapitel 7.2.3) und angebotsseitige Theorien (vgl. Kapitel 7.2.4) vorgestellt.

7.2.1 Entstehen von NPOs aufgrund von Unzulänglichkeiten der Angebote des Marktes und des Staats

Den Ausgangspunkt dieser Theorie bildet der Markt, an dem sich – so die traditionelle Ökonomie – Angebot und Nachfrage treffen und gewinnmaximierende Firmen unter vollkommener Konkurrenz die bestehende Nachfrage decken. Es gibt jedoch bestimmte Eigenschaften von Gütern und Dienstleistungen, die zu Marktversagen führen, beispielsweise Eigenschaften öffentlicher Güter, aber auch Externalitäten und Informationsasymmetrien (vgl. z. B. Klump, 2006; Pindyck/Rubinfeld, 2009). Diese Formen von Marktversagen werden in Folge kurz dargestellt:

Öffentliche Güter sind gekennzeichnet durch Nicht-Rivalität im Konsum (d. h. der Konsum des Gutes durch eine Person behindert den Konsum desselben Gutes durch eine andere Person nicht – Beispiel: das Licht einer Straßenlaterne) und Nicht-Ausschließbarkeit (d. h. auch Personen, die nicht bereit sind, für den Konsum eines Gutes zu zahlen, können nicht vom Konsum ausgeschlossen werden) (vgl. Pindyck/Rubinfeld, 2009, S. 794). Da das Gut auch ohne Bezahlung genutzt werden kann, sind gewinnorientierte Unternehmen nicht bereit, ein öffentliches Gut anzubieten. Üblicherweise werden öffentliche Güter daher durch den Staat bereitgestellt.

Der Staat ist allerdings aufgrund unterschiedlicher Konsumentenpräferenzen und der Ausrichtung im Angebot nach dem/der »MedianwählerIn«[1] nicht immer in der Lage, sämtliche öffentliche Güter den Konsumentenpräferenzen entsprechend bereitzu-

---

1 Beim Medianwähler handelt es sich in einem Zwei-Parteien-System »um denjenigen Wähler, dessen Stimme darüber entscheidet, dass eine Partei mehr als 50 Prozent der Stimmen – und damit die Mehrheit – auf sich vereinigt.« (Klump, 2006, S. 281)

stellen. Anders ausgedrückt wird ein demokratisch legitimierter Staat jene Kollektivgüter öffentlich bereitstellen, die mehrheitlich von den WählerInnen gefragt sind. Dort, wo die öffentliche Hand »Unterversorgung« hinterlässt, entstehen NPOs, die damit eine aus dem »Staatsversagen« resultierende Lücke schließen (Weisbrod, 1977). Die ursprüngliche Theorie Weisbrods (1977) war auf quantitative Unterversorgung gerichtet. Sie argumentiert, dass sich z. B. private Wohlfahrtsorganisationen jener KlientInnengruppen annehmen würden, für die der Staat – aus welchen Gründen auch immer – mengenmäßig nicht ausreichend sorgt.

Eine Modifikation dieser Theorien fokussiert auf »qualitative Unterversorgung«. In dieser Sichtweise reagieren NPOs vor allem auf die Verschiedenartigkeit des Bedarfs nach Kollektivgütern. So entstehen beispielsweise private Schulen als Alternativen zu einem einheitlichen pädagogischen Konzept von öffentlichen Schulen, wenn das Schulwesen im Wesentlichen durch den Staat organisiert wird (z. B. James, 1987). Diese These der qualitativen Unterversorgung bzw. Heterogenitätsthese eignet sich gut, die unterschiedliche Relevanz des Nonprofit-Sektors im internationalen Vergleich zu erklären. Der Nonprofit-Sektor ist demzufolge in sehr heterogenen Gesellschaften groß, da hier oft sehr unterschiedliche Vorstellungen vorherrschen, wie oder mit welchen Qualitätseigenschaften bestimmte Kollektivgüter zur Verfügung gestellt werden sollen (vgl. James, 1989; Kingma, 2003). Beispielhaft kann angeführt werden, dass der Konsens über die Frage, was eine gute Schulbildung ist, in einem kulturell vergleichsweise homogenen Land wie Österreich vermutlich größer ist als z. B. in den USA.

Kritisch ist anzumerken, dass Güter und Dienstleistungen, die NPOs produzieren, selten reine öffentliche Güter sind. Weisbrods Theorie kann jedoch auch auf Güter übertragen werden, die den Charakter eines öffentlichen Gutes haben, so z. B. Güter mit positiven Externalitäten.

Externalitäten bzw. *externe Effekte* können entweder positiv oder negativ sein und »liegen vor, wenn die ökonomische Situation eines Individuums durch das Handeln eines anderen Individuums in positiver oder negativer Weise beeinflusst wird, für diese Beeinflussung aber keine Gegenleistung gewährt wird« (Badelt/Österle, 2001, S. 72). Als Beispiel für eine negative Externalität kann Umweltverschmutzung genannt werden, die im Produktionsprozess entsteht, für die der Produzent bzw. die Produzentin jedoch nicht aufkommen muss. Impfungen haben beispielsweise insofern positive externe Effekte, als sich der Impfschutz einer Person auch positiv auf Dritte auswirkt. Treten externe Effekte auf, so kommt es typischerweise zu Über- (im Fall von negativen Externalitäten) bzw. zu Unterproduktion (im Fall von positiven Externalitäten) im Vergleich zum sozialen Optimum, was wiederum als eine Form von Marktversagen verstanden werden kann. NPOs produzieren vor allem Güter bzw. Dienstleistungen, die positive Externalitäten aufweisen. So kann beispielsweise die Tatsache, dass es in einer Gesellschaft wenige Verschuldete/Drogenabhängige/etc. gibt, als positive Externalität verstanden werden.

Das dritte Problem, das zum Einspringen von NPOs aufgrund von Marktversagen führen kann, ist die *Informationsasymmetrie*. Sie beschreibt ungleiches Wissen über Eigenschaften des Produktes bzw. der Dienstleistung zwischen ProduzentIn und KonsumentIn. So wissen ProduzentInnen meist besser über die Qualität eines Produktes Bescheid als KonsumentInnen. Manche Qualitätsmerkmale von Gütern bzw. Dienstleistungen sind nur schwer oder gar nicht beobachtbar. Die Volkswirtschaftslehre spricht in diesem Fall von Erfahrungs- oder Vertrauensgütern. Während bei Erfahrungsgütern die Qualität erst bei Konsum des Gutes für den Konsumenten bzw. die Konsumentin erfahrbar wird (z. B.

bei einem Friseurbesuch), ist es bei Vertrauensgütern (z. B. Arztbesuch) gar unmöglich, die wahre Qualität zu kennen.

An dieser Stelle kann auch das »Prinzipal-Agent-Problem« (agency problem) angeführt werden. Güter und Dienstleistungen von NPOs werden oft für KonsumentInnen (KlientInnen) erstellt, die nicht in der Lage sind, informierte Entscheidungen zu treffen, z. B. weil sie krank sind, Kinder sind oder sich in einer prekären Notlage befinden. Hier treten andere (z. B. Verwandte oder aber der Staat) als »Agenten« auf, die die Konsumentscheidung für die eigentlichen NutzerInnen der Dienstleistung treffen. Auch in diesem Fall treten Informationsprobleme auf. Informationsasymmetrien können zu *Kontraktversagen* führen (vgl. Arrow, 1963; Hansmann, 1980), da es der Konsument bzw. die Konsumentin vorziehen könnte, aus Angst, dass die Unwissenheit bezüglich der Qualität ausgenützt wird, das Gut oder die Dienstleistung nicht zu konsumieren.

NPOs können das Problem des Kontraktversagens lösen. Während gewinnorientierten Firmen unterstellt werden kann, einen gewinngetriebenen Anreiz zu haben, an nicht oder schwer beobachtbaren Qualitätsmerkmalen zu sparen, haben NPOs einen Vertrauensvorsprung (Vertrauensthese). Aufgrund des Gewinnausschüttungsverbotes (»non-distribution constraint«) gehen KonsumentInnen davon aus, dass NPOs den Informationsvorsprung gegenüber dem Konsumenten bzw. der Konsumentin nicht ausnützen. Auch mit altruistischen Zielsetzungen seitens der NPO kann der angenommene Vertrauensvorsprung erklärt werden.

Die Grundidee der Vertrauenshypothese gilt nicht nur für die KonsumentInnen (z. B. vertraut ein religiöser Mensch einem kirchlichen Altenheim eher als einem kommerziellen); sie wird auch auf SpenderInnen angewandt, gleichgültig, ob es sich um SpenderInnen von Geld oder ehrenamtlicher Arbeit handelt (vgl. Rose-Ackerman, 1996). Beide wären eher bereit, ihre Spende einer NPO (z. B. dem Roten Kreuz) anzuvertrauen als einem gewinnorientierten Unternehmen oder dem Staat. Allerdings gilt die These der höheren Vertrauenswürdigkeit von NPOs nur unter bestimmten Bedingungen: Zum Beispiel muss es Anreize für die NPO-ManagerInnen geben, sich im Sinn dieses KonsumentInnenvertrauens zu verhalten; auch ist zu bedenken, dass NPO-ManagerInnen auch bei Einhaltung des Gewinnausschüttungsverbots andere Wege finden könnten, das Vertrauen der KonsumentInnen bzw. SpenderInnen zu missbrauchen (vgl. Ortmann/Schlesinger, 2003).

Eine weitere Überlegung, wie das Problem der Informationsasymmetrie von NPOs gelöst werden kann, formuliert die These der Konsumentensouveränität. Die Entstehung von NPOs wird hier vor allem durch die Möglichkeit von KonsumentInnen erklärt, Kontrolle über den Produktionsprozess auszuüben. Ansätze dieser Art finden sich etwa in der Genossenschafts-, aber auch in der Klubtheorie (vgl. Hansmann, 1980; Ben-Ner/Gui, 1993, Ben-Ner, 1986). Ein hier passendes Beispiel sind elternverwaltete Kindergärten. Das asymmetrische Informationsproblem bezüglich der in Kindergärten angebotenen Qualität, lösen Eltern in diesem Fall so, dass sie selbst einen Kindergarten gründen und somit einen viel größeren Einblick in die »Leistungsproduktion« bekommen.

Die Ausübung von Kontrolle durch die KonsumentInnen ist jedoch nur ein Spezialfall einer breiteren Perspektive: Generell geht es darum, dass »Stakeholder« der verschiedensten Art (Personen oder Gruppen, die an der Tätigkeit einer NPO Interesse haben) in einer NPO besonders gut Kontrolle ausüben können. Dabei kann es um »Inside Stakeholder« (z. B. ManagerInnen, Angestellte) oder um »Outside Stakeholder« (z. B. KonsumentInnen, LieferantInnen, öffentliche Entscheidungsträger, Verwaltung) gehen (vgl. Abzug/Webb, 1999). Besonderes Augenmerk liegt dabei auf möglichen Konflikten zwischen verschiedenen Stakeholdern. NPOs wird die Rolle zugeschrieben, diese besonders gut lösen bzw. bearbeiten zu können.

7.2.2 Nonprofitversagen

Nicht in allen Fällen, in denen Markt und Staat versagen, kann der NPO-Sektor dies kompensieren. So wurde die Theorie zur »Three-Failures Theory«. Dabei wird die Theorie des Markt- und Staatsversagen um das Nonprofitversagen erweitert (vgl. Salamon, 1987, Steinberg, 2006, S. 125ff.). Zum Nonprofitversagen zählen »philantropic insufficiency«, »philantropic particularism«, »philantropic paternalism« und »philantropic amateurism« (Steinberg, 2006, S. 125). Philantropic insufficiency bzw. philantropische Unzulänglichkeit spricht die Frage an, ob NPOs das Problem des Marktversagens bei öffentlichen Gütern lösen oder – anders gesagt – für eine ausreichende Versorgung von Gütern und Dienstleistungen mit öffentlichem Gutscharakter sorgen können. So unterliegen auch sie einem Trittbrettfahrerproblem (d.h. auch ohne Bezahlung kann das Gut genutzt werden) und es stellt sich die Frage, ob genügend SpenderInnen bereit sind, Leistungen einer NPO zu finanzieren, von deren Konsum sie auch ohne Spendentätigkeit nicht ausgeschlossen werden können.[2] Philantropic particularism bzw. philantropischer Partikularismus zeigt auf, dass NPOs sich häufig auf bestimmte Zielgruppen religiöser, ideologischer, ethnischer oder geographischer Natur konzentrieren und andere hingegen nicht bedienen. Paternalismus bezeichnet die Tatsache, dass NPOs Probleme von KlientInnen häufig »von oben herab« lösen wollen, und anders als öffentliche Einrichtungen auch nicht demokratisch legitimiert sind. Außerdem wird NPOs zum Teil eine Amateurhaftigkeit unterstellt, da angenommen wird, dass sie auf weniger professionelles Personal zurückgreifen als etwa gewinnorientierte Firmen.

Als Beispiel für Studien zu Nonprofit-Versagen sei Murphy (2010) genannt. Anhand von drei Fallstudien bemängelt der Autor hauptsächlich die gefühlte normative Überlegenheit von NPOs, die mangelnde demokratische Legitimation und zeigt auf, dass Prozesse z.T. auf einem Top-down-Ansatz beruhen, bei dem betroffene Klientelgruppen keine Mitsprachemöglichkeit haben.

Zusammenfassend kann festgehalten werden, dass Marktversagen in der traditionellen Ökonomie z.T. durch staatliches Eingreifen gelöst wird, und dass das Entstehen von NPOs mitunter als eine Folge von Staatsversagen gesehen wird. Mit den Überlegungen zum Nonprofit-Versagen schließt sich demnach ein Kreis, indem festgestellt wird, dass eine durch Markt- und Staatsversagen entstehende Nische nicht zwingenderweise durch NPOs gefüllt werden kann. Damit richtet sich der Fokus auf eine Koexistenz der verschiedenen Institutionen, wobei Mängel eines institutionellen Typus durch die Existenz der beiden anderen institutionellen Typen[3] zumindest teilweise ausgeglichen werden (»Interdependenz-Theorie«). Das Konzept der »third-party governance« (vgl. Salamon, 1995) be-

2 Diese Argumentation unterstellt allerdings implizit, dass sich NPOs ausschließlich durch Spenden finanzieren.

3 Am Rande sei bemerkt, dass auch »das informelle Leistungssystem von Primärgruppen (z.B. Familien, Nachbarschaften)« (Badelt/Österle, 2001, S. 87) neben gewinnorientierten Firmen, staatlichen Einrichtungen und NPOs ein wesentlicher Leistungsträger von sozialen Aktivitäten ist. Man denke hierbei etwa an die Pflege älterer Personen oder Kinderbetreuung.

schreibt die Beziehung zwischen der öffentlichen Hand und dem Nonprofit-Sektor genauer. Das hier vorgebrachte Hauptargument besteht darin, dass die beiden institutionellen Typen nicht in Konkurrenz zueinander stehen, sondern sich auf vielfältige Art und Weise unterstützen. Zwischen der öffentlichen Hand und NPOs herrscht eine Arbeitsteilung insofern als NPOs häufig die Rolle als Dienstleistungsproduzenten einnehmen, während die öffentliche Hand die Finanzierung der Dienstleistungen übernimmt. Durch diese institutionelle Rollenaufteilung hat der Nonprofit-Sektor bis zu einem Grad Einfluss bzw. Ermessensfreiheit in der Frage, wie staatliche Mittel verwendet werden, was Salamon (1995) als »third-party governance« bezeichnet.

7.2.3 Der Transaktionskostenansatz

Einen ganz anderen Weg der Erklärung der Existenz von NPOs geht die *Institutionenökonomik* (z.B. Krashinsky, 1986; Williamson, 1985), bei der bestimmte institutionelle Formen der Leistungserbringung als Ergebnis einer sorgfältigen Kostenabwägung zwischen alternativen institutionellen Arrangements interpretiert werden. Dieser »Transaktionskostenansatz« stellt etwa die These auf, dass NPOs aufgrund ihrer Kostengünstigkeit nicht bei der Produktion, sondern bei der Informationsgewinnung, bei den Entscheidungs- oder den Kontrollkosten gegenüber anderen Marktteilnehmern im Vorteil sind. Auch hierbei spielen das Problem der asymmetrischen Information und der Vertrauensvorsprung von NPOs eine tragende Rolle. Weil KonsumentInnen davon ausgehen können, dass NPOs aufgrund des fehlenden Gewinnmotivs eventuell vorhandene Informationsasymmetrien nicht ausnützen, sind die Kosten der Informationsgewinnung – beispielsweise bezüglich der Qualität angebotener Dienstleistungen – oder Kontrollkosten geringer. Aufgrund dieses Kostenvorsprungs präferieren KonsumentInnen NPOs.

7.2.4 Entrepreneurship-Theorien

Weitere Theorien zur Existenz von NPOs richten ihr Augenmerk auf die Angebotsseite. Damit ist die Brücke zu den allgemeinen Unternehmertheorien der NPOs (»Entrepreneurship Theories«) geschlagen, die die Bildung einer NPO angebotsseitig als Ergebnis eines bestimmten unternehmerischen Verhaltens erklären (vgl. insbesondere Young, 1981, 1983, 1991, 2003; Skloot, 1988; Badelt, 2003). Diesen Theorien zufolge gibt es bestimmte UnternehmerInnen (»Entrepreneure«) bzw. ManagerInnen, die beispielsweise neue Produkte oder Qualitätsstufen auf den Markt bringen und dies in Form einer NPO tun. Die Unternehmensgründung ist aufgrund des Gewinnausschüttungsverbots nicht durch Gewinnerzielung oder -maximierung motiviert, sondern könnte religiöse oder ideologische Motive haben (vgl. Badelt, 2003). Die Dienstleistungsproduktion der NPO steht dabei möglicherweise nicht im Vordergrund, sondern ein anderes Ziel, wie beispielsweise die Gewinnung neuer Mitglieder oder die Verbreitung von Ideologien und Überzeugungen (vgl. Anheier, 2005, S. 127). Überlegungen zu derartig motivierten Unternehmensgründungen finden sich auch unter dem Schlagwort »Social Entrepreneurship«, ein Thema, das vor allem im letzten Jahrzehnt in der Forschung sehr populär wurde (vgl. z.B. Dees, 2001; Brooks, 2009; Fayolle/Matlay, 2010). Zentral bei diesem Konzept ist die Schaffung eines sozialen Wertes im Rahmen unternehmerischen Handelns (Peredo/McLean, 2006).

Ebenso wird darauf verwiesen, dass bestimmte rechtliche Regelungen des Staates (z. B. Steuervorteile, begünstigte Postgebühren etc.) dazu führen können, dass Unternehmen sich der institutionellen Form einer NPO bedienen (Hansmann, 1980).

7.2.5 Die Social-Origins-Theorie

Die »Social-Origins-Theorie« (vgl. Salamon/Anheier, 1998) erklärt Größe, Zusammensetzung und Funktion des Nonprofit-Sektors historisch, insbesondere aus dem Verhältnis unterschiedlicher Klassen. So ist der Nonprofit-Sektor in verschiedenen Ländern unterschiedlich in die kulturellen, religiösen, politischen und wirtschaftlichen Gegebenheiten eingebettet, sodass auch die Größe des Sektors – historisch und politisch bedingt – insgesamt erheblich variiert (vgl. Anheier/Salamon, 2006, S. 106ff.). Das historische Kräfteverhältnis der unterschiedlichen Klassen (Adel, Kirche, Bürgertum, ArbeiterInnen) erklärt die Herausbildung eines bestimmten Wohlfahrts- und somit auch Nonprofit-Regimes.

Die Autoren teilen Wohlfahrtsstaaten in Nonprofit-Sektor-Regimes entlang zweier Dimensionen – den Sozialausgaben eines Staates und der Größe des Nonprofit-Sektors gemessen anhand der Beschäftigten im Nonprofit-Sektor – und untersuchen dabei die Beziehung zwischen dem öffentlichen und dem Nonprofit-Sektor. Die Social-Origins-Theorie geht von vier Nonprofit-Regimes aus, einem liberalen, einem korporatistischem, einem sozialdemokratischen und einem staatszentriertem (»statist«). Der Nonprofit-Sektor ist in korporatistischen und liberalen Staaten vergleichsweise groß, in den beiden anderen Regimes kleiner, während staatliche Sozialausgaben in sozialdemokratischen und korporatistischen Regimes vergleichsweise hoch sind (vgl. Salamon/Anheier, 1998). Diese ursprüngliche Typologie wurde später vielfach erweitert, beispielsweise durch die Aufnahme weiterer Länder in die Analyse (vgl. Anheier/Salamon, 2006), durch eine verfeinerte Messung der Größe des Nonprofit-Sektors (vgl. Salamon/Sokolowski/Anheier, 2000) oder auch durch eine Erweiterung um weitere Regime-Typen (vgl. z. B. Kabalo, 2009, die einen postkolonialistischen Typus vorschlägt). Sie wurde jedoch auch häufig kritisiert (vgl. Donoghue, 2010). So würde die Typologie auf einer zu geringen Fallzahl basieren, wäre eine zu große Vereinfachung der gesellschaftlichen Realität oder aber würde eine systematische Verzerrung durch die aufgestellte Definition, was als NPO in die Betrachtung eingeht, darstellen. So würden vor allem Organisationsformen, die in Europa historisch gesehen wesentliche Beiträge geleistet hätten, wie z. B. Genossenschaften, zu wenig beachtet werden (vgl. Evers/Laville, 2004). Trotz dieser z. T. berechtigten Kritiken, leistet die Theorie einen wertvollen Beitrag, indem sie den Blick auf die historische Einbettung des Sektors und die unterschiedlichen Rollen lenkt, die der Nonprofit-Sektor in einem Wohlfahrtsstaat einnehmen kann.

Die Daten, auf denen die Social-Origins-Theorie beruhen, stammen aus dem »Johns Hopkins Comparative Nonprofit Sector Project«[4], in dem nach einem einheitlichen Konzept Daten zum Umfang und zur Struktur des Nonprofit-Sektors in verschiedenen Ländern der Welt gesammelt wurden (vgl. z. B. Salamon, 2010; Salamon/Sokolowski/List, 2003). Die Ergebnisse können jedoch auch anhand der These des Staatsversagens bzw.

4 Für genauere Infos siehe http://ccss.jhu.edu/research-projects/comparative-nonprofit-sector (Stand 18.01.2012).

der Heterogenitätsthese (qualitative Unterversorgung, vgl. Kapitel 7.2.1) erklärt werden. Mit zunehmender ethnischer und sprachlicher Heterogenität eines Landes nimmt auch der Nonprofit-Sektor – ausgedrückt in Beschäftigtenzahlen – zu. Ähnliches gilt für das Spendenverhalten (Anheier, 1997, S. 38ff).

7.3 Das Verhalten von NPOs

Die skizzierten theoretischen Ansätze zur Beschreibung der Rolle und zur Erklärung der Entstehung von NPOs enthalten zwar zahlreiche Ansatzpunkte für das tatsächliche Verhalten von NPOs, lassen aber auch viele Freiräume offen. Aus diesem Grund hat die ökonomische Theorie eine Reihe von konkreten Verhaltensmodellen zu NPOs entwickelt, deren Quintessenz in der Folge dargestellt wird.

7.3.1 Was maximieren NPOs?

Präzise Theorien über das Verhalten einzelner Wirtschaftssubjekte können dann formuliert werden, wenn die Zielfunktion und die Restriktionen einer Unternehmung genau spezifiziert sind. Gemäß der in diesem Buch verwendeten Definition (vgl. Beitrag I.1) sind NPOs vor allem über die Restriktionen, und hier vor allem über die Beschränkungen in der Gewinnverwendung, dem Gewinnausschüttungsverbot, definiert. Eine klare Aussage über die Zielfunktion von NPOs wird auf der definitorischen Ebene nicht gegeben.

Große Bereiche der volkswirtschaftlichen Theorie sind durch das sogenannte neoklassische Denken geprägt und formulieren daher auch Verhaltensmodelle von NPOs als Optimierungsmodelle. Im Vordergrund stehen dabei Hypothesen, die NPOs als Maximierer der Produktionsmenge, bestimmter qualitativer Eigenschaften, sozialer Wohlfahrt, Wohlfahrt der eigenen Mitglieder, von Input oder auch von Budgets darstellen (vgl. z. B. Anheier, 2005, S. 181). Modelle dieser Art wurden auch als Umsatzmaximierungsmodelle erstellt (z. B. für Krankenhäuser). Welche dieser Zielfunktion gewählt wird, hängt vom Vorstand der NPO ab, von der Art des produzierten Gutes bzw. der Dienstleistung, der Finanzierung und dem Wettbewerb innerhalb der Branche (vgl. Hughes/Luksetich, 2010).

7.3.2 Thesen zu Verhaltensunterschieden zu öffentlichen und gewinnorientierten Einrichtungen

Ausgehend vom Problem der Institutionenwahl drängt sich die Frage auf, ob oder welche Besonderheiten im Verhalten NPOs im Vergleich zu öffentlichen oder gewinnorientierten Organisationen aufweisen. Dabei lassen sich mehrere Thesen zu Verhaltensunterschieden aufstellen.

These der Produktdifferenzierung

Viele Theorien des Nonprofit-Sektors kommen zum Schluss, dass NPOs andere Produkte produzieren als staatliche oder gewinnorientierte Einrichtungen (vgl. z. B. Rose-Ackerman,

1996, S. 722). Gemäß der Unterversorgungstheorie gilt dies zunächst für die Versorgung mit Gütern, die Eigenschaften öffentlicher Güter aufweisen. Wenn die These von der quantitativen oder qualitativen Unterversorgung richtig ist, dann füllen NPOs »Marktlücken« mit Produkten, die vom öffentlichen Sektor nicht in genügendem Ausmaß oder nicht mit jenen Eigenschaften hergestellt werden, die sich die KonsumentInnen oder WählerInnen wünschen (z. B. hochqualitative Pflege oder ein Kindergarten nach der Montessori-Pädagogik).

These der Technologiedifferenzierung

Eng verbunden mit der These der Produktdifferenzierung ist die These der **Technologiedifferenzierung.** NPOs setzen der These zufolge andere Produktionsfaktoren oder eine andere Mischung von Produktionsfaktoren ein als ihre institutionellen Konkurrenten (z. B. andere ArbeitnehmerInnen). Diese Sichtweise ist vor allem beim Einsatz ehrenamtlicher Arbeit nahe liegend,[5] das Phänomen ist aber nicht darauf zu beschränken, weil NPOs in Hinblick auf besondere ideologische oder religiöse Ziele eventuell auch Arbeitskräfte beschäftigen, die z. B. auf regulären Arbeitsmärkten schwerer eine Anstellung finden (z. B. Einstellung von Menschen mit Behinderungen).

Mit der These der Technologiedifferenzierung stehen auch unterschiedliche Aussagen darüber in Zusammenhang, inwieweit sich NPOs hinsichtlich ihrer technischen oder ökonomischen Effizienz von anderen institutionellen Anbietern – im positiven wie auch im negativen Sinn – unterscheiden, also mehr oder weniger effizient sind als andere Anbieter. Umfangreiche Theorien beschäftigen sich mit dem Problem, ob NPOs mit analogen Kostenfunktionen arbeiten wie private gewinnorientierte Unternehmen. Dabei wird aufgrund der gegebenen oder angenommenen Präferenzen der Nonprofit-ManagerInnen als auch aufgrund fehlender Eigentümerstrukturen eine gewisse Skepsis über die Effizienz von NPOs laut (z. B. Rose-Ackerman, 1986, S. 721ff, Steinberg, 2006, S. 126f.).[6] Ob Ineffizienzen tatsächlich auftreten ist empirisch jedoch umstritten.

These der KlientInnendifferenzierung

Aus verschiedenen Theorien des Nonprofit-Sektors leitet sich die Hypothese ab, dass NPOs für andere Typen von KonsumentInnen (KlientInnen) produzieren als ihre institutionellen Konkurrenten (These der KlientInnendifferenzierung) (vgl. z. B. Rose-Ackerman, 1996, S. 722).[7] Diese Hypothese folgt aus dem Argument der Nischenproduktion, andererseits ist sie auch mit dem unternehmerischen Verhalten von NPOs konsistent, das

5 Ob der Einsatz von ehrenamtlicher Arbeit als Einsatz eines anderen Produktionsfaktors oder als Einsatz des gleichen Produktionsfaktors mit niedrigeren Kosten interpretiert werden sollte, ist umstritten. Hinter Meinungsverschiedenheiten dieser Art steht letztlich die offene Diskussion um den Qualitätsvergleich zwischen bezahlter und unbezahlter Arbeit (vgl. Kapitel III.1 und Kapitel III.2).

6 Dabei ist zu beachten, dass die hier vermutete höhere Ineffizienz von NPOs der im Kapitel 7.2.2 beschriebenen Art von Nonprofit-Versagen in Form größerer Amateurhaftigkeit (»nonprofit amateurism«) gleichkommt.

7 An dieser Stelle sei angemerkt, dass die hier beschriebene KlientInnendifferenzierung, die NPOs eventuell vornehmen, im Kapitel 7.2.2 als Nonprofit-Versagen in Form des philantropischen Partikularismus interpretiert wurde.

letztlich von politischen oder religiösen Zielfunktionen ausgeht. NPOs fühlen sich zum einen für bestimmte Konsumentengruppen besonders verantwortlich (z. B. marginalisierte Bevölkerungsgruppen), zum anderen agieren sie kaum als Produzenten für Bevölkerungsgruppen, auf die sich ihre politischen oder religiösen Ziele nicht beziehen. So bietet beispielsweise eine Autofahrerorganisation keine spezifischen Produkte für BahnfahrerInnen an.

These der Preisdifferenzierung und These der Finanzierungsdifferenzierung

Schließlich ergibt sich aus zahlreichen Theorien des Nonprofit-Sektors auch eine These der Preisdifferenzierung. Ob jedoch NPOs generell höhere oder niedrigere Preise als öffentliche oder gewinnorientierte Einrichtungen verlangen, lässt sich nicht pauschal beantworten. Einerseits liegt die Vermutung nahe, dass sie niedrigere Preise verlangen als gewinnorientierte Anbieter. Dieser Schluss ergibt sich einerseits aus dem fehlenden Gewinnmotiv, andererseits auch aus der Tatsache, dass sich NPOs in einem größeren Ausmaß als ihre institutionellen Konkurrenten auf ehrenamtliche Arbeit oder Geldspenden stützen können. Indirekt wird damit auch zum Ausdruck gebracht, dass sich NPOs auf andere Art und Weise als ihre institutionellen Konkurrenten finanzieren (These der Finanzierungsdifferenzierung) (vgl. Beitrag II.8).

Andererseits ist es in bestimmten Fällen auch denkbar, dass NPOs höhere Preise verlangen, nämlich dann wenn sie z. B. bewusst die Marktnische »hochqualitative Produkte« füllen wollen (z. B. höhere Preise in einem Privatkindergarten mit speziellen pädagogischen Konzepten). Bei diesem Beispiel wird deutlich, dass sich NPOs in mehreren Aspekten von öffentlichen und gewinnorientierten Institutionen unterscheiden können.

7.3.3 Empirische Ergebnisse zum Verhalten von NPOs

Die sozial- und wirtschaftswissenschaftliche Forschung zu NPOs gibt auf die in Kapitel I.7.1 dargestellten Fragestellungen nicht nur theoretische, sondern auch empirische Antworten. In der Folge werden wichtige Beispiele zu empirisch gewonnenen Erkenntnissen der sozioökonomischen Forschung zusammengefasst. Da die wissenschaftliche Analyse des Nonprofit-Sektors in den USA weiter fortgeschritten ist als in Europa, ist insgesamt mehr amerikanische als europäische oder gar deutschsprachige Evidenz verfügbar. Die unterschiedlichen historischen und politischen Umfelder des Nonprofit-Sektors schränken zwar die Vergleichbarkeit der solcherart erzielten Resultate ein, dennoch können aus den empirischen Ergebnissen wertvolle Anhaltspunkte für eine Beurteilung des Nonprofit-Sektors abgeleitet werden.

Es liegt eine Fülle an Studien vor, die Unterschiede zwischen den institutionellen Anbieterformen untersuchen, wobei häufig – aus den USA kommend – die beiden Formen NPO und gewinnorientiertes Unternehmen im Vordergrund stehen. Für den deutschsprachigen Raum ist allerdings der Vergleich zwischen staatlichen Organisationen und NPOs interessant(er), da in vielen Bereichen der sozialen Dienstleistungen diese zwei institutionellen Anbieterformen auftreten und gewinnorientierte Firmen nur am Rande tätig sind. Gleichzeitig muss festgestellt werden, dass diese durch verstärkte Bemühungen seitens des Staates, mehr auszulagern und höheren Wettbewerb einzuführen, an Marktanteil gewinnen (vgl. z. B. Ascoli/Ranci, 2002). Empirische Untersuchungen liegen häufig – wenig überraschend – für die Bereiche Kinderbetreuung, Krankenhäuser, Alten- und Pflegeheime sowie Dienstleistungen im Bereich der Arbeitsmarktvermittlung vor, da dies die Dienstleistungsfelder sind, wo ein »mixed market« beobachtet werden kann.

7.3.3.1 Qualitätsunterschiede

Der Vergleich zwischen den Institutionen wird in vielerlei Hinsicht gezogen: So können Untersuchungen zum Angebot der Dienstleistungen bzw. auch zur Qualität der Dienstleistungen als ein Beitrag zur Debatte, ob NPOs tatsächlich weniger geneigt sind, vorliegende Informationsasymmetrien auszunützen, verstanden werden. Ebenso können sie Aussagen zur These der Produktdifferenzierung liefern.

Die These der Produktdifferenzierung wurde in verschiedenen Leistungsfeldern des Nonprofit-Sektors getestet. Diskutiert man die Frage der Qualität der von NPOs angebotenen Dienstleistungen, muss unterschieden werden zwischen der Frage, in welchen Qualitätssegmenten sich NPOs prinzipiell ansiedeln (z.B. hochqualitative – und damit teurere – Altenpflege), und der Frage, ob NPOs Informationsasymmetrien tatsächlich weniger ausnützen und somit vergleichsweise mehr an unbeobachtbarer Qualität produzieren (vgl. Brown/Slivinski, 2006).

Einen Überblick über die Fülle vorhandener Studien lässt den Schluss zu, dass NPOs tendenziell höhere Qualität anbieten als ihre gewinnorientierten Konkurrenten und vorhandene Informationsasymmetrien weniger stark ausnützen (vgl. z.B. Anheier, 2005; Brown/Slivinski, 2006; Kendall/Knapp/Forder, 2006 für Überblicksartikel zu Ergebnissen). Für den Bereich der Alten- und Pflegeheime liegt beispielsweise ein umfassender Literaturüberblick vor, der Ergebnisse vorhandener Studien zur Frage nach Unterschieden in der Dienstleistungsqualität zwischen Nonprofit- und gewinnorientierten Heimen zusammenfasst (vgl. Neumayr/Meichenitsch, 2011). Der Überblick zeigt, dass gewinnorientierte Heime tendenziell weniger hoch qualifiziertes Personal einsetzen und dass Nonprofitheime hinsichtlich der Prozessqualität besser abschneiden. Die Ergebnisse liefern einen Hinweis dafür, dass NPOs tatsächlich weniger geneigt sind, an schwer überprüfbaren Qualitätsmerkmalen zu sparen. Allerdings zeigen sich hinsichtlich der Indikatoren für Ergebnisqualität keine offensichtlichen Unterschiede zwischen den beiden institutionellen Anbieterformen (vgl. Neumayr/Meichenitsch, 2011, S. 80ff.). Koning, Noailly und Visser (2007) führen eine Metastudie durch, die Ergebnisse verschiedener Studien zu Qualitätsunterschieden von NPOs und gewinnorientierten Firmen in den Bereichen Krankenhäuser, Kinderbetreuung sowie Aktivierungsmaßnahmen für Arbeitslose (»welfare-to-work«) vorstellt. Zusammenfassend kann festgehalten werden, dass die Ergebnisse sehr widersprüchlich sind, sich jedoch eine sehr leichte Tendenz ableiten lässt, dass NPOs höhere Qualität anbieten. Das Verhalten von NPOs passt sich vor allem in direktem Wettbewerb und in Branchen mit hoher Regulierung eher an das der gewinnorientierten Konkurrenten an (vgl. dazu auch Anheier, 2005, S. 187f.). Eine österreichische Untersuchung zur Produktdifferenzierung bei Kindergärten des Nonprofit-, des öffentlichen und des gewinnorientierten Sektors (Badelt/Weiss, 1990b) findet beachtliche Verhaltensunterschiede: Gewinnorientierte Anbieter konzentrierten sich auf Marktsegmente mit niedrigen Kosten oder auf solche, in denen »Economies of Scope«[8] zu realisieren sind. Von

8 Unter Economies of Scope versteht man Kostenvorteile, die durch ein gleichzeitiges Angebot verschie-

NPOs wie auch von öffentlichen Einrichtungen werden solche Kostenminimierungsstrategien nicht ergriffen, wenn sie im Widerspruch zu ideologischen Zielsetzungen stehen. Gewinnorientierte Unternehmen reagierten stärker auf Marktlagen und Konsumentenbedürfnisse als NPOs oder öffentliche Kindergärten, etwa durch ein flexibleres Angebot bei den Öffnungszeiten (vgl. Badelt/Weiss, 1990a, 1990b).

Ob diese Ergebnisse tatsächlich die Kontraktversagenstheorie »beweisen«, wird allerdings in der jüngeren Literatur bezweifelt. Verhaltensunterschiede von Anbietern müssen nicht zwangsläufig das Nachfrageverhalten der KonsumentInnen beeinflussen, z. B. dann, wenn die KonsumentInnen gar keine Klarheit über die Rechtsform eines Anbieters haben (vgl. Krashinsky, 1998; Malani/David, 2008; Ortmann, Schlesinger, 2003, S. 90ff). Mocan (2007) stellt Überlegungen zur Frage an, ob NachfragerInnen einer Dienstleistung (in diesem Fall Eltern, die eine Kinderbetreuungseinrichtung für ihre Kinder auswählen), deren Qualität überhaupt richtig einschätzen können. Der Autor kommt zu dem Schluss, dass die KonsumentInnen die Qualität der angebotenen Dienstleistung tendenziell überschätzen.

7.3.3.2 Preis- und Klientendifferenzierung

Hinsichtlich der Preisunterschiede zwischen Produkten des Nonprofit-Sektors und denen anderer Sektoren können nur eingeschränkt Aussagen getroffen werden, weil das Problem der Qualitätsmessung die Vergleichbarkeit erschwert. Auch sind unterschiedliche Formen der Preisfindung zu beachten: Sowohl bei NPOs als auch bei öffentlichen Einrichtungen ist die Preisgestaltung oft stärker durch politische Entscheidungen bestimmt als durch die Kosten der Produktion. Dazu kommt, dass NPOs bei der Inanspruchnahme privater Finanzierungsquellen ein anderes Verhalten an den Tag legen als kommerzielle Unternehmen (vgl. Okten/Weisbrod, 2000). Die Tatsache, dass mehrere Unterschiede zwischen NPOs und institutionellen Konkurrenten auch simultan auftreten können, weist auf eine weitere Dimension der dargestellten Theorien hin. So bringt es die bereits erwähnte gleichzeitige Produkt- und Preisdifferenzierung mit sich, dass sich zwischen verschiedenen Anbietern eine Klientendifferenzierung entwickelt. Damit eng im Zusammenhang steht die Frage nach der Zugänglichkeit der Dienstleistungen verschiedener institutioneller Anbieter. Hier wird in den empirischen Ergebnissen tendenziell dem öffentlichen Sektor eine breitere Zugänglichkeit zugeschrieben als dem Nonprofit-Sektor, im Trade-off zwischen Preis und Qualität entscheiden sich NPOs häufiger für höhere Qualität und gegen niedrigere Preise (vgl. z. B. Kapur/Weisbrod, 2000). Auch für Österreich gibt es für diesen Befund empirische Evidenz (vgl. Badelt/Weiss, 1990a). Im Vergleich zum gewinnorientierten Sektor kann jedoch festgestellt werden, dass der Nonprofit-Sektor in den Arbeitsfeldern Alten- und Kinderbetreuung eher KlientInnen mit vergleichsweise niedrigerem sozialem Status versorgt. Für die USA wurde eine andere Facette dieses Problems empirisch untersucht: NPOs praktizieren andere Mechanismen, knappe Leistungen an potenziell interessierte Konsumenten zu verteilen. So verwenden NPOs viel öfter Wartelisten (z. B. für Heimplätze) als eine Zugangsregelung über die Preise (Weisbrod, 1998, Kapur/Weisbrod, 2000).

---

dener Leistungen zu erreichen sind, z. B. Kinderbetreuungsgruppen für Kinder unterschiedlichen Alters oder mit verschiedenen Bedürfnissen.

7.3.3.3 Unterschiede im Einsatz von Arbeit

Empirische Studien zur Technologiedifferenzierung beziehen sich einerseits auf den für NPOs typischen Einsatz ehrenamtlicher Arbeit (vgl. Beitrag III.1). Es besteht kein Zweifel daran, dass NPOs häufiger und mehr ehrenamtliche Arbeit einsetzen als gewinnorientierte oder öffentliche Unternehmen (vgl. z. B. Leete, 2006).

Im Bereich des Faktoreinsatzes liegen zudem eine Reihe von Untersuchungen vor, die sich mit Unterschieden bezahlter Arbeit hinsichtlich des Lohnniveaus, der Arbeitsbedingungen, der Arbeitszufriedenheit oder der durch den Arbeitsplatz gebotenen sozialen Sicherheit beschäftigen. So gibt es für Deutschland empirische Studien, wonach der Anteil der atypischen Beschäftigungsverhältnisse im Nonprofit-Sektor überdurchschnittlich hoch ist (Bauer/Betzelt, 1999).

Bezüglich der Lohnhöhe im Nonprofit-Sektor wird gemeinhin vermutet, dass sie niedriger ist als jene im gewinnorientierten und öffentlichen Sektor. Diese Situation gilt als Ausdruck dafür, dass MitarbeiterInnen in NPOs ihre Arbeit mit mehr Idealismus ausführen und auch bereit sind, für die geleistete Arbeit im Dienst eines ideellen Zwecks relative Einkommenseinbußen hinzunehmen (»labour donation«). Allerdings finden sich auf theoretischer als auch auf empirischer Ebene auch gegenteilige Argumente. So wäre es denkbar, dass NPOs (aus Wohltätigkeit oder aus Informationsmängeln) höhere als Marktlöhne zahlen, weil keine am »Shareholder Value« interessierten EigentümerInnen Druck auf das Management ausüben. Eine Durchsicht der empirischen Ergebnisse zeigt kein einheitliches Muster von durchgängig niedrigeren oder höheren Löhnen im Nonprofit-Sektor (vgl. Haider, 2010 für einen ausführlichen Überblick). Niedrige Löhne im Nonprofit-Sektor, die sehr wohl real existieren, beruhen einerseits auf der Tatsache, dass NPOs vermehrt in Niedriglohnbranchen tätig sind (etwa im Sozialwesen, nicht aber im Sektor »Energie- und Wasserversorgung«) oder andererseits auf vergleichsweise besseren Arbeitsbedingungen (vgl. z. B. Ruhm/Borkoski, 2003). Die zum Teil gefundenen höheren Löhne werden häufig damit erklärt, dass Beschäftigte besser qualifiziert sind. Die Ergebnisse werden dahingehend interpretiert, dass höhere Dienstleistungsqualität angeboten wird, die wiederum höher qualifiziertes Personal und damit einhergehend höhere Löhne notwendig machen (vgl. Holtmann/Idson, 1993). Bezüglich der Lohnstreuung im Nonprofit-Sektor zeigt sich ein relativ einheitliches Bild in den Ergebnissen der empirischen Forschung. Hier ist die Streuung vergleichsweise geringer, die auch dadurch beeinflusst wird, dass die Lohnhöhe von Führungskräften generell niedriger ist als in vergleichbaren gewinnorientierten Firmen, und auch leistungsorientierte Bezahlung eine weniger große Rolle spielt (vgl. Haider, 2010; Pennerstorfer/Schneider, 2010).

Ein weiteres Ergebnis hinsichtlich des Einsatzes bezahlter Arbeit ist eine ausgewiesene niedrigere Fluktuation unter MitarbeiterInnen in Nonprofit-Pflegeheimen und Kindergärten (vgl. Kendall/Knapp/Forder, 2006: 426).

7.4 Fazit

Dieser Beitrag zeigte – zum Teil schon lange existierende – Theorien zum Entstehen von NPOs auf, wobei wohl keine Theorie für sich allein die Existenz des gesamten Sektors erklären kann. Wichtig scheint an dieser Stelle der schon eingangs erwähnte Hinweis, dass die vorhandenen Erklärungsmuster für Dienstleistungs-NPOs wohl zutreffender sind als für andere NPOs.

Zum Verhalten von NPOs liegt eine Vielzahl an Ergebnissen empirischer Forschung vor, aus denen keine einheitlichen Schlüsse gezogen werden können. In einer Gesamtsicht aller empirischen Ergebnisse gibt es zahlreiche Hinweise auf die grundsätzliche Plausibilität der theoretischen Forschung. Es scheint jedoch fraglich, ob etwa bezüglich angebotener Dienstleistungsqualität, Preisgestaltung, Klientendifferenzierung oder Arbeitsbedingungen sinnvollerweise generelle Aussagen über den Nonprofit-Sektor möglich sind. NPOs sind in vielen, sehr unterschiedlichen volkswirtschaftlichen Sektoren tätig, sodass eine Differenzierung der quantitativ-empirischen Forschung nach verschiedenen Arten von NPOs dringend geboten ist.

Literatur

Abzug, Rikki, Webb, Natalie J. (1999): Relationships between Nonprofit and Forprofit Organizations: A Stakeholder Perspective, in: Nonprofit and Voluntary Sector Quarterly. 28(4): 416–431.

Anheier, Helmut K. (1997): Die institutionellen Grundlagen der Zivilgesellschaft: Eine Erklärung des Nonprofit-Sektors im internationalen Vergleich, in: Schauer, R., Anheier, H. K., Blümle, E.-B. (Hrsg.), Der Nonprofit-Sektor im Aufwind. Linz, 13–56.

Anheier, Helmut K. (2005): Nonprofit Organizations. Theory, management, policy. London, New York.

Anheier, Helmut K., Salamon, Lester M. (2006): The Nonprofit Sector in Comparative Perspective, in: Powell, W. W., Steinberg, R. (Hrsg.), The Non-profit Sector. A Research Handbook. New Haven, London, 2. Aufl. S. 89–114.

Arrow, Kenneth J. (1963): Uncertainty and the Welfare Economics of Medical Care, in: American Economic Review. 53(5): 941–973.

Ascoli, Ugo, Ranci, Costanzo (Hrsg.). (2002). Dilemmas of the Welfare Mix. The New Structure of Welfare in an Era of Privatization. New York.

Badelt, Christoph (1990): Institutional Choice and the Nonprofit Sector, in: Anheier, H. K., Seibel, W. (Hrsg.), The Third Sector, Comparative Studies on Nonprofit Organizations. Berlin, New York, S. 51–63.

Badelt, Christoph (2003): Entrepreneurship in Nonprofit Organizations. Its Role in Theory and in the Real World Nonprofit Sector, in: Anheier, H. K., Ben-Ner, A. (Hrsg.), The Study of the Nonprofit Enterprise. Theories and Approaches. New York, S.139–159.

Badelt, Christoph, Österle, August (2001): Grundzüge der Sozialpolitik. Sozialökonomische Grundlagen. Allgemeiner Teil. 2. Aufl., Wien.

Badelt, Christoph, Weiss, Peter (1990a): Nonprofit, For-Profit and Government Organizations in Social Service Provision: Comparison of Behavioral Patterns for Austria, in: Voluntas. 1(1): 77–96.

Badelt, Christoph, Weiss, Peter (1990b): Specialization, Product Differentiation, and Ownership Structures in Personal Social Services: The Case of Nursery Schools, in: Kyklos. 43(1): 69–89.

Bauer, Rudolph, Betzelt, Sigrid (1999): Erwerbsarbeit im »Dritten Sektor«: Wachstum oder Stagnation? Bericht zum Forschungsstand über das Beschäftigungspotenzial und die Zukunft der Arbeit in gemeinnützigen Organisationen der Bundesrepublik, in: Zeitschrift für Sozialreform. 45(4): 61–71.

Ben-Ner, Avner (1986): Nonprofit Organizations: Why do They Exist in Market Economics?, in: Rose-Ackerman, S. (Hrsg.), The Economics of Nonprofit Institutions. Studies in Structure and Policy. New York, Oxford, S. 94–113.

Ben-Ner, Avner, Gui, Benedetto (1993). The Nonprofit Sector in the Mixed Economy,

Brooks, Arthur C. (2009): Social Entrepreneurship. A Modern Approach to Social Value Creation. Upper Saddle River, N.J.

Brown, Eleanor, Slivinski, Al (2006): Nonprofit Organizations and the Market, in: Powell, W. W./Steinberg, R. (eds.), The Nonprofit Sector. A Research Handbook. New Haven, London, 2. Aufl. S. 140–158.

Dees, J. Gregory (2001): The Meaning of »Social Entrepreneurship«, in: [online]www.caseatduke.org/documents/dees_sedef.pdf.

Donoghue, Freda (2010): Social Origins, in: Taylor, R. (Hrsg.), Third Sector Research. New York, Dordrecht, Heidelberg, London, S. 37–48.

Evers, Adalbert, Laville, Jean-Louis (2004): The Third Sector in Europe. Cheltenham, UK.

Fayolle, Alain, Matlay, Harry (Hrsg.). (2010). Handbook of Research on Social Entrepreneurship. Cheltenham, UK, Northampton, MA, USA.

Haider, Astrid (2010): Die Lohnhöhe und Lohnstreuung im Nonprofit-Sektor. Eine quantitative Analyse anhand österreichischer Arbeitnehmer-Arbeitgeber-Daten. Frankfurt am Main.

Hansmann, Henry B. (1980): The Role of Nonprofit Enterprise, in: The Yale Law Journal. 89(5): 835.

Holtmann, Alphonse G., Idson, Todd L. (1993): Wage Determination of Registered Nurses in Proprietary and Nonprofit Nursing Homes, in: The Journal of Human Resources. 28(1): 55–79.

Hughes, Patricia and Luksetich, William (2010): Modeling nonprofit behavior, in: Seaman, B. A., Young, D. R. (Hrsg.), Handbook of Research on Nonprofit Economics and Management. Cheltenham, UK, Northampton, MA, USA, S. 120–141.

James, Estelle (1987): The Nonprofit Sector in Comparative Perspective, in: Powell, W. W. (ed.), The Nonprofit Sector, A Research Handbook. New Haven, CT, S. 397–415.

James, Estelle (1989): The Nonprofit Sector in International Perspective. New York.

Kabalo, Paula (2009): A Fifth Nonprofit Regime? Revisiting Social Origins Theory Using Jewish Associational Life as a New State Model, in: Nonprofit and Voluntary Sector Quarterly. 38(4): S. 627–642.

Kapur, Kanika, Weisbrod, Burton A. (2000): The Roles of Government and Nonprofit Suppliers in Mixed Industries, in: Public Finance Review. 28(4): S. 275–308.

Kendall, Jeremy, Knapp, Martin, Forder, Julien (2006): Social Care and the Nonprofit Sector in the Western Developed World, in: Powell, W. W./Steinberg, R. (Hrsg.), The Nonprofit Sector. A Research Handbook. New Haven, London, S. 415–431.

Kingma, Bruce R. (2003): Public Goods Theories of the Nonprofit Sector: Weisbrod Revisited, in: Anheier, H. K./Ben-Ner, A. (Hrsg.), The Study of the Nonprofit Enterprise: Theories and Approaches. New York, S. 53–66.

Klump, Rainer (2006): Wirtschaftspolitik. Instrumente, Ziele und Institutionen. München.

Koning, Pierre, Noailly, Joelle, Visser, Sabine (2007): Do not-for-profits make a difference in social services? A survey study, in: De economist. 155(3): S. 251–270.

Krashinsky, Michael (1986): Transaction Costs and a Theory of the Nonprofit Organization, in: Rose-Ackerman, S. (Hrsg.), The Economics of Nonprofit Institutions. New York, S. 114–132.

Krashinsky, Michael (1998): Does Auspice Matter? The case of Day Care for Children in Canada, in: Powell, W. W./Clemens, E. S. (Hrsg.), Private Action and the Public Good. New Haven, CT.

Leete, Laura (2006): Work in the Nonprofit Sector, in: Powell, W. W./Steinberg, R. (Hrsg.), The Nonprofit Sector – A Research Handbook. 2. Aufl. New Haven, London. S. 159–179.

Malani, Anup, David, Guy (2008): Does Nonprofit Status Signal Quality?, in: Journal of Legal Studies. 37(2): 551–576.

Mocan, H. Naci (2007): Can consumers detect lemons? An empirical analysis of information asymmetry in the market for child care, in: Journal of Population Economics. 20(4): 743–780.

Murphy, Jonathan (2010): The Dark Side, in: Taylor, R. (Hrsg.), Third Sector Research. New York, Dordrecht, Heidelberg, London, 37–48, S. 253–268.

Neumayr, Michaela, Meichenitsch, Katharina (2011): Sind Non-Profit-Organisationen die Guten? Qualitätsunterschiede zwischen gemeinnützigen und gewinnorientierten Alten- und Pflegeheimen, in: Kurswechsel. 4/2011: S. 75–85.

Okten, Cagla, Weisbrod, Burton A. (2000): Determinants of Donations in Private Nonprofit Markets, in: Journal of Public Economics. 75(2): 255–272.

Ortmann, Andreas, Schlesinger, Mark (2003): Trust, Repute, and the Role of Nonprofit Enterprise, in: Anheier, H. K., Ben-Ner, A. (Hrsg.), The Study of the Nonprofit Enterprise: Theories and Approaches. New York, S. 77–114.

Pennerstorfer, Astrid, Schneider, Ulrike (2010): What Determines the (Internal) Wage Distribution in Non-Profit Organizations?, in: Kyklos. 63(4): S. 580–596.

Peredo, Ana Maria, McLean, Murdith (2006): Social entrepreneurship: A critical review of the concept, in: Journal of World Business. 41(1): S. 56–65.

Pindyck, Robert S., Rubinfeld, Daniel L. (2009): Mikroökonomie 7. Aufl. München.

Rose-Ackerman, Susan (1996): Altruism, Nonprofits, and Economic Theory, in: Journal of Economic Literature. 34(2): S. 701–728.

Rose-Ackerman, Susan (Hrsg.) (1986): The Economics of Nonprofit Institutions. New York, Oxford.

Ruhm, Christopher J., Borkoski, Carey (2003): Compensation in the Nonprofit Sector, in: Journal of Human Resources. 28(4): S. 992–1021.

Salamon, Lester M. (1987): Partners in Public Service: The Scope and Theory of Government-Nonprofit Relations, in: Powell, W. W. (Hrsg.), The Nonprofit Sector: A Research Handbook. New Haven, Connecticut, S. 99–117.

Salamon, Lester M. (1995): Partners in Public Service. Government-Nonprofit Relations in the Modern Welfare State. Baltimore, London.

Salamon, Lester M. (2010): Putting Civil Society on the Economic Map of the World, in: Annals of Public and Cooperative Economics. 81(2): S. 167–210.

Salamon, Lester M., Anheier, Helmut K. (1998): Social Origins of Civil Society: Explaining the Nonprofit Sector Cross-Nationally, in: Voluntas. 9(3): S. 213–248.

Salamon, Lester M., Sokolowski, S. Wojciech, Anheier, Helmut K. (2000): Social origins of civil society: An overview. Baltimore, MD: Working Papers of the Johns Hopkins Comparative Nonprofit Sector Project no. 38.

Salamon, Lester M., Sokolowski, S. Wojciech, List, Regina (2003): Global Civil Society. An Overview. Baltimore: Center for Civil Society Stuides, Johns Hopkins University.

Skloot, Edward (Hrsg.) (1988). The Nonprofit Entrepreneur. Creating Ventures to Earn Income New York: The Foundation Center.

Steinberg, Richard (2006): Economic Theories of Nonprofit Organizations, in: Powell, W. W./ Steinberg, R. (eds.), The Non-profit Sector. A Research Handbook. New Haven, London, S. 117–139.

Weisbrod, Burton A. (1977): The Voluntary Nonprofit Sector. Lexington, Toronto.
Weisbrod, Burton A. (Hrsg.) (1998). To Profit or Not to Profit. Cambridge, New York.
Williamson, Oliver E. (1985): The Economic Institutions of Capitalism. New York.
Young, Dennis (1981): Entrepreneurship and the Behavior of Nonprofit Organizations: Elements of a Theory, in: White, M. (Hrsg.), Nonprofit Firms in a Three Sector Economy. Washington: The Urban Institute: S. 135–162.
Young, Dennis (1983): If Not for Profit, for What? Lexington, MA.
Young, Dennis (1991): Providing Entrepreneurial Leadership, in: Edwards, R. L./Yankey, J. A. (Hrsg.), Skills for Effective Human Service Management. Silver Spring, Maryland: National Association of Social Workers: S. 62–75.
Young, Dennis (2003): Entrepreneurs, Managers, and the Nonprofit Enterprise, in: Anheier, H. K./Ben-Ner, A. (Hrsg.), The Study of the Nonprofit Enterprise: Theories and Approaches. New York, S. 161–168.

8 Gesellschaftliche Restgröße oder treibende Kraft? Soziologische Perspektiven auf NPOs

Ruth Simsa

8.1 Einleitung

Wie sieht die Soziologie NPOs, und was kann sie zum Verständnis dieser Organisationen beitragen? Diese Fragen leiten das Kapitel. Der soziologische Blick richtet sich auf Wechselwirkungen zwischen der Gesellschaft und NPOs. Es geht also darum, wie NPOs von gesellschaftlichen Gegebenheiten beeinflusst sind, welche gesellschaftlichen Funktionen sie umgekehrt erfüllen und wie dies wieder auf die Organisationen zurück wirkt.

Das Thema NPO war in der Soziologie lange vernachlässigt (Bode, 2006), mit Ausnahme der Thematisierung von ehrenamtlichem Engagement als Ausdruck bürgerlicher Partizipation. Prägend dafür waren neben Arbeiten von de Tocqueville (1835, 1978) der kommunitaristische Zugang (v.a. Etzioni, 1973), der die Bedeutung wertorientierten Handelns und der gemeinschaftlichen Verankerung von Gesellschaft betont. Weitere Arbeiten beziehen sich auf spezifische Typen von NPOs wie Verbände, Genossenschaften, freiwillige Vereinigungen oder Organisationen sozialer Bewegungen. Viele Untersuchungen, die sich im Rahmen anderer Disziplinen z.B. mit Spendenverhalten, Verbänden oder ehrenamtlichem Engagement befassen, beruhen auf soziologischen Fragestellungen. Während es in der Ökonomie mehr Theoriebildung zum Dritten Sektor gibt, kann man aber noch kaum von einer integrierten Soziologie der NPOs sprechen. Besonders gesellschaftstheoretische Ansätze fehlen weitgehend – ein Umstand, der mit der lange Zeit geringen gesellschaftlichen Bedeutung des Sektors korrespondiert.

Es gibt also zwar nicht die Soziologie der NPOs, wohl aber verschiedene Ansätze, die hilfreich für ein Verständnis von NPOs sein können. Entsprechend der Natur des Gegenstandes ist die NPO-Forschung generell sehr interdisziplinär (z.B. Helmig/Jegers/Lapsley, 2004), die Trennlinie der Soziologie zu anderen Disziplinen ist daher keine scharfe. Dieser Beitrag setzt zwei Schwerpunkte: Zum einen wird aus makrosoziologischer Sicht in Kap. 2 der Diskurs zur Zivilgesellschaft und zu sozialen Bewegungen dargestellt, da dieser am bedeutendsten für NPOs ist. Im Kapitel 3 wird versucht, diesen entlang zentraler Aufgaben von Gesellschaft zu systematisieren. Im Kapitel 4 werden schließlich organisationssoziologische Beschreibungen von NPOs dargestellt. Ein Schwerpunkt dabei liegt auf der Systemtheorie, da diese spezifisch soziologisch ist, in anderen Disziplinen noch weniger bekannt und am besten geeignet ist, gesellschaftliche und organisationale Phänomene in ihrer wechselseitigen Bedingtheit darzustellen.

Aus makrosoziologischer Sicht sind gesamtgesellschaftliche Phänomene interessant, v.a. die Analyse von Rahmenbedingungen und Funktionen von NPOs. Organisationen sind von gesellschaftlichen Entwicklungen wie z.B. Globalisierung, dem Verhältnis verschiedener Subsysteme, Wertewandel oder der Zunahme von Risiken betroffen. Weiters zeigen makrosoziologische Arbeiten die vielschichtige Bedeutung des Sektors, auch in Bezug auf solche Funktionen von NPOs, die mit ökonomischen Daten nicht erfassbar sind. Aus der Perspektive der Organisationssoziologie interessieren organisationale Strukturen,

Kulturmuster und Strategien in ihrem Zusammenhang mit gesellschaftlichen Phänomenen. Hier gibt es viele Berührungspunkte zur Betriebswirtschaft, es geht allerdings weniger um die Entwicklung von operativen Entscheidungshilfen, sondern um ein umfassenderes Verstehen von NPOs und den sie prägenden Strukturen. Trotzdem kann er zur Entwicklung adäquater Verhaltensweisen im Management beitragen, nach dem Motto »nichts ist so praktisch wie eine gute Theorie« (Lewin o. J.).

Die Analyse des Zusammenhanges von Gesellschaft und Organisation kann generell zweifach genutzt werden: Erstens können Interpretationen der gesellschaftlichen Einbettung oder Funktion von NPOs zur Erklärung organisationaler Charakteristika dienen. Ansätze, die von der Intermediarität von NPOs ausgehen, d. h. von ihrer Vermittlungsfunktion zwischen gesellschaftlichen Bereichen, erklären damit z. B. besondere Konfliktlagen. Zweitens kann das organisationale Geschehen zum Teil auch mit gesellschaftlichen Entwicklungen erklärt werden. Veränderte Motive für ehrenamtliche Arbeit, Internationalisierung oder auch sich verändernde gesellschaftliche Probleme haben z. B. direkten Einfluss auf Operationsweisen und interne Strukturen von NPOs.

8.2 NPOs als Teil der Zivilgesellschaft

Die Gesellschaft ist eine höchst relevante Umwelt für Organisationen. Sie ist allerdings ein komplexes Ganzes. Ihre Beschreibung ist zudem immer auch Selbstbeschreibung, ein externer, objektiv richtiger Standpunkt existiert nicht (vgl. Luhmann, 2000). Es gibt daher viele konkurrierende Sichtweisen, die Gesellschaft wird z. B. als modern, postmodern oder als Zweite Moderne beschrieben, als funktional differenzierte oder globalisierte Gesellschaft. Je nach Fokus wird sie z. B. als Risiko-, Überfluss-, Wissens-, Informations- oder Freizeitgesellschaft bezeichnet.

Der für NPOs wichtigste Diskurs an der Schnittstelle von Soziologie und Politologie ist gegenwärtig jener der Zivilgesellschaft, welcher lange in der Soziologie vernachlässigt war (Bode, 2006). Der Begriff Zivilgesellschaft wird unterschiedlich verwendet, bezieht sich aber in der Regel auf eine zwischen Staat, Wirtschaft und Privatem angesiedelte Sphäre, in der Menschen ihre Anliegen selbst vertreten und zu gestalten versuchen (Edwards, 2009, Bode, 2010, zum Überblick über theoretische Konzepte Vogt, 2005, S. 59ff.). Alle Konzepte betonen die Bedeutung privaten, nicht gewinnorientierten Engagements, die meisten verbinden damit auch Hoffnungen auf Partizipation, mehr Demokratie und soziale Gerechtigkeit (Zimmer, 2007, Pollack, 2004). Die Trennlinie zum NPO-Sektor ist diffus, so werden NPOs teilweise pauschal als zivilgesellschaftliche Organisationen bezeichnet. Auch die Soziologie hat unterschiedliche Konzepte und eine unscharfe Begrifflichkeit (Klein/Rohde, 2003), zivilgesellschaftliche Phänomene wurden unter den Überschriften »Dritter Sektor« oder »bürgerschaftliches Engagement« behandelt und die Begriffe »voluntary sector« oder »NPO-Sektor« werden oft synonym für Zivilgesellschaft verwendet.

8.2.1 Zum Begriff der Zivilgesellschaft

Unterschiede einzelner Konzepte liegen erstens in der »Verortung« von Zivilgesellschaft. Während manche darin eine mögliche Form von Gesellschaft sehen (Gesellschaften sind damit entweder Zivilgesellschaften oder sie sind es nicht), bezeichnen die meisten damit nur einen bestimmten Teil der Gesellschaft. Dieser wird oft primär zum Staat abgegrenzt und meint damit jene Sphäre, in der BürgerInnen ihre Interessen gegenüber dem Staat artikulieren und aushandeln (Dubiel, 1994, S. 75), pointiert formuliert ist die Zivilgesellschaft damit ein »antistaatlicher Kampfbegriff« (Heins, 2005, S. 13). Andere Autoren, wie z. B. Gramsci grenzen sie auch gegenüber der Wirtschaft ab: »Zwischen der ökonomischen Struktur und dem Staat mit seiner Gesetzgebung und seinem Zwang steht die Zivilgesellschaft.« (1994, S. 1267). Heute verwendete Begriffsinhalte stehen meist in der Tradition von Gramsci, welcher wie auch Habermas die Zivilgesellschaft als gesellschaftliche Sphäre charakterisiert, die als vermittelnde Instanz zwischen Wirtschaft und Staat steht.

Zweitens wird der Begriff teils beschreibend, teils normativ als politisches Programm mit utopischen Elementen verwendet (Kocka, 2003) – wobei in der Soziologie eher ein normativer Zugang vorherrscht. So fordert z. B. Giddens als Alternative zum Sozialismus und Neoliberalismus eine zentrale Rolle von Organisationen des Dritten Sektors: »To have a decent society you have to have a balance between three things: government, the market and civil society«. (Giddens, 1999, S. 4)

Drittens bestehen Unterschiede im vorgestellten politischen Gehalt der zivilen Gesellschaft. Meist werden damit politische Beteiligungschancen verbunden und die Zivilgesellschaft als Sphäre interpretiert, in der BürgerInnen politische Anliegen vertreten, bisweilen werden aber auch weniger politische Formen von Selbsthilfe und Eigenarbeit darunter verstanden (vgl. z. B. Beck, 1999).

Viertens ist letztlich nicht eindeutig entschieden, wie weit Anforderungen an Pluralität, Toleranz und Diskursivität (Habermas, 1992) tatsächlich konstitutives Element sind. Auch nationalistische und fundamentalistische oder sogar rechtsradikale Akteure agieren in dieser – dann als »bad civil society« bezeichneten (Chambers/Kopstein, 2001) – Sphäre und häufig ist das Ergebnis zivilgesellschaftlichen Agierens eine betont homogene Gemeinschaft, die sich nach außen abschirmt (Teune, 2008, Heins, 2005).

Der Nachteil vieler Definitionen ist ihre Normativität (Lauth/Merkel, 1997, Kneer, 1997). Wer sollte das Vorhandensein von Toleranz oder Fairness zweifelsfrei feststellen können? Und wer sollte damit beurteilen können, ob Aktivitäten oder Akteure der Zivilgesellschaft zuzurechnen sind oder nicht? In sehr offener, allgemeiner Form soll Zivilgesellschaft daher hier definiert werden als die Summe von Akteuren und Operationen,

- die weder marktwirtschaftlich-profitorientiert noch staatlich organisiert sind, und damit ein Mindestmaß an Autonomie von Markt und Staat aufweisen;
- die weiters auf die Gestaltung politischer Prozesse und/oder sozialer Lebensbedingungen gerichtet sind;
- und die im Rahmen kollektiven Handelns stattfinden (Simsa, 2002; vgl. auch Adloff, 2005).

Mit dieser Definition lässt sich auch eine zumindest tendenzielle begriffliche Abgrenzung zwischen dem NPO-Sektor, dem Dritten Sektor und der Zivilgesellschaft vornehmen. Mit NPO-Sektor bzw. Drittem Sektor wird die Gesamtheit aller NPOs im Sinn der Definition dieses Handbuchs bezeichnet. Die Bereiche überschneiden sich insofern, als jene NPOs, die politisch orientiert sind, d. h. auch Advocacy betreiben und auf die Mitgestaltung von gesellschaftlichen Prozessen gerichtet sind, zur Zivilgesellschaft gehören, jene NPOs, die nur an Leistungserbringung orientiert sind, nicht. Insbesondere freiwillige Vereine können damit als organisatorischer Kern oder Infrastruktur der Zivilgesellschaft gelten (Birkhölzer u. a., 2005, Adloff, 2005, S. 116).

8.2.2 Soziale Bewegungen als Teil der Zivilgesellschaft und als wichtige Umwelt von NPOs

Ein weiteres Phänomen mit großer Bedeutung für viele NPOs sind soziale Bewegungen. Im öffentlichen wie auch im wissenschaftlichen Diskurs wird der Begriff gegenwärtig von jenem der Zivilgesellschaft überlagert, in der Soziologie hat die Bewegungsforschung allerdings eine profiliertere Tradition (Rucht, 2011). Meist wird unterschieden zwischen traditionellen Bewegungen wie der Arbeiter-, aber auch der bürgerlichen Kultur- und Demokratiebewegung und – immer noch sogenannten – »neuen sozialen Bewegungen«, wie der Frauen-, Friedens- oder der Ökologiebewegung, die sich durch höhere Vielfalt von Themen sowie Organisations- und Aktionsformen auszeichnen. Zur Analyse der aktuellen sozialen Bewegungen wie die auf Demokratisierung gerichteten in der arabischen Welt, oder die an zunehmenden sozialen Ungleichheiten ansetzenden wie Occupy oder Spanischer Frühling siehe Beitrag I.5 (auch Roose, 2011; zum Zusammenhang mit NPOs Brunnengräber, 2012).

Soziale Bewegungen sind Netzwerke aus Gruppen und Organisationen, die an Themen kondensieren und sozialen Wandel durch Protest herbeiführen wollen. Als Protest werden Kommunikationen charakterisiert, die an andere adressiert sind und deren Verantwortung anmahnen. Bewegungen beobachten die Gesellschaft anhand ihrer Folgen (Luhmann, 1998) und dienen damit der Bearbeitung von Problemen, die sonst nicht ausreichend Beachtung finden. Ihr Mobilisierungspotenzial steht in Zusammenhang mit der Wahrnehmung von Risiken. Sie entdecken und intensivieren Risiken und machen sie bearbeitbar. Mangels Geld und Macht ist Resonanz in der Öffentlichkeit ein zentrales Erfolgskriterium für soziale Bewegungen wie auch für die meisten politisch tätigen NPOs. Dies führt zur Suche nach neuen medienwirksamen Aktionsformen, begünstigt Skandalisierungen und die für soziale Bewegungen typische Moralkommunikation (Bergmann, 1987) Hutter bezeichnet sie demnach als Wertungssysteme (2007).

Analysen belegen die historische Bedeutung von Sozialen Bewegungen für die Entwicklung von NPOs (Sachße, 1986) und zeigen eine starke Überschneidung des Dritten Sektors mit Netzwerken sozialer Bewegungen (Roth, 1994). So hat die Herausbildung von Trägerorganisationen hohe Bedeutung für die Institutionalisierung von Bewegungen. Für viele NPOs wiederum stellen Bewegungen einen wichtigen ideologischen Hintergrund dar. Politische NPOs sind auf eine latente Protestbereitschaft angewiesen. Diese NPOs übernehmen die Operationsform des Protests, die sich z. B. in Kampagnen oder teils spektakulären Boykottaktionen widerspiegelt und die Widerspruch organisiert. Damit geht oft die Thematisierung neuer oder die neue Kontextierung bekannter Probleme einher (Wapner, 1996, Della Porta/Diani 2006; Pettenkofer, 2010).

8.3 Die Rolle der Zivilgesellschaft in Bezug auf grundlegende Aufgaben der Gesellschaft

Erwartungen an die Zivilgesellschaft können entlang von drei gesellschaftlichen Grundproblemen systematisiert werden, nämlich der Integration gesellschaftlicher Teilsysteme, der Inklusion von Personen und der Bearbeitung von für den gesellschaftlichen Fortbestand wichtigen Themen (Simsa 2001). In allen drei Aspekten werden zunehmend Probleme wahrgenommen, und in allen Bereichen werden große Hoffnungen auf die Zivilgesellschaft gesetzt.

Als Basis der folgenden Ausführungen wird die soziologische Systemtheorie herangezogen. Diese ist nicht nur gut geeignet, um gesellschaftliche Dynamiken zu beschreiben, sie kann später auch für eine Betrachtung des Verhältnisses von Organisation bzw. NPOs und Gesellschaft genutzt werden.

8.3.1 Einschub: Die systemtheoretische Betrachtung der Gesellschaft

Die Systemtheorie geht davon aus, dass die Gesellschaft funktional differenziert ist, nach eigenlogischen Funktionssystemen, die jeweils spezifische Funktionen für die Gesellschaft bedienen (Luhmann, 1998). Das Gesundheitssystem z. B. ist für Heilung zuständig, die Wirtschaft für die Bearbeitung von Knappheit; die Wissenschaft liefert wissensbasierte Erklärungen, die Justiz innere und das Militär äußere Sicherheit, die Politik kollektiv bindende Entscheidungen. Diese Funktionssysteme bilden ihre Grenze über die exklusive Anwendung binärer Codes, d.h. zweiwertiger Unterscheidungen, wie z.B. zahlen/nicht zahlen im Wirtschaftssystem, wahr/nicht wahr im Wissenschaftssystem. Funktionssysteme darf man sich nicht wie Regionen oder dinghaft vorstellen, es sind vielmehr Kommunikationszusammenhänge: Die Welt wird auf Basis einer bestimmten Unterscheidung (z.B. zahlen/nicht-zahlen) beobachtet und alle Kommunikationen, die an diesem Code orientiert sind, gehören zum betreffenden Funktionssystem, alle anderen nicht. So kann man z.B. über das Rauchen aus medizinischer, ökonomischer oder politischer Perspektive reden, und die verschiedenen Perspektiven sind füreinander jeweils gewissermaßen blind. Die theoretische Entscheidung, den Blick auf solche Kommunikationszusammenhänge zu richten, hat hohen Erklärungswert für viele gesellschaftliche Phänomene, v.a. die Risikoproduktion (siehe 7.3.2).

Gesellschaftliche Funktionssysteme »brauchen« Organisationen gewissermaßen, nur diese können entscheiden und kommunizieren. In der Regel orientieren sich Organisationen an Funktionssystemen, d.h. sie legen deren Codes und Logiken ihren Entscheidungen als primäres Kriterium zugrunde. Ein Forschungsinstitut müsste demnach nur nach dem wissenschaftlichen Code wahr/falsch entscheiden, was publiziert wird, und nicht nach Erfolg am Markt, Organisationen des Wirtschaftssystems orientieren sich letztlich an monetären Größen. NPOs verweigern sich häufig einer Bindung an ein einziges Funktionssystem (siehe 7.4.3).

Organisationen als soziale Systeme bestehen nicht aus Personen, sondern aus Kommunikationen, welche durch Funktionen und Entscheidungsstrukturen geregelt sind. Dies klingt theoretisch, ist aber plausibel, wenn man sich vor Augen hält, dass Organisationen. fortbestehen, auch wenn wichtige Personen die Organisation verlassen, umgekehrt sind Personen nie mit »Haut und Haaren« Teil der Organisation, sondern eben nur mit bestimmten Kommunikationen. Wesentliche systembildende Operationen von Organisationen sind Entscheidungen (Luhmann, 2000, S. 331). Entscheidungsstrukturen sind somit die Grundlage des Selbstverständnisses der Organisation, sie bestehen aus Selbstfestlegungen über Ziele und Wege der Zielerreichung, aus Selbstbeschreibungen und aus Mustern der Beurteilung bestimmter Sachverhalte. Will man Organisationen verstehen, so muss man beobachten, wie sie entscheiden. Grundsätzlich sind soziale Systeme selbstreferenziell (autopoietisch geschlossen), d.h. sie haben eine eigene Logik, und sie verarbeiten Irritationen aus ihrer Umwelt nach ihren internen Kriterien, nach ihrem eigenen Sinn. Damit kann der Bezug von Organisationen auf Funktionssysteme beobachtet, aber nicht kausal aus ihrer Umwelt heraus erklärt werden, da sie Anteil haben an der Schaffung der Realitäten, die sie später als faktisch auffassen und denen sie sich dann anpassen zu müssen glauben (Beyes/Jäger, 2005).

8.3.2 Integration gesellschaftlicher Teilsysteme und die Rolle der Zivilgesellschaft

Probleme oder Aufgaben werden von Funktionssystemen nur dann wahrgenommen und beantwortet, wenn diese sich in den jeweiligen systemspezifischen Logiken ausdrücken. Alles, was nicht im Zuständigkeitsbereich eines Teilsystems liegt, fällt »legitimer Indifferenz« (Tyrell, 1978) zum Opfer, das heißt wird systematisch ignoriert. Die Politik z.B. interessiert sich demnach nur für Wahlerfolge, die Wirtschaft nur für Geld, die Wissenschaft nur für Wahrheit. Ökologische oder soziale Probleme werden z.B. von der Wirtschaft nur aufgegriffen, wenn sie monetarisiert sind und von der Politik nur dann, wenn sich dies vermutlich in Wahlergebnissen niederschlägt.

Dies ist einerseits ein sehr effektiver Modus der Problembearbeitung, andererseits bestehen dabei in hohem Ausmaß blinde Flecken (Nassehi, 1999, Simsa, 2001) und Probleme, welche gerade aus dem erfolgreichen Funktionieren der Teilsysteme resultieren. Funktionale Differenzierung wird damit im Sinne Becks (z.B. 2010) reflexiv, d.h. selbsterzeugte Probleme fallen auf sie zurück. Problematisch sind v.a. die Unmöglichkeit der Steuerung von Gesellschaft und die gesellschaftliche Risikoproduktion (z.B. Luhmann, 1998, Willke, 1995, Simsa, 2003). Die Hartnäckigkeit sozialer und ökologischer Probleme zeigt die Grenzen der Lösungskompetenz von Politik. Und moderne Institutionen wie die Technik, Wissenschaft oder Industrie setzen als Nebenfolgen ihrer Produktivität Risiken frei, die letztlich systembedrohend werden.

Fast alle Ansätze, die neue Wege der Steuerung der Gesellschaft sowie der Bearbeitung von Risiken suchen, schreiben der Zivilgesellschaft und manchen NPOs als deren Repräsentanten hohe Bedeutung zu (z.B. Putnam, 1996, Keane, 1998, Lüpke, 2009). Auch der überwiegende Teil von steuerungstheoretischen Konzepten geht von drei einander ergänzenden Steuerungsmechanismen aus, die tendenziell den Dimensionen Hierarchie (Politik), Markt (Wirtschaft) und Solidarität (Zivilgesellschaft/demokratische Öffentlichkeit) zugeordnet werden können (siehe den Überblick in Willke, 1995, S. 87ff. sowie in Wex, 2000, S. 265).

Es werden also neue Akteure von Politik gesucht und politisch orientierte NPOs als Hoffnungsträger thematisiert (Anheier/Priller/Zimmer, 2000). Die Aktivitäten von NPOs und der Zivilgesellschaft setzen tatsächlich oft an Risiken an – sei es im Versuch, diese zu verhindern (z.B. im Umweltschutz), oder in der Milderung ihrer Folgen (z.B. Katastrophenhilfe, soziale Arbeit). Die Hoffnung, dass die Zivilgesellschaft die Marktwirtschaft oder auch den Staat solcherart zivilisiert (Ulrich, 2008, Bode, 2006), hat sich bislang allerdings zwar nicht erfüllt (vgl. Narberhaus, 2012), zweifelsohne birgt die Zivilgesellschaft aber hohes gesellschaftsveränderndes Potenzial.

8.3.3 Inklusion von Personen und die Rolle der Zivilgesellschaft

Der zweite Aspekt ist die adäquate Berücksichtigung von Personen, d. h. Inklusion. Diese bezeichnet nach dem hier unterlegten inhaltlichen Begriffsverständnis eine Adressierung von Personen in gesellschaftlicher Kommunikation, welche eine angemessene gesellschaftliche Eingliederung in sozialer und materieller Hinsicht ermöglicht, und Exklusion verhindert (vgl. Luhmann, 2000, S. 394, Bohn, 2008, Farzin, 2008). Es entspricht grundsätzlich der »... Logik der funktionalen Differenzierung, jedem Teilnehmer am gesellschaftlichen Leben Zugang zu allen Funktionen zu erschließen.« (Luhmann, 1980, S. 168) Diesbezüglich wird die Gesellschaft ihren eigenen Ansprüchen nicht gerecht. Luhmann nennt das Versagen des Wirtschaftssystems bei der Lösung des Problems gerechter Verteilung als einen problematischen Aspekt funktionaler Differenzierung (1998, S. 802). Er geht davon aus, dass das Ausmaß von Exklusionen zunimmt, und spricht von Effekten einer »zunehmenden Härte« im Prozessieren der Differenz von Inklusion und Exklusion. Empirische Befunde zu Ausprägungen und Entwicklungen von Exklusionen zeigen dies deutlich (z. B. Altvater, 2010, Marterbauer, 2011, Parodi, 2012).

Hoffnungen auf NPOs und die Zivilgesellschaft richten sich zunächst auf die integrativen Effekte von Freiwilligenarbeit für einzelne Personen. Diesen muss eine zumindest partielle Absage erteilt werden. Natürlich trägt Freiwilligenarbeit viel zur Eingliederung von Menschen in die Gesellschaft bei, tendenziell schließt auch sie allerdings exkludierte Personen aus – diese zeigen sich in allen empirischen Studien als unterrepräsentiert (vgl. Kap. III.1). Vogt bezeichnet in der Folge die Zivilgesellschaft m. E. übertrieben als elitäre Veranstaltung (2005; siehe auch Aner, 2005). Zudem können NPOs im Rahmen dessen, was oben als »uncivil society« benannt wurde, auch Träger »unziviler Tugenden« sein und damit exkludierende Effekte haben. Es gilt als gesichert, dass die Zivilgesellschaft ihr Lösungspotenzial nur auf Basis entsprechender politischer Rahmenbedingungen entfalten kann (Stecker/Nährlich, 2005).

Zahlen über wachsende Ungleichheit von materiellen und immateriellen Lebenschancen in nationalen wie auch internationalen Kontexten zeigen zudem, dass die Zivilgesellschaft nicht besonders erfolgreich im Verhindern von Exklusion bzw. im Erwirken von Gerechtigkeit war. Angesichts der »Neuen Subsidiarität«, also der zunehmenden Delegation staatlicher Aufgaben an NPO (Anheier/Beller/Haß, 2011) könnte der Verweis auf die Zivilgesellschaft bzw. auf Services von NPO quasi »nach hinten losgehen«: »Das, woraus sich kein Gewinn erzielen lässt, wird (wieder) der Barmherzigkeit anheimgestellt.« (Jirku, 2011, S. 73, siehe auch Leif, 2011, Rindt/Klein/Klein, 2011)

Im Rahmen ihrer Dienstleistungserbringung haben NPOs allerdings hohe Bedeutung (Zimmer/Priller, 2007), die eine schadensbegrenzende Funktion hat, also die Milderung negativer Effekte anderer Systeme. Diese liegt in ihrem hohen Einfluss auf konkrete Lebensbedingungen von Personen. Da wenig Änderung von Verursachungszusammenhängen angestrebt wird und negative Folgewirkungen anderer Organisationen erträglicher gemacht werden, kann Entwicklung damit aber auch gebremst werden, entsprechend dem Ausspruch von George Bernard Shaw: »Charities are a bar to social progress.«

8.3.4 Internalisierung von Themen in den gesellschaftlichen Diskurs und die Rolle der Zivilgesellschaft

Der dritte Aspekt ist die Internalisierung bestandsnotwendiger Problembearbeitung in gesellschaftlicher Kommunikation (Simsa, 2003). Hier geht es darum, den eingeschränkten Blick der Funktionssysteme zu ergänzen durch neue Sichtweisen, Themen und Bedeutungen. Hier erfüllt die Zivilgesellschaft eine unbestritten wichtige Funktion. Habermas z.B. betont in Bezug auf Risiken wie Wettrüsten, Genforschung, ökologische Gefahren, Verelendung und Probleme der Weltwirtschaftsordnung: »Fast keines dieser Themen ist zuerst von Exponenten des Staatsapparates, der großen Organisationen oder gesellschaftlichen Funktionssysteme aufgebracht worden« (Habermas, 1992, S. 461). Perlas sieht in der Zivilgesellschaft die kulturelle Kraft des Wandels, nachdem man »fast nie wirklich grundlegende Innovationen im staatlichen oder geschäftlichen Kontext findet.« (2009, 205)

Auch NPOs tragen die Spezialisierungen anderer Organisationen nur bedingt mit, bekommen damit anderes zu sehen und thematisieren neue oder vernachlässigte Probleme im Rahmen von *Advocacy*. Ein Aspekt ist hier der Kampf um Interpretationen (Keck/Sikkink, 1998). Hier werden Bedeutungszuschreibungen mit alternativen Sichtweisen konfrontiert und hinterfragt: Ist ein Chemieunternehmen primär Umweltverschmutzer oder Chance auf neue Arbeitsplätze, dient die Liberalisierung des Weltmarktes der Wohlstandsproduktion oder der Ausbeutung benachteiligter Regionen? In der von NPOs getragenen Landminen-Kampagne konnte z.B. eine Umdefinition des Themas Erfolge erzielen, indem es als humanitäre Frage statt als Abrüstungsfrage konstruiert wurde.

Eine gängige Systematik der Funktionen von NPOs unterscheidet zwischen der Dienstleistungs-, der Gemeinschaftsbildungs- und der Advocacy-Funktion (Neummayr 2010). Inwiefern Integration, Inklusion und Internalisierung von Themen geleistet werden, hängt von den jeweiligen Funktionen von NPOs ab. Dienstleistungen sind eher auf individuelle Lebenslagen gerichtet, also auf die Abfederung von Inklusionsdefiziten, Gemeinschaftsbildung dient direkt der Inklusion. Advocacy kann je nach inhaltlichem Ziel auf alle drei Aufgaben gerichtet sein, auf die Verhinderung von Exklusion, auf die politische Bearbeitung vernachlässigter Themen oder auf das Zusammenspiel gesellschaftlicher Subsysteme.

8.4 Organisationssoziologische Zugänge: Besonderheiten von NPOs in Zusammenhang mit ihrer gesellschaftlichen Funktion und Einbettung

Im Folgenden werden Theorien vorgestellt, die die Besonderheiten von NPOs aus ihrer gesellschaftlichen Einbettung oder aus ihrer Funktion erklären. Hier werden aus einer theoriegeleiteten Perspektive Eigenlogiken von Handlungsmustern in bestimmten Kontexten benannt – also die Frage, wie weit und wenn ja, warum, NPOs Unterschiede zu anderen Organisationen aufweisen (Backhaus-Maul/Mutz 2005).

8.4.1 Soziologischer Institutionalismus – NPOs als Produkt ihrer Umwelt

Institutionalistische Theorien betonen die Auswirkungen der Umwelt einer Organisation auf deren interne Strukturen (z. B. Powell/DiMaggio, 1991). Sie haben damit eine gewisse Nähe zur Kontingenztheorie, die Strukturen aus einer Anpassung der Organisation an ihre Umwelt erklärt, gehen allerdings nicht von objektiven Umweltfaktoren aus. Die Gegebenheiten, auf die sich Organisationen beziehen, werden als konstruierte Wirklichkeiten gesehen, abhängig von Interpretationen, Denkstilen, Normen etc. Die Annahme zweckrationaler Zielorientierung wird hier zugunsten der Orientierung an externen Anspruchsgruppen fallen gelassen, die sogar betriebswirtschaftlich unsinnige Strategien sinnvoll erscheinen lassen, wenn dadurch Legitimität gewonnen werden kann (Rationalitätsfassaden). Eine betriebswirtschaftliche Methode wird also implementiert, selbst wenn sie rein ökonomisch nichts bringt, weil wichtige Stakeholder dies als Zeichen von Professionalität werten. Ein weiterer zentraler Aspekt, dieser Theorie, ist die Tendenz zur Angleichung von Organisationen – der *Isomorphismus* (Mizruchi/Fein 1999; Frumkin/Galaskiewicz 2004, Helmig/Jegers/Lapsley, 2004). Eine Reihe von empirischen Untersuchungen von NPOs sind in diesem theoretischen Rahmen verortet (z. B. Feeney, 1997, Covey/Brown, 1985, Arnaboldi/Lapsley 2004). Isomorphismus kann z. B. eine Erklärung für die Angleichung von NPOs an Wirtschaftsunternehmen oder für den Erfolg von Managementmoden sein.

8.4.2 NPOs als Multiple-Stakeholder-Organisationen

Weniger differenziert, aber von hohem praktischen Erklärungswert ist der von Herman und Renz formulierte Ansatz: Angesichts einer umfassenden empirischen Untersuchung charakterisieren sie NPOs als Multiple-Stakeholder-Organisationen (Herman/Renz, 1997). NPOs sind demnach in besonders hohem Maß mit vielfältigen, oft widersprüchlichen Erwartungen von Anspruchsgruppen wie z. B. institutionellen GeldgeberInnen, Behörden, KlientInnen, MitarbeiterInnen, Medien etc. konfrontiert. Auch hier werden Organisationen aus ihren Umwelten erklärt, hier wird aber stärker auf einzelne AkteurInnen Bezug genommen und deren Erwartungen als absolut gegeben gesehen. Aus dem Stakeholder-Ansatz werden unterschiedliche Schlussfolgerungen entwickelt (vgl. Krashinsky, 1997). Teils wird angenommen, dass NPOs divergierende Ansprüche besser verarbeiten bzw. kompensieren können als andere Organisationen. Im Rahmen einer funktionalistischen Erklärung wird aus dieser Fähigkeit die Existenz von NPOs erklärt. Andere Autoren dagegen betonen die aus unterschiedlichen Erwartungen resultierenden Probleme. Konfliktäre Erwartungen unterschiedlicher Anspruchsgruppen können organisationsintern auf mehrere Arten ausgetragen werden. Ein üblicher Weg ist die Identifikation von Subeinheiten mit einzelnen Anspruchsgruppen. Während SozialarbeiterInnen z. B. eher die Interessen von KlientInnen vertreten, orientieren sich Vorstandsmitglieder stärker an Erwartungen politischer Partner. Eine weitere Form des Umgangs mit Widersprüchen ist die Flucht in Ambiguität und Latenz. Um niemand vor den Kopf zu stoßen, wird nur ein Minimum an Zielen und Aktivitäten dargestellt. Ein weiterer Weg ist die latente, aber oft dysfunktionale Priorisierung einer Anspruchsgruppe, die zu einem Verlust der Anschlussfähigkeit an wichtige Umwelten führen kann.

8.4.3 Intermediarität: NPOs als Vermittler zwischen verschiedenen Welten

Eine NPOs oft und mit langer Tradition zugeschriebene Funktion ist die Vermittlung zwischen unterschiedlichen gesellschaftlichen Teilbereichen. Ausgehend von der Schwierigkeit der theoretischen Verortung dieser Organisationen in herkömmlichen Gesellschaftskonzeptionen werden NPOs als Spezialisten für Vermittlungsleistungen charakterisiert. Dieser Betrachtung entsprechen auch jene Definitionen, die NPOs primär aus ihrer Nichtzugehörigkeit bestimmen, als Organisationen, die »weder Markt noch Staat« bzw. »zwischen Markt und Staat« sind. Viele Ansätze betonen diesen »Zwischenstatus« von NPOs. Meist wird mit dem Merkmal der Intermediarität eine Funktion der Vermittlung und des Ausgleichs verknüpft. Bauer z. B. vertritt die Ansicht, dass NPOs ein organisatorisches Medium für die Abwicklung von Vermittlungs- und Austauschprozessen bilden (Bauer, 1997). Im amerikanischen Sprachgebrauch ist dies noch deutlicher, »intermediaries« sind Organisationen, deren primäre Aufgabe darin besteht, zwischen Personen, Organisationen oder gesellschaftlichen Bereichen zu vermitteln (z. B. Van Til, 1994).

Eine Rolle von NPOs ist jene als Mittler zwischen Individuen und dem Staat. NPOs haben hier Funktionen der Interessenvertretung, der Sozialisation und der Integration (Bauer, 1997). Diese Intermediarität wird z. T. als Überbrückung von formell bürokratischen Systemen und der persönlicheren Lebenswelt (Habermas, 1981) gesehen, als Vermittlung von Mitgliederinteressen und dem Gemeinwohl (Mayntz, 1992) oder zwischen sozial- und wertorientierten Mitgliedern und einer institutionellen Umwelt (Streeck, 1987). Intermediarität bedeutet damit die Vermittlung zwischen lebensweltlichen Beziehungen und unpersönlichen Strukturen: Durch das Dazwischentreten intermediärer NPOs sind Individuen nicht mehr unmittelbare Objekte systemischer Zugriffe. Häufig werden NPOs auch als Vermittlungsinstanz zwischen Staat, Markt und Individuen bzw. privaten Haushalten bzw. zwischen ökonomischen und sozialintegrativen Interessen gesehen. Der Sektor gilt generell als integrierende Koppelungsinstanz (Zimmer/Priller, 1997). Angesichts hoher Erwartungen und Zuschreibungen gewinnt man bisweilen den Eindruck, dass sämtliche bestehenden strukturellen und interessenmäßigen Unterschiede von NPOs mediatisiert werden sollten (deutlich z. B. bei Kramer et al., 1993, S. 175). Vor diesem Hintergrund stellt sich auch die oftmals beklagte mangelnde demokratische Legitimation von NPOs anders, nämlich quasi als Funktionsbedingung der Intermediarität, dar. Wären die NPOs demokratisch legitimiert, wären sie dominant am politischen System beteiligt und könnten nicht mehr vermitteln.

Olk, Rauschenbach und Sachße schlagen einen doppelten Begriff von Intermediarität vor (1995). Zum einen meint dieser die Ansiedlung von NPOs im Zwischen-Reich von Unternehmen, Verwaltungen und Familien. Während sie diese Bereiche jeweils von einer eigenen Logik geprägt sehen (nämlich: Wettbewerb, Hierarchie, Reziprozität), weisen intermediäre Organisationen keine eigene Handlungslogik auf, sondern kombinieren vielmehr die Logiken der anderen Bereiche und können daher flexibel auf vielfältige Anforderungen reagieren und diese ausgleichen. Zum zweiten meint Intermediarität die vertikale Vermittlung zwischen der institutionellen Umwelt und den Mitgliedern bzw. KlientInnen. Einer Einflusslogik gegenüber der institutionellen Umwelt steht damit eine konsensorientierte, lebensweltbasierte Mitgliedschaftslogik gegenüber, die NPOs in sich kombinieren und balancieren.

Auch Seibel zufolge bieten NPOs ein Gegengewicht zu funktionaler Differenzierung und Entpersonalisierung. Seine zentrale These lautet, dass die primäre latente Funktion von NPOs die Relativierung von Zweck- und Normrationalität durch Bereiche der Entmodernisierung ist. Sie stellen somit einen Ausgleich für die ideologisch indifferente Funktionsweise gesellschaftlicher Teilsysteme dar. Er sieht den Nutzen von NPOs primär in der Bereitstellung symbolischer Lösungsversuche für unlösbare Probleme und charakterisiert sie als »erfolgreich scheiternde(n) Organisationen, die die Lösung von Problemen simulieren« (Seibel, 1992, S. 291). NPOs bieten damit die Möglichkeit individueller wie kollektiver Entlastung. Auf Basis der Untersuchung von drei NPOs folgert er, dass NPOs Dysfunktionalitäten wie Steuerungsversagen und begrenzte Lernfähigkeit, unklare Strukturen und Ineffizienz aufweisen, welche im Sinn seiner These dann durchaus funktional sind. Diese NPOs überleben also in einer durch Norm- und Zweckrationalität geprägten Umwelt, gerade weil sie deren Anforderungen nicht entsprechen. Empirisch ist dies allerdings kaum haltbar, meist ist hohe Professionalität im Sektor gegeben.

Wex charakterisiert NPOs als intermediäre Organisationen zwischen Markt, Staat und informellem Sektor. Er bezieht sich auf Weber, der als einer der Begründer der Differenzierungstheorie von inneren Eigengesetzlichkeiten der einzelnen Sphären spricht, die in Spannung zueinander geraten (Weber, 1988, S. 541). Während demnach im Markt als Rationalität eine Verwertungslogik und im Staatssektor eine Herrschaftslogik dominieren, sieht er im NPO-Sektor Kooperationslogik und Sozialintegration als vorherrschend und NPOs durch Abwesenheit eines dominanten Steuerungsmediums charakterisiert. Dies führt zu einer Steigerung der Kontingenz innerhalb der NPO (Wex, 2000, S. 269) mit weitreichenden Folgen: Das Fehlen eines dominierenden Mediums führt zu Schwierigkeiten, klare Zielhierarchien zu bilden, sowie zu organisationsinternen Konflikten. Die Kooperationslogik äußert sich in einer besonderen Art zu wirtschaften (Gebrauchswertorientierung, Geld ist Mittel zum Zweck), in einer mitgliedschaftlichen Struktur und in einer besonderen Verfasstheit von Arbeit (Freiwilligenarbeit) (Wex, 2004).

8.4.4 Systemtheoretischer Zugang – NPOs als untypische Organisationen mit vielfältigen Funktionen: parallele Leistungserbringung, Vermittlung, Alarm, Reparatur

Die Systemtheorie erlaubt eine Analyse der Funktionen von NPOs in Zusammenhang mit der vorgestellten These der funktionalen Differenzierung der Gesellschaft (Kap. 7.3.1.)

NPOs können sich, wie andere Organisationen auch, primär einem Funktionssystem zuordnen. Funktionen dieser NPOs liegen in der Realisation der spezifischen Problemlösungskapazität des jeweiligen Funktionssystems. Eine Privatschule kann primär am Bildungssystem partizipieren, ein Spital am Gesundheitssystem und eine Partei am politischen System. In Relation zu anderen Organisationen der Funktionssysteme ist die damit implizierte Funktion parallele Leistungserbringung. In Bezug auf die Entscheidungsstruktur ist anzunehmen, dass sich diese NPOs nicht grundsätzlich von anderen Organisationen des Bildungs-, Gesundheits- oder Politiksystems unterscheiden. Selbst die primäre Orientierung einer NPO am Wirtschaftssystem, also eine Situation, in der Geld als primäres Entscheidungskriterium fungiert, ist denkbar. Dann unterscheidet sich die NPO nurmehr durch den nondistribution constraint von gewinnorientierten Unternehmen.

Viele NPOs vollziehen diese Fixierungen allerdings nicht im gleichen Ausmaß mit wie andere Organisationen: die meisten NPOs weisen nichtpriorisierbare Orientierungen an zwei oder mehreren Funktionssystemen auf oder sind direkt auf die Bearbeitung von Folgeproblemen funktionaler Differenzierung spezialisiert.

Gerade bei NPOs ist eine Koppelung an zwei oder mehrere Funktionssystemen typisch. So orientieren sich Universitäten sowohl am Bildungs- als auch am Wissenschaftssystem. Ein nicht gewinnorientiertes Ordensspital muss sowohl die Differenz gesund/krank als auch eine für die eigene Weiterexistenz notwendige Rentabilität berücksichtigen, gehört gemäß seiner Mission aber auch der Kirche und damit dem Teilsystem Religion an. Damit ist die Notwendigkeit des internen Ausgleichs von Logiken verbunden, die ein spezielles Potenzial der Koordination von Teilsystemen sowie hohe Anschlussfähigkeit in teilsystemübergreifenden Verhandlungen impliziert, welche ja nicht in Funktionssystemen, sondern nur in Organisationen geleistet werden können. Spezielle Funktionen liegen damit neben der inhaltlichen Arbeit in einer Förderung gesellschaftlicher Integration durch Vermittlung bzw. Verhandlung. Die NPOs legen in diesem Fall ihren Entscheidungen also keine Priorisierung eines Funktionssystems zugrunde. Zauner argumentiert, dass NPOs häufig an den Schnittstellen von gesellschaftlichen Teilsystemen angesiedelt sind (2007). Brodocz analysiert dies primär in Bezug auf die Funktion von Verbänden und argumentiert, dass diese zur strukturellen Kopplung der Politik mit anderen Teilsystemen genutzt werden (Brodocz, 1996, S. 361). Beyes/Jäger vermuten auf Basis einer systemisch-theoretischen Fundierung, dass ein typisches Merkmal von NPOs ihre Mehrsprachigkeit bzw. Multidiskursivität ist (2005). Jedenfalls müssen NPOs, die in nicht-priorisierbarer Form an mehreren Funktionssystemen orientiert sind, eine permanente Abstimmung unterschiedlicher Funktionslogiken leisten. Die Koordination und Ausbalancierung verschiedener, oftmals konträrer Diskurse wird damit zur zentralen Herausforderung des Managements (Beyes/Jäger, 2005, Jäger/Beyes, 2008, Simsa/Patak 2008, Simsa/Krainz 2005). Will man diese Organisationen verstehen, so muss man also nach ihren zentralen Widersprüchen fragen.

Es kann zudem davon ausgegangen werden, dass die Gesellschaft auf die Risiken ihrer funktionalen Differenzierung reagiert, indem sie weitere Systeme ausbildet, die an Folgeproblemen funktionaler Differenzierung orientiert sind. Ein solches wäre zum Einen das System sozialer Arbeit, das an der Milderung negativer Differenzierungsfolgen in Hinblick auf den Ausschluss von Personen orientiert ist (Fuchs/Schneider, 1995). Empirische Befunde zur Zivilgesellschaft lassen auch den Schluss zu, dass neben den beschriebenen Funktionssystemen ein weiteres System existiert, welches als System kritischer Öffentlichkeit bezeichnet werden kann (Simsa, 2003). Seine Funktion liegt in der diskursiven Bearbeitung von Folgeproblemen von Differenzierung. Das System bearbeitet Integrationsprobleme unter Zugrundelegung einer posttraditionellen Moral, d.h. einem Gleichheitsprinzip in Bezug auf Personen und einem Interesse an Schadensvermeidung in Bezug auf den Gesamtzusammenhang gesellschaftlicher Operationen.

In diesen Funktionssystemen zweiter Ordnung, also quasi in den Reparatursystemen, spielen NPOs eine besondere Rolle. So partizipieren NPOs somit häufig am System sozialer Arbeit und übernehmen damit v.a. mittels Dienstleistungen dessen Funktion der Schadensbegrenzung in Bezug auf Exklusions- oder Deprivationslagen von Personen. Andere oder die gleichen NPOs orientieren sich am System kritischer Öffentlichkeit und realisieren damit dessen gesellschaftliche Alarmfunktion, bzw. Advocacy. Sie beobachten die Gesellschaft in Hinblick auf Folgewirkungen und Defizite funktionaler Differenzierung und mahnen meist auf konfrontative Art Veränderungen der Operationen in den Funktionssystemen erster Ordnung an. Typische innerorganisationale Konsequenzen sind in beiden Fällen stark wertgeladene Organisationskulturen. Die Orientierung am System sozialer Arbeit bedingt zudem eine hohe Konfrontation der Mitarbeiter mit Problemen und Leid, ohne die Entlastungsmöglichkeiten konfrontativer Aktivitäten zu implizieren. Bei Orientierung am System kritischer Öffentlichkeit dagegen sind Abgrenzung und Konfrontation zentrale Momente der Selbstdefinition der Organisation, diese übertragen sich häufig auch auf intraorganisationale Kulturmuster und führen zu tendenziell hoher Konfliktneigung, zu Abgrenzung von und Kampf gegen interne Normen und Strukturen.

8.5 Conclusio

Die Soziologie richtet den Blick auf vielfältige Zusammenhänge von Gesellschaft und NPOs. Ihr Blick ist ein sehr differenzierter. Dies hat den Vorteil, der Komplexität der Gesellschaft und ihrer Organisationen etwas mehr zu entsprechen, als einfachere Modelle. Es hat den Nachteil, dass die Theorien nicht immer leicht zugänglich und nur bedingt in kurzer Form darstellbar sind und dass unter SoziologInnen wenig Einigkeit in Bezug auf Begriffe, Konzepte und theoretische Argumentationen herrscht.

Jeder soziologische Blick öffnet aber eine Einsicht in die gesellschaftliche Bedingtheit von Organisationen. Welche Perspektive auch immer eingenommen wird, NPOs und ihre spezifischen Strukturen werden nicht als Monade, sondern als bedingt durch soziale Kräfte analysiert. Unterschiedliche theoretische Schlaglichter werfen unterschiedliche Schatten. Der soziologische Institutionalismus beispielsweise betont, dass die Strukturen von NPOs nicht selbstgewählt sind, sondern gesellschaftlichen Legitimitätsnormen folgen. Eine bestimmte Variante von wirtschaftlicher Rationalität durchdringt alle Kulturen und Gesellschaftsbereiche und damit auch jede NPO (Meyer 2006). Die soziologische Systemtheorie betont das Differenzierungspotenzial von Organisationen (Luhmann 1994): Während auf gesellschaftlicher Ebene a priori jede soziale Not und jedes ökologische Thema die gleiche Wertigkeit hat, bestimmen hier unter anderem NPOs, welcher sozial benachteiligten Gruppe geholfen wird und welches ökologische Problem in den Fokus der Aufmerksamkeit gerät. Der soziologische Blick ermöglicht auch spezifische Perspektiven auf die Dynamik von NPOs: Schon Max Weber liefert die Konzepte zur Bürokratisierung (Weber 1980), und Robert Michels liefert in seiner Soziologie des Parteienwesens (Michels 1925) eine Erklärung für den Wandel von Basisbewegungen zu oligarchischen Organisationen.

Die Anknüpfungsmöglichkeiten für weitere Arbeiten sind vielfältig. Im Diskurs um die Zivilgesellschaft gibt es noch viele offene Fragen, etwa deren tatsächliche Möglichkeiten der Einflussnahme auf gesellschaftliche Risikobewältigung und Veränderung, ihr konkretes Zusammenspiel mit Organisationen und die Folgen des Paradoxes, dass starke Zivilgesellschaften in der Regel starke Sozialstaaten brauchen, häufig aber als Kompensation von politischer Selbstrücknahme im Zuge des immer noch herrschenden Paradigmas des Neoliberalismus gehandelt werden (Leif, 2011, Simsa, 2002). In Bezug auf organisationssoziologische Analysen von NPOs gibt es noch wenige empirische Untersuchungen, insbesondere von empirischen Analysen der Entscheidungsstrukturen in Zusammenhang mit gesellschaftlicher Funktionserfüllung wäre viel zu erwarten.

Literatur

Adloff, Frank (2005): Zivilgesellschaft. Theorie und politische Praxis, Frankfurt am Main.

Altvater, Elmar (2010): Der große Krach. Oder die Jahrhundertkrise von Wirtschaft und Finanzen, von Politik und Natur, Münster.

Aner, Kirsten (2005): »Ich will, dass etwas geschieht«. Wie zivilgesellschaftliches Engagement entsteht oder auch nicht, Berlin.

Anheier, Helmut K./Beller, Annelie/Haß, Rabea (2011): Accountability und Transparenz des Dritten Sektors in Deutschland: Ein Paradox?, in: Forschungsjournal Soziale Bewegungen 24, Heft 3, S. 96–105.

Anheier, Helmut K./Priller, E./Zimmer, Annette (2000): Zur zivilgesellschaftlichen Dimension des Dritten Sektors, in: Klingemann, H./Neidhardt, F. (Hrsg.): Die Zukunft der Demokratie. WZB-Jahrbuch, Berlin, S. 71–98.

Arnaboldi, Michela/Lapsley, Irvine (2004): Modern Costing Innovations and Legitimation: A Health Care Study, in: Abacus 40, Issue 1, S. 1–20.

Backhaus-Maul, Holger/Mutz, Gerd (2005): Die organisationssoziologische Entgrenzung des Dritten Sektors, in: Birkhölzer, Karl u. a.: Dritter Sektor/Drittes System. Theorie, Funktionswandel und zivilgesellschaftliche Perspektiven, Wiesbaden, S. 93–105.

Baecker, Dirk/Markowitz, Jürgen/Stichweh, Rudolf (Hrsg.) (1987): Theorie als Passion, Frankfurt am Main.

Bauer, R. (1997): Zivilgesellschaftliche Gestaltung in der Bundesrepublik. Möglichkeiten oder Grenzen? Skeptische Anmerkungen aus Sicht der Nonprofit-Forschung, in: Schmahls, K./Heinelt, H. (Hrsg.): Zivile Gesellschaft, Opladen, S. 133–153.

Beck, Ulrich (1999): Schöne neue Arbeitswelt, Frankfurt/New York.

Beck, Ulrich/Poferl Angelika (Hrsg.) (2010): Große Armut, großer Reichtum – Zur Transnationalisierung sozialer Ungleichheit, Frankfurt.

Bergmann, W. (1987): Was bewegt die soziale Bewegung? Überlegungen zur Selbstkonstitution der »neuen« sozialen Bewegungen, in: Baecker, Dirk/Markowitz, Jürgen/Stichweh, Rudolf (Hrsg.): Theorie als Passion, Frankfurt am Main, S. 362–394.

Beyes, Timon/Jäger, Urs (2005): Erforschung multidiskursiver Organisationen. NPO-Management aus systemtheoretischer Sicht, in: Die Betriebswirtschaft 65, Heft 6, S. 627–645.

Birkhölzer, Karl u. a. (Hrsg.) (2005): Dritter Sektor/Drittes System. Theorie, Funktionswandel und zivilgesellschaftliche Perspektiven, Wiesbaden.

Bode, Ingo (2006): Aufklärung gegen den Mainstream? Neue soziologische Perspektiven auf die Zivilgesellschaft, in: Soziologische Revue 29, Heft 3, S. 265–277.

Bode, Ingo (2010): Thinking beyond Borderlines: A »German gaze« in the interface between society and the voluntary sector, in: Voluntary Sector Review 1, Issue 2, S. 137–159.

Bohn, Cornelia (2008): Inklusion und Exklusion: Theorien und Befunde. Von der Ausgrenzung aus der Gemeinschaft zur inkludierenden Exklusion, in: Soziale Systeme 14, Heft 2, S. 171–190.

Brodocz, A. (1996): Verbände als strukturelle Kopplung, in: Soziale Systeme 2, Heft 2, S. 361–388.

Brunnengräber, Achim (2012): Ein neuer Bewegungszyklus. Von der NGOisierung zur Occupy-Bewegung, in: Forschungsjournal Soziale Bewegungen 25, Heft 1, S. 42–50.

Chambers, Simone/Kopstein, Jeffrey (2001): Bad Civil Society. In: Political Theory 29, Heft 6, S. 837–865.

Covey, J. G./Brown, L.D. (1985): Beyond Strategic Planning: Strategic Decisions in Nonprofit Organizations. In: IDR-Reports 2, Issue 1, S. 1–13.
Della Porta, Donatella/Diani, Mario (2006) Social Movements: An Introduction. Malden, 2. Aufl., Mass.; Oxford: Blackwell.
DiMaggio, P. J./Powell, W. W. (1991): The Iron Cage Revisited. Institutional Isomorphism and Collective Rationality in Organizational Fields. In: Powell, W. W./DiMaggio, P. J. (Hrsg.): The New Institutionalism in Organizational Analysis, London: Sage.
Dubiel, H. (1994): Ungewissheit und Politik, Frankfurt am Main.
Edwards, M. (2009): Civil Society, Cambridge.
Etzioni, A. (1973): The Third Sector and Domestic Missions, in: Public Administration Review 33, S. 314–323.
Farzin, Sina (2008): Sichtbarkeit durch Unsichtbarkeit. Die Rhetorik der Exklusion in der Systemtheorie Niklas Luhmann, in: Soziale Systeme 14, Heft 2, S. 191–209.
Feeney, S. (1997): Shifting the Prism: Case Explications of Institutional Analysis in Nonprofit Organizations, in: Nonprofit and Voluntary Sector Quarterly 26, Issue 4, S. 489–509.
Frumkin, Peter/Galaskiewicz, Joseph (2004): Institutional Isomorphism and Public Sector Organizations. In: Journal of Public Administration Research and Theory, 14, 283–307.
Fuchs, P./Schneider, D. (1995): Das Hauptmann-von-Köpenick-Syndrom. Überlegungen zur Zukunft funktionaler Differenzierung, in: Soziale Systeme 1, Heft 2, S. 203–225.
Giddens, Anthony (1999): Der dritte Weg, Frankfurt am Main.
Gramsci, Antonio (1994): Gefängnishefte. Kritische Gesamtausgabe, Bd. 6, Philosophie der Praxis, Herausgegeben von Haug, Wolfgang Fritz, Hamburg/Berlin 1994.
Habermas, J. (1981): Theorie des kommunikativen Handelns. 2 Bde., Frankfurt am Main.
Habermas, J. (1992): Faktizität und Geltung. Beiträge zur Diskurstheorie des Rechts und des demokratischen Rechtsstaats, Frankfurt am Main.
Heins, Volker (2005): Das Andere der Zivilgesellschaft. Bielefeld: transcript 2005.
Helmig, B./Jegers, M./Lapsley, I. (2004): Challenges in Managing Nonprofit Organizations: A Research Overview, in: Voluntas. International Journal of Voluntary and Nonprofit Organizations 15, Issue 2, S. 101–116.
Herman, R. (1994): The Jossey-Bass Handbook of Nonprofit Leadership and Management, San Francisco.
Herman, R. D./Renz, D.O. (1997): Multiple Constituencies and the Social Construction of Nonprofit Organization Effectiveness, in: Nonprofit and Voluntary Sector Quarterly 26, Issue 2, S. 185–206.
Hutter, Michael (2007): Are markets like protest movements? A theoretical appraisal of valuation systems, in: Soziale Systeme 13, S. 32–45.
Jäger, Urs/Beyes, Timon (2008): Von der Kunst des Balancierens: Entwicklungen, Themen und Praktiken des Managements von Nonprofit-Organisationen, Bern.
Jirku, Bernhard (2011): Ist sozial, was Arbeit schafft? Zivilgesellschaft und Soziale Arbeit, in: Forschungsjournal Soziale Bewegungen 3, S. 71–76.
Keane, J. (1998): Global Civil Society. Old Images, New Visions, Cambridge.
Keck, M. E./Sikkink, K. (1998): Activists beyond borders: Advocacy Networks in International Policies, Ithaka/London.
Klein Ansgar; Rohde, Markus (2003): Konturen der Zivilgesellschaft – Zur Profilierung eines Begriffs. Editorial zum Themenheft. Forschungsjournal Neue Soziale Bewegungen, Jg. 16, Heft 2, Stuttgart, Lucius & Lucius, 2–5.

Klein, Ansgar et al. (2004): Zivilgesellschaft und Sozialkapital. Herausforderungen politischer und sozialer Integration, Wiesbaden.

Kneer, G. (1997): Zivilgesellschaft. In: Kneer, G./Nassehi, A./Schroer, M. (Hg.): Soziologische Gesellschaftsbegriffe. Konzepte moderner Zeitdiagnosen. München 1997.

Kocka, Jürgen (2003): Zivilgesellschaft in historischer Perspektive, in: Forschungsjournal Neue Soziale Bewegungen 16, Heft 2, S. 29–37.

Kramer, R. M. et al. (1993): Privatization in Four European Countries. Comparative Studies in Government-Third Sector Relationships, Armonk/London.

Krashinsky, M. (1997): Stakeholder theories of the non-profit sector. One cut at the economic literature, in: Voluntas 8, Issue 2, S. 149–162.

Lauth, H.-J./Merkel, W. (1997): Zivilgesellschaft und Transformation. Ein Diskussionsbeitrag in revisionistischer Absicht, in: Forschungsjournal Neue Soziale Bewegungen 10, Heft 1, S. 12–34.

Leif, Thomas (2011): Mythos Politische Beteiligung – Phantom Bürgergesellschaft: Analyse-Abstinenz und Reflexions-Defizit der Politik, in: Forschungsjournal Soziale Bewegungen 24, Heft 2, S. 8–13.

Luhmann, Niklas (1980): Gesellschaftsstruktur und Semantik. Studien zur Wissenssoziologie der Gesellschaft, Bd. 1, Frankfurt am Main.

Luhmann, Niklas (1998): Die Gesellschaft der Gesellschaft, 2 Bde, Frankfurt am Main.

Luhmann, Niklas (2000): Organisation und Entscheidung, Opladen.

Lüpke, Geseko v. (2009): Zukunft entsteht aus Krise, München.

Marterbauer, Markus (2011): Zahlen bitte! Die Kosten der Krise tragen wir alle, Wien.

Mayntz, Renate (Hrsg.) (1992): Verbände zwischen Mitgliederinteressen und Gemeinwohl, Gütersloh.

Meyer, John W., (Hrsg.) (2006): Weltkultur. wie die westlichen Prinzipien die Welt durchdringen Frankfurt.

Michels, Robert (1925): Zur Soziologie des Parteiwesens in der modernen Demokratie. Untersuchungen über die oligarchischen Tendenzen des Gruppenlebens. Leipzig.

Mizruchi, Mark S./Fein, Lisa C. (1999): The Social Construction of Organizational Knowledge: A Study of the Uses of Coercive, Mimetic, and Normative Isomorphism. In: Administrative Science Quarterly, 44, 653–683.

Narberhaus, Michael (2012): Effektive Strategien für zivilgesellschaftliche Organisationen zur »Großen Transformation«, in: Forschungsjournal Soziale Bewegungen 25, S. 65–70.

Nassehi, A. (1999): Differenzierungsfolgen. Beiträge zur Soziologie der Moderne, Opladen/Wiesbaden.

Neumayr, M. (2010): Resource Dependence: Der Einfluss öffentlicher Finanzierungsformen auf die Funktionen von Nonprofit-Organisationen in Österreich, Wirtschaftsuniversität Wien.

Neumayr, Michaela/Meyer, Michael/Pospíšil, Miroslav/Schneider, Ulrike/Malý, Ivan (2009): The Role of Civil Society Organizations in Different Nonprofit Regimes: Evidence from Austria and the Czech Republic. In: Comparative Social Research, 26, 167–196.

Olk, T./Rauschenbach, T./Sachße, Ch. (1995): Von der Wertgemeinschaft zum Dienstleistungsunternehmen. Oder: über die Schwierigkeit, Solidarität zu organisieren, in: Rauschenbach, T., Sachße, Ch./Olk, T. (Hrsg.) (1995): Von der Wertgemeinschaft zum Dienstleistungsunternehmen. Jugend- und Wohlfahrtsverbände im Umbruch, Frankfurt, S. 11–34.

Parodi, Giuliana (Hrsg.) (2012): Social exclusion: Short and Long Term Causes and Consequences, Heidelberg.

Perlas, Nicanor (2009): Die globale Zivilgesellschaft als kulturelle Kraft des Wandels, in: Lüpke, Geseko v.: Zukunft entsteht aus Krise, München, S. 200–245.

Pettenkofer, Andreas (2010): Radikaler Protest: Zur soziologischen Theorie politischer Bewegungen, Frankfurt.

Pollack, Detlef (2004): Zivilgesellschaft und Staat in der Demokratie, in: Klein, Ansgar et al.: Zivilgesellschaft und Sozialkapital. Herausforderungen politischer und sozialer Integration, Wiesbaden, S. 23–40.

Powell, W. W./DiMaggio, P. J. (Hrsg.) (1991): The New Institutionalism in Organizational Analysis, Chicago/London.

Putnam, R. D. (1996): Symptome der Krise. Die USA, Europa und Japan im Vergleich, in: Weidenfeld, W. (Hrsg.): Demokratie am Wendepunkt. Berlin, S. 52–81.

Rauschenbach, Th./Sachße, Ch./Olk, Th. (Hrsg.) (1995): Von der Wertgemeinschaft zum Dienstleistungsunternehmen. Jugend- und Wohlfahrtsverbände im Umbruch, Frankfurt.

Rindt, Susanne/Klein, Ludger/Klein, Ansgar (2011): Zu viel Zivilgesellschaft? Soziale Arbeit und bürgerschaftliches Engagement, in: Forschungsjournal Soziale Bewegungen 24, Heft 3, S. 3–18.

Roose, Jochen (2011): Revolutions- und Bewegungstheorien und die (Un-)Vorhersehbarkeit von Protest, in: Forschungsjournal Soziale Bewegungen 24, S. 7–18.

Roth, Roland (1994): Demokratie von unten. Neue soziale Bewegungen auf dem Wege zur politischen Institution Köln.

Rucht, Dieter (2011): Zum Stand der Forschung zu sozialen Bewegungen, in: Forschungsjournal Soziale Bewegungen 24, S. 20–48.

Sachße, Ch. (1986): Mütterlichkeit als Beruf. Sozialarbeit, Sozialreform und Frauenbewegung, Frankfurt am Main.

Seibel, W. (1992): Funktionaler Dilettantismus. Erfolgreich scheiternde Organisationen im »Dritten Sektor« zwischen Markt und Staat, Baden-Baden.

Simsa, R. (2001): Gesellschaftliche Funktionen und Einflussformen von Nonprofit-Organisationen, Wien.

Simsa, R. (2003): Defizite und Folgeprobleme funktionaler Differenzierung und ein Vorschlag zur Beobachtung von Reaktionen der Gesellschaft, in: Soziale Systeme 9, Heft 1, S. 105–130.

Simsa, R./Krainz, E.E. (2005): Strukturelle Konfliktfelder von Nonprofit-Organisationen, in: Falk, G./Heintel, P./Krainz, E. E. (Hrsg.): Handbuch Mediation und Konfliktmanagement. Wiesbaden, S. 205–217.

Simsa, Ruth (2002): NPOs im Lichte gesellschaftlicher Spannungsfelder: Aktuelle Herausforderungen für das strategische Management, in: Schauer, R./Purtschert, R./Witt, D. (Hg.): Nonprofit-Organisationen und gesellschaftliche Entwicklung: Spannungsfeld zwischen Mission und Ökonomie, Linz, S. 39–63.

Simsa, Ruth/Patak, Michael (2008): Leadership in Nonprofit-Organisationen. Die Kunst der Führung ohne Profitdenken, Wien.

Stecker, Christina/Nährlich, Stefan (2005): Die »dunkle Seite« von Dritte-Sektor-Organisationen. Funktionen, Effekte und Konsequenezen, in: Birkhölzer, Karl u. a. (Hrsg): Dritter Sektor/Drittes System. Theorie, Funktionswandel und zivilgesellschaftliche Perspektiven, Wiesbaden.

Streeck, W. (1987): Vielfalt und Interdependenz. Probleme intermediärer Organisationen in sich ändernden Umwelten, Berlin.

Teune, Simon (2008): Rechtsradikale Zivilgesellschaft – contradictio in adiecto?, in: Forschungsjournal Soziale Bewegungen 21, Heft 4, S. 17–22.

Tocqueville, A. de (1978): Über die Demokratie in Amerika, München (erstmals 1835).

Tyrell, Hartmut (1987): Anfragen an die Theorie der gesellschaftlichen Differenzierung. In: Zeitschrift für Soziologie 7, 1987.

Ulrich, Peter (2008): Zivilgesellschaft: Dritter Sektor oder Dritter Weg? Zur wirtschaftsethischen Bedeutung des Bürgerengagements, in: zfwu 9/3, S. 331–336.

Van Til, J. (1994): Nonprofit Organizations and Social Institutions, in: Herman, R.: The Jossey-Bass Handbook of Nonprofit Leadership and Management, San Francisco, S. 44–65

Vogt, Ludgera (2005): Das Kapital der Bürger. Theorie und Praxis zivilgesellschaftlichen Engagements, Frankfurt am Main.

Wapner, P. (1996): Environmental activism and world civic politics, New York.

Weber, Andreas (2011): Die Moralisierung der Wirtschaft: CSR als strategisches Element neoliberaler Gesellschaftspolitik? In: Mikl-Horke, G. (Hg.): Sozioökonomie: Die Rückkehr der Wirtschaft in die Gesellschaft. Marburg, 367–401.

Weber, Max (1980): Wirtschaft und Gesellschaft. 5. Aufl. (Studienausgabe), Tübingen.

Weber, Max (1988): Gesammelte Aufsätze zur Religionssoziologie I, Tübingen.

Wex, Thomas (2000): Die Modernisierung der Nonprofit-Organisationen und die Frage der Auflösung ihrer Spezifika. Eine soziologische Betrachtung, in: AK Nonprofit-Organisationen (Hrsg.): Nonprofit-Organisationen im Wandel. Ende der Besonderheiten oder Besonderheiten am Ende. Frankfurt am Main, S. 251–277.

Wex, Thomas (2004): Der Nonprofit-Sektor der Organisationsgesellschaft, Wiesbaden.

Willke, H. (1995): Systemtheorie III. Steuerungstheorie, Stuttgart.

Zauner, Alfred (2007): Über Solidarität zu Wissen. Ein systemtheoretischer Zugang zu Nonprofit-Organisationen, in: Badelt, Christoph/Meyer, Michael/Simsa, Ruth (Hrsg.) (2007): Handbuch der Nonprofit-Organisation. Strukturen und Management, 4. Aufl., Wien, S. 141–164.

Zimmer, Annette (2007): Theoretische Perspektiven: Vereine im Kontext der Ansätze Dritter Sektor, Sozialkapital und Zivilgesellschaft, in: Zimmer, Annette: Vereine-Zivilgesellschaft konkret, 2. Aufl., Wiesbaden, S. 179–217.

Zimmer, Annette/Priller, Eckhard (1997): Die Zukunft des Dritten Sektors in Deutschland, in: Anheier, H. et al.: Der Dritte Sektor in Deutschland. Organisationen zwischen Staat und Markt im gesellschaftlichen Wandel, Berlin, S. 249–283.

Zimmer, Annette/Priller, Eckhard (2007): Gemeinnützige Organisationen im gesellschaftlichen Wandel, Wiesbaden.

Teil II
Klassische Management-Aufgaben in NPOs

1 Besonderheiten des Management von NPOs

Michael Meyer, Ruth Simsa

1.1 Balance von Widersprüchen

Die typische NPO gibt es nicht, und damit auch nicht den typischen Anforderungskatalog an das Management von NPOs. Zu unterschiedlich sind diese hinsichtlich Größe, Mitgliederstruktur, Tätigkeitsbereich und Organisationsstruktur. Man kann NPOs nicht über einen Kamm scheren. Viele der Behauptungen, die zum Thema *Nonprofit-Management* getroffen werden, gelten daher nicht für alle NPOs. Außerdem unterscheiden sich NPOs von Wirtschaftsunternehmen und öffentlichen Verwaltungen zwar in vielerlei Hinsicht, anderswo gibt es aber auch keine nennenswerten Unterschiede. Wo NPOs Besonderheiten aufweisen, machen diese das Management besonders anspruchsvoll (Meyer, 2007). Manchmal gewinnt man den Eindruck, dass dieser Bereich entgegen verbreiteten (Selbst-)Zuschreibungen die »hohe Schule des Management« ist (Simsa, 1999). Grob zusammengefasst äußern sich diese besonderen Ansprüche in Form von Vielfalt und spezifischen Widersprüchen (Stone/Bigelow/Crittenden, 1999), die ausbalanciert statt einseitig aufgelöst werden müssen und die sich in unterschiedlichsten Ausprägungen in den in den folgenden Kapiteln angeführten Teilbereichen des Managements auswirken. Eine starke Orientierung an Werten in Diskursen, Selbstbeschreibungen und Entscheidungen ist charakteristisch für NPOs und macht das Management auch nicht leichter (Jeavons, 1992).

Typische Widersprüche, die sich in einzelnen NPOs entsprechend der Heterogenität des Feldes sehr unterschiedlich äußern können, sind die folgenden:

- Zwischen Wirtschaft und Werten: Einerseits sollten sich NPOs an ihrer Mission oder anderen inhaltlichen Werten orientieren, andererseits ist da der ökonomische Erfolg; kurzum: NPOs stehen in permanentem Widerspruch zwischen Sinn und Geld (Jäger/Beyes, 2010). Während Wirtschaftsunternehmen sich in ultima ratio immer am Geld orientieren – auch CSR z. B. wird dann umgesetzt, wenn es nicht im fundamentalen Widerspruch zu monetären Zielen steht – haben NPOs diese Möglichkeit in aller Regel nicht. Kriterien für Erfolg und auch für Entscheidungen sind oftmals mehrdeutig, monetäre Ziele gewinnen als zwingende Nebenbedingungen (z. B. Liquidität) sehr wohl zentrale Bedeutung, nur allzu leicht dominieren sie dann inhaltliche Ziele, die viel schwerer messbar sind (nicht »what you measure is what you get«, sondern »you get only that what you measure«).
- Zwischen Beziehungs- und Aufgabenorientierung: Dieses alte Dilemma der Führung (Judge/Piccolo/Ilies, 2004; Steyrer/Meyer, 2010; vgl. Beitrag II.11) gilt für NPOs ganz besonders. Vor allem jene NPOs, die mit Freiwilligen arbeiten, stehen hohen Ansprüchen an Mitbestimmung und Konsensorientierung gegenüber. Wenn permanente Zufriedenheit und ewiger Konsens zu einem übergeordneten Entscheidungskriterium werden, steht dies in Widerspruch zum (langfristigen) Erfolg der Organisation (von Eckardstein/Simsa, 2007).

- Zwischen Interessensvertretung, Dienstleistung und Gemeinschaftsbildung: Viele NPOs sind als Dienstleistungserbringer tätig, verfolgen aber gleichzeitig gesellschaftspolitische Anliegen und wollen darüber hinaus oft zur Bildung von Sozialkapital beitragen (Neumayr et al., 2009). Entscheidungsdilemmata entstehen in dieser Situation bei der Ressourcenverwendung: Sollen Geld und Zeit für die Aufrechterhaltung/Ausweitung von direkten Leistungen für KlientInnen verwendet werden oder für politische Arbeit, die das Entstehen von Bedürftigkeit verringert? Die Frage kann auch politisch heikel sein, wenn Kritik und advocacy sich auf die Politik derjenigen Institutionen richten, von denen die NPO (mit)finanziert wird.
- Zwischen LeistungsempfängerInnen und ZahlerInnen: Dieses Spannungsgefüge ergibt sich aus der spezifischen Konstellation in vielen NPOs; im Gegensatz zu anderen Dienstleistungsorganisationen werden die Leistungen oft nicht von den EmpfängerInnen bezahlt, es ist daher nicht eindeutig, wer als AuftraggeberIn gelten kann. Im Fall von konfligierenden Interessen kann sich die NPO weder primär an den finanzierenden Institutionen oder Personen orientieren noch ausschließlich an den Interessen der KlientInnen.
- Zwischen unterschiedlichen Anspruchsgruppen: Die Stakeholder-Konstellation erweist sich für NPOs besonders heterogen, und häufig stehen Stakeholder-Interessen in direktem Konflikt zueinander (Bigelow/Middleton/Arndt, 1996; Herman/Renz, 1997; Abzug/Webb, 1999). Fast alle Organisationen sind mit widersprüchlichen Interessen von relevanten Umwelten konfrontiert, da die Regulierung über einen kompetitiven Markt bzw. über Geld als letztendliches Entscheidungskriterium fehlt, sind NPOs in höherem Maß auf Legitimität und der Herstellung von Ausgleich zwischen unterschiedlichen Anspruchsgruppen angewiesen.

Nach einem Überblick über die Beiträge zu den Management-Aufgaben werden im Folgenden Charakteristika von NPOs anhand eines Modells diskutiert, welches Dimensionen und Strukturen von Organisationen in Zusammenhang mit deren Umwelten bringt und wir schließen mit einem – hier noch allgemeinen Blick – auf Konsequenzen für das NPO-Management.

1.2 Klassische Management-Funktionen

NPOs verfügen über ein vergleichsweise mehrdimensionales und komplexes Zielsystem, bestehend aus Leistungswirkungs-, Leistungserbringungs-, Potenzial- und Formalzielen. Viele Elemente davon sind nur schwer operationalisierbar und unterschiedliche Stakeholder-Interessen erschweren eindeutige strategische Ausrichtungen. Strategisches Management muss den Balanceakt schaffen, die gegebene Komplexität zu berücksichtigen und dennoch Klarheit in der Organisation und ihrer Ausrichtung zu schaffen (Beitrag II.2).

Auch für die zentrale konstitutive Entscheidung der Rechtsformwahl stellen sich für NPOs andere Rahmenbedingungen und Möglichkeiten. Spezifika zeigen sich bei der steuerlichen Behandlung, sowie bei Fragen der Haftung und der Mitbestimmung. Beitrag II.3 vermittelt dazu einen Überblick und geht auf aktuelle Bedingungen und Veränderungen ein.

Wo liegen Besonderheiten von NPOs als Organisation und welche NPO-typischen Dynamiken der Organisationsentwicklung und Anpassung an Vorgaben lassen sich beobachten? Beitrag II.4 versucht eine Antwort darauf ausgehend von Spezifika der Mitgliederstruktur, der internen Demokratie oder der Governance-Organe (siehe auch Beitrag III.7), sowie der Ressourcenabhängigkeit und daraus folgender Legitimationserfordernisse (z. B. Martínez, 2009). Typisch für NPOs sind die Verwerfungen zwischen (basis-) demokratischen Mitbestimmungserwartungen und Management-Anforderungen an Effizienz und Effektivität. Bekannt sind diese schon lange, sie äußern sich allerdings im Zeitablauf in immer unterschiedlicheren Ausprägungen.

Da es bei NPOs meist keine Identität zwischen den Zahlenden und den Leistungsempfangenden gibt, sieht sich auch das Marketing besonderen Anforderungen gegenüber (siehe Beitrag II.5). Diese betreffen besonders die Gegenleistungspolitik: Der Preis als zentrales Instrument zur Steuerung der Nachfrage fällt meist weg, umso wichtiger werden die vielen nicht-preislichen Instrumente, vor allem die Gestaltung von Schwellen und Barrieren, die die Nachfrage beeinflussen. Auch in der Kommunikationspolitik stellen sich ganz spezifische Herausforderungen, sowohl durch die Komplexität der Dienstleistungen als auch durch die Differenziertheit der Zielgruppen (vgl. z. B. Bruhn, 2012; Helmig/Thaler, 2010).

Das Personalmanagement von NPO ist v. a. durch stark differenzierte Personalstrukturen geprägt (Beitrag II.6). Neben DienstvertragsnehmerInnen und Werkvertragsbeschäftigten gibt es unbezahlte Freiwillige und Ehrenamtliche, Zivildiener, und Ordensangehörige. Abgesehen von der dadurch stark erhöhten Komplexität gibt es auch besondere Belastungssituationen (z. B. Burnout in Sozialberufen) und Motivationslagen (Mann, 2006). Obwohl also gerade für NPOs die Anforderungen an das Personalmanagement anspruchsvoll sind, werden sie in der Praxis oft unterschätzt (von Eckardstein/Ridder, 2003).

Der Beitrag II.7 gibt einen Überblick über relevante und besonders NPOs betreffende arbeits- und sozialrechtliche Rahmenbedingungen. Er zeigt damit auch für Nicht-JuristInnen auf, welche Möglichkeiten, Grenzen und eventuell auch Fallstricke im Umgang mit Arbeitsverträgen zu beachten sind, und geht zudem explizit auf rechtliche Veränderungen und deren mögliche Auswirkungen ein.

Vielleicht stimmt das Bonmot nicht ganz, dass nirgends so viel über Geld gesprochen wird wie in NPOs, wichtiger Dauerbrenner ist das Thema Finanzierung aber allemal (Beitrag II.8). NPOs können zwar in vielen Bereichen keine marktgerechten Preise erzielen und sind aufgrund des Nichtausschüttungsgebotes auch bei der Beteiligungsfinanzierung am Kapitalmarkt behindert, sie verfügen aber über spezifische Finanzierungsmöglichkeiten wie Spenden und Sponsoring (siehe Beitrag III.6) und haben damit – Stichwort Fundraising – spezielle Managementaufgaben. Gerade für NPOs ist es darüber hinaus von großer Bedeutung, Finanzierungen gut zu kombinieren, um damit kritische Abhängigkeiten zu vermeiden (z. B. Fischer/Wilsker/Young, 2011; Hodge/Piccolo, 2011).

Besondere Anforderungen stellen sich aufgrund der Stakeholder-Struktur auch an das Rechnungswesen und das Controlling (siehe Beitrag II.9; Speckbacher, 2007; Kendall/Knapp, 2000). Dass es bei NPOs i. d. R. um Leistungswirkungsziele geht, macht Controlling und Evaluation auf der Leistungsseite sehr anspruchsvoll (Hudson, 2005), und das klassische Controlling muss um Methoden der Evaluation erweitert werden. Jüngst entwickelt sich eine rege Diskussion zur ökonomischen Wirkungsmessung, insbesondere zum Social Return on Investment (siehe Beitrag III.5; Olsen, 2003; Lingane/Olsen, 2004). Dabei geht es darum, nicht bloß Kosteneffizienz zu messen, sondern generell die monetär bewerteten Wirkungen eines Projektes den Investitionen gegenüberzustellen. Legitimität und Rechenschaftspflicht (»accountability«) sind in den letzten Jahren zu Überlebensfragen von NPOs geworden (Blasi, 2002; Cutt/Murray, 2000), mit auch negativen Auswirkungen der verschärften Rechenschaftspflichten auf die Missionserfüllung und die Effektivität (Ebrahim, 2005; Christensen/Ebrahim, 2006). Der Legitimitäts- und Rechenschaftsdruck führt auch zu verstärkten Anstrengungen im Bereich der Corporate Governance (Speckbacher, 2008; Beitrag III.7).

Beitrag II.10 arbeitet Anforderungen an das Projekt- und Prozessmanagement heraus und zeigt die Möglichkeiten für dessen zielgerichteten Einsatz. Mit der Einrichtung von Projekten ist die Chance auf höhere Flexibilität der Organisation verbunden, auf neue Karrierewege für MitarbeiterInnen sowie auf Arbeitsformen, die den Aufgaben der NPO angemessen sind. Gleichzeitig wird damit immer auch das Spannungsfeld zur Stamm-Organisation aufgemacht, die Frage der strategischen Einbettung stellt sich gerade dann, wenn viel im Rahmen von Projekten gearbeitet wird. Klares Prozessmanagement wiederum muss den Balanceakt schaffen zwischen angemessener Klarheit und methodischer Strukturierung einerseits und Formalismus andererseits, welcher Handlungsoptionen und Kreativität einschränkt.

Beitrag II.11 trägt Überlegungen und Forschungsergebnisse zur Frage zusammen, was denn gute Führung bzw. Leadership in NPOs ausmacht, und wie dies mit jeweiligen Ausprägungen der Organisationskultur zusammenhängt. Generell ist hier eine gewisse Paradoxie beobachtbar: So hat sich Führung im NPO-Bereich in den letzten Jahren deutlich professionalisiert, im Feld ist eine gewisse Identität, ein Selbstverständnis des NPO-Managements entstanden und angesichts des Umgangs mit den oft großen Herausforderungen im Sektor zeigt sich die hohe Professionalität vieler Führungskräfte. Gleichzeitig wird das Thema in vielen NPOs immer noch teils tabuisiert, teils zumindest als heikel und wesensfremd betrachtet, ein Umstand der das Tagesgeschäft der Führungskräfte nicht eben leichter macht.

1.3 NPO und ihre Umwelt

Jede Organisation steht in einer Wechselwirkung mit ihren Umwelten, und jede Organisation muss bestimmte interne Strukturen aufbauen, innerhalb derer Entscheidungs- und Routineprozesse ablaufen, die das Überleben der Organisation sicherstellen. Die Besonderheiten von NPOs sollen in einem Modell, welches diese zentralen Zusammenhänge von Organisationen darstellt, systematisch zusammengefasst werden (vgl. Abbildung II.1.1).

Besonders hinsichtlich ihrer Umweltbeziehungen unterscheiden sich NPOs deutlich von Wirtschaftsunternehmen und öffentlichen Verwaltungen. In Bezug auf die relevanten Arbeitsmärkte sind es die Freiwilligen-Märkte (siehe Beitrag III.1), die für viele NPOs eine zentrale Rolle spielen. Andere Aspekte des Arbeitsmarktes sind zwar für NPOs nicht prinzipiell anders als bei Unternehmen oder öffentlichen Verwaltungen, zeigen sich jedoch konjunkturabhängig für NPOs in besonderer Schärfe (z. B. Mangel an Pflegekräften). Bei bestimmten Teilarbeitsmärkten und Berufsgruppen haben NPOs eine starke Nachfragemacht (z. B. für SozialarbeiterInnen und SporttrainerInnen), auf anderen stehen sie in stärkerem Wettbewerb mit Unternehmen und öffentlichen Verwaltungen (z. B. bei ManagerInnen) und müssen den Arbeitssuchenden somit konkurrenzfähige Angebote machen.

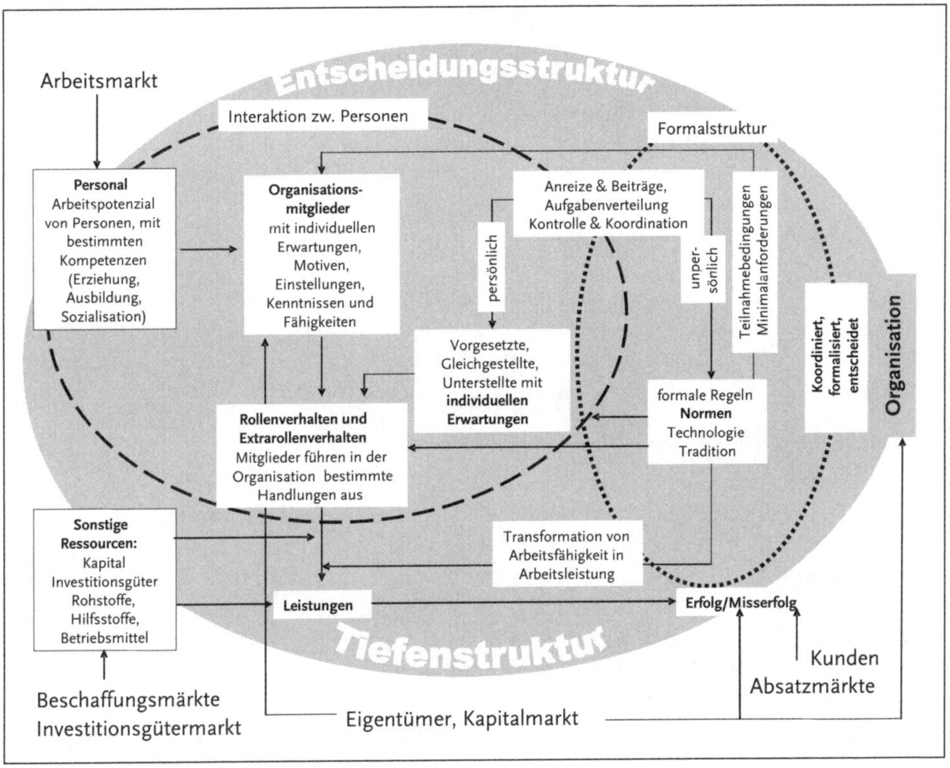

Quelle: Titscher/Meyer/Mayrhofer, 2008, S. 24

Abbildung II.1.1: Dimensionen der Organisation und Zusammenhänge in Organisationen

Selten wird dies auf der Ebene monetärerer Anreize gelingen, über ihre Mission und den Organisationszweck haben NPOs jedoch Vorteile im Bereich nichtmonetärer Anreize. Auch auf vielen Beschaffungs- und Investitionsgütermärkten stehen NPOs in direktem Wettbewerb mit anderen Nachfragern, nur in wenigen Teilbereichen werden hier kompetitive Vorteile zu lukrieren sein (z. B. über Sachsponsoring bzw. Sachspenden).

Ein offensichtlicher Unterschied besteht auf den Kapitalmärkten: Im klassischen Verständnis von NPOs – Stichwort: Nichtausschüttung von Gewinnen – sind den NPOs hier enge Grenzen bei der Beschaffung von Eigenkapital gesetzt. Viele Formen der klassischen Beteiligungsfinanzierung sind ausgeschlossen, da den KapitaleigentümerInnen keine Gewinnanteile versprochen werden können. Im Bereich der klassischen Fremdfinanzierung (Darlehen, Kredite) wiederum leiden NPOs oft an rigider Kreditwürdigkeitseinschätzung durch Geschäftsbanken. Erst langsam entstehen auch im deutschsprachigen Europa auf NPO spezialisierte Banken (z. B. Spezialbanken für gemeinnützige Projekte) und Bankdienstleistungen, und auch der Ausbau von Social Businesses bzw. sozialökonomischen Betrieben, die einen besseren Zugang zu Eigenkapital erlauben, schreitet voran (z. B. in Form von sog. Social Venture Capital, siehe Beitrag III.4). Noch immer aber zeigen sich bei der Kapitalmarkt-Anbindung deutliche Unterschiede zu Unternehmen und öffentlichen Verwaltungen.

Ein systematischer Unterschied zu anderen Sektoren besteht bei den Absatzmärkten: Das oftmalige Auseinanderfallen von LeistungsempfängerInnen und ZahlerInnen wurde bereits erwähnt. Die von NPOs erbrachten Leistungen lassen sich grob in drei Bereiche kategorisieren (vgl. Neumayr/Schneider 2008; Neumayr et al. 2009):

- Dienstleistungen für individuelle LeistungsempfängerInnen (Service),
- Beteiligung am politischen System bei der Produktion kollektiv verbindlicher Entscheidungen, z. B. durch Interessensvertretung (Advocacy, Voice),
- Produktion von Sozialkapital und Gemeinschaft (Community Building).

Viele NPOs sind nicht bloß auf eine dieser Leistungsarten konzentriert, sondern erfüllen mehrere Funktionen. Je nach Leistungsart ist eine Deckung zwischen Leistungsempfang und Zahlung grundsätzlich möglich (Service, z. B. Pflege- und Bildungsleistungen) oder unmöglich (z. B. bei Umwelt-NPOs). Aber auch dann, wenn eine Verrechnung der Leistung direkt an die EmpfängerInnen möglich wäre, ist dies oft aus sozialpolitischen und wohlfahrtsökonomischen Gründen nicht sinnvoll, weil damit gesamtgesellschaftlich suboptimale Leistungsniveaus produziert würden (z. B. Bildung; siehe Beitrag I.7).

Im Bereich der direkten Interaktion zwischen den Organisationsmitgliedern (vgl. Abbildung II.1.1 linker Teil) zeigen sich in NPOs viele Besonderheiten: Der psychologische Vertrag (Rousseau, 1995) zwischen Organisation und Mitglied umfasst in NPOs besondere Erwartungen der MitarbeiterInnen, z. B. in Bezug auf die Mission und auf Mitbestimmung, aber auch besondere Erwartungen der Organisation in Bezug auf Einsatzbereitschaft und Committment der MitarbeiterInnen. Auf diese psychologischen Verträge muss bei organisationalen Veränderungen Bedacht genommen werden, und zwar besonders bei Freiwilligen und Ehrenamtlichen (siehe Beitrag II.6, Vantilborgh et al., 2011). NPOs unterscheiden sich auch in Bezug auf Führung: MitarbeiterInnenbezogenenes und transformationales Führungsverhalten leistet in NPOs einen noch größeren Beitrag zum Erfolg als in anderen Organisationen (siehe Beitrag II.11, Lowe/Kroek/Sivasubramiam, 1996; Yip et al., 2010). Im Bereich der Leistungsmotivation spielen monetäre Anreize eine geringere Rolle als in Wirtschaftsunternehmen: Nicht nur kommt dem Inhalt der Tätigkeiten und der Mission der NPO eine starke motivatorische Kraft zu (Public Service Motivation, Mann, 2006), die durch ungeschickte monetäre Anreizgestaltung verdrängt bzw. verringert werden kann (Frey, 2001), auch ist es in NPOs aufgrund der mehrdimensionalen und qualitativen Zielsysteme schwierig bis unmöglich, geeignete Indikatoren für eine leistungsorientierte Entlohnung zu definieren (Speckbacher, 2012). Schließlich unterscheiden sich NPOs aufgrund all dieser Besonderheiten auch in ihrer Organisationskultur von gewinnorientierten Unternehmen: Sie weisen eine stärkere Identität auf und bewahren diese auch bei Veränderungsprozessen (z. B. Welleford/Dudley, 2000). Sie betonen Egalität und Gerechtigkeit in der Organisation (Sass/Liao-Troth/Wonder, 2011), legen hohen Wert auf Mitbestimmung (Brainard/Siplon, 2004), laufen aber Gefahr, durch zunehmende Vermarktlichung, Ökonomisierung und Verbetriebswirtschaftlichung diese Eigenarten zu verlieren (z. B. Eikenberry/Kluver, 2004).

Die dritte Ellipse der Abbildung II.1.1 bezieht sich auf die formalen Organisationsstrukturen. Hier ergeben sich die NPO-Besonderheiten zum einen aus den Rechtsformen (Beitrag II.3). Vereine, Stiftungen und Genossenschaften unterscheiden sich hinsichtlich der Organe und ihrer Zuständigkeiten von Kapitalgesellschaften, und die Governance-Erfordernisse empfehlen bei NPOs andere Formalstrukturen. Vielen NPOs wird zugeschrieben, dass sie sich lange und erfolgreich gegen Strukturen wehren und die Hierarchien flach halten. Das mag auch damit zu tun haben, dass sich NPOs in ihrer Entwicklung oft aus Gruppen (z. B. Selbsthilfegruppen) oder sozialen Bewegungen (z. B. Ökologiebewegung) entwickeln und damit längere Zeit ihre Strukturen fluide halten (Smith, 1992). Andererseits zeigt sich gerade hier die Heterogenität des Sektors, sind doch viele andere NPOs stark hierarchisiert, standardisiert und formalisiert (z. B. Einsatzorganisationen).

1.4 Mehr als bloßes Management: Leadership in NPOs

Management in NPOs muss unterschiedliche Aufgaben wahrnehmen, das Wechselspiel mit verschiedenen Umwelten gestalten und viele Widersprüche balancieren. Leadership und Führung betrifft aber nicht nur diese sachlich-rationalen Ebenen, sondern lässt sich in einen weiteren Rahmen stellen (vgl. das Führungspuzzle bei Simsa/Patak, 2008). Führen ist Lenkung von Aufmerksamkeit – auch der eigenen. Das Modell des Führungspuzzles definiert sieben wesentliche, in der Praxis oft überlappende Felder der Führung. Wir benennen diese im Folgenden kurz, systematisieren die Beiträge des Management-Teils und skizzieren organisationskulturelle Besonderheiten von NPOs.

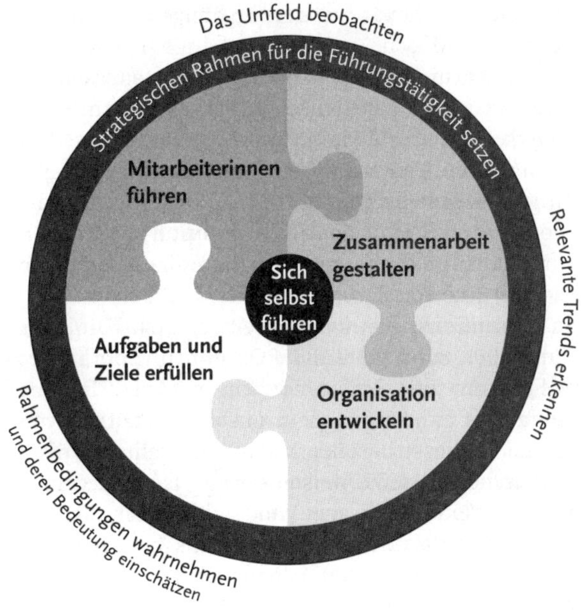

Quelle: Simsa/Patak, 2008

Abbildung II.1.2: Führungspuzzle

Im Zentrum des Modells steht *Selbstführung*. Untersuchungen zu Leadership zeigen, dass hier persönliche Inspiration, gelebte Werte, Mut und Überzeugungskraft wichtig sind (siehe Beitrag II.11). In punkto persönliche Glaubwürdigkeit ihrer Führungskräfte sowie auch des Wissens um die Notwendigkeit von Persönlichkeitsentwicklung sind NPOs im Vergleich mit anderen Organisationen Vorreiter, gleichzeitig erfordern sie aufgrund der spezifischen Widersprüche besonders hohe Konfliktfähigkeit, Ich-Stärke und Reflexionsfähigkeit ihrer Führungskräfte und unterstützen diese tendenziell weniger bei der Entwicklung dieser Fähigkeiten (Bell/Moyers/Wolfred, 2006).

Daran anschließend können vier Aufgabenfelder der operativen Führung definiert werden, die den Alltag jeder Führungskraft ausmachen, nämlich (1) direkte MitarbeiterInnenführung, (2) die Gestaltung der Zusammenarbeit, insbesondere in Teams, (3) die Entwicklung der Organisation und (4) die Erfüllung der Aufgaben und Ziele.

(1) Beim Thema *MitarbeiterInnenführung* geht es darum, die Entwicklung von Personen zu beobachten, zu thematisieren und zu steuern. Abgesehen von Aufgaben für die direkte Führung liegt der wesentliche Erfolgsfaktor hier in der Gestaltung eines fundierten strategischen Personalmanagements der Gesamtorganisation. Neben den schon angesprochenen Herausforderungen aufgrund der hohen Vielfalt von Vertragsverhältnissen, schwer messbarer Ziele und oft knapper Ressourcen zeigen sich in NPOs organisationskulturelle Besonderheiten u.a. im Management des Widerspruchs von Organisation und Person, die mit der hohen Personenorientierung von NPOs zusammenhängen. Wir finden in NPOs oft eine geringere Bereitschaft vieler MitarbeiterInnen, sich organisatorischen Notwendigkeiten unterzuordnen. Spezifische Umgangsformen gibt es auch mit der Balance von Fördern und Fordern, die mit motivlich und tätigkeitsbedingten Tendenzen zur Selbst- und Fremdausbeutung ebenso zusammen hängen wie mit der typischen Hierarchieabwehr in manchen NPOs.

(2) Dem Thema *Team* ist kein eigenes Kapitel gewidmet (aus der kaum zu überblickenden Ratgeber-Literatur zu Teams empfehlen wir Titscher/Stamm, 2006; für einen Forschungsüberblick Mayrhofer/Schneidhofer/Steyrer, 2009). Wenn NPOs hier Besonderheiten aufweisen, dann sind das spezifische Kompetenzen aufgrund einer langen Tradition der Teamorientierung, tendenziell demokratischen Strukturen und einer hohen Bereitschaft zur Diskussion und Reflexion der eigenen Kultur und Zusammenarbeit. Potenzielle Defizite liegen eher in einer zu großen Neigung zu Gruppenentscheidungen und MitarbeiterInnenorientierung (von Eckardstein/Simsa, 2007).

(3) Beim Thema *Organisation* entwickeln (Beiträge II.4; II.10) geht es von Seiten des Managements grundsätzlich zunächst um das Erkennen von und Denken in Strukturen und Prozessen; um Führung über Regeln, Strukturen, Ablaufbeschreibungen statt über direkte personell-interaktive Führung, zudem um die Gestaltung von Veränderungsprozessen sowie von Entscheidungsstrukturen und Schnittstellen. Typische Kulturmerkmale in NPOs sind häufig Tendenzen der Untersteuerung, also eher geringe Klarheit von Aufgaben, Kompetenzen und Verantwortungen, und bei kleineren NPOs ein häufig geringerer Organisationsgrad als in der Profitwelt. Eine spezifische Ausprägung im NPO-Bereich hat oft das Zusammenspiel der Führungsebenen, die meist ehrenamtlich besetzten Gremien haben oft hohen Einfluss aber z.T. geringere Kenntnis organisationaler Abläufe und Strukturen.

(4) Aufgaben und Ziele zu erfüllen berührt fachspezifische Anforderungen der jeweiligen inhaltlichen Tätigkeit, die Formulierung fachlicher Standards, die Planung und Messung der Zielerreichung, die Definition der relevanten Stakeholder, Umwelten und Benchmarks, den Umgang mit Fehlern und das Setzen bewusster Grenzen in Bezug auf Ziele und Tätigkeitsbereiche. Dieser Aspekt des Führungs-Puzzles bezieht sich auf klassisches Management, z.B. in den Teilbereichen Marketing, Personal, Finanzierung, Rechnungs-

wesen- und Controlling. Schwer messbare, aber in der Arbeit mit NPOs deutlich spürbar ist zudem die typischerweise hohe Neigung zu Spiegelphänomenen, also dem Rückwirken der inhaltlichen Tätigkeit auf organisationskulturelle Ausprägungen (Gössler/Schweinschwaller, 2008). Das »Nie-genug-Bekommen« der Drogenerkrankten legen SozialarbeiterInnen einer Drogenhilfsorganisation dann gegenüber ihren eigenen Führungskräften an den Tag. Die kämpferische Haltung einer Interessenvertretung richtet sich rasch auch nach innen und wird zum Widerstand gegen organisationale Hierarchien.

Nach der Selbstführung und den erwähnten vier Teilfeldern der Führung verweist das Modell auch auf die strategische Ebene (Beitrag II.2): die regelmäßige Beobachtung der Umwelt, das Definieren von Leitbildern, Visionen, Strategien und Werten. Es geht um die grundlegende Orientierung der Organisation bzw. der eigenen Abteilung – »Know your agenda« nennen dies Herman und Heimovics (1994, S. 144). Hier zeigen sich wiederum widersprüchliche Interessen von Stakeholdern, oft unerreichbare Ansprüche, aber auch die starke Bindung der NPO an inhaltliche Ziele.

1.5 Ambivalenzen des Management

NPOs weisen also doch einiges an Besonderheiten des Managements auf. Wie weit passen dann Managementmethoden, wie sie vor allem für Unternehmen entwickelt wurden, auch für diesen Bereich? In seiner einfachsten Definition ist Management nichts anderes als die Umsetzung einer instrumentellen Rationalität: die Definition von Zielen, die Entwicklung von alternativen Wegen der Zielerreichung, die Bewertung dieser Alternativen und die Entscheidung für die beste, und schließlich die Kontrolle der Zielerreichung sowie die permanente Adaptierung des Mitteleinsatzes. Die Besonderheiten von NPOs zeigen sich auch auf dieser abstrakten Ebene: Erstens gibt es mehr Ziele, viele davon als Werte vorerst ungeeignet, eine Entscheidungsgrundlage zu bilden. Zweitens gibt es mehr Widersprüche zwischen diesen Zielen, aber auch mehr Widersprüche, inwieweit Instrumente zu den Werten und der Kultur der Organisation passen. Drittens gibt es eine oftmals grundsätzliche Skepsis gegenüber Steuerung und formalen Strukturen. Wir können also von einer grundsätzlichen Ambivalenz von Management von NPOs ausgehen.

Dies zeigt sich beispielsweise im Umgang mit betriebswirtschaftlicher Rationalität: Sie wird oftmals kritisiert, aber ohne sie geht es auch nicht. Auch NPOs brauchen Management im Sinn der Anwendung betriebswirtschaftlicher Logiken und Instrumente. Diese wurden allerdings primär für Wirtschaftsunternehmen entwickelt und sind nicht in jedem Fall ohne Anpassung für NPOs geeignet. Auf der einen Seite brauchen NPOs Management, um ihre Ziele besser erreichen zu können, mit knappen Ressourcen haushalten und ihre Wirkungen zu entfalten. Auf der anderen Seite darf Management kein Prokrustesbett sein, in dem die NPOs eingepasst und ihrer Eigenarten beraubt werden.

Eine Anpassung an dominante Logiken und damit die fortscheitende Ähnlichkeit und Isomorphie unterschiedlicher Organisationen (Meyer, 2005; Powell/Gammal/Simard, 2007) bringt Chancen in punkto Professionalisierung und zielgerichteter Steuerung. Sie birgt aber auch die Gefahr der Kolonialisierung, des Verlusts jener Besonderheiten, die den Erfolg so vieler NPOs ausmachen und des Verlusts einer Vielfalt von Diskurs- und Organisationslogiken in NPOs. Professionalisierung darf nicht mit Management-Professionalisierung gleichgesetzt werden, gerade im Nonprofit-Sektor arbeiten viele Profis (z. B.

MedizinerInnen, SozialarbeiterInnen, SporttrainerInnen, PsychotherapeutInnen; vgl. zur Profession als dritte Logik neben Markt und Bürokratie v.a. Freidson, 2001). Multiprofessionelle Zusammenarbeit ist anspruchsvoll und beruht auf wechselseitigem Respekt, ein betriebswirtschaftlicher Imperialismus ist damit schwer zu vereinbaren. Vielfach werden betriebswirtschaftliche Methoden nicht zur Rationalisierung, sondern zu Legitimierung eingeführt, und der Kennzahlenfetischismus trägt nicht zu einer Rationalisierung von Entscheidungen bei, sondern generiert bloß Erhebungsaufwand. Der Beitrag Kommunikation (III.3) zeigt, wie sehr dominante Logiken schon Eingang in Interpretationsmuster gefunden haben und wie dies oftmals schon automatisch und unbemerkt passiert. Man muss vielleicht nicht so weit gehen und den Prozess der Anpassung von NPOs an gewinnorientierte Unternehmen als Selbstzerstörung bezeichnen (Horch, 1995), aber ein reflektierter Umgang mit wirtschaftlichen Methoden und Denkweisen ist gefragt.

Wir empfehlen den Führungskräften im Sektor ein selbstbewusstes Herangehen an das Thema Management, eine bewusste Auswahl von Logiken, Denkweisen und Instrumenten, aber auch eine ebenso bewusste »Abwahl«, selbst wenn diese herrschenden Moden, Empfehlungen von BeraterInnen oder den Strategien ähnlicher Organisationen entsprechen sollten. Eine Basis für eine solche Herangehensweise können die nächsten Beiträge sein. Sie versuchen, zu den einzelnen Aufgabenbereichen des Management bzw. Teildisziplinen der Betriebswirtschaftslehre unter Berücksichtigung der Spezifika von NPOs einen Überblick über den Stand der Forschung zu leisten, sowie einen Rahmen für den Umgang des Management mit dem jeweiligen Thema. Den Führungskräften wird damit zwar bewusst kein Methodenset zur Verfügung gestellt, aber ein Hintergrund, auf Basis dessen sie das eigene Alltagshandeln besser verstehen, Spezifika ihrer Organisation reflektieren und einzelne Methoden und Tools in informierter Weise passend zu Organisationskultur und Situation wählen und einsetzen können.

Literatur

Abzug, Rikki/Webb, Natalie J. (1999): Relationship between Nonprofit and For-Profit Organizations: A Stakeholder Perspective, in: Nonprofit and Voluntary Sector Quarterly 28, S. 416–431.

Bell, Jeanne/Moyers, Rick/Wolfred, Timothy (2006): Daring to Lead 2006: A National Study of Nonprofit Executive Leadership. San Francisco.

Bigelow, Barbara/Middleton Stone, Melissa/Arndt, Margarete (1996): Corporate Political Strategy, in: Nonprofit Management and Leadership 7, S. 29–43.

Blasi, Gerald J. (2002): Government Contracting and Performance Measurement in Human Services, in: International Journal of Public Administration 25, S. 519–538.

Brainard, Lori A./Siplon, Patricia D. (2004): Toward Nonprofit Organization Reform in the Voluntary Spirit: Lessons from the Internet, in: Nonprofit and Voluntary Sector Quarterly 33, S. 435.

Bruhn, Manfred (2012): Marketing für Nonprofit-Organisationen, 2. Aufl., Stuttgart.

Christensen, Rachel A./Ebrahim, Alnoor (2006): How does accountability affect mission? The case of a nonprofit serving immigrants and refugees, in: Nonprofit Management and Leadership 17, S. 195–209.

Cutt, James/Murray, Vic (2000): Accountability and effectiveness evaluation in non-profit organizations, London et al.

Ebrahim, Alnoor (2005): Accountability Myopia: Losing Sight of Organizational Learning, in: Nonprofit and Voluntary Sector Quarterly 34, S. 56–87.

Eikenberry, Angela M./Kluver, Jodie Drapal (2004): The Marketization of the Nonprofit Sector: Civil Society at Risk?, in: Public Administration Review 64, S. 132.

Fischer, Robert L./Wilsker, Amanda/Young, Dennis R. (2011): Exploring the Revenue Mix of Nonprofit Organizations: Does It Relate to Publicness?, in: Nonprofit and Voluntary Sector Quarterly 40, S. 662–681.

Freidson, Eliot (2001): Professionalism: The Third Logic: On the Practice of Knowledge, Chicago.

Frey, Bruno (2001): Motivation Crowding Out, in: Journal of Economic Surveys 15, S. 589–699.

Gössler, Martin/Schweinschwaller, Thomas (2008): Spezifika von Nonprofit-Organisationen und deren Beratung, in: OrganisationsEntwicklung – Zeitschrift für Unternehmensentwicklung und Change Management, S. 48–56.

Helmig, Bernd/Thaler, Julia (2010): On the Effectiveness of Social Marketing – What Do We Really Know?, in: Journal of Nonprofit and Public Sector Marketing 22, S. 264–287.

Herman, D. Robert/Renz, David O. (1997): Multiple Constituencies and the Social Construction of Nonprofit Organization Effectiveness, in: Nonprofit and Voluntary Sector Quarterly 26, S. 185–206.

Herman, Robert D./Heimovics, Richard D. (1994): Executive Leadership, in: Herman, Robert D. (Hrsg.): The Jossey-Bass Handbook of Nonprofit Leadership and Management, San Francisco.

Hodge, Mattew M./Piccolo, Ronald F. (2011): Nonprofit Board Effectiveness, Private Philanthropy, and Financial Vulnerability, in: Public Administration Quarterly 35, S. 520–550.

Horch, Horst D. (1995): Selbstzerstörungsprozesse freiwilliger Vereinigungen: Ambivalenzen von Wachstum, Professionalisierung und Bürokratisierung, in: Rauschenbach, Thomas/Sachße, Christoph/Olk, Thomas (Hrsg.): Von der Wertgemeinschaft zum Dienstleistungsunternehmen. Jugend- und Wohlfahrtsverbände im Umbruch, Frankfurt/Main, S. 280–297.

Hudson, Mike (2005): Managing without profit: The art of managing third-sector organizations, 2. Aufl., London.

Jäger, Urs/Beyes, Timon (2010): Strategizing in NPOs: A Case Study on the Practice of Organizational Change Between Social Mission and Economic Rationale, in: Voluntas: International Journal of Voluntary and Nonprofit Organizations 21, S. 82–100.

Jeavons, Thomas H. (1992): When the Management Is the Message: Relating Values to Management Practice in Nonprofit Organizations, in: Nonprofit Management & Leadership 2, S. 403–417.

Judge, Timothy A./Piccolo, Roland F./Ilies, Remus (2004): The forgotten ones? The validity of consideration and initiating structure in leadership research, in: Journal of Applied Psychology 89, S. 36–51.

Kendall, Jeremy/Knapp, Martin (2000): Measuring the Performance of Voluntary Organizations, in: Public Management 2, S. 105–132.

Lingane, Alison/Olsen, Sara (2004): Guidelines for Social Return on Investment, in: California Management Review 46, S. 116–135.

Lowe, Kenneth B./Kroek, K. Galen/Sivasubramiam, Nagaraj (1996): Effectiveness correlates of transformational and transactional leadership: A meta-analytic review of the MLQ-literature, in: Leadership Quarterly 7, S. 385–425.

Mann, Gregory A. (2006): A Motive To Serve: Public Service Motivation in Human Resource Management and the Role of PSM in the Nonprofit Sector, in: Public Personnel Management 35, S. 33–48.

Martínez, Beltrán Roca (2009): Structure, power, and discourses of development in Spanish NGOs, in: Nonprofit Management and Leadership 20, S. 203.

Mayrhofer, Wolfgang/Schneidhofer, Thomas/Steyrer, Johannes (2009): T.E.A.M. »Together Everyone Achieves More« oder »Toll, ein anderer macht's«. Teams in Organisationen, in: Kasper, Helmut/Mayrhofer, Wolfgang (Hrsg.): Personalmanagement, Führung, Organisation, 4. Aufl., Wien, S. 189–214.

Meyer, John W. (Hrsg.) (2005): Weltkultur. Wie die westlichen Prinzipien die Welt durchdringen, Frankfurt am Main.

Meyer, Michael (2007): Stichwort: Nonprofit-Organisationen, in: Köhler, Richard/Küpper, Hans-Ulrich/Pfingsten, Andreas (Hrsg.): Handwörterbuch der Betriebswirtschaftslehre, Stuttgart, S. 1249–1258.

Neumayr, Michaela/Schneider, Ulrike (2008): Nonprofit-Organisationen – mehr als nur Dienstleister? Empirische Befunde zu den Funktionen von Nonprofit-Organisationen in Österreich und der Tschechischen Republik, in: Schauer, Reinbert u. a. (Hrsg.): Steuerung und Kontrolle in Nonprofit-Organisationen, Linz.

Neumayr, Michaela et al. (2009): The Role of Civil Society Organizations in Different Nonprofit Regimes: Evidence from Austria and the Czech Republic, in: Comparative Social Research 26, S. 167–196.

Olsen, Sara (2003): Social Return on Investment: Standard Guidelines. Working Paper Series Nr. 8, Berkeley.

Powell, Walter W./Gammal, Denise L./Simard, Caroline (2007): Close Encounters: The Circulation and Reception of Managerial Practices in the San Francisco Bay Area Nonprofit Community, in: Czarniawsaka, Barbara/Sevón, Guje: Global ideas: how ideas, objects and practices travel in the global economy, Malmö, S. 233–258.

Rousseau, Denise M. (1995): Psychological contracts in organizations: understanding written and unwritten agreements, Thousand Oaks.

Sass, Mary D./Liao-Troth, Matthew A./Wonder, Bruce D. (2011): Determining person-organization fit for healthcare CEOs: how executive equity sensitivity relates to nonprofit and for-profit sector selection, in: Nonprofit Management and Leadership 22, S. 199–216.

Simsa, Ruth (1999): Zwischen Wirtschaft und Werten. Nonprofit-Organisationen als spezifisches Feld von Training und Beratung, in: Gruppendynamik 4, S. 326–344.

Simsa, Ruth/Patak, Michael (2008): Leadership in Nonprofit-Organisationen. Die Kunst der Führung ohne Profitdenken, Wien.

Smith, David Horton (1992): A Neglected Type of Voluntary Nonprofit Organization: Exploration of the Semiformal, Fluid-Membership Organization, in: Nonprofit and Voluntary Sector Quarterly 21, S. 251–269.

Speckbacher, Gerhard (2007): Stakeholderorientiertes Performance Management und Nonprofit Governance, in: Badelt, Christoph/Meyer, Michael/Simsa, Ruth (Hrsg.): Handbuch der Nonprofit-Organisation, Stuttgart, S. 581–595.

Speckbacher, Gerhard (2008): Nonprofit versus corporate governance: An economic approach, in: Nonprofit Management & Leadership 18, S. 295–320.

Speckbacher, Gerhard (2012): The Use of Incentives in Nonprofit Organizations, in: Nonprofit and the Voluntary Sector Quarterly, forthcoming.

Steyrer, Johannes/Meyer, Michael (2010): Welcher Führungsstil führt zum Erfolg?, in: Zeitschrift für Führung und Organisation (zfo) 79, S. 148–155.

Stone, Melissa M./Bigelow, Barbara/Crittenden, William (1999): Research on strategic management in nonprofit organizations: Synthesis, analysis, and future directions, in: Administration & Society 31, S. 378–423.

Titscher, Stefan/Meyer, Michael/Mayrhofer, Wolfgang (2008): Organisationsanalyse: Konzepte und Methoden, Wien.

Titscher, Stefan/Stamm, Markus (2006): Erfolgreiche Teams. Teams richtig einsetzen, fördern und führen, Wien.

Vantilborgh, Tim et al. (2011): A New Deal for NPO Governance and Management: Implications for Volunteers Using Psychological Contract Theory, in: Voluntas 22, S. 639–657.

von Eckardstein, Dudo/Ridder, Hans G., (Hrsg.) (2003): Personalmanagement als Gestaltungsaufgabe im Nonprofit und Public Management, München.

von Eckardstein, Dudo/Simsa, Ruth (2007): Entscheidungsmanagement in NPOs, in: Badelt, Christoph (Hrsg.): Handbuch der Nonprofit-Organisation. Strukturen und Management, 4. Aufl., Stuttgart, S. 427–441.

Welleford, Paul B./Dudley, Larkin S. (2000): Persistence of Organizational Identity within Interorganizational Relationships, in: International Journal of Organization Theory and Behavior 3, S. 345–358.

Yip, Jeffrey et al. (2010): Leadership in faith-based nonprofits: The power of identity boundaries to bind and blind, in: Nonprofit Management and Leadership 20, S. 461.

2 Ziele und Strategien

Christian Horak, Gerhard Speckbacher

Nonprofit-Organisationen wurden gegründet und existieren, um eine Mission oder eine Leitidee und somit einen bestimmten Organisationszweck zu verfolgen. Damit knappe Mittel effektiv im Sinne des Organisationszweckes eingesetzt werden und um Mittelverschwendung (Ineffizienz) zu vermeiden, sind Organisationsziele klar zu definieren und es ist eine Strategie festzulegen, wie diese langfristig und nachhaltig erreicht werden sollen. In aller Regel ist es für NPOs schwierig, aber auch sehr wichtig, den oft sehr knapp in einer Vision oder einem Mission Statement formulierten Organisationszweck in klare, möglichst sogar messbare Ziele zu übersetzen. Der erste Teil dieses Beitrages widmet sich der Zielfindung und -definition in NPOs.

Strategien sind Wege und Aktionspläne einer Organisation zur Zielerreichung. Neben dem Problem, dass es in NPOs viel schwieriger als in erwerbswirtschaftlichen Organisationen ist, klare Organisationsziele zu definieren, ist es für NPOs oft auch bei der Strategieformulierung sehr schwer, einen klaren Fokus zu definieren, d. h. vor allem festzulegen, wofür die Organisation nicht steht und welche Aktivitäten daher nicht verfolgt werden sollen. Dies liegt daran, dass es in einer NPO zahlreiche Strategien und konkurrierende Aktivitäten gibt, die den Organisationszweck befördern können und oft sind diese alle sogar in einem moralischen Sinne gut und richtig. Strategie bedeutet aber immer Fokus, oder wie Porter formuliert: »The essence of strategy is choosing what not to do.« (1996, S. 70). Nicht nur aufgrund der Knappheit der zur Verfügung stehenden Mittel, sondern auch weil NPOs im Wettbewerb mit anderen Organisationen mit ähnlichem Zweck und Leistungsspektrum stehen, ist es von zentraler Bedeutung, sich bei der Leistungserstellung auf die komparativen Stärken zu konzentrieren (»Was können wir im Vergleich zu anderen Organisationen besonders gut oder besser?«) und Leistungen, die auch wichtig sind, aber von anderen besser und effizienter erstellt werden können, anderen zu überlassen (klare strategische Positionierung). Entsprechend widmet sich der zweite Hauptteil dieses Beitrages der Strategieformulierung und -implementierung.

Eine Strategie dient dazu, dass die NPO ihre Ressourcen (Geld, Arbeitskraft, Wissen, Kontakte/Netzwerke usw.) optimal einsetzt, um die aus dem Organisationszweck abgeleiteten Ziele zu erreichen. NPOs stehen dabei in vielen Fällen in einem Wettbewerb mit anderen Organisationen. Einerseits im Wettbewerb um Ressourcen (insbesondere um öffentliche und private Mittel, aber auch z. B. um Ehrenamtliche), andererseits im Wettbewerb bezüglich der erstellten Leistungen, weil andere Organisationen ähnliche Leistungen erbringen. Um hier zu bestehen, müssen NPOs attraktiv sein, d. h. die Organisation muss sowohl Ressourcen anziehen als auch diejenigen, an die sich ihre Leistungen richten. Dies wiederum setzt eine überlegene Qualität von Prozessen der Leistungserstellung und in weiterer Folge der erstellten Leistungen voraus. Insofern ist Qualitätsmanagement ein zentraler Bestandteil der Strategieimplementierung von NPOs.

2.1 Organisationsziele

2.1.1 Kategorisierung von Zielen und Zielsystem

Der übergeordnete Zweck einer NPO wird üblicherweise schriftlich in Form der *Mission* (Mission Statement) festgehalten. Die Mission ist der zentrale Ausgangspunkt des Zielsystems und damit auch die zentrale Orientierungsgröße für die Erarbeitung von Strategien. Die Mission legt Zweck und Auftrag der NPO fest. Eine gut formulierte Mission sollte folgende Aspekte berücksichtigen:

- Gesetzlicher bzw. politischer Auftrag oder »Gründungsidee« – Wozu ist die Organisation eigentlich da, warum wurde sie gegründet und was ist die angestrebte Bedarfsdeckung?
- Zweck der Organisation – Welche Funktion erfüllt die Organisation und was sind ihre Aufgaben?
- Hauptzielgruppe – Für wen wollen wir als NPO aktiv sein, bei wem wollen wir direkt angestrebte Wirkungen erzielen? (Drucker, 2009)

Im deutschsprachigen Raum erfüllt die Funktion des Mission Statements sehr oft das (strategische) Leitbild. Das Leitbild ist in der Regel ausführlicher als die Mission und beinhaltet zusätzlich Elemente wie die Identität (Wie sieht sich die Organisation selbst, was ist das gemeinsame Organisationsverständnis?) und Werte (Was sind die gemeinsamen Werthaltungen und die Philosophie, die hinter der Organisation stehen?).

Die Mission wird erfüllt, indem durch die Leistungen der Organisation bestimmte Wirkungen (Outcomes, Impacts, Effects) erzielt werden (vgl. auch Beitrag III.5). Zu den Wirkungen, die eine NPO bei bestimmten (Anspruchs-)Gruppen oder Stakeholdern erzielen will, sind Wirkungsziele zu formulieren. Diese haben direkt das Erreichen der Mission zum Inhalt. Welche Wirkungen erzielt werden sollen, d. h. welche Leistungswirkungsziele formuliert werden, wird in der Regel v. a. von denjenigen *Stakeholdern* bestimmt, die der Organisation die dafür notwendigen Ressourcen (z. B. finanzielle Mittel, Arbeitskraft oder Netzwerke und Kontakte) zur Verfügung stellen. Ohne die nachhaltige Unterstützung dieser Stakeholder kann die Organisation nicht existieren. Daher muss das Top Management laufend überprüfen, ob Art und Qualität der von der NPO erstellten Leistungen den Anforderungen dieser Stakeholder entsprechen. Da unterschiedliche Stakeholder unterschiedliche Ziele haben können, ist es eine Kernaufgabe des Top Managements von NPOs, mit den wesentlichen Stakeholdern laufend zu kommunizieren und deren Erwartungen an die Organisation (die sich oft auch teilweise widersprechen können) zu koordinieren und zu managen. Zielvereinbarungen des Top Managements mit den Stakeholdern dienen hier dazu, Sichtweisen anzugleichen, falsche oder nicht erfüllbare Erwartungen der Stakeholder zu erkennen und die Mission und das Leitbild der Organisation durch klare (Leistungswirkungs-)Ziele zu konkretisieren.

Während Stakeholder, die Ressourcen für die Organisation bereitstellen, faktisch die Ziele der NPO am stärksten beeinflussen können und auf die NPO den stärksten Rechtfertigungs- und Rechenschaftsdruck ausüben (Accountability, Leistungsvereinbarungen), haben diejenigen Stakeholder, auf die die Wirkungen der NPO letztlich abzielen, oft nur sehr beschränkte Möglichkeiten der direkten Einflussnahme auf die Ziele der NPO. Dabei ist sehr häufig gar nicht genau definierbar, in welcher Weise genau welche Stakeholder von den Leistungen der NPO profitieren (Bsp. Greenpeace, Amnesty International) und diejenigen, die z. B. Hilfsdienste in Anspruch nehmen oder Zielgruppe einer Kampagne sind, können ihre Erwartungen an die NPO oft nicht artikulieren oder gar Druck auf die NPO ausüben, die Qualität der Leistungen zu verbessern. Dadurch besteht die Gefahr, dass sich die NPO zu stark auf Ziel-/Leistungsvereinbarungen konzentriert, während schwer messbare und kommunizierbare, aber für das Erfüllen der Mission dennoch wesentliche Aspekte auf der Strecke bleiben. Das Management von NPOs muss daher Sorge tragen, dass sich die Organisation nicht durch alleinige Fokussierung auf die Ziele derjenigen Stakeholder, die Finanzmittel und andere Ressourcen zur Verfügung stellen von denjenigen entfremdet, für die sie eigentlich da ist (O'Dwyer/Unerman 2008). Eine solche Entfremdung von den eigentlichen Zielgruppen der Organisation würde die Legitimität und die Identität der NPO auf lange Sicht untergraben und wäre nicht nachhaltig. Es ist Kernaufgabe des Top Managements einer NPO, eine permanente Einbindung der Zielgruppen der Leistungen der NPO sicherzustellen und deren Bedürfnisse und Ansprüche gegenüber allen anderen Stakeholdern einzubringen und zu vertreten, um ein umfassendes Verfolgen der Mission sicherzustellen.

Je besser es einer Organisation gelingt, die Interessen und Ziele aller Stakeholder anzugleichen und die Organisation auf eine gemeinsame Zielsetzung auszurichten, umso effizienter und effektiver kann die Organisation diese Ziele verfolgen, umso unwahrscheinlicher sind unproduktive Konflikte und umso geringer ist die Gefahr, dass Organisationen das Vertrauen der Stakeholder und ihre gesellschaftliche Reputation verlieren (Herzlinger 1996). Eine umfassende Kommunikation mit Stakeholdern sollte insofern auch sicherstellen, dass eine NPO (nur) die »richtigen« Stakeholder – d. h. Stakeholder, die sich voll mit der Mission und den Aktivitäten der NPO identifizieren – anzieht und Stakeholdern auch Informationen darüber liefert, ob die NPO für sie »die Richtige« ist (Speckbacher 2003, 2006). Die Forderung, einen sinnvollen Kompromiss zwischen den dargestellten Einzelinteressen herzustellen und klare Wirkungsziele zu definieren, die von allen wesentlichen externen und internen Stakeholdern mitgetragen werden, ist eine große Herausforderung in der Führung einer NPO (Brown/Iverson, 2004; Young, 2001), (vgl. Beitrag II.1).

Grundsätzlich ist es möglich, Wirkungsziele noch weiter auszudifferenzieren (Wirkungen bei einzelnen Individuen, die wiederum in subjektive und objektive Wirkungen differenziert werden können, Wirkungen auf gesellschaftlicher Ebene, etc.). Eine einheitliche Systematik ist aus heutiger Sicht aber noch nicht erkennbar.

Neben einer möglichst exakten Definition der Leistungswirkungsziele ist es mindestens genauso wichtig, möglichst exakte aber auch praktikable Wege der Erfolgsfeststellung festzulegen. Gerade bei Wirkungszielen sind die Möglichkeiten der rein quantitativen, in der Regel über Indikatoren bzw. Kennzahlen laufenden Verfahren, begrenzt. Für eine adäquate Erfolgsfeststellung ist daher auch die Einbindung diverser qualitativer Verfahren erforderlich. Damit wird ein effektives Wirkungscontrolling ermöglicht. Trotz aller Herausforderungen bei der Erfolgsfeststellung in NPOs, kann man aber längst nicht mehr von einem Methodenmangel zur Wirkungsfeststellung sprechen (vgl. Beitrag III.5).

Während die (Leistungs)wirkungsziele definieren, wie die Mission konkret erreicht werden soll, definieren Leistungserbringungsziele, welche Leistungen die NPO erbringen muss, um die beabsichtigten Leistungswirkungsziele umzusetzen. Damit sind die verschiedenen Aktivitäten wie Beratungsgespräche, konkrete Hilfestellung, ein Konzert etc. gemeint, mit deren Hilfe bestimmte Wirkungen bei den Stakeholdern erreicht werden. Damit für alle relevanten Leistungen Ziele formuliert werden können, ist in der Regel als erster Schritt die Erarbeitung eines konkreten Leistungskatalogs empfehlenswert. Um

Leistungen zu erbringen, sind Potenziale in Form von Personal, Finanzmitteln etc. sowie Verfahren und Prozesse zur Leistungserbringung erforderlich. Deren Soll-Zustand ist Gegenstand von ressourcenorientierten Zielen.

Leistungswirkungs- und Leistungserbringungsziele werden auch als Sachziele bezeichnet. Im Unterschied zu Sachzielen handelt es sich bei Formalzielen um Ziele einer Organisation, die unabhängig von der konkreten Art der Leistungserbringung und der Leistungswirkungen sind. Unter Formalzielen versteht man insbesondere die monetären Erfolgsziele (Gewinn, Umsatz, Rendite) sowie die überlebenswichtigen Finanzziele der Liquidität und Sicherheit vor Überschuldung. Für erwerbswirtschaftliche Unternehmen dominieren diese Formalziele. In NPOs stehen i. d. R. die Sachziele im Vordergrund, wenngleich auch Formalziele zu berücksichtigen sind.

Die zentrale Stellung der Stakeholder im Zielsystem verdeutlicht die Wichtigkeit der unterschiedlichen Wertvorstellungen, Interessen und Bedürfnisse zur Erreichung der Mission und erklärt die besondere Bedeutung des Stakeholder-Managements in NPOs (Parmar et al., 2010; Herman/Renz, 1997).

2.1.2 Anforderungen an Ziele und Zielsysteme in NPOs

Generell sollten Zielsysteme folgende Voraussetzungen erfüllen:

- Die einzelnen formulierten Ziele sollten operational sein. Operationalität bedeutet, dass Ziele in einer Form dargestellt werden, die Überprüfbarkeit und Messbarkeit ermöglicht. Um die Steuerung von Organisationen zu erleichtern, sollten Ziele für zuständige Aufgabenträger zudem verständlich und in Inhalt, Ausmaß und Zeitbezug festgelegt werden (z. B. Erhöhung des Spendenvolumens für die Krebshilfe um 20% im kommenden Jahr).
- Die Ziele sollten alle wesentlichen Dimensionen der Aufgabenerfüllung von NPOs möglichst vollständig abbilden, insbesondere ist auf Ausgeglichenheit zwischen ökonomischen Zielen und »fachlichen« Zielen zu achten.
- Die verschiedenen Ziele sollten geordnet werden, d. h. es ist festzulegen, welche Ziele anderen Zielen übergeordnet sind und wie sich Ziele gegenseitig beeinflussen bzw. voneinander ableiten lassen.

Beim Zielbildungsprozess von NPOs sind einige Besonderheiten zu beachten:

Die Ziele einer NPO sind sehr stark durch das Vorherrschen von Sachzielen geprägt, d. h. für NPOs ist die Erstellung von Gütern und Leistungen für LeistungsempfängerInnen nicht Mittel zum letztlichen Zweck des Geldverdienens, sondern der Zweck sind Wirkungen bei den LeistungsempfängerInnen. Die Zieloperationalisierung bereitet daher oft größere Schwierigkeiten als bei gewinnorientierten Unternehmen. In NPOs haben daher nichtmonetäre Ziele und vor allem auch qualitative Ziele eine höhere Bedeutung. Die Vielschichtigkeit und schwierigere Messbarkeit von Zielen in NPOs hat wesentliche Auswirkungen auf die Führung und Steuerung von MitarbeiterInnen in NPOs. Insbesondere müssen NPOs viel vorsichtiger bei der zielbezogenen Personalführung (Management by Objectives) und bei der Koppelung monetärer Anreize für MitarbeiterInnen an die Zielerreichung sein. Die Formulierung qualitativer Ziele, die Überprüfung ihres Realisierungsgrades und die Motivation von MitarbeiterInnen zur Umsetzung dieser Ziele ist daher eine zentrale Herausforderung für das Management von NPOs (vgl. Speckbacher 2012). Da der Gewinn als Oberziel wegfällt, existiert oft kein nach Inhalt, Ausmaß und Zeitbezug genau definiertes, einfach messbares und umfassendes oberstes Ziel.

Unterschiede zwischen NPOs und gewinnorientierten Unternehmen bestehen auch in der Flexibilität der Unternehmenssteuerung. Im Nonprofit-Sektor sind Ziele oft viel starrer und können geänderten Rahmenbedingungen nicht so flexibel angepasst werden. Ziele sind zudem aufgrund finanzieller oder politischer Abhängigkeiten determiniert, wodurch Spielräume für das Management oft stärker als in erwerbswirtschaftlichen Unternehmen eingeschränkt sind. Auch weil die Identität und der Zweck von NPOs viel stärker mit der Art der Leistungserstellung verknüpft sind, ist die Flexibilität von Zielen und Strategien eingeschränkt. Während es für erwerbswirtschaftliche Unternehmen eine nahezu alltägliche Entscheidung ist, defizitäre Leistungen einzustellen und freiwerdende Mittel in andere Bereiche umzulenken, kann z. B. ein Nonprofit-Pflegeheim nicht einfach ein angebundenes Rehabilitationszentrum schließen, sondern nur über das Ausmaß der erbrachten Dienstleistungen entscheiden.

Darüber hinaus erbringen NPOs häufig Leistungen für Dritte. Indem der Nonprofit-Sektor etwa öffentliche Aufgaben übernimmt, sollen Kosten gespart und damit die Finanzierungsprobleme des öffentlichen Sektors entschärft werden (vgl. Beitrag III.8). NPOs haben oft einen gesetzlichen bzw. politischen Auftrag, der den jeweiligen organisationsspezifischen Zielen und Strategien zugrunde liegt. Die Erarbeitung der Mission bzw. des Leitbildes hat diese gesetzlichen bzw. politischen Grundlagen zu konkretisieren. Ziele von NPOs sind somit nicht nur auf der Mikroebene der einzelnen Einrichtung festlegbar, sondern haben den allgemeinen volkswirtschaftlichen und politischen Rahmen zu berücksichtigen. Unterschiede zu gewinnorientierten Unternehmen ergeben sich damit auch durch die Erweiterung der Zieldimensionen um makropolitische Dimensionen (vgl. Beitrag I.7).

In der Vorbereitung von Ziel- und Strategieentscheidungen sind die betroffenen MitarbeiterInnen einzubeziehen. Die Entscheidung selbst sowie die Kontrolle der Zielerreichung sind hingegen eine Führungsaufgabe. Viele Führungskräfte in NPOs ziehen eine verständnisvolle Rolle in ihrer Führungsarbeit einem klaren und oft auch unangenehmen funktionalen Bewusstsein im Sinne eines zielorientierten Vorgehens vor (vgl. Beitrag II.11). Funktionsbewusstsein bedeutet z. B. klare Entscheidungen zu treffen, auch wenn dabei eine Abwägung zugunsten einzelner Stakeholder getroffen werden muss.

Wirtschaftliche Überlegungen und Fragen des Managements in NPOs haben in den letzten Jahren an Bedeutung gewonnen. Dennoch soll dies nicht über vorhandene Skepsis und Berührungsängste mit dem »Wirtschaftlichen« hinwegtäuschen. Angekündigte Qualitätsüberlegungen haben sich oft als Rationalisierungs- und Kosteneinsparungsmaßnahmen herausgestellt. Liquidität und Rentabilität als Beispiele für finanzwirtschaftliche Ziele werden von den in NPOs tätigen Menschen als Bedrohung erlebt, durch die die eigentliche Aufgabenstellung der Organisation erschwert wird. Viele Personen im Nonprofit-Sektor stehen daher ökonomischen Überlegungen skeptisch gegenüber, da häufig der Eindruck entsteht, fachliche Ziele müssten den wirtschaftlichen untergeordnet werden. Fachliche Ziele können von der Ökonomie allerdings nicht in Frage gestellt werden. Ziele, wie z. B. ein Stück Normalisierung für behinderte Menschen zu erreichen, Straffälligen zur Rehabilitation zu verhelfen oder sich für die Förderung der zeitgenössischen Musik einzusetzen, betreffen den eigentlichen Zweck einer NPO. Über die inhaltliche Ausgestaltung dieser Ziele zu entscheiden, setzt entsprechende Fachkompetenz voraus.

Wirtschaftliche Überlegungen und Ziele dienen in NPOs lediglich dazu, den eigentlichen Organisationszweck effizient und effektiv erreichen zu können.

Dies wird in der Folge exemplarisch für den Bereich der stationären Altenhilfe gezeigt.

2.1.3 Beispiel: Zielsystem für stationäre Einrichtungen der Altenhilfe

Die Mission von Alten- oder Pflegeheimen besteht in der bedarfsadäquaten Betreuung hilfs- und pflegebedürftiger Menschen. Mit diesem Ziel ist der Rahmen vorgegeben, aus dem die restlichen Zielvorstellungen abgeleitet werden können. Die Zielformulierung »bedarfsadäquate Betreuung hilfs- und pflegebedürftiger Menschen« ist sehr breit zu verstehen: Bei einem interdisziplinären Zugang lassen sich vielfältige Wirkungen von stationären Einrichtungen der Altenhilfe unterscheiden. Eine genauere Analyse des Oberziels »bedarfsadäquate Betreuung« zeigt, dass Ziele in Alten- und Pflegeheimen eine betreuerische, eine betriebswirtschaftliche, eine sozialpolitische, aber auch eine volkswirtschaftliche Dimension haben.

Aus der Sicht der Volkswirtschaftslehre stellt sich z. B. die Frage, ob Leistungen in stationären Einrichtungen der Altenhilfe in dem Sinn bedarfsadäquat erbracht werden, dass es nicht zu Unter- bzw. Überversorgungen in Heimen kommt. Solange einzelne Heime die Förderung und den Vorrang ambulanter Sozialer Dienste nicht zu ihrem Ziel erklären und auch danach handeln, wird es weiterhin »Fehlbelegungen« geben. Damit werden nicht nur die Wünsche der Betroffenen, möglichst lange zu Hause zu bleiben, ignoriert, sondern es werden auch Ressourcen durch unnötige, teurere stationäre Unterbringung vergeudet.

Alten- und Pflegeheime haben einen sozialpolitischen Auftrag zu erfüllen, der Personen im Falle einer näher zu definierenden Pflegeintensität eine Betreuungsmöglichkeit in einer stationären Einrichtung gewährleistet. Dieser Betreuungsauftrag richtet sich auch auf zahlungsunfähige Bevölkerungsschichten. Daher sind in Heimen auch sozialstaatliche Ziele zu berücksichtigen, um soziale Gerechtigkeit und Sicherheit zu gewährleisten.

Auf der Ebene der einzelnen betreuten Person kann ein Ziel in einem verbesserten oder zumindest gleich bleibenden körperlichen, psychischen oder sozialen Befinden bestehen. Dadurch soll auch nach dem Umzug in ein Wohn- oder Pflegeheim die Lebensqualität der betreuten Personen aufrechterhalten werden. Damit sind Ziele angesprochen, die mit Schlagworten wie »Aktivierung«, »soziale Integration« oder »Normalisierung der Lebensverhältnisse« umschrieben werden können. Die einzelnen in Abbildung II.2.2 angegebenen Aktivitätsbereiche geben konkrete Aufgaben von NPOs an, mit deren Hilfe bestimmte Wirkungen bei den betreuten Personen erzielt werden.

Die ökonomischen Ziele widmen sich Fragen der Einhaltung formaler Grundsätze der Betriebsführung. Im Sinne des ökonomischen Prinzips sind die Ressourcen so einzusetzen, dass daraus ein maximaler Output an Betreuungs- und Pflegeleistungen erreicht wird. Die angeführten Finanzziele sind Beispiele dafür. Schließlich sind in Abbildung II.2.1 noch Potenzialziele dargestellt, die sich auf Gewinnung und Sicherung von nichtmonetären Ressourcen beziehen. Anzahl und Qualifikation des Personals sowie Ausstattungsmerkmale von Heimen z. B. beeinflussen unmittelbar die Leistungsbereitschaft von stationären Einrichtungen der Altenhilfe. Auf die einzelnen absatzpolitischen Ziele wird an dieser Stelle nicht näher eingegangen, da sie Gegenstand des nachfolgenden Kapitels sind. Zusammenfassend lässt sich festhalten: Ziele für stationäre Einrichtungen der Altenhilfe zu vereinbaren, bedeutet, fachliche und wirtschaftliche Zielinhalte integriert zu

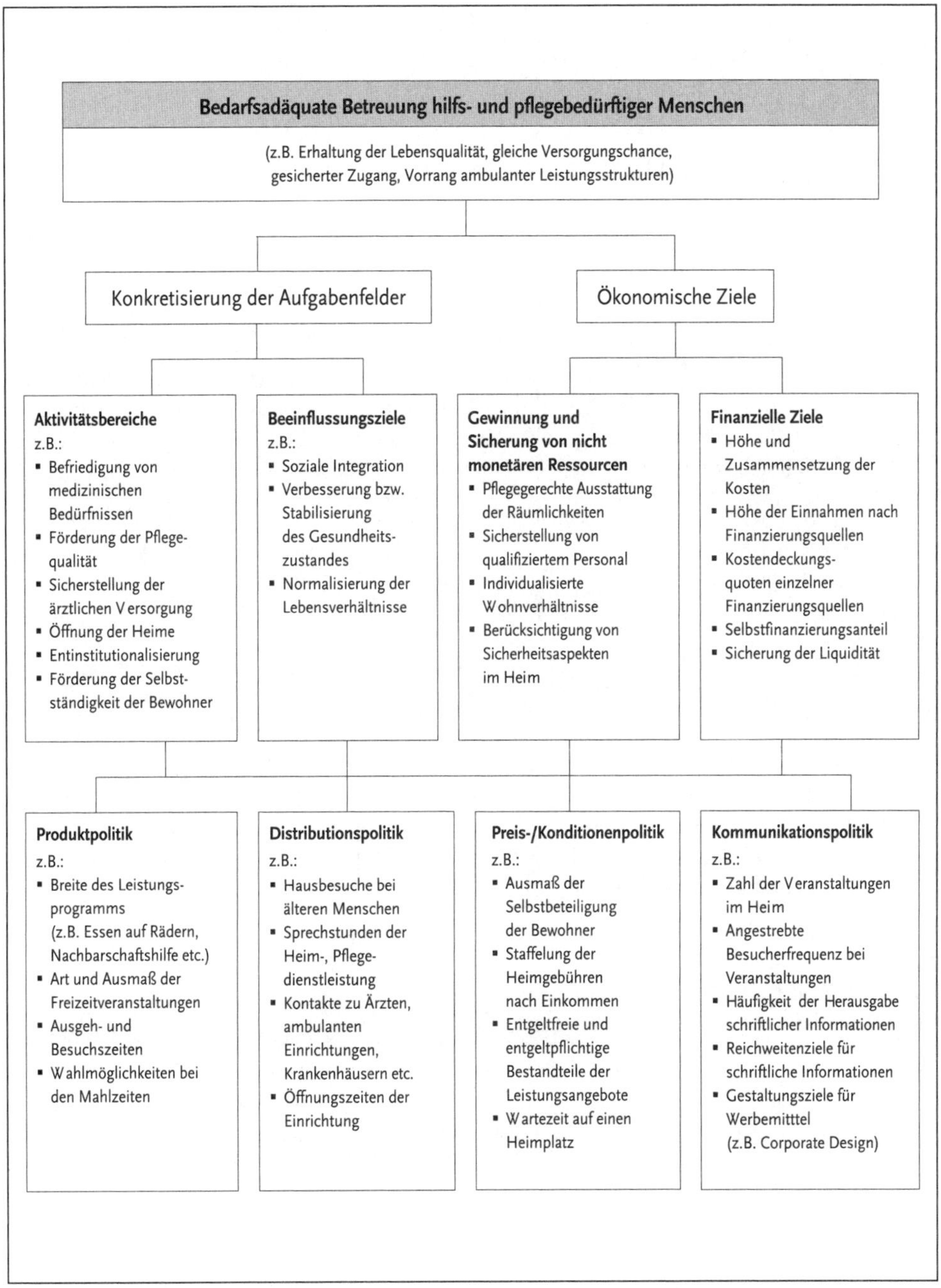

Abbildung II.2.1: Zielkatalog für stationäre Einrichtungen der Altenhilfe

betrachten. Die Überprüfung von inhaltlichen Effektivitätskriterien ist genauso notwendig wie die Wirtschaftlichkeitskontrolle der Leistungserstellung.

2.2 Strategieentwicklung und -umsetzung

Eine Strategie legt fest, wie eine Organisation mit den ihr zugänglichen Ressourcen ihre Ziele im Wettbewerb mit anderen Organisationen erreichen kann. Damit stellen Strategien ein wichtiges Bindeglied zwischen den oben beschriebenen Zielen und der konkreten täglichen Arbeit, der Realisierung der Ziele, dar, indem sie den Weg für die Umsetzung vorgeben. Durch das Verfolgen und die Umsetzung einer Strategie entstehen neue Ressourcen, insbesondere neues Wissen und neue Kompetenzen und hierdurch werden auch Erfolgspotenziale als Quellen zukünftiger Erfolge der NPO geschaffen. Wer nicht strategisch denkt, kann nicht gezielt und langfristig Potenziale aufbauen und kann daher auch keinen nachhaltigen Erfolg haben.

Strategien sind mehr als nur gute Absichten. Sie müssen so konkret formuliert werden, dass sie mess- und kontrollierbar sind. In jedem (Entscheidungs-)Bereich der NPO fallen strategische Entscheidungen an: Rechtsformwahl, Gestaltung des Leistungsangebots, Personalpolitik, Aufgaben- und Kompetenzverteilung, Auswahl eines Kostenrechnungssystems, Umgang mit Stakeholdern etc.

Strategisches Management umfasst die Summe aller Führungsaufgaben, die sich mit Planung und Ausführung von Strategien beschäftigen. Strategisches Management ist zielorientiert, zukunftsorientiert, in vielen Fällen langfristig orientiert und stärkenorientiert. Im strategischen Management liegen die Unterschiede zwischen NPOs und gewinnorientierten Unternehmen primär beim Einsatz und in der Ausgestaltung spezifischer Instrumente und in der Tatsache, dass NPOs in vielen Entscheidungssituationen mit komplexeren Problemstellungen fertig werden müssen (Allison/Kaye, 2005; Bigelow et al., 2010; Frumkin/Andre-Clark, 2000; Haddad/Horak/Tweraser, 2003; La Piana/Hayes, 2004; Oster, 1996).

2.2.1 Strategische Planung

Nachfolgend werden die einzelnen Planungsschritte in den jeweiligen Dimensionen dargestellt, wobei speziell auf die Besonderheiten bei NPOs eingegangen wird. Einzelne Instrumente zur Anwendung im Planungsprozess können nur im Überblick erwähnt werden (dazu detaillierter: Haddad/Horak/Tweraser, 2003; vgl. auch Roller 1996). Die Durchführung der Planung setzt aber eine möglichst umfassende Informationsbasis voraus.

Strategische Analyse als Voraussetzung für die strategische Planung

Grundlage für alle folgenden Schritte des strategischen Managements ist die Analyse der Rahmenbedingungen. In der Managementliteratur wird dabei von der Umfeldanalyse als Untersuchung externer Faktoren und von der internen Analyse der Stärken und Schwächen gesprochen (Sander/Bauer, 2006).

Prinzipiell ist zwischen einer Analyse zu Beginn der Aktivitäten und einer laufenden Analyse der internen und externen Einflussfaktoren zu unterscheiden. Die *Umfeldanalyse* anlässlich der Gründung einer NPO oder bei der Ausweitung der Aktivitäten auf neue Tätigkeitsfelder hat direkten Einfluss auf die Mission, den Grund für die Aktivitäten der NPO;[1] die *laufende Analyse* liefert konkrete Informationen für die weiteren Schritte des strategischen Prozesses. Die Analyse der Rahmenbedingungen wird durch die Analyse der Wertvorstellungen des Managements und der in der NPO Tätigen, die mit der Mission harmonieren müssen, ergänzt. Die Umfeldanalyse umfasst dabei das gesellschaftliche, das Branchen- und das Transaktionsumfeld. Beim gesellschaftlichen Umfeld werden die generellen Rahmenbedingungen des Umfelds einer NPO durchleuchtet, wobei wirtschaftliche, technologische, rechtlich-politische und soziokulturelle Aspekte zu unterscheiden sind. Unter dem Branchenumfeld wird das engere Umfeld, in dem eine NPO ihre Leistung erbringt, verstanden. Innerhalb der Branche kann sie auf mehreren Märkten tätig sein. Untersuchungsgegenstand sind u. a. die Struktur und Entwicklung der Branche, die Absatz- und Beschaffungsmärkte und die Wettbewerbssituation, die in NPOs durch spezifische Konkurrenzbeziehungen charakterisiert sein kann (Konkurrenz um Ehrenamtliche, Spenden etc.). Im Bereich des Transaktionsumfelds i. e. S. wird die Position einer Organisation in einer Branche genauer beleuchtet. Analysiert werden dabei etwa die Rolle des Staates, Beziehungen zu KooperationspartnerInnen, konkrete KundInnenbeziehungen, Beziehungen zu Wettbewerbern etc.

Im Prozess der Umfeldanalyse sind zunächst die wichtigen Kriterien für die Organisation zu definieren. In der Literatur werden für diesen Zweck diverse Checklisten angeboten (vgl. Abbildung II.2.2 und II.2.3).

Ziel der Umfeldanalyse ist die Ermittlung von Chancen und Risiken, die sich aus den Umfeldveränderungen für die NPO ableiten lassen. Letztlich muss eine Organisation darauf aufbauend entscheiden, welche Chancen gezielt genutzt und welche Risiken eingegangen werden können und sollen. Aus den ermittelten Chancen und Risiken werden anschließend in der Regel die kritischen Erfolgsfaktoren ermittelt: Worauf wird es in Zukunft in der Branche, in der eine NPO tätig ist, ankommen, um erfolgreich zu sein?

Die *interne Analyse* geht von der von außen determinierten Situation aus und untersucht die Gestaltungsmöglichkeiten einer Organisation. Ähnlich wie bei der externen Analyse werden zuerst die zur Beurteilung notwendigen Kriterien – die kritischen Erfolgsfaktoren – bestimmt. Ausgehend von den Zielen, werden Ressourcen, Fähigkeiten und Prozesse zur Erzielung eines bestimmten Outputs etc. analysiert. Dabei ist besonderes Augenmerk auf die Kernkompetenzen einer Organisation zu legen, also auf diejenigen Ressourcen und Fähigkeiten, die es der Organisation erlauben, Leistungen und Leistungswirkungen nachhaltig besser als andere Organisationen zu erbringen (Hamel/Prahalad, 1994). Im nächsten Schritt sind über die Kriterien ähnlich wie bei der Umfeldanalyse Informationen einzuholen, aus denen Schlussfolgerungen über die einzelnen Kriterien in Form von Stärken und Schwächen der NPO abgeleitet werden. Prinzipiell ist im Rahmen der internen Analyse zwischen der Ressourcenanalyse und der Konkurrentenanalyse[2] zu unterscheiden. Während die *Ressourcenanalyse*, in deren Rahmen finanzielle, organisatori-

---

1 Der konkrete Anlass für das Starten von Aktivitäten durch eine NPO, ergibt sich oft aus spezifischen Entwicklungen im Umfeld. In diesen Fällen muss der Missionsfestlegung eine Analyse des Umfelds und der entsprechenden Anspruchsgruppen als Informationsträger gegenüberstehen.

2 Prinzipiell zählt die Konkurrenz zum Umfeld. Eine aussagekräftige Beurteilung der eigenen Ressourcen und Fähigkeiten ohne Berücksichtigung des Wettbewerbs ist aber nicht möglich.

CHECKLISTE ALLGEMEINES UMFELD	
Wirtschaft	Konjunkturlage, Beschäftigungslage, Kaufkraft der Konsumenten, Wirtschaftswachstum, Entwicklung der einzelnen Wirtschaftssektoren (primär, sekundär, tertiär), Entwicklung der Arbeitsproduktivität, Arbeitslosenrate, Inflationsrate, Konjunkturschwankungen, internationale Wirtschaftsentwicklungen, Lohn- und Gehaltsentwicklung, Gestaltung der Wirtschaftssysteme, Vermögensentwicklung bzw. Verschuldungsgrad, Konsumentenverhalten.
Politik und Recht	Allgemeiner Trend der Gesetzgebung und Rechtsprechung, spezifische Rechtsnormen für eine NPO, globale politische Entwicklungen, Entwicklung der Parteienlandschaft, regionale politische Veränderungen, Entwicklung im Arbeits- und Sozialrecht, Entwicklungen im Steuer- und Wirtschaftsrecht, wirtschaftspolitische Entwicklungen (wie stark greift z.B. der Staat in die Wirtschaft ein?), allgemeine Politik des Weltverbandes, Auswirkungen eines EU-Beitritts, Bürgerinitiativen.
Demographie und soziokulturelles Umfeld	Bevölkerungsentwicklung, Altersstruktur, soziale Entwicklungen, Entwicklung der einzelnen sozialen Schichten, Bildungssystem und -niveau der Gesellschaft, Berufsstruktur, Werte und Einstellungen der Gesellschaft, Rolle der Frau, Subkulturen, Freizeitverhalten, Einstellung der Bevölkerung zu bestimmten Themen, Entwicklung der Attraktivität unterschiedlicher Leistungen von NPOs.
Technologie	Entwicklung der EDV allgemein, Entwicklung von spezifischen EDV-Lösungen im NPO-Bereich, neue Produkte in den relevanten Sparten.
Ökologie	Umweltbewusstsein der Konsumenten, Energiereserven, Alternativenergien, Recycling.
Regionales Umfeld	Einzugsgebiet, Altersstruktur und alle genannten Faktoren aus den anderen Bereichen, die spezifische regionale Entwicklungen aufweisen.

Abbildung II.2.2: Checkliste Allgemeine Umfeldanalyse

sche, physische, technologische und Humanressourcen unterschieden werden, seit jeher auch in NPOs wesentlich ist, hat die Bedeutung der *Konkurrenzanalyse* in den letzten Jahren massiv an Bedeutung gewonnen. Die Ergebnisse der externen und internen Analyse sowie die ermittelten Wertvorstellungen müssen abschließend aufeinander abgestimmt werden und dienen als Grundlage für die folgenden Schritte der strategischen Planung.

CHECKLISTE BRANCHENUMFELD	
Der Fußball-Absatzmarkt	Entwicklung des Gesamtmarktes, Preisentwicklung für verschiedene Bereiche (Spieleinnahmen, Spielerpreise, Verpflegung, Sponsorenbeiträge etc.), Marketingaktivitäten in der Branche.
Konkurrenzanalyse	Art und Anzahl der Mitbewerber im Fußball und in anderen Sportarten, andere mögliche Freizeitaktivitäten, die für Fußball Konkurrenz darstellen, Wettbewerbsposition der Konkurrenten, Marktanteile, regionale Besonderheiten, Unterschiede im Leistungsangebot, Stärken und Schwächen der Konkurrenten, wahrscheinliche Entwicklung der Konkurrenten, Heterogenität und Größe der Anbieter.
Konsumenten (Zuschauer, Mitglieder , VIPs, Fernsehkonsumenten etc.)	Allgemeine Struktur und Entwicklung, Verlagerungen innerhalb des Fußballs und/ oder zu anderen Sportarten bzw. Freizeitaktivitäten, Bedürfnisse der Konsumenten, Gliederung nach Alters- bzw. Einkommensgruppen (wer ist für den Verein interessant?).
Beschaffungsmarkt (Lieferanten im weitesten Sinn)	Wirtschaftliche Situation der Lieferanten (Verpflegung, Spielermanager, Ausrüster, Agenturen, Bauunternehmen, Handwerker etc.), Marktmacht gegenüber dem Verein, Kapazitätsauslastung.
Verband	Neue Entwicklungen in diversen Dachverbänden (UEFA, FIFA), personelle Entwicklungen, neue Regulative, neue Spielregeln, Aktivitäten der Dachverbände für die Vereine, notwendige Mitarbeit der Vereine.
Öffentliche Stellen	Zuständigkeit von Ämtern für Fußballangelegenheiten, allgemeine Einstellung der öffentlichen Stellen zum Fußball, neue Verordnungen oder Gesetze, die den Fußball betreffen (z.B. Berufsspielergesetz), regionale Besonderheiten (z.B. Sozialversicherungsregelungen, Steuerregelungen).
Sponsoren	Entwicklung der Sponsorenlandschaft (wer sponsert wen?), Interesse für Sportsponsoring, Konkurrenz durch Kultur- bzw. Soziosponsoring, allgemeine Sponsoringtrends (Gesamtsponsoring oder Einzelsponsoring etc.), Werte der Sponsorleistungen.
Spieler, Gewerkschaft	Einstellung der Spieler zum Verein, Spielergehälter, Status der Spieler, Organisation in Gewerkschaften, Bedeutung der Gewerkschaft, neue Formen von Spielerverträgen, Spielermanager, Formen der Bezahlung, Ausbildung der Spieler, Fertigkeiten der Spieler, Aufgaben für Spieler durch den Verein.
Medien	Stellung der Medien zum Fußball, Meinung einzelner Journalisten, Anforderungen an die Berichterstattung, rechtliche Bestimmungen, technische Voraussetzungen.

Abbildung II.2.3: Checkliste Branchenanalyse, Beispiel Fußball

Dimensionen des Planungssystems

Strategische Planung in ihren verschiedenen Ausprägungen ist Bestandteil eines umfassenden, mehrdimensionalen Planungssystems, das in Abbildung II.2.4 in der Übersicht dargestellt wird.

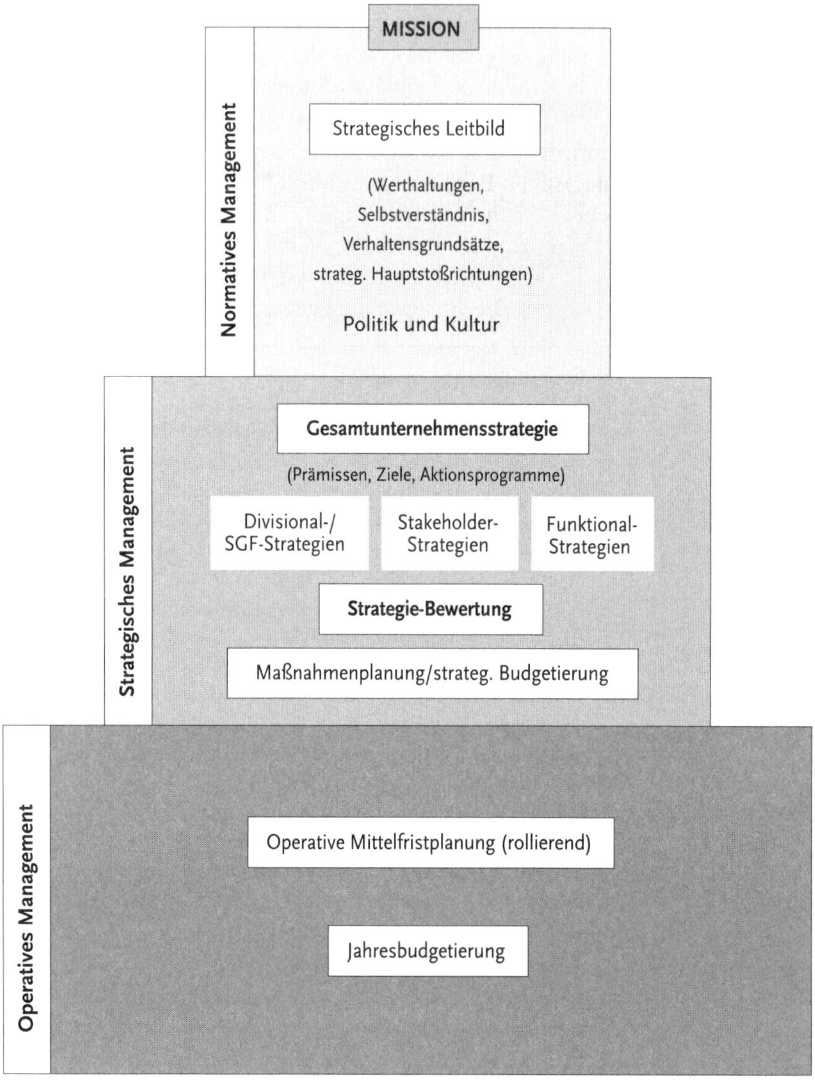

Abbildung II.2.4: Die Dimensionen des Planungssystems

Neben der schon dargestellten Mission und dem Leitbild ist eine weitere wichtige Dimension des Planungsprozesses die Strategieentwicklung. Diese beinhaltet den gesamten Prozess der Festlegung konkreter strategischer Ziele sowie die Entwicklung und Ableitung von Maßnahmen, um diese Ziele zu erreichen. Auf Grund der gesammelten Informationen und des entwickelten Leitbilds ist eine Organisation und damit auch eine NPO in der Lage, eine klare strategische Positionierung vorzunehmen, d.h. sich im Verhältnis zu den Stakeholdern und im Wettbewerb mit ähnlich ausgerichteten Organisationen zu definieren und einzuordnen und damit die Mission in strategischen Stoßrichtungen bzw. Konzepten zu konkretisieren (vgl. Abbildung II.2.5).

Positionierung einer Organisation in ihrem Umfeld

Die extrem starke Verknüpfung mit ihren Interessengruppen weist auf die besondere Bedeutung einer klaren strategischen Positionierung von NPOs hin. Dazu ist es notwendig, die in NPOs oft vorherrschende Innenzentrierung durch eine ausgeprägte Umfeldorientierung zu ersetzen. Die Erfassung der Kernkompetenzen ist eine in NPOs noch selten angewandte Form der Positionierung. Grundgedanke ist, dass jede Organisation sich auf die Aktivitäten konzentrieren soll, die sie besonders gut kann.

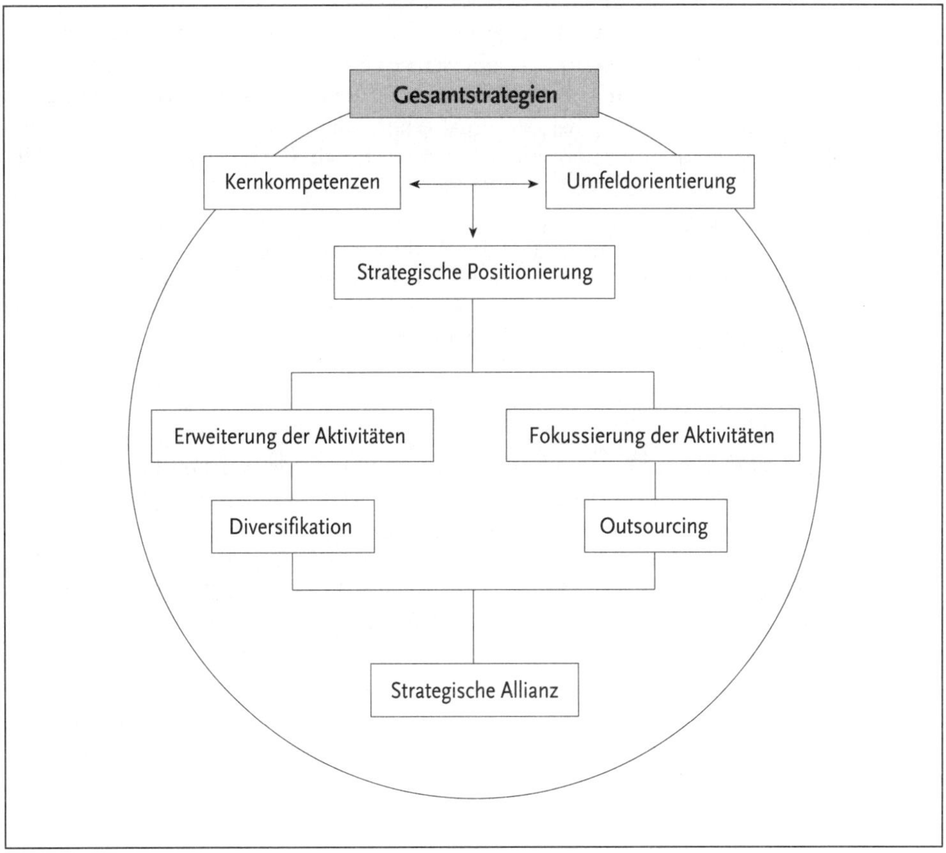

Abbildung II.2.5: Möglichkeiten der strategischen Positionierung

Aus der Durchführung der beiden Schritte leitet sich die strategische Positionierung ab, die konkret in Erweiterung oder Fokussierung von Aktivitäten (damit ist nicht nur das Erzeugen von Produkten gemeint) und – damit verbunden – in Diversifikation und Outsourcing mündet.

Folgende Fragestellungen sind in der Regel für NPOs zur strategischen Positionierung von großer Bedeutung:

- Wie entwickeln wir unsere Geschäftsfelder?
- Wie differenzieren wir uns vom Wettbewerb?
- Wo setzen wir unsere regionalen Schwerpunkte?
- Wie gestalten wir die Aufbauorganisation?
- Wie können wir interne Synergien nutzen?
- Welche Partnerschaften (Kooperationen) gehen wir ein?
- Wie soll Wachstum erfolgen?
- Welche Investitionen sind nötig?
- Wie entwickeln wir unsere (immateriellen) Ressourcen weiter?
- Wie finanzieren wir die nötigen Investitionen?
- Welche sonstigen finanziellen Ziele setzen wir uns?

Als wichtige Entwicklung im strategischen Management ist das Bilden von strategischen Allianzen einzustufen. Auch für NPOs gewinnt diese Möglichkeit, gemeinsam mit anderen Probleme zu lösen bzw. deutlich mehr Wirkung zu erzielen, immer mehr an Bedeutung. Eine Zusammenarbeit ist sowohl mit dem Staat als auch mit gewinnorientierten Unternehmen denkbar. Wesentliches Merkmal einer Allianz ist, dass die PartnerInnen unabhängig agieren können und vor allem gleichwertig sind. Ziele und Arten der Allianzen können vielschichtig sein (z. B. zur Kosteneinsparung, Qualitätsverbesserung, zur gegenseitigen Nutzung von Kernkompetenzen etc.). Das Bilden von strategischen Allianzen ist ein sensibler Prozess, die Allianztauglichkeit muss schrittweise entwickelt und überprüft werden (vgl. Abbildung II.2.6). In den USA wird bereits seit einiger Zeit übereinstimmend festgehalten, dass die wichtigste Eigenschaft der NPO des 21. Jahrhunderts die Kooperationsfähigkeit sein wird (Austin, 2000, S. 1ff).

Geschäftsfeldstrategien

Geschäftsfeldstrategien beziehen sich auf die Fragestellung, mit welchen Produkten und Leistungen in welchen Branchen und Märkten eine NPO tätig werden soll. Ein *strategisches Geschäftsfeld* (SGF) ist eine von anderen Leistungsbereichen der Organisation inhaltlich und organisatorisch trennbare Produkt-Markt-Kombination, für die eine eigenständige Strategie entwickelt werden muss. Hier wird geklärt, welche Leistungen in welcher Menge in Zukunft von der NPO angeboten werden sollen. Dazu werden die einzelnen Leistungen mit bestimmten Analysemethoden nach verschiedenen Kriterien beurteilt und ein komplettes Leistungsangebot erarbeitet. Dieser Schritt der Strategiebildung ist speziell für NPOs von großer Bedeutung, da diese aus verschiedensten Gründen (Tradition, die Überzeugung, alles tun zu müssen etc.) dazu neigen, ihr Leistungsangebot schrittweise auszuweiten, ohne es auf Aktualität zu hinterfragen.

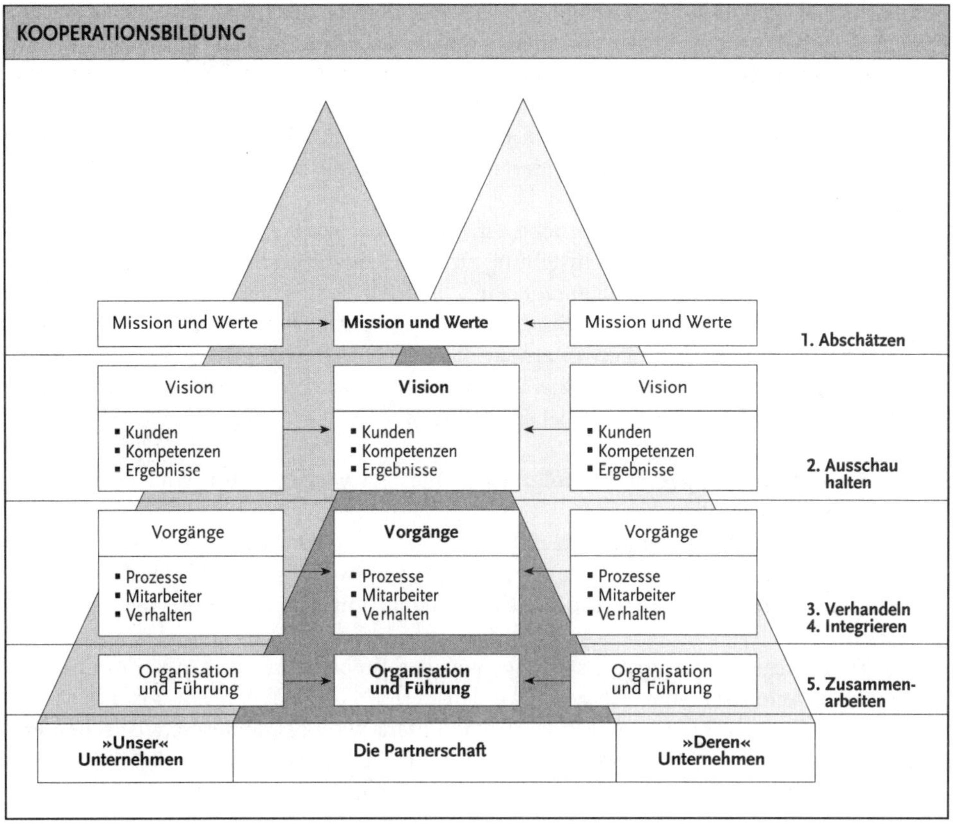

Quelle: Andersen Consulting

Abbildung II.2.6: Modell der fünf Stufen der Kooperationsbildung

Das für die Bildung von Geschäftsfeldstrategien am häufigsten eingesetzte Instrumentarium ist die Portfolioanalyse, die in ihren Ursprüngen für gewinnorientierte Unternehmen entwickelt wurde, aber mit Adaptionen auch in NPOs einsetzbar ist. Dabei handelt es sich um ein grafikunterstütztes Analyse- und Planungsinstrument für SGF. Im Rahmen des Strategieentwicklungsprozesses für die einzelnen SGF werden diese nach ihren Stärken und Chancen bewertet und eine optimale Gestaltung der SGF in Zukunft daraus abgeleitet (Haddad, Horak, Tweraser, 2003).

Stakeholder-Strategien

Das Stakeholder-Management baut auf der engen Einbindung der Interessentengruppen in den strategischen Entscheidungsprozess einer NPO auf. Zu den Stakeholdern zählen u.a. die Zielgruppen der Leistungen der NPO, Beschäftigte, Personen, die Ressourcen – insbesondere Geld – für die NPO zur Verfügung stellen, öffentliche Stellen, Medien oder KooperationspartnerInnen. Aufgrund der spezifischen Rahmenbedingungen in NPOs (komplexes Zielsystem, unterschiedliche Wertvorstellungen der Interessentengruppen) ist eine umfassende Analyse aller wesentlichen Stakeholder-Beziehungen Voraussetzung der Entwicklung von Strategien und das laufende Management von Stakeholderbeziehungen ist Kernbestandteil der Implementierung von Strategien. Stakeholder sind:

- beeinflussend: Stakeholder üben auf ihr Umfeld und auf die Organisation, mit der sie in Verbindung stehen, sowie auf deren Zielerreichung unterschiedlich starken Einfluss aus,
- dynamisch: Die Ziele und Ansprüche der Stakeholder können sich im Zeitablauf rasch und dramatisch ändern, Die Einstellung zu einer Organisation kann je nach Problemlage sehr unterschiedlich ausgeprägt sein:
- vernetzt: Stakeholder dürfen in ihrer Beziehung zu einer Organisation nicht isoliert betrachtet werden. Sie stehen in einem dichten Beziehungsgeflecht zu anderen Anspruchsgruppen. Auch diese Beziehungen gestalten sich dynamisch und sind in den strategischen Überlegungen zu berücksichtigen.

Damit Stakeholder-Management erfolgreich eingesetzt werden kann, sind folgende Voraussetzungen zu erfüllen:

- Ausrichtung an der klaren, aussagefähigen Mission und Einbettung in das Gesamtsystem des strategischen Managements. Dazu ist es notwendig, über die entsprechenden Informationen zu verfügen, um die Koordination mit anderen Strategien zu ermöglichen.
- Exakte Klärung der Aufgabenstellung: Welches Problem muss in Abstimmung mit den betroffenen Stakeholdern gelöst werden?
- Auswahl der am strategischen Prozess Beteiligten: Wie bei anderen strategischen Fragestellungen sollte Stakeholder-Management im Team erfolgen. Der Erfolg ist stark von der Auswahl der richtigen Teammitglieder abhängig.

Stakeholder spielen gerade für NPOs eine besondere Rolle. Durch Festschreibung der spezifischen Strategien sollen folgende Fragen beantwortet werden:

- Für welche Gruppen sind wir eigentlich da?
- Welche Stakeholder sind uns wie wichtig?
- Wie gehe ich mit einzelnen Stakeholdern konkret um?

Die Entwicklung der Stakeholder-Strategien ist in einen Prozess eingebettet, der idealtypisch nach den in Abbildung II.2.7 dargestellten Schritten ablaufen kann. Dieser beschriebene Prozess ist natürlich an die individuellen Gegebenheiten in der Organisation anzupassen und dient hier nur als Orientierungsgrundlage. Für eine detaillierte Darstellung inklusive der einsetzbaren Instrumente zur Unterstützung siehe Horak (1995, S. 16ff).

Funktionale Strategien

Als dritte Dimension der Strategietypen sind die funktionalen Teilstrategien zu erwähnen, die nach den betrieblichen Funktionen benannt sind. Soweit es in einer NPO funktionale Teilpläne wie einen Marketingplan, einen Personalplan, einen Finanzierungsplan etc. gibt, sind entsprechende Strategien für die einzelnen funktionalen Teilbereiche zu entwickeln. Diese müssen mit den Geschäftsfeldern und den Stakeholder-Strategien abgestimmt sein.

Stakeholder-Strategie		
1.	**Ermittlung der Stakeholder**	Wer sind die Stakeholder der Organisation?
2.	**Zusammenfassung und Ordnung der Stakeholder**	Erarbeitung einer vernünftig bearbeitbaren Anzahl von Stakeholder-Gruppen.
3.	**Charakterisierung der Stakeholder**	Was erwarten sie sich von uns, was erwarten wir von ihnen?
4.	**Bewertung und Ermittlung der Wichtigkeit der Stakeholder nach festgelegten Kriterien**	Ergebnis: die wichtigsten Stakeholder, für die wir konkrete Strategien erarbeiten.
5.	**Festlegung von Normstrategien in Abhängigkeit von den gewählten Kriterien**	Wie gehe ich mit einem bestimmten Typ von Stakeholder ganz allgemein formuliert um?
6.	**Betrachtung der einzelnen Stakeholder und Festlegung spezifischer Strategien**	Wie wollen wir, abgeleitet aus den Normstrategien, mit dem einzelnen Stakeholder konkret umgehen?
7.	**Abstimmung, Umsetzung und Kontrolle**	Festlegung eines Maßnahmen- und Zeitplanes. Regelmäßiges Überprüfen der einzelnen Ergebnisse.

Abbildung II.2.7: Entwicklung einer Stakeholder-Strategie

Strategiebewertung und -auswahl

In der Regel liegen nach dem Prozess der Strategieentwicklung jeweils mehrere Alternativen für Strategien vor, aus denen die jeweils beste ausgewählt werden muss. Wie alle vorangegangenen Schritte sollte dieser Prozess in einem Projektteam erfolgen, das später auch für die Umsetzung der jeweiligen Strategien verantwortlich ist. Es empfiehlt sich dabei die Auswahl der Alternativen mittels Punktebewertung für bestimmte Kriterien durchzuführen.

Im Rahmen der strategischen Budgetierung müssen die finanziellen Auswirkungen der einzelnen Strategien parallel geplant werden.

2.2.2 Strategieimplementierung

Strategieimplementierung ist die Umsetzung der strategischen Planung in konkretes strategiegeleitetes Handeln aller in der Organisation Tätigen im Organisationsalltag. Das Übersetzen von Strategien in konkrete operative Einzelmaßnahmen und Aktionspläne (zumeist in Form von Projekten) ist der letzte Schritt nach der Klärung der Organisationsziele, der darauffolgenden strategischen Analyse und der Formulierung und Auswahl von Strategien.

Für den erwerbswirtschaftlichen Bereich belegen zahlreiche Studien die hohe Bedeutung der konsequenten Umsetzung von Strategien (Hrebiniak/Joyce, 2001). Sehr häufig besteht eine Lücke zwischen der Strategieentwicklung und -planung und deren tatsächlichen Umsetzung, was einerseits bedeutet, dass auf Vorstandsebene entwickelte Strategien wirkungslos bleiben und andererseits, dass in der täglichen Arbeit die strategische Orientierung fehlt. Die Literatur zum Strategischen Management von NPOs widmet sich vorwiegend der Strategieentwicklung und -planung, Methoden und Instrumente der Strategieimplementierung werden eher am Rande behandelt (Stone et al., 1999, La Piana/Hayes, 2004).

Umsetzungsprozess

Strategien bleiben wirkungslos, wenn diese nur in den Köpfen von Führungskräften existieren, aber nicht in der täglichen Arbeit aller in einer Organisation Tätigen sichtbar werden: »Strategies are implemented through people!«. Allerdings bedeutet Strategieimplementierung nicht, dass sich das Top Management Strategien ausdenkt, die dann stur von oben nach unten (»Top-down«) in der Organisation durch entsprechende Vorgaben und Steuerungsmechanismen umzusetzen sind. Strategien sollten auch die nötige Flexibilität haben, um an dynamische, nicht vorhergesehene Umfeldentwicklungen angepasst werden zu können. Strategieumsetzung sollte also neben »Top-down-Komponenten« (Vorgabe von Zielen und Kontrolle der Zielerreichung) auch »Bottom-up-Komponenten« (z. B. Möglichkeiten für die mit der Umsetzung Betrauten, Fehlentwicklungen und Erfahrungen zu berichten, um die Strategie anzupassen) beinhalten. Die Strategieimplementierung hat gerade auch zum Ziel, Lernen über unvorhergesehene Umfeldentwicklungen und dadurch sinnvolle Anpassungen der Strategie durch »Bottom-up«-Feedback zu unterstützen. Da diejenigen, die die Strategie vor Ort im Rahmen der täglichen Arbeit wirklich umsetzen oft schneller erkennen, wo Strategien änderungsbedürftig sind, muss die Strategieimplementierung Feedback von unten nach oben ermöglichen und fördern. Die letztlich realisierte Strategie entspricht typischerweise nur zum Teil der ursprünglich geplanten Strategie und umfasst auch Elemente, die sich ungeplant (emergent) im Umsetzungsprozess ergeben haben (Mintzberg, 1994).

Die Umsetzung von Strategien beginnt bereits in der Phase der Strategieentwicklung und -formulierung. Bereits hier sind möglichst die für die Umsetzung relevanten Schlüsselpersonen einzubinden. Es hat keinen Sinn, strategische Entscheidungen von Einzelpersonen treffen zu lassen. Oberstes Prinzip im Rahmen des strategischen Managements sollte eine möglichst breite Unterstützung einer Strategie innerhalb des Managements sein. Von der breiten Akzeptanz einer Strategie hängt deren Umsetzbarkeit maßgeblich ab. Da strategische Entscheidungen entscheidende Auswirkungen auf die Stakeholder und auf die Zukunft einer NPO haben, sollten diese in Ruhe nach einem ausführlichen Diskussionsprozess getroffen werden. Hierzu haben sich regelmäßige Strategieklausuren gut bewährt. Der Elan und die Aufbruchstimmung, die in vielen Fällen bei einer Strategieklausur herrschen, müssen aber in den Alltag transferiert und in konkrete Maßnahmen der täglichen Arbeit übersetzt werden. Bereits bei der Formulierung von Strategien ist daher auf deren Umsetzbarkeit zu achten. Oft ist es besser, von einer »idealen Strategie« zu Gunsten einer gut umsetzbaren Strategie abzuweichen. Bereits im Rahmen einer Strategieklausur oder eines Strategie-Meetings, ist ein Maßnahmenprotokoll zu führen, in dem exakte Aufgabenpakete, Verantwortliche für die Umsetzung und ein Zeitplan zur Erfüllung der Aufgaben festgehalten werden.

Die Maßnahmenprotokolle dienen als Grundlage für die strategische Kontrolle. Bei den regelmäßig stattfindenden Strategieklausuren wird als erster Punkt die Erfüllung der Aufgaben laut Maßnahmenprotokoll der letzten Klausur diskutiert. Abweichungen davon müssen von den Verantwortlichen begründet werden. Die Formulierung einer Strategie muss explizit und klar verständlich sein, damit diese von den Führungskräften kommuniziert werden kann. Im Idealfall sollte jede Führungskraft gemeinsam mit den ihr Unterstellten definieren, wie sie zur konkreten Umsetzung der Strategie beitragen können. Gleichzeitig mit strategischen Zielen, Maßnahmen und Aktionsplänen sind die für die Umsetzung notwendigen Informationen und Ressourcen bereitzustellen (Budget zur Umsetzung konkreter, mit der Strategie verbundener Ziele). Alle handelnden Personen müssen nicht nur wissen, was ihre Rolle bei der Strategieumsetzung ist, sie müssen diese Rolle auch annehmen. Die Kommunikation einer Strategie, die Verfolgung des Umsetzungsstandes und die Motivation aller in einer NPO Tätigen zu strategiekonformem Verhalten ist eine wesentliche Führungsaufgabe. Da die Implementierung von Strategien in aller Regel mit Veränderungen verbunden ist, müssen Führungskräfte Schwierigkeiten und Widerstände rechtzeitig erkennen und die Identifikation aller in der Organisation Tätigen mit der (neuen) Strategie fördern.

Als sehr wesentliches Instrumentarium zur möglichst direkten Überleitung von Strategien in den täglichen Arbeitsprozess hat sich in den letzten Jahren das von Kaplan/Norton entwickelte System der *Balanced Scorecard* (*BSC*) bewährt. Eine BSC hat zum Ziel, die Lücke zwischen der Strategieentwicklung und dem täglichen Handeln zu schließen und die Zusammenhänge zwischen den Zielen einer Organisation in unterschiedlichen Bereichen herauszuarbeiten (Haddad/Horak/Tweraser, 2003; Kaplan/Norton, 1996; Kaplan, 2002; Scherer/Alt, 2002; Speckbacher, 2003; Speckbacher/Bischof/Pfeiffer 2003).

Kernidee der BSC ist es, eine überschaubare Zahl konkreter strategischer Ziele (insgesamt etwa 20 Ziele: »twenty is plenty«) in bestimmte Perspektiven zu gliedern, diese Ziele mit konkreten Kennzahlen zur Messung der Zielerreichung sowie mit Zielvorgaben und Aktionsplänen zum Erreichen der Vorgaben zu verknüpfen und Zusammenhänge (Ursache-Wirkung-Beziehungen) zwischen diesen Zielen herzustellen. Für Wirtschaftsunternehmen wurden die vier Perspektiven »Finanzen«, »KundInnen«, »Prozesse« und »MitarbeiterInnen/Lernen/Entwicklung« vorgeschlagen, letztlich muss aber jede Organisation selbst entscheiden, welche Perspektiven angesichts der Organisationscharakteristika und der verfolgten Strategie sinnvoll erscheinen. Eine Strategie wird dann durch angenommene Ursache-Wirkung-Beziehungen zwischen den einzelnen Zielen (bzw. den zur Messung der Ziele verwendeten Kennzahlen) abgebildet, wobei in der Standardform der BSC das letztendliche Ziel in der Optimierung der finanziellen Ziele und Kennzahlen besteht. Damit geht die Standardform der BSC auch von einer Hierarchie der Bedeutung von Stakeholdern aus, wobei die Unternehmenseigentümer (Shareholder) jedenfalls an der Spitze dieser Hierarchie stehen (vgl. Speckbacher/Bischof/Pfeiffer 2003).

Weil eine BSC ausdrücklich eine Balance zwischen finanziellen und nichtfinanziellen Kennzahlen herstellen will, scheint dieses für den erwerbswirtschaftlichen Bereich entwickelte Instrument nahezu unmittelbar auf den Einsatz in NPOs adaptierbar (Kaplan/Norton, 1996, Kapitel 5; Kaplan, 2001; Haine, 1999). Allerdings ist zwar der grundsätzliche Ansatz übertragbar, es reicht aber nicht, einfach anstatt der Finanzperspektive als oberste Perspektive eine Missionsperspektive einzuführen (vgl. zum Folgenden Speckbacher 2003). Soll eine BSC in NPOs angewendet werden, so ist zunächst zu klären, welche Stakeholder die letztendlichen Ziele der NPO definieren und worin diese Ziele bestehen. Insofern ist der erste Schritt beim Einsatz einer BSC die Konkretisierung der Mission in Form weniger, klar definierter Ziele in Bezug auf die wichtigsten Stakeholder, d.h. die Hauptzielgruppe der NPO. Dazu muss das Top Management der NPO einen interaktiven Prozess mit allen wesentlichen Stakeholdern initiieren, in dem geklärt wird, welche Ziele wirklich »ganz oben« stehen sollen und wie diese gemessen werden können. Hierdurch wird die Mission konkretisiert, es werden strategische Prioritäten auch im Verhältnis zu Wettbewerbern gesetzt (»what to do and what not to do«) und es werden Abwägungsentscheidungen zwischen strategischen Zielen gemeinsam mit den Stakeholdern getroffen. In NPOs ist die Durchführbarkeit dieses ersten Schrittes Voraussetzung für die Anwendbarkeit einer BSC. Aus diesen übergeordneten, sich aus der Mission ergebenden obersten Zielen sind dann strategische Ziele abzuleiten, die (laut der vereinbarten Strategie) dem Erreichen dieser obersten Ziele dienen. Die Organisationsstrategie wird in einer BSC also in Form einer Annahme darüber konkretisiert, welche Ziele wie dem Erreichen der obersten Ziele (der Mission) dienen. Während in der Standardform der BSC von einer klaren Hierarchie von Stakeholdern und Zielen ausgegangen wird (alle Ursache-Wirkung-Beziehungen gehen nur von unten nach oben), sind für NPOs zyklische Beziehungen typisch und wichtig bei der Umsetzung einer Strategie. Beispielsweise können Schulungen für ehrenamtlich Tätige die Qualität der Leistungserstellung gegenüber den LeistungsempfängerInnen verbessern, wodurch wiederum die Motivation der Ehrenamtlichen steigt und deren Befriedigung, tatsächlich einen Beitrag zu leisten. In NPOs sind die Austauschbeziehungen von Stakeholdern mit der Organisation oft sehr komplex (weniger durch explizite Verträge regelbar, sondern eher impliziter Natur). Eine BSC kann dann dazu dienen, über vereinbarte Kennzahlen diese Beziehungen im Sinne der Mission zu steuern, d.h. kontinuierlich die Erwartungen der Organisation an die Stakeholder und vice versa zu koordinieren und zu managen. Die BSC kann insofern als Kommunikations- und Koordinationsinstrument zwischen der NPO und den Stakeholdern genutzt werden, mit deren Hilfe dann strategische Prioritäten gesetzt und Abwägungsentscheidungen getroffen werden. Hierdurch können Kontrollkosten für Stakeholder gesenkt, deren Erwartungen koordiniert und Vertrauen in die Organisation gestärkt werden.

Ebenso wie im Verhältnis zu externen Stakeholdern ist auch bei der internen Verwendung der BSC in NPOs eine stärker interaktive Nutzung sinnvoll. Die Grundform der BSC geht im Wesentlichen Top-down vor, d.h. es werden strategische Ziele und Zielgrößen vorgegeben oder über Anreizsysteme implementiert (mit wenig Raum für emergente Strategien). Dies kann der Kultur von NPOs widersprechen, v.a. dann, wenn die vorgegebenen Ziele nur einen Teil (nämlich den durch Kennzahlen messbaren Teil) der relevanten Tätigkeiten abbilden können. Die Reduktion auf messbare Ziele in Kombination mit einer Top-down-Implementierung dieser Ziele kann nicht nur zu Frustration und Demotivation, sondern auch zu einer Fehlsteuerung führen (s.o., Speckbacher, 2003, 2012).

Wenn wesentlich erscheinende Dinge schwer oder nicht messbar sind, kann dies auch dazu führen, dass in einer BSC allzu komplizierte oder zu viele Kennzahlen verwendet werden oder dass »Kompromiss-Kennzahlen« bzw. stark aggregierte Kennzahlen verwendet werden, die sich im Zeitablauf kaum verändern und daher zur Steuerung weitgehend nutzlos sind. Wenn daher auf der Ebene der Mission eine klare Definition von Zielen in der beschriebenen Weise nicht gelingt, kann eine BSC zur Fehlsteuerung führen oder zumindest steht dem hohen Aufwand zur Erstellung und Erhaltung einer BSC ein möglicherweise nur geringer Nutzen gegenüber. Ein wichtiger ergänzender Aspekt für erfolgreiche BSC-Anwendungen in NPOs ist daher auch die Bereitschaft, nicht alle Zielerreichungen mit quantitativen Kennzahlen, sondern auch über diverse qualitative Zugänge feststellen zu wollen und diese Elemente auch in einer BSC abbilden zu können.

Qualitätsmanagement als Teil der Strategieimplementierung

Strategien dienen im Kern dazu, dass es einer Organisation gelingt, im Rahmen ihrer Mission sich auf diejenigen Leistungen zu fokussieren, mit denen sie für ihre Stakeholder so attraktiv wie möglich ist. Diese Attraktivität wird durch die Qualität aller Prozesse und Leistungen determiniert. Qualität wird daher auch häufig als die dauerhafte Erfüllung der (vereinbarten) Anforderungen aller strategischen Anspruchsgruppen definiert. Als konkreter Maßstab für die Qualität eines Leistungserstellungsprozesses wird vielfach die Zufriedenheit der externen oder internen LeistungsempfängerInnen (KundInnen) herangezogen (Brunner/Wagner, 2011; Masing, 2007; Zink/Seibert 2011). Insofern ist Qualitätsmanagement (QM) ein zentraler Bestandteil der Strategieimplementierung.

Qualitätsmanagement ist eine Aufgabe des Managements, die darauf gerichtet ist, Leistungserstellungsprozesse und die erstellten Produkte und Leistungen kontinuierlich zu verbessern bzw. ein vorgegebenes Qualitätsniveau dauerhaft zu gewährleisten. Die Philosophie der *kontinuierlichen Verbesserung* (Kontinuierlicher Verbesserungsprozess – KVP, Continuous Improvement Process – CIP oder nahe verwandt dazu das japanische Kaizen) ist zentraler Bestandteil von Qualitätsmanagementkonzepten (Brunner/Wagner 2011; Masing, 2007; Zink/Seibert 2011).

Eine hohe Qualität von Leistungen kann nur erreicht werden, wenn sich die Organisation darauf fokussiert, wo sie besondere Stärken hat und wenn sie diese Stärken konsequent weiterentwickelt. Die Qualität beginnt bei den Führungskräften. Diese spielen nicht nur die zentrale Rolle bei der Strategieentwicklung, sondern v. a. auch bei deren Umsetzung. Durch Personalentscheidungen, Stellendefinitionen und Personalentwicklung bestimmen Führungskräfte, inwiefern das Personal zur jeweiligen strategischen Ausrichtung der Organisation passt und in seinem Verantwortungsbereich beitragen kann (und will), die Strategie umzusetzen.

Die bekanntesten Konzepte für das Qualitätsmanagement sind das EFQM-Modell und die ISO 9000er Normenreihe, v. a. ISO 9001. Die ISO 9001 bietet einen umfassenden Orientierungsmaßstab für Mindeststandards im Hinblick auf eine Zertifizierung. Grundlage ist die KVP-Philosophie, wobei Maßnahmen zu definieren und zu dokumentieren sind, mit denen gezielt kontinuierliche Verbesserungen stattfinden und festzulegen ist, wie Maßnahmen und Ergebnisse überwacht werden und wie etwaige festgestellte Mängel dauerhaft behoben werden. Während Zertifizierungen nach ISO 9001 im industriellen Bereich sehr verbreitet sind, ist die Anwendung dieses Standards in NPOs zwar grundsätzlich möglich, allerdings scheint das EFQM-Modell umfassender und besser für die Anwendung in NPOs geeignet (Zink/Seibert 2011). Das Excellence-Modell der European Foundation for Quality Management (EFQM) ist ein (Selbst-)Bewertungskonzept für ein umfassendes, ganzheitliches Qualitätsmanagement (Total Quality Management – TQM). Das EFQM ist auf stetige Verbesserung durch Innovation und Lernen ausgerichtet und unterscheidet zwischen sogenannten Befähigern (Führung, Strategie, MitarbeiterInnen, Partnerschaften und Ressourcen und dadurch gestaltete Prozesse, Produkte und Dienstleistungen) und Ergebnissen (wobei kundenInnen-, mitarbeiterInnen- und gesellschaftsbezogene Ergebnisse und dadurch abgebildete Schlüsselergebnisse unterschieden werden). Aufgrund der konsequenten Orientierung an den Organisationszielen und an der Strategie sowie durch die explizite Berücksichtigung der zentralen Stakeholder ist das EFQM-Modell gut geeignet als Unterstützung der Strategieimplementierung in NPOs. Zudem bietet die Möglichkeit einer externen Auditierung und Anerkennung der TQM-Aktivitäten durch Excellence-Awards (EFQM Excellence Award, Ludwig-Erhard-Preis oder der Österreichische Staatspreis für Unternehmensqualität der Quality Austria) Chancen, sich an Best-Practice-Beispielen zu orientieren sowie eigene Leistungen nachzuweisen und nach außen zu kommunizieren.

Qualitätsmanagementinitiativen, Zertifizierungen und Akkreditierungen können NPOs helfen, in einem strukturierten Prozess eigene Defizite zu erkennen und von Erfahrungen anderer Organisationen zu lernen. Allerdings gehen solche Initiativen von einem gegebenen Zielsystem und einer gegebenen Strategie aus und sie sind vorwiegend auf die Professionalisierung, Dokumentation und qualitätsorientierte Weiterentwicklung von Prozessen und Leistungen ausgerichtet.

2.3 Zusammenfassung

Die Formulierung von Zielen, die Entwicklung von Zielsystemen und das Erarbeiten von Strategien sind wichtige Aufgaben der Unternehmensführung in NPOs. Diese Aufgaben können nur dann sinnvoll wahrgenommen werden, wenn konkret erzielte Leistungsergebnisse auch anhand der vereinbarten Ziele überprüft werden. Zielabweichungen sind in diesem Rückkopplungssystem die Regel und setzen neuerlich Planungsprozesse und damit verbunden Lernprozesse in Gang, um die Erfüllung der Mission der NPO zu verbessern. Die Feststellung von Zielabweichungen ist eine Aufgabe der Erfolgsmessung und Evaluation, die in NPOs in anderer Form als bei gewinnorientierten Unternehmen durchgeführt werden müssen (vgl. Beitrag III.5).

Um Mittelvergeudung zu vermeiden und eine nachhaltige Erfüllung der Mission zu gewährleisten, müssen Prozess- und Leistungsqualität und Erfolg einer NPO kontrolliert und gesteuert werden. Wegen der Vielschichtigkeit und schwierigen Messbarkeit des Erfolgs ist die strategie- und erfolgsorientierte Steuerung von NPOs zweifellos eine große Herausforderung. Zieldefinition und Strategieentwicklung müssen berücksichtigen, dass nicht alles, was in NPOs wichtig ist, auch messbar ist. Dennoch müssen auch die nichtmessbaren Aspekte der Leistungserbringung kontrolliert und gesteuert werden. Hierbei ist auf qualitative und subjektive Ziele und Bewertungen zurückzugreifen, wodurch Führungskräften – deren Kernaufgabe ja qualitative und subjektive Bewertungen sind – eine noch wichtigere und verantwortungsvollere Rolle zukommt als Führungskräften in erwerbswirtschaftlichen Unternehmen, die sich weitgehender an quantitativen und »objektiven« Zahlen orientieren können.

Literatur

Allison, M./Kaye, J. (2005): Strategic Planning for Nonprofit Organizations. A Practical Guide and Workbook. 2. Aufl., Hoboken, NJ.

Austin, J. E. (2000): The Collaboration Challenge, San Francisco.

Bigelow, B./Middleton Stone, M./Arndt, M. (1996): Corporate Political Strategy. Nonprofit Management and Leadership 7, 29–43.

Bryson, J. M./Alston, F. K. (1996): Creating and Implementing Your Strategic Plan, San Francisco.

Brunner, F.J./Wagner, K.W. (2011): Qualitätsmanagement. Leitfaden für Studium und Praxis. München, Wien.

Brown, W.A./Iverson, J.O. (2004): Exploring Strategy and Board Structure in Nonprofit Organizations. Nonprofit and Voluntary Sector Quarterly 33, 377–400.

Buber, R./Meyer, M., Hrsg., (2009): Fallstudien zum Nonprofit Management, 2. Aufl., Stuttgart.

Drucker, P. (1992): Managing the Non-Profit Organization: Principles and Practices, London/ Oxford.

Drucker, P. (2009): Die fünf entscheidenden Fragen des Managements, Weinheim.

Haddad, T./Horak, CH.,/Tweraser, S. (2003): Instrumente für das strategische Management in NPOs. In: Eschenbach, R. (Hrsg.): Führungsinstrumente für die Non-Profit-Organisation. Strukturen und Management. Bewährte Verfahren im praktischen Einsatz. Stuttgart, 13–21.

Frumkin, P./Ande-Clark, A. (2000): When Missions, Markets and Politics Collide: Values and Strategy in the Nonprofit Human Services. Nonprofit and Voluntary Sector Quarterly 29, 141–163.

Haine, S.F. (1999): Measuring the Mission: Using a Scorecard Approach in Not-for-Profit Organizations. Journal of Strategic Performance Measurement 3 (2), 13–19.

Hamel, G./Prahalad, C.K. (1994): Competing For The Future, Harvard Business School Press. Boston, Mass.

Herman, R. D./Renz, D.O. (1997): Multiple Constituencies and the Social Construction of Nonprofit Organization Effectiveness. Nonprofit and Voluntary Sector Quarterly 26(2), 185–206.

Herzlinger, R. E. (1996): Can Public Trust in Nonprofits and Governments Be Restored? Harvard Business Review, März-April.

Horak, Ch. (1995): Stakeholder-Management für Nonprofit-Organisationen, Verbands-Management 3/95, 16–26.

Hrebenaik, L.G./Joyce, W.F. (2001): Implementing Strategy: An Appraisal and Agenda for Future Research, in: Hitt M.R./Freeman, E./Harrison, J. (Hrsg.), Handbook of Strategic Management, Blackwell Business, Malden.

Kaplan, R.S. (2001): Strategic Performance Measurement and Management in Nonprofit Organizations. Nonprofit Management and Leadership 11, 353–370.

Kaplan, R. S./NORTON, D. P. (1996): The Balanced Scorecard: Translating Strategy into Action. Boston.

La Piana, D./Hayes, M. (2004): Play to Win: The Nonprofit Guide to Competitive Strategy. San Francisco.

Masing, W., Hrsg., (2007): Handbuch Qualitätsmanagement. 5. Aufl., München, Wien.

Matul, Ch. (1995): Stationäre Einrichtungen der Altenhilfe, Lösungsvorschläge zur Erfolgsmessung und Qualitätsbeurteilung in Alten- und Pflegeheimen, Wien.

Mintzberg, H. (1994): The Rise and Fall of Strategic Planning. New York.

O'Dwyer, B. Unerman, J. (2008): The paradox of greater NGO accountability: A case study of Amnesty Ireland. Accounting, Organizations and Society 33, 801–824.

Oster, S.M. (1996): Strategic Management for Nonprofit Organizations. Nonprofit and Voluntary Sector Quarterly 25, 384–399.

Parmar, B.L./Freeman, R.E./Harrison, J.S./Wicks, A.C./Purnell, L./De Colle, S. (2010): ›Stakeholder Theory: The State of the Art‹, The Academy of Management Annals 4(1), 403–445.

Porter, M.E. (1996): What is Strategy, Harvard Business Review, November/Dezember 61–78.

Roller, R. H. (1996): Strategy Formulation in Nonprofit Social Services Organizations: A Proposed Framework. In: Nonprofit Management and Leadership, 7, 137.

Sander, G./Bauer, E. (2006): Strategieentwicklung kurz und klar, Bern.

Scherer, H.G./Alt, J.M. (2002): Balanced Scorecard in Verwaltung und Non-profit-Organisationen, Stuttgart.

Simsa, R./Patak, M. (2008): Leadership in Nonprofit-Organisationen, Wien.

Speckbacher, G. (2003): The Economics of Performance Management in Nonprofit Organizations, Nonprofit Management and Leadership 13(3), 267–281.

Speckbacher, G./Bischof, J./Pfeiffer, T. (2003): A Descriptive Analysis on the Implementation of Balanced Scorecards in German-speaking Countries, Management Accounting Research 14(4), 361–387.

Speckbacher, G. (2012): The Use of Incentives in Nonprofit Organizations, erscheint in: Nonprofit and Voluntary Sector Quarterly.

Stone, M.M./Bigelow, B./Crittenden, W. (1999): Research on strategic management in nonprofit organizations: Synthesis, analysis, and future directions, Administration & Society 31, 378–423.

Young, D.R. (2001): Organizational Identity in Nonprofit Organizations: Strategic and Structural Implications. In: Nonprofit Management & Leadership, 12, 139.

Zink, K.J./Seibert, S. (2011): Total Quality Management in Non-Profit-Organisationen, Wirtschaftswissenschaftliches Studium – WiSt Heft 6, 282–288.

3 Rechtliche Gestaltungsformen für NPOs

Christian Nowotny

3.1 Einleitung

Für die Rechtswissenschaft sind NPOs keine eigenständige Kategorie. Zwar wird deren besondere Zwecksetzung innerhalb der einzelnen Disziplinen mit ihren jeweiligen Problemstellungen durchaus beachtet, nicht aber im Rahmen einer Gesamtschau, die darauf ausgerichtet ist. Vielmehr beschränkt sich die Darstellung in der Regel auf den Verein und die Stiftung, gegebenenfalls die Genossenschaft, die als für nicht auf Gewinnerzielung gerichtete Aktivitäten als geeignet angesehen werden (Schmidtmayr, 2003, S. 138; Kuhn 2006, S. 124; von Hippel, 2007, S. 6; Schauhoff, 2000, S. 25ff). In der Folge wird darüber hinausgehend auch der Bereich der Kapitalgesellschaften einbezogen. Zwei Konstellationen sind dabei von praktischer Bedeutung: Die Kapitalgesellschaft kann als Tochterunternehmen eines nicht auf Gewinn gerichteten Rechtsträgers für wirtschaftliche Aktivitäten eingesetzt werden. Ein Rechtsträger, der sowohl auf Gewinn als auch nicht auf Gewinn gerichtete Aktivitäten in sich vereinigt, kann aus internen organisatorischen und rechnungslegungstechnischen Gründen ebenfalls Kapitalgesellschaften einsetzen.

3.2 Kriterien der Rechtsformentscheidung

Die BWL hat für gewinnorientierte Unternehmungen Kriterienkataloge erstellt, die bei der Rechtsformwahl zu beachten sind. Als maßgebliche Einflussgrößen werden persönliche Interessen, einschlägige Rechtsvorschriften und betriebswirtschaftliche Erfordernisse genannt (vgl. Lechner et.al. 2008, S. 176; Steiner, 1993, S. 134). Ausgehend von dieser etablierten Betrachtungsweise sollen die Besonderheiten von NPOs dargestellt werden.

Die Wahl einer Rechtsform muss als Problem wahrgenommen werden. Gerade bei NPOs ist das Phänomen zu beobachten, dass zunächst spontane und singuläre Aktivitäten (z. B. die Organisation von Sammlungen oder Spenden bei einer Naturkatastrophe), die ohne jeden rechtlichen Rahmen begonnen werden, in der Folge eine gewisse Nachhaltigkeit und auch Weitläufigkeit erreichen. Es werden z. B. unter frei gewählten Bezeichnungen Waren eingekauft, Transporte in Auftrag gegeben, kurzfristig MitarbeiterInnen beschäftigt, ohne dass den Beteiligten die rechtliche Zuordnung und die Konsequenzen bewusst sind (OGH 29. 4. 1975, SZ 48/55 – Spendensammelaktion eines Bürgermeisters für ein durch Brand geschädigtes Ehepaar). Dies kann insbesondere dann unangenehme Folgen haben, wenn GläubigerInnen auf Zahlung drängen oder der Fiskus steuerlich relevante Vorgänge (wie z. B. Lohnsteuerabfuhr bei Beschäftigung von MitarbeiterInnen) als realisiert ansieht. Bei rechtlich unstrukturierten Organisationen haftet dann im Außenverhältnis zumeist entweder der nach außen Handelnde persönlich oder bei einer stillschweigend begründeten Außengesellschaft, die regelmäßig die Rechtsform der Gesellschaft Bürgerlichen Rechts hat, alle die Organisation tragenden Personen.

Umgekehrt ist auch festzustellen, dass zwar bewusst eine rechtliche Organisationsstruktur gewählt wird, aber ohne weitere Reflexion der leicht und billig zu gründende Idealverein errichtet und die Statuten nach mehr oder weniger bewährten Mustern ausgestaltet werden. Dies kann zur Versteinerung einer unzweckmäßigen Organisationsform führen.

Zunächst gilt es, die wesentlichen Strukturmerkmale von NPOs im Vergleich zu Profitorganisationen zu identifizieren. Diese sind in einem zweiten Schritt mit besonderen Anforderungsprofilen zu verbinden, die für Nonprofit-Aufgaben typisch sind (siehe dazu Beitrag I.1).

Als wichtigste Kriterien für die rechtliche Etablierung von NPOs lassen sich, vorbehaltlich einer genaueren Analyse, folgende Gesichtspunkte festhalten:

- Einbindung von ProponentInnen mit unterschiedlichen Vorstellungen und Möglichkeiten zur Mitarbeit (»Betreiberstruktur«),
- Abgrenzung von laufender Erfüllung des festgelegten Förderungszweckes gegenüber Basisentscheidungen,
- Kontrolle finanzieller Gebarung unter dem Aspekt unsicherer und kurzfristiger Finanzierung,
- Kontrolle der Zielerreichung,
- Vermeidung von persönlichen Haftungen der Mitglieder, ProponentInnen sowie Ehrenamtlichen,
- Offenheit gegenüber ähnlichen Fördereinrichtungen, v. a. Möglichkeit der Einbindung staatlicher Stellen.

Diese Fragen stellen sich unabhängig davon, ob man als Besonderheit der Kategorie der »Nonprofit-Organisation« das Verbot der Gewinnausschüttung ansieht (Meyer/Leitner 2006, S. 4) oder die Fragestellung auf Grundlage einer funktionalen Typologie (Spendenorganisationen, mitgliedernützige NPO, kommerzielle NPO (vgl. von Hippel 2007, 52) behandelt.

3.2.1 Betreiberstruktur

Die meisten Rechtsformen (von Stiftungen abgesehen) bauen darauf auf, dass natürliche oder juristische Personen als Mitglieder die Verfassung der Organisationsform und die maßgeblichen Entscheidungen bestimmen. Bei der rechtlichen Gestaltung ist zu berücksichtigen, dass das Interesse an Mitwirkungsrechten unterschiedlich sein kann. Die folgende Systematisierung berücksichtigt diese verschiedenen Ausgangspositionen.

Öffentliche Hand oder ähnliche Institutionen als Betreiber

In zunehmendem Maß werden von der öffentlichen Hand initiierte Nonprofit-Aktivitäten auch rechtlich abgespalten. Dies geschieht häufig in Form von Idealvereinen, wie etwa zur Unterstützung von Haftentlassenen (Bewährungshilfe) oder zum Betrieb von Jugendzentren. Die Erfahrung zeigt, dass diese über eine eigene Rechtsform erreichte organisatorische Trennung vom Alltagsgeschehen einer Behörde ratsam ist. Die Proponentenstellung geht hier zumeist von der öffentlichen Hand aus, die damit die Eigentümerfunktion wahrnimmt und regelmäßig Interesse an einer entsprechenden Einflussmöglichkeit und Kontrolle hat.

Ähnliche Phänomene lassen sich außerhalb des öffentlichen Bereichs feststellen, wenn große Organisationen, wie kirchliche Einrichtungen, Nonprofit-Aktivitäten in bestimmten Bereichen entwickeln. Auch hier gibt es, etwa bei der Caritas, Sondereinrichtungen außerhalb der Trägerorganisation. Durch die Gestaltung der Rechtsform ist sicherzustellen, dass es – z. T. in Form von zusätzlichen Vereinbarungen – geeignete Nahtstellen für die so verknüpften Organisationseinheiten gibt.

In diesen Fällen ist eine Rechtsform mit starker Mitgliederstellung und möglichst unmittelbar wirkenden Einfluss- und Kontrollmöglichkeiten zweckmäßig.

Zahlreiche gleichwertige Mitglieder

Häufig soll eine Vielzahl von Personen gewonnen werden, wobei vor allem deren finanzielles Engagement durch regelmäßige Beitragszahlungen und Spenden erreicht werden soll. Die Mitgliederstellung ist dann, ähnlich jener bei der Publikumsaktiengesellschaft, von der Mitarbeit und Mitgestaltung weitgehend abgehoben. Die Betreiber steuern und agieren nicht aus der Mitgliederposition heraus, sondern in einer durch die Organisationsverfassung bereitgestellten Leitungsfunktion. In diesen Fällen gewinnt einerseits die klare Trennung und Definition von Grundlagenentscheidungen gegenüber sonstigen Geschäftsführungsentscheidungen an Bedeutung (vgl. Schmidt, 2002, S. 452ff), andererseits das Bestehen von Kontrollmechanismen, da die große und unter Umständen anonyme Zahl von Mitgliedern nicht in der Lage ist, die Kontrolle selbst unmittelbar auszuüben. Daher ermöglichen das Vereinsrecht und das Genossenschaftsrecht die Einrichtung von Delegiertenversammlungen in den Statuten, wenn im Falle der Genossenschaft die Zahl der Mitglieder zumindest 500 beträgt (§ 27 Abs. 3 GenG, Krejci ua, 2002, S. 115).

3.2.2 Organisation des Entscheidungsprozesses

Ausgehend vom privatrechtlichen Organisationskonzept für Gesellschaften lassen sich drei Entscheidungsbereiche unterscheiden: Grundlagenentscheidungen, die in wesentliche konstitutive Elemente der Verfassung des Rechtsträgers eingreifen (z. B. Entscheidungen über die Änderung der Statuten, Auflösung oder Zusammenschluss mit anderen Organisationseinheiten); außergewöhnliche Geschäftsführungsentscheidungen, das sind von den Statuten erfasste Entscheidungen, die sich in Hinblick auf ihre Folgen und Risiken von den alltäglichen Geschäftsführungsentscheidungen abheben; gewöhnliche Geschäftsführungsentscheidungen.

In der Praxis ist v. a. bei auf Dauer angelegten Aktivitäten, die nachhaltig finanzielle Ressourcen erfordern und mit Bindung von Vermögen (insbesondere Personalaufwand) verbunden sind, mit Schwierigkeiten bei der Entscheidungsfindung über Grundlagengeschäfte und außergewöhnliche Maßnahmen zu rechnen. In das Recht der Kapitalgesellschaften (AG, GmbH) sind Erfahrungen aus dem Umgang mit diesen Strukturen in Rechtsprechung und Lehre eingeflossen.

Das Vereinsrecht normiert nur, dass im Statut Organe zur gemeinsamen Willensbildung der Vereinsmitglieder (Mitgliedgliederversammlung) sowie zur Führung der Vereinsgeschäfte und zur Vertretung des Vereins nach außen (Leitungsorgan) vorzusehen sind. Es wird nicht näher umschrieben, über welche Maßnahmen die Mitgliederversammlung zu entscheiden hat. Ohne besondere Regelung in den Statuten ist die Mitgliederversammlung als oberstes Organ des Vereins zur Entscheidung über Grundlagengeschäfte berufen (Kalss/Nowotny/Schauer, 2008, S. 1270). Im Rahmen der Geschäftsführung des Leitungsorgans wird nicht zwischen gewöhnlichen und außergewöhnlichen Entscheidungen unterschieden. Diese Zurückhaltung des Gesetzgebers folgt aus dem Anliegen, die Gestaltungsfreiheit des Vereins möglichst wenig einzuschränken. Wenn auch diese Flexibilität im Einzelfall durchaus Vorteile bieten kann, ist im Ergebnis ein klarer Vorteil der Kapitalgesellschaften festzustellen, da bei diesen einerseits für den Aufbau einer schlagkräftigen Entscheidungsorganisation reiches Erfahrungsmaterial zur Verfügung steht, andererseits durch Lehre und Rechtsprechung eine Klärung von Konfliktfällen auf Grundlage von vorhandenen Auslegungssätzen leichter möglich ist (Artmann, 2006, S. 195, 205).

3.2.3 Kontrolle der Gebarung

Gesetzlich näher determinierte Aufzeichnungs- und Rechnungslegungspflichten bestehen seit langem für Rechtsformen, die als Kapitalgesellschaften ex lege Unternehmer sind. Daneben muss die Privatstiftung des österreichischen Rechts unabhängig von ihrer Zweckausrichtung einen Jahresabschluss erstellen und diesen von einem externen Prüfer prüfen lassen. Seit dem Vereinsgesetz 2002 besteht auch für Idealvereine eine nach der Vereinsgröße abgestufte Pflicht zur Rechnungslegung; so haben Vereine ab einer bestimmten Größe die Pflicht, einen Jahresabschluss aufzustellen und diesen von einem Abschlussprüfer prüfen zu lassen. Gleiches gilt für Vereine, deren jährliches Spendenaufkommen einen bestimmten Betrag übersteigt (Gelter, 2006, S. 154ff, Gelter, 2010, S. 475).

Es ist zwar anerkannt, dass die Mitglieder bei allen auf Mitgliedschaft ausgerichteten Rechtsformen Anspruch auf Rechenschaftslegung haben, doch ist die Konkretisierung dieser Verpflichtung weitgehend der privatautonomen Ausgestaltung innerhalb der jeweiligen Rechtsform überlassen. Da sich in der Praxis die Statuten zumeist mit allgemein gehaltenen Formulierungen, die für eine effiziente Beobachtung und Steuerung der Aktivitäten im finanziellen Bereich wenig bringen, begnügen, weisen selbst relativ große Organisationen erhebliche Schwachstellen auf. Diese Erfahrung hat dazu geführt, dass zunehmend subventionsvergebende Stellen Vereinbarungen abschließen, durch die eine Abrechnung über die Verwendung der Unterstützungsmittel geregelt und deren Kontrolle vorgesehen wird (Lansky u.a, 2011, S. 78). Dies hat zwar eine gewisse erzieherische Wirkung, eine ausreichende finanzielle Planung und Abrechnung über die Gesamtaktivitäten ist damit aber nicht gesichert.

Häufig wird im Lauf der Entwicklung einer NPO deren Mitgliedern selbst bewusst, dass auf Grund der Höhe der notwendigen Finanzmittel und der Komplexität der Aktivitäten eine von ihrer Konzeption her unternehmerisch ausgerichtete Rechtsform von Vorteil wäre. Ein dafür u. U. erforderlicher Umgründungsvorgang bringt allerdings erhebliche Schwierigkeiten mit sich. Die in Österreich vorgesehenen Umwandlungsmöglichkeiten, die sowohl mit gesellschaftsrechtlichen als auch mit steuerlichen Erleichterungen verbunden sind, greifen beim Wechsel eines Idealvereins in eine andere Rechtsform nicht ein. In Deutschland besteht seit dem Umwandlungsgesetz 1994 die Möglichkeit der formwechselnden Umwandlung rechtsfähiger Vereine in Kapitalgesellschaften. Damit ist der Übergang zu einer den tatsächlich wahrgenommenen Aufgaben angemessenen Rechtsform möglich. Die österreichische Rechtsordnung lässt dies derzeit nicht zu. Hier besteht die Möglichkeit, bei entsprechender Größe und Komplexität gewisse Aktivitäten aus einem Idealverein oder einer Stiftung in Kapitalgesellschaften auszugliedern, wobei der Idealverein oder die Stiftung in der Folge als Muttergesellschaft fungieren. Dieser Weg kann auch aus steuerlichen Gründen zweckmäßig sein, um gemeinnützige Aktivitäten von ertragsorientierten Hilfs- oder Finanzierungsbereichen zu trennen (Kohler et.al., 2002, S. 193, Tanzer, 2006, S. 385).

3.2.4 Kontrolle der Zielerreichung

Von der finanziellen Kontrolle ist zu unterscheiden, ob eine Organisation die ihr vorgegebenen Ziele tatsächlich anstrebt und auch möglichst wirtschaftlich erreicht. Bei gewinnorientierten Unternehmungen ist die Erfolgsbeurteilung über die Höhe des erwirtschafteten Gewinns ein eindeutiger und gut etablierter Indikator. Diese Messfunktion müssen bei NPOs andere Kriterien übernehmen (vgl. Beitrag III.1, II.6).

Bei *Genossenschaften*, die die wirtschaftlichen Interessen ihrer Mitglieder nicht primär durch Gewinnausschüttungen, sondern durch gemeinsame Einrichtungen fördern sollen, hat eine umfassende Gebarungsprüfung durch einen Genossenschaftsrevisor zu erfolgen. Diese erfasst nicht nur die ordnungsgemäße Rechnungslegung, sondern v. a. auch die Geschäftsführung durch den Vorstand in allen Bereichen der Verwaltung und die Einhaltung der gesetzlichen und statutarischen Bestimmungen. Eine ähnliche, wenn auch deutlich abgeschwächte Regelung enthält § 18 PSG, wonach im Lagebericht einer Privatstiftung auf die Erfüllung des Stiftungszweckes einzugehen ist; dieser Berichtsteil ist vom Stiftungsprüfer dahingehend zu prüfen, ob diese Darstellung mit den im Jahresabschluss ausgewiesenen Zuwendungen übereinstimmt und keine falsche Vorstellung von der Lage der Privatstifung erweckt (Gelter 2001, S. 256).

Von diesen Regelungen abgesehen, ist bei den privatwirtschaftlichen Rechtsformen eine über das kaufmännische/unternehmensrechtliche Rechnungswesen hinausgehende Zielerreichungskontrolle nur über den Aufsichtsrat festzustellen. Dessen Aufgabe wird zunehmend darin gesehen, auf von der Geschäftsführung ausdrücklich festgelegte Periodenziele und Zielerreichungsstrategien hinzuwirken und deren Einhaltung zu überwachen (vgl. Lutter/Krieger 2008, S. 40ff). Für NPOs lässt sich dieses Gerüst adaptieren.

Bei *Idealvereinen* ist eine Gebarungskontrolle nicht zwingend angeordnet. Sie muss erst durch eine entsprechende Gestaltung der Statuten vorgesehen werden. Die sowohl bei Vereinen als auch bei öffentlich-rechtlichen Stiftungen etablierte staatliche Aufsicht kann nur grobe Missstände unterbinden, nicht aber als begleitende Kontrolleinrichtung funktionieren. Rechtspolitisch ist zu überlegen, auch ideell ausgerichtete Organisationen ab einer gewissen Größenordnung einer regelmäßigen, obligatorischen Gebarungskontrolle zu unterwerfen. Dabei wäre zu prüfen, ob nicht die Erfahrungen der Genossenschaftsrevision und das dort etablierte Prüfungswesen geeignet wären. Für Stiftungen nach dem österreichischen Bundes-Stiftungs- und Fondsgesetz sind WirtschaftsprüferInnen oder RevisiorInnen im Sinne von § 13 GenG als AbschlussprüferIn zu bestellen, wenn das Stiftungsvermögen 1 Mio. Euro übersteigt. Falls diese/r feststellt, dass die Erhaltung des Stammvermögens gefährdet oder die ordnungsgemäße Gebarung nicht mehr gesichert ist, so hat er/sie es der zuständigen Behörde unverzüglich mitzuteilen (§ 14 Abs. 3a BStFG). Keine Kontrolle gibt es im Wege der Öffentlichkeit der Rechnungslegung. Weder für die Stiftung noch für den Verein ist die Offenlegung des Jahresabschlusses und Lageberichts gesetzlich aufgetragen (kritisch Gelter 2010, S. 477; von Hippel, 2007, S. 328ff). Auch bei den sogenannten Spendenvereinen (das Aufkommen aus gesammelten Spenden übersteigt im Jahr 1 Mio. Euro) ist diese nicht angeordnet, sodass die SpenderInnen keinen Rechtsanspruch auf Informationen über die Mittelverwendung haben.

3.2.5 Haftungsbeschränkung

Bei NPOs bestehen Risiken einerseits durch die regelmäßig ungewisse Finanzierung über Spenden und öffentliche Fördergelder, andererseits durch unvorhergesehene Ausgaben, für die bei den zumeist nicht auf Eigenkapital beruhenden Organisationen ein Deckungsfonds fehlt. Solche »überraschende« Ausgaben können v. a. durch abgabenrechtliche oder arbeitsrechtliche Vorschreibungen entstehen, die auf zu wenig durchdachte Konzeptionen zurückgehen. Es besteht dann zwar unter Umständen eine gewisse Chance, durch Kürzung von Vorschreibungen im Wege der Nachsicht eine indirekte staatliche Beihilfe zu erhalten, doch auch hier ist man auf das Wohlwollen der EntscheidungsträgerInnen angewiesen.

Es ist ein legitimes Anliegen der ProponentInnen von NPO-Aktivitäten, ein persönliches Haftungsrisiko aus ihrem ideellen Engagement auszuschließen oder zu beschränken. Dies ist bei der Einrichtung einer eigenen Rechtsperson als Träger der NPO-Aktivität möglich. Wenn diese Rechtsperson konsequent als Bezugspunkt für alle Außenbeziehungen gewählt wird, übernehmen Mitglieder oder Organmitglieder grundsätzlich keine persönliche Haftung für Schulden der Organisationseinheit. Nur wenn auf rechtlich informeller Grundlage eine Aktivität entfaltet wird, kann es über persönlich eingegangene Vertragsverpflichtungen oder die stillschweigende Bildung einer Gesellschaft bürgerlichen Rechts zu einer unmittelbaren Außenhaftung kommen.

Diese zivilrechtliche Haftung wird durch strikte abgaben- und sozialversicherungsrechtliche Haftungsvorschriften begleitet. Diese sind i. A. auch auf die Mitglieder des Leitungsorgans von Idealvereinen und Stiftungen anzuwenden. Hier ist seit der Vereinsgesetznovelle 2011 eine gesetzliche Haftungsbefreiung von unentgeltlich handelnden OrganwalterInnen und RechnungsprüferInnen von Vereinen in Österreich für Schäden vorgesehen, die durch leicht fahrlässiges Fehlverhalten von diesen verursacht worden sind. (§ 24 VerG). Diese Regelung ist dispositiv ausgestaltet, sodass durch individuelle Vereinbarung oder durch Aufnahme in die Vereinsstatuten die strikte Haftung weiter abgeschwächt (z. B. Höchstgrenze im Bereich der Fahrlässigkeit) oder auch verschärft werden kann (vgl. dazu für Deutschland von Hippel, 2007, 77ff; krit im Bezug auf die Haftungsbefreiung auch bei Personenschäden Krejci, 2011, S. 376f). Die Erleichterung wird damit begründet, dass bei ehrenamtlich tätigen Organmitgliedern der strenge Sorgfaltsmaßstab für professionelle GeschäftsleiterInnen zum Hindernis für unentgeltliches Engagement werden kann. Die Erleichterung besteht auch für die vereinsrechtlich erforderlichen zwei RechnungsprüferInnen, die nicht zwingend Organmitglieder sein müssen. Ob die Regelung auch sinngemäß für ehrenamtlich tätige Vorstandsmitglieder einer Genossenschaft anwendbar ist, bleibt offen. Eine unentgeltliche Tätigkeit liegt auch dann vor, wenn für bestimmte Leistungen die daraus erwachsenden Kosten (z. B. Kilometergeld für die Nutzung des privaten Kfz) ersetzt werden. Eine Einschränkung des Sorgfaltsmaßstabs durch statutarische Regelungen ist hingegen bei Stiftungen und Kapitalgesellschaften nicht möglich. Auch bloße Ehrenamtlichkeit der Tätigkeit oder fehlende Ausbildung und Erfahrung werden in der Regel nicht zum Haftungsausschluss führen.

3.3 Alternative Rechtsformen von NPOs

3.3.1 Vorbemerkung

Nach der Darstellung der Entscheidungskriterien für die Rechtsformwahl soll ein Überblick über jene Rechtsformen gegeben werden, in denen eine NPO in Deutschland und Österreich organisiert sein kann.

Die Rechtsformen der offenen Gesellschaft und der Kommanditgesellschaft, können seit dem HaRÄG 2005 in Österreich auch zur Erreichung ausschließlich ideeller Zwecke gegründet werden. In der Praxis spielen sie aber kaum eine Rolle, da sie eine persönliche Haftung der GesellschafterInnen vorsehen. Sie werden in der folgenden Beschreibung daher nicht weiter berücksichtigt.

In Deutschland wird neben der Rechtsform des rechtsfähigen/eingetragenen Vereins noch die Rechtsform des nicht rechtsfähigen/nicht eingetragenen Vereins angeboten. Grundsätzlich ist auch diese Gesellschaft auf gemeinsame Erreichung bestimmter Ziele gerichtet, die ProponentInnen unterziehen sich aber hier nicht der staatlichen Kontrolle. Da die Bestimmungen über den rechtsfähigen Verein grundsätzlich auch für den nicht rechtsfähigen herangezogen werden – vor allem die Haftungsbeschränkung auf das Vereinsvermögen (vgl. Kübler/Assmann, 2006, S. 116ff), wird auf eine eigene Darstellung verzichtet.

In diesem Zusammenhang sei noch einmal auf den Begriff der Gemeinnützigkeit hingewiesen, der in der Praxis teilweise auch als Firmenbestandteil verwendet wird. Damit soll darauf aufmerksam gemacht werden, welchen Unternehmenszweck der jeweilige Rechtsträger verfolgen soll. Auf die anzuwendenden Normen des Gesellschaftsrechts hat dies jedoch keine Auswirkungen.

3.3.2 Der ideelle Verein

Charakteristika

Der Verein ist ein freiwilliger, auf Dauer angelegter, auf Grund von Statuten organisierter Zusammenschluss mindestens zweier Personen zur Verfolgung eines bestimmten gemeinsamen ideellen Zwecks, wobei diese Personenvereinigung mit eigener Rechtspersönlichkeit ausgestattet ist. Ein Verein darf demnach nicht den vorrangigen Zweck der Gewinnerzielung zu Gunsten der Mitglieder verfolgen. In Deutschland müssen Vereine mindestens sieben Mitglieder haben, um ins Vereinsregister eingetragen zu werden.

Vereine sind als Gebilde mit eigener Rechtspersönlichkeit organisiert. Ihr Bestand hängt nicht von der Zugehörigkeit der einzelnen Mitglieder ab. Es gehört zum Wesen eines Vereins, dass ihm einmal mehr und einmal weniger Personen angehören. Es gibt also im Gegensatz zu anderen Rechtsformen keinen geschlossenen Kreis von GesellschafterInnen.

Die Haftung des Vereins ist auf das Vereinsvermögen beschränkt. OrganwalterInnen und Vereinsmitglieder haften persönlich nur dann, wenn sich dies aus besonderen gesetzlichen Vorschriften oder auf Grund persönlicher rechtsgeschäftlicher Verpflichtungen ergibt. Mitglieder eines Vereinsorgans haften dem Verein gegenüber, wenn sie ihre Sorgfaltspflicht schuldhaft verletzen und dadurch einen Schaden verursachen. Diese Haftung ist für ehrenamtlich tätige Organwalter auf vorsätzliche und grob fahrlässige Schädigung eingeschränkt, sofern nicht anderes vereinbart oder in den Statuten festgelegt ist (§ 24 Abs 1 VerG).

Errichtung

Die GründerInnen entscheiden, einen Verein zu errichten. Sie beschließen die Statuten, in denen der Name, der Sitz und der Zweck des Vereins geregelt werden. Außerdem müssen noch Regelungen über Beiträge, Ein- und Austritt, Rechte und Pflichten der Mitglieder, Vorstandswahlen, Art der Schlichtung von Streitigkeiten aus dem Vereinsverhältnis, die Versammlung der Mitglieder sowie Bestimmungen über die freiwillige Auflösung des Vereins und die Verwertung des Vereinsvermögens im Falle einer solchen Auflösung enthalten sein (Kalss 2008, S. 1263ff).

In Deutschland haben die Gründungsmitglieder auch den ersten Vorstand zu wählen, der den Verein zur Eintragung in das Vereinsregister bei dem Amtsgericht anmeldet, das nach dem Sitz des Vereins örtlich zuständig ist. Dieses prüft, ob die Anmeldung an sich und vor allem der Zweck den gesetzlichen Bestimmungen entsprechen. Durch die Eintragung in das Vereinsregister erwirbt der Verein die Rechtsfähigkeit. Der Verein ist damit juristische Person, also Träger von Rechten und Pflichten. Daraus folgt, dass die Verbindlichkeiten des Vereins dieser selbst zu tragen hat und die Mitglieder nicht dafür haften.

In Österreich ist es Aufgabe der ProponentInnen, die Gründung des Vereins bei der zuständigen Vereinsbehörde – das ist die Bezirksverwaltungsbehörde bzw. Bundespolizeidirektion des Bundeslands, in dem der Sitz des Vereins sein soll – anzuzeigen. Wenn die Vereinsbehörde nicht binnen vier Wochen den Verein untersagt, kann dieser seine Tätigkeit beginnen; in bestimmten Fällen kann die Behörde diese Frist auf sechs Wochen verlängern. Der Verein entsteht als juristische Person mit Ablauf dieser Frist oder mit der früheren Erlassung eines Bescheides, in dem die Behörde die GründerInnen zur Aufnahme der Vereinstätigkeit einlädt.

Die Errichtung eines Vereins ist sehr einfach und verursacht kaum Kosten, da es kein Mindestvermögen für die Gründung gibt, wie dies z. B. bei den Kapitalgesellschaften oder der Privatstiftung in Österreich der Fall ist. Aus diesem Grund empfiehlt sich der Verein als Organisationsform für die Führung einer nicht allzu aufwendigen und wenig kapitalintensiven NPO, bei der das Engagement der Mitglieder im Vordergrund steht (Schmidtmayer, 2003, S. 138ff).

Zweckausrichtung

Auch wenn die Rechtsvorschriften in Deutschland und Österreich genau zwischen Ideal- und Wirtschaftsvereinen unterscheiden, bedeutet das nicht, dass ein Idealverein keinerlei Erlöse aus gewinnorientierten Aktivitäten erzielen darf. Ein Verein kann sogar ein Unternehmen betreiben, wenn diese Tätigkeit nur ein Mittel zur Erreichung des eigentlichen nicht kommerziellen Zweckes ist. Allerdings dürfen weder unmittelbar noch mittelbar

Gewinne an die Mitglieder ausgeschüttet werden (Krejci et.al. 2002, 26ff). Dieses sogenannte »Nebenzweckprivileg« ist für die Finanzierung von großer praktischer Bedeutung. Der Verein ist (anders als Genossenschaften und Kapitalgesellschaften) kein Unternehmen kraft Rechtsform, sondern dies hängt von der Tätigkeit ab. Ein Unternehmen i. S. des UGB ist anzunehmen, wenn der Verein eine professionelle, auf Dauer angelegte Organisation aufweist, die ihre wirtschaftlich werthaften Leistungen regelmäßig auf dem Markt gegen Entgelt anbietet (Krejci, 2006, S. 256). Finanziert der Verein jedoch seine Leistungen hauptsächlich über Spenden, Mitgliedsbeiträge, Subventionen oder andere Mittel, so fällt seine Tätigkeit nicht in den Anwendungsbereich des UGB (ebd.).

Organe

Das für die Willensbildung im Verein zuständige Organ ist die Mitgliederversammlung. Diese ist zur Entscheidung über Grundlagengeschäfte des Vereins berufen. Sie kann den Zweck des Vereins sowie darüber hinaus die Statuten ändern und bestellt das Leitungsorgan. In den Statuten können auch Fragen der Geschäftsführung der Mitgliederversammlung zur Entscheidung übertragen werden. Der gemeinsame Wille der Mitglieder kann in Österreich auch im Rahmen eines Repräsentationsorgans (Delegiertenversammlung) gebildet werden (Schmidtmayr, 2003, S. 140). Wie bei allen privatrechtlichen Zusammenschlüssen von Personen ist es auch hier möglich, Abstimmungsvereinbarungen mit Vereinsmitgliedern und sogar mit Nichtmitgliedern zu treffen.

Das Leitungsorgan ist jenes Vereinsorgan, das die Vereinsgeschäfte führt und den Verein nach außen vertritt. Es muss aus mindestens zwei natürlichen Personen bestehen. Die Vertretungsmacht des Leitungsorgans ist Dritten gegenüber unbeschränkbar. In den Statuten vorgesehene Beschränkungen wirken nur im Innenverhältnis.

Die auch bei kleinen Vereinen obligatorischen RechnungsprüferInnen haben die Finanzgebarung in Hinblick auf die Ordnungsmäßigkeit der Rechnungslegung und die statutengemäße Verwendung der Mittel zu prüfen (siehe § 21 Vereinsgesetz 2002). Ein die gesamte Gebarung des Vereins überwachendes Aufsichtsorgan ist in Österreich nicht zwingend vorgesehen. Sofern die Statuten ein Aufsichtsorgan vorsehen, muss dieses aus mindestens drei natürlichen Personen bestehen. Seine Bestellung obliegt der Mitgliederversammlung. Hat der Verein im Durchschnitt der letzten drei Jahre mehr als dreihundert AN beschäftigt oder sehen die Vereinsstatuten ein Aufsichtsorgan vor, müssen diesem zumindest zu einem Drittel AN angehören, wenn die AN-Vertretung von ihrem Entsendungsrecht Gebrauch macht. Die Aufgaben des Aufsichtsorgans können in den Statuten näher geregelt werden. Mangels einer Regelung hat das Aufsichtsorgan vor allem die Geschäftsführungstätigkeit des Leitungsorgans laufend und begleitend zu überwachen.

Das österreichische Vereinsgesetz sieht noch ein weiteres Organ vor: In den Statuten muss vorgesehen werden, dass Streitigkeiten aus dem Vereinsverhältnis vor einer Schlichtungseinrichtung auszutragen sind. Die Statuten haben die Zusammensetzung und die Art der Bestellung der Mitglieder der Schlichtungseinrichtung zu regeln. Sofern das Verfahren vor der Schlichtungsstelle nicht binnen sechs Monaten beendet ist, steht der ordentliche Rechtsweg offen. Dieser kann nur dadurch ausgeschlossen werden, dass ein Schiedsgericht eingerichtet wird.

Rechnungslegung, Kontrolle

In Deutschland definiert das Gesetz kein besonderes Kontrollorgan für Vereine. Die Kontrolle sei ausreichend dadurch gewährleistet, dass sich die Mitglieder in der Mitgliederversammlung zusammenfinden und die Grundlagenentscheidungen treffen. Darüber hinaus sind Vereine nicht als Rechtsform für komplizierte wirtschaftliche Tätigkeiten vorgesehen (von Hippel, 2007, S. 329). Im Gesetz ist ausdrücklich geregelt, dass eine Minderheit von mindestens 10% der Mitglieder die Einberufung der Mitgliederversammlung schriftlich unter Angabe des Zweckes verlangen kann.

Seit dem Vereinsgesetz 2002 besteht in Österreich eine abgestufte Pflicht zur Rechnungslegung bei Vereinen. Kleine Vereine müssen eine Einnahmen-Ausgabenrechnung samt Vermögensübersicht erstellen. Sofern die gewöhnlichen Einnahmen bzw. Ausgaben eines Vereins in zwei aufeinanderfolgenden Rechnungsjahren jeweils höher als 1 Mio. Euro sind, hat das Leitungsorgan ab dem folgenden Jahr einen Jahresabschluss aufzustellen. Sind sie in zwei aufeinander folgenden Rechnungsjahren jeweils höher als 3 Mio. Euro oder übersteigt das jährliche Aufkommen an gesammelten Spenden in diesem Zeitraum jeweils den Betrag von 1 Mio. Euro, wird der Verein überhaupt den Kapitalgesellschaften gleichgestellt und hat einen erweiterten Jahresabschluss samt Anhang aufzustellen; ein Lagebericht ist nicht erforderlich. Ebenso ist eine externe Abschlussprüfung vorgesehen.

Wenn ein öffentlicher Subventionsgeber zu einer gleichwertigen Prüfung verpflichtet ist, bleibt ein hiervon erfasster Rechnungskreis von der Berechnung der genannten Schwellenwerte unberührt und ist von der Prüfung durch die Rechnungs- bzw. AbschlussprüferInnen ausgenommen. Auf einen solchen Rechnungskreis sind die Rechnungslegungsbestimmungen entsprechend dem darin enthaltenen Schwellenwert anzuwenden. Der Subventionsgeber hat dem/der Rechnungs- bzw. AbschlussprüferIn binnen drei Monaten ab Aufstellung des Jahresabschlusses bzw. Erstellung der Einnahmen-Ausgabenrechnung das Ergebnis der Prüfung mitzuteilen. Es ist empfehlenswert, im Rahmen eines Subventionsvertrages klare Regelungen über die vom Subventionsgeber durchzuführenden Prüfungen zu treffen (Lansky u. a. 2011, S. 178 ff).

Jeder Verein hat mindestens zwei RechnungsprüferInnen zu bestellen, dies können sowohl juristische als auch natürliche Personen sein. Das Gesetz verlangt zwar keine besonderen beruflichen Qualifikationen, doch müssen die bestellten RechnungsprüferInnen zur Erfüllung der Aufgabe fähig sein. Bei Vereinen, die einen Jahresabschluss aufstellen, diesen aber nicht extern prüfen lassen müssen, ist es jedenfalls empfehlenswert, entsprechend qualifizierte Personen als RechnungsprüferInnen auszuwählen, um mögliche Haftungen aus Auswahlverschulden zu vermeiden.

Die Leitungsorgane von Vereinen, die einen erweiterten Jahresabschluss aufstellen müssen, haben für eine Abschlussprüfung durch eine/n AbschlussprüferIn zu sorgen.

Die Auswahl der Rechnungs- bzw. AbschlussprüferIn obliegt der Mitgliederversammlung. Ist eine Bestellung noch vor der nächsten Mitgliederversammlung notwendig, so hat sie das Aufsichtsorgan, fehlt ein solches Leitungsorgan, auszuwählen. Da aber gerade die Gebarung und Rechnungslegung des Leitungsorgans geprüft wird, ist es sinnvoll, in den Statuten geeignete Vorkehrungen zu treffen, dass nicht das Leitungsorgan allein für die Auswahl des/der AbschlussprüferIn zuständig ist. Die Mitgliederversammlung hat keine Vertretungsmacht und kann daher nicht das Rechtsverhältnis mit Rechnungs- bzw. AbschlussprüferInnen begründen. Hierzu ist das Leitungsorgan des Vereins berufen (Lansky, 2011, S. 424).

Stellt der/die AbschlussprüferIn bei der Prüfung Tatsachen fest, die erkennen lassen, dass der Verein seine bestehenden Verpflichtungen nicht erfüllen kann, oder die erwarten lassen, dass der Verein in Zukunft zur Erfüllung seiner Verpflichtungen nicht in der Lage sein wird, so hat er/sie dies der Vereinsbehörde mitzuteilen. Diese hat den Umstand im Vereinsregister ersichtlich zu machen und erst wieder zu löschen, wenn der/die AbschlussprüferIn der Behörde mitteilt, dass die der Eintragung zugrunde liegenden Tatsachen nicht mehr bestehen. Diese Verständigungspflicht trifft nicht die RechnungsprüferIn. RechungsprüferInnen haben lediglich vom Leitungsorgan die Einberufung einer Mitgliederversammlung zu verlangen bzw. eine solche selbst einzuberufen (zur Rechnungslegung bei NPO/Vereinen auch: Gelter 2006, 141–177; Gelter, RdW 2010, 474; M. Schwarz, 2003, 142).

3.3.3 Die Genossenschaft

Charakteristika

Die Genossenschaft ist eine Körperschaft mit dem Zweck, den Erwerb oder die Wirtschaft ihrer Mitglieder durch einen gemeinschaftlichen Geschäftsbetrieb zu fördern. In der Hauptsache ist den Genossenschaften zwar die Verfolgung wirtschaftlicher Ziele auferlegt, doch verbleibt genügend Freiraum für Nonprofit-Aktivitäten. Auch hier kommt es nur darauf an, dass an die Mitglieder keine Gewinne ausgezahlt werden.

Anders als bei den Kapitalgesellschaften (GmbH und AG) ist die Anzahl der möglichen Mitglieder (ähnlich wie bei einem Verein) nicht begrenzt. Es gibt also keine feste Summe als Grundkapital und damit als Haftungsfonds, sondern die Anzahl der Mitglieder und damit auch die Summe der Eigenmittel der Gesellschaft verändern sich durch Ein- und Austritte.

Die Haftung der Mitglieder kann ausschließlich auf das Gesellschaftsvermögen beschränkt werden. In diesem Fall gibt es trotz des variablen Genossenschaftkapitals keine persönliche Haftung der Mitglieder. Im Falle der Insolvenz besteht aber auch bei der Genossenschaft mit beschränkter Haftung eine Nachschusspflicht in Höhe von zumindest des übernommenen Geschäftsanteils (§ 76 GenG).

Errichtung

Die Gründungsmitglieder, in Deutschland müssen dies mindestens drei sein, errichten den Gesellschaftsvertrag, der in Österreich und Deutschland üblicherweise Statut genannt wird und schriftlich abgefasst werden muss. Die Statuten enthalten zumindest den Gegenstand des Unternehmens – d.h. den Tätigkeitsbereich – im Gegensatz zu dessen Zweck, bei dem es darum geht, wer oder was durch die Tätigkeit der Gesellschaft gefördert werden soll. Z.B. kann der Gegenstand einer Genossenschaft die Erzeugung von Milchprodukten sein, während der Zweck die Ertragssteigerung (Bestandssicherung) der LandwirtInnen ist.

Zudem sind in die Statuten der Sitz und die Firma aufzunehmen: Die Firma ist der Name der Genossenschaft, der in das Firmenbuch eingetragen werden muss. Sie muss die Bezeichnung registrierte Genossenschaft mit dem Beisatz mit unbeschränkter oder mit beschränkter Haftung enthalten.

Ein bestimmtes Mindestkapital sieht das Genossenschaftsrecht nicht vor. Jede/r GenossenschafterIn hat aber einen Geschäftsanteil zu übernehmen, der auf einen im Genossenschaftsvertrag festgesetzten Nennbetrag zu lauten hat.

Die Eintragung der Genossenschaft in das Register wirkt konstitutiv: Erst dadurch entsteht die Genossenschaft, erhält eigene Rechtspersönlichkeit und wird in Deutschland zum Kaufmann, wodurch bei ihren Tätigkeiten die spezielleren Regeln des Handelsrechts gelten. In Österreich ist die Genossenschaft Unternehmer kraft Rechtsform.

Zweckausrichtung

Zweck einer Genossenschaft ist die Förderung des Erwerbs und der Wirtschaftstätigkeit ihrer Mitglieder. Da diese Zweckbeschreibung sehr weit gehalten ist und vor allem nicht der alleinige Zweck einer Genossenschaft sein muss, steht einer Nonprofit-Tätigkeit nichts im Wege. Daher spielt sie auch in der Praxis als Rechtsform von NPOs eine gewisse Rolle (siehe Beiträge I.2.–I.4).

In Österreich lässt das Gesetz die Möglichkeit zu, in den Statuten festzulegen, ob Gewinne an die Mitglieder ausgeschüttet werden sollen oder nicht. Um NPO zu sein, müsste die Gewinnauszahlung in den Statuten ausgeschlossen sein.

Ähnlich wie beim Verein steht der Gewinnerzielung nichts im Wege, solange der Ertrag nicht an die Mitglieder ausgezahlt, sondern zur Finanzierung der nicht wirtschaftlichen Aktivitäten verwendet wird.

Organe

Allgemein gilt für Genossenschaften das Prinzip der Selbstorganschaft. Oberstes Organ ist sowohl in Deutschland als auch in Österreich die Generalversammlung, gebildet aus den Mitgliedern. Sie bestimmt über eine Änderung der Statuten, entscheidet u. a. über die Auflösung, wählt die übrigen Organe der Genossenschaft und kann dem geschäftsführenden Organ Weisungen erteilen.

Einberufen können diese Versammlung die übrigen Organe der Genossenschaft sowie eine Minderheit von Mitgliedern. Beschlüsse, die gegen das Gesetz oder die Statuten verstoßen, sind nichtig. Diese Nichtigkeit kann mittels Feststellungsklage durch Mitglieder oder Organe der Genossenschaft geltend gemacht werden.

In beiden Ländern können ab einer gewissen Anzahl von Mitgliedern die Befugnisse einer Delegiertenversammlung übertragen werden. Geschäftsführung und Vertretung der Gesellschaft übernimmt der Vorstand, der von den Mitgliedern zu wählen ist. Dieses Organ, das als Kollegialorgan konzipiert ist, ist zur eigenverantwortlichen Leitung der Genossenschaft berufen.

Ein weiteres, ebenfalls von der Generalversammlung gewähltes Organ, ist der Aufsichtsrat. Dieser ist in Österreich nur bei gewissen Genossenschaftsarten oder ab einer Zahl von 40 DienstnehmerInnen obligatorisch, ansonsten ist die Einsetzung fakultativ. Sofern die Genossenschaft kraft Gesetzes einen Aufsichtsrat zu bestellen hat, besteht das Recht der Arbeitnehmervertretung, aus ihrem Kreis Mitglieder in den Aufsichtsrat zu entsenden.

Die Aufgabe des Aufsichtsrats besteht in der Kontrolle der Geschäftsführung des Vorstands, weshalb er Anspruch auf Information und Berichterstattung hat. Bei Angelegenheiten zwischen Vorstand und Genossenschaft ist er Vertreter derselben.

Rechnungslegung, Kontrolle

Die geschäftsführenden Organe sind in beiden Ländern zur Buchführung und Rechnungslegung verpflichtet. Daneben gibt es eine spezielle Kontrolle der Genossenschaften. So werden in Deutschland die wirtschaftlichen Verhältnisse und die ordnungsgemäße Geschäftsführung bei kleineren Genossenschaften alle zwei Jahre, bei größeren jährlich überprüft. Solche Prüfungszwänge existieren – mit kleinen Unterschieden – auch in Österreich.

3.3.4 Gesellschaft mit beschränkter Haftung (GmbH)

Charakteristika

Die GmbH ist eine Gesellschaft, deren GesellschafterInnen am Gesellschaftsvermögen entsprechend ihrem Anteil am Stammkapital beteiligt sind. Sie ist eine juristische Person, hat eigene Rechtspersönlichkeit, ist also Träger von Rechten und Pflichten, und wird in das Handelsregister – in Österreich in das Firmenbuch – eingetragen.

Auf Grund des Gesetzes ist jede GmbH Unternehmer kraft Rechtsform, egal ob sie nun eine NPO ist oder unternehmerische Ziele verfolgt. Sie muss sich daher an die speziell für Unternehmer aufgestellten Regeln des Unternehmensrechts halten. Diese sind meistens strenger als bei anderen NPOs betreffenden Rechtsformen, um die Sicherheit und Raschheit des Geschäftsverkehrs zu fördern. Es empfiehlt sich daher, für die Leitung von als GmbH geführten NPOs unternehmerisch geschultes Personal einzusetzen.

Errichtung einer GmbH

Erste Voraussetzung für die Errichtung einer GmbH ist der Abschluss des Gesellschaftsvertrags. Dieser muss Firma und Sitz der Gesellschaft, den Gegenstand des Unternehmens, die Höhe des Stammkapitals und den jeweiligen Anteil der GesellschafterInnen beinhalten. Er bedarf der Beurkundung durch einen Notariatsakt.

Die Höhe des Stammkapitals beträgt in Deutschland mindestens 25.000,- Euro und in Österreich mindestens 35.000,- Euro. Die Anteile der GesellschafterInnen können von einem relativ geringen Mindestbetrag aufwärts (in Österreich zumindest 70,- Euro) beliebig festgesetzt werden. Es ist auch möglich, den Anteil am Stammkapital durch eine Sacheinlage zu leisten. In diesem Fall muss unter bestimmten Voraussetzungen ein Gründungsprüfer bestellt werden, der feststellt, ob der für die Sache angegebene Wert dem Betrag des damit aufgebrachten Stammkapitals zumindest entspricht. Die Sacheinlage muss bei der Errichtung gänzlich geleistet werden, während auf jede Stammeinlage ein Viertel und auf das gesetzliche Mindeststammkapital insgesamt mindestens die Hälfte eingezahlt werden müssen.

Sind der Gesellschaftsvertrag errichtet, die GeschäftsführerInnen bestellt und die notwendigen Leistungen auf das Stammkapital erbracht, muss die Gesellschaft nach einer formellen Prüfung des zuständigen Gerichts unter ihrer Bezeichnung (Firma) in das Handelsregister/Firmenbuch eingetragen werden, wodurch die GmbH als solche entsteht.

Wird vor der Eintragung in das Firmenbuch die Tätigkeit bereits aufgenommen, besteht die Gefahr der persönlichen Haftung der für die Vorgesellschaft als »VertreterInnen« handelnden Personen. Nach Eintragung ist die Haftung der GesellschafterInnen auf die Höhe ihres Anteils am Stammkapital beschränkt, daher auch die Bezeichnung GmbH. Diese Haftungsbeschränkung tritt gegenüber der Gesellschaft aber erst ein, wenn die Kapitaleinlagen zur Gänze geleistet sind.

Organe einer GmbH

Die Organe einer GmbH sind GeschäftsführerInnen, unter bestimmten Voraussetzungen ein Aufsichtsrat und die Gesamtheit der GesellschafterInnen bzw. die Generalversammlung oder die Gesellschafterversammlung.

Die GeschäftsführerInnen sind von der Generalversammlung gewählte Organe, die intern die Geschäftsführung vornehmen und die GmbH nach außen vertreten. Bestellt werden können nur natürliche, geschäftsfähige Personen; dafür genügt die einfache Mehrheit in der Generalversammlung. Es besteht auch die Möglichkeit, GesellschafterInnen zu GeschäftsführerInnen zu bestellen, entweder durch Beschluss der GesellschafterInnen oder bereits im Gesellschaftsvertrag, in diesem Fall allerdings nur für die Dauer ihres Gesellschaftsverhältnisses. Eine GmbH kann eine/n oder auch mehrere GeschäftsführerInnen haben. Sind mehrere bestellt, gilt laut Gesetz mangels abweichender Regelung im Gesellschaftsvertrag Gesamtgeschäftsführung und -vertretung, die GeschäftsführerInnen dürfen also nur gemeinsam agieren.

Im Innenverhältnis sind die GeschäftsführerInnen verpflichtet, sich an die im Gesellschaftsvertrag festgesetzten Pflichten und Beschränkungen zu halten. Solche Beschränkungen entfalten nach außen gegenüber dritten Personen keine Wirkung.

Als zusätzliches Organ kann im Gesellschaftsvertrag ein Aufsichtsrat vorgesehen werden, der ab einer gewissen Größe einer GmbH obligatorisch ist. Die Anzahl der Aufsichtsratsmitglieder beträgt mindestens drei, wobei unter gewissen Voraussetzungen eine Beteiligung von ArbeitnehmervertreterInnen besteht. Diese werden vom Betriebsrat entsandt, während die restlichen Mitglieder von der Generalversammlung gewählt werden.

Aufgabe des Aufsichtsrats ist zunächst grundsätzlich die Kontrolle der Geschäftsführung. Dazu kann er in die Geschäftsbücher Einsicht nehmen und jederzeit von den GeschäftsführerInnen einen Bericht über die Angelegenheiten der GmbH verlangen. Zusätzlich bedürfen bestimmte Geschäfte der Zustimmung des Aufsichtsrats; im Gesellschaftsvertrag können weitere Maßnahmen festgelegt werden, die nur mit Genehmigung des Aufsichtsrats erfolgen dürfen. Sollte der Aufsichtsrat dem Abschluss eines solchen Geschäfts nicht zustimmen, so können die GeschäftsführerInnen die Gesellschafterversammlung einberufen, damit diese über die Zulässigkeit abstimmt. Sollte es zu Rechtsgeschäften oder Rechtsstreitigkeiten zwischen den GeschäftsführerInnen und der Gesellschaft kommen, ist es Aufgabe des Aufsichtsrats, die Gesellschaft zu vertreten.

Für ehrenamtliche Aufsichtsratsmitglieder ist zu beachten, dass es im Unterschied zum Verein zu keiner Haftungsbefreiung kommt (Baumüller/Mascha, AR 2011 H 2, 19).

Die Gesamtheit der GesellschafterInnen/die Generalversammlung bildet das wichtigste Organ der GmbH. Das Gewicht der Stimme der GesellschafterInnen richtet sich nach dem Verhältnis ihrer Anteile am Gesellschaftsvermögen. Dieses Organ bestimmt in Deutschland und in Österreich immer die GeschäftsführerInnen und gegebenenfalls den Aufsichtsrat. Außerdem prüft es und stellt den Jahresabschluss fest, verteilt den Bilanzgewinn, entscheidet über die Entlastung der Geschäftsführung sowie eines bestehenden Aufsichtsrats, fordert die Einzahlung der Stammeinlage ein und entscheidet u. a., ob

ProkuristeInnen oder Handlungsbevollmächtigte zum gesamten Geschäftsbetrieb bestellt werden.

Die Generalversammlung kann den GeschäftsführerInnen auch Weisungen erteilen. Sofern dies nicht gewünscht wird, können die GeschäftsführerInnen im Gesellschaftsvertrag ganz oder teilweise weisungsfrei gestellt werden. Damit diese Weisungsfreiheit in der Praxis auch gelebt werden kann, ist es empfehlenswert, im Gesellschaftsvertrag festzulegen, dass die Geschäftsführung nur bei Vorliegen eines wichtigen Grundes abberufen werden darf.

Rechnungslegung, Kontrolle

In beiden Ländern besteht für diese Rechtsform die Pflicht, einen Jahresabschluss nach allgemein anerkannten kaufmännischen bzw. unternehmerischen Grundsätzen aufzustellen.

Falls ein Aufsichtsrat existiert, hat auch dieser einen Bericht über die Ergebnisse seiner Überprüfung vorzulegen. Ab einer bestimmten Größe der Gesellschaft ist zusätzlich die Bestellung von AbschlussprüferInnen verpflichtend, deren Aufgabe in der Prüfung des Jahresabschlusses besteht.

Eine Gebarungsprüfung ist nicht zwingend, könnte aber im Gesellschaftsvertrag festgelegt werden.

3.3.5 Aktiengesellschaft (AG)

Charakteristika

Die Aktiengesellschaft ist eine Kapitalgesellschaft mit eigener Rechtspersönlichkeit. Das Grundkapital muss in Deutschland eine Höhe von mindestens 50.000,- Euro, in Österreich mindestens 70.000,- Euro aufweisen und ist in Aktien aufgeteilt. Jede Aktie hat einen gewissen Nennbetrag, aus dem sich der damit verbundene Anteil am Gesellschaftsvermögen ergibt. Das Stimmrecht und damit der Einfluss auf die Entscheidungsfindung von AktionärInnen ergibt sich aus dem Nennbetrag von deren jeweils gehaltenen Aktien im Verhältnis zur Höhe des Grundkapitals.

Errichtung

Die Gründung einer AG erfolgt ähnlich jener einer GmbH. Der erste Schritt besteht in der Feststellung der Satzung. In dieser werden u. a. der Gegenstand der Gesellschaft, ihr Name (= Firma) und der Sitz, die Höhe des Grundkapitals sowie Nennbeträge oder Anzahl der auszugebenden Aktien festgesetzt. Die Satzung bedarf der Beurkundung durch einen Notariatsakt.

Zweckausrichtung

Es gibt keinerlei Einschränkung bezüglich des Zwecks, den die Gesellschaft verfolgen soll. Dieser ergibt sich aus der Festlegung in der Satzung, da andernfalls im Zweifel vom Zweck der Gewinnerzielung und im gesetzlichen Rahmen der Ausschüttung des erzielten Gewinns an die Gesellschafter auszugehen ist (Artmann in Eilmansberger u.a, 2006, S. 192f; Ott, 2009, S. 262).

Organe

Die AG hat drei Organe: die Hauptversammlung, den Aufsichtsrat und den Vorstand.

Die Hauptversammlung ist die Versammlung aller AktionärInnen, die grundsätzlich einmal im Jahr zusammentritt, um über die Gewinnverteilung und die Entlastung des Vorstands sowie der Mitglieder des Aufsichtsrats abzustimmen. Entlastung bedeutet die Bestätigung durch die Hauptversammlung, dass die Vorstands- und Aufsichtsratsmitglieder im vorangegangenen Jahr ihre Pflichten ordnungsgemäß wahrgenommen haben. Zudem beschließt die Hauptversammlung über die Verwendung des Jahresgewinns (wobei die Ausschüttung an GesellschafterInnen dem Wesen der NPO widersprechen würde) und wählt auf Grundlage eines Vorschlags des Aufsichtsrats die Abschlussprüfer. In der Satzung kann der Anspruch auf Gewinnausschüttung vorweg ausgeschlossen werden. Die Aufgabe der AbschlussprüferInnen besteht in der jährlichen Kontrolle von Jahresabschluss und Lagebericht, die beide vom Vorstand am Beginn jedes Geschäftsjahres für das vergangene zu erstellen sind.

Die Hauptaufgaben des Vorstands sind die Geschäftsführung – das ist die Erledigung aller gesellschaftsinternen Angelegenheiten, um die satzungsmäßigen Ziele zu verwirklichen – und die Vertretung der AG nach außen, also z. B. den Abschluss von Verträgen, Agieren vor Gericht oder sonstige Handlungen, wodurch die Gesellschaft berechtigt oder verpflichtet wird.

Die Vorstandsmitglieder werden vom Aufsichtsrat gewählt. Dieser besteht einerseits aus Mitgliedern, die von den AktionärInnen gewählt werden, und andererseits aus ArbeitnehmervertreterInnen. Grundsätzlich besteht die Aufgabe des Aufsichtsrats in der Kontrolle der Geschäftsführung des Vorstands. So kann in der Satzung oder vom Aufsichtsrat selbst angeordnet werden, dass bestimmte Arten von Geschäften vom Vorstand nur mit Zustimmung des Aufsichtsrats abgeschlossen werden dürfen. In Österreich verlangt das Gesetz für gewisse Geschäfte auf jeden Fall die Zustimmung des Aufsichtsrats.

Rechnungslegung, Kontrolle

Bei der Rechnungslegung gilt das Gleiche wie bei der GmbH: Einen Großteil der Kontrolle übernehmen der Aufsichtsrat und der/die AbschlussprüferIn. Ihre Aufgabe ist die jährliche Überprüfung, ob die Buchführung und die Jahresrechnung sowie der Vorschlag über die Gewinnverteilung Gesetz und Satzung entsprechen.

Zudem gibt es spezielle Minderheitenrechte: Eine relativ geringe Anzahl an AktionärInnen, die gemeinsam einen gewissen Teil des Grundkapitals repräsentieren müssen, kann gewisse Kontrollen verlangen. Da bei den Abstimmungen in der Hauptversammlung das Mehrheitsprinzip gilt, soll es den KleinaktionärInnen möglich sein, die Beschlüsse unter bestimmten Voraussetzungen einer gerichtlichen Kontrolle zu unterziehen. So ist es jedem/r AktionärIn gestattet, Klage auf Nichtigkeit bzw. Nichtigerklärung eines Hauptversammlungsbeschlusses bei Gericht einzubringen, wobei das Gesetz die Nichtigkeitsgründe aufzählt. Außerdem kann eine Aktionärsminderheit unter gewissen Voraussetzungen bei Gericht die Einsetzung eines/einer SonderprüferIn verlangen, um gewisse Sachverhalte aufklären zu lassen.

3.3.6 Die Stiftung

Charakteristika

Bei dieser Rechtsform handelt es sich um eine Vermögensmasse, die der/die StifterIn zur Verfolgung eines bestimmten Zweckes eingerichtet hat und die mit Rechtspersönlichkeit ausgestattet ist.

Die Stiftung ist im deutschen BGB kaum geregelt, allerdings gibt es verschiedene Stiftungsgesetze der Länder. Diese umfassen vor allem – in relativ großer Unterschiedlichkeit – die Bedingungen der staatlichen Genehmigung und den Umfang der Staatsaufsicht.

In Österreich gibt es zwei Arten von Stiftungen: einerseits die öffentlich-rechtliche nach Bundes- oder Landesrecht, andererseits die Stiftung nach dem Privatstiftungsgesetz. Die erste Form ist auf die Verfolgung gemeinnütziger Ziele reduziert, während die zweite im Grunde niemanden als Begünstigten ausschließt. Ein wichtiger Unterschied besteht darin, dass das Vermögen der öffentlich-rechtlichen Stiftung gesichert angelegt werden muss und nur die Erträge aus diesem Vermögen zur Verfolgung des Zweckes verwendet werden dürfen, während es bei der Privatstiftung keine derartige Bindung gibt (Kalss 2006, S. 213ff).

Der von der EU-Kommission im Februar 2012 vorgelegte Vorschlag für das Statut einer Europäischen Stiftung ist auf gemeinnützige Stiftungen ausgerichtet. Jede Stiftung muss nach diesem Vorschlag ein Stiftungskapital von zumindest 25.000,- Euro haben und ihre Gemeinnützigkeit und grenzüberschreitende Tätigkeit nachweisen. Steuerlich besteht kein Unterschied zur inländischen Stiftung. Mit der »Europäischen Stiftung« soll ein besonderes Gütesiegel ausgewiesen werden.

Die Stiftung hat *keine* Mitglieder, ist also keine Gesellschaft. Ihre Haftung ist auf das Stiftungsvermögen beschränkt.

Errichtung

In Deutschland entsteht eine Stiftung durch das Stiftungsgeschäft des Stifters/der Stifterin, das eine Schenkung oder eine testamentarisch angeordnete Zuwendung sein kann. Eine weitere Voraussetzung ist die verwaltungsbehördliche Genehmigung. Die Verfassung – die rechtliche Grundordnung der Stiftung – bestimmt der/die StifterIn durch das Stiftungsgeschäft. In manchen Fällen beruht die Stiftungsverfassung allerdings auf einem der öffentlich-rechtlichen Stiftungsgesetze (von Hippel, 2007, S. 282ff).

In Österreich wird eine Privatstiftung durch eine Stiftungserklärung des/der StifterIn errichtet, wobei es sich sowohl um natürliche als auch um juristische Personen handeln kann. Die Stiftungserklärung muss Name, Sitz und Begünstigte beinhalten und zu ihrer Gültigkeit als Notariatsakt beurkundet sein. Das Stiftungsvermögen muss mindestens 70.000 Euro betragen, wobei die Errichtung einer Stiftung auf Grund des relativ hohen Organisationsaufwands erst ab einer Größenordnung von mehr als 1 Mio. Euro wirklich Sinn macht. Danach ist die Privatstiftung vom ersten Stiftungsvorstand in das Firmenbuch einzutragen, wodurch sie Rechtspersönlichkeit erlangt. Die öffentlich-rechtliche Stiftung entsteht dadurch, dass die Verwaltungsbehörde die Stiftung nach Überprüfung der Stiftungserklärung für zulässig erklärt.

Zweckausrichtung

Grundsätzlich ist der Zweck einer Stiftung die Begünstigung der Destinatäre. Je nachdem, wen der/die StifterIn einsetzt, ergibt sich der Nonprofit-Charakter einer Stiftung (zur Privatstiftung zum Zweck der Begünstigung der Allgemeinheit: W. Jud, 2003, 771; Kalss, 2006, 207–252).

Organe

Jede Stiftung nach deutschem Recht muss einen Vorstand haben, der entweder durch die Verfassung der Stiftung oder das Stiftungsgeschäft oder – falls eine Regelung in einem Landesstiftungsrecht vorhanden ist – nach dieser bestellt wird. Die Befugnisse und Pflichten des Stiftungsvorstands entsprechen jenen des Leitungsorgans eines Vereins. Der Umfang der Vertretungsmacht kann in der Stiftungssatzung eingeschränkt werden. Diese Beschränkung wirkt grundsätzlich auch gegenüber gutgläubigen Geschäftspartnern (von Hippel, 2007, S. 248ff).

Da es sich bei der Stiftung um eine eigenständige Vermögensmasse handelt, gibt es zwar keine Mitglieder, aber sogenannte DestinatärInnen. Das sind die vom/von der StifterIn in der Verfassung als Begünstigte des Stiftungsvermögens vorgesehenen Personen. Sie erfüllen keine Funktionen in der Stiftung, sind also keine Organe, sondern haben auf Grund des Stiftungsgeschäfts einen Rechtsanspruch auf die vorgesehenen Begünstigungen, die unter bestimmten Voraussetzungen auch gerichtlich einklagbar sind (Kalss 2006, S. 231; von Hippel, 2007, S. 252f).

In Österreich ist die Organisation der Privatstiftung derjenigen einer Kapitalgesellschaft nachgebildet. Es gibt ein Leitungsgremium, den Vorstand. Wenn der/die StifterIn es in der Stiftungserklärung vorgesehen hat oder die Stiftung eine gewisse Anzahl an AN beschäftigt, ist zudem ein Aufsichtsrat zu bestellen, der die Geschäftsführung des Vorstands kontrolliert. In der öffentlich-rechtlichen Stiftung sollen eigenberechtigte und vertrauensvolle Personen als OrganwalterInnen die Stiftungsagenden unter Kontrolle der Aufsichtsbehörde und grundsätzlich ehrenamtlich übernehmen.

Rechnungslegung, Kontrolle

In beiden Ländern stehen die Stiftungen unter staatlicher Aufsicht, wobei entweder Verwaltungsbehörden oder die Gerichte die Verwirklichung des Stifterwillens überwachen.

In Deutschland steht jede Stiftung unter der Aufsicht des Staates. Die nach dem jeweiligen Landesrecht zuständigen Verwaltungsbehörden haben entsprechend dem gesetzlichen Auftrag vor allem dann einzugreifen, wenn der Stiftungszweck unmöglich geworden oder das Gemeinwohl gefährdet ist. In diesem Fall kann die Behörde die Stiftung auflösen oder ihr einen anderen Zweck geben, wobei auch die Verfassung der Stiftung geändert werden kann. Die Aufsichtsbehörde soll alle Kontrollbefugnisse unter möglichster Beachtung des Stifterwillens wahrnehmen.

Bei der öffentlich-rechtlichen Stiftung in Österreich soll die Stiftungsbehörde die Erhaltung des Stiftungsvermögens, die Erfüllung des Stiftungszweckes und die ordnungsgemäße Verwaltung sichern. Eine Änderung der Anlageform des Geldes muss gemeldet, die Veräußerung einer Liegenschaft genehmigt und ein jährlicher Rechnungsabschluss vorgelegt werden.

Die österreichische Privatstiftung unterliegt der gerichtlichen Kontrolle. Das Gericht bestimmt die StiftungsprüferInnen, die den Jahresabschluss des Vorstands kontrollieren, und kann die Stiftung unter gewissen Voraussetzungen auflösen (Gelter in Doralt/Kalss, 2001, 247ff).

3.4 Corporate Governance in Nonprofit-Organisationen

In den letzten Jahren sind verstärkt Bemühungen zu bemerken, für Non Profit-Einrichtungen spezielle »Codes of good Practice« auszuarbeiten und damit Transparenz, Sicherung der Zweckausrichtung und Überwachung zu verbessern (Dawson/Dunn, 2006, S. 33ff; vgl. Beitrag III.7). Derartige Codes bauen nicht auf einer bestimmten Rechtsform auf, sondern sind bemüht, die den NPOs gemeinsamen Problemfelder rechtsformübergreifend abzudecken (Kryza, 2010, S. 32ff). Wesentlich ist, ob folgende Strukturen in der jeweils gewählten Rechtsform anzutreffen sind:

- klare Zweckausrichtung, insbesondere hinsichtlich der Mittelverwendung und damit zusammenhängender Mittelaufbringung,
- regelmäßige (jährliche) Berichterstattung über die Zielerreichung, insbesondere über Mittelherkunft, Mittelverwendung und in der Organisation verbleibende Kosten,
- regelmäßige (jährliche) Überprüfung nicht nur des Rechnungswesens, sondern insbesondere der Gebarung und Offenlegung der Beurteilung/Prüfungsergebnisse (etwa auf der Website der Einrichtung),
- Offenlegung von Bezügen und Kostenersätzen an Organmitglieder und Führungskräfte in der NPO,
- im Falle der Einrichtung von Tochterunternehmungen eine Berichterstattung in konsolidierter Darstellung,
- regelmäßige (jährliche) Offenlegung eines Berichtes über die Organisation und ihre Funktionsweise nach Art des in § 243b UGB vorgesehenen Corporate-Governance-Berichtes.

Soweit nicht ohnedies Elemente dieser Governancestruktur durch die Rechtsform vorgegeben sind, wäre deren Einbau insbesondere im Wege einer entsprechenden Ausgestaltung der Statuten vorzunehmen. Der von der Konferenz der Präsidentinnen und Präsidenten großer Hilfswerke der Schweiz getragene Swiss NPO-Code bietet weitere Anhaltspunkte, wobei dieses Reglement vorrangig auf Vereine und Stiftungen ausgerichtet ist (Kryza, 2010, S. 50ff).

Literatur

Österreich

Achatz, M. (2004), Die Besteuerung der Non Profit Organisationen I, 2. Aufl., Linz.
Achatz, M. (2002), Die Besteuerung der Non Profit Organisationen II, Linz.
Achatz, M. (Hrsg) (2004), Die Bedeutung der Non-Profit-Organisation, 2. Aufl.

Bachstein, W. (2000), Nonprofit-Organisationen im Bereich sozialer Dienste, Wien.
Baumüller, J./Mascha, B. (2011), Grundzüge der Haftung des ehrenamtlichen NPO-Aufsichtsrats, AR 2011 H2, 17.
Becker, A. (2009), Der Verein im Steuerrecht, 3. Aufl., Wien.
Berger, W. (2002), Der Verein im Steuerrecht, 2. Aufl., Wien.
Bertl, R., Mandl, D. (1988), Die Buchführungs- und Aufzeichnungspflicht von Vereinen, in: Korinek, K., Krejci, H. (Hrsg.) (1988), Der Verein als Unternehmer, Wien, S. 223–254.
Brändle, C., Schnetzer, M. (2002), Das österreichische Vereinsrecht, 3. Aufl., Wien.
Delisch, K. (1998), Zur »Reform des Vereinsrechts«, Anwaltsblatt, Wien, S. 152f.
Doralt, P., Nowotny, Ch., Kalss, S. (1995), Privatstiftungsgesetz, Kommentar, Wien.
Doralt, P. (1999), Ein kleiner Blumenstrauß von Fragen zur juristischen Person, in: Recht der Wirtschaft, S. 263–269.
Eilmannsberger/Holoubek/Kalss/Lang/Lienbacher/Lurger/Potacs (2006), Das Recht der Non-Profit-Organisation (2006); wird zitiert: Bearbeiter in Recht der NPO.
Fessler, P. et al. (1997), Reform des Vereinsrechts – Entwurf zu einem Bundesgesetz über das Vereinsrecht, Wien.
Funk, B. (1988), Kontrolle und Aufsicht über wirtschaftlich tätige Vereine, in: Korinek, K., Krejci, H. (Hrsg.) (1988): Der Verein als Unternehmer, Wien, S. 373–397.
Gelter, M., Nowotny, F. (1999), Rechnungslegung für Spenden. Die Bedeutung der zivilrechtlichen Einordnung des Spendenvorgangs, in: Österreichische Steuer- und Wirtschaftskartei, Nr. 32/33, S. W133–W140.
Gelter, M. (2001), Rechnungslegung und Stiftungsprüfer in Doralt/Kalss, Aktuelle Fragen des Privatstiftungsrechts, 2001, 247.
Gelter, M. (2010), Corporate Governance und Charitable Governance: Publizitätszwecke in Kapitalgesellschaften und Vereinen, in: Österreichisches Recht der Wirtschaft 2010, 474.
Heid, St., Hauck, D., Preslmayer, K. (1998), Vergabe von Dienstleistungsaufträgen durch öffentliche Auftraggeber und Sektorenauftraggeber, Wien.
Höhne, T., Jöchl, G., Lummerstorfer, A. (2009), Das Recht der Vereine, 3. Aufl., Wien.
Jabornegg, P., Resch, R., (2011), Arbeitsrecht, 4. Aufl., Wien.
Jud W., Die Privatstiftung zur Begünstigung der Allgemeinheit, JBl 2003, 771.
Kalss, S., Nowotny, Ch., Schauer, M., (2008), Grundriss des Österreichischen Gesellschaftsrechts, Wien.
Kalss, S., Nowotny, Ch., Schauer, M., (2008), Österreichisches Gesellschaftsrecht, 6. Aufl., Wien.
Karollus, M. (1994), Schutz der Neugläubiger bei Konkursverschleppung: Neuorientierung des BGH und Konsequenzen für Österreich, in: Recht der Wirtschaft, Heft 4, S. 100f.
Kastner, W., Doralt, P., Nowotny, Ch. (1990), Grundriss des österreichischen Gesellschaftsrechts, 5. Aufl., Wien.
Kohler, G., Quantschnigg, P., Wiesner; W. (2002), Besteuerung der Vereine, 9. Aufl., Wien.
Koppensteiner, H.-G., Rüffler (2007), GmbH-Gesetz, 3. Aufl., Wien.
Korinek, K. (Hrsg.) (1986), Die Kontrolle wirtschaftlicher Unternehmungen durch den Rechnungshof, Wien.
Korinek, K., Krejci, H. (Hrsg.) (1988), Der Verein als Unternehmer, Wien.
Krejci, H., Bydlinski, S., Rauscher, C., Weber-Schallauer, U. (2002), Vereinsgesetz 2002, Wien.
Krejci, H. (1999), »Kleine« Reform für »große« Verein? in: Österreichische Juristen-Zeitung, Wien, S. 361–371.
Krejci, H. (2011), Zum Entwurf einer Vereinsgesetznovelle 2011 über die Haftungsbefreiung ehrenamtlicher Organwalter, GES 2011, 372.

Kryza, S. (2010), Corporate Governance in Nonprofit-Organisationen, Magisterarbeit Universität Wien, Juridikum (2010).

Lachmair, S., (2003), Der Verein als Unternehmensform, Wien.

Lansky, Matznetter, Pätzold, Steinwandtner, Thunshirn (2010), Rechnungslegung der Vereine, 3. Aufl., 2011.

Lechner, K., Egger, A., Schauer, R. (2008), Einführung in die Allgemeine Betriebswirtschaftslehre, 25. Aufl., 2010.

Niederberger, S., (1999), Der Verein als Geschäftspartner seiner Mitglieder, Wien.

Nowotny, Ch., Zawischa, G. (1986), Das Verhältnis der Kontrolle wirtschaftlicher Unternehmungen durch den Rechnungshof zu gesellschaftsrechtlichen Prüfungen, in: Korinek, K. (Hrsg.) (1986): Die Kontrolle wirtschaftlicher Unternehmungen durch den Rechnungshof, Wien, S. 217–263.

Heid Schiefer Rechtsanwälte, Preskmayr Rechtsanwälte, (2010), Handbuch des Vergaberechts, 3. Aufl., Wien.

Prinz, G., Prinz, J. (2004), Gemeinnützigkeit im Steuerrecht, Wien.

Saria, G. (2000), Vereinsmitgliedschaft und KSchG, in: Recht der Wirtschaft, S. 199–204.

Schauer, R., Anheier, H. K., Blümle, E.-B. (Hrsg.) (1997), Der Nonprofit-Sektor im Aufwind – zur wachsenden Bedeutung von Nonprofit-Organisationen auf nationaler und internationaler Ebene, Linz.

Schmidt, K. (2000), Insolvenzverschleppungshaftung – Haftungsrechtsprechung zwischen Gesellschafts-, Insolvenz – und Zivilrecht, in: Juristische Blätter, Wien, S. 477–486.

Schmidtmayr (2003), Rechtliche Rahmenbedingungen für die Betätigung im Nonprofit-Sektor, juridikum 2003, 138.

Schwarz M. (2003), Ordentlich gerechnet – Aktuelle Rahmenbedingungen für Vereine aus dem Blickwinkel von Rechnungslegung und Rechnungsprüfung, juridikum 2003, 142.

Severus, J. (2004), Die Prüfung von Vereinen, in: Österreichische Zeitschrift für Recht und Rechnungswesen, S. 188–192.

Stampfl, J. (1999), Die Nonprofit-Organisation am Beispiel des gemeinnützigen Vereins, Linz.

Deutschland

Benicke, C. (1996), Die Bedeutung des EG-Rechts für gemeinnützige Einrichtungen, in: Europäische Zeitschrift für Wirtschaftsrecht, Heft 6, S.165–176.

Betzelt, S., Bauer, R. (2000), Nonprofit-Organisationen als Arbeitgeber, Opladen.

Bitz, M. et al. (2005), Vahlens Kompendium der Betriebswirtschaftslehre, Bd. 1, 5. Aufl., München.

Burhoff, D. (2008), Vereinsrecht. Ein Leitfaden für Vereine und ihre Mitglieder, 7. Aufl., Herne u.a.

Dawson, I., Dunn, A. (2006), Governance Codes of Practice in the Non-for-Profit Sector, Journal Corporate Governance, Bd. 14. (2006) November 1, 33–42.

Hoppen, Ch. (2000), Rechnungslegung, in: Schauhoff, St., (Hrsg.), (2000), Handbucher Gemeinnützigkeit. Verein – Stiftung – GmbH, München.

Kiesling, H., Buchna, J. (2000), Gemeinnützigkeit im Steuerrecht, 7. Aufl., Osnabrück.

Kübler, F., Assmann (2006), Gesellschaftsrecht, 6. Aufl., Heidelberg.

Lutter, M., Krieger; G. (2009), Recht und Pflichten des Aufsichtsrates, 5. Aufl., Freiburg im Breisgau.

Neufang, B. (2005), Steuer 2005 für Vereine, Planegg/München.

Ott (2009), Corporate Governance and Corporate Social Responsibility in Profit- and in Non-Profit-Organisations, Journal für Rechtspolitik, S. 255–262.
Priester, H. J. (1999), Nonprofit-GmbH – Satzungsgestaltung und Satzungsvollzug, GmbH Rundschau, Heft 4, S. 149–157.
Saria, G. (2000), Vereinsmitgliedschaft und KSchG, in: Recht der Wirtschaft, Wien, S. 199–204.
Schauhoff, St. (Hrsg.) (2000), Handbuch der Gemeinnützigkeit. Verein – Stiftung – GmbH, München.
Schauhoff, St. (2000a), Gemeinnützigkeit, in: Schauhoff, St. (Hrsg.) (2000): Handbuch der Gemeinnützigkeit. Verein – Stiftung – GmbH, München, S. 195–249.
Schauhoff, St. (2000b), Finanzierung der gemeinnützigen Tätigkeiten, in: Schauhoff, St. (Hrsg.), (2000), Handbuch der Gemeinnützigkeit. Verein – Stiftung – GmbH, München, S. 251–328.
Stier, K. (1999), Versicherungsschutz im sozialen Ehrenamt, Stuttgart/Marburg/Erfurt.
Schmidt, K. (2002), Gesellschaftsrecht, 4. Aufl., München.
Steiner, M. (1993), Wahl der Rechtsform, in: Bitz, M. etal. (1993), Vahlens Kompendium der Betriebswirtschaftslehre, Bd. 1, 3. Aufl., München, S. 133–158.
Von Hippel, T. (2007), Grundprobleme von Non-Profit Organisationen, Tübingen.

4 Organisation von NPOs

Florentine Maier, Michael Meyer

In jeder Organisation, also auch in NPOs, weisen die Arbeitsabläufe und Stellen eine gewisse Dauerhaftigkeit auf, sie bilden Strukturen. Die Ausformung dieser Organisationsstrukturen hat Folgen für Aufgabenerfüllung, Funktion und Rechenschaft (»accountability«). Im Rahmen dieses Kapitels soll ein Überblick über die wichtigsten Aspekte in Zusammenhang mit Organisationsstrukturen von NPOs gegeben werden.

4.1 Organisationsbegriffe

Der Begriff »Organisation« hat unterschiedliche Facetten. Einerseits gibt es den institutionellen Organisationsbegriff: NPOs sind Organisationen, gehören also zu einem Typ sozialer Systeme, die sich durch folgende Merkmale auszeichnen:

- klare Mitgliedschaft (z. B. über Dienstverträge, Beitrittserklärungen),
- formale Regeln (z. B. in Form von Statuten, Geschäftsordnungen, Stellenbeschreibungen),
- konsolidiertes Auftreten nach außen (kollektive Akteurschaft) durch eine Regelung der Vertretungsbefugnis und
- dauerhafte Orientierung an Organisationszielen (Kieser/Walgenbach 2007: 6).

Jede NPO hat eine bestimmte Organisation. Das entspricht dem funktionalen Organisationsbegriff (Synonym: instrumenteller Organisationsbegriff). Er bezeichnet den Umstand, dass in jeder Organisation die Arbeitsabläufe auf bestimmte Weise strukturiert sind (Ablauforganisation) und die Stellen in bestimmter Weise angeordnet sind (Aufbauorganisation). Aus Sicht der Betriebswirtschaftslehre sollen Ablauf- und Aufbauorganisation so gestaltet werden, dass sie die Erfüllung der Organisationsziele optimal unterstützen. Im vorliegenden Beitrag geht es um den funktionalen Organisationsbegriff.

4.2 Eigenschaften der Organisationsstruktur

Organisationen können anhand folgender Charakteristika beschrieben werden (Pugh et al. 1968, Kieser/Walgenbach 2007:108):

- Spezialisierung beschreibt das Ausmaß an Arbeitsteilung, d. h., die Aufteilung von Aufgaben auf bestimmte Stellen. Ein Aspekt von Spezialisierung ist zum Beispiel, ob für Aufgaben wie Controlling oder Freiwilligenmanagement eigene Stellen zuständig sind (hohe Spezialisierung), oder ob diese Aufgaben von anderen Stellen »miterledigt« werden (niedrige Spezialisierung).

- Standardisierung beschreibt, wie viele der Abläufe zeitlich und inhaltlich stets gleich ablaufen. Zum Beispiel können Mitarbeitergespräche jährlich und mit gleichbleibenden Inhaltspunkten geführt werden (hohe Standardisierung) oder in unregelmäßigen Abständen mit unterschiedlichen Inhalten (niedrige Standardisierung).
- Formalisierung bezeichnet das Ausmaß, in dem schriftliche Aufzeichnungen über Regeln und Ergebnisse erstellt und verwendet werden. Zum Beispiel kann eine Organisation Arbeitszeitaufzeichnungen führen (hohe Formalisierung) oder nicht (niedrige Formalisierung).
- Zentralisierung beschreibt, wie Entscheidungskompetenzen auf die unterschiedlichen Hierarchieebenen verteilt sind. Zum Beispiel können die Arbeitsaufteilung und die Arbeitsmethoden von den ArbeiterInnen selbst festgelegt werden (geringe Zentralisierung) oder durch die direkten Vorgesetzten (mittlere Zentralisierung), die Geschäftsführung (hohe Zentralisierung) oder sogar das Aufsichtsorgan (höchste Zentralisierung) vorgegeben werden.
- Die Stellenkonfiguration bezeichnet die Anordnung der Stellen. Sie kann in einem Organigramm dargestellt werden. Die Stellenkonfiguration beinhaltet eine Reihe von Aspekten:
- Die Leitungsspanne beziffert die Anzahl an MitarbeiterInnen, die einer Führungskraft unterstellt sind.
- Die Gliederungstiefe bezeichnet die Anzahl der Hierarchieebenen. Eine Besonderheit des Nonprofit-Sektors ist, dass manche NPO egalitäre Formalstrukturen haben, d.h. eine besonders geringe Gliederungstiefe (z.B. die Anonymen Alkoholiker oder die internationale Kooperative Longo Mai).
- Stellenrelationen beschreiben den Prozentsatz von Organisationsmitgliedern, die in Leitungsstellen, ausführenden Stellen und unterstützenden Stellen tätig sind.
- Eine Stelle kann jeweils nur einer anderen Stelle unterstellt sein (Einliniensystem) oder mehreren anderen Stellen unterstellt sein (Mehrliniensystem).
- Eine Organisation kann nur über Leitungsstellen und ausführende Stellen verfügen (Liniensystem), oder zusätzlich auch unterstützende Stellen haben (Stab-Liniensystem).
- *Koordination* beschreibt, wie die Aktivitäten der einzelnen Organisationsmitglieder im Hinblick auf das Gesamtziel der Organisation abgestimmt werden. Koordination kann mittels unterschiedlicher Instrumente erzielt werden (Kieser/Walgenbach 2007: 108, Meyer 2009: 231):
  - Persönliche Weisung, mit dem Vorteil der flexiblen und leichten Gestaltbarkeit und dem Nachteil der Überlastung der Leitungsinstanzen.
  - Selbstabstimmung, d.h. direkte Abstimmung zwischen den gekoppelten Einheiten, mit dem Vorteil der Entlastung der hierarchischen Koordination, der Motivationssteigerung und der höheren Flexibilität, allerdings mit dem Nachteil eines erhöhten Zeitbedarfes.
  - Programme, d.h. Verfahrens- und Prozessnormen nach dem »Wenn-Dann«-Schema, mit der Gefahr der Bürokratisierung, der Anwendung der Programme auf die falschen Situationen, einer Überreglementierung und damit verbundener Demotivation.
  - Pläne, d.h. bestimmte Zielvorgaben, die zwar flexibler sind als oben genannte Programme, aber wie diese als Instrumente der Vorauskoordination hinsichtlich ihrer Eignung stark davon abhängen, ob künftige Entwicklungen passend erfasst werden – was bei abrupten und krisenhaften Entwicklungen nicht der Fall sein wird.

- Organisationsinterne Märkte, also z. B. Profit-Center oder Verrechnungspreise. Sie können helfen, eine effiziente Mittelverwendung sicherzustellen, bergen aber auch die Gefahr des Abteilungsegoismus, des opportunistischen Verhaltens und der Verdrängung nicht direkt belohnten und bepreisten Verhaltens.
- Organisationskultur koordiniert vor allem durch geteilte Grundannahmen, Werte und Normen. Sie lässt sich schwer von anderen Koordinationsmechanismen trennen und ist nur bedingt gestaltbar.
- Rollenstandardisierung wirkt über die einzelne Organisation hinaus und wird vom Bildungssystem und über die von Professionen vermittelten Standards gewährleistet.

4.3 Gliederungsprinzipien der Formalstruktur

Organisationsstrukturen werden nicht am Reißbrett entworfen, sondern sind Ergebnis einer Entwicklungsgeschichte. So hat jede Organisation eine individuelle Form, und jene Formen, die wir in der Folge darstellen, finden sich in der Praxis selten in Reinform.

4.3.1 Funktionale Gliederung

Funktionale Organisation steht am Anfang der Entwicklung von Organisationsmodellen. Hier werden ab der zweiten Managementebene gleichartige Verrichtungen zusammengefasst (siehe Abbildung II.4.1).

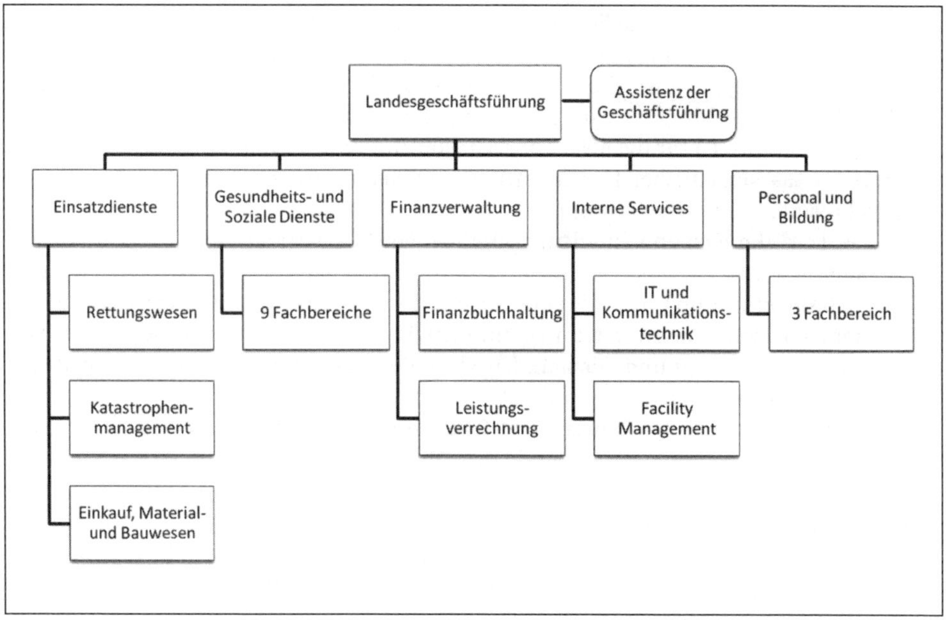

Abbildung II.4.1: Dominant funktionale Gliederung eines Landesverbandes des Roten Kreuzes

Merkmale der funktionalen Organisation sind:
- das Verrichtungsprinzip, also die Ähnlichkeit von Tätigkeiten als Gliederungskriterium,
- Einliniensystem, d.h. jede ausführende Stelle ist genau einer Instanz unterstellt; es herrscht Einheit der Weisung und Verantwortlichkeit und
- eine ausgeprägte Zentralisierung, weil nur die übergeordnete Instanz den Gesamtüberblick hat.

Die Vorteile der funktionalen Form sind:
- Spezialisierungsvorteile: Nutzung fachlicher Fähigkeiten, leichtere Personalbeschaffung, kürzere Einarbeitungszeiten, potenziell hohe Effizienz bei der Aufgabenerfüllung durch Arbeitsteilung.
- Eindeutige Zuständigkeiten durch die Ausrichtung der Organisationsstruktur am Leistungserstellungsprozess.
- Leichtere Steuerbarkeit durch »Teile und Herrsche«: Der Gesamtüberblick ist exklusiv auf der ersten Führungsebene konzentriert; die jeweiligen Abteilungen sind nur für bestimmte fachliche Aufgaben zuständig.

Mit diesen Vorteilen sind aber auch Nachteile verbunden:
- Überlastung der Leitungsinstanzen aufgrund der starken Zentralisierung,
- Ressortegoismus, Abteilungsblindheit und mangelnde Gesamtsicht,
- Fehleranfälligkeit, Inflexibilität sowie Kooperations- und Kommunikationsbarrieren aufgrund der engen Kopplung zwischen den Stellen bei gleichzeitigem Ressortegoismus.

Oft wird versucht, Nachteile der funktionalen Organisation, insbesondere die Überlastung der Leitungsinstanz, durch die Einführung von Stabsstellen zu überwinden.

4.3.1.1 Divisionale Gliederung

Andere Bezeichnungen für die divisionale Gliederung sind Geschäftsbereichorganisation, Spartenorganisation oder Objektorganisation. Merkmale der divisionalen Gliederung sind:
- Objektprinzip, d.h. Gliederung nach mindestens einer der folgenden Kategorien: Produkte, Produktgruppen, KundInnen, Kundengruppen, Märkte oder Regionen (siehe Abbildung II.4.2).
- Dezentralisierung durch Center-Konzepte, z.B. Cost-Center, Revenue-Center, Profit-Center oder Investment-Center. Das bedeutet, dass die Sparten über die entsprechenden ökonomischen Größen (Kosten, Umsätze, Gewinne, ROI ...) gesteuert werden und damit Marktelemente in die Koordination einbezogen werden.
- Mehrliniensystem durch Zentralabteilungen, um den Egoismus der Sparten in Grenzen zu halten und einheitliche Standards, z.B. hinsichtlich Controlling und Investitionsentscheidungen, zu schaffen. Damit rückt die divisionale Organiationsform in der Praxis oft in die Nähe einer Matrixorganisation, weil diese Zentralabteilungen eine zweite Gliederungsdimension ins Spiel bringen, faktisch dann eine Doppelunterstellung zwischen Spartenleitung und Zentralabteilung herrscht und damit eine verdeckte Matrixorganiation entsteht (Bea/Göbel 2006: 385f.).

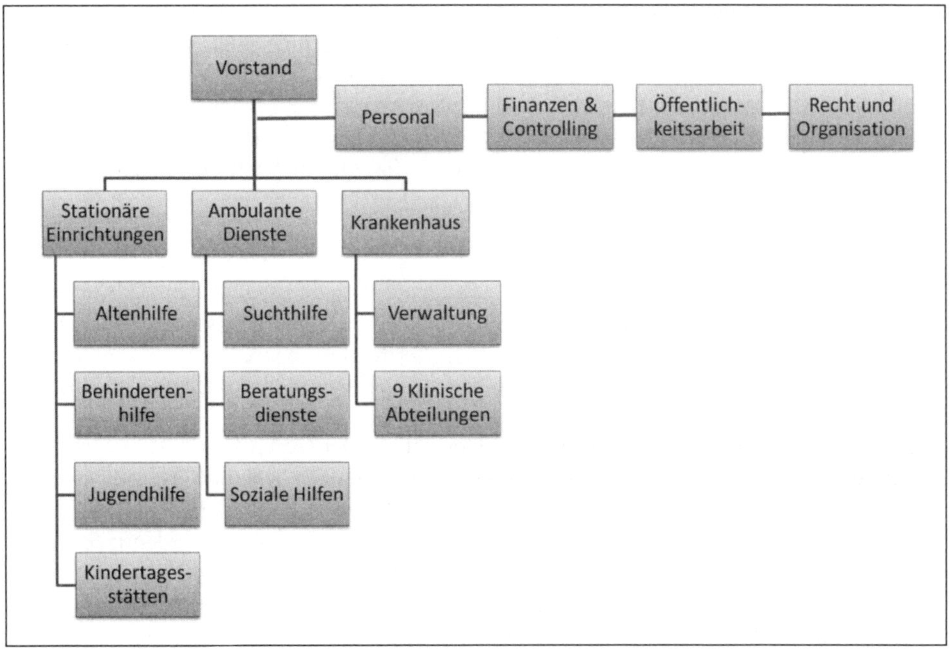

Abbildung II.4.2: Divisionale Gliederung mit Zentralstellen und Produkt-/Leistungsprinzip am Beispiel eines Diözesan-Caritas-Verbandes

Die divisionale Gliederung gilt als ideal für diversifizierte Organisationen.
Vorteile der divisionalen Gliederung sind:

- Marktnähe, vor allem wenn KundInnengruppen als Gliederungskriterium dienen.
- Flexibilität entsteht durch Autonomie der Sparten. Durch die lose Koppelung der Sparten wird die Gesamtorganisation fehlertoleranter. Die Reorganisation einzelner Bereiche wird erleichtert.
- Entlastung der obersten Leitungsebene durch Delegation von Verantwortung auf die jeweiligen Sparten. Die oberste Leitungsebene kann sich dadurch auf gesamtorganisationale, insbesondere strategische Aufgaben konzentrieren.
- Kosten- und Ergebnisverbesserungen können sich vor allem aufgrund der Center-Orientierung ergeben, da sie die Kosten- und Renditeorientierung der Sparten steigert.

Den genannten Vorteilen stehen folgende Nachteile gegenüber:

- Spartenegoismus ist die Kehrseite des Autonomiegewinns und der Ergebnisverantwortung durch Center-Konzepte. Dies wird besonders dann kritisch, wenn einzelne Sparten auf internen oder externen Märkten um bestimmte Ressourcen konkurrieren.
- Doppelgleisigkeiten entstehen zwischen den einzelnen Sparten sowie zwischen der Zentrale und den Sparten.
- Die Dezentralisierung kann auch einen erhöhten Koordinationsaufwand mit sich bringen, um beispielsweise Marketingaktivitäten unterschiedlicher Sparten aufeinander abzustimmen. Insgesamt erfordert die divisionale Gliederung eine hohe Kooperationsbereitschaft aller Beteiligten.

Divisionale Organisationsformen sind oft mit Konzernstrukturen verbunden. Unter Konzern versteht man den Zusammenschluss mehrerer rechtlich unabhängiger Organisationen zu einer wirtschaftlichen Einheit mit einer Muttergesellschaft und mehreren Tochtergesellschaften. Im Nonprofit-Bereich haben Konzernstrukturen oft den Zweck, steuerliche Begünstigungen zu nützen: Begünstigungsschädliche kommerzielle Tätigkeiten werden in Tochtergesellschaften ausgegliedert, während die Muttergesellschaft gemeinnützig bleibt.

4.3.1.2 Matrixorganisation

Wenn in der divisionalen Organisationsform Zentralabteilungen angelegt sind (vgl. Abbildung II.4.2), finden sich dort »verdeckte« Mehrfachunterstellungen. Die Matrixorganiation nimmt dieses Mehrliniensystem ernst und institutionalisiert Mehrfachunterstellungen, d. h. sie bricht mit der Einheit der Auftragserteilung und der Leitung. Die Matrixorganisation hat folgende Merkmale (siehe Abbildung II.4.3):

- Mehrdimensionalität: Die Organisation ist nicht nur nach einem Gliederungsprinzip (funktional oder divisional) strukturiert, sondern nach einer Kombination aus i. d. R. zwei Kriterien. Wenn gar drei Kriterien für die Gliederung herangezogen werden (z. B. Funktion, Produkt, Region) spricht man von einer Tensororganisation (Bea/Göbel 2006: 397).
- Mehrliniensystem: Ein/e StelleininhaberIn in der Matrix erhält Weisungen von zwei sich kreuzenden Leitungsinstanzen.
- Dezentralisierung: Die Gruppen an den Matrix-Schnittstellen können weitgehend autonom arbeiten, aber ohne das bei divisionalen Organisaitonen verbreitete Center-Prinzip.

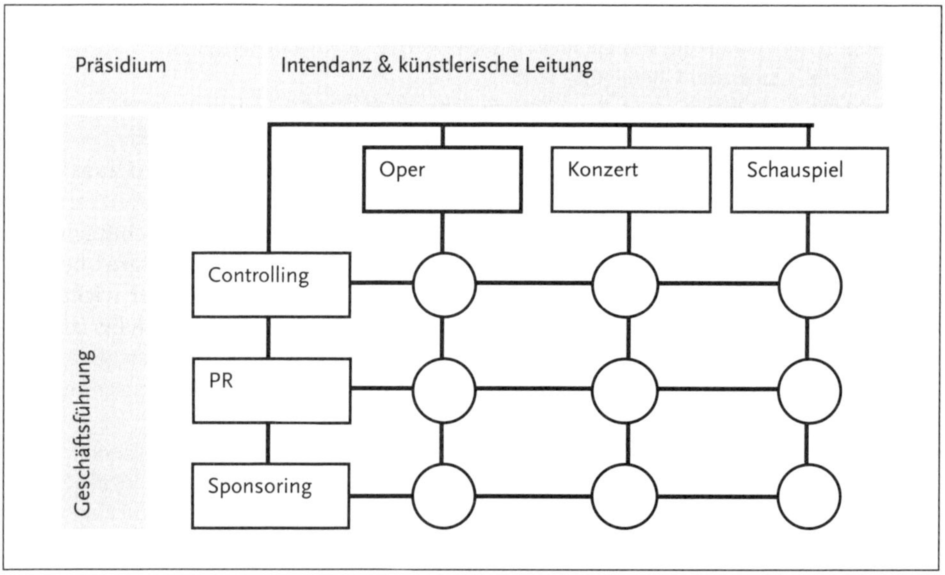

Abbildung II.4.3: Matrixorganisation am Beispiel eines Festspielbetriebes

Die Matrixorganisation stellt hohe Anforderungen an die Ambiguitätstoleranz und Konfliktfähigkeit der StelleninhaberInnen, Teams und Abteilungen an den Schnittstellen.

Werden diese Anforderungen erfüllt, so lassen sich durch die Matrixorganisation folgende Vorteile lukrieren:

- Durch die Mehrdimensionalität und das Mehrliniensystem werden bewusst Konfliktzonen geschaffen, die zur Entwicklung eines hohen Problemlösungspotenzials beitragen.
- Dadurch entsteht Innovationsfähigkeit und Kreativität.
- An den Schnittstellen entwickeln sich starke Teamkulturen. Die Aufweichung traditioneller Hierarchien kann der Sachkompetenz zum Durchbruch gegenüber der formalen Autorität verhelfen.

Dabei gibt es folgende Nachteile:

- Die bewusst offene Kompetenzabgrenzung zwischen den Dimensionen führt zu Konflikten und Machtkämpfen, die oft auf dem Rücken der Schnittstellen-Abteilungen ausgetragen werden.
- Die Betonung von Teams an den Schnittstellen kann die bekannten Gefahren von Teamarbeit mit sich bringen: Gruppenkonformität (Asch 1955) und Gruppendenken (Janis 1982), soziales Faulenzen (Karau/Williams 1993) und eine sich gegen die Unternehmensziele entwickelnde Gruppendynamik.
- Eine Matrixorganisation ist komplex und – wenn die Autonomie der Schnittstellen nicht funktioniert – kostspielig. Dies wird durch Reibungsverluste verstärkt.
- Erfolgs- und Misserfolgszurechnung sind in einer Matrix schwer möglich, was weiteren Konfliktstoff birgt.

In der Praxis überwiegen sehr oft die Nachteile, sodass (nicht nur) NPOs mit derartigen Strukturen häufig Probleme haben. Wirklich funktionierende Matrixstrukturen sind selten.

4.3.1.3 Sekundärorganisation

Als sekundär werden Organisationseinheiten bezeichnet, die im Unterschied zur Primärorganisation nicht ständig zusammenarbeiten, sondern sich zu bestimmten Terminen treffen: Projektgruppen, Gremien, Komittees, Arbeitsgruppen und Ausschüsse, deren Mitglieder jeweils auch Stellen der Primärorganisation innehaben. Der Begriff bedeutet nicht, dass solche Organisationseinheiten sekundär im Sinne von weniger wichtig wären, sondern dass die Primärorganisation für die Routineaufgaben zuständig ist, während die Einheiten der Sekundärorganisation Sonderaufgaben übernehmen (Bea/Göbel 2006:400f). Ein wichtiger Fall von Sekundärorganisation ist die Projektorganisation (siehe Beitrag II.10).

4.4 Netzwerkorganisation und Kooperationen

Bei der Netzwerkorganisation handelt es sich nicht um die Struktur einer einzelnen Organisation, sondern um ein Geflecht von Kooperationen zwischen relativ autonomen Organisationen (Sydow 2010:1, siehe Abbildung II.4.4). Dieser Zusammenschluss von Organisationen erstellt gemeinsam eine Leistung. Die Form der Kooperationen kann von mittelfristigen Partnerschaften über Franchising bis zu gegenseitigen Kapitalverflechtungen reichen. Die Entscheidungsmacht in Netzwerken kann klar konzentriert oder weit verteilt sein. Im NPO-Bereich spielen Netzwerkorganisationen eine große Rolle, zum Beispiel im Bereich der Katastrophenhilfe.

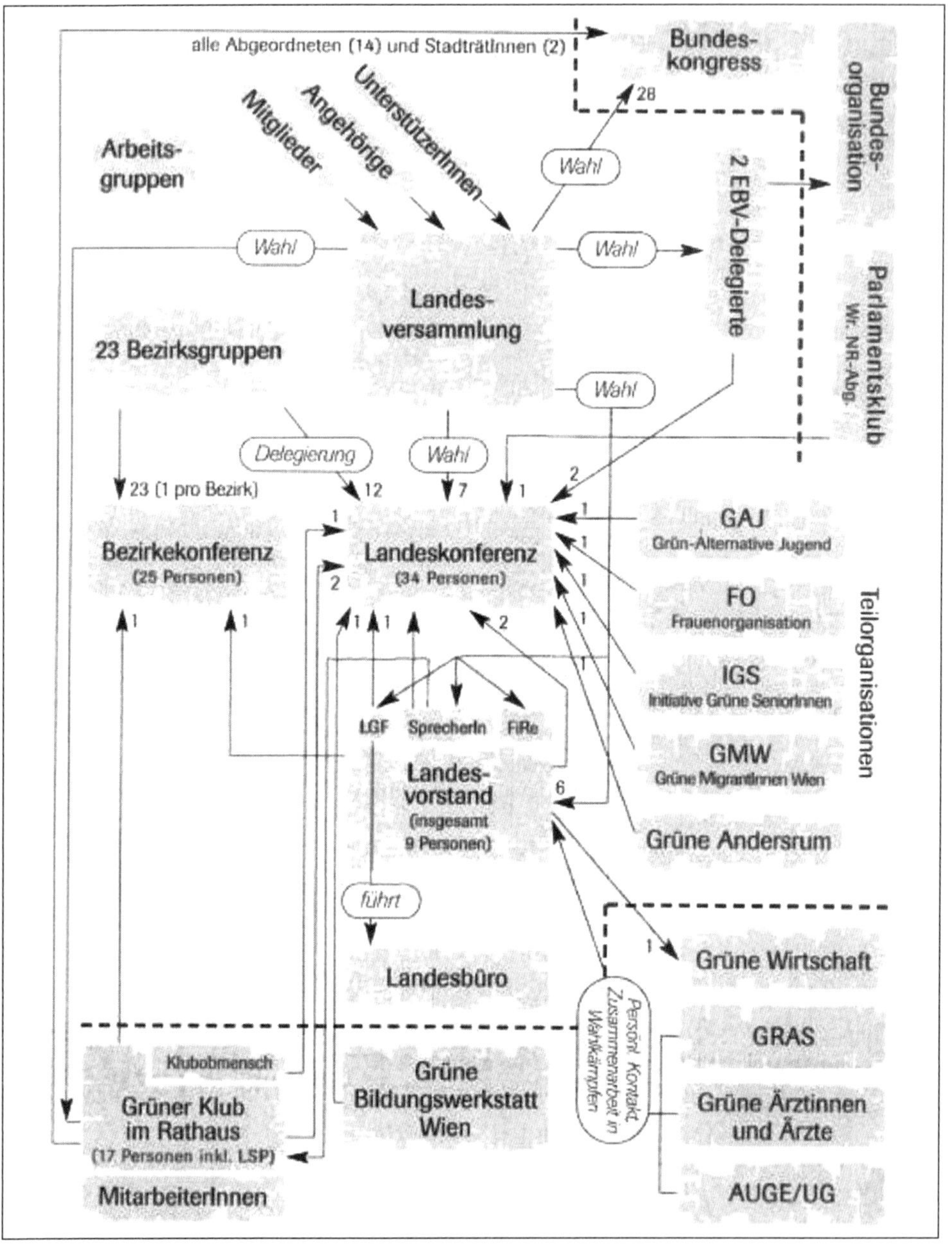

Quelle: Die Grünen – Grüne Alternative Wien 2007: 75

Abbildung II.4.4: Netzwerkstruktur am Beispiel der Grünen Wien

Das Spektrum der möglichen Beziehungsformen zu anderen Organisationen reicht von Formen mit größtmöglicher Autonomie zu Formen mit größtmöglicher Integration (vgl. auch Anheier 2005:165). Die größtmögliche Autonomie ist bei der Beziehungsform der Koordination gegeben. Koordinationsbeziehungen kommen ohne langfristige Verpflichtungen der beteiligten Organisationen aus. Die Entscheidungsautonomie bleibt vollständig bei den beteiligten Organisationen. Koordiniert werden können inhaltliche Tätigkeiten und Aktivitäten des Managements oder der Administration.

Bei Beziehungen mit mittlerer Autonomie bzw. Integration geben die beteiligten Organisationen einen Teil ihrer Entscheidungsautonomie ab und verpflichten sich zumindest mittelfristig zur Zusammenarbeit. Derartige Beziehungen sind üblicherweise durch formale Verträge geregelt. Dazu gehören:

- Der Beitritt zu einem Verband (Zusammenlegen von Ressourcen, um gemeinsame Interessen zu vertreten und zu fördern),
- Partnerschaften für gemeinsame Programme (z. B. Partnerschaften mit Unternehmen) und
- Outsourcing – hier werden Management- oder Administrationsaufgaben, z. B. die Lohnverrechnung, an eine externe Organisation ausgelagert. Ein NPO-Spezifikum ist die Möglicheit, Fundraising-Aktivitäten auszulagern.

Bei jenen Beziehungsformen, die die höchste Integration beinhalten, geben die beteiligten NPO wichtige Aktivitäten und auch ihre Entscheidungsautonomie langfristig an andere Organisationen ab. Zu diesen Beziehungsformen gehören:

- Management Service Organisationen (MSO; hier schließen sich mehrere NPO zusammen, um eine Organisation unter gemeinsamer Aufsicht zu gründen, die Administrations- und Managementaufgaben übernimmt.),
- die Entablierung einer Konzernstruktur mit einer Mutter- und mehreren Tochtergesellschaften,
- Joint Ventures (d. h. eine gemeinsame Tochtergesellschaft von mindestens zwei selbständigen Organisationen) und
- Fusionen (d. h. der Zusammenschluss von zwei oder mehreren Organisationen zu einer einzigen).

4.5 Typische Organisationsformen von NPO

Die Organisationstypen, die in diesem Kapital beschrieben werden, gehen über die formalen Strukturen hinaus und berühren auch das Thema der Organisationskultur. Darunter versteht man all jene Werte, Normen und Grundannahmen, die sich an der Oberfläche der Organisation als Artefakte (z. B. Architektur), Sprach- und Interaktionsmuster (z. B. Riten, Geschichten) manifestieren (Mayrhofer/Meyer 2004:1026).

4.5.1 NPO und die fünf Strukturkonfigurationen von Mintzberg

Ein weit verbreiteter Ansatz ist jener von Henry Mintzberg, der davon ausgeht, dass jede Organisation aus fünf Komponenten besteht und sich Organisationstypen je nach Bedeutung dieser Komponenten unterscheiden (Mintzberg 1983, vgl. Abbildung II.4.5):

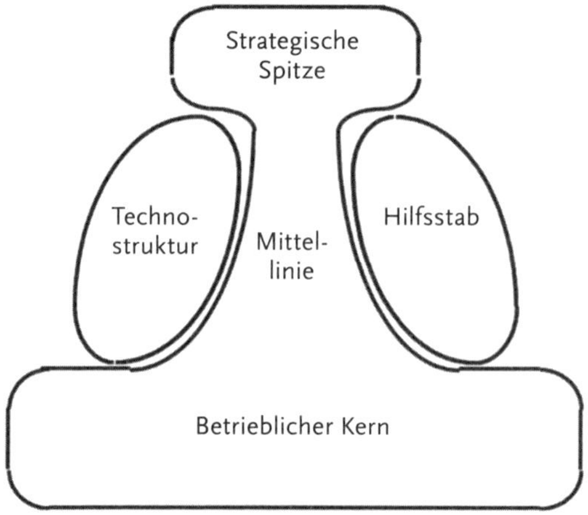

Abbildung II.4.5: Das Grundmodell von Mintzberg's »Fives«

Die strategische Spitze hat die Verantwortung für die Erfüllung des Auftrages der Organisation und die Gestaltung der Beziehungen zu externen Stakeholdern. Sie umfasst also die obersten Instanzen einer Organisation, die Spitzenführungskräfte mit strategischen Aufgaben (Vorstand, Geschäftsführung) sowie deren unmittelbare Umgebung.

Über die Mittellinie erfolgt die Koordination und Information durch eine formale Autoritätskette von Führungskräften, sie umfasst das Mittelmanagement, also jene Instanzen, die die Weisungen an den betrieblichen Kern weiterleiten.

Im betrieblichen Kern findet die Fertigung der Produkte und Dienstleistungen statt, er umfasst also jene MitarbeiterInnen, die direkt an den Kernprozessen der Organisation (Produktion, Dienstleistungserstellung) arbeiten.

Die Technostruktur beinhaltet meist Stäbe, die Standards und Normen schaffen, also z. B. Abteilungen oder Stellen für Controlling, Qualitätsmanagement, strategische Planung und Personalmanagement. Hier befindet sich jenes Know-how für die betriebliche Leistungserstellung, welches durch die Trennung von Hand- und Kopfarbeit vom betrieblichen Kern abgespalten wurde.

Der Hilfsstab übernimmt unterstützende Dienste außerhalb des eigentlichen betrieblichen Ablaufes: Rechtsabteilung, Personalverrechnung, Poststelle, Gebäudemanagement etc.

In Abhängigkeit von der relativen Bedeutung dieser Komponenten unterscheiden sich wiederum fünf Typen von Organisationen:

- die Einfachstruktur, in der die strategische Spitze dominiert,
- die Maschinenbürokratie, in der die Technostruktur die entscheidende Rolle spielt,
- die Profi-Organisation, in der der betriebliche Kern den meisten Einfluss hat,
- die Spartenorganisation mit einer dominanten Mittellinie und

- die Adhocratie, die durch einen starken betrieblichen Kern und einen ebenso starken Hilfsstab geprägt ist.

Diese fünf Typen finden sich auch bei NPOs. Einfachstrukturen mit einer Dominanz der Gründungspersonen finden sich oft in pionierhaften NPOs. Die Hierarchie ist flach, der betriebliche Kern von großer Bedeutung, Mittellinie, Hilfsstab und Technostruktur (noch) kaum vorhanden.

In der Maschinenbürokratie dominiert die Technostruktur. War dieser Typus früher vor allem in der Industrie, im Bankensektor und der öffentlichen Verwaltung beheimatet, gibt es heute auch im Nonprofit-Sektor starke Trends, die mehr Technostruktur erfordern: Standardisierungen, Zertifizierungen, Audits für diverse Gütesiegel usw. forcieren im Nebeneffekt die Maschinenbürokratie und beschneiden die Flexibilität von NPO (vgl. Brunsson/Jacobsson 2005; Power 1999).

Der betriebliche Kern ist jene Komponente, die die Profiorganisation (»professional bureaucracy«) dominiert. Die Koordination erfolgt hier über die Standardisierung von Arbeitsprozessen, vor allem aber über extern erworbene Berufsqualifikationen. Profiorganisationen finden sich überall dort, wo Professionen den Zugang zu bestimmten Berufen regeln (z.B. ÄrztInnen, RechtsanwältInnen, Sozialarbeit) und Qualitätsstandards für Prozesse und Ergebnisse festlegen: Was die geeignete Prostatacarcinom-Therapie ist, bestimmt (noch) nicht der Geschäftsführer eines Spitals. In Spitälern und Universitäten, aber auch in vielen Kunstorganisationen liegt die Macht beim betrieblichen Kern. Solche Organisationen sind dezentralisiert und durch geringe Planung und Kontrolle geprägt. Die Gliederung ist oft objektorientiert (Abteilungen in Krankenhäusern, Institute an Universitäten, Sparten in Kunstorganisationen), und subtile Prozeduren der Mitbestimmung sorgen dafür, dass die strategische Spitze nicht ohne die Profis entscheiden kann.

In der Spartenstruktur dominieren die LeiterInnen der einzelnen Sparten und Geschäftsbereiche. Der strategischen Spitze obliegt zwar die Einteilung der Sparten, dann aber wandert viel Macht zu den Leitungsinstanzen der Sparten, die über eine Standardisierung ihres Outputs koordiniert werden: Wie dies bspw. bei Center-Konzepten üblich ist, müssen die Sparten bestimmte Kennzahlen liefern. Ein sensibler Faktor ist die Kompetenzverteilung zwischen der Leitung der NPO und den einzelnen Spartenleitungen. Im Unterschied zur Maschinenbürokratie passt dieser Typus besser zu dynamischen Märkten, die aber auf etablierten Produkten und Dienstleistungen beruhen. Große NPO, vor allem im Bereich sozialer Dienstleistungen sind gute Beispiele für diesen Typ.

Der fünfte der Mintzberg-Typen ist der unschärfste: Die Adhocratie. Dieser Typus ist es aber, der als einziger auf Dauer Innovationen zustande bringt (Mintzberg 1983: 253ff). Der dominante Koordinationsmechnismus ist die gegenseitige Abstimmung der weitgehend autonomen Einheiten des betrieblichen Kerns. Die Mittellinie ist aufgrund der Organisationsgröße unterentwickelt, jedenfalls nicht tonangebend. Es besteht ausgeprägte horizontale Spezialisierung, die auf einem hohen Ausbildungsniveau der MitarbeiterInnen beruht, aber geringe Standardisierung und Zentralisierung. Umweltschutz- und Menschenrechtsorganisationen passen heute oft gut in diesen Typ.

Mintzberg's »Fives« ist – wie jede Typologie – eine Vereinfachung. Ihre Stärke ist aber, dass sie nicht nur Elemente der Formalstruktur, sondern auch kulturelle und machtbezogene Aspekte berücksichtigt. Das Schema, das sie vorgibt, ist auch mehr als zwanzig Jahre nach ihrer Publikation nützlich bei der Analyse aktueller Entwicklungen in NPOs, z.B. der Verbetriebswirtschaftlichung oder der Reorganisation von Universitäten und Krankenhäusern, die sich immer mehr von Profiorganisationen zu Maschinenbürokratien entwickeln. Das Modell wirft auch ein anderes Licht auf die vielfach beschworene Professionalisierung von NPOs: Damit gemeint ist nämlich meistens weniger eine Stärkung der ExpertInnen des betrieblichen Kerns im Sinne der Profiorganisation, sondern eine Stärkung der betriebswirtschaftlichen Professionalität der Technostruktur, was dann in Richtung Maschinenbürokratie wirkt.

4.5.2 Hierarchisch-bürokratische und kollektivistisch-demokratische NPO

Eine Besonderheit des Nonprofit-Sektors ist, dass viele Organisationen nicht nur durch Zweckrationalität, sondern stark durch Wertrationalität geprägt sind. Wertrationalität bedeutet, dass bestimmte Werte um ihrer selbst Willen hochgehalten werden, ungeachtet ihrer Aussichten auf Erfolg (Weber 1976: 12).

Besonders stark ist diese wertrationale Orientierung bei kollektivistisch-demokratischen Organisationen. Diese werden oft als »unorganisiert« bezeichnet, haben aber ihre eigenen, oftmals informellen, Regeln und Strukturen, die vom vorherrschenden zweckrationalen Organisationsideal abweichen. Eine nützliche Charakterisierung solcher Organisationen liefert Rotschild-Witt (1979). Sie identifiziert mittels qualitativer ethnographischer Forschung einen kollektivistisch-demokratischen Idealtyp, den sie in acht Dimensionen dem hierarchisch-bürokratischen Idealtyp gegenüberstellt. In Abbildung II.4.6 ist dieser Vergleich dargestellt.

Dimension	**Hierarchisch-bürokratische Organisation**	**Kollektivistisch-demokratische Organisation**
Autorität	Hierarchische Kontrolle. Autorität liegt bei Individuen kraft ihres Amtes oder ihrer Fachkenntnisse. Die Hauptverpflichtung besteht gegenüber allgemeingültigen festen Regeln, die von den StelleninhaberInnen eingehalten werden müssen.	Demokratische Kontrolle. Autorität liegt beim Kollektiv und wird höchstens temporär und auf Widerruf an Individuen delegiert. Die Hauptverpflichtung besteht gegenüber dem Konsens des Kollektivs, der variabel und verhandelbar ist.
Regeln	Hohe Formalisierung durch schriftliche Regeln. Berechenbarkeit und Hinterfragbarkeit von Entscheidungen ist durch Berufung auf schriftliche Regeln möglich.	Minimale Formalisierung durch schriftliche Regeln. Entscheidungen werden Großteils ad hoc getroffen. Vorhersagbarkeit durch Kenntnis der in der Situation relevanten ethischen Grundsätze gegeben.
Soziale Kontrolle	Soziale Kontrolle basiert vor allem auf direkter Kontrolle, formalen Regeln und Sanktionen. In geringerem Ausmaß ist auch die Auswahl homogener Mitglieder wichtig, vor allem auf der Führungsebene.	Soziale Kontrolle basiert vor allem auf persönlichen oder moralischen Appellen und der Auswahl homogener Mitglieder.
Soziale Beziehungen	Ideal der Sachlichkeit: Beziehungen sollen rollenbasiert, ausschnitthaft und zielorientiert sind.	Ideal der Gemeinschaft: Beziehungen sollen ganzheitlich, persönlich und von intrinsischem Wert sein.

Dimension	Hierarchisch-bürokratische Organisation	Kollektivistisch-demokratische Organisation
Personalauswahl	Auf Basis von Ausbildung und formalen Qualifikationen.	Auf Basis von Freundschaften, soziopolitischen Werthaltungen, Persönlichkeitseigenschaften und informell beurteilten Qualifikationen.
Aufstiegsmöglichkeiten	Aufstieg auf Basis von Seniorität oder Leistungen	Aufstieg ist kein sinnvolles Konzept; keine Hierarchie der Stellen.
Anreizstruktur	Materielle Anreize sind primär.	Soziale Anreize (Zusammengehörigkeitsgefühl) und inhaltlich-normativen Anreize (Verwirklichung von Werten) sind primär. Materielle Anreize sind sekundär.

Abbildung II.4.6: Der hierarchisch-bürokratische und der kollektivistisch-demokratische Idealtyp von Organisationen im Vergleich (Rothschild-Whitt 1979)

Genauso wie die hierarchisch-bürokratische Organisation ist auch die kollektivistisch-demokratische Organisation als Idealtyp zu verstehen, der in der Realität nicht in Reinform anzutreffen ist. Eine Reihe von Faktoren begrenzt die Erreichbarkeit des kollektivistisch-demokratischen Ideals, bzw. ist dieses Ideal selbst mit bestimmten sozialen Kosten verbunden (Rothschild-Whitt 1979):

- Zeit: Demokratische Entscheidungen in der Gruppe kosten mehr Zeit als Entscheidungen durch Einzelpersonen.
- Homogenität: Da das Kollektiv konsensual entscheidet, müssen seine Mitglieder von Anfang an relativ homogen sein. Das verengt die mögliche soziale Basis von kollektivistischen Organisationen. Bürokratie erfordert weniger Homogenität, da einzelne Organisationsmitglieder sich nicht mit jedem Aspekt ihrer Arbeit vollinhaltlich identifizieren müssen, sonder auch für materielle Anreize arbeiten.
- Emotionale Intensität: Die Beziehungen in kollektivistischen Organisationen sind persönlicher als in Bürokratien, was zwar befriedigender, aber auch emotional belastender sein kann. Emotional aufgeladene Situationen sind häufig. Die Angst vor solchen Situationen führt oft zu konfliktvermeidendem Verhalten.
- Hohe Anforderungen an Demokratiefähigkeit der Mitglieder: Es ist schwer, Mitglieder zu finden, die die entsprechende Demokratiefähigkeit und kollektivistische Orientierung mitbringen. Grund dafür ist, dass die meisten gesellschaftlichen Institutionen, allen voran das Bildungssystem, kaum eine kollektivistisch-demokratische sondern eher bürokratisch-hierarchische Normen vermitteln. Umgekehrt ist aber gerade die Partizipation an kollektivistischen Organisationen ein Weg zum Erlernen solcher Normen.
- Umweltzwänge: Kollektivistische Organisationen sind wie alle Organisationen von ihrer Umwelt abhängig. Sie stehen über weite Strecken im Widerspruch zu herrschenden Normen und sind daher starkem Angleichungsdruck ausgesetzt. (Zum Beispiel müssen alternative Schulkonzepte bestimmte bürokratisch-hierarchische Praktiken wie die Zuordnung der SchülerInnen zu Jahrgängen übernehmen, um als Schulen anerkannt zu werden.)

- Individuelle Unterschiede: Menschen unterscheiden sich in ihren Qualifikationen und Persönlichkeitseigenschaften. Bürokratisch-hierarchische Organisationen versuchen, diese individuellen Unterschiede zu nützen, indem sie Menschen unterschiedliche Aufgaben übertragen. Für kollektivistische Organisationen stellen solche Unterschiede ein Hindernis bei der Erreichung des Gleichheitsideals dar. In der Realität bleibt auch in kollektivistischen Organisationen irgendeine eine Art von ungleicher Machtverteilung bestehen (vgl. auch Beitrag II.9).

4.5.3 Typische Lebenszyklen von Organisationen

Die Entwicklung von Organisationen wird oft mithilfe der Metapher eines biologischen Lebenszyklus verstanden. Im Unterschied zu Lebewesen sind Organisationen jedoch kaum durch innere Gesetzmäßigkeiten bestimmt; z. B. ist auch eine Rückkehr in vorangegangene Entwicklungsstufen möglich. Weiters ist zu bedenken, dass Organisationstypen oft besondere Merkmale aus ihrer Entstehungsphase beibehalten (»imprinting«, Stinchcombe 1965). Lebenszyklusmodellen dienen also bloß als Orientierung z. B. zur Identifikation von Charakteristika »junger« oder »reifer« Organisationen.

Ein solches Lebenszyklusmodell, welches aufgrund seiner Ausrichtung auf Organisationen aus dem Sozial- und Gesundheitsbereich besonders passend für NPO erscheint, entwickeln auch Hasenfeld und Schmid (1989) auf Basis eines umfangreichen Literaturreview. Dem ist noch hinzuzufügen, dass der Übergang zwischen Entwicklungsstufen oft mit spezifischen krisenhaften Brüchen verbunden ist (Greiner 1972). Hasenfeld und Schmid (1989) unterscheiden fünf typische Entwicklungsstufen:

Während der *Gründungsphase* befindet sich die Organisation in einer Umwelt, die für sie noch weitgehend unbekannt, unsicher und instabil ist. Um ausreichend Ressourcen und Legitimität sicherzustellen, ist es für die Organisation sehr wichtig, eine Konsens über ihren Zuständigkeitsbereich (»domain consensus«), d. h. die Zielgruppen und die zu erbringenden Leistungen, zu erreichen. Die Organisation erbringt typischerweise eine einzige Leistung, die relativ simple Technologien erfordert. Die GründerInnen dominieren die Organisation. Die Organisationsstruktur ist undifferenziert und wenig formalisiert und ähnelt eher einer informellen Gruppe.

In der *Kollektivitätsphase* nimmt die Dominanz der Gründungspersonen ab. Andere Mitglieder werden stärker eingebunden und die Mitgliederzahl wächst. Es entwickelt sich eine partizipative und kooperative Organisationskultur. Rollendifferenzierung und Spezialisierung setzen ein, aber die Struktur bleibt weitgehend informell und egalitär. Teamwork ist die vorherrschende Arbeitsform. Die Organisation entwickelt erste Routinen zur systematischen Umweltbeobachtung; dadurch wird die Umwelt für die Organisation berechenbarer. Systematisch Kontakte zur Ressourcenbeschaffung werden aufgebaut und gepflegt, etwa zu politischen Institutionen.

Die *Formalisierungsphase* setzt ein, wenn sich die Organisation weiterhin einer weitgehend stabilen Umwelt gegenübersieht. Wie der Name schon sagt, findet eine umfangreiche Formalisierung von Abläufen und Strukturen statt. Die Organisation beginnt, systematisch zu planen und die Umsetzung dieser Pläne zu kontrollieren. Es werden funktional differenzierte Abteilungen für die Erbringug der Kernleistungen und für Administrations- und Managementaufgaben eingeführt. In allen Bereichen werden vermehrt bezahlte und speziell ausgebildete MitarbeiterInnen angestellt (Professionalisierung). Dadurch wird auch vermehrt auf extrinsische Anreize zurückgegriffen. Die Organisationsstruktur wird hierarchischer, eine mittlere Managementebene wird eingezogen.

Die nächste Stufe wird in der Literatur vielfach als *»Verfeinerung der Struktur«* (elaboration of structure, siehe z. B. auch Quinn/Cameron 1983) bezeichnet. Sie setzt ein, wenn die Organisation wieder mit einer dynamischeren Umwelt konfrontiert wird. Dies ist z. B. der Fall, wenn sich die Organisation auf einen offensiven Wachstumskurs begibt und nach Möglichkeiten für eine Expansion ihres Zuständigkeitsbereichs sucht. Der Prozess der Spezialierung und Professionalisierung setzt sich fort. Mit der Expansion zu neuen Zielgruppen oder neuen Leistungen entsteht aber eine stärker dezentralisierte Organisationsstruktur, oft in Form einer divisionalen Gliederung (vgl. Kap. 3.1.1). Anreiz- und Steuerungssysteme werden ergebnisorientierter. Diese Phase stellt idealtypisch den Höhepunkt einer modernen, effektiven und effizienten Organisation dar. In bestimmten Modellen mündet sie in eine Assoziationsphase (Glasl/Lievegoed 1993: 116f.), die durch den Aufbau und das gezielte Management der Umweltbeziehungen, z. B. in Form von strategischen Allianzen gekennzeichnet ist.

Das Modell von Hasenfeld und Schmid (1989) umfasst auch die *Phasen des Niedergangs und der Auflösung*. In der Niedergangsphase sieht sich die Organisation mit einem starken Rückgang an Ressourcen und Legitimität konfrontiert. Zum Beispiel werden die angebotenen Leistungen nicht mehr ausreichend nachgefragt, oder die Finanzierungsmöglichkeiten verschlechtern sich rapide. Die Organisation hat große Schwierigkeiten, ihre nun stark veränderte Umwelt angemessen zu beobachten und zu verstehen. Die Organisationsmitglieder erkennen die Bedrohung. Es werden kollektive Anstrengungen unternommen, den Niedergang abzuwenden, indem versucht wird, die Legitimität, den Ressourcenzufluss und die Effizienz zu erhöhen (Sutton 1987). Es kommt zu einer Re-Zentralisierung der Kommunikationsstrukturen. Die Leitung trifft Entscheidungen vermehrt autoritär gegen den Willen einzelner Abteilungen. Es kommt zu Einsparungsmaßnahmen quer durch die Organisation. Leistungsbereiche werden aufgelassen; gutbezahltes und hochqualifiziertes Personal wird eingespart (Deprofessionalisierung). Strategisch kann sich die Organisation auf eine Verteidigung ihrer Stammdomäne konzentrieren, oder nach neuen Tätigkeitsbereichen suchen, die mehr oder weniger gut mit der ursprünglichen Mission zusammenpassen.

Schafft es die Organisation nicht, den drohenden Niedergang abzuwenden, so tritt sie in die Auflösungsphase ein. Die Umwelt stellt nun weder ausreichende Ressourcen noch ausreichende Legitimität zur Verfügung. Es bildet sich eine temporäre Organisationsstruktur heraus, die die Aufgabe übernimmt, die Organisation aufzulösen und ihre verbleibenden Besitztümer und Beziehungen mit MitarbeiterInnen, KlientInnen, GläubigerInnen, usw. in andere soziale Systeme überzuführen. Zum Beispiel wird dann dafür Sorge getragen, dass KlientInnen von anderen Organisationen weiter betreut werden (Sutton 1987).

4.6 Effekte von Organisationsstrukturen: Empirische Befunde für NPOs

Eine Reihe empirischer Studien untersucht, wie sich unterschiedliche Organisationsstrukturen in NPOs auf deren weiteres Gedeihen auswirken. Besonderes Interesse zieht hierbei regelmäßig die Suche nach der »besten« Organisationsstruktur, die NPOs die höchste

Effektivität ermöglichen soll, auf sich. Aber auch Auswirkungen von Organisationsstrukturen auf die Innovationskraft oder – ganz bescheiden – das Überleben von NPOs wurden untersucht.

4.6.1 Einflussfaktoren auf Organisationsstrukturen

In der Tradition der kontingenztheoretischen Forschung wurden eine ganze Reihe an Faktoren identifiziert, die die konkrete Organisationsstruktur mitbestimmen: Größe, Technologie, Dynamik der Umwelt, Bedürfnisses der Organisationsmitglieder, Angebotsmerkmale, Internationalisierung, Eigentümerstruktur, Alter, Branche, Sektor, Ressourcenabhängigkeit und Wettbewerbsstrategie (Titscher et al. 2008: 48ff.). Auch für NPOs gibt es dazu einiges an empirischen Befunden (vgl. Bradshaw 2009: 67). So gibt es einen signifikanten Zusammenhang zwischen Organisationsgröße und Anteil öffentlicher Finanzierung auf der einen Seite sowie Größe, ethnischer Diversität, Freiwilligenanteil und Komplexität von Gremien auf der anderen Seite (Stone et al. 2001). Wenig verwunderlich ist, dass die Aufgabenspezialisierung von MitarbeiterInnen und Leitungsgremien in kleineren NPOs geringer ist. Das gilt auch für die Formalisierung (in Form von schriftlichen Stellenbeschreibungen), wohingegen die interne Differenzierung der Leitungsgremien mit der Größe zunimmt (Cornforth/Simpson 2002). Formalisierung und Ausdifferenzierung von Gremien ist aber nicht nur eine Funktion der Größe, sondern auch des Alters von NPOs (Dart et al. 1996).

Eine entsprechende wertorientierte und ideologische Basis hingegen scheint gegen Hierarchisierung, Standardisierung und Formalisierung zu schützen (Grant 2002): Stark ideologisierte Frauenorganisationen stemmen sich trotz Größenwachstum und Reifung gegen bürokratische Strukturen, fand die Autorin. Auch zwischen der stratetegischen Positionierung und den Strukturen gibt es einen Zusammenhang: NPOs, die sich strategisch als Innovatoren (»prospectors«) positionieren, weisen offenere, durchlässigere Strukturen auf, während jene NPOs, die sich auf die Verteidigung ihrer Position konzentrieren (»defenders«), strukturell spezialisierter und undurchlässiger sind (Brown/Iverson 2004 auf Basis der Strategie-Typen von Miles/Snow 1978). Festzuhalten bleibt hier also, dass es in NPOs nicht nur einen starken, meist extern induzierten Druck in Richtung Bürokratisierung (Formalisierung, Spezialisierung, Standardisierung, Hierarchisierung) gibt, sondern auch starke Abwehrkräfte.

4.6.2 Organisationsstrukturen und Effektivität

Die Frage, welche Organisationsstrukturen zum Überleben und zur Effektivität von Organisationen beitragen, fasziniert regelmäßig PraktikerInnen und WissenschafterInnen. Ein Problem bei dieser Art von Forschung ist allerdings gerade bei NPOs die Operationalisierung der Effektivität von NPO (Herman/Renz 1999; 2008). Kushner und Poole (1996) untersuchen in einer qualitativen Studie, welche Strukturen besonders effektive oder ineffektive Organisationen auszeichnen. Was die Organisationsstruktur betrifft, so unterscheiden sie fünf Einflusskonfigurationen:

- Bei NPOs mit einer basisnahen Einflusskonfiguration sind die einflussreichsten Personen Freiwillige, und die Einflussmöglichkeiten verteilen sich breit durch die Organisation (d.h., mindestens ein Drittel aller aktiven Mitglieder entscheiden bei wichtigen Fragen mit).

- In NPOs mit einer koordinierenden Einflusskonfiguration sind die Einflussmöglichkeiten breit verteilt, aber hauptamtliche MitarbeiterInnen sind stark in die Entscheidungsprozesse eingebunden, indem sie den Entscheidungsfluss unter den Freiwilligen koordinieren.
- In NPOs mit einer direktorialen Entscheidungskonfiguration ist die Entscheidungsmacht konzentriert (d.h., weniger als ein Drittel der aktiven Mitglieder entscheidet mit). Die EntscheidungsträgerInnen sind hauptamtliche Angestellte, vor allem die Geschäftsführung.
- In NPO mit einer institutionellen Entscheidungskonfiguration ist die Entscheidungsmacht ebenfalls konzentriert, aber sie geht vom ehrenamtlichen Aufsichtsorgan aus.
- Schließlich gibt es noch die unentschlossene Entscheidungskonfiguration. Hier ist die Entscheidungsmacht auf eine kleine Gruppe konzentriert, die sich aus ehrenamtlichen Mitgliedern des Aufsichtsorgans und sonstiger Gremien sowie aus hauptamtlichen MitarbeiterInnen zusammensetzt. Weder Hauptamtliche noch Ehrenamtliche dominieren den Entscheidungsprozess.

Es zeigte sich, dass unter den als besonders effektiv beurteilten Organisationen sowohl koordinierende, als auch direktoriale und institutionelle Entscheidungskonfigurationen zu finden waren. Basisnahe Organisationen waren unter den als besonders effektiv beurteilten Organisationen nicht vertreten, was vor allem auf deren geringen Bekanntheitsgrad und ihre Abweichung von gesellschaftlichen Normvorstellungen (»best practices«) zurückzuführen ist. Fünf Organisationen wurden als wenig effektiv beurteilt. Unter diesen waren eine basisnahe Organisationen mit unzureichender Aufgabenteilung, sowie sämtliche Organisationen mit unentschlossener Entscheidungskonfiguration. Die Autoren schließen daraus: »Viele Einflusskonfigurationen können zur Effektivität beitragen. Aber die Unfähigkeit, sich für irgendeine Konfiguration zu entscheiden, d.h., die Zuständigkeiten zu klären, vermindert die Effektivität« (Kushner/Poole 1996: 132, eigene Übersetzung). Entscheidend für die Effektivität ist weiters, dass die Organisationsmitglieder mit der Struktur ihrer Organisation einverstanden sind und sie engagiert unterstützen.

Smith und Shen (1996) untersuchen unter anderem, wie sich der Formalisierungsgrad von NPO mit hohem Freiwilligenanteil auf deren Effektivität auswirkt. Es zeigte sich, dass stärker formalisierte NPO als effektiver beurteilt wurden. Positive Auswirkungen auf die Effektivität haben die folgenden Aspekte:

- Vorhandensein einer Geschäftsordnung,
- Vorhandensein einer schriftlichen Mitgliederliste,
- Aussage der Organisationsleitung, dass die Organisation nicht hauptsächlich informell sei,
- steuerbegünstigter Status,
- aktuelles Mission Statement.

Die folgenden Aspekte von Formalisierung erwiesen sich als unwichtig für die Effektivität:

- Vorhandensein einer Satzung,
- Vorhandensein von Mitgliedsausweisen,
- Vorhandensein von über die bloße Beteiligung hinausgehenden Mitgliedschaftskriterien.

Die Autoren empfehlen daher, dass NPOs nicht hauptsächlich informell agieren sollen und die als effektiv bestätigten formalisierten Praktiken übernehmen sollen.

Wollebaek (2009) untersucht, wie das Überleben von NPOs mit hohem Freiwilligenanteil mit der Organisationsstruktur zusammenhängt. Die Studie ist insofern bemerkenswert, als sie auf Längsschnittdaten aus dreißig Jahren aufbaut. Durch dieses Untersuchungsdesign werden die mit der Untersuchung der »Effektivität« von Organisationen verbundenen Mess- und Bewertungsprobleme vermieden, indem auf den bloßen Weiterbestand fokussiert wird. Es zeigt sich, dass das Überleben der Organisationen sowohl von durch die Organisation beeinflussbaren als auch von durch sie nicht beeinflussbaren Faktoren abhängt.

Als günstige unbeeinflussbare Einflussfaktoren wurden festgestellt:

- ein hohes Alter der Organisation,
- eine große Mitgliederanzahl,
- eine steigende Dichte ähnlicher Organisationen in der Region, bei niedrigem Ausgangsniveau, weil dadurch die Legitimation solcher Organisationen steigt, es aber durch das niedrige Ausgangsniveau weniger Kampf um knappe Ressourcen gibt, sowie
- in ländlichen Regionen Bevölkerungswachstum.

Als günstige beeinflussbare Faktoren zeigten sich:

- zentralisierte und hochformalisierte Strukturen,
- die Mitgliedschaft in einem regionalen oder nationalen Verband,
- zahlreiche Umweltkontakte (z. B. Kooperationen mit anderen Organisationen, Kontakte mit öffentlichen Institutionen, Anzahl der Finanzierungsquellen),
- zahlreiche nach außen gerichtete Aktivitäten (z. B. öffentliche Tanzveranstaltungen, Filmvorführungen, Wohltätigkeitsbasare),
- im Bereich der Governance (siehe Beitrag III.7) eine hohe Diversität und ein hoher sozialer Status der Mitglieder des Aufsichtsorgans.

Organisationstrukturen beeinflussen also die Überlebenschancen von NPO, sind aber nur ein Faktor unter zahlreichen anderen.

4.6.3 Organisationsstrukturen und Innovation

Osborne (1998) untersucht, wie sich die Organisationsstruktur auf die Innovationsfähigkeit von Organisationen auswirkt. Als besonders innovativ wurden jene Organisationen bezeichnet, die neue Dienstleistungen entwickelten oder neue Zielgruppen ansprachen. Osborne stellt fest, dass besonders innovative Organisationen sich durch ein hohes Maß an Spezialisierung und Professionalisierung auszeichnen. Der Befund über die Bedeutung der Professionalisierung deckt sich gut mit vorheriger Forschung zu diesem Thema. Der Befund über die Spezialisierung erscheint auf den ersten Blick überraschend, wird doch in der Literatur oftmals darauf verwiesen, dass gerade Stellen mit vielfältigen Aufgaben die Innovationskraft erhöhen. Dieser Widerspruch klärt sich auf, wenn man die Spezialisierung in den untersuchten NPOs genauer unter die Lupe nimmt: Es geht hier in erster Linie um eine Spezialisierung im Bereich der administrativen Aufgaben. Diese ist einerseits ein Indikator für den Ressourcenreichtum der Organisation, die sich solche Stellen leisten kann, andererseits bedeutet sie, dass MitarbeiterInnen im missionsrelevanten Bereich mehr Zeit für ihre Kernaufgaben haben.

4.6.4 Beziehungen mit anderen Organisationen

Auch die Gestaltung der Beziehungen zu anderen Organisationen gehört im weitesten Sinne zur Gestaltung der Organisationsstruktur. So gehören etwa zu einer *Netzwerkorganisation*, immer auch enge Beziehungen mit anderen Organisationen. Chen und Graddy (2010) untersuchen empirisch, unter welchen Bedingungen Partnerschaften von NPO besonders effektiv sind. Die AutorInnen stellen fest, dass es für die Outcomes von *Partnerschaften* förderlich ist, wenn die PartnerInnen eine gemeinsame Vision teilen. Wenn Partnerschaften aufgrund von Programmerfordernissen und gesamtorganisationalen Zielen eingegangen werden, profitieren davon die Zielerreichung für die KlientInnen und die Beziehungen zwischen den teilnehmenden NPOs. Das organisationale Lernen ist in jenen Partnerschaften besonders stark ausgeprägt, die gebildet wurden, um Geldgeberwünschen entgegenzukommen. Das kann als Hinweis dafür verstanden werden, dass Finanzierungen, die an eine Verpflichtung zur organisationsübergreifenden Zusammenarbeit gebunden sind, ein effektives Mittel sind, um organisationales Lernen zu fördern. Bei den Governance-Mechanismen zeigte sich der Einsatz eines organisationsübergreifendes Steuerungskommittees als förderlich für die Erreichung der KlientInnenziele. Partnerschaften, die nur aufgrund eines Mangels an alternativen KooperationspartnerInnen zustande kamen, führen hingegen zu vergleichsweise schlechten Outcomes.

4.7 Zusammenfassung und Ausblick

Einerseits sind NPO nichts Besonderes in Bezug auf ihre Organisation. Ihre Struktur lässt sich anhand der gleichen Eigenschaften beschreiben wie bei allen anderen Organisationen; die Gliederungsprinzipien sind die gleichen; sie können in ähnliche Netzwerke und Kooperationen eingebunden sein und finden sich auch in allgemeinen Typologien gut wieder. Andererseits sind NPOs etwas Besonderes: Der große Stellenwert nicht-monetärer, schwer quantifizierbarer Ziele erschwert bzw. verunmöglicht eine interne marktliche Koordination, und bestimmte Werte, Normen und Grundannahmen tragen in vielen NPOs zu einer Organisationskultur bei, die sich nicht mit allen Koordinations- und Steuerungsmechanismen verträgt. Auch was die typischen Konfigurationen und Entwicklungsphase betrifft, gibt es bei NPOs Besonderheiten. Bestimmte Organisationsformen, vor allem die kollektivistisch-demokratische Form, finden sich nur im Nonprofit-Sektor.

Die empirische Organisationsforschung zeigt, dass aus anderen Organisationen bekannte Zusammenhänge zu Entwicklungsdynamiken der Strukturen auch für NPOs gelten. Allerdings besitzen viele NPOs mit einer starken wertorientierten und ideologischen Basis und mit einer entsprechenden strategischen Ausrichtung offenbar ein Gegengift, um in einer Umwelt, die starken Druck in Richtung Rationalisierung, Standardisierung, Spezialisierung und Hierarchisierung ausübt, länger ihre Eigenarten bewahren zu können.

Literatur

Anheier, Helmut K. (2005): Nonprofit Organizations: Theory, Management, Policy. London et al.

Asch, Solomon E. (1955): Opinion and Social Pressure. In: Scientific American, 193, 31–35.

Bea, Franz X./Göbel, Elisabeth (2006): Organisation: Theorie und Gestaltung. 3. Aufl., Stuttgart.

Bradshaw, Patricia (2009): A contingency approach to nonprofit governance. In: Nonprofit Management and Leadership, 20, 61.

Brown, William A./Iverson, Joel O. (2004): Exploring Strategy and Board Structure in Nonprofit Organizations. In: Nonprofit and Voluntary Sector Quarterly, 33, 377–400.

Brunsson, Nils/Jacobsson, Bengt (2005): A world of standards. New York, NY u. a.

Chen, Bin/Graddy, Elizabeth A. (2010): The effectiveness of nonprofit lead-organization networks for social service delivery. In: Nonprofit Management and Leadership, 20, 405–422.

Cornforth, Chris/Simpson, Claire (2002): Change and continuity in the governance of nonprofit organizations in the United Kingdom: The impact of organizational size. In: Nonprofit Management and Leadership, 12, 451–470.

Dart, Ray/Bradshaw, Pat/Murray, Vic/Wolpin, Jacob (1996): Boards of directors in nonprofit organizations do they follow a life-cycle model? In: Nonprofit Management and Leadership, 6, 367–379.

Die Grünen – Grüne Alternative Wien (2007): Das politische Jahrbuch der Grünen Wien 2007. Wien.

Glasl, Friedrich/Lievegoed, Bernhard (1993): Dynamische Unternehmensentwicklung. Wie Pionierbetriebe und Bürokratien zu schlanken Unternehmen werden. Bern.

Grant, Jane W. (2002): The governance of Women's organizations: towards a better practice. London: Centre for Institutional Studies, University of East London.

Greiner, Larry (1972): Evolution and revolution as organizations grow. In: Harvard Business Review, 50, 37–46.

Hasenfeld, Yeheskel/Schmid, Hillel (1989): The Life Cycle of Human Service Organizations. In: Administration in Social Work, 13, 243–269.

Herman, Robert D./Renz, David O. (1999): Theses on Nonprofit Organizational Effectiveness. In: Nonprofit and Voluntary Sector Quarterly, 28, 107–126.

Herman, Robert D./Renz, David O. (2008): Advancing nonprofit organizational effectiveness research and theory: Nine theses. In: Nonprofit Management and Leadership, 18, 399–415.

Janis, Irving L. (1982): Groupthink. 2. Aufl., Dallas u. a.

Karau, Steven J./Williams, Kipling D. (1993): Social loafing: A meta-analytic review and theoretical integration. In: Journal of Personality and Social Psychology, 65, 681–681.

Kieser, Alfred/Walgenbach, Peter (2007): Organisation. 5. Aufl., Stuttgart.

Kushner, Roland J./Poole, Peter P. (1996): Exploring structure-effectiveness relationships in nonprofit arts organizations. In: Nonprofit Management and Leadership, 7, 119–136.

Mayrhofer, Wolfgang/Meyer, Michael (2004): Organisationskultur. In: Schreyögg, Georg (Hrsg.): Handwörterbuch der Organisation, Stuttgart, Sp. 1025–1033.

Meyer, Michael (2009): Strukturen und klassische Organisationsformen. In: Kasper, Helmut/ Mayrhofer, Wolfgang (Hrsg.): Personalmanagement, Führung, Organisation, Wien, 215–266.

Miles, Raymond E./Snow, Charles C. (1978): Organizational Strategy, Structure, and Process. New York

Mintzberg, Henry (1983): Structure in Fives: Designing Effective Organizations. Engelwood Cliffs, N.J. Power, Michael (1999): The audit society. Rituals of verification. Repr., Oxford u. a.

Pugh, Derek S./Hickson, David J./Hinings, Christopher Robin/Turner, C. (1968): Dimensions of organization structure. In: Administrative science quarterly, 65–105.
Quinn, Robert E./Cameron, Kim (1983): Organizational Life Cycles and Shifting Criteria of Effectiveness: Some Preliminary Evidence. In: Management Science, 29, 33–51.
Rothschild-Whitt, Joyce (1979): The collectivist organization: An alternative to rational-bureaucratic models. In: American Sociological Review, 509–527.
Smith, David H./Shen, Ce (1996): Factors characterizing the most effective nonprofits managed by volunteers. In: Nonprofit Management and Leadership, 6, 271–289.
Stinchcombe, Arthur L. (1965): Social Structure and Organizations. In: March, J. G. (Hrsg.): Handbook of Organizations Chicago, IL: Rand McNally & Company, 142–193.
Stone, Melissa M./Hager, Mark A./Griffin, Jennifer J. (2001): Organizational characteristics and funding environments: A study of a population of United Way-affiliated nonprofits. In: Public Administration Review, 61, 276–289.
Sutton, Robert I. (1987): The Process of Organizational Death: Disbanding and Reconnecting. In: Administrative science quarterly, 32, 542–569.
Sydow, Jörg (2010): Editorial – Über Netzwerke, Allianzsysteme, Verbünde, Kooperationen und Konstellationen. In: Sydow, Jörg (Hrsg.): Management von Netzwerkorganisationen: Beiträge aus der Managementforschung. 5. Aufl., Wiesbaden, 1–6.
Titscher, Stefan/Meyer, Michael/Mayrhofer, Wolfgang (2008): Organisationsanalyse: Konzepte und Methoden. Wien.
Weber, Max (1976): Wirtschaft und Gesellschaft: Grundriß der verstehenden Soziologie. 5. Aufl. mit textkritischen Erläuterungen hrsg. von Johannes Winkelmann, Tübingen.

5 Marketing in NPOs

Renate Buber

5.1 Entwicklung des Marketingdiskurses

»Warum kann man Nächstenliebe und rationales Denken nicht wie Seife verkaufen«? Diese vor 60 Jahren von Wiebe (1951/52) gestellte Frage erregt auch heute noch Aufmerksamkeit. Nach wie vor stehen ManagerInnen in NPOs dem Marketingdenken im Sinne des Verkaufens bzw. Vermarktens skeptisch gegenüber, assoziieren damit oftmals Aufdringlichkeit oder negative Beeinflussungsabsichten, und sehen die Marktorientierung, also die »Außenorientierung« von NPOs, eher als notwendiges Übel denn als Chance. Trotzdem gibt es nicht nur im kommerziellen, sondern auch im nicht-kommerziellen Bereich zahlreiche Unternehmen, die ihre Produkte und Dienstleistungen mit Sensitivität (Kotler/Zaltman 1971, 8) entwickeln und anbieten, d. h. unter Bezug auf Wissen aus anderen Disziplinen, wie etwa der Psychologie und der Soziologie[1]. Drucker postulierte bereits 1954 seine Sichtweise zu Marketing als eine zentrale Managementaufgabe und nicht als einzelne Verkaufshandlung; er sah als einzige Aufgabe von Unternehmen »to create a customer« und schrieb die Verantwortung dafür allen Bereichen einer Organisation zu (Drucker 1954; Webster Jr. 2009, 20). Diese Auffassung zeigt sich aktuell in einer strategischen wie auch in einer führungsbezogenen Perspektive des Marketingmanagements, wie sie etwa Homburg (2012) in seinem Lehrbuch zum kommerziellen Marketing postuliert.

Im wissenschaftlichen wie wirtschaftspraktischen Diskurs ist seit dem »Abflauen des wohlfahrtsstaatlichen Modells und damit verbunden, dem Zurückdrängen des staatlichen Ordnungsdenkens, der bürokratischen Handlungsrationalität«, verstärkt die Forderung zu hören, dass NPOs die Logik des Marktes übernehmen sollen, um das Management und die Politik unter den veränderten Umweltbedingungen zu steuern. Gemeint ist damit im Wesentlichen der Einsatz von marktorientiertem Denken und Handeln zur positiven Bewältigung verstärkter Wettbewerbsbedingungen – mit all den damit verbundenen Chancen und Risiken (Eikenberry/Kluver 2004). »Spürbare« Maßnahmen der Öffentlichen Hand, die zu verstärktem Wettbewerb zwischen NPO und POs führen (sollen), sind etwa das Contracting Out (kritisch dazu Meyer 2007, 61–65) oder der Wechsel von producer-side- auf direkte consumer-side-Subventionen, wie etwa beim Medicaid Voucher Program der USA (Gronbjerg/Salamon 2004). Ergänzend zu den ökonomischen stellen auch gesellschaftliche und demographische Entwicklungen wie damit verbundene Änderungen im Verhalten von bestimmten Bevölkerungsgruppen neue Anforderungen an NPOs (Bruhn 2012, 18).

1 »Auch kleine Ohren wollen hören« (http://www.neuroth.at/de/hoergeraete-fuer-kinder; 11.07.2012); »Erst bio einkaufen, dann bio heimfahren« (http://www.wien.gv.at/rk/msg/2011/08/31004.html; 11.07.2012).

Grundsätzlich ist davon auszugehen, dass die geänderten Marktbedingungen für NPOs Auswirkungen auf deren gesamte Tätigkeit haben und letztlich auch die Erfüllung der Mission beeinflussen. Damit können allerdings auch Chancen für NPOs verbunden sein. Konzepte wie Entrepreneurism, Managerialism oder Professionalism werden etwa als Lösungsalternativen für diese veränderten Managementsituationen ins Treffen geführt. Damit verbunden sind vor allem Kosten-Nutzen-Rationalitäten, im Wesentlichen Effizienzsteigerungen, etwa durch verstärkte Orientierung des organisationalen Handels an den Bedürfnissen der LeistungsempfängerInnen oder KundInnen – in der Managementsprache: der Stakeholder (Anspruchsgruppen) (Freeman 1984; Freeman 2004)[2]. Seltener spielen Effektivitätsziele eine Rolle.

In dieser Diskussion gibt es auch kritische Stimmen. So z. B. thematisiert (Box 1999) die Inkompatibilität der Marktorientierung der öffentlichen Verwaltung mit seiner Betonung auf der Befriedigung von Eigeninteressen von KlientInnen mit demokratischer Verantwortung, Citizenship und einer Betonung kollektiven Handels im öffentlichen Interesse (Eikenberry/Kluver 2004, 132). Nichtdestotrotz sehen – neben zahlreichen anderen uneingeschränkten PromotorInnen der Übertragbarkeit des kommerziellen Marketingansatzes auf NPOs (z. B. Kotler/Levy 1969; Kotler 2005) auch Eikenberry und Kluver (2004) zumindest unter Kurzfristbetrachtung den Nutzen im Marketing als Beitrag zum Überleben einer NPO. Sowohl für den Profit- wie auch für den Nonprofit-Bereich gibt es wenige, aber doch ermutigende empirische Belege für einen Zusammenhang zwischen Marktorientierung von Unternehmen und deren Erfolg.[3]

Ab und an wirkt der Diskurs für und wider eine Marktorientierung auch deutlich ideologisiert, moralisierend und damit polarisierend, wie es etwa Skloot (2000, 315) formuliert: Wir (gemeint sind die Nonprofit-MangerInnen) entwickeln, fördern, erziehen und sind beherzt; die anderen (gemeint sind die Profit-ManagerInnen) sind schematisch, habgierig und destruktiv gegenüber von Individuen und der Gemeinschaft (siehe dazu Bruhn/Lucco 2007). Es ist offensichtlich, dass eine derartige Sichtweise einer systematischen Analyse der Implementierung des Marketingdenkens in einer NPO abträglich ist. Nichtsdestotrotz haben NPOs seit etwa einem Vierteljahrhundert zunehmend die Prinzipien und Werte des freien/privaten Marktes übernommen (Weisbrod 1998b; 2000), was – wie es Salamon (1993, 2003) ausdrückt – zu einer Marketization des NPO-Sektors führte. Aus Sicht der Wirtschaftswissenschaft wird die Frage der Übertragbarkeit des aus dem PO-Bereich stammenden Marketing-Konzeptes auf den NPO-Bereich schon seit längerem nicht mehr ernsthaft in Frage gestellt. Auch PraktikerInnen nehmen mittlerweile die Position ein, dass das Marketingkonzept für NPOs gut anwendbar ist, postulieren jedoch, dass aufgrund der einzigartigen Aspekte des Sektors eine Modifikation erforderlich ist (Padanyi 2008, 13). Dies vor allem, weil NPOs typischerweise eine größere Anzahl von Beziehungen zu bewältigen haben, die überlebenswichtig sind – überwiegend weil die Beschaffung und der Einsatz der Ressourcen zwei getrennte Aufgaben sind, und weil sie viel mehr unterschiedliche organisationale Ziele haben, die auf einer Mission basieren und die weniger konkret sind als die finanziell-orientierten Ziele in POs (Padanyi 2008, 13).

2 Zur Entwicklung des Stakeholder-Ansatzes: Hansen et al. 2004.

3 PO-Bereich: Narver/Slater 1990; Slater/Narver 2000; Gainer/Padanyi 2005; Haugland et al. 2007; NPO-Bereich: Raju et al. 1995; Kara et al. 2004; Gainer/Padanyi 2005.

Anhand der Entwicklungsphasen des Marketing als akademische Disziplin wird in der Folge die steigende Bedeutung von NPO-Spezifika skizziert.

Verkaufsorientierung

Etwa bis 1970 konzentrierten sich die Marketingsprache und Theorie auf die Erklärung, wie Güter und Dienstleistungen im Marketing von gewinnorientierten Unternehmen beworben bzw. zu einem bestimmten Preis verkauft und vertrieben werden. Transaktionen und Zahlungen waren zentral für die Definition von Märkten und das Marketing. Andere Bereiche, wie z. B. die Bemühungen von Museen, Kirchen, sozialen Einrichtungen, Stadtregierungen, Mitgliedern, SpenderInnen oder KlientInnen, waren außerhalb der Reichweite des Marketing. Wenn überhaupt, dann wurden die Probleme dieser Gruppen von PraktikerInnen der Öffentlichkeitsarbeit und PressevertreterInnen untersucht (Kotler 2005, 114). Heutzutage ist es unumstritten, dass NPOs auch werben, um ihre Stakeholder gezielt anzusprechen. Dabei stehen die Information über Dienstleistungen und Produkte, insbesondere in Zusammenhang mit herausragender Qualität oder auch in Bezug auf deren Beitrag zum Wohlergehen einer Gesellschaft sowie das stärker beeinflussende Ziel des Vermittelns der Vorteile eines bestimmten Verhaltens von BürgerInnen bzw. KlientInnen im Zentrum.

In den späten 1960er Jahren veröffentlichten Kotler und Levy (1969) den richtungsweisenden Beitrag »Broadening the Concept of Marketing« und markierten damit den Beginn einer »Erweiterungsbewegung«, die bemüht war, das Marketingparadigma von der Beschränkung auf kommerzielles Marketing zu befreien und die Anwendung auf eine deutlich größere Anzahl von Kontexten zu zeigen, in denen Austausch und Beziehungsaktivitäten stattfinden. Sie gingen davon aus, dass nicht-kommerzielle Organisationen marketingähnliche Probleme haben, die erfolgreich mit Marketingkonzepten bewältigt werden könnten und legten damit den Grundstein für eine Akzeptanz des Marketingdenkens und der -konzeption im nicht-kommerziellen Bereich. Der Beginn der Bemühungen um die Entwicklung eines Marketing der NPO-Branche sowie die Suche nach Besonderheiten des Sektors und charakteristischen Marketingsituationen war damit festgeschrieben.

Austauschprozesse/Marketingmanagement

Bereits Anfang der Achtzigerjahre wiesen Kotler und Zaltman (1971, 4) darauf hin, dass die Kernidee des Marketing Austauschprozesse sind und postulierten das Konzept des Marketingmanagements. Sie definierten dieses als die Analyse, Planung, Implementierung und Kontrolle von Programmen, die einen gewünschten Austausch mit Zielgruppen zum Zwecke des persönlichen und wechselseitigen Vorteils bewirken. Hat ein Austauschprozess die Maximierung persönlicher Vorteile eines Individuums zum Ziel, so greift dieser Ansatz jedenfalls für NPOs zu kurz.[4] Clarke und Mount (2001) diskutieren dazu sogenanntes Non-Exchange-Verhalten (z. B. expressive behaviour oder one-way transfer) im Nonprofit-Bereich. Die für das Profit-Marketing typische Maxime der KonsumentIn-

4 Auch im Profit-Marketing spielen unvollkommene individuelle Rationalität, also unvollständige und zeitlich nicht konstante Präferenzen der MarktteilnehmerInnen eine wichtige Rolle. Opportunismus kann ebenfalls einen Einfluss auf das Verhalten von KonsumentInnen haben (s. dazu Basting 2008).

nensouveränität und damit auch das oberste Ziel der Erfüllung der KundInnenbedürfnisse bzw. der -zufriedenheit werden dadurch für NPOs in Frage gestellt. Somit gilt es für NPO-Marketer, sorgfältig zu hinterfragen, ob bzw. inwieweit zwischen dem Anbieter einer Serviceleistung und der diese Leistung nachfragenden Person ein Austausch »auf gleicher Augenhöhe«, und damit auf den je individuellen, aber auch wechselseitigen Vorteil zielend, stattfindet. Ein Beispiel: Die Aufgabe einer Ärztin in einer Drogenberatungsstelle ist es, einer Klientin eine geeignete Therapie vorzuschlagen, weil die suchtkranke Person i. d. R. ihr Bedürfnis bzw. ihren Bedarf aufgrund mangelnden Wissens, unvollständiger Information und unterschiedlichen Erfahrungen nicht exakt konkretisieren kann.

Werteparadigma

Mit dem Anstieg der Bedeutung des Marketing für Dienstleistungen (z. B. SchuldnerInnenberatung) und Informationen (z. B. Bekanntgabe von Verkehrsstaus durch einen Automobilclub), also der immateriellen Güter, beschreibt die American Marketing Association 2004 Marketing als eine organisatorische Funktion, die alle Prozesse umfasst, die für KundInnen Werte schaffen, kommunizieren sowie bereitstellen; und das Management der Beziehungen zu diesen KundInnen zum Wohle der Organisation und ihrer Stakeholder beinhaltet (Helmig/Thaler 2010, 152f.).

Um den für NPOs typischen mehrstufigen KundInnenbeziehungen stärker gerecht zu werden, eignet sich aber auch dieser auf eine organisatorische Funktion reduzierte Ansatz nur sehr eingeschränkt. Einige AutorInnen sehen besonders kritisch, dass gesellschaftliche und politische Aspekte ausgespart werden (z. B. Gundlach 2007).

Integriertes Marketing

Der Ansatz des integrierten Marketing wird der Forderung Sargeants (2009) gerecht, dass sich Marketing nicht ausschließlich mit dem Austausch von Gütern und Services befassen kann, sondern den Fokus auf die Zufriedenstellung der Wünsche und Bedürfnisse der KundInnen und der Gesellschaft einschließen soll.

Marketing für NPOs wird somit als eine Philosophie, spezifische Denkhaltung (Bruhn 2012, 55) oder verbindliche Grundhaltung innerhalb einer NPO (Helmig et al. 2006, 8) gesehen, die interne und externe Aktivitäten einschließt, die darauf abzielen, einen Beitrag zur Erfüllung der Mission einer Organisation zu leisten und »die eine konsequente Ausrichtung aller mittelbar und unmittelbar den »Markt« betreffenden Entscheidungen an den Wünschen und Bedürfnissen aller Austauschpartner der NPO verlangt« (Helmig et al. 2006, 8). Helmig und Thaler (2010, 153f.) fassen wie folgt zusammen: Organisationsextern sind instrumentelle Aspekte des Nonprofit-Marketing angesprochen, z. B. Marktforschung, Produkt-/Dienstleistungs-, Preis-, Distributions- und Kommunikationspolitik; organisationsinterne Aspekte umfassen eine Führungsphilosophie, die bei den Mitarbeitenden eine breitere Zustimmung für das außenorientierte Marketing ermöglicht.

5.2 Märkte und Wettbewerb von NPOs

Der Begriff Marketing leitet sich ab vom englischen market für Markt bzw. Vermarkten. Märkte stellen sowohl Bezugsobjekte (= Rahmenbedingungen bzw. Handlungsspielraum für das Marketing – KundInnen, Wettbewerb) als auch Zielobjekte des Marketing (um das Verhalten der MarktakteurInnen zu beeinflussen) dar (Homburg 2012, 2). Als Markt wird der Ort verstanden, an dem Anbietende mit Nachfragenden von Produkten bzw. Dienstleistungen zusammentreffen, um sich über die Bedingungen und Formen des geplanten Austausches zu einigen. Das Zusammentreffen kann an einem realen Ort (z. B. Sozialsupermarkt, Fachmesse für Pflege und Reha, Arbeitsamt) oder an einem virtuellen Ort (z. B. Sozialhotline via Telefon oder Internet[5]) stattfinden. Der Begriff Markt ist in einigen NPO-Bereichen durchaus umstritten; z. B. bei kirchlichen Institutionen (Bruhn/Grözinger 2000).

Pragmatisch gesehen, benötigt es einen Markt und Produkte, Dienstleistungen bzw. Ideen, um Marketing betreiben zu können. NPOs »›brauchen‹ keinen Markt, sie ›haben‹ einen, sobald sie in Interaktion mit möglichen LeistungsempfängerInnen oder sonstigen Anspruchsgruppen treten« (Bruhn/Lucco 2007, 327). Veränderungen in der Gesellschaft im Kontext politischer Entwicklungen und damit verbundene Nachfrageverschiebungen führen dazu, dass der »Markt auf dem Vormarsch« (Anheier 2003) ist. NPOs existieren per se nicht, um Gewinn zu erzielen oder zu konkurrieren, sondern sie produzieren »i. d. R. Sach- oder Dienstleistungen, die sie ihren Mitgliedern und/oder Dritten gegen Entgelt oder gratis abgeben. Ausgehend von der Definition, dass Markt im engeren Sinne den Ort bezeichnet, an dem gehandelt wird, respektive im weiteren Sinne jedem Zusammentreffen von Angebot und Nachfrage entspricht, schaffen NPOs somit mit ihrem Verhalten neue Märkte. Sie erstellen da Angebote, wo ihres Erachtens ein Bedarf und damit eine Nachfrage nach einer spezifischen Leistung besteht« (Lichtsteiner 2007, 109).

Wettbewerb, das Verfolgen desselben Zieles durch zwei NPOs erzeugt Rivalität hinsichtlich finanzieller Mittel, Arbeit, KundInnen und/oder Einnahmen. Bruhn und Lucco (2007, 328) weisen unter Bezugnahme auf Tuckman (1998) und Barman (2002) darauf hin, dass der Begriff des marktlichen Wettbewerbes und die Bezeichnung von anderen Organisationen als KonkurrentInnen in Kreisen von NPOs wenig geläufig ist. In der Nonprofit-Welt basiert Wettbewerb absatzseitig häufig auf der Qualität des Service, der Fähigkeit, einzelne Bedürfnisse zu erfüllen, und auf Reputation. Beschaffungsseitig, u. a. hinsichtlich des Fundraising, fokussieren NPOs häufig zusätzlich auf ihre Leistungen für die Gesellschaft. Zum Beispiel konkurrieren Katastrophenhilfsorganisationen hinsichtlich der Reaktionsgeschwindigkeit auf einen Notfall; Hospize hinsichtlich der Qualität der Sterbebegleitung; eine Interessenvertretung dahingehend, wie sie die Position ihrer Mitglieder artikuliert, welchen Zugang sie zu Medien und Behörden haben. Durch die Veränderungen der Situation auf verschiedenen Märkten kommt es verstärkt auch zur überlappenden Präsenz von PO und NPOs und damit zu einer weiteren Wettbewerbskonstellation.

»Zunehmender Wettbewerb übt einen Druck in Richtung Auftrags- und Marktzentrierung aus, die Mission der NPO tritt damit in den Hintergrund. Prekär wird in diesem Zusammenhang insbesondere jene Funktion von NPO, die über die Produktion von sozialen Dienstleistungen hinausgeht: die Vertretung von (schwachen) Interessen, die

5 http://www.sozial-hotline.de/beratung.htm; http://jobs.willhaben.at/ (27.06.2012)

sonst nicht vertreten würden (advocacy, voice).« (Meyer 2007, 66) Es besteht die Gefahr des mission displacement, der Verdrängung oder wenigstens Überlagerung der gemeinnützigen Zwecksetzung durch wirtschaftliche Motive, obwohl man verstärkte kommerzielle Aktivitäten auf Seiten der NPO auch als Versuch auffassen kann, die Erreichung der sozialen Ziele durch wirtschaftliche Tätigkeiten mittels Quersubventionierung sicherzustellen (Minkoff/Powell 2006, 604; Weisbrod 1997; Weisbrod 1998a). Wettbewerb bringt eben nicht nur Nachteile (Meyer 2007, 67).

5.3 Begriffsumfang des Nonprofit-Marketing

Nonprofit-Marketing »bezieht sich auf Organisationen, bei denen Gewinnerzielung nicht im Vordergrund steht oder gar nicht angestrebt wird, die aber dennoch ein Angebot unterbreiten, das für eine Vielzahl von Interessenten gedacht ist, also auf einem Markt angeboten werden« (Busch et al. 2008, 907). Der Begriff Nonprofit-Marketing deutet auf die Notwendigkeit einer sektoralen Differenzierung hin, die in der Marketingwissenschaft seit den Siebzigerjahren vertreten wird und als Bindestrich-Marketing (z.B. Handels-, Dienstleistungs-Marketing) bezeichnet wird. Demgegenüber steht die Betrachtung des Marketing als Funktion im Unternehmen, gleichwertig – oder auch übergeordnet – den Funktionen Beschaffung, Controlling, Personal, etc.

Mittlerweile hat sich für NPOs eine weite Begriffsauffassung herauskristallisiert. So versteht Bruhn (2012, 55) Nonprofit-Marketing »nicht nur als eine gleichberechtigte Funktion innerhalb einer Organisation«, sondern »als umfassendes Leitkonzept des Managements« und somit als »ein umfassendes Führungskonzept für nicht-kommerzielle Organisationen«. Die Konkretisierung von NPO-Marketing als eine spezifische Denkhaltung erfolgt in der »Analyse, Planung, Umsetzung und Kontrolle sämtlicher interner und externer Aktivitäten, die durch eine Ausrichtung am Nutzen und den Erwartungen der Anspruchsgruppen (...) darauf abzielen, die finanziellen, mitarbeiterbezogenen und insbesondere aufgabenbezogenen Ziele (...) zu erreichen« (Bruhn 2012, 55).

Der unter dem Kürzel 4Ps (Product, Place, Promotion, Price) bekannt gewordene Begriff des Marketing-Mix orientiert sich an der – auf den ersten Blick vereinfachend erscheinenden – Funktionenorientierung des Marketings. Allerdings sind bei der Ausgestaltung der Marketinginstrumente jedenfalls branchenspezifische Charakteristika zu berücksichtigen. Tscheuling und Helmig (2001, 22) gliedern diese in rechtliche Restriktionen (z.B. Werbeverbote im Gesundheitsmarketing), ethische Besonderheiten, KundInnenspezifika und Besonderheiten der wettbewerblichen Situation. In der Nonprofit-Marketingliteratur sind für die 4Ps, also die Instrumente des Marketings, die Bezeichnungen Leistungspolitik, Gegenleistungspolitik, Kommunikationspolitik und Distributionspolitik gebräuchlich.

5.4 Besondere Ansätze des Marketings in NPOs

Zu Beginn des 21. Jahrhunderts waren Entwicklungen im Nonprofit-Marketing zu verzeichnen, die Andreasen und Kotler (2008, 8–10) wie folgt zusammenfassen: Social Marketing stellt eine wichtige Spezialisierung dar; NPOs erhalten verstärkt internationale Anerkennung und setzen auf internationale Programme; NPOs und POs sehen strategische Vorteile in Kooperationen. Für die Zukunft sehen die Autoren einen Schwerpunkt in ethischen Fragen im NPO-Sektor, wie etwa das Hinterfragen der Angemessenheit des Einsatzes von »mächtigen, klassischen« Marktforschungstechniken in bestimmten Bereichen (z. B. die Befragung von Menschen mit besonderen Bedürfnissen mit Hilfe eines Fragebogens, der in Form von Ja/Nein-Statements aufgebaut ist, die ein Ankreuzen erfordern). Einige Vertiefungen bzw. Spezialisierungen von NPO-Marketing seien hier kurz vorgestellt.

Social Marketing

Etwa seit 20 Jahren hat sich Social Marketing (Sozio- oder Sozialmarketing) im wissenschaftlichen und praxisnahen Diskurs als Ansatz zur Herbeiführung gesellschaftlichen Wandels etabliert (Kotler/Lee 2008). Es wird verstanden als die Konzeption, Umsetzung und Evaluation von Programmen, die darauf abzielen, die Akzeptierbarkeit sozialer Ideen und sozialer Praktiken durch Einsatz von Marketinginstrumenten zu beeinflussen (Kotler/Zaltman 1971, 5). Die angestrebten Veränderungen können kognitiv, handlungs- bzw. verhaltens- und wertebezogen sein (Schuhmacher 2004, 23; Kotler/Lee 2008). Folgende Beispiele illustrieren die inhaltliche Bandbreite: Gurte retten Leben[6], Nimm ein Sackerl für mein Gackerl[7], echt cool[8], Nur die Köpfe sollen qualmen[9], Band für Mut und Verständigung[10], Ohne uns keine Schweiz[11], Starve Your Bin[12], Diskriminierung beginnt im Kopf.[13]

Als Sonderform des Social Marketing ist der Ansatz des *Demarketing* (auch Reduktionsmarketing) zu sehen, der »darauf abzielt, die Nachfrage nach einem (z. B. umwelt- oder gesundheitsschädlichen) Produkt zu verringern, v. a. durch kommunikationspolitische Maßnahmen. Preispolitisch kann Fiskalpolitik eingesetzt werden (z. B. Tabakwaren), distributionspolitisch die Lizensierung von Vertriebsstellen (z. B. Alkoholvertrieb in den nordeuropäischen Ländern«, Kirchgeorg 2012a). Im Wesentlichen soll damit erreicht werden, dass Menschen von einem bestimmten Verhalten Abstand nehmen (Kindra/Taylor

---

6 bmvit (http://www.bmvit.gv.at/verkehr/strasse/sicherheit/gurte/index.html, 19 06 2012).

7 Stadt Wien(http://www.wien.gv.at/rk/msg/2007/0920/016.html, 19.06.2012).

8 Österr. Gesundheitsministerium (http://diepresse.com/home/bildung/schule/pflichtschulen/644778/Neue-AntiDrogenKampagne-fuer-Volksschueler, 20 06 2012).

9 http://www.spiegel.de/schulspiegel/0,1518,306356,00.html, 19 06 2012.

10 http://www.paritaet-berlin.de/themen-a-z/detailansicht/article/kampagne-gegen-fremdenfeindlichkeit.html, 19 06 2012.

11 http://infomagazin-nachlese.blogspot.co.at/2011/06/unia-lanciert-kampagne-gegen.html, 19 06 2012.

12 http://www.betterandgreen.de/blog/lass-deinen-muelleimer-verhungern-kampagne-fuer-recycle-for-london/, 19 06 2012.

13 http://www.rosaliste.de/index.php?option=com_content&task=view&id=439&Itemid=36, 19 06 2012.

1995). Social Marketing ist nicht zu verwechseln mit Social Media-Marketing, einer speziellen Form des Online-Marketing.

Nachhaltigkeitsmarketing

Als ein Beleg für zukünftige Herausforderungen von NPOs (gemeinsame Marktpräsenz von POs und NPOs, Optionen für strategische Allianzen, etc.) sei das Nachhaltigkeitsmarketing (Kirchgeorg 2012b) als eine Sonderform des Marketing von POs erwähnt, mit dem ökologische und soziale Probleme vermieden oder verringert werden sollen, »um über eine dauerhafte Befriedigung der Bedürfnisse aktueller und potenzieller KundInnen, unter Ausnutzung von Wettbewerbsvorteilen und bei Sicherung der gesellschaftlichen Legitimität die angestrebten Unternehmensziele zu erreichen« (Meffert et al. 2012, 896).

Cause-related Marketing

Cause-related Marketing (zweckgebundenes Marketing) soll ökonomische Ziele und gesellschaftliche Verantwortung eines Unternehmens verbinden und stellt einen wichtigen Bestandteil für das Fundraising von NPOs dar. Das Konzept bezeichnet eine Form der strategischen Allianz zwischen einer PO und einer NPO. Es wird definiert als der Prozess der Festlegung und Implementierung von Marketingaktivitäten für ein Angebot einer PO, einer NPO einen festgelegten Betrag vom Verkauf eines definierten Produktes/einer Dienstleistung zu widmen; wobei wichtig ist, dass damit organisationale (z. B. Umsatzsteigerung oder Imagekorrektur) und individuelle Ziele (z. B. aktiver Beitrag für ein Sozialprojekt) erfüllt werden (Varadarajan/Menon 1988, 60; Helmig/Boenigk 2012, 165f.) Kurz gesagt: Produkt(ver)kauf für eine gute Sache – Bier trinken für den Regenwald[14]; Das große Stricken.[15]

NPO-Relationship-Marketing

Aufgrund der verschärften Rahmenbedingungen für NPO-Management, bekommt das Relationship-Marketing mit jenen Anspruchsgruppen, die eine Schlüsselfunktion haben, besondere Bedeutung. Im Wesentlichen sind dies die hauptsächlich finanzierenden Organisationen, die i. d. R. keine unmittelbare Erfahrung mit den Services der NPO haben. Die kritischen Größen für das Gelingen des Relationship-Marketing stellen demnach Vertrauen und Commitment dar (vgl. dazu Money et al. 2008).

Spendenmarketing/Fundraising

Der Abgrenzung von Helmig (2012) folgend, stellt Fundraising »eine systematische und professionelle, auf Marketingprinzipien basierende Planung, Durchführung und Kontrolle sämtlicher Aktivitäten einer Nonprofit-Organisation mit dem Zweck der Einwerbung von finanziellen Ressourcen ohne marktadäquate materielle Gegenleistung dar und ist vor allem für Drittleistungs-NPOs ein wichtiges Finanzierungsinstrument. Diese Form

14 http://trendreport.betterplace-lab.org/case/bier-trinken-fur-den-regenwald, 10.07.2012.
15 http://www.innocentdrinks.at/stricken/, 10.07.2012.

der Mittelbeschaffung richtet sich potenziell an eine Vielzahl von Spendern (Staat, Privatpersonen, Unternehmen, Stiftungen), die mit unterschiedlichen Fundraising-Methoden angesprochen werden können«. Strategisches Fundraising zielt darauf ab, sich langfristig auf dem Spendenmarkt einen Vorteil zu verschaffen, insbesondere durch die dauerhafte Bindung von SpenderInnen an die NPO (Gahrmann 2012, 133ff.).

5.5 Rahmenbedingungen des Marketings von NPOs

Marketingaktivitäten und die damit verbundene Ressourcenwidmung unterliegen häufig einem besonderen Legitimierungsdruck seitens organisationsinterner und -externer Anspruchsgruppen. Dieser Druck kann sich auf strukturelle (z. B. Schaffung einer eigenen Stelle für Marketing in der NPO), ressourcenbezogene (z. B. Effizienz und Effektivität des Einsatzes finanzieller Mittel für die Entwicklung einer Marketingkonzeption oder einer Werbekampagne) sowie strategische (z. B. Eintritt in neue Märkte, Suche nach strategischen Allianzen) und operative Bereiche (z. B. beeinflussende, psychologisch basierte oder rein kognitiv, informative Werbebotschaften) gleichermaßen beziehen.

Wenn auch im Vergleich zur Vergangenheit, bedingt durch die Ökonomisierung und Kommerzialisierung des Dritten Sektors deutlich geringer ausgeprägt, so kann »eine starke innenzentrierte Aufgabenerfüllung« als charakteristisch für NPOs angesehen werden (Helmig et al. 2006, 8). So konnten Meyer und Buber et al. (2012) zeigen, dass sich NPOs kaum über ihre Außenbeziehungen, d. h. KundInnenbeziehungen legitimieren. Diese Innenzentrierung zeigt, dass die Mitarbeitenden eine wichtige Anspruchsgruppe einer NPO im Marketing sind.

Selbst wenn die Außenorientierung wichtig ist, bestehen häufig auch Wissensdefizite hinsichtlich des Begriffsumfanges von Marketing (Pope et al. 2009, 192). Alles in allem wird das Potenzial von Marketing in der NPO-Praxis tendenziell noch eher unter-, denn überschätzt (Helmig et al. 2006, 8). Oft wird Marketing bloß als Werbung oder PR verstanden, nicht von Fundraising abgegrenzt und selten als umfassendes Konzept gesehen. Allerdings haben NPOs – wie Helmig, Purtschert und Beccarelli (2006, 7) es formulieren – einen Zweck zu erfüllen und dazu spezifische Leistungen zu erbringen; es handelt sich um die Erfüllung einer Mission oder bestimmter, von den Mitgliedern vorgegebener Ziele und Leistungswünsche. Im Unterschied zu POs weisen NPO häufig ein komplexeres, mehrdimensionales Zielsystem auf, in dem viele Komponenten qualitativer (und damit schwer messbar) sind. Der Missionsorientierung aller Marketingaktivitäten kommt daher vorrangige Bedeutung zu; sie bietet sowohl Orientierung, stellt aber auch eine Restriktion dar.

5.6 Marketingkonzeption

Als Elemente einer Marketingkonzeption werden die Marketingziele, die Marketingstrategien zu ihrer Realisierung und die Marketinginstrumente gesehen, die zu einem schlüssigen, ganzheitlichen Handlungsplan zusammengefügt werden (Becker 2009, 5). Den Ausgangspunkt bildet eine umfassende Analyse der Marketingsituation. Um die Marketingentscheidungen auf einer gültigen Informationsbasis zu treffen, ist die Marktforschung gezielt einzusetzen.

Im Folgenden werden ausgewählte Nonprofit-Besonderheiten der Entwicklung einer Marketingkonzeption besprochen. Für eine allgemeine Beschreibung der Entscheidungsbereiche sei auf Homburg und Krohmer (2009) und Becker (2009; 2010) verwiesen. Umfassende Besprechungen des Nonprofit-Marketing bieten Bruhn (2012), Helmig und Thaler (2010), Helmig und Boenigk (2012) sowie Andreasen und Kotler (2008).

5.6.1 Analyse der Marketingsituation

Abbildung II.5.1 zeigt die wesentlichen Bestandteile einer Situationsanalyse, deren Ergebnis i. d. R. in einer Stärken-Schwächen-Analyse (SWOT-Analyse) verdichtet wird und die die Basis für die Marketingzielkonzeption bzw. die Festlegung der marketingstrategischen Optionen bildet.

<table>
<tr><th>Analysegegenstand</th><th>Inhalte</th><th>Ergebnis</th></tr>
<tr><td>Potenzial der eigenen NPO</td><td>▪ Finanzielle, personelle, technische und Know-how-Ressourcen
▪ Unternehmenskultur</td><td rowspan="4">SWOT-Profil</td></tr>
<tr><td>Konkurrenz</td><td>▪ Wettbewerbsumfeld (Organisationen, Produkte bzw. Dienstleistungen)</td></tr>
<tr><td>KundInnen bzw. Markt</td><td>▪ Struktur der Anspruchsgruppen
▪ Erwartungen, Bedürfnisse, Wünsche der Anspruchsgruppen
▪ Marktposition, Marktanteil, Marktattraktivität, Marktchancen</td></tr>
<tr><td>Umwelt</td><td>▪ Abschätzen des Einflusses externer Entwicklungen auf die NPO, z. B. politisch-rechtliche, ökonomische, ökologische, technologische, demografische und soziokulturelle Faktoren</td></tr>
<tr><td colspan="3">SWOT: Strengths, Weaknesses, Opportunities, and Threats (Stärken-Schwächen/Chancen-Risiken-Analyse)</td></tr>
</table>

Quelle: In Anlehnung an Wesselmann/Hohn, 2012, 23ff.

Abbildung II.5.1: Analyse der Marketingsituation

5.6.2 Marketingstrategien und Marktpositionierung

Mit der strategischen Planung werden die Basisentscheidungen für das Marketing getroffen; darunter fallen die Festlegung der Mission und grundlegender strategischer Ziele, die Abgrenzung des relevanten Marktes, die Bildung der Geschäftseinheiten und die Bestimmung von Segmentierungskriterien sowie von marketingstrategischen Optionen (Siehe dazu Beitrag II.2).

Ziel der Marketingstrategie ist es, die bisher getroffenen Entscheidungen zu konkretisieren (Bruhn 2012,175). Im Wesentlichen können folgende Strategien unterschieden werden (Bruhn 2012, 176ff.):

Geschäftsfeldstrategien:
- Marktfeldstrategien: Marktdurchdringung und Marktentwicklung für bereits vorhandene Leistungen; Leistungsentwicklung und Diversifikation für neue Leistungen (Ansoff 1966),
- Wettbewerbsvorteilsstrategien: Differenzierungs-, Kosten- und Zeitvorteile,
- Marktabdeckungsstrategien: Gesamtmarkt- bzw. Teilmarktstrategie,
- Timingstrategie: Pionier-, frühe Folger-, späte Folgerstrategie.

MarktteilnehmerInnenstrategien:
- Marktbearbeitungsstrategien: undifferenziert (Standardisierung), differenziert, »Segment-of-one« (Individualisierung),
- Anspruchsgruppengerichtete Verhaltensstrategien: Akquisition, Bindung, Rückgewinnung, Beendigung,
- Wettbewerbsgerichtete Verhaltensstrategien: Kooperation, Offensive, Ausweichen, Anpassung.

Marketinginstrumentestrategien:
Deren Ziele sind in Abbildung II.5.2 im Überblick, erläutert durch Beispiele, dargestellt. Die Operationalisierung erfolgt im konkreten Fall einer NPO in Übereinstimmung mit den vorab gewählten strategischen Schwerpunkten.

Marketing-Instrumente-strategie	Ziele/Mittel Beispiele
Leistungspolitik (Kern- und Zusatzleistungen)	▪ Welche Art von Leistungen wird in welcher Qualität wie am relevanten Markt angeboten? ▪ Beispiel: Eine Pflegeeinrichtung bietet neben der Kernleistung Pflege für Angehörige ein Seminar zu Fragen der Demenz an (Zusatzleistung), um sich dadurch von Konkurrenzeinrichtungen abzugrenzen.
Preis- und Gebührenpolitik, Gegenleistungspolitik	▪ Zu welchen Konditionen werden die Leistungen – unter Berücksichtigung eventueller rechtlicher oder anderer Restriktionen – am Markt angeboten? Wie werden Freiräume in der Preisbildung (Rabatte, symbolische Preise, psychologische Preise, etc.) ausgeschöpft? ▪ Beispiel: Ein Museum bietet je nach Anzahl der Besuche pro Person/Jahr gestaffelte Preise an oder kooperiert mit anderen Museen zum Package-Preis; offeriert ein Sportverein eine Abo-Karte zu günstigeren Konditionen als die Einzelkarten pro Veranstaltung.
Vertriebspolitik (Kontakt zu Anspruchsgruppen)	▪ Welche Vermittler werden beim Vertrieb der Leistung eingesetzt? Welcher Standort ist geeignet? Wie sind LeistungsempfängerInnen zu erreichen? Wie kann der Ort der Leistungserstellung gestaltet werden? ▪ Beispiel: Eine Drogenberatungsstelle hat zu bestimmten Zeiten für persönliche Beratung offen (Direktkontakt) und richtet eine Telefonhotline bzw. einen Blog ein (indirekter Kontakt).
Kommunikationspolitik (Werbung, PR, persönliche Gespräche, Promotion)	▪ Welche Informations- und Beeinflussungsmaßnahmen werden für welche Anspruchsgruppe gewählt und welche Kommunikationsmedien werden eingesetzt? ▪ Beispiel: Ein Pflegeverband geht zur »Modernisierung« des Images und Erhöhung des Bekanntheitsgrades (und ev. auch zu Zwecken der Personalwerbung) auf Facebook.

Marketing-Instrumente-strategie	Ziele/Mittel Beispiele
Personalpolitik	▪ Welche Maßnahmen erhöhen die Zufriedenheit und Motivation der Mitarbeitenden und bilden gleichzeitig eine Grundlage zur Verbesserung der Kommunikation mit den Anspruchsgruppen? Wie lässt sich die Beziehung zwischen hauptamtlich und ehrenamtlich Tätigen optimieren? ▪ Beispiel: regelmäßiger Erfahrungsaustausch.
Finanzpolitik, Kooperationen sowie Partnerschaften	▪ Wie kann die finanzielle Basis gesichert werden? Welche Fundraising-Maßnahmen sind bei welchen Anspruchsgruppen wie zu setzen? Mit welchen POs sollen strategische Allianzen eingegangen werden? ▪ Beispiel: Für ein Projekt wird zur Gewichtsreduktion von Kindern ein geeigneter Getränkeanbieter im Profitbereich gesucht, um ihm eine Cause-related Marketing-Option vorzuschlagen.

Abbildung II.5.2: Marketinginstrumentestrategien (in Anlehnung an Bruhn 2012, 207f.)

Mit der Integration von Personalpolitik und Finanzpolitik zum Marketinginstrumente-Mix der 4Ps verdeutlicht Bruhn (2012, 208f.) die Besonderheiten des Nonprofit-Marketing.

Unter Marktpositionierung einer NPO ist deren Wahrnehmung hinsichtlich bestimmter Kriterien (z. B. Produkt- bzw. Dienstleistungsqualität, Serviceorientierung der MitarbeiterInnen) im Vergleich mit anderen NPOs zu verstehen. Zum Beispiel kann ein potenzieller Spender für mehrere wohltätige Zwecke spenden, sich zwischen einer Geld- und einer Zeitspende entscheiden oder sich entschließen, überhaupt nicht zu spenden. In jedem Fall haben Personen Alternativen für ihr Handeln im Gedächtnis (Andreasen/Kotler 2008, 158). Becoming different ist das Ziel der Marketinganstrengungen. Im Rahmen der Marktforschung interessieren die Dimensionen anhand derer die Entscheidung für ein bestimmtes Handeln fällt; für SpenderInnen könnten das die persönliche Relevanz der Mission einer NPO und die Kosteneffizienz sein (Andreasen/Kotler 2008, 158).

5.6.3 Marketing-Anspruchsgruppen

LeistungsempfängerInnen als »KundInnen« einer NPO

Es scheint als hätten NPOs geringere Probleme als POs, KundInnen bzw. KlientInnen zu finden, obwohl es eine große Bandbreite von VerwenderInnen (LeistungsempfängerInnen) gibt, abhängig vom angebotenen Gutstyp oder Service. Sozialhilfe-NPOs haben im Allgemeinen wenig Probleme, jene Personen zu finden, die ihre Hilfe benötigen; aber es mag schwierig sein, stärker unterhaltungs-/freizeitbasierte Angebote für Personen zu finden, die ihre Veranstaltungen besuchen oder die KünstlerInnen unterstützen (Pope et al. 2009, 195).

Der Begriff KundIn deckt definitorisch keineswegs die Unterschiede zwischen SpenderInnen, Freiwilligen, LeistungsempfängerInnen, Mitgliedern, Organen der NPO, PolitikerInnen oder etwa in der Altenhilfe den Angehörigen der KlientInnen ab.

Stakeholder einer NPO

Adressatinnen von NPO-Marketing sind die Stakeholder, also jene Personen(gruppen), die unterschiedliche, oftmals konträre Bedürfnisse bzw. Erwartungen an der Tätigkeit der NPO haben und die verschieden auf Marketingaktivitäten reagieren (vgl. beispielhaft Abbildung II.5.3). Das Marketing von NPOs umfasst die konsequente Ausrichtung sämtlicher Aktivitäten an den Erwartungen der verschiedenen internen und externen Anspruchsgruppen.

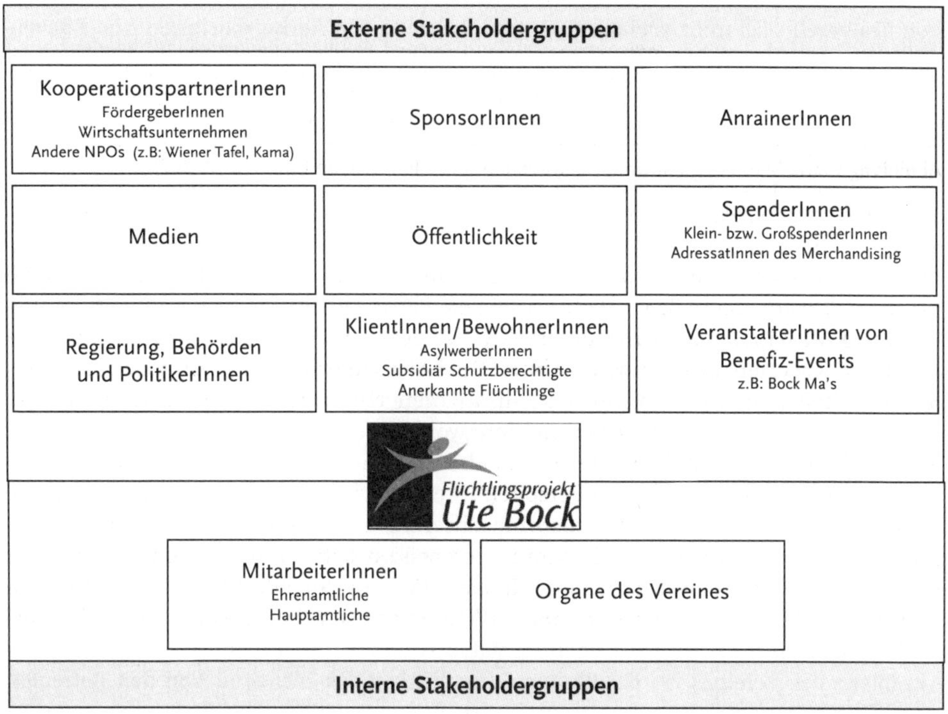

Quelle: Abbildung entwickelt in Anlehnung an Bock 2012

Abbildung II.5.3: Interne und externe Stakeholdergruppen des Flüchtlingsvereins Ute Bock, Wien

5.6.4 Marketingziele

Neben der Sachzieldominanz (z. B. Erbringen einer Leistung oder Decken eines Bedarfes) – im Unterschied zur Formalzielorientierung (z. B. Finanzziele) in POs – ist die »non distribution constraint« charakteristisch für NPOs (vgl. Beitrag I.1, s. auch Helmig et al. 2006, 7). Ziele von NPOs sind im Vergleich zu POs heterogener, komplexer, zumeist qualitativ und damit schwer operationalisierbar bzw. messbar und missionsorientiert (Scheuch 2007; Busch et al. 2008; Padanyi 2008). Dies stellt besondere Anforderungen an die Marketingzielkonzeption. Marketingziele leiten sich aus den Oberzielen der Organisation ab (vgl. Beitrag II.2).

5.6.5 Marketinginstrumente

Die Schwerpunktsetzung der Gestaltung der Marketinginstrumente ist abhängig davon »in welche Wirtschaftsgutart die Leistungen und Austauschprozesse einer konkreten NPO einzuordnen sind: Dienstleistungen, Sachgüter, Arbeitsleistung, Information, Nutzungsrechte, Geld« (Scheuch 2007, 269). Für viele NPOs ist die Dienstleistungsorientierung vorherrschend.

In der Folge werden die Gestaltungsmöglichkeiten im Rahmen der Marketinginstrumente anhand des Vereines On-the-run-HOME (= fiktiver Name) andiskutiert. Die Mission des Vereins sei mit Unterstützung und Beratung von AsylwerberInnen und Konventionsflüchtlingen umschrieben.

Leistungs-, Programmpolitik

Die von On-the-run-HOME bereitgestellten Dienstleistungen können etwa folgenden Umfang haben: Bereitstellen einer Wohnungsinfrastruktur, Begleitung bei Amtswegen, Übernahme von Telefonaten, Angebot von Sprachschulungen, rechtliche und psychologische Beratung, Lobbying-Tätigkeiten, Verkauf von diversen Produkten (z. B. T-Shirts mit dem Logo der NPO). Wichtige Ziele der Leistungspolitik sind neben ökonomischen Größen (z. B. Senkung der Kosten für die Bereitstellung der Services oder Anzahl der durchgeführten Beratungen pro Monat) auch qualitative Inhalte (z. B. das Erreichen eines bestimmten Nutzens bei den LeistungsempfängerInnen oder auch die von ihnen wahrgenommene Servicequalität).

Gegenleistungs-/Preispolitik

Ziel des Leistungsangebotes und der -erstellung ist, eine entsprechende Gegenleistung zu erwarten, die bei den LeistungsempfängerInnen i. d. R. der Preis sein wird. Anderseits gibt es aber auch Gegengeschäfte, wie z. B. das bewusste Umgehen mit Energie aufgrund einer Social Marketing-Kampagne. Aber es könnte z. B. für On-the-run-HOME als Reaktion von Lobbying-Aktivitäten und Informationsveranstaltungen eine Verbesserung der Akzeptanz des Vereines bei der breiten Öffentlichkeit das Ziel sein. Von den Betreuten wäre die Einhaltung der Hausordnung in den Wohnungen oder von Vereinbarungen erwartbar. Von KäuferInnen der Merchandising-Produkte des Vereines, die den gewünschten Preis zahlen, könnte man sich auch eine Spende erhoffen.

Vertriebs-/Distributionspolitik

Zur Distributionspolitik gehören alle Entscheidungen und Aufgaben, die darauf ausgerichtet sind, die Leistungen bzw. Produkte einer NPO den Mitgliedern der Anspruchsgruppen in geeigneter Form näher zu bringen. Mit zunehmender Marktveränderung kommen neue Formen der Distribution auf, wie z. B. seit etwa zehn Jahren der Verkauf von Lebensmitteln in Sozial-Supermärkten zu symbolischen Preisen.[16] On-the-run-HOME könnte im Wesentlichen auf den direkten Kontakt von ehrenamtlich Tätigen, seltener von RechtsexpertInnen, mit den LeistungsempfängerInnen und den Behörden fokussieren.

---

16 http://www.wu.ac.at/press/fnl/fnl46/, 06.07.2012.

Bei der Organisation von Informationsveranstaltungen würde sich die Zwischenschaltung von Veranstaltungsagenturen anbieten. Im Weiteren gehören zur Vertriebspolitik auch der Ort bzw. die Räume des Vereines sowie die Festlegung von Beratungszeiten sowie Öffnungszeiten für den Verkauf der Produkte.

Kommunikationspolitik

Die Kommunikationspolitik ist jener Instrumentalbereich, bei dem deutlich wird, dass Marketing nicht nur die Ausrichtung an den Bedürfnissen oder Wünschen der Anspruchsgruppen bedeutet, sondern auch deren aktive Formung, Beeinflussung und Veränderung. Die Zielinhalte der Kommunikationspolitik sind äußerst vielfältig und reichen etwa von Image- bzw. Einstellungsveränderung, NPO-Markenbildung (z. B. Hudson 2008; Bruhn 2004) über die Bekanntheitsgraderhöhung und Zufriedenheitsverbesserung der Anspruchsgruppen zur Erhöhung der Spendenvolumina pro Kampagne oder etwa der Erhöhung von BesucherInnenzahlen in Kulturorganisationen.

Der Pool der Kommunikationsinstrumente umfasst Werbung (via Massenmedien, wie Zeitungen, Radio, Fernsehen und Film und Social Media), Öffentlichkeitsarbeit (= unbezahlte Berichte über die NPO in diversen Medien (Gemeinschaftswerk der Evangelischen 2004)), persönliche Gespräche, Promotion (z. B. die Zusendung von Front-end-Premiums wie Lesezeichen, Musik-CDs, etc., die mit den Direct Mailings einer Spendenakquisitionskampagne verschickt werden; oder Geschenke, die SpenderInnen für ihre Spende (in Aussicht gestellt) bekommen (Back-end-Premiums) (Schneider 1996)[17]. Angenommen, On-the-run-HOME spricht verstärkt junge Menschen mit einem überdurchschnittlichen Bildungsniveau an, dann ist der Einsatz von Social Media (Web 2.0, User-Generated-Content, etc.) (Eisfeld-Reschke/Hölderle o. Jahr) zu empfehlen.[18]

5.6.6 Marketingforschung für NPOs

Im Wesentlichen benötigen NPOs wie auch Wirtschaftsorganisationen Informationen über die Entwicklung der Märkte (Marktherausforderungen, Umfeldentwicklung), das Verhalten der MarktteilnehmerInnen bzw. der Anspruchsgruppen, die Wirkung des Einsatzes der Marketinginstrumente sowie die Beobachtung organisationsspezifischer Faktoren anhand von konsequent durchgeführten Dokumentationen (Bruhn 2012, 88f.). NPOs können bei der Planung bzw. der Beauftragung von Marktforschungsstudien auf zahlreiche Quellen zurückgreifen (Bortz/Döring 2009; Churchill/Iacobucci 2005; Buber/Holzmüller 2009). Die wichtigsten Entscheidungen im Rahmen der Marktforschung umfassen die Operationalisierung der Fragestellung, die Stichprobengröße und -zusammensetzung, die Datenerhebungsmethode (z. B. Befragungen – mündlich, schriftlich, online; Beobachtungen), die Organisation der Feldarbeit (z. B. InterviewerInnenschulung, Erstellen des Online-Fragebogens, Beschaffung der Adressen von potenziellen RespondentInnen), Si-

17 http://www.online-fundraising.org/index.php?/spender-motive.html (09.07.2012).

18 Vgl. dazu etwa die Social Media Policy des ÖRK: http://blog.roteskreuz.at/sociologist/2011/05/29/social-media-policy/ (11.07.2012), Audiopodcast des ÖRK, z. B. Hilfe in Pakistan 2011: http://www.roteskreuz.at/berichten/podcasts/audiopodcasts/hilfe-in-pakistan-2011/ (29.06.2012).

cherstellung der Gütekriterien (v. a. Validität, Reliabilität, intersubjektive Nachvollziehbarkeit), die Datenauswertungsmethode und die Ergebnispräsentation.

Die Vielfalt der Beziehungen einer NPO und die durch die Komplexität der Marketingziele bedingte große Bandbreite von interessierenden Wirkungen des Einsatzes der Marketinginstrumente stellen die Marktforschung von NPOs vor erhebliche Probleme. Nicht zuletzt sind der hohe Mittelbedarf und die damit erschwerte Legitimierung der Marktforschung oft wesentliche Restriktionen. Darüber hinaus kann es z. B. Einschränkungen geben für den Einsatz bestimmter Erhebungsmethoden aufgrund der Situation, in der sich die LeistungsempfängerInnen befinden. Z. B. benötigen Menschen mit besonderen Bedürfnissen im Rahmen einer Befragung Assistenz; oder es sprechen kulturelle oder ethische Überlegungen gegen bestimmte Methoden.

5.7 Zum Ausblick und Abschluss: Marketingmanagement in NPOs

Im Rahmen des Marketingmanagement einer NPO werden Entscheidungen zum Prozess der Erarbeitung der Marketingkonzeption, zu deren Realisierung und Überprüfung getroffen, die in Anlehnung an Becker (2009, 815ff.) im Folgenden skizziert werden: Die Planung der Marketingkonzeption wird v. a. durch die Marktdynamik und damit die Planbarkeit der Umweltbedingungen sowie die Vielzahl der Einzelentscheidungen und ihre Prüfung hinsichtlich Komplementarität bzw. Konfliktpotential beeinflusst. Bei der Realisierung von Marketingkonzeptionen geht es vorrangig um die Marketingorganisation, d. h. um den Stellenwert von Marketing innerhalb der Organisationsstruktur einer NPO. In diesem Zusammenhang können erhebliche Widerstände zu überwinden sein (vgl. zur Hierarchiekrise Heintel und Krainz (2011)). Damit verbunden sind Aspekte des internen Marketing. Dessen Ziele sind Verständnis, Akzeptanz und Identifikation mit der Marketingkonzeption sowie die Schaffung der Rahmenbedingungen für die Handlungsfähigkeit und den -willen der Mitarbeitenden.

Die Überprüfung der Marketingkonzeption umfasst das strategische und das operative Marketingcontrolling. Wesentlich dafür ist die Bestimmung der Kriterien für die Kontrolle des Output, aber auch des Outcome der Marketingaktivitäten. Anzustreben ist ein systematisches und laufendes Monitoring des Marketing (zu Evaluierung allgemein vgl. Beitrag III.5).

Insgesamt sind es vor allem drei Aspekte, die ganz besonders für die Umsetzung von Marketingkonzepten in NPOs sprechen:

Auf der strategischen Ebene betont das Marketing-Denken die Bedeutung der Wahrnehmung, der Einstellung zur Organisation und zu ihren Leistungen. Die strategische Position einer NPO ergibt sich nicht objektiv durch ihre Leistungen, sondern wird durch die Stakeholder konstruiert. Es reicht also nicht aus, erfolgreich zu sein, sondern der Erfolg muss auch als solcher wahrgenommen werden.

Auf der Ebene der Zielgruppen oder Stakeholder hilft das Marketing-Denken, sich auf die wechselseitigen Erwartungen zu konzentrieren, deren Erfüllung das Gelingen von Austauschprozessen ermöglicht. Das ist gerade bei NPOs relevant, bei denen LeistungsempfängerInnen und ZahlerInnen nicht identisch sind und die gesellschaftlichen Erwartungen an Leistungen andere sind als jene der direkten EmpfängerInnen. Hier hilft Marketing organisationsintern, Konflikte aufzuzeigen und Prioritäten zu setzen.

Die Marketingkonzeption gibt mit den Marketinginstrumenten einen heuristischen Rahmen, was alles bei der Gestaltung von Austauschbeziehungen bedacht werden musst. Das trägt dazu bei, keinen Bereich zu vergessen. Was hilft nämlich die qualitativ hochwertigste Dienstleistung, wenn der subjektiv empfundene Preis für die EmpfängerInnen prohibitiv ist. Damit ist Marketing in NPOs mehr als bloß die Übernahme eines Diskurses, dessen Wirkungen durchaus auch kritisch analysiert werden können (vgl. Beitrag III.3): Die Marketing-Konzeption ist ein Denk- und Planungsraster, der sicherstellt, dass NPOs ihre Stakeholder nicht aus den Augen verlieren.

Literatur

Andreasen, Alan R./Kotler, Philip (2008): Strategic marketing for nonprofit organizations. 7 Aufl., Upper Saddle River, NJ.

Anheier, Helmut K.: (2003): Eine wirtschafts- und sozialwissenschaftliche Analyse: Der Dritte Sektor in Zeiten des gesellschaftlichen Umbruchs. In: Verbands-Management 28, 38–47.

Ansoff, Harry I. (1966): Management Strategie. München.

Barman, Emily A. (2002): Asserting difference: The strategic response of nonprofit organizations to competition. In: Social Forces, 80, 1191–1222.

Basting, Jochen (2008): Vertrauensgestaltung im Political Marketing. Frankfurt am Main.

Becker, Jochen (2009): Marketing-Konzeption. Grundlagen des strategischen und operativen Marketing-Management. 9 Aufl. München.

Becker, Jochen (2010): Das Marketingkonzept – zielstrebig zum Markterfolg! München.

Bock, Ute (2012): Tätigkeitsbericht 2010: Verein Ute Bock, Wohn- und Integrationsprojekt für Flüchtlinge. Wien: http://www.fraubock.at/download/tb/Taetigkeitsbericht_2010.pdf.

Bortz, Jürgen/Döring, Nicola (2009): Forschungsmethoden und Evaluation für Human- und Sozialwisenschaftler. 4. Aufl. Heidelberg.

Box, Richard C. (1999): Running government like a business. In: The American Review of Public Administration, 29, 19–43.

Bruhn, Manfred (2004): Markenpolitik für Nonprofit-Organisationen. In: Gemeinschaftswerk der Evangelischen, Publizistik (Hrsg.): Öffentlichkeitsarbeit für Nonprofit-Organisationen. Wiesbaden, 89–122.

Bruhn, Manfred (2012): Marketing für Nonprofit-Organisationen. Grundlagen – Konzepte – Instrumente. 2. Aufl. Stuttgart.

Bruhn, Manfred/Grözinger, Albrecht (Hrsg.) (2000): Kirche und Marktorientierung. Impulse aus der Ökumenischen Basler Kirchenstudie. Freiburg, Schweiz.

Bruhn, Manfred/Lucco, Andreas (2007): Wie viel Markt braucht eine NPO? – ein Scheingefecht oder eine »never ending story«? In: Die Unternehmung – Swiss Journal of Business Research and Practice, 61, 325–333.

Buber, Renate/Holzmüller, Hartmut H. (Hrsg.) (2009): Qualitative Marktforschung: Konzepte, Methoden, Analysen. 2. Aufl. Wiesbaden.

Busch, Rainer/Fuchs, Wolfgang/Unger, Fritz (2008): Integriertes Marketing. Strategie – Organisation – Instrumente. Wiesbaden.

Churchill, Gilbert A./Iacobucci, Dawn (2005): Marketing research. 9. Aufl. Mason, Ohio.

Clarke, Peter/Mount, Peter (2001): Nonprofit marketing: The key to marketing's ›mid-life crisis‹? In: International Journal of Nonprofit & Voluntary Sector Marketing, 6, 78.

Drucker, Peter F. (1954): The practice of management. New York.
Eikenberry, Angela M./Kluver, Jodie Drapal (2004): The marketization of the nonprofit sector: Civil society at risk? In: Public Administration Review, 64, 132–140.
Eisfeld-Reschke, Jörg/Hölderle, Jona (o. Jahr): Social media policy für Nonprofit-Organisationen. http://www.pluralog.de/_sonst/E-Book-Social_Media_Policy_fuer_NPOs.pdf: ikosom UG.
Freeman, R. Edward (2004): The stakeholder approach revisited. In: Zeitschrift für Wirtschafts- und Unternehmensethik (zfwu), 5, 228–241.
Freeman, Robert E. (1984): Strategic management: A stakeholder approach. Boston.
Gahrmann, Christian (2012): Strategisches Fundraising. Wiesbaden.
Gainer, Brenda/Padanyi, Paulette (2005): The relationship between market-oriented activities and market-oriented culture: Implications for the development of market orientation in nonprofit service organizations. In: Journal of Business Research, 58, 854–862.
Gemeinschaftswerk der Evangelischen, Publizistik (Hrsg.) (2004): Öffentlichkeitsarbeit für Nonprofit-Organisationen. Wiesbaden.
Gronbjerg, Kirsten A./Salamon, Lester M. (2004): Devolution, marketization, and the changing shape of government-nonprofit relations. In: Bohne, Eberhard/Bonser, Charles F./Spencer, Kenneth M. (Hrsg.): Transatlantic perspectives on liberalization and democrativ governance, Münster: LIT, 126–157.
Gundlach, Gregory T. (2007): The American Marketing Association's 2004 definition of marketing: Perspectives on its implications for scholarship and the role and responsibility of marketing in society. In: Journal of Public Policy & Marketing, 26, 243–250.
Hansen, Ursula/Bode, Matthias/Moosmayer, Dirk (2004): Stakeholder theory between general and contextual approaches – A German view. In: Zeitschrift für Wirtschafts- und Unternehmensethik (zfwu), 5, 242–254.
Haugland, Sven A./Myrtveit, Ingünn/Nygaard, Arne (2007): Market orientation and performance in the service industry: A data envelopment analysis. In: Journal of Business Research, 60, 1191–1197.
Heintel, Peter/Krainz, Ewald E. (2011): Projektmanagement: Eine Antwort auf die Hierarchiekrise? Wiesbaden.
Helmig, Bernd (2012): Stichwort: Fundraising. Gabler Wirtschaftslexikon. Wiesbaden: Gabler: http://wirtschaftslexikon.gabler.de/Archiv/9489/fundraising-v7.html.
Helmig, Bernd/Boenigk, Silke (2012): Nonprofit Management. München.
Helmig, Bernd/Purtschert, Robert/Beccarelli, Claudio (2006): Nonprofit but Management. In: Helmig, Bernd/Purtschert, Robert (Hrsg.): Nonprofit-Management. Beispiele für Best-Practices im Dritten Sektor. 2. Aufl. Wiesbaden, 1–20.
Helmig, Bernd/Thaler, Julia (2010): Nonprofit Marketing. In: Taylor, Rupert (Hrsg.): Third sector research, New York, 151–169.
Homburg, Christian (2012): Marketingmanagement. Strategie – Instrumente – Umsetzung – Unternehmensführung. 4. Aufl. Wiesbaden.
Homburg, Christian/Krohmer, Harley (2009): Marketingmanagement. Strategie – Instrumente – Umsetzung – Unternehmensführung. Wiesbaden.
Hudson, Jane (2008): The branding of charities. In: Sargeant, Adrian/Wymer, Walter (Hrsg.): The Routledge Companion to Nonprofit Marketing. London and New York, 65–74.
Kara, Ali/Spillan, John E./DeShields Jr., Oscar W. (2004): An empirical investigation of the link between market orientation and business performance in non-profit service providers. In: Journal of Marketing Theory and Practice, 12, 59–72.

Kindra, Gurprit S./Taylor, D. Wayne (1995): Demarketing inappropriate health care consumption (cover story). In: Journal of Health Care Marketing, 15, 10–14.

Kirchgeorg, Manfred (2012a): Stichwort: Demarketing. Gabler Wirtschaftslexikon. Wiesbaden: Gabler: http://wirtschaftslexikon.gabler.de/Archiv/5468/demarketing-v7.html.

Kirchgeorg, Manfred (2012b): Stichwort: Nachhaltigkeitsmarketing. Gabler Wirtschaftslexikon. Wiesbaden: http://wirtschaftslexikon.gabler.de/Archiv/10606/nachhaltigkeitsmarketing-v7.html.

Kotler, Philip (2005): The role played by the broadening of marketing movement in the history of marketing thought. In: Journal of Public Policy & Marketing, 24, 114–116.

Kotler, Philip/Lee, Nancy R. (2008): Social marketing: Influencing behaviors for good. 3. Aufl., Los Angeles, CA.

Kotler, Philip/Levy, Sidney J. (1969): Broadening the concept of marketing. In: Journal of Marketing Research, Januar, 10–15.

Kotler, Philip/Zaltman, Gerald (1971): Social marketing: An approach to planned social change. In: Journal of Marketing, 35, 3–12.

Lichtsteiner, Hans (2007): Wie viel Markt braucht eine NPO? In: Helmig, Bernd/Purtschert, Robert/Schauer, Reinhard/Witt, Dieter (Hrsg.): Nonprofit-Organisationen und Märkte. 7. Internationales Colloquium der NPO-Forscher im März 2006 an der Universität Freiburg/Schweiz, Wiesbaden, 109–114.

Meffert, Heribert/Burmann, Christoph/Kirchgeorg, Manfred (2012): Marketing: Grundlagen marktorientierter Unternehmensführung. 11. Aufl. Wiesbaden.

Meyer, Michael (2007): Wie viel Wettbewerb vertragen NPO? Befunde zum Nutzen und Schaden von Wettbewerb im Dritten Sektor. In: Helmig, Bernd/Purtschert, Robert/Schauer, Reinhard/Witt, Dieter (Hrsg.): Nonprofit-Organisationen und Märkte. 7. Internationales Colloquium der NPO-Forscher im März 2006 an der Universität Freiburg/Schweiz. Wiesbaden, 59–77.

Meyer, Michael/Buber, Renate/Aghamanoukjan, Anahid (2012): In search of legitimacy: Managerialism and legitimation in civil society organizations. In: Voluntas: International Journal of Voluntary and Nonprofit Organizations, DOI 10.1007/s11266-012-9306-9.

Minkoff, Debra C./Powell, Walter W. (2006): Nonprofit mission: Constancy, responsiveness, or deflection? In: Powell, Walter W./Steinberg, Richard (Hrsg.): The nonprofit sector, New Haven, 591–611.

Money, Kevin/Money, Arthur/Downing, Steve/Hillenbrand, Carola (2008): Relationship marketing in the not-for-profit sector. An extension and application of the commitment-trust theory. In: Sargeant, Adrian/Wymer, Walter (Hrsg.): The Routledge campanion to nonprofit marketing. London and New York, 28–48.

Narver, John C./Slater, Stanley F. (1990): The effect of a market orientation on business profitability. In: Journal of Marketing, 54, 20–35.

Padanyi, Paulette (2008): Operationalizing the marketing concept: achieving market orientation in the nonprofit context. In: Sargeant, Adrian/Wymer, Walter (Hrsg.): The Routledge Companion to Nonprofit Marketing. London and New York, 11–27.

Pope, Jennifer A./Isely, Elaine Sterrett/Asamoua-Tutu, Fidel (2009): Developing a marketing strategy for nonprofit organizations: An exploratory study. In: Journal of Nonprofit & Public Sector Marketing, 21, 184–201.

Raju, P. S./Lonial, Subhash C./Gupta, Yash P. (1995): Market orientation and performance in the hospital industry. In: Journal of Health Care Marketing, 15, 34–41.

Salamon, Lester M. (1993): The marketization of welfare: Changing nonprofit and for-profit roles in the American welfare state. In: Social Service Review, 67, 16–39.

Sargeant, Adrian (2009): Marketing management for nonprofit organizations. 3. Aufl. Oxford.
Scheuch, Fritz (2007): Marketing für NPOs. In: Badelt, Christoph/Meyer, Michael/Simsa, Ruth (Hrsg.): Handbuch der Nonprofit-Organisation. Strukturen und Management. 4. Aufl., Stuttgart, 258–272.
Schneider, Willy (1996): Die Akquisition von Spenden als eine Herausforderung für das Marketing. Berlin.
Schuhmacher, Klaus (2004): Grundlagen des Sozialmarketing. In: Gemeinschaftswerk der Evangelischen, Publizistik (Hrsg.): Öffentlichkeitsarbeit für Nonprofit-Organisationen. Wiesbaden, 17–29.
Skloot, Edward (2000): Evolution or extinction: A strategy for nonprofits in the marketplace. In: Nonprofit and Voluntary Sector Quarterly, 29, 315–324.
Slater, Stanley F./Narver, John C. (2000): The positive effect of a market orientation on business profitability: A balanced replication. In: Journal of Business Research, 48, 69–73.
Tscheulin, Dieter K./Helmig, Bernd (2001): Gibt es ein branchenspezifisches Marketing? Zur Bedeutung einer branchenorientierten Sichtweise des Marketing in Wissenschaft, Lehre und Praxis. In: Tscheulin, Dieter K./Helmig, Bernd (Hrsg.): Branchenspezifisches Marketing. Wiesbaden, 21–33.
Tuckman, Howard P. (1998): Competition, commercialization, and the evolution of nonprofit organizational structures. In: Weisbrod, Burton A. (Hrsg.): To profit or not to profit, Cambridge: University Press, 25–45.
Varadarajan, P. Rajan/Menon, Anil (1988): Cause-related marketing: A co-alignment of marketing strategy and corporate philanthropy. In: Journal of Marketing Management, 52, 58–74.
Webster Jr., Frederick E. (2009): Marketing IS management: The wisdom of Peter Drucker. In: Journal of the Academy of Marketing Science, 37, 20–27.
Weisbrod, Burton A. (1997): The future of the nonprofit sector: Its entwining with private enterprise and government. In: Journal of Policy Analysis and Management, 16, 541–555.
Weisbrod, Burton A. (1998a): The nonprofit mission and its financing: Growing links between nonprofits and the rest of the economy. In: Weisbrod, Burton A. (Hrsg.): To profit or not to profit: The commercial transformation of the nonprofit sector. Cambridge, 1–24.
Weisbrod, Burton A. (1998b): To profit or not to profit the commercial transformation of the nonprofit sector. Cambridge.
Weisbrod, Burton A. (2000): To profit or not to profit the commercial transformation of the nonprofit sector. Cambridge.
Wesselmann, Stefanie/Hohn, Bettina (2012): Public Marketing. Marketing Management für den öffentlichen Sektor. 3. Aufl. Wiesbaden.
Wiebe, Gerhart D. (1951/52): Merchandising commodities and citizenship on television. In: Public Opinion Quarterly, 15, 679–691.

6 Personalmanagement

Doris Schober, Andrea Schmidt, Ruth Simsa

6.1 Personalmanagement in NPOs

Richtig eingesetztes, engagiertes und qualifiziertes Personal ist eine zentrale Voraussetzung für das Funktionieren einer NPO. Die Aufgabe des Personalmanagements besteht darin, die Verfügbarkeit von Personal zu sichern und die Arbeitsleistung der Beschäftigten auf einem gewünschten Qualitätsniveau zu gewährleisten, ohne dabei die Kosten aus den Augen zu verlieren. Personalmanagement ist damit in jeder Organisation notwendig. Seine Bedeutung und strukturelle Berücksichtigung kann jedoch sehr unterschiedlich sein, die Bandbreite reicht von einer reinen Personalverwaltung, in der vor allem Lohnverrechnung durchgeführt wird, bis zu einem in die Strategie voll eingebundenen modernen und differenzierten Personalmanagement. Der Instrumenteneinsatz kann eher zufällig, unsystematisch und fallabhängig erfolgen oder umfassend und strategisch orientiert sein. Die Personalmanagementstrategie wiederum kann eine reine Bereichsstrategie sein oder sinnvollerweise in die Gesamtstrategie der Organisation eingebunden sein.

6.1.1 Besondere Bedingungen für das Personalmanagement in NPOs

In NPOs spielt Personalmanagement für Effizienz und Effektivität eine wesentliche Rolle (Ridder/McCandless 2010) – nicht zuletzt vor dem Hintergrund finanzieller Einsparungen, steigender Nachfrage nach Dienstleistungen und der Tendenz zu leitungsbezogenem Management. Für das Personalmanagement sind v.a. die folgenden Spezifika von NPOs (vgl. Beitrag II.1) entscheidend.

6.1.1.1 Spezifische MitarbeiterInnenstruktur

In vielen NPOs gibt es neben bezahlten MitarbeiterInnen auch Ehrenamtliche sowie Zivildienstleistende. Die möglichst produktive und konfliktfreie Kombination dieser unterschiedlichen Gruppen ist eine besondere Herausforderung. Insbesondere bei ehrenamtliche Leitungsgremien kommt es nicht selten zu Konflikten mit dem hauptamtlichen Management (Zauner/Simsa 2002, S.448) . Ehrenamtliche und hauptamtliche MitarbeiterInnen sowie Zivildienstleistende können der gleichen Arbeit nachgehen, verfolgen aber häufig verschiedene Karriereziele (Mayerhofer 2001). Ehrenamtliche MitarbeiterInnen erbringen die Arbeit unter anderen Bedingungen – nämlich in ihrer Freizeit. Wenn sie in der NPO hohe Bedeutung haben, dann ist es sinnvoll, sie auch in den Strategien des Personalmanagements entsprechend zu berücksichtigen (Mayerhofer 2003).

Die Struktur der Beschäftigten im österreichischen NPO-Sektor entspricht nicht der Struktur am Gesamtarbeitsmarkt. Der Frauenanteil liegt mit rund 74% deutlich über dem des Gesamtarbeitsmarkts (44,5%) (Austria 2010). Zudem ist der Anteil von Teilzeitkräften mit 48% sehr hoch und knapp 4% waren geringfügig beschäftigt (die Zahlen beziehen sich auf das Jahr 2005 (Schneider/Haider 2009), vgl. Beitrag I.4. Die Frauenquote bei Teilzeitbeschäftigung ist im NPO-Sektor mit knapp über 88% ebenfalls überdurchschnittlich (Trukeschitz 2006). Der Sektor generell aber v.a. auch soziale Dienste und der Gesundheitsbereich weisen hohe Anteile atypischer Beschäftigung auf, d.h. Beschäftigungsverhältnisse mit fehlender Zeitkontinuität des Arbeitseinsatzes, geringeren Arbeitsstunden, fehlenden oder mangelhaften sozialrechtlichen Absicherungen, dauerhaftem außerbetrieblichem Arbeitsort und Umwälzung des Unternehmerrisikos auf die Arbeitenden (Simsa 2004). Auch viele bezahlte MitarbeiterInnen müssen daher zur Existenzsicherung einer anderen Arbeit nachgehen bzw. es muss ihnen ein anderes Einkommen zur Unterhaltssicherung zur Verfügung stehen. Dies hat Einfluss auf die Motivation und die Gestaltungsmöglichkeiten der Arbeitszeit und kann zu Rollenkonflikten führen. V.a. in Bezug auf eine familienfreundliche Gestaltung des Arbeitsplatzes weisen NPOs oft Defizite auf (Zimmer et al. 2001).

6.1.1.2 Motivation

Die hohe Identifikation der MitarbeiterInnen mit den Zielen der Organisation ist sicher eine Besonderheit vieler NPOs. Auch wenn intrinsische und extrinsische Motivation häufig nicht strikt zu trennen sind bzw. viele Mischformen auftreten, können sich viele NPOs auf ein hohes Maß an Motivation ihrer MitarbeiterInnen verlassen (Borzaga/Tortia 2006) – man arbeitet um der Arbeit und um deren Wirkung willen (intrinsische Motivation) und nicht primär wegen sonstiger »Belohnungen« (extrinsische Motivation) (Frey 1997, S. 429). Neuere Studien verweisen auf den Zusammenhang zwischen Engagement und der Identifikation mit der Mission einer Organisation (Brown/Yoshioka 2003; Seok Eun Kim/Jung Wook Lee 2007). Dies ist zum einen sehr positiv für die NPOs – Forprofitorganisationen lassen es sich häufig viel Geld kosten, um auch nur einen annähernd so hohen Grad an Motivation erzeugen zu können. Der Dritte Sektor lebt von qualifizierten, engagierten und motivierten Menschen – ohne diese wären die sozialen Leistungen, die Innovationskraft, Effektivität und Lösungsorientierung von NPOs nicht denkbar.

Zum anderen sind damit aber die Mittel der zielgerichteten Verhaltenssteuerung über extrinsische Anreize u.U. eingeschränkt (von Eckardstein et al. 1999) bzw. müssen adäquate – zur Motivation der MitarbeiterInnen »passende« – Anreize gefunden werden. Ein in der Praxis oft stärkerer Nachteil liegt in der Gefahr, gezielte Maßnahmen der Verhinderung von Demotivation zu vernachlässigen: Motivation hat man, man braucht sich darum nicht zu kümmern. Hohe intrinsische Motivation und Wertorientierung können auch insofern zur Falle werden, als Burn-out in der Regel Menschen betrifft, die besonders stark motiviert sind. V.a. im Pflege- und Sozialbereich kommt das »Ausbrennen« häufig vor. Die Vorbeugung dagegen sollte Führungsaufgabe sein, aber auch von der Personalabteilung im Auge behalten werden, durch Angebote an die Führungskräfte (Information und Führungskräftetraining) und MitarbeiterInnen (Coaching, Supervision, persönlichkeitsbildende Maßnahmen aber auch durch strukturbezogene Maßnahmen (Anforderungsprofile, Feed-back-Schleifen, Arbeitszeitgestaltung ...) und die bewusste Entwicklung einer Kultur der Sensibilität für Belastungen. Die häufig beobachtbare Haltung des Erduldens und Sich-Aufopferns ist langfristig dysfunktional (Simsa 2008).

Auch Ehrenamtliche sind in der Regel stark motiviert. Abgesehen von der Tätigkeit an sich sind für viele die sinnvolle Nutzung der Freizeit, das schließen neuer Kontakte, das

Sammeln von Erfahrungen aber auch das Erlernen neuer Fähigkeiten etc. interessant. Neben dem altruistischen Ziel, anderen Personen zu helfen bzw. eine »gute Sache« voranzutreiben, verfolgen Ehrenamtliche auch persönliche Interessen, wie z. B. soziale Integration, persönliche Zufriedenheit oder sozialer Status. Nicht zuletzt hat auch ehrenamtliche Arbeit häufig eine Tauschkomponente, also eine nichtmonetäre Gegenleistung, die durchaus in anderen Bereichen Geldwertvorteile bringen kann, etwa berufliche Qualifizierung oder Einfluss (Wehling 1993; Badelt 1999).

Gegenwärtig gibt es Hinweise darauf, dass MitarbeiterInnen auch in NPOs ihr Verhältnis zur Organisation zunehmend funktionaler verstehen – d. h. ihre Arbeit und die Beiträge der Organisation als Mittel zum Zweck sehen (Bode/Graf 2000, S.161f). Die Orientierung an Organisationszwecken wird damit tendenziell weniger loyal, die Motivation uneindeutiger (Zwischenschritt in der Karriere, Möglichkeit spezifischer Qualifikationen, Übergangsbeschäftigung, etc.) und in der Arbeitskoordination wird die traditionelle Dienstgemeinschaft zunehmend vom Projektcharakter der Zugehörigkeit abgelöst.

6.1.2 Aufgabenfelder des Personalmanagements

Im Folgenden werden die wichtigsten Funktionen des Personalmanagements vorgestellt sowie auf NPO-spezifische Besonderheiten näher eingegangen.

6.1.2.1 Personalbeschaffung – der Wettbewerb um gute Kräfte

Personalbeschaffung soll der Organisation bedarfsgerecht und kostengünstig potenzielle Arbeitskräfte zuführen (Oechsler 1997) und damit auch neue Qualifikationen und Motivationen (Klimecki/Gmür 2001). Dabei spielen vor allem die Kriterien Verfügbarkeit, Qualifikation, Motivation und Kostenwirtschaftlichkeit eine wichtige Rolle. Es geht also um die richtigen Personen in der ausreichenden Zahl mit den erforderlichen Qualifikationen für bestimmte Aufgaben oder Stellen (Mayerhofer 2009).

Nachdem festgelegt ist, wann und wie viele MitarbeiterInnen benötigt werden, muss zunächst entschieden werden, ob diese intern oder am externen Arbeitsmarkt rekrutiert werden sollen (Mayerhofer 2009). Am externen Arbeitsmarkt stehen Organisationen Arbeitssuchenden gegenüber, wobei es auf beiden Seiten normalerweise eine Konkurrenzsituation gibt. Wichtig ist hier durch eine konsequente Zielgruppenansprache das BewerberInnenpotenzial zu erhöhen. Am internen Arbeitsmarkt bietet die Organisation Aufstiegs- und Wachstumschancen für Beschäftigte (Klimecki/Gmür 2001). Wenn der Arbeitsbedarf nur kurze Zeit anfällt, gibt es auch die Möglichkeit der internen Personalbeschaffung ohne die Schaffung zusätzlicher Stellen zum Beispiel durch Mehrarbeit oder Urlaubsverschiebung (Lueger 1996). Sowohl die Beschaffung über den externen als auch über den internen Arbeitsmarkt haben Vor- und Nachteile. Vorteile der internen Rekrutierung liegen in den geringeren Kosten von Informationsgewinnung, Verhandlung, Einarbeitung und Kontrolle. Zudem kann sie Fluktuation senken und geht in der Regel rascher. Externe Rekrutierung bietet eine größere Auswahlmöglichkeit, ein niedrigeres Lohnkostenniveau und oft eine höhere Leistungsbereitschaft, da die Arbeitsplatzsicherheit geringer eingeschätzt wird (Klimecki/Gmür 2001; Mayerhofer 2009). In der Praxis wird häufig interne Beschaffung bevorzugt (Schober/Schober 2004).

Für eine möglichst erfolgreiche Besetzung von Stellen sind folgende Schritte empfehlenswert (Mayerhofer 2009):

- Erstellung einer Stellenbeschreibung (Arbeitsplatzbeschreibung),
- Erstellung eines Qualifikationsprofils (Anforderungen, Wissen, Fähigkeiten),
- Auswahl der Kommunikationskanäle (Stellenanzeigen, soziale Netzwerke etc. oder Vermittlung durch Dritte wie z. B. Personalberatungen).

Eine grundlegende Entscheidung bei der Personalrekrutierung betrifft auch die Frage nach dem Beschäftigungsverhältnis. Das Potenzial Ehrenamtliche und Zivildiener ist begrenzt, auch deren Qualifikationen entsprechen nicht immer den gewünschten Verwendungszwecken. Die Kosten sind dagegen deutlich geringer, was den Ausbau des Anteils von Ehrenamtlichen nahe legt (von Eckardstein 2002, S. 313f). Hier besteht allerdings häufig ein Informationsdefizit, da der Bedarf an unbezahltem Engagement oft gar nicht bekannt ist (Wehling 1993). Außerdem müssen deren Interessen angesprochen werden, um die Organisation für potenzielle unbezahlte Arbeitskräfte attraktiv zu machen. Die Konkurrenz um Ehrenamtliche wird immer größer (Wehling 1993, S. 125f), NPOs müssen sich meist aktiv um deren Anwerbung kümmern (Badelt 2002a). Diese ist häufig aufwändig, in einer Untersuchung in Deutschland gaben 38% der befragten NPOs an, sich durch den Arbeitsaufwand für die Anwerbung Ehrenamtlicher stark belastet zu fühlen (Zimmer et al. 2001).

Insbesondere im Bereich der Sozialen Dienste und im Gesundheitsbereich herrscht z. T. akuter Personalmangel, und es ist anzunehmen, dass sich dieses Problem in Zukunft noch verschärfen wird (Simsa 2004). Diese erschwert den Beschaffungsprozess und macht ihn gleichzeitig besonders wichtig. Generell werden daher viel Zeit und Energie darauf verwendet, neues Personal zu akquirieren. Für die bestehenden MitarbeiterInnen bleibt dann manchmal zu wenig Aufmerksamkeit (Simsa 2008).

6.1.2.2 Personalauswahl – die richtige Person am richtigen Platz

Nachdem BewerberInnen gefunden sind, muss die geeignetste Person ausgewählt werden. Der Begriff Personalauswahl umfasst alle Maßnahmen, die zur Feststellung der Qualifikation und Eignung der BewerberInnen getätigt werden (Lueger 1996). Im sektoralen Vergleich zeigt sich, dass es Wirtschaftsorganisationen leichter gelingt, qualifizierte MitarbeiterInnen zu rekrutieren, öffentliche und Nonprofit-Organisationen allerdings Vorteile hinsichtlich der Rekrutierung von MitarbeiterInnen mit ausreichender Arbeitsmoral haben (Collins 2008).

Eine Metaanalyse der Erfolgswirksamkeit von Maßnahmen des Personalmanagements zeigt, dass von allen untersuchten Faktoren die Personalauswahl den größten Einfluss auf den Unternehmenserfolg hat (Gmür 2005; Meyer 2010). Sie ist gleichzeitig hoch anspruchsvoll, muss doch aus einigen (wenigen) Indizien wie Lebenslauf, Selbstdarstellung im Gespräch, Assessment-Center auf die zukünftige Eignung einer Person geschlossen werden. Über die Eignung unterschiedlicher Methoden der Personalauswahl gibt es dementsprechend Kontroversen (vgl. Meyer 2010). Die Wahl des richtigen Auswahlverfahrens ist auch insofern wichtig, als eine weitere Metaanalyse zeigt, dass Personen, die das Auswahlverfahren für gerecht und angemessen halten, später höhere Arbeitsleistung und Commitment aufweisen als andere. Einstellungsgespräche (Job-Interviews) und Probezeiten werden dabei als gerechter wahrgenommen als etwa psychometrische Tests, biographische Daten oder gar grafologische Gutachten (Hausknecht et al. 2004). Die häufigste Methode der Auswahl ist das Einstellungsinterview. Sowohl potenzielle MitarbeiterInnen als auch die Organisation, können in relativ kurzer Zeit sehr viele Informationen sammeln (Mayerhofer 2003). Bei der internen Beschaffung können zusätzlich Unterlagen von vergangenen Personalbeurteilungen wertvolle Entscheidungshilfen bieten (Hentze/Kammel 2001). Die Qualität eingesetzter Methoden bemisst sich an der Objektivität (Einflussnahme der durchführenden Person), der Validität (Gültigkeit) und der Reliabilität (Zuverlässigkeit). Tendenziell geringere prognostische Qualität haben Bewerbungsunterlagen, Schulnoten, Persönlichkeitstests, unstrukturierte Interviews. Im Mittelfeld liegen Arbeitszeugnisse und Referenzen, Intelligenztests variieren stark in ihrer prognostischen Validität. Höhere prognostische Validität haben Probezeiten, Assessment Center, strukturierte Interviews und Leistungstests (Mayerhofer 2009, S. 387).

Da ehrenamtliche Arbeit vielfach als Spende gesehen wird, fällt es vielen NPOs schwer, Ehrenamtliche abzuweisen. Auch hier kann eine sorgfältige Personalauswahl die Wahrscheinlichkeit des Einsatzes von Personen mit geringem situativen Fit reduzieren, der sowohl den NPOs als auch den Ehrenamtlichen selbst schaden kann. V. a. auf das Zeitbudget sollte hier schon bei der Auswahl eingegangen werden (Wehling 1993), um Erwartungen der NPO und der Freiwilligen aufeinander abzustimmen.

6.1.2.3 Personaleinsatz – welche Stelle für welche Person?

Im Personaleinsatz geht es um die Gestaltung von Arbeitsplatz und Arbeitsablauf. Die MitarbeiterInnen sollen bestmöglich den einzelnen Stellen zugeordnet werden (Scholz 2000). Dies betrifft quantitative, qualitative, örtliche und zeitliche Aspekte (Hentze/Kammel 2001). Hier sind auch Ansprüche der MitarbeiterInnen zu berücksichtigen, da diese zur Arbeitszufriedenheit beitragen (Bühner 1994).

Bei der Einsatzplanung von Ehrenamtlichen muss berücksichtigt werden, dass ihr Aktivitätsgrad aufgrund von privaten und persönlichen Gegebenheiten variieren kann. Zu Problemen kann es auch kommen, wenn bezahlte und unbezahlte MitarbeiterInnen die gleichen Aufgaben erfüllen. Wird das Leistungsangebot erweitert (Kumulationsmodell) erfolgt die Zusammenarbeit weitgehend problemlos, werden jedoch bezahlte Mitarbeiterinnen durch unbezahlte ersetzt, entsteht oft ein konkurrierendes Verhältnis (Wehling 1993).

6.1.2.4 Personaleinführung – Sicherstellung von Anschlussfähigkeit

Menschen liefern der Organisation Ideen und Wissen, »sie arbeiten und erzeugen Produkte und Leistungen, sie sind als Helden und Sündenböcke verantwortlich für die Erfolge und Misserfolge. Sie sind zentrale Zurechnungsinstanzen für Entscheidungen. Somit ist der Eintritt von Personen als Personal ein wichtiger Prozess sachlicher und sozialer Integration« (Meyer 2010, S.1) Organisationen nehmen daher meist aus gutem Grund sehr gezielt Einfluss auf ein neues Mitglied und dessen Rollenübernahme. Besonders wichtig sind dabei Erwartungen von Bezugspersonen wie Vorgesetzte, KollegInnen, MentorInnen (Mayerhofer/Michelitsch-Riedl 2009). Auch indirekt, d.h. über Strukturen wie Organigramme, Räumlichkeiten, die Arbeitsplatzgestaltung wird auf das Verhalten neuer Mitglieder eingewirkt. Viele der hier vermittelten Regeln und Normen werden nicht vertraglich fixiert, sind aber verhaltenswirksam und werden von Organisationsmitgliedern als

Teil der Mitgliedschaftsbedingungen akzeptiert, wofür sich der Begriff des »psychologischen Vertrages (Rousseau 1990; 1995; McGovern et al. 1996; Rousseau 1998)« entwickelt hat. Dieser Vertrag unterliegt dynamischen Veränderungen, ist nicht justiziabel, kann aber durch entsprechende Konsequenzen ökonomische Wirkungen nach sich ziehen, z. B. innere Kündigung, Dienst nach Vorschrift oder auch Aufstieg und Belohnungen.

Es gibt unterschiedliche Studien zur Frage der Personaleinführung z. B. (Ashforth/Saks 1996; Ashforth et al. 1998), vgl. v. a. die Metaanalyse von 30 Studien von (Saks et al. 2007, S. 417). Vieles spricht dabei für institutionalisierte Praktiken, also Maßnahmen, die einem festgelegten Ablauf folgen: Diese reduzieren Rollenambiguität, Rollenkonflikte, Austrittswünsche und Angst bei neuen MitarbeiterInnen stärker als individualisierte Praktiken und haben auch positiven Einfluss auf Arbeitszufriedenheit, organisationales Commitment und Aufgabenbeherrschung. Innovation wird dagegen eher von individualisierten Praktiken gefördert. Hohen Einfluss haben auch Unterstützung und direkte Einarbeitung durch den/die VorgängerIn. Bei Menschen ohne Berufserfahrung haben diese Maßnahmen meist stärkere Wirkungen. Von besonderer Bedeutung für den Integrationserfolg und damit auch die Aufgabenerfüllung sind die genannten Sozialisationspraktiken in den ersten Wochen und Monaten nach dem Eintritt in die Organisation (vgl. Meyer 2010). Die hohe Bedeutung von Ideologien in NPOs kann die Personaleinführung erleichtern, da geteilte Werte eine gewisse Homogenität und Engagement fördern, sie kann sie aber auch anspruchsvoller machen – NPOs erwarten häufig mehr an ideologischer Passung als andere Organisationen (Simsa 2001). Auch die Mission sowie deren konkrete Auswirkung auf Anforderungen des einzelnen Arbeitsplatzes spielt eine wichtige Rolle bei der Personaleinführung (2002: 310; Eckardstein 2007; von Eckardstein 2007).

Im Prinzip gilt all dies auch für Ehrenamtliche. Da diese nicht permanent in der Organisation tätig sind, wird allerdings deren Eingliederung oft erschwert und bedarf besonderer Aufmerksamkeit. Es gilt, wechselseitige Erwartungen abzustimmen, die Freiwilligen möglichst effektiv auf die Aufgabe vorzubereiten und zu Beginn auch dabei zu begleiten.

Offen bleibt, wann der Eintritt einer Person in eine Organisation als »erfolgreich« bezeichnet werden kann. Meist wird dabei auf subjektive Ergebnisse wie Arbeitszufriedenheit, organisationales Commitment, Reduktion von Stress und Angst sowie eine geringe Austrittsbereitschaft zurückgegriffen (Wanberg 2000; Meyer 2010).

6.1.2.5 Personalentwicklung – MitarbeiterInnen fördern

Personalentwicklung umfasst Ausbildung, Weiterbildung, Fortbildung und generelle Förderung der MitarbeiterInnen (Scholz 2000). Neben der Personalbeschaffung ist sie eine weitere Möglichkeit, den Bedarf an qualifizierten MitarbeiterInnen auszugleichen. Sie kann auf Methoden- und Fachkompetenzen, wie auf Persönlichkeitsentwicklung gerichtet sein. Personalentwicklung setzt also an Personen in ihrer Arbeitssituation an und versucht, persönliche Merkmale und Arbeitsanforderungen durch eine Steigerung der Qualifikationen in Einklang zu bringen. Idealerweise geschieht sie planmäßig, systematisch und institutionell verankert.

Typische Maßnahmen sind (Klimecki/Gmür 2001; Mayerhofer/Michelitsch-Riedl 2009):

- Into-the-job: wie Einarbeitung, Trainee-Programm,
- On-the-job: wie Arbeitsunterweisung und Job Rotation,
- Near-the-job: Lernstatt, Entwicklungsarbeitsplatz, Qualitätszirkel,

- Off-the-job: wie Konferenz/Fachseminar, Outdoor-Training,
- By Technology: wie Computer-Based-Training, Web-Based-Training.

Die Personalentwicklung von unbezahlten MitarbeiterInnen wird oft vernachlässigt und ist z. T. auch durch das Zeitbudget der Freiwilligen eingeschränkt (Wehling 1993). Hier ist abzuwägen, wie viel Weiterbildung zielführend ist. Wenn Entwicklungsmaßnahmen allerdings vorrangig bezahlten MitarbeiterInnen angeboten werden, kann dies zu Disharmonie führen, da sich Ehrenamtliche dadurch benachteiligt sehen können (Sequani 2009).

Gerade in sozialen NPOs sind auch die psychischen Belastungen sehr hoch. Gezielte Unterstützung im Rahmen von Persönlichkeitsentwicklung und Burnout-Prävention können hier sinnvoll sein. Neuere Studien zeigen, dass gute Aus- und Weiterbildungsangebote zu weniger Abwesenheitszeiten sowie einer höheren Arbeitsmoral führen und damit insgesamt einen positiven Einfluss auf die Performance einer NPO haben (Rondeau/Wagar 2001; Rodwell/Teo 2004). Auch für die Arbeitszufriedenheit und den Verbleib im Job von älteren MitarbeiterInnen konnten positive Zusammenhänge mit Weiterbildungsmaßnahmen nachgewiesen werden (Biffl 2004). Diese Notwendigkeit von Personalentwicklung wird im NPO-Sektor zunehmend anerkannt, häufig setzen allerdings finanzielle Engpässe den Professionalisierungsbemühungen sehr enge Grenzen.

6.1.2.6 Personalbeurteilung – Qualität der Arbeitsleistung

Personalbeurteilung ist die systematische und formalisierte Beurteilung von MitarbeiterInnen einer Organisation. Gegenstand der Beurteilung können die Fähigkeiten, das Arbeitsverhalten oder das Arbeitsergebnis sein (Elsik 2009, S. 464). Personalbeurteilung hat folgende Funktionen (Bröckermann 2001):

- Verbesserung der Führungsqualität: Im Zuge der Personalbeurteilung müssen Führungskräfte die Situation und auch das eigene Verhalten reflektieren und gegebenenfalls korrigieren.
- Leistungsbezogene Entgeltfindung: Diese wird gegenwärtig zunehmend zum Thema auch in NPOs – nicht immer mit den gewünschten Erfolgen.
- Nutzung der Potenziale der MitarbeiterInnen: Das Feedback dient idealerweise der Weiterentwicklung der Person, ihrer Motivation und ihrer Leistung und bietet eine Grundlage für die Ermittlung des Weiterbildungsbedarfs sowie der Erfolgskontrolle.
- Selbsteinschätzung und Laufbahnplanung: Regelmäßige Beurteilungen helfen den MitarbeiterInnen, ihre Leistungen und Fähigkeiten besser einzuschätzen, und ihre Laufbahnplanung danach auszurichten.
- Grundlage für weitere Maßnahmen: Personalbeurteilung soll eine Basis für alle Aufgabenfelder des Personalmanagements bieten.

Auch die MitarbeiterInnen haben Erwartungen an die Personalbeurteilung und verfolgen dabei ihre Ziele (Lueger 1996a). Personalbeurteilungsgespräche sind für sie eine Chance, eigene Karrierewünsche einzubringen und Informationen über Ihre Leistungen und Karrieremöglichkeiten zu erhalten und ihre Lohnvorstellungen einbringen.

In NPOs stellt sich die Frage, inwieweit Ehrenamtliche und Zivildienstleistende ebenfalls einer Personalbeurteilung unterzogen werden sollen. In Anbetracht ihres oft beträchtlichen Beitrags zur Leistung einer NPO und der vielfältigen Funktionen der Personalbeurteilung sollte darauf nicht verzichtet werden.

6.1.2.7 Entgelt- und Anreizgestaltung – der Wert der Arbeit

Die Entgelt- und Anreizgestaltung umfasst die monetären und nicht-monetären Leistungen die eine Organisation als Ausgleich für die Arbeitsleistung der Beschäftigten erbringt (Klimecki/Gmür 2001). Löhne und Gehälter stellen erstens einen wesentlichen Kostenfaktor für das Unternehmen dar und gelten zweitens als Motivationsfaktor (Stopp 2001), wobei hier weniger die absolute Höhe als vielmehr die empfundene Gerechtigkeit der Vergütung ausschlaggebend ist. Trotz ihrer hohen Bedeutung gibt es allerdings kaum Forschungsergebnisse zur Vergütung von MitarbeiterInnen in NPOs (Brandl et al. 2006). Über die Lohnhöhe im österreichischen NPO-Sektor im Vergleich zu gewinnorientierten und öffentlichen Organisationen sind leider keine Daten verfügbar (Maier/Neumayr 2010). Die oft prekären, atypischen Beschäftigungsverhältnisse schlagen sich jedoch häufig auch in prekären materiellen Bedingungen nieder. Auch darüber, wie weit dem hohen Frauenanteil und auch dem durchwegs hohen Bewusstsein in NPOs durch ein faktisch gut funktionierendes Gendermanagement entsprochen wird, gibt es kaum Daten.

Die Entgelt- und Anreizgestaltung erfolgt vor dem Hintergrund verschiedener Motivationstheorien. Letztlich muss eine Organisation entscheiden, wo sie ihre Maßnahmen ansetzt. Während bei einer freien materiellen Leistung das Gehalt entweder an einer Tätigkeit oder am Erfolg bemessen und in Geld bezahlt wird, entspricht die gebundene materielle Leistung Versicherungsleistungen, Kapitalbeteiligungen oder Naturalleistungen (Klimecki/Gmür 2001). Weitere materielle Anreize sind betriebliche Sozialleistungen (Elsik/Nachbagauer 2009). Nicht-materielle Leistungen hingegen sind eine freie Arbeitsplatzgestaltung, Arbeitszeitsouveränität, Auszeichnungen, Arbeitsplatzgarantie oder Statussymbole (Klimecki/Gmür 2001). Im Fall der unbezahlten MitarbeiterInnen entfällt die Entgeltgestaltung zugunsten der Anreizgestaltung. Ansatzpunkt ist hier vor allem die Gestaltung der Arbeit selbst. Ehrenamtliches Engagement wird besonders durch die soziale Integration in eine Organisation gefördert (Moschner 2002).

Für NPOs ist es häufig schwer, Leistung und Resultate zu messen und zu kontrollieren (vgl. Beitrag II.1). Diese besondere Situation des NPO-Sektors trifft auf die generelle Problematik der Messung von Dienstleistungsqualität. Greiling betont, dass nur jene Ansätze zur Erfolgsmessung in NPOs erfolgreich sein können, die NPOs als multidimensionales Produkt und Erfolg nicht auf eine eindimensionale Erfolgsgröße reduzieren (Greiling 2009).

Auch Sachleistungen und z. T. geringeres Risiko als Ausgleich niedriger Entlohnung ist für NPOs relevant (Parry et al. 2005). Als Vorteile von NPOs werden die Möglichkeit der flexiblen Arbeitszeitgestaltung, die Karrieremobilität sowie die bessere Vereinbarkeit von Familie und Beruf hervorgehoben (Benz 2005; Borzaga/Tortia 2006; Haley-Lock/Kruzich 2008).

Ein immer prekäres Thema ist leistungsbezogene Entlohnung. Diese hat in den letzten Jahren auch in NPOs an Bedeutung gewonnen, führt aber oft zu Dysfunktionalitäten. Nach der Devise »you get, what you measure« werden nicht extra mit Leistungspunkten und damit Bonuszahlungen versehene Aufgaben motivlich verdrängt. Zudem gibt es einen allgemeinen Crowding-out-Effekt: Wenn extrinsische Anreize für eine Leistung gesetzt werden, dann verdrängen sie häufig die intrinsische – nicht an Belohnungen orientierte – Arbeitsmotivation. Typisch dafür sind die Ergebnisse einer empirischen Studie der Auswirkungen der Einführung einer leistungsbezogenen Bezahlung. Hier sank die intrinsische Motivation nach Einführung der leistungsbezogenen Bezahlung wesentlich

(Deckop/Cirka 2000). Als Grund wurde v.a. der als unfair beurteilte Prozess der Leistungsbeurteilung angegeben – eine Einschätzung, die häufig mit Bonuszahlungen o.Ä. einhergeht. Allerdings können externe, monetäre Einflüsse intrinsische Motivation nicht nur verdrängen, sondern unter bestimmten Umständen auch verstärken, ein Effekt der von der Motivation Crowding Theory beschrieben wird (Frey/Jegen 2001).

Im Gegensatz dazu kann man von einem Crowding-in-Effekt sprechen, wenn eine Arbeit ausgeübt wird, die nur unzureichend extrinsisch belohnt wird. Es werden dann Gründe gesucht, warum man einen Job dennoch ausübt. Osterloh et al. (Frey/Osterloh 2002) analysieren im Rahmen ihrer Studie den Einfluss der Dynamik der Motivation auf neue Formen der Organisation. Sie setzen v.a. auf Werte und Wissen und schlagen einen wertebasierten Wissenstransfer in Teams und zwischen Organisationseinheiten vor, um die Motivation zu erhöhen. Für ein ausgewogenes soziales, organisationales Gefüge sollten sich intrinsische und extrinsische Motivation jedenfalls gerade in Organisationen, in denen hierarchische Strukturen weniger Bedeutung haben, ungefähr die Waage halten, wobei Sozialisation und Identifikation entscheidend sind (Peterson/Ruiz-Quintanilla. 2003). Angesichts der Besonderheiten von NPOs scheint jedenfalls eine bewusste und stärkere Verwendung der impliziten, nicht vertraglich festgelegten Anreize sinnvoller, als der verstärkte Einsatz von Leistungsverträgen und leistungsorientierter Entlohnung (Speckbacher 2012).

In Bezug auf Führungskräfte können drei Typen von Vergütungssystemen unterschieden werden: Während beim personenzentrierten Vergütungssystem die Person im Vordergrund steht, dominiert beim funktionszentrierten die Tätigkeit. Beim leistungszentrierten Vergütungssystem kommt zur Tätigkeit noch die erbrachte Leistung hinzu. Im Unterschied zu Wirtschaftsorganisationen sind in NPOs kaum ausgeprägte leistungszentrierte Vergütungssysteme zu finden, viele NPOs lehnen ein solches bewusst ab. Generell gibt es einen Trend vom personenzentrierten zum funktionszentrierten Vergütungssystem (Brandl et al. 2006).

6.1.2.8 Personalbindung – MitarbeiterInnen halten

Personalbindung zielt auf die Erhaltung des Engagements und der Kompetenzen des Personals. Während die rechtliche Bindung durch den Abschluss von Arbeitsverträgen geregelt wird (Hentze/Kammel 2001) geht es darüber hinaus auch um alle anderen Maßnahmen, die die Attraktivität der Organisation für ihre MitarbeiterInnen so gestalten, dass diese möglichst lange bleiben. Ihre Funktion ist eine ambivalente. Angesichts der in vielen Feldern hohen Schwierigkeit, qualifiziertes Personal zu bekommen, ist es sinnvoll, vorhandenes Personal möglichst zu halten. Zudem belaufen sich die direkten Fluktuationskosten auf etwa 10% des Jahresgehalts. Bei besonders qualifizierten Führungskräften können sie sich auf 100% und mehr erhöhen. Indirekte Fluktuationskosten wie Stakeholder, die dem/der MitarbeiterIn folgen, sind schwer quantifizierbar (Flato/Reinbold-Scheible 2009). In einer Befragung von 340 NPOs wurde die Erhaltung von qualifiziertem Personal als viertwichtigster Indikator für den Erfolg einer NPO gesehen (Greiling 2009). Der Nachteil von hoher MitarbeiterInnenbindung ist dagegen die Gefahr abnehmender Flexibilität. Aufgrund der hohen Personenorientierung tendieren NPOs in besonderem Maß dazu, Personal generell halten zu wollen. Die Reflexion der Frage nach einer »erwünschten« Fluktuation ist hier sinnvoll.

Die motivationale Personalbindung soll sicherstellen, dass auch die Motivation langfristig gesichert wird. Sie will Fluktuation und Fehlzeiten minimieren (Klimecki/Gmür

2001). Hier geht es um Commitment, also die psychologische Bindung einer Person an die Organisation. Wissenschaftlich lassen sich zwar negative Zusammenhänge zwischen Commitment und Fluktuation, jedoch kein gesicherter zur Leistung herstellen (Weller 2003). Ein negativer Extremfall in diesem Zusammenhang ist die »innere Kündigung«, also der bewusste Verzicht der Beschäftigten auf Engagement und Eigeninitiative. Für die Organisation kann sich dies negativer auswirken als Personalfluktuation. Gründe sind u.a. mangelnde Anerkennung, die Blockierung von Verbesserungsvorschlägen oder mangelhafte Information (Stopp 2001).

In NPOs müssen die Maßnahmen der Personalbindung auch die ehrenamtlichen MitarbeiterInnen umfassen. Aufmerksamkeit für die Interessen und die Bindung von Zivildienern kann besonders lohnend sein. Eine 2011 durchgeführte Vollerhebung in allen österreichischen Zivildiensteinrichtungen zeigt, dass durchschnittlich fast 7% der ehemaligen Zivildiener nach Abschluss des Zivildienstes hauptamtlich und rund 26% ehrenamtlich weiterhin in der Einrichtung bleiben (Schober et al. 2011). In der Analyse der Beziehung zwischen Freiwilligen und gemeinnützigen Organisationen lenkt das Konzept des psychologischen Vertrags das Augenmerk auf mehr oder weniger implizite Erwartungen und Angebote über den Arbeitsvertrag hinaus. Diese Betrachtung ermöglicht ein tieferes Verständnis der wahrgenommenen gegenseitigen Verpflichtungen zwischen Freiwilligen und der NPO (Vantilborgh et al. 2011).

6.1.2.9 Personalfreisetzung – die leidige Frage der Trennung

Personalfreisetzung umfasst alle Maßnahmen, in denen eine personelle Überdeckung in quantitativer, qualitativer, örtlicher oder zeitlicher Hinsicht abgebaut wird (Olfert/Steinbuch 2001).

Die Entscheidung über geeignete Maßnahmen hängt vom Charakter des Bedarfsrückgangs ab. Ein vorübergehender Bedarfsrückgang kann durch interne Personalfreistellung abgefedert werden. Hier kommt es zu keinem Personalabbau, sondern zu einer Änderung bestehender Arbeitsverhältnisse wie Abbau von Mehrarbeit, Flexibilisierung oder Reduktion der Arbeitszeit oder Versetzung von ArbeitnehmerInnen. Externe Personalfreistellung ist Personalabbau, es werden Arbeitsverhältnisse beendet (Olfert/Steinbuch 2001). Hier kann zwischen der ordentlichen Kündigung, bei der die vertragliche Kündigungsfrist eingehalten wird und der außerordentlichen, fristlosen Kündigung unterschieden werden (Oechsler 1997).

Als begleitende Maßnahmen zur Personalfreisetzung werden drei Instrumente empfohlen (Mayerhofer/Michelitsch-Riedl 2009):

- Beim Outplacement wird professionelle Hilfe zur beruflichen Neuorientierung angeboten.
- Beim Coaching wird auf sehr individueller Basis Hilfestellung zur Bewältigung der Situation und Weiterentwicklung gegeben.
- Beim Austrittsgespräch werden zwischen Führungskraft, MitarbeiterIn und Personalabteilung Austrittsformalitäten besprochen, aber auch das Arbeitsverhältnis reflektiert.

Auch bei unbezahlten Arbeitskräften kann eine Trennung sinnvoll sein, wenn die Person nicht zur Organisation passt, Leistungen nicht vereinbarungsgemäß erbringt oder sich unpassend verhält. Ihre »Entlassung« ist insofern problematisch, als es keine rechtliche Absicherung der unbezahlten Arbeitskräfte gibt. Zusätzlich ist es für Außenstehende sowie auch manchmal für eigene MitarbeiterInnen schwer nachvollziehbar, warum jemand, der ohne Geldleistung Gutes tun möchte, nicht gehalten wird, was auch zu negativer Mundpropaganda führen kann (Wehling 1999). Oft wird dabei übersehen, dass auch unbezahlte MitarbeiterInnen Kosten verursachen (Betreuung, Ausbildung, Arbeitsmittel) und dass diese der Organisation und ihrer Außenwirkung auch schaden können.

Generell haben v.a. stark personenorientierte und stark konfliktvermeidende NPOs häufig Schwierigkeiten mit Kündigungen, ebenso wie solche mit stark wertgeladenen, sozial orientierten Organisationskulturen (Simsa 2001a). In weiten Bereichen des NPO-Sektors ist das Thema ein Tabu. Es widerspricht – manchmal falsch verstandenen – sozialen Werten. Verstärkt wird dies durch die zwar oft, aber eben nicht immer richtige Zuschreibung der generell hohen Motivation im NPO-Sektor. Hier wird übersehen, dass eine Nicht-Kündigung nicht unbedingt sozialer ist als eine Kündigung. Erstens kann es mittelbar ein Vorteil auch für die gekündigte Person sein, wenn sie nicht auf einer für sie unpassenden Stelle bleibt. Zweitens werden nicht entsprechend arbeitsbereite oder -fähige Personen oft zur Belastung für ihre KollegInnen. Drittens kann eine Kündigung auch einen Arbeitsplatz für jemand anderen schaffen – sie ist somit nicht per se asozial.

6.1.3 Personalstrategien als längerfristiges Programm

Personalmanagement sollte im Rahmen eines konsistenten Gesamtkonzepts, also einer Personalstrategie stehen, die sinnvollerweise in die Strategie der Gesamtorganisation eingebettet ist. Unter der Entwicklung des Personalmanagements wird oft auf den ersten Blick v.a. der Ausbau von Maßnahmen verstanden, die auf die Förderung und Weiterbildung von Personen abzielen. Ein anderer Fokus kann die Professionalisierung der Organisation in Bezug auf den Umgang mit Personal sein. Dies meint die adäquate Gestaltung organisationaler Strukturen, also von Entscheidungs- oder Verantwortungsbereichen, Ablaufmustern, Leistungsmessung und -bewertung etc. Tendenziell wird die Entwicklung und Professionalisierung der Gesamtorganisation in den meisten Organisationen vernachlässigt, man fokussiert auf Personen, vergisst aber, dass diese nicht im luftleeren Raum agieren, sondern im Rahmen von Strukturen, die wenig angetastet werden, was wiederum den Erfolg individueller Qualifizierungsbemühungen limitiert. »Wie soll die Organisation insgesamt mit Mitarbeitern umgehen? Welche Chancen können wir Ihnen bieten. Was kann die Organisation tun, um Belastungen oder Demotivation zu mildern? Wo wollen wir in Bezug auf das Personal in fünf oder in zehn Jahren stehen und was muss dazu getan werden?« – solche Fragen können Grundlage eines umfassenden Selbstverständnisses sein.

Ridder u.a. zeigen, dass strategisch orientiertes Personalmanagement in direktem Zusammenhang mit der Performance und dem Outcome von NPOs steht (Ridder/McCandless 2010). In der Praxis wird dieses strategische Personalmanagement sehr unterschiedlich gehandhabt. Eine breit angelegte Untersuchung im Sozialbereich (Simsa u.a. 2004) zeigt z.B., dass in diesen NPOs wenig aktives Personalmanagement betrieben wird. Personal wird eher verwaltet als aktiv gemanagt, d.h. es wird wenig in die Entwicklung der MitarbeiterInnen investiert, und wenn, dann findet dies nicht sehr zielgerichtet statt, nur wenige Organisationen haben eine explizite Personalmanagementstrategie.

Strategisches Personalmanagement muss die folgenden Anforderungen erfüllen:

- Externe und interne Einflussgrößen sind zu berücksichtigen, die Strategie muss also zur Situation der Organisation und ihrer Umwelt passen.
- Vertikale Integration: Die Personalstrategie muss mit den Zielen der Organisation abgestimmt sein, was angesichts divergierender Stakeholder-Interessen oft anspruchsvoll ist.
- Horizontale Integration: Maßnahmen der Organisation müssen erstens innerhalb des Personalmanagements zueinander passen. Wenn die Organisation z. B. bei der Einstellung auf möglichst hohe Identifikation setzt (High-committment-Organisation), dann darf sie bei der Anreizgestaltung nicht nur Leistung berücksichtigen, wie dies einer High-Performance-Organisation entsprechen würde. Zweitens sollten sich Maßnahmen auch zwischen Bereichen möglichst gegenseitig verstärken, das vom Marketing versprochene Qualitätsniveau muss z. B. auf entsprechende Qualifikationen der MitarbeiterInnen gegründet sein (Ridder/Neumann 2001).

Idealtypisch können administrative, strategische, motivationale und wertebasierte personalstrategische Orientierungen von NPOs unterschieden werden – mit aufsteigender genereller Qualität (Ridder et al. 2012). Administrative Strategien sind keine im eigentlichen Wortsinn: Das Personal wird eher verwaltet, Maßnahmen werden nur rudimentär und wenig geplant gesetzt, ihr vertikaler und horizontaler Fit ist gering. Sie sind den MitarbeiterInnen wenig bekannt, werden auch nur für einen kleinen Teil der Belegschaft angewandt und nicht als durchdacht und fair empfunden. Strategisches Personalmanagement ist in sämtlichen Dimensionen etwas elaborierter, wird aber ebenfalls nicht als fair empfunden. Bei motivationalen Personalstrategien ist der Anteil der MitarbeiterInnen der Personalabteilung bereits deutlich höher, die Maßnahmen sind ausgearbeitet, betreffen einen hohen Anteil des Personals, einzig ihr vertikaler und horizontaler Fit ist mittelmäßig. Die Qualität der Maßnahmen wird von MitarbeiterInnen mittelmäßig eingeschätzt, sie sind aber sichtbar, zugänglich und konsistent und werden als fair empfunden. Die wertebasierte Personalstrategie wird in allen Dimensionen als optimal beschrieben. Die jeweils gewählte Strategie hat unmittelbare Auswirkungen auf die Qualität und Akzeptanz einzelner HR-Maßnahmen sowie insgesamt auf den Erfolg der Organisation (ebd.).

Ein Beispiel für die Abstimmung der Strategie der Personalentwicklung mit jener der Gesamtorganisation ist die Bezugnahme auf die Einflussstrategie und damit auch Kultur der Organisation, also auf die zentralen Formen des Einflusses, den NPOs auf andere Systeme auszuüben suchen (Simsa, 2001, 2001a). Anhand der Dimensionen »Divergenz von Logiken und Interpretationstendenzen« sowie »Ausmaß der Kopplung« können vier Einflussstrategien unterschieden werden, nämlich Konfrontation, Kooperation, parallele Leistungserbringung und Schadensbegrenzung. Eine konfrontative Einflussstrategie wird z. B. von einer Menschenrechts- oder Umweltorganisation angewendet. Wichtig ist es hier, z. B. Laufbahnen anzubieten, die auch Älteren eine Tätigkeit in der Organisation ermöglichen, Gratifikationen nicht nur für die Durchführung spektakulärer Aktionen, sondern auch für die dafür notwendige Hintergrundarbeit, für die Aufnahme von weniger konfrontativ eingestellten Mitarbeitern zu sorgen, damit trotz der konfrontativen Grundorientierung der Organisation ein Minimum an Anschlussfähigkeit gesichert wird. Kooperative Einflussstrategien sind typisch für zahlreiche Verbände, die über Verhandlungen mit anderen Organisationen, u. a. mit staatlichen Stellen, beeinflussen wollen. Das Personalmanagement sollte hier durch Personalauswahl und -entwicklung auf die Sicherung der eigenen Identität gegenüber den KooperationspartnerInnen Wert legen, ohne die für Kooperation notwendige Anschlussfähigkeit aus den Augen zu verlieren. Schadensbegrenzende Strategien zielen auf die Milderung negativer Effekte, wie sie z. B. durch Hilfsorganisationen geleistet werden. Zur Abwehr von Motivationsverlusten und Burnout ist hier das Personalmanagement aufgerufen, durch Betonen von Erfolgen sowie Auffangen starker psychischer Dauerbelastungen durch Coaching, Teamentwicklung etc. tätig zu werden. Strategien der konkurrierenden oder ergänzenden Leistungserbringung werden von NPOs in den Bereichen Kultur, Soziale Arbeit, Ausbildung etc. praktiziert, neben privatwirtschaftlichen und staatlichen Organisationen. Hier liegt ein zentraler Schwerpunkt des Personalmanagements in der Förderung der Professionalität, um durch Qualitätsleistung im Wettbewerb bestehen zu können. Wesentlich ist die Formulierung klarer Anforderungs- und Leistungskriterien, z. B. durch Führung mit Zielen.

6.1.4 Personalstrategie für Ehrenamtliche

In Bezug auf den Umgang mit Ehrenamtlichen können vier Strategien unterschieden werden, die am Entwicklungsstand des Personalmanagements und an der Art des Umgangs mit Qualifikations- und Leistungsunterschieden orientiert sind (von Eckardstein 2003).

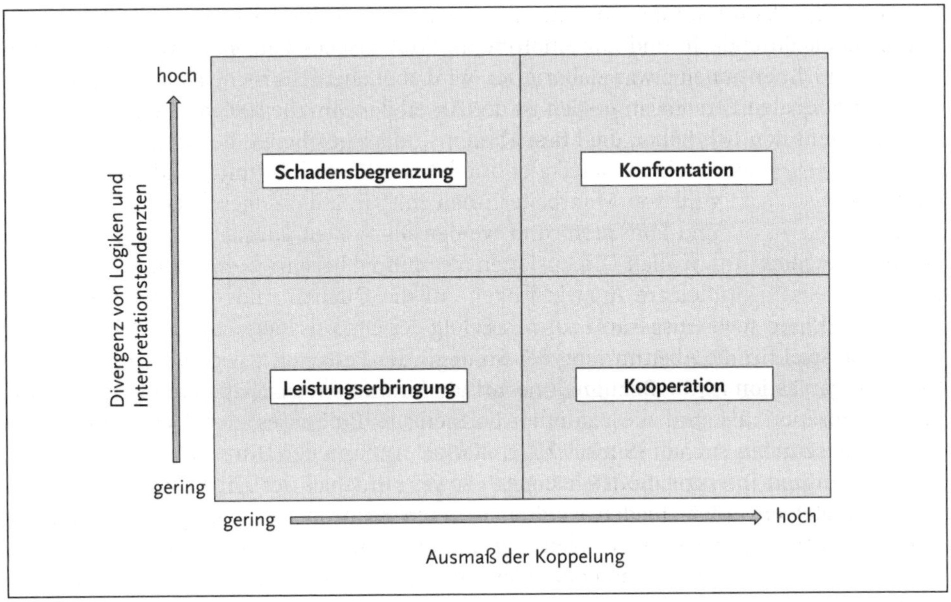

Quelle: von Eckardstein/Mayerhofer 2003, S.86

Abbildung II.6.2: Personalstrategien gegenüber Ehrenamtlichen

Selektierende Personalstrategie: Instrumente des Personalmanagements werden zwar nur rudimentär, aber differenziert nach zeitlichem Einsatz und Qualifikation der Ehrenamtlichen eingesetzt. V. a. Qualifikationen spielen eine sehr große Rolle. Um aufgenommen zu werden, muss z. B. eine fachspezifische Ausbildung absolviert werden. Hoch qualifizierte Ehrenamtliche werden zur kostengünstigen Qualifizierung anderer Ehrenamtlicher herangezogen. Die Organisationskultur zeichnet sich meist durch konkrete Zielbeschreibungen, starke Informalitätstendenzen und starke persönlichen Bindungen aus. Die Organisation trennt sich von »nichtaktiven« Ehrenamtlichen. Personalmaßnahmen, z. B. Anreizgestaltung, erfolgen individuell.

- Differenzierende Personalstrategie: Diese ist durch ein umfassendes und relativ formalisiertes und aufeinander abgestimmtes System der Instrumente gekennzeichnet. Personalmanagement wird aus Effizienzgründen betrieben. Ehrenamtliche werden mit Hilfe von Auswahlgesprächen und -seminaren ausgewählt, wobei auf ihre persönlichen Wünsche große Rücksicht genommen wird. Weiterbildung erfolgt gezielt für »Hochaktive«. Die Mission ist konkretisiert und die Organisationskultur durch professionelle Abwicklung und Effizienzstreben gekennzeichnet.
- Harmonisierende Personalstrategie: Hier steht eine starke persönliche Verbundenheit der Beteiligten im Vordergrund. Organisationskultur und Zusammenarbeit werden durch persönliche Beziehungen geprägt. Vereinzelt eingesetzte Personalmaßnahmen werden weder zielgruppendifferenziert noch konzeptionell abgestimmt. Der Anreiz für Ehrenamtliche wird in der Zugehörigkeit zur »Familie« der Ehrenamtlichen gesehen.
- Egalisierende Personalstrategie: Dies ist ein umfangreiches, weitgehend konzeptionell abgestimmtes Personalinstrumentarium für alle Ehrenamtlichen, ohne Ansehen ihres Einsatzes. Diese sind in strenge hierarchische Abläufe mit intensiven bürokratischen Elementen eingebettet. Zentrale Zielsetzung des Personalmanagements ist die Entwicklung der Gesamtorganisation. Die Auswahl der Ehrenamtlichen zielt lediglich auf den Ausschluss von absolut ungeeigneten Kräften ab, ansonsten werden alle Interessierten aufgenommen. Ehrenamtliche durchlaufen umfangreiche Einführungs- und Ausbildungsprogramme.

6.1.5 Ausblick

Personalmanagement kann die Leistung und die Kosten von NPOs wie auch den Arbeitsalltag von MitarbeiterInnen wesentlich beeinflussen. Mittlerweile liegt ein umfangreicher Fundus an Gestaltungsempfehlungen vor, die v. a. für Wirtschaftsorganisationen entwickelt wurden, sich aber in vielerlei Hinsicht auf NPOs anwenden lassen, sofern deren besondere Gegebenheiten berücksichtigt werden (vgl. von Eckardstein 2007). Die Praxis des Personalmanagements im NPO-Bereich ist sehr unterschiedlich ausgeprägt. Zum Teil wird hier noch ein Bedarf an Professionalisierung konstatiert, eine Aussage, die allerdings stärker auf Einzelbeobachtungen als auf umfassender empirischer Forschung beruht. Zum Teil ist hohe Professionalität zu beobachten.

Die Qualität des Personalmanagement in NPOs ist also sehr unterschiedlich. Viele NPOs betreiben nach wie vor eher Personalverwaltung, statt Potenziale zur MitarbeiterInnenmotivation und -leistungsfähigkeit umfangreich zu nutzen, und vernachlässigen Strategien zur MitarbeiterInnengewinnung, zur Verbesserung des Images (Stichwort Employer Branding), der Personalentwicklung und des Karrieremanagement, der familienfreundlichen Arbeitszeitgestaltung, klare Leistungsbeurteilung, oder z. B. ein Beschwerdemanagement für MitarbeiterInnen. Generell sind sich die meisten NPOs aber der Bedeutung des Personalmanagements bewusst. Die Führungskräfte haben meist hohe

Sensibilität für die Bedeutung des Personals für den Erfolg der Organisation. Einschränkungen sind in der Praxis daher meist der Ressourcenknappheit geschuldet – es wird dann an den jeweils drängendsten Personalfragen gearbeitet und weniger an einer integrierten Personalstrategie.

Neben den alltäglichen Aufgaben des Personalmanagements erfordern gegenwärtig zwei Herausforderungen besondere Aufmerksamkeit. Zum einen ist dies die sensible Gestaltung von Entgeltzahlungen. Passend zu Ökonomisierung, Verbetriebswirtschaftlichung und der wachsenden Bedeutung von Erfolgsmessung wird auch im NPO-Bereich zunehmend auf leistungsorientierte Entlohnung gesetzt, mit den in Kapitel 1.2.7. beschriebenen Gefahren der Verdrängung von Motivation, der Verlagerung von Arbeitsschwerpunkten auf Messbares und der sukzessiven und oft so nicht geplanten Veränderung der Organisationskultur. Auch in Wirtschaftsunternehmen führen diese Vergütungssysteme häufig zu Problemen, in NPOs ist allerdings besonders auf die Entwicklung von zur Organisation und ihrer Kultur passenden Systemen zu achten, oft braucht es vielleicht sogar den Mut, auf solche Entlohnungssysteme zu verzichten, selbst wenn dies gängigen – derzeit modernen – Anforderungen an »rationales Management« widerspricht.

Zum Zweiten sind NPOs trotz ihrer hohen MitarbeiterInnen-Orientierung im gesamtgesellschaftlichen Trend der Abnahme des Normalarbeitsverhältnisses zugunsten flexiblerer atypischer Arbeitsverhältnisse und damit der Auslagerung unternehmerischer Risiken auf Beschäftigte immer noch Vorreiter. Die wachsende Konkurrenz und knapper werdende öffentliche Gelder (vgl. Beitrag III.8) könnten NPOs dazu verleiten bzw. zwingen, möglichst noch mehr aus ihren Ressourcen »herauszuholen« und damit vielfach beobachtbare Tendenzen der Selbstausbeutung im Sektor zu verstärken, was langfristig zu Lasten nicht nur der Personen, sondern auch der Organisationskultur, der Attraktivität der Organisationen und ihrer Leistungen gehen könnte. In Zukunft wird es daher auch darum gehen, Personal nicht nur möglichst effektiv einzusetzen, sondern die MitarbeiterInnen auch zu schützen – vor Anforderungen der Stakeholder und der Organisation, aber auch vor den eigenen Ansprüchen.

Literatur

Ashforth, Blake E./Saks, Alan M. (1996): Socialization Tactics: Longitudinal Effects on Newcomer Adjustment. In: The Academy of Management Journal, 39, 149–178.

Ashforth, Blake/Saks, Alan/Lee, Raymond (1998): Socialization and Newcomer Adjustment: The Role of Organizational Context. In: Human Relations, 51, 897–926.

Austria, Statistik (2010): Statistisches Jahrbuch Österreich. Wien, unveröffentlichter Projektbericht.

Badelt, Christoph (1999): Personalpolitische Herausforderungen im Nonprofit-Sektor. In: Elsik, W./Mayrhofer, W. (Hrsg.): Strategische Personalpolitik, München.

Badelt, Christoph (2002a): Ehrenamtliche Arbeit im Nonprofit-Sektor. In: Badelt, Christoph (Hrsg.): Handbuch der Nonprofit-Organisation. Strukturen und Managemnent, Stuttgart, 573–604.

Benz, Matthias (2005): Not for the Profit, but for the Satisfaction?– Evidence on Worker Well-Being in Non-Profit Firms. In: Kyklos, 58, 155–176.

Biffl, Gudrun (2004): Aktuelle Maßnahmen zur Beschäftigung älterer Arbeitnehmer in Österreich. In: (Hrsg.): Altersgerechte Arbeitswelt. Referate und Diskussionsbeiträge des ExpertInnenhearings der Sozialpartner, Wien: BAK et al. (Hg.), 25–31.

Bode, Ingo/Graf, Achim (2000): Im Trend, aber auf eigenen Wegen. Arbeit und Organisation im Dritten Sektor. In: Brose, Hanns-Georg (Hrsg.): Die Reorganisation der Arbeitsgesellschaft, Frankfurt/New York, 139–172.

Borzaga, Carlo/Tortia, Ermanno (2006): Worker Motivations, Job Satisfaction, and Loyalty in Public and Nonprofit Social Services. In: Nonprofit and Voluntary Sector Quarterly, 35, 225–248.

Brandl, Julia/Konlechner, Stefan/Beisheim, Margret (2006): Entwicklungsdynamik von Vergütungssystemen in Nonprofit-Organisationen. In: Zeitschrift für Personalforschung, 20, 356–375.

Bröckermann, Rainer (2001): Personalwirtschaft. Lehrbuch für das praxisorientierte Studium. 2. Aufl., Stuttgart.

Brown, William A./Yoshioka, Carlton F. (2003): Mission Attachment and Satisfaction as Factors in Employee Retention. In: Nonprofit Management & Leadership, 14, 5–18.

Bühner, Rolf (1994): Personalmanagement. Augsburg.

Collins, Brian K. (2008): What's the Problem in Public Sector Workforce Recruitment? A Multi-Sector Comparative Analysis of Managerial Perceptions. In: International Journal of Public Administration, 31, 1592.

Deckop, John R./Cirka, Carol C. (2000): The Risk and Reward of a Double-Edged Sword: Effects of a Merit Pay Program on Intrinsic Motivation. In: Nonprofit and Voluntary Sector Quarterly, 29, 400–418.

Eckardstein, D. (2007): Personalmanagement in NPOs. In: (Hrsg.): Handbuch der Nonprofit-Organisation: Strukturen und Management, Stuttgart: Badelt, Christoph; Meyer, Michael, Simsa, Ruth (Hrsg.).

Elsik, Wolfgang (2009): Personalbeurteilung. In: Kasper, H./Mayerhofer, H. (Hrsg.): Personalmanagement. Führung. Organisation. 4. Aufl., Wien.

Elsik, Wolfgang/Nachbagauer, Andreas (2009): Materielle Anreize. In: Kasper, H./Mayerhofer, H. (Hrsg.): Personalmanagement. Führung. Organisation. 4. Aufl., Wien.

Flato, Erhard/Reinbold-Scheible, Silke (2009): Zukunftsweisendes Personalmanagement.

Frey, Bruno S./Jegen, Reto (2001): Motivation Crowding Theory. In: Journal of Economic Surveys, 15, 589–611.

Frey, Bruno S./Osterloh, Margit, (Hrsg.) (2002): Managing Motivation: Wie Sie die neue Motivationsforschung für Ihr Unternehmen nutzen können. Wiesbaden.

Gmür, Markus/Schwerdt, Boris (2005): Der Beitrag des Personalmanagement zum Unternehmenserfolg. Eine Metanalyse nach 20 Jahren Erfolgsfaktorenforschun. In: Zeitschrift für Personalforschung, 19, 221–251.

Greiling, Dorothea (2009): Erfolgsmaßstäbe für Nonprofit-Organisationen. In: BFuP, 61, 56–78.

Haley-Lock, Anna/Kruzich, Jean (2008): Serving Workers in the Human Services: The Roles of Organizational Ownership, Chain Affiliation, and Professional Leadership in Frontline Job Benefits. In: Nonprofit and Voluntary Sector Quarterly, 37, 443–467.

Hausknecht, John P./Day, David V./Thomas, Scott C. (2004): Applicant Reactions to Selection Procedures: An Updated Model and Meta-Analysis. In: Personnel Psychology, 57, 639–683.

Hentze, Joachim/Kammel, Andreas (2001): Personalwirtschaftslehre 1. 7, Bern, Stuttgart, Wien.

Klimecki, Rüdiger G./Gmür, Markus (2001): Personalmanagement. Strategien – Erfolgsbeiträge – Entwicklungsperspektiven. 2. Aufl., Stuttgart.

Lueger, Günter (1996): Beschaffung und Auswahl von Mitarbeitern. In: Kasper, Helmut/Mayrhofer, Wolfgang (Hrsg.): Personalmanagement. Führung. Organisation.

Lueger, Günter (1996a): Personalbeurteilung. In: Kasper, Helmut/Mayrhofer, Wolfgang (Hrsg.): Personalmanagement, Führung, Organisation. 2. Aufl., Wien.

Maier, Florentine/Neumayr, Michaela (Hrsg.) (2010): Geschlechtergerechtigkeit im Nonprofit-Sektor – Status quo in Österreich und aktuelle Herausforderungen. Wien.

Mayerhofer, Helene (2001): Der Stellenwert Ehrenamtlicher als Personal in Nonprofit-Organisationen. In: Zeitschrift für Personalforschung, 15, 263–283.

Mayerhofer, Helene (2003): Der Stellenwert Ehrenamtlicher als Personal in Nonprofit-Organisationen. In: Eckardstein, Dudo von/Ridder, Hans-Gerd (Hrsg.): Personalmanagement als Gestaltungsaufgabe im Nonprofit und Public Management, München, Mering.

Mayerhofer, Helene (2009): Beschaffung und Auswahl vom Mitarbeiterinnen und Mitarbeitern. In: Kasper, Helmut/Mayrhofer, Wolfgang (Hrsg.): Personalmanagement. Führung. Organisation. 4. Aufl., Wien.

Mayerhofer, Helene/Michelitsch-Riedl, Gabriele (2009): Personalentwicklung. In: Kasper, H./Mayrhofer, W. (Hrsg.): Personalmanagement. Führung. Organisation. 4. Aufl., Wien.

McGovern, Patrick/Stiles, Philip/Hope, Veronica (1996): The flexible psychological contract? Career management in an era of insecurity. In: Management Research News, 19, 81–84.

Meyer, Michael (2010): Eintritt in die Organisation: Neues Personal und seine Integration. In: Mayrhofer, Wolfgang/Meyer, Michael/Titscher, Stefan (Hrsg.): Praxis der Organisationsanalyse. Anwendungsfelder und Methoden, Wien.

Moschner, Barbara (2002): Altruismus und Egoismus – Was motiviert zum Ehrenamt? In: Zeitschrift für Politische Psychologie, 10, 25–40.

Oechsler, Walter A. (1997): Personal und Arbeit. Einführung in die Personalwirtschaft unter Einbeziehung des Arbeitsrechts. 6. Aufl. München.

Olfert, Klaus/Steinbuch, Pitter A. (2001): Personalmanagement. 9. Aufl., Ludwigshafen.

Parry, Emma/Kelliher, Clare/Mills, Tim/Tyson, Shaun (2005): Comparing HRM in the voluntary and public sectors. In: Personnel Review, 34, 588–602, 622–624.

Peterson, Mark F/Ruiz-Quintanilla., S Antonio (2003): Cultural socialization as a source of intrinsic work motivation. In: Group & Organization Management, 28, 188–216.

Ridder, Hans-Gerd/Baluch, Alina McCandless/Piening, Erk P. (2012): The whole is more than the sum of its parts? How HRM is configured in nonprofit organizations and why it matters. In: Human Resource Management Review, 22, 1.

Ridder, Hans-Gerd/McCandless, Alina (2010): Influences on the Architecture of Human Resource Management in Nonprofit Organizations. In: Nonprofit and Voluntary Sector Quarterly, 39, 124–141.

Ridder, Hans Gerd/Neumann, Sven (2001): Personalwirtschaft im Umbruch? Empirische Ergebnisse und theoretische Erklärung. In: Zeitschrift für Personalforschung, 3, 243–262.

Rodwell, John J./Teo, Stephen T. T. (2004): Strategic HRM in for-profit and non-profit organizations in a knowledge-intensive industry. In: Public Management Review, 6, 311–331.

Rondeau, Kent V./Wagar, Terry H. (2001): Impact of human resource management practices on nursing home performance. In: Health Services Management Research, 14, 192–202.

Rousseau, Denise, M. (1990): New hire perceptions of their own and their employer's obligations: A study of psychological contracts. In: Journal of Organizational Behavior, 11, 398–400.

Rousseau, Denise, M. (1995): Psychological contracts in organizations: understanding written and unwritten agreements. Thousand Oaks: Sake.

Rousseau, Denise, M. (1998): Assessing psychological contracts: Issues, alternatives and measures. In: Journal of Organizational Behavior, 19, 679–695.
Saks, Alan M./Uggerslev, Krista L./Fassina, Neil E. (2007): Socialization tactics and newcomer adjustment: A meta-analytic review and test of a model. In: Journal of Vocational Behavior, 70, 413–446.
Schneider, Ulrike/Haider, Astrid (2009): Nonprofit-Organisationen in Österreich 2006. Wien unveröffentlichter Projektbericht.
Schober, Christian/Schober, Doris (2004): Personalmanagement, Arbeitszufriedenheit und Motivation in Organisationen der Altenpflege und -betreuung. Wien Dissertation Wirtschaftsuniversität.
Schober, Christian/Sprajcer, Selma/Schober, Doris/Perval-Al Soqauer, Ina (2011): Der gesellschaftliche und ökonomische Nutzen des Zivildienstes in Österreich. Wien: NPO-Kompetenzzentrum, WU, unveröffentlichter Projektbericht.
Scholz, Christian (2000): Personalmanagement.
Seok Eun Kim/Jung Wook Lee (2007): Is Mission Attachment an Effective Management Tool for Employee Retention? An Empirical Analysis of a Nonprofit Human Services Agency. In: Review of Public Personnel Administration, 27, 227–248.
Sequani, Antonia (2009): Verbesserung von Personalstrukturen. In: nach dem systemischen Ansatz in Non-Profit-Organisationen, 33, 21–24.
Simsa, Ruth (2001): Gesellschaftliche Funktionen und Einflußformen von Nonprofit-Organisationen. Eine systemtheoretische Analyse, Frankfurt/Main.
Simsa, Ruth (2001a): Einflussstrategien von Nonprofitorganisationen: Ausprägungen und Konsequenzen für das Personalmanagement. In: Zeitschrift für Personalforschung, 15, 284–305.
Simsa, Ruth (2004): Arbeitszufriedenheit und Motivation in mobilen sozialen Diensten sowie Alten- und Pflegeheimen – Forschungsergebnisse und Ansatzpunkte für Personalmanagement und Politik. In: WISO Wirtschafts- und Sozialpolitische Zeitschrift des ISW 27, 58–77.
Simsa, Ruth/Patak, Michael (2008): Leadership in Nonprofit-Organisationen. Die Kunst der Führung ohne Profitdenken, Wien.
Simsa, Ruth/Schober, Christian/Schober, Doris (2004): Belastende AltenpflegerInnen – Zur Notwendigkeit verbesserter Rahmenbedingungen für ein langfristige Sicherung der Qualität der Altenpflege. In: SWS-Rundschau 44, 497–509.
Speckbacher, Gerhard (2012): The Use of Incentives in Nonprofit Organizations. In: Nonprofit and the Voluntary Sector Quarterly, forthcoming.
Stopp, Udo (2001): Betriebliche Personalwirtschaft: zeitgemäße Personalwirtschaft – Notwendigkeit für jedes Unternehmen. 24, Renningen.
Trukeschitz, Birgit (2006): Im Dienst Sozialer Dienste. Wien.
Vantilborgh, Tim/Bidee, Jemima/Pepermans, Roland/Willems, Jurgen/Huybrechts, Gert/Jegers, Marc (2011): Volunteers' Psychological Contracts: Extending Traditional Views. In: Nonprofit and Voluntary Sector Quarterly.
von Eckardstein, Dudo (2002): Personalmanagement in NPOs. In: Badelt, Christoph (Hrsg.): Handbuch der Nonprofit-Organisation: Strukturen und Management. 3. Aufl., Stuttgart.
von Eckardstein, Dudo (2003): Personalmanagement als Gestaltungsaufgabe im Nonprofit und Public Management.
von Eckardstein, Dudo (2007): Personalmanagement in NPOs. In: Badelt, Christoph/Meyer, Michael/Simsa, Ruth (Hrsg.): Handbuch der Nonprofit-Organisation, Stuttgart.

von Eckardstein, Dudo/Kasper, Helmut/Mayrhofer, Wolfgang, (Hrsg.) (1999): Management. Theorien-Führung-Veränderung. Stuttgart.

von Eckardstein, Dudo/Mayerhofer, Helene (2003): Personalstrategien für Ehrenamtliche in sozialen NPOs. In: Eckardstein, Dudo von/Ridder, Hans-Gerd (Hrsg.): Personalmanagement als Gestaltungsaufgabe im Nonprofit und Public Management, München, Mering.

Wanberg, Connie R./Kammeyer-Müller, John D. (2000): Predictors and outcomes of proac-tivity in the socialization process. In: Journal of Applied Psychology, 83, 373–385.

Wehling, Margret (1993): Personalmanagement für unbezahlte Arbeitskräfte. Bergisch Gladbach, Köln.

Wehling, Margret (1999): Anreizsysteme im Multi-Level-Marketing. Erscheinungsformen und Gestaltungsoptionen. Stuttgart.

Weller, Ingo (2003): Commitment. In: Martin, Albert (Hrsg.): Organizational Behaviour – Verhalten in Organisationen, Stuttgart: Kohlhammer, 77–94.

Zauner, Alfred/Simsa, Ruth (2002): Konfliktmanagement in NPOs. In: Badelt, Christoph (Hrsg.): Handbuch der Nonprofit-Organisation. Strukturen und Management, Stuttgart, 443–456.

Zimmer, Annette/Priller, Eckhard/Hallmann, Thorsten (2001): Zur Entwicklung des Nonprofit-Sektors und den Auswirkungen auf das Personalmanagement seiner Organisationen. In: Zeitschrift für Personalforschung, 15, 207–224.

7 Arbeits- und sozialrechtliche Rahmenbedingungen in NPOs[1]

Monika Drs, Eberhard Eichenhofer, Thomas Gächter[2]

7.1 Einführung

Die Beschäftigung von MitarbeiterInnen ist an zahlreiche Rechtsvorschriften gebunden. In diesem Kapitel werden die wichtigsten Themen und grundsätzlichen Regeln aufgezeigt und die arbeits- und sozialrechtlichen Besonderheiten für Beschäftigte in NPOs dargestellt. Soweit nicht auf ein einzelnes Land verwiesen wird, gelten die Ausführungen für Österreich, Deutschland und die Schweiz gleichermaßen.

7.2 Abgrenzung der MitarbeiterInnengruppen innerhalb der NPOs

Die rechtliche Abgrenzung der bei NPOs beschäftigten MitarbeiterInnengruppen ist notwendig, weil unterschiedliche gesetzliche Rahmenbedingungen zu beachten sind, je nachdem welche Art der Beschäftigung zwischen den NPOs und den MitarbeiterInnen vereinbart wird. Die NPOs können grundsätzlich die Art der Beschäftigung frei wählen. So sie sich aber für eine bestimmte Beschäftigungsart entschieden haben, müssen sie die für diese Rechtsform vorgesehenen Rechtsvorschriften einhalten, soweit keine Sonderregelungen für die betreffende NPO vorgesehen sind.

Aus arbeits- und sozialrechtlicher Sicht ist insb. zwischen der Beschäftigung als ArbeitnehmerIn (AN), freie DienstnehmerIn (freie DN) oder WerkvertragsnehmerIn zu unterscheiden. Im sozialen Bereich (Wohlfahrtswesen) spielt zudem auch die Betätigung von Ehrenamtlichen, Zivildienern oder Ordensangehörigen eine ganz wesentliche Rolle.

Zahlreiche Verträge werden abgeschlossen, ohne dass sich die Vertragsparteien dessen bewusst sind. Dessen ungeachtet sind auch in diesem Fall (d.h. bei Vorliegen eines Arbeitsvertrages) sowohl die gesetzlichen als auch die kollektivvertraglichen Schutzbestimmungen anwendbar; so z.B. die Bestimmungen über Kündigungsschutz, Entgeltfortzahlung, Urlaub, beendigungsabhängige Ansprüche sowie das kollektivvertraglich vorgesehene Mindestentgelt. Beim Abschluss einer Vereinbarung muss daher auf den Vertragstyp geachtet werden. Es kann, um hohe Folgekosten zu vermeiden, ratsam sein, einen Juristen beizuziehen.

1 Gesetzesstand Januar 2012.
2 Bis zur 4. Auflage wurde der Artikel gemeinsam von Ulrich Runggaldier und Monika Drs verfasst.

7.2.1 ArbeitnehmerInnen

AN ist, wer in der Organisation des/der Arbeitgebers/in (AG) auf dessen Rechnung und Risiko Arbeit verrichtet. Entscheidend ist dafür, dass sich die Person aus freien Stücken auf eine gewisse Zeit – befristet oder unbefristet – für einen anderen zur Dienstleistung in persönlicher Abhängigkeit verpflichtet.

Kennzeichen der persönlichen Abhängigkeit sind die Einbeziehung in die betriebliche Organisation, Unterwerfung unter die betrieblichen Ordnungsvorschriften, Weisungsgebundenheit nicht nur hinsichtlich des Inhalts, sondern auch des persönlichen Verhaltens bei Erbringung der Arbeit, Kontrollunterworfenheit hinsichtlich der Einhaltung der betrieblichen Ordnungsvorschriften und der persönlichen Weisungen, disziplinäre Verantwortlichkeit (d. h. AN müssen bei einem Fehlverhalten mit disziplinären Maßnahmen – Ermahnung oder Vertragsauflösung – rechnen) und persönliche Arbeitspflicht der AN. Die aufgezählten Merkmale müssen nicht alle vorliegen; ein Überwiegen der Kriterien reicht aus.

Besonders hervorzuheben ist, dass ein Arbeitsvertrag in der Regel auch mündlich abgeschlossen werden kann. Die Schriftform kann aber zu Beweiszwecken bei eventuell auftretenden Streitigkeiten hilfreich sein.

Wurde allerdings kein schriftlicher Arbeitsvertrag abgeschlossen, so ist nach österreichischem Recht den AN grundsätzlich unverzüglich nach Beginn des Arbeitsverhältnisses ein schriftlicher Dienstzettel auszuhändigen, der alle wesentlichen Rechte und Pflichten aus dem Arbeitsvertrag wiederzugeben hat (vgl. § 2 Arbeitsvertragsrechts-Anpassungsgesetz [AVRAG]). Nach deutschem Recht hat der/die AG bis zu einem Monat nach dem vereinbarten Beginn des Arbeitsverhältnisses Zeit, dem/der AN eine Niederschrift der wesentlichen Vertragsbedingungen auszuhändigen (vgl. § 2 Nachweisgesetz). Im schweizerischen Recht findet sich keine entsprechende Bestimmung.

Ein Arbeitsvertrag liegt nur vor, wenn sich Beschäftigte zur Arbeitsleistung verpflichten. Personen, die freiwillig Leistungen erbringen, ohne sich dazu vertraglich verpflichtet zu haben, sind daher keine AN i. S. d Arbeitsvertragsrechtes und werden nicht aus einem Arbeitsvertrag berechtigt oder verpflichtet. Im österreichischen Betriebsverfassungsrecht und im Sozialversicherungsrecht kommt es hingegen nur auf die faktische Beschäftigung, nicht aber auf einen gültigen Arbeitsvertrag an; ausschlaggebend ist also das Faktum der Einbeziehung in die Organisation des Betriebes.

Im Gegensatz zur Schweiz (Art. 319 Abs. 1 des Obligationenrechts [OR]) ist in Österreich (§ 1152 Allgemeines Bürgerliches Gesetzbuch [ABGB], § 6 Abs. 1 Angestelltengesetz [AngG]) und Deutschland (§ 612 BGB) die Entgeltlichkeit lediglich im Sozialversicherungsrecht ein Abgrenzungskriterium für den AN-Status. Deswegen können auch Personen, die ihre Arbeitskraft unentgeltlich zur Verfügung stellen (ehrenamtliche MitarbeiterInnen), AN i. S. d Arbeitsvertragsrechtes sein, vorausgesetzt sie haben sich vertraglich zur Arbeitsleistung verpflichtet.

7.2.2 Freie DienstnehmerInnen

Freie DN (bzw. Beauftragte/r in der schweizerischen Terminologie) ist, wer sich einem anderen gegenüber zu einer gattungsmäßig umschriebenen Dienstleistung (z. B. Buchhaltungsarbeiten) für eine bestimmte oder unbestimmte Zeit verpflichtet, ohne von dem anderen persönlich abhängig zu sein. Die Unterstellung unter den Arbeitsvertrag scheitert an der fehlenden persönlichen Abhängigkeit, die Unterstellung unter den Werkvertrag an der fehlenden Pflicht zur Herbeiführung eines Erfolges. Freie DN sind einzig zur sachgemäßen Ausführung der geschuldeten Tätigkeit verpflichtet.

7.2.3 WerkvertragsnehmerInnen

WerkvertragsnehmerInnen verpflichten sich zur Erbringung einer im Vertrag selbst konkretisierten oder spezifizierten Leistung. Beim Werkvertrag wird nicht die Bereitstellung der Arbeitskraft oder Leistung von Diensten, sondern die Herbeiführung eines bestimmten Erfolges geschuldet, wovon der Werklohn abhängt. Ebenso wie freie DN sind auch WerkvertragsnehmerInnen selbstständig und persönlich unabhängig. Das Gesetz verlangt beim Werkvertrag jedoch die strikte Entgeltlichkeit der Werkleistung (§ 1151 ABGB, § 632 BGB, Art. 363 OR).

7.2.4 Arbeitnehmerähnliche Personen

AN-ähnliche Personen erbringen ihre Arbeitsleistung in persönlicher Unabhängigkeit, aber in wirtschaftlicher Abhängigkeit von ihren AuftraggeberInnen. Sie können z. B. auf Grund eines Werk- oder freien Dienstvertrages tätig werden. Solche Personen sind v. a. durch folgende Merkmale gekennzeichnet: wenige AuftraggeberInnen, keine nennenswerte unternehmerische Struktur, die menschliche Arbeitsleistung steht im Vordergrund, Betroffenheit durch inhaltliche Ausführungsbeschränkungen sowie das Angewiesensein auf Betriebsmittel der AuftraggeberInnen.

7.2.5 Ehrenamtliche MitarbeiterInnen

In Beitrag III.1 wird ehrenamtliche Arbeit als Arbeitsleistung definiert, der kein monetärer Gegenfluss gegenübersteht, die also nicht mit Geld bezahlt wird. Diese Definition gilt für das Arbeits- und Sozialrecht nicht. Dort wird hinsichtlich der Frage der Entgeltlichkeit nicht zwischen Geld- und Naturalentlohnung differenziert. Daher sind auch Personen, die ausschließlich Naturalbezüge (z. B. Lebensmittel, Dienstwohnung, private Nutzung von Dienstfahrzeugen) erhalten, grundsätzlich ebenso zu behandeln wie Personen, die ihre Bezüge in Geld erhalten. Deshalb sind unter ehrenamtlichen MitarbeiterInnen nur jene zu verstehen, denen für ihre Tätigkeit weder Geld noch andere vermögenswerte Sachen oder Dienstleistungen gebühren. Aufwandersatz ist dagegen unschädlich; problematisch ist indes pauschalierter Aufwandersatz, weil darin »verstecktes« Arbeitsentgelt enthalten sein kann (dies ist vor allem für das Sozialversicherungsrecht und das Steuerrecht von Bedeutung, vgl. auch Kapitel 7.3 – Entgelthöhe).

Da für das Vorliegen eines Arbeitsvertrages weder in Österreich noch in Deutschland – im Gegensatz zum Werkvertrag und im Gegensatz auch zur Rechtslage in der Schweiz (Art. 319 OR) – Entgeltlichkeit erforderlich ist, können auch ehrenamtliche MitarbeiterInnen als AN zu qualifizieren sein, falls die sonstigen Voraussetzungen erfüllt sind. Häufig wird jedoch der Arbeitsvertrag bei ehrenamtlichen MitarbeiterInnen am fehlenden

Verpflichtungswillen scheitern – namentlich bei MitarbeiterInnen, die lediglich freiwillig und gelegentlich (Gefälligkeitsdienste) oder auf Grund einer Mitgliedschaft (z. B. als Ordensmitglied, FunktionärIn eines Vereins oder Mitglied einer karitativen Vereinigung) für die NPO arbeiten. Diese MitarbeiterInnen können nach österreichischem Recht aber sehr wohl AN i. S. d Betriebsverfassungsrechtes sein (vgl. § 36 Arbeitsverfassungsgesetz [ArbVG], s. hierzu auch Kapitel 7.3.3). Nach deutschem Recht entspricht der Begriff des/der AN des Betriebsverfassungsrechts dem des Arbeitsvertragsrechts. Mangels Entgeltlichkeit der Arbeitsleistung sind sie jedoch keine Beschäftigten im Sozialversicherungsrecht (vgl. Kapitel 7.4).

7.2.6 Sonstige MitarbeiterInnengruppen

Zivildiener (Österreich) bzw. *Zivildienstleistende* (Deutschland und Schweiz) und *Mitglieder eines Freiwilligendienstes* (Deutschland) werden nicht auf Grund eines Arbeitsvertrages, sondern auf Grund eines öffentlich rechtlichen Verwaltungsaktes bzw. in der Schweiz auf Grund einer besonderen, bewilligungspflichtigen Vereinbarung zwischen Einsatzbetrieb und Zivildienstleistendem tätig. Da bei diesem abgesehen vom Vertrag auch die Freiwilligkeit der Arbeitsleistung fehlt, sind sie weder als AN noch als freie DN noch als WerkvertragsnehmerInnen zu qualifizieren.

Freiwilliges Sozialjahr, Freiwilliges Umweltschutzjahr, Gedenkdienst oder *Friedens-* und *Sozialdienst* im Ausland: Am 1. Juni 2012 trat in Österreich das Freiwilligengesetz (FreiwG) in Kraft, das die Rahmenbedingungen für freiwillige Tätigkeiten im Interesse der Allgemeinheit regelt. Voraussetzung ist die Arbeitsmarktneutralität dieser Tätigkeiten (d. h. durch diese Beschäftigten darf es zu keiner Reduzierung von AN kommen und es dürfen mit diesen Personen auch keine Personalengpässe beseitigt werden). Zudem muss es sich um eine freiwillige Leistung handeln, es darf keine einschlägige abgeschlossene Berufsausbildung vorliegen und die Tätigkeit darf nicht aufgrund eines Arbeitsverhältnisses erbracht werden (besteht nach den tatsächlichen Gegebenheiten eine Verpflichtung zur Arbeitsleistung in persönlicher Abhängigkeit (vgl. Kapitel 7.2.1), liegt ein Arbeitsverhältnis vor; die betreffende Person kann dann die Ansprüche aus dem Arbeitsverhältnis – z. B. angemessenes Entgelt – einklagen). Diese Personen sind kranken-, unfall- und pensionsversichert (vgl. auch Kapitel 7.4.1) und haben Anspruch auf Weiterbezug der Familienbeihilfe. Den Beschäftigten gebührt ein Taschengeld in der Höhe von 50 bis 100% der Geringfügigkeitsgrenze (2012: 376,26 Euro/Monat, 2013 voraussichtlich 386,60 Euro/Monat, vgl. Kapitel 7.4.2. Steuerrechtlich gilt das Taschengeld als steuerpflichtiges Einkommen aus nichtselbständiger Arbeit). Darüber hinaus ist ein Freistellungsanspruch von 25 Arbeitstagen (falls die Tätigkeit ein ganzes Jahr dauert), ein Entgeltfortzahlungsanspruch bei wichtigen Dienstverhinderungsgründen, eine 36-stündige Wochenruhe, die sinngemäße Anwendbarkeit etlicher Bestimmungen des Mutterschutzgesetzes (MSchG), des Gleichbehandlungsgesetzes (GlBG), des Behinderteneinstellungsgesetzes (BEinstG) und des Dienstnehmerhaftpflichtgesetzes (DNHG) vorgesehen. Darüber hinaus gelten für diese Personen die Bestimmungen des ArbeitnehmerInnenschutzgesetzes (ASchG), des Kinder- und Jugendlichen-Beschäftigungsgesetzes (KJBG) und des Arbeitsinspektionsgesetzes (AIG).

Priester und Ordensangehörige: Personen, die ihre Arbeit ausschließlich auf Grund eines religiösen Rechtsaktes – z. B.: Inkardination auf Grund der Weihe oder Profess – ausüben, ohne dass mit ihnen ein privatrechtlicher Vertrag abgeschlossen worden ist, sind nicht durch weltliches Recht zur Tätigkeit verpflichtet. Auch diese Personen können sich jedoch vertraglich zur Arbeitsleistung verpflichten. Soweit dies zutrifft, sind auch auf sie grundsätzlich die entsprechenden Gesetzesbestimmungen anzuwenden.

Beschäftigte im Strafvollzug: Arbeitsfähige Gefangene sind in Österreich und in der Schweiz gesetzlich verpflichtet, Arbeit zu leisten. Diese erfolgt nicht auf Grund eines Arbeitsvertrages, sondern durch Zuweisung durch den/die AnstaltsleiterIn. Da auch hier weder ein Vertrag noch Freiwilligkeit der Arbeitsleistung gegeben sind, sind die fraglichen Personen weder als AN noch als freie DN noch als WerkvertragsnehmerInnen zu qualifizieren. Dasselbe gilt im schweizerischen Recht für Personen, die zur Leistung gemeinnütziger Arbeit i. S. von Art. 37ff. des Schweizerischen Strafgesetzbuches verurteilt worden sind. Entsprechendes gilt aber auch nach österreichischem Recht für Personen, die sich im Rahmen der Diversion (Rücktritt von der Strafverfolgung) bereit erklärt haben, unentgeltlich gemeinnützige Leistungen zu erbringen (§ 201 der österreichischen Strafprozessordnung).

7.3 Arbeitsrechtliche Besonderheiten in NPOs

Bedient sich eine NPO eines genannten Vertragstypus, ist sie an die dafür geltenden zwingenden Rechtsvorschriften gebunden. Das Gesetz enthält für Arbeitsverträge, freie Dienstverträge (Aufträge) und Werkverträge zum Teil eigene Regeln. Eine besondere Rechtsstellung kommt der NPO in ihrer AG-Funktion nur zu, falls Sonderregelungen für die betroffene Organisation vorgesehen sind oder sich bei der Ausfüllung unbestimmter Gesetzesbegriffe (z. B.: Was ist ein sittenwidriger Vertragsinhalt, welches Interesse überwiegt bei der Interessenabwägung) Besonderheiten ergeben. So sehen etwa das österreichische ArbVG (§ 132) und das deutsche Betriebsverfassungsgesetz (§ 118 BetrVG) für Tendenzunternehmen (= Unternehmen, die politischen, konfessionellen, wissenschaftlichen, erzieherischen oder karitativen Zwecken dienen) Ausnahmebestimmungen vor (vgl. auch Kapitel 7.3.3 – Betriebsverfassung). Die Schweiz hat zwar keine expliziten gesetzlichen Sonderregelungen für Tendenzunternehmen; die schweizerische Praxis anerkennt aber dieselben Besonderheiten, die im Rahmen der Auslegung Berücksichtigung finden.

Die österreichische Verfassungsbestimmung des Art. 15 Staatsgrundgesetz (StGG), wonach den gesetzlich anerkannten Kirchen und Religionsgesellschaften das Recht zukommt, ihre inneren Angelegenheiten selbstständig zu ordnen und zu verwalten, ist v. a. auch bei der Auslegung der arbeitsrechtlichen Normen zu berücksichtigen. Zu den inneren Angelegenheiten gehören jene, in denen die Kirchen und Religionsgesellschaften ohne Autonomie in ihrer Verkündung und der praktischen Ausübung ihrer Glaubenssätze eingeschränkt wären. Zur deutschen Rechtslage vgl. Art. 140 Grundgesetz (GG) i. V. m. 137 Abs. 3 der Weimarer Reichsverfassung; zur schweizerischen Rechtslage vgl. Art. 15 der Bundesverfassung.

7.3.1 Anwendbarkeit arbeitsrechtlicher Rechtsvorschriften auf die unterschiedlichen MitarbeiterInnengruppen in NPOs

Ob die arbeitsrechtlichen Vorschriften auch für die Beschäftigten von NPOs anwendbar sind, ergibt sich primär aus dem konkreten Gesetz. Die meisten arbeitsrechtlichen Vorschriften gelten nur für AN, einzelne Gesetze darüber hinaus auch für AN-ähnliche Personen.

In Österreich sind z. B. für AN-ähnliche Personen anwendbar: das Ausländerbeschäftigungsgesetz (§ 2 Abs. 2 lit. b AuslBG), das DNHG (§ 1 Abs. 1), das GlBG (§ 1 Abs. 3 Z. 2), das Arbeitskräfteüberlassungsgesetz (§ 3 Abs. 4 AÜG), das Arbeits- und Sozialgerichtsgesetz (§ 51 Abs. 3 Z. 2 ASGG), die arbeitsrechtlichen Sonderbestimmungen der Insolvenzordnung (§§ 46 f., 51 IO). Einige arbeitsrechtlichen Gesetze gelten nur für bestimmte AN-ähnliche freie DN, die nach dem Allgemeinen Sozialversicherungsgesetz (ASVG) pflichtversichert sind, z. B. das Insolvenz-Entgeltsicherungsgesetz (§ 1 Abs. 1 IESG), das Betriebliche Mitarbeiter- und Selbständigenvorsorgegesetz (§ 1 Abs. 1a BMSVG) und die Verpflichtung zur Ausstellung eines Dienstzettels (§ 1164a ABGB); für Deutschland vgl. z. B.: § 5 Abs. 1 Arbeitsgerichtsgesetz, § 2 Bundesurlaubsgesetz, § 12a Tarifvertragsgesetz (TVG); für die Schweiz vgl. z. B. Art. 394 Abs. 2 und Art. 418a ff. des OR.

In Österreich gelten für freie DN die Vorschriften des ABGB über den abhängigen Arbeitsvertrag (26. Hauptstück, Teil 1: §§ 1151ff. ABGB) nur insoweit analog, als sie den Dienstverpflichteten nicht als sozial Schwächeren schützen sollen (§§ 1151 Abs. 2, 1153, 1154, 1155 iVm 1168, 1169, 1158 Abs. 1, 1159ff., 1162ff., 1171 ABGB). Die Regeln des Werkvertrages (26. Hauptstück, Teil 2: §§ 1165ff. ABGB) sind ergänzend heranzuziehen. Die Rechte und Pflichten des Zivildieners bzw. der Einrichtung, der der Zivildiener zugewiesen wurde, sind im Zivildienstgesetz (§§ 22ff. ZDG) und in den dazu erlassenen Durchführungsverordnungen geregelt, die Rechte und Pflichten der Kleriker im Codex Iuris Canonici (insb. CAN 273ff), die Beschäftigung im Strafvollzug im Strafvollzugsgesetz (§§ 44ff. StVG).

In Deutschland regeln die §§ 611ff. BGB die Rechte und Pflichten von AN und freien DN. Einzelne Bestimmungen des Dienstvertragsrechts (§§ 611a, 611b, 612a, 615 Satz 3, 619a, 620 Abs. 3, 622 und 623 BGB) sind AN vorbehalten; ergänzend sind die §§ 105 bis 110 GewO zu beachten. Die Rechtsverhältnisse von Besteller und Werkunternehmer sind in §§ 631 bis 651 BGB geregelt.

Im schweizerischen Recht tendiert das Bundesgericht zur analogen Anwendung der zwingenden Vorschriften des Arbeitsrechts auf AN-ähnliche Personen (BGE 118 II 157). Art. 394 Abs. 2 OR sieht zwar vor, dass Verträge über Arbeitsleistungen, die keiner besonderen Vertragsart unterstellt sind, unter die Vorschriften über den Auftrag fallen. Mit dem genannten Entscheid hat das Bundesgericht jedoch Arbeitsverträgen *sui generis* den Weg geebnet, d. h. die jüngere Praxis lässt nun einen abgestuften Beschäftigungsschutz zu. Dieser ließe sich allerdings auch erreichen, wenn auf AN-ähnliche Personen Auftragsrecht angewendet würde, insb. das Agenturvertragsrecht, das bereits zahlreiche Schutzvorkehrungen enthält, namentlich eine Abgeltungspflicht für ein Konkurrenzverbot, Kündigungsfristen oder Schutz bei fristloser Vertragsauflösung (Art. 418a, 418d Abs. 2, 418q und 418r OR).

7.3.2 Besonderheiten im Individualarbeitsrecht

Das Individualarbeitsrecht regelt das Arbeitsvertragsrecht, also die vertragrechtlichen Rechtsbeziehungen zwischen AN und AG, aber auch den AN-Schutz. Dabei geht um den Schutz der AN am Arbeitsplatz, im Betrieb und die daraus folgenden Ansprüche und Verpflichtungen. Die für AN geltenden Grundsätze sind analog auch auf die kraft freien Dienst- oder Werkvertrages tätigen freien MitarbeiterInnen anwendbar, allerdings nur soweit bei den einzelnen Bestimmungen nicht das Motiv dominiert, die besondere soziale Schutzbedürftigkeit der AN zu sichern.

Vertragsanbahnung, Fragerecht

NPOs können sich grundsätzlich frei entscheiden, in welcher Rechtsform sie von wem Dienste welcher Art wahrnehmen. Nur ausnahmsweise sind bei Vertragsabschluss bestimmte Einstellungsverbote (z. B. für AusländerInnen aus Drittstaaten und Kinder unter 15 Jahren) oder Einstellungsgebote (z. B. für behinderte Menschen) zu beachten.

Besonderheiten bei der Vertragsanbahnung ergeben sich aus den vorvertraglichen Informations- und Aufklärungspflichten. Im Rahmen dieser hat der/die BewerberIn die NPO unaufgefordert über alle Umstände zu informieren, die der Verwendung auf dem in Aussicht genommenen Arbeitsplatz entgegenstehen. Über anderweitige und für die Beschäftigung weniger bedeutsame Umstände muss der/die BewerberIn lediglich auf Befragen wahrheitsgemäß antworten (»Fragerecht des/der Arbeitgebers/in«), sofern diese nicht seine/ihre Persönlichkeitsrechte verletzen. Fragen, welche die Privat- oder Intimsphäre betreffen, müssen nur dann wahrheitsgemäß beantwortet werden, wenn es für den beabsichtigten Vertragsinhalt von Bedeutung ist. Dabei ist in jedem einzelnen Fall eine Abwägung zwischen den Interessen der NPO und jenen des/der BewerberIn vorzunehmen. Die Frage nach der Schwangerschaft z. B. darf nicht gestellt werden, weil sie Frauen diskriminiert; ihre unzutreffende Beantwortung ist rechtlich folgenlos.

Die besondere Stellung einer NPO kann zu einem weitergehenden Fragerecht führen. Vor allem bei Tendenzbetrieben (z. B.: Kirchen, Wohlfahrtseinrichtungen, politischen Parteien) repräsentiert der/die MitarbeiterIn in gewissem Umfang auch die NPO, für die er/sie tätig wird. Die NPOs können daher für ihre »Tendenz« spezielle Anforderungen zum Vertragsinhalt machen, um ihre Glaubwürdigkeit zu gewährleisten. So kann z. B. für eine katholische Familienberatungsstelle die persönliche Einstellung zur Abtreibung von Bedeutung sein, während sie bei sonstigen AN keine Rolle spielen darf. Hinsichtlich jener Anforderungen, die in zulässiger Weise zum Vertragsinhalt gemacht werden können (s. unten), steht der NPO nach überwiegender Auffassung auch die Möglichkeit offen, entsprechende Fragen zu stellen.

Zulässiger Vertragsinhalt, Zulässigkeit von Befristungen

Vertragsinhalt kann jedes mögliche und erlaubte Verhalten sein. Innerhalb der durch das Gesetz (Kollektivvertrag/Tarifvertrag, Betriebsvereinbarung) vorgegebenen Schranken steht es den Vertragsparteien also frei, den Vertrag nach ihren Vorstellungen zu gestalten. Dabei ist aber insb. auch die »Gute-Sitten-Klausel« zu beachten (vgl. für Österreich § 879 ABGB, für Deutschland §§ 138, 242, 275 III BGB und für die Schweiz Art. 20 OR). Diese verbietet vertragliche Regelungen, die bei Abwägung der beiderseitigen Interessen eine schwere Verletzung allgemein geschützter Interessen oder bei Interessenkollision ein grobes Missverhältnis zwischen den Interessen der Beteiligten ergeben. Die Interessenabwägung kann dazu führen, dass bei Tendenzbetrieben unter Umständen weitergehende vertragliche Beschränkungen des Verhaltens der MitarbeiterInnen zulässig sein können – namentlich wenn diese Beschränkung für die Glaubwürdigkeit des Tendenzbetriebes unbedingt erforderlich ist. Der EuGMR hat jedoch in seiner Entscheidung 2011 eine Beschränkung arbeitsrechtlicher Befugnisse durch den Tendenzbetrieb verworfen.

Beschränkungen des außerdienstlichen Verhaltens sind nur ausnahmsweise zulässig, namentlich wenn das Privatleben der MitarbeiterInnen die Interessen und Belange der NPO gefährden könnte. Die Stellung im Betrieb bestimmt Art und Umfang der zulässigen Beschränkung: Je stärker der/die MitarbeiterIn für das Unternehmen in der Öffentlichkeit in Erscheinung tritt, desto eher kann von ihm/ihr verlangt werden, auch außerdienstlich auf die Interessen des Unternehmens Rücksicht zu nehmen. Da die Glaubwürdigkeit eines Tendenzbetriebes unter Umständen davon abhängt, dass sich die MitarbeiterInnen im Einklang mit den Zielen des Unternehmens verhalten, kann das außerdienstliche Verhalten ihrer MitarbeiterInnen weiter gebunden sein als bei sonstigen Unternehmen.

Da NPOs oft auf finanzielle Zuwendungen Dritter angewiesen sind, kommt befristeten Verträgen besondere Bedeutung zu. Bei der (wiederholten) Befristung von Arbeitsverhältnissen besteht v. a. die Gefahr der Umgehung gesetzlicher Schutzbestimmungen (z. B. Kündigungsschutz; für die Schweiz ist insb. auch Art. 324a OR – Lohnfortzahlungspflicht im Krankheitsfall, Art. 335c OR – Kündigungsfrist und Art. 336c OR – Kündigung zur Unzeit zu erwähnen).

In Österreich und in der Schweiz ist grundsätzlich die erste Befristung eines Arbeitsverhältnisses zulässig. Die Aneinanderreihung befristeter Verträge (»Kettenarbeitsverträge«) muss auf einem sachlichen Grund beruhen, der sie rechtfertigt (z. B. Vertretung, Saisonverträge).

In Deutschland ist die Zulässigkeit der Befristung im Gesetz über Teilzeitarbeit und befristete Arbeitsverträge (Teilzeit- und Befristungsgesetz – TzBfG) geregelt: § 14 Abs. 1 TzBfG sieht vor, dass die Befristung nur bei Vorliegen eines sachlichen Grundes zulässig ist (z. B. vorübergehender Bedarf, Übergang von Studium in Arbeit, Vertretung, Erprobung oder Drittmittelbeschäftigung). Die (auch mehrfache) Befristung eines Arbeitsvertrages ohne Vorliegen eines sachlichen Grundes ist grundsätzlich bis zur Dauer von zwei Jahren zulässig (§ 14 Abs. 2 TzBfG). Darüber hinaus verlangt § 14 Abs. 4 TzBfG für befristete Arbeitsverträge die Schriftform.

Ungerechtfertigte Kettenarbeitsverträge (unzulässige Befristungen) werden wie ein einziges unbefristetes Arbeitsverhältnis behandelt.

Entgelthöhe

Viele MitarbeiterInnen stellen NPOs ihre Arbeitskraft unentgeltlich zur Verfügung oder zumindest zu einem wesentlich geringeren Entgelt, als dies bei gewinnorientierten Unternehmen der Fall ist. Sowohl das österreichische als auch das deutsche (Arbeits-) Recht lassen unentgeltliche Arbeits- bzw. freie Dienstverträge zu. Im Zweifelsfall gelten sie jedoch als entgeltlich, d. h. bei fehlender Vereinbarung ist von der Entgeltlichkeit (§ 1152 ABGB, § 612 BGB) auszugehen. Im schweizerischen Recht kommt bei unentgeltlichen Verträgen auf Arbeitsleistung grundsätzlich Auftragsrecht, nicht Arbeitsrecht zur Anwendung (Art. 394 Abs. 2 OR), wobei ein beachtlicher Teil der Lehre dafür hält, außerhalb der lohnrelevanten Vorschriften sinngemäß arbeitsrechtliche Vorschriften heranzuziehen.

Bei entgeltlichen Arbeitsverträgen ist der kollektivvertragliche (Österreich), tarifvertragliche (Deutschland) oder in Kollektivvereinbarungen (Schweiz) enthaltene (Mindest-) Lohn zu berücksichtigen: Sobald den AN auch nur eine geringfügige Entlohnung zugesichert wird, darf diese nicht unter dem allenfalls zur Anwendung kommenden (Mindest-)Lohn liegen. Auch Naturalleistungen (z. B.: Kost und Quartier), auf die der/die AN Anspruch hat, gelten als Entgelt. Wird nur tatsächlicher Aufwandersatz gezahlt, so liegt kein entgeltlicher Arbeitsvertrag vor. Im Anwendungsbereich eines Kollektivvertrages/Tarifvertrages steht den Arbeitsvertragsparteien daher nur die Möglichkeit zu, entweder völlige Unentgeltlichkeit zu vereinbaren oder aber zumindest den kollektivfestgesetzten (Mindest-)Lohn zu gewähren. Außerhalb des Geltungsbereiches eines Kollektiv- oder Tarifvertrages kann dagegen auch eine sehr geringe Entlohnung vereinbart werden, solange nicht ein Lohnwucher vorliegt (§ 879 ABGB, § 138 II BGB, Art. 21 OR). Dies ist jedoch nur dann anzunehmen, wenn der/die AG die Zwangslage des/der AN ausbeutet und eine unverhältnismäßig geringe Entlohnung gewährt.

Treue- und Fürsorgepflicht

AN und AG unterliegen der Treue- und Fürsorgepflicht. Danach müssen sie auf die Interessen der anderen Vertragspartei Rücksicht nehmen. Diese Verpflichtung trifft nicht nur die Arbeitsvertragsparteien, sondern auch sonstige MitarbeiterInnen eines Betriebes. Der Inhalt der Treue- und Fürsorgepflicht ist im Einzelfall durch Auslegung zu ermitteln. Die Grenzen der Verpflichtung zur gegenseitigen Rücksichtnahme sind durch eine Interessenabwägung festzustellen. Diese kann bei Tendenzbetrieben dazu führen, dass MitarbeiterInnen weitergehenden Beschränkungen unterliegen.

Beendigung des Arbeitsverhältnisses

Typischerweise endet ein Arbeitsverhältnis durch (ordentliche) Kündigung. Bei dieser ist eine Kündigungsfrist einzuhalten. Ein Arbeitsverhältnis kann auch von jeder Vertragspartei aus wichtigem Grund durch Entlassung bzw. Austritt (in Deutschland: außerordentliche Kündigung; in der Schweiz: fristlose Auflösung) vorzeitig gelöst werden. Diese Vorschriften gelten auch für ehrenamtlich tätige AN. Daneben endet das Arbeitsverhältnis bei zulässiger Befristung durch Zeitablauf oder einvernehmlich durch Aufhebungsvertrag.

Eine Entlassung bzw. ein Austritt (außerordentliche Kündigung bzw. fristlose Auflösung) ist zulässig, wenn ein wichtiger Grund vorliegt, der einer der Vertragsparteien die Aufrechterhaltung des Vertrages nicht einmal bis zum Ablauf der Kündigungsfrist oder der vorgesehenen Befristung zugemutet werden kann. Dabei ist im Einzelfall zwischen Bestands- und Auflösungsinteresse abzuwägen. Besonderheiten können sich für Tendenzbetriebe insb. in Bezug auf außerdienstliche Verfehlungen ergeben. Bei der Frage der Zumutbarkeit ist auf die »Tendenz« der jeweiligen NPO Rücksicht zu nehmen. Eine Entlassung (außerordentliche Kündigung bzw. fristlose Auflösung) kann daher zulässig sein, wenn ein/e kirchliche/r MitarbeiterIn in grober, die Glaubwürdigkeit des kirchlichen Dienstes erheblich beeinträchtigenden Weise gegen seine/ihre Pflichten verstößt.

Zum wichtigen Grund vgl. für Österreich u. a. §§ 1162ff ABGB, §§ 25ff AngG, §§ 82f Gewerbeordnung 1859 (GewO), §§ 120, 122 ArbVG, § 12 MSchG, § 15 Arbeitsplatzsicherungsgesetz (APSG), § 15 Berufsausbildungsgesetz (BAG); für Deutschland § 626 BGB, §§ 13, 15 Kündigungsschutzgesetz (KSchG), § 21 Berufsbildungsgesetz (BBiG), § 2 Abs. 3 Arbeitsplatzschutzgesetz (ArbPlSchG); für die Schweiz Art. 337 OR.

Wenn eine Entlassung bzw. ein Austritt (außerordentliche Kündigung bzw. fristlose Auflösung) nicht zulässig ist, bleibt den Vertragsparteien nur die Möglichkeit der (ordentlichen) Kündigung, um ein Dauerschuldverhältnis einseitig zu lösen.

In Österreich ist eine Kündigung ohne Angabe von Gründen möglich, soweit die MitarbeiterInnen nicht unter besonderem Kündigungsschutz stehen (z.B.: schwangere AN). § 105 ArbVG, die Gleichbehandlungsbestimmungen des GlBG und des BEinstG, die Schutzbestimmungen des AVRAG und die Sittenwidrigkeitsklausel des § 879 ABGB sehen jedoch in Einzelfällen einen Schutz vor Kündigungen vor. AN haben insb. das Recht, sich gegen eine Kündigung zu wehren, wenn diese aus bestimmten verpönten Motiven erfolgt oder sozial ungerechtfertigt ist.

Eine Kündigungsanfechtung nach § 105 Abs. 3 Z. 1 ArbVG (wegen »verpönten« Kündigungsmotivs) ist nur zielführend, wenn einer der taxativ im Gesetz aufgezählten Motive vorliegt. Die meisten außerdienstlichen Verhaltensweisen können aber unter keinen der dort aufgezählten Anfechtungsgründe subsumiert werden. Die Kündigung kann aber auch nach den allgemeinen zivilrechtlichen Bestimmungen (§ 879 ABGB) sittenwidrig sein, was aber nur selten der Fall sein wird. Daraus folgt, dass eine Kündigung wegen eines dem Tendenzbetrieb widersprechenden außerdienstlichen Verhaltens in der Regel kein verpöntes Motiv darstellen wird.

Eine Anfechtung nach § 105 Abs. 3 Z. 2 ArbVG (wegen sozial ungerechtfertigter Kündigung) kommt immer dann in Frage, wenn wesentliche Interessen des/der (seit mind. sechs Monaten im Betrieb/Unternehmen beschäftigten) AN beeinträchtigt sind und der/die AG keine Umstände in der Person des/der AN bzw. betriebliche Erfordernisse geltend machen kann, die im Verhältnis zu den Interessen des/der AN überwiegen. Diese Regelung bezweckt den Schutz der sozial schwächeren AN und ist daher nicht analog auf freie DN anwendbar.

Anders sieht die rechtliche Lage für besonders kündigungsgeschützte AN aus (BelegschaftsfunktionärInnen, Schwangere und Eltern in Karenz bzw. Teilzeit, Personen im Präsenz-, Zivil- bzw. Ausbildungsdienst, begünstigte Behinderte). Eine Kündigung dieser Personen ist in Österreich grundsätzlich nur nach vorheriger Zustimmung des Gerichts (bzw. Behindertenausschusses) und nur aus taxativ aufgezählten Gründen (ausgenommen bei Behinderten) möglich.

In Deutschland ist die Kündigung von AN, die unter das KSchG fallen, wirksam, wenn sie nicht sozialwidrig ist (§ 1 KSchG). Dies ist der Fall, wenn sie nicht personen-, verhaltens- oder betriebsbedingt ist und das Arbeitsverhältnis im selben Betrieb oder Unternehmen ohne Unterbrechung länger als sechs Monate bestanden hat. Auch in Deutschland tritt die Unwirksamkeit der Kündigung bei fehlender sozialer Rechtfertigung nicht von selbst ein, sondern bedarf der fristgebundenen Geltendmachung durch Klageerhebung seitens des/der betroffenen AN. Ebenso wie nach österreichischem Recht (§ 879 ABGB) ist aber auch nach deutschem Recht zu beachten, dass eine Kündigung wegen Verstoßes gegen Treu und Glauben (§ 242 BGB) unwirksam sein kann. Die Kündigung unterliegt der Schriftform (§ 623 BGB).

Auch in der Schweiz ist die Angabe eines Kündigungsgrundes für die Wirksamkeit der Kündigung nicht erforderlich. Die Art. 336ff OR sehen bei bestimmten Kündigungsmotiven (missbräuchliche Kündigung) eine Entschädigungspflicht vor. Gemäß Art. 335

OR kann der/die Gekündigte eine schriftliche Begründung der Kündigung verlangen, wobei es sich jedoch um eine reine Ordnungsvorschrift handelt. Nichtig ist jedoch die Kündigung zur Unzeit, beispielsweise während einer militärischen oder sonstigen Dienstleistung, während Krankheit oder Schwangerschaft oder während 16 Wochen nach der Niederkunft (Art. 336c OR).

Arbeitszeitrecht

Soweit NPOs nicht vom Geltungsbereich der Arbeitszeitgesetze ausgenommen sind, haben auch sie deren zwingende Bestimmungen zu beachten (z. B.: für Österreich das Arbeitszeitgesetz [AZG] und das Arbeitsruhegesetz [ARG]; für Deutschland das AZG; für die Schweiz das Bundesgesetz über die Arbeit in Industrie, Gewerbe und Handel [Arbeitsgesetz – ArG]).

Da bei NPOs in wesentlichem Ausmaß Teilzeitkräfte beschäftigt werden, ist aus österreichischer Sicht v. a. auf die Bestimmung des § 19d AZG über die Teilzeitarbeit zu verweisen. Diese regelt u. a. das Ausmaß und die Lage der Arbeitszeit, die Voraussetzungen, unter denen Teilzeitbeschäftigte zur Mehrarbeit herangezogen werden können bzw. ihnen die Bezahlung eines Mehrarbeitszuschlages gebührt und ein Diskriminierungsverbot teilzeitbeschäftigter AN.

Sonderbestimmungen sieht in Österreich das Krankenanstalten-AZG für AN vor, die z. B. in Krankenanstalten als Angehörige von Gesundheitsberufen tätig sind oder deren Tätigkeit sonst zur Aufrechterhaltung des Betriebes ununterbrochen erforderlich ist.

Aus österreichischer Sicht sind noch die in §§ 10ff ARG enthaltenen Ausnahmen von der Wochenend- und Feiertagsruhe zu berücksichtigen (insb. die Verordnungsermächtigung des § 12 ARG). Auf Grund dieser Bestimmung gelten in Österreich z. B. für pastorale Dienste, Sozialdienste gemeinnütziger Einrichtungen oder Blutspendedienste Ausnahmen von der Wochenend- und Feiertagsruhe.

In Deutschland ermächtigen die §§ 12 und 7 Abs. 4 AZG die Kirchen und öffentlich-rechtlichen Religionsgesellschaften, in ihren Regelungen Abweichungen vom AZG vorzusehen. Ferner bestehen gemäß § 10 Abs. 1 AZG z. B. Ausnahmen von der Sonn- und Feiertagsruhe in Not- und Rettungsdiensten, in Krankenhäusern und in den Einrichtungen zur Behandlung, Pflege und Betreuung von Personen.

In der Schweiz ist das Arbeitsschutzrecht im Wesentlichen im ArG (SR 822.11) vom 13. März 1964 geregelt. Dort sind namentlich Mindestvorschriften über die Arbeits- und Ruhezeit enthalten. Das ArG wird durch vier umfangreiche Verordnungen (ArGV 1–4, SR 882.111–114) ergänzt. Die ArGV 1 enthält in Anlehnung an die Systematik des Gesetzes die grundlegenden Ausführungsbestimmungen, die ArGV 2 enthält daneben Sonderbestimmungen für bestimmte Betriebsarten oder Gruppen von AN, die v. a. die Arbeits- und Ruhezeit abweichend regeln. Vom Geltungsbereich des ArG und damit auch von den entsprechenden Arbeitszeitbeschränkungen ausgenommen sind jedoch Personen geistlichen Standes und andere Personen, die im Dienste von Kirchen stehen, sowie Angehörige von Ordens- und Mutterhäusern oder anderer religiöser Gemeinschaften (Art. 3 Abs. 2 lit. a ArG).

7.3.3 Besonderheiten im kollektiven Arbeitsrecht

Das kollektive Arbeitsrecht

Das Arbeitsrecht erschöpft sich nicht in der Regelung des Individualarbeitsvertrages. Vielmehr erfasst dieses Rechtsgebiet auch jene Normen, die die Errichtung und Tätigkeit von Berufsvereinigungen (insb. von AG-Verbänden und Gewerkschaften), die Festschreibung von Arbeitsbedingungen durch Kollektiv- bzw. Tarifverträge und die Errichtung von Repräsentationsstrukturen der AN in den Betrieben und Unternehmungen sowie deren Mitwirkungs- und Mitbestimmungsrechte betreffen. Es handelt sich dabei um die Bereiche »Koalitionsfreiheit«, »Kollektivvertragsrecht« und »Betriebsverfassungsrecht«. Im Folgenden soll daher geprüft werden, inwieweit diese drei Teilgebiete des Arbeitsrechts für NPOs sowie für deren MitarbeiterInnen von Relevanz sind.

Koalitionsfreiheit

Die Errichtung von, der Beitritt zu und die Tätigkeit in Berufsverbänden steht jedem/jeder AG und AN frei – auch MitarbeiterInnen von NPOs. Grundlage dieses Rechts ist die Koalitionsfreiheit, die in Österreich und Deutschland verfassungsrechtlich (Art. 9 Abs. 3 GG; Art. 11 der in Österreich im Verfassungsrang stehenden EMRK), in der Schweiz über Art 28 Bundesverfassung sowie Art. 356ff OR gewährleistet ist.

Beschränkungen dieses Rechts können allenfalls dahingehend vorgenommen werden, dass Tendenzunternehmen (s. Kapitel 7.3) den Beitritt von AN zu ausgesprochen tendenzfeindlichen Gewerkschaften nicht tolerieren müssen. Ein Beitritt etwa eines/einer kirchlichen AN zu einer Vereinigung, die kirchenfeindliche Ziele verfolgt, muss von der Kirche daher nicht hingenommen werden. Die Koalitionsfreiheit darf jedoch nicht weiter beschränkt werden, als es der Schutz der Tendenz zwingend erfordert. Forderungen von Gewerkschaften im Kampf um bessere Arbeitsbedingungen haben auch NPOs mit ideeller Zwecksetzung zu akzeptieren; sie gehören zum Kernbereich verfassungsrechtlich geschützter koalitionsgemäßer Betätigung.

Ob auch MitarbeiterInnen von NPOs, die keinen AN-Status haben, die Koalitionsfreiheit zusteht, ist fraglich. Die Verfassungsbestimmungen verbürgen diese Freiheit nur AN. Allerdings dürfen auch die MitarbeiterInnen ohne AN-Status (Berufs-)Verbände bilden oder solchen Verbänden beitreten. Ihnen steht – wie jedem sonst – die Vereinigungsfreiheit zu. Daher können sie auch Vereinigungen bilden, um ihre wirtschaftlichen Interessen wahrzunehmen. Diese Vereinigungen haben allerdings nicht den besonders hohen verfassungsrechtlichen Schutz der Koalitionsfreiheit – va. nicht den Schutz vor staatlicher Kontrolle.

Kollektiv-, Tarif-, Gesamtarbeitsvertrag

Grundsätzlich können die Arbeitsverhältnisse zwischen einer NPO und ihren AN durch Kollektiv-, Tarif- oder Gesamtarbeitsvertrag geregelt werden: Haben sich AN mehrerer NPOs zu einer Gewerkschaft zusammengeschlossen oder sind einer Gewerkschaft beigetreten und ist diese nach ihrer Satzung für die Regelung der Arbeitsbedingungen in diesen NPOs zuständig, so kann diese – sofern ihr die Behörde die Kollektivvertragsfähigkeit zugesprochen hat (Österreich) oder sie über die nötige Mächtigkeit verfügt (Deutschland) – mit der Gegenseite – mit einem Verband von NPOs (dem die Kollektivvertragsfähigkeit zuerkannt wurde), in Deutschland und in der Schweiz auch mit einer einzigen NPO – einen Kollektivvertrag abschließen. Dieser regelt dann die Arbeitsbedingungen in den erfassten NPOs unmittelbar und zwingend. Davon abweichende Individualabsprachen zwischen NPOs und den einzelnen AN sind unwirksam, falls sie für den/die AN ungünstiger sind.

In Österreich wurde z. B. folgenden Verbänden auf AG-Seite die Kollektivvertragsfähigkeit zuerkannt: Berufsvereinigung von Arbeitgebern für Gesundheits- und Sozialberufe [BAGS – diese wurde im April 2012 in Sozialwirtschaft Österreich – Verband der österreichischen Sozial- und Gesundheitsunternehmen umgenannt], Österreichisches Rotes Kreuz, Dachverband für ambulante, mobile Heim- und Altenhilfe, Arbeitgeberverband der SOS-Kinderdörfer, Diakonie Österreich, Verein Interessenvertretung der karitativen Einrichtungen der Katholischen Kirche in Österreich, Verein Evangelischer Pfarrerinnen und Pfarrer, Interessenvertretung von Ordensspitälern und von konfessionellen Alten- und Pflegheimen Österreichs; diese haben inzwischen auch alle eigene Kollektivverträge abgeschlossen.

Gerade bei NPOs werden allerdings – zumindest in Österreich – nicht immer die Voraussetzungen der Kollektivvertragsfähigkeit auf AG-Seite vorliegen. So dürften etwa Einrichtungen, die außeruniversitäre Forschung betreiben – z. B. dann, wenn sie in Vereinsform errichtet sind – in der Regel die für die Zuerkennung der Kollektivvertragsfähigkeit durch die Behörde nötigen Erfordernisse (insb. die maßgebende wirtschaftliche Bedeutung gem § 4 Abs. 2 Z. 3 ArbVG) nicht nachweisen.

Aus der Sicht der AN einer NPO, für die kein Kollektivvertrag anwendbar ist, empfiehlt es sich daher, die Aufnahme einer »Verweisungsklausel« in den Individualarbeitsvertrag zu verlangen, mit der auf einen Kollektivvertrag einer bestimmten Branche (etwa Handelsunternehmungen) in der jeweils gültigen Fassung verwiesen wird. Der Kollektivvertrag würde damit kraft Vereinbarung zwischen den Parteien des Individualvertrages wie ein sonstiger Vertrag bürgerlichen Rechts gelten. Spätere Änderungen des Kollektivvertrages, insb. Erhöhungen des Mindestentgelts, wären seitens der NPO hinzunehmen.

Für MitarbeiterInnen in NPOs, die nicht AN sind, kommt nach österreichischem Recht ein Kollektivvertrag als unmittelbare Regelungsgrundlage nicht in Frage. Hier sei allerdings auf die dem Kollektivvertrag vergleichbaren »Gesamtverträge« für »ständige freie MitarbeiterInnen« eines Medienunternehmens sowie auf die Heimarbeitsgesamtverträge für HeimarbeiterInnen verwiesen. Für Deutschland bestimmt § 12a TVG, dass bestimmte Gruppen von AN-ähnlichen Personen – insb. freie MitarbeiterInnen – in das TVG einbezogen werden, so dass auch für diese Tarifverträge abgeschlossen werden können. Mit freien MitarbeiterInnen, die nicht durch Tarifvertrag erfasst sind, können ebenfalls Verweisungsklauseln vereinbart werden. In der Schweiz existieren keine vergleichbaren Regelungen. Sofern die MitarbeiterInnen nicht als AN im rechtlichen Sinn gelten, können auf sie weder Gesamtarbeitsverträge noch Normalarbeitsverträge (d. h. vom Bund oder von einem Kanton erlassene dispositive Normalarbeitsbedingungen) Geltung erlangen, da beide Instrumente nur bei Arbeitsverträgen Anwendung finden (Art. 356 und 359 OR).

Betriebsverfassung

Die gesetzlichen Regelungen über Mitwirkung und Mitbestimmung der AN in den Betrieben (die Betriebsverfassung) gilt grundsätzlich auch für die NPOs. Handelt es sich jedoch um NPOs, die unmittelbar und überwiegend politischen, koalitionspolitischen, konfessionellen, karitativen, erzieherischen, wissenschaftlichen oder künstlerischen Zwecken oder Zwecken der Berichterstattung oder Meinungsäußerung dienen (also um Tendenzunternehmungen, § 118 BetrVG), so gelten in Deutschland die genannten Regelungen nicht, soweit die Eigenart des Unternehmens oder des Betriebes dem entgegensteht. Keine Anwendung findet das Betriebsverfassungsrecht auf Religionsgemeinschaften einschließlich ihrer karitativen und erzieherischen Einrichtungen.

Auch in Österreich genießen Tendenzunternehmungen eine betriebsverfassungsrechtliche Sonderstellung (vgl. § 132 ArbVG), wobei die einschlägigen Ausnahmevorschriften etwas enger gefasst sind als in Deutschland. Insb. gelten die Bestimmungen zur wirtschaftlichen Mitbestimmung des Betriebsrates nur insoweit nicht, als eine solche Mitbestimmung die Tendenz des Unternehmens beeinflussen könnte. Dagegen ist auf Unternehmen und Betriebe, die konfessionellen Zwecken einer gesetzlich anerkannten Kirche oder Religionsgemeinschaft dienen, die gesamte Betriebsverfassung (d. h. sämtliche Regelungen über Mitwirkung und Mitbestimmung der AN in den Betrieben) nur insoweit anzuwenden, als die Eigenart des Unternehmens oder des Betriebes dem nicht entgegensteht.

NPOs, die vornehmlich geistig-ideelle Ziele verfolgen, sind daher nur beschränkt der Betriebsverfassung unterworfen: Die Grundregel lautet, dass insb. die Mitbestimmungs- und Mitwirkungsrechte der AN-Vertretungen in den Betrieben dann nicht zum Tragen kommen, wenn diese die Verfolgung der geistig-ideellen Zielsetzungen des Tendenzunternehmens beeinträchtigen könnten. Das gilt v. a. für die Mitwirkung und Mitbestimmung in wirtschaftlichen Angelegenheiten.

Ansonsten haben NPOs die Errichtung von AN-Vertretungen in den Betrieben zu tolerieren und deren gesetzliche Mitwirkungs- und Mitbestimmungsrechte zu beachten. Die Relevanz dieser Rechte ist auch und gerade in personellen (Einstellung, Beförderung, Kündigung von AN) und sozialen Angelegenheiten (Ordnung der Arbeit im Betrieb, Einteilung der Arbeitszeit, sonstige betriebliche Arbeitsbedingungen) erheblich. Gesetzliche Grundlagen sind in Österreich das ArbVG und in Deutschland das BetrVG. Allerdings sind Kleinstbetriebe in Österreich und Deutschland gleichermaßen aus der Betriebsverfassung ausgenommen.

In die Betriebsverfassung sind grundsätzlich nur solche Personen einbezogen, die in die Betriebe eingegliedert sind und persönlich abhängige Arbeit leisten; ausgenommen sind insb. leitende Angestellte (nach deutschem Recht sind alle AN nach Arbeitsvertragsrecht einbezogen; ausgenommen sind leitende Angestellte und bestimmte Angehörige des/der AG). Daher können sich freie MitarbeiterInnen von NPOs im Allgemeinen nicht auf die Rechte aus der Betriebsverfassung (etwa Errichtung von Betriebsräten) berufen.

In der Schweiz sieht das Mitwirkungsgesetz vom 17.12.1993 Informations- und Anhörungsrechte von AN-Vertretungen vor. Allerdings beschränkt sich die Mitwirkung auf die Bereiche Arbeitssicherheit und Gesundheitsschutz, Arbeitszeiteinteilung, Betriebsübergang sowie Massenentlassung. Für das Personal des öffentlichen Dienstes bestehen gesetzliche Vorschriften zur Schaffung von Personalausschüssen. Sonderregelungen für NPOs gibt es nicht.

7.4 Sozialrechtliche Fragen

7.4.1 Pflichtversicherung

Grundsätzlich sind AN von NPOs in die soziale Sicherung einbezogen. Für Deutschland gilt, dass sie nach den Vorschriften des Sozialgesetzbuches (SGB) in der Kranken-, Unfall-, Renten- und Arbeitslosenversicherung pflichtversichert sind. Ähnliches gilt für die österreichische Rechtsordnung, in der diese Personen nach dem Allgemeinen Sozialversicherungsgesetz (ASVG) sowie dem Arbeitslosenversicherungsgesetz (AlVG) der Versicherungspflicht in der Kranken-, Unfall-, Pensions- und Arbeitslosenversicherung unterworfen sind. Mit Einschränkungen in der Krankenversicherung, die am Wohnsitz und nicht an der Beschäftigung anknüpft, gilt dies auch für die Schweiz: AN sind in der gesetzlichen Alters-, Hinterlassenen- und Invalidenversicherung, der Arbeitslosenversicherung, der Unfallversicherung, der Erwerbsersatzordnung, dem Familienzulagensystem sowie, ab einer Einkommensgrenze von knapp über 20.000 CHF, in der beruflichen Vorsorge pflichtversichert.

Liegt eine entgeltliche Beschäftigung in persönlicher Abhängigkeit von einer dritten Person vor, so ist der/die Beschäftigte auch pflichtversichert, wenn kein wirksamer Arbeitsvertrag vorliegt.

Diese Regeln gelten auch für AN von NPOs, die geistig-ideelle Zwecke verfolgen. Personen, die in kirchlichen Einrichtungen auf Grund einer Inkardination oder einer Profess Arbeit leisten, sind nur unter bestimmten Voraussetzungen der Sozialversicherung unterworfen. Doch handelt es sich dabei ohnehin nicht um AN im engeren Sinne, da ihre Tätigkeit nicht auf Grund eines Arbeitsvertrages bzw. nicht auf Grund von Weisungen der AG im engeren Sinne erbracht wird.

Am 1. Juni 2012 trat in Österreich das FreiwG in Kraft, das die Rahmenbedingungen eines freiwilligen Sozialjahres, Freiwilligen Umweltschutzjahres, Gedenkdienstes oder Friedens- und Sozialdienstes im Ausland regelt (vgl. Kapitel 7.2.6). Gleichzeitig wurden auch entsprechende Sonderbestimmungen in den Sozialversicherungsgesetzen vorgesehen: Einerseits wurde festgehalten, dass es sich bei diesen Personen um keine AN handelt, andererseits sind sie aber dennoch kranken-, unfall- und pensionsversichert (§ 4 Abs. 1 Z. 11 ASVG), nicht aber arbeitslosenversichert (§ 1 Abs. 2 lit. f AlVG). Für diese Personen wurde eine pauschalierte monatliche Beitragsgrundlage in der Höhe der Geringfügigkeitsgrenze (2012: 376,26 Euro, 2013: voraussichtlich 386,60 Euro; vgl. Kapitel 7.4.2) vorgesehen. Durch eine Erweiterung des Kindesbegriffs wurde außerdem sichergestellt, dass diese Personen die Waisenpension (weiter-)beziehen können. In der Krankenversicherung stehen ihnen nur Sach-, aber keine Geldleistungen (d.h. kein Anspruch auf Krankengeld bzw. Wochengeld) zu. Zudem ist das den TeilnehmerInnen gebührende Taschengeld nicht bei der Ermittlung des Ausgleichszulagenanspruchs zu berücksichtigen. Für die Zeit dieser Tätigkeit wurde der Bezug von Arbeitslosengeld oder Notstandshilfe aufgrund der mangelnden Verfügbarkeit am Arbeitsmarkt ausgeschlossen. Für diese Zeiten wurde aber die Rahmenfrist erstreckt, sodass die bereits vorliegenden Anspruchsvoraussetzungen gewahrt bleiben.

7.4.2 Geringfügig Beschäftigte

Von der Pflichtversicherung grundsätzlich ausgenommen sind die »geringfügig Beschäftigten«; eine Ausnahme gilt allerdings für die Unfallversicherung, in die sie unabhängig von der Einkommenshöhe einbezogen sind. Das österreichische Sozialversicherungsrecht eröffnet den geringfügig Beschäftigten jedoch die Möglichkeit, sich der Sozialversicherung freiwillig zu unterwerfen. In diesem Fall haben sie nur die auf die AN fallenden Beiträge auf der Grundlage der monatlichen Geringfügigkeitsgrenze (2012: 376,26 Euro, 2013: voraussichtlich 386,60 Euro) zu erbringen. Geht jedoch eine geringfügig beschäftigte Person einer weiteren Beschäftigung nach und übersteigt das Gesamteinkommen die Geringfügigkeitsgrenze, so unterliegt sie bereits der Pflichtversicherung. Beschäftigt ein/eine AG mehrere geringfügig Beschäftigte, für die er/sie insgesamt mehr als das Eineinhalbfache der Geringfügigkeitsgrenze zu zahlen hat, hat der/die AG eine »Dienstgeberabgabe« (fiktive Sozialversicherungsbeiträge) abzuführen. Zweck dieser Regelung ist es, AG davon abzuhalten, verstärkt geringfügig Beschäftigte einzusetzen und sich so die Sozialversicherungsbeiträge zu ersparen.

In Deutschland sind die geringfügig Beschäftigten in die Sozialversicherung nicht einbezogen. Diese Personen gehen einer Beschäftigung nach, die innerhalb eines Kalenderjahres auf zwei Monate oder 50 Arbeitstage nach ihrer Eigenart oder im Voraus vertraglich begrenzt ist. Etwas anderes gilt, wenn die Beschäftigung berufsmäßig ausgeübt wird und ihr Entgelt 450,- Euro im Monat übersteigt. Als geringfügig beschäftigt gelten auch Personen, deren regelmäßiges Arbeitsentgelt im Monat 450,- Euro nicht übersteigt. Die AG haben allerdings auf das Arbeitsentgelt einen Rentenversicherungsbeitrag von 12% und einen Beitrag zur Krankenversicherung von 11% zu leisten (die Pflicht zur Zahlung dieser Pauschalbeiträge entfällt allerdings bei kurzfristigen Beschäftigungen). Die geringfügig Beschäftigten können bei Zahlung eines AN-Anteils in die Rentenversicherung einbezogen werden. In der Arbeitslosen- und sozialen Pflegeversicherung bleibt es dagegen bei der Versicherungs- und Beitragsfreiheit.

In der Schweiz gibt es keine generelle Ausnahme von der Versicherungspflicht bei geringfügig Beschäftigten. Grundsätzlich unterliegt jedes Erwerbseinkommen, so klein es auch sein mag, der Versicherungspflicht. Vom maßgebenden Lohn, der je AG den Betrag von 2.300 CHF im Kalenderjahr nicht übersteigt, werden die Beiträge für die Alters- und Hinterlassenenversicherung, die Invalidenversicherung, die Erwerbsersatzordnung sowie die Arbeitslosenversicherung jedoch nur auf Verlangen des Versicherten erhoben. Für den Lohn von AN, die im privaten Haushalt der AG oder im Kunst- und Kulturbereich beschäftigt sind, müssen die Beiträge aber in jedem Fall bezahlt werden. In der Unfallversicherung bestehen keine entsprechenden Ausnahmen. Die Pflichtversicherung in der Nichtberufsunfallversicherung erfolgt jedoch nur, wenn deren wöchentliche Arbeitszeit bei einem/einer AG mindestens acht Stunden beträgt.

7.4.3 Freie MitarbeiterInnen

Seit den späten 90er Jahren werden in Österreich auch dienstnehmerähnliche freie DN in die Pflichtversicherung nach dem ASVG einbezogen (§ 4 Abs. 1 Z. 14). Die beschäftigende Stelle hat die Anmeldung bei der zuständigen Gebietskrankenkasse zu tätigen und die entsprechenden AG- und AN-Beiträge abzuführen. Andere freie DN unterliegen – wie sonstige Selbständige – der Pflichtversicherung nach dem Gewerblichen Sozialversicherungsgesetz (insb. § 2 Abs. 1 Z. 4 GSVG).

Aus Sicht von NPOs, die – um Kosten zu vermeiden – dazu tendieren, eher MitarbeiterInnen ohne AN-Status einzustellen, bedeutet die österreichische Neuregelung bezüglich der dienstnehmerähnlichen freien DN eine beträchtliche Kostensteigerung. Aus Sicht der MitarbeiterInnen ist dies ein sozialer Fortschritt, wenn und soweit sie sonst keinen sozialen Schutz genießen würden. Allerdings sind viele MitarbeiterInnen von NPOs, die zu diesen in einem freien Dienstverhältnis stehen, bereits anderweitig sozialrechtlich abgesichert. Dies gilt insb. für PensionistInnen und Personen, die einer sonstigen (Haupt)Beschäftigung nachgehen. Für diese ist die Neuregelung kein Mehr an sozialer Sicherung, sondern eine zusätzliche Abgabenlast, die die Arbeit gerade für NPOs nicht attraktiver macht.

Freie MitarbeiterInnen sind nach deutschem Recht grundsätzlich nicht pflichtversichert. Handelt es sich um AN-ähnliche Personen, sind sie nach § 2 Z 9 lit. b SGB VI in die Rentenversicherung einbezogen, falls sie für einen/eine AuftraggeberIn tätig werden und von diesem/dieser wirtschaftlich abhängen. Die übrigen freien MitarbeiterInnen haben aber die Möglichkeit, für sich freiwillig die Weiter- oder die nach Begründung unkündbare Pflichtversicherung auf Antrag zu begründen. Für freie MitarbeiterInnen von NPOs gelten keine Sonderregeln.

In der Schweiz werden die freien MitarbeiterInnen, nach Maßgabe ihrer Abhängigkeit im Betrieb und ihrem Betriebsrisiko, entweder als Unselbständigerwerbende oder aber als Selbständigerwerbende qualifiziert, wobei sich in der Praxis eine bestimmte Typologie von Fällen herausgebildet hat, welche die Zuordnung erleichtert. Nicht maßgeblich für die sozialversicherungsrechtliche Qualifikation ist dabei die privatrechtliche Vertragsform; auch Beauftragte können als Unselbständige im sozialversicherungsrechtlichen Sinn gelten und sind sodann wie AN zu versichern.

In der Schweiz besteht für Personen, die das gesetzliche Pensionsalter von 64 bzw. 65 Jahren überschritten haben, ein Versicherungsfreibetrag von monatlich 1.400 CHF bzw. jährlich 16.800 CHF. Der oberhalb des Freibetrags liegende Teil des Erwerbseinkommens unterliegt jedoch der gewöhnlichen Versicherungspflicht.

7.4.4 Ehrenamtliche MitarbeiterInnen

Für ehrenamtliche MitarbeiterInnen (vgl. Kapitel 7.2.5) gilt der Grundsatz, dass sie – weil ohne Gegenleistung (bzw. allenfalls unter Abgeltung der aufgewendeten Auslagen) arbeitend – einer Pflichtversicherung grundsätzlich nicht unterworfen sind. Wenn sie bereits anderweitig abgesichert sind, ist das kein Problem. Soweit ein solcher Schutz nicht gegeben ist, stünde der – auch den übrigen Nichtversicherten offen stehende – Weg der freiwilligen Weiter- bzw. Selbstversicherung in der Sozialversicherung oder einer Versicherung bei privaten Versicherungsunternehmungen zur Verfügung.

Ist einer dieser Wege auf Grund fehlender Mittel nicht möglich, können ehrenamtliche MitarbeiterInnen zur Sicherung des notwendigen Lebensunterhalts bzw. im Falle einer Notsituation auf das letzte soziale Netz – die Sozialhilfe (in Österreich wurde 2010 eine bundesweit einheitliche »Bedarfsorientierte Mindestsicherung« eingeführt) – zurückgreifen. Diese soll sowohl nach österreichischem, deutschem als auch nach schweizerischem Recht immer dann zum Tragen kommen, wenn auf Grund der besonderen Situation im

Einzelfall andere Absicherungen nicht ausreichend zur Verfügung stehen. Bei »arbeitsfähigen« MitarbeiterInnen setzt die Gewährung von Sozialhilfe (Bedarfsorientierter Mindestsicherung) jedoch regelmäßig zumutbare Anstrengungen des/der Betroffenen voraus, eine Erwerbsarbeit anzunehmen. Für die Schweiz ist zu vermerken, dass die dort normierte gesetzliche Versicherung die Risiken des Alters sämtlicher Personen erfasst, die in der Schweiz ihren Wohnsitz haben, d. h. eben auch ehrenamtliche MitarbeiterInnen, die sonst keiner Beschäftigung nachgegangen sind. Freilich darf nicht übersehen werden, dass die eidgenössische Alters- und Hinterbliebenenversicherung, zusammen mit den dazugehörigen Ergänzungsleistungen, lediglich eine angemessene Existenzsicherung gewährleistet.

7.5 Abschließende Bemerkungen

NPOs als nicht gewinnorientierte Organisationen stellen häufig Tendenzunternehmen dar. Die jeweilige Tendenz schlägt auf die arbeitsrechtlichen Pflichten der MitarbeiterInnen durch. Auch deren außerdienstliches Verhalten wird durch den Arbeitsvertrag berührt. Nicht zuletzt spielt diese Besonderheit bei Kündigungen und Entlassungen eine Rolle. Einem Tendenzunternehmen sind nämlich MitarbeiterInnen, welche die ideelle Zielsetzung der NPO nicht teilen oder deren Lebensentwurf ihrer Zielsetzung widerspricht, nicht zumutbar. Daher muss das Lösungsrecht der AG in diesen Fällen weiter gefasst sein als bei Unternehmen, die ausschließlich gewinnorientiert tätig sind. Das ist auch der Grund, weshalb nicht sämtliche im Betriebsverfassungsrecht vorgesehenen Mitwirkungs- und Mitbestimmungsrechte gelten.

Soweit allerdings keine Ausnahmen vorgesehen sind, sind auch NPOs verpflichtet, bei der Beschäftigung von MitarbeiterInnen die arbeits- und sozialrechtlichen Schutzbestimmungen einzuhalten. Nur so kann ein befriedigender Ausgleich divergierender Interessen beider Teile, insb. der vom Arbeits- und Sozialrecht beabsichtigte soziale Schutz erzielt werden.

Literatur

Binder, M. (1984): Die Einwirkung des verfassungsrechtlichen Schutzes von Ehe und Familie (Art. 12 i. V. m 8 Abs. 1 MRK) auf das Arbeitsverhältnis, in: Zeitschrift für Arbeitsrecht und Sozialrecht, Heft 5, S. 163ff.

Boecken, W., Joussen, J. (2010): Teilzeit- und Befristungsgesetz, Handkommentar, 2. Aufl., Baden-Baden.

Brodil, W. (1993): Das arbeitsvertragliche Anbahnungsverhältnis, Dissertation an der Universität Wien.

Burger-Ehrnhofer, K., Schrittwieser, B, Thomasberger, M (2007): Mutterschutzgesetz und Väter-Karenzurlaubsgesetz, Wien.

Csebrenyak, E. et al. (1987): ABGB und Arbeitsvertragsrecht, 4. Aufl., Wien.

Cerny, J., Gahleitner, S., Kundtner, A., Preiss, J., Schneller, H. (2010): Arbeitsverfassungsrecht 2, 4. Aufl., Wien.

Cerny, J., Gahleitner, S., Preiss, J., Schneller, H. (2009): Arbeitsverfassungsgesetz 3, 4. Aufl., Wien.
Däubler, W. (Hg.) (2006): Tarifvertragsgesetz mit Arbeitnehmer-Entsendegesetz, Kommentar, 2. Aufl., Baden-Baden.
Daubler, W., Kittner, M., Klebe, T., Wedde, P., Bachner, M.(Hg.) (2010): Betriebsverfassungsgesetz, 12. Aufl., Frankfurt am Main.
Deutsch, H., Neurath, E., Nowotny, I., Seitz, R. (2010): Ausländerbeschäftigungsrecht, Wien.
Drs, M. (2012): Arbeits- und Sozialrecht, 2. Aufl., Wien.
Drs, M. (1996): Das Arbeitsrecht in der Kirche: individualrechtliche Aspekte, in: Runggaldier, U., Schikele, B. (1996): Arbeitsrecht und Kirche, Zur arbeitsrechtlichen und sozialrechtlichen Stellung von Klerikern, Ordensangehörigen und kirchlichen Mitarbeitern in Österreich, Wien.
Drs, M. (1997): Ehestörung kein Entlassungsgrund, in: Recht der Wirtschaft, Heft 5, S. 282ff.
Dusak, I. (1988): Die arbeitsrechtliche Relevanz außerdienstlichen Verhaltens, in: Recht der Wirtschaft, Heft 9, S. 355f.
Egger, J. (1993): Die Beendigung von befristeten Arbeitsverhältnissen im Lichte der Rechtsprechung, in: Wirtschaftsrechtliche Blätter, Heft 2, S. 33ff.
Eichenhofer, E. (2012): Sozialrecht, 8. Aufl., Tübingen.
Eichenhofer, E., Igl, G./Jchmann, M. (Hrsg.) (2002): Rechtliche Rahmenbedingungen bürgerschaftlichen Engagements, Opladen.
Eichenhofer, E. (2009): Ehrenamt im Recht, in: Saenger, I., Bayer, W., Koch, E., Körber, T. (2009): Gründen und Stiften, Festschrift für Olaf Werner, Baden-Baden, S. 60ff.
Ercher, G, Stech, E, Langer, C. (2005): Mutterschutzgesetz und Väter-Karenzgesetz, Wien.
Forster, P. (2007): AHV-Beitragsrecht, Zürich.
Gamillscheg, F. (1997): Kollektives Arbeitsrecht, Bd. I, München.
Gächter, T. (2005): Religionsgemeinschaftlicher Dienst aus der Sicht des Sozialversicherungsrechts, in: Pahud De Mortanges, R., Tanner, E. (Hrsg.), Zusammenarbeit zwischen Staat und Religionsgemeinschaften nach schweizerischem Recht, Zürich/Basel/Genf, S. 503ff.
Gächter, T. (2005): Arbeitsschutz, Arbeitsgesetz und beigeordnete Erlasse, in: Kieser, U., Poledna, T. (Hg.), Gesundheitsrecht. Schweizerisches Bundesverwaltungsrecht, Bd. VIII, Basel/Genf/München, S. 291ff.
Geiser, T., Müller, R. (2012): Arbeitsrecht in der Schweiz, 2. Aufl., Bern.
Geiser, T., Von Kaenel, A., Wyler R. (Hg.) (2005): Arbeitsgesetz. Bundesgesetz vom 13. März 1964 über die Arbeit in Industrie, Gewerbe und Handel, Stämpflis Handkommentar, Bern.
Gerber, S. (2003): Die Scheinselbständigkeit im Rahmen des Einzelarbeitsvertrages, Bern/Stuttgart/Wien.
Grillberger, K. (2011): Arbeitszeitgesetz, 3. Aufl., Wien.
Harder, W. S. (2000): Freie Mitarbeit und ähnliche Formen freier Zusammenarbeit, Bern.
Hammer, U. (2002): Kirchliches Arbeitsrecht, Frankfurt am Main.
Henssler, M.; Müller-Glöge, R, Lorenz, M. (2005): Erl. zu § 611ff BGB, in: Rebmann, K., Säcker, F. J.; Rixecker, R. (2009): Münchener Kommentar zum Bürgerlichen Gesetzbuch, Band 4, 5. Aufl., München.
Hess, H., Schlochaucher, U., Worzalla, M. (2011): Betriebsverfassungsgesetz, 8. Aufl., Köln.
Hopf, H., Mayr, K., Eichinger, J. (2009): GlBG, Gleichbehandlung – Antidiskriminierung (inkl. Ergänzungsband 2010), Wien.
Hoyningen-Huene, G., Linck, R. (2007): Kündigungsschutzgesetz, 14. Aufl., München.
Hromadka, W., Maschmann, F. (2012): Arbeitsrecht 1, 5. Aufl., München.

Hromadka, W., Maschmann, F. (2010): Arbeitsrecht 2, 5. Aufl., München.
Kaeser, H. (1996), Unterstellung und Beitragswesen in der obligatorischen AHV, Bern.
Kieser, U. (2008), Schweizerisches Sozialversicherungsrecht, Zürich/St. Gallen.
Kittner, M., Zwanziger, B., Deinert, O, (2011): Arbeitsrecht, Handbuch für die Praxis, 6. Aufl., Frankfurt/Main.
Klein, C., Heilegger, G., Schwarz, B. (2011): Arbeitszeitgesetz, 3. Aufl., Wien.
Klein, G., Knöfler, M. (1993): APSG (inkl. Nachtrag 1994), Wien.
Krecji, H. (2000): Erl zu §§ 1151ff., 1165ff., in: Rummel, P. (2000): ABGB, 3. Aufl., Wien.
Kuderna, F. (1994): Das Entlassungsrecht, 2. Aufl., Wien.
Locher, T. (2003): Grundriss des Sozialversicherungsrechts, 3. Aufl., Bern.
Löschingg, G. (2011): Arbeitsrecht, web/book, Wien.
Löschingg, G. (2012): Angestelltengesetz, 9. Aufl., Wien.
Lutz, D., Schwarz, B. (2005): Arbeitsruhegesetz, 4. Aufl., Wien.
Marhold, F., Friedrich, M. (2012): Österreichisches Arbeitsrecht, 2. Aufl., Wien.
Marhold, F., Burgstaller, G., Preyer, H.: Kommentar zum Angestelltengesetz, Wien.
Mayer-Maly, T. (1968): Arbeitsverhältnis und Privatsphäre, in: Arbeit und Recht, Heft 1, S. 1ff.
Mayer-Maly, T. (1991): Arbeitsrecht im kirchlichen Dienst, in: Mayer-Maly, T. (1991): Ausgewählte Schriften zum Arbeitsrecht, S. 358ff., Wien.
Mayr, K., Resch, R. (2009): BMSVG, Abfertigung neu, 2. Aufl., Wien.
Müller, R. A. (2000): Arbeitnehmerähnliche Personen. Rechtsprobleme der Scheinselbständigkeit, in: ArbR, Mitteilungen des Instituts für Schweizerisches Arbeitsrecht, Bern, S. 21ff.
Neumayr, M., Reissner, G. (2011): Zeller Kommentar zum Arbeitsrecht, 2. Aufl., Wien.
Peschek, R., Micheler E. (1996): (Schein-)Werkverträge, Kettenarbeitsverhältnisse, kollektive Rechtsgestaltung und betriebliche Mitbestimmung bei Wissenschaftlern, Wien.
Pfeil, W. J., Wöss, J. (2011): Bedarfsorientierte Mindestsicherung, Wien.
Pfeil, W. J. (1985): Zur Zulässigkeit von Kettenarbeitsverträgen, in: Das Recht der Arbeit, Heft 2, S. 128ff.
Portmann, W., Stöckli, J.-F. (2007): Schweizerisches Arbeitsrecht, 2. Aufl., Zürich/St. Gallen.
Rebmann, K., Säcker, F. J, Rixecker, R. (Hg.) (2009): Münchener Kommentar zum Bürgerlichen Gesetzbuch, Bd. 4, 5. Aufl., München.
Rehbinder, M. (2002): Schweizerisches Arbeitsrecht, 15. Aufl., Bern.
Rehbinder, M., Stöckli, J.F. (2010): Der Arbeitsvertrag, Art. 319–330b OR, Berner Kommentar, Bern.
Reinecke, B. in: Küttner, W. (2011): Personalbuch, 18. Aufl., München, Teilzeitbeschäftigung.
Resch R. (2011): Sozialrecht, 5. Aufl., Wien.
Resch, R. (2011): Arbeitsrechtliche Fragen der Freiwilligenarbeit, in Freiwilligenarbeit, Symposium 2011, Wien, S. 73ff.
Richardi, R. (2009): Arbeitsrecht in der Kirche, 5. Aufl., München.
Richardi, R., Wlotzke, O. (Hg.) (2000): Münchener Handbuch zum Arbeitsrecht, Band 1, 2 und 3, 2. Aufl., München.
Riemer-Kafka, G. (2007): Freiwilligenarbeit aus (arbeits-)vertraglicher und sozialversicherungsrechtlicher Sicht, in: Arbeitsrecht und Arbeitslosenversicherung (ARV) 2007, S. 57ff.
Rummel, P. (Hg.) (2000): ABGB, Bd. 1, 3. Aufl., Wien.
Runggaldier, U. (1995): Grenzen der Kollektivvertragsautonomie bei der Regelung des Entgelts, Wien.
Runggaldier, U., Schima, G. (1994): Aussetzungsvereinbarungen in Saisonbetrieben, Wien.

Runggaldier, U., Schinkele, B. (Hg.) (1996): Arbeitsrecht und Kirche. Zur arbeitsrechtlichen und sozialrechtlichen Stellung von Klerikern, Ordensangehörigen und kirchlichen Mitarbeitern in Österreich, Wien.

Scartazzini, G., Hürzeler, M. (2012): Bundessozialversicherungsrecht, 4. Aufl., Basel.

Schaub, G., Koch, U., Linck, R. (2011): Arbeitsrechts-Handbuch, 141. Aufl., München.

Schrammel, W. (1997): Vom »Werkvertragserkenntnis« zur umfassenden Sozialversicherungspflicht, in: Arbeits- und Sozialrechtskartei, S. 333ff.

Schrank, F. (2008): Arbeitszeitgesetze, Bd. 1 und 2, Wien.

Stahlhacke, E., Preis, U., Vossen, R. (2010): Kündigung und Kündigungsschutz im Arbeitsverhältnis, 9. Aufl., München

Strasser, R., Jabornegg, P., Resch, R. (27. Lfg, 2012): Kommentar zum Arbeitsverfassungsgesetz, Wien.

Streiff, U., Von Kaenel, A., Rudolf, R. (2012), Arbeitsvertrag. Praxiskommentar zu Art. 319–362, 7. Aufl., Zürich.

Thüsing, G. (2006): Kirchliches Arbeitsrecht, Tübingen.

Tomandl, T. (9. Lfg., 2012): Arbeitsverfassungsgesetz, Wien.

Tomandl, T. (24. ErgLfg., 2011): System des österreichischen Sozialversicherungsrechts, Wien.

Tomandl, T., Schrammel, W. (2011): Arbeitsrecht 1 und 2, 7. Aufl., Wien.

Tomandl, T. (Hg.) (1979): Entgeltprobleme aus arbeitsrechtlicher Sicht, Wien.

Tomandl, T. (1971): Wesensmerkmale des Arbeitsvertrages, Wien.

Trenner, H., Dunst, C. (2012), Arbeitsverfassungsrecht 4, 5. Aufl., Wien.

Vischer, F. (2005), Der Arbeitsvertrag, 3. Aufl., Basel.

Vischer, F., Albrecht, A. C. (2006), Der Arbeitsvertrag, Art. 356–360f OR, Zürcher Kommentar, Zürich.

Wachter, G. (1984): Der sogenannte freie Dienstvertrag, in: Das Recht der Arbeit, Heft 6, S. 405ff.

Wachter, G. (1992): Wesensmerkmale des freien Dienstvertrages, in: Das Recht der Arbeit, Heft 2, S. 124ff.

Widy, G, Ernst, K. (2011): Behinderteneinstellungsgesetz, 7. Aufl., Wien.

Wiedemann, H. (2007), Tarifvertragsgesetz, 7. Aufl., München.

Zöllner, W., Loritz, K. G., Hergenröder, C.W.(2008): Arbeitsrecht, 6. Aufl., München.

8 Finanzierung von NPOs

Edith Littich, Schober Christian

8.1 Der Stellenwert der Finanzierung in NPOs

NPOs unterscheiden sich beim Thema Finanzierung deutlich von gewinnorientierten Unternehmen. Dieser Beitrag zeigt Unterschiede bei den Finanzzielen (Kapitel 8.2), bei der Finanzplanung (Kapitel 8.3), beim Vermögensmanagement (Kapitel 8.4) und bei den Finanzierungsquellen (Kapitel 8.6) auf. Kapitel 8.7 widmet sich unterschiedlichen Finanzierungsstrategien.

Finanzwirtschaftliche Probleme, wie etwa die Beschaffung der notwendigen finanziellen Mittel oder Maßnahmen zur Aufrechterhaltung der Unternehmensliquidität, sind Kernbereiche der Unternehmensführung und der BWL. Betriebliche Finanzierung befasst sich mit der Strukturierung des Kapitals und des Vermögens, d.h. neben der Kapitalbeschaffung zählt auch die Kapitalverwendung und somit die Beurteilung und das Management von Investitionen zum Kernbereich der Finanzierung.

Das Tätigkeitsprofil von Finanzverantwortlichen eines gewinnorientierten Unternehmens ist eine umfassende Managementaufgabe mit zentraler Bedeutung für die Innen- und Außenwirkung. Vielfach sind derartige Funktionen in der obersten Unternehmenshierarchie angesiedelt. Hier sind erste Unterschiede zu NPOs zu erwarten:

- Finanzierungsaufgaben werden v. a. in kleineren NPOs oft als notwendiges Übel betrachtet, die dafür verwendete Zeit gilt als nicht direkt dem NPO-Zweck dienlich. Finanzverantwortung ist inhaltlichen Funktionen nachgelagert und häufig werden Finanzagenden von der Geschäftsführung selbst übernommen.
- Der Mittelzufluss an NPOs erfolgt finanzierungsquellenabhängig diskontinuierlich, v. a. bei Spenden und öffentlichen Subventionen. Die Einkünfte sind daher nur schwer planbar, was hohe Anforderungen an das Finanzmanagement stellt. NPOs sind nur selten in der Lage, eine genaue Finanzplanung zu liefern und erfüllen wichtige Informationspflichten an das Management sowie Kredit- und sonstige GeldgeberInnen nur eingeschränkt.
- Viele NPOs sind bei der Aufbringung von Finanzmitteln von einem oder wenigen dominanten Financiers abhängig. Die gilt vor allem für NPOs, die primär durch öffentliche Gelder finanziert werden (z. B. im Kultur-, Bildungs- und Gesundheitsbereich). Eine Einschränkung der staatlichen Ausgaben hat hier zwingend Probleme bei der Aufrechterhaltung des Leistungsangebots zur Folge.
- NPOs weisen eine hohe Identifikation mit ihren inhaltlichen Aufgaben (Mission) auf. Das hat für das Finanzmanagement große Bedeutung: Rentabilitätsüberlegungen bei Investitionen treten in den Hintergrund.

8.2 Finanzziele von NPOs

In der traditionellen Finanzierungstheorie ist die Rentabilität (und in der Folge die Maximierung des EigentümerInnenvermögens) das Haupt-Finanzziel eines Unternehmens und die Einhaltung der Liquidität eine notwendige Nebenbedingung (Geyer et al. 2011). Rentabilität definiert sich als periodenbezogene Verzinsung eines Kapitaleinsatzes und legt fest, welche Rendite eine Investition über einen festgelegten Zeitraum erbringt. Aus Sicht der KapitalgeberInnen sind die maßgeblichen Größen die Eigenkapital- und die Gesamtkapitalrentabilität.

Die Liquidität eines Unternehmens beschreibt die Erfüllbarkeit von Zahlungsverpflichtungen durch das Unternehmen. Liquidität steht in einem Zielkonflikt mit der Forderung nach Rentabilität, gilt jedoch als »conditio sine qua non«.

NPOs sind ex definitione nicht verpflichtet bzw. teilweise nicht berechtigt[1], marktfähige Güter oder Dienstleistungen anzubieten und erwirtschaftete Gewinne an ihre EigentümerInnen auszuschütten, sondern haben stattdessen ein meist gemeinnütziges Ziel zu verfolgen. Daher kehrt sich die Reihenfolge der Hauptfinanzziele um und Liquidität steht im Mittelpunkt.

Die finanziellen Mittel können in drei Grobkategorien zugeordnet werden:

- philanthropisches Engagement (v. a. Spenden),
- öffentliche Gelder (Subventionen und Leistungsverträge seitens des Staates),
- Markterlöse (bei denen, wie bei gewinnorientierten Unternehmen, eine Kongruenz zwischen ZahlerInnen und EmpfängerInnen einer Leistung besteht).

Markterlöse sind nur dann erzielbar, wenn die NPO private Güter bereitstellt (siehe Kapitel 8.7.3). Dies ist je nach Funktion der NPO und Branche in unterschiedlichem Ausmaß der Fall. Selbst bei der Produktion von privaten Gütern ist eine ausschließliche Finanzierung der Leistungen über Zahlungen der LeistungsempfängerInnen selten gegeben. Spenden und öffentliche Gelder werden in diesen Fällen zur Deckung der restlichen Ausgaben herangezogen. Anders stellt es sich bei missionsfernen kommerziellen Aktivitäten dar. Hier können bzw. sollen durchaus Gewinne erzielt werden, die der Querfinanzierung dienen (siehe Kapitel 8.6.4).

Das zuvor definierte Rentabilitätsziel kann also nur dort verfolgt werden, wo finanzielle Überschüsse erzielt werden. Es empfiehlt sich daher, anstelle der Rentabilität, das allgemeine Wirtschaftlichkeitsprinzip zu beachten: Der Ressourceneinsatz ist dabei so zu optimieren, dass ein möglichst günstiges Verhältnis zwischen Einsatz- und Ergebnisgrößen erzielt wird. Unter Anwendung des Wirtschaftlichkeitskalküls können ex ante geplante Investitionen verglichen oder ex post durchgeführte Aktivitäten beurteilt werden. Ökonomische Evaluationen und Leistungsmessungssysteme erfüllen hier die notwendige Bewertungsaufgabe (siehe Beitrag III. 5).

Das Liquiditätsziel ist von NPOs hingegen uneingeschränkt zu befolgen, da bereits bei kurzfristigen Liquiditätsengpässen eine existenzielle Gefahr droht. Zahlungsunfähigkeit kann bei NPOs schwerwiegendere Folgen als bei gewinnorientierten Unternehmen haben, da:

---

1 Gemäß Statuten oder Fördervereinbarungen.

- abseits der Kapitalgesellschaften die entsprechende EigentümerInnenstruktur zur Überbrückung von Finanzengpässen fehlt,
- KreditgeberInnen zahlungsunfähigen NPOs kaum weitere Kredite geben werden, v. a. weil
- in der Regel keine zukünftigen Erlöse aus Umsätzen zu erwarten sind.

Die Finanzpolitik von NPOs ist somit grundlegend anders als bei gewinnorientierten Unternehmen ausgerichtet: die Aufrechterhaltung von Liquidität dominiert Rentabilitätsüberlegungen und wird zur Hauptaufgabe des Finanzmanagements. Gleichzeitig ergibt sich jedoch auch hier der Zielkonflikt zwischen Kassenhaltung und Investition: NPOs müssen ausreichend Kassenbestände halten, um liquide zu sein, gleichzeitig sind unangemessen hohe Liquiditätsreserven zulasten eigener NPO-Projekte unerwünscht (z. B. in den Standards des US National Charities Informations Bureau, explizit verankert) und ineffizient (siehe Kapitel 8.4). Daraus ergibt sich, dass eine möglichst präzise Liquiditätsplanung die Voraussetzung für den friktionsfreien operativen Ablauf einer NPO ist. Sie sollte Planungs- und Informationsfunktion für das Management sowie alle relevanten Stakeholder haben und eine systematische Prognose der Zahlungsströme erlauben.

8.3 Finanzplanung als zentrale Managementaufgabe in NPOs

Finanzplanung ist ein Teilbereich der Unternehmensplanung und hat die Erfassung und Abstimmung aller geplanten Ein- und Auszahlungen zur Aufgabe. Der Finanzplan erfüllt neben der Planungs- auch die Kontrollfunktion, wenn realisierte Zahlungsmittelströme mit den geplanten verglichen werden.

Bei der Erstellung von Finanzplänen wird wie in Abbildung II.8.1 vorgegangen. Sofern das Finanzmanagement einer NPO nicht über vorhandene Planungsinstrumente aus dem Rechnungswesen oder Controlling verfügt, sind für die Finanzplanung folgende Daten zu erheben bzw. zu prognostizieren:

Ausgaben:
- Projektbezogen (gegliedert nach Projekten),
- Projektunabhängig (z. B. Verwaltung, Fundraising).

Einnahmen:
- Philanthropie (Privat- und Unternehmensspenden; Stiftungsausschüttungen),
- Öffentliche Hand,
- Leistungsentgelte für die im Rahmen der Mission erbrachten Tätigkeiten,
- Mitgliedsbeiträge,
- Kommerzielle Aktivitäten abseits der Mission,
- Kapitalvermögen.

Der Finanzplanung sollte in NPOs besonderes Augenmerk geschenkt werden:
- Auf Grund der hohen Wertigkeit des Liquiditätszieles sind NPOs in ungleich höherem Ausmaß von der Aufrechterhaltung ihrer Zahlungsfähigkeit abhängig. Eine funktionierende Finanzplanung ist die Voraussetzung für die Liquiditätsprognose.

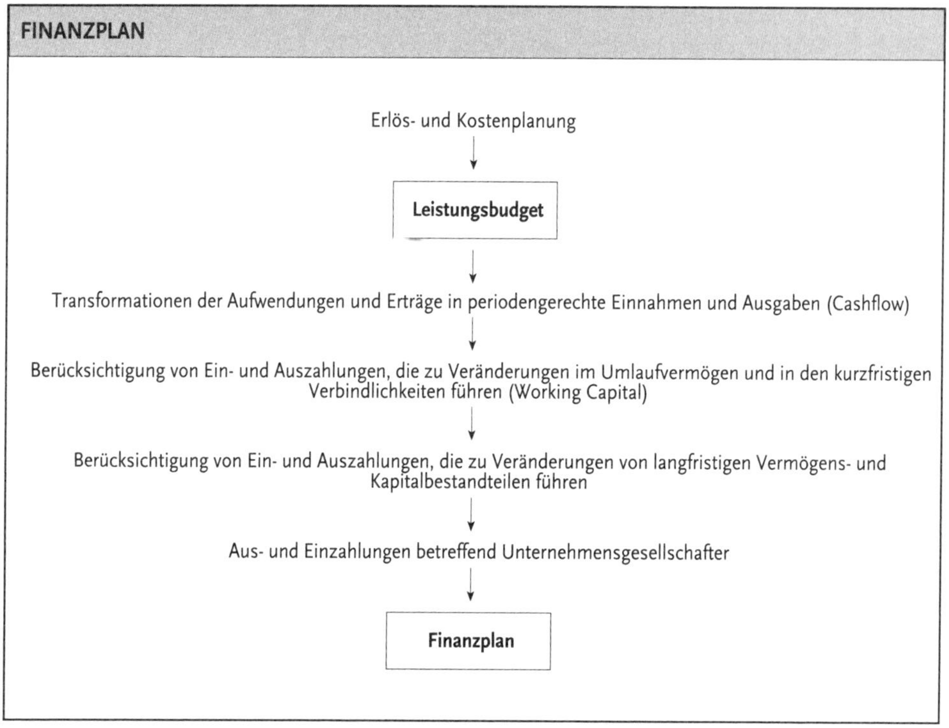

Abbildung II.8.1: Finanzplanerstellung von NPOs

- Eine große Anzahl von kleineren NPOs führt ein auf Einnahmen und Ausgaben basierendes Rechnungswesen. Dies ist im Zusammenhang mit der Finanzplanung relevant, weil
  - aufgrund der vorhandenen Daten (Ein- und Auszahlungen) die sonst üblichen Überleitungsarbeiten aus Plan-Bilanzen entfallen und der Aufwand für die Erstellung des Finanzplanes relativ gering ist,
  - Finanzpläne anstelle eines anderen, rechnungswesenbasierten Berichtssystems, die Aufgabe eines finanziellen Kontrollinstrumentes übernehmen können, z. B. im Vergleich der geplanten mit den realisierten Ein- und Auszahlungen einer Periode und einer Analyse der Differenzen. Finanzpläne können sowohl als internes Managementinstrument als auch als Grundlage für externe Beurteilungen (z. B. für KapitalgeberInnen) dienen (Bryce 1992: 454f). Finanzpläne von NPOs können entweder kostenartenbezogen (siehe Beitrag II. 9) oder projektbezogen gegliedert werden, wobei letztere Gliederungsart bei Finanzierung über zweckgebundene Fonds geeigneter ist.

Eine Besonderheit der Finanzplanung ergibt sich aus der Natur der Rückflüsse (Wacht 1991: 101). Gewinnorientierte Unternehmen (und z. T. auch wirtschaftsnahe NPOs) sind durch zirkuläre Rückflüsse charakterisiert, d. h. Finanzmittel werden aufgenommen, um Güter und Dienstleistungen zu produzieren, deren Absatz zyklisch wieder Rückflüsse erwirtschaftet. Diese können zur Bedienung der aufgenommenen Finanzmittel verwendet werden. Im Gegensatz dazu sind die Cashflows der meisten NPOs linear strukturiert: Die eingehenden Spenden und Subventionen werden direkt dazu verwendet, die NPO-Ziele zu verwirklichen bzw. Kosten zu decken. Rückflüsse seitens der direkten LeistungsempfängerInnen sind vergleichsweise gering. Zusätzlich von einer NPO erbrachte Leistungen bewirken daher anders als bei gewinnorientierten Unternehmen und wirtschaftsnahen NPOs in der Regel keine steigenden Einkünfte. Das bedeutet für das Finanzmanagement, dass sich die Ausgaben strikt an den zuvor erzielten Einnahmen orientieren müssen. Weitere Nachteile ergeben sich auf Grund einer relativ starken Einnahmenfluktuation. Vor allem spendenfinanzierte NPOs leiden unter saisonalen, konjunkturbedingten und thematischen Schwankungen.

8.4 Vermögensmanagement als sekundäre Managementaufgabe in NPOs

Vermögensmanagement setzt voraus, dass disponierbares Vermögen vorhanden ist. Dies ist bei NPOs in unterschiedlichem Ausmaß der Fall. Vermögen kann materiell, immateriell und finanziell sein. Materielles Vermögen bezeichnet physische Objekte, immaterielles Vermögen steht für nichtgreifbare Werte, wie z. B. Markenwerte oder Patente. Das Finanzvermögen umfasst vereinfacht die Summe an liquiden Mitteln und leicht handelbaren Wertpapieren (Fisman/Hubbard 2005; Neubert 2007: 112). Neubert (ebd.) befürwortet die zusätzliche Berücksichtigung von Immobilien im Finanzvermögen und fordert eine Bereinigung um verzinsliches Fremdkapital.

Ausgehend von der Passivseite lassen sich finanzielle Reserven alternativ aus der Summe von Eigenkapital (unrestricted net assets) und Fondskapital (restricted net assets) ermitteln (Neubert 2007: 115). Voraussetzung für diese Berechnungsweise ist allerdings ausreichendes Finanzvermögen auf der Aktivseite zur Deckung. Andernfalls wäre das Vermögen in betriebsnotwendigen nicht-liquidier- bzw. beleihbaren Aktiva gebunden. Im Weiteren soll auf folgende Fragen eingegangen werden:

- Spielt Finanzvermögen eine Rolle bei NPOs?
- Wie kommen NPOs zu Finanzvermögen?
- Wozu braucht es Finanzvermögen abseits des unmittelbar betriebsnotwendigen Vermögens?
- Welche Folgen hat vorhandenes Finanzvermögen?
- Gibt es ein optimales Finanzvermögen?

Wird im Folgenden von höherem Finanzvermögen gesprochen, meint dies, sofern nicht explizit anders erwähnt, immer standardisiertes Finanzvermögen[2]. Damit können Größeneffekte zwischen Organisationen ausgeblendet werden.

In der angloamerikanischen Literatur wird speziell zur Ertragsgenerierung gewidmetes Vermögen bei NPOs unter dem Begriff »Endowment« behandelt (Bowman 2007). Dies

2 Standardisiertes Finanzvermögen = Finanzvermögen/Summe der jährlichen Ausgaben.

ist Finanzvermögen, das dafür gewidmet ist, Einnahmen für die laufenden Aktivitäten der NPO zu generieren. Die Widmung kann entweder von außerhalb der NPO kommen (z. B. GroßspenderInnen) aber auch durch einen innerorganisationalen Beschlusses über die Verwendung von freien Rücklagen (Quasi-Endowment).

8.4 1 Spielt Finanzvermögen überhaupt eine Rolle bei NPOs?

In geringem Ausmaß spielt Finanzvermögen bereits bei jeder NPO eine Rolle, die Kassenbestände hält. Umfangreiche Kapitalanlagen zur Generierung von laufenden Einnahmen sind hingegen wenigen sehr großen NPOs vorbehalten. Neubert (2007:110) kommt für die Schweiz zum Ergebnis, dass spendensammelnde NPOs ein deutlich höheres standardisiertes Finanzvermögen als gewinnorientierte Unternehmen haben. Ein 2005 im SPI notiertes Unternehmen könnte damit im Schnitt etwa 4 Monate seine operativen Tätigkeiten fortführen. Eine spendensammelnde NPO hingegen fast ein Jahr. Für die USA werden noch deutlich höhere Werte bis zu 3 Jahren berichtet (Fisman/Hubbard 2005: 2238; Core et al. 2006: 314)

8.4.2 Wie kommen NPOs zu Finanzvermögen?

NPOs generieren Finanzvermögen, wenn sie Überschüsse erwirtschaften, diese aber nicht ausschütten. Calabrese (2011) zeigt für die USA, dass NPOs gezielt Gewinne akkumulieren, um ihre finanzielle »Verwundbarkeit« zu reduzieren. Im Zeitraum von 1998 bis 2003 handelte es sich durchschnittlich um einen Zuwachs von 3,4% pro Jahr.

NPOs bekommen zudem Kapital zur Verfügung gestellt (z. B. Großspenden), das häufig mit einer Zweckwidmung versehen ist. Vor dem Hintergrund der Kosten einer überschüssigen Liquidität und der geringen Toleranz von externen Prüfinstanzen (z. B. Steuerbehörden) gegenüber frei verfügbaren Mitteln in größerem Umfang, sind diese Mittel sinnvollerweise in Fonds einzubringen, deren Erträge bzw. eventuell auch das Kapital selbst den, von den SpenderInnen vorgesehen, Zwecken zugeführt werden kann.

8.4.3 Wozu braucht es Finanzvermögen abseits des unmittelbar betriebsnotwendigen Vermögens?

Wenn Finanzvermögen von NPOs in Fonds gebunden ist, wird die Frage aufgeworfen, ob dies im Sinne der Mission ist. Letztlich werden (zumindest vorübergehend) finanzielle Mittel der Verwendung entzogen. Obwohl die Bildung von Endowments sinnvoll sein kann (z. B. Aufbau eines Katastrophenfonds), wird sie bei Erreichen einer bestimmten Größenordnung in der Literatur durchaus kritisch gesehen (Irvin 2007; Bradley et al. 2003). Hintergrund dafür ist die Prinzipal-Agenten-Theorie. Sie geht von einer asymmetrischen Beziehung zwischen einem Prinzipalen (hier Financier) und einem Agenten (hier Management) aus. Financiers wünschen sich einen »optimalen Einsatz« der Mittel und versuchen die Agenten durch Steuerung, Kontrolle sowie Anreizen zur entsprechenden Mittelverwendung zu bewegen. Die Kosten für die Überwindung der bestehenden Informationsasymmetrie werden *Agency-Kosten* genannt (Jensen/Meckling 1976). Agiert ein

Agent nicht im Sinne des Prinzipals, kommt es aus dessen Sicht zu Ineffizienzen, etwa wenn das Management von NPOs hohe finanzielle Reserven zu Lasten der Missionserfüllung akkumuliert, um seinen finanzpolitischen Spielraum zu erhöhen. Es zeigt sich z. B., dass eine geringe Effizienz bei der Leistungserbringung, neben höheren Gehältern von CEOs, auch mit höheren Endowments in Zusammenhang steht (Core et al. 2006).

Zusammengefasst ist Finanzvermögen zur Erhöhung der Unabhängigkeit und Flexibilität der NPO wünschenswert. Über die Höhe ist jedenfalls mit relevanten Stakeholdern Einvernehmen herzustellen, wobei die Auswirkungen auf missionsrelevante Aktivitäten zu berücksichtigen sind.

8.4.4 Welche Folgen hat vorhandenes Finanzvermögen?

Wenn eine NPO Finanzvermögen hält, hat dies Vor- und Nachteile (Neubert 2007: 117; Bowman et al. 2007). Ein Vorteil ist die Abfederung von Risiken, konkret die Verringerung des Risikos von (vorübergehenden) Leistungskürzungen und von Financial Distress. *Financial Distress* bezeichnet eine finanzielle Schieflage, die Kosten durch Liquiditätsengpässe mit sich bringt, wie z. B. Einbußen von Spenden oder Vorauszahlungsforderungen von LieferantInnen.

Ein höheres Finanzvermögen erweitert auch den Handlungsspielraum der NPO. Es kann zur Anstoßfinanzierung neuer Aktivitäten dienen, Soforthilfemaßnahmen (z. B. bei Katastrophen) ermöglichen, die Verhandlungsmacht gegenüber PartnerInnen stärken, die Unabhängigkeit von GeldgeberInnen vergrößern und Innovationen fördern. Letzteres basiert auf der Hypothese, dass hohes Finanzvermögen den Effizienzdruck reduziert und damit mehr Zeit zur Entwicklung von Innovationen lässt (Leitner 2009; Beitrag III.4).

Hohes Finanzvermögen kann aber auch ineffizient sein. Gesamtwirtschaftlich kann es sich um eine Fehlallokation von Ressourcen handeln: Schließlich bedeutet der Aufbau von Finanzvermögen ein Verschieben von Leistungen in die Zukunft, was u. U. nicht im Sinne der Mission ist.

Inwieweit hohes Finanzvermögen Auswirkungen auf zusätzliche externe Finanzierung hat, ist nicht eindeutig geklärt. Aus den USA gibt es Hinweise, dass SpenderInnen Organisationen mit hohem Finanzvermögen bevorzugen, da hier der Fortbestand über längere Zeit eher gesichert ist (Bowman et al. 2007:158). Für die Schweiz kommt Neubert (2007: 122) zum gegenteiligen Ergebnis: SpenderInnen bevorzugen es, wenn die Spende so rasch wie möglich einer Verwendung zugeführt wird. Die öffentliche Hand schätzt wohl stabile NPOs, versucht allerdings durchaus mittels nichtkostendeckender Leistungsentgelte vorhandenes Vermögen indirekt, zu eigenen Gunsten abzuschöpfen.

8.4.5 Gibt es ein optimales Finanzvermögen?

Die Literatur nennt eine Reihe von Faktoren, die bei der Festlegung der Höhe des Finanzvermögens eine Rolle spielen sollten (Neubert, 2007: 125; Hansmann 1990). Da sowohl Beteiligungs- als auch Kreditfinanzierung für NPOs problematisch sind (siehe Kapitel 8.5), kann ein höheres Finanzvermögen die Funktion des Risikopuffers bei finanziellen Schocks übernehmen. Auch die oft hohe Abhängigkeit von volatilen Einnahmen und die Notwendigkeit von Flexibilität sprechen für ein höheres Finanzvermögen (Helms et al. 2005).

An betrieblichen Faktoren spielt der Umfang zukünftiger Verpflichtungen eine Rolle. Ist der Anteil an schwer abbaubaren Fixkosten hoch, muss das Finanzvermögen ebenfalls entsprechend hoch sein. Größere Organisationen können tendenziell ein niedrigeres Finanzvermögen haben, da sie durch besseres Risikomanagement und Risikodiversifikation (mehr Aktivitäten) operative Risiken leichter bewältigen können. Ein weiterer betrieblicher Faktor ist der Investitionsbedarf. NPOs mit unregelmäßigen Investitionen müssen lange im Voraus Vermögen akkumulieren, um zur gewünschten Zeit investieren zu können. Knapp vor der Investition haben sie somit ein vergleichsweise hohes Finanzvermögen.

Das optimale Finanzvermögen hängt somit von einer Reihe an Faktoren ab und muss letztlich anhand der individuellen Situation einer NPO bestimmt werden. Nichtsdestotrotz gibt es in einigen Ländern gesetzliche Vorschriften, welche die Höhe des Finanzvermögens beschränken. In Deutschland wird z. B. steuerlich auf eine »zeitnahe« Verwendung abgezielt, wobei zeitnah das auf den Zufluss folgende Jahr meint (AO § 55 Abs. 1/5). Es gibt zudem Restriktionen des Umfangs der freien Rücklagen. In der Schweiz existieren, wie auch in den USA, de facto keine Beschränkungen (Neubert 2007: 153). In Österreich wird es bei Vereinen bzgl. der Gemeinnützigkeit problematisch, wenn ausreichend finanzielle Rücklagen erwirtschaftet wurden, keine großen Investitionsvorhaben anstehen und der Verein weiterhin Gewinne erwirtschaftet (Höhne et al. 2009: 415).

Vom zumindest temporär gebundenen Vermögen müssen die Kassenhaltungsbestände abgegrenzt werden. Diese dienen der Liquiditätssteuerung (siehe Kapitel 8.3) und können bei schlechtem Finanzmanagement ebenfalls ineffizient hoch sein.

Kassenhaltung in Form von Bargeld und Cash-nahen Beständen wird für Transaktionen im Zusammenhang mit den laufenden Aktivitäten genützt. Je nach Art und Umfang der Aktivitäten sind unterschiedlich hohe Mittel notwendig. Weiters wird Kassenhaltung aus spekulativen Gründen betrieben, um im Falle von Investitionsmöglichkeiten liquide zu sein. Bargeld kann auch aus Gründen der unternehmerischen Vorsicht gehalten werden, um Schwankungen der Einnahmen auffangen zu können. Der negative Aspekt bei (hoher) Kassenhaltung ist die geringe Verzinsung. ManagerInnen bevorzugen häufig Bargeldbestände gegenüber Kreditaufnahme und/oder Beteiligungsfinanzierung, da sie hier ohne (zusätzliche) Kontroll- und Rechenschaftsanforderungen über die Mittel verfügen können.

Ramirez (2011) belegt, dass hinsichtlich der Motive und Einflussfaktoren auf die Höhe der Kassenhaltung zwischen US-NPOs und gewinnorientierten Unternehmen kein Unterschied besteht. Höhere Kassenbestände haben ihren Ursprung in der besonderen Vorsicht und in Hinblick auf Investitionsmöglichkeiten. NPOs mit höheren Kassenbeständen sind zudem kleiner, haben weniger stetige Einnahmequellen und höhere Jahresüberschüsse. Zudem gehen höhere Kassenbestände mit einem Wachstum der Vermögenswerte einher. Es wird also in Wachstum investiert. Höhere Kassenbestände haben keinen negativen Einfluss auf das Spendeverhalten.

8.5 Innen- vs. Außenfinanzierung bei NPOs

Die Literatur unterscheidet klassischerweise zwischen Innenfinanzierung und Außenfinanzierung sowie Eigen- und Fremdfinanzierung (siehe Abbildung II.8.2).

	Außenfinanzierung	Innenfinanzierung	
Fremdfinanzierung	Finanzierung durch GläubigerInnen (Kreditfinanzierung)	Finanzierung durch Bindung von güter- und leistungswirtschaftlichen Überschüssen über die Minderung des Gewinns	Fremdkapital
Eigenfinanzierung	Finanzierung durch neue oder bisherige EigentümerInnen (Beteiligungsfinanzierung)	Selbstfinanzierung; Gewinnthesaurierung	Eigenkapital

Quelle: eigene Darstellung

Abbildung II.8.2: Hauptfinanzierungsarten

Für NPOs sind diese Unterscheidungen nicht durchgängig aufrechtzuerhalten. Typische EigenkapitalgeberInnen, wie z. B. AktionärInnen, haben Mitspracherechte, einen Anspruch auf Gewinnbeteiligung und können Anteile am Unternehmen veräußern. Sie sind an Kapitalerhalt bzw. -zuwachs interessiert. Bei Einzelunternehmen und einigen Personengesellschaften müssen Verluste aus dem Privatvermögen ausgeglichen werden. Diese Spezifika sind bei NPOs meist nicht gegeben. Einnahmen aus (ungewidmeten) Spenden, Subventionen oder Stiftungsausschüttungen erfüllen diese Ansprüche nicht. Der Kapitalerhalt ist für die meisten Financiers hier ebenfalls nicht zentral, der eigene finanzielle »Verlust« ist quasi schon bei Übergabe des Kapitals eingetreten. Um Fremdkapital, das als Charakteristikum eine Rückzahlungsverpflichtung und Zinszahlungen beinhaltet, handelt es sich aber auch nicht. Es wird daher für diese spezifischen Finanzierungsquellen der Begriff Quasi-Eigenkapital eingeführt.

Quasi-Eigenkapital ist Kapital, das weder dem Eigen- noch dem Fremdkapital eindeutig zuzuordnen ist. Es wird wie Eigenkapital unbefristet der NPO überlassen und es besteht kein Rückzahlungsanspruch. Es bringt allerdings kein Gewinnbeteiligungsrecht und keine Verlustbeteiligungsverpflichtung mit sich und ist daher auch keiner Liquiditätsbelastung ausgesetzt (z. B. Dividendenausschüttung).

Innenfinanzierung ist die »Beschaffung von Nominalgütern (Finanzmitteln) durch den Absatz von Realgütern und den daraus fließenden Umsatzerlösen durch Desinvestitionen und durch Ersparnis des Einsatzes von Nominalgütern auf Grund von Rationalisierungsmaßnahmen« (Eilenberger 2003: 326). Sie ist bei NPOs nur begrenzt möglich, da deren Leistungen oft nicht marktfähig sind. Auch Entgelte für ihre Leistungen (z. B. Pflegedienste) sind nicht immer kostendeckend oder geeignet, finanzielle Überschüsse zu erwirtschaften. In der Praxis ist die Grenzziehung zwischen internen und externen Mitteln schwierig. So wären jene Einzahlungen, die NPOs in Form von Mitgliedsbeiträgen oder als fixe Leistungsentgelte erhalten, den internen Mitteln zuzuordnen. Mitgliedsbeiträge können als Gebühren bzw. Preise für bestimmte erwartete Leistungen (z. B. vergünstigte Eintritte) interpretiert werden und sind von Spenden und Subventionen, die durch Freiwilligkeit und fehlende wirtschaftliche Gegenleistung gekennzeichnet sind, abzugrenzen.

Neben der Einbehaltung von Überschüssen in Form von Rücklagen verbleiben NPOs eine Reihe von internen Finanzierungsmaßnahmen durch Rationalisierung oder verbessertes Kostenmanagement:

- Verbesserung des Inkassowesens (konsequente fristgerechte Einmahnung),
- Konditionenpolitik (lange Zahlungsfristen, Teilzahlungsvarianten),
- Kooperationsstrategien zur Kostensenkung (z. B. Einkaufsgenossenschaften),
- Optimierung der Lagerhaltung (Raumkosten, Kapitalbindung),
- Vermieten oder Verleasen nicht ständig benötigter Kapazitäten (z. B. Räumlichkeiten),
- Verkauf von Rechten (z. B. Markenrechte),
- Einhebung von Gebühren für bestimmte Leistungen sowie
- Nutzung kostengünstiger Medien für Kommunikationszwecke (z. B. Skype, Web 2.0).

Unter Außenfinanzierung versteht man die Finanzierung durch Eigenmittel (Beteiligungsfinanzierung) und durch Fremdmittel (Kreditfinanzierung). Für NPOs eignen sich die traditionellen Instrumente der Außenfinanzierung nur sehr eingeschränkt. Sofern überhaupt einsetzbar, ist bei der Kapitalbereitstellung auf die Spezifika einer NPO Rücksicht zu nehmen.

Auf die Gründe der bei NPOs sehr begrenzten Möglichkeit zur Beteiligungsfinanzierung wurde bereits hingewiesen. Diese kommt bei NPOs folglich kaum in Frage. Auch die verbundene Haftung schränkt das Spektrum geeigneter Gesellschaftsformen (siehe Beitrag II.3) stark ein, und zwar vor allem auf Kapitalgesellschaften, Kommandit- oder stille Beteiligungen. Gleichzeitig sind Financiers auf Grund fehlender Gewinne in der Regel nicht an einem Gesellschafterstatus interessiert, weil sie Mittel aus altruistischen Motiven auch auf informellem Wege (z. B. in Form von Spenden) der NPO zur Verfügung stellen können. Trotzdem hat Beteiligungsfinanzierung in den letzten Jahren unter Begriffen wie »Venture Philantrophy« oder »Social Investment« an Bedeutung gewonnen, wenn auch v. a. in der Diskussion und weniger in tatsächlichen Investitionen. Dennoch steht vermehrt Finanzkapital auch abseits klassischer Kredite für NPOs zur Verfügung. Begriffe wie Impact Investing (Freireich/Fulton 2009), Socially Responsible Investment (Renneboog et al. 2008) oder Ethical Investing (Sparkes 2001) wirken nicht mehr exotisch.

Wie lassen sich diese neueren Formen der Kapitalüberlassung von traditionellen NPO-Finanzquellen abgrenzen? Social Investments haben starke Ähnlichkeiten mit Venture-Capital-Finanzierung: Der Investitionsentscheidung geht ein intensiver Feasibility-Prozess zuvor, in dem Soziale InvestorInnen die zu finanzierenden Projekte und Organisationen auf Nachhaltigkeit, Innovationsfähigkeit und Erfolgschancen prüfen. Dies unterscheidet die auf Langfristigkeit und persönliches Engagement (Involvement) ausgerichtete Haltung von Sozialen InvestorInnen deutlich von SpenderInnen. Zudem haben sie meist den Wunsch, eigenes Wissen einfließen zu lassen.

Abbildung II.8.3 grenzt Formen von Social Investment anhand der Dimensionen Involvement und Art der Rendite (sozialer versus finanzieller ROI) von anderen Finanzierungsinstrumenten ab. Hohes Involvement äußert sich etwa, wenn Mitsprache bei Businessplänen gefordert, Exit-Varianten formuliert oder die Einhaltung sozialer und ethischer Standards überprüft werden. Unter Social Investment sind daher jene Formen der Kapitalbereitstellung zu verstehen, bei denen hohes Involvement mit zumindest eingeschränkter Orientierung an rein finanzieller Rendite einhergeht. Traditionelle Zuwendungen, wie Spenden oder Kredite, weisen ein niedriges Involvement des Kapitalgebers auf. Bei Venture Capital, Eigenkapitalbeteiligung oder Kreditfinanzierung steht hingegen die monetäre Rendite im Vordergrund.

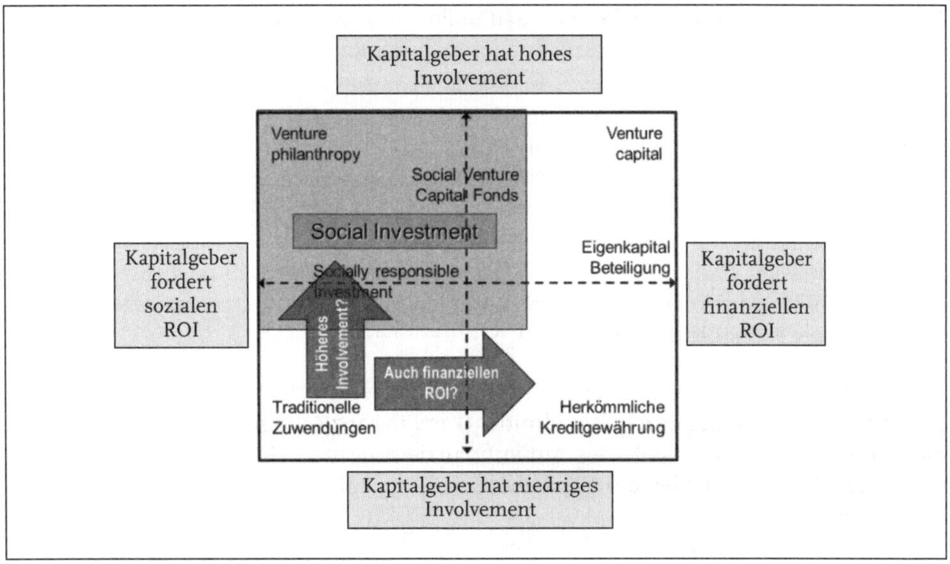

Quelle: eigene Darstellung in Anlehnung an (Kingston/Bolton 2004: 116)

Abbildung II.8.3: Social Investment

Im Zusammenhang mit Social Investment werden unterschiedliche Finanzierungsformen genannt. *Venture Philanthropy* sind Spenden, die mit hohem Engagement der KapitalgeberInnen verbunden sind (Pepin 2005) und stammen meist von vermögenden Privatpersonen oder Stiftungen. Eine monetäre Gegenleistung des finanzierten Unternehmens wird nicht erwartet, sehr wohl jedoch eine hohe soziale Rendite (siehe auch Beitrag III. 5).

Im Gegensatz dazu sind Social Venture Capital Fonds, in denen Social Investments in mehrere Unternehmen/Organisationen gebündelt werden, in der Regel an Kapitalerhalt und einer Mindestrendite interessiert. Ein fließender Übergang erfolgt zu Socially Responsible Investments (SRI) oder Ethical Investments. Hier investiert man in Fonds, die neben finanziellen Zielen (ROI) auch soziale, ökologische und ethische Ziele verfolgen.

Der Nutzen der neuen Finanzierungsformen liegt in der stärkeren unternehmerischen Orientierung und Flexibilität. Ob es zukünftig tatsächlich mehr Mittel durch Venture Philanthropy geben wird, bleibt abzuwarten. Momentan entsteht der Eindruck, dass viele Initiativen wohl bereit sind, Start-up-Kapital, Risikokapital oder andere Formen von »patient capital« mit langen Rückzahlungs- oder zinsfreien Perioden bzw. Zinsen unter Marktniveau für soziale Projekte zur Verfügung zu stellen, jedoch nicht (vollständig) auf die Rückzahlung und/oder finanzielle Rendite verzichten wollen.

Ähnlich wie bei der Beteiligungsfinanzierung sind auch die Instrumente der Kreditfinanzierung nur bedingt NPO-tauglich (z. B. Anleihen). NPOs verfügen i. d. R. weder über eine für Wertpapieremissionen auf derartigen Märkten ausreichende Kreditwürdigkeit, noch sind sie in der Lage, anlageorientierte InvestorInnen anzusprechen (siehe Kapitel 8.6.5).

Die klassische Strukturierung nach Innen- und Außenfinanzierung bzw. Eigen-, Beteiligungs- und Fremdfinanzierung ist für NPOs somit nicht passend. Im Folgenden wird daher eine angemessenere Gliederung vorgeschlagen.

8.6 Finanzierungsquellen für NPOs

Abbildung II.8.4 unterscheidet mögliche Finanzierungsquellen von NPOs nach Eigenkapital/Quasi-Eigenkapital und Fremdkapital. Das Fremdkapital stammt aus der Fremdfinanzierung über den Geld- und Kapitalmarkt.

Beim Eigenkapital wird zwischen missionsbasierten Einnahmen und Einnahmen abseits der Mission unterschieden. Erstere stehen unmittelbar mit der Mission der NPO in Zusammenhang, z.B. Leistungsentgelte für missionsbasierte Leistungen. Einnahmen abseits der Mission sind kommerzielle Einnahmen, die von NPOs ohne direkten Zusammenhang mit der Mission am Markt erzielt werden und meist zur Querfinanzierung missionsrelevanter Aufgaben dienen.

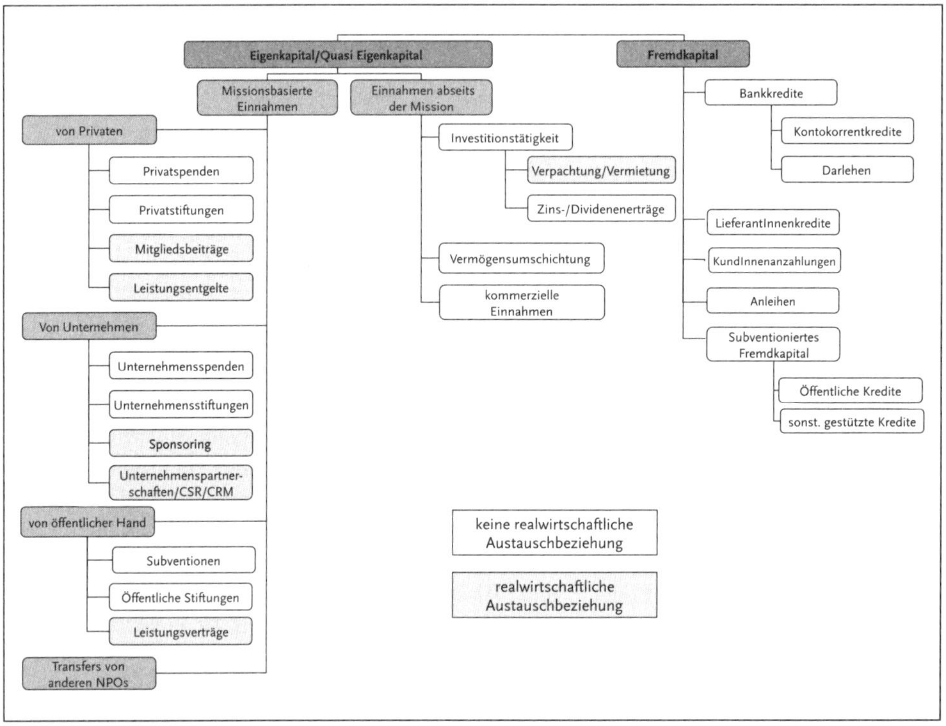

Quelle: eigene Darstellung

Abbildung II.8.4: Finanzierungsquellen von NPOs

Zudem können wir Finanzierungsquellen nach der Existenz einer realwirtschaftlichen Austauschbeziehung unterscheiden. Eine solche liegt vor, wenn Leistungen gegen Bezahlung erstellt werden und finanzielle Mittel als Markterlöse an die NPO fließen. Dies ist bei kommerziellen Aktivitäten, Leistungsverträgen, Sponsoring, Mitgliedsbeiträgen, der Vermögensumschichtung und bei Miet- und Pachteinnahmen der Fall. Die verbleibenden Einnahmequellen basieren nicht auf einem realwirtschaftlichen Austausch.

8.6.1 Missionsbasierte Einnahmen von Privaten

Missionsbasierte Einnahmen von Privaten gliedern sich in Privatspenden, Ausschüttungen aus Privatstiftungen (Beitrag III.6), Mitgliedsbeiträge und Leistungsentgelte von Privaten.

Mitgliedsbeiträge stehen in Bezug auf die realwirtschaftliche Komponente zwischen Spenden und Entgelten. Typischerweise wird jedoch von einem Austauschverhältnis ausgegangen. Charakteristisch für eine Mitgliedschaft sind Rechte und Pflichten. Mitglieder eines Sportvereins haben z. B. Zugang zu Sportstätten. Mitgliedsbeiträge sind im Vergleich mit Privatspenden besser planbar und daher aus finanzieller Sicht durchaus wünschenswert.

In die Kategorie der Leistungsentgelte von Privaten fallen Selbstbehalte (z. B. bei Pflegeleistungen), Gebühren (z. B. Museumseintritte) und kostendeckende Einnahmen aus dem Verkauf von missionsbasierten Leistungen (z. B. private nicht-gestützte Pflegeberatung).

8.6.2 Missionsbasierte Einnahmen von Unternehmen

Missionsbasierte Einnahmen von Unternehmen gliedern sich in Unternehmensspenden, Ausschüttungen aus Unternehmensstiftungen, Sponsoring und Aktivitäten im Rahmen von Corporate Social Responsibility (CSR) und Cause Related Marketing (CRM). Unternehmensspenden und Stiftungsausschüttungen werden genauer in Beitrag III.6 behandelt. Unternehmen spenden bzw. kooperieren mit NPOs meist weniger aus altruistischen als aus strategischen Gründen. Für NPOs gilt es zu berücksichtigen, dass Unternehmen ihr Engagement an die wirtschaftliche Lage anpassen und der Umfang z. B. als Prozentsatz des Gewinns definiert sein kann. Dies bedeutet für das Finanzmanagement von NPOs, dass es hier häufig eine konjunkturelle Volatilität gibt.

8.6.3 Missionsbasierte Einnahmen von der öffentlichen Hand

Bei den Einnahmen von der öffentlichen Hand spielen v. a. Leistungsverträge und Subventionen eine bedeutende Rolle. Standen früher pauschale Subventionen im Mittelpunkt, hat sich dies in den letzten 15–20 Jahren stark zugunsten der Leistungsverträge geändert, die eine detaillierte Leistungsanforderung an die NPO definieren (Zauner et al. 2006; Beitrag III.8) und Querfinanzierungen erschweren. Dadurch steigt die Gefahr der Verschiebung der Mission von NPOs (mission drift), um den Ansprüchen der öffentlichen Hand zu genügen. Empirische Belege hierfür existieren (Bennett/Savani 2011), wiewohl es eine Reihe von Gründen für die Verschiebung der Mission einer NPO geben kann (Jones 2007). Größere Anteile der Finanzierung seitens der öffentlichen Hand bringen zudem eine Professionalisierung im Umgang mit Anträgen und Berichtslegung sowie mehr Mitglieder aus der Verwaltung in den Leitungs- und Kontrollgremien der NPO (Guo 2007).

Die häufige Vermutung, dass öffentliche Finanzierung einen negativen Einfluss auf politische Aktivitäten bzw. die Interessensvertretungsfunktion von NPOs hat, kann nicht bestätigt werden (Chaves et al. 2004; Neumayr 2010). Allerdings gehen Einnahmen aus Leistungsverträgen mit einer geringeren Bedeutung der Interessenvertretungs- und einer größeren Bedeutung der Dienstleistungsfunktion einher (Neumayr 2010).

Ebenfalls immer wieder thematisiert wird ein Verdrängungseffekt (crowding-out) der öffentlichen Finanzierung gegenüber anderen Finanzierungsquellen, v.a. Spenden. Empirisch lässt sich der Effekt nachweisen (Rushton/Brooks 2007: 88), wenn auch unterproportional. Ursachen sind jedoch nicht nur die SpenderInnen, die weniger an öffentlich finanzierte NPOs spenden, sondern auch geringere Fundraisingbemühungen (Andreoni/Payne 2011; Andreoni/Payne 2003).

Einnahmen seitens der öffentlichen Hand können in der Vergangenheit im deutschsprachigen Raum als relativ stabil bezeichnet werden und liegen aktuell in Österreich bei etwa 50% (Beitrag I.4), in der Schweiz bei 35% (Beitrag I.3) und in Deutschland Ende der 1990er bei 64% (Salamon et al. 1999: 480). Für einzelne Organisationen kann es aus politischen Gründen oder der Verschiebung des Förderschwerpunkts aber sehr wohl zu massiven Änderungen kommen. Insgesamt ist die öffentliche Hand kaum aus der Finanzierung der NPOs wegzudenken.

8.6.4 Einnahmen abseits der Mission

Einnahmen abseits der Mission können aus Investitionstätigkeit, Vermögensumschichtung oder kommerziellen Aktivitäten erzielt werden.

Einnahmen aus Investitionen sind typischerweise Zinsen, Dividenden, Miet- und Pachteinnahmen. Hierbei wurde zuvor Kapital in Finanz- und Sachanlagen investiert. Bei der Veranlagung muss jedoch auf die Gemeinnützigkeit der NPO geachtet werden. Spekulative Investitionen (z.B. Derivatgeschäfte, spekulative Aktiengeschäfte) sind zumindest im deutschen und österreichischen Steuerrecht gemeinnützigkeitsschädlich.

Einnahmen aus Investitionen sind für NPOs aus mehreren Gründen attraktiv: Sie sind wenig personalintensiv, es bestehen keine Verwendungsrestriktionen und sie dienen wie auch im Kapitel 8.4 beschrieben als Absicherung gegen wirtschaftliche Turbulenzen (Bowman et al. 2007). In den USA gibt es in Bezug auf den Aufbau eines Kapitalstocks für unterschiedliche Aktivitäten eine lange Tradition von sogenannten Capital Campaigns (Lindahl 2008 und genauer Beitrag III.7). NPOs sind angehalten, bei ihren Veranlagungen besonderes Augenmerk auf ethische Aspekte zu legen. Es wäre, wenn schon nicht rechtlich bedenklich, so doch ethisch problematisch, wenn auf der Leistungsseite der NPO gesellschaftliche Ziele verfolgt werden und auf der Investitionsseite bedenkenlos Aktien problematisch agierender Unternehmen oder Anleihen von Staaten mit z.B. Menschenrechtsproblematik gekauft werden.

Zu Einnahmen aus Vermögensumschichtung zählen die finanziellen Folgen der Rationalisierung, Desinvestition nicht betriebsnotwendiger Güter und Sale-and-Lease-Back-Verfahren. Durch die Veräußerung von Anlage- und Umlaufvermögen werden so relativ rasch liquide Mittel freigesetzt.

Einnahmen aus kommerziellen Aktivitäten sind Markterlöse und entsprechen einer zirkulären Finanzierungslogik (siehe Kapitel 3). Sie dienen der Querfinanzierung von missionsorientierten Aktivitäten (z.B. Museum betreibt Museumsshop). Meist sind kommerzielle Aktivitäten zumindest indirekt an der Mission orientiert oder basieren auf Kompetenzen aus missionsorientierten Aktivitäten (Young 2006; Massarsky/Beinhacker 2002).

Insgesamt ist im deutschsprachigen Raum eine wachsende Integration kommerzieller Aktivitäten in das Tätigkeitsspektrum von NPOs festzustellen. Für die USA wurde ebenfalls die These der zunehmenden Kommerzialisierung des NPO-Sektors vertreten (Young/Salamon 2002). Neuere Datenanalysen konnten diese These jedoch nicht bestätigen (Child

2010; Kerlin/Pollak 2011). Der Nonprofit-Sektor in den USA war immer schon vergleichsweise stärker kommerzialisiert. Im Jahr 2010 lagen die Einnahmen aus Markterlösen bei 52,4% der Gesamteinnahmen (Nonprofit Almanach 2011), in Österreich hingegen bei 33% (siehe Beitrag I.4), in der Schweiz bei 8% (siehe Beitrag I.3) und in Deutschland bei 32% (Salamon et al. 1999:480).

Kommerzielle Einnahmen können in Zeiten eingeschränkter Spendentätigkeit und Subventionen die Mittel zur Erfüllung des Hauptzwecks der NPO liefern. Gleichzeitig sind mit damit aber auch Gefahren für die NPO verbunden. Sie können den Verlust von Steuerprivilegien oder des Gemeinnützigkeitsstatus bedeuten. Wenn die NPO-Mission nur mehr als »Deckmantel« für das Angebot kommerzieller Leistungen beurteilt wird, oder die Einkünfte primär Privatpersonen zugutekommen (z. B. Scientology), droht der Entzug des steuerbefreiten Status einer NPO. In der Folge werden kommerzielle Aktivitäten oft ausgelagert, meist in eine GmbH.

Durch kommerzielle Aktivitäten können zudem Glaubwürdigkeit und Image der NPO leiden. Auch MitarbeiterInnen bewerten kommerzielle Aktivitäten mitunter negativ, weil sie zu einer Vernachlässigung des Kernbereichs führen können. Über die Reaktion von SpenderInnen auf kommerzielle Angebote der NPO gibt es wenig Wissen, es wird allgemein vermutet, dass mangelnde Unterscheidungsmöglichkeiten zwischen NPOs und gewinnorientierten Unternehmen zu Imageproblemen (z. B. Reduktion von Freiwilligenarbeit oder Spenden) führen. Dies könnte NPOs veranlassen, das Potenzial an gewinnorientierten Aktivitäten nicht voll auszuschöpfen.

8.6.5 Einnahmen aus der Aufnahme von Fremdkapital

Auf der Fremdkapitalseite stehen klassische Bankkredite, LieferantInnenkredite, Anzahlungen und Anleihen zur Verfügung. Hinzu kommen gestützte Kredite, die speziell an NPOs vergeben werden.

KundInnenanzahlungen kommen nur bei kommerziellen Aktivitäten in Betracht, hier werden liquide Mittel noch vor Leistungserstellung zur Verfügung gestellt.

LieferantInnenkredite dienen der kurzfristigen Überbrückung von Finanzbedarf. Die von der NPO empfangenen Leistungen werden nicht sofort, sondern erst später bezahlt. Obwohl die Kosten bei den in der Praxis üblichen Zahlungsmodalitäten vergleichsweise hoch sind, wird diese Finanzierungsform gerne verwendet, da sie einfach, unbürokratisch und flexibel ist und es keine Kreditbesicherungen braucht.

Der Kontokorrentkredit entspricht einem Kreditrahmen bei einer Bank, innerhalb dessen, ohne weitere Formalitäten, beliebige Beträge, auch wiederholt in Anspruch genommen werden können.

Da sich Banken bei der Besicherung von NPO-Krediten mangels faktischer Liquidierbarkeit nicht auf Anlagevermögen stützen können, sind Cashflow-Prognosen für die Kreditwürdigkeitsprüfung wesentlich. So schneiden NPOs besser ab, die über regelmäßige, nachhaltige Einnahmen verfügen (z. B. Mitgliedsbeiträge eines Autofahrerklubs), eine kontinuierliche Finanzierung durch die öffentliche Hand aufweisen und/oder stärker diversifiziert sind (Yan et al. 2009).

Nachdem herkömmliche Banken mit der Finanzierungslogik von NPOs und deren Bewertung Probleme haben, etablierten sich Spezialbanken, wie die GLS-Bank in Deutschland oder die Charity Bank in Großbritannien, die speziell für NPOs tätig sind.

Eine zumindest im deutschsprachigen Raum relativ neue Möglichkeit der Fremdfinanzierung für NPOs sind Anleihen[3]. Meist fehlt es an Transaktionsvolumen (Neubert 2007:126), entsprechende Investitionsmöglichkeiten mit Markterlösen oder Kreditwürdigkeit. Ein verstärktes Engagement bei kommerziellen Aktivitäten könnte allerdings zukünftig zu einer vermehrten Auflage von Anleihen führen.

In den USA sind von NPOs begebene Anleihen ein wesentlich stärkeres Thema, da diese steuerlich begünstigt sind (Bowman et al. 2007:166). Diese Tax-Exempt-Bonds sind für Anleger steuerfrei und daher niedriger verzinst. NPOs können somit eine Steuer-Arbitrage ausnützen. Sie veranlagen Vermögen steuerfrei zu einem höheren Zinssatz und finanzieren sich über Anleihen zu einem niedrigeren Zinssatz. Im deutschsprachigen Raum ist dies jedoch durch die Steuergesetzgebung nicht möglich.

8.7 Finanzierungsstrategien

8.7.1 Die Rolle der Finanzierungsstrategie im strategischen Management

Die Finanzierungsstrategie ist sinnvollerweise im Zusammenhang mit der Mission, den Aktivitäten, der Marketingstrategie und der strategischen Positionierung der NPO festzulegen. NPOs sollten den potenziellen Nutzen von Financiers beurteilen (Young 2007: 341), um daran anknüpfend ein Einnahmenportfolio zusammenzustellen (siehe Kapitel 8.7.3). Die Finanzierungsstrategie hat auch die Mischung des Einnahmenpotfolios, also seine Diversifikation, festzulegen (siehe Kapitel 8.7.2). Im Fundraising wird die Finanzierungsstrategie dann konzeptionell ausgestaltet und in konkrete Maßnahmen umgesetzt.

8.7.2 Konzentration versus Diversifikation

NPOs sind hinsichtlich ihrer Einkommensquellen unterschiedlich diversifiziert. So gibt es NPOs, die lediglich eine Finanzierungsquelle (z. B. Mitgliedsbeiträge, Subvention) nutzen aber auch solche, die mehr als zehn Finanzierungsquellen haben (Schober et al. 2011). Durchschnittlich nutzen österreichische NPOs 5,2 Quellen (Schober et al. 2011:11), kanadische NPOs 5,7 Quellen (Foster/Meinhard 2005:51). Das Konzept der Einkommensdiversifikation stammt aus der Portfoliotheorie (Markowitz 1952). Durch breite Streuung eines Investitionsbetrags auf mehrere verschiedene Anlagen (Diversifikation) sinkt das Risiko gegenüber der Investition in eine einzige Anlage (Konzentration), sofern die Renditen nicht perfekt positiv korreliert sind.

Diversifikation bedeutet für NPOs die Reduktion der Volatilität des Gesamteinkommens aufgrund eines Einkommensportfolios, das aus nicht vollständig positiv korrelierten Einnahmequellen besteht. Empirische Ergebnisse zeigen, dass einnahmenseitig diversifiziertere NPOs finanziell »gesünder« als weniger diversifizierte NPOs sind (Tuckman/

3 Ein Beispiel hierfür ist z. B. die Don Bosco Anleihe – 3 7/8 % Ecuador 2015 – http://www.jugendeinewelt.at/dbanleihe.0.html (abgerufen am 17. Mai 2012)

Chang 1991; Chang/Tuckman 1994) und ein geringeres Risiko von Rückgängen bei Programmausgaben (Trussel 2002) haben. Speziell für Kunstorganisationen geht mit höherer Diversifikation ein geringeres Risiko der Stilllegung einher (Hager 2001).

Die Reduktion der Einkommensvolatilität durch Diversifikation, ist v. a. dann gegeben, wenn NPOs auf in etwa gleich hohe Einkommensanteile aus Umsatzerlösen, Investitionseinkommen und Spenden setzen (Carroll/Stater 2009).

Es gibt aber auch Gründe gegen eine (breitere) Diversifikation. So führt Diversifikation zu einer Komplexitätserhöhung, da die Anforderungen unterschiedlicher Financiers berücksichtigt werden müssen. Dies kann v. a. bei kleineren NPOs zu einer problematischen Belastung des Managements führen (Froelich 1999). Eine stärkere Konzentration auf einzelne Einnahmequellen kann größere organisationale Effizienz mit sich bringen, da hierfür weniger Management- und Fundraisingkapazität notwendig ist.

Konzentration auf eine oder wenige Finanzierungsquellen mag daher durchaus sinnvoll sein. Was dies für die jeweiligen NPOs bedeutet, hängt von der Finanzierungsquelle ab. Fröhlich (1999) zieht für die drei Haupteinnahmequellen der NPOs das in Abbildung II.8.5 dargestellte Resümee.

	Private Philanthropie	**Öffentliche Hand**	**Wirtschaftliche Aktivität**
Volatilität	Hoch	Niedrig	Moderat
Zielverschiebung	Stark	Mittel	Schwach
Prozessauswirkung	Formalisierung	Formalisierung und Standardisierung	Rationalisierung
Strukturauswirkung	Professionalisierte Verwaltung	Professionalisierte Bürokratie	Professionalisiertes Unternehmen

Quelle: Froelich 1999; eigene Übersetzung

Abbildung II.8.5: Organisationale Auswirkungen der drei Haupteinnahmequellen von NPOs

Die Volatilität der Mittel ist bei privater Philanthropie vergleichsweise höher als bei Einnahmen aus wirtschaftlichen Aktivitäten und v. a. der öffentlichen Hand. Zielverschiebung (Mission Drift) wird ebenfalls durch private Philanthropie stärker befördert, was angesichts des vergleichsweise engen Themenspektrums, für das gespendet wird, wenig verwundert. Die innerorganisationalen Struktur- und Prozessauswirkungen deuten wiederum auf eine Annäherung an die Logiken des finanzierenden Systems hin, was mit Erwartungen der Financiers gut zu erklären ist.

Die bei Diversifikation erhöhte Komplexität kann unter einer Prinzipal-Agenten-Perspektive betrachtet werden. Je mehr und umfangreichere Steuerungsversuche und Rechenschaftsanforderungen seitens des Prinzipals gesetzt werden, desto höher sind die Agency-Kosten. Es stellt sich die Frage, ob diese Kosten aus Sicht der NPO bei unterschiedlichen Finanzierungsquellen variieren und in welcher Höhe sie jeweils anfallen. In einer Studie bei österreichischen NPOs wurden die *Agency-Kosten* für 14 Finanzierungsquellen erhoben (Schober et al. 2011). Hier beurteilten finanzverantwortliche Personen aus NPOs den Umfang der Ressourcenbindung, die Verwendungsfreiheit der Mittel, den Einfluss auf allgemeine Aktivitäten und die Rechenschaftsverpflichtung bei unterschiedlichen Finanzierungsquellen. Es zeigte sich deutlich, dass Förder- und Leistungsverträge mit der öffentlichen Hand deutlich höhere Agency-Kosten verursachen als Privat- und Unternehmensspenden, Mitgliedsbeiträge und Sponsoring. Leistungsentgelte und Umsatzerlöse liegen im Mittelfeld. Sehr geringe Kosten fallen bei finanziellen Mitteln aus Rücklagen und Finanzanlagen an.

Dem Diskurs über Konzentration und Diversifikation liegt auch die Theorie der Ressourcenabhängigkeit (resource dependence theory, s. Pfeffer/Salancik (1978)) zugrunde, die die Fähigkeit von Organisationen, Ressourcen zu akquirieren und zu erhalten betrifft. Ist die Abhängigkeit von einem Ressourcenlieferanten groß, birgt dies ein hohes Risiko. Die Abhängigkeit ist umso größer, je wichtiger eine Ressource für die NPO ist und je weniger diese aus anderen Quellen bezogen werden kann. NPOs sollten versuchen, kritische Abhängigkeiten möglichst gering zu halten.

Einfluss auf die Diversifikation der Finanzierungsquellen haben v.a. der Tätigkeitsbereich und die Größe der NPO (Chang/Tuckman 1994). Eine kanadische Studie zeigt zudem, dass jene NPOs stärker diversifiziert sind, die verstärkt Konkurrenzdruck verspüren, mit anderen Organisationen verstärkt zusammenarbeiten, eine unternehmerische Ausrichtung und einen höheren Anteil an Hauptamtlichen haben, wohingegen kleinere Organisationen mit pessimistischen Ausblick geringer diversifiziert sind (Foster/Meinhard 2005: 56).

Zusammengefasst bringt Diversifikation meist mehr Einkommensstabilität und Entscheidungsfreiraum bei der Mittelverwendung. Dies geschieht allerdings auf Kosten von höherem Verwaltungs-, Steuerungs- und Rechenschaftsaufwand.

8.7.3 Optimales Finanzierungsportfolio

Im Zusammenhang mit Finanzierungsstrategien stellt sich die Frage nach dem optimalen Finanzierungsportfolio (Income Portfolio). Gibt es überhaupt ein optimales Portfolio für eine NPO? Aus welchen Finanzierungsquellen sollte ein Portfolio bestehen? Welche Anteile sollten diese haben? Welche Kriterien sind hierfür relevant? Diese Fragen interessieren nicht nur die Forschung, sondern auch Führungskräfte in NPOs.

Die wissenschaftliche Literatur bietet unterschiedliche Erklärungsansätze für bestimmte Präferenzen bei der Gestaltung von Finanzierungsportfolios (Kearns 2007, z.T. in Anlehnung an Chang/Tuckman 1994):

- NPOs konzentrieren sich auf jene Einkommensquellen, die eine Zielerreichung bei maximalem Output und möglichst minimalem Risiko zulassen.
- NPOs versuchen ihre Einkommensquellen so zu diversifizieren, dass sie möglichst gemeinschaftsnah erscheinen (community-buy-in). Diversität bei Finanzquellen wird als breite Unterstützung der NPO interpretiert (Kearns 2007: 298).
- NPOs konzentrieren sich auf eine oder wenige möglichst stabile Einkommensquellen, um eine hohe Kontinuität der Leistungen zu erzielen. Ihre Aktivitäten sind stark von diesen Einnahmequellen abhängig. Daher sucht die NPO in Verhandlungen mit den Financiers Übereinstimmung bezüglich der Ziele sowie der notwendigen Ressourcen.

Auch die Art der Produkte und Dienstleistungen einer NPO spielt für deren Finanzierung eine Rolle, was in der Literatur als »benefits theory« bezeichnet wird (Young 2007). Fischer, Wilsker und Young (2011) zeigen anhand von Daten aus den USA, dass bei der Produktion öffentlicher Güter Markterlöse im Finanzierungsportfolio seltener sind als bei der Produktion privater Güter oder einer Mischung aus privaten und öffentlichen Gütern. Bei öffentlichen Gütern ist regelmäßig der Anteil der Spenden am Finanzierungsmix hoch (ähnlich auch Wilsker und Young 2010 mit Bezug auf die Aktivitäten von jüdischen Gemeindezentren in den USA).

Kearns (2007) betont wiederum die persönlichen Präferenzen von EntscheidungsträgerInnen in NPOs. Als relevant werden die Übereinstimmung mit der Mission, die Bedeutung der zu erwartenden Einnahmen, das Risiko des Ausfalls, die Opportunitätskosten und die Einschränkung der Autonomie genannt.

Außerdem dürften Zusammenhänge zwischen dem Finanzportfolio und Phasen der Organisation bestehen (Kearns 2007: 307):

- Start-up-Phase: Venture Capital von einem oder mehreren InvestorInnen,
- Wachstumsphase: Verstärkter Fokus auf »community-Buy-in«, Diversifikation in Richtung Spenden, allenfalls auch »capital campaigns« zur Finanzierung des Wachstums,
- Reifestadium: weitere Diversifikation.

Zusammenfassend sind für die Gestaltung eines (optimalen) Finanzierungsportfolios folgende Fragen relevant:

- Welche Mission wird verfolgt?
- Welche gesellschaftlichen Funktionen erbringt die NPO (Neumayr 2010; Beitrag I.9):
  - Gemeinschaftsbildung
  - Dienstleistungserbringung
  - Interessensvertretung
- Welche konkreten (Dienst)Leistungen werden erbracht?
- Welche Güter werden im Rahmen der erbrachten Leistungen produziert:
  - Private Güter (Rivalität und Ausschließbarkeit im Konsum)
  - Meritorische Güter (Gut, das aus gesellschaftlicher Sicht nicht in ausreichendem Maß nachgefragt wird)
  - Öffentliche Güter (keine Rivalität und Ausschließbarkeit)
- Sind die Wirkungen der (neuen) Finanzierungsquellen auf bestehende Stakeholder (auch Financiers) geklärt?

Auf Basis dieser Fragen sind den erbrachten Leistungen unterschiedliche Arten von Nutzen zuzuordnen (Young 2007):

- *Privater Nutzen von LeistungsempfängerInnen* (private benefits): es werden Leistungen erbracht, die private Güter darstellen (z. B. Theatervorführung).
- *Gruppennutzen* (group benefits): eine eingeschränkte Gruppe von Begünstigten zieht einen Nutzen aus der Dienstleistung (z. B. Interessensvertretungen für Menschen mit Behinderung oder Ortsverschönerungsvereine).
- *Öffentlicher Nutzen* (public benefits): eine breite Öffentlichkeit profitiert vom Angebot (z. B. Initiativen zur Senkung der Kriminalität oder der Feinstaubbelastung).
- *Privater Nutzen von Financiers* (trade/barter benefits): Kooperationen erbringen direkte (ökonomische) Vorteile für die jeweiligen Financiers (Unternehmenskooperationen oder öffentliche Anerkennung von (Groß)SpenderInnen).

Für die genannten Nutzenarten eignen sich bestimmte Financiers und Finanzierungsquellen unterschiedlich gut, wie in Abbildung II.8.6 gezeigt ist.

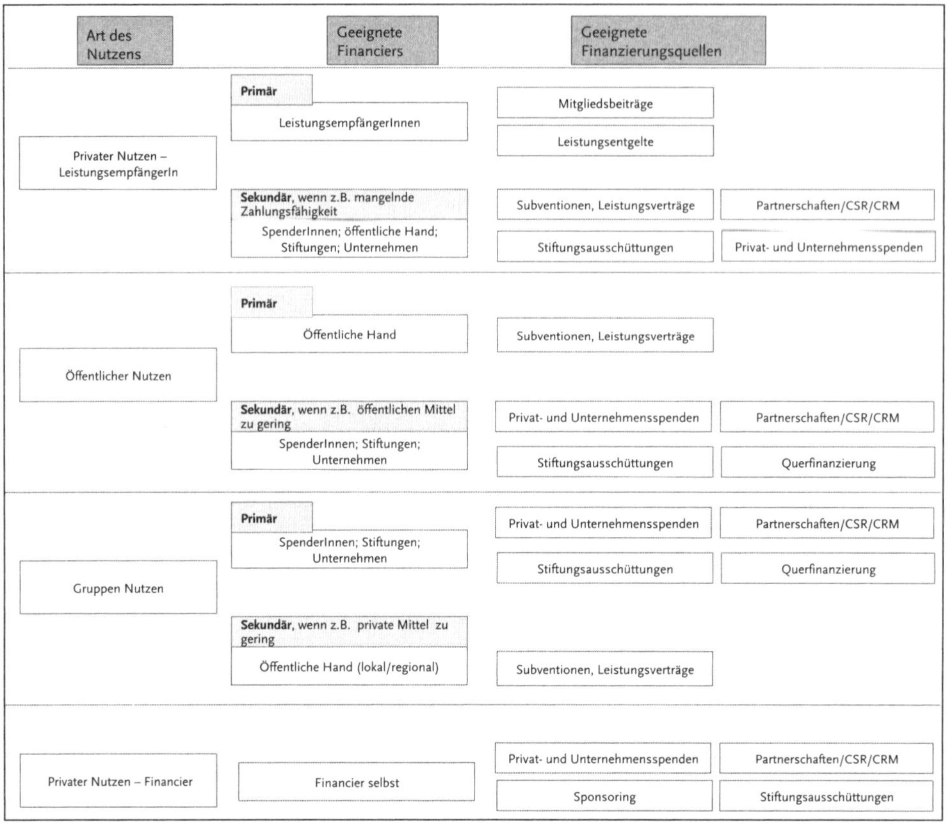

Quelle: eigene Darstellung; Mittel zur Querfinanzierung können aus kommerziellen Aktivitäten, Einnahmen aus Investitionstätigkeit sowie der Auflösung von Rücklagen kommen

Abbildung II.8.6: Verknüpfung Nutzenarten, Financiers und Finanzierungsquellen

Wird in erster Linie der private Nutzen von LeistungsempfängerInnen befördert, eignen sich diese selbst primär als Financiers. Gebühren und Leistungsentgelte sowie Mitgliedsbeiträge sind dann Finanzierungsquellen erster Wahl. Sollten diese z. B. aus mangelnder Zahlungsfähigkeit nicht ausreichen, können alle verbleibenden Finanzierungsquellen herangezogen werden.

Falls die NPO-Leistung eher öffentlichen Nutzen stiftet, sollte sie vorrangig die öffentliche Hand mittels Subventionen und allenfalls Leistungsverträgen finanzieren. Bei nicht ausreichenden öffentlichen Mitteln könnten sekundär Spenden, Stiftungsausschüttungen, CSR-Aktivitäten und Querfinanzierung über kommerzielle Aktivitäten als Finanzierungsquelle genützt werden.

Steht der Gruppennutzen im Vordergrund, eigenen sich Privat- und Unternehmensspenden, Stiftungsausschüttungen, Querfinanzierung sowie Partnerschaften wie CSR- und CRM-Aktivitäten als primäre Finanzierungsquellen. Öffentliche Gelder können sekundär herangezogen werden.

Bei vorrangig privatem Nutzen des Financiers ist bei der Generierung der Mittel sinnvollerweise auf diesen selbst abzustellen. Erzielt ein Unternehmen z. B. einen Nutzen aufgrund eines Imagetransfers im Rahmen einer CRM-Kampagne, wird dieser mit dem Entgelt bezahlt.

Weitere Kriterien für die Beurteilung einer Finanzierungsmethode sind (Schnurbein 2011: 10):

- Effizienz
  - Wie hoch sind die mit der Methode verbundenen Kosten?
  - Wie ist das Verhältnis zwischen Kosten und zu erwartenden Erträgen?
  - Wie ist die Verteilung zwischen internen und externen Kosten?
- Volatilität
  - Wie gut lassen sich die zu erwartenden Erträge planen?
  - Wie flexibel lässt sich die Methode einsetzen?
  - Welchen Beitrag zur Planung und Sicherung der Gesamterträge leistet sie?
- Ethik
  - Lässt sich die Methode mit dem Zweck der Organisation in Einklang bringen?
  - Entspricht sie den Werten der Organisation?
  - Welche allgemeinen ethischen Grundsätze sind zu berücksichtigen?
- Governance
  - Welche Governance-Regelungen sind für diese Methode notwendig?
  - Welchen Einfluss gewinnen die Geldgeber auf die Endscheidungsprozesse der Organisation?
- Periodizität
  - In welchen Zeitabständen wird die Methode eingesetzt?
  - Wie oft kann die Methode eingesetzt werden?
- Kompetenz
  - Welche Kompetenz besteht hinsichtlich der Methode in der Organisation?
  - Wo lässt sich extern Kompetenz einkaufen?

Ausgehend von der Mission der NPO, ihrer Funktion und den damit verbundenen Nutzenarten kann somit ein individuell abgestimmtes optimales Einnahmenportfolio für eine NPO erstellt werden.

8.8 Ausblick

Die Kunst der Finanzierung von NPOs liegt in der Aufrechterhaltung der Liquidität auch abseits von Markterlösen. Im deutschsprachigen Raum spielt hierbei die öffentliche Hand als Financier eine bedeutende Rolle. Nachdem die öffentlichen Haushalte jedoch zunehmend unter finanziellen Engpässen leiden, wird es künftig wohl Einschränkungen bei der Finanzierung von NPOs geben. An alternativen Finanzierungsquellen kommen durchaus Unternehmen und Stiftungen in Frage, die allerdings volumensmäßig wohl nur einen eingeschränkten Ausgleich schaffen können.

Stärkere Entlastung könnte hingegen der sich abzeichnende Trend einer verstärkten Orientierung an der Marktlogik mit (zumindest ansatzweisem) Fokus auf kommerzielle Einnahmen bringen. Ein weiterer gesellschaftlicher Trend besteht in der Suche von AnlegerInnen nach Investitionsmöglichkeiten in Verbindung mit sozialem oder ökologischem Engagement. Hier wird soziales Unternehmertum, Venture Philantropy und Impact Investing weiter an Bedeutung gewinnen. Dies gilt allerdings nur in Aktivitätsfeldern von NPOs, die Markterlöse in höherem Umfang zulassen. In diesem Kontext könnte auch das Thema der Querfinanzierung von missionsorientierten Tätigkeiten mittels kommerzieller Einnahmen relevant werden. Unter den bisherigen (steuer)rechtlichen Rahmenbedingungen wird dies allerdings nicht immer problemlos umgesetzt werden können, was die Frage nach einer Adaption der Regelungen aufwirft.

Insgesamt werden NPOs gefordert sein, intensiver über die Ausgestaltung ihres Portfolios an Finanzierungsquellen nachzudenken. In Zusammenhang mit der Mission, den konkreten Leistungen und dem damit verbundenen Nutzen, entsteht damit die Chance einer aktiven strategischen Gestaltung von Financierbeziehungen und damit letztlich verbesserter Finazierungsverhältnisse.

Literatur

Andreoni, J./Payne, A. A. (2011): Is crowding out due entirely to fundraising? Evidence from a panel of charities. In: Journal of Public Economics, 95, 334–343.

Andreoni, James/Payne, Abigaile (2003): Do Government Grants to Private Charities Crowd Out Giving or Fund-raising? In: The American Economic Review, 93, 792–812.

Bennett, Roger/Savani, Sharmila (2011): Surviving mission drift: How charities can turn dependence on government contract funding to their own advantage. In: Nonprofit Management and Leadership, 22, 217–231.

Bowman, Woods (2007): Managing Endowment and Other Assets. In: Young, Dennis R. (Hrsg.): Financing Nonprofits. Putting Theory into Practice Lanham, 271–290.

Bowman, Woods/Keating, Elizabeth K./Hager, Mark A. (2007): Investment Income. In: Young, Dennis R. (Hrsg.): Financing Nonprofits. Putting Theory into Practice, Lanham, 157–182.

Bradley, Bill/Jansen, Paul/Silverman, Les (2003): Nonprofit Sector's $100 Billion Opportunity. In: Harvard Business Review, Mai.

Bryce, Herrington J. (1992): Financial and stratgic management for nonprofit organiations. Englewood Clifs.

Calabrese, Thad D. (2011): The Accumulation of Nonprofit Profits: A Dynamic Analysis. In: Nonprofit and Voluntary Sector Quarterly.

Carroll, Deborah/Stater, Keely (2009): Revenue Diversification in Nonprofit Organizations: Does it Lead to Financial Stability? In: Journal of Public Administration Research and Theory, 19, 947–966.

Chang, Cyril/Tuckman, Howard (1994): Revenue diversification among non-profits. In: Voluntas: International Journal of Voluntary and Nonprofit Organizations, 5, 273–290.

Chaves, Mark/Stephens, Laura/Galaskiewicz, Joseph (2004): Does Government Funding Suppress Nonprofits' Political Activity? In: American Sociological Review, 69, 292–316.

Child, Curtis (2010): Whither the Turn? The Ambiguous Nature of Nonprofits' Commercial Revenue. In: Social Forces, 89, 145–161.

Core, John E./Guay, Wayne R./Verdi, Rodrigo S. (2006): Agency problems of excess endowment holdings in not-for-profit firms. In: Journal of Accounting and Economics, 41, 307–333.

Eilenberger, G. (2003): Betriebliche Finanzwirtschaft: Einführung in Investition und Finanzierung, Finanzpolitik und Finanzmanagement von Unternehmungen.

Fischer, Robert L./Wilsker, Amanda/Young, Dennis R. (2011): Exploring the Revenue Mix of

Nonprofit Organizations: Does It Relate to Publicness? In: Nonprofit and Voluntary Sector Quarterly, 40, 662–681.
Fisman, Raymond/Hubbard, Glenn R. (2005): Precautionary savings and the governance of nonprofit organizations. In: Journal of Public Economics, 89, 2231–2243.
Foster, Mary K./Meinhard, Agnes G. (2005): Diversifying revenue sources in Canada: Are women's voluntary organizations different? In: Nonprofit Management and Leadership, 16, 43–60.
Freireich, Jessica/Fulton, Katherine (2009): Investing for Social & Environmental Impact. Monitor Institute, unveröffentlichter Projektbericht.
Froelich, Karen A. (1999): Diversification of Revenue Strategies: Evolving Resource Dependence in Nonprofit Organizations. In: Nonprofit and Voluntary Sector Quarterly, 28, 246–268.
Geyer, A./Nettekoven, M./Hanke, M./Littich, E. (2011): Grundlagen der Finanzierung: Verstehen – berechnen – entscheiden.
Guo, Chao (2007): When Government Becomes The Principal Philanthropist: The Effect of Public Funding on Patterns of Nonprofit Governance. In: Public Administration Review, 67, 458–473.
Hager, Mark A. (2001): Financial Vulnerability among Arts Organizations: A Test of the Tuckman-Chang Measures. In: Nonprofit and Voluntary Sector Quarterly, 30, 376–392.
Hansmann, H. (1990): Why Do Universities Have Endowments? In: Journal of Legal Studies, 19, 3–43.
Helms, Lelia/Henkin, Alan B./Murray, Kyle (2005): Playing by the rules: Restricted endowment assets in colleges and universities. In: Nonprofit Management and Leadership, 15, 341–356.
Höhne, Thomas/Jöchl, Gerhard/Lummerstorfer, Andreas (2009): Das Recht der Vereine: Privatrechtliche, öffentlich-rechtliche und steuerrechtliche Aspekte 3. Aufl. Wien.
Irvin, Renée A. (2007): Endowments: Stable Largesse or Distortion of the Polity? In: Public Administration Review, 67, 445–457.
Jensen, Michael C./Meckling, William H. (1976): Theory of the firm: Managerial behavior, agency costs and ownership structure. In: Journal of Financial Economics, 3, 305–360.
Jones, Marshall B. (2007): The Multiple Sources of Mission Drift. In: Nonprofit and Voluntary Sector Quarterly, 36, 299–307.
Kearns, Kevin (2007): Income Portfolio. In: Young, Dennis R. (Hrsg.): Financing Nonprofits: Putting Theory into Practice, Lanham, 291–314.
Kerlin, Janelle A./Pollak, Tom H. (2011): Nonprofit Commercial Revenue. In: The American Review of Public Administration, 41, 686–704.
Kingston, John/Bolton, Margaret (2004): New approaches to funding not-for-profit organisations. In: International Journal of Nonprofit and Voluntary Sector Marketing, 9, 112–121.
Leitner, Johannes Sebastian (2009): Organizational slack and its impact on innovation in nonprofit organizations. A theoratical and empirical approach. Wien Doctoral Thesis WU Vienna University of Economics and Business.
Lindahl, Wesley E. (2008): Three-phase capital campaigns. In: Nonprofit Management and Leadership, 18, 261–273.
Markowitz, Harry (1952): Portfolio Selection. In: The Journal of Finance, 7, 77–91.
Neubert, L. (2007): Finanzmanagement von Nonprofit-Organisationen: Höhe und Anlage des Finanzvermögens von spendensammelnden Schweizer NPOs. Versus.
Neumayr, Michaela (2010): Resource dependence. Der Einfluss öffentlicher Finanzierungsformen auf die Funktionen von Nonprofit-Organisationen in Österreich Wien/Vienna: Doctoral Thesis WU Wien.

Pepin, John (2005): Venture capitalists and entrepreneurs become venture philanthropists. In: International Journal of Nonprofit and Voluntary Sector Marketing, 10, 165–173.

Pfeffer, J./Salancik, G. R. (1978): The External Control of Organizations – A Resource Dependence Perspective. New York.

Ramirez, Andres (2011): Nonprofit Cash Holdings. In: Public Finance Review, 39, 653–681.

Renneboog, Luc/Ter Horst, Jenke/Zhang, Chendi (2008): Socially responsible investments: Institutional aspects, performance, and investor behavior. In: Journal of Banking & Finance, 32, 1723–1742.

Rushton, Michael/Brooks, Arthur C. (2007): Government Funding of Nonprofit Organizations. In: Young, Dennis R. (Hrsg.): Financing Nonprofits: Putting Theory into Practice, Lanham, 69–92.

Salamon, L. M./Anheier, H. K./List, R./Toepler, St./Sokolowski, W. S., (Hrsg.) (1999): Global Civil Society: Dimensions of the Nonprofit Sector. Baltimore: Johns Hopkins Center for Civil Society Studies.

Schnurbein, Georg von (2011): Finanzmanagement in NPO – Einführung. Basel: Universität Basel ceps, unveröffentlichter Projektbericht.

Schober, Christian/Littich, Edith/Schober, Doris/Lintschinger, Lisa (2011): Die unterschiedlichen Finanzierungsquellen von NPOs. Wien WU Wien NPO-Kompetenzzentrum, unveröffentlichter Projektbericht.

Sparkes, Russell (2001): Ethical investment: whose ethics, which investment? In: Business Ethics: A European Review, 10, 194–205.

Trussel, John M. (2002): Revisiting the Prediction of Financial Vulnerability. In: Nonprofit Management and Leadership, 13, 17–31.

Tuckman, Howard P./Chang, Cyril F. (1991): A Methodology for Measuring the Financial Vulnerability of Charitable Nonprofit Organizations. In: Nonprofit and Voluntary Sector Quarterly, 20, 445–460.

Wacht, R.F. (1991): Financial management in nonprofit organizations. Georgia State University Business Press, College of Business Administration.

Wilsker, Amanda L./Young, Dennis R. (2010): How Does Program Composition Affect the Revenues of Nonprofit Organizations?: Investigating a Benefits Theory of Nonprofit Finance. In: Public Finance Review, 38, 193–216.

Yan, Wenli/Denison, Dwight V./Butler, J.S. (2009): Revenue Structure and Nonprofit Borrowing. In: Public Finance Review, 37, 47–67.

Young, D.R. (2007): Financing Nonprofits: Putting Theory Into Practice. Lanham National Center on Nonprofit Enterprise.

Young, Dennis R. (2006): Social enterprise in community and economic development in the USA: theory, corporate form and purpose In: International Journal of Entrepreneurship and Innovation Management, 6, 241–255.

Young, Dennis R./Salamon, Lester M. (2002): Commercialization, Social Ventures, and For-Profit Competition. In: Salamon, L.M./Institute, Aspen (Hrsg.): The State of Nonprofit America.

Zauner, Alfred/Heimerl, Peter/Mayrhofer, Wolfgang/Meyer, Michael/Nachbagauer, Andreas/Praschak, Susanne/Schmidtmayr, Hartmut (2006): Von der Subvention zum Leistungsvertrag. Neue Koordinations- und Steuerungsformen und ihre Konsequenzen für Nonprofit-Organisationen – eine systemtheoretische Analyse. Bern, Stuttgart, Wien.

9 Controlling und Rechnungswesen in NPOs

Christian Horak, Josef Baumüller

9.1 Einführung

Controlling und Rechnungswesen erfüllen jeweils eine Informationsfunktion zur Unterstützung betriebswirtschaftlicher Entscheidungen von Führungskräften und weiteren Stakeholdern. Die hieraus generierten Informationen sollen insbesondere dem wirkungsvollen Einsatz knapper Ressourcen für die Leistungserbringung dienen. Aus Sicht der Organisationssteuerung sind beide somit eng verbunden. Das Controlling ist das »jüngere« Aufgabenfeld, das sich aus dem Rechnungswesen entwickelt hat; die Wurzeln des Rechnungswesens reichen Jahrtausende zurück zu den ersten Aufzeichnungen über wirtschaftliche Aktivitäten. Das Rechnungswesen ist seither ein wichtiger Datenlieferant des Controllings. Das Controlling ist es aber letztendlich, das diese Informationen als Entscheidungsgrundlagen für das Management aufbereitet und zur Umsetzung in konkrete Maßnahmen bringt (Eschenbach/Siller 2011, 87f.).

Ein Problem sind die für NPOs im Vergleich zu gewinnorientierten Unternehmen nur eingeschränkt vorliegenden Forschungsbefunde hierzu. Sofern solche existieren, stellen sie oftmals auf die Spezifika spendensammelnder Organisationen bzw. Krankenhäuser ab, die jedoch lediglich Teilbereiche des an Ausprägungen vielfältigen NPO-Sektors darstellen, für die Erkenntnisse nur bedingt verallgemeinert werden können. Diese Vielfalt, welche die Entwicklung generalisierender Konzepte erschwert, und die in der Vergangenheit als geringer eingeschätzten Steuerungs- und Rechenschaftsanforderungen werden mitunter als Begründung für dieses Defizit angeführt (Klingebiel 1999, 372). Mit der steigenden Wettbewerbsintensität im NPO-Sektor und zunehmenden Stakeholderansprüchen entstehen jedoch auf diesem Gebiet neue Forschungsfelder.

Aus Sicht der Praxis lässt sich demgegenüber festhalten, dass der Controllinggedanke bereits etabliert ist. Hier waren insbesondere die letzten 20 Jahre von einer weitreichenden Entwicklung im deutschsprachigen Raum gekennzeichnet. Dennoch erfordern neue Herausforderungen im Organisationsumfeld eine weitere Professionalisierung der Strukturen und Instrumente.

Der folgende Beitrag trägt dieser Entwicklung Rechnung und nimmt eine managementorientierte Sichtweise ein. So steht das führungsunterstützende Controlling im Fokus der Ausführungen. Daher werden zunächst die Grundlagen des Controllings in NPOs dargestellt, ehe in weiterer Folge das Rechnungswesen behandelt wird. Bei letzterem erfolgt eine Beschränkung auf jene Aufgaben und Teilbereiche, die in besonders enger Verbindung mit dem Controlling und damit dem Organisationsführungsprozess stehen. Folglich werden Themengebiete wie die steuerrechtliche Buchführung oder die Revision außen vor gelassen.

9.2 Controlling in NPOs

9.2.1 Grundlagen

9.2.1.1 Begriff und Zweck des Controllings

Der Begriff Controlling leitet sich vom Wortstamm »control« ab, der in der englischen Sprache eine Vielzahl an Bedeutungen aufweist. Aus den zahlreichen Übersetzungsmöglichkeiten hat sich für die Funktion des Controllings die Übersetzung »lenken, steuern, regeln« als sinnvoll herausgestellt. Controlling hat somit nicht primär mit Kontrolle zu tun, was lediglich einen Teilaspekt darstellt. Zentrale Aufgabe des Controllings ist, das Management durch Anbieten von Feedforward- (Planung) und Feedbackinformationen (Kontrolle der Planerreichung) zu unterstützen. Hierdurch schafft es Transparenz im Führungsprozess (Eschenbach/Niedermayr 1996, 84). Es leistet somit umfassend einen Beitrag zur Sicherung der Lebensfähigkeit und Aufgabenerfüllung der Organisation.

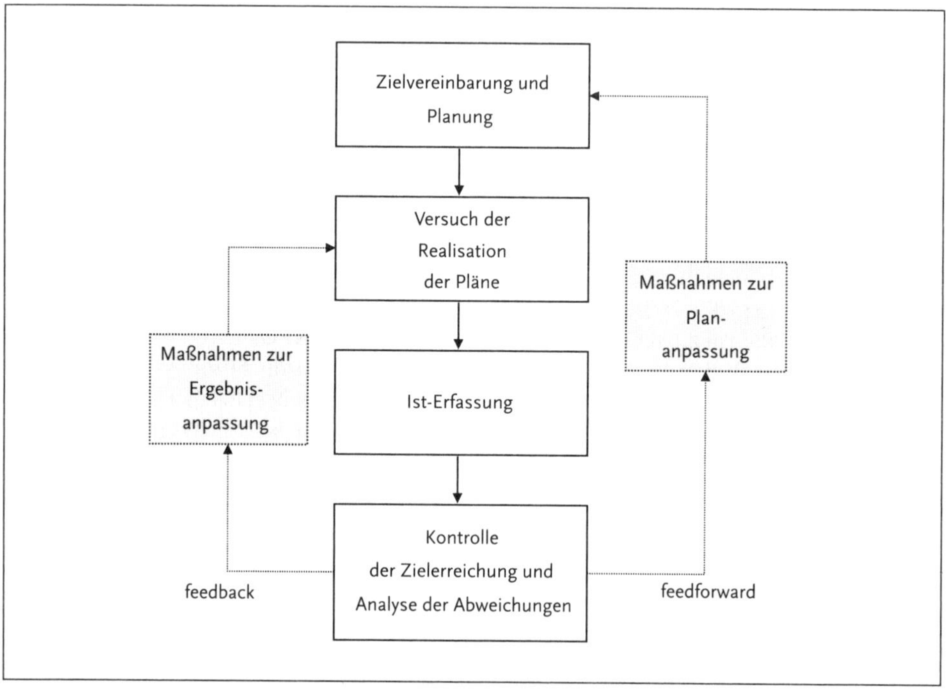

Quelle: In Anlehnung an Wild 1974, 34; und Eschenbach/Siller 2011, 29
Abbildung II.9.1: Der »Controlling-Kreislauf«

In der Literatur gibt es eine Vielzahl von Controllingkonzeptionen mit unterschiedlichen Schwerpunkten (Eschenbach/Siller 2011, 48ff.). Im deutschen Sprachraum hat insbesondere die »Philosophie« der International Group of Controlling (IGC) in den letzten Jahren an Bedeutung gewonnen, zu deren Mitgliedern z. B. das Controller Institut, Horváth & Partners oder das Controller Zentrum St. Gallen zählen. Controlling ist dieser folgend eine zentrale Führungsaufgabe, die an der Schnittstelle zwischen Managern und Controllern geschieht. Während Manager die Verantwortung für die erzielten Ergebnisse ihrer Organisationen tragen, übernehmen Controller die Verantwortung für die Transparenz dieser Ergebnisse sowie der Strategie, Finanzen und Prozesse in ihren Organisationen (IGC 2010, VII und 52ff.). Diese Aufgaben des Controllings (oft auch »Controllership« genannt) sind unabhängig von Fragen der personellen Zuordnung zu erbringen: In größeren Organisationen werden dafür eigene Stellen eingerichtet, in kleineren Organisationen werden diese Aufgaben von anderen Personen miterledigt, mitunter vom Management selbst. Diese Personen, die auch als Controller bezeichnet werden können, entwickeln und verwenden das Controllinginstrumentarium.

9.2.1.2 Teilbereiche des Controllings

Controlling unterstützt das Management auf allen Ebenen der Führung zur Sicherung von Effektivität und Effizienz der Organisation. Somit werden auch für das Controlling folgende Teilbereiche unterschieden:

- normatives Controlling, das sich mit den grundlegenden Werten und Zielen einer NPO beschäftigt,
- strategisches Controlling, das auf die (langfristigen) Erfolgspotentiale abstellt, und
- operatives Controlling, das auf den (kurzfristigen) Erfolg und das unmittelbare Überleben einer NPO fokussiert.

Die aus dem Zielsystem einer NPO abgeleiteten Steuerungsgrößen unterscheiden sich von den Steuerungsgrößen gewinnorientierter Unternehmen durch die Betonung qualitativer Ziele (zur Vielschichtigkeit dieser Ziele siehe bspw. Helmig/Boenigk 2012, 93f.; Beitrag II.2 Strategien). In den letzten Jahren gewann hierfür das »wirkungsorientierte Controlling« als spezifische Controllingausprägung in NPOs an Bedeutung. Dieses stellt die Frage nach den Leistungen einer NPO und den damit bewirkten Ergebnissen in den Vordergrund. Es beschränkt sich auf keine der zuvor beschriebenen Ebenen der Führung, sondern bezweckt vielmehr, diese zu verbinden und ihr funktionierendes Zusammenwirken sicherzustellen. In diesem Zusammenhang wird auch häufig von »NPO-Performance-Management« gesprochen.

9.2.1.3 Notwendigkeit, Voraussetzungen und Probleme des Controllings in NPOs

Die grundsätzliche Notwendigkeit eines Controllings ist heute in gewinnorientierten Unternehmen wie auch in NPOs unumstritten. Für NPOs hat dies durch umfassende Umfeldveränderungen und neue Herausforderungen in den letzten Jahren weiter an Gewicht gewonnen und kann durch folgende Tatbestände bekräftigt werden:

- NPOs sind wie jede andere Organisation von der zunehmenden Komplexität und Dynamisierung im Wirtschaftsleben betroffen. Dies macht Controlling als Unterstützung für die Führungskräfte notwendig.
- NPOs sind einem immer höher werdenden Legitimations- und Erfolgsdruck ausgesetzt, womit auch mehr Transparenz notwendig wird. Controlling schafft diese Transparenz, die für die Stakeholder vertrauensbildend ist.
- NPOs sind durch die Vielfalt der zu erbringenden Aufgaben und einen weitgehend inhomogenen Markt charakterisiert. Das Spannungsfeld zwischen nachgefragten

Leistungen und der Möglichkeit, diesen Bedarf zu decken, wird nicht durch die frei wirksamen Marktkräfte ausgeglichen. Soweit ein funktionierender Markt fehlt, muss dieser in NPOs für Steuerungszwecke durch noch sorgfältigere Planung, Steuerung und Kontrolle ersetzt werden (Jauss 1990, 242f.; Schauer 1983, 8f.).

- Die innere und äußere Struktur der NPO ist durch vielfältige interaktive Beziehungen mit den internen und externen Stakeholdern geprägt. Dieser Umstand erhöht den Koordinationsaufwand für das Management beträchtlich. Controlling übernimmt diese Koordinationsaufgabe. Die verschiedenen Stakeholder verfolgen unterschiedlichste Ziele, die nach Abstimmung verlangen. Unabhängig von diesen Zielvorstellungen sind darüber hinaus verschiedene Zieltypen (z. B. Leistungsziele und Finanzziele) aufeinander abzustimmen (Jauss 1990, 242). Eine wesentliche Voraussetzung für diese Abstimmung ist die klare Zieldefinition und -abgrenzung. Auch bei dieser Aufgabenstellung unterstützt Controlling.

Controlling in NPOs trägt vor diesem Hintergrund insbesondere zu einer Verbesserung der Argumentationsposition gegenüber den Stakeholdern, erhöhter Effizienz der erbrachten Leistungen durch Kostentransparenz sowie letztlich einer erhöhten Effektivität durch ein verbessertes Zielbewusstsein bei (Reiss 1990, 11). Die Notwendigkeit von Controlling in NPOs bedingt jedoch nicht automatisch eine sinnvolle und erfolgreiche Handhabung in diesen Organisationen. Allgemein sind folgende Voraussetzungen für Controlling in NPOs ableitbar (Horak 1995, 246f.):

- Gewährleistung eines *Mindestmaßes an Managementfähigkeiten*: Controlling als führungsunterstützendes Konzept ist erst sinnvoll, wenn in einer NPO ein bestimmtes Maß an Know-how vorhanden ist. Controlling kann das Managementniveau erst weiter heben, wenn zuvor bereits primäre Managementaufgaben erfüllt werden.
- *Akzeptanz des Managementgedankens* durch interne und externe Stakeholder: In einer Organisation muss zur Verwirklichung einer Controllingkonzeption eine positive Grundstimmung der Betroffenen bzgl. controllingorientierter Unternehmensführung vorherrschen. Eine wertfreie Diskussion über die Effizienz im engeren Sinn (Verhältnis Input/Output) in Bezug zur Missionserfüllung (Effizienz im weiteren Sinn) muss möglich sein. Diese Voraussetzung ist gerade in NPOs im Spannungsfeld von ökonomischen Vorgaben und der Mission der Organisation schwer durchsetzbar. Zusätzlich ist die Umsetzung des Controllings durch die in NPOs teilweise vorherrschende bürokratische Führung erschwert.
- Einsatz von *controllinggerechten Instrumenten*: Ein funktionierendes Rechnungswesen ist Grundvoraussetzung für das Controlling in NPOs. Mindestausstattung für ein operatives Controllingsystem ist eine Finanzbuchhaltung auf Basis der doppelten Buchführung, die zuverlässig und genau sein muss, sowie eine nach Verantwortungsbereichen gestaltete Kosten- und Leistungsrechnung, die Transparenz schafft (Kübler 1994, 35 ff.). Diese setzt weiterhin i. d. R. eine entsprechende Leistungserfassung im Personalinformationssystem (z. B. Personalverrechnung und Leistungserfassung) voraus.
- Einrichtung einer *controllinggerechten Organisationsstruktur*: Der Aufbau einer NPO muss mit der Controllingkonzeption abgestimmt werden. Gefordert sind einfache, flexible und flache Organisationsstrukturen.
- *Mindestgröße der Organisation*: Diese Voraussetzung bezieht sich ausschließlich auf die Möglichkeiten der formalen Institutionalisierung von Controlling in NPOs. Controlling als Denkhaltung ist auch in der kleinsten Organisationseinheit bei oben genann-

ten Rahmenbedingungen einsetzbar, die Formalisierung – etwa in Form einer eigenen Controllingabteilung – ist aber erst ab einer bestimmten Mindestgröße sinnvoll, die je nach konkreter Situation variiert und damit nicht absolut quantifizierbar ist.

Herausforderungen für das Controlling in NPOs ergeben sich zwangsläufig durch die Spezifika dieser Organisationen sowie der auftretenden Managementprobleme. Als dominierend anzusehen sind (Horak 1995, 247f.):

- die Feststellung und Koordination der unterschiedlichen Bedürfnisse der Stakeholder;
- die allgemeine Festlegung der Effizienz, insbesondere die Messung der Wirkung der Leistungen bei den Stakeholdern;
- daraus abgeleitet das Problem des Soll-Ist-Vergleichs bei qualitativen Größen;
- das Spannungsfeld gesamtwirtschaftlicher Bedürfnisse (z. B. Linderung von Hunger) in Beziehung zu einzelwirtschaftlichen Notwendigkeiten der NPOs (Finanzierung der erbrachten Leistungen).

Nicht immer wird die Transparenz gewünscht, die durch das Controlling in NPOs geschaffen werden soll. Oftmals stehen bestehende Organisationsstrukturen, Traditionen oder persönliche Interessen dem Controllinggedanken in NPOs entgegen (IGC/Halfar 2010, 21f.). Gerade in solchen Fällen verspricht die Controllingeinführung allerdings einen großen Nutzen, da nur das Hinterfragen des Bestehenden fit für die Herausforderungen der Zukunft machen kann. Insbesondere sind es auch in kleinen NPOs häufig anzutreffende (teils ideologisch begründete) Ressentiments gegenüber einer Führung auf Basis von Zahlen und quantifizierten Tatbeständen, welche die Aufgaben des Controllers in diesen Organisationen erschweren (Jegers 2008, 93).

9.2.2 Normatives und strategisches Controlling

Normative und strategische Führung in NPOs unterscheidet sich von jener in gewinnorientierten Unternehmen insbesondere durch den Stellenwert der grundlegenden Werte und die verfolgten Ziele; der Planung- und Umsetzungsprozess weist demgegenüber viele Gemeinsamkeiten auf. Normatives und strategisches Controlling wurden bis in die letzten Jahre häufig unter einem weiter gefassten Begriff des strategischen Controllings zusammengefasst. Während sich das erste mit der Organisationsidentität (Vision, Mission, Kultur) beschäftigt, stellt das zweite auf den daraus abgeleiteten strategischen Planungs- und Umsetzungsprozess ab (Eschenbach/Siller 2011, 119ff.).

Nicht zuletzt im Zuge der Ereignisse der vergangenen Jahre sind handlungsleitende Normen stärker ins öffentliche Bewusstsein wie in die betriebswirtschaftliche Lehre gekommen. Wenn heute für gewinnorientierte Unternehmen zunehmend die Forderung nach einer eigenständigen normativen Controllingfunktion erhoben wird, deren Nutzen die damit verbundenen Schwierigkeiten übersteigt, so lässt sich dies jedenfalls auch auf NPOs übertragen, für welche die normativen Organisationsgrundlagen besonders relevant sind. Somit versprechen für diese die entwickelten Instrumente des normativen Controllings (z. B. normative Kennzahlen, Werte-, Normen- und Leitbildchecks) einen hohen Nutzen (siehe Siller 2011, 143ff. für einen Überblick). Normative bzw. ethische Elemente prägen darüber hinaus die laufenden Strategieprozesse in NPOs viel stärker als in gewinnorientierten Unternehmen; zumeist begründen sie die angestrebten Wirkungen, die durch das Handeln der Organisation erzielt werden sollen (Granof/Khumawala 2011, 635 ff.; Andeßner 2009, 478; siehe weiterhin Kapitel 9.2.4). Auch dies spricht für die Sinnhaftigkeit einer korrespondierenden Verankerung dieser Controllingebene.

Das strategische Controlling in NPOs ist geprägt durch das Fehlen einer eindeutigen Zielgröße, wie als solche für gewinnorientierte Unternehmen häufig der Gewinn bzw. »Shareholder Value« genannt wird. Die aus der Organisationsmission folgende Vielzahl an Finanz- und insbesondere Sachzielen, die das Zielsystem ausmachen, erfordern entsprechend komplexe Controllinginstrumente in NPOs. Als besonders erfolgreich hat sich hierbei die Balanced Scorecard (BSC) herausgestellt. Obwohl ursprünglich für gewinnorientierte Unternehmen entwickelt, hat sie schnell auch für NPOs Anwendung gefunden und stellt durch die Berücksichtigung und Hierarchisierung verschiedener (insbesondere qualitativer) Zielebenen ein »maßgeschneidertes« Instrument zur operativen Umsetzung dieser Ziele dar (z. B. Kaplan 2001). Insofern lässt sich resümieren, dass der BSC im NPO-Sektor vielleicht ein (noch) größerer Erfolg beschieden sein könnte als für gewinnorientierte Unternehmen. Daneben sind es häufig Instrumente des Projektcontrollings, wie Projektstrukturpläne oder Meilensteinkontrollen, die zum Controlling der strategischen Ziele herangezogen werden (z. B. Tiebel 1998, 123ff.).

Für den strategischen Planungsprozess wird in der Literatur zumeist eine modifizierte Übernahme der für gewinnorientierte Unternehmen entwickelten Analyse- und Umsetzungsinstrumente vorgeschlagen (z. B. Schneider et al. 2007, 49ff.). Eine wesentliche Gefahr, die für NPOs typisch ist, folgt hier aus dem hohen Grad, zu dem diese Organisationen externen Einflüssen unterliegen. So scheuen viele Organisationen vor einer eigenständigen strategischen Planung auf Basis ihrer Analysen zurück und beschränken sich auf reaktives Verhalten, was anschließend auf alle Ebenen der Führung und des Controllings als Restriktion ausstrahlt (Abraham 2006, 212). Doch je intensiver insbesondere die Wettbewerbssituation im Umfeld der Leistungserbringung ist, desto wichtiger wird gerade das proaktive, gestaltende Handeln für den Erfolg einer NPO.

Befunde zum empirischen Status quo im deutschsprachigen Raum zeigen Hinweise auf einen Entwicklungsstand des normativen und strategischen Controllings in NPOs, der generell niedriger als jener des operativen Controllings ist. Es sind insbesondere große NPOs, die auf entsprechende Controllingmaßnahmen setzen. Daneben haben in den letzten Jahren formalisierte Umsetzungs- und regelmäßige Überprüfungsprozesse an Bedeutung gewonnen, die Umsetzungseffektivität ist allerdings verbesserungswürdig. Strategische Controllinginstrumente werden noch vergleichsweise wenig eingesetzt – die Strategieformulierung und -kontrolle erfolgt daher häufig ohne strukturierten Instrumenteneinsatz im Rahmen von Sitzungen und Klausuren der eingebundenen Führungskräfte. Die am häufigsten Anwendung findenden Instrumente des normativen und strategischen Controllings in NPOs sind Mission Statement, Leitbild und Zukunftsbild bzw. Strategiepapier (Horak/Baumüller 2009; ähnlich die Studien von König et al. 2012; Moos et al. 2011). Die BSC ist in der Praxis trotz eines hohen Bekanntheitsgrades noch wenig verbreitet; dabei sind ein generell niedriger Entwicklungsstand und fehlende Anpassungen des Instruments an die Spezifika des NPO-Kontexts festzustellen (Greiling 2010; Horak/Baumüller 2009, 70).

9.2.3 Operatives Controlling

Die Instrumente des operativen Controllings knüpfen i. d. R. unmittelbar an die Daten des Rechnungswesens an. Von Bedeutung ist dabei insbesondere die Kosten- und Leistungsrechnung. Diese liefert die Grundlagen für weitere Auswertungen, stellt aber selbst noch kein Instrument des Controllings dar. In der Praxis gehört der Aufbau einer controllinggerechten Kosten- und Leistungsrechnung jedoch zu den zentralen Aufgaben des Controllings. Für die sich hier ergebenden Besonderheiten kann auf die Ausführungen in Kapitel 9.3.3 verwiesen werden.

Bzgl. der operativen Unternehmensplanung bzw. Budgetierung (inkl. der Vorschaurechnungen) hat das Controlling die Aufgabe, Methodik, Instrumente und Ablauforganisation für die kurzfristige Planung zu entwickeln sowie den Planungszyklus laufend zu steuern und zu koordinieren. Besondere Aufmerksamkeit ist dabei auf die Koordination und Integration der einzelnen Teilpläne zu richten. Besonderheiten des NPO-Kontextes liegen hier insbesondere in den Rahmenbedingungen, während der Ablauf selbst gleich wie für gewinnorientierte Unternehmen erfolgt (siehe umfassend z. B. Seufert 1999, 199ff.). Häufig sind die Leistungsmengen und Erlöse sehr schwer zu budgetieren, da sie »fremdbestimmt« sind und der Zeitpunkt des Eingangs kaum steuerbar ist (z. B. bei Subventionen der öffentlichen Hand). Erprobte Lösungsansätze für NPOs sind hier etwa Szenarienplanungen. Auch laufende Vorschaurechnungen gewinnen vor diesem Hintergrund zur Sicherung des wirtschaftlichen Erfolges an Bedeutung (König et al. 2012, 129).

Das Budget wird in NPOs zumeist als das wichtigste Instrument des operativen Controllings gesehen. Seine Bedeutung ist für diese Organisationen höher als für gewinnorientierte Unternehmen, da hierdurch das Leistungsprogramm weitgehend festgelegt wird; erlösseitig besteht, gerade für marktfern agierende NPOs, häufig nur wenig Gestaltungsraum, sodass sich der Umfang der möglichen Leistungen an diesen geplanten Erlösen zu orientieren hat. Schwerpunkt der anschließenden Controllingaktivitäten ist die Sicherstellung der Budgeteinhaltung. Für die Festlegung des Budgets bedeutet dies auch, dass die Stakeholder entsprechend in den Prozess der Budgetaufstellung und seines Beschlusses einzubeziehen sind. Während somit für gewinnorientierte Unternehmen die Jahreshauptversammlung, auf die der Jahresabschluss festgestellt wird, eine zentrale und mitunter hitzig ablaufende Veranstaltung ist, ist ihr Pendant für NPOs vielmehr die Mitgliederversammlung, die das Budget beschließt (Granof/Khumawala 2011, 4f.; Anthony/Govindarajan 2007, 630f.). Hier hat das (operative) Controlling in NPOs entsprechende Beiträge zu leisten und ist vor besondere Herausforderungen gestellt.

Bedeutsam ist weiterhin das Berichtswesen. Für NPOs wie für gewinnorientierte Unternehmen ist die Verdichtung komplexer Sachverhalte in Form von Kennzahlen und die laufende Durchführung von Soll-Ist-Vergleichen ein wesentliches Aufgabenfeld des Controllings. In NPOs spielen zusätzlich qualitative Größen eine Rolle, woraus sich besondere Herausforderungen ergeben. Eine wichtige Form des Soll-Ist-Vergleichs stellt hier das Benchmarking dar. Dies ist insbesondere auf jenen NPO-typischen Märkten wichtig, die durch keinen oder noch sehr eingeschränkten Wettbewerb gekennzeichnet sind, der sich als Triebfeder der Weiterentwicklung auszeichnen könnte (Bono 2006, 159). Im deutschsprachigen Raum gibt es für einige NPO-Branchen bzw. innerhalb einzelner Verbände, vor allem im Sozialbereich, bereits Benchmarking-Initiativen (siehe auch Kapitel 9.2.4).

In vielen Fällen ist das Berichtswesen in Form eines computergestützten Managementinformationssystems (MIS) aufgebaut. Hierfür existieren heute eine Vielzahl an Anbietern und Lösungen, die grundsätzlich für NPOs und deren vielfältige Informationsbedürfnisse in Frage kommen. Hier ist aber oftmals die Kosten/Nutzen-Betrachtung besonders kritisch. Herausforderungen liegen teilweise auch in der Komplexitätsreduktion bestehender Systeme, um »Datenfriedhöfe« zu vermeiden, die letztlich zum Selbstzweck verkommen (Horak/Baumüller 2008, 524).

NPOs sind zu einem großen Teil in personalintensiven Branchen tätig. Dies hat weitere Auswirkungen auf die dargestellten Instrumente des operativen Controllings und bedingt i. d. R. eine hohe Bedeutung des Personalcontrollings in NPOs (siehe bspw. Neumann 2004). So sind häufig Kennzahlen wie z. B. Personalkostensätze, Auslastungs- und Fluktuationsquoten zentrale Steuerungsgrößen.

Empirische Befunde für den deutschsprachigen Raum zeigen, dass sich der Ausbaustand des operativen Controllings in den letzten Jahren deutlich weiterentwickelt hat. Der Entwicklungsstand der operativen Steuerung ist dabei unabhängig von der Organisationsgröße. Die Planung und das Berichtswesen sind zentrale Felder, in denen Weiterentwicklungen festzustellen sind. Demgegenüber zeigen sich bei der controllinggerechten Ausgestaltung der Kostenrechnung noch Entwicklungsfelder, insbesondere in Richtung eines Ausbaus der Instrumente eines aktiven Kostenmanagements. In Summe ist NPOs auf Ebene des operativen Controllings jedoch im Vergleich zu den anderen Teilbereichen des Controllings ein hoher Entwicklungsstand zu bescheinigen (König et al. 2012; Moos et al. 2011; Horak/Baumüller 2009).

9.2.4 Wirkungsorientiertes Controlling

Die Operationalisierung der Organisationsmission stellt eine zentrale Herausforderung für das NPO-Controlling dar. Empirische Befunde zeigen zunächst grundsätzliche Gemeinsamkeiten von eingesetzten Controllingsystemen und den in diesen enthaltenen Erfolgsmaßstäben zwischen gewinnorientierten Unternehmen und NPOs: Beispielsweise finden sich in beiden häufig Ziele wie Kundenzufriedenheit oder Kostendeckungsgrade quantifiziert abgebildet (Greiling 2009; Moxham 2009). Doch gerade die Umsetzung der normativen Ziele in die strategischen und insbesondere operativen Systeme stellt für NPOs noch ein Entwicklungsfeld dar.

Eine NPO hat dann Erfolg, wenn ihre Mission erfüllt wird, was sich durch die erzielte Wirkung bei den relevanten Stakeholdern näher definieren lässt. Der Erfolgsermittlung in Bezug auf die Leistungswirkungsziele muss daher ein umfangreicher Prozess zur Identifikation, zur Rangreihung, zur Behandlung und zur Feststellung der Zufriedenheit der Stakeholder vorangehen. Die Literatur schlägt hier eine Unterteilung von Zielen anhand der Dimensionen »Output«, »Outcome«, »Impact« und »Effect« vor, mit zu entwickelnden Kennzahlen, die es anhand von Wirkungsketten zu verbinden und an der Organisationsmission auszurichten gilt (Bono 2006, 149f.; ausführlich Bono 2010). Als spezifisches Controllinginstrument wurde hierfür z. B. ein »Spinnenmodell« zur Wirkungsmessung entwickelt (IGC/Halfar 2010). Darüber hinaus kommt auch zunehmend praktischen Behelfen wie etwa dem Zewo-Leitfaden »Wirkungsmessung in der Entwicklungszusammenarbeit« (Stiftung Zewo, o. J.) als Ansatzpunkt für wirkungsorientiertes Controlling Bedeutung zu. Weiterhin spielen hier das Benchmarking und Methoden wie externen Audits als Instrumente eine Rolle (LeRoux/Wright 2010, 574f.).

Für gewinnorientierte Unternehmen geht i. d. R. die Qualität der erbrachten Leistungen mit wirtschaftlichem Erfolg (und damit letztlich auch Legitimation) einher; dies liegt in der Identität des Leistungsempfängers und der hierfür zahlenden Person/Institution begründet. Bei NPOs fallen diese Personengruppen meist jedoch auseinander. Die Leistungsprogrammplanung hat somit auf die Bedürfnisse aller relevanten Stakeholder abzustellen und einen Interessenausgleich zu berücksichtigen, was die Anforderungen an das (wirkungsorientierte) Controlling weiter erhöht (Klingebiel 1999, 377).

Wirkungsorientiertes Controlling in NPOs gewinnt gerade aufgrund des zunehmenden Legitimations- und Erfolgsdrucks an Bedeutung, wobei sich Schnittstellen zum Qualitätsmanagement und insbesondere zu sozialwissenschaftlichen Methoden ergeben: Controlling verlässt hiermit oftmals seinen »klassischen« betriebswirtschaftlichen Rahmen. Herausforderungen für das Controlling bestehen hinsichtlich der Entwicklung weiterer Instrumente für die Wirkungsmessung, zusammenhängender »Wirkungsindikatoren-Landkarten« und abschließend der Integration dieser Inhalte in das Berichtswesen der Organisation (IGC/Halfar 2010, 14). Besonders herausfordernd gestaltet sich dabei gerade die Abbildung von Größen der (abstrakteren) Wirkungsdimensionen »Impact« und »Outcome« mittels konkreter Kennzahlen (Horak/Baumüller 2008, 522).

Empirische Befunde für den deutschsprachigen Raum zeigen den hohen Stellenwert, der dem Thema in NPOs bereits zukommt. Die Aufgabe der Definition und Messung der Wirkungsziele liegt in institutionalisierter Form jedoch oft nicht bei den Controllern, sondern bei den inhaltlich für die Wirkungen verantwortlichen Führungskräften selbst. Als größte Schwierigkeiten werden die generelle Messbarkeit der Wirkungen mit aussagekräftigen Kennzahlen und das Finden geeigneter qualitativer Zugänge zu diesen Wirkungen gesehen. Es zeigt sich insbesondere bei der Entwicklung und dem Einsatz controllinggerechter Instrumente Handlungsbedarf (Moos et al. 2011; Horak/Baumüller 2009).

Abschließend ist auf Bemühungen hinzuweisen, ob dieser Besonderheiten des Controllings in NPOs auch eine Spitzenkennzahl für Controllingzwecke zu entwickeln, die Wirkungsaspekte in den Mittelpunkt stellt. In der Literatur sowie in internationalen Pilotprojekten werden hierbei häufig der Social Return on Investment (SROI) oder das Expanded Value Added Statement (EVAS) vorgeschlagen (siehe für eine Darstellung Mook/Handy 2010, 263ff.). Die Verbreitung dieser Konzepte ist aufgrund der hohen Komplexität sowie dem damit verbundenen Abstrahierungsbedarf jedoch sehr gering (siehe Beitrag III.5 Evaluation). Dennoch erhält die Frage nach geeigneten Spitzenkennzahlen zunehmend Aufmerksamkeit. Jüngere Publikationen hierzu diskutieren bspw. auch eine Übernahme der Messgrößen des von der OECD Better Life Initiative entwickelten Better Life Index (BLI) für Controllingzwecke (Haring 2012).

9.3 Rechnungswesen in NPOs

9.3.1 Grundlagen

9.3.1.1 Begriff und Zweck des Rechnungswesens

Die Betriebswirtschaftslehre versteht unter dem betrieblichen Rechnungswesen Verfahren zur planvollen, systematischen Erfassung und Beurteilung (überwiegend quantifizierbarer) Beziehungen, Vorgänge, Mengen und Werte eines Unternehmens zu Zwecken der Planung, Kontrolle, Lenkung und Rechenschaftslegung des betrieblichen Geschehens. Der Sinn des Rechnungswesens ist es somit, dem Management und einer Reihe von Stakeholdern (z. B. Gläubigern, dem Fiskus, Aufsichtsorganen, Mitgliedern) ein Instrument zur zielorientierten, verantwortungsvollen Führung der Organisation in die Hand zu geben.

9.3.1.2 Teilbereiche des Rechnungswesens

Zur Systematisierung des betrieblichen Rechnungswesens finden sich in der Literatur unterschiedliche Ansätze. Zumeist zählen hierzu die Teilbereiche

- Kosten- und Leistungsrechnung,
- Finanzbuchhaltung und Rechnungslegung,
- Finanz- und Finanzierungsrechnung und
- Investitionsrechnung.

Die folgenden Ausführungen beschränken sich auf die beiden erstgenannten Teilbereiche, da sich für diese die aus Sicht der Organisationsführung wichtigsten Besonderheiten ergeben. Für den deutschsprachigen Raum charakteristisch ist die weitere Unterscheidung in »externes« und »internes« Rechnungswesen. Auch wenn sie nicht immer trennscharf ist und eher pragmatischen Gesichtspunkten entspricht, orientiert sich diese Unterscheidung an den Hauptadressaten der ermittelten Informationen – die unternehmensexterne (z. B. Mitbewerber, Kunden, Lieferanten) bzw. unternehmensinterne (z. B. das Management, Mitarbeiter) sein können – und den hieraus folgenden abweichenden Zwecken dieser Informationen (Schaier 2008, 123f.). Im Vergleich zu gewinnorientierten Unternehmen zeigt sich jedoch für NPOs, dass beide Bereiche viel enger verzahnt und damit noch schwerer voneinander abzugrenzen sind (so auch Granof/Khumawala 2011, 8f.; siehe hierzu die folgenden Kapitel).

9.3.1.3 Notwendigkeit, Voraussetzungen und Probleme des Rechnungswesens in NPOs

Die besondere Notwendigkeit des Rechnungswesens für NPOs leitet sich bereits aus dem Zweck des Rechnungswesens sowie den allgemeinen Spezifika von NPOs ab:

- Notwendigkeit für Zwecke der *internen Steuerung*: Wie dargestellt, greift das Controlling zur Erfüllung seiner Aufgaben wesentlich auf die Informationen des Rechnungswesens zurück. Dies gilt besonders für das operative Controlling.
- Notwendigkeit für Zwecke der *externen Rechenschaftslegung*: Für die Stakeholder von NPOs sind die veröffentlichten Informationen aus dem Rechnungswesen oftmals die wichtigste Entscheidungsgrundlage für ihr Verhalten gegenüber diesen. Wie im Kontext gewinnorientierter Unternehmen bestehen auch bei NPOs Informationsasymmetrien. Nach überwiegender Auffassung sind die bei NPOs resultierenden Kontrollprobleme sogar noch stärker ausgeprägt: So sind z. B. die unmittelbaren Einflussmöglichkeiten seitens der Geldgeber (z. B. Spender, Fördergeber) wesentlich geringer, während andere Lenkungsmechanismen – etwa die disziplinierende Wirkung von (Kapital-)Marktmechanismen – fehlen. Das Rechnungswesen sichert hier die Verantwortlichkeit des Managements für seine Entscheidungen den Stakeholdern gegenüber (Gelter 2006, 148ff.; Khumawala/Gordon 1997, 46). Auch in diesem Punkt zeigt sich eine enge Verbindung zu den Aufgaben des Controllings, diesfalls über alle identifizierten Ebenen hinweg.

Grundsätzlich sind NPOs im deutschsprachigen Raum bereits auf Basis rechtlicher Normen verpflichtet, ein zweckmäßig eingerichtetes Rechnungswesen zu führen. Eine persönliche Verantwortung trifft hierbei i. d. R. die Führungsorgane der Organisationen, die anderenfalls mit zivil- und mitunter auch strafrechtlichen Konsequenzen zu rechnen haben. Auch für NPOs lässt sich eine zunehmende Verschärfung der diesbezüglichen Pflichten in den vergangenen Jahren feststellen. Diese resultieren zum Teil aus der generell zunehmenden Bedeutung des Themas, andererseits aber gleichsam aus publik gewordenen Skandalen des NPO-Sektors in der Vergangenheit (z. B. Veruntreuungen von Spendenmitteln oder Abgabenhinterziehungen).

Eine wesentliche Herausforderung für das Rechnungswesen in NPOs sind oftmals fehlende Kenntnisse auf Seiten des Managements und der Mitarbeiter. Die zweckmäßige Erfassung, Aufbereitung und Interpretation der Informationen des Rechnungswesens erfordert rechtliches und betriebswirtschaftliches Wissen, das in NPOs oftmals unterrepräsentiert ist, da hier eher Fachkenntnisse auf den Gebieten der erbrachten Leistungen Priorität haben (z. B. Sozialarbeit oder Pflege) (Jegers 2008, 99f.). Zusätzlich mag der generelle Mangel an Experten auf diesem Gebiet und das daraus resultierende hohe Gehaltsniveau für diese dazu beitragen, dass Fachkräfte fehlen. NPOs können dieses Problem teilweise durch den Einsatz ehrenamtlicher Ressourcen lösen; doch stehen auch hier i. d. R. nicht ausreichend qualifizierte Experten zur Verfügung. Dies geht zu Lasten der Informationsqualität und damit des Nutzens des Rechnungswesens. Ebenso trägt die in den letzten Jahren zu beobachtende Dynamik insbesondere in den rechtlichen Rahmenbedingungen des Rechnungswesens weiter zu diesem Problem bei, ebenso wie häufig auch unkonkrete bzw. NPO-Spezifika nicht berücksichtigende Bestimmungen und fehlende Konzepte in der Literatur.

9.3.2 Finanzbuchhaltung und Rechnungslegung

Die sich mit der laufenden Dokumentation der in einer Organisation anfallenden Geschäftsvorfälle beschäfigtende Finanzbuchhaltung stellt die Grundlage des externen Rechnungswesens dar (Baetge et al. 2011, 2 und 11). Man spricht hierbei dann von Rechnungslegung, wenn diese primär finanziellen Informationen der Finanzbuchhaltung in strukturierter Form den Stakeholdern als Entscheidungsgrundlagen zugänglich gemacht werden, wobei die Rechnungslegung auch weitere, qualitative Informationen umfasst (Löwe 2003, 47ff.).

Im Kontext gewinnorientierter Unternehmen werden ihr als wichtigste Funktionen neben der grundsätzlichen Dokumentation des wirtschaftlichen Geschehens insbesondere eine Zahlungsbemessungs- und Rechenschaftslegungsfunktion zugeschrieben. Für NPOs ist dies nur eingeschränkt gültig: Unter die Zahlungsbemessungsfunktion wird i. d. R. die Bestimmung des ausschüttbaren Gewinnes sowie der steuerlichen Bemessungsgrundlage subsumiert – erstes steht jedoch bereits mit dem Ausschüttungsverbot für NPOs in einem Spannungsverhältnis und findet somit nur wenige Anwendungsfälle (von Hippel 2006, 289). Hierbei ist allerdings als Besonderheit gegenüber gewinnorientierten Unternehmen anzumerken, dass dafür die Ausgestaltung der Leistungsbeziehungen zwischen einer NPO und ihren Leistungsempfängern ausschüttungsähnlichen Charakter annehmen kann (am offensichtlichsten etwa zwischen Genossenschaften und ihren Mitgliedern oder Stiftungen und den von ihnen Begünstigten). Zweites ist demgegenüber insbesondere für die Vielzahl an NPOs, die den steuerlichen Gemeinnützigkeitsstatus innehaben, von geringerer praktischer Bedeutung. Insofern ist der Hauptzweck der Rechnungslegung von NPOs in der Rechenschaftslegung zu sehen (so z. B. auch Löwe 2003, 64ff.). Unter dem Begriff der Rechenschaftslegung wird hierbei der Nachweis der Verwendung der zur Verfügung gestellten Mittel im Sinne des Organisationszwecks verstanden (Baetge et al. 2011, 96; IDW 2011, Tz. 14). Hieraus resultieren spezifische Gestaltungsmöglichkeiten (da etwa das im deutschen Sprachraum zentrale Gläubigerschutzprinzip für Zwecke der Rechnungslegung anders zu tragen kommt) für bzw. Anforderungen (aufgrund besonderer Informationsbedürfnisse der Stakeholder) an die Rechnungslegung von NPOs.

In ihrer einfachsten Form umfasst die Rechnungslegung nur eine Einnahmen-Ausgaben-Rechnung sowie eine Vermögensübersicht. Dies ist insbesondere für kleine NPOs von Bedeutung, in denen wenige, nicht komplexe Geschäftsvorfälle aufzuzeichnen sind. Entgegen ihrer Bezeichnung stellt die Einnahmen-Ausgaben-Rechnung grundsätzlich auf Einzahlungen und Auszahlungen ab. Demgegenüber kann auf Grundlage einer doppelten Buchführung ein vergleichsweise anspruchsvolleres, weil aussagekräftigeres Rechnungswesen aufgebaut werden. Auf dieser Basis wird der Jahresabschluss erstellt, der i. d. R. aus einer Gewinn- und Verlustrechnung (Erfolgsrechnung), einer Bilanz und einem Anhang besteht. Weiterhin mögliche Bestandteile umfassen insbesondere Geldflussrechnungen, Segmentberichte oder Eigenkapitalveränderungsrechnungen. Den Jahresabschluss ergänzend wird oftmals auch ein Lage- bzw. Leistungsbericht gefordert. Ein Konzernabschluss beinhaltet die zusammengefassten Jahresabschlüsse mehrerer verbundener Organisationen; dieser gewinnt im NPO-Kontext zunehmend an Bedeutung. Eine Sonderform des Rechnungswesens ist die Kameralistik, die das traditionelle Rechnungswesen der öffentlichen Verwaltung und von Selbstverwaltungskörperschaften (z. B. Kammern) darstellt. Diese wird jedoch als erfolgswirtschaftliche Entscheidungsgrundlage zunehmend abgelehnt und verliert an praktischer Bedeutung.

Von Relevanz hinsichtlich der Rechnungslegung sind gesetzliche Bestimmungen und weitere Normen, die ihren Rahmen setzen und Anforderungen konkretisieren. Hier bestehen große Unterschiede zwischen Österreich und Deutschland einerseits und der Schweiz andererseits (siehe ähnlich Greiling 2013). Grundsätzlich orientieren sich die Bestimmungen zur Rechnungslegung in Österreich und Deutschland an der Rechtsform einer Organisation, nicht an seiner Natur als NPO oder gewinnorientiertes Unternehmen (die rechtsformübergreifenden Bestimmungen des deutschen PublG sind aufgrund der von NPOs selten erreichten Größenkriterien im Gesetz von sehr geringer praktischer Bedeutung). Gleichsam wird in der Literatur i. d. R. nicht zwischen der Rechnungslegung dieser beiden Organisationstypen differenziert. Während Kapitalgesellschaften somit den strengsten Bestimmungen auf Basis des UGB/HGB unterliegen, finden sich z. B. für Stiftungen und Genossenschaften Sondergesetze, die abweichende Regelungen enthalten. Dies gilt in Österreich auch für Vereine, deren Rechnungslegung im VerG geregelt ist. In Deutschland fehlt eine vereinsspezifische Rechtsnorm, die Rechnungslegung deutscher Vereine orientiert sich hiermit an den allgemeinen Bestimmungen des BGB, sofern sie nicht in den Anwendungsbereich des HGB fallen. NPO-typische Sonderfragen werden in beiden Ländern in Form von Fachgutachten adressiert, wobei diese in Deutschland umfangreicher sind und damit für Auslegungsfragen in Österreich Bedeutung einnehmen (siehe z. B. im Vereinskontext für Österreich KWT 2003; für Deutschland IDW 2011). Daneben sind einerseits zahlreiche Sondergesetze und sonstige Normen zu beachten, die i. d. R. landes- oder branchenspezifische (z. B. für Museen oder Universitäten) Sonderbestimmungen zur Rechnungslegung vorsehen, andererseits enthalten viele freiwillige

Richtlinien weitere Bestimmungen zur Rechnungslegung von NPOs (etwa Richtlinien im Zusammenhang mit der Verleihung von nationalen Spendengütesiegeln).

Kritisch ist für diese Länder anzumerken, dass trotz der (teils schwer durchschaubaren) Vielzahl an Regelungen grundlegende Besonderheiten der Rechnungslegung für NPOs nicht berücksichtigt werden. Bereits die Standardterminologie der Bestandteile des Jahresabschlusses lassen sich oftmals nicht sinnvoll auf NPOs anwenden (z. B. »Eigenkapital« oder »Gewinn«) (Schauer 2011); aber auch viele Vorgehensweisen z. B. im Zusammenhang mit Bilanzierung und Bewertung sind nicht problemlos aus dem Kontext gewinnorientierter Unternehmen übertragbar (z. B. Baumüller 2012; Fritz-Schmied/Schwarz 2010). Insbesondere in jüngerer Zeit vermehrt erarbeitete Sonderbestimmungen für NPOs, wie etwa für Deutschland die Rechnungslegung über erhaltene Spenden betreffend (bspw. Doll/Busse 2010), stellen wichtige Entwicklungen dar, sind aber i. d. R. nur einzelne, spezifische Fragen adressierend, von vielen Organisationen nicht verpflichtend anzuwenden und mit weiteren Detailfragen verbunden, zu denen zumeist einschlägiges Schrifttum (noch) fehlt. Dies hat für die NPOs zur Folge, dass sie mit zusätzlichen Herausforderungen konfrontiert sind; ebenso wird hierdurch aber auch die Qualität der Informationen für die Stakeholder beeinträchtigt.

In der Schweiz gelten die gesetzlichen Rechnungslegungsvorschriften zunächst rechtsformunabhängig für alle NPOs gemäß ZGB bzw. OR, wobei diese vergleichsweise nur rudimentäre Bestimmungen enthalten. Von Bedeutung ist darüber hinaus die Fachempfehlung zur Rechnungslegung »Swiss GAAP FER 21 – Rechnungslegung für gemeinnützige, soziale Nonprofit-Organisationen«. Dieser Standard enthält spezifische Vorgaben, die wesentliche Grundsatzfragen des Jahres- und Konzernabschlusses abdecken. Verbindlichkeit erhält er u. a. dadurch, dass zahlreiche Richtlinien die verpflichtende Einhaltung seiner Bestimmungen erfordern (etwa das Spendengütesiegel der Stiftung Zewo oder der Swiss NPO-Code). Daneben existieren auch in der Schweiz weitere Sondergesetze und -bestimmungen zur Rechnungslegung, z. B. die Richtlinie »Swiss Sport GAAP«. Aus österreichischer bzw. deutscher Sicht kommt diesen maßgeschneiderten Bestimmungen zur Rechnungslegung von NPOs Vorbildwirkung zu.

Zur Offenlegung der Rechnungslegungsinformationen von NPOs ist die Situation im deutschsprachigen Raum eine vergleichbare. Hier weist die Schweiz sogar den geringsten Regelungsstand auf, als hier keine gesetzlichen Bestimmungen zur Offenlegung vorgesehen sind. Jedoch verlangen Richtlinien wie jene zur Erlangung des Zewo-Gütesiegels, die Inhalte der Rechnungslegung nach Swiss GAAP FER 21 offenzulegen, wodurch der Offenlegung eine hohe praktische Bedeutung zukommt (Meyer et al. 2011, 27f.). In Österreich und Deutschland sind demgegenüber insbesondere die allgemeinen Offenlegungsbestimmungen des UGB/HGB maßgeblich, allerdings überwiegend für jene NPOs, die als Kapitalgesellschaft organisiert sind. Für viele andere NPOs, insbesondere in der Rechtsform des Vereins, erfolgt eine Offenlegung allenfalls freiwillig (dass dies in der Praxis nur sehr eingeschränkt geschieht, zeigen bspw. die Befunde von Busse/Siebart 2011, 26f.). Zwar sehen auch in diesen Ländern Richtlinien eine Offenlegung gegenüber den Stakeholdern vor, doch erstrecken sich diese i. d. R. nur auf – grob gehaltene – Mindestinhalte, die nicht mit dem Umfang der Informationen eines Jahresabschlusses verglichen werden können. Entsprechend kritisch wird der Status quo in Bezug auf die zunehmend zu beobachtende Forderung nach Transparenz und Rechenschaft für diese Länder beurteilt (z. B. Stötzer 2012; Anheier et al. 2011).

Die Informationsbedürfnisse der Stakeholder von NPOs sind bisher nur sehr eingeschränkt erforscht; sie erstrecken sich aber jedenfalls über die bloße Berichterstattung von Finanzinformationen hinaus und umfassen insbesondere auch die Leistungsberichterstattung von NPOs (Stötzer 2012, 250 und 2009, 189). Diese ist mitunter wichtiger als die Finanzinformationen des Jahresabschlusses, da sie eine bessere Berücksichtigung der Sachziele von NPOs ermöglicht. Die Schweizer Fachempfehlung Swiss GAAP FER 21 berücksichtigt dies, indem von NPOs die Erstellung eines Leistungsberichts gefordert wird, der u.a. auf die Qualität der erbrachten Leistungen und Wirkungs-Leistungs-Beziehungen eingeht. In Österreich und Deutschland ist demgegenüber ein solches Informationsinstrument nicht vorgesehen, auch wenn sich Schnittmengen zum Lagebericht zeigen. Daher wird hierfür NPOs in diesen Ländern die Orientierung an der Schweizer Fachempfehlung im Rahmen der eigenen Berichterstattung nahegelegt (z.B. Schauer 2004). Das Thema der Leistungsberichterstattung stellt jedenfalls unzweifelhaft einen Schwerpunkt zukünftiger Entwicklungen in der Rechnungslegung von NPOs dar (siehe ebenso Greiling 2013, 63f.).

Diesem Umstand Rechnung tragend, wurde in Literatur und Praxis weiterhin eine Vielzahl von Sonderformen der Rechnungslegung entwickelt, die nicht nur, aber gerade für NPOs von Bedeutung sind. Hierunter lassen sich z. B. Sozialbilanzen, Förderbilanzen und Wissensbilanzen zusammenfassen, denen einerseits als freiwilliges Informationsinstrument gegenüber den Stakeholdern Bedeutung zukommt, die andererseits auch schon teils verpflichtend Anwendung finden (z. B. in Form der Wissensbilanz für österreichische Universitäten) (siehe Schauer 2008, 201ff. für eine Darstellung). Ebenso ist auf zahlreiche Initiativen der letzten Jahre zu verweisen, die eine Verbesserung der Qualität in der Rechnungslegung von NPOs bezwecken (bspw. PwC o.J.; CICA 2011; Leslie 2011).

9.3.3 Kostenrechnung

Die Kostenrechnung ist das wichtigste Teilgebiet des internen Rechnungswesens. Sie stellt typischerweise auf die Information unternehmensinterner Stakeholder ab und übernimmt eine Planungs-, Steuerungs- und Kontrollfunktion. Daneben erfüllt sie im Zusammenspiel mit der Finanzbuchhaltung aber auch externe Dokumentationsaufgaben, etwa für Bewertungsfragen (Coenenberg et al. 2009, 22f.).

Die für gewinnorientierte Unternehmen entwickelten Grundsätze der Kostenrechnung lassen sich weitgehend auf den Kontext von NPOs übertragen. Sie basiert gleichsam unmittelbar auf den Wertansätzen der Finanzbuchhaltung (unter Ergänzung weiterer Informationen etwa aus dem Personalinformationssystem) und erfordert als Grundlage die Anwendung der doppelten Buchhaltung. Wie für gewinnorientierte Unternehmen birgt der Einsatz einer ausdifferenzierten Kostenrechnung auch für NPOs wesentliche Vorteile. Es sind dabei jedoch einige Besonderheiten zu beachten:

- Besonderheiten bzgl. der *Kostenartenrechnung*: Umstritten ist die Berücksichtigung von kalkulatorischen Positionen im Rahmen der Betriebsüberleitung, insbesondere hinsichtlich kalkulatorischer Kosten für ehrenamtliche Mitarbeiter sowie zur Berücksichtigung von (Eigen-)Kapitalkosten. Hier ist auf den konkreten Einzelfall abzustellen: Kalkulatorische Personalkosten sind für ehrenamtliche Tätigkeiten sinnvoll, die substituierend für bezahlte Leistungen z. B. hauptberuflich beschäftigter Mitarbeiter erbracht werden – die Berücksichtigung dieser Kosten ermöglicht es, für den Wegfall der ehrenamtlichen Leistungen und der dann erforderlichen Aufstockung des Anteils an bezahlten Leistungen vorzusorgen (Heyd 1997, 562). In diesem Fall kann

eine Bewertung der Leistungen i. d. R. anhand von Opportunitätskostensätzen (aus Sicht der ehrenamtlich Arbeitenden), Wiederbeschaffungskosten (aus Sicht der NPOs) oder standardisierten Kosten auf Basis des geleisteten Outputs erfolgen (Foster et al. 2001, 101ff.). Hinsichtlich kalkulatorischer Kapitalkosten stellt sich die Frage, ob wie für gewinnorientierte Unternehmen auch kalkulatorische Eigenkapitalkosten berücksichtigt werden sollen. Eine Anwendung erscheint insbesondere in kapitalintensiven Branchen vorteilhaft (z. B. im Gesundheitswesen). Hier stellt die »vollständige« Berücksichtigung der Kapitalkosten ein geeignetes Mittel dar, um dem häufigen Problem der Überinvestition und damit der ineffizienten Mittelbindung vorzubeugen (Duggal/Budden 2010). Für Stiftungen lässt sich dadurch z. B. die Anforderung der realen Kapitalerhaltung berücksichtigen (König et al. 2012, 127); und auch die grundsätzliche Berücksichtigung als Opportunitätskosten einer alternativen Veranlagung ist möglich (Schauer 2008, 68). Es bieten sich mehrere Zugänge zur Bestimmung der Höhe der Eigenkapitalkosten an; im Unterschied zu gewinnorientierten Unternehmen werden diese Kosten jedoch für NPOs grundsätzlich unter den Kosten des Fremdkapitals anzusetzen sein, da anderenfalls geringere Anreize bestünden, in der Finanzierung auf Eigenmittel zu setzen (etwa durch Spendenmittel). Dies könnte das Aktivitätsspektrum der Organisationen wesentlich einschränken (Jegers 2008, 114f.).
- Besonderheiten bzgl. der *Kostenstellenrechnung*: In der Kostenstellenstruktur ergeben sich Besonderheiten in der Einteilung nach Vor- und Endkostenstellen. Die verursachungsgerechte Verrechnung der Gemeinkosten einiger Kostenstellen, die in gewinnorientierten Unternehmen typischerweise Vorkostenstellen darstellen, auf Endkostenstellen wird in NPOs nicht möglich sein. Für diese Kostenstellen wird vorgeschlagen, sie entweder auf eigens angelegten Kostenträgern zu sammeln (z. B. »allgemeiner NPO-Bereich«, etwa für die Kosten ehrenamtlicher Organe) oder als Endkostenstellen zu behandeln (z. B. im Falle des Rechnungswesens, das für Projektkostenträger direkt zuordenbare Leistungen wie etwa Abrechnungen erstellt) (Grünig/Filliger 1996, 172).
- Besonderheiten bzgl. der *Kostenträger(erfolgs)rechnung*: Für viele Leistungen von NPOs ist die Identifikation und Bewertung in Form von Kostenträgern herausfordernd. So lassen sich z. B. Leistungen wie Vertretungen, Verhandlungen oder Beratungen oftmals nur in Form von Leistungsbündeln abbilden (Schauer 2008, 99). In vielen NPOs ist weiterhin aufgrund Branchenspezifika die Abgrenzung von Kostenstellen und -trägern schwierig (Coenenberg et al. 2009, 106 und 123). Zudem wird es für zahlreiche identifizierte Kostenträger nicht möglich sein, korrespondierende Erlöse und Kosten gegenüberzustellen; häufig wird es »reine Kostenträger« (Kosten sind keine korrespondierenden Erlöse zuzuordnen) bzw. »reine Erlösträger« (Erlösen sind keine korrespondierenden Kosten zuzuordnen) geben, wobei insbesondere letztere ein NPO-Spezifikum darstellen (Grünig/Filliger 1996, 172). Dies strahlt in weiterer Folge auch auf die Ausgestaltung der Periodenerfolgsrechnung aus, besonders wenn diese dem Modell der stufenweisen Fixkostendeckungsrechnung folgt (Horak 1995, 353).

Die grundlegende Frage, ob für NPOs eine Voll- oder Teilkostenrechnung zu bevorzugen ist, lässt sich nur im Einzelfall beantworten. Langfristig müssen gegen Entgelt erbrachte Leistungen ihre vollen Kosten decken, so sie nicht bspw. von anderen Leistungen quersubventioniert werden (wobei auch diesfalls entsprechende Kosteninformationen vorzuliegen haben). Im Bereich der Kernleistungen, zu deren Erbringung eine NPO bspw. rechtlich oder aufgrund einer Selbstbindung verpflichtet ist, sind somit jedenfalls Informationen über die Vollkosten prioritär (siehe auch Anthony/Govindarajan 2007, 630). Je flexibler eine NPO allerdings über die eigene Leistungserbringung entscheiden kann, da sie etwa bzgl. Nebenleistungen oder sogar gänzlich auf funktionierenden Märkten agiert, desto wichtiger werden zusätzlich die Informationen der Teilkostenrechnung. Für NPOs ist wie für gewinnorientierte Unternehmen die Wahl zwischen Voll- und Teilkostenrechnung daher eine Frage der vorliegenden Informationsbedürfnisse (siehe ausführlich Coenenberg et al. 2009, 203). Als Besonderheit ist aber davon auszugehen, dass die Vollkostenrechnung für viele NPOs einen vergleichsweise höheren Stellenwert einnimmt als für gewinnorientierte Unternehmen; gut erkennbar ist dies bspw. an den intensiven Diskussionen, die gegenwärtig über die Ausgestaltung der Kostenrechnung von Hochschulen geführt werden.

Zum überwiegenden Teil werden die anfallenden Kosten in NPOs als fixe Gemeinkosten zu klassifizieren sein; dies ist i.d.R. bereits durch die Strukturen der Branchen bestimmt, in denen NPOs typischerweise agieren. Häufig wird Organisationen, die durch derartige Kostenstrukturen gekennzeichnet sind, die Prozesskostenrechnung als Sonderform der Kostenrechnung empfohlen. Diese ist jedoch von methodischen Schwächen und praktischen Umsetzungsschwierigkeiten gekennzeichnet und somit kein Lösungsansatz für dieses Problem (siehe hierzu die Ausführungen bei Seicht 2008, 75ff.). Überzeugender wirken demgegenüber für NPOs Sonderformen wie z.B. die Qualitätskostenrechnung oder das Target Costing.

Gleich wie für gewinnorientierte Unternehmen stellt die Kostenrechnung ein zentrales Instrument der Wirtschaftlichkeitskontrolle dar. Besonders für NPOs, die nicht auf Märkten agieren, tritt demgegenüber ihre (in der Praxis oftmals zu beobachtende) Bedeutung als Instrument der Angebotspreisermittlung in den Hintergrund, da die Preise i.d.R. vorgegeben sind (siehe auch Heyd 1997, 562). Häufig sind NPOs in Umfeldern tätig, die eine hohe Regulierungsdichte aufweisen, was auf die weitere Ausgestaltung der Kostenrechnungssysteme ausstrahlt. Beispielhaft können Vorgaben seitens Fördergeber hinsichtlich der Ermittlung von Selbstkostensätzen oder umfassende Nachweispflichten, die eine Abbildung im Rahmen der Kostenrechnung erfordern, genannt werden.

Zwei Themenfelder bestimmen die Anwendung der Kostenrechnung in NPOs vor diesem Hintergrund: einerseits die Zuordnung angefallener Kosten zu konkreten Tätigkeiten und andererseits die Zuordnung der Kosten für diese Tätigkeiten entweder als direkte Kosten der Leistungserbringung bzw. als indirekte Kosten/Verwaltungskosten. Ersteres ist z.B. dann von besonderer Bedeutung, wenn eine NPO steuerlich begünstigte Leistungsbereiche aufweist und solche, in denen sie im »regulären« Wettbewerb mit gewinnorientierten Unternehmen steht. Hier können durch »Kostenverschiebungen« Steuervorteile für die Gesamtorganisation und damit auch Wettbewerbsvorteilen gegenüber gewinnorientierten Unternehmen realisiert werden. Der Ausweis geringer Verwaltungskosten im Rahmen der Rechnungslegung gilt für viele Kapitalgeber als Effizienzkriterium und ist somit für die Gewinnung von Förder- und Spendenmittel von Bedeutung (Jegers 2008, 107ff.).

Diese Ausführungen weisen auf eine weitere Besonderheit der Kostenrechnung in NPOs hin: Im Kontext gewinnorientierter Unternehmen stellt die Kostenrechnung ein internes Instrument dar, dessen Funktion primär in der Entscheidungsaufbereitung liegt – dafür wird sie an den Bedürfnissen der Unternehmensführung ausgerichtet. In NPOs wird die Kostenrechnung demgegenüber häufiger als »verfeinerte Form der Finanzbuchhaltung« verstanden und somit stärker an den Informationsbedürfnissen externer Stakeholder (z.B. Fördergeber) denn an den internen Erfordernissen ausgerichtet. In diesem Fall wird die Kostenrechnung ein Instrument zum Zwecke der Rechnungslegung und vermag somit nicht mehr, seiner Bedeutung für das Controlling gerecht zu werden (siehe hierzu auch die Befunde von Goddard/Assad 2006, 395).

Empirische Befunde zum Einsatz und Ausbaustand der Kostenrechnung von NPOs im deutschsprachigen Raum zeichnen ein differenziertes Bild: Im überwiegenden Teil ist ein Kostenrechnungssystem jedweder Form implementiert, sodass diesbezüglich vom »Steckenpferd vieler NPOs« (Thommen/Giroud 2008, 37) gesprochen wird. Diese Systeme basieren jedoch weitgehend auf einer Vollkostenrechnung. Wichtigstes Abrechnungsobjekt sind Kostenstellen, während Kostenträgerrechnungen oftmals nicht oder nur sehr eingeschränkt Anwendung finden. Auf eine Überleitung der buchhalterischen Erfolgsgrößen in Kosten und Erlöse wird in vielen NPOs verzichtet (Horak/Baumüller 2009, 26). Im Sinne der Verfeinerung der Kostenrechnung zum entscheidungsorientierten Instrument des Controllings zeigt sich somit in vielen Fällen noch Entwicklungspotenzial.

9.4 Abschluss: Herausforderungen durch Controlling und Rechnungswesen in NPOs

Nachdem in den vorangegangenen Ausführungen auf den Nutzen von und Probleme für Controlling und Rechnungswesen in NPOs eingegangen worden ist, sollen zum Abschluss auch mögliche Probleme dadurch diskutiert werden. Diese resultieren häufig aus der unreflektierten Übernahme von (bewährten) Praktiken aus dem Bereich gewinnorientierter Unternehmen für NPOs.

Controlling in NPOs geht i. d. R. mit einer Formalisierung der Organisationssteuerung einher. Insbesondere gewinnen Größen des Rechnungswesens an Bedeutung, bestehende informelle Routinen werden abgelöst. Dies erleichtert mitunter die Zusammenarbeit mit externen Fördergebern oder anderen NPOs. Innerhalb der NPOs selbst wird diese Formalisierung jedoch häufig negativ und als Widerspruch zu den qualitativen Wirkungszielen der Organisation wahrgenommen. Dadurch wird die Einbeziehung ihrer Stakeholder in die Controllingprozesse und deren Ausgestaltung notwendig; und bereits auf Ebene der normativen Grundlagen der Organisationen ist sicherzustellen, dass diese nicht als widersprüchlich zum Einsatz von Entscheidungsgrundlagen aus dem Controlling und Rechnungswesen wahrgenommen werden (Chenhall et al. 2010). Weiterhin geht mit der laufenden Zielpriorisierung, wie sie vom Controlling vorgenommen wird, einher, dass es dadurch häufig empfundene »Gewinner« und »Verlierer« gibt, was mit entsprechenden Spannungen in den Organisationen verbunden sein wird (Granof/Khumawala 2011, 637f.).

Daneben gilt für NPOs wie für gewinnorientierte Unternehmen gleichermaßen, dass auch weitere Auswirkungen des Controllings auf die Motivation der Mitarbeiter zu berücksichtigen sind. Üblicherweise wird insbesondere auf extrinsische Motivation im Rahmen bestehender Konzepte abgestellt. Dieses Betrachtungsfeld wird in den letzten Jahren zunehmend erweitert und zeigt, dass Controllingaktivitäten je nach ihrer Ausgestaltung positive und negative Auswirkungen auf die intrinsische Motivation von Mitarbeitern haben können (bspw. Kunz 2010). Diese intrinsische Motivation spielt gerade in NPOs eine große Rolle, weswegen auf damit verbundene Fragestellungen besonders zu achten ist. Dadurch müssen auch bisher weniger thematisierte Aspekte wie z. B. »Vertrauen« stärker in den angewandten Systemen berücksichtigt werden (im Verhältnis zur so für NPOs nicht immer besseren »Kontrolle«) (Krönes 2009; siehe dazu Beitrag II.11 Führung). Aus diesen motivationalen Besonderheiten – sowie aus der in den vorherigen Kapiteln dargestellten Schwierigkeit der Operationalisierung des Erfolgsbegriffes einer NPO – folgen weiterhin besondere Anforderungen an den Einsatz von Anreizsystemen im Rahmen des Controllings, wie sie für gewinnorientierte Unternehmen üblich sind; dies trifft besonders auf die Ausgestaltung erfolgsbasierter Vergütungssysteme zu, deren Anwendbarkeit für NPOs zunehmend thematisiert wird (siehe hierzu z. B. Baumüller/Sopp 2012; Speckbacher 2012; allgemein Helmig/Boenigk 2012, 125ff.).

Eine wesentliche Gefahr liegt darin, dass die Informationen des Rechnungswesens zum Selbstzweck werden. Aufgrund des zunehmenden Legitimationsbedarfes und der Vergleichbarkeit zwischen NPOs stehen diese oftmals unter Druck, gewisse Zielwerte zu erreichen. Dies verschleiert allerdings den Blick auf die eigentlichen Organisationsziele und kann zu in Summe ineffizienten Ergebnissen führen (z. B. Tinkelmann 2009). Meist geht dies zu Lasten der qualitativen, und somit schwieriger im Rechnungswesen abzubildenden, Sachziele (Horak/Baumüller 2008, 525). Hier ist insbesondere das Controlling gefordert, für eine Balance zu sorgen.

Die Generierung von Informationen aus den Systemen des Controllings und des Rechnungswesens macht nur dann Sinn, wenn diese auch in Entscheidungen des Managements umgesetzt werden; darüber hinaus können ausgefeilte operative Systeme nicht über Defizite im normativen und strategischen Fundament einer NPO hinwegtäuschen – ohne eine überzeugende Mission und klare strategische Zielsetzungen entfalten diese Systeme nicht ihren Nutzen (Sawhill/Williamson 2001; siehe dazu Beitrag II.2 Strategien). Oftmals ist es gerade die Vielzahl an Steuerungsgrößen, die in manchen NPOs für Controllingzwecke ermittelt und im Berichtswesen abgebildet werden, die wertvolle Ressourcen bindet und diese Organisationen davon abhält, sich auf ihre eigentlichen Kernaufgaben zu fokussieren (Moxham 2009, 754).

Abschließend lässt sich festhalten: Die Übernahme von Praktiken hinsichtlich Controlling und Rechnungswesen in NPOs kann nicht unreflektiert und für alle Organisationen im gleichen Maße erfolgen. Unterschiedliche Ausgangslagen erfordern auch eine entsprechend differenzierte Ausgestaltung in den Systemen. Es ist davon auszugehen, dass diese Anforderung in vielen Organisationen nicht erfüllt ist. Begründet kann dies darin liegen, dass häufig für gewinnorientierte Unternehmen bewährte Systeme auf Druck von Stakeholdern (wie insbesondere externen Fördergebern) übertragen werden. In diesem Fall dient die Anwendung der Legitimation gegenüber diesen Gruppen (z. B. um professionelle Organisationsführung und Wirtschaftlichkeit zu signalisieren), aber das eigentliche Nutzenpotenzial kann dadurch nicht erschlossen werden (siehe bereits Theuvsen 2004, 132). Jedoch stellt sich auch bei für NPOs als besonders geeignet diskutierten Controllinginstrumenten, etwa dem zuvor angesprochenen SROI, hinsichtlich der praktischen Umsetzung oftmals die Frage, ob hierbei stets der Nutzen für das Controlling im Vordergrund steht, oder doch nur elaboriertere Rechtfertigungsgrundlagen gegenüber Stakeholdergruppen damit bezweckt werden.

Empirische Studien zeigen die positiven Auswirkungen, die zweckgemäß ausgebaute Systeme des Controllings und des Rechnungswesens auf die Zielerreichung und damit den Erfolg einer NPO haben (z. B. Horak et al. 2013; König et al. 2012; Horak/Baumüller 2009). Dies lässt die Auseinandersetzung mit den dargestellten Entwicklungstrends und Herausforderungen durch Controlling und Rechnungswesen in NPOs jedenfalls lohnend erscheinen.

Literatur

Abraham, Anne (2006): Financial Management in the Nonprofit Sector: A Mission-Based Approach to Ratio Analysis in Membership Organizations. In: The Journal of American Academy of Business, 10 (1), 212–217.

Andeßner, René Clemens (2009): Ethik, Moral und Nonprofit-Organisationen. In: Feldbauer-Durstmüller, Birgit/Pernsteiner, Helmut (Hrsg.): Betriebswirtschaftslehre und Unternehmensethik, 473–497. Wien.

Anheier, Helmut K./Beller, Annelie/Haß, Rabea (2011): Accountability und Transparenz des Dritten Sektors in Deutschland: Ein Paradox? In: Forschungsjournal Soziale Bewegungen, 24 (3), 96–105.

Anthony, Robert N./Govindarajan, Vijay (2007): Management Control Systems. 12. Aufl., Boston.

Baetge, Jörg/Kirsch, Hans-Jürgen/Thiele, Stefan (2011): Bilanzen. 11. Aufl., Düsseldorf.

Baumüller, Josef (2012): Konzernrechnungslegung auch für Vereine? In: Österr. Zeitschrift für Recht und Rechnungswesen, 22 (2), 43–48.

Baumüller, Josef/Sopp, Karina (2012): Erfolgsbasierte Vergütungssysteme für Leitungsorgane in NPOs: Einsatzmöglichkeiten und Grenzen. In: CFO aktuell, 6 (5), 187–189.

Bono, Maria Laura (2006): NPO-Controlling. Stuttgart.

Bono, Maria Laura (2010): Performance Management in NPOs. Baden-Baden.

Busse, Jan Simon/Siebart, Patricia (2011): Die Corporate-Governance-Praxis in spendensammelnden Organisationen. Download: http://www.pwc.de/de_DE/de/offentliche-unternehmen/assets/PwC_Corporate_Governance_Studie.pdf, 8. Juni 2012.

Chenhall, Robert H./Hall, Matthew/Smith, David (2010): Social Capital and management control systems: A study of a non-government organization. In: Accounting, Organizations and Society, 35 (8), 737–756.

CICA (The Canadian Institute of Chartered Accountants) (2011): Improved Annual Reporting by Not-for-Profit Organizations. Download: http://www.cica.ca/publications/list-of-publications/manual/item61634.pdf, 8. Juni 2012.

Coenenberg, Adolf G./Fischer, Thomas M./Günther, Thomas (2009): Kostenrechnung und Kostenanalyse. 7. Aufl., Stuttgart.

Doll, Reiner-Peter/Busse, Jan Simon (2010): Besonderheiten der Rechnungslegung Spenden sammelnder Organisationen (IDW RS HFA 21): Erläuterung, Interpretation, Beispiele. In: Die Wirtschaftsprüfung, 63 (20), 1007–1018.

Duggal, Rakesh/Budden, Michael Craig (2010): Assuring Not-For-Profit Hospital Competitiveness Through Proper Accounting For The True Cost Of Capital. In: Journal of Business & Economics Research, 8 (11), 1–5.

Eschenbach, Rolf/Niedermayr, Rita (1996): Die Konzeption des Controlling. In: Eschenbach, Rolf (Hrsg.): Controlling, 65–93. 2. Aufl., Stuttgart.

Eschenbach, Rolf/Siller, Helmut (2011): Controlling professionell. 2. Aufl., Stuttgart.

Foster, Vivien/Mourato, Susana/Pearce, David/Özdemiroglu, Ece (2001): The price of virtue, Cheltenham.

Fritz-Schmied, Gudrun/Schwarz, Reinhard (2010): Die Bewertung von Beteiligungen an NPO im Jahresabschluss. In: Österr. Zeitschrift für Recht und Rechnungswesen, 20 (12), 372–380.

Gelter, Martin (2006): Rechnungslegung bei Non-Profit-Organisationen. In: Studiengesellschaft für Wirtschaft und Recht (Hrsg.): Das Recht der Non-Profit-Organisationen, 141–178. Wien.

Goddard, Andrew/Assad, Mussa Juma (2006): Accounting and navigating legitimacy in Tanzanian NGOs. In: Accounting, Auditing & Accountability Journal, 19 (3), 377–404.

Granof, Michael H./Khumawala, Saleha B. (2011): Government and Not-for-Profit Accounting. 5. Aufl., Hoboken, NJ.
Greiling, Dorothea (2013): Externes Rechnungswesen und Erfolgsmessung in Nonprofit-Organisationen: Aktueller Stand und Entwicklungsperspektiven. In: Gmür, Markus/Schauer, Reinbert/Theuvsen, Ludwig (Hrsg.): Performance Management in Nonprofit-Organisationen, 55–65. Bern.
Greiling, Dorothea (2010): Balanced scorecard implementation in German non-profit organisations. In: International Journal of Productivity and Performance Management, 59 (6), 534–554.
Greiling, Dorothea (2009): Erfolgsmaßstäbe für Nonprofit-Organisationen. In: Betriebswirtschaftliche Forschung und Praxis, 61 (1), 56–78.
Grünig, Rudolf/Filliger, Othmar (1996): Ansätze zur Verbesserung der Kostenrechnung in privaten Nonprofit-Organisationen. In: Kostenrechnungspraxis, 40 (3), 166–173.
Haring, Nikolai (2012): Messung der wirtschaftlichen Leistung und des gesellschaftlichen Fortschritts. In: soziales_kapital, 8 (1). Download: http://www.soziales-kapital.at/index.php/sozialeskapital/article/viewFile/247/390.pdf, 10. November 2012.
Helmig, Bernd/Boenigk, Silke (2012): Nonprofit Management. München.
Heyd, Reinhard (1997): Notwendigkeit und Ausgestaltung eines Controlling-Systems in Non-Profit-Organisationen. In: Das Wirtschaftsstudium, 26 (6), 556–564.
Horak, Christian (1995): Controlling in Nonprofit-Organisationen. 2. Aufl., Wiesbaden.
Horak, Christian/Baumüller, Josef (2009): Steuerung in NPOs und der öffentlichen Verwaltung: Entwicklungsstand und Perspektiven. Wien.
Horak, Christian/Baumüller, Josef (2008): Die Professionalisierung der Steuerung in NPOs – Aktuelle Befunde aus der Praxis. In: Schauer, Reinbert/Helmig, Bernd/Purtschert, Robert/Witt, Dieter (Hrsg.): Steuerung und Kontrolle in Nonprofit-Organisationen, 503–527. Linz.
Horak, Christian/Baumüller, Josef/Bodenstorfer, Martin/Hahn, Alexandra (2013): Die Führung von NPO in schwierigen Zeiten: Wie hat sich die Krise auf das Management von NPO ausgewirkt? In: Gmür, Markus/Schauer, Reinbert/Theuvsen, Ludwig (Hrsg.): Performance Management in Nonprofit-Organisationen, 356–365. Bern.
IDW (Institut der Wirtschaftsprüfer) (2011): IDW Stellungnahme zur Rechnungslegung: Rechnungslegung von Vereinen (IDW RS HFA 14). In: Die Wirtschaftsprüfung, 64 (Supplement 2), 122–130.
IGC (International Group of Controlling) (2010): Controller-Wörterbuch. 4. Aufl. Stuttgart.
IGC (International Group of Controlling)/Halfar, Bernd (2010): Wirkungsorientiertes NPO-Controlling. Freiburg.
Jauss, Ralph (1990): Umsetzungsprobleme von Controlling-Konzepten in Non-Profit-Organisationen. In: Kostenrechnungspraxis, 34 (4), 242–244.
Jegers, Marc (2008): Managerial Economics of Non-Profit Organizations. London.
Kaplan, Robert S. (2001): Strategic Performance Measurement and Management in Nonprofit Organizations. In: Nonprofit Management & Leadership, 11 (3), 353–370.
Khumawala, Saleha B./Gordon, Teresa P. (1997): Bridging the credibility of GAAP: Individual donors and the new accounting standards for nonprofit organizations. In: Accounting Horizons, 11 (3), 45–68.
Klingebiel, Norbert (1999): Steuerungserfordernisse in Non-Profit Organisationen. In: Kostenrechnungspraxis, 43 (6), 372–379.
König, Matthias/Clausen, Hartmut/Schank, Christoph (2012): Controlling in der Sozialwirtschaft – ein Vergleich zum Controlling in gewerblichen Unternehmen. In: Zeitschrift für Controlling & Management, 56 (2), 126–132.

Krönes, Gerhard V. (2009): Vertrauen versus Kontrolle – Überlegungen zur Führung in Nonprofit-Organisationen. In: Betriebswirtschaftliche Forschung und Praxis, 61 (1), 79–93.

Kunz, Jennifer (2010): Beeinflussung der intrinsischen Motivation durch Controllingaktivitäten: Eine Diskussion am Beispiel der Balanced Scorecard. In: Zeitschrift für Controlling & Management, 54 (6), 391–394.

KWT (Kammer der Wirtschaftstreuhänder) (2003): Fachgutachten KFS/RL19 zu verschiedenen Fragen zur Rechnungslegung der Vereine. Download: http://www.kwt.or.at/de/PortalData/2/Resources/downloads/downloadcenter/24-KFS-RL19.pdf, 8. Juni 2012.

LeRoux, Kelly/Wright, Nathaniel S. (2010): Does Performance Measurement Improve Strategic Decision Making? Findings From a National Survey of Nonprofit Social Service Agencies. In: Nonprofit and Voluntary Sector Quarterly, 39 (4), 571–587.

Leslie, Stewart (2011): Enhancing not-for-profit annual and financial reporting. Download: http://www.charteredaccountants.com.au/~/media/Files/Industry%20topics/Reporting/Not%20for%20profit/NFP%20Report%20March%202011.ashx, 8. Juni 2012.

Löwe, Marion (2003): Rechnungslegung von Nonprofit-Organisationen. Berlin.

Meyer, Beatrice/Bergmann, Andreas/Passardi, Marco/Zöbeli, Daniel (2011): Rechnungslegung sozialer Nonprofit-Organisationen. Zürich.

Mook, Laurie/Handy, Femida (2010): Social Accounting for value creation in nonprofits. In: Seaman, Bruce A./Young, Dennis R. (Hrsg.): Handbook of Research on Nonprofit Economics and Management, 263–279. Cheltenham.

Moos, Gabriele/Konrad, Matthias/Reichenbach, Ralf (2011): Controlling in der Sozialwirtschaft: Ausbaustand und Perspektiven. Bochum.

Moxham, Claire (2009): Performance measurement: Examining the applicability of the existing body of knowledge to nonprofit organisations. In: International Journal of Operations & Production Management, 29 (7), 740–763.

Neumann, Sven (2004): Personal und Personalmanagement in NPO. Münster.

PwC (PricewaterhouseCoopers) (o. J.): Transparenzpreis. Download: http://www.pwc.de/de/engagement/transparenzpreis.jhtml, 10. November 2012.

Reiss, Hans-Christoph (1990): Controlling in Einrichtungen der Verbände der freien Wohlfahrtspflege. In: Verbands-Management, 16 (1), 11–18.

Sawhill, John C./Williamson, David (2001): Mission Impossible? Measuring Success in Nonprofit Organizations. In: Nonprofit Management & Leadership, 11 (3), 371–386.

Schaier, Sven (2008): Erklärungsansätze für eine Konvergenz von internem und externem Rechnungswesen. In: Betriebswirtschaftliche Forschung und Praxis, 60 (2), 122–136.

Schauer, Reinbert (2011): Ist es sinnvoll, dass öffentliche Institutionen »Gewinne« ausweisen? In: Steuer- und Wirtschaftskartei, 86 (27), W103–W108.

Schauer, Reinbert (2008): Rechnungswesen für Nonprofit-Organisationen. 3. Aufl., Bern.

Schauer, Reinbert (2004): FER 21 – eine Orientierungshilfe für Spenden sammelnde Vereine? In: Steuer- und Wirtschaftskartei, 79 (25), W119–W123.

Schauer, Reinbert (1983): Controlling bei nicht auf Gewinn ausgerichteten Organisationen. In: Verbands-Management, 9 (3), 7–12.

Schneider, Jürg/Minnig, Christoph/Freiburghaus, Markus (2007): Strategische Führung von Nonprofit-Organisationen. Bern.

Seicht, Gerhard (2008): Sonderformen der Kostenrechnung. Wien.

Seufert, Gernot (1999): Verbandscontrolling – Ansätze einer operativen Führungskoordination. Wiesbaden.

Siller, Helmut (2011): Normatives Controlling. Wien.

Speckbacher, Gerhard (2012): The Use of Incentives in Nonprofit Organizations. In: Nonprofit and Voluntary Sector Quarterly, published online before print July 25, 2012, DOI: 10.1177/0899764012447896.

Stiftung Zewo (o. J.): Wirkungsmessung in der Entwicklungszusammenarbeit. Download: http://impact.zewo.ch/de/wirkungsmessung, 25. März 2012.

Stötzer, Sandra (2012): Anforderungen zur Fundraising-Effizienz spendensammelnder NPO im deutschsprachigen Raum. In: Andeßner, René Clemens/Stötzer, Sandra (Hrsg.): Pfade im Public und Nonprofit Management, 213–259. Linz.

Stötzer, Sandra (2009): Stakeholder Performance Reporting von Nonprofit-Organisationen. Wiesbaden.

Theuvsen, Ludwig (2004): Doing Better While Doing Good: Motivational Aspects of Pay-for-Performance Effectiveness in Nonprofit Organizations. In: Voluntas, 15 (2), 117–136.

Thommen, Stephan/Giroud, Philippe (2008): Verbände zwischen Management-Anspruch und -Realität. In: Verbands-Management, 34 (3), 36–41.

Tiebel, Christoph (1998): Strategisches Controlling in Non Profit Organisationen. München.

Tinkelmann, Daniel (2009): Unintended consequences of expense ratio guidelines: The Avon breast cancer walks. In: Journal of Accounting and Public Policy, 28 (6), 485–494.

von Hippel, Thomas (2006): Besonderheiten der Rechnungslegung bei Nonprofit-Organisationen. In: Siegel, Theodor/Klein, Andreas/Schneider, Dieter/Schwintowski, Hans-Peter (Hrsg.): Unternehmungen, Versicherungen und Rechnungswesen, 277–298. Berlin.

Wild, Jürgen (1974): Grundlagen der Unternehmensplanung. Reinbek bei Hamburg.

10 Projekt- und Prozessmanagement

Reinhard Millner, Christian G. Majer

Ziel des Beitrags ist es, ein Verständnis zu den Gestaltungsmöglichkeiten von Projekten und Prozessen in NPOs zu vermitteln. Dabei werden die organisatorischen Möglichkeiten für einen zielgerichteten Einsatz von Projekt- und Prozessmanagement aufgezeigt. Die Betrachtungen beginnen auf der Ebene einzelner Projekte und Prozesse und fokussieren dann auf die Multiprojekt- und -prozessebene. Abschließend zeigen wir, dass Projekte eine Zusammenschau mit den organisationalen Prozessen bedingen. Der Beitrag soll somit aufzeigen, wie Projekte im Allgemeinen und vor dem Hintergrund der Rahmenbedingungen von NPOs verstanden und im Zusammenhang mit der Stammorganisation betrachtet werden können. Diese Trias der Stammorganisation, der Projekte und der Prozesse wird dargestellt und die Konsequenzen für die Steuerung und deren Zusammenwirken werden diskutiert (vgl. Abbildung II.10.1).

10.1 Die Bedeutung von Projekten und Prozessen in NPOs

Projekte sind aus der täglichen Praxis nicht mehr wegzudenken. Wir verstehen darunter Aufgaben mit besonderen Merkmalen: zeitlich befristet, weitgehend neuartig, sachlich und sozial komplex sowie dynamisch und riskant (Patzak/Rattay 2004; Gareis 2006; Sterrer/Winkler 2009). Sie können im Gegensatz zur permanenten Stammorganisation (oder »Primärorganisation«, siehe auch II.4) als temporäre Organisation zur Bewältigung außergewöhnlicher Aufgaben verstanden werden. Schätzungen gehen davon aus, dass ein Drittel aller wirtschaftlichen Austauschprozesse bereits in Projektform erbracht werden (Schneider et al. 2009; Turner et al. 2009). Die »Projektwirtschaft« ist gekennzeichnet durch gesteigerte Flexibilität, Wissensintensität und Geschwindigkeit, allerdings ist sie auch mit höheren Risiken verbunden (Schneider 2011). Dieser Trend zur Projektarbeit ist auch an den individuellen Lebensverläufen und -karrieren nicht spurlos vorübergegangen. Zusehends konzipieren Individuen ihr Leben als Abfolge von Projekten (vgl. Boltanski/Chiapello 1997), der chronisch »flexible Mensch« (Sennett 2008) wird bald zum Normalfall, die lebenslange Routine scheint ausgedient zu haben. Der Projektbegriff wird geradezu inflationär verwendet. Kurz: die »Projektifizierung« (Midler 1995) schreitet voran.

Diese Entwicklungen machen auch vor dem Nonprofit-Sektor nicht halt. NPOs wickeln ihre wertschöpfenden Kernprozesse (z. B. die Entwicklung einer neuen Dienstleistung für die relevante Zielgruppe) als Projekte ab oder sie nutzen Projekte in ihren unterstützenden Prozessen (z. B. der Bau eines neuen Pflegeheimes) oder in ihren Management-Prozessen (z. B. die Einführung einer neuen Kostenrechnung). Wenige NPOs sind auf dem Reißbrett entstanden, oftmals entspringen sie Projekten. Und manche NPOs verstehen sich überhaupt als Projekt, um Dynamik und Innovationskraft zu demonstrieren.

Das Projektmanagement in NPOs unterscheidet sich nicht grundsätzlich von jenem in Unternehmen und Verwaltungsbehörden[1]. Vielmehr sind es die NPO-spezifischen Rahmenbedingungen, die eine gesonderte Betrachtungsweise sowie einen entsprechenden Kompetenzerwerb erstrebenswert machen. Vor diesem Hintergrund scheint eine erste Differenzierung in äußere und innere Anstöße für Projektarbeit sinnvoll.

Projektmanagement verschafft NPOs eine erhöhte organisatorische Flexibilität, da die Stammorganisation für neue Aufgaben und Veränderungen nicht besonders gut geeignet ist. Mit der »(Neu-)Entdeckung der Kundenorientierung« Mitte der 1990er Jahre (Hammer/Champy 1994) hat die klassische funktionale Stammorganisation zudem Kritik an ihrer Innenorientierung und der »Silo-Bildung« von Bereichen hinnehmen müssen. Als Antwort darauf versteht sich Prozessmanagement daher als konsequente organisatorische Ausrichtung an KundInnen bzw. KlientInnen in Form von funktionsübergreifenden Prozessketten. Die Steuerung und Optimierung von Geschäftsprozessen löst nach dieser Auffassung zunehmend die traditionelle Ablauforganisation ab (Schmelzer/Sesselmann 2008; Hiller et al. 2010; Wagner/Patzak 2012).

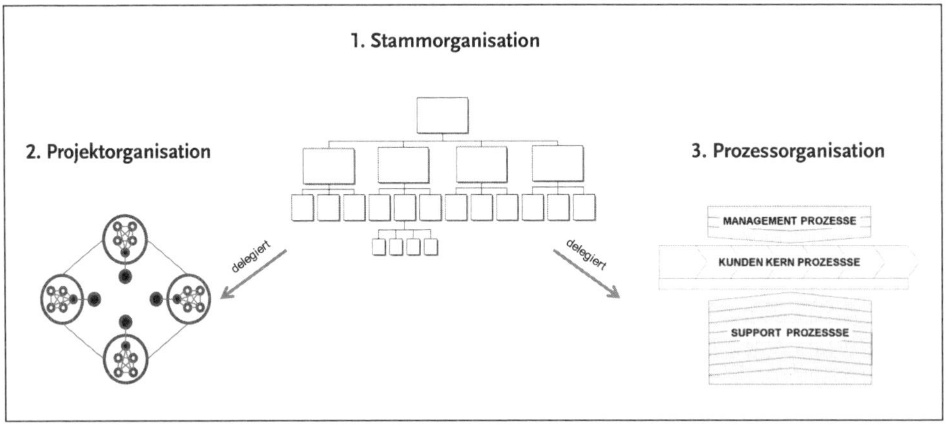

Abbildung II.10.1: Die Trias der Stammorganisation, Projektorganisation und Prozessorganisation

Die Aufgaben der Stammorganisation konzentrieren sich vor diesem Hintergrund weitgehend auf die Weiterentwicklung der Humanressourcen in den jeweiligen Fachabteilungen sowie die Einbringung dieser Kompetenzen in Prozesse und Projekte. Somit werden Zielerreichung und Strategieumsetzung nicht mehr nur direkt über die einzelnen Abteilungen gesteuert, sondern vielmehr auch über die vom Management der Stammorganisation beauftragten Projekte und Prozesse.

Projektarbeit ist nicht immer eine Entscheidung der NPO selbst. Nicht selten kommt der Stimulus von außen in Form von externen Anforderungen und sogar Zwängen. Zahlreiche Finanzierungsformen unterliegen einer Projektlogik. Subventionen werden oft für

1 Auf eine ausführliche Vorstellung des Methodenkanons im Projekt- und Prozessmanagement wird hier weitestgehend verzichtet. Übersichten dazu finden sich z. B. in Bea, Scheurer et al. (2008), Gareis (2006) oder Sterrer/Winkler (2009).

bestimme Projekte vergeben, Sponsoring durch Unternehmen erfolgt für ein gemeinsames Projekt und auch Stiftungen investieren regelmäßig in bestimmte Projekte. Die Zunahme an sektorübergreifenden Kooperationen zwischen Unternehmen und NPO (vgl. Austin 2000), die ebenso oft projektorientiert erfolgen, bedingt eine Anschlussfähigkeit in Projektverständnis, -methoden und -sprache. Zusehends wird auch in Förder-Ausschreibungen der Nachweis von Projektmanagement-Kompetenz verlangt.

Befunde aus der Freiwilligen- und Spendenforschung legen ebenso nahe, dass projektorientiertes Arbeiten an Bedeutung gewinnt. So deutet das »Episodic Volunteering« auf ein vermehrtes nur kurzfristiges Engagement von Freiwilligen im Rahmen von Projekten hin (Brudney 2005). Und auch die Spendenbereitschaft erhöht sich für klar abgrenzbare Projekte und projektorientierte Aufrufe wie z. B. für Katastrophenhilfe (vgl. Neumayr/Schober 2009).

10.2 Projektorientierung in NPOs

Gerade in organisatorisch wenig ausdifferenzierten NPOs besteht die Tendenz zu egalitären und partizipativen Entscheidungsstrukturen. Daraus leitet sich auch ein Hang zur Strukturabwehr und flachen Hierarchien ab. Vor diesem Hintergrund sind Projekte eine kulturkongruente Möglichkeit, Eigenverantwortung und Empowerment zu fördern. Wo Sachkompetenz und die Profession im Vordergrund stehen, wird projektorientiertes Arbeiten genutzt, um inhaltliche Arbeit und Managementaufgaben zu verbinden.

Dazu kommt, dass sich zahlreiche Initiativen im Nonprofit-Sektor als Projekt verstehen und sich wenn überhaupt erst im weiteren Verlauf als permanente Organisation formalisieren. Letztlich werden aber auch organisationsintern laufend Projekte initiiert, so z. B. die Implementierung effizienter IT-Infrastruktur, Anschaffungsprojekte, Pilotprojekte bei der Einführung neuer Dienstleistungen, die Organisation von Kampagnen und vieles mehr.

10.2.1 Projektvielfalt in NPOs

NPOs haben oft eine hohe Rechenschaftspflicht hinsichtlich effizienter und effektiver Mittelverwendung. Viele NPOs sehen sich dabei mit teils unterschiedlichen Logiken ihrer Finanzierungsquellen sowie Stakeholdererwartungen (EU Mittel, Bund, Land, Kantone, Gemeinden, SpendengeberInnen, Stiftungen ...) konfrontiert (vgl. Beitrag II.8). Dem entspricht die Vielzahl unterschiedlicher Projektarten. (Vgl. Abbildung II.10.2).

Projekte lassen sich auch nach der funktionalen Ausdifferenzierung einer Organisation unterscheiden. Ziel eines Start-up-Projekts ist es, eine neue Organisation zu etablieren. Dafür müssen i. d. R. die Geschäftsidee konzipiert, die Finanzierung sichergestellt, MitarbeiterInnen rekrutiert, ein Standort aufgebaut und ein Marketingkonzept erarbeitet werden. Die Herausforderung bei dieser Projektart besteht in zweierlei Hinsicht: Erstens müssen Geld- oder AuftraggeberInnen von der »Geschäftsidee« überzeugt werden. Zweitens muss es gelingen, eine professionelle Umsetzung bzw. Realisierung glaubhaft zu vermitteln. In der Umsetzungsphase müssen vor allem MitarbeiterInnen gewonnen werden, die an die Ziele und deren Realisierbarkeit glauben. Im Rahmen eines entsprechenden

Differenzierungs-kriterien	Projektarten	Beispiele im NPO-Sektor
Branche	Sport, Kultur, Interessensvertretung, Entwicklungshilfe, Soziale Dienstleistungen, Umweltschutz, u.a.	Film-, Musik-, Theaterproduktionen, Ausstellungen, Kongresse, Informationsveranstaltungen, Kampagnen, Demonstrationen, Wettbewerbe.
Produkte und Dienstleistungen	Entwicklung von Prototypen, Projekte für neue Zielgruppen	Mobile Sozialarbeit, SeniorInnenwohngemeinschaft.
Organisationsinterne Themen	IT-Projekte, OE-Projekte, Evaluierungsprojekte, Bauprojekte	SAP einführen, Case-Management etablieren, Wirkungsanalyse durchführen, Jugendzentrum erweitern
Standort	Inland, Ausland	Katastrophenhilfe, Entwicklungszusammenarbeits-projekte.
Finanzierung	Öffentlich, privat	Projektausschreibungen von Ministerien, Einreichungen für Awards, Spendenprojekte, Charity-Gala
Projektdauer	Kurz-, mittel-, langfristig	Charity-Weihnachtsmärkte, Burn-out-Präventionskampagne, Spitalerrichtung
Investitionsphase gemäß Lebenszyklus	Studie, Konzeption, Realisierung, Relaunch, Instandhaltung	Erhebung der Nachfrage für eine soziale Einrichtung in einer Gemeinde, Baupläne, Errichtung, Erweiterung, Renovierung

Quelle: In Anlehnung an Gareis 2006: 64ff.

Abbildung II.10.2: Beispiele für Projekte in unterschiedlichen NPO-Bereichen

Business-Plans oder bei Förderanträgen kommen hier zahlreiche Elemente und Instrumente des Projektmanagements zur Anwendung, wie z.B. Projektbudgets, Balkenpläne, Meilensteine, Projektumweltpläne.

Das Ziel von KundInnenprojekten ist eine effektive Schaffung von KundInnennutzen, sei es im Rahmen von Dienstleistungen oder der Abwicklung von Aufträgen, die über Routineaufgaben hinausgehen (z.B. Katastropheneinsatz). Organisationsinterne Projekte fokussieren auf Weiterentwicklungen oder Änderungen der bestehenden Organisation. Inhalt der Projekte sind z.B. Standorterweiterungen, Einführung oder Umrüstungen von IT-Programmen sowie Personal- und Organisationsentwicklungen oder die Einführung eines Kostenrechnungssystems. ExpertInnen der Fachabteilungen sind meist für diese speziellen und neuartigen Herausforderungen nicht gerüstet. Daher ist die richtige Zusammensetzung des Projektteams erfolgskritisch und kann zudem die Akzeptanz in der Stammbelegschaft sicherstellen.

10.2.2 Formen und Ausprägungen der Projektorientierung in NPOs

Projekte schaffen Flexibilität in organisationalen Strukturen, können aber auch Unruhe und Unsicherheiten erzeugen. Nicht zuletzt werden sie ja für neuartige und damit auch in ihrem Umfang und Ausgang risikoreiche Aufgaben eingesetzt. Projektmanagement strukturiert diese Aufgaben durch Planung und Klärung von Verantwortlichkeiten, macht sie damit überschaubar und handhabbar.

Folgende Fragen sind zentral für Projektmanagement:

- Was ist projektwürdig und wie soll das Projekt definiert werden?
- Was war vor dem Projekt? Und wie führt eine Idee oder ein Auftrag zu einer Projektorganisation?
- Wie beginnt ein Projekt? Welche MitarbeiterInnen sollen beteiligt werden? Wer trifft die Entscheidungen?
- Wie soll ein Projekt geplant, durchgeführt, dokumentiert und gesteuert werden?
- Wie soll ein Projekt abgeschlossen werden und welche Folgen hat das Projektende? Was passiert nach dem Projektabschluss?

Projekte erfüllen in Organisationen im Wesentlichen zwei Funktionen: Einerseits tragen sie dazu bei, vorhandene Aufgaben effizienter und effektiver zu erfüllen, andererseits werden Projekte eingesetzt, um Strategien zur Erarbeitung neuer Tätigkeitsfelder, Zielgruppen oder Technologien zu entwickeln und durchzuführen (Davies/Hobday 2005). Damit dienen Projekte vor allem dazu, Vorhaben zu realisieren, die die Stammorganisation überfordern (Titscher/Stamm 2006; Heintel/Krainz 2011).

Wie eingangs erwähnt, werden Projekte als Aufgaben, die neuartig, zeitlich befristet, zielorientiert, riskant, dynamisch und komplex sind (Gareis 2006; Sterrer/Winkler 2009) verstanden. Im Gegensatz zur permanenten Stammorganisation sind Projekte temporärer Organisationen, die zu Projektende aufgelöst werden. Somit können Projekte als Organisation in der Organisation bzw. auch als Sekundärorganisation (Meyer 2009) aufgefasst werden (siehe Abbildung II.10.3).

Projekte stehen zwar im Einklang mit der Strategie der Stammorganisation, haben aber eigene Ziele, die im Projektauftrag abgebildet sind. Sie definieren eigene Rollen und Mitgliedschaftsregeln, haben eigene Organigramme und Abläufe, etablieren eine eigene Kultur und eigene Kommunikationsstrukturen (z. B. Projekt Jour-fixe, Projekt-Controlling, Projektlenkungsausschuss). Damit geraten sie häufig in Widerspruch zur Gesamtorganisation, für die diese Eigenständigkeit des Projekts gleichzeitig wünschenswert und irritierend ist.

Projekte erfordern üblicherweise die Zusammenarbeit unterschiedlicher Abteilungen und Fachbereiche. Daher sind sie einerseits als eigenständige organisatorische Ausformungen zu denken, andererseits sind sie mit der Stammorganisation gekoppelt (Schreyögg 2008). Diese Verschränkung kann in der Form der Einfluss-Projektorganisation, der reinen Projektorganisation oder der Matrix-Projektorganisation erfolgen (siehe Abbildung II.10.4).

In der Praxis unterscheiden sich diese drei Projektformen durch die Aufteilung von Entscheidungskompetenzen zwischen Linienvorgesetzten (Stammorganisation) und Projektleitung. Folgende sechs Fragen sind in jedem Projekt typischerweise zu entscheiden:

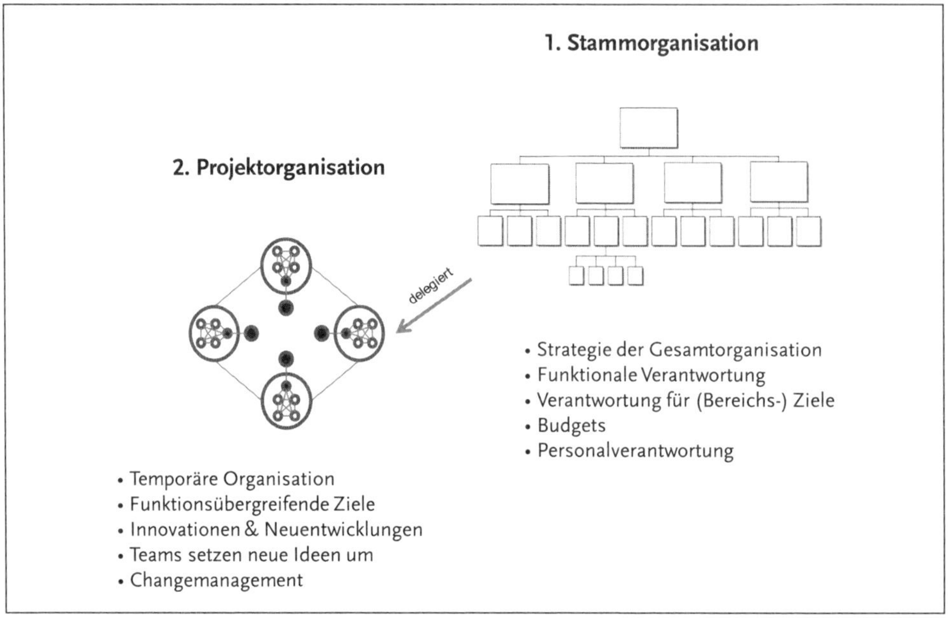

Abbildung II.10.3: Aufgabenteilung zwischen Stammorganisation und Projektorganisation

1. Was: Ziele, Ergebnisse, Aufgaben, Inhalte und Ergebnisse von Arbeitspaketen etc.
2. Wann: Arbeitszeit, Urlaub, Termine, Meilensteine, Anfang und Ende von Arbeitspaketen etc.
3. Wie: Methoden, fachliche Vorgehensweisen, Techniken, Checklisten etc.
4. Wie gut: Feedback, Zielvereinbarungsevaluierung, Prüfung der Ergebnisse etc.
5. Wie viel: Planwerte für Personaleinsatz, Kosten, Aufwände etc.
6. Wer: Projektteammitglieder bzw. Projektbeteiligte.

Bei der *Einfluss-Projektorganisation* verfügt die Projektleitung über keinen oder wenig formalen Einfluss und agiert lediglich als Koordinator gegenüber dem Projektteam. Entscheidungen werden in der Stammorganisation getroffen.

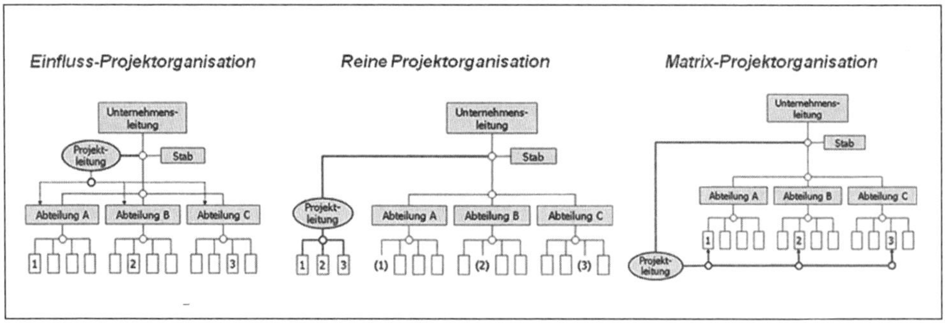

Abbildung II.10.4: Organisationsformen von Projekten mit unterschiedlich starker Machtausstattung der Projektleitung

In einer *reinen Projektorganisation* ist die Projektleitung hingegen mit weitreichender formaler Macht und disziplinarischer Befugnis ausgestattet. De facto entscheidet die Projektleitung alles ohne Einfluss der Linienvorgesetzten. Die Teammitglieder werden temporär aus der Stammorganisation in das Projekt entsandt.

In der *Matrix-Projektorganisation* teilen sich Projektleitung und Linienvorgesetzte die Entscheidungsbefugnisse bzw. entscheiden gemeinsam.

Die Projektorientierung einer Organisation kann typischerweise drei Ausprägungen annehmen (vgl. Bea et al. 2008; Bea/Scheurer 2011): Sofern Projekte die Ausnahme darstellen, liegt der Fokus auf der effizienten Durchführung und Abwicklung einzelner Projekte. Werden Projekte häufiger eingesetzt, so stellt sich die Frage nach dem Zusammenhang der Projekte und der Nutzung von Synergien, siehe Multiprojektmanagement, Kapitel 10.3.3. Die projektorientierte Organisation ist die stärkste Form von »Projekt-Gesinnung«. Hier wird nicht nur die Einzel- und Multiprojektebene betrachtet, sondern es werden auch die MitarbeiterInnen, IT-Tools, die Ressourcenplanung und entsprechende Karrierepfade auf Projektmanagement ausgerichtet.

10.3 Projektmanagement

Projektmanagement (PM) soll die effiziente Planung, Umsetzung und Kontrolle von wertschöpfenden Prozessen in Projekten gewährleisten (Bea et al. 2008). Damit bezieht es sich zunächst auf die Planung und Steuerung des sogenannten Projektdreiecks (vgl. Abbildung II.10.5) bestehend aus Leistungen in der geforderten Qualität, Terminen und Ressourcen (bzw. Kosten). Für diese drei Betrachtungsobjekte haben sich zahlreiche Methoden und Instrumente etabliert (Projektstrukturplan, Meilenstein- und Balkenplan sowie Personaleinsatz- und Kostenplan etc.). Die drei Dimensionen stehen in einer wechselseitigen Abhängigkeit. So kann z. B. bei auftretender Ressourcenknappheit im Projekt das Leistungsniveau verändert oder die Zeitdauer eines Projekts mit zusätzlichem Ressourcenaufwand verkürzt werden.

Vor allem Schwierigkeiten bei der Planung der erforderlichen Ressourcen angesichts der Neuartigkeit und Komplexität von Projekten haben Auswirkungen auf die anderen Dimensionen. Erforderliche Ressourcen werden nicht selten systematisch unterschätzt, um Projekte bewilligt zu bekommen. Dieser »optimism bias« (Lovallo/Kahnemann 2003) kann zu einer Überschreitung der Kosten und der Zeit oder zu reduziertem Qualitäts- und Leistungsumfang führen.

Da mit Projektbeginn auch eine temporäre Organisation geschaffen wird, würde die reine Fokussierung auf Leistungen, Termine und Ressourcen zu kurz greifen. Die Projektorganisation als soziales System benötigt auch eine klare Definition von Rollen und Spielregeln sowie die Möglichkeit zur Entwicklung einer eigenen Kultur. Soziale Kompetenzen sind daher ein wichtiger Erfolgsfaktor für das Gelingen von Projekten (Engel et al. 2006; Nagengast 2008).

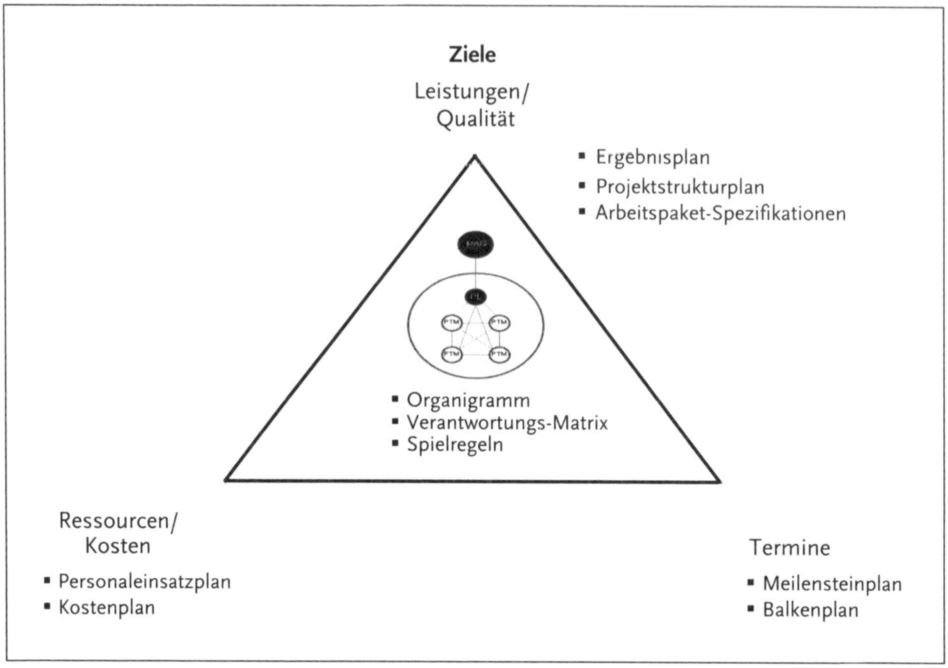

Abbildung II.10.5: Projektdreieck inkl. Projektorganisation sowie Bespiele für Methoden und Instrumente

10.3.1 Prozesse im Projektmanagement

Die Professionalität des Projektmanagements drückt sich v.a. in der Gestaltung der Projektmanagement-Prozesse aus. Untersuchungen über das Scheitern von Projekten, sei es der ungewollte Abbruch oder große Abweichungen in Zeit und/oder Kosten, bestätigen einen engen Zusammenhang zwischen Projekterfolg und strukturiert geplanten Projektmanagement-Prozessen (vgl. Engel et al. 2006).

Jedes Projekt hat eine Vorgeschichte, die zur Beauftragung mit einem Projekt geführt hat und das Projekt determiniert und beeinflusst. Danach folgen der Projektstart, die kontinuierliche Koordination, das regelmäßige Controlling, der Projektabschluss sowie ggf. die Projektevaluierung. Im Folgenden soll auf diese Projektmanagement-Prozesse im Detail eingegangen werden (vgl. Abbildung II.10.6).

Projektbeauftragung

In der Projektbeauftragung wird entschieden, ob ein Thema oder Ziel bearbeitet werden soll. Diese Entscheidung kann ad hoc oder systematisiert getroffen werden. Typischerweise sind die folgenden Fragen zu beantworten:

- Beschreibung der Idee: Welche Ziele sollen mit dem Projekt verfolgt werden?
- Strategiekonformität: Welchen Beitrag liefert das Projekt zur Strategie der Organisation?

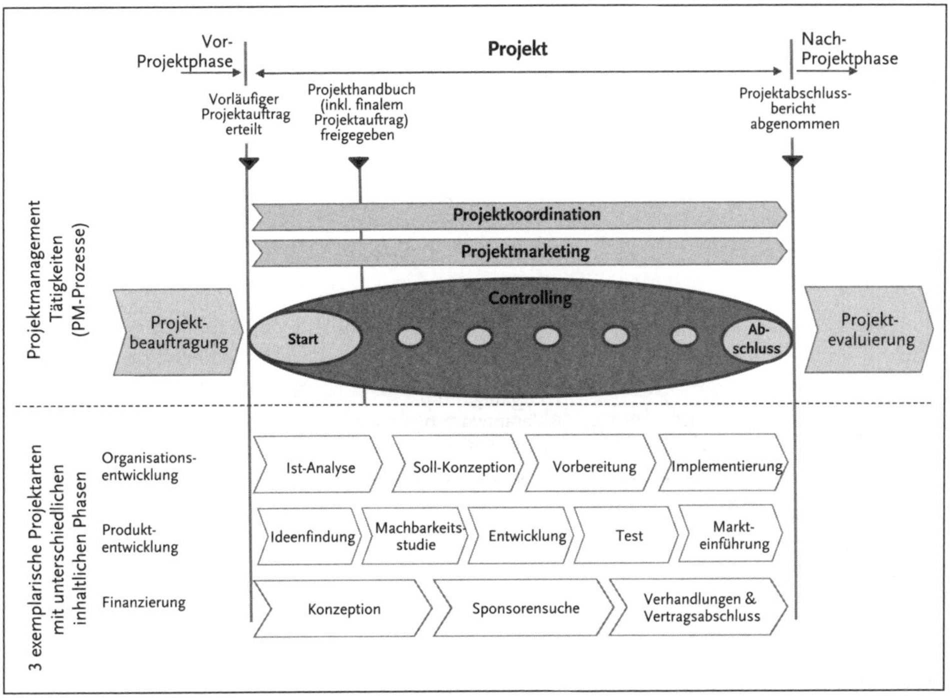

Abbildung II.10.6: Projektmanagement-Prozesse und inhaltliche Projektphasen je nach Projektart

- Nutzen: Welche erwünschte Wirkung soll dieses Projekt bringen (Kosten/Nutzen-Analyse)?
- Machbarkeit: Ist das Projekt technisch, rechtlich, ethisch und ressourcenmäßig umsetzbar?

Werden diese Fragen positiv beantwortet, so stellt sich weiters die Frage, ob die Aufgabenstellung »projektwürdig« ist, also entsprechend komplex und neuartig, sodass es den Aufwand von Projektmanagement rechtfertigt[2]. Einfache oder Routineaufgaben werden daher sinnvollerweise als Tasks oder Prozess abgewickelt (vgl. weiter unten).

Projektstart

Mit einem bewusst gesetzten Start-Ereignis wird ein Projekt als temporäre Organisation etabliert. Dies kann die mündliche oder schriftliche Beauftragung (Weiand 2011) oder ein Kick-off-Workshop o. Ä. sein. Zweck eines bewussten Auftakts ist es u. a., eine/n ProjektleiterIn zu legitimieren (Hervorheben auf Zeit). Weiters wird damit auch explizit das strategische Interesse an den Projektzielen bekundet (Symbolische Aufladung). Ein effizient

2 Üblicherweise beläuft sich der PM-Aufwand (Projektteam inklusive ProjektleiterIn) für die Planung und Steuerung des Projekts (Start, Koordination, Controlling, Abschluss) auf 8–12% der Personalkosten des Projekts.

gesteuerter Start-Prozesses zielt auf zwei Ergebnisse ab: Inhaltlich wird eine integrierte Projektplanung im Sinne eines »magischen Projektdreiecks« angestrebt, das vom Projektteam erarbeitet und auftraggeberseitig freigegeben wurde. Sozial soll im Projektteam ein »Wir-Gefühl«, d.h. eine entsprechende Arbeitsfähigkeit geschaffen werden (Rollenklärung, Verantwortungsaufteilung etc.). Die gesamte Projektplanung wird üblicherweise in einem Projekthandbuch dokumentiert. Dieses beinhaltet die verwendeten Projektmanagementmethoden und dient zur Steuerung des Projekts.

Projektcontrolling

Projektcontrolling ist die regelmäßige kritische Betrachtung des Projektfortschritts und somit mehr als vergangenheitsorientierte Kontrolle. Hier werden idealerweise regelmäßig Soll-Ist-Vergleiche angestellt und bei Abweichungen entsprechende Maßnahmen vorgeschlagen. Die Etablierung einer ganzheitlichen Sichtweise benötigt idealerweise, genauso wie beim Start, das gesamte Projektteam. Der aktuelle Status wird oft in Fortschrittsberichten dokumentiert und mit der/m ProjektauftraggeberIn oder in einem Projektlenkungsausschuss (Steering Comittee) diskutiert. Ein systematisches Projektcontrolling ist ein wesentlicher Beitrag für effektive Krisenvermeidung.

Projektabschluss

Der Projektabschluss ist von ebenso großer Bedeutung wie der Projektstart. In vielen Projekten ist gegen Ende hin eine gewisse Hektik oder ein Motivationstief sowie Unsicherheit über den Verbleib der Teammitglieder zu beobachten. Für eine systematische Sichtung und Sicherung der Erfahrungen ist meist keine Energie und Zeit vorhanden. So geht wertvolles Wissen verloren und steht für künftige Projekte nicht zur Verfügung. Gerade das Wissensmanagement in Projekten muss daher als fixer Bestandteil ins Projektmanagement integriert und vom Projektteam gelebt werden (Schachner et al. 2009). Eine entsprechende Dokumentation der Erfahrungen, Ergebnisse und Erfolge, aber auch der Misserfolge ist einerseits hilfreich für Folgeprojekte, andererseits für die Kommunikation mit involvierten Stakeholdern sowie für das Lernen von und über Projektmanagement (vgl. Havila/Salmi 2009). Auch die Auflösung der Beziehungen zu projektexternen StakeholderInnen ist zu beachten. Organisationsintern stehen der Verbleib und die neuen Aufgaben der Projektmitglieder im Fokus.

Projektevaluierung

Ist ein Projekt erfolgreich abgeschlossen, das heißt, wurden die im Projektauftrag vereinbarten Ziele – gemäß des »magischen Projektdreiecks« (Leistungen/Qualität, Termine und Ressourcen/Kosten) – erreicht, so ist damit noch nicht gesagt, dass die angestrebten Wirkungen erzielt wurden. Eine neue Dienstleistung zu konzipieren und anzubieten, z.B. Präventionsberatung für Burn-out-Gefährdete, ist noch keine Gewährleistung, dass dieses Angebot angenommen wird und eine Senkung von Burnout-Fällen tatsächlich eintritt. Insofern ist eine Unterscheidung in Ziele und Nutzen bzw. Wirkung sinnvoll. Der Nutzen kann erst nach dem Projektende festgestellt werden, z.B. mittels Impact Evaluierung (vgl. Beitrag III.5) Für die Nachhaltigkeit des Projekterfolgs ist es Aufgabe der Stammorganisation, den in ihren Projekten geschaffenen potenziellen Nutzen auch später noch zu überprüfen (siehe auch Brandt 2004).

Um die Wirkungen bewerten zu können, benötigt es Kennzahlen. Projektmanagement und entsprechende Dokumentation helfen dabei, Daten zu Input, Aktivitäten, Output sowie Outcome und Impact sowohl für Leistungsmessungen und Evaluierungen konsequent und kontinuierlich im Laufe des Projekts sicherzustellen.

Typische Fehler in den PM-Prozessen

- Beauftragung: Hat eine Organisation keine systematische Vorgehensweise zur Etablierung von Projekten, werden meist Ressourcen vergeudet, Überlappungen erzeugt und strategisch wichtige Themen unterbelichtet. Zudem wird die Projektleitung oft unklar definiert und die Verfügbarkeit der Teammitglieder nicht berücksichtigt.
- Start: Der Projekterfolg bahnt sich schon beim Projektstart an. So zeigt sich, dass unklare Anforderungen und Projektziele, fehlende Ressourcen, unzureichende Projektplanung sowie ein Mangel an qualifizierten MitarbeiterInnen typischerweise die Hauptgründe für das Scheitern von Projekten darstellen (Möller/Pfeifer 2007). Insofern ist auf eine adäquate Planungstiefe und -intensität zu achten. Planung meint hier eine strukturierte Abschätzung von Zeit, Personalressourcen und Kosten.
- Controlling: Es findet bloß eine vergangenheitsorientierte Soll-Ist-Abweichungs-Analyse statt. Eine zukunftsorientierte Betrachtung, was für die Zielerreichung noch benötigt wird bzw. ein kritisches Überprüfen der Planung wird nicht vorgenommen. Gegensteuernde Maßnahmen werden nicht diskutiert, oder erst dann, wenn das Projekt in die Krise geraten ist.
- Abschluss: Reflexion und Wissenssicherung werden vernachlässigt. Damit geht der Organisation wertvolles Wissen verloren, Erfahrungen und Lernen werden nicht in die Stammorganisation transferiert und dieselben Fehler werden in künftigen Projekten erneut gemacht.
- Evaluierung: Es wird in der Konzeptions- und Startphase des Projekts nicht bedacht, welche Daten für eine anschließende Projektevaluierung benötigt werden. Diese müssen dann oftmals mühsam und mit hohem Aufwand rekonstruiert werden.

10.3.2 Führungsverantwortung in Projekten und andere Rollen

Versteht man Projektteams als soziale Systeme (vgl. Beitrag I.8, siehe Gareis 2006; IPMA 2006; Sterrer/Winkler 2009), so leitet sich eine besondere Führungsverantwortung ab. Im Gegensatz zu Führung in hierarchischen Settings sind ProjektleiterInnen oftmals mit wenig formaler Macht ausgestattet. Die Herausforderung für sie ist es somit, das Projektteam, welches meist aus unterschiedlichen Disziplinen (oder Abteilungen) zusammengesetzt ist, auf die Projektziele auszurichten und als Team zu formen. Dies benötigt ein hohes Ausmaß an sozialer Kompetenz, vor allem in den Bereichen Kommunikation, Teambuilding und Konfliktmanagement (Majer/Stabauer 2010, S. 61ff).

Folgende Rollen, die meist zusätzlich zu Aufgaben in der Stammorganisation übernommen werden, sind zur Planung und Steuerung eines Projekts notwendig: (interne/r) ProjektauftraggeberIn, ProjektleiterIn, Projektteammitglieder:

- Der/die (interne) *ProjektauftraggeberIn* übernimmt die strategische Verantwortung für den Projekterfolg, d. h. für die erwünschte Wirkung nach Projektabschluss. Er/sie ist oft ein Mitglied der Geschäftsführung oder ein/e AbteilungsleiterIn, der/die über eine entsprechende Machtposition in der Stammorganisation verfügt. Der/die ProjektauftraggeberIn trifft die richtungsweisenden Entscheidungen für das Projekt alleine oder ggf. im Rahmen eines Projektlenkungsausschuss, nominiert üblicherweise den/die ProjektleiterIn und ist letzte Eskalationsinstanz im Projekt. Weiters werden von ihm/ihr das Budget und die benötigten Humanressourcen zur Verfügung gestellt.

- Der/die *ProjektleiterIn* ist operativ für den Projekterfolg verantwortlich, d.h. für die Erreichung der mit dem/der ProjektauftraggeberIn vereinbarten Projektziele. Er/sie stellt das Projektteam zusammen, koordiniert dieses und repräsentiert es nach außen. Somit ist die Rolle des/der ProjektleiterIn eine temporäre Führungsaufgabe. Dazu gehören auch die Analyse und das Management der Stakeholderbeziehungen. Der/die ProjektleiterIn berichtet der/dem ProjektauftraggeberIn (Projektlenkungsausschuss) in regelmäßigen Abständen über den Fortschritt des Projektes.
- *Projektteammitglieder* sind die ExpertInnen im Team (Titscher/Stamm 2006; Mayrhofer et al. 2008). Sie bringen ihr Know-how in die Projektplanung sowie vor allem in die Realisierung ein und tragen so zum Projekterfolg bei. Dabei übernehmen sie oft Arbeitspaket-Verantwortung sowie in größeren Projekten auch die Leitung eines Subteams. Die Projektteammitglieder stellen gemeinsam mit dem/der ProjektleiterIn (als besonderes Teammitglied) das Kernteam dar, welches eine ganzheitliche, bereichsübergreifende Planung und Steuerung sicherstellt.

Erschwerend kommt in NPOs hinzu, dass vor dem Hintergrund des Egalitätsanspruches Führen nicht immer positiv besetzt ist (Simsa/Patak 2008) und die Rolle der Koordination oft erst geklärt werden muss. Es empfiehlt sich daher in der Startphase, auch entsprechende Zeit für das Teambuilding und die Definition von Spielregeln, im Sinne eines Verhaltens-Codes und gemeinsam geteilten Wertauffassungen, zu investieren. Die gemeinsame Erarbeitung und Diskussion des Projekthandbuchs (Sammlung der relevanten Projektpläne für das Management eines Projekts) im Team erhöht die Akzeptanz enorm, denn so werden Betroffene zu Beteiligten gemacht und die Teammitglieder auch im Sinne des Empowerments gefördert (vgl. Schiersmann/Thiel 2010).

Im Besonderen bei der Integration von Ehrenamtlichen gilt es, Partizipationsmöglichkeiten zu schaffen, wie etwa die gemeinsame Erarbeitung von Sub-Zielen oder Spezifikation einzelner Arbeitspakete sowie Controlling-Workshops und individuelles Feedback regelmäßig durchführen. Werden Projekte in NPOs professionell beauftragt, gestartet und abgewickelt, so ist das eine Chance, zusätzlich zur Stammorganisation temporäre Führungsrollen zu etablieren und erweiterte Karrieremodelle- und pfade in der Organisation (Majer/Mayrhofer 2007) anzubieten.

10.3.3 Multiprojektmanagement und Projektportfolio

Das Multiprojektmanagement geht über die Steuerung von Einzelprojekten hinaus und wird dann relevant, wenn eine Organisation gleichzeitig mehrere Projekte durchführt. Sind die Ressourcen knapp, stellt sich die Frage, welche Projekte prioritär zu behandeln sind. Dafür stehen unterschiedliche Ansätze wie Scoring- und Ranking-Verfahren (Hoffmann/Rentrop 2012) oder die Entwicklung von Projektlandkarten (Stöger 2011) zur Verfügung. Allgemein hat eine Geschäftsführung folgende Möglichkeiten zur Optimierung des Portfolios aller Projekte:

1. Einflussnahme im Rahmen des Beauftragungsprozesses entlang der Fragen: Was soll überhaupt gemacht werden? Und was davon soll in Form von Projekten abgewickelt werden? Welchen Beitrag liefern die Projekte zur Stammorganisation? Welchen Zusammenhang haben die Projekte untereinander und gibt es Synergien?
2. Regelmäßige Reviews aller laufenden Projekte und geplanter Vorhaben sowie darauf aufbauend eine Priorisierung des aktuellen Projektportfolios: Falls sich die Kosten-/Nutzen-Analyse nicht mehr rechnet, die Strategie oder der Kontext der Organisation geändert hat, kann es auch notwendig werden, Projekte abzubrechen.
3. Die formelle Abnahme von Projekten und die Diskussion von »Lessons learned« sowie gegebenenfalls Entscheidungen über Konsequenzen: Dies kann zu Änderungen der Projektmanagement-Richtlinien und Vorgehensweisen führen oder den Beschluss umfassen, mit bestimmten Partnern oder Lieferanten nicht mehr zusammenzuarbeiten o. Ä.

Meist werden diese Aufgaben von einem sogenannten *Projektesteuerungskreis* (PSK) wahrgenommen. Die Geschäftsführung kann die Agenden des PSK selbst ausüben oder an ein Gremium mit definierten VertreterInnen (Abteilungs-, Bereichs- oder GruppenleiterInnen) delegieren. Abhängig von der Größe der Organisation und vor allem der Anzahl der Projekte sollte ein PSK regelmäßig stattfinden (z. B. alle zwei Wochen oder monatlich).

Wenn eine NPO regelmäßig zahlreiche Projekte abwickelt, ist es zweckmäßig, ein *Projektmanagement-Office* (PMO) zu etablieren. Ein PMO ist eine Stabstelle oder eine zusätzliche Rolle mit zwei wesentlichen Funktionen. Einerseits werden die Einhaltung von Projektmanagement-Standards und -Richtlinien und die laufende Weiterentwicklung des Projektmanagements verantwortet. Andererseits agiert das PMO als Serviceeinrichtung und versorgt den PSK mit den relevanten Entscheidungsgrundlagen für die strategische Projektportfolio-Steuerung. Üblicherweise werden die Informationen aus den Projekten (Fortschrittsberichte) in Form von Ampelberichten[3] zu einem Portfoliobericht verdichtet. Damit kann das PMO als Klammer zwischen der Stammorganisation und dem Projektportfolio gesehen werden (Unger 2012).

Das Multiprojektmanagement steuert also ein Projektportfolio mit mehreren Projekten, die parallel in der Organisation bearbeitet werden. Diese können sich inhaltlich voneinander unterscheiden, aber auch überlappen. Jedenfalls ist damit aber nicht die regelmäßige Abfolge desselben Projekts gemeint, welches damit seinen Charakter der Einzigartigkeit und Neuartigkeit verliert und so vielmehr als Prozess zu sehen und zu handhaben ist (z. B. eine jährliche Großveranstaltung). Für derartige regelmäßige und wiederkehrende Tätigkeiten sollte vielmehr ein Prozess definiert werden. Auf Prozesse in NPOs wird in weiterer Folge eingegangen.

3 Übliche Ausprägungen sind: Grün = Projekt läuft wie geplant, Gelb = Das Projekt wird aus heutiger Sicht zumindest eine der drei Dimensionen des Projektdreiecks (Leistungen/Qualität, Termine, Kosten/Ressourcen) nicht wie geplant erreichen, Rot = Das Projekt kann aus heutiger Sicht nicht erfolgreich abgeschlossen werden.

10.4 Prozessorientierung in NPOs

Seit Mitte der 90er Jahre wurde der Begriff Ablauforganisation von jenem der »Prozessorganisation« weitgehend abgelöst. Prozesse oder genauer Geschäftsprozesse fokussieren auf KundInnenerwartungen. Im Sinne eines 90-Grad-Shift (siehe Abbildung II.10.7) sollen Organisationen all ihre Tätigkeiten auf die KundenInnen bzw. KlientInnen ausrichten und sich somit aus deren Sicht quasi »neu erfinden«. Ziel ist es dabei, den KundInnennutzen zu optimieren (siehe auch Kasper/Mühlbacher 2009: 287f.).

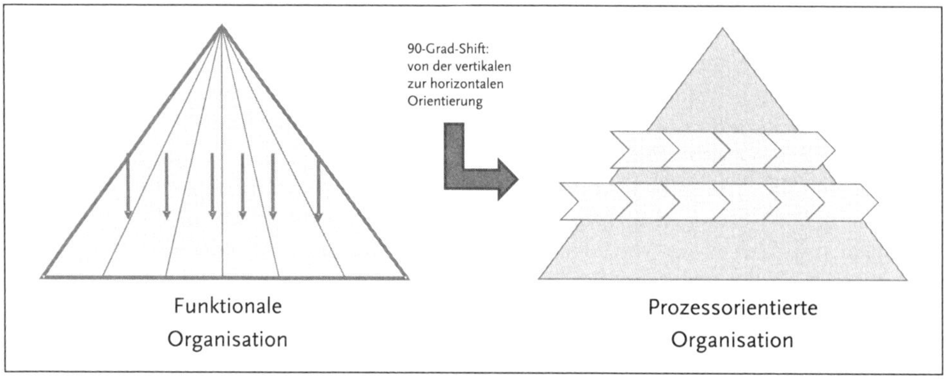

Quelle: Nach Hammer Champy 1994

Abbildung II.10.7: Funktionale versus prozessorientierte Organisation – 90-Grad-Shift

10.4.1 Prozessmanagement

Ein Geschäftsprozess ist die komplexe Verkettung von Tätigkeiten und Verantwortungen mehrerer Organisationseinheiten mit dem Ziel, KundInnenerwartungen zu erfüllen (Osterloh/Frost 2006; Schmelzer/Sesselmann 2008; Porter 2010; Wagner/Patzak 2012).

In manchen NPO-Feldern wird hier auch von *Case-Management* gesprochen (z. B. in der Sozialarbeit oder in der Arbeitsvermittlung). Dies entspricht ebenfalls einer KlientInnenorientierung und soll sicherstellen, dass es zu keinen Widersprüchen oder Redundanzen zwischen der Arbeit mehrerer Abteilungen kommt. Im Gegensatz zu Projekten hat ein Prozess repetitiven Charakter und wird routinemäßig ständig wiederholt. Die Prozessorganisation ist damit als permanente Organisation zu sehen (siehe Abbildung II.10.8).

Nicht jede einfache Tätigkeit oder jeder trivialer Ablauf ist gleich ein Prozess. Die Prozesswürdigkeit drückt sich v. a. durch die Komplexität in sachlicher und sozialer Dimension aus. Je mehr Organisationseinheiten an einer Leistungserbringung beteiligt sind, desto komplexer ist ein Prozess. Prozesse können in unterschiedlicher Form (z. B. Wertschöpfungskette, Schwimmbahnendarstellung, Flussdiagramm) und Informationsgehalt (z. B. grobe Prozessschritte, detaillierte Inhalte, Inputs, Outputs, Stagegates, Hilfsmittel, Verantwortlichkeiten) dokumentiert werden (vgl. Abbildung II.10.9).

Prozesse basieren auf Erfahrungen und individuellem Lernen. Werden diese in Prozessen dokumentiert und laufend weiterentwickelt, kommt es zu einer Verdichtung im Sinne eines organisatorischen Lernens. Es können niemals alle Einzelfälle in einen Prozess »gepresst« werden. Dennoch kann ein Prozess meist für 80–90% aller Fälle Orientierung

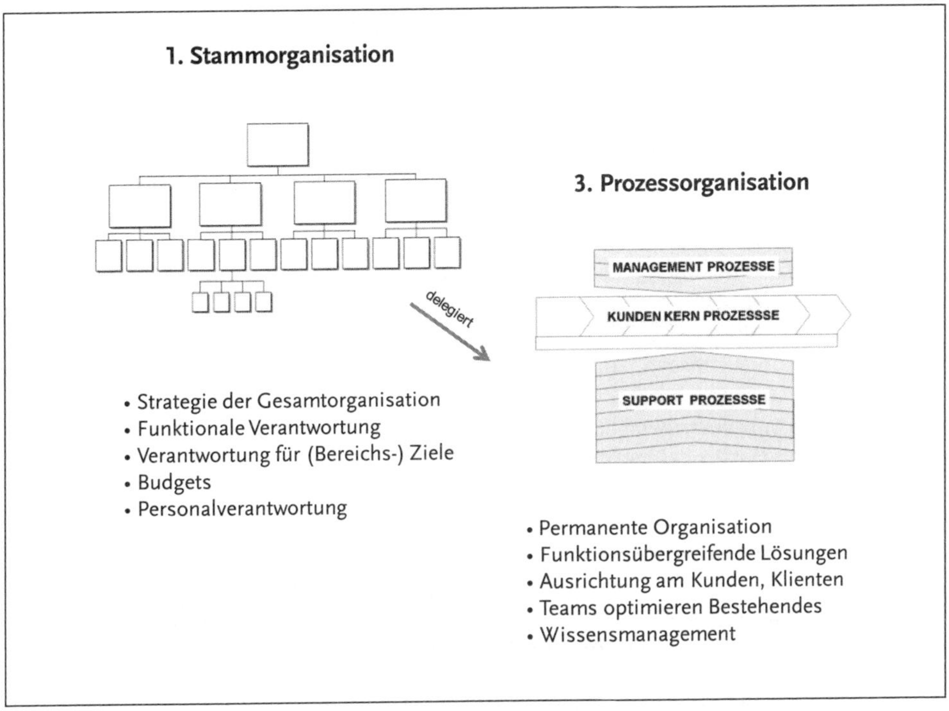

Abbildung II.10.8: Aufgabenteilung zwischen Stammorganisation und Prozessorganisation

geben. Es hängt von der Art des Prozesses und ebenso von der Qualifizierung der Prozessausführenden ab, wie detailliert ein Prozess dokumentiert werden soll. Prozesse können im Sinne von Luhmann (2006) als Wenn-Dann-Beziehungen sehr einschränkend oder offener als Zweck-Programmierung konzipiert werden. Ein Beispiel dafür ist das in der medizinischen Unfallversorgung angewandte Konzept der Triage, welches nach leichten, mittleren und schwierigen Fällen (Verletzungen) differenziert. Die Prozessgestaltung und

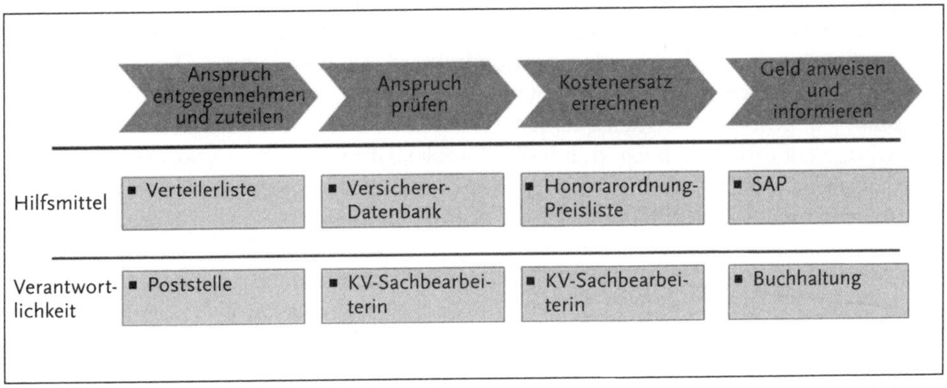

Abbildung II.10.9: Vereinfachte Darstellung des Prozesses »Antrag auf Kostenersatz einer ärztlicher Leistung«

der Handlungsspielraum der MitarbeiterInnen werden an die unterschiedlichen Komplexitätsfälle angepasst. Ein weiteres Beispiel ist die Ausrichtung einer Arbeitsmarktorganisation nach den Prozessen: Services für Arbeitssuchende, Services für Unternehmen und Grundlagenarbeit.

Prozesse sind die Operationalisierung der Strategie. Insofern können Prozesse nicht »von der Stange gekauft« oder von einer anderen Organisation schlicht kopiert werden. Gelebte Prozesse benötigen das Empowerment der Prozessbeteiligten durch die Geschäftsführung. Damit ist der nötige Freiraum und die Ermächtigung gemeint, Prozesse im Interesse der KundInnen ausführen und weiterentwickeln zu können.

Die Geschäftsführung kann auf die Gestaltung und Optimierung von Prozessen folgendermaßen Einfluss nehmen:

- Definition von Prozessen, sprich Themen, die für Organisation wichtig und komplex sind,
- Benennung von Verantwortlichkeiten für Prozessoptimierung,
- Zielvorgaben für Prozessperformance und Verbesserungsaktivitäten.

10.4.2 Multiprozessmanagement und Prozesslandkarte

Eine prozessorientierte Organisation steuert nicht nur einzelne Prozesse auf der Mikroebene, sondern auch das Zusammenspiel der Geschäftsprozesse innerhalb der Organisation. In einer sogenannten Prozesslandkarte (Hiller et al. 2010) werden diese Geschäftsprozesse, das heißt die relevanten Geschäftstätigkeiten einer Organisation dargestellt. Dabei ist die Konzentration auf das Wesentliche gefragt, das heißt z. B. nicht mehr als 20–25 Geschäftsprozesse. Die Prozesslandkarte kann als Äquivalent zu einem Organigramm verstanden werden, wo auf oberster Ebene die Hauptabteilungen bzw. Bereiche dargestellt sind. Die einzelnen Geschäftsprozesse untergliedern sich in mehrere Haupt- und Teilprozesse. Es empfiehlt sich auf dieser obersten Prozessebene, die Verantwortung für die jeweiligen Geschäftsprozesse sichtbar zu machen.

Eine Prozesslandkarte wird in drei Arten von Prozessen, nämlich Kern-, Support- und Managementprozesse unterteilt[4] (vgl. Abbildung II.10.10):

- Die Kernprozesse (oder auch Primärprozesse) sind direkt für die KundInnen/KlientInnen wertschöpfend und nutzbringend. Das sind z. B. Leistungserbringung, Auftragsabwicklung oder KundInnenservice.
- Die Supportprozesse (oder auch Sekundärprozesse) unterstützen die Kernprozesse bzw. ermöglichen diese. Hier können z. B. Logistik, IT, Beschaffung, etc. genannt werden.
- Managementprozesse (oder auch Tertiärprozesse) sind für KundInnen weniger relevant, aber für die Steuerung der Organisation wichtig, z. B. Strategieentwicklung, Budgetierung und Controlling.

---

4 Siehe hier im Vergleich die Aufteilung von Mintzberg in Betrieblicher Kern (Kernprozesse), Hilfsstab (Supportprozesse) und Strategische Spitze (Managementprozesse) im Betrag II.4.

Quer zu dieser Unterscheidung können besonders wichtige Prozesse als Schlüsselprozesse gekennzeichnet werden. Diese sind Ausdruck der Strategie oder wesentlich für die Positionierung (USP) bzw. den Unternehmenserfolg oder die Kundenzufriedenheit. Schlüsselprozesse können auch auf tieferer Ebene in der Prozesshierarchie vorkommen. Es ist aber darauf zu achten, dass diese Kennzeichnung nicht inflationär verwendet wird.

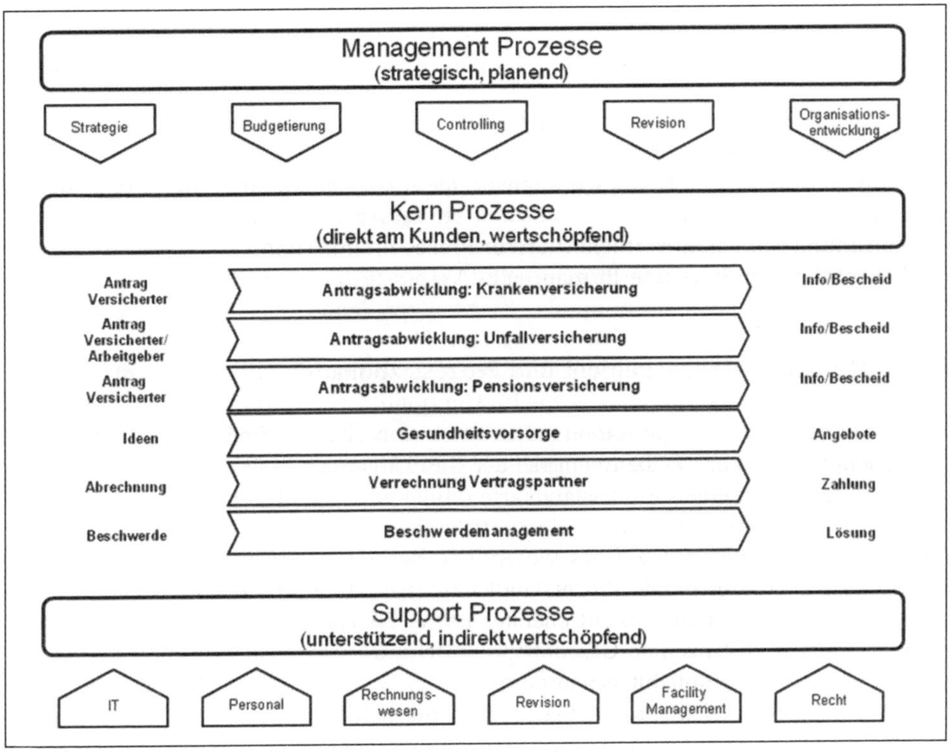

Abbildung II.10.10: Exemplarische Prozesslandkarte

Zweck der Prozesslandkarte ist es, die Gesamtsteuerung von Prozessen einer Organisation zu unterstützen. Dabei geht es um die Relevanz einzelner Prozesse, deren Zusammenwirken und um die Festlegung von Verantwortlichkeiten dafür. Der Abgleich mit der Strategie folgt stets auf dieser obersten Ebene.

10.4.3 Führungsverantwortung in Prozessen und andere Rollen

Prozesse als komplexe kundenrelevante Tätigkeitsketten benötigen über operative Verantwortlichkeiten hinaus auch Führung. Diese Rolle der/des Prozessverantwortlichen muss keine Vollzeit-Aufgabe sein. Das Ausmaß an formalen Machtbefugnissen kann von sehr wenig bis gleichberechtigt mit Linienvorgesetzten oder auch darüber hinaus reichen (ähnlich wie für Projekte in Abbildung II.10.4). Im Einzelprozessmanagement (Mikroebene) wird zwischen Prozessdurchführung und der Prozessoptimierung differenziert.

Zur Definition von Verantwortungen für die einzelnen Prozessschritte empfiehlt sich die DEMI-Logik:

- Die Durchführungsverantwortung stellt operativ sicher, dass ein bestimmter Prozessschritt wie vereinbart, durchgeführt wird.
- Entscheidung: Hier geht es um die strategische Entscheidung bezogen auf einen konkreten Prozessschritt.
- Mitarbeit: Ein/e ProzessmitarbeiterIn führt einen Prozessschritt operativ durch.
- Information: Definierte Personen oder Stellen werden über Prozessergebnisse informiert.

Folgende Rollen sind für Prozesse notwendig:

- Der/die ProzesseignerIn hat die strategische Verantwortung für einen Prozess inne. Er/sie definiert die Prozessübersicht und die Leitwerte für die Optimierung gemeinsam mit dem Prozessverantwortlichen. Er/sie hat Letztentscheidung und ist höchste Eskalationsstufe für einen Prozess, jedoch nicht für operative Details zuständig. Er/sie muss ausreichend Macht für abteilungsübergreifende Entscheidungen entlang des Prozesses haben und ist das Bindeglied zum Prozessesteuerkreis (s. u.).
- Der/die Prozessverantwortliche (oft auch als ProzessmanagerIn bezeichnet) ist für die operative Prozessperformance sowie für Controlling und Optimierung verantwortlich und berichtet dem/der ProzesseignerIn in vereinbarten Abständen. Das Prozessteam besteht aus einer Auswahl von inhaltlichen ProzessexpertInnen, die für die operative Arbeit zuständig sind.

Im Multiprozessmanagement sind die folgenden Rollen üblich:

- Das Prozessmanagement-Office achtet darauf, dass die Prozesse im Rahmen der Prozesslandkarte stimmig sind und es zu keinen Widersprüchen oder Überlappungen kommt. Es ist für die Standards und unternehmensweiten Richtlinien zum Prozessmanagement verantwortlich. Zudem ist ein PzMO für die Prozessmanagement-Richtlinien und standardisierte Hilfsmittel verantwortlich.
- Der Prozessesteuerungskreis steuert die unternehmensweiten Prozesse aus strategischer Sicht und überwacht die operative Leistungserbringung.

10.5 Zusammenschau – die prozess- und projektorientierte Organisation

Eine NPO kann sich als permanentes Projekt verstehen. Dies widerspricht jedoch unserer Auffassung von Projekten als befristete komplexe Aufgaben mit Neuigkeitswert. Projektmanagement trägt maßgeblich zur Entlastung und Flexibilisierung der permanenten Stammorganisation bei und unterstützt gezielte Veränderungen. Die projektorientierte Organisation wickelt daher das Basis- oder Tagesgeschäft in der Linie ab und bedient sich dem Management von Projekten für neuartige Aufgaben. Die NPO gewinnt durch den Einsatz von Projekten organisatorische Flexibilität, manchmal auch zu Lasten ihrer Organisationsmitglieder, denen damit ein Multirollenkonzept abverlangt wird. Man hat nicht mehr nur Aufgaben in der eigenen Abteilung zu erledigen, sondern muss noch zusätzlich Aufgaben in Projekten als ExpertIn im Projektteam, als ProjektmitarbeiterIn, oder sogar als ProjektleiterIn erfüllen. Dies bietet für MitarbeiterInnen aber auch neue Karrierechancen, da Fachkompetenz und die Sammlung von Führungserfahrung in Projekten gut verbunden werden können. Auch Externe, z. B. Freiwillige, können in Projekten temporär in die Organisation gut eingebunden werden.

Werden repetitive Projekte nicht als jeweils singuläre Aufgaben verstanden, sondern als Prozess organisiert, so lässt sich gewonnenes Know-how leichter systematisieren und steuern. Mit der Nominierung von Prozessverantwortlichen für bestimmte kundenrelevante Themen und der Etablierung kontinuierlicher Verbesserungsprozesse wird ein Fokus auf organisatorisches Lernen und Wissenssicherung gelegt. Damit wird eine Steigerung der KundInnenorientierung und Effizienz erreicht.

Die projekt- und prozessorientierte Organisation versteht sich als »organisatorische Trias«, in dem Sinne, dass Aufgaben von NPOs je nach organisatorischer Komplexität und Ausmaß von Neuartigkeit unterschiedlich organisiert werden. Die strategische Ausrichtung der Organisation ist in der Stammorganisation verankert, ebenso wie das Personalmanagement im Sinne eines Ressourcenpools. Die Linienvorgesetzten sorgen für die Weiterentwicklung ihrer ExpertInnen und sind fachlich disziplinarisch verantwortlich. Die MitarbeiterInnen werden für Aufgaben in Projekten und Prozessen zur Verfügung gestellt. Ein *Projektsteuerungskreis* (PSK) sorgt dafür, dass die strategisch richtigen Projekte gestartet werden und steuert das Gesamt-Projektportfolio. Ein Projektmanagement-Office unterstützt den PSK dabei, indem die Statusberichte aus den einzelnen Projekten aufbereitet und verdichtet werden. Die Prozesse wiederrum werden im Rahmen der Prozesslandkarte vom *Prozessesteuerungskreis* (PzSk) koordiniert, gesteuert und optimiert.

Die jeweiligen Merkmale von Stammorganisation, Projekten und Prozessen sind entlang relevanter Dimensionen in Abbildung II.10.11 zusammenfassend dargestellt.

Projekte und Prozesse unterstützen, ergänzen und erweitern die Stammorganisation. Das Zusammenspiel der Trias Stammorganisation, Projekte und Prozesse konstituiert das integrative Konstrukt »Projekt und Prozessorientierte Organisation« (P.Pz.O.O., vgl. Abbildung II.10.12).

Projekte müssen mit neuen KundInnengruppen, Dienstleistungen oder Kompetenzen einen sinnvollen Beitrag zur Strategie bzw. Mission der Stammorganisation liefern. Gerade bei NPOs stellt sich oft das Problem, dass Fördergeber nur die reinen Projektkosten und keine Overheadkosten übernehmen. Daher ist es umso wichtiger, sich vorab zu überlegen, welchen Nutzen nicht nur externe Adressaten, sondern auch die Organisation aus dem Projekt zieht. Dieser interne Nutzen kann z. B. ein tieferes Verständnis der Wirkungen in der Zielgruppe (Lernen), eine bleibende Strukturveränderung innerhalb der Organisation, ein Beitrag in den Prozessen der Organisation sein. Im Kern sind also Projekte und Prozesse dafür geeignet, organisatorischen Wandel zu fördern. Die Stammorganisation sorgt für tendenziell stabile Verhältnisse.

10.6 Fazit

Die Professionalität einer NPO gegenüber ihren Stakeholdern (Zielgruppen, Politik, Wirtschaft etc.) zeigt sich nicht nur in der Fachkompetenz sondern auch im Management und der Organisationskompetenz. Gegenwärtig wird zunehmend mehr Wertschöpfung von

Dimension	Stammorganisation	Projekte	Prozesse
Strategie	Organisationsstrategie, Mission, Leitbild, Vision	Zielgerichteter Beitrag zur Organisationsstrategie (Projektziele)	Permanente Operationalisierung der Strategie (Prozesszweck)
Zeitdimension	Kontinuierlich	Zeitlich befristet	Repetitiv
Neuigkeitsgrad	Gering	Hoch	Mittel
Flexibilität	Gering	Hoch	Mittel
Komplexität	Gering	Hoch	Mittel
Führungsrollen	Permanent	Temporär	Permanent
Entscheidungs-befugnisse	Hierarchisch, formal	Partizipativ, lateral, team-orientiert	Partizipativ, lateral, team-orientiert
Ressourcen	Längerfristig und top down vorgegeben	Eher Kurzfristig und mit der Linie ausverhandelt	Längerfristig und mit der Linie ausverhandelt
Kultur	Gewachsene Organisations- oder Abteilungskultur	Eigene Kultur wird geschaffen (Spielregeln)	Stärker geprägt von Stammorganisation
Methoden	Organisationsübergreifend und fachspezifische Methoden	Projektspezifische Methoden (z. B. Meilensteinplan)	Prozessspezifische Methoden (z. B. Ursache-Wirkungsdiagramme)
Veränderung & Lernen	Organisationales und Individuelles Lernen	Lernen von und über Projekte, Transfer in die Stammorganisation	Lernen in und über Prozesse (Kontinuierlicher Verbesserungsprozess)
Erfolgsmessung	Organisationserfolg und Wirkungsmessung	Zielerreichung, Fortschrittsmessung	Beitrag zur KundenInnenzufriedenheit, Qualität und Optimierungspotenziale
Kommunikation	Traditionelle Formen der Kommunikation mit allen Organisationsmitgliedern sowie der Organisationsumwelt	Kommunizieren stärker innerhalb der Projektorganisation sowie mit relevanten sozialen Umwelten	Kommunizieren stärker innerhalb der Prozessorganisation sowie mit relevanten sozialen Umwelten

Abbildung II.10.11: Unterschiede zwischen Stamm-, Projekt- und Prozessorganisation

der Stammorganisation in Projekte und Prozesse verlagert. Daraus lassen sich folgende Schlussfolgerungen und Empfehlungen für NPOs ableiten.

Projekt- und Prozessmanagementkompetenzen werden künftig an Bedeutung zunehmen. Projektmanagement wird sich dabei auch in NPOs als Berufsbild etablieren.

Die Möglichkeiten zur Flexibilisierung von Organisationsstrukturen bergen Vorteile für die Stammorganisation sowie auch die MitarbeiterInnen. Zusätzliche Karrierepfade werden etabliert und ermöglichen es, Fachwissen und Managementerfahrung zu kombinieren. Die damit geforderte Rollenflexibilität kann aber auch eine Herausforderung darstellen. Für die Führung stellt sich die Frage, wie MitarbeiterInnen nach Projektende wieder in die Aufgaben der Stammorganisation reintegriert werden bzw. nicht mit zusätzlicher Projektarbeit ressourcenmäßig überfordert werden.

Der Beitrag zur Organisationsstrategie muss klar definiert sein. Es geht nicht nur darum Projekte richtig umzusetzen (Projekteffizienz), sondern auch um die Auswahl der

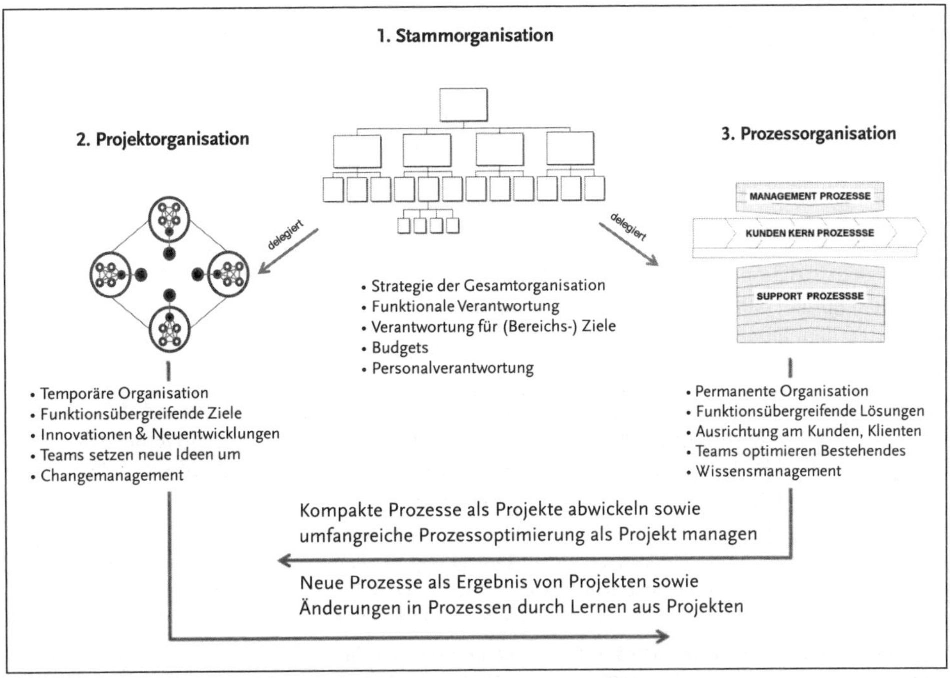

Abbildung II.10.12: Integratives Konstrukt »Projekt und Prozessorientierte Organisation« (P.Pz.O.O.)

richtigen Projekte (Projekteffektivität). Es empfiehlt sich, nur Tätigkeitsbündel mit höherer Komplexität als Projekte bzw. Prozesse hervorzuheben und entsprechend zu steuern. Die Geschäftsführung steht hier als aktiver Part in der Steuerung von Projekten und Prozessen in der strategischen Verantwortung.

Die Dosis macht das Gift. Unreflektiert den Methodenkanon des Projekt- und Prozessmanagements zu übernehmen, kann zu einem Formalismus führen, der die gewonnene Flexibilität schnell auch wieder in bürokratischen Zwängen ersticken kann. Nicht zuletzt bewegt man sich in Projekten thematisch auf unbekanntem Terrain, wo nicht alles vorab planbar ist (Kühl et al. 2005). Eine entsprechende Verankerung einer verantwortlichen Rolle in der Organisation, die sich um Standards, Methodenunterstützung und Weiterentwicklung kümmert, kann aber jedenfalls förderliche Rahmenbedingungen schaffen.

Berichtslegung und Dokumentation werden oft als Hürde und Bürde verstanden, steht doch im Selbstverständnis vieler Professionen die Arbeit mit der Zielgruppe im Vordergrund. Der Beitrag der Strukturierung und Formalisierung zum Erfolg des Projekts und damit auch der Organisation muss daher so zweckmäßig und sinnvoll wie möglich gestaltet sein.

Projekt- und Prozessmanagement soll kein Selbstzweck sein, sondern vielmehr eine Möglichkeit, die Organisation zu flexibilisieren und an die aktuellen Erfordernisse anzupassen, um so die Mission bestmöglich zu erfüllen. Gerade für NPOs gilt es, den Zusammenhang von Projekten und Prozessen zur Stammorganisation sicherzustellen, die Ergebnisse von Projekten sowie Verbesserungspotenziale aus Prozessen offen zu diskutieren und damit die Wirkungen und organisationales Lernen langfristig zu sichern.

Literatur

Austin, James E. (2000): Strategic Collaboration Between Nonprofits and Business. In: Nonprofit and Voluntary Sector Quarterly, 29, 69–97.

Bea, Franz Xaver/Scheurer, Steffen (2011): Trends im Projektmanagement – Vom Management von Projekten zum projektorientierten Unternehmen. In: Projektmanagement aktuell, 80, 425–431.

Bea, Franz Xaver/Scheurer, Steffen/Hesselmann, Sabine (2008): Projektmanagement. Stuttgart.

Boltanski, Christian/Chiapello, Ève (1997): Der neue Geist des Kapitalismus. Konstanz.

Brandt, Thomas (2004): Erfolgsmessung im Projektmanagement: Wirkung und Nutzen sicher beurteilen. Düsseldorf: Symposion.

Brudney, Jeffrey L. (2005): Designing and Managing Volunteer Programs. In: Herman, R.D. & Associates (Hrsg.): The Jossey-Bass handbook of nonprofit leadership and management San Francisco.

Davies, Andrew/Hobday, Michael (2005): The Business of Projects. Managing Innovation in Complex Products and Systems. Cambridge [u. a.].

Engel, Claus/Menzer, Marcus/Nienstedt, Daniela (2006): Ergebnisse der Projektmanagement Studie »Konsequente Berücksichtigung weicher Faktoren«. GPM Deutsche Gesellschaft für Projektmanagement e.V. und PA Consulting Group.

Gareis, Roland (2006): Happy Projects! Projekt- und Programmmanagement. Projektportfolio-Management. Management der projektorientierten Organisation. Wien.

Hammer, Michael/Champy, James (1994): Business Reengineering. Die Radikalkur für das Unternehmen. Frankfurt, Main [u. a.].

Havila, Virpi/Salmi, Asta (2009): Managing Project Ending. London [u. a.].

Heintel, Peter/Krainz, Ewald E. (2011): Projektmanagement. Hierarchiekrise, Systemabwehr, Komplexitätsbewältigung. Wiesbaden.

Hiller, Christina/Minar-Hödel, Peter/Zahradnik, Hansjörg (2010): Prozessmanagement. Komplexe Prozesse einfach steuern. Wien.

Hoffmann, Olaf/Rentrop, Christopher (2012): Priorisierung von Projekten. In: Zeitschrift Führung + Organisation, 81, 23–28.

IPMA (2006): ICB – IPMA-Kompetenzrichtlinie Version 3.0. Nijkerk: International Project Management Association.

Kasper, Helmut/Mühlbacher, Jürgen (2009): Strategiemodelle und neue Organisationsformen. In: Kasper, Helmut/Mayrhofer, Wolfgang (Hrsg.): Personal, Führung, Organisation. Wien.

Kühl, Stefan/Matthiesen, Kai/Schnelle, Thomas (2005): Raus aus der Routine. In: Harvard Business Manager, Mai, 2–14.

Lovallo, Dan/Kahnemann, Daniel (2003): Delusions of success: how optimism undermines executives´ decisions. In: Harvard Business Review, Juli, 56–63.

Luhmann, Niklas (2006): Organisation und Entscheidung. Wiesbaden.

Majer, Christian/Mayrhofer, Wolfgang (2007): Konsequent Karriere machen. In: Personal, 11, 36–39.

Majer, Christian/Stabauer, Luis (2010): Social Competence im Projektmanagement – Projektteams führen, entwickeln, motivieren. Wien.

Mayrhofer, Wolfgang/Schneidhofer, Thomas/Steyrer, Johannes (2008): T.E.A.M. – »Together Everyone Achieves More« oder »Toll, ein anderer macht´s«? Teams in Organisationen. In: Kasper, Helmut/Mayrhofer, Wolfgang (Hrsg.): Personal, Führung, Organisation. Wien.

Meyer, Michael (2009): Strukturen und klassische Organisationsformen. In: Kasper, Helmut/Mayrhofer, Wolfgang (Hrsg.): Personalmanagement, Führung, Organisation. Wien.

Midler, Christophe (1995): »Projectification« of the Firm. In: Scandinavian Journal of Management, 11, 363–375.

Möller, Heidi/Pfeifer, Martina (2007): Das Scheitern von Projekten – Chancen, Herausforderungen und Stolpersteine. In: OrganisationsEntwicklung, 1, 12–17.

Nagengast, Johann (2008): Projektmanagement 2008. Fakten und Trends zum Projektmanagement im deutschen Mittelstand 2008. Haufe Akademie Freiburg/Hochschule Deggendorf.

Neumayr, Michaela/Schober, Christian (2009): Spendenstudie 2008. Ergebnisse einer repräsentativen Bevölkerungsbefragung zum Spendenverhalten in Österreich. Wien: NPO Institut WU Wien.

Osterloh, Margit/Frost, Jetta (2006): Prozessmanagement als Kernkompetenz: Wie Sie Business Reengineering strategisch nutzen können. Wiesbaden.

Patzak, Gerold/Rattay, Günter (2004): Leitfaden zum Management von Projekten, Portfolios und projektorientierten Unternehmen. Wien.

Porter, Michael E. (2010): Wettbewerbsvorteile. Spitzenleistungen erreichen und behaupten. Frankfurt/Main [u. a.].

Schachner, Werner/Tochtermann, Klaus/Majer, Christian (2009): Wissensmanagement – ein Mehrwert für die Projektarbeit? In: Wissensmanagement, 3, 30–32.

Schiersmann, Christiane/Thiel, Heinz- Ulrich (2010): Organisationsentwicklung. Prinzipien und Strategien von Veränderungsprozessen. Wiesbaden.

Schmelzer, Hermann J./Sesselmann, Wolfgang (2008): Geschäftsprozessmanagement in der Praxis. Kunden zufrieden stellen – Produktivität steigern – Wert erhöhen. München.

Schneider, Christoph/Wagner, Reinhard/Wald, Andreas (2009): Die Bedeutung des Projektmanagements aus Sicht des Topmanagements. In: Projektmanagement aktuell, 3, 16–22.

Schneider, Stefan B. (2011): Die Projektwirtschaft wächst – Potenzial und Promotoren. In: Ladwig, Désirée H./Kunze, Jürgen/Hartmann, Michael (Hrsg.): Exit matters – auf dem Weg in die Projektgesellschaft. Frankfurt am Main; Wien [u. a.].

Schreyögg, Georg (2008): Grundlagen moderner Organisationsgestaltung. 5. Aufl., Wiesbaden.

Sennett, Richard (2008): Der flexible Mensch. Die Kultur des neuen Kapitalismus. Berlin.

Simsa, Ruth/Patak, Michael (2008): Leadership in Nonprofit-Organisationen. Die Kunst der Führung ohne Profitdenken. Wien.

Sterrer, Christian/Winkler, Gernot (2009): setting milestones. Projektmanagement. Methoden – Prozesse – Hilfsmittel. Wien.

Stöger, Roman (2011): Projektlandkarte. Größere Leistungsfähigkeit dank Multiprojektmanagement. In: Zeitschrift Führung + Organisation, 80, 5, 348–352.

Titscher, Stefan/Stamm, Markus (2006): Erfolgreiche Teams – Teams richtig einsetzen, fördern und führen. Wien.

Turner, Rodney/Ledwith, Ann/Kelly, John (2009): Project management in small to medium-sized enterprises. A comparison beween firms by size and industry. In: International Journal of Managing Projects in Business, 2, 282–296.

Unger, Barbara (2012): Das Project Management Office. Strategische PMOs erfolgreich in komplexen Projektlandschaften umsetzen. In: Zeitschrift Führung + Organisation, 80, 11–16.

Wagner, Karl Werner/Patzak, Gerold (2012): Performance Excellence. Der Praxisleitfaden zum effektiven Prozessmanagement. München.

Weiand, Achim (2011): Projektauftrag. Das A und O für professionelles Projektmanagement. In: Zeitschrift Führung + Organisation, 80, 3, 196–198.

11 Führung in NPOs

Ruth Simsa, Johannes Steyrer

11.1 Einleitung

Es gibt Menschen, so die gängige Vorstellung, die Zusammenarbeit inspirierend und bereichernd machen, die Potenziale in anderen aufspüren und helfen, diese zu entfalten. Menschen, die den Sinn einer Aufgabe vermitteln und die gleichzeitig das Geschick haben, die Motivation einzelner zur Zielerreichung der Organisation zu koordinieren. Diese o. ä. Assoziationen werden häufig mit »guter« Führung verbunden. Aber was macht sie tatsächlich aus, und zwar unter Berücksichtigung einschlägiger Forschungsbefunde? Der Beitrag geht davon aus, dass es keinen »One-best-Way« der Führung gibt und dass das breite Spektrum der NPOs divergierende Erfolgsvoraussetzungen aufweist. Nach einer Begriffsklärung, einem Überblick über Spezifika der Führung in NPOs und einer Auseinandersetzung mit der Frage, welche Persönlichkeitsmerkmale »guter« Führung inhärent sind, wird zwischen den zwei klassischen Führungsstilkonzepten »Mitarbeiter »- und »Aufgabenorientierung« sowie »transformationale« und »transaktionale« Führung unterschieden. Beide Konzepte werden verglichen und in puncto Erfolgswirksamkeit einer Überprüfung unterzogen. Im Anschluss daran stellen wir eine NPO-Typologie vor, die unterschiedliche Kontexte, Organisationskulturen und Widersprüche zum Thema »Führung« differenziert.

Unter Führung soll in weiterer Folge eine »wert-, ziel- und ergebnisorientierte, aktivierende und wechselseitige, soziale Beeinflussung zur Erfüllung gemeinsamer Aufgaben in und mit einer strukturierenden Arbeitssituation« (Wunderer, 2009, S. 4) verstanden werden. Dabei ist zu unterscheiden zwischen »persönlich-interaktiv-direkter« und »strukturell-systemisch-indirekter« Führung (ebd., 2009, S. 5ff.).

Persönlich-interaktive Führung zielt auf eine unmittelbare (direkte) Beeinflussung durch Kommunikation, Feedback, Wahrnehmung, Motivation, Entwicklung etc. ab, während *strukturell-systemische Führung* die sachlich-instrumentelle (indirekte) Beeinflussung durch Kontext-, Kultur-, Strategie- oder Organisationsgestaltung meint. Im Alltag sind beide eng miteinander verflochten: Personalinteraktive Führung setzt strukturell-systemische Inhalte um und umgekehrt werden diese Inhalte über persönlich-interaktive Führung ausgehandelt.

Eine andere sprachliche Dualität grenzt »Leadership« von »Management« ab. Letztlich geht es dabei erneut um das Spannungsgefüge zwischen persönlich-interaktiver und systemisch-struktureller Führung. Allerdings wird diese Dualität mit einem reichlich romantisierenden Pathos abgehandelt, der im klassischen Diktum zum Ausdruck kommt: »Managers are people who do things right and leaders are people who do the right thing« (Bennis/Nanus, 2005, S. 20). Management wird solcherart eindimensional auf die Schaffung von Effizienz reduziert, während der Führung die Verantwortung für die Effektivität (Verfolgung der »richtigen« Ziele) übertragen wird. Dahinter stehen tiefer liegende Unterscheidungen zwischen Rationalität und Emotion, zwischen Verwaltung und Innovation oder Zielen und Visionen. Das betriebswirtschaftlich orientierte Tagesgeschäft einer Organisation (»harte« Elemente: Planung, Finanzierung, Kontrolle usw.) wird dem Management zugeordnet, während die emotional-sinnstiftende Einflussnahme (»weiche« Elemente: auf Menschen, Gruppen, soziale Gebilde gerichtet) dem Leadership obliegt.

Beim Thema Leadership geht es in hohem Maß um die Person der Führungskraft. Dennoch werden wir immer wieder auf Organisationen und ihre jeweiligen kulturellen Ausprägungen Bezug nehmen.

11.2 NPOs als spezielles Feld von Führung

11.2.1 Besonderheiten von NPOs

»Nonprofit organizations are different! They are unlike both business and government in certain fundamental ways, (...)« (Herman, 1994, S. XIII), – so lautet die lapidare Feststellung im Vorwort des Jossey Bass Handbook of Nonprofit Leadership.

Inwieweit sie sich tatsächlich von anderen Organisationen unterscheiden, ist aufgrund der Heterogenität des Sektors nicht allgemeingültig zu beantworten (Helmig/Jegers/Lapsley, 2004). Gemeinsamkeiten empirischer Untersuchungen deuten aber darauf hin, dass NPOs in besonders hohem Maß organisationalen Widersprüchen ausgesetzt sind bzw. im Vergleich mit anderen Organisationen weniger Möglichkeiten haben, diese durch Priorisierungen zu lösen (Beyes/Jäger, 2005). Typische organisationale Handhabungsformen und Ausprägungen dieser Widersprüche sind die Ambiguität von Zielen, Probleme der Erfolgsmessung und Organisationsabwehr, also Schwierigkeiten im Umgang mit formalen Strukturen, Autorität und Macht. Eine weitere Besonderheit ist eine starke Orientierung an Werten und Ideologien (Egri/Herman, 2000; Jeavons, 1992).

11.2.2 Die NPO-spezifische Führungsforschung – allgemeiner Überblick

Die Forschung geht generell von einer großen Bedeutung von Leadership als Erfolgsfaktor für NPOs aus (Froelich/McKee/Rathge, 2011). Frühe und jüngere Untersuchungen zeigen, dass charismatische Leader die Richtung und die Performance der Organisation bzw. die Motivation der MitarbeiterInnen beeinflussen (De Hoogh et al., 2005; Newman/Wallender, 1978). NPO-spezifisch ist die Komplexität zentraler Führungsfunktionen, der Geschäftsführung steht i.d.R. ein ehrenamtlicher Vorstand gegenüber, sodass Involvement und Einfluss bisweilen auseinanderfallen. Herman und Heimovics (1990, 1994) z.B. charakterisieren als Quintessenz ihrer empirischen Untersuchungen die Geschäftsführung als den bedeutsamsten einzelnen Faktor in Bezug auf Effektivität, den Einfluss von Vorständen sehen sie dagegen als gering an. Obwohl der Einfluss der Geschäftsführung weitgehend anerkannt wird, gibt es wenig empirische Arbeiten dazu (u.a. Allison, 2002; Austin/Gilmore, 1993; Fletcher, 1992; Richie/Eastwood, 2006; Santora/Caro/Sarros, 2007) – v.a. die anglo-amerikanische Forschung beschäftigt sich weitgehend mit dem Einfluss von Gremien wie Aufsichtsrat oder Vorstand und vernachlässigt die im Alltag spürbarere Geschäftsführung und das mittlere Management.

Viele Arbeiten betonen Anforderungen an Führungskräfte in NPOs. Diese haben demnach ein komplexes Anforderungsbündel zu erfüllen: So soll das Führungshandeln stets auf Werten bzw. ethischen Prinzipien basieren, da NPOs existieren, um soziale, moralische oder religiöse Werte auszudrücken (Jeavons, 1992). In Selbstbeschreibungen von Führungskräften dominieren dementsprechend ein starkes Wertsystem und der Wunsch, positiven Einfluss auf die Gesellschaft zu haben (Gardner/Csikszentmihalyi/Damon, 2005). Sie müssen zudem finanzielle Ressourcen sichern, eine erfolgsorientierte Budgetgestaltung gewährleisten und operative Kennzahlen spezifizieren. Hinzu kommen die Weiterentwicklung von Strukturen, das kreative Überdenken des eigenen Führungsstils und der Aufbau einer lernenden Organisation, die die alltägliche Praxis optimiert. Strategische Allianzen und Lobbying sind zu pflegen und Personalentscheidungen sollten hohe Diversitätsansprüche erfüllen (z. B. Dobbs, 2004, Green, 2004).

Nicht überraschend ist daher der empirische Befund, dass sich Führungskräfte in NPOs in ihrer Rolle nicht wohl fühlen. Vieles deutet darauf hin, dass die komplexen Anforderungen als besonders stresshaft erlebt werden (Sherlock/Nathan, 2007), 25–30% der Führungskräfte in NPOs sind Burnout-gefährdet (Maunz/Steyrer, 2001). Eine quantitative Befragung von fast 2000 Führungskräften dokumentiert den hohen Belastungsgrad (Bell u. a., 2006) und nennt als Faktoren v. a. die Interaktionen mit Vorständen und Geldgebern sowie unzureichende Unterstützung in der Führungsrolle. Insgesamt zeigt die Studie eine hohe Notwendigkeit, die Führungskräfteentwicklung und -unterstützung auszubauen.

Ein weiteres Thema ist das Führungsdefizit des Sektors, also das Fehlen »starker« Führungspersönlichkeiten. Von einigen Autoren wird daher die Schwierigkeit der Rekrutierung guter Führungskräfte als »das« zentrale NPO-Problem gesehen (Tierney, 2006). In Zusammenhang damit wird auch die zu geringe Nachfolgeplanung angeführt (Froehlich/McKee/Rathge, 2011).

11.2.3 NPO-spezifische Voraussetzungen für erfolgreiche Führung

Welche strukturellen Voraussetzungen charakterisiert die Führungsfunktion in NPOs? Nach den klassischen empirischen Befunden von Herman/Heimovics (1994, 1990) sind das folgende.

Akzeptieren der Führungsrolle und ihrer psychologischen Bedeutung

Die Akzeptanz der Führungsrolle ist eine zentrale Erfolgsvoraussetzung. Allerdings ist gerade das in NPOs schwierig zu realisieren. Häufig fügen sich Personen, die primär an inhaltlicher Arbeit interessiert sind, der Notwendigkeit der Besetzung von Führungspositionen. Dies bringt substanzielle Anforderungen in Bezug auf die eigene Identität mit sich, v. a. im Hinblick auf die Balance zwischen von KlientInnen zentrierten Werten und der Orientierung an Geldgebern, dem Topmanagement oder dem Vorstand, sowie dem Umgang mit Macht und Entscheidungen (Austin et al., 2011).

Aktive Führung der Gremien

Die Relation von Vorstand und Geschäftsführung ist zentral für den Erfolg von NPOs, hier haben Letztere eine wichtige – oft unterschätzte – Rolle in der Unterstützung und

Lenkung von VorständInnen. Das Stichwort dazu lautet »Führen nach oben«, also die Steuerung, Moderation und Beeinflussung von Gremien. Empirische Ergebnisse zeigen, dass erfolgreiche Führungskräfte diese Rolle oft deutlich aktiver, bewusster und gestaltender wahrnehmen als weniger erfolgreiche (Fletcher, 1992; Herman/Heimovics, 1994).

Leadership über die Grenzen der Organisation hinaus

Eine der wichtigsten Ressourcen einer NPO ist Glaubwürdigkeit in der Öffentlichkeit (Schroer, 2009). Ein weiterer Erfolgsfaktor sind damit aktive Strategien gegenüber der Umwelt der Organisation sowie die Pflege von Netzwerken.

(Mikro-)politisches Denken und Handeln

Im Geflecht von Interessen und widersprüchlichen Anforderungen an die Organisation und vor dem Hintergrund geringer Durchsetzungsmacht gegenüber GeldgeberInnen, Freiwilligen, UnterstützerInnen etc. braucht es hohes Geschick für mikropolitische Aushandlungs- und Kooperationsprozesse. Dazu gehört auch die Fähigkeit zu improvisieren, verschiedene Sichtweisen zu integrieren, Kompromisse und Teillösungen zu akzeptieren und eine gewisse Flexibilität in Bezug auf Strategien und Ziele, eine Haltung, die Herman und Heimovics als »creative Leadership« bezeichnen (1994).

11.2.4 Zur Notwendigkeit von Führung und Hierarchie in NPOs

In NPOs zeigt sich häufig eine ausgeprägte Abwehr von formalen Strukturen, Autorität und Macht. Definierten Verantwortungsbereichen oder Abläufen wird Skepsis entgegengebracht, oft werden sie informell unterwandert. Formale Autorität und Macht sind prekär, hier findet man typischerweise hohe Ausprägungen der Organisationsabwehr und einen »antihierarchischen Affekt« (Simsa/Krainz, 2005), der sich weniger gegen bestimmte Personen als vielmehr gegen die Hierarchie richtet.

Hintergründe dafür liegen in Ideologien vieler NPOs – Wunsch nach Gegenwelten, Mitbestimmung und Basisorientierung –, aber auch in Erwartungen der Umwelt, wonach NPOs sympathischer, partizipativer, menschlicher sein sollen als andere Organisationen. Ein weiterer – nachvollziehbarer – Grund für die Ablehnung hierarchischer Strukturen sind deren, oft unter dem Schlagwort »Hierarchiekrise« (Heintel/Krainz, 2011) zusammengefassten, inhärenten Nachteile: Hierarchien sind behäbig, haben zu wenig Reaktionsfähigkeit auf komplexe Problemlagen, sie dulden keinen Widerspruch – selbst wenn er entwicklungsförderlich wäre – sie führen oft zu mangelnder Integration der Gesamtorganisation, und geringe Partizipation an Entscheidungen führt häufig zu Widerständen.

Sobald Organisationen eine gewisse Mindestgröße überschreiten, braucht es allerdings eine Hierarchie im Sinne klar geregelter Über- und Unterordnungsbeziehungen und Entscheidungsbefugnisse, um Ziele realisieren zu können (vgl. Reihlen 2004, Sp. 407). Dafür sind u. a. folgende Gründe ausschlaggebend: Hierarchie führt zu Stabilisierung und Klarheit. In der Sachdimension dient sie der Entscheidungsfähigkeit sowie der Bearbeitung von Unklarheit: Widersprüche und Unsicherheiten können so lange nach oben geschoben werden, bis sie an eine Stelle kommen, die die Angelegenheit entscheidet. In der Sozialdimension entlastet sie von Konflikten, indem sie die Beteiligten von der Notwendigkeit befreit, aufwändige Machtkämpfe zur Klärung unklarer Verhältnisse zu führen. In der Zeitdimension hat sie Vorteile, weil bei Entscheidungen auf Zustimmung verzichtet werden kann. Die Hierarchie ersetzt durch die Autorität der Funktion individuelle Machtgrundlagen (Kompetenz, Stärke, soziales Geschick etc.), damit vereinfacht sie das Geschehen, indem übergeordnete Personen ihre Macht nicht immer wieder aufs Neue legitimieren müssen. Des Weiteren können durch hierarchische Weisungsrechte opportunistische Verhaltensweisen einzelner Personen leichter kontrolliert werden.

All das mag mit dem Selbstverständnis mancher NPOs nur schwer vereinbar sein, denn häufig wird die Skepsis gegenüber strukturell-systemisch-indirekter Führung durch verstärkte Bemühungen auf persönlich-interaktiver Ebene zu kompensieren versucht, was die soziale Belastung von Führungskräften in NPOs zusätzlich erhöht.

Zudem haben auch partizipative Diskurse Nachteile, v.a. wenn sie nicht der TeilnehmerInnenzahl angemessen strukturiert sind. Das »Problem der großen Zahlen« besagt, dass multilaterale Verhandlungsprozesse ab einer gewissen Anzahl von Personen weder faktisch noch ökonomisch praktikabel sind. Mathematisch (Blecker/Kaluza, 2004, S. 11) zeigt sich das daran, dass bei 5 AkteurInnen »bloß« 10 potenzielle Interaktionsbeziehungen möglich sind. Bei einer Verdopplung der MitarbeiterInnenanzahl auf 10 erhöht sich die Anzahl möglicher Verbindungen bereits auf 45. Bei 40 Personen – also einer mittelgroßen NPO – sind es bereits 1.600 Verbindungen (100 Personen bedeuten 4950 potenzielle Beziehungen). Endlose Diskussionen, Nicht-Entscheiden oder das Wiederaufrollen getroffener Entscheidungen, das Einbeziehen von inkompetenten oder von Auswirkungen nicht betroffenen Personen in Entscheidungen und ähnliche Effekte sind nicht nur ineffizient, sie können auch zermürbende Konfliktsituationen und erhebliches Arbeitsleid verursachen.

In diesem Sinn braucht Führung in NPOs eine mit dem aktiven Akzeptieren der Führungsrolle verbundene bewusste Auseinandersetzung mit Fragen von Macht und Hierarchie. In der Folge muss es dann darum gehen, wie diese Strukturen reflektiert und transparent gestaltet werden können. Und natürlich bedeuten selbst klarste Führungsstrukturen nicht, dass Führung als Einbahnstraße von oben nach unten zu verstehen ist. Selbstverständlich beeinflussen auch MitarbeiterInnen ihre Vorgesetzten (Kühl, 2011; Simsa/Patak, 2008). Wir stimmen Luhmann (2000) zu, der diese »Untersteuerung« als Funktionsvoraussetzung von Organisationen betrachtet.

11.3 Die Eigenschaftstheorie der Führung

Wir haben bereits darauf verwiesen, dass immer wieder der Mangel an Führungspersönlichkeiten im Sektor beklagt wird (Tierney, 2006). Solche Aussagen basieren meist auf vagen Vorstellungen darüber, was derartige Persönlichkeiten charakterisiert. In der Führungsforschung hat diese Frage lange Tradition und die sogenannte »Eigenschaftstheorie« versucht, sie zu beantworten. Sie proklamiert, dass es ein bestimmtes Bündel an Attributen gibt, die entweder Führende von Nicht-Führenden unterscheiden oder für den Führungserfolg verantwortlich sind.

Eine Zusammenfassung der Ergebnisse von insgesamt 12 Überblicksarbeiten zu diesem Thema macht deutlich, dass dieses Eigenschaftsprofil aus einer Kombination aus sozialer Anpassungsfähigkeit, Dominanz, Ambition/Leistungsbereitschaft, Integrität/Verlässlichkeit und Selbstvertrauen zu bestehen scheint (Steyrer, 2009, S. 44). Vergleicht man dieses Profil mit Aufzählungen, die sich auf notwendige Attribute von Führungskräften in NPOs beziehen, so wird dort z. T. Ähnliches – wenngleich auch umfassender paraphrasiert – genannt: hohes Energieniveau, Stresstoleranz, Selbstvertrauen, emotionale Reife, Integrität, Urteilsfähigkeit, Risikofreudigkeit, Ehrlichkeit, Vision, Empathie, Erfolgsstreben, Motivationsfähigkeit, Mut, Ausdauer, Vertrauenswürdigkeit, Flexibilität (Dobbs, 2004; Hesselbein, 2004). Das Defizit dieser Auflistungen liegt darin, dass sie auf keiner Persönlichkeitstheorie basieren und kumulativ einen idealen Typus charakterisieren, der so in der Praxis kaum anzutreffen ist.

11.3.1 Die wichtigsten Eigenschaften für Führungskräfte: Das Big-Five-Modell

Seit den 1990er Jahren hat sich in der Führungsforschung das sogenannte »Big-Five-Modell« durchgesetzt, das aus umfassenden Analysen von zur Persönlichkeitsbeschreibung verwendeten Adjektiven sowie aus zahlreichen Faktorenanalysen gewonnen wurde (McCrae/Costa, 1985; Goldberg, 1990). Es unterscheidet empirisch gut abgesichert zwischen fünf Persönlichkeitsvariablen (Borkenau/Ostendorf, 1993, S. 27f.; Friedman/Schustack, 2004, S. 346ff.):

- Emotionale Stabilität bezieht sich v. a. auf den Umgang mit unangenehmen Ereignissen und negativen Emotionen. Emotional stabile Menschen (niedrige Neurotizismus-Werte) beschreiben sich als ruhig, ausgeglichen und gelassen.
- Extraversion: Extrovertierte Menschen sind gesellig, aktiv, energisch, heiter und optimistisch. Sie fühlen sich unter Menschen wohl und mögen ein stimulierendes und ereignisreiches Umfeld.
- Offenheit für Erfahrungen: Personen mit ausgeprägter Offenheit beschreiben sich als wissbegierig, fantasievoll, experimentierfreudig und unkonventionell. Sie mögen Abwechslung und Neues.
- Soziale Verträglichkeit: Zentrale Merkmale von verträglichen Menschen sind Altruismus, Harmoniebedürfnis, Hilfsbereitschaft und Vertrauen. Ihr Umgang mit anderen ist von Verständnis, Wohlwollen und Einfühlungsvermögen gekennzeichnet.
- Gewissenhaftigkeit: Dies bezieht sich auf die Planung und Selbstdisziplin bei der Durchführung von Aufgaben. Gewissenhafte Menschen beschreiben sich als fleißig, diszipliniert, ehrgeizig, zuverlässig, pünktlich und ordentlich.

Um den Forschungsstand zu dokumentieren, wird eine sogenannte Metaanalyse herangezogen. Diese Studien ermöglichen eine quantitativ basierte Zusammenfassung von verschiedenen Untersuchungen zu einem Forschungsgebiet. Ziel ist eine Effektgrößeneinschätzung, die möglichst alle bisherigen Arbeiten heranzieht und dafür eigene statistische Methoden verwendet. In dieser Metaanalyse wurde als abhängige Variable zwischen »emergent« (Wird die Person eher als Führende in ad-hoc-Gruppen wahrgenommen als andere?) und »effective« Leadership (Wie hängt die Persönlichkeit mit dem Führungserfolg zusammen?) unterschieden (Judge et al., 2002). Dieser Studie zufolge begünstigen Extraversion, Offenheit und emotionale Stabilität sowohl das Erreichen einer Führungsposition als auch den Führungserfolg. Soziale Verträglichkeit spielt zwar für den Führungserfolg eine Rolle, hingegen kaum für die Wahrnehmung als Führungskraft in Ad-hoc-Gruppen. Dass einfühlsame, hilfsbereite und kooperative Menschen im Rennen um eine Führungsposition gegenüber kompetitiven »EllbogentechnikerInnen« keinen Vorteil haben, überrascht nicht. Im langfristigen Umgang mit den MitarbeiterInnen – so die Metaanalyse – zahlen sich diese Attribute hingegen aus. Umgekehrt verhält es sich bei Gewissenhaftigkeit. Dieses Persönlichkeitsmerkmal trägt deutlicher zur Erlangung einer Führungsposition bei als zum Erfolg in dieser Position. Effektive Führung hängt anscheinend also nicht so sehr davon ab, Aufgaben möglichst genau und sorgfältig bis zur Perfektion selbst zu erledigen.

11.4 Die klassischen dualen Führungsstile

Mehr Bedeutung für die Praxis als die Eigenschaftstheorie hat die Forschung über die Wirksamkeit von Führungsstilen. Unter Führungsstil wird ein »innerhalb von Bandbreiten und ähnlichen Führungskontexten konsistentes, typisiertes und wiederkehrendes Führungsverhalten« (Wunderer, 2009, S. 16) verstanden, das sowohl im Hinblick auf die ökonomische als auch soziale Effizienz einer empirischen Überprüfung unterzogen wurde. Wir beschränken uns auf die zwei klassischen Führungsstil-Dualitäten, die zwischen »Mitarbeiter«- und »Aufgabenorientierung« und zwischen »transaktionaler« und »transformationaler« Führung unterscheiden:

- *Mitarbeiterorientierung*: Die Führungskraft achtet auf das Wohlergehen ihrer MitarbeiterInnen und bemüht sich um ein gutes Verhältnis zu ihnen; sie behandelt sie als Gleichberechtigte; sie unterstützt sie und sie setzt sich für ihre Leute ein.
- *Aufgabenorientierung*: Die Führungskraft legt besonderen Wert auf die Arbeitsmenge und -qualität, sie tadelt mangelhafte Arbeit, achtet darauf, dass die MitarbeiterInnen ihre Arbeitskraft voll einsetzen und stachelt sie durch Druck zu größeren Anstrengungen an (Wunderer, 2009, S. 206).

Diese Führungsstildualität wurde etwa Mitte der 1980er Jahre zurückgedrängt durch ein neues Konzept, das zwischen »transaktionaler« und »transformationaler« Führung unterscheidet. Erstere würde im Sinne eines Tauschgeschäftes funktionieren (Belohnung nach Zielerreichung), während zweitere die Geführten auf höhere Ebenen der Bedürfnisbefriedigung hebe, sodass sie sich jenseits ihrer Eigeninteressen für eine Idee oder ein Kollektiv einsetzten.

Empirische Studien zu diesem Modell führten zu sieben Subdimensionen, wobei transformationale Führung durch vier Faktoren repräsentiert wird: Charisma, Inspirierende Motivation, Intellektuelle Stimulierung und Individuelle Wertschätzung. Transaktionale Führung umfasst die Faktoren Bedingte Verstärkung und Management by Exception (Bass, 1998). Der siebente Faktor steht für Nicht-Führung bzw. Laissez-Faire-Führung. Dazu folgende Kurzcharakterisierung der Dimensionen:

- Charisma (auch »idealisierte Einflussnahme«) steht für den Grad an Vertrauen und Respekt, den die Führungskraft genießt sowie das Ausmaß, in dem sie einer Berufung zu folgen scheint.
- Inspirierende Motivation bezieht sich auf anspornende Zukunftsvisionen sowie auf die Emotionalisierung und Aktivierung der MitarbeiterInnen.
- Intellektuelle Stimulierung regt zum Aufbrechen eingefahrener Denkmuster an und fördert innovatives Verhalten.
- Individuelle Wertschätzung bezeichnet das persönliche Eingehen auf die Geführten als Individuen und das Bereitstellen von Hilfestellungen im Arbeitsprozess.

Transaktionale Führung lässt sich anhand folgender Merkmale beschreiben:

- Bedingte Verstärkung bzw. transaktionale Führung thematisiert die Vorgabe von Kriterien für Belohnung und Bestrafung sowie das »Aushandeln« der gegenseitigen Leistungen.
- Management by Exception gibt an, inwieweit der/die Führende nur bei außerplanmäßigen Abweichungen in Erscheinung tritt.

Der siebente Faktor repräsentiert ein Laissez-Faire-Verhalten. Die Führungskraft kümmert sich hier nicht um Resultate, erteilt keine Anweisungen und sucht von sich aus keinen Kontakt zu MitarbeiterInnen.

Die Dimensionen wurden über ein mittlerweile auch beim Leadership-Assessment in der Praxis weit verbreitetes Instrument, den »Multifactor Leadership Questionnaire« (MLQ), operationalisiert und hinsichtlich ihrer Wirksamkeit auf den subjektiven und objektiven Führungserfolg getestet (z. B. Avolio, 1999). Bevor wir die Erfolgsrelevanz dieser beiden Führungskonzepte für NPOs einer Überprüfung unterziehen, wird die Frage geklärt, wo Gemeinsamkeiten und Unterschiede in der daraus folgenden Führungspraxis liegen.

11.4.1 Gemeinsamkeiten und Unterschiede der Führungsstile

Bei Betrachtung der beiden klassischen dualen Konzepte lassen sich einige Übereinstimmungen feststellen (Steyrer/Meyer, 2010). V. a. zwischen mitarbeiterorientierter Führung und individueller Wertschätzung sowie zwischen transaktionaler und aufgabenorientierter Führung zeigen sich Ähnlichkeiten. In Abbildung II.11.1 findet sich ein entsprechender Vergleich.

1. Aufgabenorientierung arbeitet eher mit sozialem Druck und dem Einsatz von Sanktionsmacht, um einseitig vorgegebene Ziele zu erreichen. Differenziertere Aspekte der Anreizgestaltung werden dabei nicht berücksichtigt. Transaktionale Führung beruht hingegen auf einem beiderseitigen Zielvereinbarungsprozess. Die Führungskraft gibt (u. U. in einem Aushandlungsprozess mit dem Geführten) gleichsam die Vertragsbedingungen vor, zu denen die Arbeitsleistung mit verschiedenen Formen der Belohnung abgegolten wird.
2. Mitarbeiterorientierung konzentriert sich auf den Aufbau einer angenehmen, vertrauensvollen und offenen Beziehung zwischen Führungskraft und MitarbeiterInnen. Individuelle Wertschätzung geht diesbezüglich einen Schritt weiter und betont zudem den Entwicklungsauftrag von Vorgesetzten. Respektvoller und einfühlsamer Umgang mit den MitarbeiterInnen wird um angemessenes Fordern und Fördern ergänzt.
3. Keine direkte Überschneidung gibt es zwischen Aufgabenorientierung und Inspiration. In beiden Fällen geht es jedoch um erfolgreiche Aufgabenbewältigung. Der Unterschied: Aufgabenorientierung betont die kurzfristige, unmittelbare Zielorientierung und Steigerung der Leistungsbereitschaft. Inspiration bündelt hingegen durch Visionen die zielbezogenen Energien längerfristig und mittelbar, indem sie innengeleitetes Engagement aufbaut.
4. Charisma als attributive Zuschreibung »außerordentlicher« und bewundernswerter Führungs- und Vorbildqualitäten sowie Intellektuelle Stimulierung werden von der Mitarbeiter-/Aufgaben-Dualität nicht thematisiert.

Mitarbeiterorientierung	Transformationale Führung			Transaktionale Führung	Aufgabenorientierung
	Individuelle Wertschätzung	Intellektuelle Stimulierung	Inspiration Charisma		
Wohlergehen der Mitarbeiter fördern Aufbau einer guten Beziehung Faire, gleichberechtigte Behandlung Unterstützung bei der Aufgabenerfüllung Freie, offene Kommunikation Einsatzbereitschaft für Mitarbeiter	Mitarbeiter individuell beachten Mitarbeiter fördern und entwickeln Hilfestellung geben Verträglichkeit von Mitarbeiter- und Arbeitszielen analysieren	Eingefahrene Denkmuster aufbrechen Neue Einsichten vermitteln Kreatives Denken ermöglichen	Über fesselnde Visionen, Strategien motivieren Relevanz von Zielen und deren Bedeutung erhöhen Als Identifikationsobjekt fungieren Als exzeptionell bzw. exemplarisch erscheinen	Ziele klar und operational definieren bzw. vereinbaren Erfolgserwartung steigern Zusammenhang zwischen Zielerreichung und Belohnung verdeutlichen Zielerreichung durch monetäre Anreize belohnen	Betonung von Leistung und Arbeitseinsatz Tadel bei mangelhafter, langsamer Arbeit Aktivierung zu höchster Leistung Bedachtnahme auf volle Einsatzbereitschaft Durchsetzungsbereitschaft

Abbildung II.11.1: Vergleich zwischen Mitarbeiterorientierung/Aufgabenorientierung und transformationaler/transaktionaler Führung

Nach dieser Gegenüberstellung stellt sich die Frage zum Zusammenhang zwischen Führung und Erfolg.

11.4.2 Führungsstile und Führungserfolg

Beide dualen Führungsstile wurden in hunderten von Studien in puncto Erfolgswirksamkeit untersucht, und zwar unter Berücksichtigung unterschiedlicher Erfolgsdimensionen wie z. B. Arbeitszufriedenheit, Zufriedenheit der MitarbeiterInnen mit der Führungskraft oder Effektivität (Erreichung von Zielen). Wiederum sollen die Ergebnisse von Metaanalysen herangezogen werden, um die Effektstärke beurteilen zu können. Abbildung II.11.2 fasst derartige Ergebnisse zusammen (Judge/Piccolo, 2004; Judge/Piccolo/Ilies, 2004). Die ausgewiesenen Effektstärken lassen sich wie Korrelationskoeffizienten interpretieren, je höher die Zahl, desto größer ist der Effekt des Führungsstils auf die jeweilige Dimension. Für eine Beurteilung der »Gesamteffektivität« wurden die Erfolgsindikatoren der Zeilen drei bis fünf und einige weitere (z. B. Mitarbeitermotivation, Arbeitsleistung der Führungskraft) zusammengefasst. Bei den als NPOs ausgewiesenen Organisationen handelt es sich mangels anderer empirischer Daten nur um Organisationen des öffentlichen Sektors.

	Mitarbeiter-orientierung	Aufgaben-orientierung	Transfor-mationale Führung	Transak-tionale Führung	Laissez Faire
1. For-Profit Org. (Gesamteffektivität)	.43	.24	.42	.51	n. u.
2. NPOs (Gesamteffektivität)	.53	.23	.49	.27	n. u.
3. Arbeitszufriedenheit der MA	.46	.22	.58	.64	-.28
4. MA-Zufriedenheit mit Führungskraft	.78	.33	.71	.55	-.58
5. Gruppen-/ Organisationseffektivität	.28	.30	.26	.16	-.54

Abbildung II.11.2: Zusammenhang zwischen Führungsstil und Führungserfolg

- Mitarbeiterorientierung und transformationale Führung sind in NPOs erfolgswirksamer als in For-Profitorganisationen. Umgekehrt zeigt sich, dass transaktionale Führung in For-Profitorganisationen erfolgswirksamer als in NPOs ist. Hinsichtlich der Aufgabenorientierung gibt es keine nennenswerten Unterschiede zwischen den Organisationstypen (Zeilen 1 und 2).
- Die allgemeine Arbeitszufriedenheit korreliert am stärksten positiv mit transaktionaler Führung, gefolgt von transformationaler Führung und Mitarbeiterorientierung. Die Aufgabenorientierung hat den niedrigsten Einfluss auf die Arbeitszufriedenheit (Zeile 3).
- Mitarbeiterorientierung hat den stärksten positiven Einfluss auf die Zufriedenheit der MitarbeiterInnen mit der Führungskraft, gefolgt von transformationaler und transaktionaler Führung (Zeile 4).
- Die höchste positive Korrelation mit der Gruppen- und Organisationseffektivität weist die Aufgabenorientierung auf. Allerdings ist die Effektstärke nur marginal höher als bei Mitarbeiterorientierung und transformationaler Führung. Transaktionale Führung hat den geringsten positiven Einfluss auf die Gruppen- und Organisationseffektivität (Zeile 5).
- Laissez-Faire-Führung hat eine negative Auswirkung auf die Erfolgsvariablen.

Lassen sich aus diesen Befunden normative Aussagen über das »richtige« Führen in NPOs ableiten? Zunächst ist festzustellen, dass NPOs höchst heterogene soziale Systeme sind. Unterschiedliche Kontexte und Kulturen schaffen jeweils divergierende Erfolgsvoraussetzungen für Führung. Dieser Tatsache versuchen wir im folgenden Kapitel gerecht zu werden.

11.5 Führungsdilemma in NPOs

Wir ziehen das Differenzschema von basisnahen, verwaltungsnahen und wirtschaftsnahen NPOs heran (vgl. Beitrag I.1). Diese NPOs haben sich in unterschiedlichen Kontexten zu behaupten, die ihrerseits wiederum phänotypische Organisations- und Führungskulturen nach sich ziehen und in unserem Modell entlang eines zweipolaren Kontinuums angesiedelt werden (Tabelle II.11.3).

Die Kontexte unterscheiden sich zunächst in Bezug auf den Zeithorizont und die Messbarkeit der Leistung. Höhere existentielle Unsicherheiten in eher basisnahen Systemen bedingen kurzfristige Planungshorizonte. Die dort anzutreffenden Ziele sind oft schlecht definierbar und meist allgemeiner, offener Natur (z. B. politische Basisarbeit), und lassen sich nur schwer zu konkreten Zielvorgaben bündeln. Verwaltungsnahe NPOs können eher basisnahe (z. B. Hilfsorganisationen mit jährlichen Budgetanträgen bei Kommunen) oder eher wirtschaftsnahe sein (z. B. Krankenhäuser mit mehr Planungs- und Budgetsicherheit). Dort ist es leichter möglich, Ziele zu definieren (z. B. Definition von zu erbringenden Operationsleistungen). In wirtschaftsnahen NPOs sind die Ziele vergleichsweise geschlossener und leichter operationalisierbar (z. B. Reduzierung der tödlichen Verkehrsunfälle in einer bestimmten Periode).

Die Kontexte sind durch divergierende gesellschaftliche Steuerungsmedien charakterisiert, die soziale Realitäten spezifisch strukturieren: Solidarität, Tradition und Aushandlung in basisnahen NPOs, die als Bindungskitt fungieren und mangelnde Strukturen kompensieren; Macht und Hierarchie in verwaltungsnahen NPOs, die Orientierung durch klar geregelte Anordnungsbefugnisse geben; Geld und Märkte in wirtschaftsnahen NPOs, die über Überleben/Nicht-Überleben bestimmen bzw. die Frage beantworten, wer welche Investitionen tätigen kann.

Das aufgezeigte kontextuelle Spannungsgefüge lässt unterschiedliche Organisationskulturen entstehen. In Anlehnung an Schein (2010) differenzieren wir zwischen drei Manifestationsformen der Kultur. Die Ebene 3 bezieht sich auf Artefakte und Äußerungsformen, die Ebene 2 beinhaltet Werte, Normen und Standards und die Ebene 1 unbewusste Grundannahmen, also implizite »Wahrheiten«, die die unreflektierte Basis jeder Kultur bilden.

Das skizzierte Kontextkontinuum hat einen Einfluss auf die Artefakte und Äußerungsformen der Organisation (Ebene 3). Wir beschränken uns auf organisationale Steuerungsmedien und Anreize. Basisnahe NPOs nutzen als Steuerungsmedien primär Visionen bzw. Missionen, die auf eine ideale Vorstellung der Zukunft bezogen sind (Themenfeld: »Veränderung der realen Verhältnisse«). Das kann auch für verwaltungsnahe NPOs gelten. Aber in Abhängigkeit von der Klarheit der Zieldefinition können sich diese auch stärker auf Standards und Richtlinien stützen (»Wer erhält welche Leistungen aufgrund welcher rechtlichen Ansprüche«? oder: »Welche professionellen Qualitätskriterien sind anzuwenden«?). Wirtschaftsnahe NPOs sind idealtypisch am deutlichsten von Zielen und Strategien bestimmt.

In enger Wechselwirkung dazu stehen die Normen und Werte (Ebene 2), die zunächst unterschiedliche Bindungsarten der MitarbeiterInnen an die Organisation zum Inhalt haben. Diese sind entlang der Pole Identifikation, Idealismus, Emotion und intrinsische Motivation (z. B. freiwillige Arbeit im Dienste anderer) oder Kalkulation, Rationalität und extrinsische Motivation (z. B. monetäre Belohnung) angesiedelt. Die daraus resultierenden Beurteilungskriterien für MitarbeiterInnen beziehen sich entweder auf Sinn und Moral,

		Basisnahe NPO ⟷		Verwaltungsnah ⟷	Wirtschaftsnah
Kontext	Existentielle Sicherheit, Mittelausstattung	sehr niedrig	niedrig	hoch	mittel
	Zeithorizont	kurzfristig	mittelfristig	langfristig	
	Messbarkeit der Leistung	offene, schlecht definierbare Ziele		geschlossenere, leichter definierbare Ziele	
	Gesellschaftliche Steuerungsmedien	Solidarität, Tradition, Aushandlung		Macht und Hierarchie	Geld und Markt
Artefakte	Organisationale Steuerungsmedien	Vision, Mission, Normen, Prinzipien		Standards, Richtlinien	Strategie, Ziele
	Organisationale Anreize	Sinn, Moral, freiwilliges Engagement		Einkommen, Sicherheit, wenig freiwillige Arbeit	
Führungsdilemma		↑↓ Effektivität, Qualität, inhaltliche Arbeit **Transformationale Führung** ↓	⟷	↑↓ Effizienz, Zielerreichung, Quantität **Transaktionale Führung** ↓	
Werte, Normen	Bindung Mitarbeiter und Organisation	Identifikation, Idealismus, Emotion, intrinsische Motivation		Kalkulation, Realismus, Rationalität, extrinsische Motivation	
	Kriterien der Mitarbeiter Beurteilung	Commitment, Prinzipientreue, Qualität der Leistung		Leistung, Zielerreichung	
	Steuerung der Beziehungen	Egalitär, Individuum und Organisation gleich wichtig, Konsenssuche		Rangdifferenzierung, Organisation wichtiger als das Individuum, Konkurrenz	
	Entscheidungsfindung/-durchsetzung	Heterarchie, Autonomie, Partizipation, Bottom-up-Orientierung		Hierarchie, Fremdbestimmung, Autokratie, Top-down-Orientierung	
Führungsdilemma		↑↓ **Mitarbeiterorientierung** ↑	⟷	↑↓ **Aufgabenorientierung** ↑	
Annahmen	Zeitorientierung	Zukunft		Gegenwart	Gegenwart und Zukunft
	Beziehung zur Natur	Harmonie und Koexistenz		Dominanz und Ausbeutung	
	Natur des Menschen	gut oder schlecht		sowohl gut als auch schlecht	
Führungssubstitute	Professionelle Orientierung	Niedrig bis hoch	Mittel bis hoch		Mittel bis hoch
	Aufgabenstruktur	Keine Formalisation/Standardisierung	Mittlere Formalisation/Standardisierung		Mittel bis hohe Formalisation/Standardisierung
	Feedback	Unmittelbar möglich aber nicht gesichert	mittelbar möglich aber schwierig zu implementieren		Mittelbar möglich
	Arbeitsgruppe	Hohe Kohäsion	Niedrige Kohäsion		Mittlere Kohäsion
Führungsdilemma		↑↓ **Direkte Führung**	⟷	↑↓ **Indirekte Führung**	

Abbildung II.11.3: NPO-Typologie und kulturinhärente Führungsdilemmata

die Commitment und Prinzipientreue als Zielkriterium haben, oder auf Einkommen und Sicherheit, die Leistung und Zielerreichung betonen. Weiters geht es um Werte und Normen, die die Frage beantworten, wie Beziehungen gesteuert werden, nämlich entweder durch Prinzipien der Egalität oder der Rangdifferenzierung (»Alle sind gleich – alle sind ungleich«?). Das wirkt sich wiederum darauf aus, ob eher dem Konsens oder der Konkurrenz das Wort geredet wird, was zu unterschiedlichen Formen der Entscheidungsfindung-

und -durchsetzung führt (heterarchisch-partizipativ-bottom-up oder hierarchisch-autokratischer-top-down).

Die unbewussten Annahmen (Ebene 1) inkludieren z. B. das vorherrschende Menschenbild, das in basisnahen NPOs zwischen romantisierendem »Gutmenschentum« (Annahme: »Der Mensch ist prinzipiell gut, die gesellschaftlichen Bedingungen ruinieren seinen Charakter«) und resignierendem Pessimismus (Annahme: »Eine ungerechte sozialdarwinistische Welt kann durch die ›richtigen‹ Werte gerechter gestaltet werden«) schwankt. Wirtschaftsnahe NPOs nehmen in dieser Hinsicht eine weniger ideologisch aufgeladene Position ein. V. a. die Befriedigung relativ »neutral« gedachter menschlicher Bedürfnisse steht dabei im Vordergrund. Des Weiteren geht es um die Beziehung zur Natur im Allgemeinen, die zwischen Harmonie und Koexistenz (Annahme: »Menschen könnten prinzipiell im Einklang mit der Natur leben, wenn Geld- und Marktlogik in die Schranken gewiesen werden«) bzw. Dominanz und Ausbeutung angesiedelt ist (Annahme: »Ressourcen sind dazu da, Bedürfnisse zu befriedigen«). Zudem ist der meist ideologisch fundierte Überbau von basis- bzw. einigen verwaltungsnahen NPOs bezüglich der Zeitorientierung auf die Zukunft gerichtet (langfristig angestrebte »Weltveränderung«), während wirtschaftsnahe Systeme eher die Gegenwart fokussieren und eine Optimierung im Hier und Jetzt anstreben.

11.5.1 Kulturinhärente Führungsdilemmata

Den NPO-Typen sind unterschiedliche Führungsdilemmata inhärent, die aus impliziten oder expliziten Erwartungen und Einstellungen hervorgehen. Sie bestimmen den Diskurs über Führung, also die Frage, worauf der Fokus gerichtet wird, wenn über Führung gesprochen wird, und woran Erfolg und Misserfolg gemessen werden. Widersprüchlich (Gebert, 2004) sind diese Diskurse deshalb, weil sie von nur schwer auszubalancierenden Werte- und Normenkonflikten bestimmt werden. Insgesamt können drei derartige Führungsdilemmata spezifiziert werden.

Der Umgang mit dem Widerspruch zwischen transformationaler und transaktionaler Führung

In basis- und verwaltungsnahen NPOs zählen typischerweise Sinn und Moral mehr als Geld und Produktivität, Identifikation und Prinzipientreue mehr als Leistung und Zielerreichung. In wirtschaftsnahen NPOs gibt es gegenläufige Tendenzen. Eng verflochten damit ist der Dilemma-Diskurs, ob eher der Effektivität und der Qualität der Leistungserstellung Raum gegeben wird, oder aber Effizienz, Quantität und Output. Den daraus resultierenden Normen- und Wertepolen lassen sich eins zu eins die unterschiedlichen Prinzipien transformationaler und transaktionaler Führung zuordnen, wo MitarbeiterInnen entweder auf höhere Ebenen der Maslow'schen Bedürfnispyramide gehievt werden und Eigeninteressen zugunsten des Einsatzes für ideale Ziele zurückdrängen, oder wo eher ein direktes Tauschgeschäft zwischen Zielerreichung und monetärer Abgeltung herrscht. In der Praxis gehen daraus häufig Konflikte hervor, wenn z. B. unter dem Diktum der Professionalisierung betriebswirtschaftliche Instrumente (transaktionale Steuerungsgrößen) implementiert werden und dann der Ruf nach Rückbesinnung auf politische Ziele und Werte laut wird.

Die vorgestellten empirischen Befunde deuten darauf hin, dass derartige Diskurse durchaus gerechtfertigt sind, und zwar nach dem vereinfachten Schema: je basisnaher desto transformationaler; je wirtschaftsnaher, desto transaktionaler. Andererseits zeigt sich, dass transaktionale Führung, die Ziele definiert und Zielerreichung entsprechend würdigt, die Arbeitszufriedenheit am stärksten erhöht (MitarbeiterInnen wollen also wissen, was wie und warum belohnt wird). Allerdings bestätigen sich allzu hohe Erwartungen an stringentere Ziel- und Feedbackkorsette zur Leistungssteigerung in NPOs nur in einem beschränkten Ausmaß.

Der Umgang mit dem Widerspruch zwischen Mitarbeiter- und Aufgabenorientierung

NPOs tendieren eher zu hohen Ausprägungen von Mitarbeiterorientierung. Zudem tragen die Hierarchieabwehr und egalitäre Prinzipien das ihre dazu bei, rein aufgabenorientierter Führung mit Skepsis zu begegnen. Wirtschaftsnahe NPOs scheinen diesbezüglich toleranter zu sein. Hierarchien und Konkurrenz werden eher akzeptiert und die leichtere Operationalisier- und Messbarkeit der Ziele sind dafür verantwortlich. Je stärker also eine NPO an nichtmonetären Kriterien wie Sinn, Moral, Solidarität etc. orientiert ist, desto eher ist eine mitarbeiterorientierte Führung kulturkongruent. Das ist auch grundsätzlich sinnvoll, da die vorgestellten empirischen Befunde zeigen, dass diese nicht nur stark mit Zufriedenheitsindikatoren korreliert, sondern in NPOs auch die höchste Gesamteffektivität aufweist. Zudem ist ein Eingehen auf die Bedürfnisse der MitarbeiterInnen, v.a. bei der Arbeit mit Freiwilligen, auch angebracht, weil diese nur bedingt zur Einhaltung von Zielen verpflichtet werden können.

Allerdings kann zu hohe Mitarbeiterorientierung auch zu gewissen Paradoxien führen: Die damit oft einhergehende Konfliktvermeidung schont zwar die Gefühle der andernfalls Kritisierten, führt bei anderen Betroffenen aber erst recht zu Problemen (Simsa, 2004). Wenn z.B. aus falsch verstandener Mitarbeiterorientierung Personen, die nicht leistungsbereit sind, geschützt werden, leiden schnell deren KollegInnen an ungerechter Arbeitsaufteilung und in weiterer Folge an Demotivation.

Umgang mit dem Widerspruch zwischen direkter und indirekter Führung – Führungssubstitute

Führungssubstitute bezeichnen »die Ersetzung interaktiver Mitarbeiterführung durch indirekte Steuerungsmechanismen, v.a. durch spezifische – situativ unterschiedlich ausgeprägte – Aufgaben-, Organisations- sowie Geführtencharakteristika« (Wunderer, 2009, S. 314). Da solcherart auch Charakteristika der Geführten in den Blickpunkt geraten, geht der Begriff der Führungssubstitute über die definierten Vorstellungsinhalte strukturell-systemischer Führung hinaus. Beiden gemeinsam ist allerdings der »indirekte« Charakter der Führung.

Das Konzept behauptet, dass unter bestimmten Umständen direkte Formen der Führung nicht nur unwirksam sondern überhaupt kontraproduktiv sind (Kerr/Jermier, 1978, S. 395). Folgende Substitute haben sich in der empirischen Forschung als besonders relevant herauskristallisiert (Kerr/Mathews, 1995, Sp. 1026):

1. Die »Professionelle Orientierung«, die sich darauf bezieht, ob es sich bei den Geführten um Spezialisten bzw. Fachleute handelt, die erst nach langen Ausbildungs- und Sozialisationszeiten ihren Beruf ausüben.

2. Die »Aufgabenstruktur«, die darüber entscheidet, in welchem Ausmaß Abläufe und Prozesse formalisiert (schriftlich in Handbüchern fixiert) und standardisiert (automatisiert, arbeitsteilig strukturiert) werden können.
3. Das »Leistungs-Feedback«, das kennzeichnet, ob MitarbeiterInnen unmittelbar aus ihrer Tätigkeit eine Zielerreichung ablesen können oder ob dafür primär die Rückmeldung von Vorgesetzten erforderlich ist.
4. Die »Arbeitsgruppe«, welche darüber entscheidet, ob erforderliche Informationen zur Verfügung gestellt und ob Leistungsnormen entwickelt werden, die zu einer kohäsiven Zielidentifikation beitragen. Professionelle Orientierung, formalisierte Strukturen, direktes Leistungs-Feedback und kohäsive Arbeitsgruppen – so die Kernaussage – ersetzen direkte personalinteraktive Führung.

Die diesbezügliche Einstufung der NPO-Typen in Abbildung 4 fußt auf folgenden Überlegungen: In basisnahen NPOs sind die Prozesse meist wenig spezifiziert, jedoch können kurzfristig Erfolge und damit einhergehende hoch kohäsive Gruppendynamiken als Substitute der Führung fungieren. Anzunehmen ist, dass derartige Bedingungen nur im statu nascendi – z. B. in heißen Phasen der Durchsetzung von Bürgerinitiativen – vorherrschen, sodass mittel- bis langfristig direkte, persönliche Führungsformen unerlässlich werden. Eine besonders hohe Notwendigkeit personalinteraktiver Führung ergibt sich u. E. in einigen verwaltungsnahen NPOs, die mittelmäßig professionalisiert, formalisiert und standardisiert sind, jedoch in punkto Gruppenkohäsion immer wieder kritische Phasen durchlaufen. Diese ergeben sich z. B. aus niedrigen Graden existentieller Sicherheit, wenn Budgets bestenfalls mittelfristig gesichert sind und die ökonomische Effizienz ständig zu legitimieren ist (Simsa, 2012). Das kann zu einer Erosion von Werten, Motiven und Visionen beitragen, die immer wieder an der Realität zu scheitern drohen (Beispiel: »Wir müssen die Kontaktdauer in der Pflege reduzieren, da die Kommune den Tagsatz einfriert, was auf Kosten der Pflegequalität geht«).

Im Vergleich dazu weisen verwaltungsnahe NPOs, die mehr wirtschaftsorientiert sind, wie z. B. Krankenhäuser, bei den zentralen LeistungsträgerInnen (Medizin, Pflege) hohe Professionalisierungsgrade auf. Hinzu kommt, dass die Prozesse zwar komplex aber leichter formalisier- und standardisierbar sind. Beides minimiert die Notwendigkeit direkter Führung. Wirtschaftsnahe NPOs haben zwar ein Potenzial zur Ersetzung personalinteraktiver Führung, allerdings nur wenn systemisch-strukturelle Maßnahmen auch tatsächlich gesetzt werden.

Wie ist das Verhältnis zwischen direkter und indirekter Führung, und zwar bezüglich ihrer Auswirkungen auf die Einstellung der MitarbeiterInnen (z. B. Zufriedenheit oder Commitment), auf ihre Rollenwahrnehmung (Altruismus, Einsatzbereitschaft) und Performance-Indikatoren? Die einzige bisher dazu durchgeführte Metaanalyse (Podsakoff/MacKenzie/Bommer, 1996) ergab folgende Befunde: Direkte und indirekte Führung erklären immerhin 75% der Varianz in der MitarbeiterInnen-Einstellung, 60% jene in der Rollenwahrnehmung und immerhin noch 21% der Performance-Varianz. Indirekte Formen der Führung erklärten allerdings dreimal so viel Varianz (20,2% im Vergleich zu 7,2%). Das minimiere, so die AutorInnen, jedoch nicht die Bedeutung der Führung, denn diese sei ja auch für die Ausgestaltung indirekter Komponenten verantwortlich. Konkludieren lässt sich daraus, dass auch in NPOs indirekten Steuerungsmechanismen stärkere Aufmerksamkeit geschenkt werden sollte.

11.6 Führungsdilemmata und -balancen

Die drei Führungsdilemmata markieren in der alltäglichen Praxis etwa folgendes Spannungsgefüge: »Folge einer inspirierenden Vision, und fördere die Prinzipientreue – sei aber gleichzeitig realistisch und verfolge kalkulierbare Ziele, deren Erreichung belohnt wird!« »Kümmere Dich um Deine MitarbeiterInnen, fördere sie und nehme ihr Wohlergehen ernst – vergiss aber nicht, dass Organisationen dazu da sind, Ziele zu erreichen und Aufgaben effizient zu erledigen!« »Setze auf persönliche, vertrauensvolle Beziehungen – schaffe aber gleichzeitig Systeme und Routinen, die Interaktionen überflüssig machen und Kontrolle anonymisieren! »

Unsere NPO-Typologie mit ihrer vorgeschlagenen Operationalisierung unterschiedlicher Kulturen soll die Erwartungen an Führung deutlich machen und kann als Beobachtungsraster fungieren, sodass Tendenzen des Umgangs mit Widersprüchen in den Blick geraten und u. U. einer bewussteren Gestaltung zugänglich gemacht werden, oder auch die – mehr oder weniger funktionale – Neigung zu einem bestimmten Führungsstil.

NPOs neigen, das scheint zumindest unsere Praxiserfahrung zu bestätigen, zu besonders ausgeprägten Pendelschlägen zwischen Extrempunkten: Auf zu viel Autonomie folgt zentralisierte Kontrolle; auf Ineffizienz folgen kahlschlagartige Budgetdeckel; kumpelhafte Verbrüderung wird durch versachlichte Distanz abgelöst usw. Im Umgang mit den drei Führungsdilemmata empfiehlt sich allerdings eine Abkehr von der meist reflexartig eingenommenen Haltung des Entweder-Oder. Viele der Widersprüche, denen die Führung in NPOs begegnet, können langfristig nicht einseitig aufgelöst werden. Führung in NPOs ist u. E. nur dann erfolgreich, wenn sie ein konsequentes »Sowohl-als-Auch« verfolgt: Wenn sie also rationale und emotionale Intelligenz verbindet; wenn sie gleichzeitig auf Sach- und Beziehungsqualität achtet; Visionen und Werte konsequent vorlebt und trotzdem Effizienz und Produktivität pragmatisch durchsetzt; wenn MitarbeiterInnen operative Autonomie gewährt wird und dennoch indirekte Systemlogiken etabliert werden, die Verhalten steuern und langfristiges Überleben der Organisation sichern.

Die Betriebswirtschaftslehre und mehr noch die Praxis tendieren dazu, Führung zu heroisieren. Auch NPOs sind dafür aufgrund ihrer hohen Beziehungsorientierung sehr empfänglich. Die genannten Widersprüche können allerdings nicht durch eine Person abgedeckt bzw. aufgelöst werden – auch nicht durch noch so begabte Leader. Aufgabe von Führung in diesem Zusammenhang ist es vielmehr, sie zu bemerken und sie – immer wieder aufs Neue – einer Bearbeitung zugänglich zu machen.

Literatur

Allison, Michael (2002): »Into the Fire: Boards and Executive Transitions.« Nonprofit Management and Leadership, 2002, 12(4), 341–351.

Austin, Michael J./Gilmore, Thomas N. (1993): Executive Exit: Multiple Perspectives on Managing the Leadership Transition, in: Administration in Social Work 17, Issue 1, S. 47–60.

Austin, Michael J. et al. (2011): Building managerial and organizational capacity in nonprofit human service organizations through a leadership development program, in: Administration in Social Work 35, Issue 3, S. 258–281.

Avolio, Bruce J. (1999): Full Leadership Development: Building the Vital Forces in Organization, Thousand Oaks.
Bass, Bernard M. (1998): Transformational Leadership: Industrial, Military, and Educational Impact, Mahwah.
Bell, Jeanne/Moyers, Rick/Tim Wolfred (2006): Daring to Lead 2006: A National Study of Nonprofit Executive Leadership, San Francisco, Washington.
Bennis, Warren/Nanus, Burt (2005): Leaders: Strategies for taking charge, New York.
Beyes, Timon/Jäger, Urs (2005): Erforschung multidiskursiver Organisationen – NPO-Management aus systemtheoretischer Sicht, in: DBW – Die Betriebswirtschaft 65, Heft 5, S. 627–646.
Blecker, Thorsten/Kaluza, Bernd (2004): Produktionsstrategien – ein vernachlässigtes Forschungsgebiet?, in: Braßler, Axel/Corsten, Hans (Hrsg.): Entwicklungen im Produktionsmanagement, München, S. 4–27.
De Hoogh, Annebel H. B. et al. (2005): Leader Motives, Charismatic Leadership, and Subordinates´ Work Attitude in the Profit and Voluntary Sector, in: The Leadership Quarterly 16, Issue 1, S. 17–38.
Dobbs, Stephen Mark (2004): Some thoughts about nonprofit Leadership, in: Riggio, Ronald E./Smith Orr, Sarah: Improving Leadership in Nonprofit Organizations, San Francisco, S. 10–18.
Dym, Barry Michael/Hutson, Harry (2005): Leadership in Nonprofit Organizations: Lessons From the Third Sector, London.
Egri, Carolyn P./Herman, Susan (2000): Leadership in the North American Environmental Sector: Values, Leadership Styles, and Contexts of Environmental Leaders and their Organizations, in: Academy of Management Journal 43, Issue 4, S. 571–604.
Fletcher, Kathleen B. (1992): Effective Boards: How Executive Directors Define and Develop Them, in: Nonprofit Management and Leadership 2, Issue 3, S. 283–293.
Friedman, Howard S./Schustack, Miriam W. (2004): Persönlichkeitspsychologie und Differentielle Psychologie, München u. a.
Froelich, Karen/McKee, Gregory/Rathge, Richard (2011): Succession planning in nonprofit organizations, in: Nonprofit Management and Leadership 22, Issue 1, S. 3–20, doi: 10.1002/nml.20037
Gardner, Howard/Csikszentmihalyi, Mihaly/Damon, William (2005): Good Work! Für eine neue Ethik im Beruf, Stuttgart.
Gebert, Diether (2004): Dilemma-Management, in: Schreyögg, Georg/Werder, Axel von (Hrsg.): Handwörterbuch Unternehmensführung und Organisation, Stuttgart, Sp. 195–204.
Goldberg, Lewis R. (1990): An alternative description of personality: The big-five factor structure, in: Journal of Personality and Social Psychology 59, Issue 6, S. 1216–1229.
Green, Florence L. (2004): Ten things Nonprofits must do in the twenty-first century, in: Riggio, Ronald E./Smith Orr, Sarah: Improving Leadership in Nonprofit Organizations, San Francisco, S. 19–39.
Heintel, Peter/Krainz, Ewald E. (2011): Projektmanagement: Hierarchiekrise, Systemabwehr, Komplexitätsbewältigung, Wiesbaden.
Helmig, Bernd/Jegers, Marc/Lapsley, Irvine (2004): Challenges in Managing Nonprofit Organizations. A Research Overview, in: Voluntas: International Journal of Voluntary and Nonprofit Organizations 15, Issue 2, S. 101–116.
Herman, Robert D. (1994): Preface, in: Herman, Robert D. and Associates (Hrsg.): The Jossey-Bass Handbook of Nonprofit Leadership, San Francisco, S. XV–XXI.

Herman, Robert D./Heimovics, Richard (1990): The Effective Executive: Leader of the Board, in: Nonprofit Leadership and Management 1, Issue 2, S. 167–180.

Herman, Robert D./Heimovics, Richard (1994): Executive and Management Leadership, in: Herman, Robert D. and Associates (eds.): The Jossey-Bass Handbook of Nonprofit Leadership, San Francisco, 137–153.

Herman, Robert D./Heimovics, Richard (1990): »The Effective Nonprofit Executive:

Leader of the Board.« Nonprofit Leadership and Management, 1990, 1(2), 167–180.

Hesselbein, Frances (2004): Future Challenges for Nonprofit Organizations, in: Riggio, Ronald E./Smith Orr, Sarah: Improving Leadership in Nonprofit Organizations, San Francisco, S. 3–9.

Jäger, Urs/Beyes, Timon T. (2008): Von der Kunst des Balancierens: Entwicklungen, Themen und Praktiken des Managements von Nonprofit-Organisationen, Bern.

Jeavons, Thomas H. (1992): When the Management Is the Message: Relating Values to Management Practice in Nonprofit Organizations, in: Nonprofit Management and Leadership 2, Issue 4, S. 403–417.

Judge, Timothy A./Piccolo, Ronald F. (2004): Transformational and transactional leadership: A Meta-Analytic test of their relative validity, in: Journal of Applied Psychology 89, Issue 5, S. 755–768.

Judge, Timothy A. et al. (2002): Personality and Leadership: A qualitative and quantitative review, in: Journal of Applied Psychology 37, Issue 4, S. 765–780.

Judge, Timothy A./Piccolo, Ronald F./Ilies, Remus (2004): The forgotten ones? The validity of consideration and initiating structure in leadership research, in: Journal of Applied Psychology 89, Issue 1, S. 36–51.

Kerr, Steve/Jermier, John M. (1978): Substitutes for Leadership: Their meaning and measurement, in: Organizational Behavior and Human Performance 22, S. 375–403.

Kerr, Steve/Mathews, Charles S. (1995): Führungstheorien – Theorie der Führungssubstitution, in: Kieser, Alfred/Reber, Gerhard/Wunderer, Rolf (Hrsg.): Handwörterbuch der Führung, Stuttgart, Sp. 1021–1034.

Kühl, Stefan (2011): Organisationen. Eine sehr kurze Einführung, Wiesbaden.

Luhmann, Niklas (2000): Organisation und Entscheidung, Opladen.

Maunz, S./Steyrer, Johannes (2001): Das Burnout-Syndrom in der Krankenpflege: Ursachen – Folgen – Prävention, in: The Middle European Journal of Medicine 113, Heft 7–8, S. 296–300.

McCrae, Robert R./Costa, Paul T. (1985): The NEO Personality Inventory, Odessa.

Newman, William H./Wallender, Harvey W. (1978): Managing Not-For-Profit Enterprises, in: Academy of Management Review 7, Issue 1, S. 24–31.

Podsakoff, Philip M./MacKenzie, Scott B./Bommer, William H. (1996): Meta-Analysis of the relationships between Kerr and Jermier's substitutes for leadership and employee job attitudes, role perceptions, and performance, in: Journal of Applied Psychology 81, Issue 4, S. 380–399.

Reihlen, Markus (2004): Hierarchie, in: Schreyögg, Georg/Werder, Axel von (Hrsg.): Handwörterbuch Unternehmensführung und Organisation, Stuttgart, Sp. 407–413.

Richie, William J./Eastwood, Karen (2006): Executive Functional Experience and Its Relationship to the Financial Performance of Nonprofit Organizations, in: Nonprofit Management and Leadership 17, Issue 1, S. 67–82.

Santora, Joseph C./Caro, Mary Ellen/Sarros, James C. (2007): Succession in Nonprofit Organizations: An Insider/Outsider Perspective, in: SAM Advanced Management Journal 72, Issue 4, S. 26–31.

Schein, Edgar H. (2010): Organisationskultur, Bergisch Gladbach.
Schröer, Andreas (2009): Professionalisierung und Nonprofit Leadership, in: Eurich, Johannes/ Brink, Alexander (Hrsg.): Leadership in sozialen Organisationen, Wiesbaden, S. 142–158.
Sherlock, John J./Nathan, Maria L. (2007): Nonprofit Association CEOs: How Their Context Shapes What, How, and Why They Learn, in: Nonprofit Management and Leadership 18, Issue 1, S. 19–39.
Simsa, Ruth (2004): Conflict Management, in: Zimmer, Annette/Priller, Eckhard (Hrsg.): Future of Civil Society, Opladen, 479–492.
Simsa, Ruth (2012): NPO – Meister der Unsicherheitsbewältigung, in: Supervision, Heft 3 (Im Erscheinen).
Simsa, Ruth/Krainz, Ewald E. (2005): Mediation in NPOs, in: Falk, Gerhard/Heintel, Peter/ Krainz, Ewald E. (Hrsg.): Handbuch Mediation und Konfliktmanagement, Wiesbaden, S. 205–217.
Simsa, Ruth/Patak, Michael (2008): Leadership in Nonprofit-Organisationen. Die Kunst der Führung ohne Profitdenken, Wien.
Steyrer, Johannes (2009): Theorie der Führung, in: Kasper, Helmut/Mayrhofer, Wolfgang (Hrsg.): Personalmanagement, Führung, Organisation, Wien, S. 25–94.
Steyrer, Johannes/Meyer, Michael (2010): Welcher Führungsstil führt zum Erfolg? in: Zeitschrift für Führung und Organisation (ZFO) 79, Heft 3, S. 148–155.
Tierney, Thomas J. (2006): The Leadership Deficit, in: Stanford Social Innovation Review 4, Issue 2, S. 26–35.
Wunderer, Rolf (2009): Führung und Zusammenarbeit, Köln.

Teil III
Beyond Management – Klassische NPO-Themen

1 Freiwilligenarbeit in Nonprofit-Organisationen

Eva More-Hollerweger, Paul Rameder[1]

1.1 Einleitung

Freiwilligenarbeit spielt als Ressource für viele NPOs eine wichtige Rolle. Manche – meist kleinere – NPOs beruhen ausschließlich auf freiwilligem Engagement[2], in anderen spielt dieses zahlenmäßig eine untergeordnete Rolle. Freiwillige finden sich in der Führungsebene, z. B. als ehrenamtlicher Vorstand, wie auch in ausführenden Tätigkeiten wieder (Badelt et al. 2007: 7f.). Ihre Tätigkeiten sind dabei so vielfältig wie die NPOS selbst. Vom Einsatz bei der Freiwilligen Feuerwehr oder im Rahmen von Besuchs- und Begleitdiensten für ältere Personen oder Menschen mit Behinderung, bis hin zum Engagement in Umweltorganisationen oder unbezahlter Rechtsberatung kann eine Vielzahl an Aktivitäten unter Freiwilligenarbeit zusammengefasst werden. Ebenso vielfältig sind die Motive dafür. Während sich für die einen die Freiwilligenarbeit auf dem altruistischen Wunsch gründet, zu helfen, sehen andere darin die Verrichtung einer Dienstleistung für das Gemeinwohl, wieder andere stellen persönliche Ziele, wie den Erwerb und Nachweis bestimmter Fähigkeiten in den Vordergrund (Wilson 2000: 280f.).

Freiwilligenarbeit wird durch gesellschaftliche Entwicklungen geprägt. Individualisierung, soziale Desintegration, der Verlust sozialer Bindungen, geringer werdendes Interesse an Politik und geringere Leistungsfähigkeit traditioneller Sozialsysteme führten in den letzten Jahrzehnten zu strukturellen Veränderungen. Diese Entwicklungen sind nun auch mit einem politischen Paradigmenwechsel verbunden. Dieser zeigt sich vor allem in einer zunehmenden Präsenz des Themas der Freiwilligenarbeit in den Agenden der nationalen sowie internationalen Politik sowie der stärkeren Wahrnehmung von Bürgerbeteiligung als ein wichtiger gesellschaftlicher wie sozioökonomischer Faktor (Priller 2011b: 11).

Freiwilligenarbeit kann nicht entkoppelt von kulturellen und nationalstaatlichen Prägungen betrachtet werden. Während die Länder Nordeuropas und im deutschsprachigen Raum über eine lange Tradition des freiwilligen Engagements und über einen gut entwickelten Freiwilligensektor verfügen, ist in Osteuropa erst eine dahingehende Entwicklung zu beobachten. Nach Zusammenbruch des kommunistischen Systems mussten sich zivilgesellschaftliche Organisationen vielfach neu formieren. In Südeuropa spielen familiäre Bindungen und Clanstrukturen hingegen eine bedeutendere Rolle als zivilgesellschaftliche Organisationen. Empirische Ergebnisse zeigen, dass sich Freiwilligenarbeit in Europa häufiger in Staaten mit geringeren Einkommensunterschieden (Gini-Koeffizient), stärkerer Urbanisierung und höheren Sozialausgaben findet (Meyer/Rameder 2011). Im nordamerikanischen Raum besteht eine kulturelle Erwartungshaltung, sich freiwillig und v. a.

1 Wir bedanken uns bei Selma Sprajcer für ihren wertvollen Input!
2 Die Begriffe »Freiwilligenarbeit« und »freiwilliges Engagement« werden hier synonym verwendet.

im religiösen und sozialen Bereich zu engagieren. Nach de Tocqueville[3] (2000) sind ein funktionierendes Vereinswesen sowie eine hohe Bürgerbeteiligung die Eckpfeiler einer starken Demokratie. Angelehnt an dessen Thesen erregte der Soziologe Putnam (2000) durch sein Werk »Bowling alone« großes Aufsehen, in dem er einen Verfall des Engagements von BürgerInnen in den USA diagnostizierte und somit den gesellschaftlichen Zusammenhalt und das Bestehen der Demokratie in Frage stellte. Empirisch haben sich diese Prognosen bislang in dieser drastischen Form nicht bestätigt.

1.2 Begrifflichkeiten und Definitionen

Kulturelle Unterschiede haben eine Vielfalt an Begriffen und Definitionen zur Folge, die sich vor allem auf die Vergleichbarkeit des Engagements in verschiedenen Ländern auswirken. »Volunteering« im anglo-amerikanischen Raum hat einen anderen Hintergrund als »frivillig verksamhet« in Schweden und das deutsche »Ehrenamt«. Jeder dieser Begriffe besitzt eine eigene Geschichte, verweist auf mehr oder weniger spezifizierbare gesellschaftliche AkteurInnen sowie Traditionen und deutet auf unterschiedliche Gesellschaftsentwürfe und politische Wahrnehmungsraster hin (Beher et al. 2000:15; Anheier et al. 2003: 6ff.).

Im deutschsprachigen Raum finden sich neben dem Begriff des Ehrenamts, der seine Wurzeln einerseits in den administrativ-politischen Ehrenämtern und andererseits in der humanitären und karitativ-christlichen Hilfstätigkeit gegenüber Armen hat (Wolf/Zimmer 2012), zunehmend die Begriffe »Freiwilligenarbeit« und »bürgerschaftliches Engagement«. Der Begriff »Freiwilligenarbeit« entspricht der wörtlichen Übersetzung des englischen Ausdrucks »voluntary work« bzw. »volunteer labour« (Olk 1992: 11). Innerhalb der Europäischen Union hat sich der Begriff »Freiwilligentätigkeit« etabliert. Der Begriff »bürgerschaftliches Engagement« ist im Alltagsgebrauch vordergründig in Deutschland zu finden. In der politischen und wissenschaftlichen Diskussion ist er in der Regel stark mit politischer Partizipation, Demokratiewahrnehmung und -stärkung verbunden (Priller 2011b: 13).

Mit der Ausrufung des Jahres 2001 zum »Internationalen Jahr der Freiwilligen« hat die UN nicht nur einen wesentlichen Beitrag zum gesellschaftlichen Stellenwert der Freiwilligen beigetragen, sondern auch erste Schritte zur Abgrenzung des Begriffes getätigt. Die hierbei definierten drei Charakteristika umfassen (1) den freien Willen, unter dem die Tätigkeit ausgeübt wird, (2) den fehlenden monetären Gegenfluss sowie (3) Dritte, denen die Tätigkeit vordergründig zugutekommen soll (United Nations 2003). In der Kommunikation der Europäischen Union wird der, dieser Definition zugrundeliegende, Dienstleistungscharakter der Freiwilligentätigkeit betont (Europäische Union 2006). An dieser Definition orientiert sich auch der erste Freiwilligenbericht für Österreich (BMASK 2009). Er zieht eine Abgrenzung in vierfacher Hinsicht. (1) Als eine Tätigkeit, die unentgeltlich, freiwillig und zugunsten Dritter außerhalb des eigenen Haushaltes ausgeübt wird, wird sie von bezahlter Erwerbsarbeit abgegrenzt. (2) Des Weiteren wird sie von der Hausarbeit

3 Der französische Politiker und Historiker Alexis de Tocqueville (1805–1859) bereiste in den 1830er die USA, war beeindruckt von der regen und aktiven Zivilgesellschaft und berichtete darüber in seinem berühmten Buch »De la démocratie en Amérique« 1835 und 1840 (Tocqueville 2000).

oder Kindererziehung unterschieden, die der eigenen Familie zu Gute kommt. (3) Darüber hinaus werden freiwillige Aktivitäten von unbezahlten Praktika, die im Rahmen von Ausbildungen etc. absolviert werden müssen sowie (4) von konsumtiven Freizeitaktivitäten wie persönlichen Hobbys abgegrenzt (More-Hollerweger et al. 2009b: 9). Im Rahmen des Freiwilligensurvey in Deutschland, erstmals 1999 erhoben, wurde eine eher offene Definition gewählt: Als Kriterien wurden (1) eine aktive Beteiligung in einer Gruppierung, Organisation oder Einrichtung, die (2) unbezahlt oder gegen geringe Aufwandsentschädigung erfolgt, in deren Rahmen (3) Aufgaben oder Arbeiten (4) freiwillig übernommen werden herangezogen (Gensicke et al. 2006). Im Schweizer Freiwilligen-Monitor wird unter Freiwilligenarbeit allgemein jede Aktivität verstanden, bei der ohne Gegenleistung Zeit (oder Geld) aufgewendet wird, um einer Person, einer Gruppe oder einer Organisation zu nutzen (Stadelmann-Steffen et al. 2010).

1.3 Formen der Freiwilligenarbeit

Neben der formellen Freiwilligenarbeit, die in Organisationen eingebunden ist, gibt es zahlreiche informelle Tätigkeiten, die außerhalb von Organisationen im Rahmen von Netzwerken geleistet werden, die aus NachbarInnen, FreundInnen und Bekannten bestehen (Priller 2011b: 13). Im weiteren Verlauf dieses Beitrags liegt der Fokus auf der formellen Freiwilligenarbeit.

Der Umfang an Stunden sowie die Regelmäßigkeit, mit der das ehrenamtliche Engagement ausgeübt wird, variiert zwischen den Freiwilligen erheblich. Manche engagieren sich zwar regelmäßig, aber nur für wenige Stunden. Andere wiederum engagieren sich spontan, projektbezogen und ohne langfristige Bindung an eine Organisation, wieder andere üben freiwilliges Engagement nahezu wie eine Vollzeitbeschäftigung aus. Es gibt in diesem Sinne keine »typische« Beschäftigungsform. Für welche Tätigkeiten Freiwillige eingesetzt werden, wird zwischen Organisation und dem Freiwilligen selbst vereinbart. Ehrenamtliche werden jedoch häufig für solche Tätigkeiten eingesetzt, die keine besondere Berufsausbildung erfordern, weshalb sie mitunter auch als Laienarbeit bezeichnet wird. Dies bedeutet allerdings nicht, dass dafür keinerlei Qualifikationen erforderlich sind – im Gegenteil, der Erwerb dieser spielt eine immer bedeutendere Rolle. Im Sinne des »lebenslangen Lernens« wird ehrenamtliche Arbeit als Möglichkeit gesehen, berufsspezifische und fachliche Qualifikationen zu erwerben oder als Training sozialer Kompetenzen. Ältere Menschen, die bereits aus dem Erwerbsleben ausgeschieden sind, sehen ihr Engagement oft als Chance, geistig fit zu bleiben und sich Fähigkeiten anzueignen, die den Alltag erleichten. Selbst Profitunternehmen haben den Wert des freiwilligen Engagements für den Erwerb von fachlichen und sozialen Kompetenzen, aber auch zur Motivation und Bindung der MitarbeiterInnen an das Unternehmen für sich entdeckt. Im Rahmen von »Corporate Volunteering« treten Unternehmen selbst in Kooperation mit NPOs und fördern das Engagement der MitarbeiterInnen, indem diese für ein bestimmtes Ausmaß an Zeit freigestellt werden. Neben den Einflüssen der veränderten Arbeits- und Lebenswelt, gewinnen auch das Web 2.0 und die sozialen Medien an Bedeutung für die Freiwilligenarbeit. Freiwillige und Organisationen suchen und finden sich über sogenannten Freiwilligenbörsen. Auch die Freiwilligentätigkeit im Internet, das s.g. Onlinevolunteering (z.B. Wikipaedia), findet zunehmend Verbreitung.

1.4 Freiwilligenarbeit im Interesse verschiedener Forschungsdisziplinen

Freiwilligenarbeit hat in den letzten Jahrzehnten in verschiedenen Forschungsdisziplinen einen Aufschwung an Interesse erfahren. Insbesondere die Ökonomie, die Soziologie, die Politikwissenschaften und die Psychologie widmen sich dem Thema aus unterschiedlicher Sichtweise, oft aber mit ähnlichen Fragestellungen (Hustinx et al. 2010). Vielfach bildet freiwilliges Engagement auch eine erklärende Variable für andere Phänomene wie Individualisierung, Wertewandel und Sozialkapital. Die folgenden Ausführungen geben einen knappen Überblick über die Verortung des Themas in der Forschung.

Eine zentrale Frage, mit der sich alle genannten Forschungsdisziplinen auseinandersetzen, zielt auf die freiwillig engagierten Personen und ihre Motive ab: Warum engagieren sich Menschen freiwillig? Die Ökonomie befasst sich v.a. mit der Frage, wie Freiwilligenarbeit mit dem Konzept der Nutzenmaximierung vereinbar ist. Neben dem Eigennutzen (z. B. Erwerb von Qualifikationen, Teilnahme an Netzwerken, die auch beruflich von Nutzen sind) werden verschiedene Formen des Altruismus betrachtet, bei denen sich die AnbieterInnen von Freiwilligenarbeit an Referenzgruppen, am Gesamtangebot von öffentlichen Gütern etc. orientieren. Zudem wird Freiwilligenarbeit als Tauschverhalten interpretiert, indem Arbeitsleistungen beispielsweise gegen künftige Gegenleistungen oder Informationen getauscht werden (Badelt 1985: 69ff.). Die mögliche Verdrängung von intrinsischer Motivation durch monetäre Anreize wird unter dem Begriff »motivation crowding« diskutiert (Frey 1997).

Andere Perspektiven zum altruistischen Handeln liefert die Psychologie. Gemäß der Entwicklungspsychologie werden Empathie und soziale Verantwortung im Laufe des Lebens erlernt, v.a. das Vorbild der Eltern spielt dabei eine wichtige Rolle. Bedeutend ist auch das praktische Erlernen, weshalb es Sinn macht, bereits Kinder dazu zu motivieren, sich freiwillig zu engagieren. Die Sozialisation zum freiwilligen Engagement durch Eltern und Schule wurde von einigen Studien als wichtig erkannt (Sundeen/Raskoff 2000; Erlinghagen 2008; Haski-Leventhal 2009a). Die Sozialpsychologie sieht pro-soziales Verhalten als das Ergebnis der Interaktion zwischen einer Person und ihrer Umwelt (Haski-Leventhal 2009a): als pro-soziales Verhalten wird eine Handlung bezeichnet »... die das Ziel hat, einem anderen Menschen Gutes zu tun« (Aronson et al. 2004: 404). Als Erklärung werden Persönlichkeitsmerkmale (z. B. Empathie und Großzügigkeit) sowie situative Faktoren herangezogen (Haski-Leventhal 2009a: 277f.).

In soziologischen Arbeiten werden die Motive häufig in einen weiteren Kontext von Einstellungen und Werten gestellt (Hustinx et al. 2010). Hier stehen v.a. Veränderungsprozesse im Zentrum des Interesses. Die Beobachtungseinheiten sind vielfach nicht Individuen, Institutionen oder Sektoren sondern Konstrukte wie Lebenslagen, institutionelle Settings und Lebensläufe (z. B. Beher et al. 2000: 9f.) Eingebettet in den konzeptionellen Kontext des sozialen Wandels steht die Frage nach einem Wandel der Freiwilligenarbeit. In einigen Arbeiten liegt der Schwerpunkt der Betrachtungen eher bei den Personen, ihren Motiven sowie persönlichen Einstellungen (Hustinx 2007), andere Arbeiten fokussieren hingegen die Veränderung der freiwilligen Tätigkeiten und ihrer institutionellen Einbindung (Beher et al. 2000: 12f.). Das traditionelle Ehrenamt wird als langfristige Tätigkeit in eher hierarchisch orientierten Vereinen und Verbänden und als vorwiegend »altruistisch« motiviert beschrieben. »Neues« oder »modernes« Engagement wird hingegen mit Merkmalen wie kurzfristiger Bindung sowie der Betonung der eigenen Präferenzen und

Interessen in Verbindung gebracht. In der empirischen Forschung zeigt sich, dass diese Konzepte schwer operationalisierbar und nachweisbar sind, weil sie kaum in reiner Form auftreten (Hustinx 2007).

Die Frage, wer sich freiwillig engagiert, wird ebenfalls von verschiedener Seite beleuchtet. Dabei liegt ein Schwerpunkt bei Partizipation und der gesellschaftlichen Integration der Freiwilligen selbst. Die Partizipationsforschung untersucht, in welcher Form sich verschiedene Bevölkerungsgruppen an gesellschaftlichen Belangen beteiligen (Heitzmann et al. 2009; Mackerle-Bixa et al. 2009). Neben freiwilligem Engagement geht es dabei auch um andere Formen der Partizipation, wie z. B. Wählen oder Demonstrieren. Freiwilligenarbeit wird als Gelegenheit gesehen, ein Verständnis für Demokratie zu entwickeln und aktiv an ihr teil zu haben. Inwieweit das auch gegeben ist, hängt von den Zielen, Aktivitäten, Strukturen und Entscheidungsprozessen der Organisationen ab (Mackerle-Bixa et al. 2009). Im amerikanischen Raum beschäftigten sich vor allem Verba et al. (1995) mit Einflussfaktoren auf die politische Partizipation und differenzieren zwischen persönlichen Ressourcen (z. B. Zeit, Geld, Wissen), Engagement als Ausdruck psychologischer Veranlagung, das durch Familie, Schule, den Arbeitsplatz etc. geprägt wird, sowie Netzwerken, durch die Individuen zur Beteiligung angeregt werden.

Neben der politischen geht es auch um die soziale Partizipation und Integration. Freiwilligenarbeit wird als Möglichkeit erachtet, soziale Kompetenzen, wie Empathie, Toleranz, die Fähigkeit um Hilfe zu bitten oder Hilfe anzubieten, Konfliktfähigkeit, solidarisches Verhalten zu erlernen. Diese Fähigkeiten sind Ausdruck von Sozialkapital. Putnam definiert dieses als »...features of social organization, such as trust, norms, and networks, that can improve the efficency of society by facilitating coordinated actions« (Putnam 1993: 167). Freiwilligenarbeit fand vielfach auch Eingang in die Debatte zur Krise der Arbeitsgesellschaft. Im Vordergrund steht die Frage, inwieweit Freiwilligenarbeit den Verlust des integrativen Potenzials von Erwerbsarbeit angesichts der steigenden Arbeitslosigkeit ausgleichen kann (Simsa 2007). Diskutiert wird zudem die Tauglichkeit von Freiwilligenarbeit als Einstiegshilfe für Arbeitslose zurück in den Arbeitsmarkt (Strauß 2009).

Bei der Klärung der Frage, warum sich manche Menschen freiwillig engagieren und andere nicht, liefert u. a. die Theorie sozialer Praxis von Pierre Bourdieu eine hilfreiche Analyse- und Erklärungsfolie (Bourdieu 1982, 1983; Heitzmann et al. 2009; Meyer et al. 2009). Allgemein gesprochen wird ihr zufolge die Teilnahmemöglichkeit an bestimmten gesellschaftlichen Bereichen durch die Ausstattung jedes Menschen mit verschiedenen Kapitalien determiniert. Bourdieu unterscheidet zwischen dem ökonomischen, dem kulturellen und dem sozialen Kapital. Die Kapitalausstattung eines Menschen wird geprägt durch dessen soziale Herkunft sowie durch den Erwerb von Kapitalien im Lebensverlauf. Mechanismen der Fremd- sowie der Selbstselektion bewirken, dass Menschen mit einer »ungenügenden« oder »unpassenden« Ausstattung an Kapitalien in verschiedenen Bereichen der Gesellschaft nicht akzeptiert werden bzw. eine Teilhabe nicht in Betracht ziehen. Dies trifft auch für freiwilliges Engagement zu.

Auf Makroebene wird der Einfluss von Faktoren, wie Wohlfahrtsstaat, politische Kultur, wirtschaftlicher Situation und die Zusammensetzung der Gesellschaft auf das freiwillige Engagement untersucht (Mackerle-Bixa et al. 2009). Beispielsweise beleuchtet die Social Origin-Theorie Unterschiede im freiwilligen Engagement in verschiedenen politischen Regimen, wie z. B. eher korporatitisch (Belgien), liberal (US), etatistisch (Japan) oder sozial-demokratisch (Finnland) geprägte Länder (Salamon/Anheier 1998; Hustinx et al. 2010).

1.5 Einflussfaktoren auf Freiwilligenarbeit

Freiwilligenarbeit wird einerseits durch die Personen geprägt, die sie ausüben und andererseits durch die Organisationen, die sie nachfragen (siehe Abbildung III.1.1). Das Umfeld hat ebenfalls Einfluss auf die Ausgestaltung von freiwilligem Engagement. Dazu zählen kulturelle Aspekte, die z. B. die Vereinslandschaft im ländlichen Raum prägen, sowie staatliche Institutionen, die etwa die rechtlichen Rahmenbedingungen festlegen und Ausprägungen des Wohlfahrtsstaates, die definieren, welche sozialen Leistungen in welcher Form finanziert und angeboten werden und Auswirkungen auf die Einkommensverteilung haben. Im folgenden Überblick über die empirische Forschung zu Einflussfaktoren auf die Freiwilligenarbeit wird zwischen Studien unterschieden, die Einflüsse auf Organisationen analysieren und jenen, die das Hauptaugenmerk auf die freiwillig tätigen Personen legen.

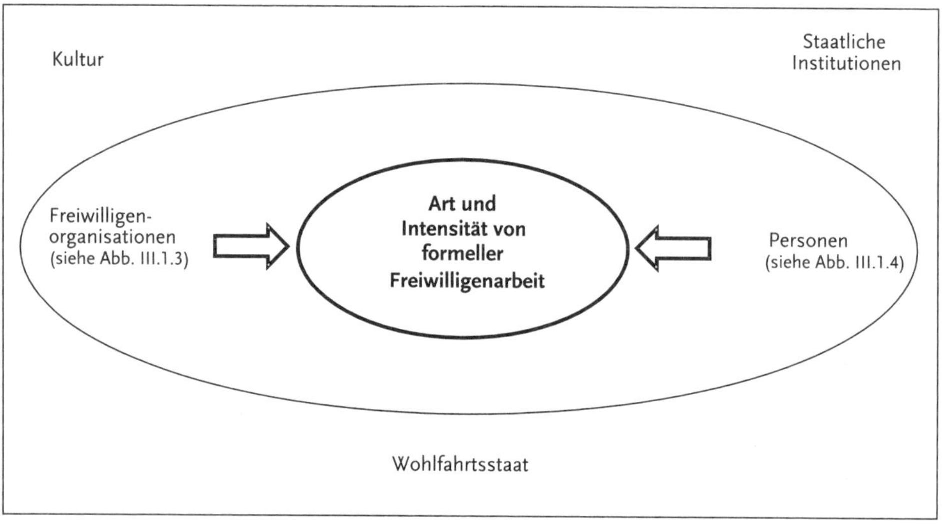

Abbildung III.1.1 : Überblick über die Einflussfaktoren auf Freiwilligenarbeit

1.5.1 Engagementforschung in Deutschland, Österreich und der Schweiz

Im deutschsprachigen Raum begann die systematische empirische Erfassung von freiwilligem Engagement in den 1980er Jahren und ist überwiegend durch quantitative Querschnittserhebungen geprägt. In Österreich fand die erste Erhebung im Jahr 1982 (Badelt, 1985) statt und umfasste im Unterschied zu Erhebungen anderer Länder bereits die formelle und informelle Freiwilligenarbeit. Auch in Deutschland begann die Engagementforschung in den 1980er Jahren (Alscher et al. 2009b: 10–15) und führte zur Etablierung einer systematischen und regelmäßigen (alle 5 Jahre) Erhebung der Freiwilligenarbeit, dem Freiwilligensurvey (1999, 2005, 2009; Gensicke/Geiss 2010). Darüber hinaus liefern in Deutschland zahlreiche weitere Studien (z. B. der Engagementatlas, ALLBUS, diverse Zeitbudgetstudien sowie der Freizeit Monitor), bereichsspezifische Erhebungen (z. B.

Sportentwicklungsbericht 2007/2008) und Längsschnitterhebungen (SOEP[4]) zusätzliche Daten zum Engagement (Priller 2011a: 26ff.). In der Schweiz existiert seit 1997 im Rahmen der jährlichen »Schweizer Arbeitskräftehebung« (SAKE) ein Modul zur »unbezahlten Arbeit« das bislang in den Jahren 1997, 2000, 2004, 2007 und 2010 eingeschaltet wurde (Bundesamt für Statistik (BFS) 2011). Darin enthalten ist auch die Freiwilligenarbeit. Als Ergänzung dazu gibt es seit 2006 (alle drei Jahre) den sogenannten Freiwilligen-Monitor Schweiz der SGG[5] (Stadelmann-Steffen et al. 2007; 2010). In Österreich hingegen gab es nach 1982 erst im Jahr 2001 im Rahmen eines universitären Forschungsprojekts die nächste größere Erhebung (Hollerweger 2001). Im Jahr 2006 beauftragte das Sozialministerium die Statistik Austria mit der Erhebung der Freiwilligenarbeit im Rahmen einer Zusatzerhebung zum Mikrozensus. Diese Daten bildeten die Basis für den ersten Freiwilligenbericht in Österreich (BMASK 2009).

Betrachtet man den Entstehungs- und auch Verwertungshintergrund der jeweiligen nationalen Erhebungen etwas genauer, wird deutlich, dass primär die gesellschaftliche und ökonomische Bedeutung von Freiwilligenarbeit im Fokus stehen. Mittels deskriptiv ausgerichteter, repräsentativer Stichprobenuntersuchungen wird erfasst, ob die Befragten freiwillig tätig sind, und wenn ja, in welchem Bereich, auf welche Art und in welchem zeitlichem Ausmaß. Die so erhobenen Daten werden mittels statistischer Hochrechnungs- und Gewichtungsverfahren zu Beteiligungsquoten (z. B. Anteil der Freiwilligen an der Bevölkerung) aggregiert. In Österreich liegt die Beteiligungsquote bei 27,9%[6], in Deutschland bei 36%[7] und in der Schweiz bei 26%[8]. Häufig wird auch das geleistete Arbeitsvolumen anhand des Beteiligungsausmaßes erhoben. Die von den Freiwilligen in einem bestimmten Referenzzeitraum geleisteten Stunden werden aufsummiert über alle Freiwilligen als Volumen bezeichnet. Die Ermittlung des Volumens und die Umrechnung in Vollzeitäquivalente ist die Basis für die ökonomische Bewertung der Freiwilligenarbeit. Für Österreich ergab die Hochrechnung der Daten aus 2006, dass rund 1,9 Mio. Freiwillige zusammen ein wöchentliches Arbeitsvolumen von rund 7,9 Mio. Stunden leisten. Dies entspricht knapp 230.000 Vollzeitbeschäftigten oder aber 6% der unselbstständigen Erwerbstätigen. In einigen Ländern (Kanada, Neuseeland, Frankreich) wird dies bereits im Rahmen eines Satellitenkontos[9] für den Nonprofit-Sektor systematisch in die Volkswirtschaftliche Gesamtrechnung mit einbezogen. Diese Daten sind vor allem von ökonomischen und politischen Interesse. Ein weiterer Indikator ist die Beteiligungsstruktur. Sie gibt Aufschluss über die Zusammensetzung der Freiwilligen nach sozio-demografischen und -ökonomischen Merkmalen.

Die jeweils aktuellsten verfügbaren Ergebnisse zu den länderspezifischen Beteiligungsquoten finden sich in den Berichten der zuständigen staatlichen Institutionen (derzeit in Österreich: Bundesministerium für Arbeit, Soziales und Konsumentenschutz; in Deutschland: Bundesministerium für Familie, Senioren, Frauen und Jugend; in der

---

4 Sozioökonomisches Panel, jährliche Erhebung seit 1984.

5 Schweizer gemeinnützige Gesellschaft.

6 Statistik Austria Zusatzerhebung zum Mikrozensus; 2006; N=11.661; >15 Jahren.

7 TNS Infratest Sozialforschung; 2009; N=20.005; >14 Jahren.

8 AG, Research & Marketing; 2009; N=6.490; >15 Jahren) DemoSCOPE.

9 Ein Satellitenkonto ermöglicht es, Nicht-Marktaktivitäten in das System der VGR zu integrieren und ihre ökonomische Bedeutung darzustellen (United Nations 2003).

Schweiz: Eidgenössisches Departement des Innern) und der jeweiligen statischen Ämter (BMASK 2009; Gensicke/Geiss 2010; Stadelmann-Steffen et al. 2010).

Wie schon angesprochen, ist die Art und Intensität (Beteiligungsquoten, Volumen) der Freiwilligenarbeit zwischen verschiedenen Ländern nur sehr eingeschränkt vergleichbar. In Deutschland, Österreich und der Schweiz zeigen sich jedoch Ähnlichkeiten in Bezug auf die Bereiche, für die sich Menschen freiwillig engagieren (siehe Abbildung III.1.2).

Österreich			**Deutschland**			**Schweiz**	
Bereich	**Anteil**		**Bereich**	**Anteil**		**Bereich**	**Anteil**
Kunst, Kultur, Unterhaltung und Freizeit	7,5%		Sport und Bewegung	10,1%		Sportvereine	10,1%
Sport und Bewegung	6,9%		Kindergarten und Schule	6,9%		Kulturelle Vereine	5,8%
kirchlicher oder religiöser Bereich	6,2%		Religion und Kirche	6,9%		Spiel-/Hobby-/Freizeitvereine	5,0%
Katastrophenhilfe und Rettungsdienste	6,0%		Kultur, Kunst, Musik	5,2%		Kirchliche Organisationen	4,5%
politische Arbeit und Interessensvertretung	3,5%		Sozialer Bereich	5,2%		Soziale/karitative/gemeinnützige Organisationen	4,1%
Sozial- und Gesundheitsbereich	3,3%		Freizeit und Geselligkeit	4,6%		Interessensverbände	3,0%
Umwelt, Natur und Tierschutz	2,6%		Freiwillige Feuerwehr und Rettungsdienste	3,1%		Öffentlicher Dienst	2,6%
Bildung	2,5%		Natur und Tierschutz	2,8%		Politische/öffentliche Ämter	1,2%
Bürgerliche Aktivitäten und Gemeinwesen	2,1%		Politische Interessensvertretung	2,7%		Menschenrechts-/Umweltverbände	1,1%
			Jugendarbeit und Erwachsenenbildung	2,6%		Politische Parteien	0,9%
			Gesundheit	2,2%			
			Lokales Bürgerengagement	1,9%			
			Beruflichen Interessensvertretung	1,8%			
			Kriminalitätsprobleme	0,7%			
Gesamt *	27,9%		Gesamt *	36,0%		Gesamt *	26,1%
* Gesamtwerte bezeichnen die jeweilige Beteiligungsquote ohne Mehrfachnennungen							

Quelle: BMASK 2009: 52; Gensicke/Geiss 2010: 93; Stadelmann-Steffen et al. 2010: 167; eigene Darstellung.

Abbildung III.1.2: Beteiligungsquoten formeller Freiwilligenarbeit nach Bereichen in Österreich, Deutschland und der Schweiz.

An vorderster Stelle steht in allen drei Ländern die Freiwilligenarbeit in den Bereichen Sport, Freizeit und Kultur, sowie jene in religiösen bzw. kirchennahen Vereinigungen. Der in Österreich in Relation auffällig hohe Anteil an Freiwilligen im Bereich der Rettungs- und Katastrophenhilfsdienste (6,0%) ist zum Teil durch die Organisationsform der Freiwilligen Feuerwehren im ländlichen Raum sowie den vielfach durch Freiwillige getragene Rettungsdienst erklärbar. In Deutschland engagieren sich im Verhältnis wiederum auffällig viele Personen im Bereich der Kindergärten und Schulen (6,9%). Die Bereiche Umwelt- bzw. Naturschutz und sofern erhoben Tierschutz weisen geringere Engagementquoten auf, liegen aber in Österreich z. B. noch vor dem Bereich der Bildung.

Neben nationalen, regionalen und bereichsspezifischen Erhebungen gibt es auch auf gesamteuropäischer Ebene Erhebungen zur Freiwilligenarbeit. Im Rahmen der European Value Study (EVS) werden seit 1981 (1990, 1999, 2008) Daten zur unbezahlten Arbeit erhoben. Ein Entwicklungsverlauf der Beteiligungsquoten lässt sich jedoch selbst aus diesen Daten nicht ableiten, da die erhobenen Engagementbereiche von Erhebungswelle zu Erhebungswelle zu stark variiert haben (European Values Study and GESIS Data Archive for the Social Sciences 2011). Der European Social Survey (ESS) hat Fragen zum freiwilligen Engagement bislang nur einmal in der Erhebungswelle 2002/03 mit eingebunden. Weitere Daten zur Freiwilligenarbeit finden sich z. B. auch im Survey of Health, Aging and Retirement in Europe (SHARE 2007).

Studien, die Freiwilligenarbeit auf der Ebene der Organisationen umfassend erheben, gibt es bislang nur vereinzelt für Teilbereiche (z. B. Trukeschitz 2006). Dies liegt u. a. daran, dass der NPO-Sektor in vielen Ländern nicht systematisch erfasst ist. Darüber hinaus führen viele Organisationen kaum Aufzeichnungen über die Zahl ihrer Freiwilligen und das von ihnen getätigte Arbeitsvolumen.

Zusammengefasst liefern die zahlreichen Erhebungen v. a. wertvolle Daten zur Erforschung der Einflussfaktoren auf freiwilliges Engagement. Die vorhandenen Daten eigenen sich derzeit aber kaum, Beteiligungsquoten international oder über den Zeitverlauf hinweg zu vergleichen. Das liegt u. a. an den unterschiedlichen Definitionen, Forschungszielen, Erhebungsinstrumenten und -methoden (z. B. Face-to-Face, Telefonbefragung, Onlinebefragungen, freiwillige versus verpflichtende Teilnahme; Art und Detaillierungsgrad der Fragen) sowie an den variierenden Referenzzeiträumen (Dekker 2011). So schwanken die Beteiligungsquoten für Deutschland je nach Studien zwischen 18% und 52% (Alscher et al. 2009a). Lediglich Längsschnittdaten oder aber Querschnitterhebungen die die Erhebungsmethode und -instrumente konstant halten (z. B. Freiwilligensurvey, Freiwilligen-Monitor), lassen grobe Trends erkennen. In Deutschland variieren die Engagementquoten zwischen den Jahren 1999, 2004 und 2009 mit 34%, 36% und 36% kaum (Gensicke/Geiss 2010). Insgesamt ist die Datenlage zum Freiwilligen Engagement in Europa überaus umfangreich und bedarf der Ergänzung v. a. bei Längsschnittstudien, (Quasi-) Experimenten und organisationsbezogenen Erhebungen.

1.5.2 Einflussfaktoren auf formeller Freiwilligenarbeit aus organisationsbezogener Perspektive

Ob sich jemand freiwillig engagiert und wenn ja, auf welche Art und Weise sowie in welcher Intensität hängt von einer Vielzahl an Einflussfaktoren ab. Diese Faktoren können anhand eines »Zwiebelmodells« auf unterschiedlichen Ebenen, sowohl aus organisationsspezifischer (Abbildung III.1.3) als auch individueller Perspektive (Abbildung III.1.4) verortet werden.

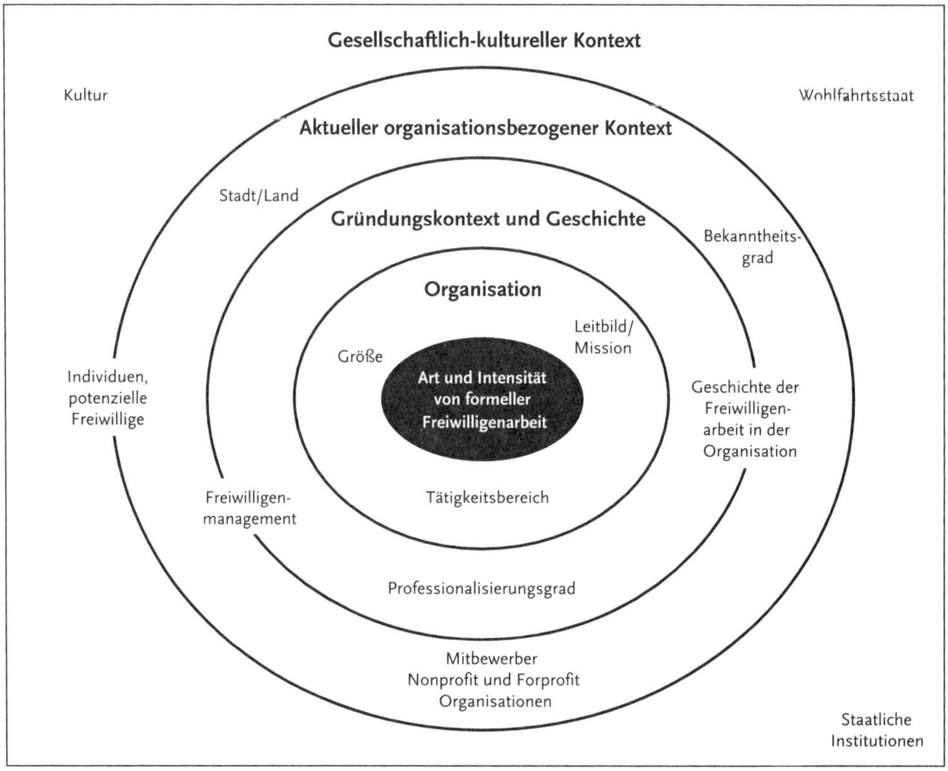

Abbildung III.1.3 : Einflussfaktoren auf freiwilliges Engagement aus der Perspektive der Organisationen

Organisationen prägen durch die Definition von Aufgabenfeldern sowie die Integration von Freiwilligen das Ausmaß und die Art des freiwilligen Engagements entscheidend mit. Sie werden ihrerseits durch Rahmenbedingungen geprägt, wie in Abbildung III.1.3 dargestellt. Der Einfluss des gesellschaftlich-kulturellen Kontexts auf Organisationen wird in anderen Kapiteln (z.B. I.9., III.8) erläutert. Ökonomische Studien zu Einflüssen der Organisationen diskutieren z.B. die Form der Nachfragekurve (Emanuele 1992) oder beschäftigen sich mit Substitutionseffekten zwischen bezahlter und unbezahlter Arbeit in NPOs (Haider/Schneider 2009).

Studer/von Schnurbein (2012) geben einen systematischen Literaturüberblick und identifizieren drei Cluster an Organisationsfaktoren, die Freiwilligenarbeit beeinflussen. Zum einen spielt das Freiwilligenmanagement eine wichtige Rolle. Zum Zweiten prägen Einstellungen gegenüber Freiwilligen und Erwartungen an diese die Rolle, die Freiwilligen in der Organisation zukommt. Wichtig ist hier die Klärung des Verhältnisses zwischen bezahlten MitarbeiterInnen und Freiwilligen, die eindeutige Definition der Rolle von Freiwilligen in Form von klaren Beschreibungen der operativen Aufgaben, aber auch der strategischen Bedeutung der Freiwilligen für die Organisation. Für Freiwillige ist es wichtig, sich mit den Zielen der Organisation zu identifizieren und zu sehen, welchen Beitrag sie dazu leisten (können). Drittens sind organisatorische Merkmale wie Mission, Tätigkeitsbereich, Flexibilität und Professionalisierungsgrad bedeutend für das Engagement von Freiwilligen (ebd; Meyer et al. 2009).

1.5.3 Einflussfaktoren auf formelle Freiwilligenarbeit aus individueller Perspektive

Auf Ebene der Person, d. h. Persönlichkeitsmerkmale, Einstellungen und Motive betreffend, belegen Studien, dass vor allem Religiosität positiv mit freiwilligem Engagement korreliert (Borgonovi 2008; Taniguchi/Thomas 2011; van Tienen et al. 2011). Generell finden sich positive Einstellungen und die Zufriedenheit mit dem eigenen Leben und der eigenen Gesundheit häufiger bei Freiwilligen als bei nicht freiwillig Engagierten (Lum/Lightfoot 2005; Haski-Leventhal 2009b). Zudem spielt das generelle Vertrauen in andere Menschen (Bekkers 2011) sowie die Übereinstimmung des eigenen Selbst-Konzepts mit jenem der Organisationen eine zentrale Rolle (Randle/Dolnicar 2011). Darüber hinaus sind Freiwillige vielfach extrovertierter und zeichnen sich durch eine vergleichsweise höhere Soziabilität aus (Elshaug/Metzer 2001).

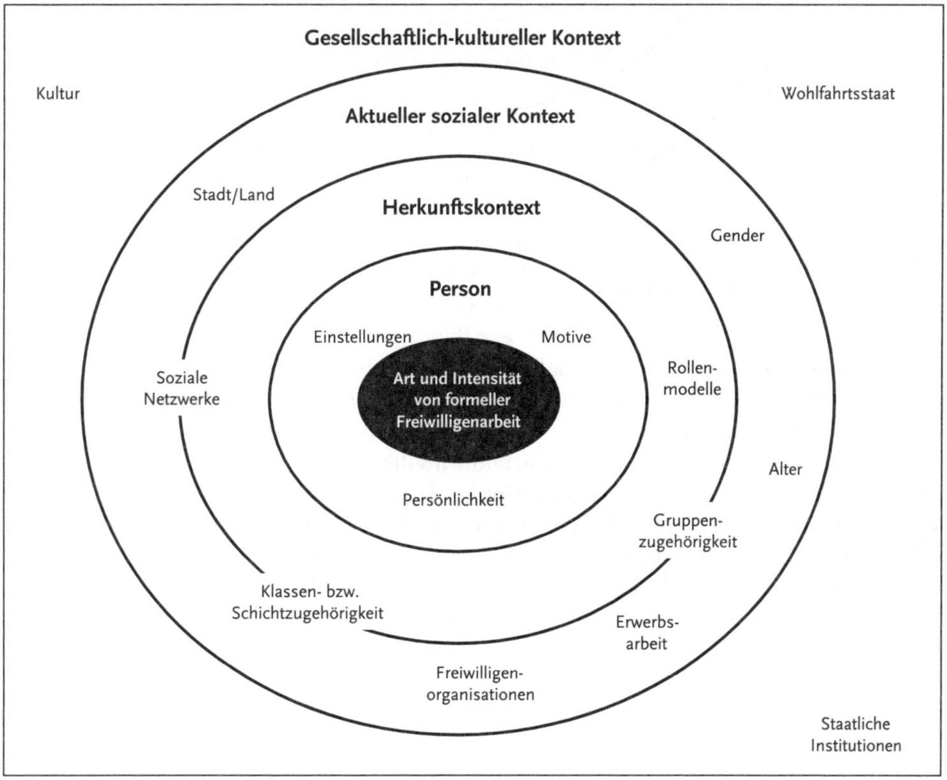

Quelle: Meyer/Rameder 2011 in Anlehnung an Mayrhofer et al. 2007

Abbildung III.1.4: Einflussfaktoren auf freiwilliges Engagement aus individueller Perspektive

Der Motiv- und Wertewandel spiegelt sich auch in der Freiwilligenarbeit wieder. Bei den, in den großen Surveys üblichen, vorgegebenen Motivabfragen steht der eigenorientierte »Spaß an der Tätigkeit« jeweils an vorderster Stelle gefolgt vom eher altruistischen Wunsch »anderen zu helfen« und dem Bedürfnis nach Sozialkontakten, d.h. »Menschen treffen«, »Freunde gewinnen« und »gemeinsam etwas bewegen« (BMASK 2009; Gensicke/Geiss 2010; Stadelmann-Steffen et al. 2010).

Der Herkunftskontext, d.h. die Herkunftsfamilie und das erweiterte Herkunftsmilieu einer Person, haben sowohl direkt, über die Vermittlung von Rollenmodellen, als auch indirekt, über die teilweise »vererbte« Klassen- und Schichtzugehörigkeit (Bildung, Einkommen, Beruf) Einfluss auf die Bereitschaft und die Möglichkeit, sich freiwillig zu engagieren (Janoski/Wilson 1995; Oesterle et al. 2004; Bekkers 2007; Heitzmann et al. 2009). Die Höhe der individuellen Ausstattung an Ressourcen und Kapitalien, sei es in sozialer, ökonomischer oder kultureller Hinsicht, korreliert positiv mit freiwilligem Engagement. Die stärksten und über alle Studien hinweg konsistentesten empirischen Zusammenhänge mit Freiwilligenarbeit finden sich beim Bildungsgrad sowie bei der beruflichen Stellung (Musick/Wilson 2008; Webb/Abzug 2008) und decken sich in Deutschland, Österreich und der Schweiz in ihrer Grundtendenz (Rameder/More-Hollerweger 2009; Gensicke/Geiss 2010; Stadelmann-Steffen et al. 2010). Allerdings variiert die Stärke dieses Einflusses im Zeitverlauf wie auch zwischen den einzelnen europäischen Staaten (van Ingen/Dekker 2010; Gesthuizen/Scheepers 2012). Der Bildungsgrad ist nicht nur bedeutsam für die Entscheidung, sich freiwillig zu engagieren, sondern hat einen entscheidenden Einfluss darauf, welche Position bzw. Funktion man dabei inne hat (More-Hollerweger et al. 2009a; Meyer/Rameder 2011). In der untersten Bildungsschicht leisten rund 19% formelle Freiwilligenarbeit, nur 11% davon in leitenden Funktionen. Hingegen engagieren sich 37% der AkademikerInnen ehrenamtlich und das zu 37% in leitender Funktion. Ähnliche Tendenzen finden sich in Deutschland und der Schweiz (Schmid 2000). Die Erklärungsansätze für den positive Einfluss von Bildung auf freiwilliges Engagement reichen von (1) höheren kognitiven Kompetenzen, über (2) den Erwerb von Ressourcen im Bildungsprozess bis hin zu (3) höherem Problembewusstsein (Gesthuizen/Scheepers 2012). Dabei haben v.a. auch sozialisationstheoretische Aspekte, wie der Einfluss der sozialen Herkunft auf den Bildungsgrad sowie Rollenmodelle (Eltern/Lehrer/Peers), die Gruppenzugehörigkeit und die Einbindung in soziale Netzwerke ein großes, noch weiter zu erforschendes Erklärungspotenzial (Janoski/Wilson 1995; Bekkers 2007; Tong et al. 2011).

Wie Faktoren wie Bildungsgrad, Berufsstatus, Einkommen, Familie wie Freundes- und Bekanntenkreis die Bereitschaft und die Möglichkeit zum freiwilligen Engagement beeinflussen, ist auch maßgeblich vom jeweils aktuellen sozialen Kontext geprägt. Dabei spielen der Urbanisierungsgrad des Wohn- und Arbeitsorts, die Situation am Arbeitsmarkt, das Angebot von Freiwilligenorganisationen sowie die mit dem Alter und dem Geschlecht verbundenen Zuschreibungen und Handlungsspielräume eine zentrale Rolle. In Österreich und Deutschland sinken mit der Wohnortgröße und dem Urbanisierungsgrad die Beteiligungsquoten signifikant, wohingegen diese in der Schweiz keinen systematischen Einfluss haben (Meyer/Rameder 2011). Der geringere Anteil an Freiwilligen in urbanen Zentren wird unterschiedlich erklärt. Einerseits spielen die höhere Mobilität und die heterogenere Zusammensetzung der Bevölkerung in Städten eine Rolle, andererseits werden mit steigender Bevölkerungsdichte auch mehr Leistungen von öffentlicher bzw. auch privatwirtschaftlicher Seite abgedeckt, sodass Freiwilligenarbeit weniger notwendig ist als in ländlicheren Regionen. Nicht zuletzt scheinen die soziale Solidarität und Kohäsion wie auch die Wirksamkeit sozialer Normen in ruralen Gebieten das freiwillige Engagement zu fördern. Dass nicht primär das Ausmaß an verfügbarer (Frei-)Zeit sondern vor allem die Integration in die Erwerbsarbeit ausschlaggebend ist, belegt die positive Korrelation zwischen unselbständiger bzw. selbstständiger beruflicher Tätigkeiten, sei es Teil- oder Vollzeit, und freiwilligem Engagement (Hustinx 2007; Musick/Wilson 2008; Webb/Abzug 2008; Meyer/Rameder 2011). Auch die hierarchische Stellung im Beruf reproduziert sich vielfach in den Positionen und Funktionen der Freiwilligenarbeit (More-Hollerweger et al. 2009a; Stadelmann-Steffen et al. 2010). Neben Bildung und Beruf spielt auch das Geschlecht in der formellen Freiwilligenarbeit eine zentrale Rolle. Die Beteiligungsquoten der Männer liegen sowohl in Österreich (33% vs. 23%) als auch in Deutschland (40% vs. 32%) und der Schweiz (29% vs. 24%) über jenen der Frauen. Diese Asymmetrien sind innerhalb einzelner Tätigkeitsbereiche noch stärker ausgeprägt und folgen stereotypen Rollenerwartungen: Männer sind zahlenmäßig in der Katastrophenhilfe, im Sport und der Politik in der Überzahl wohingegen Frauen im religiösen Bereich, im Bereich der Bildung und im sozialen Bereich die Mehrheit stellen. Auch bei den Funktionen zeigt sich, dass zum Beispiel in Österreich derzeit 71% der leitenden Funktionen von Männern besetzt werden (Neumayr/More-Hollerweger 2009). Auch in der Schweiz haben deutlich mehr Männer als Frauen ein gewähltes Ehrenamt inne (Stadelmann-Steffen et al. 2010) und für Deutschland lässt sich resümieren, dass leitende Positionen häufiger mit gut ausgebildeten, älteren Männern besetzt werden (Gensicke/Geiss 2010). Auch das Alter spielt eine Rolle. So ist mit dem Übergang in den Ruhestand vielfach auch der Ausstieg aus der Freiwilligenarbeit verbunden (Backes 2005; Meyer et al. 2009). Nach der Pensionierung ist ein (Wieder)-Einstieg in die Freiwilligenarbeit wahrscheinlicher, wenn freiwilliges Engagement bereits zu einem früheren Zeitpunkt geleistet wurde (Erlinghagen et al. 2006; Erlinghagen 2008). Grundlegend sinken die Beteiligungsquoten nach einem Höchststand rund um die Lebensmitte ab einem Alter von ca. 64–66 Jahren deutlich ab (Gensicke et al. 2006; More-Hollerweger/Rameder 2009; Stadelmann-Steffen et al. 2010).

Auch die geografische wie kulturelle Herkunft spielt eine bedeutsame Rolle. Die Beteiligungsquoten von Personen mit Migrationshintergrund liegen deutlich unter dem Bevölkerungsdurchschnitt (Alscher et al. 2009a; Reinprecht 2009; Stadelmann-Steffen et al. 2010). Neben dem Zusammenspiel mit anderen Einflussfaktoren wie z.B. dem oftmals geringeren Bildungsgrad, fehlender bzw. schlecht bezahlter Erwerbsarbeit besteht das Problem, dass das Thema »Migration« in den Erhebungsinstrumenten und damit in den Daten bislang nicht repräsentativ abgebildet ist. Nicht zuletzt entscheiden die Organisationen selbst, anhand impliziter oder expliziter Kriterien, welche Freiwilligen sie für welche Funktionen aufnehmen und halten (Meyer/Rameder 2011). Noch stärker als bei Erwerbsarbeit ist bei der Freiwilligenarbeit davon auszugehen, dass soziale Gesetzmäßigkeiten wie jene der Homophilie zum Tragen kommen (McPherson et al. 2001).

Abhängig vom gesellschaftlich-kultureller Kontext zeigen sich in Europa große Unterschiede bei den Beteiligungsquoten. Die skandinavischen Staaten weisen gemeinsam mit den Niederlanden den höchsten Anteil an Freiwilligen auf, während in Süd- und Osteuropa sich prozentuell die wenigsten Menschen freiwillig engagieren. Diese Unterschiede sind sowohl auf politische wie kulturelle Faktoren (Deth et al. 2007; Plagnol/Huppert 2010) zurückzuführen als auch auf die verschiedenen Welfare Regime (Esping-Andersen 1990) und stehen in Zusammenhang mit der länderspezifischen Bedeutung von Kirche und Familie. Zudem fördern auch öffentliche Institutionen, oder Programme wie »community services« und »service learning« in Schulen und Universitäten, sowie freiwillige wie verpflichtende Sozialdienste das freiwillige Engagement (Haski-Leventhal et al. 2010).

Fasst man den aktuellen Stand der Forschung zum freiwilligen Engagement zusammen wird deutlich, dass eine Vielzahl an Forschungsarbeiten Aufschluss über die Zusammenhänge einzelner Faktoren mit freiwilligem Engagement gibt. Über die genaue Wirkrichtung, die Kausalitäten und die Wirkmechanismen hinter den Zusammenhängen ist hingegen vielfach noch wenig bekannt. Ob bestimmte persönliche Einstellungen, Vertrauen, aber auch der Gesundheitszustand, Zufriedenheit und Wohlbefinden Ergebnis von freiwilligem Engagement oder Voraussetzung dafür sind, kann nur anhand künftiger Längsschnittstudien und (Quasi-) Experimente sowie mittels Multi-Level-Analysen beantwortet werden (Meyer/Rameder 2011).

1.5.4 Ausblick

Viel diskutiert wird die Frage, wie sich Freiwilligenarbeit künftig entwickeln wird, wobei diese Diskussion oftmals durch Wunschvorstellungen v. a. von Seiten der Politik getragen wird. Genährt werden diese Konzepte durch die Befürchtung, dass sich die öffentliche Hand die steigenden Standards von Sozialleistungen nicht mehr leisten wird können, sei es in der Pflege, der Kinderbetreuung etc. Hier werden teilweise sehr große Hoffnungen in die Freiwilligenarbeit gesetzt. Vor allem Gemeinden geraten finanziell zunehmend unter Druck. Schon gegenwärtig werden in ländlichen Gegenden viele Dienstleistungen durch Freiwillige erbracht, die in Städten über bezahlte Dienste angeboten werden, z. B. in Feuerwehren, Museen und Bibliotheken. Nun wird diskutiert, wie Gemeinden durch den verstärkten Einsatz von Freiwilligen weiter finanziell entlastet werden können (Wolf/Zimmer 2012: 37). Betrachtet man die Forschungsergebnisse, scheint dies nur bedingt eine Lösung darzustellen, engagieren sich doch vor allem Menschen, die berufstätig und damit nur eingeschränkt verfügbar sind. Die Vorstellung, es könnten jene Menschen stärker zu freiwilligem Engagement motiviert werden, die – mangels Erwerbstätigkeit – über brachliegende zeitliche Ressourcen verfügen, wie z. B. Arbeitslose und rüstige SeniorInnen, sind demnach (noch) eher Wunschdenken. Soziale Barrieren und Exklusionsmechanismen spielen hier eine starke Rolle.

Der vermehrte Einsatz von Freiwilligen steht auch in gewissem Widerspruch zu den stetig steigenden Standards bei Leistungen der Daseinsvorsorge. Dies liegt nicht am mangelnden Willen von Freiwilligen, gute Arbeit zu leisten, sondern an der damit einhergehenden Verrechtlichung und Bürokratisierung. Beispiel dafür ist der Bereich der Pflege, in dem es sehr strikte Regelungen gibt, die die Ausübung verschiedener Tätigkeiten an bestimmte berufliche Qualifikationen bindet. Neben gesetzlichen Vorgaben definieren Leistungsverträge zwischen NPOs und öffentlicher Hand vielfach sehr genau, wie bestimmte Dienstleistungen erbracht werden müssen und lassen wenig Spielraum für den Einsatz von Freiwilligen.

Steigende Standards spiegeln sich durchaus in den wachsenden Anforderungen wider, die Organisationen an ihre Freiwilligen stellen (Meyer et al. 2009). Dies ist allerdings ein zweischneidiges Schwert. Während umfassende Aus- und Weiterbildungsprogramme für manche Freiwillige ein Anreiz sind, werden andere davon eher abgeschreckt, weil sie sich mit den persönlichen Zeitressourcen nur schwer vereinbaren lassen. Organisationen stehen damit vor dem Balanceakt, einerseits niederschwellige Angebote zu schaffen, die einen leichten Ein- und Ausstieg ermöglichen, und andererseits Anreize zu setzen, Freiwillige längerfristig zu binden und ihnen entsprechende Entwicklungsmöglichkeiten zu bieten. Insofern ist es gut nachvollziehbar, dass es auch im Freiwilligenmanagement zu einer Professionalisierung gekommen ist. Hauptberufliche FreiwilligenkoordinatorInnen bzw. -managerInnen, die Freiwillige gewinnen, begleiten und wieder verabschieden, sind ein Bestandteil vieler NPOs geworden. Bei Überbetonung von Leistung und Qualifikation in der Freiwilligenarbeit stellt sich wiederum die Frage, inwieweit Freiwilligenorganisationen die Funktion übernehmen können, jene Bevölkerungsgruppen zu integrieren, denen die gesellschaftliche Partizipation über andere Institutionen, insbesondere über den Arbeitsmarkt, verwehrt bleibt. Auch hier werden politisch große Hoffnungen in die Freiwilligenarbeit gesetzt. Den politischen Erwartungen gegenüber steht allerdings die Tatsache, dass es kaum öffentliche Förderungen für das Freiwilligenmanagement in NPOs gibt, es liegt demnach alleine an den NPOs, sich dieser Aufgaben anzunehmen.

Künftig gilt es seitens der Forschung demnach nicht nur das Volumen der Freiwilligenarbeit sowie den Partizipationsgrad verschiedener Bevölkerungsgruppen zu beobachten, sondern auch strukturelle Verschiebungen zwischen und innerhalb von Tätigkeitsbereichen sowie die Organisationen stärker zu erforschen, um einen Beitrag dazu zu leisten, das Potenzial von Freiwilligenarbeit realistisch einzuschätzen und weiterzuentwickeln (Rauschenbach/Zimmer 2011).

Literatur

Alscher, Mareike/Dathe, Dietmar/Priller, Eckhard/Speth, Rudolf (2009a): Bericht zur Lage und zu den Perspektiven des bürgerlichen Engagements in Deutschland. Stand: Juni 2009, Berlin: Bundesministerium für Familie Senioren Frauen und Jugend.

Alscher, Mareike/Dathe, Dietmar/Priller, Eckhard/Speth, Rudolf (2009b): Nationaler und internationaler Stand der Engagementforschung. Monitor Engagement, Nr 1. Berlin: Bundesministerium für Familie Senioren Frauen und Jugend.

Anheier, Helmut/Hollerweger, Eva/Badelt, Christoph/Kendall, Jeremy (2003): Work in the Non-Profit Sector: Forms, Patterns and Methodologies. Geneva: International Labour Office.

Aronson, Elliot/Wilson, Timothy D./Akert, Robin M. (2004): Sozialpsychologie. 4. Aufl., München u. a.

Backes, Gertrud M. (2005): Arbeit nach der Arbeit: Ehrenamtlichkeit und Freiwilligenarbeit älterer Menschen – Möglichkeiten und Illusionen. In: Clemens, Wolfgang (Hrsg.): Arbeit in späteren Lebensphasen. Sackgassen, Perspektiven, Visionen, Bern, Wien u. a.

Badelt, Christoph/Meyer, Michael/Simsa, Ruth (2007): Die Wiener Schule der NPO-Forschung. In: Badelt, Christoph/Meyer, Michael/Simsa, Ruth (Hrsg.): Handbuch der Nonprofit-Organisation. Strukturen und Management. 4. Aufl., Stuttgart, 3–16.

Beher, Karin/Liebig, Reinhard/Rauschenbach, Thomas (2000): Strukturwandel des Ehrenamts. Gemeinwohlorientierung im Moderninsierungsprozeß. Weinheim/München: Juventa Verlag.

Bekkers, Rene (2007): Intergenerational transmission of volunteering. In: Acta Sociologica, 50(2), 99–114.

Bekkers, Rene (2011): Trust and Volunteering: Selection or Causation? Evidence From a 4 Year Panel Study. In: Political Behaviour, Published online: 9. April 2011.

BMASK (2009): Freiwilliges Engagement in Österreich. 1. Freiwilligenbericht. Wien: BMASK.

Borgonovi, Francesca (2008): Divided We Stand, United We Fall: Religious Pluralism, Giving, and Volunteering. In: American Sociological Review, 73, 105–128.

Bourdieu, Pierre (1982): Die feinen Unterschiede: Kritik der gesellschaftlichen Urteilskraft. Frankfurt am Main: Suhrkamp.

Bourdieu, Pierre (1983): Ökonomisches Kapital, kulturelles Kapital, soziales Kapital. In: Kreckel, R. (Hrsg.): Soziale Ungleichheiten, Göttingen.

Bundesamt für Statistik (BFS) (2011): Freiwilligenarbeit in der Schweiz 2010. Neuchâtel: Bundesamt für Statistik (BFS).

Dekker, Paul (2011): Freiwilliges Engagement und Engagmentforschung in den Niederlanden. In: Priller, Eckhard/Alscher, Mareike/Dathe, Dietmar/Speth, Rudolf (Hrsg.): Zivilengagement. Herausforderungen für Gesellschaft, Politik und Wissenschaft, Berlin: LIT Verlag, 249–265.

Elshaug, Carol/Metzer, Jacques (2001): Personality attributes of volunteers and paid workers engaged in similar occupational tasks. In: The Journal of Social Psychology, 141, 752–752–63.

Emanuele, Rosemarie C. (1992): The market for volunteer labor under impure altruism: an inquiry into demand – side behavior by nonprofit organizations. Chestnut Hill, Mass., Boston College, Diss.

Erlinghagen, Marcel/Hank, Karsten/Lemke, Anja/Stuck, Stephanie (2006): Produktives Potenzial jenseits der Erwerbsarbeit – Ehrenamtliches Engagement von Älteren in Deutschland und Europa. In: Stiftung, Bertelsmann (Hrsg.): Älter werden – aktiv bleiben, Gütersloh.

Erlinghagen, Marcel (2008): Ehrenamtliche Arbeit und informelle Hilfe nach dem Renteneintritt. In: Erlinghagen, Marcel/Hank, Karsten (Hrsg.): Produktives Altern und informelle Arbeit in modernen Gesellschaften. Theoretische Perspektiven und empirische Befunde, Wiesbaden.

Esping-Andersen, Gøsta (1990): The Three Worlds of Welfare Capitalism. Princeton, NJ.

Europäische Union (2006): Amtsblatt der Europäischen Union (C 325/46): Stellungnahme des Europäischen Wirtschafts- und Sozialausschusses zum Thema »Freiwillige Aktivitäten, ihre Rolle in der europäischen Gesellschaft und ihre Auswirkungen«.

European Values Study and GESIS Data Archive for the Social Sciences (2011): EVS 1981–2008 Variable Report Longitudinal Data File. Köln: GESIS – Leibniz Institute for the Social Sciences.

Frey, Bruno S. (1997): On the relationship between intrinsic and extrinsic work motivation. In: International Journal of Industrial Organisation, 15, 427–439.

Gensicke, Thomas/Picot, Sibylle/Geiss, Sabine (2006): Freiwilliges Engagement in Deutschland 1999–2004. In: Bundesministerium für Familie Senioren Frauen und Jugend, Wiesbaden.

Gensicke, Thomas/Geiss, Sabine (2010): Hauptbericht des Freiwilligensurveys 2009. Zivilgesellschaft, soziales Kapital und freiwilliges Engagement in Deutschland 1999–2004–2009. In.

Gesthuizen, Maurice/Scheepers, Peer (2012): Educational Differences in Volunteering in Cross-National Perspective: Individual and Contextual Explanations. In: Nonprofit and Voluntary Sector Quarterly, 41, 58–81.

Haider, Astrid/Schneider, Ulrike (2009): Das Verhältnis von Freiwilligenarbeit und bezahlter Arbeit in Nonprofit Organistationen. In: BMASK (Hrsg.): Freiwilliges Engagement in Österreich. 1. Freiwilligenbericht, Wien: BMASK, 148–161.

Haski-Leventhal, Debbie (2009a): Altruism and Volunteerism: The perceptions of altruism in four disciplines and their impact on the study of volunteerism. In: Journal for the Theory of Social Behaviour, 39, 271–299.

Haski-Leventhal, Debbie (2009b): Elderly Volunteering and Well-Being: A Cross-European Comparison Based on SHARE Data. In: Voluntas, 20, 388–404.

Haski-Leventhal, Debbie/Meijs, Lucas C. P. M./Hustinx, Lesley (2010): The Third-party Model: Enhancing Volunteering through Governments, Corporations and Educational Institutes. In: Journal of Social Policy, 39, 139–158.

Heitzmann, Karin/Hofbauer, Johanna/Mackerle-Bixa, Stefanie/Strunk, Guido (2009): Where There's a Will, There's a Way? Civic Participation and Social Inequality. In: Journal of Civil Society, 5, 283–301.

Hollerweger, Eva (2001): Die Rolle von ehrenamtlicher Arbeit und Spenden im österreichischen Wohlfahrtsstaat. Working Paper Nr. 8/2001 des Instituts für Sozialpolitik. Wien.

Hustinx, Lesley (2007): Brave New Volunteers? The Value of Paid and Unpaid Work for Flemish Red Cross Volunteers. In: Voluntas, 18, 73–89.

Hustinx, Lesley/Cnaan, Ram A./Handy, Femida (2010): Navigating Theories of Volunteering: A Hybrid Map for a Complex Phenomenon. Journal for the Theory of Social Behaviour: Blackwell Publishing Ltd: 410–434.

Hustinx, Lesley/Handy, Femida/Cnaan, Ram A./Brudney, Jeffrey L./Pessi, Anne Birgitta/Yamauchi, Naoto (2010): Social and Cultural Origins of Motivations to Volunteer. A Comparison of University Students in Six Countries. In: International Sociology, 25, 349–382.

Janoski, Thomas/Wilson, John (1995): Pathways to Voluntarism: Family Socialization and Status Transmission Models. In: Social Forces, 74, 271–292.

Lum, Terry Y./Lightfoot, Elizabeth (2005): The Effects of Volunteering on the Physical and Mental Health of Older People. In: Research on Aging, 27(1), 31–55.

Mackerle-Bixa, Stefanie/Meyer, Michael/Strunk, Guido (2009): Membership and Participation: School of Democracy or Hideaway of Biedermeier? In: Journal of Civil Society, 5, 243–263.

Mayrhofer, Wolfgang/Meyer, Michael/Steyrer, Johannes (2007): Contextual Issues in the Study of Careers. In: Gunz, H./Peiperl, M. (Hrsg.): Handbook of Career Studies, Toronto, 215–240.

McPherson, Miller/Smith-Lovin, Lynn/Cook, James M. (2001): Birds of a Feather: Homophily in Social Networks. In: Annual Review of Sociology, 27, 415–444.

Meyer, Michael/More-Hollerweger, Eva/Rameder, Paul (2009): Freiwilligenarbeit im Alter. In: Hanappi-Egger, Edeltraud/Schnedlitz, Peter (Hrsg.): Ageing Society. Altern in der Stadt: Aktuelle Trends und ihre Bedeutung für die strategische Stadtentwicklung, Wien: Facultas, 439–482.

Meyer, Michael/Rameder, Paul (2011): Freiwilligenarbeit im Kontext: individuelle, sozioökonomische und politische Einflussfaktoren. In: KWG (Hrsg.): Freiwilligenarbeit. Symposium 2011, Wien.

More-Hollerweger, Eva/Rameder, Paul (2009): Freiwilliges Engagement und ältere Menschen. In: BMASK (Hrsg.): Freiwilliges Engagement in Österreich. 1. Freiwilligenbericht, Wien: BMASK, 120–136.

More-Hollerweger, Eva/Rameder, Paul/Spajcer, Selma (2009a): Die Beziehung zwischen Freiwilligenarbeit und Erwerbsarbeit aus individueller Sicht. In: BMASK (Hrsg.): Freiwilliges Engagement in Österreich. 1. Freiwilligenbericht, Wien: BMASK, 74–89.

More-Hollerweger, Eva/Spajcer, Selma/Eder, Eva Maria (2009b): Einführung – Definitionen und Abgrenzung von Freiwlligenarbeit. In: BMASK (Hrsg.): Freiwilliges Engagement in Österreich. 1. Freiwilligenbericht, Wien: BMASK, 1–12.

Musick, Mark/Wilson, John (2008): Volunteers: A Social Profile. Bloomington.

Neumayr, Michaela/More-Hollerweger, Eva (2009): Freiwilliges Engagement und Gender. In: BMASK (Hrsg.): Freiwilliges Engagement in Österreich. 1. Freiwilligenbericht, Wien: BMASK, 90–103.

Oesterle, Sabrina/Johnson, Monica Kirkpatrick/Mortimer, Jeylan T. (2004): Volunteerism during the Transition to Adulthood: A Life Course Perspective. In: Social Forces, 82, 1123–1149.

Olk, Thomas (1992): Zwischen Hausarbeit und Beruf. Ehrenamtliches Engagement in der aktuellen sozialpolitischen Diskussion. In: Müller, Siegfried/Rauschenbach, Thomas (Hrsg.): Das soziale Ehrenamt. Nützliche Arbeit zum Nulltarif. 2. Aufl., Weinheim u. a.

Plagnol, Anke C./Huppert, Felicia A. (2010): Happy to Help? Exploring the Factors Associated with Variations in Rates of Volunteering Across Europe. In: Social Indicators Research, 97, 157–176.

Priller, Eckhard (2011a): Dynamik, Struktur und Wander der Engagementforschung: Rückblick, Tendenzen und Anforderungen. In: Priller, Eckhard/Alscher, Mareike/Dathe, Dietmar/Speth, Rudolf (Hrsg.): Zivilengagement. Herausforderungen für Gesellschaft, Politik und Wissenschaft, Berlin, 11–40.

Priller, Eckhard/Alscher, Mareike/Dathe, Dietmar/Speth, Rudolf (Hrsg.) (2011b): Zivilengagement. Herausforderungen für Gesellschaft, Politik und Wissenschaft Berlin; Münster; Wien; Zürich; London.

Putnam, Robert D. (2000): Bowling alone. The collapse and revival of American community. New York, NY u. a.

Putnam, Robert D. (1993): Making democracy work. Civic Traditions in Italy. Princeton.

Rameder, Paul/More-Hollerweger, Eva (2009): Beteiligung am freiwilligen Engagement in Österreich. In: BMASK (Hrsg.): Freiwilliges Engagement in Österreich. 1. Freiwilligenbericht, Wien: BMASK, 49–73.

Randle, Melanie/Dolnicar, Sara (2011): Self-congruity and volunteering: a multi-organisation comparison. In: European Journal of Marketing, 45, 739–758.

Rauschenbach, Thomas/Zimmer, Annette, (Hrsg.) (2011): Bürgerschaftliches Engagement unter Druck? Analysen und Befunde aus den Breichen Soziales, Kultur und Sport. Opladen, Berlin, Farmington Hills

Reinprecht, Christoph (2009): Freiwilliges Engagement und MigrantInnen. In: Bundesministerium für Arbeit, Soziales und Konsumentenschutz (Hrsg.): Freiwilliges Engagement in Österreich. 1. Freiwilligenbericht, Wien: BMASK, 137–147.

Salamon, Lester M./Anheier, Helmut K. (1998): Social origins of civil society: Explaining the nonprofit sector cross-nationally. In: Voluntas, 9(3), 213–248.

Schmid, Beat (2000): Wer ist in der Schweiz freiwillig tätig? Ergebnisse des Moduls 2000 »Unbezahlte Arbeit«. In: Blümle, Ernst-Bernd/Witt, Dieter/Anheier, Helmut K. (Hrsg.): Nonprofit-Organisationen im Wandel. Herausforderungen, gesellschaftliche Verantwortung, Perspektiven., Linz, 231ff.

Simsa, Ruth (2007): NPOs und die Gesellschaft: Eine vielschichtige und komplexe Beziehung – Soziologische Perspektiven. In: Badelt, Christoph/Meyer, Michael/Simsa, Ruth (Hrsg.): Handbuch der Nonprofit-Organisation. Strukturen und Management. 4. Aufl., Stuttgart, 120–140.

Stadelmann-Steffen, Isabelle/Freitag, Markus (2011): Making Civil Society Work: Model of Democracy and Their Impact on Civic Engagement. In: Nonprofit and Voluntary Sector Quarterly, 40(3), 526–551.

Stadelmann-Steffen, Isabelle/Freitag, Markus/Bühlmann, Marc (2007): Freiwilligen-Monitor Schweiz 2007. Zürich.

Stadelmann-Steffen, Isabelle/Traunmüller, Richard/Gundelach, Birte/Freitag, Markus (2010): Freiwilligen-Monitor Schweiz 2010. Zürich.

Strauß, Susanne (2009): Ehrenamt in Deutschland und Großbritannien – Sprungbrett zurück auf den Arbeitsmarkt? In: KZfSS Kölner Zeitschrift für Soziologie und Sozialpsychologie, 61, 647–670.

Studer, Sibylle/von Schnurbein, Georg (2012): Organizational Factors Affecting Volunteers: A Literature Review on Volunteer Coordination. In: Voluntas: International Journal of Voluntary and Nonprofit Organizations, 1–38.

Sundeen, Richard A./Raskoff, Sally A. (2000): Ports of Entry and Obstacles: Teenagers' Access to Volunteer Activities. In: Nonprofit Management and Leadership, 11, 179–197.

Taniguchi, Hiromi/Thomas, Leonard D. (2011): The Influences of Religious Attitudes on Volunteering. In: Voluntas, 22, 335–355.

Tocqueville, Alexis de (2000): Democracy in America. Chicago.

Tong, Kwok Kit/Hung, Eva P./Yuen, Sze Man (2011): The Quality of Social Networks: Its Determinants and Impacts on Helping and Volunteering in Macao. In: Social Indicators Research, 102, 351–361.

Trukeschitz, Birgit (2006): Im Dienst Sozialer Dienste. Wien.

United Nations, (Hrsg.) (2003): Handbook on Non-Profit Institutions in the System of National Accounts. New York.

van Deth, Jan W./Montero, José Ramòn/Westholm, Anders, (Hrsg.) (2007): Citizenship and Involvement in European Democracies. London.

van Ingen, Erik/Dekker, Paul (2010): Changes in the Determinants of Volunteering: Participation and Time Investment Between 1975 and 2005 in the Netherlands. In: Nonprofit and Voluntary Sector Quarterly, 40, 682–702.

van Tienen, Marike/Scheepers, Peer/Reitsma, Jan/Schilderman, Hans (2011): The Role of Religiosity for Formal and Informal Volunteering in the Netherlands. In: Voluntas, 22, 365–389.

Verba, Sidney/Schlozman, Kay Lehman/Brady, Henry E. (1995): Voice and Equality: Civic Voluntarism in American Politics. Cambridge, MA.

Webb, Natalie, J./Abzug, Rikki (2008): Do Occupational Group Members Vary in Volunteering Activity? In: Nonprofit and Voluntary Sector Quarterly, 37, 689–708.

Wilson, John (2000): Volunteering. In: Annual Review of Sociology, 26, 215.

Wolf, André Christian/Zimmer, Annette, (Hrsg.) (2012): Lokale Engagementförderung. Kritik und Perspektiven. Wiesbaden.

2 The Third Sector and Multi-Level Governance in Europe

Taco Brandsen

2.1 Introduction

An analysis of the third sector through the lens of multi-level governance highlights the sector's diversity and fragmentation. Although the sector is sometimes spoken of as if it were a unified whole, it is in fact an amorphous mass of organisations and networks that have little to do with each other. Efforts to map and classify the sector run the risk of overstating its distinctive and uniform characteristics. There are reasons to be cautious.

First of all, the distinctiveness in relation to the other sectors and especially the state is not as strong as is often imagined. As has already been shown in previous work, the idea of ›crowding out‹ is empirically nonsense, even though keeps popping up in political debates (Salamon, 1995). The growth of the public and the third sector have generally gone hand in hand. Also, in many countries the relationship between state and parts of the third sector is a close and healthy one. The development of the one cannot be fully described without the other.

Second, the third sector, like the state, operates at different levels: locally, regionally, nationally, internationally. The bulk of the sector's activities are ultimately local, so the significance of a multi-level analysis should not be exaggerated. Nevertheless, a presence at different levels is necessarily for the third sector to be effectively involved in public policy processes. This leads us into a complicated and sometimes bewildering world, which this chapter will try to give a glimpse of.

The first part of the chapter will give an overview of the third sector's multi-layered presence within countries. This differs not only between countries, but also between policy fields. Also, as we will see, although there may be vertical linkages between these levels, these may be fairly weak, meaning that to a large extent they constitute different political and social words. Here in this short space it is of course only possible to give a sense of the complexity that we are dealing with.

The second part of the chapter will focus on the European Level, that is, the interactions of the third sector with institutions such as the European Union. Since public policy is increasingly determined at the supranational level, a European presence for the third sector also becomes crucial. However, we will see that there are various obstacles to this. The disconnectedness that is typical of relations within some countries is even stronger when it comes to national-European relations.

The next chapter will address the issue of what multi-level governance is and how the third sector must be understood in relation to that topic. Chapter three will give an overview of the main differences between European countries in terms of how the third sector is positioned within governance systems. Chapter four describes the presence of the third sector at the European level and the links of its European networks to the national level. The concluding chapter sums up some of the major issues coming out of the chapter.

2.2 The concept of multi-level governance

Before discussing the position of the third sector in multi-level governance systems, it is necessary first to clarify the meaning of ›multi-level governance‹. This is not the place for an elaborate discussion of this difficult concept, but it needs basic clarification.

›Governance‹ is one of the most used and abused terms in the social sciences and in public administration of recent decades. Its meaning cannot be defined singularly, but must be interpreted according to the tradition within which it is used. In public administration literature, which is one of its prime sources, it reflects the move from a conception of the public sector as a central controlling state to one that is more pluralistic, within a multitude of actors operating in complex and shifting networks. Within that understanding of governance, for example, one would discuss how the third sector is changing and becoming more hybrid through its interactions with state and market.

›Multi-level governance‹ also carries with it this sense of fragmentation, but it tends to refer primarily to the relations between actors at different levels of society. These levels are usually defined with reference to levels of government: local, regional, national and international. It has been an especially popular concept in literature on Europeanization within political science and public administration research. Originally developments within the EU tended to be explained in terms of intergovernmental relations between states, but by the 1990s it was clear that this type of theoretical approach was no longer adequate to explain the complex networks of relationships that were involving (Hooghe/Marks 2001). Not only was actual decision-making spread over different governmental levels, but it also included a broader range of actors, not necessarily dependent on the state for inclusion in decision-making (representing the ›multi-level‹ and ›governance‹ aspects respectively). A broad definition by Schmitter suggests that it must be interpreted as »an arrangement for making binding decisions that engages a multiplicity of politically independent but otherwise interdependent actors – private and public – at different levels of territorial aggregation [...], and that does not assign exclusive policy competence or assert a stable hierarchy of political authority to any of these levels (Schmitter 2004: 49). But even this definition may not capture the full complexity of what we are speaking of. For instance, in what sense can a decision be considered binding? Is it only about decisions or also about, for example, shaping the policy agenda.

Theory-building on multi-level governance is still evolving rapidly and represents a serious academic challenge. In this handbook, the purpose is mainly descriptive, so multi-level governance will be primarily used as a heuristic device, as a method for acquiring a preliminary understanding of a highly complex and broad phenomenon. Specifically, the description will address the following questions: (1) how is the third sector itself organised at different levels; (2) how does it relate to governments at the different levels?

It should be noted that this is a relatively new field of study, on which evidence is still scattered. In the early days of non-profit research, when scholars were very much concerned with putting the sector on the map, they counted up the numbers of organisations (defined by legal categories such as associations, foundations and charities) and came up with statistics of the size of non-profit sectors in different countries. Great rows erupted over whether certain categories of organisations (e.g. cooperatives) should be included or not. Following this crude but useful work, research started looking for theoretical explanations to differences in the patterns found in quantitative mapping exercises. Examples of this are attempts to define the non-profit sector in terms of so-called ›regimes‹. This was inspired by the ›welfare regimes‹ based on the work of Titmuss (1974) and later popularised by Esping-Andersen (1990). These usefully identified clusters of countries with similar patterns in social stratification and levels of (de)commodification, institutionalised in welfare systems and relatively constant over time. Likewise, scholars have also attempted to identify clusters of third sector regimes. To some extent, this has been a useful exercise, because the national position of the third sector has often been partly shaped by the same political and institutional choices that conditioned the shape and growth of the welfare state. However, such an analysis can be misleading. Using countries as units of analysis should not be taken to imply that the comparison can be restricted to the national level or that the national level is the most important. Crudely put, the problems are both vertical and horizontal.

Vertically, the national state is steadily losing influence. Increasingly, the tasks and powers of European states are shifting upwards to the international level, most notably to the European Union. This has also made it imperative for the third sector to be represented at the European level, an issue which will be discussed later in this chapter. At the same time, national powers have also sunk downwards over time. Countries such as Belgium, Italy, Spain and The UK have seen large-scale devolution to the regions, to the point where most of the business of government is run and decided below the national level. Another, even more widespread trend is the rising economic and political significance of cities. In economic and social terms. large cities often have more similarities to large cities in other countries than to smaller cities nearby. They have a large share of autonomy and are often politically and financially more important to organisations in the third sector than the government at the national level.

Horizontally, the position of the third sector differs strongly between policy fields and it is somewhat misleading to suggest general, cross-cutting identities. If national regimes have been successfully defined, it is generally because they restricted themselves to a specific field. Esping-Andersen's welfare regimes were defined on the basis of income transfer, e.g. social security or pensions. He ignored important service areas like health care, housing and education. An analysis based on services would not only have resulted in different clusters, but would also have undermined the notion of national regimes. This is because generally services tend to be more organised and financed at lower levels of government, especially for services of a social nature; and the third sector is especially present in the area of social services.

So while one can identify different national traditions of government-third sector relationships, one must incorporate other dimensions and developments, notably dynamics of (de)centralisation within countries; the drift of national powers to the European level; and the institutional differences between policy fields. It limits what can be realistically said about multi-level governance in a chapter like this, given the immense diversity. I must apologise beforehand to what is inevitably a broad-brush analysis that does insufficient justice to the complexities of multi-level governance systems and which can only be systematic in a limited way. Also, the available empirical material tends to lean towards formal institutions (as compared to informal connections) and towards Western European countries, which are unfortunate limitations. Nevertheless, the overview will clarify basic differences within Europe and perhaps encourage readers to explore specific countries and fields in more detail.

2.3 Differences between European countries: some key dimensions

There are similar trends across Europe in state-third sector relationships (see contribution III.8). For example, contracting-out to the third sector has become more common everywhere. However, in terms of multi-level governance, the third sector differs quite strongly between countries. This is not surprising, because it relates to at least two sources of major variation between countries (disregarding, for the moment, the variation between policy fields).

The first source of variation is the nature of the system of government. States vary greatly with respect to their type of government. Pollitt & Bouckaert (2006) whittle these down to five main dimensions: state structure (e.g., federal or unitary), the nature of executive government at the central level (e.g., majoritarian or consensus-based), relationships between political executives and civil servants (e.g., politicized or not), administrative culture (e.g., Rechtsstaat or public interest oriented) and the sources of policy advice (e.g., civil servants, consultants, and/or academics). The second source of variation concerns the institutionalised relationship between the state and the third sector. In some countries, the two have traditionally been in an oppositional relationship, in others collaboration is close and entrenched. Of course, these two are historically related: systems of government developed within particular social and political conditions, so it is likely that relationships with the third sector were at least partly shaped by the same conditions. One is also likely to influence the other. For instance, the more decentralised the system of government, the more freedom subnational governments have to develop their own relationships with the third sector; the closer the collaboration with the third sector, the more likely a government is to use it as a source of policy advice.

The overall picture is of course far too broad to present in full detail, for nearly thirty countries in the European Union alone, each with their own various levels of governments and institutional links (unless one is tempted by the relative simplicity of a national regime analysis). Instead, I will present a number of contrasting cases that illustrate some of the main dimensions along which the third sector's position in a multi-level governance can be characterised.

2.3.1 Opposition and collaboration

This dimension points towards the extent of conflicting or common goals between state and third sector, as well as state-third sector cooperation to accomplish public tasks. To illustrate this, let us first consider France. It is a country historically characterised by a centralist tradition inherited from the ancien regime and continued during subsequent regimes. The public or general interest was centrally defined and the notion of any intermediary or alternative actors that might challenge the state's position. This meant that it was only in the second half of the 19th century that the third sector was again formally recognised. Cooperatives and mutuals were regarded as less political and were given more freedom at an early stage, which explains their relatively wide occurrence. Associations were only recognised in 1901. Of course, a lack of formal recognition bears no direct relationship to the level of actual activity: it merely conditions how that activity is framed. Successive revolutions resulted in a more open and voluntary associational life than hitherto (Chanial/Laville 2004). As elsewhere in Europe, the 19th century saw the rise of workers' movements and pressure for legal acceptance. The result has been that the third sector has on the whole had an uneasy relationship with this state that is historically suspicious of intermediary bodies (Fraisse 2009).

Yet over the last few decades, as the position of the central state has weakened, the third sector has asserted itself more self-consciously at the national and subnational levels. Central to this was a decentralisation within the state during the 1980s, which led regional and local governments to contract out a number of their new responsibilities to the third sector, which in turn led to a sharp growth in the number of associations (Archambault 2000). Despite its uneasy history, over half over third sector revenues now come from governments. What that underlines is that the importance of the third sector connects closely to developments within the state itself and especially to role of local governments. A greater third sector role in effect helped facilitate the transition of responsibilities. It also helped local governments to address more differentiated constituencies than would have been possible when service delivery would have been more exclusively handled by state agencies.

In France (but also for instance in Sweden), the third sector has a history of protest and advocacy. Until relatively recently it has operated mostly outside the social welfare domain. In other countries, relationships between governments and the third sector have historically been more collaborative. This is especially where the organisation of the state reflects high religious and political diversity, of which the German third sector is a typical case. It is the quintessential Bismarckian systems in which different social segments, especially religious ones, were given great autonomy in organising their own services, with the possibility of state funding being distributed through third sector organisations rather than only directly through state organisations themselves. When the welfare state expanded after the Second World War, this segmentation became the organisational principle through which its growth was channelled. Accordingly, the third sector organisations delivering services expanded enormously, inflated with state funding. This is one (though not the sole) reason why the third sector of Germany and other countries with a corporatist tradition come out so prominently in quantitative third sector studies: their employees include the staff of a majority of hospitals, schools and other labour-intensive state-funded industries (though, it must be stressed, such countries also have large voluntary sectors). The significant position of the third sector in Germany has been combined with emphasis upon the principle of subsidiarity, a Catholic concept, indicating that what communities themselves are able to achieve should not be taken up by governments.

This means that in Germany the relationships of the third sector with governments at all levels are much more institutionalized than in France. The English term ›partnership‹ is often used rather indiscriminately to cover all kinds of relationships, but this can obscure the big difference between a contract-based series of transactions and historically grown, ›more equal relationship‹. The nature of this relationship affects the different roles of the third sector at the various levels. In both countries, it should be stressed, the bulk of the third sector's activities are local and focus on service delivery. However, in Germany, the third sector's role as a partner in policymaking (consultation outside parliament, bargaining) is much more legitimate, especially at the national level. Also, the difference in background is an important factor in determining how common trends affect the third sector in these countries. To return to the example of contracting-out, in countries like France this tends to lead to greater third sector involvement in the delivery of services, whereas in Germany it more often implies the reinvention of existing relationships. For the former, contracts may offer more certainty about the nature of the relationship, whereas in the latter they imply less stability due to increased competition from for-profit providers.

2.3.2 The level of vertical integration within the third sector

A distinctive feature of the German system is that it is dominated by a small number of large umbrella associations (the ›Freie Wohlfahrstverbände‹), of which the Catholic (Caritas), Protestant (Diakonie) and Socialist (AWO) are the most important. They have traditionally dominated the social welfare domain, having a legally enshrined exclusivity in social services and health care (Zimmer et al. 2009). The structure of these organisations mirrors the vertical, layered organisation of the state and, like the state's apparatus, has been built to safeguard stability and integration. This compares in an interesting way with the situation in the neighbouring Netherlands. In many respects, the third sector of the Netherlands shares the characteristics of the German system. It, too, comes from a tradition of religious and political diversity; it, too, has a history of close collaboration in the delivery of public services. Yet there is another respect in which the German and Dutch third sectors differ significantly. By contrast to the German Wohlfahrtsverbände, the Dutch system is much more fragmented (Brandsen/Van de Donk 2009).

The shape of the Dutch system can be traced back to a social order that historically has relied more strongly on informal networks and consensus-building than on formal arrangements. Social segmentation among religious lines was even stronger in the Netherlands than in neighbouring countries. Different social groups were organised in so-called ›pillars‹: integrated configurations of organisations with a common identity (Catholic, Protestant, and Socialist). Organisations within the pillars were usually connected through personal networks rather than formal ties. The strong social segmentation could easily have led to conflicts, but this did not happen because the political elites of each pillar were pragmatic and pursued consensus-based decision-making. They encouraged their ›flock‹ to be loyal to their own pillar (in the literature, this process is usually labelled as ›vertical integration‹) while simultaneously engaging in consensus-based decision-making at the top (referred to as ›horizontal integration‹). Pillarization involved the incorporation of social groups into an organisational network based on religious or ideological affiliation (Lijphart 1968). In the 1950s, particularly among Catholics and Protestants, adherence to organisational networks on a religious basis was very strong (albeit absolute). For example, in 1964 81% of the members of the Catholic trade union and 76% of the members of the Catholic broadcasting company voted for the Catholic political party; the numbers were 68% and 72% for Protestants, respectively.

Yet over time, the role of religion in public life declined; the number of non-affiliated organisations grew; the informal links within the pillars weakened; links between organisations within the pillars strengthened; and the Catholic Church discontinued its previous policy of demanding strict allegiance of Catholics to Catholic organisations. Secularization went further than in most countries, in fact, which meant that the pillars crumbled quickly (more so than in neighbouring Belgium, for instance, where they survive more intact). As the integration of the third sector was less formalised than in the German system, and relied more on informal relationships, the internal links within the third sector fell apart more quickly. This contrasts with the German case: although the coherence of the ›pillars‹

should not be overstated, there is a significantly greater degree of vertical (and to a lesser extent horizontal) integration within the sector.

2.3.3 The level of horizontal integration within the third sector

Another result of the fragmentation of the Dutch third sector is that organisations tend to identify more strongly with other organisations within their policy field than with third sector organisations in other fields. One could say that the traditional – ideologically and religiously differentiated pillars were essentially superseded by vertical field-specific policy pillars. The third sector (or its Dutch terminological equivalent ›maatschappelijk midden-veld‹) as a collective are associated with the past and not with current issues. Although there have been some efforts to reinvigorate a cross-cutting identity, this has never taken hold and is often seen as somewhat anachronistic. Dekker (2001) has in fact stated that the Dutch third sector was ›a category, not an entity‹ (p. 62). There is also little public policy aimed at or consultation with the third sector as such; it is strongly established within policy fields, but barely survives as a cross-cutting identity.

This contrasts with the UK, where the third sector has over the past decades gone in the opposite direction and a more visible third sector policy community has been developed. In terms of size, it is not extraordinary by European standards, but in recent times it has seen an interesting rise of policy building around the third sector itself (Kendall 2009). Unlike in Germany and the Netherlands, the third sector in the UK ›lost‹ the key areas of education, health care and social security to state delivery, though it retained a presence in other areas of social services that were more marginal in the eyes of then governments (Kendall/Knapp 1996). However, given the interest in restructuring the welfare state from the 1970s onwards, the third sector presented itself more self-consciously. New umbrella bodies were established and existing ones, like the National Council for Voluntary Organisations, gained in importance. These types of bodies relate to the state at multiple levels and within governments, small third sector specific units have been set up. The result is that, while most of third sector's activity is of course still linked to specific fields of policy, its distinctiveness has been significantly enhanced. Interestingly enough, this occurred under both Conservative and Labour governments. Although each government has tended to rebrand and reorganise the institutional setup, the underlying trend seems to have cut across political divisions.

The factors that explain this development are numerous. What mattered was the existence in the UK of a varied and elaborate legal framework with specifically defined organisational forms like the charity, compared to the much more general character of the predominant legal modes (the association and foundation) in a country such as the Netherlands. Also, whereas in the Netherlands the third sector is omnipresent in fields of social welfare, and for a long time had little need to assert its distinctiveness, UK organisations could capture more terrain.

To conclude, multi-level governance with respect to the third sector is a complex area where much more comparative study is needed. When attempting a general overview of the situation in Europe, it is tempting to fall back on descriptions of broad historical developments, disregarding internal differentiation and recent trends. Yet trends such as decentralisation to the local level and the growth of contracting-out appear to be as significant in explaining the third sector's current position as its original social origins. Also, again, the differentiation by sector is important. Of special significance to the third sector is the distinction between the labour-intensive and strategically important services such as education and health, other social services that have traditionally been perceived as more marginal by policymakers, and further core functions of the third sector such as advocacy and community building

Be that as it may, it has been possible to note three key dimensions that can be used to analyse and categorize the third sector's position in multi-level governance systems.

This is, first, the level of institutionalisation of relationships between the state and the third sector at different levels; to put it simply, the extent to which the third sector is an established extension of the public sector.

Second, it is the level of vertical integration within the third sector itself: how organisations at local, national and intermediate levels are connected.

Finally, the level of horizontal integration within the third sector is one factor determining how the third sector and the state interact, though it is probably the least important of the three.

An interesting question for future research would be how these three dimensions are related. All these dimensions come back in an analysis of the third sector's presence at the European level, the subject of the next paragraph.

2.4 The third sector at the European level

As the third sector is so broad, an assessment of its involvement on the European scene necessarily changes, depending on where one looks. Again, one must take care not to overstate the importance of formal institutions as compared to informal networks. The third sector presence is stronger than an inventory of formal representations would suggest. However, that of course also makes it difficult to study. Fortunately, the speedy growth of the literature on Europeanization has also included some work on the third sector, e.g. Smismans (2006), Kendall (2009) and Wierckx (2011). This has given us a first good impression of its role at the European level. As with the description of country situations, some qualifications are necessary. The first is again that the idea of a third sector as a collective identity is much less important than its identity within specific policy fields. Those who want to understand the dynamics of the third sector's interactions with other European actors really need to focus upon specific policy fields. Also, again, the third sector's position is in flux and changes over time. In fact, this is much more the case than at the national level, because the institutionalisation of its position is far less advanced.

2.4.1 Institutionalisation of the third sector at the European level

Historically, the involvement of the third sector at this level starts with the trade unions in European decision-making and informal lobbying activities by large non-governmental organisations. These certainly date back long before any form of institutionalisation took place. However, it was only by the late 1980s that its role started to receive systematic consideration, both as a means of strengthening the Union's democratic legitimacy and of finding partners in the fight against social exclusion. In describing these developments, it is necessary to make a distinction between the so-called ›social dialogue‹ and ›civil dialogue‹, which is artificial but important (cf. Bleijenbergh/Brandsen 2007). As has happened at the national level in most countries, the associations representing employees (trade unions) and employers have had privileged access to political decision-making, which at the European level is often referred to as the ›social dialogue‹. The term ›civil dialogue‹ was coined much later and basically refers to dealings between Commission and all organisations other than social partners (although, confusingly, trade unions are often included as well).

The social dialogue started fairly early in the history of the Union (although the term is of more recent origin) and by the 1990s reached the point where, albeit in a limited range of policies, social partners have acquired an institutionalised role in policy formulation (Bleijenbergh 2004). Following in from discussions in the 1980s, the Social Protocol appended to the Treaty of Maastricht (1991) allowed social partners the right to self-regulation in the field of social policy (Falkner 1998). If the Commission intends to take action within a certain area, employers and trade unions are allowed nine months to reach a prior agreement. If they do, it is adopted and converted to a binding directive by the Council. In this arrangement, employers are represented through the Union of Industrial and Employers' Confederations of Europe (UNICE) and the European Centre of Enterprises with Public Participation (CEEP), while the European Trade Union Confederation (ETUC) speaks on behalf of employees. This resulted in directives on parental leave and part-time work, which led the Council to incorporate the procedure in the Treaty of Amsterdam (Bleijenbergh et al. 2004).

The civil dialogue is far less established and only acquired some kind of institutional form in the course of the 1990s (for a better and more complete description of the process, see Kendall 2007b). Policy documents and events that symbolically marked this development were the Communication ›The Role of Associations and Foundations in Europe‹ (1997), the White Paper on Governance (2001) and the Dialogue meetings organised at the time of the European Convention. There have been a number of different initiatives to strengthen the third sector's position within national and European policymaking processes. To begin with, it has resulted in the creation of formal platforms that unite representatives of the third sector and provide a point of access to the Commission. An example is the Civil Society Contact Group, which brings together organisations from the areas of human rights, development and social policy, with members meeting several times a year. Another important development has been the financial support that third sector umbrellas have increasingly been receiving, especially in the fields of environmental issues, human development and social policy. Equally significant was the initial recognition of the specific nature of the services that the third sector provides, although it remains to be seen what institutional form this recognition will ultimately take. Finally, a significant step was the inclusion of participatory mechanisms in new methods of policymaking such as the Open Method of Co-ordination (OMC). This collection of procedural instruments included the requirement to encourage the participation of actors beyond national state bodies. Taken together, these developments have offered third sector organisations and networks potential access to decision-making procedures.

It must be noted immediately, though, that the results of these initiatives have been mixed. Efforts to promote the third sector have surged and sunk with the political tide and with reorganisations within the Commission. The Commissions under Jacques Delors and Romano Prodi in the 1990s were favourable to the third sector, but it has fared less well under liberal Commissions such as the one headed by José Manuel Barroso. The fora established for third sector consultation have usually been incidental and often fragile. The Civil Society Contact Group was established in 1998, but went into a sleepy phase until it was reinvigorated in the context of the European Convention. Also, while the third sector is now habitually referred to in official documents, it is not always clear what this means. Terms used in European documents are often ill-defined, with the result that they have taken on a variety of meanings at the national level. For instance, the term ›civil society‹ has often been taken to include all non-state actors, including commercial businesses, which is a major departure from the conventional academic use of the term. Available empirical evidence questions whether the participatory procedures contained within the OMC can break through established patterns of policymaking. For instance, an analysis of the mobilisation of the third sector in the process of setting up National Actions Plans on Social Inclusion showed that the new procedures had little impact on traditional methods of participation and only led to significant change in those countries where there were no traditional methods (Brandsen et al. 2009).

On the whole, one must conclude that the involvement of the third sector at the European level is more than rhetoric, but that it has so far not been institutionalised consistently and systematically, even if its position has been boosted by efforts to strengthen the Commission's democratic legitimacy and by the budding developments of European social policy. Trade unions stand out, in that they have acquired a formal role in decision-making procedures, even if it only concerns a minor part of their area of expertise. The role of other third sector organisations in European policymaking largely retains its informal and ad hoc nature. However, we must stress again that this does not imply any judgement of its actual influence, which is certainly far greater than it seems on paper.

It should also be noted that there are many in the third sector who are suspicious of attempts to institutionalise their role, for various reasons. They fear they may be co-opted and lose their critical role in relation to policymaking; they fear that efforts to channel the input of various organisations will lead to weak compromise and/or the dominance of a handful; they believe that their influence is greater when it is not pinned down in a formal arrangement; and/or they believe that participation in formal procedures will come at the loss of internal democracy (an issue we will come back to in the following paragraphs). Illustrative in this respect is the role of the European Economic and Social Committee (EESC), an advisory body dating back to the early days of the EEC and traditionally composed of trade unions and employers. Van Schendelen succinctly described its position as one of ›influence without power‹ (Schendelen 2002). At the time of the European Convention, EESC organised a number of Dialogue sessions with third sector representatives, and has tried to position itself as ›the gateway to civil society‹. But other than through some members from consumer organisations, the social partners continue to dominate, and many in the third sector question whether the committee can adequately represent them as long as this is the case. Some fear that their positions would be filtered if they allowed themselves to be represented, although others argue that it simply provides an additional point of access. As it stands, there is no single and undisputed way in which third sector organisations can ›connect‹ to Europe, which leaves room for diverse interpretations of how the interests of the organisations and the public are best served.

2.4.2 Links between the European and the national level

Research shows that third sector organisations do engage with ›Europe‹, but only to a limited degree. Although some organisations attempt to integrate a European dimension within their mainstream activities, in many others activities with a European focus tend to remain restricted to a couple of specialists. Their European federations are often vital sources of information as well as initiators of common strategies. That means that the European dimension of third sector activities is realised within fairly small circles (Kendall et.al. 2009).

One reason for the failure to connect is the (perceived) gap between national and European policy issues. The third sector has been praised especially for its ability to engage with citizens and local communities. But to the extent that it does, this may actually discourage engagement with ›Europe‹, when there is no obvious connection between European and national/local issues, and consequently no incentive for the organisations to look beyond their traditional habitat. What is hotly debated at the European level may have little immediate relevance within national debates, in which case it is unlikely to penetrate the organisation beyond the specialists. Alternatively, the relevance of issues may remain unrecognised. This problem is strengthened by the use of different languages. Some European terms are simply unknown within national debates, and translations tend be subtly (or less subtly) different. An illustration is the European debate on Services of General Interest, which concerns, among other things, to what extent European competition regulation should or should not apply to locally provided services. Whereas it was of clear relevance to service-providing third sector organizations in several countries and might have been of strategic advantage in national debates, almost none seem to have picked it up – presumably because they failed to see the connection (Kendall et al. 2009).

In addition, many third sector organisations suffer from inadequate financial and human resources. They simply do not have the means to keep track of European debates, especially when these are not of urgent and immediate interest. This is why the European federations often take the lead in formulating common policy positions and strategies. Another reason is that effective participation in the European policy process usually demands fairly quick action, especially at the agenda-setting phase. This is at odds with a lengthy internal consultation procedure. The European networks differ strongly in how they deal with this: while some regard thorough internal democracy as the bedrock of their external legitimacy, others move ahead of their base in order to be more effective.

The extent of the connections differs between countries. This relates both to the national position of the third sector at large and to how the third sector is organised within specific policy fields. For instance, French third sector networks have had a strong desire to achieve recognition through European law (e.g. through the adoption of European legal formats) which reflects both their national emphasis on legal solutions and the position of the third sector in France. In the Netherlands, with its liberal legal provisions regarding associations and foundations, the third sector has seen little need to go European on this issue. Where the third sector is larger and best-established, its potential to be active on the European scene may be greater, but they have less incentive to do so. Also, given that a strong position is often connected to a strong focus on national issues, they are less likely to be engaged by European discussions which differ conceptually. Finally, the third sector tends to be most strongly represented in those areas where (so far) the European Union has had the least influence, such as local social services.

In addition, European-national links are strongly influenced by the types of organisations that operate within specific policy fields. European networks often have to deal with a very diverse constituency. This can be nicely illustrated with the example of consumer organizations. Members of the European consumer federation BEUC include membership-based associations (Germany, Netherlands, Belgium), state agencies (Scandinavia), and activist organisations on a syndicalist or co-operative basis (Southern Europe). Such variety deepens the difficulty of reaching consensus on a common strategy. For instance, while some members would be in favour of further co-operation with the Commission, others are inclined to adopt a more adversarial role. It makes internal consultations slow.

All in all, while there may be formal links between national third sector organisations and networks at the European level, it has proven difficult to establish a deeper connection, in which national and European debates would be more intimately linked. Of course, given the third sector's diversity, one must qualify such a statement. The »issue gap« applies less to organisations dealing with issues that have a clear international angle (e.g. the environment, human rights). Some organisations do have sufficient funds and people to play an active role on the European scene. Some networks such as the European Trade Union Confederation appear to have a fairly coherent internal structure with well-functioning lines of communication. On the whole, though, the obstacles described above have stood in the way of a firmer connection between the national third sector and the European level.

The question is whether these are temporary or inherent obstacles. Should we expect the links to grow stronger over time or stay as they are? Of course, if the European Union continues to grow in importance, and present indications are that it will, European issues are likely to generate more interest. Then again, it may be unrealistic to expect the gap between European and national issues to diminish to any significant degree in the short term. It is hard enough for national policymakers to connect their debates to the concerns of ordinary citizens, and European issues are even further removed. By implication, organisations that are firmly rooted in national or local debates may be less interested in European policy than governments. It may to some point be inevitable that, even if European issues are relevant to citizens, they are simply lost in translation, or remain the territory of specialists. This will only change if it can be successfully demonstrated within national organisations how engaging in European discussions can be directly useful in terms of concrete effects. Europe as an abstraction is unlikely to strike a chord. What is therefore desperately needed is good translators, not just of language, but of politics. If the third sector can be more effectively mobilised, the third sector may be able to make a stronger mark on the European scene.

2.5 Conclusion

This contribution has given a brief overview of the third sector's position in multi-level governance systems, compared between countries and at the European level. Multi-level governance has here been used as a heuristic framework for mapping third sector-government relationships at different levels of government. The breadth of the topic has of course only allowed a brief overview that ignores the vast complexity and diversity of the topic. However, it is possible to venture a few general observations.

The third sector's position in multi-level governance systems depends both on the nature of the organisation of government within states and on the historically developed relationships between governments at all levels and the third sector.

However, the significance of these broad patterns should not be overstated, for at least two reasons. First, whatever the system, the third sector's is predominantly local. Second, trends such as contracting-out can be observed everywhere and drive the development of the third sector regardless of background, although the intensity and nature of their effects differ.

Often, the organisation of the third sector in terms of different levels mirrors that of governments. This is logical, since the latter is often the former's key source of funding. However, there is no singular explanation for how this affects internal linkages within and between these levels. The strength of vertical and horizontal integration within the third sector itself differs quite strongly between countries.

The sector has been slowly building a presence at the European level. Although great advances have been made, especially from the 1990s onwards, and the third sector's European networks are much stronger than before, it remains institutionally weak and has difficulties linking back to the national level and below.

Vertical linkages between the European and national levels are often weak, which means that socially and politically they often constitute different worlds.

A persistent difficulty in linking levels is that significant issues at one level often do not easily ›translate‹ to another level, because of conceptual and terminological differences, as well as different institutional and political conditions.

Finally, it must be kept in mind that the bulk of the third sector's activities are and probably always will be local, so the importance of its national and international presence must not be overstated.

To get a more complete picture, we need much more empirical work to map the multi-level links within specific countries, within specific policy fields. In addition, third sector studies would benefit from a firmer theoretical footing, in this case based on theories of multi-level governance as developed in public administration and political science research. There is still a lot to do and therefore I wholeheartedly encourage readers to contribute to our knowledge in this area.

Bibliography

Archambault, Edith (2000): The third sector in France. In: German Policy Studies/Politikfeldanalyse, 1, 189–208.

Berg, Esther/Brandsen, Taco (2007): The Dutch Third Sector and the European Union. Connecting Citizens to Brussels?, Web-Publication 22. The Hague, Dutch Scientific Council for Government Policy.

Bleijenbergh, Inge (2004): Citizens Who Care. European Social Citizenship in EU Debates on Childcare and Part-Time Work. Amsterdam.

Bleijenbergh, Inge/Brandsen, Taco (2007): Naar Een Europees Corporatisme? Een Vergelijking van de Sociale en Civiele Dialoog op Europees Niveau: In: B&M, 34, 226–237.

Brandsen, Taco/Pavolini, Emmanuele/Ranci, Costanzo/ Sittermann, Birgit/Zimmer, Annette (2009): The National Action Plan on Social Inclusion: an opportunity for the third sector?

In: Kendall, Jeremy (Hrsg.): Handbook on Third Sector Policy in Europe. Multi Level Processes and Organised Civil Society. Cheltenham, Edward Elgar, 2009, 253–75.

Brandsen, Taco/Van de Donk, Wim (2009): The Third Sector and the Policy Process in the Netherlands. A study in invisible ink. In: Kendall, Jeremy (Hrsg.): Handbook on Third Sector Policy in Europe. Multi Level Processes and Organised Civil Society. Cheltenham, 140–58.

Chanial, Philippe/Laville, Jean-Louis (2004): French civil society experiences. Attempts to bridge the gap between political and economic dimensions. In: A. Evers & J.L. Laville (Hrsg.): The Third Sector in Europe. Cheltenham, 83–100.

Dekker, Paul (2001): What crises, what challenges? When nonprofitness makes no difference. In: Anheier, Helmut/Kendall, Jeremy (Hrsg.): Third sector policy at the crossroads. An International Non-Profit Analysis. London, 61–68.

Esping-Andersen, Gøsta (1990): The Three Worlds of Welfare Capitalism. Cambridge.

Evers, Adalbert (2005): Mixed Welfare Systems and Hybrid Organizations. Changes in the Governance and Provision of Social Services. In: International Journal of Public Administration, 28, 737–48.

Falkner, Gerda (1998): EU Social Policy in the 1990s. Towards a Corporatist Policy Community. London.

Fraisse, Laurent (2009): The third sector and the policy process in France. The centralized horizontal third sector community faced with the reconfiguration of the state-centred republican model. In: Kendall, Jeremy (Hrsg.): Handbook on Third Sector Policy in Europe. Multi Level Processes and Organised Civil Society. Cheltenham, 43–66.

Hooghe, Liesbeth/Marks, Gary (2001): Multi-Level Governance and European Integration. Lanham.

Kendall, Jeremy/Knapp, Martin (1996): The Voluntary Sector in the UK. Manchester.

Kendall, Jeremy (2009): The UK. Ingredients in a hyperactive horizontal policy environment. Kendall, Jeremy (Hrsg.): Handbook on Third Sector Policy in Europe. Multi Level Processes and Organised Civil Society. Cheltenham, 67–94.

Kendall, Jeremy/Will, Catherine/Brandsen, Taco (2009): The third sector and the Brussels dimension. Trans-EU governance. In Kendall, Jeremy (Hrsg.): Handbook on Third Sector Policy in Europe. Multi Level Processes and Organised Civil Society. Cheltenham, 341–81.

Lijphart, Arend (1968): The Politics of Accommodation. Pluralism and Democracy in the Netherlands. Berkeley.

Osborne, Stephen (2009): New Public Governance, London.

Pollitt, Christopher/Bouckaert, Geert (2004): Public Management Reform, 2nd ed. Oxford.

Schendelen, Rinus van (2002): Machiavelli in Brussels. The Art of Lobbying the EU. Amsterdam.

Schmitter, Philippe (2004): Neo-functionalism. In: Wiener, Antje/Diez, Thomas (Hrsg.): European Integration Theory. Oxford, 45–74.

Smismans, Stijn (2006): Civil Society and Legitimate European Governance. Cheltenham.

Titmuss, Richard (1974): Social Policy. An Introduction. London.

Wierckx, Joke (2011): The Democratic Legitimacy of European Social Movement Organisations. Baden-Baden.

Zimmer, Annette (2001): Corporatism revisited. The legacy of history and the German nonprofit sector. In: Anheier, Helmut/Kendall, Jeremy (Hrsg.): Third sector policy at the crossroads. An international non-profit analysis. London, 114–125.

Zimmer, Annette/Appel, Anja/Dittrich, Christine/Lange, Chris/Sittermann, Birgit/Stallmann, Freya/Kendall, Jeremy (2009): Germany. On the social policy centrality of the Free Welfare Associations. In: Kendall, Jeremy (Hrsg.): Handbook on Third Sector Policy in Europe. Multi Level Processes and Organised Civil Society. Cheltenham, 21–42.

3 Märkte, »Mission«, Management: Spannungsfelder und Perspektiven in der NPO-Kommunikation

Gerlinde Mautner

3.1 Einführung

Die Ziele des Beitrags

Der vorliegende Beitrag hat die folgenden, miteinander verknüpften Ziele: Er will

- die allgemeinen Grundlagen der Organisationskommunikation darlegen und
- dabei insbesondere die Rolle der Sprache in den Mittelpunkt rücken,
- die speziellen Eigenschaften von NPOs in Hinblick auf ihre Folgen für die interne und externe Kommunikation beleuchten und
- das Thema der Ökonomisierung aus dem Blickwinkel der Sprache betrachten.

Der theoretische Bezugsrahmen

Soziale Systeme sind wesentlich von Kommunikation abhängig. Nach systemtheoretischer Auffassung können sie sich überhaupt erst durch Kommunikation bilden und durch sie fortbestehen (Willke 1996, 65, Bezug nehmend auf Luhmann 1984, 192). Dies gilt auch für Organisationen (vgl. Beitrag I.8.). Ob es um Gründung oder Veränderung geht, ob um das Festlegen der großen strategischen Linien oder die Durchführung alltäglicher Routineaufgaben: All das könnte nicht stattfinden, wenn nicht Mitglieder der Organisation auf allen Hierarchieebenen kommunizieren würden – miteinander und mit ihrer Umwelt. Alle organisationalen Handlungen, einschließlich jener, die von Technik, Produktion oder Rechenoperationen dominiert wirken, sind in irgendeiner Weise auch von Kommunikation begleitet. Viele sind sogar primär oder ausschließlich durch Kommunikation konstituiert; man denke nur etwa an Einstellungsgespräche, Teamsitzungen, Jahreshauptversammlungen und dergleichen. Wie es Boden (1994, 1) pointiert formuliert, »talk makes the organisational world go round«. Als fundamental wird Kommunikation auch im Rahmen konstruktivistischer Organisationstheorien gesehen. So bringt es Kieser (1998a) in einem Aufsatztitel anschaulich auf den Punkt: »Über die allmähliche Verfertigung der Organisation beim Reden. Organisieren als Kommunizieren« (vgl. auch Kieser 1998b, 297).

Wenn man NPOs gleichzeitig durch eine systemtheoretische und linguistische Linse betrachtet, dann kann man feststellen, dass sowohl die Differenzierung als auch die Anschlussfähigkeit von NPOs gegenüber ihren Systemumwelten sprachlich vermittelt ist. Mit der Art und Weise, wie eine Organisation nach außen kommuniziert, signalisiert sie einerseits ihre unverwechselbare Identität und grenzt sich ab, markiert aber gleichzeitig Schnittstellen, an denen Austauschbeziehungen zur Systemumwelt ansetzen können. An diesen Schnittstellen kommt es – im Interesse der Schaffung eines gemeinsamen Codes, über den man sich über Systemgrenzen hinweg verständigen kann – zu Anpassungsleistungen im Diskurs. Diese Veränderung wiederum wirkt auf die Organisation zurück. Denn wie die Organisation *spricht* und wie sie *ist*, stehen in einem dialektischen Verhältnis zueinander. Um dieses Wechselspiel geht es im vorliegenden Beitrag.

3.2 Allgemeine Grundlagen der Organisationskommunikation

3.2.1 Struktur, strategische Funktion und Erscheinungsformen

Die Bezüge zwischen Kommunikation und vielen verschiedenen funktionalen Bereichen bzw. Managementinstrumenten sind mannigfaltig und eng, wobei sowohl die sach- als auch die personenbezogenen Aspekte von Management eine kommunikative Dimension haben. Einerseits müssen Ziele, Planungsschritte und Entscheidungen ausformuliert und kommuniziert werden, andererseits sind auch Führung und Motivation ohne begleitende und konstituierende Sprachhandlungen nicht denkbar (vgl. Beitrag II.11). Ebenso wichtig ist Kommunikation für die Identität und das Image einer Organisation, die Qualität der sozialen Beziehungen in ihr, den Umgang mit Macht und Hierarchie, kurzum für das, was gemeinhin als das Arbeitsklima bezeichnet wird.

Aus der Perspektive von Managementtheorie und -praxis ist Kommunikation also ein klassisches Querschnittthema – mit all den Möglichkeiten und Schwierigkeiten, die diese Eigenschaft mit sich bringt. Jeder Beitrag zur Erreichung des Organisationsziels ist direkt oder indirekt in Diskurse eingebunden (mehr zum Diskursbegriff in 3.2.2). Das Thema in seiner ganzen Breite ist überall zuhause und nirgends. Das Etablieren einer spezialisierten PR- oder Corporate-Communications-Abteilung ist einerseits ein wichtiger Indikator für eine entsprechende Schwerpunktsetzung seitens der Organisationsleitung. Andererseits kann es auch ein indirektes Signal für das »Abschieben« sein und somit gerade ein Indikator für einen Mangel an Bewusstsein für die flächendeckende Präsenz von kommunikativen Prozessen und die gestreute Verantwortung für sie. Überspitzt formuliert: Sobald es eine explizite Zuständigkeit gibt, ist es leichter, der Fiktion zu erliegen (oder sie bewusst zu pflegen), dass »die Profis dort« die Kommunikation erledigen und man sich im eigenen Wirkungsbereich auf die »eigentliche Arbeit« konzentrieren könne. De facto kann eine zentrale Stabstelle oder Abteilung, so wichtig sie für die professionelle Umsetzung einer konsistenten Kommunikationspolitik auch ist, nicht mehr tun, als ein zwar bedeutendes, aber relativ kleines Segment der Unternehmenskommunikation zu steuern, nämlich die formelle (meist schriftliche) Außen- und Innenkommunikation, etwa Web-Auftritt, Drucksorten, Imagekampagnen, Pressemitteilungen, Mitarbeiter-Newsletter und dergleichen. Das gesamte Spektrum der notwendigen Kommunikationsleistungen ist aber erheblich breiter. Kommunikationsbewusstsein und -kompetenz sind folglich Schlüsselqualifikationen für MitarbeiterInnen und Führungskräfte aller funktionalen Bereiche.

Organisationskommunikation tritt in einer Vielzahl von Formen auf. Klassische Unterscheidungskriterien sind die Position der AdressatInnen innerhalb oder außerhalb der Organisation (interne versus externe Kommunikation), der Grad der Regelgebundenheit bzw. Förmlichkeit (formelle versus informelle Kommunikation), der Gegenstand bzw. die Funktion (Werbung, Public Relations, technische Dokumentation etc.), die AdressatInnen (Mitarbeiterkommunikation, Kapitalmarktkommunikation, politisches Lobbying etc.), das Medium (Presse, Internet, persönliches Gespräch etc.) sowie Mündlichkeit versus Schriftlichkeit. Um die wissenschaftliche Analyse und die praktische Planungsarbeit transparenter und überschaubarer zu machen, können diese Klassifikationen durchaus sinnvoll sein. Gleichwohl dürfen sie nicht den Blick darauf verstellen, dass Kommunikationshandlungen in der Realität oft nicht eindeutigen Kategorien zugeordnet werden können. So einleuchtend es etwa scheinen mag, zwischen formeller und informeller Kommunikation zu unterscheiden, so augenfällig ist auch die Verschwommenheit der Grenze.

Ähnlich verhält es sich mit dem Begriffspaar »mündlich/schriftlich«. Hier sind es gerade die neuen Medien, wie etwa E-Mail oder Blogs, die durch die Verbindung von Elementen beider Modi neue, hybride Ausdrucksformen haben entstehen lassen (Boczkowski/Orlikowski, 2004; Macnamara, 2010). Vermeintlich dichotome Kategorien (»mündlich oder schriftlich«) werden also eher als die Endpunkte eines Kontinuums aufzufassen sein, entlang dessen verschiedenste Zwischenstufen (»eher mündlich«/»eher schriftlich«) möglich sind. Ähnliches gilt für die Social Media Facebook und Twitter, die darüber hinaus auch die traditionellen Grenzen zwischen synchroner (gleichzeitiger) und asynchroner (zeitversetzter) Kommunikation sowie zwischen monologischer und dialogischer Kommunikation verschwimmen lassen.

Bei der Betrachtung unterschiedlicher Formen von Organisationskommunikation darf nicht übersehen werden, dass großes Potenzial gerade in ihrer strategischen und operativen Verknüpfung liegt. Werden Inhalt und Form unterschiedlicher Kommunikationsmaßnahmen aufeinander abgestimmt – ein Zugang, der unter dem Schlagwort »integrierte Kommunikation« firmiert (Bruhn, 2009, 2010, 2011; Pickton/Broderick, 2013) – so lässt sich durch das so entstehende harmonische Ensemble eine weitaus größere Wirkung für den Erfolg der Organisation erzielen als durch die Summe von nicht aufeinander abgestimmten Einzelbotschaften. Integration bedeutet insbesondere dann eine Herausforderung, wenn eine NPO föderal aufgebaut ist, d. h. die relativ lose Vereinigung von regionalen Organisationen unter einem Dachverband darstellt. Bei einer solchen Aufbauorganisation – ein typisches Merkmal einer »loosely coupled organisation« (Weick, 1976) – fehlen oftmals klare Hierarchien und Durchgriffsrechte. Für die Planung und Durchführung integrierter Kommunikationskonzepte, einschließlich einer einheitlichen Markenpolitik und Corporate Design, müssen aber zentrale, für alle verbindliche Führungsentscheidungen getroffen, systematisch nach unten weitergeleitet und in ihrer Umsetzung kontrolliert werden. Ohne solch klare Strukturen und lediglich auf Basis von Aushandlungsprozessen und Konsens ist es zwar keineswegs unmöglich, aber auf alle Fälle erheblich schwieriger und zeitaufwändiger, alle Einheiten auf eine gemeinsame Linie in der Außenkommunikation einzuschwören.

3.2.2 Die Rolle der Sprache

Wie eingangs erwähnt, stehen soziale Realität und Diskurs in einer dynamischen, einander laufend beeinflussenden Wechselbeziehung, die Fairclough (1992, 64) wie folgt formuliert: »Discourse is shaped and constrained by social structure (...). On the other hand, discourse is socially constitutive«. »Diskurs« bedeutet zum einen »Gebrauch von Sprache im sozialen Kontext«, also das konkrete kommunikative Geschehen in Form einzelner sprachlicher Interaktionen, die von den Beteiligten unmittelbar wahrgenommen und gestaltet werden (Telefongespräche, Meetings, E-Mails und dgl.). Zum anderen bezeichnet »Diskurs« die hinter diesen konkreten Sprachhandlungen stehenden Praktiken, Muster und Konventionen. In einem Mission Statement zum Beispiel können sich ausgrenzender »Expertendiskurs« und solidarisierender »WIR-Diskurs« manifestieren; eine Presseaussendung kann Elemente des »politischen Diskurses« und des »Werbediskurses« mischen; in einer Betriebsversammlung können der Diskurs des Managements und jener der Gewerkschaft aufeinanderprallen. In dieser zweiten Bedeutung ist »Diskurs« also ein Sammelbegriff für ganze Bündel von sprachlichen Charakteristika, die in einem systematischen Zusammenhang zu verschiedenen Lebenswelten, sozialen Strukturen und den für sie konstitutiven sozialen Praktiken stehen.[1] Es ist selten falsch, den Begriff »Diskurs« einfach durch »Sprache« zu ersetzen; in manchen Fällen (wie auch an verschiedenen Stellen im vorliegenden Beitrag) ist es sogar angeraten – dann nämlich, wenn der momentane analytische Fokus eben gerade auf Details der sprachlichen Umsetzung liegt und nicht auf der Relation des Gesagten oder Geschriebenen zum sozialen Kontext. Umgekehrt gibt es viele Situationen, in denen der Begriff »Diskurs« sehr wohl einen erheblichen semantischen Mehrwert gegenüber »Sprache« hat – dann nämlich, wenn der Blick dezidiert über die konkrete sprachliche Manifestation hinaus gelenkt werden soll, vom Wort oder Satz hin zum vollständigen Text und noch weiter zur sozialen Praxis, in deren Rahmen der Text eine bestimmte Funktion erfüllt.

Für die wechselseitige Beeinflussung von sozialer Realität und Diskurs sei ein einfaches Beispiel aus dem Alltag sozialer Beziehungen genannt. In menschlichen Gemeinschaften gibt es unterschiedliche Grade von Nähe bzw. Distanz, die u.a. über eine Reihe von sprachlichen Mitteln signalisiert werden. Im Deutschen ist eines dieser Mittel der Unterschied zwischen den Anredeformen »Du« und »Sie«. Ob das eine oder andere gewählt wird, spiegelt eine außersprachliche Realität, nämlich eine »objektiv« vorhandene Relation von Nähe oder Distanz, von Gleichheit oder Statusdifferenz wider. Im oben erwähnten Zitat von Fairclough entspräche das der Komponente »discourse is shaped (...) by social structure«. Gleichzeitig wirkt die Wahl der jeweiligen Anredeform auf die Beziehung zurück: das vertraute *Du* reflektiert eben Nähe und Gleichheit nicht nur, sondern schafft sie ein Stück weit auch: So erweist sich Sprache als »socially constitutive«.

Der reflektierende Charakter von Sprache steht auch unter Laien meist außer Streit. Gerne verkannt (oder *er*kannt und geleugnet) wird hingegen ihre konstitutive Natur. Wer etwa die Auffassung vertritt, die Aktivitäten einer NPO würden einfach deshalb als »Geschäftsfelder« oder ihre Leistungsempfänger als »KundInnen« bezeichnet, weil das Bezeichnete ja Geschäftsfelder bzw. Kunden *sind*, ist einem recht naiven semantischen Positivismus erlegen. Begriffe sind niemals in »natürlicher« oder zwingender Weise mit dem verbunden, das sie bezeichnen, sondern beruhen ausschließlich auf sozialer Konvention.

3.2.3 Wie entstehen Texte?

Texte zu verfassen und sich aktiv an Interaktionen zu beteiligen bedeutet immer, aus dem verfügbaren Repertoire von sprachlichen Mitteln eine Auswahl zu treffen. Das beginnt mit der Textfunktion bzw. der Funktion einer mündlichen Äußerung: Soll mein Text bzw. Redebeitrag informieren, überzeugen, oder (wie in der organisationalen Kommunikation oft der Fall) beide Funktionen erfüllen? Bei der Auswahl der vermittelten Inhalte treffen AutorInnen bzw. SprecherInnen in der Regel keine völlig isolierten und originären Entscheidungen, sondern nehmen direkt oder indirekt auf andere Texte bzw. Äußerungen Bezug – ein Phänomen, das als Intertextualität bezeichnet wird.

1 Zu einem Überblick über die verschiedenen Facetten des Begriffs »Diskurs« siehe Fairclough (1989, 17–42; Reprint in Toolan Hrsg., 2002, 2. Band, 1–22), Schiffrin (1994, 20–43), van Dijk (1997), Johnstone (2002, 2–3).

Neben Textfunktion und Inhalten gilt es, eine Textsorte bzw. einen Interaktionstyp zu wählen: eine Entscheidung, die weitere Wahlmöglichkeiten schon erheblich einschränkt. Wer sich z. B. für die Textsorte »Mission Statement« oder für den Interaktionstyp »Brainstorming« entscheidet, bekommt damit ein ganzes Paket von sprachlichen Konventionen mitgeliefert, die es einzuhalten gilt, wenn man einen Text dieser Art – den ähnlich sozialisierte AdressatInnen auch als solchen erkennen sollen – produzieren will. Vorgaben zur Text- bzw. Interaktionsstruktur sind darin ebenso enthalten wie stilistische Normen. Der Stil wiederum ergibt sich aus dem Zusammenwirken von Wortwahl (Lexik), Satzbau (Syntax), Textstruktur sowie durch die Selektion bestimmter Sprechakte (z. B. *behaupten, versprechen, befehlen, bitten*).

Für die Wortwahl ist nicht nur der Kern der Wortbedeutung (Denotation) entscheidend, sondern auch der evaluative, assoziative, eher »gefühlsmäßige« Gehalt (Konnotation). Die Wahl von einschlägig konnotierten Wörtern ist maßgeblich daran beteiligt, in welche Richtung ein Text gefärbt wirkt, also welche Einstellung zum jeweiligen Textthema der/die AutorIn vermittelt (vgl. Hunston/Thompson, 2000, Hrsg.) und welchen persuasiven Effekt (Überzeugungswirkung) er oder sie erzielen will. Für NPOs, die gesellschaftspolitisch Stellung beziehen und Lobbying betreiben, liegt hier massives rhetorisches Potenzial. Es gilt analog, was Schelsky (1976, 118) für die Politik formuliert: »Die Sprachherrschaft in der unmittelbar aktuellen Politik erwirbt, wer die Wortfelder besetzen kann, in denen die tagesfälligen Konflikte ausgetragen werden. Wer hier dem anderen Worte vorschreiben oder vorreden kann, hat schon gesiegt.«

Im Bereich der Lexik sind auch die Metaphern von besonderem Interesse, also bildliche Übertragungen von einer inhaltlichen Domäne auf eine andere. Wenn eine Organisation als *große Familie* bezeichnet wird, eine Teambesprechung *generalstabsmäßig* organisiert wird, oder in der Asylantenbetreuung von einer *Flut* von Anträgen die Rede ist, dann werden damit indirekt ganz bestimmte Merkmale der Organisation, der Mitarbeiterversammlung und der Asylanträge hervorgehoben und andere, grundsätzlich auch denkbare, zurückgedrängt oder ganz versteckt (Goatly, 1997, 2).

Metaphern erweisen sich somit als »rich summaries of worldviews« (Putnam/Fairhurst 2001, 107). Umgelegt auf den Diskurs von Organisationen heißt das, dass Metaphern reichhaltige Zusammenfassungen der Art und Weise sind, wie die Organisation und die für sie relevanten zwischenmenschlichen Beziehungen gesehen werden (siehe Grant/Oswick Hrsg., 1996). Besonders zentrale – da eingängige, vielschichtige und häufig verwendete – Metaphern können zu »Leitmetaphern« werden, um die herum sich Werte, Haltungen und Verhaltensweisen gruppieren. Ob die Leitmetapher etwa das »Unternehmen« oder die »Familie« ist, entfaltet in der NPO erhebliche normative Kraft (Maier/Meyer 2011). Es ist also wichtig zu betonen, dass Metaphern nicht bloß ein Phänomen der sprachlichen Oberfläche sind, sondern in einem permanenten Rückkoppelungsprozess als Verstärker genau jener Sichtweise wirken, die sie transportieren. Plakativ formuliert: Wer Teambesprechungen *generalstabsmäßig* organisiert, darf sich nicht wundern, wenn MitarbeiterInnen Verhaltensmuster und Einstellungen von *Soldaten* annehmen und bei Brainstorming-Sessions nicht mit der freigeistigen Kreativität aufwarten, die man sich als Führungskraft für einen bestimmten Ideenfindungsprozess vielleicht gewünscht hätte. Diese Wechselbeziehung ist auch aktiv als Ressource nutzbar, denn mit dem Gebrauch bzw. Vermeiden bestimmter Metaphern lassen sich gezielt bestimmte Perspektiven fördern und andere in den Hintergrund drängen. So kann Metaphern u. a. im Change Management eine wichtige Rolle zukommen (Akin/Palmer 2000). An Metaphern lässt sich somit nicht nur die reflektierende, sondern auch die prägende, d. h. auf die soziale Realität rückwirkende Funktion von Sprache besonders gut nachvollziehen, also jene Qualität, die Fairclough (1992, 64) als »constitutive« sowie Boden (1994, 8) und Johnstone (2002, 9) als »shaping« beschreiben.

Fragen der Einstellung und der Perspektive, die Autor oder Sprecher an ein Geschehen anlegen, werden nicht nur durch die *Lexik*, sondern maßgeblich auch durch die *Syntax*, also den Aufbau von Phrasen und Sätzen, bzw. durch die Kombination von Lexik und Syntax vermittelt. Für die persuasive Wirkung von Texten sind insbesondere die Wahl zwischen Aktiv und Passiv und von sogenannten Nominalisierungen (Umwandlung von Zeit- in Hauptwörter) entscheidend. Das Passiv (z. B. *Die Zuschüsse wurden gekürzt*) und Nominalisierung (*die Kürzung der Zuschüsse*) führen nämlich dazu, dass die Handelnden – und damit Verantwortung – ausgeblendet werden. Positiv genützt lassen sich durch diese Agens-Tilgung direkte Schuldzuweisungen vermeiden (z. B. *In der Vergangenheit wurden einige Fehler gemacht*).

Bei der Textgestaltung spielen neben all diesen verbalen Phänomenen auch nonverbale Ausdrucksmittel eine große Rolle. Layout, Typographie, der Einsatz von Symbolen und Farben (*corporate colours*), bis hin zur Papierqualität bei Drucksorten, der Animation und Sound Files auf Webseiten: All diese Formen der Multimodalität liefern einen maßgeblichen Beitrag zur Bedeutung der verbal vermittelten Information, bzw. schaffen gemeinsam mit ihr das, was die Rezipienten als Gesamttext wahrnehmen und woraus sie Schlüsse über die Identität der Organisation und der MitarbeiterInnen ziehen.

Um zusammenzufassen: Prinzipiell besitzen beim Verfassen von mündlichen und schriftlichen Botschaften alle genannten Auswahlentscheidungen persuasives Potenzial und damit strategische Relevanz. Die sprachliche Umsetzung eines Gedankens bedeutet immer, sich für eine Perspektive zu entscheiden, zu filtern, manche Bedeutungselemente in den Vordergrund, andere in den Hintergrund zu schieben, auch dann, wenn der Text augenscheinlich nicht werbender oder manipulierender Natur ist. Die Sprache bietet uns, um eine Metapher aus der Optik zu verwenden, den Blick auf die Welt nicht durch ein Fenster mit klarer, ungetrübter Glasscheibe, sondern durch eine geschliffene Linse, die das Licht mehrfach bricht und für uns Betrachter die Gestalt dessen, was wir sehen, verändert (Fowler 1991, 10). Rhetorik ist der Sprache inhärent, nicht ihr optional beigefügt. Es ist daher auch dem sich hartnäckig haltenden Mythos zu widersprechen, man könne, wenngleich nur unscharf, aber grundsätzlich ja doch eine konzeptionelle Trennung zwischen rationalen und emotionalen Botschaften vornehmen (Klausegger/Scharitzer/Scheuch, 117f.). Es kann hier bestenfalls um das relative Vorherrschen des Einen oder Anderen gehen. Auch dass man im Allgemeinen davon ausgehen könne, dass bildbetonte Werbemittel primär über emotionale Beeinflussung und sprachbetonte Werbemittel über informative Beeinflussung wirken (Kroeber-Riel/Esch, 2004, 151, zit. in Bruhn, 2010, 510), ist in dieser Form aus linguistisch-semiotischer Sicht nicht haltbar.

3.3 NPO-Spezifika und ihre Auswirkung auf die Kommunikation

Der vorliegende Abschnitt hat das Ziel, die in Kapitel III.3.2 getroffenen allgemeinen Aussagen zu Organisationskommunikation und Sprache in Hinblick auf Nonprofit-Organisationen zu konkretisieren und aufzuzeigen, welche Auswirkungen die spezifische Situation von NPOs auf die Kommunikation hat.[2]

Schon die organisationalen Entwicklungsphasen von NPOs gehen mit Veränderungen in der Kommunikation einher. Ist die Pionierphase noch durch direkte, personenbezogene Kommunikationsstrukturen charakterisiert (Beitrag II.4.5), so bedeutet die Differenzierungsphase, in der Hierarchien und Arbeitsteilung ausgebildet werden, dass die Kommunikationsflüsse, -inhalte und -formen stärker reguliert und z. T. standardisiert werden. Offizielle Berichtslinien – d. h. institutionalisierte Kommunikationswege – werden etabliert, und Abteilungen entwickeln disziplinen- und gruppenspezifische Sprachmuster. In der Integrationsphase werden die Beziehungen zwischen den ausdifferenzierten Einheiten u. a. auch dadurch neu gestaltet, dass flexible, den Zusammenhalt fördernde Kommunikationskanäle bzw. -foren geschaffen werden. In der Assoziationsphase hängt die Vernetzung mit den Organisationsumwelten entscheidend von der Schaffung entsprechender Kontaktpunkte ab.

Dass die Ziele von NPOs oftmals heterogen sind (Beitrag II.1), schlägt sich auch in der Kommunikation nieder. Das Balancieren zwischen Markt- und Wertorientierung führt zu »hybriden«, also von Mischformen und Brüchen gekennzeichneten Diskursen (mehr dazu in Kapitel III.3.4). Auch intern führen die für NPOs charakteristischen Leitdifferenzen zu einer Art »Mehrsprachigkeit« (Beitrag I.8). Die NPO-spezifische aggressionsunterdrückende Kultur wird wesentlich durch entsprechende aggressionsunterdrückende Interaktionsformen begründet und perpetuiert. Der meist hohe Anspruch an Mitbestimmung, Konsensorientierung und Informalität (Beitrag II.11) verleiht partizipativen Kommunikationsformen großen Stellenwert. Allerdings erhöhen die verstärkte Hierarchisierung im Zuge der organisationalen Entwicklung, die Professionalisierung von Managementprozessen, steigender Effizienzdruck und insgesamt größer werdende Isomorphie zu Wirtschaftsbetrieben die Wahrscheinlichkeit, dass traditionell partizipativ-konsensuelle Kommunikationsformen als schwerfällig, den neuen Anforderungen nicht mehr gewachsen und daher als unangemessen empfunden werden. Wird das *Mitreden* im Sinne der Pflege der Organisationskultur noch ermöglicht, so wird es nicht selten vom *Mitentscheiden* abgekoppelt: die *symbolische* Wirkung des Diskurses tritt vor die *faktische*.

Aus dem Blickwinkel des Marketing betrachtet, ist die Differenzierung gegenüber der Umwelt eine Aufgabe des Branding (Ritchie/Swami/Weinberg 1998; Kapferer, 2002; Melewar, 2003), das eng mit Kommunikationsdesign verbunden ist (Mautner 2008). Ein durchkomponierter Außenauftritt besteht nicht nur aus den vorrangig visuellen Gestaltungselementen des »Corporate Design«, sondern hängt wesentlich auch von der Einheitlichkeit in

2 Mein aufrichtiger Dank gilt den (stellvertretenden) GeschäftsführerInnen von österreichischen Nonprofit-Organisationen, die mir im Herbst 2005 für eine Serie von strukturierten Interviews zum Thema »NPO-Kommunikation« zur Verfügung standen und wertvolle Hintergrundinformationen für das vorliegende Kapitel beisteuerten: Hildegard Aichberger (WWF), Michael Chaloupka (Diakonie Österreich), Werner Kerschbaum (Rotes Kreuz), Walter Marschitz (Österreichisches Hilfswerk), Ulrike Schelander (CARE), Hannes Traxler (Lebenshilfe Wien), Dieter Wesenauer (Rettet das Kind).

den verbalen Ausdrucksformen ab, die wiederum im Einklang mit den Grundwerten der betreffenden Organisation sein sollen. Im Rahmen von »*Verbal Branding*« (Delin, 2005) soll sichergestellt werden, dass die Eigenschaften, die für die Markenpersönlichkeit einer Organisation zentral sind, eine Entsprechung darin finden, in welchem sprachlichen Stil die Organisation mit ihren Stakeholdern kommuniziert.

Obwohl alle MitarbeiterInnen in der einen oder anderen Weise mit der Außenwelt der Organisation in Kontakt treten, so ist dennoch die Organisationsleitung in besonderem Maße an entscheidenden Schnittstellen tätig. Führungskräfte sind die klassischen *boundary spanners*, d.h. Bindeglieder, Vermittler, Filter zwischen der Organisation und ihrer Umwelt (Tushman/Scanlan 1981; Williams 2002; Noble/Jones 2006). Diese Rolle bringt es mit sich, dass sich die Führungskraft erstens dieser *boundary-spanning*-Aufgaben bewusst sein und die Kenntnisse, Begabungen und Neigung haben muss, sie auch kompetent und engagiert auszuführen; und zweitens, dass sie bereit sein muss, ihre Macht im Bedarfsfall dazu zu benützen, um Kommunikationsstrategien und -politik in der Organisation durchzusetzen, auch wenn dies einer Konsenskultur widersprechen mag.

In den letzten Jahren hat die Informationstechnologie nicht nur Quantität und Tempo der organisationsinternen und -externen Kommunikation verändert, sondern auch ihre Qualität. Die (Fast-)Synchronizität von E-Mail und den Social Media sowie die Multimedialität (Text, Bild, Ton) und weltumspannende Qualität des Internet sind Beispiele für medienspezifische Leistungspotenziale – in der angelsächsischen Literatur als »affordances« bezeichnet (Ryder/Wilson, 1996; Lemke 2002, 306). Diese beeinflussen Formen, Inhalte und Timing von Kommunikation ebenso wie die sozialen Beziehungen unter den Kommunizierenden. Die Betrachtung der Effekte einzelner Medien greift dabei zu kurz, ist doch, wie Boczkowski/Orlikowski (2004, 373) ausführen, von einer »interpenetration of communication processes by an array of multiple media« auszugehen, die sich zu einer komplexen Ökologie des Mediengebrauchs zusammenfügen.

Das Entstehen und Etablieren neuer Medien übt auf Individuen und Organisationen unweigerlich Druck aus, diese auch zu nützen, und zwar in einer Weise, die vielfältigen Anspruchsgruppen gerecht wird. Gewiss ist das »Gesicht«, das eine NPO der Öffentlichkeit präsentiert, ohne professionellen Internetauftritt nicht mehr denkbar; schon vor einigen Jahren konstatierte Waters (2007, 60) für den Nonprofit-Sektor der USA eine »e-philanthropy revolution«. Insbesondere die dialogische Qualität von Internet-Anwendungen – z.B. von Chat Rooms, Diskussionsforen, Podcasts und Blogs – hat beträchtliches Potenzial für die Kommunikation von Nonprofits (Ingenhoff/Koelling 2009). Die interaktiven Social Media werden ebenfalls zunehmend eingesetzt, um sich in Echtzeit mit Stakeholdern – etwa SpenderInnen und Freiwilligen – zu vernetzen bzw. das Entstehen von Kommunikationsnetzwerken rund um die jeweilige NPO zu fördern (Waters et al. 2009; Curtis et al 2010; Waters 2010; Waters/Jamal 2011; Briones et al. 2011). Dennoch stellten Levine und Zahradnik (2012, 27) jüngst fest: »NPOs are not using the [web] sites to their full potential and are lagging the private and public sectors in adopting new social interaction technologies«: ein Befund, der nahelegt, dass es noch Aufholfbedarf gibt.

3.4 Tendenzen der Ökonomisierung im NPO-Diskurs

Die Ökonomisierung von Nonprofits hat ein Pendant in der Kommunikation. Jede Form der Nähe zum Forprofit-Sektor – sei es durch eigenständige kommerzielle Aktivitäten, Kooperationen, erzwungene oder nachahmende Strukturentsprechung – führt zur Übernahme zumindest von Teilen seiner sprachlichen Konventionen, ein Phänomen, das sich als »interdiscursive alignment« beschreiben lässt (Mautner, 2004, 2005a, 2010a, 2010b).

Grundsätzlich können diese Entlehnungen alle in Kapitel III.3.2.2 besprochenen sprachlichen Ebenen betreffen, von diskursiven Praktiken (z. B. Zielvereinbarungsgesprächen) über Textsorten (z. B. das Mission Statement) bis zu Entlehnungen einzelner Begriffe. Letztere sind wohl am auffälligsten, für Laien am leichtesten identifizierbar und daher auch am unmittelbarsten geeignet, Fragen und Zweifel aufkommen zu lassen. Ist eine NPO ein *Unternehmen*? Bietet sie *Produkte* an? Bereitet sie sich auf einen *Markteintritt* vor, erstellt sie einen *Business-Plan*, hat sie ein *Vertriebsnetz*, hebt sie sich von *Wettbewerbern* ab? Hat sie *KundInnen*? Die Antwort von Ökonomen geht meistens in die Richtung, »in mancher Hinsicht schon« (vgl. etwa Badelt, 1997 sowie Badelt, 2004 zur Übertragbarkeit des Unternehmensbegriffs auf Universitäten). Im Fall der Begriffe *Unternehmen* und *Unternehmer* kommt noch das spezielle Argument hinzu, dass im Schumpeterschen Sinne der Unternehmer gar nicht primär mit Profitstreben, sondern mit Risikobereitschaft und Innovationsfreude assoziiert sei (Badelt, 2004; Evers/Rauch/Stitz, 2002, 39), mit allgemeinen positiven Eigenschaften also, die sich problemlos in die Wertekodices von Organisationen aller Sektoren integrieren lassen. Legt man eine solche wirtschaftswissenschaftliche Perspektive an, so ist dies zweifelsohne richtig, und dem Argument der partiellen Kongruenz kann und soll hier nicht widersprochen werden. Aus linguistischer Sicht stellt sich die Sache freilich anders dar. Betrachtet man die Konnotationen der Begriffe *Unternehmer, unternehmerisch* bzw. des englischen Äquivalents *entrepreneurial* in der Alltagssprache, so stellt man rasch fest, dass der Begriff primär und zweifelsfrei kommerziellen Kontexten zugeordnet ist (Mautner, 2005b). Die Alltagssprache ist es aber, die für die Einschätzung eines übergreifend gesellschaftlichen Phänomens und eine kulturell orientierte Diagnose relevant ist, nicht die Fachsprache der Wirtschaftswissenschaften.

Ein weiteres, nahezu klassisches Beispiel dafür, dass der kommerzielle Sektor quasi als das Maß aller Dinge anerkannt wird, ist der Begriff *non-profit*. Eine Definition ex negativo (Beitrag I.1) markiert immer eindeutig, wo der Referenzpunkt liegt. Wer daran zweifelt, möge sich kurz vor Augen führen, was man über die relative Wertigkeit von Hunden und Katzen ausdrücken würde, wenn man Katzen als »Nicht-Hunde« bezeichnete; und wie sich die Relation genau umdreht, wenn der Hund als »Nicht-Katze« apostrophiert würde. Am Rande sei hinzugefügt, dass die gelegentlich vorgeschlagene Alternative, *social profit organisation*, letztlich doch am Problem vorbeigeht. Denn auch sie ist am Begriff *profit* ausgerichtet. Dazu kommt im Deutschen die Schwierigkeit, dass *Profit*, weit mehr als *Gewinn*, negativ konnotiert ist (vgl. Zusammensetzungen wie *Profitgier, profitgeil* und *Kriegsprofiteur*). In gewisser Weise lenkt eine solche Neuprägung den Blick noch viel mehr auf den problematischen Teil der Formulierung. »Nonprofit« und »NPO« hingegen sind mittlerweile zumindest schon so gut eingeführt, dass die Chance sehr groß ist, dass die Semantik der einzelnen Komponenten von den SprachanwenderInnen nicht mehr in voller Schärfe wahrgenommen wird.

Die sprachliche Anpassung der Nonprofit- an die Forprofit-Welt ist weitgehend eine Einbahnstraße: Aus der kommerziellen Welt wandern sprachliche Konventionen in den

NPO-Sektor, während es in der anderen Richtung nur vereinzelt Durchlässigkeit gibt: So etwa im Bildungsbereich, wo der Begriff der *Corporate University* einen solchen Transfer in der umgekehrten Richtung darstellt. Weitere Beispiele wären der Diskurs der sozialen Verantwortung/Corporate Social Responsibility sowie der auf Spiritualität Bezug nehmende Zugang zum Management, der im angelsächsischen Raum unter dem Dachbegriff *Spirituality at Work* firmiert (Tourish/Tourish 2010). Obwohl man also, wie Kleinman/Vallas (2001, 451) ausführen, grundsätzlich von Konvergenz zwischen den beiden Domänen ausgehen kann, so ist diese Konvergenz doch ihren Wesenszügen nach asymmetrisch, mit klarer Dominanz der Bewegung vom For-profit- zum Nonprofit-Bereich.

Zunächst stellt sich die Frage, warum Nonprofits – wie im Übrigen auch Organisationen im staatlichen Sektor (Mautner, 2005b und 2010a) – überhaupt sprachliche Konventionen aus dem kommerziellen Sektor übernehmen. Darauf gibt es mindestens zwei Antworten. Die eine, relativ einfach nachvollziehbare, besagt, dass es u. a. aufgrund stärkerer Marktorientierung vieler NPOs zu organisationaler Isomorphie (d. h. Strukturanpassung; Meyer/Rowan 1992) kommt, die sich auch in einem stärker kommerziellen Diskurs niederschlägt.

Die andere, wesentlich diffusere, aber den Kern der Sache vielleicht sogar besser treffende Antwort bezieht sich auf gesamt-gesellschaftliche Leitwerte. Der Bezug zur Wirtschaft ist weit verbreitet, überwiegend positiv besetzt und gut geeignet, den Aktivitäten von Einzelnen, Gruppen und Organisationen Legitimation zu verleihen, von der man annimmt, dass sie den Erfolg und das Überleben der Organisation sichern wird. Im aktuellen gesellschaftlichen Klima manifestiert sich also eine starke Dominanz und Sogwirkung des Ökonomischen. Wer wirtschaftlich denkt, handelt und spricht, erwirbt damit per se ein gewisses Maß an Ansehen, Wohlwollen und Kompetenzzuschreibung (»Die machen ihre Sache gut«), und dies noch *bevor* der konkrete Erfolg des wirtschaftlich geprägten Handelns unter Beweis gestellt wurde. Die Umwelt honoriert die Angleichung an den dominanten Diskurs auch weitgehend unabhängig davon, ob der Griff in den »business«-Wortschatz aus rein sachlichen Gründen wirklich gerechtfertigt ist, oder ob es sich bloß um reine Business-Rhetorik handelt (Dart 2004, 302). Die Orientierung an (betriebs) wirtschaftlich geprägten Werten und Handlungsschemata ist in einem übertragenen Sinn zum universell anerkannten Gütesiegel geworden, das dem Träger ein ganzes Bündel von positiv konnotierten Attributen – Rationalität, Effizienz, Kundenorientierung und viele andere mehr – attestiert. Somit hat das ökonomische Paradigma in modernen, säkularisierten Gesellschaften eine Legitimationsfunktion, die durchaus vergleichbar ist mit jener, die in traditionellen religiösen Gesellschaften der Religion zukommt.

Zwischen den erwähnten Gründen für das »interdiscursive alignment« und den anhand von Texten beobachtbaren Phänomenen liegt im Grunde eine Black Box. Denn natürlich wäre es naiv anzunehmen, dass irgendeine Autorität jemals dekretiert hätte, dass die Sprache des Marktes als Vorbild für NPOs und den öffentlichen Sektor zu gelten habe. Auf der Basis dessen, was wir aus der Soziolinguistik über sprachliche Akkommodationsphänomene, über allgemeine Theorien zum Sprachwandel und den Zusammenhang von Sprache und Macht wissen, lässt sich über den Inhalt der Black Box zumindest eine begründete Vermutung wagen. Wir können davon ausgehen, dass die Entwicklung hin zur Dominanz des ökonomischen Diskurses das Resultat von individuellen Anpassungsakten ist, die sich über die Zeit zu einer neuen Diskurskonvention verfestigt haben bzw. im Begriff sind, dies zu tun (Mautner, 2004 und 2010b). Diese individuellen Akte werden im Kontext von Organisationen sehr wohl auch von offiziellen Vorgaben gesteuert:

wenn etwa öffentliche oder private Geldgeber Leistungsverträge ausschreiben oder Wettbewerbe, Stipendien, Projektmittel und dgl. ausloben und in den entsprechenden Referenzdokumenten einen ökonomisch gefärbten Diskurs verwenden. BewerberInnen um diese Mittel werden diesen Diskurs in ihre Antragstexte übernehmen, weil sie (durchaus berechtigterweise) annehmen, dass es ihre Erfolgschancen erhöht, wenn sie in einer Weise kommunizieren, die den jeweiligen Geldgebern vertraut ist. Intra-organisational kommt es zu ähnlichen Phänomenen. Pflegt die Führungsspitze einen ökonomisierten Diskurs – weil sie es als sinnvoll erachtet, die legitimierende Sprache des Geldes zu sprechen – so ist es für die eine Ebene darunter liegende Führungsebene absolut rationales Verhalten, diesen Diskurs zu übernehmen und wiederum nach unten weiterzugeben. So kaskadieren die sprachlichen Vorgaben – ohne dass die Leitung sie jemals explizit als verbindlich angeordnet hätte! – nach unten, bis letztlich die gesamte Organisation davon durchdrungen ist und das »interdiscursive alignment« als vollzogen gelten kann.

Im Kreis der internen Stakeholder – die sich in NPOs typischerweise durch einen hohen Grad an Selbst-Reflexivität auszeichnen – wird die Ökonomisierung des NPO-Diskurses in der Regel mit einiger Skepsis betrachtet. Diese Skepsis ist nicht notwendigerweise nur emotional geprägt: Gegen die Übertragung des Begriffs *Kunde* zum Beispiel gibt es auch das handfeste sachliche Argument, dass er Entscheidungssouveränität suggeriert, die die Mehrzahl der »KundInnen« von sozialen Dienstleistern schlicht und einfach nicht haben. In anderen Branchen, wie etwa der Bildung, kommen noch andere Argumente gegen die Übertragbarkeit des Begriffs dazu (McMillan/Cheney, 1996). Trotz der Skepsis bleibt man dann doch häufig bei den kommerziell konnotierten Begriffen: Einerseits wegen der zuvor beschriebenen, oft sehr subtil wirkenden Anpassungsmechanismen, und andererseits wegen des ehrlichen Bemühens, eine Alternative zu den bürokratischen, stark auf Über- und Unterordnung abzielenden Diskursen zu finden, die traditionell viele Nonprofit- und öffentliche Organisationen geprägt haben. Wenn ein amtsdeutscher Begriff wie *Parteienverkehr* durch das kommerziell angehauchte *Service- oder Beratungszeiten* ersetzt wird, so ist wohl weniger ein Lamento über die Kommerzialisierung als Erleichterung über die Befreiung von überkommenen hierarchischen Strukturen angebracht. Ungeachtet dessen wäre eine solche Wortwahl ein weiterer Mosaikstein im Gesamtbild ökonomisierender Tendenzen.

Abschließend sei darauf hingewiesen, dass WirtschaftswissenschaftlerInnen, die sich mit der Ökonomisierung auseinandersetzen, auch auf sprachlichem Wege das ihre zu diesem Trend beitragen, indem sie ebenfalls die entsprechenden Begriffswelten übernehmen und kraft ihrer Autorität im Grunde noch validieren. In der einschlägigen Literatur sind Cluster von Begriffen wie *market orientation and performance, customer and competitor focus, customer and competitor intelligence activity, competitive advantage* und *cost advantage* (z. B. in Seymour/Gilbert/Kolsaker 2006) zur Selbstverständlichkeit geworden. Das gilt zum Beispiel auch für das Konzept *social entrepreneurship*, das mittlerweile nicht nur intensiv beforscht wird (vgl. Mair/Robinson/Hockerts Hrsg. 2006; Fayolle/Matlay Hrsg. 2010; Seymour Hrsg. 2012), sondern auch Eingang in die populäre Ratgeberliteratur gefunden hat (z. B. Cohen/Warwick: *Values-Driven Business: How to Change the World, Make Money, and Have Fun*; Ashton 2010: *How To Be A Social Entrepreneur: Make Money & Change the World*). Vergleichsweise selten ist das explizite kritisch-reflexive Hinterfragen des Begriffs *entrepreneurship* an sich und seines Ursprungs in der kommerziellen Welt, der sich über ein Einbeziehen der historischen Dimension erschließen würde (Suárez/Hwang 2012). So erinnern uns Young/Salamon (2002, 437), dass noch bis in die achtziger

Jahre des letzten Jahrhunderts der Begriff *entrepreneurship* eindeutig dem For-profit-Bereich zugerechnet wurde und im Nonprofit-Sektor entweder gar nicht benützt wurde oder nur mit negativen Konnotationen. Nur versprengt finden sich in der Literatur Versuche, von der Kritik ausgehend, auch den nächsten Schritt zu machen und für das proaktive Entwickeln eines Gegendiskurses zu plädieren. Eikenberry (2009) zum Beispiel argumentiert in einem Paper mit dem Titel *Refusing the Market*, dass Wissenschaft und Praxis sich um einen *democratic counterdiscourse* bemühen sollten. Parallel dazu findet sich jedoch auch eine Tendenz, sich von den grundlegenden Fragen zurückzuziehen. Als durchaus typisch kann hier die formelhafte Erklärung der Unzuständigkeit gelten, wie sie Parker/Kaufman-Scarborough/Parker (2007, 320) abgeben: »the question of whether it is possible or desirable for nonprofit organizations to be fully market-driven is beyond the scope of this paper«. So legitim solche thematischen Eingrenzungen auch sind: Je häufiger ForscherInnen die Gelegenheit versäumen, auch die sozio-politischen Fundamente ihrer Arbeit zu hinterfragen, umso enger wird auch der Spielraum für das Entwickeln alternativer Denk-, Sprach- und Handlungsmuster.

3.5 Zusammenfassung, Schlussbemerkungen und Ausblick

Die Position von Nonprofit-Organisationen im Kräftefeld zwischen Zivilgesellschaft, Markt und Staat – von Levine und Zahradnik (2012, 27) treffend als »the difficult balance between margin and mission« bezeichnet (siehe auch Simsa 2001) – äußert sich auch in ihrem kommunikativen Gebaren. Die Bedeutung ihrer Wertorientierung, die Heterogenität ihrer Stakeholder, betriebswirtschaftliche Anforderungen und der marktinduzierte Wettbewerb schaffen spezifische Bedingungslagen, die sich auf der Makro-Ebene der Kommunikationsstrategie und -planung ebenso niederschlagen wie auf der Mikro-Ebene zahlreicher sprachlicher Auswahlprozesse. Mit auffallender Häufigkeit fällt die Wahl auf Ausdrucksformen, die ihren Ursprung im Forprofit-Sektor haben. Mit ökonomischen Sichtweisen und Managementinstrumenten werden auch die zugehörigen Begrifflichkeiten importiert.

Aufgrund der Dialektik zwischen Sprache und Sozialem ist davon auszugehen, dass der ökonomisierte Diskurs auf die organisationale Realität zurückwirkt und ihre Ökonomisierung weiter verstärkt. Dabei sind die Entlehnungen aus der kommerziellen Diskurswelt mitunter bereits so stark naturalisiert und von den SprachanwenderInnen internalisiert, dass sie vielfach nicht mehr wahrgenommen oder als unausweichlich gesehen werden. Alternative Diskurse, die sich an andere Begriffswelten anlehnen und um andere Cluster von Schlüsselwörtern zirkulieren, können sich so gar nicht erst entwickeln. Sie sind im vollsten Sinne des Wortes nicht mehr denkbar.

Über die Bewertung dieser Situation kann man geteilter Meinung sein. Wer die Übernahme betriebswirtschaftlicher Konzepte und Praktiken durch NPOs begrüßt, wird dem parallel laufenden Import der betriebswirtschaftlichen Begrifflichkeiten wohlwollend gegenüberstehen (oder sie für so selbstverständlich erachten, dass sie ihm nicht einmal auffallen). Wer hingegen die Ausbreitung wirtschaftlicher Denk- und Handlungsschemata in den NPO-Sektor als unzulässige Kolonisierung sieht, wird auch die flächendeckende Verbetriebswirtschaftlichung des Diskurses ablehnen. Für die einen sichert die Ökonomisierung den Bestand der NPOs, für die anderen ist sie eine Gefährdung für ihre besonderen Vorzüge, ihre unverwechselbare Stellung in der Gesellschaft und die besondere Motivation ihrer stark werteorientierten MitarbeiterInnen.

Zwischen diesen beiden Polen liegt eine dritte, die hier vertretene Position, die ihr Werturteil nach den jeweiligen Anwendungsbereichen des wirtschaftlichen Diskurses differenziert. Sie akzeptiert die ökonomisierte Sprache dort, wo NPOs tatsächlich ökonomisch handeln und ein enger, sachlich motivierter Konnex besteht zwischen betriebswirtschaftlichem Know-how und der dafür relevanten Fachsprache. Im Rechnungswesen, der Finanzierung oder auch vielen anderen funktionalen Bereichen wäre die Ablehnung der jeweiligen Diskurswelten nahezu absurd und der Professionalisierung von NPOs in der Tat abträglich. Demgegenüber stehen jedoch viele Teilbereiche und Situationen, in denen es für die unreflektierte Anlehnung an ökonomische Diskurse keine Veranlassung gibt außer die in Kapitel III.3.4 skizzierte Spiegelung dominanter gesellschaftlicher Leitwerte, die den traditionellen Wertekodices von NPOs im Grunde fremd sind. Der vorauseilenden sprachlichen Akkommodation entgegenzutreten gefährdet den Bestand von NPOs nicht, im Gegenteil: Gerade die selbstbewusste Pflege eigenständiger Begriffssysteme würde es Nonprofits ermöglichen, ihre charakteristische Kultur und Identität zu bewahren.

Literatur

Akin, G., Palmer, I. (2000). Putting metaphors to work for change in organizations. In: Organizational Dynamics 28, 3: 67–79.

Ashton, R. (2010): How to be a social entrepreneur: Make money & change the world. Chichester.

Badelt, C. (1997): Entrepreneurship theories of the non-profit sector. In: Voluntas 8(2), 162–178.

Badelt, C. (2004): Die unternehmerische Universität: Herausforderung oder Widerspruch in sich? Wiener Vorlesungen, Bd. 109. Wien.

Boczkowski, P.J., Orlikowski, W.J. (2004): Organizational Discourse and New Media: A Practice Perspective. In: Grant, D., Hardy, C., Oswick, C., Putnam, L. (Hrsg.): The Sage Handbook of Organizational Discourse. London/Thousand Oaks/New Delhi, 359–377.

Boden, D. (1994): The Business of Talk. Organizations in Action. Cambridge, MA.

Briones, R.L., Kuch, B., Fisher Liu, B., Jin, A. (2011): Keeping up with the digital age: How the American Red Cross uses social media to build relationships. In: Public Relations Review 37, 37–43.

Bruhn, M. (2009): Integrierte Unternehmens- und Marktkommunikation. Strategische Planung und operative Umsetzung. 5. Aufl., Stuttgart.

Bruhn, M. (2010): Kommunikationspolitik. Systematischer Einsatz der Kommunikation für Unternehmen. 6. Aufl., München.

Bruhn, M. (2011): Unternehmens- und Marketingkommunikation. Handbuch für ein integriertes Kommunikationsmanagement. 2. Aufl., München.

Cohen, B.R., Warwick, M. (2006): Values-driven business: How to change the world, make money, and have fun. San Francisco.

Curtis, L., Edwards, C., Fraser, K.L., Gudelsky, S., Holmquist, J., Thornton, K., Sweetser, K.D. (2010): Adoption of social media for public relations by nonprofit organizations. In: Public Relations Review 36, 90–92.

Dart, R. (2004): Being »business-like« in a nonprofit organization: A grounded and inductive typology. In: Nonprofit and Voluntary Sector Quarterly 33(2), 290–310.

Delin, J. (2005): Brand Tone of Voice: A linguistic analysis of brand positions. In: Journal of Applied Linguistics 2(1), 1–44.
Eikenberry, A.M. (2009): Refusing the market. A democratic discourse for voluntary and nonprofit organizations. In: Nonprofit and Voluntary Sector Quarterly 38(4), 582–596.
Evers, A., Rauch, U., Stitz, U. (2002): Von öffentlichen Einrichtungen zu sozialen Unternehmen. Hybride Organisationsformen im Bereich sozialer Dienstleistungen. Berlin.
Fairclough, N. (1989): Language and Power. London.
Fairclough, N. (1992): Discourse and Social Change. Cambridge, etc.
Fayolle, A., Matlay, H. (Hrsg.) (2010): Handbook of Research on Social Entrepreneurship. Cheltenham, UK/Northampton, MA.
Fowler, R. (1991): Language in the News. Discourse and Ideology in the Press. London/New York.
Goatly, A. (1997): The Language of Metaphors. London/New York.
Grant, D., Oswick, C., (Hrsg.) (1996): Metaphor and Organizations. London/Thousand Oaks/New Delhi.
Hunston, S., Thompson, G., (Hrsg.) (2000): Evaluation in Text. Authorial Stance and the Construction of Discourse. Oxford, etc.
Ingenhoff, D., Koelling, A.M. (2009): The potential of Web sites as a relationship building tool for charitable fundraising NPOs. In: Public Relations Review 35, 66–73.
Johnstone, B. (2002): Discourse Analysis. Malden/Oxford/Carlton.
Kapferer, J.-N. (2002): Corporate brand and organizational identity. In: Moingeon, B., Soenen, G. (Hrsg.): Corporate and Organizational Identities. Integrating Strategy, Marketing, Communication and Organizational Perspectives. London/New York, 175–193.
Kieser, A. (1998a): Über die allmähliche Verfertigung der Organisation beim Reden. Organisieren als Kommunizieren. In: Industrielle Beziehungen 5(1), 45–74.
Kieser, A. (1998b): Konstruktivistische Ansätze. In: Kieser, A. (Hrsg.): Organisationstheorien. 3. Aufl., Stuttgart, 287–318.
Klausegger, C., Scharitzer, D., Scheuch, F.: Kommunikationspolitik. In: Eschenbach, R., Horak, C. (Hrsg.): Führung der Nonprofit-Organisation. Bewährte Instrumente im praktischen Einsatz. 2. Aufl., Stuttgart, 114–140.
Kleinman, D. L., Vallas, S. P. (2001). Science, capitalism, and the rise of the »knowledge worker«: The changing structure of knowledge production in the United States. Theory and Society, 30, 451–492.
Kroeber-Riel, W., Esch, F.-R. (2004): Strategie und Technik der Werbung. Verhaltenswissenschaftliche Ansätze. 6. Aufl., Stuttgart.
Lemke, J. (2002): Travels in Hypermodality. In: Visual Communication 1(3), 299–325.
Levine, H., Zahradnik, A.G. (2012): Online media, market orientation, and financial performance in nonprofits. In: Journal of Nonprofit & Public Sector Marketing 24, 26–42.
Luhmann, N. (1984): Soziale Systeme. Grundriß einer allgemeinen Theorie. Frankfurt.
McMillan, J.J., Cheney, G. (1996): The student as consumer: The implications and limitations of a metaphor. In: Communication Education 45, 1–15.
Macnamara, J. (2010): The 21st Century Media (R)evolution: Emergent Communication Practices. New York.
Maier, F., Meyer, M. (2011): Managerialism and beyond: Discourses of civil society organization and their governance implications. In: Voluntas 22, 731–756.
Mair, J., Robinson, J., Hockerts, K. (Hrsg.) (2006): Social Entrepreneurship. Basingstoke.
Mautner, G. (2004): University and Business. Towards a Theory of Discursive Alignment. Prä-

sentation bei der 37. Jahrestagung der British Association for Applied Linguistics, King's College London, 9.–11. September 2004.

Mautner, G. (2005a): For-profit discourse in the nonprofit and public sectors. In: Erreygers, G. and Geert J. (Hrsg.): Language, Communication and the Economy. Amsterdam, 25–46.

Mautner, G. (2005b): The Entrepreneurial University: A Discursive Profile of a Higher Education Buzzword. In: Critical Discourse Studies 2(2), 1–26.

Mautner, G. (2008): »Language and communication design in the marketplace«. In: Wodak, R., Koller, V. (Hrsg.): Communication in the Public Sphere. Handbook of Applied Linguistics Band 4. Berlin/New York, 131–154.

Mautner, G. (2010a): Language and the Market Society. Critical Reflections on Discourse and Dominance. London/New York.

Mautner, G. (2010b): The spread of corporate discourse to other social domains. In: Helen Kelly-Holmes, Gerlinde Mautner (Hrsg.): Language and the Market. Basingstoke, 215–225.

Melewar, T.C. (2003): Determinants of the corporate identity construct: a review of the literature. In: Journal of Marketing Communications 9, 195–200.

Meyer, J. W., Rowan, B. (1992 [1977]): Institutionalized Organizations: Formal Structure as Myth and Ceremony. In: Meyer, J. W., Scott, R. W., (Hrsg.): Organizational Environments. Ritual and Rationality. Newbury Park/London/New Delhi: Sage, 21–44. Erstveröffentlichung in American Journal of Sociology 83, 2 (1977), 340–363.

Noble, G., Jones, R. (2006): The role of boundary-spanning managers in the establishment of public-private partnerships. In: Public Administration 84(4), 891–917.

Parker, R., Kaufman-Scarborough, C., Parker, J.C. (2007): Libraries in transition to a marketing orientation: Are librarians' attitudes a barrier? In: International Journal of Nonprofit and Voluntary Sector Marketing 12, 320–337.

Pickton, D., Broderick, A. (2013): Integrated Marketing Communications. 3. Aufl., Harlow, etc.

Putnam, L. L., Fairhurst, G. T. (2001): Discourse Analysis in Organizations. Issues and Concerns. In: Jablin, F. M., Putnam, L.L. (Hrsg.): The New Handbook of Organizational Communication. Advances in Theory, Research, and Methods. Thousand Oaks/London/New Delhi, 78–136.

Ritchie, R.J.B., Swami, S., Weinberg, C.B. (1998): A brand new world for nonprofits. In: International Journal of Nonprofit and Voluntary Sector Marketing 4(1), 26–42.

Ryder, M., Wilson, B. (1996): Affordances and Constraints of the Internet for Learning and Instruction, Paper presented to the Association for Educational Communications Technology, Indianapolis, Feb. 14–18, 1996, http://carbon.cudenver.edu/~mryder/aect_96.html, Zugriff 24. Oktober 2003.

Schelsky, H. (1976): Der selbständige und der betreute Mensch. Politische Schriften und Kommentare. Stuttgart.

Schiffrin, D. (1994): Approaches to Discourse. Oxford, U.K./Cambridge, MA.

Seymour, R. (Hrsg.) (2012): Handbook of Research Methods on Social Entrepreneurship. Northampton, MA.

Seymour, T., Gilbert, D., Kolsaker, A. (2006): Aspects of market orientation of English and Welsh charities. In: Journal of Nonprofit & Public Sector Marketing 16(1/2), 151–169.

Simsa, R. (2001): Gesellschaftliche Funktionen und Einflußformen von Nonprofit-Organisationen. Eine systemtheoretische Analyse. Frankfurt/Main u. a.

Suárez, D.F., Hwang, H. (2012): Resource constraints or cultural conformity? Nonprofit relationships with businesses. In: Voluntas 23(1) [Online-Veröffentlichung, 8. März 2012]

Toolan, M., (Hrsg.) (2002): Critical Discourse Analysis. Critical Concepts in Linguistics. 4 Bände. London/New York.

Tourish, D., Tourish, N. (2010): Spirituality at work, and its implications for leadership and followership: A post-structuralist perspective. In: Leadership 6(2), 207–224.
Tushman, M.L., Scanlan, T.J. (1981): Boundary spanning individuals: Their role in information transfer and their antecedents. In: The Academy of Management Journal 24(2), 289–305.
van Dijk, T. A. (1997): The study of discourse. In: van Dijk, T. A. (Hrsg.), Discourse as Structure and Process (Discourse Studies: A Multidisciplinary Introduction, Band I). London/Thousand Oaks/New Delhi, 1–34.
Waters, R. D. (2007): Fund raising on the internet: A content analysis of e-Philanthropy trends on the internet sites of the organizations on the Philanthropy 400. In: Nonprofit Management & Leadership 18(1), 59–76.
Waters, R.D. (2010): The use of social media by nonprofit organizations: An examination from the diffusion of innovations perspective. In: Dumova, T., Fiordo, R. (Hrsg.): Handbook of Research on Social Interaction Technologies and Collaboration Software: Concepts and Trends. Online-Publikation (Hershey, PA: IGI Global; doi: 10.4018/978-1-60566-368-5), 473–485.
Waters, R.D., Jamal, J.Y. (2011): Tweet, tweet, tweet: A content analysis of nonprofit organizations' Twitter updates. In: Public Relations Review 37, 321–324.
Waters, R.D., Burnett, E., Lamm, A., Lucas, J. (2009): Engaging stakeholders through social networking: How nonprofit organizations are using Facebook. In: Public Relations Review 35, 102–106.
Weick, K. E. (1976): Educational Organizations as Loosely Coupled Systems. In: Administrative Science Quarterly 21, 1–19.
Williams, P. (2002): The competent boundary spanner. In: Public Administration 80(1), 103–124.
Willke, H. (1996): Systemtheorie I: Grundlagen (= UTB für Wissenschaft 1161). 5. Aufl., Stuttgart.
Young, D., & Salamon, L. (2002). Commercialization, social ventures, and for-profit competition. In: Salamon, L. (Hrsg.), The State of Nonprofit America. Washington, DC.

4 Innovation und Social Entrepreneurship im Nonprofit-Sektor

Reinhard Millner, Peter Vandor, Hanna Schneider

Die Entwicklung des Nonprofit-Sektors wird kontinuierlich von Personen und Organisationen vorangetrieben, die neue Lösungen für gesellschaftliche Probleme suchen. Die Antriebskräfte dafür sind vielfältig: die Unzufriedenheit mit institutionellen Arrangements, verstärkter Wettbewerb, die Unterversorgung mit bestimmten Gütern und Dienstleistungen durch den Markt oder die thematische und finanzielle Vernachlässigung durch Politik und Staat. Innovation im Nonprofit-Sektor wird häufig im Kontext von Social Entrepreneurship diskutiert. Darüber hinaus haben in den letzten Jahren Konzepte wie Soziale Innovation an Bedeutung gewonnen. Die Diskurse zu diesen Themenfeldern sind eng miteinander verwoben und in Wissenschaft und Praxis zunehmend präsent (Dees 2001; Dees et al. 2001; Dees/Anderson 2003).

Vor diesem Hintergrund thematisiert der vorliegende Beitrag die Bedeutung von Innovation und unternehmerischen Ansätzen (Entrepreneurship) im Nonprofit-Sektor, diskutiert Quellen und typische Prozesse von Innovationen und stellt abschließend neuere Konzepte und institutionelle Rahmenbedingungen vor, deren Ziel es ist, innovative AkteurInnen zu fördern. Der Artikel baut gleichermaßen auf etablierten Innovationstheorien aus der Managementforschung sowie aktueller Forschung zu Social Entrepreneurship auf.

4.1 Innovation im Dritten Sektor

Innovation gilt als Treiber von organisationaler Veränderung, Wirtschafts- und Wohlfahrtswachstum. Der Begriff Innovation kann dabei auf die Arbeit von Joseph Schumpeter in den 1930er und 1940er Jahren zurückverfolgt werden. Schumpeter (1934) versteht Innovation als neue Kombination von Märkten, Produkten, Dienstleistungen, Geschäftsmodellen oder Betriebsmitteln. In der Organisationsliteratur existieren verschiedene, oft komplementäre Zugänge zu Innovation.

Innovation als »das sinnvolle Neue«: Gängigen Auffassungen von Innovation ist jedoch gemein, dass Neuheit allein als Definitionsmerkmal nicht ausreicht. Die Neuerung muss Nutzen stiften und gegenwärtigen Lösungen überlegen sein. Ab wann ein Angebot wirklich als »innovativ« betrachtet werden darf, ist Gegenstand von Kontroversen und letztlich eines Frage des Referenzpunktes: neu für die Welt, neu für den Zielmarkt, neu für die Organisation, etc. (Nadler/Tushman 1996; Hauschildt 2004).

Innovation als Prozess: Neben dem Ergebnis von Innovationsprozessen (z. B. ein sinnvolles, neues Produkt), wird in der Forschung auch häufig der Prozess selbst betrachtet, der zu solchen Neuerungen führt. Abgrenzend zur reinen Ideengenerierung wird der Innovationsprozess als die Verbindung von Erfindung (Invention) und Umsetzung (Implementierung) verstanden. Dieser Prozess kann von unterschiedlichen AkteurInnen durchgeführt werden, sei es in Form von Neugründungen oder innerhalb bestehender Organisationen.

Lange Zeit wurde Innovation ausschließlich mit kommerziellen technischen Innovationen assoziiert. Heute hat sich dies auf nahezu alle gesellschaftlichen Bereiche ausgedehnt. Im Kontext des Nonprofit-Sektors werden unter dem Begriff Neuerungen verstanden, deren primäres Ziel es ist, sozialen Wert für die Gesellschaft zu schaffen. Dabei wird meist eine implizite Wertung vorgenommen, was »gut« für eine Gesellschaft ist. Innovation wird somit als willentlich initiierter Prozess begriffen, der auf ein bestimmtes gesellschaftliches Ziel hinarbeitet (vgl. Mulgan 2006; Phills et al. 2008). Die Bandbreite an Beispielen ist groß und reicht von Fair Trade über das Konzept der Mikrokredite, für das Muhammad Yunus 2006 den Friedensnobelpreis bekommen hat, bis hin zu neuen pädagogischen Institutionen, der Umweltbewegung, Hospizen oder Konzepten wie »Dialog im Dunkeln«, bei dem blinde Menschen die Besucher durch eine Ausstellung führen.

In der wissenschaftlichen Literatur werden NPOs als Institutionen thematisiert, denen Innovation inhärent ist. So argumentieren einige AutorInnen, dass Organisationen im Dritten Sektor im Vergleich zu staatlichen und marktwirtschaftlichen Institutionen flexibler seien und sich nicht an Marktpreisen orientieren müssen. Die Entkoppelung von Markt- und Staatslogik erleichtere Innovation, da die Gesetzmäßigkeiten der jeweiligen Sektoren (z. B. Orientierung an Profit oder Wahlergebnisse) aufgehoben wären. In einer empirischen Studie gelangt Kramer (1981) zum Schluss, dass die Innovations- und Pionierfunktion eine von vier zentralen Aufgaben darstellt, die NPOs für die Gesellschaft erfüllen können. Auch Salamon und Hems (2000) sowie Kendall (2003) thematisieren die Innovationsfunktion von NPOs. NPOs treten ihrem Verständnis nach typischerweise als PionierInnen in Erscheinung, identifizieren bisher ungelöste Themen und fungieren als Inkubatoren, um soziale und ökologische Probleme zu lösen. Sie bringen damit innovative Produkte und Dienstleitungen hervor, die später von anderen Organisationen oder dem Staat übernommen werden (Frumkin/Andre-Clark 2000).

Allerdings ist die These, dass jede NPO »automatisch« innovativ sei, in der wissenschaftlichen Diskussion umstritten. Empirische Belege sind de facto nicht vorhanden, vielmehr stützen sich entsprechende Befunde meist auf normative Aussagen (vgl. Osborne/Flynn 1997; Ager/Fyvie 1999; Borzaga/Fazzi 2010). Zugleich führen etwa Osborne und Flynn (1997) die wahrgenommene Innovativität von NPOs stärker auf externe Faktoren wie z. B. die Erwartungen der Umwelt zurück.

Ungeachtet der Debatte um die vermeintliche Innovations-Inhärenz des Dritten Sektors kommen Impulse für mehr Innovation häufig aus dem Umfeld der Organisationen. So zeigt z. B. Osborne (2008) in einer empirischen Studie im Dienstleistungsbereich, dass sich insbesondere jene Organisationen mit Innovation befassen, die staatliche Finanzierung in Anspruch nehmen. Dies hat mit den Erwartungen der öffentlichen Hand zu tun: Innovation wird heutzutage gerne als ein Kriterium bei der Vergabe von Projektgeldern durch öffentliche Fördergeber, Stiftungen, EU-Institutionen oder private Preise verwendet.

4.2 Social Entrepreneurship

Angesichts der gesteigerten Erwartungshaltung vieler Stakeholder, erscheint Social Entrepreneurship (SE) als hoffnungsvoller Ansatz, um Innovationen zur Lösung sozialer Probleme hervorzubringen. Die Definitionsversuche von Social Entrepreneurship sind dabei mannigfaltig (vgl. Dacin et al. 2010 mit einer Sammlung von 37 Definitionen) und ein Konsens ist noch nicht Sicht. Einigkeit besteht lediglich darin, dass die soziale Mission prioritär (Dees 2001; Mair/Seelos 2005) oder aber zumindest finanziellen Interessen gleichgestellt ist (Emerson/Twersky 1996). In diesem Aspekt liegt auch die wesentliche Abgrenzung zu klassischen Unternehmen.

Im Rahmen der SE-Forschung können mehrere Grundverständnisse von Social Entrepreneurship unterschieden werden, welche sich aber nicht unbedingt gegenseitig ausschließen. Ein Zugang betont die Innovationskraft der AkteurInnen und stellt die Identifikation und Umsetzung von neuartigen Lösungsansätzen für gesellschaftliche Probleme in den Vordergrund (siehe z. B. Dees 2001). Während Innovation für NPOs eine mögliche, aber nicht zwingende Zielsetzung ist, ist es für SozialunternehmerInnen im Rahmen dieses Verständnisses ein konstitutives Merkmal. Nahezu alle Organisationen, die in der Literatur als Social Entrepreneurs gehandelt werden, weisen neuartige Geschäftsmodelle oder Angebote auf. Dabei führt SE sowohl zur Etablierung von neuen sozialen Organisationen als auch zu kontinuierlichen Innovationsprozessen in vorhandenen Organisationen (Mort et al. 2003). In den meisten Fällen wird Social Entrepreneurship allerdings mit jungen Organisationen (Start-ups) assoziiert.

Ein anderer Ansatz sieht die finanzielle Unabhängigkeit durch die Generierung von erwerbswirtschaftlichen Einnahmen als wesentliches Abgrenzungsmerkmal zu klassischen NPOs (Mair/Marti 2006). Im Gegensatz zu spenden- und subventionsfinanzierten Organisationen erwirtschaften Social Entrepreneurs gemäß diesem Verständnis zirkuläre Einkommensströme (vgl. Beitrag II.8), z. B. durch den Verkauf von Produkten oder Dienstleistungen. Dieses Vorgehen soll die Unabhängigkeit gegenüber einzelnen GeldgeberInnen (Dees 2001) erhöhen, Fundraisingkosten reduzieren und schnelleres Wachstum ermöglichen (Murphy/Coombes 2009). Social Entrepreneurship betont den Investitionscharakter der eingesetzten Mittel (»Social Investment«), deren Wirkung gemessen werden muss (Olsen/Galimidi 2009, vgl. Beitrag III.5). Strittig ist, welche Möglichkeiten der Profitpartizipation solche Erwerbsmodelle einräumen sollen. Während einige AutorInnen für eine strikte Nicht-Ausschüttung von Gewinnen plädieren (z. B. beim Konzept des Social Business, vgl. Yunus et al. 2010), treten andere für eine Abschwächung des Gewinnausschüttungsverbots ein: Soziale InvestorInnen und Social Entrepreneurs sollen demnach durchaus auch vom Gewinn der Projekte profitieren können (siehe dazu u. a. Godeke/Pomares 2009 zum Konzept des Impact Investings).

Darüber hinaus betonen wissenschaftliche und viele populärwissenschaftliche Arbeiten die Rolle und die Persönlichkeit des Social Entrepreneurs (vgl. Barendsen/Gardner 2004; Bornstein 2004). Bei diesen Personen werden besondere Fähigkeiten konstatiert, Netzwerke und Stakeholder für die Organisation und Mission zu mobilisieren (Alvord et al. 2004). Sie sind vermeintlich besser in der Lage als andere, unternehmerische Möglichkeiten zu entdecken. Diese Ansätze erinnern an die »great person theories« der Führungsforschung (vgl. metaanalytisch zu den Restbeständen Judge et al. 2002, Beitrag II.11). Spear (2006: 405) merkt hier zu Recht kritisch an, dass die Diskussion zu stark von der Person des Social Entrepreneurs dominiert wird und Ansätze die Organisationen bzw. Netzwerke von Akteuren berücksichtigen unterbelichtet bleiben. Gerade das Hervorheben der Persönlichkeit wird jedoch durch die Betonung der Mobilisierung von Ressourcen (Murphy/Coombes 2009) relativiert, da es MitstreiterInnen zur Schaffung und Umsetzung von Innovation bedarf (Sharir/Lerner 2006). Im Gegensatz zur Auffassung von Social Entrepreneurship als Leistung eines »außergewöhnlichen Einzelkämpfers«, kann soziales Kapital und Unterstützung durch externe Stakeholder als relevanter Erfolgsfaktor verstanden werden (Spear 2006: 406).

Welche dieser Elemente betont werden und welche weiteren Dimensionen wie z. B. die Erzielung einer sozialer Wirkung (social impact), die Übertragung der Idee in andere Länder und Kontexte bzw. auf neue Zielgruppen (Skalierung), oder etwa die Herbeiführung von sozialem Wandel (social change making) in den Definitionen mit einbezogen werden, variiert stark. Die Betrachtung der unterschiedlichen Definitionszugänge zeigt, dass es sich bei Social Entrepreneurship nicht um einen gänzlich neuen Ansatz handelt. Personen wie Friedrich Wilhelm Raiffeisen, mit seiner Idee der genossenschaftliche Selbsthilfe, wirkten z. B. bereits vor mehr als hundert Jahren als Social Entrepreneurs. Neu sind jedoch die Sprache, Instrumente und unterstützenden Organisationen, die sich in den letzten Jahren etabliert haben. Trotz – oder vielleicht gerade wegen – der Unschärfe des Konzepts ist das Interesse von Praxis und Wissenschaft an »Social Entrepreneurship« im Nonprofit-Sektor in den letzten Jahren rapide gewachsen. In diesem Beitrag fokussieren wir vor allem auf den Aspekt der Innovation, also Organisationen oder Personen, die Quellen für Innovation identifizieren und umzusetzen versuchen.

4.3 Quellen von Innovation

Die Idee für eine Innovation kann auf unterschiedliche Weise entstehen: Sie kann einem spontanen Gedanken entspringen oder das Ergebnis eines gesteuerten Suchprozesses sein. Je nach Analyseebene und Wortbedeutung lassen sich idealtypisch Quellen auf drei Ebenen beschreiben: auf der kognitiven Ebene der Person, innerhalb der Organisation und außerhalb der Organisation.

4.3.1 Kognition

Die Fähigkeit, innovative Ideen zu entwickeln, gilt als ein wichtiges Merkmal von InnovatorInnen, Entrepreneuren im Allgemeinen und Social Entrepreneurs im Besonderen (Amabile 1996; Shane/Venkataraman 2000; Dees 2001; Austin et al. 2006). Diese Personen erkennen aus einer Vielzahl von Informationen Möglichkeiten für die Schaffung neuer Produkte und Dienstleistungen – sogenannte »entrepreneurial opportunities«. Zwei kognitive Prozesse sind dabei ursächlich an ihrer Entdeckung beteiligt: Kreatives und analytisches Denken (Shane/Venkataraman 2000; Alvarez/Barney 2007).

Kreativität entspricht der Fähigkeit, in einer bestimmten Domäne neue, sinnvolle Ideen zu entwickeln. In der Forschung wird davon ausgegangen, dass nahezu jeder Mensch in der Lage ist, kreative Lösungen zu finden (Amabile 1996). Menschen bedienen sich mentaler Problemlösungsstrategien wie konzeptioneller Kombination, Analogieschlüssen oder der Reformulierung des Problemfeldes (Ward 2004). Auch die Fähigkeit, Problemstellungen aus ihrem Kontext zu abstrahieren oder Heuristiken wie »wenn alles andere scheitert, versuche etwas Konterintuitives« (Gordon 1961) gelten als erlernbare Werkzeuge kreativen Denkens (Amabile 1996).

Zugleich enthält Opportunity-Recognition auch eine analytische Komponente: Um Ideen kreativ zu kombinieren, müssen innovationsrelevante Informationen zunächst erkannt und gefiltert werden. Kognitive Prozesse wie Mustererkennung (Kirzner 1979; Gaglio/Katz 2001) oder das Abgleichen der wahrgenommenen Realität mit mentalen Prototypen können helfen, relevante Informationen zu identifizieren (Baron/Ensley 2006).

Zu den wichtigsten Informationsquellen für diese Prozesse zählen Vorwissen und Erfahrung im spezifischen Feld. Das Wissen fungiert als mentaler Korridor, um neue Informationen zu deuten (Shane 2000). Abhängig vom eigenen Vorwissen können Menschen in derselben Situation andere, oft sehr unterschiedliche Opportunities erkennen.

Solches Wissen ist allerdings ein zweischneidiges Schwert: Expertise und Erfahrung in einer Domäne können das Denken »out-of-the-box« auch beträchtlich erschweren. Während Wissen es ermöglicht, differenzierte Fragestellungen wahrzunehmen und Fachbereiche zu verknüpfen, kann es auch als Scheuklappe fungieren. Forschung zu funktionaler Fixierung zeigt, dass die Vertrautheit mit Abläufen und Prozessen dazu führt, dass sie nicht mehr in Frage gestellt werden (Duncker 1945).

4.3.2 Organisationsinterne Quellen

Innerhalb der Organisation gibt es unterschiedliche Quellen von Innovation. In einer aufbauorganisationalen Logik ist zunächst die Forschung- und Entwicklungsabteilung erster Anknüpfungspunkt. Während solche Organisationseinheiten bei Groß- und Mittelbetrieben im Forprofit-Bereich häufig anzutreffen sind, sind sie auf NPO-Organigrammen noch selten zu finden. Da nicht unmittelbar produktiv, gelten Innovationsabteilungen als der Inbegriff von »Overhead-Kosten«. Daher werden diese von privaten und öffentlichen GeldgeberInnen – im Gegensatz zu Innovationen selbst – meist ungern finanziert (Bowman 2006).

Häufig wird Innovation in NPOs als Führungsaufgabe oder Aufgabe der MitarbeiterInnen verstanden (Shin/McClomb 1998; Jaskyte 2004). Vor der Prämisse, dass Innovationen dort stattfinden, wo sie am meisten Nutzen stiften (von Hippel 1988), ist nachvollziehbar, dass MitarbeiterInnen und Führungskräfte wichtige Quellen für Innovationen sein können. Dies gilt v. a. für den Dienstleistungsbereich (z. B. Krankenhäuser, Pflege etc.), wo das Personal oft in engem Kontakt mit der Zielgruppe steht. So zeigen Forschungsergebnisse zu »public services« z. B., dass über 50% der Innovationen von MitarbeiterInnen oder dem mittleren Management stammen (Hartley 2005: 32).

4.3.3 Impulse aus der Umwelt

Entgegen dem verbreiteten Klischee, dass Innovationen von der Angebotsseite ausgehen, finden sich wertvolle Quellen oft außerhalb der Organisation. Insbesondere AnwenderInnen und KundInnen sind eine wichtige Quelle für radikale Neuerungen. Oft sind sie es selbst, die eine Möglichkeit für eine Innovation entdecken und mit ihrer Umsetzung beginnen (von Hippel 1988). Untersuchungen in technischen und Sportartikel-Branchen haben gezeigt, dass zwischen 10% und 36% der AnwenderInnen selbst bereits Produkte oder Dienstleistungen innoviert haben (Herstatt/von Hippel 1992; Franke/Shah 2003). Im Nonprofit-Bereich sind Befunde noch rar, Rutter et al. (2004) argumentieren aber, dass KlientInnen vor allem im Dienstleistungsbereich vermehrt bei der Leistungserstellung eingebunden werden. Es gibt zwei plausible Gründe dafür: Viele AnwenderInnen empfinden einen sehr hohen Nutzen aus dem für Sie gelösten Problem (von Hippel 1988). Zweitens sind Bedürfnisse oft schwer kommunizierbar oder den Personen selbst gar nicht bewusst. Von Hippel (1998) spricht in diesem Zusammenhang von »sticky information« – »klebrigem« Wissen, dass nur mit hohen Kosten abstrahiert und kommuniziert werden kann.

Beispiele für Organisationsgründungen im Sozialbereich wie Összefogás (Integrationskonzepte sowie Wohn- und Arbeitsstätten für Menschen mit Behinderung in Ungarn), Specialisterne (Arbeitsvermittlung für Menschen mit Autismus in Dänemark) oder Career Moves (Arbeitsvermittlung für Menschen mit Behinderung in Österreich) lassen die hohe Relevanz von *User-Innovationen* im Dritten Sektor erahnen: Ein direkter persönlicher Bezug oder biographischer Zusammenhang mit der Mission ist bei Innovatoren im Sozialbereich häufig. In einer Studie über Entrepreneure im Sozialbereich berichteten über 50% der Befragten von einem traumatischen oder biographisch-transformativen Ereignis, dass sie für die Arbeit mit der Zielgruppe motiviert hat (Barendsen/Gardner 2004).

Neben Personen der Zielgruppe können auch externe Fachleute, MitbewerberInnen im In- und Ausland oder das weitere Netzwerk wichtige Impulse für Innovation bringen. Jüngere Forschung verweist darauf, das externe Quellen für die Innovationskraft von Unternehmen an Bedeutung gewinnen (u. a. Chesbrough 2003; Chesbrough et al. 2008). Methoden zur Nutzung solcher externen Potenziale sind vielfältig und umfassen neben klassischen Ansätzen wie Unternehmensberatung auch neuere, demokratische Zugänge wie Crowdsourcing, Ideenwettbewerbe oder Design Thinking (Brown 2008). Die diesen Ansätzen zugrunde liegende Annahme wurde von Henry Chesbrough (2003) treffend formuliert: »Not all of the smart people work for us«.

4.4 Innovation als Prozess

Aus einer Managementperspektive stellt sich die Frage, wie Innovationsprozesse gesteuert werden können. Sowohl die Innovationsforschung (siehe z. B. Zaltman et al. 1973; Cooper 1990; Thom 1992; Cooper 2008) als auch die Entrepreneurshipforschung (Gaglio/Taub 1992; Bhave 1994; Hills et al. 1999; Lumpkin et al. 2004) haben eine Vielzahl an unterschiedlichen Phasenmodellen entwickelt, die versuchen, den idealtypischen Verlauf des Innovationsprozesses nachzuzeichnen.

In der Innovationsforschung haben die *Stage-Gate-Modelle* von Cooper (1990;2008) die im Laufe der Zeit mehrmals adaptiert wurden, einen prominenten Status erlangt. Stage-Gate-Modelle untergliedern den Innovationsprozess in Teilprozesse (Stages), wobei am Ende jeder Phase (Gate) anhand von zuvor definierten Kriterien über die Weiterführung oder den Abbruch eines Innovationsvorhabens entschieden wird. Ein bekanntes Prozessmodell, dass sich auf Innovationen im Dritten Sektor bezieht, geht auf Mulgan (2006) zurück, der den Innovationsprozess in sechs aufeinanderfolgende Phasen untergliedert, nämlich in Ideengenerierung, Entwicklung, Bewertung, Skalierung und Diffusion sowie eine Evaluationsphase.

Die einzelnen Modelle unterscheiden sich teils stark in Hinblick auf die Anzahl, Start- und Endpunkt, sowie den Detaillierungsgrad der Phasen. Im Folgenden wird daher nicht auf ein spezifisches Modell Bezug genommen, sondern ein Überblick über die grundlegenden Phasen gegeben (siehe Abbildung III.4.1).

Der tatsächliche Beginn des Prozesses ist oft schwer festzumachen. Hierfür wurde der Begriff der »Fuzzy Front Ends« (Khurana/Rosenthal 1997) geprägt. Der Ausdruck macht deutlich, dass der Prozess v.a. in frühen Phasen eher unstrukturiert abläuft. Um den Prozess in Gang zu setzen, bedarf es eines Startimpulses, der immer an ein oder mehrere Subjekt/e gekoppelt ist (Gemünden 2001). Durch die genaue Auseinandersetzung mit dem Gegenstand kann eine Problemstellung abgeleitet werden, die bestimmt, was gelöst werden soll. Unterstützend können Instrumente des strategischen Managements (siehe Beitrag II.2) zum Einsatz kommen (z.B. SWOT-Analysen). Sie helfen, die Problemstellung zu strukturieren und zu analysieren. Empirische Ergebnisse zeigen, dass die genaue Auseinandersetzung mit der Problemstellung in der Praxis oft vernachlässigt wird (Alam/Perry 2002).

In der Literatur werden die Problemdefinitions- und Ideenfindungsphase oft zu einer Phase zusammengefasst, wohl auch, weil in der Praxis häufig die Idee den Impetus darstellt und die Problemstellung dem nachgelagert ist. Aus einer analytischen Perspektive macht es unabhängig von der Reihenfolge Sinn, beide Teilprozesse getrennt zu betrachten. Aus der Problemstellung kann eine Vielzahl unterschiedlicher Ideen abgeleitet werden. Für den Prozess der Ideenfindung bzw. -generierung schlagen AutorInnen abhängig von der Gruppengröße und dem Informationsstand der Teilnehmenden eine Reihe unterschiedlicher Kreativitätsmethoden vor (für einen Überblick siehe Hauschildt 1996; Vahs/Brem 2013). Ganz prinzipiell kann hier zwischen eher intuitiven Verfahren wie z.B. dem klassischen Brainstorming oder Brainwriting und stärker systematisierten Techniken wie z.B. dem morphologischen Kasten und konfrontativen Verfahren unterschieden werden, die versuchen durch Zweckverfremdung und provokative Fragestellungen neue Lösungsansätze zu finden.

Um aus den Ideen jene auszuwählen, die umgesetzt werden sollen, bedarf es ihrer Gegenüberstellung und Bewertung. Dabei stellt sich die Frage, welche Konsequenzen sich aus der Realisation der einzelnen Ideen ergeben können. Spezifisch ist hier für NPOs, dass bei der Abwägung und Beurteilung der einzelnen Ideen sowohl ökonomische als auch soziale Faktoren Berücksichtigung finden. Wichtig ist hierbei die Passung der Idee mit der Mission der Organisation (McDonald 2007). Day (2007) schlägt vier Kriterien zur Beurteilung von Ideen vor, nämlich Sinnhaftigkeit der Idee, Machbarkeit, Marktattraktivität sowie Wirtschaftlichkeit.

Vor der tatsächlichen Umsetzung, folgt idealtypisch eine Planungs- und Testphase, in der ein Businessplan erstellt wird (Festlegung von Meilensteinen, Budget, Strategie, etc.) sowie Ideen auf ihre Tauglichkeit hin getestet werden. Dabei können Prototypen oder im Fall von Dienstleistungen Serviceblueprints entwickelt werden, die durch KundInnen, Mitarbeitende oder Fachleute getestet werden (Hauschildt 2004).

Umgesetzt wird die Idee im Rahmen der Implementierungsphase. In dieser Phase werden Maßnahmen gesetzt, die dazu dienen, das Produkt bzw. die Dienstleistung einzuführen und zu positionieren. Die Umsetzung von Ideen mit hohem Neuigkeitsgrad wird häufig in Form von Projekten abgewickelt (siehe Beitrag II.10). In dieser Phase des Projekts ist es wichtig, dass die Organisationsmitglieder ein gemeinsames Verständnis des Innovationsvorhabens haben (Gerwin/Moffat 1997). Forschungsergebnisse zeigen, dass viele NPOs entweder zu stark in Routinetätigkeiten involviert sind und daher gar nicht innovieren oder zwar häufig neue Ideen generieren, diese allerdings oft nicht bis zur Implementierung bringen (Grant/Crutchfield 2007).

Innovationen fordern meist einen hohen finanziellen und personellen Mitteleinsatz. Die Messung des Erfolgs ist dabei aus mehreren Gründen sinnvoll: Bei der Wahl des passenden Evaluierungsinstruments (vgl. Beitrag III.5) muss geklärt werden, wer überhaupt Zielgruppe der Analyse ist, aus welcher Motivation heraus die Analyse durchgeführt wird, und wie die Ergebnisse verwendet werden.

Innovationsphasen	**Leitfragen**	**Instrumente (Beispiele)**
Problemdefinition	Was ist das Problem?	Situationsanalyse KundInnenbefragung Ishikawa-Diagramm
Ideenfindungsphase	Welche Lösungsmöglichkeiten gibt es?	**Intuitiv spontan** Brainstorming Brainwriting 6 Hüte denken **Systematisch-diskursiv** Morphologischer Kasten **Konfrontativ** Bionik Kopfstandmethode
Ideenauswahlphase	Welche Ideen passen am besten zur Organisation und sollen realisiert werden?	**Qualitativ** Verbale Einschätzungen Checklisten Nutzwertanalysen **Quantitativ** Statistische Wirtschaftlichkeits-rechnung (Gewinn, Kosten, Rentabilität, Cashflow)
Testphase	Ist das Produkt oder die Dienstleistung reif für die Umsetzung?	Prototypen Beta-Tests Kontrollgruppen Serviceblueprints
Implementierungsphase	Wie wird die Projektidee umgesetzt?	Marketing-Instrumente Projektmanagement
Evaluierungsphase	Wie kann der Erfolg gemessen werden?	Div. Evaluierungsmethoden (siehe Beitrag III.5)

Abbildung III.4.1: Phasen des Innovationsprozesses (eigene Darstellung)

Das Phasenmodell kann für analytische Zwecke hilfreich sein, um einzelne Aufgaben besser verständlich zu machen, die im Rahmen der Entdeckung und Umsetzung von Neuem entstehen. Die Realität lässt sich mit solchen vereinfachten Phasenmodellen allerdings selten abbilden. Phasenmodelle stellen ein normatives und oftmals generisches Bild des Innovationsprozesses dar. Anderson et al. (2004) zeigen in ihrer Metaanalyse, dass die wenigen empirischen Studien, die versucht haben, die Modelle empirisch zu validieren, zu dem Ergebnis kamen, dass der Innovationsprozess oft einem nicht-linearen und iterativen Verlauf folgt und vielfach als konfliktträchtig empfunden wird. Andere Modelle stellen die Existenz von Phasen grundlegend in Frage und konzipieren den Innovationsprozess stärker als einen chaotischen komplexen Verlauf (Schroeder et al. 1989; Bledow et al. 2009). Manche AutorInnen betonen wiederum stärker die Wichtigkeit von Feedbackloops und kontinuierlichem Lernen während des Prozesses sowie die Integration von Wissen aus vorherigen Projekten (Goffin/Koners 2011).

4.5 Innovationsbarrieren und Lösungsansätze

Innovationen stehen oft im direkten Widerspruch zur betrieblichen Routine. Sie verlangen Veränderungen der Arbeitsweise und stellen den Status quo in Frage. Zugleich verbrauchen sie Ressourcen, während ungewiss ist, ob sie am Ende ihrer Entwicklung auch tatsächlich funktionieren. Vor diesem Hintergrund formiert sich häufig Widerstand gegen Innovationen. Sätze wie »das kann bestimmt nicht funktionieren« begleiten viele Innovationen bei ihrer Umsetzung – oder verhindern sie. Hinter solchen Widerständen stehen häufig jedoch nicht nur sachliche Abwägungen, sondern auch Ängste, strategische Motive oder verzerrte Wahrnehmungen. Im Folgenden werden häufige Barrieren vorgestellt.

4.5.1 Gründe für Widerstand

Es kann viele Gründe geben, die gegen eine Innovation sprechen. Ihr erwarteter Nutzen kann niedriger sein als ihre Kosten; die Innovation kann nicht ausreichend zur Mission der Organisation passen oder der Organisation fehlen die Fähigkeiten, sie umzusetzen. Das Abwägen solcher Parameter ist für Innovationen jedoch oftmals schwieriger als beim Treffen gewohnter Entscheidungen.

Ein Grund dafür ist das Risiko, das vielen Innovationen inhärent ist. Als neue Zweck-Mittel-Kombinationen berühren Innovationen viele Bereiche innerhalb und außerhalb der Organisation und können dementsprechend aus verschiedensten Gründen scheitern: aus Mangel an Marktakzeptanz, Mangel an Akzeptanz innerhalb der Organisation, technischen Gründen, rechtlichen Gründen, und vielen mehr. Besonders bei radikalen Innovationen und in komplexen Branchen sind diese Risiken sehr hoch. So zeigte eine über zehn Jahre laufende Längsschnittstudie der zehn weltgrößten Medikamentenhersteller, dass 89% aller gestarteten Innovationsprojekte scheiterten – zum Teil zu beträchtlichen Kosten (Kola/Landis 2004).

Übliche argumentative Begründungen für den Widerstand gegen Innovationen umfassen Kritik an ihrer technologischen Machbarkeit, am Zeitpunkt der Innovation, Zweifel an der Nachfrage und dem Marktumfeld, finanzwirtschaftliche oder ökologische Argumente (Hauschildt 2004).

Neben solchen berechtigten inhaltlichen Kritikpunkten können Widerstände aber auch psychologische Wurzeln haben. Widerstand gegen Innovation kann zunächst in der Tatsache fußen, dass sie nicht verstanden wird. Je komplexer sie ist, umso höher ist der kognitive Aufwand der damit verbunden ist, sie zu begreifen. Diese Schwierigkeit wird durch Ungewissheit und Unausgereiftheit in Frühstadien der Innovation verstärkt. Viele ihrer Eigenschaften und Implikationen sind zunächst unklar. Das Überwinden dieser Barriere des Nicht-Wissens (Hauschildt 2004) verlangt daher eine intensive Auseinandersetzung mit der Innovation. Wenn eine Person dazu nicht willens oder in der Lage ist, wächst ihr Widerstand.

Widerstände treten besonders häufig dann auf, wenn die Innovation externe Quellen hat. Dieses Verhalten wird in der Literatur als das »Not-Invented-Here-Syndrome« bezeichnet (Katz/Allen 1982). Dabei kann auch der Selbstwert der Betroffenen eine Rolle spielen. Die erfolgreiche Innovation der »Anderen« bedroht den eigenen Selbstwert. Durch negative Zuschreibungen an diese »Anderen« kann der Selbstwert wieder erhöht werden (Frey/Frank 2001). Diese Effekte können durch Gruppendynamiken verstärkt werden. Gruppen mit hoher Kohäsion und stark geteilten Werten neigen besonders dazu, Ideen abzulehnen, wenn diese den Gruppennormen zuwiderlaufen (Frey/Frank 2001; Jaskyte 2004). Die Abwertung der Idee wird genutzt, um die Gruppenidentität und ihre Normen zu festigen – so verhindert dann schon die Erwartung von Sanktionen, dass Ideen überhaupt entstehen (Janis/Mann 1977).

Auch das Phänomen der »gelernten Sorglosigkeit« kann Neuerungen blockieren und tritt besonders in erfolgreichen Organisationen auf (Frey/Frank 2001). Erfolge der Vergangenheit verleiten zum Schluss, dass die Organisation automatisch auch in Zukunft erfolgreich sein wird. Die Folge dieser »Erfolgsarroganz« ist verringerte Lernbereitschaft und niedrigerer Änderungswille (Hauschildt 2004).

Häufig wird eine Abwehrhaltung durch Angst vor Veränderung ausgelöst (Eadie 1997). Das gilt v. a., wenn der betroffenen Person oder Organisationseinheit selbst Nachteile aus der Innovation entstehen. Beispielsweise kann die Innovation bestehende Kompetenzen oder früher getätigte Investitionen verändern oder gar überflüssig machen. Zudem kann sie Kernwerte der Organisation gefährden, wenn sich z. B. eine NPO entschließt, einen neuen Geschäftszweig mit Gewinnerzielungsabsicht aufzubauen (Dees et al. 2001).

4.5.2 Überwindungsstrategien

Wie diese Beispiele zeigen, können die Gründe für Innovationswiderstände unterschiedlicher Natur sein. Ebenso vielseitig sind auch die Vorstellungen darüber, wie sie überwunden werden können. Die Innovationsliteratur nennt zahlreiche Faktoren, die direkt oder indirekt die Innovationsfähigkeit von Organisationen beeinflussen. Die hier vorgestellten Faktoren stellen nur eine kleine Auswahl dar und berücksichtigen dabei v. a. Befunde mit Nonprofit-Bezug.

Maßnahmen zur Umsetzung einer konkreten Innovation

Dees, Emerson und Economy (2001) empfehlen unterschiedliche Maßnahmen, je nachdem, aus welchen Gründen Widerstände vorliegen. Bei Innovationen, die vorhandene Kompetenzen gefährden (z. B. Fachwissen, das durch neue Technologie obsolet wird), kann durch Investition in das Training der MitarbeiterInnen reagiert werden. Bei der drohenden »Kannibalisierung« bestehender Aktivitätsfelder wird zusätzlich ein Maßnahmenbündel angeraten, das intensive Kommunikation mit den Betroffenen und (finanzielle) Anreize für Umschulungen umfasst. Bei Innovationen, die mit den Grundwerten der Organisation inkompatibel sind, empfehlen die AutorInnen auch radikalere Maßnahmen, z. B. eine Ausgründung des neuen Organisationsbereichs. Als Faustregel gilt: Je stärker die Widerstände und Änderungskosten in der bestehenden Einheit sind, umso eher ist die Schaffung einer neuen Entität sinnvoll.

Bei einer Umsetzung innerhalb der Organisation haben informelle Promotoren hohe Bedeutung. Sie treiben den Prozess voran und treten mit Opponenten in Dialog. Promotorenrollen entstehen üblicherweise spontan, d. h. sie werden von Personen selbst gewählt (Witte 1973). Organisationen können aber versuchen, die Entstehung von Promotoren zu begünstigen. Das ist z. B. möglich, indem fach- und hierarchieübergreifende Kontaktmöglichkeiten geboten werden (Hauschildt 2004).

Maßnahmen zur Schaffung eines innovationsfreundlichen Umfeldes

Neben Einzelmaßnahmen wird die Entstehung und Umsetzung von Innovationen vor allem durch die Kultur der Gesamtorganisation beeinflusst.

Als *Organisationskultur* wird ein Muster von gemeinsamen Wert- und Normenvorstellungen verstanden, die Denk- und Verhaltensweisen, Entscheidungen und Aktivitäten der MitarbeiterInnen beeinflussen (Schein 1990). Die optimale Organisationskultur für Innovationen ist kaum pauschal zu definieren. Als hilfreich gilt z. B. die Bereitschaft zu experimentieren und aus Fehlern zu lernen (Senge 1990). Auch Eigenschaften wie Kreativität, Risikotoleranz, unternehmerische Orientierung und Proaktivität werden mit einer innovativen Organisationskultur assoziiert. Der Zusammenhang dieser Eigenschaften mit dem Organisationserfolg wurde im Forprofit-Bereich empirisch mehrfach bestätigt (vgl. Zahra et al. 1999). Empirische Ergebnisse dazu sind im Nonprofit-Kontext noch rar. Erste Befunde zeigten für einige Ausprägungen von Organisationskultur wie Aggressivität, niedrige Stabilität und Marktorientierung positive Wirkungen auf die Innovationsleistung (Morris et al. 2007)

Auch eine klare, überzeugende Mission kann einer Organisation helfen, Innovationen zu finden und zu implementieren. Sie hilft, auf jene Innovationen zu fokussieren, die das Potenzial haben die Mission voranzutreiben, da die Bewertung der Innovation anhand ihrer Passung zur Mission einfacher wird (McDonald 2007). Als gemeinsames Ziel motiviert die Mission MitarbeiterInnen bei der Umsetzung und erleichtert es damit, auch bei mikropolitischen »Verlierern« Verständnis für Neuerungen zu entwickeln. Die Managementforschung streicht dabei die Wichtigkeit des Einsatzes von Innovationsmanagement hervor. Dieses kann NPOs dabei unterstützen, ihre Mission zu erfüllen sowie langfristig effizient zu sein (Drucker 1990; Letts et al. 1998; Hudson 1999).

Ebenso werden bestimmte Arten von Führungsverhalten mit Innovationen assoziiert. Besonders in einer frühen Phase der Organisation prägt die Unternehmensführung die Kultur entscheidend mit. Werte und Normen werden bewusst und unbewusst »vorgelebt« und schaffen Referenzpunkte innerhalb der Organisation (vgl. De Jong/Vermeulen 2003). Für die Schaffung eines innovationsfreundlichen Klimas gelten visionsbetonte und transformationale Führungsstile als förderlich (Shin/McClomb 1998; Jaskyte 2004, siehe auch den Beitrag II.11), die besonderen Wert auf die Entwicklung einer Vision legen und die MitarbeiterInnen für diese begeistern (Howell/Higgins 1990). Die empirischen Befunde im dritten Sektor sind jedoch nicht eindeutig (Jaskyte 2004; Morris et al. 2007).

Weitere genannte Einflussvariablen umfassen u. a. die Machtverteilung in der Organisation (Dover/Lawrence 2011) und organisationalen Slack, also einen Überschuss an bestimmten Ressourcen in der Organisation, der Freiräume schafft und Experimente ermöglicht (Nohria/Gulati 1996; Leitner 2009). Auch strukturelle Faktoren wie Spezialisierung und Professionalisierung (Osborne 1998), geringe Formalisierung, Dezentralisierung sowie die Größe der Organisation spielen in empirischen Untersuchungen eine Rolle (Damanpour 1991).

Insgesamt lässt sich in der jungen Literatur zu Innovation in NPOs kein Patentrezept für eine innovationsfreundliche Organisation ausmachen. Die Forschung liefert allerdings einige Hinweise auf mögliche Zutaten: transformativer Führungsstil, Offenheit und Fehlertoleranz in der Organisationskultur, eine starke Mission und Promotoren können dazu beitragen, dass kreative Neuerungen entstehen und umgesetzt werden. Gerade bei der Umsetzung spielen auch oftmals förderliche Rahmenbedingungen sowie unterstützende Institutionen eine entscheidende Rolle.

4.6 Rahmenbedingungen für Innovation und Social Entrepreneurship

Rund um die Themen Innovation und Social Entrepreneurship haben sich zahlreiche private AkteurInnen etabliert, die entsprechende Initiativen fordern und fördern. Im Folgenden sollen einige ausgewählte Formen der Unterstützung im Rahmen der Finanzierung, der Unterstützung durch Sozialkapital und Netzwerke, der Bereitstellung von Wissen und qualifiziertem Humankapital sowie der Generierung von Aufmerksamkeit und Medienöffentlichkeit vorgestellt werden.

Mit dem Aufkommen von Social Entrepreneurship haben sich auf der Finanzierungsseite neue Konzepte, Organisationen und Unterstützungsangebote gebildet (siehe Beitrag II.8). Der Ansatz der *Venture Philanthropie* (Heister 2010), auch unter den Begriffen »Strategic Philanthropy«, »High-Engagement Philanthropy« oder »Philanthropic Investment« bekannt, überträgt Ansätze der Venture-Capital-Finanzierung auf die Philanthropie. Dabei werden gemeinnützige Organisationen im Rahmen einer aktiven Partnerschaft unterstützt. Charakteristika sind ein längerfristiges Engagement, die Unterstützung mit Finanzmitteln, die aktive Mitarbeit bzw. Mithilfe bei der Organisationsentwicklung (»capacity building«), das Einbringen von Know-how, die Forderung nach einer adäquaten Wirkungsmessung (»Social Impact Measurement«, vgl. Beitrag III.5) sowie gegebenenfalls ein Rückzug (Exit) aus dem Engagement zu einem Zeitpunkt, an dem sich die Organisation z. B. mit erwirtschafteten Einkünften selbst trägt oder weitere Ressourcen aus anderen philanthropischen Quellen angezogen werden konnten (siehe auch Millner 2011). Während das Konzept der Venture Philanthropie auf Spenden (zumeist von Stiftungen) aufbaut, werden unter *Social Venture Capital* soziale Investitionen verstanden, bei denen die Investition zumeist als Eigenkapitaleinlage, als Kredit, Kreditrahmen oder in Form von Garantien erfolgt. Die InvestorInnen geben dabei oft Erwartungen an finanzielle Renditen zugunsten bestimmter gewünschter sozialer Wirkungen ganz oder teilweise auf. Social Venture Capital kann auch von Unternehmen, intermediären Organisationen oder sozialen Fonds zur Verfügung gestellt werden. Neuere Fonds-Ansätze bedienen sich des *Crowd Fundings*, bei dem z. B. über Internetplattformen kleinere finanzielle Beiträge gesammelt und Projekte finanziert werden. Erste Befunde legen nahe, dass Social Venture-Capital-GeberInnen bei ihren Förderentscheidungen besonders die ausführliche Darstellung der Aktivitäten von NPO im Rahmen von Reports und die persönliche Reputation der Social Entrepreneurs berücksichtigen (Achleitner et al 2012).

Neben der Finanzierung haben sich auch Netzwerke und unterstützende Organisationen herausgebildet. Prominent sind hier die die Schwab Stiftung, Ashoka (Sen 2007; Heister 2010) und Grameen (Yunus et al. 2010). Diese identifizieren Social Entrepreneurs, vergeben Fellowships (Stipendien zur Deckung des Lebensunterhalts), eröffnen Zugänge zu weiteren Unterstützungsleistungen (Unternehmen, Beratungsleistungen und Investitionen), bieten eine mediale Plattform und helfen dadurch, die innovativen Ansätze und Organisation der SozialunternehmerInnen zu skalieren (vgl. »scaling« in Bradach 2003). Skalierung bedeutet die rasche Verbreitung der angebotenen Güter und Dienstleistungen. Die damit verbundene Erweiterung der Wirkungen (»Impact«, vgl. III.5) kann durch Organisationswachstum und damit eine flächendeckendere Versorgung und/oder durch die Erweiterung des Netzwerks über Allianzen mit Klienten und anderen AkteurInnen erfolgen (Alvord et al. 2004: 279). Die identifizierten SozialunternehmerInnen durchlaufen üblicherweise einen intensiven Selektionsprozess, wobei die Aktivitäten oftmals nach bestimmten Kriterien (Innovation, Impact, Integrität etc.) bewertet werden. Damit übernehmen diese Organisationen quasi eine mit Ratingagenturen (Achleitner et al. 2012) oder Qualitätssiegeln vergleichbare Funktion.

Vor allem im jungen Feld des Social Entrepreneurship haben sich mittlerweile zahlreiche Preise, Awards und Auszeichnungen herausgebildet. Diese werden von Verbänden, Stiftungen, anderen NPOs oder Unternehmen ausgelobt und vergeben. Wie Joel Best (2008) konstatiert, erfüllen sie mehrere Funktionen: Sie generieren Aufmerksamkeit für die involvierten Personen und Organisationen, das Thema und/oder die prämierten Innovationen, wodurch weiters bei Stakeholdern Legitimität erzeugt wird und intern die Motivation erhöht werden kann.

Innovation und Entrepreneurship hat sich rund um den Globus seit den 1970er Jahren im Hochschulbereich als fixer Bestandteil in Forschung und Lehre etabliert (Kuratko 2005). Manches deutet auf eine gleichartige Entwicklung im Bereich Social Entrepreneurship hin, haben sich doch in den letzten fünfzehn Jahren zahlreiche Forschungsgruppen, Journals und Konferenzen rund um das Thema gegründet. Dabei kommen Stimuli aus mehreren Subdisziplinen wie der Nonprofit-Forschung, der Entrepreneurship-Forschung und der Organisationsforschung. Wenngleich distinkte Theorien des Social Entrepreneurships noch nicht in Reichweite scheinen, bieten zahlreiche Wirtschaftsfakultäten Lehrveranstaltungen und Kurse an, überwiegend mit einem praxisorientiertem Fokus (Brock/Steiner 2008). Neben der wissenschaftlichen Auseinandersetzung versorgen diese universitären Programme das Feld mit qualifizierten AbsolventInnen, für die soziales Unternehmertum auch als Berufsfeld und Karriereoption inspirierend wirkt.

Mittlerweile gibt es auch erste Anzeichen, dass der öffentliche Sektor beginnt, das Potenzial von Innovation und Social Entrepreneurship zu erkunden und entsprechende Fördermaßnahmen zu entwickeln. Förderbanken (wie z. B. die KfW Entwicklungsbank in Deutschland) haben hier bereits in erste Beteiligungsfonds für SozialunternehmerInnen investiert. Mit der »Social Business Initiative« und anderen Anstrengungen rund um das Thema Soziale Innovation hat zudem auch die Kommission der Europäischen Union begonnen, Unterstützungsstrukturen zu etablieren.

4.7 Fazit

Innovation und Entrepreneurship sind nicht unbedingt neue Phänomene im Nonprofit-Sektor. Dieser hat fortwährend neue Dienstleistungen und Produkte sowie engagierte Menschen hervorgebracht, die einen Beitrag zur gesellschaftlichen Entwicklung leisten wollten. Nichtsdestotrotz kann der anschwellende Diskurs um diese Themen als Zeichen dafür gewertet werden, dass scheinbar in Praxis und Wissenschaft Bedarf für eine vertiefte Auseinandersetzung besteht. Ein Grund dafür ist möglicherweise die Tatsache, dass viele gesellschaftliche Herausforderungen nach wie vor ungelöst sind. Beständige globale Herausforderungen wie Klimaerwärmung, Migration oder Armut zeigen, dass neben Staat und Markt auch der dritte Sektor Grenzen der Handlungsfähigkeit besitzt.

Vielversprechend erscheinen hier also Konzepte, die neue Wege aufzeigen, diesen Herausforderungen beizukommen. Es bleibt abzuwarten, ob Innovation und soziales Unternehmertum in der Lage sein werden, die vielleicht allzu großen Erwartungen zu erfüllen oder ob der Innovations- und Entrepreneurship-Diskurs zuweilen ein zeitgeistiges Feigenblatt bleibt, um den Rückzug des Staates aus bestimmten Bereichen zu legitimieren oder gar zu befördern. Nichtsdestotrotz wirken zahlreiche Beispiele für Social Entrepreneurship als starke Inspiration. Es spricht Vieles dafür, neue Ideen oder vorhandene Erfolg versprechende Ansätze in neuen Kontexten auszuprobieren und umzusetzen. Vor diesem Hintergrund ist der Nonprofit-Sektor jedenfalls gefordert, die Debatten und Konzepte aufmerksam zu verfolgen, die eigene Innovationskraft zu stärken und die positiven Dynamiken, die ein solcher Diskurs entfalten kann, auch für sich zu nutzen.

Literatur

Achleitner, Ann-Kristin/Lutz, Eva/Mayer, Judith/Spiess-Knafl, Wolfgang (2012): Disentangling Gut Feeling: Assessing the Integrity of Social Entrepreneurs. In: Voluntas: International Journal of Voluntary and Nonprofit Organizations, 1–32.

Ager, Alastair/Fyvie, Claire (1999): NGOs and innovation: Organizational characteristics and constraints in development assistance work in The Gambia. In: World Development, 27, 1383–1395.

Alam, Ian/Perry, Chad (2002): A customer-oriented new service development process. In: Journal of Services Marketing, 16, 515–534.

Alvarez, Sharon A./Barney, Jay B. (2007): Discovery and creation: alternative theories of entrepreneurial action. In: Strategic Entrepreneurship Journal, 1, 11–26.

Alvord, Sarah H./Brown, David L./Letts, Christine W. (2004): Social Entrepreneurship and Societal Transformation. In: The Journal of Applied Behavioral Science, 40, 260–282.

Amabile, Teresa (1996): Creativity in context: Update to the Social Psychology of Creativity. Boulder, US.

Anderson, Neil/De Dreu, Carsten/Nijstad, Bernard (2004): The routinization of innovation research: A constructively critical review of the state-of-the-science. In: Journal of organizational Behavior, 25, 147–173.

Austin, James/Stevenson, Howard/Wei-Skillern, Jane (2006): Social and commercial entrepreneurship: same, different, or both? In: Entrepreneurship Theory and Practice, 30, 1–22.

Barendsen, Lynn/Gardner, Howard (2004): Is the social entrepreneur a new type of leader? In: Leader to Leader, 34, 43–50.

Baron, Robert/Ensley, Michael (2006): Opportunity recognition as the detection of meaningful patterns: Evidence from comparisons of novice and experienced entrepreneurs. In: Management Science, 52, 1331–1344.

Best, Joel (2008): Prize Proliferation. In: Sociological Forum, 23, 1–27.

Bhave, Mahesh (1994): A process model of entrepreneurial venture creation. In: Journal of Business Venturing, 9, 223–242.

Bledow, Ronald/Frese, Michael/Anderson, Neil/Erez, Miriam/Farr, James (2009): A dialectic perspective on innovation: Conflicting demands, multiple pathways, and ambidexterity. In: Industrial and Organizational Psychology, 2, 305–337.

Bornstein, David (2004): How to change the world: Social entrepreneurs and the power of new ideas. New York.

Borzaga, Carlo/Fazzi, Luca (2010): Processes of institutionalization and differentiation in the Italian third sector. In: Voluntas: International Journal of Voluntary and Nonprofit Organizations, 22, 1–19.

Bowman, Woods (2006): Should Donors Care About Overhead Costs? Do They Care? In: Nonprofit and Voluntary Sector Quarterly, 35, 288–310.

Bradach, Jeffrey L. (2003): going to SCALE. In: Stanford Social Innovation Review, 1, 19–25.

Brock, Debbi/Steiner, Susan (2008): Social Entrepreneurship Education: Is It Achieving the Desired Aims. United States Association for Small Business and Entrepreneurship. Conference Proceedings, San Antonio, Texas.

Brown, Tim (2008): Design thinking. In: Harvard Business Review, June, 84–92.

Chesbrough, Henry (2003): Open Innovation: The New Imperative for Creating and Profiting from Technology. Boston.

Chesbrough, Henry/Vanhaverbeke, Wim/West, Joel (2008): Open innovation: Researching a new paradigm. Oxford.

Cooper, Robert (1990): Stage-gate systems: a new tool for managing new products. In: Business Horizons, 33, 44–54.

Cooper, Robert (2008): Perspective: The Stage-Gate® Idea-to-Launch Process-Update, What's New, and NexGen Systems. In: Journal of Product Innovation Management, 25, 213–232.

Dacin, Peter/Dacin, Tina/Matear, Margaret (2010): Social entrepreneurship: Why we don't need a new theory and how we move forward from here. In: The Academy of Management Perspectives 24, 37–57.

Damanpour, Fariborz (1991): Organizational innovation: a meta-analysis of effects of determinants and moderators. In: Academy of Management Journal, 34, 550–590.

Day, George (2007): Is it Real? Can We Win? Is it Worth Doing? Managing Risk and Reward in an Innovation Portfolio. In: Harvard Business Review, 85, 12, 110–120.

De Jong, Jeroen/Vermeulen, Patrick (2003): Organizing successful new service development: a literature review. In: Management Decision, 41, 844–858.

Dees, Gregory (2001): »The Meaning of »Social Entrepreneurship«.« Abgerufen am 27. Juni 2012 von http://www.caseatduke.org/documents/dees_sedef.pdf.

Dees, Gregory/Emerson, Jed/Economy, Peter (2001): Enterprising Nonprofits: A Toolkit for Social Entrepreneurs. New York.

Dees, Gregory J./Anderson, Beth Battle (2003): For-Profit Social Ventures. In: Kourilsky, Marilyn L./Walstad, William B. (Hrsg.): Social Entrepreneurship: Senate Hall Academic Publishing.

Dover, Graham/Lawrence, Thomas (2012): The Role of Power in Nonprofit Innovation. In: Nonprofit and Voluntary Sector Quarterly, 41, 6, 991–1013.
Drucker, Peter (1990): Managing the Nonprofit Sector. Oxford.
Duncker, Karl (1945): On problem-solving. In: Psychological monographs, 58, i–113.
Eadie, Douglas (1997): Changing by design: A practical approach to leading innovation in nonprofit organizations. San Francisco.
Emerson, Jed/Twersky, Fay, (Hrsg.) (1996): New social entrepreneurs: The success, challenge, and lessons of nonprofit enterprise creation. San Francisco.
Franke, Nikolaus/Shah, Sonali (2003): How Communities Support Innovative Activities: An Exploration of Assistance and Sharing Among End-Users. In: Research Policy, 32, 157–178.
Frey, Dieter/Frank , Elisabeth (2001): Der Beitrag sozialpsychologischer Theorien für die Erforschung und Umsetzung von Innovationen. In: Hamel, Winfried/Gemünden, Hans Georg (Hrsg.): Außergewöhnliche Entscheidungen, München, 597–646
Frumkin, Peter/Andre-Clark, Alice (2000): When Missions, Markets, and Politics Collide: Values and Strategy in the Nonprofit Human Services In: Nonprofit and Voluntary Sector Quarterly 29, 1, 141–163.
Gaglio, Connie/Katz, Jerome (2001): The psychological basis of opportunity identification: Entrepreneurial Alertness. In: Small Business Economics, 16 95–111.
Gaglio, Connie/Taub, Richard (1992): Entrepreneurs and opportunity recognition. In: Frontiers of entrepreneurship research, 12, 136–147.
Gemünden, Hans (2001): Die Entstehung von Innovationen: Eine Diskussion theoretischer Ansätze. In: Außergewöhnliche Entscheidungen-Festschrift für Jürgen Hauschildt, 409–440.
Gerwin, Donald/Moffat, Linda (1997): Withdrawal of team autonomy during concurrent engineering. In: Management Science, 43, 1275–1287.
Godeke, Steven/Pomares, Raúl (2009): Solutions for Impact Investors: From Strategy to Implementation. New York.
Goffin, Keith/Koners, Ursula (2011): Tacit knowledge, lessons learnt, and new product development. In: Journal of Product Innovation Management, 28, 300–318.
Gordon, William (1961): Synectics: The development of creative capacity. New York.
Grant, Heather McLeod/Crutchfield, Leslie R. (2007): Creating high-impact nonprofits. In: Stanford Social Innovation Review 5, 4, 32–41.
Hartley, Jean (2005): Innovation in Governance and Public Services: Past and Present. In: Public Money & Management 25, 1, 27–34.
Hauschildt, Jürgen (1996): Innovation, Creativity and Information Behaviour. In: Creativity and Innovation Management, 5, 169–178.
Hauschildt, Jürgen (2004): Innovationsmanagement. München.
Heister, Peter (2010): Finanzierung von Social Entrepreneurship durch Venture Philanthropy and Social Venture Capital. Wiesbaden.
Herstatt, Cornelius/von Hippel, Eric (1992): From experience: Developing new product concepts via the lead user method: A case study in a »low tech« field. In: Journal of Product Innovation Management, 9, 213–221.
Hills, Gerald/Shrader, Rodney/Lumpkin, G. Tom (1999): Opportunity recognition as a creative process. In: Frontiers of entrepreneurship research, 19, 216–227.
Howell, Jane/Higgins, Christopher (1990): Champions of change: Identifying, understanding, and supporting champions of technological innovations. In: Organizational Dynamics, 19, 1, 40–55.

Hudson, Mike (1999): Managing without profit: the art of managing third-sector organizations. Penguin Uk.

Janis, Irving/Mann, Leon (1977): Decision making: A psychological analysis of conflict, choice, and commitment. New York.

Jaskyte, Kristina (2004): Transformational Leadership, Organizational Culture, and Innovativeness in Nonprofit Organizations. In: Nonprofit-Management and Leadership, 15, 153–168.

Judge, Timothy/Ilies, Remus/Bono, Joyce/Gerhardt, Megan (2002): Personality and Leadership: A Qualitative and Quantitative Review. In: Journal of Applied Psychology, 87, 765–780.

Katz, Ralph/Allen, Thomas (1982): Investigating the not invented here (NIH) syndrome: A look at the performance, tenure and communication patterns of 50 R&D project groups. In: R&D Management, 12, 7–19.

Kendall, Jeremy (2003): The Voluntary Sector. Comparative Perspectives in the UK. London, New York.

Khurana, Anil/Rosenthal, Stephen (1997): Integrating the fuzzy front end of new product development. In: Sloan Management Review, 38, 103–120.

Kirzner, Israel (1979): Perception, Opportunity and Profit: Studies in the Theory of Entrepreneurship. Chicago.

Kola, Ismail/Landis, John (2004): Can the pharmaceutical industry reduce attrition rates? In: Nature Reviews Drug Discovery, 3, 711–716.

Kramer, Ralph M. (1981): Voluntary Agencies in the Welfare State. Berkely, Los Angeles, London.

Kuratko, Donald F. (2005): The Emergence of Entrepreneurship Education: Development, Trends, and Challenges. In: Entrepreneurship Theory and Practice, 29, 577–598.

Leitner, Johannes (2009): Organizational slack and its impact on innovation in nonprofit organizations. Wirtschaftsuniversität Wien.

Letts, Christine/Ryan, William/Grossman, Allen (1998): High performance nonprofit organizations: Managing upstream for greater impact. New York.

Lumpkin, G. Tom/Hills, Gerald/Shrader, Rudney (2004): Opportunity recognition. In: Entrepreneurship: The way ahead, 73–90.

Mair, Johanna/Marti, Ignasi (2006): Social Entrepreneurship research: A source of explanation, prediction, and delight. In: Journal of World Business, 41, 1, 36–44.

Mair, Johanna/Seelos, Christian (2005): Social entrepreneurship: Creating new business models to serve the poor. In: Business Horizons, 48, 241–246.

McDonald, Robert E. (2007): An Investigation of Innovation in Nonprofit Organizations: The Role of Organizational Mission. In: Nonprofit and Voluntary Sector Quarterly, 36, 256–281.

Millner, Reinhard (2011): Soziale Investitionen. Neuere Formen des Engagements und der Kooperation. Industriellenvereinigung. Wien.

Morris, Michael/Coombes, Susan/Schindehutte, Minet/Allen, Jeffrey (2007): Antecedents and outcomes of entrepreneurial and market orientations in a non-profit context: Theoretical and empirical insights. In: Journal of Leadership & Organizational Studies, 13, 12–39.

Mulgan, Geoff (2006): The process of social innovation. In: Innovations: technology, governance, globalization, 1, 145–162.

Murphy, Patrick J./Coombes, Susan M. (2009): A Model of Social Entrepreneurial Discovery. In: Journal of Business Ethics, 87, 3, 325–336.

Nadler, David A./Tushman, Michael L. (1996): Competing by design. New York.

Nohria, Nitin/Gulati, Ranjay (1996): Is slack good or bad for innovation? In: Academy of Management Journal, 39, 1245–1264.

Olsen, Sara/Galimidi, Brett (2009): Managing Social and Environmental Impact: A New Discipline for a New Economy. In: The Brown Journal of World Affairs, 15, 43–56.

Osborne, Stephen (1998): Organizational structure and innovation in UK voluntary social welfare organizations: Applying the Aston measures. In: Voluntas: International Journal of Voluntary and Nonprofit Organizations, 9, 345–362.

Osborne, Stephen/Chew, Celine/McLaughlin, Kate (2008): The once and future pioneers? The innovative capacity of voluntary organisations and the provision of public services: A longitudinal approach. In: Public Management Review, 10, 51–70.

Osborne, Stephen/Flynn, Norman (1997): Strategic Alliances Managing the Innovative Capacity of Voluntary and Non-Profit Organizations in the Provision of Public Services. In: Public Money and Management, 17, 31–39.

Phills, James A./Deiglmeier, Kriss/Miller, Dale T. (2008): Rediscovering Social Innovation. In: Stanford Social Innovation Review, 6, 4, 34–43.

Rutter, Deborah/Manley, Catherine/Weaver, Tim/Crawford, Mike/Fulop, Naomi (2004): Patients or partners? Case studies of user involvement in the planning and delivery of adult mental health services in London. In: Social Science & Medicine, 58, 1973–1984.

Salamon, Lester M./Hems, Leslie/Chinnock, Kathryn (2000): The Nonprofit Sector: For What and for Whom? In: Working Papers of the Johns Hopkins Comparative Nonprofit Sector Project, No. 37. Baltimore: The Johns Hopkins Center for Civil Society Studies.

Schein, Edgar H. (1990): Organizational culture. In: American Psychologist, 45, 109–119.

Schroeder, Roger G./Van de Ven, Andrew H./Scudder, Gary D./Polley, Douglas (1989): The development of innovation ideas. In: Ven De Ven, Andrew H./Angle, Harold L./Poole, Marshall Scott (Hrsg.): Research on the Management of Innovation: The Minnesota Studies, New York, 107–134.

Schumpeter, Joseph (1934): The theory of economic development. 1, New Brunswick: Transaction.

Sen, Pritha (2007): Ashoka´s big idea: Transforming the world through social entrepreneurship. In: Futures, 39, 5, 534–553.

Senge, Peter (1990): The fifth discipline: art and practice of the learning organization. New York: Doubleday.

Shane, Scott (2000): Prior knowledge and the discovery of entrepreneurial opportunities. In: Organization Science, 11, 448–469.

Shane, Scott/Venkataraman, Sankaran (2000): The promise of enterpreneurship as a field of research. In: Academy of Management Review, 25, 217–226.

Sharir, Moshe/Lerner, Miri (2006): Gauging the success of social ventures initiated by individual social entrepreneurs. In: Journal of World Business, 6–20.

Shin, Junseob/McClomb, George E. (1998): Top Executive Leadership and Organizational Innovation: An Empirical Investigation of Nonprofit Human Service Organizations (HSOs). In: Administration in Social Work, 22, 19–33.

Spear, Roger (2006): Social Entrepreneurship: a different model? In: International Journal of Social Economics, 33, 399–410.

Sullivan-Mort, Gillian/Weerawardena, Jay/Carnegie, Kashonia (2003): Social Entrepreneurship: Towards conceptualisation. In: International Journal of Nonprofit and Voluntary Sector Marketing, 8, 76–88.

Thom, Norbert (1992): Innovationsmanagement. Schweizerische Volksbank.

Vahs, Dietmar/Brem, Alexander (2013): Innovationsmanagement – Von der Idee zur erfolgreichen Vermarktung, 4. Aufl., Stuttgart.

von Hippel, Eric (1988): The sources of innovation. New York.

von Hippel, Eric (1998): Economics of Product Development by Users: The Impact of »Sticky« Local Information. In: Management Science, 44, 629–644.

Ward, Thomas B. (2004): Cognition, creativity, and entrepreneurship. In: Journal of Business Venturing, 19, 173–188.

Witte, Eberhard (1973): Das Promotoren-Modell. In: Hauschildt, Jürgen/Gemünden, Hans-Georg (Hrsg.): Promotoren – Champions der Innovation, Wiesbaden.

Yunus, Muhammad/Moingeon, Bertrand/Lehmann-Ortega, Laurence (2010): Building Social Business Models: Lessons from the Grameen Experience. In: Long Range Planning, 43, 308–325.

Zahra, Shaker A./Jennings, Daniel F./Kuratko, Donald F. (1999): The Antecedents and Consequences of Firm-Level Entrepreneurship: The State of the Field. In: Entrepreneurship Theory and Practice, 24, 45–63.

Zaltman, Gerald/Duncan, Robert/Holbek, Jonny (1973): Innovations and organizations, New York.

5 Evaluation und Wirkungsmessung

Christian Schober, Olivia Rauscher, Reinhard Millner

5.1 Evaluation als Instrument zur Messung und Bewertung von NPO-Aktivitäten

Evaluation ist ein inzwischen inflationär gebrauchter Begriff für jegliche Form der Bewertung und bringt demzufolge eine Vielfalt an Definitionen mit sich (z. B. Scriven 1996; Bortz/Döring 2002; Stufflebeam/Shinkfield 2007; Yarbrough et al. 2011). Gegenüber einem alltagssprachlichen Verständnis geht es bei einer fundierten wissenschaftlichen Evaluation darum, einen Sachverhalt in einem objektivierten und systematischen Verfahren anhand von begründeten Kriterien zu bewerten (Kromrey 2001). Im Fokus stehen unterschiedliche Evaluationsgegenstände wie Projekte, Programme, Maßnahmen, Produkte, Organisationen, Dienstleistungen, Personal etc.

Für NPOs spielen Evaluationen eine bedeutende Rolle, da die öffentliche Verwaltung und andere FördergeberInnen vermehrt an messbaren Resultaten interessiert sind. Evaluierungen sind zunehmend ein geforderter Bestandteil von Fördervergaben, v. a. bei großen Fördersummen (Maas/Liket 2011b) und größerer Distanz des Fördergebers zu den LeistungsempfängerInnen (Carman 2009). Während also EU-Förderungen typischerweise sehr klare Richtlinien zu Evaluation haben, sind Evaluationsvorgaben auf regionaler und lokaler Ebene weniger intensiv. Auch die Rechenschaftsverpflichtungen (Accountability) für NPOs nehmen zu (vgl. Beitrag III.7), während Vertrauen zunehmend durch die Forderung nach Transparenz und Wirkungsnachweise abgelöst wird. Erfolg von NPOs ist schwer messbar und sichtbar zu machen (vgl. Beitrag II.1). Prinzipiell ist Erfolg eine effiziente und effektive Leistungserbringung zur Erfüllung der Mission. Da viele NPOs jedoch weder einer Marktbewertung noch einer direkten demokratischen Legitimierung unterliegen, stellt sich die Frage, wer die Erfolgskriterien einer Organisation wie definiert (auch: Tinkelman/Donabedian 2007).

Wie effektiv eine Organisation ist, wird nicht unwesentlich durch die wahrgenommenen Wirkungen bei den relevanten Stakeholdern definiert (Herman/Renz 2004; Balser/McClusky 2005). Diese legen allerdings durchaus unterschiedliche Kriterien für den Erfolg an. Welche hierbei besonders zentral sind, ist in der Literatur durchaus umstritten (Baruch/Ramalho 2006). Fest steht, dass es sich um ein multidimensionales Konstrukt handelt, das mit einer entsprechenden Vielfalt an Kriterien gemessen werden muss (Herman/Renz 2008). Leistungsmessungsmodelle wie die Balanced Scorecard (Kaplan/Norton 1996) versuchen dem gerecht zu werden. NPOs wollen gesellschaftlichen Nutzen erwirken und damit nichtfinanzielle Kriterien einbeziehen (Baruch/Ramalho 2006). Nichtsdestotrotz sind finanzieller Erfolg, Produktivität, Qualität und KundInnenorientierung Kriterien, die für NPOs und gewinnorientierte Unternehmen gleichermaßen gelten.

Beschränkt sich Evaluation somit auf Leistungsmessung und gesetzliche Rechenschaftserfordernisse (Accounting)? Oder anders formuliert: Worin liegen die Unterschiede zu anderen gängigen Erfolgsbewertungsmethoden von (Nonprofit-)Organisationen?

Leistungsmessung (Performance Measurement) wird als ein kontinuierlicher Prozess der Definition von Leistungszielen aufgefasst, die in weiterer Folge in messbare Größen heruntergebrochen werden und in ein System der Sammlung, Analyse und Berichterstattung fließen. Das *Performance Management* bedient sich dieser Daten zur Identifizierung von Problemen und die weitere strategische Planung. Leistungsmessung ist somit einerseits die Basis für Instrumente der organisationalen Steuerung und dient andererseits der Rechenschaftslegung (Harris Mulvaney et al. 2006).

Konzeptionell ist Leistungsmessung von Evaluation zu unterscheiden, wiewohl die beiden Konzepte zusammenhängen und sich ergänzen (Nielsen/Ejler 2008). Leistungsmessung ist der Evaluation hinsichtlich Datenaufbereitung oftmals vorgelagert und ergänzt Evaluation bezüglich laufender Steuerungsaspekte durch entwickelte Kennzahlensysteme. Weiters fokussiert Leistungsmessung häufig auf Prozesse innerhalb einer Organisation und legt den Fokus stärker auf Effizienz als auf Effektivität. Wirkungen der Organisation sind jedoch deutlich unterbeleuchtet. Im Vergleich dazu versuchen (summative) Evaluationen tendenziell stärker, Programme oder Organisationen ganzheitlich zu erfassen. Während Leistungsmessung meist intern durchgeführt wird, wird Evaluation oft von organisations- bzw. programmexternen Personen umgesetzt (Harris Mulvaney et al. 2006; Lynch-Cerullo/Cooney 2011).

Der Komplexitätsgrad von Evaluationen hängt meist mit den methodisch hohen Ansprüchen zusammen. So produzieren (fundierte) Evaluationen häufig Erkenntnisse relativ spät und in Form von vergleichsweise umfangreichen Berichten. Damit eignen sie sich schlechter für die Steuerung als Keyperformance-Indikatoren (KPI) in Leistungsmessungssystemen. Durch ihren meist breiteren inhaltlichen Fokus (Wirkungen) und methodisch fundiertere Herangehensweise können sie aber Leistungsmessungssysteme ergänzen, wo diese zu kurz greifen.

5.2 Grundlegende Logik von Evaluationen

Jeder Evaluation liegt ein Evaluationsobjekt zugrunde, das bewertet wird. Dieser Beitrag konzentriert sich auf die Evaluation von Organisationen und Programmen, wobei die Begriffe Programm, Projekt und Intervention synonym gebraucht werden. In der Literatur wird oftmals zwischen Organisations- und Programm-Evaluation unterschieden, wobei Erstere traditionell eher im Bereich der Leistungsmessung, Programm-Evaluationen v. a. im Bereich der Wirkungsmessung verortet werden (Hansen 2005). Das in Folge vorgestellte logische Modell kann sowohl für Programme als auch Organisationen angewandt werden. Dennoch muss bedacht werden, dass bei der Evaluation von Organisationen eine Reihe zusätzlicher Dimensionen eine Rolle spielen können, wie etwa die Bewertung organisationaler Praktiken, der Governance-Mechanismen oder von Fundraising-Aktivitäten (Eckerd/Moulton 2011).

Neben dem Evaluationsobjekt selbst spielt auch der Vergleich zu Alternativen eine entscheidende Rolle. Um eine Bewertung vornehmen zu können, wird zwischen verschiedenen Varianten (z. B. Projekt A und Projekt B) oder unterschiedlichen Szenarien (z. B. Intervention findet statt oder nicht) verglichen.

Ein in der Evaluation weit verbreitetes Instrument ist das sogenannte Logic Model (Logisches Modell, Wirkungskette). Dieses stellt grafisch dar, wie ein Programm unter gewissen Rahmenbedingungen theoretisch funktioniert, um die angestrebten Ziele zu erreichen. Obwohl es das logische Modell in unterschiedlichen Formen seit den späten 1960er Jahren gibt, hat es in den letzten zwanzig Jahren erheblich an Bedeutung gewonnen, was auf ein verstärktes ergebnisorientiertes Management und zunehmende Rechenschaftspflicht der NPOs zurückzuführen ist (McLaughlin/Jordan 2010). Logische Modelle illustrieren Programmkomponenten und helfen dabei, Inputs, Aktivitäten, Outputs und Outcomes zu identifizieren. Sie können als Startpunkt für eine ausgefeiltere Datensammlungssystematik (Wilson 2009: 138) oder aber auch als minimales Standardmodell zu Darstellung der Wirkungen gesehen werden (Smith 2010).

Das logische Modell kann zudem bei der Erstellung eines Evaluationsdesigns nützlich sein, da es die Kernelemente einer Intervention verdeutlicht und hilft, die richtigen Evaluationsfragen zu stellen. Ein sinnvoller Evaluationsansatz basiert auf dem Verständnis der Ziele sowie des Umsetzungsplans eines Programms. Daher kann dieses Tool in jeder Phase eines Programmzyklus zu Evaluationszwecken eingesetzt werden. Abbildung III.5.1 zeigt ein grundlegendes logisches Modell, das es ermöglicht, die unterschiedlichen Evaluationsarten zu verorten. Konkrete Modelle können hinsichtlich ihres Detailgrades, ihrer Komplexität und ihrer Darstellungsform sehr unterschiedlich sein, die grundlegende Logik ist jedoch immer die gleiche.

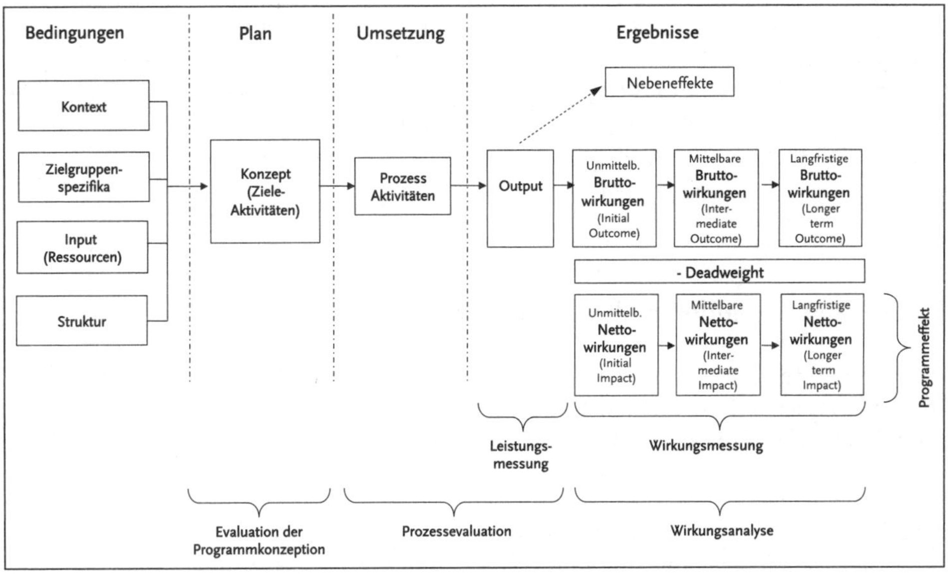

Quelle: Eigene Darstellung in Anlehnung an Beywl et al. 2004

Abbildung III.5.1: Logic Model/Wirkungskette unter Berücksichtigung von Brutto/Nettowirkungen

Die Bedingungen einer Intervention sind für den Programmstart relevant. Dazu gehören einerseits die Rahmenbedingungen, wie wirtschaftliche, politische oder soziale Verhältnisse (Kontext) sowie Zielgruppenspezifika, also Einstellungen, Wissen oder Bedürfnisse der Zielgruppenmitglieder. Andererseits sind die finanziellen und personellen Ressourcen (Input) und Merkmale des Programmträgers, wie die Rechtsform oder Finanzierungsstruktur (Struktur) zu berücksichtigen. Das Konzept beinhaltet die Festlegungen der

Programmverantwortlichen darüber, wann welche Ziele, bei welchen Zielgruppen, mit welchen Aktivitäten erreicht werden sollen. Im Rahmen des Prozesses werden jene Maßnahmen umgesetzt, die zur Zielerreichung führen sollen. Als Output werden die unmittelbar erbrachten Leistungen des Programms bezeichnet. Dies können z. B. Kursstunden, Kunstwerke o.ä. direkt messbare Ergebnisse sein. Der Outcome, hier als Bruttowirkung bezeichnet, stellt die angestrebten Zustände dar. Die Outputs sollen logisch, theoretisch oder empirisch begründet, zu den gewünschten unmittelbaren, mittelbaren und langfristigen (Brutto-)Wirkungen führen.

Ein zentraler Punkt ist die Frage, welche Wirkungen tatsächlich dem Programm zugeschrieben werden können. Als Deadweight werden jene Wirkungen bezeichnet, die ohnehin eingetreten wären, auch ohne die Intervention. In der Evaluationsliteratur wird in diesem Zusammenhang auch vom Programmeffekt gesprochen (Rossi et al. 2004: 207). Diese Wirkungen müssen konsequenterweise von den Bruttowirkungen abgezogen werden, um schließlich zu jenen Wirkungen zu kommen, die ausschließlich durch das Programm generiert werden. Diese Nettowirkungen werden hier synonym zum Begriff Impact genannt. Unter Nebeneffekten werden jene positiven wie negativen Wirkungen verstanden, die nicht ursprünglich bei der Programmplanung intendiert waren.

Logische Modelle werden zwar als möglicherweise lineare Denkweise diskutiert (Preskill 2009), die zugrunde, liegende Frage, wie eine Intervention Stakeholder beeinflusst, kann aber dazu beitragen, Wirkungsketten besser abzubilden und nachvollziehbar zu machen.

Logic Model wird oftmals synonym mit Theory of Change verwendet, ein Begriff, der im Besonderen im Kontext von Stiftungen, Sozialinvestoren und Sozialunternehmen eine breitere Verwendung gefunden hat (Blamey/Mackenzie 2007). Diese synonyme Verwendung bezieht sich auf die Darstellung des zugrunde liegenden Wirkungsmodells.

Die Theory of Change kann aber auch als Prozess bzw. Methode verstanden und zur Programmplanung herangezogen werden. Darunter wird nicht die Entwicklung einer Theorie im streng wissenschaftlichen Sinn verstanden, vielmehr geht es darum, Annahmen über die Wirkungsweise eines Programms mit empirischen Befunden und/ oder Theorien zu begründen. Während das logische Modell also abbildet, was mit dem Programm erreicht werden soll und damit die logischen Abhängigkeiten zwischen Programmkomponenten darstellt, liegt der Schwerpunkt der Theory of Change auf der Frage, wie bestimmte Wirkungen erzielt werden sollen (Weiss 1998).

5.3 Hauptarten von Evaluationen

Die Frage nach der passenden Evaluation wird in der Literatur mit einer Vielzahl an unterschiedlichen Methoden und Verfahren beantwortet. Damit einhergehend existiert eine Reihe Versuche, die unterschiedlichen Evaluationsmodelle zu erfassen und zu kategorisieren. Aufbauend auf Scriven (1967), der eine der bedeutendsten Unterscheidungen zwischen summativer und formativer Evaluation einführt (siehe Kapitel 4), finden sich Übersichten z. B. bei Stufflebeam/Shinkfield (2007), Rossi et al. (2004), Alkin/Christie (2004) und Owen/Rogers (1999).

In der Folge werden drei Hauptarten von Evaluationen unterschieden, deren Analyseperspektiven sich im Logischen Modell verorten lassen: Die Evaluation der Programmkonzeption, die Prozessevaluation und die Wirkungsanalyse.

5.3.1 Evaluation der Programmkonzeption

Aufgabe der Evaluation der Programmkonzeption ist es, die Programmtheorie bzw. das logische Modell (Kapitel 2) zu bewerten und gegebenenfalls zu adaptieren. Diese Art der Evaluation mag auf den ersten Blick als weniger relevant erscheinen, doch ein Programm, das auf einem fehlerhaften Konzept basiert, wird den intendierten Nutzen kaum erreichen. Um eine Programmtheorie evaluieren zu können, muss diese zuvor explizit beschrieben werden. Sinn und Zweck der logischen Wirkungskette ist, den kausalen Mechanismus zu verstehen, auf dem das Programm basiert (Coryn et al. 2011). In manchen Fällen liegt eine implizite Programmtheorie zugrunde, sodass es hier die Aufgabe des Evaluators ist, diese durch Dokumentenanalysen, Interviews mit Stakeholdern und Beobachtungen der Programm-Aktivitäten zu explizieren (Rossi et al. 2004). Programmziele sowie die Wirkungskette zur Erreichung der intendierten Veränderung müssen klar festgelegt sein und auch die Zustimmung der Stakeholder finden. Folgende *Fragestellungen* sind dabei *zentral*:

- Stimmen die angestrebten Programmziele mit den Programmmaßnahmen überein?
- Sind die geplanten Maßnahmen begründet, umsetzbar und (ethisch) angemessen?
- Können die Programmmaßnahmen die Zielgruppe erreichen?
- Wie kann die Wahrscheinlichkeit der Zielerreichung erhöht werden?

Eine Programmtheorie kann anhand einer Gegenüberstellung der geplanten Interventionen mit dem identifizierten Bedarf sowie durch Informationen u. a. von Stakeholdern bewertet werden. Ebenso ist es sinnvoll, Ergebnisse ähnlicher Programme vergleichend heranzuziehen (evidenzbasiertes Vorgehen). Die Evaluation der Programmkonzeption findet hauptsächlich ex-ante, d. h. vor der Durchführung der Intervention statt, kann aber auch während eines laufenden Programms zum Einsatz kommen, z. B. wenn Interventionen überstürzt gestartet wurden oder sich Durchführende über das Programmdesign uneinig sind (McLaughlin/Jordan 2010).

Einige AutorInnen stellen der Programmentwicklung die Bedarfsanalyse als Evaluationsart voraus (Rossi et al. 2004; Owen 2006 »proaktive Evaluation«; Royse et al. 2009). Dabei geht es primär um die Klärung der Frage, ob es denn überhaupt einen Bedarf für das Programm gibt. Ziel ist es, ein Verständnis über Art und Umfang des Problems zu erhalten, die Rahmenbedingungen zu klären und die Zielgruppe zu definieren. Die Ergebnisse sollen Programm-ManagerInnen in der Entscheidung unterstützen, welche Art die Intervention bzw. welche Leistungen am geeignetsten sind, um den Bedarf zu decken. Diese Fragestellungen werden meist mit Hilfe existierender Studien bzw. der Literatur beantwortet, die Bedarfsanalyse wird daher hier nicht als Hauptevaluationsart geführt. Im logischen Modell ist sie z. T. in der Dimension »Bedingungen« zu verorten, wobei die grundsätzliche Bedarfsermittlung noch einen Schritt vorgelagert ist.

5.3.2 Prozessevaluation

Die zweite Hauptart ist die Prozessevaluation die auch als *Begleitforschung* oder *Monitoring* bezeichnet wird, wenn es sich um eine routinemäßige fortdauernde Tätigkeit handelt. Da ein Programm in der Realität vielen Umwelteinflüssen ausgesetzt ist, kann es zu wesentlichen Abweichungen zwischen beabsichtigtem und tatsächlich umgesetztem Programm kommen. Die Prozessevaluation übernimmt vor allem »Kontroll- und Beratungsfunktionen« (Stockmann 2006). Ihre Aufgabe ist es, Informationen über den Programmverlauf sowie Programmergebnisse zu sammeln, zu bewerten und in den Prozess rückzuspeisen. So können durch frühzeitige Korrekturmaßnahmen Änderungen im Programmdesign vorgenommen und Fehlentwicklungen entgegengesteuert werden. Darüber hinaus können unerwünschte Nebeneffekte festgestellt werden. Eine Prozessevaluation analysiert üblicherweise die Inanspruchnahme der gebotenen Leistungen und/oder die innerorganisationalen Funktionen eines Programms (Rossi et al. 2004).

Zentrale Fragestellungen können sein:

- Erreicht das Programm die Zielgruppe in beabsichtigter Weise?
- Werden die Programmmaßnahmen planmäßig umgesetzt?
- Gibt es Unterschiede in der Umsetzung zwischen einzelnen Standorten?
- Wie werden die verfügbaren Ressourcen eingesetzt?
- Wie kann das Programm verbessert werden, um dessen Effektivität/ Effizienz zu steigern?

Die zugrunde liegende Programmtheorie wird an dieser Stelle nicht mehr in Frage gestellt. Im logischen Modell setzt diese Evaluation vor allem in der Dimension »Umsetzung«, aber auch in der Dimension »Ergebnisse« an, wobei hier meist nur die Outputseite betrachtet wird. So werden Programmergebnisse in Form von direkt messbaren Produkten und Dienstleistungen gesammelt, die wiederum für Steuerungsentscheidungen herangezogen werden können. Diese Form der Evaluation weist daher sowohl Schnittstellen zur Leistungsmessung als auch zum Qualitätsmanagement und zum Controlling (Beitrag II.9) auf. Im Rahmen eines Managementinformationssystems werden Monitoring-Prozesse oft auch als fixer Bestandteil der Datenerfassung und des Reportings von Programmen aufgenommen. Eine Prozessevaluation wird »on-going«, d.h. am laufenden Programm durchgeführt (siehe Kapitel 4).

5.3.3 Wirkungsanalyse

Der dritte Haupttypus von Evaluationen ist die Wirkungsanalyse (Outcome-Analyse) oder auch *Nutzenanalyse* genannt, die angesichts des steigenden Legitimationsdrucks und Wettbewerbs unter LeistungsanbieterInnen häufig eingesetzt wird. Die intendierten Wirkungen (Outcomes) wurden zuvor bereits in der Programmtheorie festgelegt und können in unmittelbare, mittelbare und langfristige Wirkungen gegliedert werden. Aufgabe der Evaluation ist es, das Ausmaß der erreichten Wirkungen eines Programmes zu bewerten. Die Messung von Wirkungen kann methodisch anspruchsvoll sein, ist jedoch zentral, um den Erfolg eines Programms festzustellen (Rossi et al. 2004). Im Fokus steht häufig eine Erfolgskontrolle anhand von definierten Kriterien wie Effektivität (Verhältnis zwischen erreichten und festgesetzten Zielen), Effizienz (Verhältnis von Kosten und Nutzen) oder Akzeptanz des Programms.

Zentrale Fragestellungen können sein:

- Welche Wirkungen entfaltet das Programm bei der Zielgruppe?
- Erreicht das Programm die definierten Ziele?
- Ist das Programm besser als ein anderes?
- Wie können die Ergebnisse verwendet werden, um Programme oder Policies zu verbessern?

- Sind die entstandenen Wirkungen ausschließlich auf die Intervention zurückzuführen?

In einer komplexen sozialen Welt gibt es viele Einflussfaktoren, die es im Zuge der Evaluation zu identifizieren und kontrollieren gilt. Um letztlich die reinen Programmwirkungen identifizieren zu können, ist im Evaluationsdesign eine Vergleichsgruppe (z. B. TeilnehmerInnen eines alternativen Programms) oder ein Alternativszenario (z. B. das Programm würde nicht existieren) notwendig (Vedung 2000). In diesem Zusammenhang wird häufig von *Impact Evaluation*, als einer Art der Wirkungsanalyse gesprochen. Das Wesentliche der Impact Evaluation ist die Unterscheidung zwischen Brutto- und Netto-Wirkungen, wie es im Logischen Modell (Kapitel 2) beschrieben wird. Während manche Wirkungsanalysen auf die Bewertung anhand von Kriterien (z. B. Effektivität) und somit auf die Brutto-Wirkungen fokussieren, geht die Impact Evaluation einen Schritt weiter und fragt sich, welche Wirkungen auch ohne das Programm eingetreten wären (Deadweight) bzw. aufgrund anderer Programme entstanden sind (Attribution). Diese Wirkungen sind von den erhobenen Gesamtwirkungen abzuziehen, um die Nettowirkungen, die ursächlich dem Programm zuzuschreiben sind, zu erhalten. Die Wirkungsanalyse wird hauptsächlich nach Abschluss eines Programms, also »ex-post« durchgeführt.

5.4 Evaluationsdesign

Ein Evaluationsdesign soll klären, zu welchem Zweck eine Beurteilung, wann, wie und durch wen, anhand welcher Kriterien und auf Basis welcher Informationen erfolgen soll. Als Ausgangspunkt empfiehlt sich die Klärung der Frage nach dem Zweck der Evaluation (Kapitel 4.1). Dieser kann, in Kombination mit den vorgestellten Hauptarten von Evaluationen (Kapitel 3) Hinweise über weitere Elemente des Evaluationsdesigns (Kapitel 4.2) geben.

5.4.1 Zweck einer Evaluation

Der Zweck von Evaluationen wird unter dem Fokus unterschiedlicher Nutzenarten (Eckerd/Moulton 2011: 101) und mit Blick auf wesentliche Funktionen (Stockmann 2004), wie in Abbildung III.5.2 dargestellt, thematisiert.

Evaluationen können durchgeführt werden um *Erkenntnisse* zu liefern, auf deren Basis fundierte Managemententscheidungen getroffen werden können. Hierbei stehen z. B. folgende Fragen im Fokus:

- Hat der Ablauf eines Programmes gut funktioniert?
- Welchen Bedarf hat die Zielgruppe?
- Hat die Maßnahme die Zielgruppe erreicht?
- Wie hoch ist die Akzeptanz?
- Sind die Träger in der Lage, das Programm effektiv und effizient durchzuführen?
- Welchen Beitrag hat das Programm zur Problemlösung geleistet?

Neben der Entscheidungsfindung, kann auch *Kontrolle* im Vordergrund der Evaluation stehen. Es geht darum zu überprüfen, ob die im Vorfeld festgelegten Projektziele erreicht

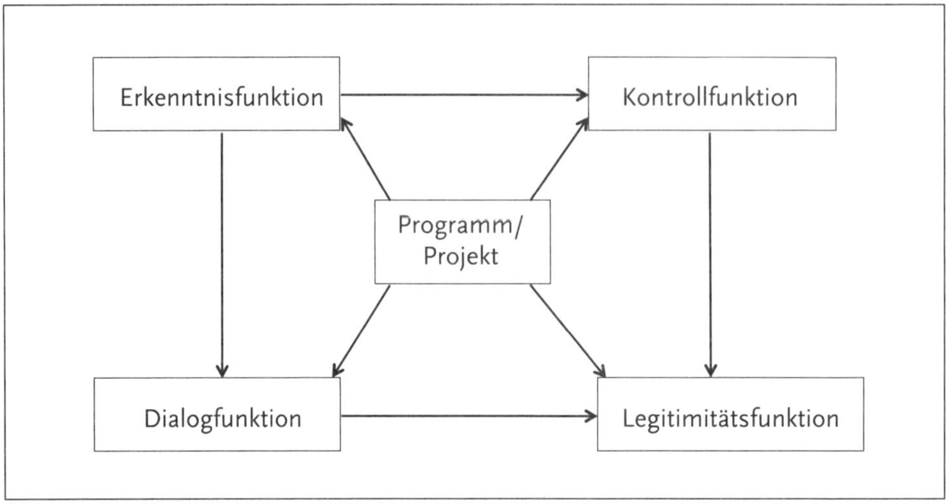

Quelle: Stockmann 2004: 19

Abbildung III.5.2: Leitfunktionen einer Evaluation

wurden. Häufig wird der Erfolg an Kriterien wie Effizienz, Effektivität, Akzeptanz oder Nachhaltigkeit gemessen. Evaluation ist in diesem Fall nützlich, um Defizite im Projekt zu erkennen und rasch eingreifen zu können. Zudem kann ein Nachweis darüber erbracht werden, ob alle am Projekt Beteiligten ihre Aufgaben adäquat erfüllen. Evaluationen dienen aber auch dazu, einen *Dialog* zwischen den Stakeholdern (z. B. Projektleitung, Financiers, Begünstigte) herzustellen. Auf Basis der Ergebnisse wird Bilanz gezogen, wie die Zusammenarbeit verlaufen ist und wo Erfolge bzw. Defizite im Projekt zu verzeichnen waren. Daraus können Konsequenzen gezogen und Lernprozesse entwickelt werden. Eine in der Praxis häufig eintretende Funktion von Evaluationen ist die *Legitimierung* von Projekten oder Maßnahmen, indem GeldgeberInnen der effiziente Umgang mit Ressourcen sowie der erreichte Wirkungsgrad des Projekts belegt werden kann. Evaluation dient dabei als überprüfbarer Nachweis, mit welchem Input welcher Output und welche Wirkungen erzielt wurden. Auch die Nachhaltigkeit der Wirkungen kann abgebildet werden.

Je nachdem, welche Funktion der Evaluation im Vordergrund steht, sind unterschiedliche Herangehensweisen (Evaluationsdesigns) sinnvoll. Diese werden im nachfolgenden Kapitel erläutert.

5.4.2 Entscheidungsdimensionen bei der Wahl des Evaluationsdesigns

Die in Abbildung III.5.3 dargestellten Dimensionen zeigen grundlegende Entscheidungsmöglichkeiten, die bei der Erstellung eines Evaluationsdesigns berücksichtigt werden sollten. Grundsätzlich sind beliebige Kombinationen möglich, wobei gewisse Verknüpfungen meist sinnvoller erscheinen.

Evaluation greift während der Durchführung verbessernd ein.	**Formativ**	←→	**Summativ**	Evaluation bewertet nach Abschluss der Intervention bzw. einer Periode zusammenfassend.
Evaluation begleitet laufend die ganze Intervention.	**Laufend**	←→	**Einmalig**	Evaluation findet einmal zu einem bestimmten Zeitpunkt (z. B. nach Abschluss) statt.
EvaluatorInnen beurteilen möglichst objektiv aus einer Außenperspektive.	**Objektive BeobachterInnen**	←→	**Partizipativ**	EvaluatorInnen gestalten gemeinsam mit Interventionsverantwortlichen.
Organisationsexterne ExpertInnen führen die Evaluation durch.	**Extern**	←→	**Intern**	Evaluation wird intern von jener Organisation durchgeführt, die auch für Intervention verantwortlich ist.
Eine konkrete Problemstellung leitet die Evaluation (z. B. Kontrolle).	**Konkrete Problemstellung**	←→	**Ohne konkrete Problemstellung**	Die Evaluation wird ohne Fokus auf eine konkrete Problemstellung durchgeführt.
Primär wird beurteilt inwieweit die Ziele der Intervention erreicht werden.	**Zielbasiert**	←→	**Ohne konkrete Ziele (goal free)**	Die Evaluation geht gänzlich offen an die Beurteilung der Intervention heran.
Qualitative Fragestellung steht im Mittelpunkt (z. B. Warum beginnen Männer zu rauchen?).	**Qualitativ**	←→	**Quantitativ**	Die Beurteilung einer bestimmten Quantität steht im Mittelpunkt (z. B. Wie viele Männer rauchen?).
»Objektive« Erkenntnis mittels empirisch-wissenschaftlichen Methoden wird angestrebt.	**Empirisch wissenschaftlich**	←→	**Sozial konstruktivistisch**	Die soziale Welt ist konstruiert und es wird (teilnehmend) nach passenden Erklärungsmustern gesucht.
Der (monetäre) Mitteleinsatz (Input) wird berücksichtigt.	**Ökonomisch**	←→	**Nicht-ökonomisch**	Der (monetäre) Mitteleinsatz (Input) wird nicht berücksichtigt.
Die Interventionsverantwortlichen evaluieren sich selbst	**Selbst-durchgeführt**	←→	**Fremd-durchgeführt**	EvaluatorInnen, die nicht Teil der Intervention sind, beurteilen.

Abbildung III.5.3: Entscheidungsdimensionen im Rahmen einer Evaluationsdesignwahl

Im Folgenden wird nur auf die interne und externe sowie die Selbst- und Fremdevaluation eingegangen, da sie für die Praxis besonderes relevant sind.

Die Unterscheidung zwischen interner und externer Evaluation, bezieht sich auf den/die EvaluatorIn, während die Differenzierung zwischen Selbst- und Fremdevaluation, auf den Evaluationsgegenstand fokussiert. Eine *interne Evaluation* wird von der gleichen Organisation durchgeführt, die auch das Programm umsetzt. Vorteilhaft dabei ist, dass die EvaluatorInnen bereits fachkundig sind, dass die Evaluation rascher, mit geringerem Aufwand durchgeführt werden kann und ein problemloser Zugang zu Informationen besteht. Nachteile sind eine oft unzureichende Professionalität (z. B. hinsichtlich Methodenkompetenzen) und Befangenheit oder Betriebsblindheit. Eine besondere Form der internen Evaluation ist die *Selbstevaluation*, bei der jene Personen, die für die Intervention zuständig sind, das eigene Projekt evaluieren. Eine *externe Evaluation* wird von organisationsfremden ExpertInnen durchgeführt und ist jedenfalls eine *Fremdevaluation*. Vorteile liegen in einer höheren wissenschaftlichen Professionalität, Objektivität sowie Unabhängigkeit (Kromrey 2001; Fitzpatrick et al. 2011). Nachteile sind mögliche Verunsicherungen in der Organisation oder im Team, meist höhere Kosten und weniger Möglichkeiten zur Ergebnis-Rückkoppelung.

Vergleichsdimensionen bei der Bewertung

Basis für ein *Evaluationsdesign* ist zudem die Fixierung von Kriterien für die Bewertung. Vedung (1999) führt nach Dror (1968) folgende Bezugspunkte an:

1. Historischer Vergleich: Wie stellt sich die erzielte Leistung im Vergleich zur Vergangenheit dar?
2. Intranationaler Vergleich: Wie verhält sich die erzielte Leistung im Vergleich zu ähnlichen Einrichtungen im gleichen regionalen oder nationalen Gebiet?
3. Internationaler Vergleich: Wie verhält sich die erzielte Leistung im Vergleich zu ähnlichen Einrichtungen in anderen Ländern?
4. Richtwerte: Wie stellt sich die beobachtete Leistung im Vergleich zur besten empirischen Praxis dar?
5. Ziele: Erreichen die festgestellten Leistungen die formulierten Zielgrößen?
6. Zielgruppenerwartung: Erfüllt die erbrachte Leistung die Erwartungen der Zielgruppen?
7. Interessentenerwartung: Entspricht die Leistung den Erwartungen anderer Stakeholder?
8. Professionelle Standards: Entsprechen die Leistungen weithin akzeptierten beruflichen Standards?
9. Minimum: Ist die erreichte Leistung hoch genug, um Mindestansprüchen zu genügen?
10. Optimum: Ist die erreichte Leistung im Vergleich zu einem optimalen Modell so hoch wie möglich?

Grundsätzlich sind diese Kriterien nicht nur auf Leistungen, sondern auch auf Organisationen anwendbar.

Für die Informationsgewinnung ist zusätzlich zum Evaluationsdesign ein konkretes *Untersuchungsdesign* notwendig. Wie ein solches, unter einer sozialwissenschaftlichen Herangehensweise, erstellt werden kann ist beispielsweise bei Diekmann (2007) oder

Kromrey (2007) nachzulesen. Eine schrittweise Anleitung mit Bezug auf Evaluation gibt es auch auf der Homepage des NPO-Kompetenzzentrums der WU Wien (www.wu.ac.at/npo/competence).

5.5 Ökonomische Evaluation

Lange Zeit war der Nachweis der ordnungsgemäßen Verwendung von Geldern der öffentlichen Hand, SpenderInnen o.Ä. ausreichend. In den vergangenen 10–15 Jahren gewann der Nachweis von Effizienz und/oder Effektivität des Mitteleinsatzes an Bedeutung, wodurch ökonomische Evaluation wichtiger wurde (Drummond et al. 2005 in Bezug auf Gesundheitsbereich; Yates 2009). Ökonomische Evaluationen existieren bereits seit langem. Besonders in den 1970er Jahren wurden in den USA etliche *Cost-Benefit-Analysen* bei Programmen im Bereich Bildung (Froomkin 1969; Levin 1983), Menschen mit psychischen bzw. intellektuellen Beeinträchtigungen (Sorensen/Grove 1977, Cummings/Follette 1976) und Gesundheit (Drummond/McGuire 2001) durchgeführt. Die US-Army verwendet im Zusammenhang mit Hochwasserschutz Cost-Benefit-Analysen schon seit den 1930er Jahren. Nichtsdestotrotz sind ökonomische Evaluationen im Vergleich zu reinen Leistungs- oder Wirkungsmessungen stark unterrepräsentiert, gewinnen aber in den letzten Jahren deutlich an Verbreitung (Yates 2009).

5.5.1 Klassische Formen der ökonomischen Evaluation

Es gibt in der Literatur keinen einheitlichen Umgang mit Begriffen im Bereich der ökonomischen Evaluation. Synonym dazu wird Efficiency-Assessment, Cost-related-Analysis, Cost-inclusive-Evaluation, Cost-Effectiveness-Analysis und Cost-Benefit-Analysis verwendet (z. B. Herman et al. 2009). Im Kern geht es dabei immer um die Inklusion von Kosten in die Evaluation einer Intervention. Der hier verwendete Kostenbegriff fokussiert auf inputseitige Kosten, also finanzielle Ressourcen, die in ein Programm bzw. eine Intervention investiert werden. Opportunitätskosten oder Kosten im Sinne von negativen monetären Wirkungen sind in der hier vorgestellten Logik allenfalls auf der Wirkungsseite (Outcome) zu betrachten.

Je nachdem auf welche Art und wie umfangreich Wirkungen bei ökonomischen Evaluationen berücksichtigt werden, können vier Typen unterschieden werden (Drummond et al. 2005), die in Abbildung III.5.4 beschrieben sind.

In der einfachen Form einer reinen *Kostenanalyse* wird lediglich auf die anfallenden Kosten einer Intervention geachtet. Diese Kosten werden in unterschiedlichen Alternativen verglichen und allenfalls die günstigste Alternative ausgewählt. Es besteht inhaltlich eine Nähe zur Kostenrechnung (vgl. Beitrag II.9), und für sich alleine ist diese Analyse wenig aussagekräftig.

Die *Cost-Effectiveness-Analysis* bezieht die identifizierten Kosten einer Intervention auf die Wirkungen derselben, die in natürlichen Einheiten gemessen werden, welche in den verglichenen Alternativen von gleichem Interesse sind. Zwei Programme zur Senkung des Blutdrucks werden z. B. über die Kosten pro TeilnehmerIn, die nach Absolvierung einen Blutdruck im Normalbereich haben, verglichen.

Evaluationstyp	Breite der berücksichtigten Wirkungen	Messung der Wirkungen	Definition
Cost-Analysis	Keine	Keine	Berücksichtigt die Kosten der Implementation einer Intervention
Cost-Effectiveness-Analysis	Eine Wirkungsdimension, die in den verglichenen Alternativen gleich ist aber in unterschiedlichem Ausmaß erreicht wird	Natürliche nichtmonetäre Einheiten, die meist jenen Einheiten entsprechen, auf die eine Intervention abzielt und in den Alternativen von gleichem Interesse sind (z. B.: Blutdruck, AbsolventInnenzahlen mit einer bestimmten Note)	Berücksichtigt die Kosten der Implementierung einer Intervention und bezieht diese auf die Wirkungen gemessen in natürlichen nichtmonetären Einheiten (z. B.: X € pro drogenfreiem Tag)
Cost-Utility-Analysis	Eine oder mehrere Wirkungsdimensionen, die in den verglichenen Alternativen nicht notwendigerweise von gleichem Interesse sind	Nichtmonetäre Nutzwerte, die nicht jenen Einheiten entsprechen auf die eine Intervention direkt abzielt (z. B.: gesunde Lebensjahre; Wohlbefinden)	Berücksichtigt die Kosten der Implementierung einer Intervention und bezieht diese auf die Wirkungen gemessen in Nutzwerten (z. B.: X € pro gesundem Lebensjahr)
Cost-Benefit-Analysis	Eine oder mehrere Wirkungsdimensionen, die in den verglichenen Alternativen nicht notwendigerweise von gleichem Interesse sind	Geldeinheiten	Berücksichtigt die Kosten der Implementierung einer Intervention und bezieht diese auf die Wirkungen bewertet in Geldeinheiten (z. B.: Wirkungen im Umfang von X €)

Quelle: Eigene Darstellung in Anlehnung an Drummond et al. 2005; Yates 2009

Abbildung III.5.4: Unterschiedliche Typen der ökonomischen Evaluation

Die *Cost-Utility-Analysis* wird vergleichsweise selten und v. a. im medizinischen Bereich angewendet (McDaid/Needle 2007). Als Vergleichsmaßstab auf der Wirkungsseite dienen die sogenannten gesunden Lebensjahre (quality adjusted life years – QUALYs).

Die *Cost-Benefit-Analysis* bezieht die identifizierten Kosten einer Intervention auf die quantifizierten und monetarisierten Wirkungen desselben. Die Bewertung in Geldeinheiten erfolgt hierbei z. B. über Opportunitätskosten, Einsparungen, Willingness-to-pay-Bewertungen oder Marktsimulationen. Cost-Benefit-Analysen werden noch seltener durchgeführt, McDaid und Needle (2007) identifizierten selbst im Gesundheitsbereich nur 5% von 1.700 durchgeführten Studien in dieser Kategorie.

Ökonomische Evaluationen können unterschiedlich breit angelegt sein. Herman, Avery et al. (2009) skizzieren drei unterschiedliche Perspektiven. Häufig werden nur die Kosten der Institution, die das Programm bzw. die Initiative trägt (z. B. eine Schule oder ein ganzer Schulbezirk bei Bildungsprogrammen) herangezogen. Hierbei werden Kostenbeiträge durch andere Stakeholder wie TeilnehmerInnen an der Initiative oder öffentliche Förderungen von anderen Stellen nicht berücksichtigt. Eine weitere Perspektive umfasst jene Kosten, die den Begünstigten eines Programms bzw. einer Initiative entstehen. Am umfassendsten ist eine gesamtgesellschaftliche Betrachtung, die versucht, Kosten und Effekte einer Vielzahl von Stakeholdern zu berücksichtigten. Die nachfolgend in Kapitel 5.5.2 beschriebene SROI-Analyse verfolgt einen besonders umfassenden Zugang.

5.5.2 Social Impact Measurement und Social Return on Investment-Analyse – Neue Formen der ökonomischen Evaluation?

Unter dem Begriff Social Impact Measurement werden ebenfalls Ansätze diskutiert, die konzeptionell mit der ökonomischen Evaluation verwandt sind.

Der Begriff des Social Impacts hat in den letzten Jahren an Aufmerksamkeit gewonnen. Zahlreiche Akteure und Promotoren der Venture Philanthropie, des Social Investments und des Sozialen Unternehmertums (Social Entrepreneurship, vgl. Beitrag III.4) verstehen die Erzielung des größtmöglichen Social Impacts als handlungsanleitend für ihre Aktivitäten. Social Impact versucht Wirkungen einer Intervention auf die relevanten Zielgruppen zu erfassen und zu messen. Diese Wirkungen können negativ oder positiv, intendiert, unintendiert oder eine Kombination sein (vgl. Mildenberger et al. 2012) und auch Personen, Organisationen oder Institutionen betreffen, die nicht direkt eingebunden bzw. an der Intervention beteiligt sind. Damit sollen Fördervergaben und Finanzierungsentscheidungen besser begründet werden, wobei der angestrebte Social Impact als Return, also als Rückfluss der Investition, konzeptualisiert wird.

Aufgrund des Fehlens eines einheitlichen Standards, wurden unter dem Label Social Impact Measurement zahlreiche Vorgehensweisen entwickelt (für einen Überblick siehe Bertelsmann Stiftung/New Philanthropy Capital 2009; Maas/Liket 2011a), die unterschiedliche Dimensionen berücksichtigen, aber letztlich nicht nur für NPOs anwendbar sind. Der Versuch der Messbarmachung scheint hier die Trennung zwischen den Sektoren aufzuheben. Damit könnte das Social Impact Measurement einen Transfer der Wirkungsorientierung in den Profit-Sektor bewirken. Dies ist z. B. bei der Beurteilung von CSR-Maßnahmen bereits des Öfteren der Fall. Theoretisch könnten damit auch die in Unternehmensbewertungen exkludierten Externalitäten der wirtschaftlichen Aktivität bewertet und (besser) berücksichtigt werden.

Social Return on Investment (SROI)-Analysen (z. B. Nicholls et al. 2009) sind eine Form der Social Impact-Messung, die in den letzten Jahren eine starke Nachfrage erfährt. So wurden z. B. SROI-Analysen in unterschiedlichen Bereichen wie Feuerwehren (Schober et al. 2012), Wohn- und Ausbildungsstätten für ehemalige Straßenkinder (Rauscher et al. 2011) oder Existenzgründungberatung für Menschen mit Behinderung (Jahnke/Wascher 2008) durchgeführt. Sie versuchen eine Vielzahl unterschiedlicher Wirkungen bei verschiedenen Stakeholdern zu erfassen, auf die Intervention zurückzuführen, monetär zu bewerten und folglich in einer einzigen Kennzahl darzustellen. SROI-Analysen sind somit sowohl in der Breite der Analyse als auch der Verdichtung speziell.

Grundsätzlich können SROI-Analysen der Kategorie der Cost-Benefit-Analysen (siehe Kapitel 5.1) zugerechnet werden. Sie verwenden allerdings andere Begrifflichkeiten und sind in der Breite der berücksichtigen Wirkungen umfangreicher als die meisten Cost-Benefit-Analysen.

Statt des Begriffs der Kosten (Cost) wird Investition (Investment) verwendet und statt Nutzen (Benefit) soziale Rendite (Social Return), im Sinne von gesellschaftlicher Rendite. Die Rendite ist nichts anderes als die monetär bewerteten Wirkungen einer Intervention. Die Wirkungen einer Intervention entsprechen wiederum dem Nutzen aus Perspektive der Stakeholdergruppe.

Unter der Kostenlogik wird von einem Wertverzehr ausgegangen. Der Kostenbegriff ist somit negativ konnotiert, da hier finanzielles Kapital verbraucht wird. Investition ist hingegen positiv konnotiert, da der Fokus auf der Vermehrung des eingesetzten Kapitals liegt. In der herkömmlichen Denkweise rentiert sich eine Investition lediglich dann, wenn finanzielle Erträge den Kapitalerhalt sichern und eine positive finanzielle Rendite ermöglichen. Werden aber positive gesellschaftliche Wirkungen erzielt, die finanziell zu keinem Rückfluss führen, war es finanziell gesehen kein lohnendes Investment.

Gibt es also auf der Leistungsseite keine (oder lediglich eingeschränkte) finanzielle Rückflüsse über einen Markt, sondern primär gesellschaftliche Wirkungen, verschwimmt der Kostenbegriff mit dem Investitionsbegriff. Aus rein finanzieller Perspektive werden Investitionen in diesem Fall als Kosten verstanden.

Unter Einbezug der Wirkungsseite lässt sich die Problematik allerdings auflösen. Wird mit den verwendeten finanziellen Mitteln entsprechender Nutzen gestiftet, war es gesellschaftlich gesehen ein lohnendes Investment, selbst wenn es aus finanzieller Sicht nur Kosten verursacht hat. Finanzielles Kapital wurde gewissermaßen in andere Kapitalformen übergeführt. Durch die Bewertung von Wirkungen soll der gesellschaftliche Rückfluss auf die finanzielle Investition bezogen werden und eine umfassendere Beurteilung der Intervention erfolgen. Die Bewertung von Wirkungen erfolgt monetär, um, wie bei herkömmlichen finanziellen Renditen, eine Beziehung in gleichen Einheiten herzustellen. Die Denkweise hat sich also von einer rein finanziellen Betrachtung zu einer gesellschaftlichen Betrachtung verschoben.

Es ist kein Zufall, dass der Begriff der Kosten-Nutzen-Analysen (Cost-Benefit-Analysen) eher im Kontext von Aktivitäten der öffentlichen Hand und NPOs verwendet wurde, wo v.a. im Gesundheits- und Sozialbereich vielfach in Kostendimensionen gedacht wird. Der Begriff SROI kommt hingegen aus dem Bereich von Stiftungen und Sozialunternehmertum, der mit dem investitionsorientierten Denken von gewinnorientierten Unternehmen enger verbunden ist. Gleichzeitig steht er in der Tradition der Sozial- und Umweltbilanzierung (Richmond et al. 2003) und ist durch die Kennzahlenorientierung auch an Leistungsmessungssysteme anschlussfähig.

Social Impact Measurement steht somit klar in der Tradition der ökonomischen Evaluation, verwendet aber andere Begrifflichkeiten, die vom reinen Kostendenken wegführen.

5.6 Auswirkungen von Evaluation

Evaluationsstandards betonen regelmäßig, dass Evaluationen nützlich sein müssen (DeGEval/e.V. 2008; Yarbrough et al. 2011). Dementsprechend widmet sich die wissenschaftliche Forschung sowohl empirisch (Fleischer/Christie 2009; Johnson et al. 2009) als auch konzeptionell (Kirkhart 2000; Alkin/Taut 2002) verstärkt dem Thema Einfluss und Nutzung von Evaluationsergebnissen. Faktoren, die zu einer erhöhten Verwendung der Ergebnisse einer Evaluation führen sind:

- Festlegung von Zweck und Art der Verwendung der Ergebnisse vor Evaluationsbeginn,
- aktive Einbindung und gute Kommunikation zu Stakeholdern und EntscheiderInnen,
- ausführliche, umsetzbare und evidenzbasierte Empfehlungen,
- gute zeitliche Planung der Berichtsveröffentlichungen und Informationsverbreitung.

Auswirkungen bei FördergeberInnen

FördergeberInnen fordern im Rahmen von Ausschreibungen und Fördervergaben Evaluationen und beeinflussen damit die Bedeutung evaluativer Maßnahmen und deren Vorgehensweisen. Oft bleibt jedoch unklar, welche Schlüsse aus den Erkenntnissen gezogen werden und inwiefern diese in weitere Förderentscheidungen einbezogen werden (Snibbe 2006). FördergeberInnen fordern zwar Evaluierungen, verstehen aber oft selbst nicht, die Ergebnisse zu interpretieren und für weitere Fördervergaben zu nutzen (Behrens/Kelly 2008). Einfluss haben Evaluationen jedenfalls auf die Beziehungen zwischen Financier und durchführender Organisation. So kann eine philanthropische Beziehung nicht mit einer Rechenschaftsbeziehung gleichgesetzt werden (Benjamin 2010). In einer philanthropischen Beziehung achten GroßspenderInnen auf Fähigkeiten, Ressourcen und Ziele der (potenziell) durchführenden Organisation und fördern gute Absichten. In einer Rechenschaftsbeziehung wird auf das Erreichen von messbaren Outputs bzw. Wirkungen fokussiert. Verschiebt sich die Beziehung von Philanthropie in Richtung Rechenschaft, wird das produziert, was gemessen werden kann.

FördernehmerInnen sollten sich daher gut überlegen, welche Art von Evaluation mit welchem Ziel verfolgt werden soll.

Auswirkungen bei der evaluierten Intervention (Projekt, Programm, Organisation)

Auswirkungen bei evaluierten Interventionen lassen sich grob in Gewinn von Information und Legitimation trennen. Informationszugewinn bringt neue Erkenntnisse, die in der weiteren Umsetzung der Intervention aufgegriffen werden und zu einer erhöhten Effektivität des Programms führen sollten. Legitimationsgewinn zielt auf ein positives Signal gegenüber wesentlichen Stakeholdern ab. Es wird signalisiert, dass hier gute, sinnvolle Arbeit geleistet wird. Als Wirkung ist eine positive wohlwollende Wahrnehmung zu erwarten.

Interessanterweise ist zu beobachten, dass zahlreiche NPOs zwar eine Vielzahl von Kennzahlen erheben und dokumentieren, die Fülle an derart generierten Informationen jedoch oft nicht verwendet wird (Harris Mulvaney et al. 2006). Vielmehr begnügen sich NPOs häufig damit, geforderte Zahlen und Daten oftmals mühselig aufzubereiten und drohen, in der Datenflut zu ertrinken (Snibbe 2006). Damit wird zwar der expliziten oder impliziten Rechenschaftspflicht (Accountability) genüge getan, viele Möglichkeiten Evaluation zu nutzen bleiben aber unbeachtet. Neben der Evaluationskapazität könnte auch die Fähigkeit, diese in Organisationales Lernen umzuwandeln, von vielen NPOs stärker genutzt werden (Arvidson 2009, 11).

Es braucht also eine entsprechende Evaluationskultur. Bislang zeigt die Praxis der AutorInnen eher unrealistische Vorstellungen und Ansprüche von AuftraggeberInnen. Häufig wird eine Evaluation im Nachhinein oder »wenn es brennt«, also unmittelbar Legitimations- oder Veränderungsdruck besteht, beauftragt. Zudem stehen häufig – trotz vieler vorhandener Zahlen – notwendige Daten nicht ausreichend zur Verfügung. Diese müssen, wenn überhaupt möglich, aufwendig im Nachhinein erhoben werden und sind dann oft von mangelhafter Qualität. Für Fragen der Attribution und des Deadweights gibt es häufig wenig Verständnis.

Während der Durchführung von langfristigen Projekten (mehrere Jahre) kommt es zudem häufig zu Änderungen des Interventionsdesigns aufgrund veränderter Rahmenbedingungen. Dies stellt eine Herausforderung für das Evaluationsdesign dar, das daran angepasst werden muss. Ursprünglich geplante Ziele der Evaluation sind dann oft nicht mehr erreichbar. Zentral ist in diesem Zusammenhang, eine gewünschte Evaluation von Beginn an mitzudenken und bei Änderungen der Intervention an die Auswirkungen auf die Evaluation und deren Ergebnisse zu achten.

Evaluationen haben also vielfältige Wirkungen. Die Güte der Ergebnisse mag von Fall zu Fall unterschiedlich sein. Die Wahl der richtigen Fragestellungen, Vorgehensweisen und Methoden ist hierbei genauso zentral wie Fragen rund um den Prozess vor, während und nach einer Evaluation.

Evaluationen bringen zusammengefasst immer etwas. Häufig ist jedoch der Weg das Ziel. Das konsequente Denken in Wirkungsdimensionen allein kann schon Erkenntnisse über den Nutzen der erbrachten Leistungen bringen, auch wenn letztlich nicht ausreichend Daten zur Verfügung stehen.

5.7 Fazit und Ausblick

Evaluation ist aus dem Nonprofit-Sektor nicht mehr wegzudenken. Sei es, um seine Aktivitäten und Wirkungen auf die Zielgruppe besser zu verstehen bzw. auch verbessern zu können, sei es, um die Erwartungen diverser Stakeholder (z. B. Fördergeber, Medien, Öffentlichkeit) hinsichtlich Transparenz, Rechenschaftspflicht und erzielter Wirkungen zu erfüllen und steuern zu können. Unter der Annahme knapper Ressourcen ist davon auszugehen, dass die Bedeutung der Evaluation weiter zunehmen wird.

Neben den herkömmlichen Begriffen und Konzepten der (ökonomischen) Evaluation haben hierbei zahlreiche in den letzten Jahren aufgekommene Modelle und Begrifflichkeiten rund um Social Impact Measurement eine Rolle gespielt. Social Impact wird im Bereich von AkteurInnen, die stärker auf marktförmige Leistungen setzen und jenseits eines staatlichen Auftrags Projekte fördern oder durchführen, zum Maßstab des Erfolgs. Im Extremfall, wie bei der SROI-Analyse, ist der Social Impact auf eine Kennzahl verdichtet. Verdichtete Kenngrößen braucht es v. a., wenn Märkte für soziale Investitionen etabliert werden und Investitionsentscheidungen begründet werden sollen. Während »klassische« Märkte mit Preisen und der Kennzahl des Profits Signalwirkungen entfalten und damit die Ressourcenallokation steuern, fehlen vergleichbare Kenngrößen im Nonprofit-Sektor. Social Impact Measurement als ökonomische Evaluierung und Wirkungsmessung verstanden, soll diese Lücke füllen, so die Erwartungshaltung und Hoffnung. Ist eine allgemein akzeptierte Maßzahl gefunden, könnte diese auch auf Organisationen aller Sektoren und jegliche Produktionsaktivität angewendet werden. Bis dahin ist aber noch ein langer Weg. Mit Blick auf die unbefriedigende Situation des primären Fokus auf finanzielle Renditen und dem Ausblenden vielerlei gesellschaftlich bedeutender Wirkungen (Externalitäten) aus den herkömmlichen Leistungsmessungssystemen lohnt es sich, den Weg zu gehen.

NPOs sind als Vorreiter der Sichtbarmachung von gesellschaftlichen Wirkungen gefordert, hier anschlussfähig zu sein und darüber hinaus eine aktive Rolle in der Gestaltung der Instrumente zu spielen. Es gilt, die entsprechenden Kompetenzen und Kapazitäten zu entwickeln, um den eigenen Erfolg nicht nur verstehen und beurteilen zu können, sondern auch aktiv am Diskurs der Messbarmachung aller Aktivitäten teilnehmen zu können. Damit einher geht ein Bedarf an der Weiterentwicklung der MitarbeiterInnen, der strukturellen Verankerung von Evaluation und insbesondere Wirkungsmessung in der Organisation, aber auch an der Fähigkeit, die derart gewonnen Erkenntnisse zu interpretieren, auf die eigene Arbeit umzulegen und zu kommunizieren.

Auch wenn, nicht zuletzt aufgrund der Heterogenität des Nonprofit-Sektors mit seinen unterschiedlichen Organisationsgrößen, Tätigkeitsfeldern und Funktionen in nächster Zukunft kein für alle NPOs gültiger Berichts- und Erfolgsstandard in Sicht ist, erscheint es umso wichtiger, die richtige Form der Evaluation zu finden, die Lernen und eine zielgerichtete Unterstützung für Entscheidungen bietet und den eigenen Zielen gerecht wird. Dafür muss Evaluation als Lernchance verstanden und die Voraussetzungen geschaffen werden, dass diese nicht als Kontrolle mit unmittelbarem Sanktionspotenzial, sondern als Möglichkeit zur Verbesserung der Dienstleistungen im Hinblick auf die soziale Mission der Organisation und der Bedürfnisse der Zielgruppe verstanden werden. Individuelles und Organisationales Lernen stehen dann im Vordergrund, nicht nur auf der ausführenden Seite, sondern auch auf der unterstützenden Seite.

Literatur

Alkin, M.C./Christie, C.A. (2004): An Evaluation Theory Tree. In: Alkin, M.C. (Hrsg.): Evaluation Roots: Tracing Theorists' Views and Influences.

Alkin, Marvin C./Taut, Sandy M. (2002): Unbundling evaluation use. In: Studies In Educational Evaluation, 29, 1–12.

Arvidson, Malin (2009): Impact and evaluation in the UK third sector: reviewing literature and exploring ideas. Birmingham: University of Birmingham, unveröffentlichter Projektbericht.

Balser, Deborah/McClusky, John (2005): Managing stakeholder relationships and nonprofit organization effectiveness. In: Nonprofit Management and Leadership, 15, 295–315.

Baruch, Yehuda/Ramalho, Nelson (2006): Communalities and Distinctions in the Measurement of Organizational Performance and Effectiveness Across For-Profit and Nonprofit Sectors. In: Nonprofit and Voluntary Sector Quarterly, 35, 39–65.

Behrens, Teresa R./Kelly, Thomas. (2008): Paying the piper: Foundation evaluation capacity calls the tune. In: New Directions for Evaluation, 2008, 37–50.

Benjamin, Lehn M. (2010): Funders as principals. In: Nonprofit Management and Leadership, 20, 383–403.

Bertelsmann Stiftung/New Philanthropy Capital (2009): Orientierung für soziale Investoren: Engagement mit Wirkung. Warum Transparenz über die Wirkungen gemeinnütziger Organisationen wichtig ist. Gütersloh.

Beywl, W./Speer, S./Kehr, J. (2004): Wirkungsorientierte Evaluation im Rahmen der Armuts- und Reichtumsberichterstattung. In: Bundesministerium für Gesundheit und soziale Sicherung.

Blamey, Avril/Mackenzie, Mhairi (2007): Theories of Change and Realistic Evaluation. In: Evaluation, 13, 439–455.

Bortz, Jürgen/Döring, Nicola (2002): Forschungsmethoden und Evaluation: Für Human- und Sozialwissenschaftler. 3. Aufl., Heidelberg.

Carman, Joanne G. (2009): Nonprofits, Funders, and Evaluation: Accountability in Action. In: The American Review of Public Administration, 39, 374–390.

Coryn, Chris L. S./Noakes, Lindsay A./Westine, Carl D./Schröter, Daniela C. (2011): A Systematic Review of Theory-Driven Evaluation Practice From 1990 to 2009. In: American Journal of Evaluation, 32, 199–226.

Cummings, Nicholas A./Follette, W.T. (1976): Brief psychotherapy and medical utilization: An eight-year follow-up. In: Cummings, Nicholas A./Follette, W.T. (Hrsg.): The professional psychologist today: New developments in law, health insurance and health practice, San Francisco.

DeGEval/e.V., Gesellschaft für Evaluationen (2008): Standards für Evaluation. Mainz.

Diekmann, Andreas (2007): Empirische Sozialforschung: Grundlagen, Methoden, Anwendungen. Berlin.

Dror, Y. (1968): Public Policymaking Reexamined. Transaction Books.

Drummond, F./Sculpher, M.J./Torrance, G.W. (2005): Methods for the Economic Evaluation of Health Care Programmes. Oxford.

Drummond, M. F./McGuire, Alistair (2001): Economic evaluation in health care: merging theory with practice. Oxford.

Eckerd, Adam/Moulton, Stephanie (2011): Heterogeneous Roles and Heterogeneous Practices: Understanding the Adoption and Uses of Nonprofit Performance Evaluations. In: American Journal of Evaluation, 32, 98–117.

Fitzpatrick, Jody L./Sanders, James R./Worthen, Blaine R. (2011): Program Evaluation: Alternative Approaches and Practical Guidelines.

Fleischer, Dreolin N./Christie, Christina A. (2009): Evaluation Use. In: American Journal of Evaluation, 30, 158–175.

Froomkin, Joseph (1969): Cost/effectiveness and cost/benefit analyses of educational programs. In: Socio-Economic Planning Sciences, 2, 381–387.

Hansen, Hanne Foss (2005): Choosing Evaluation Models. In: Evaluation, 11, 447–462.

Harris Mulvaney, Rebecca R./Zwahr, Melissa/Baranowski, Laura (2006): The trend toward accountability: What does it mean for HR managers? In: Human Resource Management Review, 16, 431–442.

Herman, Patricia M./Avery, Deirdre J./Schemp, Crystal S./Walsh, Michele E. (2009): Are cost-inclusive evaluations worth the effort? In: Evaluation and Program Planning, 32, 55–61.

Herman, Robert D./Renz, David O. (2004): Doing Things Right: Effectiveness in Local Nonprofit Organizations, A Panel Study. In: Public Administration Review, 64, 694–704.

Herman, Robert D./Renz, David O. (2008): Advancing nonprofit organizational effectiveness research and theory: Nine theses. In: Nonprofit Management and Leadership, 18, 399–415.

Jahnke, Thorsten/Wascher, Eva (2008): Fallstudie Social Return on Investment (SROI). Projekt: enterability – Ohne Behinderung in die Selbständigkeit. Existenzgründungsberatung für Menschen mit Schwerbehinderung. Berlin.

Johnson, Kelli/Greenseid, Lija O./Toal, Stacie A./King, Jean A./Lawrenz, Frances/Volkov, Boris (2009): Research on Evaluation Use. In: American Journal of Evaluation, 30, 377–410.

Kaplan, R.S./Norton, D.P. (1996): The Balanced Scorecard: Translating Strategy Into Action. Harvard Business School Press.

Kirkhart, Karen E. (2000): Reconceptualizing evaluation use: An integrated theory of influence. In: New Directions for Evaluation, 2000, 5–23.

Kromrey, H. (2001): Evaluation – ein vielschichtiges Konzept Begriffe und Methodik von Evaluierung und Evaluationsforschung. Empfehlungen für die Praxis. In: Sozialwissenschaften und Berufspraxis, 24 (2).

Kromrey, Helmut (2007): Empirische Sozialforschung. 11. Aufl., Stuttgart.

Levin, Henry M. (1983): Cost-effectiveness: a primer.

Lynch-Cerullo, Kristen/Cooney, Kate (2011): Moving from Outputs to Outcomes: A Review of the Evolution of Performance Measurement in the Human Service Nonprofit Sector. In: Administration in Social Work, 35, 364–388.

Maas, K.E.H./Liket, K.C. (2011a): Social Impact Measurement: Classification of Methods. In: Burritt, R.L./Schaltegger, S./Bennett, M./Pohjola, T./Csutora, M. (Hrsg.): Environmental Management Accounting, Supply Chain Management, and Corporate Responsibility Accounting, New York.

Maas, Karen/Liket, Kellie (2011b): Talk the Walk: Measuring the Impact of Strategic Philanthropy. In: Journal of Business Ethics, 100, 445–464.

McDaid, David/Needle, Justin (2007): The Use of Economic Evaluation for Public Health Interventions' Desert or Oasis? A Systematic Review of the Literature. iHEA 2007 6th World Congress: Explorations in Health Economics Paper Philadelphia.

McLaughlin, J. A./Jordan, G. B. (2010): Using Logic Models. In: Wholey, J.S./Hatry, H.P./Newcomer, K.E. (Hrsg.): Handbook of Practical Program Evaluation.

Mildenberger, Georg/Münscher, Robert/Schmitz, Björn (2012): Dimensionen der Bewertung gemeinnütziger Organisationen. In: Anheier, Helmut K./Schröer, Andreas/Then, Volker (Hrsg.): Soziale Investionen. Interdisziplinäre Perspektiven, Wiesbaden.

Nicholls, J./Lawlor, E./Neitzert, E./Goodspeed, T. (2009): A guide to Social Return on Investment, the new economics foundation. London.

Nielsen, Steffen Bohni/Ejler, Nicolaj (2008): Improving Performance? In: Evaluation, 14, 171–192.

Owen, J.M. (2006): Program Evaluation: Forms And Approaches.

Owen, J.M./Rogers, P.J. (1999): Program Evaluation: Forms and Approaches.

Preskill, Hallie (2009): Reflections on the dilemmas of conducting environmental evaluations. In: New Directions for Evaluation, 2009, 97–103.

Rauscher, Olivia/Schober, Christian/More-Hollerweger, Eva/Pervan-Al Soqauer, Ina (2011): Social Return on Investment (SROI)-Analyse für das Projekt »Casa Abraham« von Pater Georg Sporschill. Wien: NPO-Kompetenzzentrum, WU.

Richmond, Betty Jane/Mook, Laurie/Jack, Quarter (2003): Social accounting for nonprofits: Two models. In: Nonprofit Management and Leadership, 13, 308–324.

Rossi, P.H./Lipsey, M.W./Freeman, H.E. (2004): Evaluation: A Systematic Approach.

Royse, D./Thyer, B.A./Padgett, D.K. (2009): Program Evaluation: An Introduction. Wadsworth, Cengage Learning.

Schober, Christian/More-Hollerweger, Eva/Rauscher, Olivia (2012): SROI-Analyse für die Feuerwehren in Oberösterreich. Wien: NPO-Kompetenzzentrum, WU.

Scriven, M. (1967): The methodology of evaluation. In: Tyler, R.W./Gagné, R.M./Scriven, M. (Hrsg.): Perspectives of curriculum evaluation. Chicago.

Scriven, Michael (1996): Types of Evaluation and Types of Evaluator. In: American Journal of Evaluation, 17, 151–161.

Smith, Steven Rathgeb (2010): Nonprofits and Public Administration. In: The American Review of Public Administration, 40, 129–152.

Snibbe, Alana Conner (2006): Drowning in Data. In: Stanford Social Innovation Review, Fall 2006, 38–45.

Sorensen, James E./Grove, Hugh D. (1977): Cost-Outcome and Cost-Effectiveness Analysis: Emerging Nonprofit Performance Evaluation Techniques. In: The Accounting Review, 52, 658–675.

Stockmann, Reinhard (2004): Evaluation in Deutschland. In: Stockmann, Reinhard (Hrsg.): Evaluationsforschung: Grundlagen und ausgewählte Forschungsfelder 2. Aufl., Opladen. 13–44.

Stockmann, Reinhard (2006): Evaluationsforschung: Grundlagen und ausgewählte Forschungsfelder.

Stufflebeam, D.L./Shinkfield, A.J. (2007): Evaluation Theory, Models, and Applications.

Tinkelman, Daniel/Donabedian, Bairj (2007): Street lamps, alleys, ratio analysis, and nonprofit organizations. In: Nonprofit Management and Leadership, 18, 5–18.

Vedung, E. (1999): Evaluation im öffentlichen Sektor. Weimar.

Vedung, E. (2000): Public Policy and Program Evaluation. Transaction Publishers.

Weiss, C.H. (1998): Evaluation: methods for studying programs and policies.

Wilson, Sandy (2009): Proactively Managing for Outcomes in Statutory Child Protection: The Development of a Management Model. In: Administration in Social Work, 33, 136–150.

Yarbrough, Donald B./Shulha, Lyn M./Hopson, Rodney K./Caruthers, Flora A. (2011): The Program Evaluation Standards: A Guide for Evaluators and Evaluation Users. California.

Yates, Brian T (2009): Cost-inclusive evaluation: A banquet of approaches for including costs, benefits, and cost–effectiveness and cost-benefit analyses in your next evaluation. In: Evaluation and Program Planning, 32, 52–54.

6 Spenden und Stiftungszuwendungen

Michaela Neumayr, Christian Schober, Hanna Schneider

6.1 Die Bedeutung von Spenden für Nonprofit-Organisationen

Weltweit stammen durchschnittlich 12,5% aller Einnahmen von NPOs aus Spenden (Salamon/Sokolowski 2004). In osteuropäischen Ländern finanzieren sich NPOs im Schnitt sogar zu 19,5% aus Spenden. In Westeuropa sind die Anteile deutlich geringer, in Deutschland liegen sie bei 3,4% (Anheier et al. 2007), in der Schweiz bei 8% (Helmig et al. 2010) und in Österreich bei ca. 7% (Neumayr et al. 2007). Dies liegt daran, dass in vielen westeuropäischen Staaten ein ausgebautes Wohlfahrtsystem existiert, in dem öffentliche Güter – vor allem Leistungen des Sozial- und Gesundheitswesens – aus Steuermitteln finanziert werden. Trotzdem stellen Spenden für einzelne Bereiche des Nonprofit-Sektors (z. B. Kultur, Sport, internationale Arbeit) eine unabkömmliche Einnahmequelle dar.

Die von NPOs lukrierten Spenden stammen überwiegend von privaten Haushalten. Für die USA sind dies z. B. 73% aller Spendengelder; von Unternehmen kommen nur etwa 5%, 14% von Stiftungen und 8% aus Erbschaften (Brummer 1998). Für Österreich setzt sich das jährliche Spendenaufkommen von etwa 600 Mio. Euro aus rund 410 Mio. Euro von Privatpersonen und etwa 150 Mio. Euro von Unternehmen zusammen (Neumayr/Schober 2012). Zuwendungen von Stiftungen an NPOs machen noch einen relativ geringen Teil, nämlich jährlich geschätzte 40 Mio. Euro aus (Schneider et al. 2011).

Man spricht von einer Spende, wenn freiwillig eine Geld-, Sach- oder Dienstleistung erbracht wird, für die keine direkte Gegenleistung erfolgt. Zudem sind Spenden auf die Förderung eines bestimmten Zwecks ausgerichtet und wirken dauerhaft vermögensbelastend. Nicht als Spende gelten daher Mitgliedsbeiträge, da für diese eine Gegenleistung erbracht wird. Fördernde Mitgliedschaften, die über die herkömmlichen Mitgliedsbeiträge hinausgehen, werden jedoch als Spende betrachtet. Spenden sind zudem von Sponsoring zu unterscheiden, da auch hier ein Leistungsaustausch – meist in Form von Werbemaßnahmen– erfolgt.

Neben Spenden von Privatpersonen und Unternehmen können auch Zuwendungen von Stiftungen (Stiftungsausschüttungen) dem Spendenbegriff zugeordnet werden. Spezifisch für Spenden von Stiftungen (Ausschüttungen) ist, dass die Begünstigten in der Stiftungs- oder Zusatzurkunde festgelegt werden müssen, sodass nur an diesen definierten Begünstigtenkreis ausgeschüttet werden darf.

Da sich die Spendentätigkeit von Privatpersonen von jener von Unternehmen und Stiftungen in vielerlei Hinsicht unterscheidet, wird der vorliegende Beitrag in drei entsprechende Teile untergliedert. Dienstleistungsspenden – also auch Zeitspenden – werden in Beitrag III.1 zu Freiwilligenarbeit behandelt.

6.2 Aktueller Stand der Forschung

In vielen europäischen Ländern steckt die Erforschung des Spendenwesens – vor allem bzgl. der Frage warum, wer, wie viel, auf welche Weise und wofür spendet – abgesehen von Großbritannien und den Niederlanden noch in den Kinderschuhen. In den USA dagegen gibt es eine langjährige, bis in die 1960er Jahre zurückreichende Spendenforschungstradition (Shervish et al. 2006).

6.2.1 Theoretische Zugänge zur Erklärung des Spendenverhaltens

Das Thema Spenden wird von mehreren Disziplinen beleuchtet (Wiepking 2008:4ff). Während sich Arbeiten aus den Bereichen Marketing und (Sozial-)Psychologie v. a. mit Motiven des Spendens befassen, steht für die Soziologie meist die Ausstattung der Spendenden, z. B. deren Ausbildung, soziale Beziehungen und Einkommen ebenso wie deren Werte und Normen im Vordergrund. Die Volkswirtschaft behandelt Fragen zu prosozialem versus egoistischem Handeln, aber auch die Analyse von sogenannten Kontextfaktoren, wie etwa rechtliche Rahmenbedingungen oder die vorherrschende Fiskalpolitik. Zahlreiche Studien zeigen v. a. deren Relevanz für das Spendenverhalten von Privatpersonen (vgl. Sargeant/Woodliffe 2009; Bekkers/Wiepking 2010). Aber auch für die Erklärung der Spendentätigkeit von Unternehmen und Stiftungen liefern sie wesentliche Anhaltspunkte.

6.2.2 Spendenverhalten von Privatpersonen

Spenden von Privatpersonen machen den Großteil der Spendeneinnahmen aus und wurden von der Spendenforschung am intensivsten untersucht. Das generierte Wissen ist vor allem für das Fundraising von NPOs relevant. Informationen darüber können aus Bevölkerungsbefragungen (Befragte geben Auskunft über ihre vergangene Spendentätigkeit), aus Befragungen von spendensammelnden Organisationen oder aus Steuerdaten (steuerlich abgesetzte Spenden) stammen. Internationale Untersuchungen, die der Frage nachgehen, warum die Spendenfreudigkeit national divergiert – und inwiefern Kontextfaktoren wie Gesetzgebung und Fiskalpolitik dabei eine Rolle spielen – existieren bis dato kaum. An der Schaffung einer internationalen Datenbasis, die länderübergreifende Auswertungen ermöglichen sollen, wird seit 2011 erstmals im Rahmen des Projektes International Philanthropy Database gearbeitet.

6.2.2.1 Wer spendet?

Die Spendenbeteiligung eines Landes wird über den Anteil der erwachsenen Bevölkerung, der innerhalb eines Jahres eine Spende getätigt hat, gemessen. In Deutschland waren es 2011 etwa 35% (TNS-Infratest 2011), in Österreich 2011 65% (Neumayr/Schober 2012) und in der Schweiz im Jahr 2007 75% (Helmig et al. 2010). Im internationalen Vergleich können diese Werte als relativ hoch bezeichnet werden (siehe Abbildung III.6.1). Höhere Beteiligungsraten haben die Niederlande, was durch den höheren Stellenwert privater Verantwortungsübernahme und die langjährige Tradition des Spendens erklärt werden kann.

Welche Bevölkerungsgruppen besonders spendefreudig sind, wurde umfassend untersucht und erweist sich international als relativ konstant. Ein wesentlicher Faktor ist das Alter, die Beteiligungsraten nehmen mit steigendem Alter sukzessive zu (Mesch et al. 2011). Auch religiöse sowie verheiratete Personen weisen eine höhere Spendenbeteiligung auf (Bryant et al. 2003; Shervish et al. 2006). Zudem nehmen die Beteiligungsraten mit steigender formaler Bildung zu. Zwischen Einkommen und Spendenbeteiligung wird z. T. ein positiver, z. T. gar kein Zusammenhang festgestellt. Die Tatsache, dass auch sehr geringe Beträge gespendet werden können (z. B. in Gottesdiensten) untermauert den Befund, dass die Spendenbeteiligung nicht zwingend vom Einkommen abhängig ist (Wiepking/Breeze 2011).

Land	Spenden-beteiligung	Durchschnittliche Spende je SpenderIn	Medianspende je SpenderIn	Spendenvolumen aus Spenden von Privatpersonen
Deutschland (2011)	35%	128 €	k.A.	2.900 Mio. €
Österreich (2011)	65%	91 €	30 €	410 Mio. €
Schweiz (2007)	75%	374 €	208 €	1.081 Mio. €
Niederlande (2007)	86%	239 €	k.A.	k.A.
UK (2010/11)	58%	460 €	163 €	13.615 Mio. €
USA (2010)	k.A.	k.A.	k.A.	170.000 Mio. €

Quellen: Deutschland: TNS Infratest (2011); Österreich: Neumayr & Schober (2012); Schweiz: von Schurbein & Bethman (2010); Niederlande: Wiepking (2009); UK: Giving UK – NCVO/CAF; USA: Giving USA (2011)

Abbildung III.6.1: Spendeverhalten von Privatpersonen im internationalen Vergleich

6.2.2.2 Wie viel wird gespendet?

Die jährlichen Privatspenden im deutschsprachigen Raum liegen in Deutschland bei 2.900 Mio. Euro, in Österreich bei 410 Mio. Euro und in der Schweiz bei 1.080 Mio. Euro (siehe Abbildung III.6.1). Aussagekräftiger als das Gesamtvolumen sind die durchschnittlichen Spendenbeträge je SpenderIn. Diese liegen in Deutschland bei etwa 128 Euro (TNS-Infratest 2011), in der Schweiz bei 374 Euro pro Jahr (Helmig et al. 2010) und 91 Euro jährlich in Österreich. Ursache für diese beachtlichen Differenzen sind kulturelle und religiöse Unterschiede, die sich auch zwischen Ost- und Westdeutschland bzw. den verschiedenen Sprachregionen der Schweiz zeigen. Als weiterer Grund für die geringe Spendenhöhe in Österreich gilt auch die erst 2009 breiter eingeführte steuerliche Absetzbarkeit von Spenden.

Während Ursachen für internationale Unterschiede kaum erforscht sind, wurden Einflussfaktoren auf die Spendenhöhe zwischen einzelnen Personen umfassend untersucht. Vor allem Bildung und Einkommen wirken sich positiv auf die absolute Spendenhöhe aus (siehe den Literaturüberblick von Bekkers/Wiepking 2010). Als Erklärungen werden angeführt, dass ein höheres Bildungsniveau mit höherer kognitiver Fähigkeit und einem größeren Bewusstsein für den Bedarf von Spenden sowie mit höherer sozialer Verantwortung für die Gesellschaft einhergeht, aber auch, dass Personen mit höherer Bildung öfter nach einer Spende gefragt werden. Höhere Bildung schlägt sich zudem oft in höherem

Einkommen nieder – was höhere Spendenbeiträge ermöglicht. Bei höheren Einkommen sind bei progressiver Einkommensbesteuerung die tatsächlichen Kosten einer Spende geringer (siehe Kapitel 3.2), sofern sie steuerlich geltend gemacht werden kann (Bekkers/Wiepking 2011).

Ebenfalls vielfach bestätigt ist der positive Zusammenhang zwischen der religiösen Einstellung sowie der Teilnahme an Gottesdiensten und der Spendenhöhe. Auch prosoziale Persönlichkeitsmerkmale wie Empathie führen zu höheren Spenden. Verheiratete Personen und Personen mit mehreren Kindern spenden höhere Beträge als ihre Vergleichsgruppen. Erklärt wird dies dadurch, dass durch Heirat und Kinder die sozialen Netzwerke größer werden und man daher öfter nach einer Spende gefragt wird (Bekkers/Wiepking 2011). Ein weiterer Befund besagt, dass Personen mit zunehmendem Alter höhere Beträge spenden, was über den Lebenszyklus- oder Kohorteneffekt erklärt wird. So wird im Alter Vermögen kumuliert, das gespendet bzw. vererbt werden kann. Zum Zusammenhang zwischen der Spendenhöhe und dem Geschlecht gibt es keine eindeutigen Belege (für weiterführende Ergebnisse siehe die Überblicksarbeiten von Shervish et al. 2006; Bekkers/Wiepking 2011).

6.2.2.3 Wofür wird gespendet?

Beliebte Spendenzwecke im deutschsprachigen Raum sind Tierschutz, Gesundheit, internationale Katastrophenhilfe sowie religiöse Belange. In nordeuropäischen Ländern gelten humanitäre Zwecke und die Auslandshilfe als wichtigste Spendenzwecke und für soziale oder gesundheitliche nationale Anliegen wird kaum gespendet (European Social Survey 2002). Das liegt u. a. daran, dass Leistungen des Sozial- und Gesundheitswesens in diesen Ländern in erster Linie von öffentlichen Einrichtungen erbracht werden. In den USA stehen religiöse Spenden mit ca. 35% an erster Stelle, gefolgt von Spenden für Bildungseinrichtungen (Brummer 1998). Aus den vorliegenden Studien zeichnen sich einige länderübergreifende Tendenzen ab, wer prioritär für welche Zwecke spendet. So spenden ältere Menschen eher für religiöse Zwecke als Jüngere (Bekkers/Wiepking 2011), aber auch eher für die Themen Kinder, Gesundheit, Entwicklungshilfe und Flüchtlinge. Als Gründe dafür gelten u. a., dass ältere Menschen vermuten, in naher Zukunft selbst Gesundheitsleistungen zu benötigen. Frauen spenden im Vergleich zu Männern verstärkt für die Krebsforschung (Bennett 2003), aber auch für Umwelt und Tiere (Srnka et al. 2003). Menschen mit höherer formaler Bildung spenden vermehrt für abstraktere Themen wie Umwelt, Bildung, Menschenrechte und internationale Angelegenheiten. Personen mit geringerer Bildung spenden eher für Gesundheit, für Selbsthilfegruppen, Katastrophenhilfe und Religion. Möglicherweise haben Menschen mit höherer Bildung ein besseres Verständnis für abstraktere Problemlagen, wogegen sich weniger wohlhabende Personen besser in soziale Probleme einfühlen können (Radley/Kennedy 1995). Eine andere Erklärung zielt darauf ab, dass Menschen mit höherer formaler Bildung erkennen, dass Bildungsarmut die Ursache für viele weitere soziale Probleme ist und daher für Bildungseinrichtungen spenden.

Die bevorzugten Spendenzwecke von Personen mit hohen Einkommen sind ebenfalls Bildung und zudem Gesundheit, medizinische Forschung, Kunst und Kultur (Srnka et al. 2003; Lloyd 2004) sowie Umwelt und Auslandshilfe (Reed 1998, zitiert in Bennett 2003). Hier gelten die oben genannten Erklärungen. Zudem möchten Personen mit ihrer Spende ihren sozioökonomischen Status, ihren Geschmack und ihre persönlichen Werte ausdrücken (Bennett 2003).

6.2.2.4 Warum wird gespendet?

Warum Menschen Geld spenden ist v.a. für das Fundraising von Bedeutung. Eine der jüngsten Arbeiten der Spendenforschung hat eine detailliertere Unterscheidung der Spendenmotive vorgenommen und zu acht Hauptgründen zusammengefasst (Bekkers/Wiepking 2010). Diese sind: 1) die Wertorientierung einer Person, 2) der psychologische Vorteil der Spende (z.B. Gewissensberuhigung), 3) das Bewusstsein über die Bedürftigkeit der EmpfängerInnen 4) die Reputation der NPO, 5) die Wirksamkeit der Spende, 6) der Grad der altruistischen Einstellung, 7) die Abwägung von Kosten und Nutzen der Spende (z.B. soziales Ansehen) und 8) die Tatsache, nach einer Spende gefragt zu werden, wobei letzteres die größte Erklärungskraft aufweist.

6.2.3 Spenden von Unternehmen

Philanthropisches Verhalten von Unternehmen wird auch unter den Begriffen Corporate Social Responsibility (CSR), Corporate Citizenship (Backhaus-Maul et al. 2010; Carroll 1998) und Corporate Community Involvement (CCI) (Seitanidi/Ryan 2007; Austin 2000) diskutiert. Hinzu kommen Sponsoring und Cause Related Marketing (CRM). Unternehmensspenden sind nur ein Teil der philanthropischen Aktivitäten von Unternehmen. Philanthropisches Engagement wird v.a. als Wettbewerbsvorteil gesehen und kann somit auch als Gewinn bringend bezeichnet werden (Porter/Kramer 2002). Informationen zum Bereich der Unternehmensphilanthropie können auf drei Arten gewonnen werden: Erstens über die Analyse von Geschäftsberichten bzw. Jahresabschlüssen (z.B. Brammer et al. 2009, Urriolagoitia/Vernis 2011), zweitens aus Befragungen der Unternehmen (z.B. Meijer et al. 2006 für die Niederlande; Campbell et al. 1999 und CECP 2011 für die USA; Public-Opinion 2011 für Österreich; Helmig et al. 2010 für die Schweiz; DZI 2010: 85 für Deutschland) und drittens aus Steuerdaten (z.B. Amato/Amato 2007; Fry et al. 1982 für die USA).

In der Folge wird auf Unternehmensspenden fokussiert, wobei einige der zitierten Studien diese nicht immer von anderen Formen philanthropischen Engagements unterscheiden.

6.2.3.1 Welche Unternehmen spenden?

In zahlreichen empirischen Studien wurden die Charakteristika von Unternehmen, die sich philanthropisch engagieren, untersucht. Ein wesentlicher Einflussfaktor ist die Unternehmensgröße (z.B. Merz et al. 2010; Brammer/Millington 2006). Für die USA zeigen Amato/Amato (2007) auf Basis von Steuerdaten einen U-förmigen Zusammenhang zwischen Unternehmensgröße und Spendenanteil an den Gesamteinnahmen. Kleinere und große Unternehmen geben demnach anteilsmäßig mehr als mittelgroße Unternehmen. Kleinere Unternehmen spenden mehr, weil die Einbettung in eine lokale Gemeinschaft und der lokal gute Namen relevant ist. Große Unternehmen sind wiederum wegen höherer Sichtbarkeit und der entsprechend höheren öffentlichen Aufmerksamkeit philanthropisch engagiert (Zhang et al. 2010; Navarro 1988). Etwa die Hälfte des Größeneffekts kann über die Sichtbarkeit erklärt werden (Brammer/Millington 2006). Mittelgroße Unternehmen sind weniger lokal verankert und gleichzeitig auch weniger sichtbar und der Anreiz für philanthropisches Engagement ist entsprechend geringer. Eine KMU-Studie für Berlin zeigt, dass knapp die Hälfte der Unternehmen ihr philanthropisches Engagement aus Angst vor Forderungen nach niedrigeren Preisen oder höheren Löhnen kaum kommuniziert (DZI 2010: 80).

Unternehmen, die bei Beziehungen zu ihren MitarbeiterInnen, Umweltschutz und Produktsicherheit schlechter als vergleichbare Unternehmen abschneiden, geben mehr (Chen et al. 2008 für die USA). Spenden dienen hier der Legitimation. Ähnliches können Brammer et al. (2009) für britische Unternehmen nachweisen, die in Ländern tätig sind, die hinsichtlich der politischen Situation sowie der Einhaltung von Menschenrechten als problematisch eingestuft werden. Diese Ergebnisse finden sich auch generell im Zusammenhang mit der Verletzung von gesetzlichen Vorschriften (Gan 2006). So konnten Williams/Barrett (2000) nachweisen, dass philanthropisches Engagement nach ungesetzlichem Verhalten den Rückgang in der Reputation vermindert.

Die Höhe des Cashflows und Gewinns sind weitere Einflussfaktoren auf die Spendenhöhe und das philanthropische Engagement (Crampton/Patten 2008). Ein vorübergehender Rückgang des Gewinns schlägt sich allerdings nicht in einem gleichförmigen Rückgang des Spendenvolumens nieder (Campbell et al. 2002). Ein umgekehrter Einfluss von Unternehmensspenden bzw. philanthropischem Engagement auf den finanziellen Erfolg ist allerdings nicht nachgewiesen (Seifert et al. 2003; Griffin/Mahon 1997).

Die Branche, in der ein Unternehmen tätig ist, hat ebenfalls wesentlichen Einfluss auf seine Spendenaktivität. Für die USA konnten Amato/Amato (2007) etwa 20% der Varianz des Spendenanteils über die Branche erklären. Eine branchenspezifische Spendenkultur kann einen sich verstärkenden Effekt haben, indem einzelne Unternehmen Druck ausgesetzt sind, sich branchenadäquat zu verhalten. In den USA spenden Unternehmen der Konsumgüter- und Pharmaindustrie überdurchschnittlich viel und IT-Unternehmen und Versorger unterdurchschnittlich viel. In ökologisch problematischen Branchen wie Bergbau und in Branchen, die wie Konsumgüter für breitere Bevölkerungsschichten sichtbarer sind, wird mehr gespendet (Brammer/Millington 2008 für UK; CECP 2011 für die USA).

6.2.3.2 Wie viel wird gespendet?

Das Volumen der Unternehmensspenden ist im deutschsprachigen Raum im Vergleich zum Privatspendenvolumen höher als in Großbritannien oder den USA. Der Grund liegt weniger im höheren absoluten Spendenvolumen der Unternehmen als vielmehr im vergleichsweise geringen Privatspendenvolumen. Zudem ist der Begriff der Unternehmensspenden unterschiedlich weit gefasst und kann z.T. auch Sponsoring o.Ä. umfassen. In der Schweiz ist das Volumen der Unternehmensspenden gegenüber Deutschland und Österreich auch in absoluten Beträgen deutlich höher. Abgesehen von den in Abbildung III.6.2 angeführten Werten zeigt sich, dass in Deutschland Gemeinwohlengagement vorrangig im lokalen und regionalen Umfeld der Unternehmen betrieben wird. Geld- und Sachspenden sind hierbei dominierend und Familienunternehmen engagieren sich tendenziell stärker (PWC 2007).

Für die USA zeigt sich ein vergleichsweise niedriger Anteil der Unternehmensspenden an den Gesamtspenden. Dies liegt auch daran, dass Unternehmen Stiftungen für philanthropisches Engagement heranziehen. So werden etwa 43% der Spenden über Unternehmensstiftungen ausgeschüttet. In Großbritannien ist hingegen das Engagement über Unternehmensstiftungen gering (Smyth 2000 zit. nach Brammer/Millington 2008).

Land	Spende-beteiligung (in %)	Durchschnittliche, jährliche Spendenhöhe (je Unternehmen bzw. in % des Vorsteuergewinns)	Gesamtvolumen	Bedeutendste Spendenzwecke
Österreich (2011, 2007, 2000)	91% (2011)	1.447 € (2011)	92–262 Mio. €	Kinder, Umweltschutz, Katastrophenhilfe Inland
Deutschland (2000, 2007)	78% (2000)	553.000 € (große AGs) 500.000 € (große Familienunternehmen) 1.600 € KMU	701 Mio. € (2000)	Kinder und Jugend, Bildung, Kultur
Schweiz (2009, tw. 2004)	75% KMU–93% Große	KMU: 3.327 CHF (2.760 €)	0,8–1 Mrd. CHF (0,66–0,830 Mrd. €)	k.A.
Niederlande (2009 inkl. Sponsoring)	64%	k.A.	1,7 Mrd. € (nur Spenden: 392 Mio. €)	Sport und Freizeit, Kultur, Bildung und Forschung
Großbritannien (2009 tw. 2006)	k.A.	0,43% FTSE 100: 0,79%	1,4 Mrd. GBP (1,7 Mrd. €)	k.A.
USA (2011)	k.A.	0,91% Fortune 100: 53 Mio. USD (40,5 Mio. €) bzw. 0,96%	15,3 Mrd.USD (11,7 Mrd. €)	Gesundheit und soziale Dienste, Bildung; wirtschaftliche Entwicklung

Quellen: Österreich: Public-Opinion 2011; Hofer 2007; Felderer et al. 2002; Deutschland: Marquardt 2001; DZI 2010; PWC 2007; Schweiz: Helmig et al. 2010; Purtschert et al. 2007b; Niederlande: Schuyt 2011; UK: Lilya 2011; Armstrong 2006; USA: Giving-USA 2011; CECP 2011; k.A.: keine Angabe; Wechselkurse vom 16. März 2012

Abbildung III.6.2: Spenden von Unternehmen im internationalen Vergleich

Interessant ist der prozentuelle Anteil der Unternehmensspenden am Gewinn. In Spanien lag der Anteil am Vorsteuergewinn der IBEX – 35 Unternehmen im Jahr 2008 bei 0,94% (Urriolagoitia/Vernis 2011). Für die USA und Großbritannien sind Datenreihen der letzten Jahrzehnte verfügbar. Hier zeigt sich in den USA seit Mitte der 1980er Jahre von ausgehend etwa 2,3% ein kontinuierlicher Rückgang (Amato/Amato 2007; Campbell et al. 2002) auf aktuell 0,81% bzw. 0,96% für Fortune 100 – Unternehmen (CECP 2011). Im Gegensatz dazu ist in Großbritannien im vergleichbaren Zeitraum ein Anstieg von 0,11% auf 0,79% im Jahr 2006 festzustellen (Campbell et al. 2002). Große börsennotierte Unternehmen scheinen somit knapp 1% des Vorsteuergewinns an Spenden auszuschütten.

6.2.3.3 Wofür wird gespendet?

Bei Spendenzwecken stehen die Themen Gesundheit und Soziales, Bildung und Forschung, Sport und Freizeit, Kunst und Kultur sowie lokale/regionale Entwicklung im Vordergrund. Umweltschutz und auch Katastrophenhilfe sind präsent, aber weniger bedeutend. In den USA spielen Gesundheitsthemen eine wesentlich bedeutendere Rolle, was sich durch das weniger ausgeprägte staatliche Gesundheitswesen erklären lässt. Kunst und Kultur ist mit 5% des Spendenvolumens (CECP 2011) in den USA ebenfalls weniger bedeutend als in Europa. Sowohl in den USA (CECP 2011) als auch in Deutschland (DZI 2010) betätigen sich Unternehmen vorwiegend lokal bzw. regional.

6.2.3.4 Warum wird gespendet?

Engagieren sich Unternehmen primär aus Altruismus oder aus strategischen Gründen, also letztlich mit dem Ziel der Gewinnsteigerung? Empirische Ergebnisse deuten darauf hin, dass strategische Gründe dominieren (Noble et al. 2008 für Australien; Saiia et al. 2003 für die USA; Bennett 1998 für UK,F,D; Navarro 1988). Philanthropisches Engagement soll die strategische Position des Unternehmens stärken und indirekt zu Gewinnsteigerungen beitragen. In einer Umfrage in Deutschland gaben 84% der Unternehmen die Image- und Beziehungspflege in der Region als wichtigstes Spendenmotiv an, betonten aber gleichzeitig zu 70%, dass sie kein direktes geschäftspolitisches Interesse damit verfolgen (PWC 2007). Der Zusammenhang zwischen philanthropischen Aktivitäten und Shareholder Value kann über »moralisches Kapital«, das bei Anspruchsgruppen des betroffenen Unternehmens aufgebaut wird, erklärt werden (Godfrey 2005). Das moralische Kapital stärkt immaterielle Werte, wie z. B. den Ruf des Unternehmens. Unternehmensspenden wären somit mit Versicherungsprämien zu vergleichen, die über den herkömmlichen Markt nicht versicherbare immaterielle Werte, wie »gute Beziehungen«, absichern.

Nichtsdestotrotz kann Altruismus ebenfalls ein Grund für Spenden sein. Ein sozial erwünschtes Antwortverhalten kann dabei allerdings nicht ausgeschlossen werden (Campbell et al. 1999). Ein gewisser Altruismus kann abgeleitet werden, wenn Unternehmen in Zeiten, in denen der Bedarf größer ist, mehr geben.

Als weitere Gründe für philanthropisches Engagement werden Bindung, Engagement und Steigerung der Motivation der MitarbeiterInnen genannt (z. B. Lee et al. 2012). Allerdings ist dies empirisch wenig untersucht (Meijer et al. 2006). KonsumentInnen erwarten zudem Engagement für die Gesellschaft durch Unternehmen und sind zunehmend bereit, Marken »zu bestrafen«, die sich nicht für gesellschaftlich gute Zwecke einsetzen (Edelmann 2012). Philanthropisches Engagement von Unternehmen kann auch aus politischen Gründen erfolgen (Neiheisel 1994 und für El Salvador auch Sánchez 2000). Dies ist der Fall, wenn das Wohlwollen wesentlicher (Teil)Öffentlichkeiten gesichert werden soll. Für das jeweilige Unternehmen problematische Akteure aus dem (politischen) Umfeld sollen neutralisiert oder für das Unternehmen eingenommen werden.

Ebenfalls als Grund für philanthropische Betätigung von Unternehmen wird das Eigeninteresse des Managements genannt (z. B. Galaskiewicz 1997; Navarro 1988), etwa die Erhöhung des eigenen sozialen Status und Prestiges oder auch die Affinität zu einem Thema (Urriolagoitia/Vernis 2011). So konnten Siegfried et al. (1983 zit. nach Meijer et al. 2006) zeigen, dass in über 90% der Fälle das philanthropische Engagement von Beziehungen der Vorstände zu NPOs beeinflusst war. Zudem konnte Williams (2003) nachweisen, dass Vorstände, in denen (mehr) Frauen vertreten waren, deutlich umfangreicher philanthropisch tätig sind. Stark kritisiert wird das Eigeninteresse der Unternehmensführung von VertreterInnen der Agencytheorie, die hierin ein nicht legitimiertes Handeln zulasten der Unternehmenseigentümer sehen (besonders pointiert Friedman 1970).

6.2.4 Zuwendungen von Stiftungen

Stiftungszuwendungen stehen dem Spendenbegriff sehr nah. Ein Boom an Stiftungsneugründungen in Europa in den letzten 15 Jahren hat zu einer verstärkten wissenschaftlichen Auseinandersetzung mit dem Thema geführt. Informationen über die finanzielle Situation von Stiftungen werden mit unterschiedlichen Methoden gewonnen. Öffentlich zugängliche Statistiken existieren nur in wenigen Ländern. In den meisten Fällen wird daher auf die Erhebung mittels schriftlicher Befragung zurückgegriffen. Der Zugang zum Feld, das in vielen Fällen auf Anonymität und Diskretion bedacht ist, stellt dabei eine Herausforderung dar.

Ein Vergleich von Stiftungsausschüttungen zwischen einzelnen Ländern wird auch durch unterschiedliche rechtliche Definitionen von Stiftungen erschwert (Anheier/Toepler 1999; Toepler 1999). Aufgelöst wird diese Problematik meist durch die Heranziehung einer funktionalen Stiftungsdefinition, die Stiftungen als unabhängige, mitgliederlose und eine gemeinnützige Mission verfolgende Organisationen betrachtet, deren Zweck(e) und Mittel von einer oder mehreren Personen oder Organisationen bestimmt werden (Anheier 2001). In der Folge wird daher auch nur auf gemeinnützige Stiftungen eingegangen.

6.2.4.1 Wer stiftet?

Es ist schwierig den/die prototypische StifterIn zu charakterisieren, wie es eine umfassende Studie in Deutschland auf den Punkt bringt »(...) Prominente und Unbekannte, Junge und Alte, Frauen und Männer, Ost- und West-, Nord- und Süddeutsche – sie alle gründen Stiftungen« (Timmer 2005: 11). Es bedarf jedoch in vielen Ländern einer Mindestsumme, um eine Stiftung zu gründen, sowie gewisser Faustregeln, ab welchen Beträgen sich der administrative Aufwand, der mit einer Stiftung verbunden ist, rentiert. So sind es vorwiegend wohlhabende Personen, die eine Stiftung gründen.

Rechtliche Konstruktionen wie die Bürgerstiftung (Hinterhuber 2005) sind eine Ausnahme. Die Mittel werden hier durch mehrere Personen aufgebracht, wodurch sich die aufzubringende Summe für jede einzelne Person entsprechend verringert. Insgesamt machen Bürgerstiftungen einen geringen Anteil der Stiftungen aus. Die meisten Stiftungen werden von Privatpersonen gegründet. In den USA sind es 89% aller Stiftungen (Renz et al. 1997) und in Deutschland 78% (Brummer 1998). Darüber hinaus können Stiftungen von Unternehmen, staatlichen Institutionen oder kirchlichen Einrichtungen gegründet werden (Für einen Überblick über unterschiedliche Stiftungsformen siehe Anheier 2001). Unternehmensstiftungen fungieren häufig als CSR-Arm, können aber z. B. auch speziell für Forschungsaktivitäten gegründet werden.

6.2.4.2 Wie viel wird gestiftet?

Eine vom European Foundation Center (2008) durchgeführte umfassende Befragung sowie eine darauf aufbauende Machbarkeitsstudie für ein europäisches Stiftungsstatut (Hopt et al. 2008) sind die ersten umfassenderen Erhebungen zum Stiftungssektor in Europa. Während eine Extrapolation der Ergebnisse der ersten Studie die Stiftungsausgaben der EU 27-Länder auf 83 Milliarden Euro schätzt, weisen die Schätzungen der zweiten Studie einen wesentlich höheren Betrag von 150 Milliarden Euro aus. In beiden Studien wird betont, dass es sich bei den Zahlen um grobe Schätzungen handelt, die beiden Werte können jedoch als Bandbreite betrachtet werden.

Die Größe des Stiftungssektors, bezogen auf die Anzahl an Stiftungen und die jährlichen Ausschüttungen, variiert in den einzelnen Ländern sehr stark (siehe Abbildung III.6.3). Während es zum Beispiel in Deutschland über 17.200 gemeinnützige Stiftungen gibt (Bundesverband Deutscher Stiftungen 2010), in Schweden um die 12.000 (Wijkström 2007) und in der Schweiz ca. 12.000 (von Schnurbein/Timmer 2010), sind es in Österreich nur um die 700 (Schneider et al. 2011) und in Irland überhaupt nur etwa 100 (Donoghue 2007).

Der Großteil des Vermögens konzentriert sich zudem in wenigen großen Stiftungen. Exemplarisch sei Deutschland genannt, wo nur etwa 7% der Stiftungen über ein Vermögen von über 2,5 Millionen Euro verfügen, wohingegen über 80% der Stiftungen ein Vermögen von unter 500.000 Euro besitzen (Timmer 2005). Die gesellschaftliche und wirtschaftliche Relevanz zeigt sich daher in der Höhe der jährlichen Stiftungsausgaben besser als an der Anzahl an Stiftungen. Schätzungen für deutsche Stiftungen gehen von 19 Milliarden Euro aus (Hopt et al. 2008), für die Schweiz waren es 850 Millionen Euro (von Schnurbein 2009) und für Österreich lediglich 40 Millionen Euro (Schneider et al. 2011).[1] Pro EinwohnerIn macht das für Deutschland 232 Euro aus, für die Schweiz 109 Euro und für Österreich 4,8 Euro (siehe Abbildung III.6.3). Das geringe Ausmaß an gemeinnützigen Stiftungszuwendungen in Österreich ist auf restriktiv empfundene steuerliche Regelungen, eine geringe Anzahl an Vorzeigebeispielen sowie auf ein Selbstverständnis zurückzuführen, dass soziale Agenden vom Staat wahrgenommen werden (Schneider et al. 2011).

Land	Anzahl an Stiftungen	Stiftungen per 1 Mio. EinwohnerInnen	Stiftungs-ausgaben pro Jahr in €	Stiftungsausgaben pro EinwohnerIn in €
Österreich	714	85	40 Mio.	4,8
Deutschland	17.200	210	19.000 Mio.	232
Schweiz	12.000	1.533	850 Mio.	109
EU 24[2]	90.000–110.000	370	83.000 – 150.000 Mio.	166 – 360
USA	71.000	234	34.000 Mio.	68

Quellen: Österreich Schneider et al. 2011, Deutschland Hopt et al. 2008, Schweiz Helmig et al. 2010, EU24 Hopt et al. 2008, USA Foundation Center 2011

Abbildung III.6.3: Anzahl an Stiftungen und Stiftungsausgaben im internationalen Vergleich

In den USA schütteten Stiftungen 2011 etwa 34 Milliarden Euro aus (Foundation Center 2011). Pro Kopf sind das 110 Euro. Obwohl die USA medial oft als das Mutterland der Philanthropie präsentiert wird, spiegelt sich das zahlenmäßig nicht wider (siehe Abbildung III.6.3). Neben einem Boom an Stiftungsneugründungen in Europa innerhalb der letzten 15 Jahre ist diese Entwicklung auf die unterschiedliche Definition und die rechtlichen

1 Da es keine separaten Statistiken für operative und fördernde Stiftungen gibt, muss davon ausgegangen werden, dass hier nicht der gesamte Betrag auf Zuwendungen entfällt, sondern ein Teil auch auf operative Stiftungen, d.h. auf Stiftungen, die selbst Projekte durchführen und kein Geld ausschütten.

2 Nicht inkludiert sind aufgrund fehlender Daten Österreich, Luxemburg und Bulgarien.

Gegebenheiten zurückzuführen. Während es in Europa sowohl Förderstiftungen als auch operative Stiftungen gibt, die ähnlich wie NPOs selbst Projekte durchführen, sind in den USA steuerrechtlich nur Förderstiftungen zugelassen, also Stiftungen, die als Finanzierungsintermediäre fungieren (Toepler 1999; Rotenhan 2005). In Deutschland dagegen sind 22% der Stiftungen operativ tätig und weitere 17% vereinen operative und fördernde Tätigkeiten (Adloff et al. 2007). Etwas anders sieht es in der Schweiz und in Österreich aus, wo die Mehrzahl der Stiftungen fördernd tätig sind (Purtschert et al. 2007a; Schneider et al. 2011). Trotz dieser Unterschiede wird davon ausgegangen, dass der Europäische Stiftungssektor bezogen auf die jährlichen Ausschüttungen, auch abzüglich der Ausgaben von operativen Stiftungen, größer ist als jener in den USA (Hopt et al. 2008).

6.2.4.3 Wofür werden Stiftungszuwendungen verwendet?

Ausschlaggebend ist die Orientierung am Stifterwillen (von Schnurbein/Timmer 2010), der in der Stiftungsurkunde festgeschrieben ist. Thematisch dominieren im Stiftungsbereich europaweit vier Bereiche, nämlich Bildung und Forschung (30%), soziale Dienstleistungen (25%) und Gesundheit (11%) (Anheier 2001). Daneben spielen auch Ausschüttungen für Kunst- und Kultureinrichtungen eine wichtige Rolle. Ähnlich ist die Situation in den USA, wobei hier der Gesundheitsbereich mit 22% eine zentralere Stellung einnimmt (Foundation Center 2011). Geographisch gesehen, wird vor allem innerhalb einer Region bzw. innerhalb eines Landes Geld ausgeschüttet (European Foundation Center 2008). Ändern könnte sich dies durch die Einführung des European Foundation Statute, welches derzeit ausverhandelt wird und eine eigene Rechtsform und Erleichterungen für jene Stiftungen schafft, die grenzüberschreitend tätig sind.

Stiftungen werden in der wissenschaftlichen Literatur wegen ihrer Mitgliederlosigkeit, der kleinen Entscheidungsgremien sowie dem Fehlen externer direkter Kontrolle oft als Organisationen thematisiert, die besonders flexibel agieren und leichter unbequeme Themen aufgreifen können. Daher werden Stiftungen als Institutionen diskutiert, die Pluralismus in der Gesellschaft fördern, mit sozialen Innovation experimentieren sowie für neue Themen Risikokapital (Social Venture Capital) zur Verfügung stellen (Für einen Überblick über unterschiedliche Funktionen siehe Frumkin 2006; Prewitt 2006; Anheier/Daly 2007).

Ob Stiftungen diese idealtypischen Funktionen tatsächlich erfüllen, wird kontrovers diskutiert. StiftungskritikerInnen verweisen auf die Kontrolle und Macht, die Stiftungen im Austausch für ihre finanziellen Mittel bekommen (Ostrander 2007), auf ihr Interesse an der Aufrechterhaltung des Status-quo und damit eigener Privilegien, sowie darauf, dass Stiftungen oftmals nur aus steuerlichen Motivationen gegründet werden (Edwards 2010).

6.2.4.4 Warum wird gestiftet?

Motive von StifterInnen sind ähnlich wie jene von PrivatspenderInnen (vgl. Kapitel 6.2.2.4). So haben die meisten Gründe, dass Menschen geben, über alle Einkommensschichten hinweg Gültigkeit. Es existieren allerdings auch Motive, die v.a. für wohlhabende Menschen und damit auch für Stiftungen relevant sind. Schervish (2008) und Odendahl (1990) etwa konstatieren bei wohlhabenden Menschen die Erwartung, durch finanzielles Engagement größere, strukturelle Veränderungen herbeizuführen und dabei weitgehend Kontrolle über die Mittel zu bewahren.

Empirische Erhebungen in den USA zu Motiven von Stiftenden nennen meist vier zentrale Gründungsmotive, nämlich soziale Verantwortung, den Wunsch, der Gesellschaft etwas zurückzugeben, den Wunsch, die Mittel systematisch und langfristig einzusetzen sowie den Genuss steuerlicher Begünstigungen. Erwartungen des Umfeldes sowie das Bestreben, langfristig Kontrolle über das Vermögen zu bewahren und sich selbst ein Denkmal zu setzen, werden auch häufig genannt (Ostrower 1997; Schervish 2005). Zu ähnlichen Befunden kommt eine deutsche Studie (Timmer 2005).

6.3 Gesamtgesellschaftliche Aspekte

Spenden werden vielfach für die Bereitstellung öffentlicher Güter, also für Güter und Dienstleistungen, die dem Wohl der Allgemeinheit dienen, verwendet. Inwiefern der Staat diese Güter aus Steuereinnahmen oder aus privaten Spenden finanzieren soll, ist finanzwissenschaftlich umstritten. Zentral ist dabei die Frage, ob sich Spenden und öffentliche Ausgaben ergänzen oder ersetzen. Daraus leiten sich wesentliche gesellschaftspolitische Fragen ab, z. B. inwiefern der Staat die private Spendentätigkeit fördern soll oder ob ein Rückgang öffentlicher Ausgaben durch private Spenden wettgemacht werden kann.

6.3.1 Crowding-out: Verdrängung von Spenden durch Subventionen und vice versa

Eine verbreitete Vermutung über Spenden und öffentlichen Ausgaben lautet, dass die Bereitschaft von Privaten, für eine NPO zu spenden sinkt, wenn die Einnahmen der NPO aus öffentlichen Subventionen steigen und umgekehrt. Diese Annahme stammt aus der klassischen Ökonomie und ist als »Crowding-out« bzw. Verdrängungshypothese bekannt. Sie wird damit begründet, dass Private ihre Spende als Substitut (Ersatz) für ihre Steuerzahlung sehen, d. h. wenn der Staat einer NPO Steuergelder zur Verfügung stellt, sie selbst nicht mehr an diese NPO spenden müssen. Zudem wird angeführt, dass NPOs, die öffentliche Subventionen oder Leistungsentgelte erhalten, als wenig rentabel erscheinen und dies SpenderInnen abschrecken kann sowie, dass durch hohe Anteile öffentlicher Finanzierung der Einfluss der Spendenden reduziert wird, was diese ebenfalls demotivieren könnte (vgl. z. B. Brooks 2004).

Allerdings finden sich auch Argumente, die der Crowding-out-These widersprechen und das Gegenteil postulieren (crowding-in bzw. Verstärkungsthese), etwa, dass öffentliche Zuwendungen die Vertrauenswürdigkeit und Reputation der NPO erhöhen, was diese für Spendende attraktiv macht. Darüber hinaus sind öffentliche Subventionen meist mit einer öffentlichen Berichtslegung verbunden, wodurch Transparenz über die Mittelverwendung geschaffen wird. Auch steigen durch öffentliche Zuwendungen die Gesamteinnahmen der NPO, wodurch sich bei der Aufgabenerfüllung der NPO Skaleneffekte ergeben (vgl. z. B. Anheier/Toepler 1999; Anheier/Daly 2007).

In empirischen Untersuchungen zeigt sich der postulierte Crowding-out-Effekt nicht. Meist wird ein leichter Verdrängungseffekt festgestellt, d. h. wenn öffentliche Subventionen z. B. um 100 Euro steigen, reduzieren sich die Privatspenden um einen Betrag zwischen 5 und 32 Euro – nicht aber um 100 Euro. Einige Ergebnisse zeigen auch einen leichten Verstärkungseffekt (crowding-in), also eine Erhöhung der Spenden bei Anstieg der Subventionen (Brooks 2004; Anheier/Daly 2007). Als Argument, warum sich die Crowding-out-These empirisch nicht bestätigt, wird u. a. angeführt, dass die Spendenden über die Zunahme der staatlichen Förderung zum Zeitpunkt ihrer Spende nicht Bescheid wissen (Andreoni/Payne 2011). Jüngere Studien zeigen, dass der Crowding-out-Effekt meist gänzlich darauf zurückzuführen ist, dass NPOs bei höheren Subventionen oder Leistungsentgelten oft ihre Fundraisingaktivitäten reduzieren – und der Rückgang der Spendeneinnahmen schlicht eine Folge dessen ist (ebd.)

6.3.2 Steuerliche Absetzbarkeit von Spenden

In fast allen industrialisierten Ländern besteht die Möglichkeit, Spenden steuerlich geltend zu machen. Der Staat setzt also über das Steuersystem finanzielle Anreize, um das Spenden attraktiver zu machen. Grundsätzlich kann dabei zwischen drei Absetzbarkeitsmodellen unterschieden werden. Besonders verbreitet ist das Tax-Deduction-Modell, das auch in Österreich und Deutschland angewandt wird. Dabei wird die Spende von der Steuerbemessungsgrundlage, d. h. dem Einkommen, abgezogen, wodurch sich die Steuerzahlung verringert. Beim Tax-Credit-Modell wird die Spende von der berechneten Steuerzahlung selbst abgezogen, was einem Steuerfreibetrag gleich kommt. Dieses Modell wird z. B. in Frankreich, Italien, Portugal, Spanien sowie in einigen osteuropäischen Ländern praktiziert. In einigen Ländern existiert das Percentage Law. Dabei wird ein bestimmter Prozentsatz der abzuführenden Steuer vom Staat direkt an auszuwählende begünstigte Organisationen weitergeleitet (z. B. 2% in der Slowakei, 1% in Ungarn) (für einen Überblick dazu siehe Paar 2009). In einzelnen Ländern können auch mehrere Modelle gleichzeitig angewandt werden.

Bei der Tax Deduction steigt die Ersparnis für die Spendenden mit zunehmendem Steuersatz bzw. Einkommen. Beim Tax Credit ist die Steuerersparnis unabhängig vom Einkommen, sie stellt einen maximalen Fixbetrag dar. Das Percentage Law dagegen bringt für die Spendenden keine Ersparnis, es stellt aber eine Form der Mitbestimmung der Steuerallokation dar.

Die Idee der Absetzbarkeit ist, die Spendentätigkeit anzuregen. Z. B. kostet eine Spende von 100 Euro an eine NPO bei einem Steuergrenzsatz von 38,3% den Spendenden de facto nur 61,7 Euro, die begünstigte NPO erhält dennoch 100 Euro, die Differenz stellt die verringerte Steuereinnahme des Staates dar. Empirische Untersuchungen für die USA zeigen mehrheitlich, dass sich bei einer Verringerung des Spendenpreises durch Absetzbarkeitsregelungen um 1% die Spendentätigkeit um mehr als 1% erhöht (vgl. z. B. Brooks 2004; für einen Überblick siehe Borgloh 2008). Eine Preiselastizität von Spenden ist also gegeben, es werden aufgrund der Absetzbarkeit tatsächlich höhere Beträge gespendet.

6.3.3 Quantitative Bedeutung von Spenden versus Sozialausgaben

Privates philanthropisches Engagement wird in vielen Bereichen als Alternative zu öffentlichen Ausgaben diskutiert (Anheier/Daly 2007). Beispielsweise finanzieren sich Universitäten und Colleges in den USA zu 25–33% aus Spenden, Kultureinrichtungen zu 50% (vgl. dazu auch Salamon/Sokolowski 2004). Das Gesamtspendenvolumen der USA von 290

Mrd. Dollar liegt bei etwa 12,9% der öffentlichen Sozialausgaben von 2.240 Mrd. Dollar (Edwards 2010). In Österreich betrug das Spendenvolumen 2012 etwa 600 Mio. Euro, die öffentlichen Ausgaben für Soziales rund 90 Mrd. Euro, womit Spenden nur etwa 0,7% der Sozialausgaben ausmachen. Für Deutschland und die Schweiz liegen die entsprechenden Relationen bei 0,6% und 1,4%. Diese Größenordnungen machen deutlich, dass die Idee, Staatsausgaben durch private Spenden zu ersetzen, als utopisch zu bezeichnen ist. Zudem ist der Zusammenhang von finanziellen Mitteln und Mitgestaltung – je mehr finanzielle Mittel desto mehr Einfluss – auch demokratiepolitisch problematisch (Lang 2011).

6.4 Ausblick

Angesichts gegenwärtiger sozio-demografischer und gesellschaftspolitischer Veränderungen kann eine kontinuierliche Zunahme der Spendentätigkeit im deutschsprachigen Raum erwartet werden.

So wird in den kommenden Jahren eine Generation alt, die in einer Zeit starken Wirtschaftswachstums die Möglichkeit hatte, Vermögen anzuhäufen. Bei Überlegungen, wie das Vermögen nach dem Ableben verwendet werden soll – vor allem wenn eigene Kinder versorgt oder nicht vorhanden sind – werden vielfach Spenden in Betracht gezogen. Zunehmend wird das Einwerben von Testament- und Legatspenden auch ein Standardthema des Fundraising.

Im Zusammenhang mit dem intergenerationalen Transfer von Vermögen gewinnt auch die Gründung gemeinnütziger Stiftungen an Bedeutung. Auch die Förderpolitik durch Stiftungen verändert sich. Einerseits geht es um eine stärkere Zusammenarbeit zwischen Stiftungen und deren EmpfängerInnen und die Frage eines langfristigen Engagements. Darüber hinaus haben sich stiftungsähnliche Konstruktionen (Bürgerstiftung, giving circles) gebildet, bei denen sich eine Vielzahl von Personen und/oder Organisationen zusammenschließen und gemeinsam entscheiden, wofür die Mittel verwendet werden.

Für NPOs bringt die Zunahme des Interesses an philanthropischen Engagements mit sich, dass für Spendende – vor allem Stiftungen und Unternehmen – der Anspruch »To make a difference« ein wesentliches Motiv darstellt. Die Messung der Wirkung von Spenden und der damit finanzierten Projekte wird zunehmend eingefordert. Die Transparenz einer NPO und die über nationale Spendengütesiegel garantierte Sicherheit, dass die Spende ankommt, sind erforderlich, aber nicht mehr ausreichend.

Im Bereich der Unternehmensspenden zeichnet sich zudem ab, dass KonsumentInnen verstärkt ethisch einwandfreie Marken fordern – d.h. z.B. Unternehmen, die sich gesellschaftlich engagieren. Voraussichtlich wird das strategische Herangehen von Unternehmen aber auch von spendenfinanzierten NPOs zu einem insgesamt professionelleren und an wechselseitigen Interessen ausgerichteten Austausch führen. Aber auch neue Formen des Fundraising für NPOs, z. B. Kapitalstockspenden könnten für Unternehmen eine attraktive Spendenmöglichkeit darstellen.

Speziell in Österreich kann von einer Zunahme der Spendentätigkeit durch die seit 2009 ausgeweitete Möglichkeit der steuerlichen Absetzbarkeit von Spenden ausgegangen werden, die bereits im ersten Jahr der Einführung eine deutliche Steigerung des abgesetzten Spendenvolumens mit sich brachte, nämlich von 10 Mio. Euro im Jahr 2008 auf 69 Mio. Euro im Jahr 2009 (Neumayr/Schober 2012).

Trotz der erwarteten Zunahme des philanthropischen Engagements von Privatpersonen, Unternehmen und Stiftungen und den daraus resultierenden höheren Spendenvolumina werden Spenden aber auch in Zukunft kein Ersatz und keine Alternative für steuerfinanzierte Leistungen sein können.

Literatur

Adloff, F./Schwertmann, P./Sprengel, R./Strachwitz, R., (Hrsg.) (2007): Germany. Taylor & Francis.

Amato, Louis/Amato, Christie (2007): The Effects of Firm Size and Industry on Corporate Giving. In: Journal of Business Ethics, 72, 229–241.

Andreoni, J./Payne, A. A. (2011): Is crowding out due entirely to fundraising? Evidence from a panel of charities. In: Journal of Public Economics, 95, 334–343.

Anheier, H.K. (2001): Foundations in Europe: A comparative perspective. Centre for Civil Society, London School of Economics and Political Science.

Anheier, Helmut K./Daly, Siobhan, (Hrsg.) (2007): The Politics of Foundations. A Comparative Analysis., London and New York.

Anheier, Helmut K./Priller, Eckhard/Seibel, Wolfgang/Zimmer, Annette (2007): Der Nonprofit-Sektor in Deutschland. In: Badelt, Christoph/Meyer, Michael/Simsa, Ruth (Hrsg.): Handbuch der Nonprofit-Organisationen, Stuttgart, 17–39.

Anheier, Helmut K./Toepler, S. (1999): Philantropic Foundations: an international perspective. In: Anheier, Helmut K./Toepler, S. (Hrsg.): Private Funds, Public Purpose: Philantropic Foundations in International Perspective, New York.

Armstrong, Murray (2006): FTSE 100 Giving drops to 0,8%. The Guardian London.

Austin, James E. (2000): Strategic Collaboration Between Nonprofits and Business. In: Nonprofit and Voluntary Sector Quarterly, 29, 69–97.

Backhaus-Maul, Holger/Biedermann, Christiane/Nährlich, Stefan/Polterauer, Judith, (Hrsg.) (2010): Corporate Citizenship in Deutschland.

Gesellschaftliches Engagement von Unternehmen. Bilanz und Perspektiven. 2. Aufl., Wiesbaden.

Bekkers, René/Wiepking, Pamala (2010): A Literature Review of Empirical Studies of Philanthropy: Eight Mechanisms That Drive Charitable Giving. In: Nonprofit and Voluntary Sector Quarterly, 20, 1–50.

Bekkers, René/Wiepking, Pamala (2011): Who Gives? A Literature Review of Predictors of Charitable Giving I – Religion, Education, Age, and Socialization. In: Voluntary Sector Review, 2, 337–365.

Bennett, Roger (1998): Corporate philanthropy in France, Germany and the UK: International comparisons of commercial orientation towards company giving in European nations. In: International Marketing Review, 15, 458–475.

Bennett, Roger (2003): Factors underlying the inclination to donate to particular types of charity. In: International Journal of Nonprofit and Voluntary Sector Marketing, 8, 12–29.

Borgloh, Sarah (2008): What Drives Giving in Extensive Welfare States? The Case of Germany. Discussion Paper: Centre for European Economic Research: 21.

Brammer, Stephen J./Pavelin, Stephen/Porter, Lynda A. (2009): Corporate Charitable Giving, Multinational Companies and Countries of Concern. In: Journal of Management Studies, 46, 575–596.

Brammer, Stephen/Millington, Andrew (2006): Firm size, organizational visibility and corporate philanthropy: an empirical analysis. In: Business Ethics: A European Review, 15, 6–18.

Brammer, Stephen/Millington, Andrew (2008): Does it pay to be different? An analysis of the relationship between corporate social and financial performance. In: Strategic Management Journal, 29, 1325–1343.

Brooks, Arthur C. (2004): The Effects of Public Policy on Private Charity. In: Administration & Socicty, 36, 166–185.

Brummer, E. (1998): Statistiken zum deutschen Stiftungswesen 1998: Arbeitsberichte des Maecenata-Instituts für Dritter-Sektor-Forschung. Maecenata.

Bryant, Keith W./Jeon-Slaughter, Haekyung/Kang, Hyojin/Tax, Aaron (2003): Participation in Philantropic Activities: Donating Money and Time. In: Journal of Consumer Policy, 26, 43–73.

Bundesverband Deutscher Stiftungen (2010): »Fakten zu Stiftungen in Deutschland – von A bis Z.« abgerufen am 20. Juli 2012, from http://www.stiftungen.org/fileadmin/bvds/de/Presse/Pressematerial/Faktenblatt_Stiftungen.pdf.

Campbell, David/Moore, Geoff/Metzger, Matthias (2002): Corporate Philanthropy in the U.K. 1985–2000 Some Empirical Findings. In: Journal of Business Ethics, 39, 29–41.

Campbell, Leland/Gulas, Charles S./Gruca, Thomas S. (1999): Corporate Giving Behavior and Decision-Maker Social Consciousness. In: Journal of Business Ethics, 19, 375–383.

Carroll, Archie B. (1998): The Four Faces of Corporate Citizenship. In: Business and Society Review, 100, 1–7.

CECP, Commitee Encouraging Corporate Philanthropy (2011): »Giving in Numbers.« abgerufen am 12. Juni 2012, from http://www.corporatephilanthropy.org/research/benchmarking-reports/giving-in-numbers.html.

Chen, Jennifer C./Patten, Dennis M./Roberts, Robin (2008): Corporate Charitable Contributions: A Corporate Social Performance or Legitimacy Strategy? In: Journal of Business Ethics, 82, 131–144.

Crampton, William/Patten, Dennis (2008): Social Responsiveness, Profitability and Catastrophic Events: Evidence on the Corporate Philanthropic Response to 9/11. In: Journal of Business Ethics, 81, 863–873.

Donoghue, Freda (2007): Ireland. In: Anheier, H.K./Daly, S. (Hrsg.): The politics of foundations: a comparative analysis. Taylor & Francis.

DZI, Deutsches Zentralinstitut für soziale Fragen, (Hrsg.) (2010): Spendenbericht Deutschland 2010. Berlin Deutsches Zentralinstitut für soziale Fragen.

Edelmann, good-purpose (2012): »goodpurpose 2012.« from http://www.scribd.com/doc/90411623/Executive-Summary-2012-Edelman-goodpurpose%C2%AE-Study.

Edwards, M. (2010): Small change: why business won't save the world. Berrett-Koehler Pub.

European Foundation Center (2008): Foundations in the European Union: Facts and Figures.

European Social Survey (2002): The European Social Survey, Main Questionnaire, Round 1, 2002: Norwegian Social Science Data Services.

Felderer, Bernhard/Fink, Marcel/Kuschej, Hermann/Paterson, Iain (2002): Steuerliche Begünstigungen für Spenden im Bereich Soziales und Entwicklungszusammenarbeit. Wien Institut für Höhere Studien, unveröffentlichter Projektbericht.

Foundation Center (2011): Foundation Giving Trends. New York, unveröffentlichter Projektbericht.

Friedman, Milton (1970): The Social Responsibility of Business is to Increase its Profits. The New York Times Magazine.

Frumkin, Peter (2006): Strategic giving: the art and science of philanthropy. Chicago: The University of Chicago Press.

Fry, Louis W./Keim, Gerald D./Meiners, Roger E. (1982): Corporate Contributions: Altruistic or For-Profit? In: The Academy of Management Journal, 25, 94–106.

Galaskiewicz, Joseph (1997): An Urban Grants Economy Revisited: Corporate Charitable Contributions in the Twin Cities, 1979–81, 1987–89. In: Administrative Science Quarterly, 42, 445–471.

Gan, Ailian (2006): The Impact of Public Scrutiny on Corporate Philanthropy. In: Journal of Business Ethics, 69, 217–236.

Giving-USA (2011): »Giving USA.« abgerufen am 12. Juni 2012, from www.givingusa.org.

Godfrey, Paul C. (2005): The Relationship between Corporate Philanthropy and Shareholder Wealth: A Risk Management Perspective. In: The Academy of Management Review, 30, 777–798.

Griffin, Jennifer J./Mahon, John F. (1997): The Corporate Social Performance and Corporate Financial Performance Debate. In: Business & Society, 36, 5–31.

Helmig, B./Gmür, M./Bärlocher, C./Bächtold, S. (2010): Statistik des Dritten Sektors in der Schweiz. In: Helmig, B./Lichtsteiner, H./Gmür, M. (Hrsg.): Der dritte Sektor der Schweiz. Bern, 173–196.

Hinterhuber, E.M. (2005): Die Bürgerstiftung–Ein Sonderfall. Stiftungen in Theorie, Recht und Praxis, Berlin: 337–342.

Hofer, Bernhard (2007): »Spendenmarkt 2007. Der Kampf um den Spendenkuchen wird härter« 02.03.2009, from http://www.public-opinion.at/wordpress/wp-content/2007/10/publickopie.pdf.

Hopt, Klaus J./Anheier, Helmut K./Ebke, Werner/Hippel, Thomas von/Reimer, Ekkehard/Then, Volker/Vahlpahl, Tobias (2008): Feasibility Study on a European Foundation Statute Planck Institute for Comparative and International Private Law & University of Heidelberg, Centre of Social Investment and Investigation, Projektbericht.

Lang, Michael (2011): Spendenabzug und Steuerpolitik. Geltende Rechtslage und mögliche Alternativen. In: Steuer- und WirtschaftsKartei, 86, 499–508.

Lee, Hanjoon/Lancendorfer, Karen M./Reck, Robert (2012): Perceptual differences in corporate philanthropy motives: a South Korean study. In: International Journal of Nonprofit and Voluntary Sector Marketing, 17, 33–47.

Lilya, Denise (2011): The Guide to UK Company Giving. 8th edition Directory of Social Change

Lloyd, Theresa (2004): Why Rich People Give. London Association of Charitable Foundations.

Marquardt, Rüdiger (2001): Wissenschaftsförderung des Wirtschaftssektors (Spenden und Stiftungen). Essen. unveröffentlichter Projektbericht.

Meijer, May-May/de Bakker, Frank G. A./Smit, Johannes H./Schuyt, Theo (2006): Corporate giving in the Netherlands 1995–2003: exploring the amounts involved and the motivations for donating. In: International Journal of Nonprofit and Voluntary Sector Marketing, 11, 13–28.

Merz, Michael A./Peloza, John/Chen, Qimei (2010): Standardization or localization? Executing corporate philanthropy in international firms. In: International Journal of Nonprofit and Voluntary Sector Marketing, 15, 233–252.

Mesch, Debra J./Brown, Melissa S./Moore, Zachary I./Hayat, Amir Daniel (2011): Gender differences in charitable giving. In: International Journal of Nonprofit and Voluntary Sector Marketing, 16, 342–355.

Navarro, Peter (1988): Why Do Corporations Give to Charity? In: The Journal of Business, 61, 65–93.

NCVO/CAF (2011): »UK Giving: An overview of charitable giving in the UK, 2010/11.« from https://www.cafonline.org/publications/2010-publications/uk-giving-2010.aspx.

Neiheisel, Steven R. (1994): Corporate Strategy and the Politics of Goodwill: A Political Analysis of Corporate Philanthropy in America. New York, Bern, Berlin, Frankfurt/M., Paris, Wien.

Neumayr, Michaela/Schneider, Ulrike/Meyer, Michael/Haider, Astrid (2007): The Non-profit Sector in Austria – An economic, legal and political appraisal. Wien: WU – Institut für Sozialpolitik: 19.

Neumayr, Michaela/Schober, Christian (2012): Giving in Austria. Einflussfaktoren auf das Spendeverhalten der österreichischen Bevölkerung. Wien: Wirtschaftsuniversität Wien, Projektbericht.

Noble, Gary/Cantrell, John/Kyriazis, Elias/Algie, Jennifer (2008): Motivations and forms of corporate giving behaviour: insights from Australia. In: International Journal of Nonprofit and Voluntary Sector Marketing, 13, 315–325.

Odendahl, T. (1990): Charity begins at home: Generosity and self-interest among the philanthropic elite. Basic Books New York.

Ostrander, S.A. (2007): The growth of donor control: Revisiting the social relations of philanthropy. In: Nonprofit and Voluntary Sector Quarterly, 36, 356.

Ostrower, F. (1997): Why the wealthy give: The culture of elite philanthropy. Princeton Univ. Pr.

Paar, Robert (2009): Steuerliche Absetzbarkeit von Spenden an NPOs: Was ist davon zu erwarten? Vienna.

Porter, M. E./Kramer, M. R. (2002): The competitive advantage of corporate philanthropy. In: Harvard Business Review, 80, 56–68.

Prewitt, K. (2006): Foundations in The Nonprofit Sector. In: Powell, Walter W./Steinberg, Richard (Hrsg.): The Nonprofit Sector: A Research Handbook: Yale.

Public-Opinion (2011): »Großartige Leistung der Unternehmen », from http://www.public-opinion.at/wordpress/?p=356.

Purtschert, Robert/Schnurbein, Georg von/Beccarelli, Claudio (2007a): Switzerland. Taylor & Francis.

Purtschert, Robert/Von Schnurbein, Georg/Bittel, N. (2007b): Charity-Gala oder Sammelbüchse? In: Verbands-Management Accounting, 33, 36–45.

PWC, PriceWaterhouseCoopers (2007): Unternehmen als Spender: Eine Befragung unter den 500 größten Aktiengesellschaften in Deutschland zu ihrem Spendenverhalten und ihren Kriterien für die Spendenvergabe. Projektbericht.

Radley, Alan/Kennedy, Marie (1995): Charitable Giving by Individuals: A Study of Attitudes and Practice. In: Human Relations, 48, 685–709.

Renz, L./Mandler, C./Tran, T. (1997): Foundation giving. In: New York City: The Foundation Center, 80–81.

Rotenhan, G.F. (2005): Überblick über die verschiedenen Stiftungsformen. In: Stiftungen in Theorie, Recht und Praxis. Handbuch für ein modernes Stiftungswesen. Berlin, S, 307–314.

Saiia, David H./Carroll, Archie B./Buchholtz, Ann K. (2003): Philanthropy as Strategy. In: Business & Society, 42, 169–201.

Salamon, Lester M./Sokolowski, S. Wojciech (2004): Global Civil Society. Dimensions of the Nonprofit Sector. Bloomfield.

Sánchez, Carol M. (2000): Motives for Corporate Philanthropy in El Salvador: Altruism and Political Legitimacy. In: Journal of Business Ethics, 27, 363–375.

Sargeant, Adrian/Woodliffe, Lucy (2009): Individual giving behaviour – A multidisciplinary

review. In: Sargeant, Adrian/Wymer, Walter (Hrsg.): Routledge Companion to Nonprofit Marketing New York, 117–120.
Schervish, P.G. (2005): Major donors, major motives: The people and purposes behind major gifts. In: New Directions for Philanthropic Fundraising, 2005, 59–87.
Schervish, P.G. (2008): Why the Wealthy Give: Factors Which Mobilize Philanthropy Among High Net-Worth Individuals. In: The Routledge Companion to Nonprofit Marketing. New York.
Schneider, Hanna/Millner, Reinhard/Meyer, Michael (2011): Mapping Foundations in Austria. Abteilung für Nonprofit Management. WU Wirtschaftsuniversität Wien, unveröffentlichter Projektbericht.
Schuyt, Th.N.M.; Gouwenberg, B.M.; Bekkers, R.H.F.P. (2011): Giving in the Netherlands: Donations, Bequests, Sponsorship and Volunteering. Amsterdam.
Seifert, Bruce/Morris, Sara A./Bartkus, Barbara R. (2003): Comparing Big Givers and Small Givers: Financial Correlates of Corporate Philanthropy. In: Journal of Business Ethics, 45, 195–211.
Seitanidi, Maria May/Ryan, Annmarie (2007): A critical review of forms of corporate community involvement: from philanthropy to partnerships. In: International Journal of Nonprofit and Voluntary Sector Marketing, 12, 247–266.
Shervish, Paul G./O'Herlihy, Mary A./Havens, John J. (2006): Charitable Giving: How Much, By Whom, To What, and How? In: Powell, Walter W./Steinberg, Richard (Hrsg.): The Nonprofit Sector. A Research Handbook, New Haven, 542–567.
Siegfried, J.J./McElroy, K.M./Biernot-Fawkes, D. (1983): The management of corporate contributions. Research in corporate social performance and policy. Preston, E. L. Greenwich 87–102.
Smyth, Judith (2000): Guide to UK Company Giving 3rd edition London: Directory of Social Change.
Srnka, Katharina J./Grohs, Reinhard/Eckler, Ingeborg (2003): Increasing Fundraising Efficiency by Segmenting Donors. In: Australasian Marketing Journal (AMJ), 11, 70–86.
Timmer, K. (2005): Stiften in Deutschland. In: Die Ergebnisse der StifterStudie. Gütersloh.
TNS-Infratest (2011, abgerufen am 08.06.2012): »Deutscher Spendenmonoitor. Fakten und Trends im Zeitverlauf.« from http://www.tns-infratest.com/presse/pdf/Presse/TNS_Infratest_Deutscher_Spendenmonitor_2011.pdf.
Toepler, S. (1999): On the problem of defining foundations in a comparative perspective. In: Nonprofit management and leadership, 10, 215–225.
Urriolagoitia, Lourdes/Vernis, Alfred (2011): May the Economic Downturn Affect Corporate Philanthropy? Exploring the Contribution Trends in Spanish and U.S. Companies. In: Nonprofit and Voluntary Sector Quarterly.
von Schnurbein, G. (2009): Der Schweizer Stiftungssektor im Überblick. Basel.
von Schnurbein, G./Timmer, K. (2010): Die Förderstiftung: Strategie, Führung, Management. Helbing Lichtenhahn.
Wiepking, Pamala (2008): For the Love of Mankind. A Sociological Study on Charitable Giving. Amsterdam VU University Amsterdam.
Wiepking, Pamala/Breeze, Beth (2011): Feeling poor, acting stingy: the effect of money perceptions on charitable giving. In: International Journal of Nonprofit and Voluntary Sector Marketing.
Wijkström, Filip (2007): Sweden. In: Anheier, Helmut.K./Daly, S. (Hrsg.): The politics of foundations: a comparative analysis: Taylor & Francis.

Williams, Robert J. (2003): Women on Corporate Boards of Directors and their Influence on Corporate Philanthropy. In: Journal of Business Ethics, 42, 1–10.
Williams, Robert J./Barrett, J. Douglas (2000): Corporate Philanthropy, Criminal Activity, and Firm Reputation: Is There a Link? In: Journal of Business Ethics, 26, 341–350.
Zhang, Ran/Zhu, Jigao/Yue, Heng/Zhu, Chunyan (2010): Corporate Philanthropic Giving, Advertising Intensity, and Industry Competition Level. In: Journal of Business Ethics, 94, 39–52.

7 Nonprofit-Governance

Florentine Maier, Michael Meyer

Das Thema *Corporate Governance*, d. h. die Governance von gewinnorientierten Unternehmen, beschäftigt seit den 1990er Jahren die Organisations- und Managementforschung. Triebfeder dafür waren zu einem Großteil Skandale, in denen die Aufsichtsmechanismen von Organisationen versagten und – meist durch die Geschäftsführung – legitime Interessen von Stakeholdern grob verletzt wurden. Ab dem Jahr 2000 ist das Thema Governance noch stärker ins Zentrum der Aufmerksamkeit gerückt und wurde auch in der Forschung über NPO verstärkt aufgegriffen.

Der Begriff der »Governance« ist trotz aller Forschungsbestrebungen ein relativ schillernder und vager geblieben (Hughes 2010: 87). Ziel dieses Beitrags ist es, einen Überblick über die wichtigsten wissenschaftlichen und praktischen Auffassungen von Nonprofit-Governance zu geben. Zu diesem Zweck wird zunächst eine Begriffsklärung angeboten. Anschließend wird auf die Unterschiede zwischen Nonprofit- und Forprofit-Governance eingegangen, und die wichtigsten Dokumente, die in einzelnen NPO die Governance regeln können, werden vorgestellt. Den Hauptteil des Kapitels bilden die Ausführungen zum Aufsichtsorgan (»governing board«) einer NPO, welches üblicherweise den wichtigsten Bestandteil eines Governance-Systems darstellt. Darauf folgt eine Darstellung von Governance-Instrumenten jenseits von Aufsichtsorganen. Das Kapitel schließt mit einer Diskussion aktueller Spannungsfelder und Herausforderungen der Nonprofit-Governance.

7.1 Klärung des Governance-Begriffs

Bei dem Begriff »Governance« geht es im Allgemeinen um Steuerung. Konkret werden darunter drei unterschiedliche, jedoch miteinander zusammenhängende Dinge verstanden: Die Steuerung ganzer Gesellschaften, die Steuerung einzelner Organisationen, und die Verbindung dieser beiden Aspekte.

Die Steuerung ganzer Gesellschaften ist vor allem in der politikwissenschaftlichen Forschung Kern des Governance-Begriffs. Man spricht hier auch von »Makro-Governance«, gesellschaftlicher Governance oder – aus Sicht einzelner Organisationen – »externer Governance« (Steen-Johnsen et al. 2011, siehe auch Rhodes 1997; Bozzini/Enjolras 2011). Makro-Governance umfasst z. B. Gesetze, Gerichtsentscheidungen, administrative Regelungen, aber auch ganz allgemein alle Praktiken, die bestimmen, welche und wie öffentliche finanzierte Güter in einer Gesellschaft erstellt und verteilt werden (Lynn Jr. et al. 2000:4). Der Prozess der Makro-Governance wird zunehmend weniger direkt vom Staat gesteuert. Stattdessen gewinnen marktwirtschaftliche Akteure und Steuerungsprinzipien an Bedeutung sowie, in weitaus bescheidenerem Rahmen, auch NPO, die mit der Implementierung öffentlicher Aufgaben beauftragt werden. Governance wurde und wird in der politikwissenschaftlichen Diskussion als Alternativ- und Gegenbegriff zu Government aufgebaut.

Die Steuerung einzelner Organisationen ist vor allem Kern des betriebswirtschaftlichen und organisationssoziologischen Governance-Begriffs. Hier spricht man auch von »organisationaler Governance«, »Corporate Governance« oder »interner Governance« (Steen-Johnsen et al. 2011). Das Konzept der organisationalen Governance betont im Gegensatz zu Konzepten wie Management oder Controlling, bei denen es ebenfalls um Steuerung geht, vor allem den Aspekt der Rechenschaftspflicht (z. B. Stone/Ostrower 2007) und des Schutzes von Stakeholderinteressen (z. B. Speckbacher 2008). Für NPO, deren Handlungsfähigkeit und Überleben in besonderem Maße von der ihnen zugestandenen Legitimität abhängt, ist organisationale Governance unverzichtbar. Dies betrifft insbesondere jene NPO, die sich durch Spenden oder Mitgliedsbeiträge finanzieren und auf Freiwilligenarbeit aufbauen. Der vorliegende Beitrag orientiert sich an der organisationalen Governance.

Das Konzept der organisationalen Governance stammt aus dem angelsächsischen Raum und wird dort oft mit der Gestaltung der Arbeitsaufteilung und Beziehungen im Aufsichtsorgan (»governing board«) einer NPO gleichgesetzt. Erst in jüngster Zeit wurde die Forderung lauter, das gesamte Governance-System von NPO in den Blick zu nehmen, also beispielsweise auch Audits, Berichtspflichten, Inspektionen, Verhaltenskodizes für die Organe (Code of Conduct) und gesetzliche Auflagen (Cornforth 2011). Den weiteren Ausführungen in diesem Beitrag liegt ein breites Verständnis der organisationalen Governance zugrunde: Unter einem organisationalen Governance-System verstehen wir die Gesamtheit aller steuerungswirksamen Strukturen in einer Organisation, welche die Erfüllung von Rechenschaftspflichten und den Schutz von Stakeholderinteressen sicherstellen.

Themen der Makro-Governance und der organisationalen Governance können auch miteinander in Verbindung gebracht werden (Stone/Ostrower 2007; Cornforth 2011). Relevant für dieses Unterfangen erscheint insbesondere das Foucaultsche Konzept der *Gouvernementalität*. Es bezeichnet eine Gesamtheit von Institutionen, Verfahren, Analysen, Reflexionen, Berechnungen und Taktiken zur Ausübung von Macht (Foucault 2000:64). Governementalität bedeutet Regieren durch Selbststeuerung in Form komplexer Wirkungsketten; politische Macht dringt über kapillare Verzweigungen (die auch NPO einschließen) bis in den Kern der einzelnen Individuen vor (Foucault 2007 [1975]: 68). Exemplarisch für eine Anwendung dieser Perspektive ist etwa Seckinelgins (2004) Analyse der Governance von HIV/AIDS im subsaharischen Afrika: Von WHO, Weltbank, IMF, der Afrikanischen Union, der EU, individuellen Geberländern und ihre Agenturen, über internationale Entwicklungshilfe-NPO und Unternehmen sowie die Regierungen der betroffenen Länder, zu lokalen NPO und schließlich den einzelnen betroffenen Menschen spannt sich das Netz der Governance. Seckinelgin skizziert ein Governance-System, in dem die politische Macht im Wesentlichen von »oben« nach »unten« wirkt und der Handlungsspielraum von lokalen NPO durch mächtigere Akteure stark eingeschränkt wird. Einen anderen Aspekt der Rolle von NPO in Systemen der Gouvernementalität beleuchtet Villadsen (2009): Er weist darauf hin, das NPO selbst eine entscheidende Rolle bei der Konstruktion von interventionsbedürftigen Bevölkerungsgruppen und geeigneten Interventionstechniken spielen. Diese Konstruktionen werden oft später in den Zuständigkeitsbereich staatlicher Politik übernommen (z. B. im Bereich der Drogentherapie).

7.2 Unterschiede zwischen der Governance von gewinnorientierten Unternehmen und NPO

Seit den 1990er Jahren werden NPO verstärkt mit der Erwartung konfrontiert, dass sie sich in ihren Governance-Praktiken an gewinnorientierten Unternehmen orientieren sollen (Alexander/Weiner 1998). Eine direkte Übernahme von Konzepten aus dem gewinnorientierten Bereich ist jedoch nicht sinnvoll, da es grundlegende Unterschiede zwischen der Governance von Unternehmen und NPO gibt. In Abbildung III.7.1 sind diese zusammengefasst.

	Governance von gewinnorientierten Unternehmen	**Nonprofit-Governance**
Rechtsform	In erster Linie Kapitalgesellschaften (AG, GmbH)	Verschiedene Rechtsformen, z. B. Vereine, Kapitalgesellschaften, Genossenschaften.
Governance-Gremien	I.d.R. Aufsichtsrat	Verschiedene Formen. z. B. Vereinsvorstand und Geschäftsführung, Vorstand und Aufsichtsrat. Uneinheitliche Nomenklatur.
Vergütung	Tätigkeiten in Aufsichtsrat und Vorstand werden vergütet.	Aufsichtstätigkeiten erfolgen üblicherweise ehrenamtlich.
Zielsetzungen	Überwiegend finanzwirtschaftliche Zielsetzungen	Multidimensionale Zielsysteme.
Primäre Stakeholder	Eigentümer (Shareholder)	Mehrere wichtige Stakeholder mit teilweise widersprüchlichen Zielen.
Stellenwert der ökonomischen Leistungsfähigkeit	Ökonomische Leistungsfähigkeit als Ziel	Ökonomische Leistungsfähigkeit als Basis.

Abbildung III.7.1: Governance von gewinnorientierten Unternehmen und NPO im Vergleich (Schuhen 2002, 98, Speckbacher 2008)

7.3 Governance-Dokumente

Die Minimalanforderungen an organisationale Governance-Systeme sind gesetzlich vorgegeben. Etwa sieht das Vereinsrecht in Deutschland, Österreich und der Schweiz vor, dass jeder Verein Mitgliederversammlungen abhalten muss und dass der Vorstand gewählt werden muss. Abgesehen von den rechtlichen Minimalanforderungen steht es NPO weitgehend frei, wie das Governance-System ausgestaltet wird (vgl. Siebart/Reichard 277f.). Bei der formalen Festlegung des Governance-Systems kann eine Reihe von Dokumenten zum Einsatz kommen, vor allem die Satzung (auch: Statuten), Geschäftsordnungen und Verhaltenscodizes (ibid.). Da es für effektive Governance wichtig ist, dass das Aufsichtsorgan ein klares Verständnis von seiner Rolle und seinem Verantwortungsbereich hat (Cornforth 2001), kann es sehr sinnvoll sein, auch die diesbezüglichen Erwartungen, die über die rechtlichen Mindestanforderungen hinausgehen, schriftlich festzuhalten.

Der verpflichtende Inhalt der Satzung (im österreichischen und Schweizer Vereinsrecht Statuten genannt) ist je nach Rechtsform der Organisation in den entsprechenden Gesetzen festgelegt (z. B. Vereinsgesetz, Aktiengesetz). Typischerweise muss hier etwa dargelegt werden, wie viele Mitglieder das Aufsichtsgremium hat, welche Rechte und Pflichten diese Mitglieder haben, wie sie bestimmt werden, und was ihre Amtsperioden sind.

Zudem kann prinzipiell für jedes Gremium der Organisation eine Geschäftsordnung beschlossen werden. In dieser werden üblicherweise die Zuständigkeiten, Rechte und Pflichten der Mitglieder dieses Gremiums festgelegt. Auch Verfahrensregeln für Versammlungen des Gremiums sind typischerweise Gegenstand von Geschäftsordnungen.

Ein Verhaltenskodex (Code of Conduct) ist ein Regelwerk, das festlegt, welche Verhaltensweisen von bestimmten Personen bzw. Gruppen erwartet werden. Kennzeichnend für Kodizes ist, dass ihre Einhaltung nicht, wie bei Gesetzen, mit formalen Sanktionen belegt ist (Siebart 2006: 227). Die Organisation kann ihren eigenen Verhaltenskodex erstellen oder externe Verhaltenskodizes übernehmen.

7.4 Aufsichtsorgane (Governing Boards)

Der Großteil der Literatur zum Thema Governance legt den Fokus auf das Aufsichtsorgan (»board«) der Organisation. Das ist verständlich, tragen Aufsichtsorgane doch die rechtliche Hauptverantwortung dafür, dass die Organisation ihre Rechenschaftspflichten erfüllt (Cornforth 2011).

7.4.1 Aufgaben

In der Literatur finden sich zahlreiche Aufstellungen, welche Aufgaben Aufsichtsorgane im Rahmen einer »good practice« erfüllen sollen. Stellvertretend soll hier die – besonders ausführlich ausgearbeitete – Aufstellung von Ingram (2008) vorgestellt werden. Dieser zufolge sind Aufsichtsorgane von NPO für folgende Aufgaben verantwortlich:

- Festlegung von Mission und Zweck der Organisation,
- Auswahl der Geschäftsführung,
- Unterstützung der Geschäftsführung und Beurteilung ihrer Leistung,
- Sicherstellung einer effektiven Planung,
- Überwachung und Stärkung der Programme und Dienstleistungen der Organisation,
- Sicherstellung angemessener finanzieller Ressourcen,
- Schutz des Betriebsvermögens und Überwachung der Finanzen,
- Sicherstellung der rechtlichen und ethischen Integrität der Organisation,
- Steigerung des öffentlichen Ansehens der Organisation,
- Treffen von Maßnahmen zum Aufbau der eigenen Kompetenz als Aufsichtsorgan (»Board Development«).

7.4.2 Die Entwicklung von Aufsichtsorganen im Lebenszyklus der Organisation

Die Rollen von Aufsichtsorganen unterscheiden sich je nach Entwicklungsstand der NPO. Werther und Berman (2001) zufolge läuft diese Entwicklung typischerweise in drei Stufen ab: Vom »Working Board« über das »Managing Board« zum »Advisory Board.« Wie alle Lebenszyklusmodelle ist auch dieses nur als Orientierungshilfe und nicht als deterministisches Modell zu verstehen.

Das »Working Board« ist typisch für junge und kleine NPO: Die GründerInnen bilden das erste Leitungs- und Aufsichtsorgan und betreiben die NPO ohne weitere Angestellte. Sie sind tief in die operative Tätigkeit involviert. Üblichen Best-Practice-Empfehlungen zum Thema Governance wird nicht entsprochen (Siebart/Reichard 2004: 279f). Schätzungen von Siebart und Reichard (ibid.) zufolge entspricht die überwiegende Mehrzahl von NPO in Mitteleuropa dieser Entwicklungsstufe.

Mit dem Wachstum der Organisation entwickelt sich typischerweise ein »Managing Board«: Es wird eigens eine bezahlte Geschäftsführung angestellt; im Aufsichtsorgan sind ehrenamtliche externe DirektorInnen vertreten. Das Aufsichtsorgan widmet sich nun vornehmlich strategischen Fragen; operative Aufgaben werden zunehmend der Geschäftsführung und den MitarbeiterInnen überlassen. »Managing Boards« sind typischerweise von der Geschäftsführung dominiert, d.h. die externen DirektorInnen erwarten von der Geschäftsführung, dass sie die Themen setzt und Vorschläge einbringt, über die dann das Aufsichtsorgan entscheidet (Werther/Berman 2001: 19).

Die Entwicklungsform, die »best practice« Empfehlungen am stärksten entspricht, ist das »Advisory Board«. Hier ist das Aufsichtsorgan nicht mehr in operative Tätigkeiten involviert. Das Aufsichtsorgan übernimmt eine aktive Rolle gegenüber der Geschäftsführung, leitet sie an, und überwacht ihre Leistungen (Werther/Berman 2001: 19).

7.4.3 Zur Strukturierung des Aufsichtsorgans

Bei der Strukturierung von Aufsichtsorganen steht eine Reihe von Alternativen zur Auswahl. Diese betreffen vor allem die Entscheidung zwischen ein- oder zweistufigem System, die Größe des Aufsichtsorgans, seine Zusammensetzung, den Modus der Auswahl seiner Mitglieder, sowie die Amtsdauer der Mitglieder.

7.4.3.1 Ein- oder zweistufiges System

Beim einstufigen System (»one-tier system«) gibt es kein von der Geschäftsführung getrenntes Aufsichtsorgan; Aufsichts- und Leitungsfunktion werden vom selben Organ, dem Vorstand (»board of directors«), wahrgenommen. Mitglieder dieses Organs sind der Geschäftsführer bzw. die Geschäftsführerin (»executive director«) und gegebenenfalls weitere externe Personen (»outside directors«, externe DirektorInnen). In Abbildung III.7.2 ist eine typische einstufige Organisationsverfassung dargestellt.

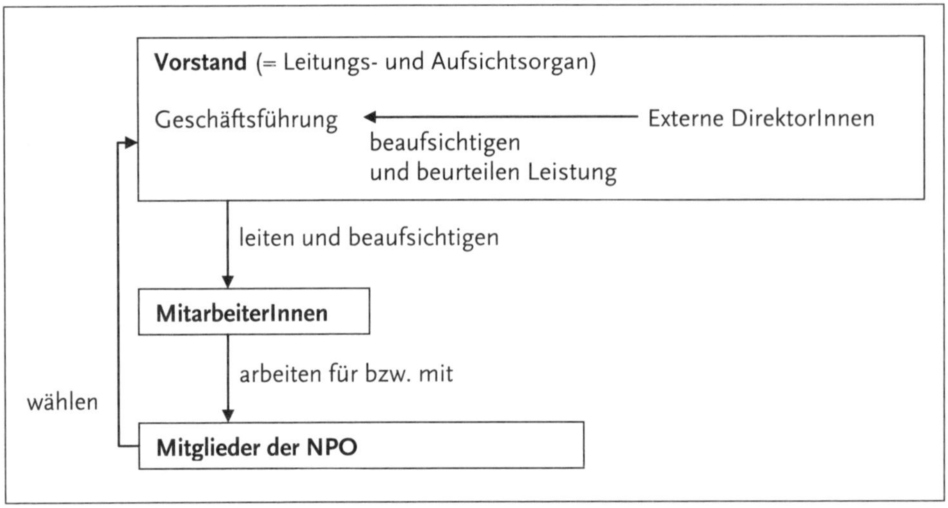

Abbildung III.7.2: Einstufiges System (modifiziert nach Siebart/Reichard 2004)

Das einstufige System wird oft als angelsächsisches System bezeichnet, was aber nur im Fall von gewinnorientierten Aktiengesellschaften zutreffend ist. Bei diesen wird angenommen, dass der Kapitalmarkt durch die Möglichkeit feindlicher Übernahmen für die notwendige Disziplin sorgt. Da jedoch für NPO dieser Disziplinarmechanismus nicht existiert, haben diese ab einer gewissen Größe auch in angelsächsischen Ländern üblicherweise keine einstufige Organisationsverfassung (vgl. Oster 1995: 75, Siebart/Reichard 2004: 274).

Der Vorteil des einstufigen Systems ist, dass das Leitungs- und Aufsichtsorgan direkten Zugang zu Informationen über die Organisation hat. Der Kommunikationsweg zwischen DirektorInnen und MitarbeiterInnen ist kurz. Dem stehen zwei Nachteile gegenüber: Erstens ist es für die externen DirektorInnen schwieriger, die Geschäftsführung zu überwachen. Dem kann durch eine möglichst hohe Anzahl externer DirektorInnen u. U. entgegen gewirkt werden. Zweitens können sich für die Geschäftsführung leicht Interessenkonflikte ergeben, da sie für die Überwachung ihrer eigenen Geschäftsgebarung zuständig sind. Die Geschäftsführung kann die externen DirektorInnen, etwa durch das Lenken von Informationen, relativ leicht in ihrem Sinne beeinflussen. Daher sollte der Geschäftsführer bzw. die Geschäftsführerin zumindest nicht gleichzeitig den Vorsitz im Aufsichts- und Leitungsorgan innehaben (vgl. Siebart/Reichard 2004: 275f.).

Beim zweistufigen System (Two-tier-System) gibt es für Leitung und Aufsicht getrennte Organe. In kleinen Vereinen gibt es bei dieser Variante typischerweise eine Geschäftsführung und einen davon personell und aufgabenmäßig klar getrennten Vorstand (siehe Abbildung III.7.3). In großen NPO wird oft, wie in gewinnorientierten Kapitalgesellschaften, der Vorstand mit der Geschäftsführung betraut und die Aufsichtsfunktion von einem Aufsichtsorgan ausgeübt. Für dieses Aufsichtsorgan gibt es keine einheitliche Bezeichnung; üblich sind z. B. Aufsichtsrat, Verwaltungsrat, Beirat oder Kuratorium.

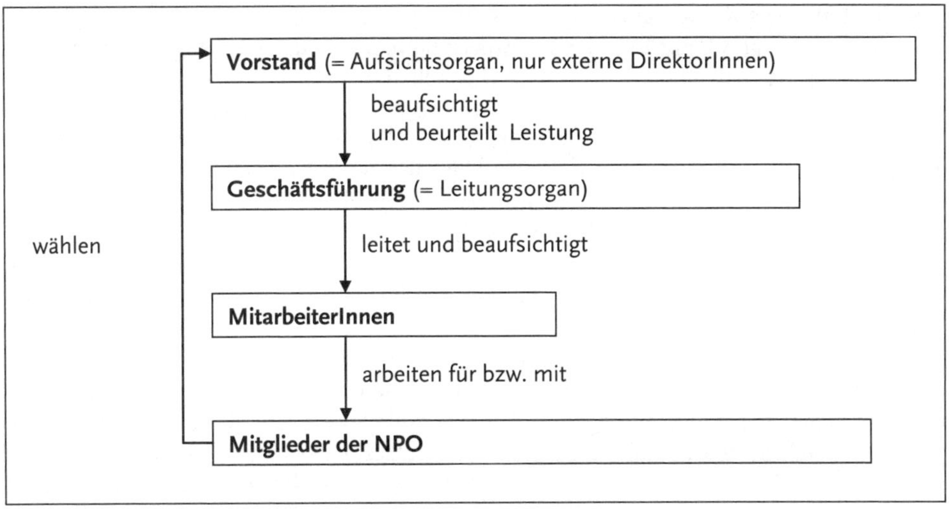

Abbildung III.7.3: Zweistufiges System (modifiziert nach Siebart/Reichard 2004)

Der größte Vorteil des zweistufigen Modells ist die Unabhängigkeit des Aufsichtsorgans. Ein Nachteil des einstufigen Modells ist, dass niemand im Aufsichtsorgan direkten Einblick in die Organisation hat. Die externen DirektorInnen sind stark von Informationen der Geschäftsführung abhängig. Daher ist es wichtig, dass externe DirektorInnen mit dem jeweiligen Tätigkeitsbereich der Organisation vertraut sind und wissen, anhand welcher Kriterien die Leistung der Geschäftsführung beurteilt werden kann (Siebart/Reichard 2004:276).

Ob ein- oder zweistufiges System, in jedem Fall ist für effektive Governance entscheidend, dass externe DirektorInnen und die Geschäftsführung zusammenarbeiten. Besonders wichtig ist, dass sie eine gemeinsame Vision über die Ziele der Organisation und den Weg zur Erreichung dieser Ziele teilen, und die Qualität ihrer Zusammenarbeit regelmäßig besprechen (Cornforth 2001).

7.4.3.2 Größe und Zusammensetzung

Sowohl große als auch kleine Aufsichtsorgane haben spezifische Vorteile. Eine größere Anzahl an Vorstandsmitgliedern kann i. d. R. mehr finanzielle Ressourcen mobilisieren und stärkere Unterstützungsarbeit für die Organisation leisten, da die Mitglieder selbst mehr Ressourcen mitbringen und über ein größeres Netzwerk verfügen. Außerdem können größerer Aufsichtsorgane die Diversität der Stakeholder besser abbilden. Ein kleineres Aufsichtsorgan hingegen begünstigt eine höhere Kohäsion unter den Mitgliedern und eine weniger formalisierte Arbeitsweise. Manche NPO versuchen, die Vorteile beider Varianten zu verbinden, indem sie Subkomitees innerhalb des Aufsichtsorgans einrichten oder ein kleines und ein großes Aufsichtsorgan mit jeweils unterschiedlichen Aufgaben haben (z. B. einen kleinen Aufsichtsrat für Kontrollaufgaben und einen großen Beirat für Beratung oder Fundraising-Aufgaben; vgl. Siebart/Reichard 2004:282f.).

Die Frage der Zusammensetzung des Aufsichtsorgans kann von zwei Seiten betrachtet werden: Einerseits ist zu überlegen, welche Zusammensetzung die Organisation in ihrer

Arbeit möglichst gut unterstützt. Andererseits ist zu überlegen, welche Stakeholder einen moralischen Anspruch auf Präsenz im Aufsichtsorgan haben. Zu letzterem Punkt gibt es je nach theoretischem Zugang unterschiedliche Sichtweisen.

Aus Perspektive der *Prinzipal-Agent-Theorie* sollen jene Stakeholder dem Aufsichtsorgan angehören, die spezifische Beiträge leisten, für die eine angemessene Gegenleistung nicht durch Verträge gesichert ist (Speckbacher 2008). Dies können GeldgeberInnen (SpenderInnen, StifterInnen), Vereinsmitglieder, Freiwillige oder MitarbeiterInnen, die mehr als das arbeitsvertraglich Abgedeckte leisten, sein. Aus Perspektive der Prinzipal-Agent-Theorie wird angeraten, nicht übermäßig viele unterschiedliche Akteursgruppen in das Aufsichtsorgan aufzunehmen, da diese die Entscheidungsfindung verkomplizieren (Speckbacher 2008).

Ein Plädoyer für eine breitere Berücksichtigung von Akteuren in der Nonprofit-Governance lässt sich aus der *Stakeholder-Theorie* nach Freeman (1984) ableiten. Freeman sieht als Stakeholder nicht nur jene Akteure, die wertvolle spezifische Ressourcen für die Organisation liefern, sondern alle, die von den Aktivitäten einer Organisation betroffen sind oder auf diese Einfluss nehmen können. Das inkludiert im Gegensatz zur Prinzipal-Agent-Theorie auch KlientInnen und andere NPO. Die Stakeholder-Theorie empfiehlt, dass NPO ein breites Spektrum unterschiedlicher Stakeholder in ihre Governance involvieren sollen, um unterschiedlichen Umweltansprüchen gerecht zu werden. Das Aufsichtsorgan einer NPO fungiert aus dieser Perspektive vor allem als Forum, wo widersprüchliche Interessen integriert und organisationale Ziele und Richtlinien ausverhandelt werden (Cornforth 2003).

In der Praxis wird die Zusammensetzung der Aufsichtsorgane ganz wesentlich davon abhängen, welche Stakeholder-Interessen als besonders berücksichtigens- und schützenswert erscheinen. Dabei spielen mehrere Faktoren eine Rolle: (1) die Bedeutung und Ersetzbarkeit der Ressourcen, die Stakeholder beitragen, (2) die Stärke des Interesses der Stakeholder an der NPO und (3) der Schutz, den diese Interessen durch andere Rechtsinstitute (z. B. Vertragsrecht, Arbeitsrecht) erfahren. Je größer der Stellenwert der Ressourcen, je stärker das Interesse der Stakeholder und je geringer der rechtliche Absicherung dieses Interesses, desto wichtiger ist es, dass diese Stakeholder im Aufsichtsorgan repräsentiert sind.

Für die Unterstützung der Organisation in ihrer Arbeit ist es wichtig, dass die Mitglieder des Aufsichtsorgans geeignete Qualifikationen mitbringen, Zugang zu wichtigen Ressourcen eröffnen, und ausreichend Zeit für ihre Tätigkeit aufbringen können (vgl. Green/Griesinger 1996; Cornforth 2001). Vor allem der richtige Mix an Personen ist wichtig. Für heterogene Aufsichtsorgane ist es zwar schwieriger, zu konsensualen Entscheidungen zu gelangen, dafür verfügen sie über ein breiteres Kompetenzspektrum und größeres Netzwerk. Das ist hilfreich, um Ressourcen für die Organisation zu akquirieren und unter komplexen Bedingungen strategische Entscheidungen zu treffen. So zeigen empirische Ergebnisse, dass eine NPO höhere Überlebenschancen hat, wenn ihrem Aufsichtsorgan viele Angehörige hochangesehener Berufe angehören, und wenn diese altersmäßig gut durchmischt sind und aus einer Vielzahl unterschiedlicher Berufe kommen (Wollebaek 2009).

7.4.3.3 Auswahl und Amtsdauer der Mitglieder

Für die Auswahl der Mitglieder des Aufsichtsorgans gibt es unterschiedliche Methoden. Eine Variante ist die Wahl, etwa durch die Mitgliederversammlung. Eine andere Variante ist die Ernennung, entweder durch ein anderes Gremium oder durch die übrigen Mitglieder des Aufsichtsorgans (»self-perpetuating boards«). Prinzipiell erscheint die Wahl am geeignetsten und die Ernennung durch das Aufsichtsorgan selbst am ungeeignetsten, um Diversität in der Zusammensetzung sicherzustellen und unterschiedliche Stakeholder-Interessen angemessen zu integrieren. Letzen Endes hängt die Erreichung dieses Ziels aber bei jeder Methode von der gelebten Praxis in der Organisation ab (vgl. Siebart/Reichard 2004: 278).

Bei der Amtsdauer der Mitglieder des Aufsichtsorgans gilt es, einen Mittelweg zwischen Stabilität und Wandel zu finden. Allzu häufige Wechsel der handelnden Personen machen es schwer, ein effektives Team aufzubauen und Kontinuität in den Entscheidungen sicherzustellen. Zu lange Amtsdauern können dazu führen, dass sich ein Tunnelblick entwickelt, der Enthusiasmus der handelnden Personen nachlässt oder das Aufsichtsorgan von der Geschäftsführung vereinnahmt wird. Im Regelfall wird es daher sinnvoll sein, Amtsperioden zu begrenzen, aber nicht alle Mitglieder des Aufsichtsorgans auf einmal auszutauschen. Wichtig ist es auch, Regelungen für ein verfrühtes Ausscheiden vorzusehen, für den Fall, dass externe DirektorInnen ihre Aufgabe nicht angemessen wahrnehmen (Siebart/Reichard 2004: 281).

7.4.4 Anwendungsorientierte Konzepte zur Tätigkeit von Aufsichtsorganen

Es existiert eine Vielzahl anwendungsorientierter Konzepte, die den Aufsichtsorganen von NPO helfen sollen, wirkungsvoller und effizienter zu arbeiten. Zu den bekanntesten (vgl. Worth 2011: 88f., Schuhen 2002: 97) gehören das »Policy Governance« Konzept von Carver (2006), das »Governance as Leadership« Konzept von Chait, Ryan und Taylor (2005), und die »Total Activities Analysis« von Harris (1993). Diese illustrieren das mögliche Spektrum von stark normativen zu ergebnisoffenen Zugängen und sollen daher in weiterer Folge genauer dargestellt werden.

7.4.4.1 Policy Governance

Das von John Carver (2006) entwickelte »Policy Governance« Konzept ist der in der Praxis sehr bekannt, was wohl auf seine einfachen, griffigen und Anspruch auf Allgemeingültigkeit erhebenden Handlungsanweisungen zurückzuführen ist. Aus denselben Gründen ist das Konzept von wissenschaftlicher Seite ausgiebig kritisiert worden (vgl. Murray 2007). Carver hat den Anspruch auf Einzigartigkeit, Allgemeingültigkeit und Wirksamkeit seines Konzepts in der jüngsten Ausgabe seines Buches zwar etwas reduziert; in seinen Grundzügen bleibt es aber normativ und universalistisch, d. h., es wird versprochen, dass jedes Aufsichtsorgan durch Übernahme des Konzepts seine Leistung verbessern kann.

Die Grundzüge des »Policy Governance« Konzepts können wie folgt beschrieben werden (Carver 2006, siehe auch Murray 2007):

- Das Aufsichtsorgan soll im Interesse der ideellen Eigentümer (»moral owners«, d. h., Personen, die einen legitimen Anspruch auf Vertretung ihrer Interessen haben) der Organisation agieren. Wer diese sind, muss das Aufsichtsorgan entscheiden.
- Es soll eine bestimmte Aufgabenteilung und Kommunikationskette geben: Das Aufsichtsorgan ist Verbindungsglied zwischen den ideellen Eigentümern und der Geschäftsführung. Die Geschäftsführung ist Verbindungsglied zwischen Aufsichtsorgan

und MitarbeiterInnen. Das Aufsichtsorgan legt Grundsätze (»policies«) fest, welche dann von den MitarbeiterInnen implementiert werden.

- Das Aufsichtsorgan hat ausschließlich die Aufgabe, vier Kategorien von Grundsätzen (»policy categories«) zu definieren und ihre Einhaltung zu überwachen:
  1. Zwecke (»ends«): Das Aufsichtsorgan definiert die langfristigen Zwecke der Organisation, indem es die Frage beantwortet, welche menschlichen Bedürfnisse erfüllt werden sollen, für welche Zielgruppen und zu welchen Kosten. Ein Musterbeispiel für eine solche »ends policy« auf Ebene des Mission Statements bei einer Privatschule wäre etwa: »Zu angemessenen Kosten erhalten die SchülerInnen die spirituelle Urteilskraft, den moralischen Mut, und die akademische Exzellenz, um die Gesellschaft durch eine verantwortungsvolle und wirkungsvolle christliche Lebensweise zu beeinflussen (Carver 2006: 92)«.
  2. Grenzen für die Geschäftsführung (»executive limitations«): Das Aufsichtsorgan legt fest, welche Grenzen die Geschäftsführung bei der Wahl der Mittel zur Erreichung dieser Ziele einhalten muss (z. B. maximal mögliche Risiken, Merkmale des Gehaltsschemas). Innerhalb dieser Grenzen ist die Geschäftsführung frei in der Wahl der Mittel. Niemals darf das Aufsichtsorgan direkt vorgeben, wie die Geschäftsführung die Ziele erreichen soll.
  3. Delegationsbeziehung zwischen Aufsichtsorgan und Geschäftsführung (»board-management delegation«): Das Aufsichtsorgan legt fest, welche Entscheidungskompetenzen an die Geschäftsführung delegiert werden und wie ihre Leistung kontrolliert wird.
  4. Governance-Prozess: Das Aufsichtsorgan legt fest, wie der Governance-Prozess organisiert wird (z. B. Anforderung an seine Mitglieder, Struktur von Ausschüssen).
- Das Aufsichtsorgan soll die Ergebniserreichung anhand fundierter Daten streng kontrollieren.

In empirischen Untersuchungen wurde festgestellt, dass das »Policy Governance«-Konzept für NPO tendenziell durchaus hilfreich ist, jedoch nicht besser als andere normative Konzepte der Nonprofit-Governance (Brudney/Murray 1998; Nobbie/Brudney 2003).

7.4.4.2 Governance als Leadership

Chait, Ryan und Taylor (2005:5) grenzen sich von Carver (2006) ab, indem sie argumentieren, dass Governance eine zu komplexe Aufgabe sei, um sie auf so simple Regeln wie im »Policy-Governance«-Konzept reduzieren zu können. Aus ihrer Perspektive ist es nicht wichtig, dass zwischen dem Aufsichtsorgan und der Geschäftsführung eine strikte Aufgabentrennung herrscht. Entscheidend sei, dass das Aufsichtsorgan und die Geschäftsführung ihre Aufmerksamkeit auf die wirklich wichtigen Themen der Organisation richten. Dabei soll das Aufsichtsorgan die Führungsrolle übernehmen, was sowohl das Definieren von Grundregeln als auch Implementierungselemente beinhaltet.

In dem Konzept gibt es drei Governance-Modi, in denen Aufsichtsorgane arbeiten können (Chait et al. 2005: 6-8.):

- Im treuhänderischen Modus werden Missstände verhindert bzw. aufgedeckt. Das betrifft vor allem den verantwortungsvollen Umgang mit Vermögenswerten, die Treue zur Mission, Rechenschaft über die Leistung und das Einhalten gesetzlicher Verpflichtungen. Das Aufsichtsorgan überwacht hier die Geschäftsführung.

- Im strategischen Modus werden Probleme gelöst und Pläne entwickelt. Das Aufsichtsorgan arbeitet hier mit der Geschäftsführung partnerschaftlich zusammen.
- Im generativen Modus geht es darum, die richtigen Fragen zu stellen, Probleme neu zu definieren, neue Sichtweisen von Lösungen schaffen, und dadurch Sinn zu stiften. Generatives Denken schafft also die Grundlagen für Governance im strategischen Modus. Governance im generativen Modus kann den AutorInnen zufolge nur vom Aufsichtsorgan und der Geschäftsführung gemeinsam geleistet werden.

Chait, Ryan und Taylor (2005:9) zufolge arbeiten die meisten Aufsichtsorgane nur im treuhänderischen und strategischen Modus. Die AutorInnen argumentieren, dass generatives Denken ein essenzieller Bestandteil von Führung ist, und nur Governance, die auch den generativen Modus abdeckt, die Aufgabe von »Governance as Leadership« erfüllt.

7.4.4.3 Total Activities Analysis

Noch stärker ergebnisoffen als das Konzept von Chait, Ryan und Taylor (2005) ist die »Total Activities Analysis« von Harris (1993). Harris betont, dass es kein Patentrezept für die Aufgabenteilung zwischen Aufsichtsorgan und Geschäftsführung gibt. Sie schlägt daher vor, dass die Mitglieder des Aufsichtsorgans und der Geschäftsführung die Aufgabenteilung gemeinsam festlegen sollen.

Ausgangspunkt für diesen Klärungsprozess ist ein Katalog von zehn Aktivitäten, die in NPO typischerweise zu erledigen sind (Harris 1993: 272f.):

1. Kernleistungen erbringen,
2. Kernleistungen und Strukturen entwerfen und entwickeln (incl. Festlegung von Richtlinien und Prioritäten, Planung, Überwachung),
3. in der Öffentlichkeit ein Verständnis über die Notwendigkeit der eigenen Kernleistung entwickeln und pflegen,
4. Beziehungspflege (incl. Steigerung des Bekanntheitsgrades, Networking mit wichtigen Akteuren im Feld),
5. Fundraising,
6. Verwaltung der Finanzen (Einheben und Auszahlen von Geldern, Buchhaltung, Budgetierung, Budgetkontrolle),
7. Personalmanagement (incl. Recruiting, Personaleinführung, soziale Belange des Personals),
8. Personalführung und -koordination (incl. Zuweisung von Aufgaben und Leistungsbeurteilung),
9. Logistik (Bereitstellung von Arbeitsplätzen und Ausrüstung, Arbeitsmaterialien, sowie Unterstützungsleistungen) und
10. Sekretariatstätigkeiten.

Eine »Total Activities Analysis« nach Harris (1993: 274) läuft nun in drei groben Schritten ab:

1. Es wird geklärt, welche Aktivitäten in der NPO anfallen. Ausgangspunkt dafür ist der oben stehende Katalog, der gegebenenfalls adaptiert wird.
2. Es wird geklärt, wie die Aktivitäten derzeit zwischen dem Aufsichtsorgan und den MitarbeiterInnen (Geschäftsführung und andere) aufgeteilt sind. Dabei wird auch auf Implikationen und unterschiedliche Wahrnehmungen der Praxis eingegangen.

3. Schließlich wird diskutiert, ob diese Aufgabenverteilung sinnvoll ist bzw. welche Änderungen durchgeführt werden sollen.

Die »Total Activities Analysis« wurde in der Praxis oftmals erprobt (Harris 1993: 270). Das Konzept dürfte insbesondere jenen NPO entgegenkommen, die nicht dem gängigen Schema einer großen, hierarchischen Organisation mit angestellter Geschäftsführung entsprechen.

7.5 Governance jenseits von Aufsichtsorganen

Wie eingangs erwähnt, wurde Governance bislang oft mit den Aufsichtsorganen einer NPO gleichgesetzt. Ein Governance-System kann aber auch andere Elemente einschließen, z. B. Regulierungsbehörden, Audits, öffentliche Berichtspflichten, Inspektionen und gesetzliche Auflagen. Organisationen können neben dem Aufsichtsorgan auch Beratungsgremien einrichten, etwa in Form eines Beirates, einer Lenkungsgruppe oder eines Sounding Boards. ManagerInnen und MitarbeiterInnen spielen eine wichtige unterstützende Rolle bei der Ausführung der Governance-Funktion. Darüber hinaus gewinnt in der Praxis die Mehrebenen-Governance (»multilevel Governance«) an Bedeutung (vgl. Beitrag III.2). Hier arbeiten innerhalb einer Organisation Aufsichtsorgane auf mehreren Ebenen zusammen (z. B. bei Verbänden oder Organisationen, die Töchterorganisationen mit eigenen Aufsichtsorganen gründen). Mehrebenen-Governance-Strukturen finden sich z. B. bei föderalistisch organisierten NPO mit weitem räumlichen Aktionsradius oder bei NPO, die umfangreiche kommerzielle Aktivitäten betreiben und zu diesem Zweck Haftungsrisiken und Besteuerung optimieren wollen (Cornforth 2011).

Sehr viele dieser Aspekte werden von sog. Governance-Kodizes aufgegriffen. Auch für NPO wurden mittlerweile in Deutschland und der Schweiz eine Reihe solcher mehr oder weniger verbindlicher Kodizes entwickelt. Von Schnurrbein und Stöckli (2010) haben 15 deutsche und schweizerische Kodizes analysiert und dabei Regelungen und Empfehlungen zu folgenden Governance-Aspekten gefunden:

1. Trennung von Führung und Kontrolle,
2. Festlegung klarer Aufgabenprofile und Handlungskompetenzen,
3. Festlegungen zu Risikomanagement,
4. Umgang mit Interessenkonflikten,
5. Zusammensetzung der Organe,
6. Transparenz des Organisationshandelns,
7. Sicherstellung eines leistungsfähigen Informationssystems,
8. Berücksichtigung der Regeln zur Rechnungslegung und Abschlussprüfung.

In der Privatwirtschaft gehen Corporate-Governance-Codizes zumindest für börsennotierte Unternehmen über eine reine Empfehlung von »best practice« hinaus (in Deutschland müssen Vorstand und Aufsichtsrat einer börsennotierten Gesellschaft jährlich eine Erklärung abgeben, dass den Empfehlungen des Kodex entsprochen wurde und wird oder welche Empfehlungen nicht angewendet wurden oder werden). Die Verbindlichkeit von Nonprofit-Governance-Codizes ist hingegen geringer. Relativ hoch ist sie dann, wenn die Codizes von einzelnen NPO oder von Zentralorganisationen für die mit ihnen verbundenen NPO ausgegeben werden (z. B. der Diakonische Corporate Governance Kodex in Deutschland), geringer ist sie bei Kodizes von Dachorganisationen (z. B. der Swiss NPO-Code).

7.6 Governance-Logiken in NPO

Wie im Beitrag bereits mehrfach angesprochen, gibt es in der NPO-Praxis ein breites Spektrum an Auffassungen über »richtige« Governance. Eine Möglichkeit zur Einordnung dieser unterschiedlichen Auffassungen bietet die von Maier und Meyer (2011) entwickelte Typologie von Governance-Logiken.

Aufbauend auf qualitativen Interviews mit VertreterInnen österreichischer NPO entwickeln sie eine Typologie von fünf alltagspraktischen Verständnissen von organisationaler Governance in NPO: (1) »managerialistische«, (2) »familiäre«, (3) »professionalistische«, (4) »bürgerschaftliche« und (5) »basisdemokratische« Governance (siehe Abbildung III.7.4). Aufbauend auf Stone und Ostrower (2007) werden diese Verständnisse entlang von drei Leitfragen charakterisiert: Wem gegenüber ist die Organisation rechenschaftspflichtig?, Über welche Mechanismen kann die Rechenschaftspflicht erfüllt werden? Was sind Kriterien für die Leistung, für die die Organisation rechenschaftspflichtig ist?

	Governance-Logik				
Leitfrage	**Managerialistisch**	**Familiär**	**Professionalistisch**	**Bürgerschaftlich**	**Basisdemokratisch**
Adressaten der Governance?	GeldgeberInnen	LeistungsempfängerInnen	Externe FachkollegInnen	Aktive Mitglieder	AktivistInnen
Governance-Mechanismen?	Aufsichtsorgan, Geschäftsführung	Persönliche Beziehungen, Gefühle	Bewertung durch FachkollegInnen, Vergleich mit anderen Organisationen im Feld	Wahlen, Abstimmungen, gegenseitige Kontrolle, Einhalten formaler Regeln	Herrschaftsfreie Diskussion, Konsenssuche, Offenheit der Organisation
Leistungskriterien?	Effektives und effizientes Erreichen einer expliziten Mission	Erreichen einer impliziten Mission	Einhaltung professioneller Standards, positive Bewertung durch FachkollegInnen	Breite Unterstützung	Einhalten von Regeln der Basisdemokratie

Quelle: Maier/Meyer 2011

Abbildung III.7.4: Alltagspraktische Verständnisse organisationaler Governance in NPO

Im managerialistischen Verständnis von organisationaler Governance sind die SpenderInnen und Geldgeber-Institutionen die primäre Adressaten von organisationaler Governance, denn ihre Rolle wird als den Eigentümern in gewinnorientierten Unternehmen am ähnlichsten gesehen. Wichtigster Governance-Mechanismus ist das Zusammenspiel zwischen dem Aufsichtsorgan der NPO (»Aufsichtsrat«) und der Geschäftsführung. Es wird angenommen, dass das Aufsichtsorgan für strategische Weichenstellungen und die Überwachung der Geschäftsführung zuständig ist, während die Geschäftsführung freie Hand in operativen Fragen haben soll (ähnlich dem »Policy Governance« Konzept von Carver). Referenzpunkt für die Rechenschaftspflicht ist die schriftlich festgehaltene Mission der NPO, bzw. sind es die aus ihr abgeleiteten Ziele, welche effektiv und unter effizientem Mitteleinsatz erreicht werden sollen.

Ganz anders stellt sich das »familiäre« Verständnis von Governance dar. Hier werden die LeistungsempfängerInnen als primäre Adressaten von Governance angesehen. Es wird angenommen, dass gerade gegenüber den Schwächsten und Bedürftigsten die größte Rechenschaftspflicht besteht. Zur Umsetzung dieses Rechenschaftsanspruchs wird auf paternalistische und informelle Methoden zurückgegriffen; die direkte Mitwirkung der LeistungsempfängerInnen an Governance-Prozessen ist nicht vorgesehen. Vielmehr sollen die ErstellerInnen der Leistung die Bedürfnisse der LeistungsempfängerInnen im persönlichen Kontakt erfahren, empathisch verinnerlichen und sich in ihrem Handeln davon leiten lassen. Diese Governance-Mechanismen basieren also auf Gefühlen und persönlichen Beziehungen. Auch werden Leistungskriterien nicht explizit festgelegt, geschweige denn formal überprüft. Vielmehr teilen die Mitglieder der Organisation ein implizites Verständnis vom Ziel und von Leistungsnormen.

In der wissenschaftlichen und praxisorientierten Diskussion zum Thema Governance stellt das familiäre Governance-Verständnis typischerweise eine Art von Gegenfolie im Sinne einer »Nicht-Governance« oder »schlechten Governance« dar. Tatsächlich sind Governance-Skandale in der NPO-Praxis meist auf unangemessenes Vertrauen in informelle, persönliche, »gefühlsbasierte« Governance-Mechanismen zurückzuführen. Allerdings muss zugestanden werden, dass es sich um ein einfaches und für viele Menschen unmittelbar einleuchtendes Governance-Verständnis handelt, das in kleinen oder jungen NPO durchaus seine Berechtigung hat.

Ein weiteres in der Praxis bedeutsames Governance-Verständnis kann als »professionalistisch« charakterisiert werden. Elemente des professionalistischen Governance-Verständnisses finden sich oft bei NPO, die in Bereichen der Wissenschaft, Medizin oder Pädagogik tätig sind, aber auch z. B. in von Freiwilligenarbeit geprägten Bereichen wie Sport oder Feuerwehr. Hier werden die Normen und Standards der Profession bzw. des Fachs als zentrale Referenz angesehen. Primäre Adressaten der Governance sind daher organisationsexterne FachkollegInnen, die diese Standards repräsentieren. FachkollegInnen überprüfen die Konformität mit professionellen Standards, entweder durch unmittelbare Bewertung der Organisation anhand dieser Standards oder durch Vergleiche von Organisationen innerhalb des Feldes. Beispiele für unmittelbare Bewertungen sind die Inspektion durch Aufsichtsbehörden oder die Akkreditierung durch Akkreditierungsinstitutionen. Vergleiche sind etwa die Teilnahme an Wettbewerben oder das mehr oder weniger strukturierte Mitverfolgen der Aktivitäten anderer Organisationen im Feld. Professionalistisch ausgerichtete NPO erbringen typischerweise hochkomplexe Leistungen, deren Qualität für Fachfremde nicht unmittelbar transparent ist und bei denen eine Steuerung über reine Outputkriterien zu unerwünschten Effekten führen kann. Als die sinnvollsten Kriterien für gute Leistung werden in diesen Fällen daher die Einhaltung professioneller Standards und die positive Bewertung durch FachkollegInnen angesehen.

Im bürgerschaftlichen Governance-Verständnis wird von einer mitgliedschaftlich organisierten NPO, also einem Verein oder einer Genossenschaft, ausgegangen. Hier stehen demokratische Mitbestimmungsrechte im Mittelpunkt der Überlegungen. Es wird angenommen, dass die primäre Rechenschaftspflicht gegenüber den aktiven Mitgliedern besteht. Dementsprechend sind Wahlen und Abstimmungen wichtige Governance-Mechanismen. Auch ein ausgeklügeltes System von Gremien, die sich gegenseitig kontrollieren, sowie ein umfangreiches formales Regelwerk, dessen Einhaltung kontrolliert wird, tragen zur Governance bei. Es wird angenommen, dass gute Leistungserfüllung am besten darin erkennbar ist, dass die NPO sich breiter Unterstützung erfreut. Als Leistungskriterien dienen daher zum Beispiel hohe Mitgliederzahlen, ein hoher Beteiligungsgrad der Mitglieder, eine starke Durchdringung des Wirkungsbereiches (z. B. bei Gewerkschaften ein hoher Anteil gewerkschaftlich organisierter Betriebe) oder Wahlgewinne bei politischen Parteien.

Beim basisdemokratischen Governance-Verständnis, welches unter anderem auf Ideen der 1968er Bewegung aufbaut, stehen Ideale der Autonomie und des konsensualen Entscheidens im Mittelpunkt. Die Rechenschaftspflicht wird primär gegenüber jenen Mitgliedern der Organisation angenommen, deren wesentlicher Beitrag ihre Mitarbeit ist. Sie tragen die Entscheidungen der Organisation. Jedes Mitglied hat das Recht, alle organisationalen Entscheidungen in Frage zu stellen. Gleichzeitig versucht die Organisation, externe Abhängigkeiten, etwa von Geldgebern, möglichst gering zu halten. Um die Einhaltung der Rechenschaftspflicht gegenüber ihren aktiven Mitgliedern zu sichern, gibt es ein breites Repertoire basisdemokratischer Governance-Mechanismen, vor allem Regeln für herrschaftsfreies Diskutieren (z. B. Formulierregeln, RednerInnenlisten, Redezeitquoten) und verschiedene Verfahren der Konsenssuche. Ein weiterer Governance-Mechanismus ist das Prinzip der organisationalen Offenheit: Alle, die sich für die Themen der Organisation interessieren, sind zum Mitreden eingeladen und auch dazu, ihre kritische Sichtweise einzubringen. Weil basisdemokratische Organisationen oft radikale gesellschaftliche Veränderungen anstreben, die sich wenn überhaupt nur sehr langsam einstellen, wäre für diese Organisationen Zielerreichung kein praktikables Leistungskriterium. Als Leistungskriterium dient vielmehr die Einhaltung basisdemokratischer Prinzipien: Es wird als Erfolg angesehen, dass die Organisation die Möglichkeit basisdemokratischer Zusammenarbeit an Ort und Stelle demonstriert. In Reinform findet sich dieses basisdemokratische Verständnis von Governance in Nischen des Nonprofit-Sektors im links-alternativen Bereich. Breiteres Legitimations- und Mobilisierungspotenzial scheint dieses Governance-Verständnis aktuell weniger in Organisationen, sondern eher in sozialen Bewegungen zu haben, etwa bei den Aufständen 2010/11 in Tunesien, 2011 in Ägypten und bei der 2011 entstandenen Occupy-Bewegung.

Bei Betrachtung dieser unterschiedlichen Governance-Verständnisse wird deutlich, dass bei der Gestaltung von Governance-Systemen in NPO höchst unterschiedliche normative Annahmen zugrunde gelegt werden können.

7.7 Spannungsfelder und Herausforderungen der Nonprofit-Governance

Im Bereich der Nonprofit-Governance gibt es eine Reihe von Spannungsfeldern, die als »Dauerbrenner« bezeichnet werden können (Vgl. Beitrag II.1):

- Die Zusammenarbeit zwischen ehrenamtlichen Vorständen und bezahlten MitarbeiterInnen,
- hohe Erwartungen an ehrenamtliche Vorstandsmitglieder bei meist unzureichender Aufwandsabgeltung,
- die Balance zwischen Verpflichtungen gegenüber der Gesellschaft und Verpflichtungen gegenüber der NPO selbst,
- die Gradwanderung zwischen sinnvoller Regulierung und Überregulierung.

Dazu kommen, bedingt durch aktuelle politische und wirtschaftliche Entwicklungen, neue Herausforderungen wie die Governance von hybriden Organisationen sowie die Abwägung von Erfordernissen demokratischer Legitimation und ökonomischer Effizienz.

Hybride Organisationen sind Organisationen, die stark durch die Kombination von Nonprofit-, Forprofit- und staatlichen Merkmalen geprägt sind (siehe z. B. Smith 2010), z. B. Sozialunternehmen und ausgegliederte öffentliche Einrichtungen, wie etwa Museen oder Universitäten. Hybride Organisationen gewinnen an Bedeutung, und die Frage der Transparenz und des Schutzes unterschiedlicher Stakeholderinteressen (GläubigerInnen, SteuerzahlerInnen, KlientInnen, MitarbeiterInnen, usw.) stellt sich bei ihnen besonders stark.

Eine besondere Herausforderung ist die Abwägung von Erfordernissen demokratischer Legitimation und ökonomischer Effizienz. Von den späten 1960ern bis in die späten 1980er war es im deutschsprachigen Raum im Nonprofit-Sektor durchaus legitim, demokratischer Beteiligung den Vorrang gegenüber Effizienzüberlegungen einzuräumen. Ein Mindestmaß an ökonomischer Effizienz wurde zwar als notwendige Voraussetzung angesehen, aber das Einhalten demokratischer Prozeduren galt als klares Kriterium für »good governance«, ohne dass damals irgendjemand diese Begrifflichkeit verwendet hätte. NPO wurden dabei als jene Organisationen charakterisiert, die, gemessen an ökonomischer Effizienz, dilettantisch agieren und »erfolgreich scheitern« (Seibel 1992). Die »Demokratisierung aller Lebensbereiche« sollte die Menschen glücklich machen und ihnen ermöglichen, sich selbst zu verwirklichen. Diese Philosophie beseelte zahlreiche Initiativen im Kultur- und Sozialbereich, sowie im Bereich der alternativen Ökonomie. Seit den 1980er Jahren lässt sich auf gesellschaftlicher Ebene eine Entwicklungstendenz beobachten, die treffend mit dem Konzept der »Post-Demokratie« (Crouch 2004) charakterisiert werden kann: Governance-Systeme beziehen ihre Legitimität heute nicht mehr vorrangig aus der Partizipation der Betroffenen mittels demokratischer Verfahren. Ihre Legitimität schöpft sich vielmehr primär aus der Fähigkeit, weithin als wünschenswert angesehene Resultate zu produzieren. Ein solches System kann partizipative Verfahren beinhalten, aber nur, wenn sie anderen Verfahren an Effizienz und Effektivität überlegen sind.

Dementsprechend ist in zahlreichen NPO eine Umstellung weg von basisdemokratischen oder bürgerschaftlichen Governance-Verständnissen und hin zu managerialistischen Formen zu beobachten. Das professionalistische Verständnis von Governance scheint sich bestimmten Bereichen, etwa im Gesundheits- und im Erziehungssystem, noch teilweise behaupten zu können; das familiäre Governance-Verständnis war ohnehin schon lange als »unprofessionell« diskreditiert und zeigt sich dennoch erstaunlich widerstandsfähig.

Gleichzeitig kommt NPO eine immer wichtigere Rolle in der gesellschaftlichen Governance zu, da auch der Staat versucht, seine Strukturen effizienter zu gestalten und zahlreiche Aufgaben an NPO auslagert. Zusätzlich wird damit oft die Hoffnung verbunden, durch Einbindung der Zivilgesellschaft das partizipative Element in der gesellschaftlichen Governance zu stärken. Kaum berücksichtigt wird aber, dass die demokratische Legitimation vieler NPO eher schwach ist, was sich im Zuge der Managerialisierung organisationaler Governance noch verschärft (vgl. Beitrag III.8). Das Argument, dass NPO besondere Ansprüche an ihre organisationale Governance stellen müssen, wenn sie selbst an der gesellschaftlichen Steuerung partizipieren wollen, wurde bislang kaum gehört. Demokratiepolitisch ist diese Entwicklung daher kritisch zu hinterfragen.

Literatur

Alexander, Jeffrey A./Weiner, Bryan J. (1998): The adoption of the corporate governance model by nonprofit organizations. In: Nonprofit Management and Leadership, 8, 223–242.

Bozzini, Emanuela/Enjolras, Bernard, (Hrsg.) (2011): Governing ambiguities. Baden-Baden.

Brudney, Jeffrey L./Murray, Vic (1998): Do intentional efforts to improve boards really work? The views of nonprofit CEOs. In: Nonprofit Management and Leadership, 8, 333–348.

Carver, John (2006): Boards that make a difference: A new design for leadership in nonprofit and public organizations. Jossey-Bass Inc Pub.

Chait, Richard/Ryan, William P./Taylor, Barbara E. (2005): Governance as leadership: Reframing the work of nonprofit boards.

Cornforth, Chris (2001): What Makes Boards Effective? An examination of the relationships between board inputs, structures, processes and effectiveness in non-profit organisations. In: Corporate Governance: An International Review, 9, 217–227.

Cornforth, Chris (2003): Introduction the Changing Context of Governance-emerging Issues and Paradoxes. In: Comforth, Chris (Hrsg.): The Governance of Public and Non-profit Organisations. London, 1–20.

Cornforth, Chris (2011): Nonprofit-Governance Research: Limitations of the Focus on Boards and Suggestions for New Directions. In: Nonprofit and Voluntary Sector Quarterly.

Crouch, Colin (2004): Post-democracy. Cambridge et al.

Foucault, Michel (2000): Die ›Gouvernementalität‹ (Vorlesung am Collège de France im Studienjahr 1977–78). In: Bröckling, Ulrich/Krasmann, Susanne/Lemke, Thomas (Hrsg.): Gouvernementalität der Gegenwart: Studien zur Ökonomisierung des Sozialen, Frankfurt am Main, 41–67.

Foucault, Michel (2007 [1975]): Die Anormalen. Vorlesungen am Collège de France (1974–1975). Frankfurt am Main.

Freeman, R. Edward (1984): Strategic Management: A Stakeholder Approach. London.

Green, Jack C./Griesinger, Donald W. (1996): Board performance and organizational effectiveness in nonprofit social services organizations. In: Nonprofit Management and Leadership, 6, 381–402.

Harris, Margaret (1993): Exploring the role of boards using total activities analysis. In: Nonprofit Management and Leadership, 3, 269–281.

Hughes, Owen (2010): Does Governance Exist? In: Osbornge, Stephen P. (Hrsg.): The New Public Governance: Emerging Perspectives on the Theory and Practice of Public Governance, London, 87–104.

Ingram, Richard T. (2008): Ten basic responsibilities of nonprofit boards. BoardSource.
Lynn Jr., Laurence E./Heinrich, Carolyn J./Hill, Carolyn J. (2000): Studying governance and public management: Why? How? In: Heinrich, Carolyn J./Lynn Jr., Laurence E. (Hrsg.): Governance and performance: New perspectives, Washington, DC, 1–33.
Maier, Florentine/Meyer, Michael (2011): Managerialism and Beyond: Discourses of Civil Society Organization and Their Governance Implications. In: Voluntas: International Journal of Voluntary and Nonprofit Organizations, 22, 731–756.
Murray, Vic (2007): Dr. Carver's odyssey. In: Nonprofit Management and Leadership, 18, 101–107.
Nobbie, Patricia D./Brudney, Jeffrey L. (2003): Testing the implementation, board performance, and organizational effectiveness of the policy governance model in nonprofit boards of directors. In: Nonprofit and Voluntary Sector Quarterly, 32, 571–595.
Oster, Sharon M. (1995): Strategic management for nonprofit organizations: Theory and cases: Oxford University Press (New York).
Rhodes, Roderick A.W. (1997): Understanding governance: Policy networks, governance, reflexivity, and accountability. Buckingham, PA: Open University Press.
Schuhen, Axel (2002): Nonprofit-Governance in der freien Wohlfahrtspflege., Baden-Baden.
Seckinelgin, Hakan (2004): Who can help people with HIV/AIDS in Africa? Governance of HIV/AIDS and Civil Society. In: Voluntas: International Journal of Voluntary and Nonprofit Organizations, 15, 287–304.
Seibel, Wolfgang (1992): Funktionaler Dilettantismus. Erfolgreich scheiternde Organisationen im »Dritten Sektor« zwischen Markt und Staat. Baden-Baden.
Siebart, Patricia (2006): Ein Kodex für Nonprofit-Organisationen? In: Public Management – Eine neue Generation in Wissenschaft und Praxis: Festschrift für Christoph Reichard, 221.
Siebart, Patricia/Reichard, Christoph (2004): Corporate Governance of Nonprofit-Organizations. In: Zimmer, Annette (Hrsg.): Future of Civil Society. Making Central European Nonprofit-Organizations Work, Wiesbaden 271–296.
Smith, Steven Rathgeb (2010): Hybridization and nonprofit organizations: The governance challenge. In: Policy and Society, 29, 219–229.
Speckbacher, Gerhard (2008): Nonprofit versus corporate governance: An economic approach. In: Nonprofit Management and Leadership, 18, 295–320.
Steen-Johnsen, Kari/Eynaud, Philippe/Wijkström, Filip (2011): On Civil Society Governance: An Emergent Research Field. In: Voluntas: International Journal of Voluntary and Nonprofit Organizations, 22, 555–565.
Stone, Melissa M./Ostrower, Francie (2007): Acting in the Public Interest? Another Look at Research on Nonprofit-Governance. In: Nonprofit and Voluntary Sector Quarterly, 36, 416–438.
Villadsen, Kaspar (2009): The ›Human‹ Touch: Voluntary organizations as rescuers of social policy? In: Public Management Review, 11, 217–234.
von Schnurbein, Georg/Stöckli, Sabrina (2010): Die Gestaltung von Nonprofit-Governance Kodizes in Deutschland und der Schweiz – eine komparative Inhaltsanalyse. In: Die Betriebswirtschaft, 70, 493–509.
Werther, William B./Berman, Evan M. (2001): Third sector management: The art of managing nonprofit organizations. Georgetown Univ Pr.
Wollebaek, Dag (2009): Survival in local voluntary associations. In: Nonprofit Management and Leadership, 19, 267–284.
Worth, Michael J. (2011): Nonprofit management: Principles and practice. Sage Publications, Inc.

8 Entwicklungsperspektiven des Nonprofit-Sektors

Michael Meyer, Ruth Simsa

8.1 Trends, Entwicklungen und deren Prognose

»Prognosen sind schwierig, besonders wenn sie die Zukunft betreffen.« Dieses Zitat wird abwechselnd Karl Valentin, Mark Twain oder Winston Churchill zugeschrieben. Dass der Wandel die einzige Konstante ist, und dass das Tempo der Veränderung in der Gesellschaft und in allen Organisationen ständig zulegt, ist mittlerweile eine Binsenweisheit. Unser Interesse an Entwicklungen hat mindestens genauso viel mit unserem Orientierungsbedarf zu tun als mit realen Gegebenheiten. Zwei Faktoren sind hier zentral: Erstens, unsere westliche Kultur ist von einem linearen Zeitverständnis geprägt, Zeit ist bei uns Fort-Schritt und nicht, wie bspw. in asiatischen Kulturen, permanente Wiederkehr (z. B. Levine, 1998). Deshalb ist uns das Erkennen von Entwicklungslinien so wichtig, und unsere Gesellschaft präferiert bei allem Hang zur Nostalgie eindeutig das Neue gegenüber dem Alten (Luhmann, 1990, S. 296). Gerade die Wissenschaft soll Neues und Überraschendes liefern (Luhmann, 1990, S. 216f.). Zweitens entspricht die Identifikation von Trends und Entwicklungslinien unserem Bedürfnis, beobachtete Ereignisse vergleichbar zu machen und damit das per se Unüberschaubare zu ordnen (aus vollkommen unterschiedlicher Perspektive dazu Riedl, 1988, S. 103ff.; Foucault, 1974).

Bei aller gebotenen Skepsis gegenüber Prognosen stellen wir uns dennoch der Frage, welche Trends den Nonprofit-Sektor in der letzten Dekade verändert haben und welche für die kommende Dekade zu erwarten sind. Um nicht bloß auf die eigene Einschätzung angewiesen zu sein, haben wir dabei neben Befunden aus der Literatur in einer quasi-Delphi-Studie in zwei Durchgängen ExpertInnen folgende zwei Fragen gestellt:

(1) Was waren die markantesten Entwicklungen der letzten 10 Jahre, die den NPO-Sektor beeinflusst haben?

(2) Was werden die markantesten Entwicklungen in den nächsten 10 Jahren sein?

Die *Delphi-Methode* ist eine qualitative Prognosemethode, die auf einem systematischen, mehrstufigen Befragungsverfahren basiert. ExpertInnen werden zu unterschiedlichen Trends standardisiert befragt und gebeten, diese Trends einzuschätzen. Ab der zweiten Runde wird den Befragten dann die Einschätzung der anderen ExpertInnen anonymisiert – meist nur in Form von Verteilungen oder Parametern – rückgemeldet. Auf Basis dieser Rückmeldungen werden sie dann ersucht, ihre Einschätzungen zu adaptieren (z. B. Häder, 2002; Okoli/Pawlowski, 2004).

Im Unterschied zu einer klassischen Delphi-Studie wandten wir in der ersten Runde keine standardisierten Fragen an, sondern eruierten mit offenen Fragen die vergangenen und künftigen Trends. In der zweiten Runde wurden diese Trends und die Häufigkeit ihrer Nennung den ExpertInnen zurückgemeldet. Sie wurden dann in standardisierter Form um ihre Einschätzung dieser Trends gebeten. Insgesamt haben 37 Personen geantwortet, 17 wissenschaftliche ExpertInnen stammen aus ganz Europa, 20 aus der österreichischen Nonprofit Forschung, Beratung und Managementpraxis. Dabei haben sich sechs große Themenbereiche herauskristallisiert, innerhalb derer die Befragten Entwicklungslinien benannten, die sowohl die letzte Dekade geprägt haben wie auch die künftigen Jahre prägen werden.

8.2 Managerialismus – Legitimität durch Management-Logik

Professionalisierung wird seit den 1990er Jahren im Dritten Sektor unter dem Damoklesschwert ökonomischer und politischer Veränderungen diskutiert (Evetts, 2003). Während die klassischen Professionen in NPOs unter Druck geraten, beobachten wir andererseits eine geradezu inflationäre Verwendung des normativ aufgeladenen Begriffes »professionell«, der in NPOs sehr oft zur Legitimierung herangezogen wird, aber kaum mehr eine empirische Verbindung zu den Standards traditioneller oder neuer Professionen aufweist. Professionen im klassischen Sinn geben ihre »occupational control of the work« (Freidson, 2001) vermehrt an Organisationen ab, die sich selbst – wie sich das an Spitälern, Schulen und Universitäten leicht zeigen lässt – von Expertokratien oder »professional bureaucracies« zu gemanagten Organisationen wandeln. Während in den Profi-Organisationen die Macht von der operativen Basis, also den ÄrztInnen, LehrerInnen oder ForscherInnen ausging (Mintzberg, 1983), dominieren heute die ManagerInnen und BetriebswirtInnen.

Wir vermuten, dass Professionalisierung in NPOs eine Schlagseite aufweist: Sie meint vor allem die Professionalisierung des Managements. Wir bevorzugen daher die Begriffe Managerialismus und Verbetriebswirtschaftlichung. Seit den 1990er Jahren haben NPOs damit begonnen, Konzepte und Instrumente der Betriebswirtschaftslehre anzuwenden und Managementqualifikationen nachzufragen (Symonds/Kelly, 1998; Weisbrod, 1998a; Clarke/Gewirtz/McLaughlin, 2000; Roberts/Jones/Froehling, 2005; Manville, 2006). Dabei stehen NPO zunehmend vor der Frage, ob und in welcher Art und Weise sie Nutzen aus Managementtechniken ziehen und welche Alternativen sie zu diesem aufkommenden Managerialismus in Erwägung ziehen können (Hailey/James, 2003, S. 4). Seit dem zeigt sich ein beachtlicher Fortschritt in der Entwicklung und Anwendung von Managementinstrumenten in NPO (Young, 1997), die Gründe für die Verbreitung von Managementideen sind gut erklärt (Suchman, 1995; Nelson, 1997; Ruef/Scott, 1998): Legitimität spielt eine zentrale Rolle. NPOs, die betriebswirtschaftlich geschultes Personal beschäftigen, die sich einer betriebswirtschaftlichen Rationalität fügen und dies auch nach außen dokumentieren, genießen Reputations- und Legitimitätsvorteile. Managerialismus bringt also Legitimität, und damit gehen Unterstützung durch die Stakeholder und Ressourcen einher.

Der Begriff Managerialismus oder seine Synonyme finden sich in verschiedenen Forschungsgebieten, etwa in Forschung über die Modernisierung des öffentlichen Sektors (z. B. Pollitt, 1993; Clarke/Newman, 1997; Hodge/Coronado, 2006), aber auch über gewinnorientierte Unternehmen (z. B. Mueller/Carter, 2005; Mueller/Carter, 2007), über NPOs (Roberts/Jones/Froehling, 2005; Maier/Meyer, 2011) und in breiteren Analysen organisationaler und gesellschaftlicher Entwicklungen (Enteman, 1993; Parker, 2002). Aber nicht nur um Managerialismus dreht sich die Diskussion. Viele andere Begriffe im engen Umfeld bezeichnen Ähnliches: Rationalisierung (Harrison, 1960; Boli/Thomas, 1997), Business-likeness (Dart, 2004), Professionalisierung des Management (Powell/Hwang, 2007),

Corporatization (Alexander/Weiner, 1998), Marketization (Salamon, 1993; Eikenberry/Kluver, 2004), Kommerzialisierung (Weisbrod, 1998b), Konversion (Godderis/Weisbrod, 1998), Ökonomisierung (Hoffmann, 2011).

Die Verbetriebswirtschaftlichung von NPOs zeigt sich in unterschiedlichen Facetten. Erstens wird konstatiert, dass die auf NPOs spezialisierten Beratungsunternehmen an Bedeutung gewinnen. Zweitens gab es in den letzten 20 Jahren einen enormen Anstieg von Management-Ausbildungsgängen. Allein im deutschsprachigen Raum wurden an die 100 Studiengänge im Bereich des Management sozialer Organisationen oder des Nonprofit-Management eingerichtet (Fröse, 2009, S. 226). Drittens betrifft die Professionalisierung auch typische Teilbereiche des NPO-Management wie das Freiwilligenmanagement, das Fundraising oder die Öffentlichkeitsarbeit. Viertens wird der steigende Legitimationsdruck auf NPOs besonders deutlich, wenn man sich die Bedeutung von Transparenz und Rechenschaft bzw. Verantwortlichkeit vor Augen hält. Wenige Themen wurden in Wissenschaft und Praxis derartig intensiv diskutiert wie die »accountability« von NPOs (z. B. Ebrahim, 2005; Christensen/Ebrahim, 2006; Hittleman, 2007; Ebrahim, 2009; siehe auch Beitrag III.7). Fünftens schließlich und in engem Zusammenhang mit Legitimation und Accountability, kann sich kaum mehr eine NPO der Frage nach der Messung ihrer Wirkungen verschließen: Es reicht seit langem nicht mehr, Gutes zu tun, es gilt viel mehr, den »Impact« der Aktivitäten zu belegen (vgl. Beitrag III.5; Moxham/Boaden, 2007; Olsen/Galimidi, 2009; Edwards, 2011). Das wiederum steht in engem Zusammenhang mit einem weiteren Trend: Social Investment oder Impact Investment. Financiers von NPOs sehen sich zunehmend als Investoren (Nicholls, 2008), die ihre Investments am »Social Return on Investment« ausrichten (Lingane/Olsen, 2004).

Insgesamt bringen diese Trends der Verbetriebswirtschaftlichung und Rationalisierung von NPOs sowie der Ökonomisierung des Sektors eine Reihe von Chancen und Risiken: Zu den Chancen zählt vor allem, dass NPOs durch den gekonnten Einsatz betriebswirtschaftlicher Konzepte und Methoden ihre Effizienz und Effektivität stärken können, dass sie also ihre knappen Mittel gezielter einsetzen und ihre Ziele besser erreichen können. Zu den Risiken zählt der oft beschworene »Mission Drift« (z. B. Jones, 2007), also ein schleichender Wandel der Organisationsziele durch die zunehmende Konzentration auf jene, die sich leicht messen und monetarisieren lassen. Ob eher die Chancen realisiert werden können oder die Risiken schlagend werden, das wird die kommende Dekade zeigen.

8.3 Beziehung zum Staat – mehr Arbeit, weniger Geld?

Der Staat war und bleibt für viele NPOs der wichtigste Partner. Gerade in den deutschsprachigen Ländern mit ihrem korporatistischen Dritten Sektor ist der öffentliche Sektor in vielen Bereichen wichtigster Auftrag- und Geldgeber für NPOs. Damit sind NPOs von Entwicklungen im öffentlichen Sektor direkt betroffen. Zentral dabei sind zweierlei: Erstens Public Management-Konzepte, die auf Zielvereinbarungen und Leistungsverträge setzen; zweitens die angespannte Lage öffentlicher Haushalte auf allen Ebenen, in Österreich und Deutschland besonders kritisch auf der Ebene der Kommunen (vgl. z. B. Biwald u. a., 2010; Dahlke, 2010).

Leistungsverträge statt Subventionen

Contracting-out bedeutet die Übertragung öffentlicher Aufgaben an NPOs auf Vertragsbasis, also auf Basis von Leistungsverträgen zwischen einer NPO und der öffentlichen Hand. Die Beziehung zwischen Staat und NPO wird damit auf eine Leistungs-Gegenleistungs-Basis gestellt, was einen bedeutenden Unterschied gegenüber einer »Förderung« der NPO durch Subventionen macht. So führt es zu spezifischen Problemstellungen für das Management einer NPO und hat darüber hinaus eine verwaltungstechnische und eine tiefere politische Dimension. Es kann eine Änderung der Aufgabenwahrnehmung einer NPO implizieren, da diese nun nicht mehr ausschließlich die Interessen ihrer Mitglieder oder KonsumentInnen zu vertreten hat, sondern auch zum verlängerten Arm staatlicher Leistungserstellung wird (Smith/Lipsky, 1993, S. 72ff.).

Mit Contracting Out sind auch innerorganisationale Wirkungen auf NPOs verbunden. In der Praxis bewirken Leistungsverträge oft einen Trend zur Vergrößerung von NPOs, es steigen die administrativen Erfordernisse, teilweise werden NPOs auch in interne Verwaltungsabläufe eingebunden (z. B. durch Anpassung an staatliche Budgetierungs- oder Abrechnungspraktiken) (Smith/Lipsky, 1993, S. 88ff.). Damit in Verbindung ist eine stärkere Anpassung der Prozesse in NPOs an die Erfordernisse öffentlicher Auftraggeber (Zauner u. a., 2006).

Contracting Out hat widersprüchliche Wirkungen auf die Rolle der ehrenamtlichen Arbeit. Einerseits führt es tendenziell zu einer Verdrängung von Ehrenamtlichen. Dies kann mit den anspruchsvolleren Verwaltungsabläufen (bei FunktionärInnen) oder auch mit Fragen der (juristischen wie moralischen) Verantwortung des ehrenamtlichen ausführenden Personals zu tun haben. Andererseits gründen sich die Hoffnungen staatlicher Vertragspartner, durch Contracting Out öffentliche Aufgaben billiger erledigen zu können, oft auf den Einsatz von Ehrenamtlichen.

Mit dem Vordringen von Leistungsverträgen sind für NPOs eine Reihe von Risiken verbunden. So sind öffentliche Auftraggeber oft nicht in der Lage, professionelle Vergabeverfahren durchzuführen, die tatsächlich den Bestbieter bei komplexen Leistungen ermitteln. Die Verantwortlichkeit, die Überprüfung, der sich NPOs durch die öffentlichen Auftraggeber unterziehen lassen müssen, reduziert sich in den meisten Fällen auf die Finanzierungs- und Angebotsebene. Output und nicht Outcome wird gemessen (Alexander/Nank/Stivers, 1999).

Wenn NPOs bloß als Agenten öffentlicher Auftraggeber arbeiten und wahrgenommen werden, geraten sie gerade bei divergierenden Zielen in eine prekäre Situation (Saidel, 1991; Smith/Lipsky, 1993; Saidel/Harlan, 1998). Das wird für die strategische Position der NPO insbesondere dann kritisch, wenn sie von der Öffentlichkeit und ihren Klienten nicht mehr als eigenständig, sondern als bloße Erfüllungsgehilfen öffentlicher Verwaltungen wahrgenommen werden (Van Slyke/Roch, 2004). Insgesamt scheinen sowohl Mission als auch organisationale Eigenheiten von NPOs unter die Räder zu kommen, wenn das Vergaberegime die NPOs zwingt, sich zunehmend wie gewinnorientierte Unternehmen zu verhalten (Alexander/Nank/Stivers, 1999), wodurch insbesondere Basisbeteiligung und Freiwilligenarbeit unter Druck kommen (Little, 2003).

Indirekt, d h. durch ihre inhaltliche Orientierung der letzten Jahre, führen Leistungsverträge zu verstärkter Orientierung an Kosten zu Lasten jener an inhaltlichen Zielen. So sind Wohlfahrtsverbände vor allem durch den Wandel der gesetzlichen Rahmenbedingungen seit Jahren genötigt, ihre Angebote v. a. unter dem Aspekt der Kostengünstigkeit zu entwickeln (Rindt/Klein/Klein, 2011, S. 4).

Schließlich mehren sich Ansätze, die den Wettbewerb noch auf viel radikalere Art und Weise in den Nonprofit-Sektor tragen: Soziale Dienstleistungen werden durch Geldleistungen an die BezieherInnen und nicht mehr durch die direkte finanzielle Abgeltung der Leistungsanbieter finanziert. Als Beispiel kann auf pauschale Pflegegeldzahlungen (in Österreich), auf Erziehungsgeldleistungen (in Deutschland) und auf die Finanzierung von Krankenkassen (in der Schweiz) verwiesen werden. Damit wird die Achillesferse »Vergabeverfahren« ausgeschaltet und auf KonsumentInnensouveränität gesetzt. Da von Letzterer aber nur in wenigen Bereichen ausgegangen werden kann, sind die Einsatzmöglichkeiten dieser sog. *Subjektförderung* auch dann, wenn nicht Geldmittel, sondern Voucher verteilt werden (Epple/Romano, 1998; Levin, 1998), beschränkt, und müssen gerade bei komplexen Dienstleistungen zum Schutz der LeistungsempfängerInnen durch Konzessionsverfahren begleitet werden. Entwicklungen im Europäischen Wettbewerbsrecht werden die Rahmenbedingungen in Zukunft ganz entscheidend bestimmen (Herzig, 2006).

Prekäre öffentliche Finanzierung

Die Finanzkrise öffentlicher Haushalte war schon vor der 2008 einsetzenden Wirtschaftskrise eine permanente Herausforderung für NPOs. Es gibt keine Anzeichen, dass sich dies in den nächsten Jahren ändern wird. Inbesondere die befragten europäischen Expertinnen sehen in den öffentlichen Finanzen den zentralen Engpassfaktor für die Entwicklung von NPOs.

Bezüglich der Finanzierung durch die öffentliche Hand gab es in den letzten Jahren eine eindeutige Entwicklung: Einem höheren Bedarf an Leistungen des Sektors stehen gleichbleibende bzw. rückläufige Finanzierungen durch die öffentliche Hand gegenüber. Zusätzlich werden Zahlungen bzw. Vertragszusagen deutlich ungewisser, kurzfristiger und weniger planbar.

Der Hintergrund ist der mit der Marktideologie einhergehende Trend zur Deregulierung und Privatisierung sozialer Aufgaben. Die neoliberale Theorie plädiert für eine radikale Deregulierung: Arbeit, Soziales und Demokratie werden damit der dominanten Logik der Wirtschaft untergeordnet, und der Staat soll grundsätzlich möglichst wenig in die Gesellschaft eingreifen. In den meisten europäischen Ländern wird diese Ideologie bislang nicht konsequent durchgezogen. Dennoch führte sie mancherorts zur Deregulierung von Finanz- und Arbeitsmärkten. Die Analyse von makroökonomischen Daten für sechs europäische Wohlfahrtsstaaten zeigt, dass Staatsausgaben – entgegen dem neoliberalen Paradigma – in den meisten EU-Ländern nicht reduziert wurden, sie werden allerdings stärker für die Stützung von Wirtschaftsorganisationen oder -zweigen verwendet und anteilsmäßig weniger für Arbeitsmarkt- oder Sozialpolitik (Fellner/Grisold, 2010). Die Sozialquoten, also der Anteil der Sozialausgaben am BIP, sind in den 2000er Jahren weitgehend konstant geblieben bzw. sogar leicht gesunken: In Österreich sank die Sozialquote von 26,7% (2000) auf 26,4% (2010), in Deutschland von 26,6% auf 25,2%; in der Schweiz gab es hingegen einen leichten Anstieg von 17,8% auf 18,5% (OECD, 2010). In Kombination mit krisenbedingt höherem Bedarf an sozialen Leistungen ist in der Folge eine schleichende Erosion sozialer Stabilität zu beobachten. Ökonomische Analysen zeigen eine Umverteilung von Unten nach Oben, und die Kluft zwischen Reich und Arm hat sich in den letzten Jahren drastisch verschärft (Marterbauer, 2011). Die Wirtschaftskrise hat bereits zu einer Verschärfung der sozialen Unsicherheiten geführt, die Entwicklung zu Prekarisierung, einer zunehmenden Kluft zwischen arm und reich und wachsender Exklusion ist vermutlich noch nicht beendet und die Frage nach gesellschaftlicher Integration und sozialer Gerechtigkeit stellt sich damit in verschärfter Form (Penz, 2010; Stieglitz, 2009, S. 407; Bude, 2008). Wohlfahrtsstaatliche Absicherung und Solidarität verlieren also an Bedeutung zugunsten von Eigenverantwortung und privatem Engagement.

Aus dem Sektor selbst gibt es viele anekdotische Hinweise auf bereits erfolgte Kürzungen, aber noch keine verlässlichen Daten. Eine Bestandsaufnahme mit Vertretern der österreichischen Sozialwirtschaft hat gezeigt, dass die NPOs derzeit unterschiedlich stark von der Krise der öffentlichen Haushalte betroffen sind, abhängig von der Region, in der sie tätig sind, von ihren Vertragssituationen, dem Tätigkeitsbereich und von anderen speziellen Bedingungen. So wurde etwa im Jahr 2011 im Behindertenbereich in einzelnen Bundesländern stärker gekürzt als in anderen Tätigkeitsbereichen, generell hängt die konkrete Betroffenheit von Kürzungen aber auch stark von der Beziehung zum jeweiligen Fördergeber ab. Auch in Deutschland hat sich die Situation in den letzten zehn Jahren »...eher verschlimmert als verbessert; sei es mit Blick auf öffentliche Infrastrukturen, öffentliche Daseinsvorsorge, soziale Sicherung oder auf die Fürsorge.« (Jirku, 2011, S. 71) Finanzquellen werden unsicherer (Fröse, 2009).

Teilweise gibt es massive Einschränkungen der öffentlichen Finanzierung. Es gibt Erfahrungen scheinbar willkürlicher, kurzfristiger, manchmal dramatischer Kürzungen, bei denen inhaltliche Ziele keine Rolle mehr spielen, sondern reine »Mangelverwaltung« stattfindet. Tarife werden seit Jahren nicht erhöht und sind somit real gesunken. Die Befunde zu den Auswirkungen der Wirtschaftskrise auf den Dritten Sektor sind aber nicht nur in den deutschsprachigen Ländern uneinheitlich. Auch aus dem UK wird berichtet, dass die Folgen langfristig und derzeit noch nicht absehbar sind. Auch dort gab es in bestimmten Bereichen heftige Budgeteinschnitte und eine grundlegende Veränderung der Beziehungen zwischen Staat und NPOs. Dort versucht die »Big Society«-Rhetorik der konservativen Regierung zu überspielen, dass heftige Kürzungen zu einem klaren Downsizing des Dritten Sektors führen (Taylor/Parry/Alcock, 2012).

Finanzieller Druck lässt oft weniger Ressourcen für politisch-inhaltliche Arbeit. Kritisiert wird daher auch die Kluft zwischen Appell-Rhetorik und Passivität bei der Umsetzung einer wirksamen Infrastruktur zur Entfaltung einer vitalen Bürgergesellschaft, sodass der Zivilgesellschaft eher die Rolle einer Ausfallbürgschaft für eine kostengünstige Erfüllung sozialer Aufgaben zukomme (Leif, 2011), und die Leistungsbeteiligung der Bürgergesellschaft zu Lasten ihrer diskursiven Beteiligung betont werde (Rindt/Klein/Klein, 2011). Vor diesem Hintergrund bräuchte es eine grundlegende Diskussion darüber, welchen Stellenwert soziale Leistungen in der Gesellschaft einnehmen sollen, und wie weit diese nur unter dem Gesichtspunkt kostengünstigster Leistungserbringung als reines Marktprodukt verstanden werden können und sollen.

Ein Problem ist auch die Weitergabe des Kostendrucks auf MitarbeiterInnen. Die Schere zwischen Anforderungen und Ressourcen wird in vielen europäischen Ländern nicht nur auf gesellschaftlicher Ebene zum Problem, sondern insbesondere im Sozialbereich auch auf der Ebene des Arbeitsplatzes (Lehndorff, 2001), wo ein Trend der Zunahme atypischer und teilweise prekärer Beschäftigungsverhältnisse (Mayrhofer/Meyer, 2002; Simsa/Schober/Schober, 2004) besteht. Diejenigen, die professionell mit Arbeiten in den Branchen sozialer Dienstleistungen betraut sind, sind oft stark belastet. Ihre Aufgabenfelder wurden ausgedehnt, Personal ausgedünnt, Arbeit verdichtet. Hier ist die Gefahr von Überforderung, noch höheren Arbeitsbelastungen und in der Folge Qualitätsverschlechterungen gegeben (Krenn, 2003). Wünschenswert wäre eine andere Entwicklung: »Soziale

Arbeit verdient mehr Achtung, mehr Beachtung, mehr Ansehen, mehr Qualität, mehr Qualifizierung, bessere Arbeitsbedingungen und eine weit bessere Finanzierung – sowohl im Interesse derjenigen, die als Betroffene auf personenbezogene Dienstleistungen angewiesen sind, als auch derjenigen, die soziale Arbeiten erbringen.« (Jirku, 2011, S. 74)

8.4 Beziehung zur Wirtschaft – Verschwimmen der Grenzen

»Blurring boundaries« (Park, 2008) sind zwar gegenwärtig ein kaum hinterfragtes Modethema, dies hat aber auch seine realen Hintergründe – in einigen Aspekten verschwimmen die Grenzen zwischen Wirtschaft und NPO-Sektor tatsächlich zunehmend. Erstens ist damit die unter 9.2 beschriebene *Verbetriebswirtschaftlichung* von NPOs angesprochen, in deren Folge NPOs sich zunehmend der Logik von Wirtschaftsorganisationen annähern. Zweitens zeigt sich das Verschwimmen der Grenzen zwischen Staat, Wirtschaft und Zivilgesellschaft durch neue – sektoral oft schwer zuordenbare – Konzepte wie Social Entrepreneurship, Social Business, Public Private Partnerships und Venture Philanthropy. Diese neuen, »hybriden« Akteure begreifen ihre Aktivitäten als Investitionen in die Gesellschaft (Nicholls, 2008), die eine soziale Rendite erbringen sollen (Dees, 2001). Sie sind also wirtschaftlicher orientiert als klassische NPOs, gleichzeitig aber stärker und inhärenter an gesellschaftlichem Nutzen orientiert als klassische Profitunternehmen. Treiber hinter dieser Entwicklung sind vielfach private PhilanthropInnen, Stiftungen, Impact Funds oder gesellschaftlich verantwortungsvolle Unternehmen: Sie investieren lieber in Organisationen, die stärker markt- und auch gewinnorientiert agieren als in klassische NPOs. Social Entrepreneurs wurden vor dem Hintergrund der bescheidenen Erfolgsbilanzen großer NPOs und UN-Organisationen in der Entwicklungszusammenarbeit populär, als sie innovative Lösungen in sog. Drittweltländern implementierten.

Drittens setzt sich der schon länger beschriebene Trend der zunehmenden Konkurrenz zwischen NPOs und Wirtschaftsorganisationen in neuer – drastischerer – Ausprägung fort. Schlagzeilen über die Konvertierung von NPOs in Wirtschaftsunternehmen oder auch das Aufkaufen von NPOs durch Wirtschaftsunternehmen z. B. im Gesundheitsbereich sind ein relativ neues aber zunehmendes Phänomen (Dees/Battle Anderson, 2003). Mit der angedachten Liberalisierung des Wettbewerbs in der Europäischen Union wird sich die Konkurrenz von Wirtschafts- und Nonprofit-Organisationen drastisch verschärfen: Ohne Einigung auf selbstverpflichtende Regeln wie etwa einen angedachten *Public Social Responsibility Kodex*[1] haben öffentliche Stellen im Fall der Liberalisierung bei einer Auftragsvergabe für soziale u. a. daseinsvorsorgende Leistungen keine Möglichkeit, bevorzugt mit nicht-gewinnorientierten Organisationen zu kooperieren, um damit z. B. neben der eigentlichen Leistungserbringung auch ein Mindestmaß an Standards wie etwa die Verpflichtung zu sozialer und ökologischer Verantwortlichkeit, fairem Wettbewerb, oder volkswirtschaftlicher Nachhaltigkeit durch geringe externe Schäden zu erwirken. Konkret bedeutet das: Der Auftrag muss an den Anbieter gehen, welcher die Leistung zum niedrigsten Preis erbringt, ungeachtet sonstiger gesellschaftlicher Nutzenerwägungen. NPOs, die oft bewusst mit schwierigen KlientInnen arbeiten, besonders heikle Aufgabenbereiche

1 Z. B. http://www.psr-institut.at/wp/.

übernehmen oder neben der eigentlichen Leistungserbringung oft zusätzliche Ziele, wie Integration oder Partizipation anstreben, könnten damit systematisch in Wettbewerbsnachteil geraten.

Viertens verschwimmen die Grenzen in einem weiteren Aspekt zumindest im Diskurs, nämlich in Bezug auf die »globale Expansion moralischer Kommunikation« (Weber, 2011, S. 369). Werte und soziale Verantwortung, welche bislang eher mit dem NPO-Sektor verbunden waren, spielen im Diskurs über die Wirtschaft eine neue Rolle: Mikl-Horke z. B. spricht von einer notwendigen »Rückkehr der Wirtschaft in die Gesellschaft« (2011), Stehr von der »Moralisierung der Märkte« (2007) und Ortmann widmet sich – wie auch zunehmend andere AutorInnen – dem Thema Organisation und Moral (2010). Während die Wissenschaft dem Phänomen eher mit kritischem Blick begegnet, also ein »historisch einzigartiges Moralisierungsniveau« (Weber, 2011, S. 369) nicht notwendigerweise als Indiz für praktizierte Moralität gewertet wird, wird von Wirtschaftsorganisationen die – bereits erfolgte – Übernahme sozialer Verantwortung im Rahmen von CSR-Aktivitäten propagiert. Kritisiert daran wird vorwiegend, dass rechtlich bindende CSR-Normen von VertreterInnen der Wirtschaft abgelehnt werden. Moral kann man auf gesellschaftlicher Ebene aber weniger durch Moralisierungen erreichen, sondern nur durch die Organisation von Machtpotenzialen und damit durch verbindliche Regelungen seitens des politischen Systems. Ergebnisse einer qualitativen Studie zur gesellschaftlichen Verantwortung von TopmanagerInnen in Deutschland, zeigen eine eher eingeschränkte Sicht auf Corporate Citizenship, wiewohl Unternehmen dennoch bereit sind, Verantwortung in einzelnen Bereichen zu übernehmen, etwa Work-Life-Balance, Klima- und Umweltschutz, Bildung und Qualifizierung (Heuberger/Hartnuß, 2009). Hoffnungen richten sich allerdings darauf, dass auch eine »CSR-Inszenierung« von Unternehmen einen Wandel der symbolischen, kulturell-gesellschaftlichen Rollendefinition von Unternehmen anregen kann (Curbach, 2009). Auf praktischer Ebene wird es für NPOs jedenfalls interessant, Formen der Zusammenarbeit mit Wirtschaftsunternehmen im Rahmen von deren CSR-Aktivitäten weiter auszubauen.

8.5 Neue Betätigungsfelder durch neue Anforderungen

Viele der befragten ExpertInnen sahen die Entwicklung des Sektors in den letzten Jahren durch neue Aufgabenfelder bzw. neue Ausprägungen von Tätigkeiten innerhalb eines Arbeitsfeldes geprägt. Umwelt und Ökologie, Pflege und Altern, Migration, Gesundheit, Soziale Ungleichheit, Jugend und Bildung wurden in Bezug auf die Entwicklung der letzten zehn Jahre steigende Bedeutung zugeschrieben und es wird erwartet, dass sich dieser Trend fortsetzt, insbesondere in Bezug auf den Bereich Pflege und Altern, eine Einschätzung, die durch demographische Prognosen untermauert wird (European Commission, 2009). Interessant ist, dass in unserer Erhebung *Advocacy* nur sehr selten als Betätigungsfeld mit wachsender Bedeutung genannt wird, eine Einschätzung, die auch in der Literatur anzutreffen ist, Maaser zufolge entwickeln sich NPOs »immer deutlicher zu instrumentellen Implementationsakteuren politischer Vorgaben« (Maaser, 2009, S. 218).

Diese neuen Anforderungen und Tätigkeitsfelder werden zur Spezialisierung von NPOs beitragen. Die großen Organisationen, die unter ihrem Dach z. B. ganz unterschiedliche soziale Dienstleistungen vereinen, könnten unter Druck kleinerer spezialisierter

NPOs kommen, die schneller und oft innovativer auf neue Problemlagen reagieren. Eine stärkere Spezialisierung und Dezentralisierung bietet sich für die Großen als Gegenstrategie an. Fraglich ist weiter, ob die Kombination von Dienstleistungserbringung, Advocacy und Gemeinschaftsbildung weiterhin unter einem organisationalen Dach erbracht werden kann. Dies ist eine kritische Entwicklung, da gerade die Kombination dieser Funktionen die Einzigartigkeit von NPOs und ihrer gesellschaftlichen Funktionen ausmacht.

Im Einzelnen hängt die Entwicklung der inhaltlichen Angebote und Anforderungen natürlich stark vom jeweiligen Tätigkeitsbereich der NPOs ab. Generell zeichnen sich aber zwei Entwicklungen ab: Auf der einen Seite werden Anforderungen an die Leistungen vieler NPOs höher. KlientInnen oder ihre Angehörigen werden informierter und anspruchsvoller (Simsa/Schober/Schober, 2004), sie erwarten hochprofessionelle, maßgeschneiderte und moderne Angebote. Gleichzeitig entsteht in Folge der wachsenden sozialen Ungleichheit und insbesondere der hohen strukturellen Arbeitslosigkeit aber ein neues und breiteres Klientel für NPOs (Maaser, 2009, S. 216). Auch die Einschränkung staatlicher Infrastrukturen wird die Handlungsfelder und Klientele von NPOs verändern. Dem Sektor wird die Arbeit jedenfalls nicht rasch ausgehen.

Mögliche Erweiterungen des Tätigkeitsfelds vieler NPOs sind verstärkt auch durch weitere Strategien der Internationalisierung zu erwarten. Insbesondere innerhalb der EU kann sich eine Ausweitung der Aktivitäten über die Landesgrenzen hinaus als sinnvolle Gegenstrategie zur potenziellen Bedrohung durch international agierende gewinnorientierte AnbieterInnen herausstellen. Dazu wird dem Aufbau von internationalen Dach- oder Schwesterorganisationen besonderes Augenmerk zu widmen sein. Viele Chancen bieten auch Tätigkeiten im Auftrag der Europäischen Kommission, insbesondere im Rahmen verschiedener (Forschungs-)Programme. Hier ist in den letzten Jahren ein neuer Markt für viele NPOs entstanden, der auch in Zukunft hohe Bedeutung haben wird. Damit wird die Kompetenz in der Akquisition europäischer Fördergelder zum Wettbewerbsvorteil und z. B. stark gegenüber der Nähe zu politischen Parteien, die in der Vergangenheit ein wesentlicher Faktor in der Erzielung von Fördergeldern war, in ihrer Bedeutung zunehmen.

8.6 Engagement gewinnen: Mehr Möglichkeiten und Vielfalt – weniger Stabilität und Treue

Die Nutzungen des Web 2.0 bzw. Social Media als Medium für Kommunikation und Mobilisierung wurden erst in jüngster Zeit verstärkt zum Thema. Die befragten ExpertInnen gehen davon aus, dass dessen Nutzung in der Zukunft an Bedeutung gewinnen wird. Insbesondere jüngere Stakeholder von NPOs sind mobil und vernetzt und sprechen auf die Möglichkeiten zur Partizipation durch Web 2.0 an.

In den letzten Jahren sind zur Frage der Bedeutung des Web 2.0 für NPOs einige Publikationen erschienen (z. B. Fine, 2009), eine größere Anzahl an Fachtagungen und Workshops abgehalten worden, aber v. a. (themenspezifisch passend) eine intensive Diskussion in diversen Internet-Foren abgehalten worden.[2] Unterschiedliche Instrumente

2 Z B.: http://blog.roteskreuz.at/sociologist/2009/05/07/unterschiede-bei-web20-strategien-zwischen-po-und-npo/.

wie Weblogs, Podcasts, Wiki, Twitter, Spendenplattformen, Webforen können für unterschiedliche Ziele eingesetzt werden, die Spannweite reicht von Akquisition, Aktivierung und Online-Fundraising über Dialog, Beziehungspflege und Diskussion zu reiner Information. Generell ermöglichen diese Instrumente einen partizipativen Dialog mit einer Community und passen durch ihre demokratische Offenheit auch gut zu Prinzipien vieler NPOs (Matschke/Moskaliuk/Cress, 2012). Sie ermöglichen den Aufbau von Netzwerken, stärkerer Vernetzung und sozialem Kapital. Insbesondere zur Förderung zivilgesellschaftlichem Engagements und politischer Teilhabe sind sie gut geeignet und wurden auch in Zusammenhang mit sozialen Bewegungen der letzten Jahre verstärkt eingesetzt (vgl. Beitrag I.5). Ihre Nutzung bietet vielfältige Chancen, bedarf aber auch eines gezielten und geplanten Einsatzes. Spezifische Herausforderungen liegen darin, dass NutzerInnen zu Mit-ProduzentInnen von Inhalt werden, und NPOs damit ein Stück weit die Kontrolle über ihre Außenwirkung verlieren. Es geht in der Folge darum, gezielt zu überlegen, welche Partizipationsmöglichkeiten die NPO anbieten will und wie Organisationsstrukturen und -abläufe gestaltet werden sollen, wenn Stakeholder stärker einbezogen werden. Angesichts mehrerer bereits geplatzter Internet-Blasen ist aber gehörige Skepsis gegenüber allzu rosigen Erwartungen in Bezug auf das Potenzial neuer Technologien geboten. Die Überschätzung dieser Technologien im Zusammenhang mit neuen sozialen Bewegungen (z. B. arabischer Frühling, Occupy) zeugen auch von historischer Unwissenheit: Der Fall des eisernen Vorhanges war ohne SMS und die französische Revolution sogar ohne Telefon möglich.

Eine weitere hervorgehobene Entwicklung betrifft qualitative Veränderungen des freiwilligen Engagements. Gravierender als dessen quantitative Entwicklungen (vgl. Kap. III.1) sind vermutlich qualitative Veränderungen. Freiwilliges Engagement ist bereits vielfältiger geworden, projektförmiger, weniger stabil und wird verstärkt in Zusammenhang mit persönlichen Entwicklungszielen oder beruflichen Zielen gesehen. Neue Formen wie episodisches oder virtuelles Volunteering, Online-Volunteering und selbstorientiertes Volunteering werden in Zukunft vermutlich an Bedeutung gewinnen (Hustinx, 2010, S. 236). Damit verändert sich nicht nur die Arbeit und organisationale Anbindung der Freiwilligen, sondern es entstehen auch neue Anforderungen an deren Management bzw. generell an NPOs. Es geht also darum, von Seiten der NPOs Gelegenheiten zu bieten, die den Ansprüchen potenzieller Freiwilliger an Selbstentfaltung, sporadisches Engagement und der Erhöhung beruflicher Chancen gerecht werden und es wird verstärkt auch darum gehen, die damit einhergehende höhere Flexibilität und Fluktuation organisatorisch zu bewältigen (Eliasoph, 2009; 2011; Fine, 2009).

8.7 Conclusio und Ausblick

Vor 15 Jahren war es noch ein wichtiges Thema, NPOs ökonomisches Denken und betriebswirtschaftliche Professionalisierung in einem gesunden Maß näher zu bringen. Mittlerweile ist die Situation eine gänzlich andere: NPOs und ihre ManagerInnen sind in hohem Maße professionell, und zwar in Bezug auf die Kenntnis von Management-Methoden ebenso wie in Bezug auf soziale Kompetenz, die Gestaltung organisationaler Strukturen, den Umgang mit Vielfalt, Flexibilität und Widersprüchen und das Auftreten nach außen. Ökonomisierung und Betriebswirtschaft sind längst im Sektor angekommen. Im

Balanceakt zwischen Wirtschaft und Werten geht es in vielen NPOs derzeit eher um die Stärkung der eigenen Mission und Kultur, und um eine sinnvolle Abgrenzung gegenüber einer undifferenzierten Verbetriebswirtschaftlichung.

Ökonomisierung ist aber nicht nur im Sektor angekommen, sondern praktisch in allen Lebensbereichen. Wir sehen eine Entwicklung, die als Ökonomisierung der Gesellschaft (Schimank/Volkmann, 2008) charakterisiert werden kann, also eine zunehmende Orientierung an der Logik des Wirtschaftssystems. Bourdieu (1998) bezeichnet dies in Bezug auf die Gesamtgesellschaft als Intrusion der Wirtschaftslogik in andere Teilsysteme. Auch soziales Verhalten und die Tätigkeiten von NPOs müssen zunehmend ökonomisch dargestellt und begründet werden, was als neue Form von »Rationalitätsfassade« (Meyer/Rowan, 1977) interpretiert werden kann.

Dass der ökonomische Imperialismus in der gegenwärtigen Form nicht einmal ökonomisch rational ist, zeigen die Wirtschaftskrisen der letzten Jahre. Dass er sozial fragwürdig ist, zeigen wachsende soziale und ökologische Probleme, weltweit sowie auch innerhalb der Industrieländer steigende Ungleichheiten von Einkommen und Vermögen sowie damit einhergehende Tendenzen der politischen Radikalisierung. Möglicherweise stehen wir als Gesellschaft tatsächlich an einem Wendepunkt. Dieser ist vergleichbar mit der Zeit nach der ersten industriellen Revolution im 19. Jahrhundert, als die drastischen sozialen Probleme zum Entstehen von innovativen NPOs (eigentlich durch soziale Entrepreneure) führten. Für den NPO-Sektor ließe sich dieser als Wegscheide zwischen folgenden Alternativen charakterisieren:

Entweder: Die Zivilgesellschaft und ihre Organisationen werden im Einklang mit neoliberaler Wirtschafts- und Sozialpolitik noch stärker funktionalisiert, um quasi als »Erfüllungsgehilfen« soziale Leistungen kostengünstig anzubieten. Angesichts damit einhergehender finanzieller Ausdünnung bleiben immer weniger Ressourcen für die Wahrnehmung von Aufgaben im Bereich des Advocacy, Arbeitsbedingungen im Sektor werden weiter prekarisiert.

Oder: Der Frust, den viele Menschen angesichts der gegenwärtigen sozialen Entwicklung empfinden, äußert sich nicht mehr nur im starken Zulauf der KrisenverliererInnen zu radikalen politischen Parteien des eher rechten Spektrums auf der einen Seite und im noch stärkeren Bemühen, den Anforderungen des Systems zu entsprechen, auf der anderen. Sondern er wird als Gelegenheit wahrgenommen, die Idee der NPOs neu zu (er) finden. Also den Beweis zu führen, dass man einerseits »wirtschaftlich« denken kann, aber dennoch auch soziale Ziele anstreben und erreichen kann. Dies bedarf eines noch stärkeren Auftretens des Sektors, einer offensiven Kooperation in Sachen Solidarität und Nachhaltigkeit und eines selbstbewussten und professionellen Eintretens für – im engen Sinn – nichtökonomische Ziele, für Solidarität, Teilhabe und Gerechtigkeit.

Literatur

Alexander, Jeffrey A./Weiner, Bryan J. (1998): The Adoption of the Corporate Governance Model by Nonprofit Organizations, in: Nonprofit Management and Leadership 8, S. 223–242.

Alexander, Jennifer/Nank, Renee/Stivers, Camilla (1999): Implications of Welfare Reform: Do Nonprofit Survival Strategies Threaten Civil Society?, in: Nonprofit and Voluntary Sector Quarterly 28, S. 452–475.

Biwald, Peter u.a. (2010): Finanzierung der Städte nach der Krise, Wien, www.staedtebund.gv.at/.../Städtetag-2010_AK-1_Grundlagenpapier-Endbericht_KDZ.pdf.

Boli, John/Thomas, George M. (1997): World Culture in the World Polity: A Century of International Non-Governmental Organization, in: American Sociological Review 62, S. 171–190.

Bourdieu, Pierre (1998): Gegenfeuer. Wortmeldungen im Dienste des Widerstands gegen die neoliberale Invasion, Konstanz.

Bude, Heinz (2008): Die Ausgeschlossenen. Das Ende vom Traum einer gerechten Gesellschaft, München.

Christensen, Rachel A./Ebrahim, Alnoor (2006): How does accountability affect mission? The case of a nonprofit serving immigrants and refugees, in: Nonprofit Management and Leadership 17, S. 195–209.

Clarke, John/Gewirtz, Sharon/McLaughlin, Eugene (Hrsg.) (2000): New Managerialism, New Welfare?, London.

Clarke, John/Newman, Janet (1997): The Managerial State, London.

Curbach, Janina (2009): Die Corporate-social-responsibility-Bewegung, Wiesbaden.

Dahlke, Ann (2010): Städte und Gemeinden in Deutschland – Im Sog der Krise, in: Forum Public Management 2010, Heft 2, S. 10–13.

Dart, Raymond (2004): Being »Business-Like« in a Nonprofit Organization: A Grounded and Inductive Typology, in: Nonprofit and Voluntary Sector Quarterly 33, S. 290–310.

Dees, Gregory J. (2001): The Meaning of »Social Entrepreneurship«, http://www.caseatduke.org/documents/dees_sedef.pdf.

Dees, Gregory J./Battle Anderson, Beth (2003): Sector-Bending: Blurring Lines Between Nonprofit and For-Profit, in: Society 40, S. 16–29.

Ebrahim, Alnoor (2005): Accountability Myopia: Losing Sight of Organizational Learning, in: Nonprofit and Voluntary Sector Quarterly 34, S. 56–87.

Ebrahim, Alnoor (2009): Placing the Normative Logics of Accountability in »Thick« Perspective, in: American Behavioral Scientist 52, S. 885–904.

Edwards, Michael (2011): Impact, Accountability, and Philanthrocapitalism, in: Society 48, S. 389–390.

Eikenberry, Angela M./Kluver, Jodie Drapal (2004): The Marketization of the Nonprofit Sector: Civil Society at Risk?, in: Public Administration Review 64, Issue 2, S. 132–140.

Eliasoph, Nina (2009): Top-Down Projects are not Grassroots Associations: how the differences matter in everyday life, in: Voluntas: the international journal of voluntary and nonprofit organizations 20, 291–308.

Eliasoph, Nina (2011): Civil Society and Civility, in: Edwards, Michael: Oxford Handbook on Civil Society, Oxford, S. 220–231.

Enteman, Willard F. (1993): Managerialism: The Emergence of a New Ideology, Wisconsin.

Epple, Dennis/Romano, Richard E. (1998): Competition between Private and Public Schools, Vouchers, and Peer-Group Effects, in: The American Economic Review 88, S. 33–62.

European Commission (2009): The 2009 Ageing Report: Economic and budgetary projections for the EU-27 Member States (2008–2060), http://ec.europa.eu/economy_finance/publications/publication14992_en.pdf.

Evetts, Julia (2003): The construction of professionalism in new and existing occupational contexts: Promoting and facilitating occupational change, in: The International Journal of Sociology and Social Policy 223, S. 22–35.

Fellner, Wolfgang/Grisold, Andrea (2010): Verteilung im Zeitalter des Neoliberalismus. Die Entwicklung traditioneller Wohlfahrtsstaaten anhand ausgewählter Makrodaten, in: Grisold, Andrea/Maderthaner, Wolfgang/Penz, Otto (Hrsg.) (2010): Neoliberalismus und die Krise des Sozialen. Das Beispiel Österreich, Wien.

Fine, A. (2009): Using web 2.0 technologies to connect with new supporters, in: Nonprofit World 27, Issue 4, S. 20–22.

Foucault, Michel (1974): Die Ordnung der Dinge. Eine Archäologie der Humanwissenschaften, Frankfurt am Main.

Freidson, Eliot (2001): Professionalism – the third logic, Chicago.

Fröse, Marlies W. (2009): Leadership Diskurse: Neue Herausforderungen für Führung und Leitung, in: Eurich, Johannes/Brink, Alexander (Hrsg.): Leadership in sozialen Organisationen, Wiesbaden, S. 226–243.

Godderis, John H./Weisbrod, Burton A. (1998): Conversion from nonprofit to for-profit legal status: Why does it happen and should anyone care?, in: Journal of Policy Analysis and Management 17, S. 215–233.

Häder, Michael (Hrsg.) (2002): Delphi-Befragungen: Ein Arbeitsbuch, Wiesbaden.

Hailey, John/James, Rick (2003): NGO Capacity Building: The Challenge of Impact. Assessment Paper presented to the New Directions in Impact Assessment for Development Methods & Practice Conference, Manchester.

Harrison, Paul M. (1960): Weber's Categories of Authority and Voluntary Association, in: American Sociological Review 25, S. 232–237.

Herzig, Günter (2006): Wettbewerbs-, beihilfen- und vergaberechtliche Fragen von Non-Profit-Organisationen, in: Studiengesellschaft für Wirtschaft und Recht (Hrsg.): Non-Profit-Organisationen, Wien, S. 97–121.

Heuberger, Frank W./Hartnuß, Birger (2009): Krise des Vertrauens. Zur gesellschaftlichen Verantwortung von Topmanagern in Deutschland, in: Forschungsjournal Soziale Bewegungen 25, Heft 3, S. 7–20.

Hittleman, Margo J. (2007): Counting Caring: Accountability, Performance and Learning at the Greater Ithaca Activities Center, Cornell University [doctoral dissertation].

Hodge, Bob/Coronado, Gabriela (2006): Mexico Inc.? Discourse Analysis and the Triumph of Managerialism, in: Organization 13, S. 529–547.

Hoffmann, Jochen (2011): In the Triangle of Civil Society, Politics, and Economy: Positioning Magazines of Nonprofit Organizations, in: Voluntas 22, S. 93–111.

Hustinx, Lesley (2010): I quit, therefore I am? Volunteer turnover and the politics of self-actualization, in: Nonprofit and Voluntary Sector Quarterly 39, S. 236–255.

Jirku, Bernhard (2011): Ist sozial, was Arbeit schafft? Zivilgesellschaft und Soziale Arbeit, in: Forschungsjournal Neue Soziale Bewegungen 24, S. 71–76.

Jones, Marshall B. (2007): The Multiple Sources of Mission Drift, in: Nonprofit and Voluntary Sector Quarterly 36, S. 299–307.

Krenn, Manfred (2003): Mobile Pflege und Betreuung als interaktive Arbeit: Anforderungen und Belastungen, Forba-Forschungsbericht, Wien.

Lehndorff, Steffen (2001): Soziale Dienstleistungen – Stiefkind der Dienstleistungsgesellschaft? Anregungen aus einem europäischen Forschungsprojekt, in: IAT Jahrbuch 2001/2002, S. 11–32.

Leif, Thomas (2011): Mythos Politische Beteiligung – Phantom Bürgergesellschaft: Analyse-Abstinenz und Reflexions-Defizit der Politik, in: Forschungsjournal Soziale Bewegungen 24, Heft 2, S. 8–13.

Levin, Henry M. (1998): Educational Vouchers: Effectiveness, Choice, and Costs, in: Journal of Policy Analysis and Management 17, S. 373–392.

Levine, Robert (1998): Eine Landkarte der Zeit. Wie Kulturen mit Zeit umgehen, München.

Lingane, Alison/Olsen, Sara (2004): Guidelines for Social Return on Investment, in: California Management Review 46, S. 116–135.

Little, Mathew (2003): Civic spirit declines as sectors falls in with state, in: Third Sector, 1. Oktober.

Luhmann, Niklas (1990): Die Wissenschaft der Gesellschaft, Frankfurt.

Luhmann, Niklas (1998): Die Gesellschaft der Gesellschaft, 2 Bde., Frankfurt am Main.

Maaser, Wolfgang (2009): Neue Verantwortungsteilung und Aktivierung der Wohlfahrtsgesellschaft: Herausforderungen für Nonprofit-Organisationen, in: Eurich, Johannes/Brink, Alexander (Hrsg.): Leadership in sozialen Organisationen, Wiesbaden, S. 213–223.

Maier, Florentine/Meyer, Michael (2011): Managerialism and Beyond: Discourses of Civil Society Organization and Their Governance Implications, in: Voluntas: International Journal of Voluntary and Nonprofit Organizations 22, S. 731–756.

Manville, Graham (2006): Implementing a Balanced Scorecard Framework in a Not for Profit SME, in: International Journal of Productivity and Performance Management 56, S. 162–169.

Marterbauer, Markus (2011): Zahlen bitte! Die Kosten der Krise tragen wir alle, Wien.

Matschke, Christina/Moskaliuk, Johannes/Cress, Ulrike (2012): Knowledge exchange using web 2.0 technologies in NGOs, in: Journal of Knowledge Management 16, Issue 1, S. 159–176, doi:10.1108/13673271211199007.

Mayrhofer, Wolfgang/Meyer, Michael (2002): »No More Shall We Part?« Neue Selbständige und neue Formen der Kopplung zwischen Organisationen und ihrem Personal, in: Zeitschrift für Personalforschung 16, Heft 4, S. 599–614.

Meyer, John W./Rowan, Brian (1977): Institutionalized Organizations: Formal Structure as Myth and Ceremony, in: American Journal of Sociology 83, Heft 2, S. 340–363.

Mikl-Horke, Gertraude (Hrsg.) (2011): Sozioökonomie. Die Rückkehr der Wirtschaft in die Gesellschaft, Marburg.

Mintzberg, Henry (1983): Structure in Fives: Designing Effective Organizations, Engelwood Cliffs, N. J.

Moxham, Claire/Boaden, Ruth (2007): The Impact of Performance Measurement in the Voluntary Sector: Identification of Contextual and Processual Factors, in: International Journal of Operations & Production Management 27, S. 826–845.

Mueller, Frank/Carter, Chris (2005): The »HRM project« and managerialism: Or why some discourses are more equal than others, in: Journal of Organizational Change Management 18, S. 369–382.

Mueller, Frank/Carter, Chris (2007): »We are all managers now«: Managerialism and professional engineering in UK electricity utilities, in: Accounting, Organizations and Society 32, S. 181–195.

Nelson, Paul J. (1997): Conflict, Legitimacy, and Effectiveness: Who Speaks for Whom in Transnational NGO Networks Lobbying the World Bank?, in: Nonprofit and Voluntary Sector Quarterly 26, Issue 4, S. 421–441.

Nicholls, Alex (2008): The landscape of social investment: A holistic topology of opportunities and challenges, Oxford.

OECD (2010): Government Social Spending. Social Issues – Key Tables: OECD.

Okoli, Chitu/Pawlowski, Suzanne D. (2004): The Delphi method as a research tool: an example, design considerations and applications, in: Information & Management 42, S. 15–29.

Olsen, Sara/Galimidi, Brett (2009): Managing Social and Environmental Impact: A New Discipline for a New Economy, in: The Brown Journal of World Affairs 15, S. 43–56.
Ortmann, Günter (2010): Organisation und Macht. Die dunkle Seite, Weilerswist.
Park, Chisung (2008): Do the Boundaries between the nonprofit, public and business sectors blur?, Comparing »within the nonprofit sector collaboration networks« and »inter-sector collaboration networks« in the social service field in Pittsburgh, Pennsylvania, in: International Review of Public Administration 13, S. 81–95.
Parker, Martin (2002): Against Management: Organization in the Age of Managerialism, Cambridge.
Penz, Otto (2010): Vom Sozial- zum Wettbewerbsstaat, in: Grisold, Andrea/Maderthaner, Wolfgang/Penz, Otto (Hrsg.): Neoliberalismus und die Krise des Sozialen. Das Beispiel Österreich, Wien, S. 139–179.
Pollitt, Christopher (1993): Managerialism and the Public Services: Cuts or Cultural Change in the 1990s?, 2. Aufl., Cambridge.
Powell, Walter W./Hwang, Hokyu (2007): The Rationalization of Charity: The Influences of Professionalism in the Nonprofit Sector. 23nd EGOS Colloquium, Sub-Theme 32: Professions, Institutions and Change, Vienna.
Riedl, Rupert (1988): Biologie der Erkenntnis, München.
Rindt, Susanne/Klein, Ludger/Klein, Ansgar (2011): Zu viel Zivilgesellschaft? Soziale Arbeit und bürgerschaftliches Engagement, in: Forschungsjournal Neue Soziale Bewegungen 24, S. 3–18.
Roberts, Susan M./Jones, John Paul/Froehling, Oliver (2005): NGOs and the Globalization of Managerialism: A Research Framework, in: World Development 33, S. 1845–1864.
Ruef, Martin/Scott, Richard W. (1998): A Multidimensional Model of Organizational Legitimacy: Hospital Survival in Changing Institutional Environments, in: Administrative Science Quarterly 43, S. 877–904.
Saidel, Judith R. (1991): Resource Interdependence: The Relationship between Public Agencies and Nonprofit Organizations, in: Public Administration Review 51, S. 543–553.
Saidel, Judith R./Harlan, Sharon L. (1998): Contracting and Patterns of Nonprofit Governance, in: Nonprofit Management and Leadership 8, S. 243–259.
Salamon, Lester M. (1993): The Marketization of Welfare: Changing Nonprofit and For-Profit Roles in the American Welfare State, in: Social service review 67, S. 16–39.
Schimank, Uwe/Volkmann, Ute (2008): Ökonomisierung der Gesellschaft, in: Maurer, Andrea (Hrsg.): Handbuch der Wirtschaftssoziologie, Wiesbaden, S. 382–393.
Simsa, Ruth/Schober, Christian/Schober, Doris (2004): Belastende AltenpflegerInnen – Zur Notwendigkeit verbesserter Rahmenbedingungen für eine langfristige Sicherung der Qualität der Altenpflege, in: SWS-Rundschau 44, Heft 3, S. 497–509.
Smith, Steven R./Lipsky, Michael (1993): Nonprofits for Hire: The Welfare State in the Age of Contracting, Cambridge/London.
Stehr, Nico (2007): Die Moralisierung der Märkte. Eine Gesellschaftstheorie, Frankfurt am Main.
Stieglitz, Joseph (2009): Diese globale Krise verlangt nach einer globalen Reaktion, in: Lüpke, Geseko v.: Zukunft entsteht aus Krise, München.
Suchman, Mark C. (1995): Managing Legitimacy: Strategic and Institutional Approaches, in: Academy of Management Journal 20, S. 571–610.
Symonds, Anthea/Kelly, Anne (Hrsg.) (1998): The Social Construction of Community Care, Basingstoke, London.
Taylor, Rebecca/Parry, Jane/Alcock, Pete (2012): From crisis to mixed picture to phoney war:

tracing third sector discourse in the 2008/9 recession Third Sector Research (University of Birmingham, University of Southampton), http://www.tsrc.ac.uk/LinkClick.aspx?fileticket=AXb9tggJp5Y%3d&tabid=914.

Van Slyke, David M./Roch, Christine H. (2004): What Do They Know, and Whom Do They Hold Accountable? Citizens in the Government-Nonprofit Contracting Relationship, in: Journal of Public Administration Research and Theory 14, S. 191–209.

Weber, Andreas Thomas (2011): Die Moralisierung der Wirtschaft: CSR als strategisches Element neoliberaler Gesellschaftspolitik?, in: Mikl-Horke, Gertraude (Hrsg.): Sozioökonomie: Die Rückkehr der Wirtschaft in die Gesellschaft, Marburg.

Weisbrod, Burton A. (1998a): The Nonprofit Mission and Its Financing: Growing Links Between Nonprofits and The Rest of the Economy, in: Weisbrod, Burton A. (Hrsg.): To Profit or Not to Profit: The Commercial Transformation of the Nonprofit Sector, Cambridge, S. 1–22.

Weisbrod, Burton A. (1998b): To profit or not to profit: the commercial transformation of the nonprofit sector, Cambridge et al.

Young, Dennis R. (1997): The First Seven Years of Nonprofit Management and Leadership, in: Nonprofit Management and Leadership 8, Issue 2, S. 193–201.

Zauner, Alfred u.a. (2006): Von der Subvention zum Leistungsvertrag. Neue Koordinations- und Steuerungsformen und ihre Konsequenzen für Nonprofit-Organisationan – eine systemtheoretische Analyse, Bern.

Stichwortverzeichnis

AutorInnenverzeichnis

Prof. Dr. Helmut K. Anheier
Seit 2009 Professor of Sociology und Dean der Hertie School of Governance. Seit 2006 ist er darüber hinaus als Professor für Soziologie an der Universität Heidelberg tätig, wo er das Centrum für Soziale Investitionen und Innovationen (CSI) mitbegründete und weiterhin leitet. 1986 erhielt er seinen PhD an der Yale University. Von 2001 bis 2009 war Prof. Anheier ebenfalls Professor an der University of California in Los Angeles und Centennial Professor an der London School of Economics. Er ist der Gründungsdirektor des Centre for Civil Society an der London School of Economics und des Center for Civil Society an der University of California in Los Angeles. Vor seiner akademischen Laufbahn war er als Social Affairs Officer bei den Vereinten Nationen tätig. Prof. Anheier forscht derzeit zur gesellschaftlichen Rolle von Stiftungen sowie zu theoretischen und methodischen Zugängen in der Globalisierungsforschung. Er ist der Mitherausgeber des jährlichen Global Civil Society Yearbook (mit Mary Kaldor und Marlies Glasius) sowie der Cultures and Globalization Series (mit Raj Isar). Er hat zudem zahlreiche Publikationen verfasst, darunter Foundations and American Society (mit David Hammack, 2009, Brookings Institution Press) und Nonprofit Organizations: Theory, Management and Policy (2005, Routledge).

o. Univ.-Prof. Dr. Christoph Badelt
Christoph Badelt wurde 1951 geboren und studierte ab 1970 an der Wirtschaftsuniversität Wien, wo er 1976 promovierte. Seine akademische Karriere führte von einer Assistentenstelle am damaligen Institut für Volkswirtschaftstheorie und -politik über eine mehrjährige Tätigkeit als Gastprofessor an der University of Wisconsin in Madison sowie an der Universität Klagenfurt bis zur ordentlichen Professur für Wirtschafts- und Sozialpolitik an der WU Wien. Seine Forschungsinteressen liegen vor allem im Bereich der Sozialpolitik – von Freiwilligenarbeit bis zu Nonprofit-Organisationen. Von 1997 bis 1998 war er Vorstand des Fachbereichs für Volkswirtschaft. Bis 2002 bekleidete Christoph Badelt das Amt des Vizerektors für Infrastruktur, seit 2002 fungiert er als Rektor der WU. Darüber hinaus war er von 2005–2009 Präsident der österreichischen Universitätenkonferenz und wurde u. a. 1999 zum Österreichischen Wissenschaftler des Jahres gewählt.

Mag. (FH) Josef Baumüller
Universitätsassistent am Institut für Betriebswirtschaftslehre der Universität Wien, Lehrstuhl für Externes Rechnungswesen; daneben Lehrbeauftragter am Controller Institut (Wien) und an den Fachhochschulstudiengängen Burgenland (Eisenstadt).

Prof. Dr. Taco Brandsen
Professor of Comparative Public Administration at Radboud University Nijmegen, The Netherlands. He has been involved in several European and national projects on the third sector and civil society, on topics such as third sector policies, service delivery and innovation.

Ass. Prof. Dr. Renate Buber
Assistenzprofessorin an der Abteilung für Nonprofit Management der Wirtschaftsuniversität Wien. Akademische Leiterin des Professional MBA für Sozialmanagement der Executive Academy der Wirtschaftsuniversität Wien. Forschungsschwerpunkte: NPO-Management, NPO-Marketing, Retailing in Museen, qualitative Forschungsmethodik.

ao. Univ.-Prof. Dr. Monika Drs
ao. Universitätsprofessorin am Institut für Österreichisches und Europäisches Arbeits- und Sozialrecht der Wirtschaftsuniversität Wien, Mitglied des Betriebsrats für das wissenschaftliche Personal der WU Wien, fachkundige Laienrichterin am Oberlandesgericht Wien und Autorin zahlreicher Publikationen auf den Gebieten des Arbeits- und Sozialrechts. Zu ihren Forschungsschwerpunkten zählt u. a. das Arbeits- und Sozialrecht in Nonprofit-Organisationen.

Univ.-Prof. Dr. Dr.h.c. Eberhard Eichenhofer
Professor für Sozialrecht und Bürgerliches Recht an der Friedrich-Schiller Universität Jena; ständige Lehraufträge an der Wirtschaftsuniversität Wien und der Adam Mickiewiz-Universität Poznan (Polen); stellvertretender Vorsitzender des Forschungsnetzwerks Alterssicherung der Deutschen Rentenversicherung und deutscher Repräsentant im Europäischen Institut für Soziale Sicherheit Leuven (Belgien).

Prof. Dr. iur. Thomas Gächter
Ordentlicher Professor für Staats-, Verwaltungs- und Sozialversicherungsrecht an der Rechtswissenschaftlichen Fakultät der Universität Zürich und ständiger Gastprofessor für Sozialversicherungs- und Gesundheitsrecht an der Universität Luzern.

Dr. Christian Horak
Geschäftsführender Partner bei Contrast Management-Consulting GmbH, Wien; Bereichsleiter für Nonprofit, Public and Healthcare Management. Referent am Controller Institut. Lehraufträge an der Wirtschaftsuniversität Wien, Institut für Unternehmensführung, ISMOS MBA, Healthcare MBA.

ao.Univ.-Prof. Dr.in Edith Littich
Vizerektorin für Lehre an der Wirtschaftsuniversität Wien; Universitätsdozentin am Institute for Finance, Banking and Insurance.

Dr. Florentine Maier
Universitätsassistentin, Abteilung für Nonprofit Management WU Wirtschaftsuniversität Wien.
Forschungsschwerpunkte: Verbetriebswirtschaftlichung von NPOs, Social Entrepreneurship und alternative Formen des Organisierens in NPOs.

DI (HTL) Dr. Christian Majer, zSPM, PcE
Selbstständiger Berater, Trainer und Coach mit dem Schwerpunkt Projekt- und Prozessorientierte Organisation. Lektor an verschiedenen Universitäten und Fachhochschulen. Ehemals verantwortlich für Corporate Development bei ONE GmbH (PM, PzM, OE, QM, Strategie). Zertifizierter Senior Projektmanager (LEVEL B nach IPMA) und zertifizierter Prozess-Experte (PcE nach TUEV A).

Univ.-Prof. Dr.in Gerlinde Mautner
Professorin am Institut für Englische Wirtschaftskommunikation der Wirtschaftsuniversität Wien. Dissertation und Habilitation in Englischer Sprachwissenschaft. Forschungsschwerpunkte: Sprache in Wirtschaft und Gesellschaft, Ökonomisierung von Diskursen, Sprache und Recht im öffentlichen Raum (linguistic landscape research).

o. Univ.-Prof. Dr. Wolfgang Mayrhofer
Ordentlicher Universitätsprofessor für Betriebswirtschaftslehre, Leiter der Interdisziplinären Abteilung für Verhaltenswissenschaftlich orientiertes Management (ivm) an der Wirtschaftsuniversität Wien (WU), Programmdirektor für Doktoratsstudien ebenda.
Forschungsschwerpunkte: international vergleichende Personal- und Unternehmensführung, Karrieren und Systemtheorie.

Univ.-Prof. Dr. Michael Meyer
Universitätsprofessor für Betriebswirtschaftslehre an der Abteilung für Nonprofit Management an der Wirtschaftsuniversität Wien (WU).
Nach seinem Studium der Betriebswirtschaftslehre an der WU lehrte und forschte er am Institut für Handel & Marketing der WU, dann am Institut für Kulturmanagement der Musikuniversität Wien sowie in zwei interdisziplinären Forschungsprojekten. Seit 1998 arbeitet er in unterschiedlichen Funktionen im Department Management der WU. Er absolvierte eine Ausbildung zum systemischen Organisationsberater (G. Schmid, Heidelberg) und habilitierte sich 2002 im Fach Betriebswirtschaftslehre. Seit 2005 ist er Universitätsprofessor. Seine Arbeitsschwerpunkte sind Organisationsanalyse, Karrieren, die Funktionen von Nonprofit-Organisationen und die Diffusion betriebswirtschaftlicher Methoden in NPO. Dazu liegen zahlreiche englisch- und deutschsprachige Fachpublikationen vor. Seit 2011 ist Michael Meyer auch Vizerektor für Personal der WU Wien.

MMag. Reinhard Millner, zPM
Wissenschaftlicher Mitarbeiter an der Abteilung für Nonprofit Management der Wirtschaftsuniversität Wien. Gastdozent an der Zeppelin University in Friedrichshafen und am Center for Philanthropy Studies (CEPS) der Universität Basel sowie Vortragender im Professional MBA Sozialmanagement der WU Executive Academy und im TEMP Programme der TU Wien. Zertifizierter Projektmanager (LEVEL C nach IPMA). Seine Forschungs- und Lehrschwerpunkte liegen in den Bereichen Philanthropie und Stiftungen, Social Entrepreneurship, Social Impact-Measurement und Nonprofit Management.

Mag. Eva More-Hollerweger
Vize-Direktorin und Senior Researcher des NPO-Kompetenzzentrums der WU Wien.
Forschungsschwerpunkte: Freiwilligenarbeit, Freiwilligenmanagement, Evaluationen von Programmen und Projekten im Nonprofit- und CSR-Bereich, Wirkungsmessung.

Dr.in Michaela Neumayr
Wissenschaftliche Mitarbeiterin an der Abteilung für Nonprofit Management der Wirtschaftsuniversität Wien.

o.Univ.-Prof. Dr. Christian Nowotny
Vorstand des Instituts für Zivil- und Unternehmensrecht der Wirtschaftsuniversität Wien. Vorsitzender des Fachbeirats des Revisionsverbandes gemeinnütziger Wohnbaugesellschaften, stellvertretender Vorsitzender des Kuratoriums der Österreichischen Studentenförderungsstiftung.

Dr.in Astrid Pennerstorfer
Studiengangsleiterin des Masterstudiums »Sozialwirtschaft und Soziale Arbeit« an der FH Campus Wien.

Dr. sc. Eckhard Priller
Leiter der Projektgruppe Zivilengagement am Wissenschaftszentrum Berlin für Sozialforschung. Forschungsschwerpunkte: Nonprofit-, Zivilgesellschafts- und Engagementforschung. Leitung der Forschungsprojekte »Veränderungen in Dritte-Sektor-Organisationen und ihre Auswirkungen auf die Arbeits- und Beschäftigungsverhältnisse« und »Jugendliche in zivilgesellschaftlichen Organisationen«.

MMag. Paul Rameder
Wissenschaftlicher Mitarbeiter an der Abteilung für Nonprofit Management der Wirtschaftsuniversität Wien. Lehr- und Forschungsschwerpunkte im Bereich Zivilgesellschaft, freiwilliges Engagement und soziale Ungleichheit sowie Nonprofit- und Freiwilligenmanagement. Selbständiger Supervisor (ÖVS) sowie Trainer und Berater nach dem handlungsorientiertem Ansatz der integrativen Outdoor Aktivitäten®.

Mag. Olivia Rauscher
Researcherin und Projektleiterin am NPO-Kompetenzzentrum der WU Wien.
Forschungsschwerpunkte: Evaluation von Nonprofit-Organisationen, -Projekten und -Programmen, Social-Impact-Analysen (besonders SROI-Analysen), Start-up-Projekte von Social Entrepreneurs, Themen im Bereich Soziale Ungleichheit.

Mag. Andrea Schmidt
Wissenschaftliche Mitarbeiterin an der Abteilung für Nonprofit Management der Wirtschaftsuniversität Wien.
Ihre Forschungs- und Lehrschwerpunkte liegen in den Bereichen Nonprofit-Management insbesondere Kunst- und Kulturmanagement sowie in der Karriereforschung im Nonprofit-Sektor.

Mag. Hanna Schneider
Wissenschaftliche Mitarbeiterin an der Abteilung für Nonprofit Management der Wirtschaftsuniversität Wien. Ihre Forschungs- und Lehrschwerpunkte liegen in den Bereichen Nonprofit-Management, Social-Entrepreneurship und Stiftungen

Univ.-Prof.in Dr.in Ulrike Schneider
seit 2002 Professorin für Wirtschafts- und Sozialpolitik an der WU Wien. Sie leitet dort das Department für Sozioökonomie, das Institut für Sozialpolitik und das WU Forschungsinstitut für Altersökonomie.

Ihre Arbeitsschwerpunkte bilden ökonomische Analysen des Sozialsektors, speziell die Entwicklung der bezahlten Beschäftigung und der Löhne im Sozialsektor, alternative Modelle der Bereitstellung sozialer Dienstleistungen auf Quasi-Märkten sowie die ökonomische Analyse von Pflege und Pflegebedürftigkeit.

Prof. Dr. Georg von Schnurbein
Assistenzprofessor für Stiftungsmanagement an der Wirtschaftswissenschaftlichen Fakultät der Universität Basel. Leiter des Centre for Philanthropy Studies (CEPS) der Universität Basel. Vorstandsmitglied des European Research Network on Philanthropy (ERNOP).

Dr. Christian Schober
Direktor und Senior Researcher des NPO-Kompetenzzentrums der WU Wien.
Forschungsschwerpunkte: Social-Impact-Analysen (besonders SROI-Analysen), (Ökonomische) Evaluation, Finanzierung von Nonprofit-Organisationen, Spendenverhalten von Privatpersonen, Themen im Bereich Altenpflege und -betreuung, Themen im Bereich Menschen mit Behinderung bzw. Barrierefreiheit.

Dr. Doris Schober
Kaufmännische Leiterin und Senior Researcher des NPO-Kompetenzzentrums der WU Wien.
Forschungsschwerpunkte: (Ökonomische) Evaluation, Personalmanagement, Arbeitszufriedenheit und Motivation, Themen im Bereich Altenpflege und -betreuung, Themen im Bereich Gesundheitsförderung.

a.o. Univ.-Prof. Dr. Ruth Simsa
Universitätsdozentin am Institut für Soziologie und Empirische Sozialforschung der Wirtschaftsuniversität Wien. Wissenschaftliche Leiterin des NPO-Kompetenzzentrums der WU Wien. Lehrtrainerin der Österreichischen Gesellschaft für Gruppendynamik und Organisationsberatung (ÖGGO). Selbstständige Organisationsberaterin und Managementtrainerin in Profit- und Nonprofit-Organisationen.

Univ. Prof. Dr. Gerhard Speckbacher
Leiter des Instituts für Unternehmensführung und Vorstand des Departments für Strategisches Management und Innovation der Wirtschaftsuniversität Wien.

ao. Univ.-Prof. Dr. Johannes Steyrer
Studium der Soziologie und Betriebswirtschaftslehre in Wien. Tätigkeit in der Unternehmensberatung in den Bereichen Strategie- und Organisationsentwicklung, als Psychotherapeut (individualpsychologischer Analytiker), Management-Coach und -Trainer in den Bereichen Kommunikation, Personalführung und Teamentwicklung. Seit 1997 ao. Univ.-Prof. an der Wirtschaftsuniversität Wien mit den Forschungsschwerpunkten Personalführung und PatientInnensicherheitskultur. 2002 bis 2004 Leiter des »Interdisziplinären Universitätslehrganges für Sozialwirtschaft, Management und Organisation Sozialer Dienste« (ISMOS). Seit 2005 Leiter des »MBA Studiums Healthcare Management« und seit 2007 Leiter des »Forschungsinstituts für Gesundheitsmanagement und -ökonomie« an der Wirtschaftsuniversität Wien.

Mag. Peter Vandor, MIM (CEMS)
Wissenschaftlicher Mitarbeiter am Institut für Entrepreneurship und Innovation der Wirtschaftsuniversität Wien. Gründer und akademischer Leiter des Social Impact Award. Seine Forschungs- und Lehrschwerpunkte liegen im Bereich Entrepreneurship, Social Entrepreneurship und Technology-Transfer.

Prof. Dr. Annette Zimmer
Professorin für Vergleichende Politikwissenschaft und Sozialpolitik am Institut für Politische Wissenschaft der Westfälischen Wilhelms-Universität Münster (WWU), Mitglied des Vorstandes der International Society for Third Sector Research (ISTR) und Initiatorin des Weiterbildungsstudiengangs »Nonprofit Management and Governance« an der WWU.